Albert Messiah
Quantenmechanik
Band 2

Albert Messiah

Quantenmechanik

Band 2

Aus dem Französischen übersetzt von
Joachim Streubel

2. Auflage

Walter de Gruyter
Berlin · New York 1985

Titel der französischen Originalausgabe
Albert Messiah „Méchanique Quantique", Tome 2

Autor

Albert Messiah
Professor am Institut National des
Sciences et Technique Nucléaires

Übersetzer

Joachim Streubel
Professor an der Fachhochschule Bochum

Dieser Band enthält 27 Abbildungen.

1. Auflage 1979
2. Auflage 1985

CIP-Kurztitelaufnahme der Deutschen Bibliothek

Messiah, Albert
Quantenmechanik / Albert Messiah. Aus d. Franz.
übers. von Joachim Streubel. - Berlin, New York:
de Gruyter.
Einheitssacht.: Méchanique quantique ‹dt.›

Bd. 2. – 2. Aufl. - 1985.
ISBN 3-11-010265-X

Satz: Satzstudio Frohberg, Freigericht
Druck: Gerike GmbH, Berlin
Bindearbeiten: Lüderitz & Bauer GmbH, Berlin

Vorwort zur deutschsprachigen Ausgabe

Eine besondere Einführung in dieses weltweit bekannte Standardwerk, das „allgemein als eines der vollständigsten betrachtet wird und das in adäquater Form sowohl den praktischen als auch den mathematischen Aspekt umfaßt“ (d'Espagnat*)), erübrigt sich. Seine ungebrochen moderne Darstellung der Quantentheorie hat sich in der Physik eingebürgert. Es gibt heute kaum einen Physiker, der nicht wenigstens einmal während seines Studiums den „Messiah“ in der Hand hatte und Nutzen aus ihm zog. Jeder, der die Grundvorlesungen in Klassischer Theoretischer Physik und über Atomphysik mit Erfolg absolviert hat, sollte dieses Buch verstehen können.

Warum aber neben der französischen Ausgabe und der englischen Übersetzung noch eine deutsche Übersetzung, da doch Englisch heute als Muttersprache für Physiker obligatorisch zu sein scheint? Darauf ist einfach zu antworten: Insbesondere für den Anfänger bedeutet es eine nicht zu unterschätzende Doppelbelastung, wenn er sich eine neue und nicht immer einfache Materie in einer fremden Sprache aneignen muß, zumal er diese meist erst während seines Studiums richtig lernt.

Vorwort zur 2. Auflage

Das unverändert rege Interesse an der deutschsprachigen Ausgabe hat den Verlag zu einer Neuauflage veranlaßt. An mehreren Stellen wurden Verbesserungen vorgenommen; erkannte Druckfehler wurden beseitigt.

Auch weiterhin liefert der Inhalt dieses Werkes auf fast zeitlose Art die quantentheoretischen Grundlagen, die für das Studium der Spezialliteratur, z. B. über Elementarteilchenphysik, unverzichtbar sind.

Joachim Streubel

*) d'Espagnat, B.: Grundprobleme der gegenwärtigen Physik, F. Vieweg & Sohn, Braunschweig, 1971.

Inhaltsübersicht zu Band 1 und Band 2

Inhalt

Dritter Teil Symmetrie und Invarianz

Dritter Teil
Symmetrie und Invarianz

Mon Dieu! ma chère, que ton père
a la forme enfoncée dans la matière!
(*Les Précieuses Ridicules*, VI).

13 Der Drehimpuls in der Quantenmechanik

Einleitung

In der Quantenmechanik spielen wie in der klassischen Mechanik die Symmetrieeigenschaften der Bewegungsgleichungen eine sehr große Rolle. Eine allgemeine und systematische Untersuchung der Symmetrien und ihrer Konsequenzen erfolgt im fünfzehnten Kapitel. Das jetzige Kapitel behandelt die besonders wichtigen Drehsymmetrien. Dabei kommt wie in der klassischen Mechanik der Drehimpuls des betrachteten Systems ins Spiel, und die Drehinvarianz der Bewegungsgleichungen drückt sich in der Tatsache aus, daß der Drehimpuls eine Erhaltungsgröße ist. Die Unterschiede zur klassischen Mechanik ergeben sich daraus, daß der Drehimpuls jetzt kein gewöhnlicher Vektor, sondern ein Vektoroperator ist, und daß seine drei Komponenten nicht paarweise miteinander kommutieren.

In Abschnitt 13.1 definieren wir den Drehimpuls durch die Vertauschungsrelationen für seine Komponenten J_x, J_y, J_z [Gleichungen (13.3.)] und lösen das Eigenwertproblem von J^2 und J_z, wobei wir ausschließlich diese Relationen und die Tatsache zugrunde legen, daß die Drehimpulskomponenten Observable sind. Diese, auf Dirac zurückgehende Methode zeigt weitgehende Analogien zu der im zwölften Kapitel durchgeführten Behandlung des harmonischen Oszillators.

Der Abschnitt 13.2 befaßt sich mit dem Sonderfall des Bahndrehimpulses eines Teilchens und der Konstruktion der zugehörigen Eigenfunktionen, der Kugelfunktionen.

Im Abschnitt 13.3 stellen wir den Zusammenhang zwischen Drehimpuls und Drehungen her. Die Drehung eines physikalischen Systems beschreibt man mit Hilfe eines Operators, der von den Komponenten des Gesamtdrehimpulses dieses Systems gemäß Gl. (13.60) abhängt. Im Anschluß daran wird gezeigt, daß die Drehinvarianz der Bewegungsgleichungen des Systems gleichbedeutend ist mit der Bedingung, daß sein Hamiltonoperator mit den drei Komponenten seines Drehimpulses kommutiert.

Die Erfahrung zeigt, daß die meisten Teilchen einen Eigendrehimpuls besitzen, den Spin. Dieser Begriff wird in Abschnitt 13.4 untersucht.

Abschnitt 13.5 behandelt das wichtige Problem der Addition von Drehimpulsen.

Die Operatoren der Quantenmechanik können durch ihr Transformationsverhalten bei Drehungen charakterisiert werden. Man definiert insbesondere skalare Operatoren (das sind gegenüber Drehungen invariante Operatoren), Vektoroperatoren und allgemeiner irreduzible Tensoroperatoren, deren Transformationsgesetz besonders einfach ist. Diese Operatoren sind durch ebenso einfache Vertauschungsregeln charakterisiert wie die Drehimpulskomponenten. Aus den Regeln ergeben sich bestimmte Eigenschaften der Darstellungen von irreduziblen Tensoroperatoren (Wigner-Eckart-Theorem), die wir mit ihren grundlegenden Anwendungen im sechsten und letzten Abschnitt entwickeln werden.

Das Kapitel wird durch Anhang C ergänzt, in dem für die bei den Drehoperationen und der Zusammensetzung von Drehimpulsen auftretenden Koeffizienten die wichtigsten Formeln und Eigenschaften angegeben werden.

13.1 Eigenwerte und Eigenvektoren des Drehimpulses

13.1.1 Definition des Drehimpulses

Dem Drehimpulsoperator sind wir bereits bei der Behandlung von quantenmechanischen Einteilchensystemen begegnet. Der Drehimpuls $\boldsymbol{l}$ eines Teilchens ist durch

$$\boldsymbol{l} \equiv \boldsymbol{r} \times \boldsymbol{p} \tag{13.1}$$

definiert, worin $\boldsymbol{r}$ und $\boldsymbol{p}$ der Orts- bzw. Impulsvektor des betreffenden Teilchens ist. In der Wellenmechanik wird $\boldsymbol{l}$ durch den Vektoroperator[1] $(-\mathrm{i})\boldsymbol{r} \times \boldsymbol{p}$ dargestellt. Die drei Komponenten dieses Vektors sind Differentialoperatoren, die den folgenden Vertauschungsrelationen genügen:

$$[l_x, l_y] = \mathrm{i} l_z, \quad [l_y, l_z] = \mathrm{i}\, l_x, \quad [l_z, l_x] = \mathrm{i}\, l_y. \tag{13.2}$$

Jeder von ihnen kommutiert mit dem (skalaren) Quadrat des Drehimpulses,

$$l^2 \equiv l_x^2 + l_y^2 + l_z^2,$$

d.h. es ist:

$$[\boldsymbol{l}, l^2] = 0.$$

Diese Beziehungen wurden bereits bewiesen (Abschnitt 5.5.2). Wir erinnern uns, daß die letzte eine einfache Folgerung aus den Relationen (13.2) ist.

$\boldsymbol{r}$ und $\boldsymbol{p}$ sind *Vektoroperatoren.* Präzisieren wir zunächst, was darunter zu verstehen ist. Ein Vektoroperator $\boldsymbol{B}$ ist definiert durch seine drei Komponenten B_x, B_y, B_z in Richtung dreier orthogonaler Achsen. B_x, B_y, B_z sind Operatoren im üblichen Sinn. Die Angabe dieser drei speziellen Komponenten gestattet die Definition der Komponente B_u von $\boldsymbol{B}$ entlang einer beliebigen Richtung $\boldsymbol{u}$ des Raumes:

$$B_u \equiv (\boldsymbol{u}.\ \boldsymbol{B}) = u_x B_x + u_y B_y + u_z B_z.$$

---

[1] In diesen Kapitel wählen wir die Einheiten so, daß $\hbar = 1$.

Entsprechend definiert man die Komponenten von $\boldsymbol{B}$ in einem beliebigen anderen Orthogonalsystem. Die verschiedenen vektoralgebraischen Operationen (Addition, Skalar- und Vektormultiplikation usw.) sind ungeändert auch auf Vektoroperatoren anwendbar, falls man nur hinsichtlich der Reihenfolge der Operatoren einige Vorsicht walten läßt (s. Abschnitt 9.1.1).

Betrachten wir jetzt ein quantenmechanisches System aus N Teilchen. Man kann den Drehimpuls des n-ten Teilchens wie oben definieren: $\boldsymbol{l}^{(n)} = \boldsymbol{r}^{(n)} \times \boldsymbol{p}^{(n)}$. Der Gesamtdrehimpuls des Systems ist die Vektorsumme der Drehimpulse der N Teilchen, aus denen es besteht:

$$\boldsymbol{L} = \sum_{n=1}^{N} \boldsymbol{l}^{(n)}.$$

Weil der Drehimpuls jedes Einzelteilchens den Vertauschungsrelationen (13.2) genügt und weil die Komponenten des Drehimpulses eines Teilchens mit denen aller anderen Teilchen vertauschen, hat man:

$$[L_x, L_y] = \sum_n \sum_{n'} [l_x^{(n)}, l_y^{(n')}] = \sum_n [l_x^{(n)}, l_y^{(n)}] = \mathrm{i} \sum_n l_z^{(n)} = \mathrm{i}\, L_z.$$

Ebenso erhält man die beiden sich daraus durch zyklische Vertauschung ergebenden Relationen. Folglich genügen die Komponenten des Gesamtdrehimpulses denselben Vertauschungsrelationen wie die Komponenten der Einzeldrehimpulse.

Wir gelangen so zu folgender Definition des Drehimpulses: *Der Vektoroperator $\boldsymbol{J}$ ist ein Drehimpuls, wenn seine Komponenten den Vertauschungsrelationen genügen:*

$$[J_x, J_y] = \mathrm{i}\, J_z, \qquad [J_y, J_z] = \mathrm{i}\, J_x, \qquad [J_z, J_x] = \mathrm{i}\, J_y. \tag{13.3}$$

Aus diesen drei Relationen folgen analoge Beziehungen für die Komponenten von $\boldsymbol{J}$ in jedem anderen Achsensystem. Seien J_u, J_v, J_w die Komponenten von $\boldsymbol{J}$ entlang der drei orthogonalen Achsen mit den Richtungen $\boldsymbol{u}$, $\boldsymbol{v}$, $\boldsymbol{w}$, die so orientiert sind, daß $\boldsymbol{w} = \boldsymbol{u} \times \boldsymbol{v}$. Man verifiziert leicht die Beziehung $[J_u, J_v] = \mathrm{i} J_w$ und die beiden sich daraus durch zyklische Vertauschung ergebenden Beziehungen[2]. Sind

---

[2] Diese Relationen schreibt man auch in der Form ($i, j, k = u, v$ oder w)

$$[J_i, J_j] = \mathrm{i} \sum_k \varepsilon_{ijk} J_k \quad \text{oder auch} \quad \sum_{ij} \varepsilon_{ijk} J_i J_j = \mathrm{i}\, J_k$$

worin ϵ_{ijk} den total antisymmetrischen Tensor bezeichnet:

$$\epsilon_{ijk} = \begin{cases} 0 & \text{wenn zwei Indizes gleich sind,} \\ +1 & \text{wenn sich } i, j, k \text{ aus } u, v, w \text{ durch gerade Permutation ergibt,} \\ -1 & \text{wenn sich } i, j, k \text{ aus } u, v, w \text{ durch ungerade Permutation ergibt.} \end{cases}$$

Die zweite Form ist eine Gleichung für Vektoroperatoren:

$$\boldsymbol{J} \times \boldsymbol{J} = \mathrm{i}\boldsymbol{J}.$$

allgemeiner $\boldsymbol{a}$ und $\boldsymbol{b}$ irgend zwei Vektoren (oder zwei Vektoroperatoren, die miteinander und mit $\boldsymbol{J}$ vertauschen), so hat man

$$[\boldsymbol{a}.\boldsymbol{J},\ \boldsymbol{b}.\boldsymbol{J}] = \mathrm{i}((\boldsymbol{a} \times \boldsymbol{b}).\boldsymbol{J}). \tag{13.4}$$

13.1.2 Charakteristische algebraische Beziehungen

Das (skalare) Quadrat des Drehimpulses,

$$\boldsymbol{J}^2 \equiv J_x^2 + J_y^2 + J_z^2$$

vertauscht mit den drei Komponenten. Diese Eigenschaft folgt aus den Vertauschungsrelationen (13.3) und wird genauso bewiesen wie die entsprechende Eigenschaft des in Abschnitt 13.1.1 eingeführten Drehimpulses $\boldsymbol{l}$. Wir schreiben symbolisch:

$$[\boldsymbol{J}, \boldsymbol{J}^2] = 0. \tag{13.5}$$

Es ergibt sich, daß $\boldsymbol{J}^2$ mit jeder Funktion der Komponenten von $\boldsymbol{J}$ vertauscht.

Wir führen die beiden folgenden hermitisch konjugierten Operatoren ein:

$$J_+ = J_x + \mathrm{i}\, J_y, \qquad J_- = J_x - \mathrm{i}\, J_y. \tag{13.6}$$

Die Angabe der drei Operatoren J_+, J_- und J_z definiert den Vektoroperator vollständig. Es erweist sich als bequemer, alle algebraischen Operationen mit Hilfe dieser drei Operatoren auszuführen. Ihre Vertauschungsrelationen ergeben sich aus (13.3):

$$[J_z, J_+] = J_+ \tag{13.7 a}$$

$$[J_z, J_-] = -J_- \tag{13.7 b}$$

$$[J_+, J_-] = 2J_z. \tag{13.7 c}$$

Andererseits ist nach Gl. (13.5):

$$[\boldsymbol{J}^2, J_+] = [\boldsymbol{J}^2, J_-] = [\boldsymbol{J}^2, J_z] = 0. \tag{13.8}$$

$\boldsymbol{J}^2$ ist durch den Ausdruck

$$\boldsymbol{J}^2 = \tfrac{1}{2}(J_+ J_- + J_- J_+) + J_z^2$$

gegeben. Mit Hilfe von Gl. (13.7 c) erhält man schließlich die beiden Identitäten:

$$J_- J_+ = \boldsymbol{J}^2 - J_z(J_z + 1) \tag{13.9 a}$$

$$J_+ J_- = \boldsymbol{J}^2 - J_z(J_z - 1). \tag{13.9 b}$$

13.1.3 Spektrum von $\boldsymbol{J}^2$ und J_z

Weil $\boldsymbol{J}^2$ mit jeder Komponente von $\boldsymbol{J}$ kommutiert, ist es möglich, ein vollständiges System von gemeinsamen Eigenvektoren von $\boldsymbol{J}^2$ und einer der Komponenten, z.B. J_z, zu bilden. Die Tatsache, daß J_x, J_y, J_z *hermitisch* sind und den *Vertauschungs-*

relationen (13.3) genügen, legt dem Eigenwertspektrum weitgehende Einschränkungen auf.

J^2 ist ein hermitischer, positiv semidefiniter Operator, weil er die Summe aus hermitischen, positiv semidefiniten Operatoren ist [3]. Seine Eigenwerte sind notwendig positiv oder Null. Im folgenden wollen wir sie in der Form $j\,(j+1)$ schreiben und mit der reellen, nichtnegativen Quantenzahl j kennzeichnen.

Sei $|jm\rangle$ ein Eigenvektor von J^2 und J_z zu den Eigenwerten $j(j+1)$ und m. Man sagt gewöhnlich, daß $|jm\rangle$ einen Zustand mit dem Drehimpuls (jm) beschreibt. Bilden J^2 und J_z keinen vollständigen Satz kommutierender Observabler, so kann es mehrere linear unabhängige Zustände (jm) geben. In diesem Fall ist $|jm\rangle$ ein spezieller, fest gewählter Ket-Vektor im Unterraum zum Drehimpuls (jm). Die folgende Überlegung gilt dann für jeden so gewählten Vektor. Die einzigen Bedingungen an $|jm\rangle$ sind:

$$J^2\,|jm\rangle = j(j+1)\,|jm\rangle,$$
$$J_z\,|jm\rangle = m\,|jm\rangle.$$

Untersuchen wir die Vektoren $J_+|jm\rangle$ und $J_-|jm\rangle$.
Aufgrund der Identitäten (13.9a) und (13.9b) hat man:

$$J_-J_+|jm\rangle = [j(j+1)-m(m+1)]\,|jm\rangle \equiv (j-m)(j+m+1)\,|jm\rangle \quad (13.10\,\text{a})$$

$$J_+J_-|jm\rangle = [j(j+1)-m(m-1)]\,|jm\rangle \equiv (j+m)(j-m+1)\,|jm\rangle. \quad (13.10\,\text{b})$$

Folglich sind die Normquadrate von $J_+|jm\rangle$ und $J_-|jm\rangle$:

$$\langle jm|\,J_-\,J_+\,|jm\rangle = (j-m)(j+m+1)\,\langle jm|jm\rangle$$
$$\langle jm|\,J_+\,J_-\,|jm\rangle = (j+m)(j-m+1)\,\langle jm|jm\rangle.$$

Nach den Axiomen des Hilbertraums können sie nicht negativ sein, also ist:

$$(j-m)(j+m+1) \geqslant 0, \qquad (j+m)(j-m+1) \geqslant 0$$

d.h.

$$-j \leqslant m \leqslant j.$$

Weil weiter das Verschwinden der Norm eine notwendige und hinreichende Bedingung für das Verschwinden eines Vektors ist, ist $J_+|jm\rangle = 0$ genau dann, wenn $(j-m)(j+m+1) = 0$. Ebenso ist $J_-|jm\rangle = 0$ genau dann, wenn $(j+m)(j-m+1) = 0$. Weil m notwendig im Intervall $(-j, +j)$ liegt, reduzieren sich diese Bedingungen auf $m = j$ bzw. $m = -j$.

Ist $m \neq j$, so ist der (nichtverschwindende) Vektor $J_+|jm\rangle$ ein Vektor zum Drehimpuls $(j, m+1)$. Nach Gl. (13.8) ist nämlich:

---

[3] Das ist eine Folge der Hermitezität von J_x, J_y, J_z. Für beliebiges $|u\rangle$ ist $\langle u|J_x^2|u\rangle$ das Normquadrat des Vektors $J_x|u\rangle$, also eine nichtnegative Größe. Die Mittelwerte von J_y^2 und J_z^2 besitzen dieselbe Eigenschaft, also ist $\langle u|J^2|u\rangle \geqslant 0$ für beliebiges $|u\rangle$.

$$J^2 J_+ \, |jm\rangle = J_+ J^2 \, |jm\rangle = j(j+1) \, J_+ \, |jm\rangle$$

und weil wegen der Vertauschungsrelation (13.7 a):

$$J_z J_+ = J_+ (J_z + 1) \tag{13.11 a}$$

ist, so hat man:

$$J_z J_+ \, |jm\rangle = J_+ (J_z + 1) \, |jm\rangle = (m+1) \, J_+ \, |jm\rangle.$$

Berücksichtigt man, daß J_- mit $\boldsymbol{J}^2$ vertauscht und daß nach Gl. (13.7 b):

$$J_z J_- = J_- (J_z - 1) \tag{13.11 b}$$

ist, so erhält man ein analoges Ergebnis für $J_- \, |jm\rangle$.

Es gilt also der wichtige Satz:

Ist $|jm\rangle$ ein Vektor zum Drehimpuls (jm) und mit dem Normquadrat N, so ist:

(*i*) *notwendig*

$$-j \leqslant m \leqslant j; \tag{13.12}$$

(*ii*) *falls* $m = j$, $J_+ \, |jm\rangle = 0$;

falls $m \neq j$, $J_+ \, |jm\rangle$ *notwendig ein Vektor zum Drehimpuls* $(j, m+1)$ und mit dem Normquadrat $[j(j+1) - m(m+1)]N$;

(*iii*) *falls* $m = -j$, $J_- \, |jm\rangle = 0$;

falls $m \neq -j$, $J_- \, |jm\rangle$ notwendig ein Vektor zum Drehimpuls $(j, m-1)$ und mit dem Normquadrat $[j(j+1) - m(m-1)]N$.

Wir betrachten also die Vektorfolge, die sich durch wiederholte Anwendung von J_+ auf $|jm\rangle$ ergibt:

$$J_+ \, |jm\rangle, \; J_+^2 \, |jm\rangle, \; \ldots, \; J_+^p \, |jm\rangle, \ldots \, . \tag{13.13}$$

Wir wissen, daß $-j \leqslant m \leqslant j$. Ist $m = j$, so ist $J_+ \, |jm\rangle = 0$. Ist $m < j$, so ist $J_+ \, |jm\rangle$ ein nichtverschwindender Vektor zum Drehimpuls $(j, m+1)$. Er besitzt also die für jeden gemeinsamen Eigenvektor von $\boldsymbol{J}^2$ und J_z charakteristischen Eigenschaften (i), (ii) und (iii): Notwendig ist $m + 1 \leqslant j$; ist $m + 1 = j$, so ist $J_+^2 \, |jm\rangle = 0$; ist $m + 1 < j$, so ist $J_+^2 \, |jm\rangle$ ein nicht verschwindender Vektor zum Drehimpuls $(j, m+2)$ und besitzt ebenfalls die Eigenschaften (i), (ii) und (iii). Man kann so nacheinander die Eigenschaften der Vektoren (13.13) bestimmen. Es ist klar, daß die Vektoren dieser Folge von einer bestimmten Stelle an alle verschwinden müssen. Andernfalls könnten wir Eigenvektoren von J_z zu beliebig großem Eigenwert bilden, im Widerspruch zur Bedingung (13.12), nach der die Eigenwerte von J_z nicht größer als j sein können. Es gibt also eine nichtnegative ganze Zahl p so, daß $J_+^p |jm\rangle$ ein nichtverschwindender Vektor zum Drehimpuls $(j, m+p)$ ist und daß die Wirkung von J_+ auf diesen Vektor den Nullvektor ergibt. Es ist dann: $m + p = j$. Folglich ist $j - m$ nichtnegativ ganz und die p Vektoren

$$J_+ \, |j\,m\rangle, \; J_+^2 \, |j\,m\rangle, \; \ldots, \; J_+^p \, |j\,m\rangle \tag{13.14}$$

beschreiben Zustände mit bestimmtem Drehimpuls, und zwar gehören sie alle zum Eigenwert $j(j + 1)$ von J^2 und zu den Eigenwerten

$$m + 1, m + 2, \ldots, m + p = j$$

von J_z.

Die Untersuchung der durch wiederholte Anwendung von J_- auf $|jm>$ erhaltenen Vektoren gestattet entsprechend zu schließen, daß $j + m \equiv q$ auch nicht ngeativ ganz ist und daß die q Vektoren

$$J_- |jm>, J_-^2|jm>, \ldots, J_-^q|jm>$$

Zustände zu bestimmtem Drehimpuls beschreiben, die alle zum selben Eigenwert $j(j + 1)$ von J^2 und zu den Eigenwerten

$$m - 1, m - 2, \ldots, m - q = -j$$

von J_z gehören. Weil schließlich p und q beide nichtnegativ ganze Zahlen sind, ist auch ihre Summe $p + q = 2j$ eine nichtnegativ ganze Zahl.

Faßt man alle diese Ergebnisse zusammen, so erhält man den folgenden fundamentalen Satz:

A) *Die einzig möglichen Eigenwerte von J^2 sind von der Form $j(j + 1)$, worin j nichtnegativ ganz oder halbzahlig ist: $j = 0, 1/2, 1, 3/2, 2, \ldots, \infty$.*

B) *Die einzig möglichen Eigenwerte von J_z sind die Zahlen:*

$$m = 0, \pm 1/2, \pm 1, \pm 3/2, \pm 2, \ldots, \pm \infty.$$

C) *Sind $j(j + 1)$ und m die Eigenwerte von J^2 und J_z für einen gemeinsamen Eigenvektor dieser beiden Operatoren – d.h. eines Zustands zum Drehimpuls (jm) – so sind die einzig möglichen Werte von m eine der $(2j + 1)$ Zahlen*

$$-j, -j + 1, \ldots, +j.$$

13.1.4 Eigenvektoren von J^2 und J_z. Konstruktion der invarianten Unterräume

Geht man von einem Vektor $|jm>$ mit bestimmtem Drehimpuls aus, so kann man durch wiederholte Anwendung der Operatoren J_+ und J_- insgesamt $(2j + 1)$ Vektoren mit bestimmtem Drehimpuls konstruieren. Diese Vektoren sind im allgemeinen nicht auf Eins normiert. Doch kann man mit dieser Methode sehr leicht normierte Eigenvektoren konstruieren. Dazu können wir in folgender Weise vorgehen.

Wir setzen voraus, daß die Norm von $|jm>$ gleich 1 ist. $J_+ |jm>$ ist Null, wenn $m = j$. Ist $m < j$, so ist es ein Vektor mit dem Drehimpuls $(j, m + 1)$. Wir definieren den normierten Vektor $|jm + 1>$ durch:

$$J_+ |jm> = c_m |j\ m + 1>.$$

Nach dem oben angegebenen Ausdruck für die Norm von $J_+ |j_m>$ ist

$$|c_m|^2 = [j(j+1) - m(m+1)].$$

Legen wir die Phase von $|jm+1\rangle$ so fest, daß c_m reell und positiv ist, so ist damit dieser Vektor vollständig bestimmt:

$$J_+ |jm\rangle = \sqrt{j(j+1) - m(m+1)}\,|jm+1\rangle.$$

„Multipliziert" man diese Beziehung mit J_-, so erhält man wegen Gl. (13.10 a):

$$J_- |jm+1\rangle = \sqrt{j(j+1) - m(m+1)}\,|jm\rangle.$$

Mit dem Vektor $|jm+1\rangle$ kann man genauso vorgehen. Es genügt, überall m durch $m+1$ zu ersetzen. Ist $m+1 = j$, so ist $J_+|jm+1\rangle = 0$. Falls nicht, so bildet man den Vektor $|jm+2\rangle$ zum Drehimpuls $(j, m+2)$ und der Norm 1. Analog wie oben legt man die Phase fest. Dieses Verfahren kann bis zum Vektor $|jj\rangle$ fortgesetzt werden.

Entsprechend bildet man durch wiederholte Anwendung von J_- schrittweise die normierten Vektoren $|jm-1\rangle, \ldots, |j-j\rangle$ zum Drehimpuls $(j, m-1), \ldots, (j, -j)$. Ihre Phasen werden durch die obige Vereinbarung festgelegt.

So bilden wir, ausgehend vom Vektor $|jm\rangle$, eine Folge von $(2j+1)$ orthonormierten Vektoren

$$|jj\rangle\,|jj-1\rangle \ldots |jm\rangle \ldots |j-j\rangle \tag{13.16}$$

die den Eigenwertgleichungen genügen

$$J^2\,|j\mu\rangle = j(j+1)\,|j\mu\rangle \tag{13.17}$$

$$J_z\,|j\mu\rangle = \mu\,|j\mu\rangle. \tag{13.18}$$

Ihre relativen Phasen sind dabei so gewählt, daß sie sich auseinander durch die folgenden Beziehungen ergeben:

$$J_+\,|j\mu\rangle = \sqrt{j(j+1) - \mu(\mu+1)}\,|j\,\mu+1\rangle \tag{13.19}$$

$$J_-\,|j\mu\rangle = \sqrt{j(j+1) - \mu(\mu-1)}\,|j\,\mu-1\rangle. \tag{13.20}$$

Insbesondere ist

$$J_+\,|jj\rangle = J_-\,|j-j\rangle = 0. \tag{13.21}$$

Diese $(2j+1)$ Vektoren spannen einen bestimmten Unterraum $\mathcal{E}^{(j)}$ auf. Weil die Operatoren J_+, J_-, J_z diese Vektoren ineinander transformieren, transformieren sie jeden Vektor aus $\mathcal{E}^{(j)}$ in einen Vektor aus $\mathcal{E}^{(j)}$. Sie lassen, anders ausgedrückt, $\mathcal{E}^{(j)}$ invariant. Ebenso läßt jede Funktion $F(J)$ der Komponenten von J, die nur von den Operatoren J_+, J_-, J_z abhängt, den Raum $\mathcal{E}^{(j)}$ invariant. Wir werden in Abschnitt 13.3 sehen, daß jede Drehung des quantenmechanischen Systems als Ganzem ausgedrückt wird durch die Anwendung eines Operators vom Typ $F(J)$ auf den Zustandsvektor dieses Systems. Folglich läßt jede solche Drehung $\mathcal{E}^{(j)}$ invariant.

13.1.5 $\{J^2 J_z\}$-Standarddarstellung

Wenn J^2 und J_z keinen vollständigen Satz kompatibler Variabler bilden, gibt es sehr viele gemeinsame Basissysteme dieser beiden Operatoren. Selbst wenn sie einen solchen bilden, kann immer noch die Phase jedes Basisvektors beliebig gewählt werden.

Indessen sind unter den Darstellungen, in denen J^2 und J_z diagonal sind, bestimmte bevorzugt, weil in ihnen alle mit dem Drehimpuls zusammenhängenden Operationen besonders einfach sind. Solche Darstellungen wollen wir *$\{J^2\ J_z\}$-Standarddarstellungen* nennen. In diesen können die Basisvektoren zu einem festen Wert der Quantenzahl j zu einer oder mehreren Folgen von $(2j + 1)$ Vektoren zusammengefaßt werden, die sich auseinander nach dem Gesetz (13.19–20) ergeben. Zu jeder Folge gehört ein Unterraum $\mathcal{E}^{(j)}$. Der gesamte Hilbert-Raum wird durch die Vereinigung dieser Unterräume gebildet.

Zur Konstruktion einer Standarddarstellung kann man in folgender Weise vorgehen. Unter den Eigenvektoren von J^2 zum Eigenwert $j(j + 1)$ betrachtet man die, für die $J_z = j$ ist. Sie bilden einen bestimmten Unterraum $\mathcal{F}^{(j)}$ des Hilbert-Raumes. Dieser Unterraum kann eindimensional, mehrdimensional oder unendlichdimensional sein. Es ist stets möglich, in $\mathcal{F}^{(j)}$ ein vollständiges Orthonormalsystem von Vektoren $|\tau j j\rangle$ auszuwählen. Der Index τ unterscheidet diese Vektoren zum Drehimpuls (jj) voneinander. Er kann einen, mehrere oder unendlich viele (diskrete oder kontinuierliche) Werte annehmen. Wir wollen voraussetzen, daß diese Werte diskret sind. Nach Voraussetzung ist

$$\langle \tau j j | \tau' j j \rangle = \delta_{\tau\tau'}.$$

Jedem dieser Vektoren $|\tau j j\rangle$ kann man die $2j$ Vektoren zuordnen, die man durch wiederholte Anwendung von J_- nach der Methode des vorstehenden Abschnitts erhält. Es ergibt sich so ein $(2j + 1)$-dimensionaler Unterraum $\mathcal{E}^{(j)}$. Um die auf diese Weise entstehenden Unterräume voneinander zu unterscheiden, bezeichnen wir sie mit $\mathcal{E}(\tau j)$. Die $(2j + 1)$ Basisvektoren des Unterraums $\mathcal{E}(\tau j)$ sind also

$$|\tau j j\rangle, \quad |\tau j j - 1\rangle, \ldots, |\tau j -j\rangle.$$

Diese Vektoren sind orthonormiert und genügen den Beziehungen:

$$J^2 |\tau j \mu\rangle = j(j+1) |\tau j \mu\rangle \tag{13.22}$$

$$J_z |\tau j \mu\rangle = \mu |\tau j \mu\rangle \tag{13.23}$$

$$J_+ |\tau j \mu\rangle = \sqrt{j(j+1) - \mu(\mu+1)}\, |\tau j\ \mu+1\rangle \tag{13.24}$$

$$J_- |\tau j \mu\rangle = \sqrt{j(j+1) - \mu(\mu-1)}\, |\tau j\ \mu-1\rangle \tag{13.25}$$

Weiter gelten die wichtigen Relationen:

$$|\tau j\ \pm\mu\rangle = \sqrt{\frac{(j+\mu)!}{(2j)!\,(j-\mu)!}}\, J_{\mp}^{j-\mu} |\tau j\ \pm j\rangle \tag{13.26}$$

$$|\tau j \pm j\rangle = \sqrt{\frac{(j+\mu)!}{(2j)!\,(j-\mu)!}}\, J_{\pm}^{j-\mu}\, |\tau j \pm \mu\rangle \tag{13.27}$$

die man aus den Gln. (13.24) und (13.25) herleitet (s. Aufgabe 1).

Es ist leicht zu zeigen, daß die Unterräume $\mathcal{E}(\tau j)$ (j fest, τ veränderlich) paarweise orthogonal sind und daß ihre Vereinigung den Unterraum $\mathcal{E}^{(j)}$ zum Eigenwert $j(j+1)$ von J^2 bildet.

Die Basisvektoren $|\tau j \mu\rangle$ und $|\tau' j' \mu'\rangle$ der Unterräume $\mathcal{E}(\tau j)$ und $\mathcal{E}(\tau' j)$ ($\tau \neq \tau'$) sind sicher orthogonal für $\mu \neq \mu'$, weil sie zu verschiedenen Eigenwerten von J_z gehören. Sie sind es auch für $\mu = \mu'$, weil sich durch wiederholte Anwendung von Gl. (13.24) ergibt:

$$\langle\tau' j \mu | \tau j \mu\rangle = \langle\tau' j \mu + 1 | \tau j \mu + 1\rangle = \ldots = \langle\tau' j j | \tau j j\rangle = \delta_{\tau\tau'}.$$

Andererseits ist jeder Eigenvektor von J^2 zum Eigenwert $j(j+1)$ eine Linearkombination der Vektoren $|\tau j \mu\rangle$ (τ und μ veränderlich, j fest). Um sich hiervon zu überzeugen, genügt es zu zeigen, daß jeder Vektor $|\tilde{\omega} j \mu\rangle$ zum Drehimpuls ($j\mu$) eine Linearkombination von Basisvektoren $|\tau j \mu\rangle$ zum selben Drehimpuls ist. Ist $\mu = j$, so ergibt sich das aus der Anfangsvoraussetzung. Ist $\mu \neq j$, so gelangt man durch Anwendung des Operators $J_+^{j-\mu}$ auf den Vektor $|\tilde{\omega} j \mu\rangle$ und Verwendung der Beziehungen (13.26) und (13.27) zum vorhergehenden Fall.

Wir können also, ausgehend von einem vollständigen Orthonormalsystem von Vektoren zum Drehimpuls (jj) die Basisvektoren einer $\{J^2 J_z\}$-Standarddarstellung im Unterraum $\mathcal{E}^{(j)}$ zum Eigenwert $j(j+1)$ von J^2 konstruieren. Führt man dieses Verfahren für alle Eigenwerte von J^2 durch, so erhält man eine Standardbasis für den gesamten Hilbert-Raum.

Beachten wir die in einer solchen Darstellung besonders einfache Form der Matrizen, die die Komponenten von J darstellen (s. Aufgabe 2). Man findet mit Hilfe der Gln. (13.23–25):

$$\begin{aligned} \langle\tau j \mu | J_z | \tau' j' \mu'\rangle &= \mu\, \delta_{\tau\tau'}\, \delta_{jj'}\, \delta_{\mu\mu'} \\ \langle\tau j \mu | J_\pm | \tau' j' \mu'\rangle &= \sqrt{j(j+1) - \mu\mu'}\, \delta_{\tau\tau'}\, \delta_{jj'}\, \delta_{\mu\mu'\pm 1}. \end{aligned} \tag{13.28}$$

13.1.6 Zusammenfassung

Die hier durchgeführte Untersuchung der Eigenschaften des Drehimpulses basiert ausschließlich auf den Vertauschungsrelationen für diesen Vektoroperator und auf der Tatsache, daß seine Komponenten hermitische Operatoren eines Hilbert-Raums sind. Diese Voraussetzungen allein gestatteten zu schließen, daß die Quantenzahl j nur ganz- oder halbzahlig sein kann und daß zu jedem Eigenwert $j(j+1)$ von J^2 eine oder mehrere Sätze von $(2j+1)$ linear unabhängige Vektoren gehören. Die Vektoren eines Satzes ergeben sich auseinander durch Anwendung der Operatoren J_- und J_+ und gehören zu den $(2j+1)$ möglichen Werten der Quantenzahl m:

$$-j,\ -j+1,\ \ldots,\ +j.$$

Diese Voraussetzungen reichen jedoch nicht aus, um das Eigenwertproblem vollständig zu lösen. Es verbleibt zu präzisieren:

(i) welche der ganz- oder halbzahligen Werte gehören tatsächlich zum Spektrum von j;

(ii) wieviele linear unabhängige Sätze von $(2j + 1)$ Vektoren gehören zu jedem dieser Werte von j.

Die Antwort auf diese Frage hängt vom speziell untersuchten Problem ab. Geht man allein von den Vertauschungsrelationen aus, so spricht nichts dagegen, daß j nur einen einzigen, ganz- oder halbzahligen Wert annehmen kann und daß es nur einen einzigen Satz von $(2j + 1)$ linear unabhängigen Vektoren zu diesem einen Eigenwert gibt. Der Zustandsraum wäre in diesem Fall nur $(2j + 1)$-dimensional. In Abschnitt 13.4 werden wir im Zusammenhang mit dem Spin einem Beispiel hierfür begegnen.

Ein anderer wichtiger Sonderfall ist der des Drehimpulses l eines Teilchens, so wie er in Gl. (13.1) definiert ist. Wir werden in Abschnitt 13.2 diesen Fall im einzelnen behandeln und sehen, daß hier das Spektrum von j aus den nichtnegativen ganzen Zahlen besteht, die halbzahligen Werte dagegen ausgenommen sind[4].

13.2 Bahndrehimpuls und Kugelfunktionen

13.2.1 Das Spektrum von l^2 und l_z

Kehren wir zum quantenmechanischen Einteilchensystem zurück. Mit der z-Achse als Polarachse kann man die Komponenten von l und den Operator l^2 in Abhängigkeit der Polarwinkel (θ, φ) und deren Ableitungen ausdrücken (Anhang: Gln. (B. 82–84). Die Radialvariable ist im folgenden ohne Belang. Wir wollen die Funktionen $F_l^m(\theta, \varphi)$ bilden, die den beiden folgenden Eigenwertgleichungen genügen:

$$l^2 F_l^m(\theta, \varphi) = l(l + 1) F_l^m(\theta, \varphi) \tag{13.29}$$

$$l_z F_l^m(\theta, \varphi) = m F_l^m(\theta, \varphi). \tag{13.30}$$

Weil jede Wellenfunktion eindeutig von r abhängt, darf sich $F_l^m(\theta, \varphi)$ nicht ändern, wenn man φ durch $\varphi + 2\pi$ ersetzt[5]. Die Gleichung (13.30) wurde bereits untersucht (Abschnitt 5.3.5). Weil $l_z = -\mathrm{i}\,\partial/\partial\varphi$, ist $F_l^m(\theta, \varphi)$ notwendig von der Form $f_l^m(\theta)\, e^{im\varphi}$, mit ganzzahligem m. Weil m ganz ist, kann auch die Quantenzahl l nur ganzzahlige Werte annehmen: *Es gibt keinen halbzahligen Bahndrehimpuls.*

---

[4] Aufgabe 15 behandelt einen weiteren Fall, in dem J^2 und J_z einen vollständigen Satz kommutierender Observabler bilden (ein einziger Satz von $(2j + 1)$ Vektoren zu jedem Wert von j) und in dem j alle ganz- oder halbzahligen Werte annehmen kann. Dies nötigt, wenn man J als Drehimpuls ansieht, zu bestimmten Einschränkungen hinsichtlich der physikalischen Deutung der verschiedenen Observablen des Systems (s. Abschnitt 13.3.6).

[5] Andererseits hängen $F_l^m(0, \varphi)$ und $F_l^m(\pi, \varphi)$ nicht von φ ab. Diese Bedingungen sind bei den unten erhaltenen Eigenlösungen automatisch erfüllt.

Um unter den nichtnegativen ganzen Zahlen die Eigenwerte von l und ihre Entartung zu bestimmen, konstruieren wir die Eigenfunktionen $F_l^l(\theta, \varphi)$ zum Drehimpuls $(l\,l)$. Eine solche Funktion ist durch die folgenden Gleichungen definiert:

$$l_z\, F_l^l(\theta, \varphi) = l\, F_l^l(\theta, \varphi) \tag{13.31}$$

$$l_+\, F_l^l(\theta, \varphi) = 0. \tag{13.32}$$

Dieses Gleichungssystem ist für $m = l$ zum System (13.29–30) äquivalent. Nach Gl. (13.9 a) ist nämlich:

$$l^2 = l_z(l_z + 1) + l_- l_+.$$

Aus Gl. (13.32) folgt zusammen mit Gl. (13.31) die Gl. (13.29) und umgekehrt. Die Gln. (13.31–32) sind ein System von partiellen Differentialgleichungen 1. Ordnung, das man leicht löst, sobald die Differentialoperatoren l_z und l_+ (Anhang: Gln. (B. 82–83)) explizit angeschrieben sind. Gl. (13.31) ergibt:

$$F_l^l(\theta, \varphi) = f_l(\theta)\, \mathrm{e}^{\mathrm{i}l\varphi}.$$

Setzt man dies in Gl. (13.32) ein, so erhält man die Differentialgleichung:

$$\left(\frac{\mathrm{d}}{\mathrm{d}\theta} - l \operatorname{cotg} \theta\right) f_l(\theta) = 0\,,$$

deren Lösung bis auf eine Konstante $\sin^l \theta$ ist. Für jedes nichtnegative ganzzahlige l gibt es also genau eine (bis auf eine Konstante bestimmte) Eigenfunktion zum Drehimpuls $(l\,l)$, das ist im wesentlichen die Funktion

$$\sin^l \theta\, \mathrm{e}^{\mathrm{i}l\varphi}.$$

Folglich besteht das Spektrum von l^2 aus der Folge der Zahlen $l(l + 1)$, wobei l alle ganzzahligen Werte von 0 bis $+\infty$ annimmt. Zu jedem Eigenwert $l(l + 1)$ gehören $(2l + 1)$ Eigenwerte m von l_z: Es sind dies die $(2l + 1)$ ganzen Zahlen aus dem Intervall $(-l, +l)$. Zu jedem so gebildeten Paar $(l\,m)$ gehört *genau ein Eigenzustand* (wenn man sich auf die Funktionen der Winkel θ und φ beschränkt): Das Spektrum von l^2 und l_z ist nicht entartet.

13.2.2 Definition und Konstruktion der Kugelfunktionen

Die gemeinsame Eigenfunktion von l^2 und l_z zu den Quantenzahlen $(l\,m)$ ist nur bis auf eine Konstante definiert. Fordert man, daß sie auf Eins normiert ist, und legt die Phase geeignet fest, so ist sie eindeutig bestimmt. Man erhält so die Kugel(-flächen-)funktion der Ordnung $(l\,m)$, die man mit $Y_l^m(\theta, \varphi)$ bezeichnet.

Die Funktionen $Y_l^m(\theta, \varphi)$ bilden ein *Orthonormalsystem* von Funktionen von θ und φ, wobei unter dem Volumenelement im Integral des Skalarprodukts $\mathrm{d}\Omega = \sin\theta\, \mathrm{d}\theta\, \mathrm{d}\varphi$ zu verstehen ist. Ohne Beweis setzen wir voraus, daß dieses System *vollständig* ist.

Die Phasen legen wir wie folgt fest [6]. Erstens fordern wir, daß die Y_l^m eine Standardbasis bilden. Dazu genügt es, daß sie den in der $\{\theta, \varphi\}$-Darstellung angeschriebenen Gln. (13.24–25) gehorchen (Anhang: Gln. (B. 89)). Die relativen Phasen der $(2l + 1)$ Kugelfunktionen zum selben Wert von l sind dann festgelegt, man muß nur noch die Phase einer dieser Funktionen angeben, z.B. die von $Y_l^0(\theta, \varphi)$. Zu diesem Zweck fordern wir, daß $Y_l^0(0, 0)$ reell und positiv ist.

Bezeichnet man mit $|lm\rangle$ die Ket-Vektoren, die in der $\{\theta, \varphi\}$-Darstellung durch $Y_l^m(\theta, \varphi)$ dargestellt werden, so genügen die so definierten Vektoren den Gln. (13.24–25). Man hat also (Gl. (13.26)):

$$|l\,m\rangle = \sqrt{\frac{(l+m)!}{(2l)!\,(l-m)!}}\, l_-^{l-m}\, |l\,l\rangle$$

$$= \sqrt{\frac{(l-m)!}{(2l)!\,(l+m)!}}\, l_+^{l+m}\, |l\,-l\rangle.$$

Anders ausgedrückt ist:

$$Y_l^m(\theta, \varphi) = \sqrt{\frac{(l+m)!}{(2l)!\,(l-m)!}}\, l_-^{l-m}\, Y_l^l(\theta, \varphi) \tag{13.33}$$

$$= \sqrt{\frac{(l-m)!}{(2l)!\,(l+m)!}}\, l_+^{l+m}\, Y_l^{-l}(\theta, \varphi). \tag{13.34}$$

Die Differentialoperatoren l_- und l_+ sind explizit im Anhang angegeben (Gl. (B. 83)). Mit diesen Ausdrücken leitet man her, daß

$$l_\pm\, e^{i\mu\varphi} f(\theta) = \mp\, e^{i(\mu\pm 1)\varphi} \left(\sin^{1\pm\mu}\theta \frac{d}{d(\cos\theta)} \sin^{\mp\mu}\theta \right) f(\theta).$$

Für jedes $f(\theta)$ muß der Ausdruck in Klammern als ein Operator angesehen werden, der auf die rechts von ihm stehende Funktion $f(\theta)$ wirkt. Folglich ergibt die wiederholte Anwendung von l_+ und l_- auf die Funktion $e^{i\mu\varphi} f(\theta)$ (μ und s ganz):

$$l_\pm^{\,s}\, e^{i\mu\varphi} f(\theta) = (\mp)^s\, e^{i(\mu\pm s)\varphi} \left(\sin^{s\pm\mu}\theta \frac{d^s}{d(\cos\theta)^s} \sin^{\mp\mu}\theta \right) f(\theta). \tag{13.35}$$

Aus Abschnitt 13.2.1 wissen wir, daß

$$Y_l^l(\theta, \varphi) = c_l \sin^l\theta\, e^{il\varphi}$$

worin der Betrag von c_l durch die Normierung von Y_l^l festgelegt ist:

---

6) Diese Konvention ist weitgehend üblich. Sie erweist sich als besonders bequem. Bei Invarianzuntersuchungen hinsichtlich der Zeitumkehr sind jedoch die Funktionen $\mathcal{Y}_l^m(\theta, \varphi) \equiv i^l\, Y_l^m(\theta, \varphi)$ vorzuziehen, wenn man mit Wellenfunktionen des Konfigurationsraums operiert (s. Abschnitt 14.4.8).

$$| c_l | = (4\pi)^{-\frac{1}{2}} \frac{\sqrt{(2l+1)!}}{2^l \, l!} \tag{13.36}$$

während die Phase von c_l nach der oben angegebenen Konvention bestimmt wird. Setzt man diesen Ausdruck für Y_l^l in Gl. (13.33) ein, so erhält man mit Berücksichtigung von Gl. (13.35):

$$Y_l^m(\theta, \varphi) = c_l \sqrt{\frac{(l+m)!}{(2l)!\,(l-m)!}}\, e^{im\varphi} \sin^{-m}\theta \frac{d^{l-m}}{d(\cos\theta)^{l-m}} \sin^{2l}\theta. \tag{13.37}$$

Ist $m = -l$, so ergibt diese Formel (nach Ausführung aller Rechnungen):

$$Y_l^{-l}(\theta, \varphi) = (-)^l c_l\, e^{-il\varphi} \sin^l\theta. \tag{13.38}$$

Setzt man diesen Ausdruck für Y_l^{-l} in Gl. (13.34) ein und benutzt wieder die Identität (13.35), so erhält man einen, zum vorstehenden äquivalenten Ausdruck für Y_l^m:

$$Y_l^m(\theta, \varphi) = (-)^m c_l \sqrt{\frac{(l-m)!}{(2l)!\,(l+m)!}}\, e^{im\varphi} \sin^m\theta \frac{d^{l+m}}{d(\cos\theta)^{l+m}} \sin^{2l}\theta. \tag{13.39}$$

Ist $m = 0$, so sind die beiden Ausdrücke identisch:

$$Y_l^0(\theta, \varphi) = c_l \sqrt{\frac{1}{(2l)!}} \frac{d^l}{d(\cos\theta)^l} (1 - \cos^2\theta)^l.$$

Man findet wieder – bis auf eine Konstante –, daß Legendresche Polynom (Anhang: Gl. (B. 71)):

$$\begin{aligned} Y_l^0(\theta, \varphi) &= (-)^l \frac{c_l\, 2^l\, l!}{\sqrt{(2l)!}} P_l(\cos\theta) \\ &= (-)^l \frac{c_l}{|c_l|} \sqrt{\frac{2l+1}{4\pi}}\, P_l(\cos\theta). \end{aligned}$$

Die Bedingung, daß $Y_l^0\,(0, 0)$ reell und positiv ist, verlangt folgende Wahl der Phase:

$$\frac{c_l}{|c_l|} = (-)^l.$$

Die Ausdrücke (13.37) und (13.39) für $Y_l^m\,(\theta, \varphi)$ sind so vollständig spezifiziert.

Die meisten der in Anhang B angegebenen Eigenschaften der Kugelfunktionen liest man direkt aus den Gln. (13.37) und (13.39) ab. Wir stellen insbesondere fest, daß

$$Y_l^{-m}(\theta, \varphi) = (-)^m\, Y_l^{m*}(\theta, \varphi),$$

daß Y_l^m das Produkt von $e^{im\varphi} \sin^{|m|}\theta$ mit einem Polynom in $\cos\theta$ vom Grade $l - |m|$ und der Parität $(-)^{l-|m|}$ und daß die *Parität* dieser Funktion (s. Aufgabe 4) $(-)^l$ ist, d.h.

$$Y_l^m(\pi - \theta, \varphi + \pi) = (-)^l \, Y_l^m(\theta, \varphi).$$

13.3 Drehimpuls und Drehungen

13.3.1 Beschreibung von Drehungen. Eulersche Winkel

In diesem Abschnitt erinnern wir an bestimmte Eigenschaften von Drehungen des Raumes (wobei „Raum" im üblichen Sinn des Wortes zu verstehen ist).

Eine Drehung um einen gegebenen Punkt O ist definiert als eine Verschiebung aller Punkte des Raumes mit Ausnahme des festen Punktes O. Bei einer solchen Verschiebung gelangt jeder Punkt P des Raumes in eine neue Lage P', und der Zusammenhang zwischen P und P' ist umkehrbar eindeutig. Man kann eine Drehung um O also auch als eine umkehrbare eindeutige Zuordnung der Punkte des Raumes definieren, bei der das Zentrum O in sich übergeht, sowie die Abstände (also auch die Winkel) und die Orientierung der Achsen erhalten bleiben [7].

Ein Einheitsvektor $\boldsymbol{u}$ und ein Winkel φ definieren eine spezielle Drehung $\mathcal{R}_u(\varphi)$ um die durch $\boldsymbol{u}$ gegebene orientierte Achse um den Winkel φ (der positive Drehsinn um diese Achse ist wie üblich definiert). Diese Art der Festlegung einer speziellen Drehung ist nicht eindeutig. Damit nämlich $\mathcal{R}_u(\varphi) = \mathcal{R}_{u_1}(\varphi)$ ist, ist notwendig und hinreichend, daß

$$\begin{aligned} u_1 &= u \\ \varphi_1 &= \varphi + 2n\pi \end{aligned} \qquad \text{oder} \qquad \begin{aligned} u_1 &= -u \\ \varphi_1 &= -\varphi + 2n\pi. \end{aligned} \qquad (n \text{ beliebig ganz})$$

Die Drehung heißt *infinitesimal,* wenn $\varphi = \epsilon$ unendlich klein ist. Bei einer infinitesimalen Drehung $\mathcal{R}_u(\epsilon)$ ist der transformierte Vektor $\boldsymbol{V}'$ eines Vektors $\boldsymbol{V}$ leicht anzugeben:

$$\boldsymbol{V}' \cong \boldsymbol{V} + \epsilon(\boldsymbol{u} \cdot \boldsymbol{V}) \quad (\epsilon \ll 1). \tag{13.40}$$

Eine andere Möglichkeit für die Beschreibung einer Drehung besteht in der Angabe ihrer Eulerschen Winkel α, β, γ. Seien $Oxyz$ ein rechtwinkliges Rechtssystem, $OXYZ$ das daraus durch die betrachtete Drehung entstehende System, Ou eine der *orientierten* Achsen senkrecht zu OzZ (Abb. 13.1). Die Eulerschen Winkel sind [8]:

$$\alpha = (Oy, Ou), \; \beta = (Oz, OZ), \; \gamma = (Ou, OY).$$

---

7) Dagegen bleiben bei Spiegelungen zwar die Abstände erhalten, aber die Richtung der Koordinatenachsen dreht sich um.

8) Die hier angegebene Definition unterscheidet sich ein wenig von der in der Kreiseltheorie üblichen.

Die Drehung ist das Ergebnis von drei aufeinanderfolgenden Drehungen:

(i) Drehung $\mathcal{R}_z(\alpha)$ mit dem Winkel α um Oz (Oy geht in Ou über);
(ii) Drehung $\mathcal{R}_u(\beta)$ mit dem Winkel β um Ou (Oz geht in OZ über);
(iii) Drehung $\mathcal{R}_Z(\gamma)$ mit dem Winkel γ um OZ (Ou geht in OY über).

Wir bezeichnen die resultierende Drehung mit $\mathcal{R}(\alpha, \beta, \gamma)$ und schreiben

$$\mathcal{R}(\alpha\beta\gamma) = \mathcal{R}_Z(\gamma)\,\mathcal{R}_u(\beta)\,\mathcal{R}_z(\alpha). \tag{13.41}$$

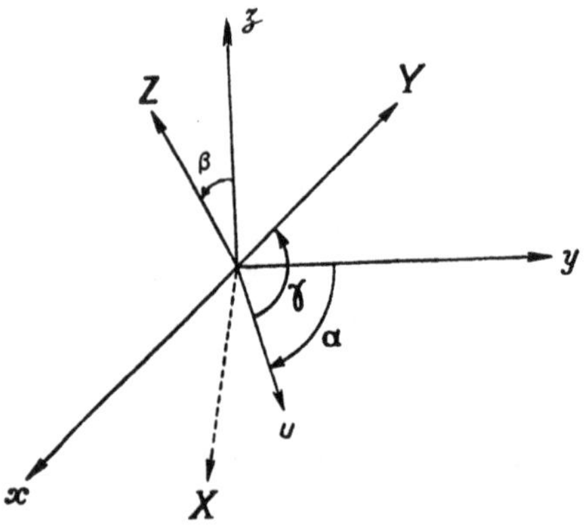

Abb. 13.1 Definition der Eulerschen Winkel.

Die Winkel α, β, γ sind positiv oder negativ, je nachdem, ob die zugehörigen Drehungen um die orientierten Achsen Oz, Ou, OZ positiv oder negativ sind. Ist das System $Oxyz$ einmal fest gewählt, so kann dieselbe Drehung durch mehrere verschiedene Sätze von Eulerschen Winkeln definiert werden. Damit $\mathcal{R}(\alpha\beta\gamma) = \mathcal{R}(\alpha_1\beta_1\gamma_1)$ ist, ist notwendig und hinreichend, daß:

$$\begin{cases} \alpha_1 = \alpha + 2\pi n_\alpha \\ \beta_1 = \beta + 2\pi n_\beta \\ \gamma_1 = \gamma + 2\pi n_\gamma \end{cases} \quad \text{oder} \quad \begin{cases} \alpha_1 = \alpha + \pi + 2\pi n_\alpha \\ \beta_1 = -\beta + 2\pi n_\beta \\ \gamma_1 = \gamma - \pi + 2\pi n_\gamma \end{cases} \tag{13.42}$$

(n_α, n_β, n_γ beliebig ganz).

Jeder Drehung $\mathcal{R}$ kann man eine bestimmte $3 \cdot 3$-Matrix zuordnen, die in folgender Weise definiert wird. Sei $Oxyz$ ein fest gewähltes orthogonales Rechtssystem und seien $\boldsymbol{a}_1$, $\boldsymbol{a}_2$, $\boldsymbol{a}_3$ die Einheitsvektoren in Richtung der drei Achsen. Diese Vektoren transformieren sich bei der betrachteten Drehung in drei neue Vektoren $\boldsymbol{A}_1$, $\boldsymbol{A}_2$, $\boldsymbol{A}_3$, die ebenfalls ein orthogonales Rechtssystem $OXYZ$ bilden. Jeder dieser Vektoren $\boldsymbol{A}_j$ ist eine Linearkombination der Vektoren $\boldsymbol{a}_1$, $\boldsymbol{a}_2$, $\boldsymbol{a}_3$[9]:

$$\boldsymbol{A}_j \equiv \mathcal{R}[\boldsymbol{a}_j] = \boldsymbol{a}_i \mathcal{R}_{ij}, \qquad \mathcal{R}_{ij} = (\boldsymbol{a}_i . \boldsymbol{A}_j).$$

[9] In diesem ganzen Abschnitt verwenden wir die Einsteinsche Summenkonvention:

$\boldsymbol{a}_i \mathcal{R}_{ij} = \boldsymbol{a}_1 \mathcal{R}_{1j} + \boldsymbol{a}_2 \mathcal{R}_{2j} + \boldsymbol{a}_3 \mathcal{R}_{3j}$.

Die Koeffizienten $\mathcal{R}_{ij}$ der so gebildeten 3 Linearkombinationen sind die Elemente einer 3 · 3-Matrix, die wir im folgenden mit demselben Buchstaben $\mathcal{R}$ wie die Drehung bezeichnen. Diese Matrix definiert die Drehung vollständig. Sei nämlich $V \equiv a_j V_j$ ein beliebiger Vektor des Raumes, der im $Oxyz$-System die Komponenten (V_1, V_2, V_3) hat. Der daraus durch Drehung entstehende transformierte Vektor ist:

$$V' \equiv \mathcal{R}[V] = A_j V_j = a_i \mathcal{R}_{ij} V_j.$$

Dieser Vektor hat also im $Oxyz$-System die Koordinaten

$$V_i' = \mathcal{R}_{ij} V_j. \tag{13.43}$$

Sie ergeben sich aus denen von V durch Anwendung der Matrix $\mathcal{R}$.

Weil die A_i ein orthogonales Rechtssystem bilden, ist die reelle Matrix $\mathcal{R}$ orthogonal und unimodular:

$$\mathcal{R} = \mathcal{R}^*, \quad \widetilde{\mathcal{R}} = \mathcal{R}^{-1}, \qquad \det \mathcal{R} = 1.$$

Ist also das System $Oxyz$ einmal fest vorgegeben, so ist die einer Drehung zugeordnete Matrix eindeutig definiert. Umgekehrt entspricht jeder reellen, orthogonalen und unimodularen Matrix genau eine Drehung.

Die Elemente der der Drehung $\mathcal{R}(\alpha\beta\gamma)$ zugeordneten Matrix sind explizit als Funktion ihrer Eulerschen Winkel in Anhang C angegeben (Gl. (C. 45)). Als Beispiel nennen wir das Transformationsgesetz für die Koordinaten des Vektors V bei einer Drehung $\mathcal{R}_z(\alpha)$ mit dem Winkel α um Oz:

$$\left.\begin{aligned} V_1' &= V_1 \cos\alpha - V_2 \sin\alpha \\ V_2' &= V_2 \sin\alpha + V_2 \cos\alpha \\ V_3' &= V_3 \end{aligned}\right\} \tag{13.44}$$

Das Produkt zweier Drehungen $\mathcal{R}_1$ und $\mathcal{R}_2$, d.h. die Transformation $\mathcal{R} \equiv \mathcal{R}_2 \mathcal{R}_1$, die man erhält, wenn man nacheinander erst die Drehung $\mathcal{R}_1$ und dann die Drehung $\mathcal{R}_2$ ausführt, ist auch eine Drehung. Die Beziehung (13.41) ist ein Beispiel für ein solches Produkt. Es ist nicht einfach, die Eulerschen Winkel von $\mathcal{R}$ in Abhängigkeit der Winkel von $\mathcal{R}_1$ und $\mathcal{R}_2$ anzuschreiben. Dagegen erhält man sehr leicht die zugehörige Matrix. Sie ist das Produkt der zu $\mathcal{R}_1$ und $\mathcal{R}_2$ gehörenden Matrizen:

$$\mathcal{R} = \mathcal{R}_2 \mathcal{R}_1.$$

13.3.2 Drehung eines physikalischen Systems. Drehoperator

Diskutiert man eine Drehung im Zusammenhang mit einem physikalischen Problem, so kann man zwei, wohl zu unterscheidende Standpunkte einnehmen (das folgende gilt auch für jede andere Transformation des Raumes). Der erste Standpunkt besteht darin, daß man sich die genannte Drehung am Bezugssystem ausgeführt denkt. Die Punkte des Raumes und die ihnen zugeordneten physikalischen Größen bleiben dabei fest. Man kann aber auch die Bezugsachsen festhalten und das physikalische System selbst sich drehen lassen. Beide Standpunkte sind äquivalent: Es läuft streng auf dasselbe hinaus, ob man das Bezugssystem oder im umgekehrten Sinne das physikalische System selbst sich drehen läßt. Im folgenden wollen wir, falls nichts anderes gesagt wird, immer den zweiten Standpunkt einnehmen (Drehung des physikalischen Systems).

Präzisieren wir, was man unter der Drehung eines physikalischen Systems versteht. Dieser Begriff ist in der Quantentheorie schwieriger zu fassen als in der klassischen Physik, weil der Zusammenhang zwischen Zuständen und dynamischen Variablen verwickelter ist. Der Einfachheit halber betrachten wir zunächst nur ein Teilchen. Wir bezeichnen mit a einen möglichen Zustand des Teilchens und mit $\psi(\boldsymbol{r})$ die Wellenfunktion, die diesen Zustand in der Wellenmechanik repräsentiert. Sei a' der Zustand, der sich ergibt, wenn das Teilchen einer bestimmten Drehung $\mathcal{R}$ unterworfen wird, $\psi'(\boldsymbol{r})$ die zugehörige Wellenfunktion:

$$a' \equiv \mathcal{R}[a], \qquad \psi'(\boldsymbol{r}) \equiv \mathcal{R}[\psi(\boldsymbol{r})].$$

Der Satz: a' ergibt sich durch die Drehung $\mathcal{R}$ aus dem Zustand a, bedeutet folgendes: Die Resultate einer beliebigen Beobachtung am System im Zustand a' ergeben sich durch die Drehung $\mathcal{R}$ aus den Ergebnissen, die dieselbe Beobachtung am System im Zustand a liefern würde. Nehmen wir z.B. eine Ortsmessung. Die statistischen Verteilungen in den Zuständen a und a' sind durch $|\psi(\boldsymbol{r})|^2$ bzw. $|\psi'(\boldsymbol{r})|^2$ gegeben. Nach dem eben Gesagten ergibt sich die zweite aus der ersten durch die Drehung $\mathcal{R}$, d.h. *der Wert der zweiten Funktion in einem Punkt $\boldsymbol{r}$ ist gleich dem Wert der ersten Funktion in dem Punkt $\boldsymbol{r}_1$, der sich bei der Drehung $\mathcal{R}$ in den Punkt $\boldsymbol{r}$ transformiert:*

$$|\psi'(\boldsymbol{r})|^2 = |\psi(\boldsymbol{r}_1)|^2, \quad \boldsymbol{r}_1 = \mathcal{R}^{-1}\boldsymbol{r}. \tag{13.45}$$

Entsprechend muß, wenn $\varphi(\boldsymbol{p})$ und $\varphi'(\boldsymbol{p})$ die zu ψ und ψ' gehörenden Wellenfunktionen im Impulsraum sind, gelten:

$$|\varphi'(\boldsymbol{p})|^2 = |\varphi(\boldsymbol{p}_1)|^2, \quad \boldsymbol{p}_1 = \mathcal{R}^{-1}\boldsymbol{p}. \tag{13.46}$$

Zur Erfüllung der genannten Bedingungen ist offensichtlich hinreichend, daß der Wert von ψ' an der Stelle $\boldsymbol{r}$ gleich dem Wert von ψ an der Stelle $\boldsymbol{r}_1$ ist:

$$\psi'(\boldsymbol{r}) \equiv \mathcal{R}[\psi(\boldsymbol{r})] = \psi(\mathcal{R}^{-1}\boldsymbol{r}). \tag{13.47}$$

Man kann zeigen – wir wollen das hier einfach voraussetzen –, daß diese Beziehung auch notwendig ist [10)]. Die Wellenfunktion ist also eindeutig bestimmt.

10) Der allgemeine Beweis wird in Abschnitt 14.1.5 gegeben. In voller Strenge ist die Funktion ψ' durch diese Bedingungen nur bis auf einen Phasenfaktor definiert. Diese Willkür wird behoben, wenn man verlangt, daß die weiter unten definierten Operatoren R gegenüber Drehungen eine isomorphe Gruppe bilden. Das wird hier getan.

Die Beziehung (13.47) stellt einen umkehrbar eindeutigen Zusammenhang zwischen ψ und ψ' her. Es ist klar, daß dieser Zusammenhang linear ist. Es existiert ein Operator R, so daß

$$\psi' = R\,\psi.$$

Dieser Operator ist unitär, denn die Normen von ψ und ψ' sind gleich:

$$\int |\psi'(\boldsymbol{r})|^2 \,\mathrm{d}\boldsymbol{r} = \int |\psi(\mathcal{R}^{-1}\boldsymbol{r})|^2 \,\mathrm{d}\boldsymbol{r} = \int |\psi(\boldsymbol{r}_1)|^2 \,\mathrm{d}\boldsymbol{r}_1$$

(das letzte Integral ergibt sich durch die Variablensubstitution $\boldsymbol{r}_1 = \mathcal{R}^{-1}\,\boldsymbol{r}$ und unter Berücksichtigung der Tatsache, daß das Volumenelement $\mathrm{d}\boldsymbol{r}$ bei der Drehung $\mathcal{R}^{-1}$ erhalten bleibt).

Die Verallgemeinerung auf ein System aus N Teilchen ist ohne Schwierigkeiten möglich. Die Wellenfunktion $\psi(\boldsymbol{r}^{(1)}, \boldsymbol{r}^{(2)}, \ldots, \boldsymbol{r}^{(N)})$ transformiert sich bei der Drehung $\mathcal{R}$ in

$$\mathcal{R}[\psi(\boldsymbol{r}^{(1)}, \ldots, \boldsymbol{r}^{(N)})] = \psi(\mathcal{R}^{-1}\boldsymbol{r}^{(1)}, \ldots, \mathcal{R}^{-1}\boldsymbol{r}^{(N)}) = R\,\psi(\boldsymbol{r}^{(1)}, \ldots, \boldsymbol{r}^{(N)}). \tag{13.48}$$

Der Drehoperator R ist dabei, wie oben, linear und unitär.

Allgemeiner ist jeder Drehung $\mathcal{R}$ eines physikalischen Systems ein unitärer Operator R zugeordnet. Die Wirkung von R auf den Vektor $|a\rangle$, der den Zustand des Systems vor der Drehung repräsentiert, ergibt den Vektor $|a'\rangle$, der den Zustand nach der Drehung beschreibt:

$$R R^\dagger = R^\dagger R = 1 \tag{13.49}$$

$$|a'\rangle = R\,|a\rangle. \tag{13.50}$$

Aus diesem Transformationsgesetz leitet man leicht das entsprechende Gesetz für den Dichteoperator her. Man braucht nur auf die Definition dieses Operators zurückzugehen. Sei ρ der Dichteoperator für einen bestimmten Zustand des Systems (reiner oder gemischter Fall), ρ' der Operator des Zustandes, der sich aus dem ersten durch die Drehung $\mathcal{R}$ ergibt. Man hat dann:

$$\rho' \equiv \mathcal{R}[\rho] = R\,\rho\,R^\dagger. \tag{13.51}$$

13.3.3 Drehung von Observablen

Neben der Drehung des physikalischen Systems selbst kann man auch die Drehung der Meßinstrumente ins Auge fassen. Nachdem wir das Transformationsgesetz für die Zustandsvektoren bestimmt haben, müssen wir das entsprechende Gesetz für die Observablen aufstellen, die die verschiedenen am System möglichen Meßvorgänge darstellen.

Sei Q eine Observable, $Q' \equiv \mathcal{R}[Q]$ die daraus durch die Drehung $\mathcal{R}$ hervorgehende Observable. Physikalisch stellt die Observable Q einen Meßprozeß dar und die Transformation von Q in Q' entspricht der Drehung des gesamten Meßinstruments. Folglich ist der Mittelwert der Messungen von Q, die am System im Zustand $|a\rangle$

ausgeführt werden, gleich dem der Messungen von Q' im Zustand $|a'\rangle \equiv \mathcal{R}[|a\rangle]$ des Systems, d.h.

$$\langle a|Q|a\rangle = \langle a'|Q'|a'\rangle.$$

Wegen $|a'\rangle = R\,|a\rangle$ lautet diese Beziehung

$$\langle a|Q|a\rangle = \langle a'|Q'|a'\rangle.$$

Weil sie für beliebiges $|a\rangle$ gelten muß, hat man (s. Abschnitt 7.1.4)

$$Q = R^{\dagger} Q' R$$

d.h. $$Q' = R\,Q\,R^{\dagger}. \tag{13.52}$$

Anders ausgedrückt, transformieren sich die Observablen bei der Drehung $\mathcal{R}$ durch dieselbe unitäre Transformation wie die Zustandsvektoren.

Repräsentiert insbesondere eine Observable S eine skalare Größe [11] – so besitzt sie die Eigenschaft

$$S' \equiv R\,S\,R^{\dagger} = S$$

für beliebiges R. Weil R unitär ist, kann man dafür auch schreiben:

$$[R, S] = 0. \tag{13.53}$$

Also vertauscht eine gegenüber Drehungen invariante Observable mit allen Drehoperatoren.

Besonders wichtig sind weiter die Vektoroperatoren. Wir verwenden die Bezeichnungen aus Abschnitt 13.3.1 und benennen mit $\boldsymbol{K}$ einen Vektoroperator mit den Komponenten $K_i = (\boldsymbol{K}.\hat{\boldsymbol{a}}_i)$. Wendet man die Drehung $\mathcal{R}$ auf die x-Komponente K_1 von $\boldsymbol{K}$ an, so ist der sich ergebende Operator die Komponente von $\boldsymbol{K}$ in OX-Richtung. Allgemeiner hat man $\mathcal{R}[\boldsymbol{K}.\boldsymbol{a}] = \boldsymbol{K}.\boldsymbol{a}'$ mit $\boldsymbol{a}' = \mathcal{R}[\boldsymbol{a}]$ und insbesondere

$$K_i' \equiv \mathcal{R}[K_i] = \boldsymbol{K}.\boldsymbol{A}_i = K_j\,\mathcal{R}_{ji}.$$

Das Transformationsgesetz für die kartesischen Komponenten von $\boldsymbol{K}$ ist also:

$$K_i' \equiv R\,K_i R^{\dagger} = \widetilde{\mathcal{R}}_{ij} K_j. \tag{13.54}$$

Man beachte, daß im Unterschied zum Gesetz (13.43) hier die inverse Matrix $\widetilde{\mathcal{R}}$ und nicht die Matrix $\mathcal{R}$ selbst auftritt. Die Komponenten von $\boldsymbol{K}$ transformieren sich bei der Drehung $\mathcal{R}$ wie die Komponenten eines Vektors bei der Drehung $\mathcal{R}^{-1}$.

13.3.4 Drehimpuls und infinitesimale Drehungen

Wir sind jetzt in der Lage, die fundamentale Beziehung zwischen dem Drehimpuls eines Systems und seinen infinitesimalen Drehoperatoren aufzustellen.

---

[11] In diesem Kapitel werden wir diese Definition von Skalaren verwenden. Später werden wir die bei Drehungen invarianten Größen in Skalare und Pseudoskalare unterscheiden. Die ersten bleiben bei einer Spiegelung ungeändert, die zweiten werden dabei mit -1 multipliziert.

Nehmen wir zunächst den Fall des Einzelteilchens aus Abschnitt 13.3.2. Nach Gl. (13.47) transformiert die Drehung $\mathcal{R}_z(\alpha)$ um Oz mit dem Winkel α die Funktion $\psi(x, y, z)$, s. Gl. (13.44), in

$$\mathcal{R}_z(\alpha)\left[\psi(x, y, z)\right] = \psi(x \cos\alpha + y \sin\alpha, \ -x \sin\alpha + y \cos\alpha, z).$$

Insbesondere ergibt die infinitesimale Drehung $\mathcal{R}_z(\epsilon)$, wenn man die rechte Seite um (x, y, z) nach Taylor entwickelt und nur die Glieder erster Ordnung in ϵ berücksichtigt:

$$\begin{aligned} R_z(\varepsilon)\left[\psi(x, y, z)\right] &\simeq \psi(x + y\varepsilon, \ -x\varepsilon + y, z) \\ &\simeq \psi(x, y, z) + \varepsilon\left(y\frac{\partial\psi}{\partial x} - x\frac{\partial\psi}{\partial y}\right) \\ &\simeq (1 - \mathrm{i}\varepsilon l_z)\,\psi(x, y, z). \end{aligned}$$

In der letzten Zeile ist die Definition des Differentialoperators l_z ($\hbar = 1$) verwendet worden. Der Operator für eine infinitesimale Drehung gelangt so auf die Form:

$$R_z(\epsilon) \cong 1 - \mathrm{i}\epsilon l_z.$$

Für eine Drehung um $\boldsymbol{u}$ liefert die gleiche Überlegung:

$$R_u(\epsilon) = 1 - \mathrm{i}\epsilon(\boldsymbol{l}.\boldsymbol{u}).$$

Für ein System aus N Teilchen ergibt sich dasselbe Resultat. Man muß nur mit dem Gesetz (13.48) so vorgehen wie mit Gl. (13.47). Man findet:

$$\mathcal{R}_z(\epsilon) \cong 1 - \mathrm{i}\epsilon L_z$$

und allgemeiner:

$$R_u(\epsilon) \cong 1 - \mathrm{i}\epsilon(\boldsymbol{L}.\boldsymbol{u}),$$

darin ist $\boldsymbol{L}$ der Gesamtdrehimpuls des Systems.

Wir fassen zusammen:
Ist $\boldsymbol{J}$ der Gesamtdrehimpuls eines Systems, so hängt die Komponente entlang einer beliebigen Achse $\boldsymbol{u}$ mit dem Operator für eine infinitesimale Drehung um diese Achse gemäß

$$\boxed{R_{\boldsymbol{u}}(\varepsilon) \simeq 1 - \mathrm{i}\varepsilon(\boldsymbol{J}.\boldsymbol{u})} \tag{13.55}$$

zusammen.

Diese grundlegende Beziehung dient zur Definition des Gesamtdrehimpulses, wenn das System kein klassisches Analogon besitzt.

Damit diese Definition widerspruchsfrei ist, muß man sich vergewissern, daß der Operator $(\boldsymbol{J}.\boldsymbol{u})$ wirklich die $\boldsymbol{u}$-Komponente eines Vektoroperators $\boldsymbol{J}$ ist. Hierzu reicht es anzunehmen, daß zu jeder *infinitesimalen* Drehung $\mathcal{R}_u(\epsilon)$ *genau ein* Operator $R_u(\epsilon)$ gehört [12]. Nach dem Transformationsgesetz (13.40) für Vektoren ist nämlich die Operation $\mathcal{R}_u(\epsilon)$ in erster Ordnung in ϵ äquivalent zum Produkt $\mathcal{R}_x(\epsilon u_x)\,\mathcal{R}_y(\epsilon u_y)\,\mathcal{R}_z(\epsilon u_z)$. Folglich ist

$$\begin{aligned} R_u(\varepsilon) &\simeq R_x(\varepsilon u_x)\,R_y(\varepsilon u_y)\,R_z(\varepsilon u_z) \\ &\simeq 1 - \mathrm{i}\varepsilon(u_x J_x + u_y J_y + u_z J_z). \end{aligned}$$

Nach dieser Definition vertauscht jeder skalare Operator S mit den Komponenten von J ((Gl. (13.53)):

$$[(u.J), S] = 0. \tag{13.56}$$

Wir leiten weiter aus dieser Definition die Vertauschungsrelationen der Komponenten von J mit denen eines beliebigen Vektoroperators K her. Sei $K_a \equiv K.a$ die Komponente von K entlang eines Einheitsvektors a. Nach Definition geht sie bei der Drehung $R_u(\epsilon)$ über in

$$K_a' \equiv R_u(\varepsilon)\,K_a\,R_u^\dagger(\varepsilon) \simeq K_a - \mathrm{i}\varepsilon[J_u, K_a].$$

Nach dem Transformationsgesetz für den Vektor a (Gl. (13.40)) ist jedoch

$$K_a' = K.a' \simeq K.[a + \varepsilon(u \times a)].$$

Setzt man die in diesen beiden Ausdrücken auftretenden Glieder erster Ordnung in ϵ gleich, so findet man:

$$[J_u, K_a] = \mathrm{i}K.(u \times a)$$

d.h.

$$\boxed{[(u.J), (a.K)] = \mathrm{i}((u \times a).K)} \tag{13.57}$$

Setzt man für K den Operator J selbst ein, so ergeben sich wieder die für den Drehimpuls charakteristischen Vertauschungsrelationen (Gl. (13.4)).

Die oben angegebene Definition des *Gesamt*drehimpulses ist äquivalent zur folgenden:

Hat ein System als Basisobservable eine Folge von skalaren Operatoren $S_1, S_2, \ldots$ und die Komponenten einer Folge von Vektoroperatoren $K_1, K_2, \ldots$, so ist der Gesamtdrehimpuls dieses Systems definiert als ein *Vektoroperator* J, dessen Komponenten mit allen S vertauschen, während sie mit den Komponenten der K den Vertauschungsrelationen (13.57) genügen.

Sind die Beziehungen (13.57) nur für einen Teil der Vektoren $K_1, K_2, \ldots$, erfüllt, so ist J nicht der Gesamtdrehimpuls des Systems, selbst wenn er die für einen Drehimpuls charakteristischen Vertauschungsrelationen (13.4) erfüllt. So genügt im Fall des N-Teilchensystems aus Abschnitt 13.3.2 jeder Vektoroperator, der durch die Addition einer bestimmten Anzahl von Einzeldrehimpulsen $l^{(i)}$ entsteht, den Beziehungen (13.4), doch entspricht allein die Summe L aller $l^{(i)}$ der Definition des Gesamtdrehimpulses.

[12] Dies ist gleichbedeutend mit der Annahme, daß die Drehoperatoren eine Gruppe bilden.

13.3.5 Konstruktion des Operators $R(\alpha\ \beta\ \gamma)$

Jede endliche Drehung kann man als eine Folge infinitesimaler Drehungen auffassen. Der zu einer endlichen Drehung gehörende Operator ist das Produkt der entsprechenden infinitesimalen Drehoperatoren. Weil diese nach Gl. (13.55) wohlbestimmte Funktionen des Gesamtdrehimpulses sind, kann auch der endliche Drehoperator in Abhängigkeit vom Gesamtdrehimpuls ausgedrückt werden.

Wir betrachten die Drehung $\mathcal{R}_u(\varphi)$. Das ist eine Folge infinitesimaler Drehungen um die Achse $\boldsymbol{u}$. Es gilt:

$$\mathcal{R}_u(\varphi + d\varphi) = \mathcal{R}_u(d\varphi)\,\mathcal{R}_u(\varphi).$$

Setzt man $J_u \equiv (\boldsymbol{J}.\boldsymbol{u})$ und verwendet Gl. (13.55), so wird daraus

$$\begin{aligned} R_u(\varphi + d\varphi) &= R_u(d\varphi)\,R_u(\varphi) \\ &= (1 - iJ_u d\varphi)\,R_u(\varphi), \end{aligned}$$

also $$\frac{d}{d\varphi}R_u(\varphi) = -\,iJ_u R_u(\varphi) \qquad (R_u(0) = 1).$$

Die Integration dieser Differentialgleichung ergibt

$$R_u(\varphi) = e^{-i\varphi J_u}. \tag{13.58}$$

Betrachten wir jetzt die durch die Eulerschen Winkel α, β, γ definierte Drehung $\mathcal{R}(\alpha\beta\gamma)$, so wissen wir aus Abschnitt 13.3.1, daß diese als eine Folge von Drehungen mit den Winkeln α, β bzw. γ um die Achsen Oz, Ou bzw. OZ (Abb. 13.1) aufgefaßt werden kann. Es ist also

$$R(\alpha\,\beta\,\gamma) = R_Z(\gamma)\,R_u(\beta)\,R_z(\alpha).$$

Die rechte Seite kann man wegen Gl. (13.58) durch die Komponenten J_Z, J_u und J_z des Drehimpulses ausdrücken:

$$R(\alpha\,\beta\,\gamma) = e^{-i\gamma J_Z}\,e^{-i\beta J_u}\,e^{-i\alpha J_z}. \tag{13.59}$$

Dabei ist streng auf die Reihenfolge der drei Faktoren zu achten.

Diesen Ausdruck schreiben wir so um, daß nur noch die Komponenten J_x, J_y und J_z des Drehimpulses auftreten. J_u ergibt sich aus J_y durch die Drehung $\mathcal{R}_z(\alpha)$. Nach Gl. (13.52) ist

$$J_u = R_z(\alpha) J_y R_z^\dagger(\alpha) = e^{-i\alpha J_z}\,J_y\,e^{+i\alpha J_z}.$$

Folglich ist

$$e^{-i\beta J_u} = e^{-i\alpha J_z}\,e^{-i\beta J_y}\,e^{+i\alpha J_z}.$$

Setzt man diesen Ausdruck in Gl. (13.59) ein, so wird

$$R(\alpha\,\beta\,\gamma) = e^{-i\gamma J_Z}\,e^{-i\alpha J_z}\,e^{-i\beta J_y},$$

J_Z ergibt sich aus J_z durch die beiden aufeinanderfolgenden Drehungen $\mathcal{R}_z(\alpha)$ und $\mathcal{R}_u(\beta)$. Führt man die zum Vorgehen bei J_u analoge Rechnung aus, so erhält man schließlich

$$\boxed{R(\alpha\,\beta\,\gamma) = e^{-i\alpha J_z}\, e^{-i\beta J_y}\, e^{-i\gamma J_z}} \tag{13.60}$$

13.3.6 Drehungen um 2π und halbzahlige Drehimpulse

Nach Gl. (13.58) ist

$$R_u(2\pi) = e^{-2\pi i J_u}.$$

Obwohl *eine Drehung um 2π um eine Achse $\boldsymbol{u}$* wieder auf die Ausgangslage zurückführt, muß der zugehörige Drehoperator nicht notwendig gleich 1 sein. In einer Darstellung, in der J_u diagonal ist, ist nämlich dieser Operator diagonal, und seine Diagonalelemente sind $+1$ oder -1, je nachdem, ob der entsprechende Eigenwert von J_u ganz- oder halbzahlig ist.

Wir führen als Funktion von $\boldsymbol{J}^2$ die Observable D ein, deren Eigenwerte $+1$ sind, wenn j ganzzahlig, und -1, wenn j halbzahlig ist.

Wir stellen fest:

(i) $\frac{1}{2}(1 + D)$ ist der Projektionsoperator auf den Unterraum mit ganzzahligen j;
(ii) $\frac{1}{2}(1 - D)$ ist der Projektionsoperator auf den Unterraum mit halbzahligen j;
(iii) $D^2 = 1$;
(iv) D vertauscht mit allen Drehoperatoren:

$$[D, R] = 0.$$

Es ist also

$$R_u(2\pi) = D. \tag{13.61}$$

Damit $R_u(2\pi) = 1$ ist, darf der Drehimpuls nur ganzzahlige Werte annehmen. Dagegen ist stets

$$R_u(4\pi) = D^2 = 1.$$

Der umkehrbar eindeutige Zusammenhang zwischen den infinitesimalen Drehungen und den Drehoperatoren R, die dem Eins-Operator infinitesimal benachbart sind (Gl. (13.55)), überträgt sich nicht auf endliche Drehungen. Eine endliche Drehung kann man auf unendlichfache Weise als Produkt infinitesimaler Drehungen schreiben; die Operatoren $R_u(\varphi)$ und $R(\alpha\,\beta\,\gamma)$ sind zwei Beispiele dafür. Es gibt von vornherein keinen Grund dafür, daß sich jedesmal derselbe Operator ergibt.

Man kann zeigen, daß zu jeder endlichen Drehung insgesamt zwei Operatoren R' und R'' gehören, die sich um eine „Drehung um 2π" unterscheiden:

$$R'' = DR'. \tag{13.62}$$

Bei den bisher betrachteten physikalischen Systemen kann der Gesamtdrehimpuls nur ganzzahlige Werte annehmen. In diesem Fall ist $D = 1$, also $R' = R''$: Zu jeder Drehung $\mathcal{R}$ gehört genau ein Drehoperator. Besitzt das System dagegen Zustände mit halbzahligem Drehimpuls, so sind die Operatoren R' und R'' verschieden.

Die Tatsache, daß es zwei verschiedene Operatoren zur Beschreibung derselben Drehung gibt, erfordert einige Bemerkungen. Daß die Drehung eines Zustandsvektors um 2π nicht wieder denselben Vektor liefert, bedeutet keine grundsätzliche Schwierigkeit, solange diese Drehung nicht zu einem beobachtbaren Effekt führt. An den Meßergebnissen eines Experiments würde sich nichts ändern, wenn man vorher einige Instrumente einer Drehung um 2π unterwerfen würde: Zwei identische Meßapparaturen in derselben Lage liefern notwendig dieselben Anzeigen. Wenn also eine Observable Q eine meßbare Größe darstellen soll, so muß sie gegenüber einer Drehung um 2π notwendig invariant sein. Wird allgemeiner diese Observable einer bestimmten Drehung $\mathcal{R}$ unterworfen, so darf die sich ergebende Observable nicht von dem speziellen Weg abhängen, den man bei der Ausführung der Drehung beschritten hat:

$$R' Q R'^{\dagger} = R'' Q R''^{\dagger}.$$

Damit diese allgemeinere Eigenschaft besteht, genügt die Invarianz gegenüber einer Drehung um 2π, was man formal so ausdrücken kann:

$$[D, Q] = 0. \tag{13.63}$$

Nach Definition ist eine Observable ein hermitischer Operator mit einem vollständigen System von Eigenvektoren. Jeder Operator, der eine physikalische Größe repräsentiert, ist eine Observable: das ist eine für den inneren Zusammenhang der Quantentheorie notwendige Bedingung. Dagegen ist das Umgekehrte keineswegs erforderlich. Wir werden eine Observable eine *physikalische Observable* nennen, wenn sie eine physikalische meßbare Größe repräsentiert. Jede physikalische Observable genügt dann notwendig der Beziehung (13.63) [13]. In der Praxis setzt man immer implizit als Arbeitshypothese voraus, daß die Observablen des jeweils untersuchten Systems alle physikalische Observable sind. Diese Hypothese vereinfacht häufig die Diskussionen. Sie ist aber nicht wesentlich und kann durch eine schärfere Hypothese ersetzt werden, ohne daß davon die Deutung der Theorie beeinflußt wird. Eine dieser Einschränkungen ist die Relation (13.63). Wir werden auf sie an anderer Stelle bei der Behandlung nicht unterscheidbarer Teilchen zurückkommen [14].

[13] Die Observablen aller in diesem Buch behandelten physikalischen Systeme erfüllen die Beziehung (16.63). Die Unterscheidung zwischen Observablen und physikalischen Observablen wäre hiernach rein akademisch. Man kann sich aber Systeme denken, deren Observable nicht alle der Gl. (16.63) genügen. Ein Beispiel findet man in Aufgabe 15.

[14] Für eine allgemeine Diskussion von Relationen der Art (13.63) und ihrer Konsequenzen (Superauswahlregeln) s. *Wick, Wightman und Wigner,* Phys. Rev. 88, 101 (1952).

Nach diesen Bemerkungen ist festzustellen, daß keine Aussage der Quantenmechanik die Existenz halbzahliger Drehimpulse verbietet. Tatsächlich beobachtet man sie in der Natur.

13.3.7 Irreduzible invariante Unterräume. Drehmatrizen

Der Ausdruck (13.60) zeigt, daß jeder Drehoperator eine Funktion der Komponenten des Gesamtdrehimpulses ist, wie am Schluß von Abschnitt 13.1.4 bereits erwähnt. Die Vektoren eines solchen Raumes $\mathcal{E}^{(J)}$[15], wie er in diesem Abschnitt konstruiert wurde, transformieren sich also bei Drehungen ineinander: Der Raum $\mathcal{E}^{(J)}$ ist gegenüber Drehungen invariant.

Ist genauer $|u\rangle$ ein beliebiger Vektor dieses Raumes, so spannt die Gesamtheit der Vektoren $R|u\rangle$, die aus $|u\rangle$ durch Drehung hervorgehen, den Raum $\mathcal{E}^{(J)}$ ganz auf: Man sagt von einem Raum, der diese Eigenschaft besitzt, er sei *hinsichtlich Drehungen irreduzibel.* Existiert dagegen in diesem Raum *wenigstens* ein Vektor $|v\rangle$, so daß die Gesamtheit der Vektoren $R|v\rangle$ nur einen Teil des Raumes aufspannen, so heißt der Raum reduzibel bezüglich Drehungen.

Die Irreduzibilität von $\mathcal{E}^{(J)}$ zeigt man wie folgt. Sei $\mathcal{E}_1^{(J)}$ der von der Gesamtheit der Vektoren $R|u\rangle$ aufgespannte Raum. $J_+|u\rangle$ gehört zu $\mathcal{E}_1^{(J)}$, denn

$$J_+|u\rangle \equiv (J_x + iJ_y)|u\rangle = \frac{1}{\varepsilon}(1 - i + iR_x(\varepsilon) - R_y(\varepsilon))|u\rangle.$$

Dasselbe gilt für $J_-|u\rangle$. Allgemeiner gehört jeder Vektor, der durch Anwendung von J_+ oder J_- auf einen Vektor aus $\mathcal{E}_1^{(J)}$ erhalten wird, zu $\mathcal{E}_1^{(J)}$. Wir betrachten die Entwicklung $|u\rangle = \Sigma_M |JM\rangle\langle JM|u\rangle$ und bezeichnen den kleinsten Wert von M, für den $\langle JM|u\rangle \neq 0$ ist, mit m. Nach der in Abschnitt 13.1.4 angegebenen Konstruktionsmethode ist der Vektor $J_+^{J-m}|u\rangle$ von Null verschieden und proportional zu $|JJ\rangle$. Also gehört $|JJ\rangle$ zu $\mathcal{E}_1^{(J)}$. Weil aber alle Vektoren $|JM\rangle$ sich aus $|JJ\rangle$ durch wiederholte Anwendung von J_- ergeben, gehören sie ebenso zu $\mathcal{E}_1^{(J)}$. $\mathcal{E}_1^{(J)}$ enthält also eine vollständige Folge von Basisvektoren von $\mathcal{E}^{(J)}$: die beiden Räume sind identisch, q.e.d.

In Abschnitt 13.1.5 wurde skizziert, wie der Vektorraum für ein physikalisches System durch Vereinigung einer bestimmten Anzahl $(2J + 1)$-dimensionaler Unterräume $\mathcal{E}(\tau J)$ gebildet werden kann. Dabei steht τ für die Gesamtheit der Quantenzahlen, die die zum selben Eigenwert von J^2 gehörenden Räume zu unterscheiden gestatten. Jeder der $\mathcal{E}(\tau J)$ ist *ein unter Drehungen irreduzibler invarianter Unterraum.* Wählt man eine $\{J^2 J_z\}$-Standarddarstellung, so werden die Komponenten von $\boldsymbol{J}$ in jedem dieser Unterräume durch besonders einfache und von τ unabhängige Matrizen dargestellt. Ebenso wird jeder Drehoperator $R(\alpha\beta\gamma)$ in jedem Unterraum $\mathcal{E}(\tau J)$ durch eine bestimmte $(2J + 1)$-dimensionale Matrix $R^{(J)}(\alpha\beta\gamma)$ dargestellt, *die von J, aber nicht von den Quantenzahlen τ abhängt.* Es ist:

[15] Von nun an verwenden wir für die Quantenzahlen des Gesamtdrehimpulses die Großbuchstaben J und M.

$$R^{(J)}_{MM'}(\alpha\,\beta\,\gamma) \equiv \langle \tau JM |\, R(\alpha\,\beta\,\gamma) | \tau JM' \rangle$$
$$\equiv \langle JM |\, e^{-i\alpha J_z}\, e^{-i\beta J_y}\, e^{-i\gamma J_z}\, | JM' \rangle. \tag{13.64}$$

Diese Matrizen sind eine besonders bequeme Darstellung der Operatoren $R(\alpha\,\beta\,\gamma)$. Sie werden gewöhnlich dann verwendet, wenn eine Richtungsänderung der Zustandsvektoren oder Observablen ausgeführt werden muß. Man nennt sie *Drehmatrizen.* Ihre wichtigsten Eigenschaften werden in Anhang C (Abschnitt C.4) angegeben.

Aus der Definition dieser Matrizen ergibt sich das Transformationsgesetz für die $(2J + 1)$ Basisvektoren eines Unterraumes $\mathcal{E}(\tau J)$ bei einer bestimmten Drehung $\mathcal{R}(\alpha\,\beta\,\gamma)$:

$$R(\alpha\,\beta\,\gamma) | \tau\, J\, M \rangle = \sum_{M'} | \tau\, J\, M' \rangle\, R^{(J)}_{M'M}(\alpha\,\beta\,\gamma). \tag{13.65}$$

Die Umkehrung beweist man leicht:

Transformieren sich $(2J + 1)$ Vektoren $|u_M\rangle$ $(M = -J, -J + 1, \ldots, +J)$ bei einer Drehung nach dem Gesetz

$$R(\alpha\,\beta\,\gamma) | u_M \rangle = \sum_{M'} | u_{M'} \rangle\, R^{(J)}_{M'M}(\alpha\,\beta\,\gamma) \tag{13.66}$$

so genügen sie den Eigenwertgleichungen

$$J^2 | u_M \rangle = J(J + 1) | u_M \rangle, \qquad J_z | u_M \rangle = M | u_M \rangle$$

und gehen gemäß Gln. (13.24–25) durch Anwendung von J_+ und J_- auseinander hervor.

13.3.8 Drehinvarianz und Erhaltung des Drehimpulses. Entartung

Die Invarianz einer Größe gegenüber Drehungen kann stets durch eine bestimmte Eigenschaft des Drehimpulses zum Ausdruck gebracht werden. Weil jede Drehung als ein Produkt infinitesimaler Drehungen gedacht werden kann, genügt es, daß die Größe unter infinitesimalen Drehungen invariant ist. Sie ist es dann auch bei allen anderen Drehungen. Der Drehimpuls kommt wegen Gl. (13.55) in die Invarianzbedingung bei infinitesimalen Drehungen hinein.

So ist eine Wellenfunktion bzw. ein Ket-Vektor $|\rangle$ genau dann drehinvariant, wenn die Anwendung jeder Komponente des Gesamtdrehimpulses Null ergibt:

$$\boldsymbol{J} | \rangle = 0.$$

Hinreichend ist es, wenn

$$J^2 | \rangle = 0. \tag{13.67}$$

Das ist bei den s-Wellenfunktionen eines Teilchens der Fall. Diese hängen nicht von der Variablen r ab. Es trifft weiter zu für Mehrteilchenfunktionen, falls diese nur von der gegenseitigen Lage der Teilchen abhängen [16].

Damit eine Observable S bei einer Drehung invariant bleibt (Gl. 13.53)), ist notwendig und hinreichend, daß sie mit jeder Drehimpulskomponente vertauscht:

$$[\boldsymbol{J}, S] = 0. \tag{13.68}$$

Die Drehinvarianz des Hamilton-Operators verdient besondere Beachtung. Ist nämlich für beliebige R

$$[R, H] = 0, \tag{13.69}$$

so sind die Bewegungsgleichungen drehinvariant: Gehen zum Anfangszeitpunkt zwei Zustandsvektoren durch eine bestimmte Drehung auseinander hervor, so bleibt diese Eigenschaft für alle Zeiten erhalten. Das ist evident, denn für die Lösung $|\psi(t)>$ der Schrödinger-Gleichung gilt bei beliebigem R:

$$\left(i\hbar\frac{\partial}{\partial t} - H\right) R|\psi(t)> = R\left(i\hbar\frac{\partial}{\partial t} - H\right)|\psi(t)> = 0$$

also ist auch $R\,|\psi(t)>$ Lösung der Schrödinger-Gleichung.

Ist $|>$ ein Eigenvektor von H, so gilt entsprechend, daß jeder durch Drehung daraus hervorgehende Vektor $R\,|>$ ebenfalls Eigenvektor von H zum selben Eigenwert ist. Anders ausgedrückt, für jeden Eigenwert von H ist der zugehörige Unterraum invariant gegenüber Drehung.

In den Relationen

$$[\boldsymbol{J}, H] = 0, \tag{13.70}$$

die die Invarianz von H unter infinitesimalen Drehungen ausdrücken, sind alle Folgerungen aus der Drehinvarianz der Bewegungsgleichungen enthalten.

Gelten diese Relationen, so vertauschen die Operatoren J^2, J_z und H paarweise. Die Lösung des Eigenwertproblems von H vereinfacht sich damit beträchtlich. Es genügt, die Eigenfunktionen von H unter den gemeinsamen Eigenfunktionen von J^2 und J_z zu suchen. Weiter sind die Energiespektren zum selben Eigenwert J dieselben, und die zu den $(2J + 1)$ möglichen Werten von M gehörenden Eigenfunktionen gehen auseinander durch wiederholte Anwendung von J_+ oder J_- hervor. Die Energieeigenwerte sind also unabhängig von M. Zu jedem zu einem bestimmten Wert von J gehörenden Eigenwert E_J gibt es eine oder mehrere Folgen von $(2J + 1)$ Eigenvektoren, die Vektoren einer Folge gehen auseinander durch wiederholte Anwendung von J_+ oder J_- hervor und spannen einen unter Drehungen irreduziblen invarianten Unterraum auf. Diese Entartung nennt man *Drehentartung.*

---

[16]) Wir verweisen hier auf die beim Beweis des Additionstheorems auftretende Beziehung $(\boldsymbol{l} + \boldsymbol{l}')\,P_l(\cos\alpha) = 0$. (s. Aufgabe 5).

Der Fall eines Teilchens in einem Zentralkraftfeld (neuntes Kapitel) illustriert das bisher Gesagte. Der Hamilton-Operator ist für ein solches Teilchen sicher drehinvariant. Man zeigt direkt, daß er mit den Komponenten des Drehimpulses l vertauscht. Die im neunten Kapitel angegebene Lösungsmethode besteht genau darin, unter den gemeinsamen Eigenfunktionen von l^2 und l_z zu den Eigenwerten $l(l+1)$ bzw. m die Eigenfunktionen von H zu suchen, d.h. unter den Funktionen von der Form

$$\chi_l(r)\, Y_l^m(\theta, \varphi).$$

Ein solches Problem reduziert sich auf die Lösung einer Differentialgleichung zweiter Ordnung in r. Weil überdies m in dieser Gleichung nicht auftritt, kann man aus jeder der so bestimmten Radialfunktionen zu einem Eigenwert von H insgesamt $(2l + 1)$ Eigenfunktionen konstruieren.

Man stellt in diesem Punkt eine auffallende Analogie zwischen der klassischen und der Quantenmechanik fest. Weil die Bewegungsgleichungen eines klassischen Systems bei einer beliebigen Drehung des Koordinatensystems invariant bleiben, ist der Gesamtdrehimpuls dieses Systems eine Erhaltungsgröße. Diese Eigenschaft ermöglicht die Angabe von Vorintegralen und damit eine erhebliche Vereinfachung der Lösung der Bewegungsgleichungen. Genauso erzwingt die Drehinvarianz der quantenmechanischen Bewegungsgleichungen die Erhaltung des Gesamtdrehimpulses, doch kann die Erhaltungsaussage nicht so einfach wie in der klassischen Mechanik ausgedrückt werden, weil die Komponenten des Drehimpulses nicht miteinander vertauschen.

13.4 Der Spin

13.4.1 Die Hypothese vom Spin des Elektrons

Die Schrödinger-Theorie kann die Eigenschaften komplexer Atome nicht richtig beschreiben, solange sie auf der ausschließlichen Anwendung des Korrespondenzprinzips beruht – selbst wenn man relativistische Korrekturen unberücksichtigt läßt. Vielmehr muß sie in zwei wichtigen Punkten modifiziert werden, die sich nicht aus einer Analogie zur klassischen Mechanik ergeben. Der eine besteht darin, daß man von den Lösungen der Schrödinger-Gleichung nur solche zuläßt, die bei einer Permutation der Elektronenkoordinaten bestimmte Symmetrieeigenschaften aufweisen (Pauli-Prinzip). Hierauf gehen wir erst im vierzehnten Kapitel ein. Der andere Punkt betrifft die Hypothese vom Spin des Elektrons.

Die Argumente, die vor allem für diese Hypothese sprechen, ergeben sich aus dem Verhalten komplexer Atome in einem Magnetfeld (Zeeman-Effekt, Stern-Gerlach-Versuch).

Die Schrödinger-Gleichung für ein Atom mit Z Elektronen (ohne Spin) wurde bereits angeschrieben (Gl. (2.30)). Nimmt man den Kern als unendlich schwer an, so fallen sein (fester) Ort und der Schwerpunkt des Systems zusammen und der Hamilton-Operator des Atoms lautet im Schwerpunktsystem einfach

$$H_0 = \sum_{i=1}^{Z}\left(\frac{\boldsymbol{p}_i^2}{2m} - \frac{Ze^2}{r_i}\right) + \sum_{i<j}\frac{e^2}{|\boldsymbol{r}_i - \boldsymbol{r}_j|}. \tag{13.71}$$

Will man für dasselbe Atom den Hamilton-Operator aufstellen, wenn dieses ein durch das Vektorpotential $\boldsymbol{A}(\boldsymbol{r})$ beschriebenes statisches Magnetfeld durchfällt, so genügt es, $\boldsymbol{p}_i$ durch $\boldsymbol{p}_i - e\boldsymbol{A}(\boldsymbol{r}_i)/c$ zu ersetzen. Handelt es sich speziell um ein konstantes Magnetfeld $\mathcal{H}$, also $\boldsymbol{A} = \frac{1}{2}(\mathcal{H} \times \boldsymbol{r})$, so ist

$$\begin{aligned}\left(\boldsymbol{p} - \frac{e}{c}\boldsymbol{A}\right)^2 &= \boldsymbol{p}^2 - \frac{e}{c}(\boldsymbol{A}.\boldsymbol{p} + \boldsymbol{p}.\boldsymbol{A}) + \frac{e^2}{c^2}\boldsymbol{A}^2 \\ &= \boldsymbol{p}^2 - \frac{e}{c}(\mathcal{H}.\boldsymbol{l}) + \frac{e^2}{4c^2}\mathcal{H}^2 r_\perp^2,\end{aligned}$$

worin $r_\perp^2$ das Quadrat der Projektion von $\boldsymbol{r}$ auf die Ebene senkrecht zum Magnetfeld bedeutet. Man erhält so

$$H = H_0 - \frac{e}{2mc}\mathcal{H}.\boldsymbol{L} + \frac{e^2}{8mc^2}\mathcal{H}^2\sum_{i=1}^{Z} r_{i\perp}^2;$$

darin ist $\boldsymbol{L}$ der Gesamtdrehimpuls der Z Elektronen: $\boldsymbol{L} \equiv \Sigma_i(\boldsymbol{r}_i \times \boldsymbol{p}_i)$. Den dritten Term können wir bei den folgenden Untersuchungen vernachlässigen [17]. In sehr guter Näherung gilt darum:

$$H = H_0 - \frac{e}{2mc}(\mathcal{H}.\boldsymbol{L}). \tag{13.72}$$

Der Vorgang verläuft demnach so, als wenn jedes Elektron beim Umlauf auf seiner Bahn ein zu seinem Drehimpuls proportionales magnetisches Moment

$$\boldsymbol{\mu} = \frac{e}{2mc}\boldsymbol{l}$$

induziert, wobei der Proportionalitätsfaktor (das gyromagnetische Verhältnis) exakt gleich dem Wert $e/2mc$ ist, wie er von der klassischen Theorie angegeben wird. Bei dieser Hypothese ist das gesamte magnetische Moment des Atoms gleich der Summe von Z einzelnen (individuellen) magnetischen Momenten, d.h.

[17] Dieser Term ist der Hauptanteil beim atomaren Diamagnetismus. Man kann seine Größenordnung, $(Ze^2/12mc^2)\,\mathcal{H}^2\langle r^2\rangle$ abschätzen, da $\langle r^2\rangle \cong 10^{-14}$ cm². Sein Verhältnis zu dem weiter unten angegebenen Niveauabstand $e\hbar\mathcal{H}/2mc$ beträgt ungefähr $10^{-9} Z\mathcal{H}$ (Gauß), eine selbst für starke Felder und schwere Atome winzige Größe. Die Vernachlässigung dieses Terms ist jedenfalls für die im folgenden auftretenden Widersprüche und Schwierigkeiten nicht verantwortlich.

$$\mathcal{M} = \frac{e}{2mc} \mathbf{L}.$$

Folglich unterscheidet sich die Energie des Atoms im Feld $\mathcal{H}$ von seiner Energie ohne Feld durch den Term $-(\mathcal{M} . \mathcal{H})$.

Berücksichtigt man, daß H_0 drehinvariant ist und daher mit den Komponenten von L vertauscht, so können aus Gl. (13.72) eine Reihe wichtiger Schlüsse gezogen werden.

Wir legen die z-Achse in Richtung von $\mathcal{H}$. H_0, L^2 und L_z haben ein vollständiges System gemeinsamer Eigenvektoren $|n\,L\,M\rangle$. Die zugehörigen Eigenwerte E_0^{nL} von H_0 sind von M unabhängig und $(2L + 1)$-fach entartet [18].

Nach Gl. (13.72) ist H eine Funktion von H_0 und L_z. Es besitzt also dieselben Eigenvektoren, der Eigenwert zum Vektor $|nLM\rangle$ ist:

$$E^{nLM} = E_0^{nL} - M\mu_B \mathcal{H}. \tag{13.73}$$

Dabei setzten wir:

$$\mu_B = \frac{e\hbar}{2mc} \quad \text{(Bohrsches Magneton).} \tag{13.74}$$

Weil M alle ganzzahligen Werte von $-L$ bis $+L$ annehmen kann, spaltet jedes Energieniveau E_0^{nL} des Spektrums des Atoms unter dem Einfluß des Feldes $\mathcal{H}$ in $(2L + 1)$ äquidistante Niveaus gemäß Gl. (13.73) auf. Es ergeben sich also folgende theoretische Aussagen (Abb. 13.2):

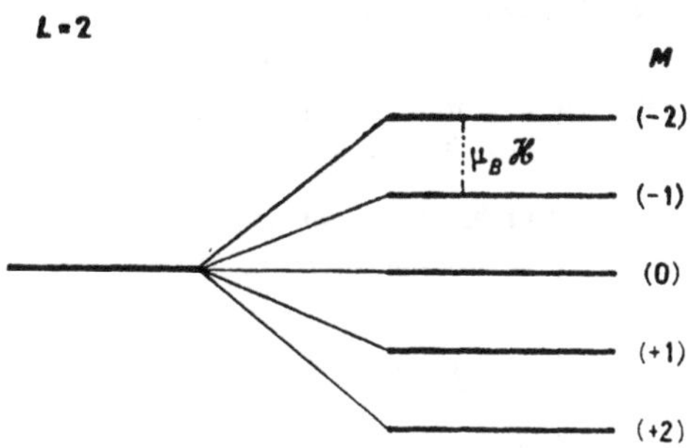

Abb. 13.2 Zeeman-Effekt bei einem D-Zustand (L = 2). Links das Energieniveau ohne Feld, rechts die zugehörigen Niveaus, wenn $\mathcal{H} \neq 0$ ist.

(i) Jedes Niveau E_0^{nL} des Spektrums des Atoms spaltet unter dem Einfluß des Feldes $\mathcal{H}$ in ein „Multiplett" von $(2L + 1)$ äquidistanten Niveaus auf;

---

[18] Fallen zufällig mehrere dieser Eigenwerte zusammen (wie beim Wasserstoffatom), so ist die Entartung höher. Ist $E_0^{nL} = E_0^{nL'}$, so ist die Entartung vom Grade $(2L + 1) + (2L' + 1)$. In diesem Fall muß die folgende Überlegung etwas modifiziert werden. Doch bleiben die Schlußfolgerungen streng gültig, wenn man überall L durch die größere der beiden Zahlen L und L' ersetzt. Insbesondere gilt auch dann, daß jedes Zeeman-„Multiplett" eine ungerade Anzahl äquidistanter Energieniveaus aufweist.

(ii) diese verteilen sich zu beiden Seiten von E_0^{nL} so, daß der Mittelwert ihrer Abstände von E_0^{nL} Null bleibt;

(iii) der Abstand zweier benachbarter Niveaus, $\mu_B \mathcal{H}$, ist von der Art des Atoms unabhängig und proportional zu $\mathcal{H}$.

Diese Aussagen werden vom Experiment mit zwei wichtigen Einschränkungen bestätigt:

(a) bei Atomen mit ungeradem Z sind die Multipletts alle geradzahlig, so als wenn L halbzahlig wäre;

(b) der Abstand benachbarter Niveaus eines Multipletts ist $g \mu_B \mathcal{H}$, wobei der Faktor g (der Landé-Faktor) von einem Multiplett zum andern in weiten Grenzen schwanken kann.

Die Existenz halbzahliger Drehimpulse zeigt sich beim Stern-Gerlach-Versuch unmittelbar (Abschnitt 1.3.3). Weil die Atome, aus denen der Strahl besteht, praktisch alle in ihrem Grundzustand sind, ist die Anzahl der auf dem Schirm beobachteten Flecken gleich der Multiplizität dieses Grundzustands. Bei Silberatomen beobachtet man zwei Flecken: Der Grundzustand des Silberatoms weist also einen Drehimpuls ½ auf. Allgemeiner ergeben Atome mit ungeradem Z stets eine gerade Zahl von Flecken, ein für halbzahlige Drehimpulse charakteristisches Ergebnis.

Die Fälle (a) und (b) treten beide bei der Untersuchung des anomalen Zeeman-Effektes auf. Aus den spektralen Daten kann man sowohl die Multiplizität der Zustände ermitteln, zwischen denen die optischen Übergänge erfolgen, als auch ihren jeweiligen Landé-Faktor.

Man ist also gezwungen, in die Theorie halbzahlige Drehimpulse sowie gyromagnetische Verhältnisse einzuführen, die von $e/2mc$ verschieden sind. Das wird auf sehr einfache Weise durch die Hypothese vom Spin des Elektrons verwirklicht (Goudsmit und Uhlenbeck, 1925):

Jedes Elektron besitzt einen Eigendrehimpuls oder Spin s von der Größe ½ ħ (Spin ½), dem das magnetische Moment

$$\boldsymbol{\mu}_s = g_s \frac{e}{2mc} s \tag{13.75}$$

zugeordnet ist.

g_s ist eine passende Konstante. Die Theorie stimmt mit dem Experiment ausgezeichnet überein, wenn man

$$g_s \cong 2 \tag{13.76}$$

setzt. Die relativistische Elektronentheorie (zwanzigstes Kapitel) kann diesen Wert von g_s erklären.

Das Experiment zeigt weiter, daß auch die Nukleonen, also die Protonen und Neutronen, einen Spin ½ besitzen, den man direkt durch Messung ihrer magnetischen Momente nachweisen kann [19].

Im Rest dieses Abschnitts entwickeln wir die nichtrelativistische Theorie für Teilchen mit dem Spin ½ (*Pauli-Theorie*).

13.4.2 Spin ½ und Paulimatrizen

Sei s der Eigendrehimpuls (oder Spinvektor) eines Teilchens mit dem Spin ½. Der einzige Eigenwert von s^2 ist $s(s+1) = \frac{1}{2} \cdot \frac{3}{2} = \frac{3}{4}$. Jede Komponente, z.B. s_z, kann den Wert $+\frac{1}{2}$ oder $-\frac{1}{2}$ annehmen. Von diesen nimmt man an, daß sie nicht entartet sind. Folglich sind die Komponenten von s Operatoren eines zweidimensionalen Raumes, in dem die beiden Eigenvektoren

$$|+\rangle \equiv |\tfrac{1}{2} + \tfrac{1}{2}\rangle, \qquad |-\rangle \equiv |\tfrac{1}{2} - \tfrac{1}{2}\rangle$$

von s^2 und s_z eine Basis bilden.

Legt man diese Basis zugrunde, so kann man die Darstellungsmatrizen der Operatoren s_x, s_y, s_z leicht angeben. Als Spezialfall für die Matrizen J_x, J_y, J_z genügen sie den Gln. (13.28).

Neben den für einen Drehimpuls charakteristischen Vertauschungsrelationen genügen die Komponenten von s den wichtigen Beziehungen

$$s_x^2 = s_y^2 = s_z^2 = \tfrac{1}{4}, \qquad s_+^2 = s_-^2 = 0.$$

Weil

$$s_+^2 = (s_x + i\,s_y)^2 = (s_x^2 - s_y^2) + i\,(s_x s_y + s_y s_x).$$

ist, gilt

$$s_x s_y + s_y s_x = 0,$$

d.h. s_x, s_y und s_z antivertauschen paarweise [20].

Es erweist sich als zweckmäßig, die durch

$$s = \tfrac{1}{2}\,\sigma \tag{13.77}$$

---

[19] Bezeichnet man mit μ_p, s_p, M_p das magnetische Moment, den Spin und die Masse des Protons, so ist (Gl. (13.75)):

$$\mu_p = g_p \frac{e}{2M_p c} s_p.$$

Eine entsprechende Gleichung ergibt sich für das Neutron. Das Experiment liefert für $g_p = 5{,}59$ und für $g_n = -3{,}83$.

[20] Man sagt, zwei Operatoren A und B antivertauschen, wenn $AB + BA = 0$ ist (auch „Plus-Vertauschung").

definierten *Pauli-Matrizen* $\sigma \equiv (\sigma_x, \sigma_y, \sigma_z)$ einzuführen. Explizit ist

$$\sigma_x = \begin{pmatrix} 0 & 1 \\ 1 & 0 \end{pmatrix}, \qquad \sigma_y = \begin{pmatrix} 0 & -i \\ i & 0 \end{pmatrix}, \qquad \sigma_z = \begin{pmatrix} 1 & 0 \\ 0 & -1 \end{pmatrix}.$$

Aus dieser Form ergeben sich leicht die folgenden Eigenschaften:

$$\sigma_x^2 = \sigma_y^2 = \sigma_z^2 = 1. \tag{13.78}$$

$$\sigma_x \sigma_y = -\sigma_y \sigma_x = i\sigma_z. \tag{13.79 a}$$

$$\sigma_y \sigma_z = -\sigma_z \sigma_y = i\sigma_x. \tag{13.79 b}$$

$$\sigma_z \sigma_x = -\sigma_x \sigma_z = i\sigma_y. \tag{13.79 c}$$

$$\sigma_x \sigma_y \sigma_z = i. \tag{13.80}$$

$$\mathrm{Tr}\, \sigma_x = \mathrm{Tr}\, \sigma_y = \mathrm{Tr}\, \sigma_z = 0. \tag{13.81}$$

$$\det \sigma_x = \det \sigma_y = \det \sigma_z = -1. \tag{13.82}$$

Hieraus leitet man die wichtige Identität

$$(\boldsymbol{\sigma}.\boldsymbol{A})(\boldsymbol{\sigma}.\boldsymbol{B}) = (\boldsymbol{A}.\boldsymbol{B}) + i\boldsymbol{\sigma}.(\boldsymbol{A} \times \boldsymbol{B}) \tag{13.83}$$

her (s. Aufgabe 9), worin $\boldsymbol{A}$ und $\boldsymbol{B}$ zwei beliebige Vektoren sind [21].

Weil jetzt s der Drehimpuls ist, so ist der zur Drehung $\mathcal{R}_{\boldsymbol{u}}(\varphi)$ gehörende Drehoperator $R_{\boldsymbol{u}}^{(s)}(\varphi)$ nach Gl. (13.58):

$$R_{\boldsymbol{u}}^{(s)}(\varphi) \equiv e^{-\frac{1}{2} i\varphi\sigma_u},$$

mit $\sigma_u \equiv (\boldsymbol{u}.\,\sigma)$. Entwickelt man die Exponentialfunktion und faßt die geraden und die ungeraden Terme in σ_u getrennt zusammen, so erhält man mit Hilfe der Beziehungen

$$\sigma_u^{2p} = 1, \qquad \sigma_u^{2p+1} = \sigma_u,$$

(s. Gl. (13.83)) den Ausdruck

$$R_{\boldsymbol{u}}^{(s)}(\varphi) = \cos \tfrac{1}{2}\varphi - i\sigma_u \sin \tfrac{1}{2}\varphi. \tag{13.84}$$

Man beachte, daß in Übereinstimmung mit den Ergebnissen in Abschnitt 13.3.6 der Drehoperator für den Winkel 2π gleich -1 ist.

Zur Drehung $\mathcal{R}(\alpha\beta\gamma)$ schließlich gehört der Operator:

$$R^{(s)}(\alpha\beta\gamma) = e^{-\frac{1}{2} i\alpha\sigma_z}\, e^{-\frac{1}{2} i\beta\sigma_y}\, e^{-\frac{1}{2} i\gamma\sigma_z}. \tag{13.85}$$

Seine explizite Form wird im Anhang (Gl. (C.74)) angegeben.

---

[21] Bzw. zwei Vektoroperatoren, vorausgesetzt, daß deren Komponenten mit denen von $\boldsymbol{\sigma}$ vertauschen. In diesem Fall muß man auf die Reihenfolge von $\boldsymbol{A}$ und $\boldsymbol{B}$ achten. So ist z.B.:

$$(\boldsymbol{\sigma}.\boldsymbol{r})(\boldsymbol{\sigma}.\boldsymbol{p}) = (\boldsymbol{r}.\boldsymbol{p}) + i\boldsymbol{\sigma}.(\boldsymbol{r} \times \boldsymbol{p}).$$

Die Vektoren des hier betrachteten Raumes weisen eine gewisse Analogie zu denen des gewöhnlichen Raumes auf. Diese sind dreikomponentige geometrische Größen, die gegenüber Drehungen ein wohlbestimmtes Transformationsverhalten besitzen. Dasselbe gilt für die hier behandelten Vektoren (das Transformationsgesetz ergibt sich aus Gl. (13.85)), nur daß sie aus zwei Komponenten bestehen. Man nennt sie *Spinoren.*

13.4.3 Observable und Wellenfunktionen eines Teilchens mit dem Spin ½. Spinorfelder

Bei einem Teilchen mit dem Spin ½ unterscheidet man zwei Arten von Basisvariablen: die Bahnvariablen und die Spinvariablen. Bahnvariable sind die Komponenten des Orts- und des Impulsvektors des Teilchens, die den fundamentalen Vertauschungsrelationen genügen ($\hbar = 1$):

$$[r_i, p_j] = \mathrm{i}\,\delta_{ij}.$$

Die Spinvariablen sind die Komponenten des Spins $\boldsymbol{s}$. Diese genügen den Vertauschungsrelationen:

$$[s_i, s_j] = \mathrm{i}\,\epsilon_{ijk}\,s_k$$

und sind der zusätzlichen Bedingung $s^2 = \frac{3}{4}$ unterworfen.

Weil die Bahnvariablen mit den Spinvariablen vertauschen, ist der Zustandsraum des Teilchens das Tensorprodukt

$$\mathcal{E} = \mathcal{E}^{(0)} \otimes \mathcal{E}^{(s)}$$

des Raumes $\mathcal{E}^{(0)}$, der allein durch die Bahnvariablen definiert ist, und des allein durch die Spinvariablen bestimmten Raumes $\mathcal{E}^{(s)}$ (s. Abschnitt 8.1.6). $\mathcal{E}^{(0)}$ ist der Zustandsraum für ein Teilchen ohne Spin, $\mathcal{E}^{(s)}$ der im vorigen Abschnitt konstruierte zweidimensionale Raum.

Bei der Angabe der Vektoren von $\mathcal{E}$ begibt man sich gewöhnlich in die Darstellung, in der $\boldsymbol{r}$ und s_z diagonal sind. Jeder Vektor $|\psi\rangle$ wird also durch die Wellenfunktion

$$\psi(\boldsymbol{r}, \mu) \equiv \langle \boldsymbol{r}\mu | \psi \rangle \tag{13.86}$$

dargestellt. Das ist eine Funktion der kontinuierlichen Variablen x, y, z und der diskreten Variablen μ, dem Eigenwert von s_z, der nur die beiden Werte $+\frac{1}{2}$ oder $-\frac{1}{2}$ annehmen kann.

Der Gesamtdrehimpuls des Teilchens ist

$$\boldsymbol{j} \equiv \boldsymbol{l} + \boldsymbol{s}. \tag{13.87}$$

Die Basisvariablen bilden nämlich insgesamt drei Vektoroperatoren $\boldsymbol{r}, \boldsymbol{p}, \boldsymbol{s}$ und der Operator $\boldsymbol{j}$ genügt den mit ihnen gebildeten, für den Gesamtdrehimpuls charakteristischen Vertauschungsrelationen (13.57), weil einerseits $\boldsymbol{l} \equiv \boldsymbol{r} \times \boldsymbol{p}$ diese Relationen mit $\boldsymbol{r}$ und $\boldsymbol{p}$ erfüllt und mit $\boldsymbol{s}$ vertauscht und andererseits $\boldsymbol{s}$ diesen Relationen mit sich selbst genügt und mit $\boldsymbol{r}$ und $\boldsymbol{p}$ vertauscht.

Der Drehoperator $R(\alpha\beta\gamma)$ ergibt sich leicht aus Gl. (13.60), weil $\boldsymbol{l}$ und $\boldsymbol{s}$ vertauschen:

$$R(\alpha\beta\gamma) = R^{(s)}(\alpha\beta\gamma)\, R^{(0)}(\alpha\beta\gamma) \tag{13.88}$$

$R^{(s)}(\alpha\beta\gamma)$, (Gl. 13.85), wirkt nur auf die Spinvariablen und verursacht die *Spindrehung.*

$$R^{(0)}(\alpha\beta\gamma) = e^{-i\alpha l_z}\, e^{-i\beta l_y}\, e^{-i\gamma l_z}$$

wirkt allein auf die Bahnvariablen und sorgt für die *Drehung des Ortsraumes.*

Weil bei einer Drehung um den Winkel 2π $R^{(0)} = 1$ und $R^{(s)} = -1$ ist, ändern alle Vektoren bei dieser Drehung ihr Vorzeichen. Dagegen sind die Basisobservablen sämtlich invariant unter einer Drehung um 2π, so daß aufgrund der Diskussion in Abschnitt 13.3.6 ihre physikalische Deutung keine Schwierigkeit bereitet.

Es ist oft zweckmäßig, für

$$\psi(\boldsymbol{r}, \pm ½) = \psi_\pm(\boldsymbol{r})$$

zu setzen und die Wellenfunktion $\psi(\boldsymbol{r}, \mu)$ in einer *Zweikomponentenform* zu schreiben:

$$\psi \equiv \begin{pmatrix} \psi_+(\boldsymbol{r}) \\ \psi_-(\boldsymbol{r}) \end{pmatrix}.$$

Für jeden Wert von $\boldsymbol{r}$ repräsentiert ψ einen Ket-Vektor des Raumes $\mathcal{E}^{(s)}$, d.h. es ist

$$\langle \boldsymbol{r} | \psi \rangle \equiv \psi_+(\boldsymbol{r})\,|+\rangle + \psi_-(\boldsymbol{r})\,|-\rangle. \tag{13.89}$$

Mit anderen Worten kann man die Wellenfunktion als ein Spinorfeld auffassen [22].

Es ist nicht schwer, diese Überlegungen auf ein System von Z Teilchen mit halbzahligem Spin zu erweitern. Der Zustandsraum des Gesamtsystems ist das Tensorprodukt der Zustandsräume der einzelnen Teilchen. Insbesondere ist der Spinraum 2^Z-dimensional und das Tensorprodukt der Z Einzel-Spinräume. Man führt darum ein System von Pauli-Matrizen, $\sigma^{(i)}$, ein. Die Drehung aller Spins zusammen drückt man mit Hilfe des Gesamtspins aus:

[22] Bei einer Drehung $\mathcal{R}(\alpha\beta\gamma)$ transformiert sich das Spinorfeld ψ in

$$\mathcal{R}[\psi] = R\,\psi = R^{(1/2)} \begin{pmatrix} \psi_+(\mathcal{R}^{-1}\boldsymbol{r}) \\ \psi_-(\mathcal{R}^{-1}\boldsymbol{r}) \end{pmatrix}.$$

Das ergibt sich direkt aus dem Ausdruck (13.88). $R^{(½)}$ ist die Drehmatrix zu $J = ½$. Man vergleiche dies mit dem Transformationsgesetz (13.47) für ein skalares Feld. Eine analoge Formel gilt für ein Vektorfeld, doch mit der Matrix $R^{(1)}$ statt $R^{(½)}$ (s. Abschnitt 13.4.4).

$$S = \frac{1}{2}\sum_{i=1}^{Z} \boldsymbol{\sigma}^{(i)}. \tag{13.90}$$

Zu einer Drehung um 2π gehört dann der Operator $(-)^Z$.

13.4.4 Vektorfelder und Teilchen mit dem Spin 1

Zwischen dem Begriff des Spinorfeldes und dem allgemeiner bekannten Begriff des Vektorfeldes gibt es Parallelen, die wir in diesem Abschnitt aufzeigen wollen.

Sei $\boldsymbol{A}(\boldsymbol{r})$ ein beliebiges Vektorfeld, z.B. das elektrische oder das magnetische Feld oder auch die Wellenfunktion eines Teilchens mit dem Spin 1, wie wir sie später kennenlernen werden.

Wir bestimmen das Transformationsverhalten dieses Feldes bei Drehungen. Sei $\boldsymbol{A}'(\boldsymbol{r})$ das Feld, daß bei einer vollständigen Drehung des physikalischen Systems aus $\boldsymbol{A}(\boldsymbol{r})$ hervorgeht:

$$\boldsymbol{A}' \equiv \mathcal{R}[\boldsymbol{A}].$$

Die Feldgröße $\boldsymbol{A}'$ im Punkte $\boldsymbol{r}$ erhält man, indem man die Drehung $\mathcal{R}$ auf den Vektor $\boldsymbol{A}(\boldsymbol{r}_1)$ anwendet, der die Größe des Feldes $\boldsymbol{A}$ im Punkt $\boldsymbol{r}_1 \equiv \mathcal{R}^{-1}\boldsymbol{r}$ angibt. Mit anderen Worten, es ist (s. Gl. (13.43) und (13.47)):

$$A'_i(\boldsymbol{r}) = \mathcal{R}_{ij} A_j(\mathcal{R}^{-1}\boldsymbol{r}) \qquad (i = x, y, z).$$

Für eine Drehung um den Winkel α um die Oz-Achse findet man (s. Gl. (13.44)):

$$\begin{aligned}
\boldsymbol{A}' &\equiv \mathcal{R}_z(\alpha)[\boldsymbol{A}] \qquad \boldsymbol{r}_1 \equiv (x\cos\alpha + y\sin\alpha,\; -x\sin\alpha + y\cos\alpha,\; z)\\
A'_x(\boldsymbol{r}) &= A_x(\boldsymbol{r}_1)\cos\alpha - A_y(\boldsymbol{r}_1)\sin\alpha\\
A'_y(\boldsymbol{r}) &= A_x(\boldsymbol{r}_1)\sin\alpha + A_y(\boldsymbol{r}_1)\cos\alpha\\
A'_z(\boldsymbol{r}) &= A_z(\boldsymbol{r}_1).
\end{aligned}$$

Insbesondere ergibt eine infinitesimale Drehung um den Winkel ϵ:

$$\mathcal{R}_z(\epsilon)[\boldsymbol{A}] = (1 - \mathrm{i}\epsilon(l_z + s_z))\boldsymbol{A}, \tag{13.91}$$

worin l_z der oben definierte Differentialoperator und s_z der durch folgende Beziehung erklärte Operator ist:

$$s_z \begin{pmatrix} A_x(\boldsymbol{r})\\ A_y(\boldsymbol{r})\\ A_z(\boldsymbol{r})\end{pmatrix} = \begin{pmatrix} -\mathrm{i}A_y(\boldsymbol{r})\\ \mathrm{i}A_x(\boldsymbol{r})\\ 0\end{pmatrix}$$

s_z transformiert jede Komponente des Feldes in einem bestimmten Punkt in eine Linearkombination der drei Feldkomponenten im selben Punkt. Ist der Vektor $\boldsymbol{A}$ durch die drei kartesischen Koordinaten A_x, A_y und A_z gegeben, so wird s_z durch die Matrix

$$s_z = \begin{pmatrix} 0 & -\mathrm{i} & 0 \\ \mathrm{i} & 0 & 0 \\ 0 & 0 & 0 \end{pmatrix}$$

dargestellt. Genauso definiert man die Operatoren s_x und s_y. Ihre Matrizendarstellung lautet:

$$s_x = \begin{pmatrix} 0 & 0 & 0 \\ 0 & 0 & -\mathrm{i} \\ 0 & \mathrm{i} & 0 \end{pmatrix} \qquad s_y = \begin{pmatrix} 0 & 0 & \mathrm{i} \\ 0 & 0 & 0 \\ -\mathrm{i} & 0 & 0 \end{pmatrix}$$

Man stellt fest, daß s_x, s_y, s_z die für einen Drehimpuls charakteristischen Vertauschungsrelationen erfüllen. Bezeichnen wir den mit diesen Komponenten gebildeten Vektor mit $\boldsymbol{s}$, so ist sein Quadrat:

$$\boldsymbol{s}^2 = 2$$

was einem Drehimpulswert $s = 1$ entspricht. Nach Definition ist $\boldsymbol{s}$ der Spin des Vektorfeldes.

Mit einem solchen Feld $A(\boldsymbol{r})$ kann man ein Teilchen mit dem Spin 1 beschreiben. Wir setzen:

$$A_i(\boldsymbol{r}) \equiv A(\boldsymbol{r}, i) \qquad (i = x, y \text{ oder } z).$$

$A(\boldsymbol{r}, i)$ stellt eine Wellenfunktion dar, die nicht nur von den drei Ortsvariablen, sondern zusätzlich von einem Index i abhängt, der drei verschiedene Werte annehmen kann. Es handelt sich um eine sog. innere Variable, mit der man die Orientierung des Teilchens beschreiben kann. Das Skalarprodukt zweier solcher Funktionen ist:

$$\langle B, A \rangle \equiv \sum_i \int B^*(\boldsymbol{r}, i)\, A(\boldsymbol{r}, i)\, \mathrm{d}\boldsymbol{r} = \int (\boldsymbol{B}^* . \boldsymbol{A})\, \mathrm{d}\boldsymbol{r}. \tag{13.92}$$

Der Operator $\boldsymbol{l}$ wirkt hierbei nur auf die Ortsvariablen, $\boldsymbol{s}$ dagegen ausschließlich auf die innere Variable i. Da also $\boldsymbol{l}$ und $\boldsymbol{s}$ auf verschiedene Variable wirken, ist klar, daß sie kommutieren. Der Operator für eine infinitesimale Drehung um die z-Achse ist durch Gl. (13.91) definiert. Für eine infinitesimale Drehung um eine beliebige Achse erhält man einen entsprechenden Operator. Unter Berücksichtigung der Definition (13.55) findet man den Gesamtdrehimpuls des Teilchens:

$$\boldsymbol{j} \equiv \boldsymbol{l} + \boldsymbol{s}$$

(s. Gl. (13.87)).

Allgemeiner kann man jede lineare Transformation der Feldvektoren als die Wirkung eines bestimmten linearen Operators ansehen, den man als Funktion der drei Vektoroperatoren

$$\boldsymbol{r}, \qquad \boldsymbol{p} \equiv -\mathrm{i}\nabla, \qquad \boldsymbol{s}$$

ausdrücken kann.

Insbesondere gilt die wichtige Identität

$$\text{rot} \equiv \boldsymbol{s}.\boldsymbol{p} \tag{13.93}$$

die man aus der Definition des Rotors und der oben angegebenen expliziten Form der Matrizen s_x, s_y, s_z leicht herleitet.

Die Begriffe Skalarprodukt, Drehung und allgemeiner lineare Transformation sind von der speziell gewählten Darstellung unabhängig. Die Wellenfunktion $A(\boldsymbol{r}, i)$ repräsentiert den Zustand des Teilchens in einer Darstellung, in der die Basisvektoren der inneren Variablen zu drei Einheitsvektoren in x-, y- bzw. z-Richtung gehören. Diese Basisvektoren $|x\rangle$, $|y\rangle$ bzw. $|z\rangle$ sind Eigenvektoren von s_x, s_y bzw. s_z zum Eigenwert Null (s. Aufgabe 10). Oft ist es zweckmäßig, die zu den Eigenwerten $+1$, 0, -1 von s_z gehörenden Vektoren $|+\rangle$, $|0\rangle$, $|-\rangle$ als Basis zu wählen. Man erhält sie, wie in Abschnitt 13.1.5 über Standarddarstellungen beschrieben. In dieser neuen Darstellung werden s_x, s_y, s_z durch Matrizen dargestellt, die die Relationen (13.28) mit $j = j' = 1$ erfüllen. Der dem Feld A zugeordnete Ket-Vektor $|A\rangle$ wird jetzt durch die Wellenfunktion

$$A(\boldsymbol{r}, \mu) \equiv A_\mu(\boldsymbol{r}) \qquad (\mu = +, 0, -)$$

dargestellt, entsprechend der Definition (man vergleiche mit Gl. (13.89)):

$$\langle \boldsymbol{r}|A\rangle \equiv A_+(\boldsymbol{r})\,|+\rangle + A_0(\boldsymbol{r})\,|0\rangle + A_-(\boldsymbol{r})\,|-\rangle.$$

Man hat schließlich:

$$\left.\begin{aligned} A_+ &= -\frac{\sqrt{2}}{2}(A_x - \mathrm{i}A_y) \\ A_0 &= A_z \\ A_- &= \frac{\sqrt{2}}{2}(A_x + \mathrm{i}A_y) \end{aligned}\right\} \tag{13.94}$$

13.4.5 Spinabhängige Wechselwirkungen in einem Atom

Die Existenz eines magnetischen Eigenmoments hat zur Folge, daß der Hamilton-Operator für ein Elektron in einem elektromagnetischen Feld spinabhängige Terme enthält.

Insbesondere hat man bei Anwesenheit eines Magnetfeldes $\mathcal{H}(\boldsymbol{r})$ den Term der *direkten Kopplung:*

$$-\boldsymbol{\mu}.\mathcal{H}(\boldsymbol{r}) \equiv -\mu_B\,\boldsymbol{\sigma}.\mathcal{H}$$

wie es sich aus dem Korrespondenzprinzip ergibt. $\boldsymbol{\mu}$ ist das durch die Gln. (13.75–76) definierte magnetische Moment.

Das ist aber nicht der einzige Term, der zusätzlich auftritt. Selbst wenn das Feld nur von einem elektrostatischen Potential herrührt, muß es Spin-Bahn-Kopplungsterme geben. Denn auch in diesem Fall „sieht" das bewegte Elektron ein Magnetfeld, mit dem es über das magnetische Moment μ in Wechselwirkung tritt. Dieses klassische Argument kann für die empirische Bestimmung der Spin-Bahn-Kopplung als Anleitung dienen. Weil es sich aber um einen relativistischen Effekt handelt (der für $v \ll c$ verschwindet), ist es korrekter und sicherer, von der relativistischen Bewegungsgleichung für das Elektron auszugehen. Aus dieser Gleichung kann man die Spin-Bahn-Wechselwirkung herleiten, indem man nach Potenzen von v/c entwickelt und nur die nichtverschwindenden Terme niedrigster Ordnung übrigbehält. Dieses Problem wird im zwanzigsten Kapitel untersucht. In einem kugelsymmetrischen Potential $V(r)$ ist diese Spin-Bahn-Wechselwirkung offensichtlich invariant unter Drehungen: Sie vertauscht also mit den drei Komponenten des Gesamtdrehimpulses $\boldsymbol{j}$: der aus der relativistischen Theorie folgende Ausdruck ist

$$\frac{\hbar^2}{2m^2c^2}(\boldsymbol{l}.\boldsymbol{s})\frac{1}{r}\frac{\mathrm{d}V}{\mathrm{d}r}. \tag{13.95}$$

Aus denselben Gründen enthält auch der Hamilton-Operator H_0 für die Z Elektronen eines komplexen Atoms außer den in Gl. (13.71) angegebenen Termen für die Coulomb-Wechselwirkung Spin-Bahn-Terme. Diese vertauschen mit dem Gesamtdrehimpuls

$$\boldsymbol{J} = \boldsymbol{L} + \boldsymbol{S},$$

nicht aber – im Gegensatz zum Rest von H_0 – mit $\boldsymbol{L}$ und $\boldsymbol{S}$ getrennt. Darüber hinaus führt ihre Existenz zu einer qualitativen Modifizierung des Atomspektrums (Aufhebung von Entartungen) und darf daher auf keinen Fall vernachlässigt werden, obwohl ihr Anteil an der Gesamtenergie relativ klein ist – abgesehen von den schwersten Atomen [23].

Falls ein konstantes Magnetfeld $\mathcal{H}$ vorliegt, so erhält man den Hamilton-Operator H des Atoms aus H_0, dem Hamilton-Operator ohne Magnetfeld, genau so wie in Abschnitt 13.4.1, nur daß man zusätzlich die Terme der direkten magnetischen Wechselwirkung $-\sum_i \mu^{(i)}.\mathcal{H}$ hinzufügt. Vernachlässigt man wie beim Ausdruck (13.72) für die Theorie ohne Spin den „diamagnetischen Term" mit $\mathcal{H}^2$, so findet man:

$$H = H_0 - \frac{e}{2mc}(\mathcal{H}.(\boldsymbol{L} + 2\boldsymbol{S})). \tag{13.96}$$

13.4.6 Spinabhängige Nukleon-Nukleon-Wechselwirkungen

Als weiteres Beispiel für eine spinabhängige Wechselwirkung betrachten wir die Wechselwirkung zweier Nukleonen, also von Neutronen oder Protonen. Seien M_0 die Masse der Nukleonen, $\boldsymbol{r} = \boldsymbol{r}_1 - \boldsymbol{r}_2$ ihre relative Lage, $\boldsymbol{p} = \frac{1}{2}(\boldsymbol{p}_1 - \boldsymbol{p}_2)$ ihr rela-

---

[23] Der Vollständigkeit halber muß man hier auch die Modifizierung erwähnen, die von der Existenz des magnetischen Moments des Atomkerns herrührt (Hyperfeinstruktur).

tiver Impuls, ½ σ_1 und ½ σ_2 ihre Spins. Die Schwerpunktsbewegung separiert vollständig von der Relativbewegung. Zustände und dynamische Variable beziehen sich also im folgenden ausschließlich auf die Relativbewegung. Der Bahndrehimpuls ist

$$L = r \times p,$$

der Gesamtspin

$$S = \tfrac{1}{2}(\sigma_1 + \sigma_2) \tag{13.97}$$

und der Gesamtdrehimpuls

$$J = L + S. \tag{13.98}$$

Der Hamilton-Operator hat die Form:

$$H = \frac{p^2}{M_0} + V.$$

Die gegenüber Drehungen invarianten Ausdrücke, die am häufigsten angegeben werden, sind die folgenden vier:

$$V_1(r) \tag{13.99 a}$$

$$V_2(r)\,(\sigma_1 . \sigma_2) \tag{13.99 b}$$

$$V_3(r)\,(L . S) \tag{13.99 c}$$

$$V_4(r)\left(3\,\frac{(\sigma_1 . r)\,(\sigma_2 . r)}{r^2} - \sigma_1 . \sigma_2\right). \tag{13.99 d}$$

Die spinabhängigen Operatoren in den drei letzten Ausdrücken sind in ihrer üblichen Form angeschrieben. Man kann sie aber auch anders schreiben. So erhält man, wenn man Gl. (13.97) quadriert und die Identität $\sigma_1^2 = \sigma_2^2 = 3$ berücksichtigt:

$$\sigma_1 . \sigma_2 = 2S^2 - 3. \tag{13.100}$$

Quadriert man Gl. (13.98), so wird:

$$L . S = \tfrac{1}{2}(J^2 - L^2 - S^2). \tag{13.101}$$

Schließlich erhält man aus Gl. (13.97)

$$\begin{aligned}(S . r)^2 &= \tfrac{1}{4}\big((\sigma_1 . r) + (\sigma_2 . r)\big)^2 = \tfrac{1}{4}\big((\sigma_1 . r)^2 + (\sigma_2 . r)^2 + 2(\sigma_1 . r)(\sigma_2 . r)\big)\\ &= \tfrac{1}{2}\big((\sigma_1 . r)(\sigma_2 . r) + r^2\big).\end{aligned}$$

Es ist also

$$(\sigma_1 . r)(\sigma_2 . r) = 2(S . r)^2 - r^2$$

und folglich

$$S_{12} \equiv 3\frac{(\boldsymbol{\sigma}_1 \cdot \boldsymbol{r})(\boldsymbol{\sigma}_2 \cdot \boldsymbol{r})}{r^2} - \boldsymbol{\sigma}_1 \cdot \boldsymbol{\sigma}_2 \tag{13.102}$$

$$= 2\left(3\frac{(\boldsymbol{S} \cdot \boldsymbol{r})^2}{r^2} - \boldsymbol{S}^2\right). \tag{13.102'}$$

Ein Operator wie S_{12} heißt „Tensoroperator" und die Wechselwirkung (13.99 d) „Tensorkraft".

Ist V eine Linearkombination von Wechselwirkungen des Typs (13.99), so ist der Hamilton-Operator dreh- und spiegelungsinvariant (Bei einer Reflexion ändern sich $\boldsymbol{r}$ und $\boldsymbol{p}$ in $-\boldsymbol{r}$ bzw. $-\boldsymbol{p}$, während die Spinoperatoren ungeändert bleiben). Auf diese zweite Invarianzeigenschaft werden wir später zurückkommen. Hier merken wir nur an: Bezeichnet man den Operator, der $\psi(\boldsymbol{r})$ in $\psi(-\boldsymbol{r})$ überführt, mit P, so besitzen dessen Eigenfunktionen eine bestimmte Parität. Invarianz bei Reflexion bedeutet $[H, P] = 0$. Besitzt der Hamilton-Operator diese Eigenschaft, so können seine Eigenfunktionen unter den Funktionen mit bestimmter Parität gesucht werden.

Die Wechselwirkungen (13.99) sind nach abnehmender Symmetrie geordnet.

Der erste Term hängt von den Spins überhaupt nicht ab.

Der zweite vertauscht getrennt mit $\boldsymbol{L}$ und mit $\boldsymbol{S}$. Er ist also nicht nur bei einer Gesamtdrehung invariant, sondern auch bei einer Drehung des Raumes allein und bei einer Drehung der Spins für sich. Besteht V nur aus Termen der Form (13.99 a) und (13.99 b), so kann man die Eigenfunktionen von H unter den gemeinsamen Eigenfunktionen von $\boldsymbol{L}^2$, $\boldsymbol{S}^2$, L_z und S_z suchen. Die Eigenwerte von H sind dann hinsichtlich Drehungen $(2L + 1)(2S + 1)$-fach entartet und von den Eigenwerten von L_z und S_z unabhängig.

Enthält V zusätzlich einen Term der Form (13.99 c), so vertauscht H noch mit $\boldsymbol{L}^2$ und $\boldsymbol{S}^2$, ist aber bei getrennten Drehungen des Raumes oder der Spins nicht mehr invariant. Seine Eigenfunktionen findet man unter den gemeinsamen Eigenfunktionen von $\boldsymbol{L}^2$, $\boldsymbol{S}^2$, $\boldsymbol{J}^2$ und J_z und seine Eigenwerte zeigen hinsichtlich Drehungen nur eine $(2J + 1)$-fache Entartung.

Die geringste Symmetrie besitzt die Wechselwirkung (13.99 d). Sie kommutiert nicht mehr mit $\boldsymbol{L}^2$, sondern nur noch mit $\boldsymbol{S}^2$. Aus Gl. (13.102) liest man ab, daß $[\boldsymbol{S}^2, S_{12}] = 0$. Enthält V einen Term der Form (13.99 d), so findet man die Eigenfunktionen von H unter den gemeinsamen Eigenfunktionen von P, $\boldsymbol{S}^2$, $\boldsymbol{J}^2$ und J_z.

13.5 Addition von Drehimpulsen

13.5.1 Das Additionsproblem

Bei einer großen Zahl von Problemen ist der Hamilton-Operator des Systems drehinvariant, vertauscht also mit den Komponenten des Gesamtdrehimpulses $\boldsymbol{J}$. Man sucht daher die Eigenlösungen des Hamilton-Operators unter den gemeinsamen Eigenfunktionen von J^2 und J_z, die man sich zunächst zu verschaffen hat.

Im Fall des spinlosen Teilchens in einem Zentralpotential (neuntes Kapitel) ist der Gesamtdrehimpuls einfach der Bahndrehimpuls l und die Eigenfunktionen sind von der Form $\chi(r)\ Y_l^m\ (\theta, \varphi)$. Beim allgemeinen Fall ist J die Summe der Einzeldrehimpulse:

$$J = \sum_i j_i$$

d.h. die Summe aus den Bahndrehimpulsen und Spins der Teilchen, die das System bilden. Gewöhnlich kennt man die Eigenvektoren der individuellen Drehimpulse. So ist beim Zwei-Nukleonensystem (Abschnitt 13.4.5)

$$J = L + \tfrac{1}{2}\sigma_1 + \tfrac{1}{2}\sigma_2 \tag{13.103}$$

und die Eigenfunktionen der Einzeldrehimpulse haben die Form $\psi(r)\ Y_l^m\ (\theta, \varphi)\,|\mu_1>|\mu_2>$, wobei μ_1, μ_2 die Werte $+\tfrac{1}{2}$ oder $-\tfrac{1}{2}$ annehmen können, je nachdem, ob der Spin der Nukleonen 1, 2 nach oben bzw. nach unten gerichtet ist. Es stellt sich somit das Problem, aus diesen Funktionen durch Linearkombination ein vollständiges System von Eigenvektoren des Gesamtdrehimpulses zu bilden, das sog. Additionsproblem der Drehimpulse.

13.5.2 Additionstheorem für zwei Drehimpulse

Das einfachste Problem besteht in der Addition *zweier* Drehimpulse. Sei

$$J = j_1 + j_2$$

wobei j_1 und j_2 die Drehimpulse der beiden Systeme 1 und 2 bedeuten, aus denen sich das zu untersuchende System zusammensetzen möge, und seien

$$|\alpha j_1 j_2 m_1 m_2> \tag{13.104}$$

die Elemente eines vollständigen Systems von gemeinsamen Eigenvektoren von j_1^2, j_2^2, j_{1z} und j_{2z}. α symbolisiert die Gesamtheit der übrigen Quantenzahlen, die man zur vollständigen Beschreibung des Systems braucht, oder auch anders ausgedrückt, die Gesamtheit der Eigenwerte der Observablen A, die mit j_1^2, j_2^2, j_{1z} und j_{2z} einen vollständigen Satz kommutierender Observabler bilden. Die A sind dabei so gewählt, daß sie mit den drei Komponenten von j_1 und denen von j_2 vertauschen. Wir nehmen weiter an, daß die Vektoren (13.104) hinsichtlich der Drehimpulse 1 und 2 eine Standardbasis bilden. Zu jeder Folge von Quantenzahlen $(\alpha\, j_1\, j_2)$ gehören soviel Vektoren, wie es verschiedene Zahlenpaare $(m_1\, m_2)$ gibt. Diese Vektoren ergeben sich auseinander durch wiederholte Anwendung von $j_{1\pm}$ oder $j_{2\pm}$, wie in Abschnitt 13.1.5 ausgeführt, und spannen einen $(2j_1 + 1)\,(2j_2 + 1)$-dimensionalen Unterraum $\mathcal{E}\,(\alpha\, j_1\, j_2)$ auf.

Man beachte, daß A, j_1^2 und j_2^2 mit J vertauschen. Wir suchen daher die Eigenvektoren dieser Operatoren. Hierbei kann jeder Unterraum $\mathcal{E}\,(\alpha\, j_1\, j_2)$ getrennt behandelt werden. Wir betrachten im folgenden einen von ihnen. Der Kürze halber bezeichnen wir die Vektoren $|\alpha j_1 j_2 m_1 m_2>$ dieses Unterraums mit $|m_1 m_2>$ und die Eigenvektoren des Gesamtdrehimpulses, die in diesem Unterraum liegen, mit $|JM>$ (Das setzt voraus, daß die Angabe von J und M zur Definition dieser Vektoren ausreicht, siehe weiter unten).

In diesem Abschnitt bestimmen wir die möglichen Werte des Paares (JM) und den jeweiligen Entartungsgrad. Die Konstruktion der Eigenvektoren wird dann in Abschnitt 13.5.4 besprochen.

Die Lösung unseres Problems basiert auf den beiden folgenden Aussagen:

(a) Jeder Vektor $|m_1 m_2>$ ist Eigenvektor von J_z zum Eigenwert

$$M = m_1 + m_2.$$

Wegen $J_z = j_{1z} + j_{2z}$ ist nämlich $J_z|m_1 m_2> = (m_1 + m_2)|m_1 m_2>$.

(b) Zu jedem Wert von J gehört eine Anzahl von $N(J)$ linear unabhängiger Folgen aus jeweils $2J + 1$ Eigenvektoren des Gesamtdrehimpulses, wobei die Elemente einer Folge sich auseinander durch wiederholte Anwendung von J_+ oder J_- ergeben und zu den $(2J + 1)$ möglichen Eigenwerten von M: $-J, -J + 1, \ldots, +J$ gehören.

Darum [24] gilt für den Entartungsgrad $n(M)$ des Eigenwerts M:

$$n(M) = \sum_{J \geqslant |M|} N(J)$$

und folglich

$$N(J) = n(J) - n(J + 1) \tag{13.105}$$

Will man $N(J)$ erhalten, so genügt es also, für jeden Wert von M das $n(M)$ zu bestimmen. Nach Aussage (a) ist $n(M)$ einfach die Zahl der Paare $(m_1 m_2)$, für die

$$M = m_1 + m_2.$$

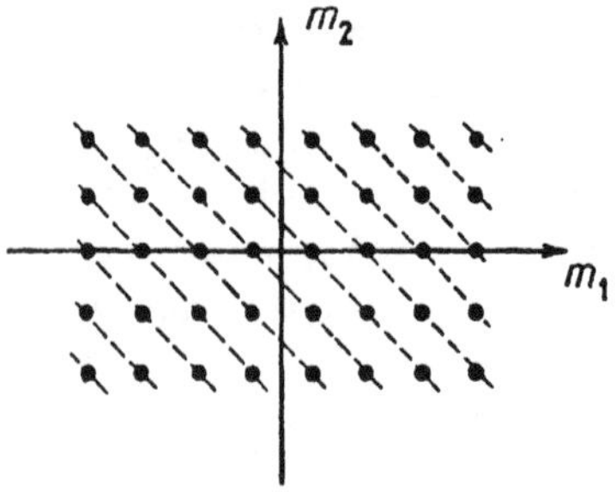

Abb. 13.3 Diagramm zur Bestimmung der möglichen Werte von $M = m_1 + m_2$ und ihrer Häufigkeit $n(M)$ ($j_1 = 7/2$; $j_2 = 2$).

[24] Diese Überlegung trat schon einmal beim Problem des dreidimensionalen harmonischen Oszillators auf (Abschnitt 12.3.3).

Für das Abzählen ist ein Diagramm wie das in Abb. 13.3 nützlich, in dem jedes Paar $(m_1 \ m_2)$ durch einen Punkt mit der Abszisse m_1 und der Ordinate m_2 repräsentiert wird. $n(M)$ ist die Anzahl der Punkte, die auf der Diagonalen $x + y = M$ liegen. Sei z.B. $j_1 > j_2$. Dann ergibt sich:

$$n(M) = \begin{cases} 0 & \text{wenn} \quad |M| > j_1 + j_2 \\ j_1 + j_2 + 1 - |M| & \text{wenn} \quad j_1 + j_2 \geqslant |M| \geqslant |j_1 - j_2| \\ 2j_2 + 1 & \text{wenn} \quad |j_1 - j_2| \geqslant |M| \geqslant 0. \end{cases}$$

Setzt man diese Zahlen in die Beziehung (13.105) ein, so bekommt man:

$$N(J) = 1 \quad \text{für} \quad J = j_1 + j_2, j_1 + j_2 - 1, \ldots, |j_1 - j_2|.$$

Das grundlegende *Additionstheorem* lautet also:

In dem $(2j_1 + 1)\ (2j_2 + 1)$-dimensionalen Raum, der von den Vektoren $|\alpha j_1\, j_2\, m_1\, m_2>$ (α, j_1, j_2 fest; m_1, m_2 veränderlich) aufgespannt wird, gilt:

(i) Die möglichen Eigenwerte von J sind [25]*:*

$$j_1 + j_2, j_1 + j_2 - 1, \ldots, |j_1 - j_2|;$$

(ii) zu jedem dieser Werte gehört genau eine Folge von $(2J + 1)$ Eigenvektoren $|JM>$ des Gesamtdrehimpulses.

13.5.3 Anwendungen und Beispiele

Zunächst ergibt sich unmittelbar aus dem Additionsgesetz:

Der Gesamtdrehimpuls ist ganz- oder halbzahlig, je nachdem, ob die Zahl der halbzahligen Einzeldrehimpulse gerade oder ungerade ist. Der Leser prüfe dies anhand der folgenden Beispiele nach.

Als erstes Beispiel untersuchen wir die *Addition zweier Spins ½*.

Der Zustandsraum ist vierdimensional. Der Gesamtspin S kann die beiden Werte 0 und 1 annehmen.

Zu $S = 0$ gibt es nur einen Vektor $|0\ 0>$; man spricht von einem *Singulettzustand.*

Zu $S = 1$ gehören die drei Vektoren $|1\ 1>$, $|1\ 0>$ und $|1 - 1>$; das sind die drei Vektoren des *Triplettzustands.*

Die Projektionsoperatoren P_0 und P_1, die auf den Singulettzustand bzw. auf die Triplettzustände projizieren, kann man leicht durch $\boldsymbol{S}^2$ oder $\sigma_1 . \sigma_2$ ausdrücken. Weil $\boldsymbol{S}^2 = S(S + 1)$ ist, hat $\boldsymbol{S}^2$ im Singulettzustand den Eigenwert 0 und im Triplettzustand den Eigenwert 2, woraus sich ergibt (s. die Identität (13.100)):

---

[25] Anders ausgedrückt, nimmt J alle diejenigen Werte an, für die $j_1 + j_2 + J$ ganz ist und bei denen j_1, j_2 und J als die Längen der Seiten eines Dreiecks aufgefaßt werden können.

$$P_0 = 1 - \tfrac{1}{2}S^2 = \tfrac{1}{4}(1 - \boldsymbol{\sigma}_1 . \boldsymbol{\sigma}_2)$$
$$P_1 = \tfrac{1}{2}S^2 = \tfrac{1}{4}(3 + \boldsymbol{\sigma}_1 . \boldsymbol{\sigma}_2).$$

Man beachte, daß

$$\sigma_1 . \sigma_2 = P_1 - 3P_0. \tag{13.106}$$

Als zweites Beispiel nehmen wir ein *Teilchen mit dem Spin ½*. Sein Bahndrehimpuls l und sein Spin koppeln zum Gesamtdrehimpuls j, der die beiden Werte:

$$j = l + \tfrac{1}{2}, \qquad j = l - \tfrac{1}{2},$$

annehmen kann, falls nicht $l = 0$ ist (s-Zustand). In diesem Fall hat j nur den einen Wert $j = \tfrac{1}{2}$. Also kann j alle halbzahligen Werte von ½ bis $+\infty$ annehmen. Zu jedem dieser Werte gehören zwei Terme (d.h. zwei Folgen von $(2j + 1)$ Vektoren) mit entgegengesetzter Parität.

Als letztes Beispiel nehmen wir das *Zwei-Nukleonen-System* (Abschnitt 13.4.5).

Hier muß man drei Drehimpulse koppeln, nämlich den Bahndrehimpuls und die beiden Spins (Gl. (13.98)). Zunächst koppelt man die beiden Spins zum Gesamtspin $\boldsymbol{S}$, der die beiden Werte 0 oder 1 annehmen kann. Diesen koppelt man dann weiter mit dem Bahndrehimpuls $\boldsymbol{L}$ der Relativkoordinaten, der alle nichtnegativ ganzzahligen Werte annehmen kann. Zu jedem Wertepaar $(L\,S)$ gehören $(2S + 1) \cdot (2L + 1)$ Vektoren, aus denen sich durch Linearkombination die Eigenvektoren des Gesamtdrehimpulses ergeben. Das Additionsgesetz liefert die folgenden Werte für J:

$$\text{Singulettzustand: } S = 0 \qquad J = L$$

$$\text{Triplettzustand: } S = 1 \quad \begin{cases} J = L - 1, L, L + 1, & \text{wenn } L \neq 0 \\ J = 1, & \text{wenn } L = 0. \end{cases}$$

Zur Kennzeichnung der auf diese Weise entstehenden Terme bedient man sich der folgenden spektroskopischen Schreibweise: Ein großer Buchstabe gibt den Wert von L an (s. hierzu Abschnitt 9.1.5), der linke obere Index ist gleich $2S + 1$, bezeichnet also die Multiplizität des Gesamtspins, während der rechte untere Index den Wert von J angibt. Zum Beispiel bezeichnet $^3D_2$ das Spin-Triplett mit $L = 2$ und dem Gesamtdrehimpuls $J = 2$. Zu jedem Wert von J gehören vier Terme (d.h. insgesamt $4(2J + 1)$ Vektoren), wenn nicht $J = 0$ ist. Zu diesem Wert gehören dann nur zwei Terme. Die zu den ersten Werten von J gehörenden Terme sind:

$J = 0$		$^3P_0$		$^1S_0$
$J = 1$	$^3S_1$	$^3D_1$	$^3P_1$	$^1P_1$
$J = 2$	$^3P_2$	$^3F_2$	$^3D_2$	$^1D_2$
$J = 3$	$^3D_3$	$^3G_3$	$^3F_3$	$^1F_3$

Dieselbe Notation kann man auch für das Spin-½-Teilchen verwenden. In diesem Fall wird der Bahndrehimpuls durch einen Kleinbuchstaben gekennzeichnet – die

Großbuchstaben sind den Gesamtdrehimpulsen eines Mehrteilchensystems vorbehalten – und der linke obere Index wird einfach weggelassen. Für die ersten Werte von j ist dann:

$$\begin{array}{lcccc} j = & \frac{1}{2} & \frac{3}{2} & \frac{5}{2} & \frac{7}{2} \\ & s_{1/2}\ p_{1/2} & p_{3/2}\ d_{3/2} & d_{5/2}\ f_{5/2} & f_{7/2}\ g_{7/2}. \end{array}$$

13.5.4 Die Eigenvektoren des Gesamtdrehimpulses. Clebsch-Gordan-Koeffizienten

Zu jedem durch das Additionsgesetz bestimmtem Paar (JM) gehört ein Eigenvektor $|\alpha\, j_1\, j_2\, J M\rangle$ des Gesamtdrehimpulses. Zu seiner eindeutigen Festlegung normieren wir ihn auf Eins und fixieren seine Phase gemäß einer Konvention, die wir weiter unten angeben werden. Die Vektoren $|\alpha\, j_1\, j_2\, J M\rangle$ bilden wie die $|\alpha\, j_1\, j_2\, m_1\, m_2\rangle$ im Unterraum $\mathcal{E}(\alpha j_1\, j_2)$ eine orthonormierte Basis. Von der einen gelangt man zur anderen durch eine unitäre Transformation:

$$|\alpha\, j_1\, j_2\, JM\rangle = \sum_{m_1\, m_2} |\alpha\, j_1\, j_2\, m_1\, m_2\rangle \langle \alpha\, j_1\, j_2\, m_1\, m_2 | \alpha\, j_1\, j_2\, JM\rangle . \tag{13.107}$$

Die bei dieser Transformation auftretenden Koeffizienten besitzen eine sehr wichtige Eigenschaft: *Sie sind unabhängig von α, hängen also nur von den Größen j_1, j_2, J, m_1, m_2 und M ab.* Im Unterraum $\mathcal{E}(\alpha\, j_1 j_2)$ bilden nämlich die Vektoren $|\alpha j_1\, j_2\, m_1\, m_2\rangle$ die Basis einer Standarddarstellung, in der die Darstellungsmatrizen für die Komponenten von j_1 und j_2 von α unabhängig sind (s. Gl. (13.28)). Folglich sind auch die Darstellungsmatrizen von J^2 und J_z von α unabhängig und ebenso die Komponenten $\langle\alpha j_1\, j_2\, m_1\, m_2 \,|\, \alpha\, j_1\, j_2\, J\, M\rangle$ ihrer gemeinsamen Eigenvektoren. Diese haben also einen rein geometrischen Charakter: Sie hängen nur von den beteiligten Drehimpulsen und deren Orientierung ab, nicht aber von der physikalischen Natur der dynamischen Variablen 1 und 2, aus denen man die Drehimpulse bildet. Man nennt sie *Clebsch-Gordan-Koeffizienten* (C.-G.-Koeffizienten) oder Vektoradditionskoeffizienten. Wir bezeichnen sie im folgenden mit dem Symbol $\langle j_1\, j_2\, m_1\, m_2 \,|\, J\, M\rangle$. Mit dieser Bezeichnung lautet die Beziehung (13.107):

$$|\alpha\, j_1\, j_2\, JM\rangle = \sum_{m_1\, m_2} |\alpha\, j_1\, j_2\, m_1\, m_2\rangle \langle j_1\, j_2\, m_1\, m_2 | JM\rangle . \tag{13.108}$$

Zur eindeutigen Definition der C.-G.-Koeffizienten müssen die Phasen der Vektoren $|\alpha\, j_1\, j_2\, J M\rangle$ festgelegt werden. Für die relativen Phasen der $(2J + 1)$ zum selben Wert von J gehörenden Vektoren übernehmen wir die üblichen Vereinbarungen aus Abschnitt 13.1.5. Die Vektoren sind also bis auf eine von J abhängige Phase bestimmt. Diese legt man durch die Forderung fest, daß die Komponente von $|\alpha\, j_1\, j_2\, J\, J\rangle$ in Richtung von $|\alpha\, j_1\, j_2\, j_1\, J - j_1\rangle$ reell und positiv ist, d.h.

$$\langle j_1\, j_2\, j_1\, m_2 \,|\, JJ\rangle \text{ reell} \geqslant 0. \tag{13.109}$$

Viele Eigenschaften der C.-G.-Koeffizienten ergeben sich unmittelbar aus ihrer Definition.

Damit $\langle j_1 j_2 m_1 m_2 \mid JM\rangle$ nicht Null ist, ist aufgrund des Additionstheorems notwendig (*Auswahlregeln*), daß gleichzeitig gilt:

$$m_1 + m_2 = M \qquad |j_1 - j_2| \leqslant J \leqslant j_1 + j_2.$$

Weiter unten zeigen wir, daß sich alle C.-G.-Koeffizienten zu einem bestimmten Wert von J mit Hilfe von Rekursionsformeln mit reellen Koeffizienten aus dem reellen Koeffizienten $\langle j_1 j_2 j_1 J - j_1 \mid JJ\rangle$ ergeben. Daher sind alle C.-G.-Koeffizienten reell.

Als die Koeffizienten einer unitären Transformation genügen sie weiter den *Orthogonalitätsrelationen:*

$$\sum_{m_1 m_2} \langle j_1 j_2 m_1 m_2 | JM\rangle \langle j_1 j_2 m_1 m_2 | J'M'\rangle = \delta_{JJ'} \delta_{MM'} \tag{13.110 a}$$

$$\sum_{JM} \langle j_1 j_2 m_1 m_2 | JM\rangle \langle j_1 j_2 m_1' m_2' | JM\rangle = \delta_{m_1 m_1'} \delta_{m_2 m_2'}. \tag{13.110 b}$$

Bei den einfachsten Fällen kann man die Linearkombinationen (13.108) direkt bestimmen. Man beachte, daß für $J = j_1 + j_2$ und $M = J$ gilt:

$$|\alpha j_1 j_2 j_1 + j_2 j_1 + j_2\rangle = |\alpha j_1 j_2 j_1 j_2\rangle.$$

Durch wiederholte Anwendung von $J_- \equiv j_{1-} + j_{2-}$ auf die beiden Seiten dieser Gleichung konstruiert man alle Vektoren $|\alpha j_1 j_2\, JM\rangle$ zu $J = j_1 + j_2$. Darauf bildet man die Vektoren zu $J = j_1 + j_2 - 1$. Man beginnt mit dem Vektor zu $M = J$. Dieser ist durch seine Orthogonalität zu $|\alpha j_1 j_2 j_1 + j_2\, j_1 + j_2 - 1\rangle$ und die Phasenbedingung (13.109) eindeutig bestimmt. Aus ihm ergeben sich dann alle anderen durch wiederholte Anwendung von J_-. Und so fort.

Für den Fall der Addition zweier Spins ½ erhält man auf diese Weise die Eigenvektoren des Gesamtspins in Abhängigkeit von den Eigenvektoren $|++\rangle$, $|+-\rangle$, $|-+\rangle$ und $|--\rangle$ der Einzelspins. In der folgenden Tabelle sind die Ergebnisse zusammengefaßt:

	$S = 1$	$S = 0$
$M = 1$	$\|11\rangle = \|++\rangle$	
$M = 0$	$\|10\rangle = \dfrac{\|+-\rangle + \|-+\rangle}{\sqrt{2}}$	$\|00\rangle = \dfrac{\|+-\rangle - \|-+\rangle}{\sqrt{2}}$
$M = -1$	$\|1\,-1\rangle = \|--\rangle$	

Für die Addition höherer Drehimpulse sind die Rechenmethoden aufwendiger. Man kann verschiedene Rekursionsformeln aufstellen (Gln. (C. 18–20)). Durch Anwendung von J_+ oder J_- erhält man insbesondere:

$$\sqrt{J(J+1)-M(M+1)}\,\langle j_1 j_2 m_1 m_2|J\ M{+}1\rangle$$
$$=\sqrt{j_1(j_1+1)-m_1(m_1-1)}\,\langle j_1 j_2\ m_1{-}1\ m_2|JM\rangle \tag{13.111}$$
$$+\sqrt{j_2(j_2+1)-m_2(m_2-1)}\,\langle j_1 j_2 m_1\ m_2{-}1\ |JM\rangle$$

$$\sqrt{J(J+1)-M(M-1)}\,\langle j_1 j_2 m_1 m_2|J\ M{-}1\rangle$$
$$=\sqrt{j_1(j_1+1)-m_1(m_1+1)}\,\langle j_1 j_2\ m_1{+}1\ m_2|JM\rangle \tag{13.112}$$
$$+\sqrt{j_2(j_2+1)-m_2(m_2+1)}\,\langle j_1 j_2 m_1\ m_2{+}1\ |JM\rangle.$$

Wenn $M = J$ ist, verschwindet die linke Seite von (13.111). Die Anwendung dieser Formel liefert also alle Koeffizienten $\langle j_1 j_2\ m_1\ m_2\ |\ JJ\rangle$ als Vielfache von z.B. $\langle j_1 j_2 j_1\ J-j_1\ |JJ\rangle$. Durch die Normierungsbedingung für den Vektor $|\alpha j_1 j_2 JJ\rangle$ ($\Sigma_{m_1 m_2} \langle j_1 j_2\ m_1\ m_2\ |\ JJ\rangle^2 = 1$) und die Phasenbedingung (13.109) sind sie dann dann vollständig bestimmt. Alle übrigen C.-G.-Koeffizienten ergeben sich hieraus durch wiederholte Anwendung der Rekursionsformel (13.112). Diese Methode ist von Racah angewandt worden, um die C.-G.-Koeffizienten in der verkürzten Form (C.21) auszudrücken [26].

Neben den hier angegebenen Eigenschaften besitzen die C.-G.-Koeffizienten bemerkenswerte Symmetrieeigenschaften, die ihre Tabellierung sehr erleichtern. Sie sind zusammen mit den grundlegenden Eigenschaften der C.-G.-Koeffizienten im Anhang (Abschnitt C.1) aufgeführt. Dort findet man auch eine Tabelle der einfachsten Koeffizienten.

13.5.5 Anwendung: Zwei-Nukleonen-Systeme

Als Anwendungsbeispiele für die Addition von Drehimpulsen bei drehinvarianten Systemen wählen wir das in Abschnitt 13.4.6 behandelte System aus zwei Nukleonen. Wir untersuchen das Eigenwertproblem des Hamilton-Operators für die verschiedenen Formen des spinabhängigen Potentials. Dabei beschränken wir uns auf Potentiale vom Typ (13.99).

Das Potential habe die Form:

$$V = V_1(r) + V_2(r)\,(\sigma_1 . \sigma_2).$$

In diesem Fall kommutiert der Hamilton-Operator mit L und S, und seine Eigenfunktionen sind Produkte aus den Spinfunktionen $|S\mu\rangle$ mit den von r abhängigen Eigenfunktionen des Bahndrehimpulses. Gemäß der Identität (13.106) nimmt das Potential für $S = 0$ und $S = 1$ verschiedene Werte an. Es ergeben sich also je nach dem Wert von S zwei Schrödinger-Gleichungen für ein Teilchen (ohne Spin)

[26] Bei der Rechnung benötigt man die folgende, auf Racah zurückgehende Identität:

$$\sum_s \frac{(a+s)!\,(b-s)!}{(c+s)!\,(d-s)!} = \frac{(a+b+1)!\,(a-c)!\,(b-d)!}{(c+d)!\,(a+b-c-d+1)!}$$

(a, b, c, d ganz mit $a \geqslant c \geqslant 0$, $b \geqslant d \geqslant 0$; s ganz nimmt alle Werte von $-c$ bis $+d$ an).

in einem Zentralpotential. Ist $S = 0$, so ist der Bahndrehimpulsanteil der Eigenfunktion gleich der Eigenfunktion für ein (spinloses) Teilchen im Potential $V_1 - 3V_2$; ist $S = 1$, so ergibt sich entsprechend die Eigenfunktion eines Teilchens im Potential $V_1 + V_2$. Das Eigenwertproblem reduziert sich auf eine Radialgleichung für jedes Wertepaar $(L\ S)$.

Hat das Potential die Form:

$$V = V_1(r) + V_2(r)\,(\sigma_1 . \sigma_2) + V_3(r)\,(\boldsymbol{L}.\boldsymbol{S}),$$

so ist der Hamilton-Operator nicht mehr gegenüber getrennten Drehungen des Orts- und des Spinraums invariant, da er aber stets mit $\boldsymbol{L}^2$ und $\boldsymbol{S}^2$ vertauscht, kann man nach den gemeinsamen Eigenlösungen von $\boldsymbol{L}^2, \boldsymbol{S}^2, \boldsymbol{J}^2$ und J_z suchen. Zu jedem Wertetripel gehört ein Funktionentyp, dessen Abhängigkeit von den Winkeln θ und φ und den Spinvariablen völlig bestimmt ist. Unter Verwendung der C.-G.-Koeffizienten kann er explizit angegeben werden:

$$\begin{aligned} \Psi_{LSJ}^{M} &\equiv F(r)\, \mathcal{Y}_{LSJ}^{M} \\ \mathcal{Y}_{LSJ}^{M} &= \sum_{m\mu} Y_L^m(\theta, \varphi)\, |S\,\mu\rangle\, \langle LSm\mu|JM\rangle. \end{aligned} \tag{13.113}$$

So haben die drei Funktionen für den Zustand ${}^1P_1$ die „Winkelabhängigkeit"

$$\mathcal{Y}_{101}^{M} = Y_1^M|00\rangle \qquad (M = 0, \pm 1)$$

und die fünf Funktionen zum Zustand ${}^3D_2$:

$$\mathcal{Y}_{212}^{M} = \sum_{m\mu} Y_2^m|1\mu\rangle\, \langle 21m\mu|2M\rangle \qquad (M = 0, \pm 1, \pm 2).$$

Aufgrund der Identitäten (13.100) und (13.101) wirkt der Hamilton-Operator auf eine Funktion dieses Typs wie folgt:

$$H\Psi_{LSJ}^{M} = \left[-\frac{\hbar^2}{M_0}\frac{1}{r}\frac{\mathrm{d}^2}{\mathrm{d}r^2}r + \frac{\hbar^2}{M_0}\frac{L(L+1)}{r^2} + V_{LSJ}\right]\Psi_{LSJ}^{M}$$

mit

$$\begin{aligned} V_{LSJ}(r) = V_1(r) &+ [2S(S+1) - 3]\, V_2(r) \\ &+ \tfrac{1}{2}[J(J+1) - L(L+1) - S(S+1)]\, V_3(r). \end{aligned}$$

Das führt zu folgender Radialgleichung:

$$\left[-\frac{\hbar^2}{M_0}\frac{1}{r}\frac{\mathrm{d}^2}{\mathrm{d}r^2}r + \frac{\hbar^2}{M_0}\frac{L(L+1)}{r^2} + V_{LSJ}(r)\right]F(r) = EF(r).$$

Die Rechnung verläuft also, als wenn man es mit einem Teilchen (ohne Spin) in einem Zentralpotential zu tun hätte. Der einzige Unterschied besteht darin, daß das „effektive Zentralpotential" $V_{LSJ}(r)$ von einem Wertetripel $(L\,S\,J)$ zum andern verschieden ist [27].

[27] Fußnote 27 siehe Seite 67.

Als letztes Beispiel untersuchen wir den Fall, bei dem das Potential die Form

$$V = V_C(r) + V_T(r)\,S_{12}$$

hat. Wegen des Auftretens der „Tensorkraft" kommutiert der Hamilton-Operator nicht mehr mit L^2. Er vertauscht jedoch stets mit S^2 und mit dem in Abschnitt 13.4.6 eingeführten „Paritätsoperator" P. Folglich kann man die Eigenfunktionen von H unter den gemeinsamen Eigenfunktionen von P, S^2, J^2 und J_z suchen, d.h. unter den Funktionen zu bestimmtem Gesamtdrehimpuls $(J\,M)$, zu bestimmter Parität und zu einem bestimmten Wert von S.

Ist $S = 0$, so ist notwendig $L = J$ (also $P = (-)^J$) und die Eigenfunktion hat die Form: $F(r)\,\mathcal{Y}^M_{J0J}$. Weil weiter $S\,|\,0\,0> = 0$ ist, ist wegen (13.102′) klar, daß:

$$S_{12}\,\mathcal{Y}^M_{J0J} \equiv S_{12}\,Y^M_J(\theta,\varphi)\,|00> = 0.$$

Folglich ist $F(r)$ Lösung der Radialgleichung für ein Teilchen mit dem Drehimpuls J im Potential $V_C(r)$.

Ist $S = 1$ und $P = (-)^J$, so ist notwendig $L = J$, und die „Winkelabhängigkeit" der Eigenfunktion liegt wie im vorhergehenden Fall fest: $\Psi^M_{J1J} = F(r)\,\mathcal{Y}^M_{J1J}$. Weiter kann man zeigen (s. Aufgabe 11), daß $S_{12}\,\mathcal{Y}^M_{J1J} = 2\,\mathcal{Y}^M_{J1J}$. $F(r)$ ist also Lösung der Radialgleichung für ein Teilchen mit dem Drehimpuls J im Potential $V_C(r) + 2\,V_T(r)$.

Ist $S = 1$ und $P = (-)^{J+1}$, so sind die einzig möglichen Eigenwerte von L: $J + 1$ und $J - 1$ (vorausgesetzt, daß $J \neq 0$ ist; für $J = 0$ hat man nur den einen Wert $L = 1$). Die Eigenfunktion hat darum die Form:

$$\Psi \equiv F_{J-1}(r)\,\mathcal{Y}_- + F_{J+1}(r)\,\mathcal{Y}_+.$$

Hier wurde zur Abkürzung $\mathcal{Y}_\pm \equiv \mathcal{Y}^M_{J\pm1\,1J}$ gesetzt. Die Wirkung von S_{12} auf $\mathcal{Y}_+$ oder $\mathcal{Y}_-$ ergibt eine Kombination dieser beiden Funktionen (Aufgabe 11). Daher ist auch $(H - E)\,\Psi$ eine Linearkombination dieser beiden Funktionen, wobei die Koeffizienten von r abhängen. $(H - E)\,\Psi = 0$ bedeutet das Verschwinden dieser Koeffizienten. Man erhält ein System von zwei Differentialgleichungen zweiter Ordnung für $F_{J-1}(r)$ und $F_{J+1}(r)$.

Für $J = 1$ schreiben wir dieses gekoppelte Gleichungssystem an. Dieser Fall tritt bei der Behandlung des Deuterons auf. Die Wellenfunktion ist ein Gemisch aus $^3S_1$- und $^3D_1$-Zuständen, hat also die Form:

$$\Psi \equiv \frac{1}{r}\,u_S(r)\,\mathcal{Y}^M_{011} + \frac{1}{r}\,u_D(r)\,\mathcal{Y}^M_{211}.$$

[27] Für $S = 0$ verschwindet die Spin-Bahn-Kraft und man hat für jedes L und jedes J:

$$V_{L0L} = V_1 - 3\,V_2.$$

Ist $S = 1$ und $L = J$, so hängt das „effektive Potential" nicht von L ab:

$$V_{L1L} = V_1 + V_2 - V_3.$$

Weil (s. Aufgabe 11):

$$\begin{aligned} S_{12}\,\mathcal{Y}^M_{011} &= \sqrt{8}\,\mathcal{Y}^M_{211} & \qquad S_{12}\,\mathcal{Y}^M_{211} &= \sqrt{8}\,\mathcal{Y}^M_{011} - 2\,\mathcal{Y}^M_{211} \\ L^2\,\mathcal{Y}^M_{011} &= 0 & L^2\,\mathcal{Y}^M_{211} &= 6\,\mathcal{Y}^M_{211} \end{aligned} \tag{13.114}$$

und

$$H = -\frac{\hbar^2}{M_0}\frac{1}{r}\frac{\mathrm{d}^2}{\mathrm{d}r^2}r + \frac{\hbar^2 L^2}{M_0 r^2} + V_C(r) + V_T(r)\,S_{12},$$

ist die Gleichung $(H - E)\Psi = 0$ äquivalent zu:

$$\begin{aligned} \left[\frac{\hbar^2}{M_0}\frac{\mathrm{d}^2}{\mathrm{d}r^2} + E - V_C(r)\right] u_S &= \sqrt{8}\,V_T(r)\,u_D \\ \left[\frac{\hbar^2}{M_0}\left(\frac{\mathrm{d}^2}{\mathrm{d}r^2} - \frac{6}{r^2}\right) + E + 2V_T(r) - V_C(r)\right] u_D &= \sqrt{8}\,V_T(r)\,u_S. \end{aligned} \tag{13.115}$$

13.5.6 Addition von drei und mehr Drehimpulsen. Racah-Koeffizienten. 3s *j*-Symbole

Das im vorigen Abschnitt behandelte Zwei-Nukleonen-System lieferte ein besonders einfaches Beispiel für die Addition von drei Einzeldrehimpulsen (Gl. (13.103)), bei dem keine aufwendige Rechentechnik erforderlich war. Wir untersuchen jetzt das Problem der Addition von drei Drehimpulsen ganz allgemein.

Das System setze sich also aus drei verschiedenen Teilsystemen 1, 2 und 3 mit den Drehimpulsen j_1, j_2 und j_3 zusammen. Der Gesamtdrehimpuls ist dann:

$$J = j_1 + j_2 + j_3.$$

Das Additionsproblem besteht darin, in dem $(2j_1 + 1)(2j_2 + 1)(2j_3 + 1)$-dimensionalen Unterraum, der von den Eigenvektoren

$$|\alpha j_1 j_2 j_3\, m_1\, m_2\, m_3 \rangle$$

der Einzeldrehimpulse aufgespannt wird, die Eigenvektoren des Gesamtdrehimpulses zu bilden. α ist dabei wie in Abschnitt 13.5.2 definiert, spielt aber im folgenden keine Rolle und wird einfach unterdrückt.

Für die Konstruktion der Vektoren zum Drehimpuls (JM) gibt es verschiedene Möglichkeiten:

1. kann man (Abb. 13.4 a) j_1 und j_2 zum Drehimpuls $J_{12} = j_1 + j_2$ koppeln und anschließend J_{12} und j_3 zu J. Man erhält so die zu $j_1^2, j_2^2, j_3^2, J_{12}^2$, J^2 und J_z gemeinsamen Eigenvektoren

$$\begin{aligned} &|(j_1 j_2) J_{12}, j_3 ; JM\rangle \\ &= \sum_{\substack{m_1 m_2 \\ M_{12} m_3}} |j_1 j_2 j_3 m_1 m_2 m_3\rangle \langle j_1 j_2 m_1 m_2 | J_{12} M_{12}\rangle \langle J_{12} j_3 M_{12} m_3 | JM\rangle \end{aligned} \tag{13.116}$$

a) $j_1 + j_2 = J_{12}$
$J_{12} + j_3 = J$

b) $j_2 + j_3 = J_{23}$
$j_1 + J_{23} = J$

Abb. 13.4 Möglichkeiten für die Kopplung von drei Drehimpulsen.

2. kann man (Abb. 13.4 b) j_2 und j_3 zu $J_{23} = j_2 + j_3$ koppeln und dann j_1 und J_{23} zu J. Man bekommt dann die zu $j_1^2, j_2^2, j_3^2, J_{23}^2, J^2$ und J_z gemeinsamen Eigenvektoren

$$|j_1, (j_2 j_3) J_{23}; JM\rangle = \sum_{\substack{m_2 m_3 \\ m_1 M_{23}}} |j_1 j_2 j_3 m_1 m_2 m_3\rangle \langle j_2 j_3 m_2 m_3 | J_{23} M_{23}\rangle \langle j_1 J_{23} m_1 M_{23} | JM\rangle \quad (13.117)$$

3. kann man j_1 und j_3 zu J_{13} koppeln und dann J_{13} und j_2 zu J.

Man hat also die Wahl zwischen drei verschiedenen Basissystemen des Gesamtdrehimpulses. Bei vielen Problemen erweist es sich als nützlich, von einer Basis zur anderen übergehen zu können. Dieser Übergang geschieht durch eine unitäre Transformation. So hat man z.B.:

$$|j_1, (j_2 j_3) J_{23}; JM\rangle = \sum_{J_{12}} |(j_1 j_2) J_{12}, j_3; JM\rangle \langle (j_1 j_2) J_{12}, j_3 J | j_1, (j_2 j_3) J_{23} J\rangle \quad (13.118)$$

Die hierin auftretenden Koeffizienten hängen offensichtlich aus denselben Gründen wie die C.-G.-Koeffizienten nicht von α ab. Wendet man auf (13.118) J_+ oder J_- an, so sieht man leicht, daß sie auch nicht von M abhängen. Sie hängen also nur von den sechs Drehimpulsen $j_1, j_2, j_3, J_{12}, J_{23}$ und J ab.

Anstatt nun unmittelbar diese Koeffizienten zu verwenden, ist es bequemer, sich der Racahschen W-Koeffizienten oder der Wignerschen $6j$-Symbole zu bedienen, mit denen sie über die folgenden Relationen zusammenhängen:

$$\langle (j_1 j_2) J_{12}, j_3 J | j_1, (j_2 j_3) J_{23} J\rangle = \sqrt{(2J_{12}+1)(2J_{23}+1)}\, W(j_1 j_2 J j_3; J_{12} J_{23})$$
$$= (-)^{j_1+j_2+j_3+J} \sqrt{(2J_{12}+1)(2J_{23}+1)} \begin{Bmatrix} j_1 & j_2 & J_{12} \\ j_3 & J & J_{23} \end{Bmatrix}$$

Die W-Koeffizienten sind nach ihrer Definition eine Summe über die „m"-Indizes von vier C.-G.-Koeffizienten. Von den einfachsten Sonderfällen abgesehen, ist die direkte Berechnung dieser Koeffizienten sehr mühselig: Man muß eine große Zahl von C.-G.-Koeffizienten berechnen, um mit diesen dann einen komplizierten Ausdruck zu bilden. Racah gelang es, für die W-Koeffizienten einen handlichen Ausdruck zu finden (Gl. (C.36)). Für die am häufigsten vorkommenden W-Koeffizienten gibt es Tabellen.

Die $6j$-Symbole unterscheiden sich von den W-Koeffizienten nur durch das Vorzeichen. Sie sind vor allem wegen ihrer Symmetrieeigenschaften von Interesse. Die wichtigsten Eigenschaften der W-Koeffizienten und der $6j$-Symbole sind im Anhang (Abschnitt C.2) zusammengestellt.

Das hier für die Addition von drei Drehimpulsen beschriebene Verfahren kann auf die Addition einer größeren Zahl von Drehimpulsen verallgemeinert werden:

$$J = j_1 + j_2 + \ldots + j_n. \tag{13.119}$$

Nach der Kopplung von zwei Einzeldrehimpulsen: $j_i + j_k = J_{ik}$ wird man auf die Addition von $(n - 1)$ Drehimpulsen geführt, wobei die Vektoren j_i und j_k auf der rechten Seite von (13.119) durch ihre Summe J_{ik} ersetzt werden. Wiederholt man diese Operation, so gelangt man zur Addition von $(n - 2)$ Drehimpulsen, und so fort. Nach $(n - 2)$ Zwischenschritten hat man dann die n Drehimpulse addiert und erhält ein Basissystem des Gesamtdrehimpulses.

Man kann auf diese Weise mehrere verschiedene Basissysteme konstruieren. Für $n = 3$ gab es drei. Allgemein kann man zeigen, daß $\frac{1}{2} n!$ Systeme existieren. Durch unitäre Transformation (mit reellen Koeffizienten) gelangt man von einem System zum anderen. Man bestätigt leicht, daß die Koeffizienten dieser Transformation weder von den Quantenzahlen α noch vom Eigenwert M der Komponente J_z von J abhängen. Sie hängen allein ab von den Quantenzahlen $J, j_1\, j_2, \ldots, j_n$ und von den beiden Folgen von $(n - 2)$ Quantenzahlen J_{ik}, die den Betrag der das Basissystem charakterisierenden intermediären Drehimpulse angeben. Insgesamt gibt es $1 + n + 2(n - 2) = 3(n - 1)$ „j"-Quantenzahlen. Die Koeffizienten kann man auf die Form von $3(n - 1)$ j-Symbolen bringen, eine Verallgemeinerung der bei der Addition von drei Drehimpulsen auftretenden $6j$-Symbole. Die $3(n - 1)j$-Symbole sind Summen über die „m"-Indizes von $2(n - 1)$ C.-G.-Koeffizienten. Im Anhang (Abschnitt C.3) findet man die wichtigsten Eigenschaften der $9j$-Symbole (für die Addition von vier Drehimpulsen).

13.6 Irreduzible Tensoroperatoren [28]

13.6.1 Darstellung von skalaren Operatoren

Ist eine Observable drehinvariant, so ist der Unterraum jedes ihrer Eigenwerte invariant gegenüber Drehungen. Auf diese Eigenschaft wurde bereits in Abschnitt 13.3.8 hingewiesen. Bisher war der Hamilton-Operator untersucht worden, doch ist klar, daß es sich hierbei um eine allgemeine Eigenschaft skalarer Observabler handelt.

---

[28] Für eine systematische Darlegung der Algebra irreduzibler Tensoren und ihrer Anwendungen in der Quantenmechanik siehe *U. Fano und G. Racah*, Irreducible tensorial sets, New-York: Academic Press Inc. 1959.

Allgemeiner wird eine skalare Observable in einer bestimmten Standarddarstellung durch eine besonders einfache Matrix dargestellt, selbst wenn sie dort nicht diagonal ist.

Seien nämlich $|\tau JM\rangle$ die Basisvektoren einer $\{J^2 J_z\}$-Standarddarstellung (Bezeichnungen wie in Abschnitt 13.1.5). Sei S ein skalarer Operator (nicht notwendig eine Observable). Nach Voraussetzung ist

$$[J, S] = 0.$$

Folglich ist der Vektor $S|\tau' J' M'\rangle$ wie $|\tau' J' M'\rangle$ ein Drehimpulseigenvektor zu $(J' M')$: Er ist orthogonal zu jedem Vektor mit dazu verschiedenem Drehimpuls. Daher ist das Matrixelement $\langle\tau JM|S|\tau' J' M'\rangle$ Null, wenn $J \neq J'$ oder wenn $M \neq M'$. Für $J = J'$ und $M = M'$ hat man dann, weil J_+ mit S kommutiert:

$$\begin{aligned}\langle\tau JM|S|\tau' JM\rangle &= [J(J+1)-M(M-1)]^{-\frac{1}{2}} \langle\tau JM|SJ_+|\tau' J\, M-1\rangle \\ &= [J(J+1)-M(M-1)]^{-\frac{1}{2}} \langle\tau JM|J_+S|\tau' J\, M-1\rangle \\ &= \langle\tau J\, M-1|S|\tau' J\, M-1\rangle.\end{aligned}$$

Das Matrixelement hängt also nicht von M ab. Beide Eigenschaften faßt man in der Beziehung

$$\langle\tau JM|S|\tau' J' M'\rangle = \delta_{JJ'}\,\delta_{MM'}\,S^{(J)}_{\tau\tau'} \tag{13.120}$$

zusammen, worin $S^{(J)}_{\tau\tau'}$ eine nur von J, τ und τ' abhängige Größe ist. Falls S eine Observable ist, so ist die Matrix $S^{(J)}_{\tau\tau'}$ hermitisch und diagonalisierbar.

13.6.2 Irreduzible Tensoroperatoren. Definition

Wir wollen die Beziehung (13.120) auf Operatoren verallgemeinern, die bei Drehungen nicht mehr invariant bleiben, aber ein einfaches Transformationsverhalten zeigen. Das sind die irreduziblen Tensoroperatoren.

Der Begriff des Tensoroperators ist eine Verallgemeinerung des Vektoroperators.

Zunächst die Definition eines *Tensors*. Sei $\mathcal{E}_n$ ein n-dimensionaler Raum, dessen Vektoren bei einer Drehung durch eine lineare Transformation auseinander hervorgehen: Jeder Drehung ist ein linearer Operator dieses Raumes zugeordnet. Nach Definition sind die Vektoren dieses Raumes Tensoren mit n Komponenten. Die Spinoren haben zwei und die Vektoren des gewöhnlichen Raumes drei Komponenten, die Ket-Vektoren eines quantenmechanischen Systems haben unendlich viele Komponenten. Schließlich bestehen die Vektoren eines Unterraumes $\mathcal{E}(\tau J)$, wie er in Abschnitt 13.1.5 definiert wurde, aus $(2J+1)$ Komponenten.

Wählt man im Raum $\mathcal{E}_n$ eine Basis, so wird jeder Vektor durch seine n Komponenten dargestellt und seine Drehung wird beschrieben durch die Wirkung einer Matrix mit n Zeilen und n Spalten auf diese n Komponenten. So geschieht die Drehung eines Vektors des gewöhnlichen Ortsraumes, der durch seine drei kartesischen Komponenten gegeben ist, durch die in Abschnitt 13.3.1 definierte Matrix $\mathcal{R}$. Entsprechend wird im Raum $\mathcal{E}(\tau J)$ nach Wahl einer Standardbasis jeder Vektor $|u\rangle$ dieses Raumes durch die $(2J+1)$ Komponenten $u_M \equiv \langle\tau JM|u\rangle$ dargestellt und die Komponenten u'_M des vermittels der Drehung $\mathcal{R}(\alpha\beta\gamma)$ transformierten Vektors ergeben sich aus den u_M durch (s. Abschnitt 13.3.7):

$$u'_M = \sum_{M'} R^{(J)}_{MM'}(\alpha\beta\gamma)\, u_{M'}. \tag{13.121}$$

Als weiteres Beispiel betrachten wir die neun Größen $V_i W_j$, $i, j = 1, 2, 3$, die man erhält, wenn man jede Komponente des Vektors $\boldsymbol{V}$ mit jeder Komponente des Vektors $\boldsymbol{W}$ multipliziert. Das sind die neun Komponenten eines Tensors 2. Stufe, den wir mit $\boldsymbol{V}\otimes\boldsymbol{W}$ bezeichnen wollen. Nach der Drehung $\mathcal{R}$ sind seine Komponenten

$$[\boldsymbol{V}\otimes\boldsymbol{W}]'_{ij} \equiv V'_i W'_j = \mathcal{R}_{ik}\, \mathcal{R}_{jl}\, V_k\, V_l$$

$$= \mathcal{R}_{ik}\, \mathcal{R}_{jl}\, [\boldsymbol{V}\otimes\boldsymbol{W}]_{kl}.$$

Unter den vielen Tensoren, die man auf diese Weise bilden kann, spielen die *irreduziblen Tensoren* eine bevorzugte Rolle. Ein Tensor heißt irreduzibel, wenn der Raum $\mathcal{E}_n$, in dem er definiert ist, gegenüber Drehungen irreduzibel ist.

Die Vektoren des gewöhnlichen Raumes, die Spinoren, die Vektoren eines Raumes $\mathcal{E}\,(\tau J)$ sind irreduzible Tensoren.

Dagegen ist der Tensor $\boldsymbol{V}\otimes\boldsymbol{W}$ reduzibel. Der Raum nämlich, in dem er definiert ist, ist die Vereinigung von drei ein-, drei-, bzw. fünfdimensionalen invarianten Unterräumen, die gegenüber Drehungen irreduzibel sind. Irreduzible Tensoren sind die Projektionen von $\boldsymbol{V}\otimes\boldsymbol{W}$ auf jeden dieser Unterräume: Das sind bis auf eine Konstante das Skalarprodukt $\boldsymbol{V}.\boldsymbol{W}$, der Vektor $\boldsymbol{V}\times\boldsymbol{W}$ und ein irreduzibler Tensor mit fünf Komponenten, die sich bei einer Drehung wie die harmonischen Polynome 2. Grades (s. Abschnitt B.10) transformieren [29].

Entsprechend sind die $(2j_1 + 1)\,(2j_2 + 1)$-dimensionalen Vektoren aus Abschnitt 13.5.2 reduzible Tensoren. Ihre Zerlegung in irreduzible Bestandteile ist durch das Additionstheorem bestimmt.

Man gelangt vom Begriff des Tensors zu dem des Tensoroperators genau wie vom Vektor zum Vektoroperator. Transformieren sich bei einer Drehung n Operatoren nach demselben Gesetz wie n linear unabhängige Vektoren eines Raumes $\mathcal{E}_n$, so sind sie die Komponenten eines n-dimensionalen Tensoroperators [30]. Durch lineare Transformation dieser n Komponenten kann man n neue Operatoren bilden, die man als die Komponenten desselben Tensoroperators in einer anderen Darstellung auffassen kann. Ist der Raum $\mathcal{E}_n$ irreduzibel, so heißt der *Tensoroperator irreduzibel.*

Die Vektoroperatoren bilden eine spezielle Klasse von irreduziblen Tensoroperatoren.

Sind $\boldsymbol{V}$ und $\boldsymbol{W}$ zwei Vektoroperatoren, so sind die neun Operatoren $V_i W_j$ die Komponenten eines reduziblen Tensoroperators. Dieser ist die Vereinigung von drei irreduziblen Tensoroperatoren: dem Skalar $\boldsymbol{V}.\boldsymbol{W}$, dem Vektor $\boldsymbol{V}\times\boldsymbol{W}$ und dem Tensoroperator, der zum Beispiel durch die in der Fußnote 29 angegebenen Komponenten definiert ist.

---

[29] Die Drehmatrizen hängen offensichtlich von der für diesen Tensor gewählten Darstellung ab. In der Darstellung, in der die Komponenten

$$\tfrac{1}{2}(V_1W_2 + V_2W_1), \quad \tfrac{1}{2}(V_2W_3 + V_3W_2), \quad \tfrac{1}{2}(V_3W_1 + V_1W_3),$$
$$V_1W_1 - V_2W_2, \quad 2V_3W_3 - V_1W_1 - V_2W_2$$

lauten, transformieren sie sich nach demselben Gesetz wie die voneinander linear unabhängigen Polynome

$$xy, \; yz, \; zx, \; x^2 - y^2, \; 2z^2 - x^2 - y^2.$$

[30] Dieses Transformationsgesetz ist also nicht dasselbe wie das für die *Komponenten der Vektoren* des Raumes $\mathcal{E}_n$ in Richtung seiner n Basisvektoren. Genauso ist das Transformationsgesetz (13.54) für die Komponenten des Vektoroperators $\boldsymbol{K}$ nicht dasselbe wie das Gesetz (13.43) für die Transformation der Komponenten des Vektors $\boldsymbol{V}$ entlang demselben Basissystem. Man beachte insbesondere den Unterschied zwischen (13.122) weiter unten und (13.121).

Ein Tensoroperator ist eindeutig bestimmt, wenn man bei einer Drehung das Transformationsgesetz seiner Komponenten in einer bestimmten Darstellung kennt:

Die (2k + 1) Operatoren $T_q^{(k)}$ $(q = -k, -k+1, \ldots, k)$ heißen die Standardkomponenten eines irreduziblen Tensoroperators k-ter Stufe $\mathbf{T}^{(k)}$, wenn sie sich bei Drehungen nach dem Gesetz

$$R T_q^{(k)} R^{-1} = \sum_{q'} T_{q'}^{(k)} R_{q'q}^{(k)} \tag{13.122}$$

transformieren.

Das ist dasselbe Transformationsgesetz wie für die Basisvektoren $|kq>$ einer Standarddarstellung in einem $(2k + 1)$-dimensionalen, gegenüber Drehungen irreduziblen Raum:

$$R\,|kq\rangle = \sum_{q'} |kq'\rangle\, R_{q'q}^{(k)}$$

Das Gesetz (13.122) ist für jede Drehung erfüllt, wenn es für jede infinitesimale Drehung gilt. In diesem Fall ist der Operator R durch Gleichung (13.55) gegeben, die Matrix $R^{(k)}$ ergibt sich leicht aus der Definitionsgleichung (13.64), und das Gesetz (13.122) ist äquivalent zu den folgenden Vertauschungsrelationen zwischen den $T_q^{(k)}$ und den Komponenten des Gesamtdrehimpulses:

$$[J_\pm, T_q^{(k)}] = \sqrt{k(k+1) - q(q\pm 1)}\; T_{q\pm 1}^{(k)} \tag{13.123 a}$$

$$[J_z, T_q^{(k)}] = q\, T_q^{(k)}. \tag{13.123 b}$$

Diese Relationen vergleiche man mit den Beziehungen (13.23–25). Sie stellen eine Definition des irreduziblen Tensoroperator $\mathbf{T}^{(k)}$ dar, die zur obigen streng äquivalent ist.

Repräsentieren die $\mathbf{T}_q^{(k)}$ physikalische Größen, so sind sie gegenüber einer Drehung um 2π invariant, also ist k *notwendig ganzzahlig* (s. Abschnitt 13.3.6). Wir beschränken uns im folgenden auf solche Operatoren.

Man zeigt leicht, daß die $(2k + 1)$ Operatoren

$$S_q^{(k)} \equiv (-)^q\, T_{-q}^{(k)\dagger}$$

die Relationen (13.123) erfüllen (Aufgabe 16) und damit als die Standardkomponenten eines irreduziblen Tensoroperators k-ter Stufe, $\mathbf{S}^{(k)}$, aufgefaßt werden können. Nach Definition sind $\mathbf{S}^{(k)}$ und $\mathbf{T}^{(k)}$ zueinander *hermitisch konjugiert:*

$$\mathbf{S}^{(k)} = \mathbf{T}^{(k)\dagger}$$

(Weil k ganz ist, handelt es sich hierbei um eine reziproke Operation).

Skalare sind irreduzible Tensoroperatoren nullter Stufe, Vektoroperatoren solche erster Stufe: Sind K_x, K_y, K_z die kartesischen Komponenten eines Vektoroperators, so sind seine Standardkomponenten

$$K_1^{(1)} = -\frac{1}{\sqrt{2}}(K_x + \mathrm{i}K_y), \qquad K_0^{(1)} = K_z, \qquad K_{-1}^{(1)} = \frac{1}{\sqrt{2}}(K_x - \mathrm{i}K_y). \quad (13.124)$$

(Man beachte, daß die Koeffizienten von den in den Gln. (13.94) auftretenden verschieden sind).

Faßt man die $(2k + 1)$ Kugelfunktionen Y_k^q $(q = -k, \ldots, +k)$ als Operatoren auf, so stellen sie die Standardkomponenten eines irreduziblen Tensoroperators k-ter Stufe dar.

13.6.3 Darstellung von irreduziblen Tensoroperatoren. Wigner-Eckart-Theorem

Das Wigner-Eckart-Theorem gibt die grundlegende Eigenschaft irreduzibler Tensoroperatoren an:

In einer $\{J^2\, J_z\}$-Standarddarstellung mit den Basisvektoren $|\tau\, J\, M\rangle$ ist das Matrixelement $\langle\tau\, JM|\, T_q^{(k)}\, |\tau'\, J'\, M'\rangle$ der q-ten Standardkomponente eines irreduziblen Tensoroperators k-ter Stufe, $\mathbf{T}^{(k)}$, gleich dem Produkt des Clebsch-Gordan-Koeffizienten $\langle J'\, k M'\, q\,|\, J\, M\rangle$ mit einer von M, M' und q unabhängigen Größe.

Es gilt also:

$$\langle\tau J\, M|T_q^{(k)}|\tau'\, J'\, M'\rangle = \frac{1}{\sqrt{2J+1}} \langle\tau\, J||\mathbf{T}^{(k)}||\tau'\, J'\rangle\, \langle J' k\, M' q|JM\rangle. \quad (13.125)$$

$\langle\tau J\,||\,\mathbf{T}^{(k)}\,||\,\tau' J'\rangle$ hängt vom jeweiligen Tensoroperator und den Indizes τ, J und τ', J' ab. Man nennt diese Größe reduziertes Matrixelement (der Faktor $1/\sqrt{2J+1}$ ist lediglich zweckmäßig).

Zum Beweis dieses Theorems betrachten wir die $(2k + 1)(2J' + 1)$ Vektoren $T_q^{(k)}|\tau' J' M'\rangle$ $(q = -k, \ldots, +k;\ M' = -J', \ldots, +J')$ und die folgenden Linearkombinationen dieser Vektoren:

$$|\sigma\, J''M''\rangle = \sum_{M'q} T_q^{(k)}|\tau'\, J'\, M'\rangle\, \langle J' k\, M' q|J'' M''\rangle.$$

Wegen der Orthogonalitätseigenschaften der C.-G.-Koeffizienten, Gln. (13.110 b), hat man offensichtlich:

$$T_q^{(k)}|\tau'\, J'\, M'\rangle = \sum_{J''M''} |\sigma\, J''\, M''\rangle\, \langle J' k\, M' q|J''\, M''\rangle. \quad (13.126)$$

Man beachte, daß die Vektoren $T_q^{(k)}|\tau' J' M'\rangle$ nicht notwendig voneinander linear unabhängig sind, daß also einige der $|\sigma J''\, M''\rangle$ verschwinden können.

Nach den Gleichungen (13.123 a) und (13.24) ist:

$$\begin{aligned} J_+\, T_q^{(k)}|\tau' J' M'\rangle &= [J_+, T_q^{(k)}]|\tau' J' M'\rangle + T_q^{(k)}\, J_+|\tau' J' M'\rangle \\ &= \sqrt{k(k+1) - q(q+1)}\, T_{q+1}^{(k)}\, |\tau' J' M'\rangle \\ &\quad + \sqrt{J'(J'+1) - M'(M'+1)}\, T_q^{(k)}\, |\tau' J'\ M'+1\rangle \end{aligned}$$

und folglich

$$J_+ |\sigma J'' M''\rangle = \sum_{M'q} T_q^{(k)} |\tau' J' M'\rangle \left\{ \sqrt{k(k+1) - q(q-1)}\, \langle J'k\, M'\, q-1 | J''\, M''\rangle \right.$$
$$\left. + \sqrt{J'(J'+1) - M'(M'-1)}\, \langle J'k\, M'-1\, q | J''\, M''\rangle \right\}$$

Aus der Rekursionsbeziehung (13.111) für die C.-G.-Koeffizienten folgt, daß die Klammer auf der rechten Seite gleich

$$\sqrt{J''(J''+1) - M''(M''+1)} \langle J'k\, M'q | J''\, M''+1\rangle$$

ist. Damit ergibt sich:

$$J_+ |\sigma J''\, M''\rangle = \sqrt{J''(J''+1) - M''(M''+1)}\, |\sigma J''\ \ M''+1\rangle.$$

Analog zeigt man:

$$J_- |\sigma J''\, M''\rangle = \sqrt{J''(J''+1) - M''(M''-1)}\, |\sigma J''\ \ M-1\rangle$$
$$J_z\, |\sigma J''\, M''\rangle = M''\, |\sigma J''\, M''\rangle.$$

Aus diesen drei Beziehungen schließen wir, daß die $(2J'' + 1)$ Vektoren $|\sigma J'' M''\rangle$ zum selben Wert von J''

(i) entweder alle Null sind oder

(ii) (nicht normierte) Eigenfunktionen zum Drehimpuls $(J''\, M'')$, die sich auseinander in der üblichen Weise ergeben.

Also verschwinden alle Skalarprodukte $\langle \tau JM | \sigma J'' M''\rangle$ bis auf möglicherweise die mit $J'' = J$ und $M'' = M$, d.h. bis auf die $(2J + 1)$ Produkte $\langle \tau JM | \sigma JM\rangle$. Diese sind von M unabhängig. Hieraus ergibt sich schließlich die Behauptung, denn für das Matrixelement $\langle \tau JM | T_q^{(k)} | \tau' J' M'\rangle$ gilt wegen (13.126):

$$\langle \tau JM | T_q^{(k)} | \tau' J' M'\rangle = \sum_{J''M''} \langle \tau JM | \sigma J''\, M''\rangle \langle J'k\, M'q | J''\, M''\rangle.$$

Zu den wichtigsten Folgerungen aus dem Wigner-Eckart-Theorem gehören die *Auswahlregeln:*

Für das Nichtverschwinden des Matrixelements $\langle \tau JM | T_q^{(k)} | \tau' J' M'\rangle$ *ist notwendig, daß gleichzeitig:*

$$q = M - M' \tag{13.127}$$

$$|J - J'| \leqslant k \leqslant J + J'. \tag{13.128}$$

Diese beiden Regeln folgen unmittelbar aus dem Auftreten des C.-G.-Koeffizienten auf der rechten Seite von (13.125). In der Praxis ist die zweite dieser Regeln die wichtige. Man drückt das häufig durch folgendes Korrolar aus [31]:

---

[31] Hierbei ist $A^{(k)}$ nicht notwendig eine Standardkomponente. Jede Linearkombination aus Standardkomponenten besitzt diese Eigenschaft.

Ist $A^{(k)}$ die Komponente eines irreduziblen Tensoroperators k-ter Stufe, so sind die Matrixelemente von $A^{(k)}$ zwischen den Vektoren zu J, J' notwendig gleich Null, falls k nicht den Ungleichungen

$$|J - J'| \leqslant k \leqslant J + J'$$

genügt.

13.6.4 Anwendungen

Für das Wigner-Eckart-Theorem gibt es zahlreiche Anwendungen in der Atom- und der Kernphysik, insbesondere in der Theorie der β-Radioaktivität, der Emission elektromagnetischer Strahlung und allgemein bei allen Problemen mit Richtungskorrelationen.

Als Beispiel untersuchen wir die Emission elektromagnetischer Strahlung durch einen Atomkern (γ-Strahlung). Durch Aussendung eines γ-Quants gehe der Kern aus dem angeregten Zustand $\mathcal{N}^*$ in seinen Grundzustand über

$$\mathcal{N}^* \to \mathcal{N} + \gamma.$$

Seien J, J' die Spins (d.h. die Gesamtdrehimpulse) des Kerns im Zustand $\mathcal{N}$ bzw. $\mathcal{N}^*$. In der Theorie der γ-Strahlung zeigt man, daß die Wahrscheinlichkeits*amplitude* dafür, daß ein γ-Quant mit der Polarisation ν in die Richtung $\Omega = (\theta, \varphi)$ ausgesendet wird, proportional zum Matrixelement

$$\langle \tau JM | H(\Omega, \nu) | \tau' J' M' \rangle$$

eines bestimmten Operators $H(\Omega, \nu)$ zwischen den Vektoren des Anfangs- und des Endzustandes ist [32]. H kann man nach Kugelfunktionen entwickeln, worauf wir hier nicht im einzelnen eingehen [33]. Es ergibt sich eine Reihe aus irreduziblen Tensoroperatoren, die sich nach der Parität in zwei Arten unterscheiden: die elektrischen und die magnetischen Multipolmomente. Das elektrische 2^l-Polmoment $\mathbf{Q}^{(l)}$ ist ein irreduzibler Tensoroperator l-ter Stufe mit der Parität $(-)^l$, das magnetische 2^l-Polmoment $\mathbf{M}^{(l)}$ ist ein irreduzibler Tensoroperator l-ter Stufe mit der Parität $(-)^{l+1}$. Von den am häufigsten auftretenden Multipolmomenten nennen wir:

(*i*) das magnetische Moment (im üblichen Sinne): das ist das magnetische Dipolmoment $\mathbf{M}^{(1)}$;

(*ii*) das Quadrupolmoment (im üblichen Sinne): Das ist das elektrische Quadrupolmoment $\mathbf{Q}^{(2)}$.

Aufgrund der Auswahlregeln für Tensoroperatoren liefern nur die Momente nichtverschwindende Anteile, für die

$$|J - J'| \leqslant l \leqslant J + J' \qquad (13.129)$$

---

[32] S. Abschnitt 21.4.6.

[33] S. *J. Blatt* und *V. Weisskopf*, Theoretische Kernphysik, Leipzig 1959.

gilt (außerdem gibt es eine Paritätsauswahlregel, auf die wir hier nicht eingehen). Nach dem Wigner-Eckart-Theorem sind weiter die Anteile der Komponenten eines solchen Moments proportional zum Clebsch-Gordan-Koeffizienten $\langle J' lM' m|JM\rangle$. Um alle zu erhalten, genügt die Kenntnis des Proportionalitätsfaktors, d.h. des reduzierten Matrixelements $\langle\tau J\|\mathbf{Q}^{(l)}\|\tau' J'\rangle$.

Die Übergangswahrscheinlichkeit ist also vollständig bestimmt, wenn man die reduzierten Matrixelemente der Multipolmomente kennt, die den Auswahlregeln genügen. Die Multipolentwicklung konvergiert gewöhnlich rasch, und höchstens die ersten beiden Momente liefern nicht vernachlässigbare Anteile.

Die geraden Multipolmomente ($\mathbf{M}^{(1)}$, $\mathbf{Q}^{(2)}$, ...) treten auf, wenn man die Energieverschiebung für ein Atom oder einen Kern in einem statischen elektromagnetischen Feld berechnet. So erlaubt die Kopplung eines Kerns mit einem konstanten Magnetfeld die Messung seines magnetischen Moments, und seine Kopplung mit einem inhomogenen elektrischen Feld ermöglicht die Bestimmung seines Quadrupolmoments. Was man mißt, ist der Mittelwert dieser Operatoren für den Zustand, in dem sich der Kern befindet, d.h. die Matrixelemente $\langle\tau JM|M^{(1)}_m|\tau JM'\rangle$, $\langle\tau JM|Q^{(2)}_m|\tau JM'\rangle$ usw., oder was auf dasselbe hinausläuft, die Diagonalelemente der reduzierten Matrix:

$$\langle\tau J\|\mathbf{M}^{(1)}\|\tau J\rangle, \qquad \langle\tau J\|\mathbf{Q}^{(2)}\|\tau J\rangle, \quad \text{usw.}$$

Notwendig ist das magnetische Moment Null, wenn $J = 0$, und das Quadrupolmoment verschwindet, wenn $J = 0$ oder ½ ist. Allgemeiner ist das 2^l-Polmoment eines Kerns mit dem Spin J gleich Null, wenn $2J < l$ ist.

Aufgaben

1. Aus den Gleichungen (13.24) und (13.25) leite man die Beziehungen (13.26) und (13.27) her.

2. Man zeige, daß in jeder Darstellung, in der J_x und J_z reelle (also symmetrische) Matrizen sind, J_y eine rein imaginäre (also antisymmetrische) Matrix ist. (Anmerkung: Die Standarddarstellungen gehören zu dieser Kategorie).

3. Man zeige: Ein Operator vertauscht dann mit allen Komponenten eines Drehimpulsvektors, wenn er mit *zwei* von ihnen vertauscht.

4. Sei l der Bahndrehimpuls eines Teilchens, θ und φ seine Polarwinkel, P der „Paritätsoperator", der eine Spiegelung am Ursprung bewirkt. Seine Wirkung auf eine Funktion $F(\theta,\varphi)$ ist definiert durch:

   $$Pf(\phi,\varphi) = F(\pi - \theta, \varphi + \pi).$$

   Man zeige, daß $[P,l] \doteq 0$ ist. Weiter zeige man, daß die Kugelfunktionen eine wohlbestimmte Parität besitzen, die nur von der Quantenzahl l abhängt. Man bestimme sie.

5. Seien $\boldsymbol{r}$ und $\boldsymbol{r}'$ zwei Ortsvektoren, $\Omega \equiv (\theta,\varphi)$, $\Omega' \equiv (\theta',\varphi')$ ihre Polarwinkel, $\boldsymbol{l}$ und $\boldsymbol{l}'$ die zugehörigen Drehimpulsvektoren. Sei $\alpha\,(0 \leqslant \alpha \leqslant \pi)$ der von $\boldsymbol{r}$ und $\boldsymbol{r}'$

eingeschlossene Winkel: $\boldsymbol{r}.\boldsymbol{r}' = rr' \cos\alpha$. Das Legendre-Polynom $P_l(\cos\alpha)$ hängt über $\cos\alpha$ von den Polarwinkeln ab. Man zeige, daß es den partiellen Differentialgleichungen

$$\boldsymbol{l}^2 P_l(\cos\alpha) = \boldsymbol{l}'^2 P_l(\cos\alpha) = l(l+1) P_l(\cos\alpha)$$

$$(l_i + l_i') P_l(\cos\alpha) = 0 \qquad (i = x, y, z)$$

genügt. Ferner leite man das folgende Additionstheorem her:

$$\frac{2l+1}{4\pi} P_l(\cos\alpha) \equiv Y_l^0(\alpha)\, Y_l^0(0) = \sum_{m=-l}^{+l} (-)^m\, Y_l^m(\Omega)\, Y_l^{-m}(\Omega').$$

6. Seien $\boldsymbol{u}$, $\boldsymbol{v}$, $\boldsymbol{w}$ drei Einheitsvektoren, die ein orthogonales, rechtshändiges Dreibein bilden. Man zeige, daß die infinitesimale Drehung

$$\widehat{\mathcal{R}} \equiv \mathcal{R}_v^{-1}(\varepsilon)\, \mathcal{R}_u^{-1}(\varepsilon)\, \mathcal{R}_v(\varepsilon)\, \mathcal{R}_u(\varepsilon)$$

(Bezeichnungen wie in Abschnitt 13.3) sich von $\mathcal{R}_w(-\epsilon^2)$ nur um Terme höherer Ordnung als ϵ^2 unterscheidet. Von der Definition (13.58) ausgehend, berechne man direkt den infinitesimalen Drehoperator $\widehat{R}$ bis zur Ordnung ϵ^2 und verifiziere die Vertauschungsrelation $[J_u, J_v] = \mathrm{i}J_w$.

7. Unter Verwendung der Vertauschungsrelationen (13.56) beweise man, daß das Skalarprodukt zweier Vektoroperatoren mit den Komponenten des Gesamtdrehimpulses kommutiert.

8. Man zeige, daß

$$\exp(-\mathrm{i}\beta J_y) = \exp(\tfrac{1}{2}\mathrm{i}\pi J_x)\exp(-\mathrm{i}\beta J_z)\exp(-\tfrac{1}{2}\mathrm{i}\pi J_x).$$

Daraus leite man her, daß die Matrixelemente $\langle JM|\exp(-\mathrm{i}\beta J_y)|JM'\rangle$ Polynome vom Grade $2J$ in den Variablen $\sin\frac{1}{2}\beta$ und $\cos\frac{1}{2}\beta$ sind.

9. Man beweise die Identität

$$(\boldsymbol{\sigma}.\boldsymbol{A})(\boldsymbol{\sigma}.\boldsymbol{B}) = (\boldsymbol{A}.\boldsymbol{B}) + \mathrm{i}\,\boldsymbol{\sigma}.(\boldsymbol{A}\times\boldsymbol{B})$$

($\boldsymbol{\sigma} \equiv (\sigma_x\, \sigma_y\, \sigma_z)$ Pauli-Matrizen; $\boldsymbol{A}$ und $\boldsymbol{B}$ Vektoroperatoren, die mit $\boldsymbol{\sigma}$, aber nicht notwendig untereinander vertauschen).

10. Sei $\boldsymbol{s}$ der Spinvektor eines Teilchens mit dem Spin Eins ($\boldsymbol{s}^2 = s(s+1) = 2$).

(*i*) Man zeige, daß für jede Komponente $s_u \equiv (\boldsymbol{s}.\boldsymbol{u})$ gilt:

$$s_u^3 = s_u \quad \exp(-\mathrm{i}\varphi s_u) = 1 - \mathrm{i}\sin\varphi\, s_u - (1-\cos\varphi)s_u^2$$

und gebe die explizite Form der Drehmatrix $R^{(1)}(\alpha\,\beta\,\gamma)$ an.

(*ii*) Sei $|z\rangle$ ein auf Eins normierter Vektor mit $s_z|z\rangle = 0$ und seien $|x\rangle$ und $|y\rangle$ die Vektoren, die sich daraus durch eine Drehung um $+\frac{1}{2}\pi$ um die y-Achse bzw. um $-\frac{1}{2}\pi$ um die x-Achse ergeben. Man beweise die folgenden und die sich daraus durch zyklische Vertauschung ergebenden Relationen:

$$s_x|x\rangle = 0 \qquad s_x|y\rangle = \mathrm{i}\,|z\rangle \qquad s_x^2|y\rangle = |y\rangle$$
$$s_x|z\rangle = -\mathrm{i}\,|y\rangle \qquad s_x^2|z\rangle = |z\rangle.$$

Hieraus leite man her, daß $|x\rangle$, $|y\rangle$, $|z\rangle$ eine orthonormierte Basis bilden und daß die in Abschnitt 13.3.4 angegebenen Matrizen die Darstellungsmatrizen von s_x, s_y, s_z in dieser Basis sind.

(*iii*) Man zeige, daß

$$\langle i|R(\alpha\beta\gamma)|j\rangle = \mathcal{R}_{ij}(\alpha\beta\gamma) \qquad (i, j = x, y, z)$$

(Bezeichnungen wie in den Abschnitten 13.3.1 und 13.3.5).

11. Sei S der Gesamtspin eines Zwei-Nukleonensystems. Man zeige, daß der Operator $Q \equiv (S.r)^2/r^2$ ein Projektionsoperator ist. Hieraus leite man her, daß der Tensoroperator $S_{12} \equiv 2[3Q - S^2]$ der Identität

$$S_{12}^2 = 4S^2 - 2S_{12}$$

genügt und daß seine einzig möglichen Eigenwerte 0, 2, -4 sind.

Man bestimme die Wirkung von Q und von S_{12} auf die in Abschnitt 13.5.5 eingeführten Funktionen (Gleichung (13.113)).

(Verwendet man die Kurzbezeichnungen $\mathcal{Y}^{(0)} \equiv \mathcal{Y}^{M}_{J0J}$, $\mathcal{Y}^{(1)}_0 \equiv \mathcal{Y}^{M}_{J1J}$, $\mathcal{Y}^{(1)}_\pm \equiv \mathcal{Y}^{M}_{J\pm1\,1J}$, so findet man

$$Q\mathcal{Y}^{(0)} = 0 \qquad (2J+1)\,Q\mathcal{Y}^{(1)}_+ = J\mathcal{Y}^{(1)}_+ + \sqrt{J(J+1)}\,\mathcal{Y}^{(1)}_-$$
$$Q\mathcal{Y}^{(1)}_0 = \mathcal{Y}^{(1)}_0 \qquad (2J+1)\,Q\mathcal{Y}^{(1)}_- = \sqrt{J(J+1)}\,\mathcal{Y}^{(1)}_+ + (J+1)\,\mathcal{Y}^{(1)}_-].$$

12. Für ein Teilchen mit dem Spin ½ zeige man, daß im Zustandsraum zu gegebenem Bahndrehimpuls l die Operatoren

$$\frac{l+1+\boldsymbol{l}.\boldsymbol{\sigma}}{2l+1} \qquad \text{und} \qquad \frac{l-\boldsymbol{l}.\boldsymbol{\sigma}}{2l+1}$$

Projektionsoperatoren auf die Zustände zum Gesamtdrehimpuls $j = l + ½$ und $j = l - ½$ sind.

13. Man setze zwei gleiche Drehimpulse $j_1 = j_2 = j$ zusammen. Ohne Verwendung der Symmetriebeziehungen für die Clebsch-Gordan-Koeffizienten zeige man, daß bei einer Vertauschung von m_1 und m_2 die Eigenfunktionen des Gesamtdrehimpulses entweder symmetrisch (invariant) oder antisymmetrisch (Vertauschung des Vorzeichens) sind und daß diese Symmetrieeigenschaft nur von J abhängt. Man zeige, daß sie symmetrisch oder antisymmetrisch sind, je nachdem, ob $(-)^{2j+J}$ gleich $+1$ oder -1 ist.

14. Man definiert:

$$J^2\{A\} \equiv [J_x, [J_x, A]] + [J_y, [J_y, A]] + [J_z, [J_z, A]].$$

Es ist zu zeigen, daß für die Komponenten eines irreduziblen Tensoroperators k-ter Stufe, $\mathbf{T}^{(k)}$, die Beziehung gilt:

$$J^2 \{T_q^{(k)}\} = k(k+1) T_q^{(k)}.$$

15. Seien a_r, $a_r^\dagger$ $(r = 1, 2)$ die Vernichtungs- und Erzeugungsoperatoren eines isotropen zweidimensionalen harmonischen Oszillators:

$$[a_r, a_s] = [a_r^\dagger, a_s^\dagger] = 0 \qquad [a_r, a_s^\dagger] = \delta_{rs}.$$

Man setze

$$S = \tfrac{1}{2}[a_1^\dagger a_1 + a_2^\dagger a_2]$$

$$J_1 = \tfrac{1}{2}[a_2^\dagger a_1 + a_1^\dagger a_2] \qquad J_2 = \tfrac{1}{2}\mathrm{i}[a_2^\dagger a_1 - a_1^\dagger a_2] \qquad J_3 = \tfrac{1}{2}[a_1^\dagger a_1 - a_2^\dagger a_2]$$

J_1, J_2, J_3 können als die kartesischen Komponenten eines Vektoroperators $\boldsymbol{J}$ aufgefaßt werden (Wir folgen den Bezeichnungen aus Abschnitt 12.3.2).

(i) Man zeige, daß die Komponenten von $\boldsymbol{J}$ den für einen Drehimpuls charakteristischen Vertauschungsrelationen $\boldsymbol{J} \times \boldsymbol{J} = \mathrm{i}\boldsymbol{J}$ genügen und daß gilt:

$$J^2 = S(S+1) \qquad\qquad (\text{also } [S, \boldsymbol{J}] = 0).$$

(ii) $\boldsymbol{J}$ sei jetzt der Drehimpuls des Systems und $j(j+1)$ bzw. m die Eigenwerte von $\boldsymbol{J}$ bzw. J_z. Man zeige, daß $\boldsymbol{J}$ und J_z einen vollständigen Satz kommutierender Observabler bilden und daß j alle nichtnegativen *ganzen* oder *halbzahligen* Werte annehmen kann:

$$j = 0, \tfrac{1}{2}, 1, \tfrac{3}{2}, 2, \ldots, \infty.$$

Man zeige, daß die Vektoren $[(j+m)!\,(j-m)!]^{-1/2}\, a_1^{\dagger j+m}\, a_2^{\dagger j-m}\, |0\rangle$ die Basis einer $\{J^2, J_3\}$-Standarddarstellung bilden.

(iii) Man zeige, daß $a_1^\dagger$ und $a_2^\dagger$ die $+\tfrac{1}{2}$- bzw. $-\tfrac{1}{2}$-Komponenten eines irreduziblen Tensoroperators der Stufe $\tfrac{1}{2}$ sind und daß folglich die Ausdrücke $R\, a_r^\dagger R^{-1}$ $(r = 1, 2)$ Linearkombinationen von $a_1^\dagger$ und $a_2^\dagger$ sind, für die man die Koeffizienten bestimme. Dabei ist R der Drehoperator $R = \exp(-\mathrm{i}\,\alpha J_3)\cdot \exp(-\mathrm{i}\,\beta J_2)\exp(-\mathrm{i}\,\gamma J_3)$.

(iv) Mit Hilfe der vorstehenden Ergebnisse leite man die Wigner-Formel (C.72) sowie die in Anhang C angegebenen Eigenschaften der Matrizen $R^{(j)}$ her (mit Ausnahme der Reduktions- und der Zusammensetzungsformeln).

16. Man zeige, daß die $(2k+1)$ Operatoren $T_q^{(k)}$ $(q = -k, \ldots, +k)$ sowie die Operatoren $S_q^{(k)} \equiv (-)^q\, T_{-q}^{(k)\dagger}$ den Vertauschungsrelationen (13.123) genügen.

17. Man zeige, daß das Integral $\int Y_{l_1}^{m_1}(\theta, \varphi)\, Y_{l_2}^{m_2}(\theta, \varphi)\, Y_{l_3}^{m_3}(\theta, \varphi)\, \mathrm{d}\Omega$ proportional zu $(-)^{m_3} \langle l_1\, l_2\, m_1\, m_2 \,|\, l_3 - m_3\rangle$ ist und daß der Proportionalitätsfaktor von m_1, m_2, m_3 unabhängig ist. Man bestimme diesen Faktor. (Bei der Rechnung verwende man das Additionstheorem aus Aufgabe 5).

18. Man zeige, daß der „Tensoroperator" $S_{12} \equiv 2\left[3\,\frac{(\boldsymbol{S}\cdot\boldsymbol{r})^2}{r^2} - \boldsymbol{S}^2\right]$ nur von den Winkeln θ und φ abhängt und dies mittelbar über die *Kugelfunktionen zweiter Ordnung.* Man findet:

$$S_{12} = \left(\frac{24\pi}{5}\right)^{\frac{1}{2}} \Big\{ S_-^2\, Y_2^2 - (S_- S_z + S_z S_-)\, Y_2^1 + \sqrt{\frac{2}{3}}\,(3S_z^2 - S^2)\, Y_2^0$$
$$+ (S_+ S_z + S_z S_+)\, Y_2^{-1} + S_+^2\, Y_2^{-2} \Big\}$$
$$= \left(\frac{24\pi}{5}\right)^{\frac{1}{2}} (\mathbf{S}^{(2)} . \mathbf{Y}^{(2)}).$$

S_{12} ist das Skalarprodukt (im Sinne der Definition (C.87)) der irreduziblen Tensoroperatoren zweiter Stufe $S^{(2)}$ und $Y^{(2)}$, die von den Spin- bzw. den Bahnvariablen abhängen.

19. Seien K_u die Komponente eines Vektoroperators K entlang einer vorgegebenen Richtung und J_u die des Gesamtdrehimpulses J, ferner seien $|\tau J a\rangle$, $|\tau J b\rangle$ zwei Ket-Vektoren aus *demselben* Unterraum $\mathcal{E}(\tau J)$ (Definition in Abschnitt 13.3.7). Man zeige daß

$$\langle \tau J a | K_u | \tau J b\rangle = \langle \tau J a | J_u | \tau J b\rangle \frac{\langle \mathbf{J} \cdot \mathbf{K}\rangle}{J(J+1)},$$

worin $\langle J . K\rangle$ den Mittelwert des skalaren Operators $J . K$ in diesem Raum bedeutet:

$$\langle J . K\rangle = \langle \tau J a | J . K | \tau J a\rangle$$

(Mit anderen Worten: Die Matrixelemente von K in diesem Raum sind dieselben wie die seiner „Projektion" $J(J . K) / J(J+1)$).

14 Systeme identischer Teilchen. Das Pauli-Prinzip

Identische Teilchen in der Quantentheorie

Zwei Teilchen heißen identisch, wenn sie dieselben physikalischen Eigenschaften aufweisen. Sie sind dann bei keiner Beobachtung voneinander zu unterscheiden. Diese Nichtunterscheidbarkeit identischer Teilchen spielt im Gegensatz zur klassischen Physik in der Quantentheorie eine wesentliche Rolle.

Betrachten wir zum Beispiel den Stoß zweier identischer Teilchen und untersuchen, in welchem Maß ihre Identität die Beschreibung des Vorgangs beeinflußt.

In der klassischen Mechanik ist der Zustand dieses Systems zu jedem Zeitpunkt durch die Angabe von Ort und Impuls des Teilchens 1, $\xi^{(1)} \equiv (\boldsymbol{r}^{(1)}, \boldsymbol{p}^{(1)})$, und des Teilchens 2, $\xi^{(2)} \equiv (\boldsymbol{r}^{(2)}, \boldsymbol{p}^{(2)})$ bestimmt. Seine zeitliche Entwicklung wird durch eine Hamilton-Funktion beschrieben, die von diesen zwölf Variablen abhängt:

$$H(\xi^{(1)}, \xi^{(2)}) \equiv H(\boldsymbol{r}^{(1)}, \boldsymbol{p}^{(1)}, \boldsymbol{r}^{(2)}, \boldsymbol{p}^{(2)}).$$

Leiten sich zum Beispiel die auftretenden Kräfte aus einem Potential her, das nur vom gegenseitigen Abstand der beiden Teilchen abhängt, und ist m ihre Masse, so hat man:

$$H(\xi^{(1)}, \xi^{(2)}) = \frac{\boldsymbol{p}^{(1)2}}{2m} + \frac{\boldsymbol{p}^{(2)2}}{2m} + V(|\boldsymbol{r}^{(1)} - \boldsymbol{r}^{(2)}|). \tag{14.1}$$

Sind die Teilchen identisch, so ändert sich keine dynamische Eigenschaft des Systems, wenn man die Teilchen vertauscht, d.h. wenn man dem Teilchen 1 den Zustand des Teilchens 2 zuordnet und umgekehrt. Insbesondere bleibt die Hamilton-Funktion bei einer solchen Permutation invariant:

$$H(\xi', \xi'') = H(\xi'', \xi'). \tag{14.2}$$

Andererseits kann der Zustand des Systems zu jedem Zeitpunkt nur bis auf eine Vertauschung der Variablen 1 und 2 bekannt sein. Die Beobachtung des Systems zu einem bestimmten Augenblick ergibt, daß sich ein Teilchen in einem Zustand ξ' und ein anderes Teilchen in einem Zustand ξ'' befindet, man kann aber nicht sagen, ob sich das Teilchen 1 im Zustand ξ' befindet und das Teilchen 2 im Zustand ξ'' oder umgekehrt. Die hier auftretende Schwierigkeit ist nur scheinbar. Nehmen wir an, zur Zeit t_0 ist das eine der Teilchen im Zustand ξ_0' und das andere im Zustand ξ_0''. Es gibt zwei Möglichkeiten, je nachdem, ob sich das Teilchen 1 oder das Teilchen 2 im Zustand ξ_0' befindet. Zu diesen beiden Anfangsbedingungen gehört jedoch derselbe physikalische Vorgang: Wegen der Symmetrieeigenschaft (14.2) der Hamilton-Funktion sind nämlich die Bewegungsgesetze $\xi'(t)$, $\xi''(t)$ der zur Zeit t_0 in ξ_0' bzw. in ξ_0'' befindlichen Teilchen in beiden Fällen dieselben. Es ist lediglich eine Frage der Vereinbarung, ob man das Teilchen, das zu ξ_0' gehört, mit 1 bezeichnet und das zu ξ_0'' mit 2, oder ob man das Umgekehrte tut.

Anders verhält es sich, wenn das System den Gesetzen der Quantenmechanik gehorcht. Der Anfang der vorstehenden Analyse kann Wort für Wort wiederholt werden. Die Identität beider Teilchen manifestiert sich in der Invarianzeigenschaft (14.2) des Hamilton-Operators gegenüber einer Permutation der Variablen der beiden Teilchen. Allgemeiner ist jede Observable bei einer solchen Permutation invariant. Wie in der klassischen Mechanik ergibt sich eine gewisse Doppeldeutigkeit bei der Bestimmung des Zustands des Systems, doch ist diese jetzt tiefgehender und ihre Konsequenzen sind schwerwiegender.

Nehmen wir nämlich an, eine Beobachtung des Systems vor dem Stoß ergibt, daß sich eines der Teilchen im Zustand $\psi_0'(\boldsymbol{r})$ und das andere im Zustand $\psi_0''(\boldsymbol{r})$ befindet [1]. Diese Funktionen sind gewöhnlich Wellenpakete, die in verschiedenen Bereichen des Raumes lokalisiert sind. Folglich sind die Funktionen

$$\begin{aligned} \psi_0(\boldsymbol{r}^{(1)}, \boldsymbol{r}^{(2)}) &\equiv \psi_0'(\boldsymbol{r}^{(1)})\, \psi_0''(\boldsymbol{r}^{(2)}) \\ \overline{\psi}_0(\boldsymbol{r}^{(1)}, \boldsymbol{r}^{(2)}) &\equiv \psi_0''(\boldsymbol{r}^{(1)})\, \psi_0'(\boldsymbol{r}^{(2)}) \end{aligned} \tag{14.3}$$

voneinander linear unabhängig. Diese Anfangsbeobachtung gestattet also nicht, zu entscheiden, ob sich das System im Zustand ψ_0 oder $\overline{\psi}_0$ befindet. Die Beobachtung besteht genauer in der gleichzeitigen Messung eines bestimmten Satzes kompatibler Variabler und beide Funktionen ψ_0 und $\overline{\psi}_0$ sind Eigenfunktionen zu den bei der Messung angezeigten Werten. Weil das auch für jede Linearkombination $\lambda\psi_0 + \mu\overline{\psi}_0$ dieser Funktion gilt, kann man aufgrund der Anfangsbeobachtung nicht entscheiden, welche dieser Linearkombinationen den Anfangszustand des Systems repräsentiert. Diesen Sachverhalt nennt man *Austauschentartung*.

Nach dieser Feststellung untersuchen wir die zeitliche Entwicklung dieses Systems. Seien $\psi(\boldsymbol{r}^{(1)}, \boldsymbol{r}^{(2)}, t)$ bzw. $\overline{\psi}(\boldsymbol{r}^{(1)}, \boldsymbol{r}^{(2)}, t)$ die Lösungen der Schrödinger-Gleichung zu den Anfangsbedingungen ψ_0 bzw. $\overline{\psi}_0$. Wegen der Symmetrieeigenschaft (14.2) des Hamilton-Operators ergeben sich $\overline{\psi}$ und ψ auseinander durch Vertauschung der Argumente $\boldsymbol{r}^{(1)}$ und $\boldsymbol{r}^{(2)}$.

Es erweist sich als bequem, die bei einer solchen Permutation symmetrischen bzw. antisymmetrischen Funktionen einzuführen:

$$\psi^{(S)} = \frac{1}{\sqrt{2}}(\psi + \overline{\psi}) \qquad \psi^{(A)} = \frac{1}{\sqrt{2}}(\psi - \overline{\psi}).$$

Das sind die Lösungen der Schrödinger-Gleichung, die jeweils den Anfangsbedingungen

[1] Wir setzen voraus, daß die beiden identischen Teilchen keinen Spin haben. Die Parallele zwischen klassischer und Quantentheorie ist dann besonders auffällig.

$$\psi_0^{(S)} = \frac{1}{\sqrt{2}}(\psi_0 + \bar{\psi}_0) \qquad \psi_0^{(A)} = \frac{1}{\sqrt{2}}(\psi_0 - \bar{\psi}_0)$$

genügen. Befindet sich das System anfänglich im Zustand

$$\Psi_0 = \alpha\psi_0^{(A)} + \beta\psi_0^{(S)} \qquad (|\alpha|^2 + |\beta|^2 = 1),$$

so befindet es sich zu einer späteren Zeit t im Zustand

$$\Psi(\boldsymbol{r}^{(1)}, \boldsymbol{r}^{(2)}, t) = \alpha\psi^{(A)} + \beta\psi^{(S)}. \tag{14.4}$$

Die Wahrscheinlichkeitsdichte dafür, eines der Teilchen in $\boldsymbol{r}'$ und das andere in $\boldsymbol{r}''$ zu finden, ist[2]:

$$P(\boldsymbol{r}', \boldsymbol{r}'') = |\Psi(\boldsymbol{r}', \boldsymbol{r}'')|^2 + |\Psi(\boldsymbol{r}'', \boldsymbol{r}')|^2 \tag{14.5}$$

$$= 2[|\alpha|^2 |\psi^{(A)}(\boldsymbol{r}', \boldsymbol{r}'')|^2 + |\beta|^2 |\psi^{(S)}(\boldsymbol{r}', \boldsymbol{r}'')|^2]. \tag{14.6}$$

Damit dieses Ergebnis nicht von den Koeffizienten α, β abhängt, muß

$$|\psi^{(A)}(\boldsymbol{r}', \boldsymbol{r}'')| = |\psi^{(S)}(\boldsymbol{r}', \boldsymbol{r}'')|$$

sein. Dies ist für beliebige $\boldsymbol{r}'$ und $\boldsymbol{r}''$ der Fall, solange die beiden Teilchen nicht miteinander in Wechselwirkung treten und die Wellenpakete $\psi'(\boldsymbol{r})$ und $\psi''(\boldsymbol{r})$ nicht überlappen. Im allgemeinen ist die Gleichheit aber nicht mehr gegeben, sobald eine dieser Bedingungen verletzt ist. Nehmen wir zum Beispiel an, daß zwischen den Teilchen keine Wechselwirkung besteht und daß sie sich frei aufeinander zu bewegen. In diesem Fall ist ψ das Produkt aus zwei freien Wellenpaketen: $\psi = \psi'(\boldsymbol{r}^{(1)}, t)\,\psi''(\boldsymbol{r}^{(2)}, t)$. Während eines gewissen Zeitintervalls überlappen sich die Pakete, es existiert also ein Raumbereich, in dem beide Funktionen $\psi'(\boldsymbol{r})$ und $\psi''(\boldsymbol{r})$ von Null verschieden sind. Ist $\boldsymbol{r}$ ein Punkt aus diesem Bereich, so ist

$$|\psi^{(S)}(\boldsymbol{r}, \boldsymbol{r})| = \sqrt{2}\,|\psi'(\boldsymbol{r})\psi''(\boldsymbol{r})| \neq 0,$$

und

$$|\psi^{(A)}(\boldsymbol{r}, \boldsymbol{r})| = 0 \tag{14.7}$$

für beliebiges $\boldsymbol{r}$. Das Streuproblem, das wir in Abschnitt 14.2.1 behandeln werden, liefert ein weiteres interessantes Beispiel. Dort wird nämlich gezeigt, daß die Streuamplitude für $\psi^{(A)}$ eine Überlagerung aus Partialwellen ungerader Ordnung und diejenige für $\psi^{(S)}$ eine Superposition aus Partialwellen gerader Ordnung ist. Diese beiden Amplituden hätten also im allgemeinen nicht denselben Absolutwert, und der differentielle Wirkungsquerschnitt hinge in kritischer Weise vom Verhältnis $|\alpha|^2/|\beta|^2$ ab.

---

[2] Die zweite Zeile ergibt sich unter Berücksichtigung der Symmetrieeigenschaften von $\psi^{(A)}$ und $\psi^{(S)}$:

$$\Psi(\boldsymbol{r}'', \boldsymbol{r}') = -\alpha\psi^{(A)}(\boldsymbol{r}', \boldsymbol{r}'') + \beta\psi^{(S)}(\boldsymbol{r}', \boldsymbol{r}'').$$

Wir stellen also fest, daß die Existenz der Austauschentartung eine wirkliche Schwierigkeit darstellt. Sie verhindert nämlich eine genaue theoretische Vorhersage der statistischen Verteilungen der Meßergebnisse, sobald der Stoß einmal stattgefunden hat.

Diese Schwierigkeit wird durch die Einführung des *Symmetrisierungspostulats* behoben. Es legt die in der Linearkombination (14.4) auftretenden Koeffizienten ein für allemal fest und erlaubt dadurch gleichzeitig seine experimentelle Überprüfung. Das Postulat lautet:

Die Zustände eines Systems aus zwei identischen Teilchen sind gegenüber der Vertauschung dieser beiden Teilchen notwendig entweder alle symmetrisch ($\alpha = 0$, $\beta = 1$) oder alle antisymmetrisch ($\alpha = 1$, $\beta = 0$).

Je nach der Natur der Teilchen ist die eine oder die andere dieser beiden Möglichkeiten realisiert. Man kann das Postulat leicht auf Systeme verallgemeinern, die aus einer beliebigen Anzahl von identischen Teilchen bestehen. Seine allgemeine Form und seine grundlegenden Konsequenzen bringen wir im ersten Abschnitt dieses Kapitels. Der zweite Abschnitt befaßt sich dann mit Anwendungen.

Im Verlauf des Kapitels benötigen wir einige elementare Begriffe über Permutationen. Diese sind im Abschnitt 4.1 des Anhangs D angegeben [3].

14.1 Das Symmetrisierungspostulat

14.1.1 Gleichartige Teilchen und symmetrische Darstellung

Wir betrachten ein System aus N Teilchen. Die dynamischen Variablen des i-ten Teilchens sind Funktionen seines Ortes $\boldsymbol{r}^{(i)}$, seines Impulses $\boldsymbol{p}^{(i)}$, und seines Spins $\boldsymbol{s}^{(i)}$. Im folgenden bezeichnen wir die Gesamtheit dieser drei Vektoren mit $\xi^{(i)}$. Kennt man den Wert seines Spins, d.h. den Wert von $\boldsymbol{s}^{(i)2}$, so kann man den Zustandsraum $\mathscr{F}^{(i)}$ des i-ten Teilchens konstruieren. Der Zustandsraum des Gesamtsystems ist dann der Produktraum

$$\mathcal{E} = \mathscr{F}^{(1)} \otimes \mathscr{F}^{(2)} \otimes \ldots \otimes \mathscr{F}^{(N)}. \tag{14.8}$$

Zwei dieser Teilchen heißen *gleichartig,* wenn sie denselben Spin besitzen (was nicht notwendig bedeutet, daß sie identisch sind). Es existiert dann ein umkehrbar eindeutiger Zusammenhang zwischen ihren Observablen und ihren Zustandsvektoren. Folglich können zwei gleichartige Teilchen ausgetauscht werden. Sind allgemeiner n Teilchen gleichartig, so sind die $n!$ möglichen Permutationen dieser n Teilchen wohlbestimmte Operationen und zu jeder gehört ein bestimmter Opera-

[3] Die in Anhang D zusammengestellten Begriffe der Gruppentheorie sind für das Verständnis dieses Kapitels nicht erforderlich. Der Inhalt des Abschnitts 4.1 dieses Anhangs ist unabhängig vom übrigen Teil. Hier werden nur die Begriffe verwendet, die bei der Definition von Gruppen auftreten (Gruppe, Klasse, Untergruppe, Normalteiler usw.). Man findet sie in Abschnitt 1.1 des Anhangs.

tor im Raum $\mathcal{E}$. Diese Permutationsoperatoren wollen wir bilden. Der Einfachheit halber nehmen wir an, daß $n = N$.

Wir betrachten eines dieser N gleichartigen Teilchen. ξ ist die Gesamtheit seiner Basisobservablen, $\mathcal{F}$ der Raum seiner Zustandsvektoren. Sei q ein vollständiger Satz kommutierender Observabler in $\mathcal{F}$, $|q_\kappa>$ die Eigenvektoren eines Basissystems von q und q_κ die zugehörigen Eigenwerte (der Index oder das Indexsystem κ dient zur Unterscheidung der Eigenwerte voneinander:

$$<q_\kappa \mid q_\mu> = \delta\, \kappa_\mu. \tag{14.9}$$

q sind zum Beispiel die drei Komponenten x, y, z von r und die z-Komponente s_z des Spins. In diesem Sinne gehört zu jedem Teilchen $a\,(a = 1, 2, \ldots, N)$ des Systems eine Gesamtheit $q^{(a)}$. Es ist klar, daß die Gesamtheit $Q \equiv (q^{(1)}, q^{(2)}, \ldots, q^{(N)})$ dieser Observablen einen vollständigen Satz kommutierender Observabler in $\mathcal{E}$ bilden und daß die aus den Basisvektoren der Räume $\mathcal{F}^{(1)}, \mathcal{F}^{(2)}, \ldots, \mathcal{F}^{(N)}$ gebildeten Vektoren

$$|q_\alpha^{(1)}\, q_\beta^{(2)} \ldots q_\nu^{(N)}> \equiv |q_\alpha>^{(1)} |q_\beta>^{(2)} \ldots |q_\nu>^{(N)} \tag{14.10}$$

die Basis einer bestimmten Darstellung im Raum $\mathcal{E}$ bilden, der $\{Q\}$-Darstellung. Eine solche Darstellung heißt *symmetrische Darstellung.*

14.1.2 Permutationsoperatoren

Die physikalische Bedeutung des Vektors (14.10) ist offensichtlich: Das Teilchen 1 befindet sich im Zustand $|q_\alpha>$, das Teilchen 2 im Zustand $|q_\beta>, \ldots$, das Teilchen N im Zustand $|q_\nu>$. Eine Permutation dieser N Teilchen verändert ihre Verteilung auf die Zustände $|q_\alpha>, |q_\beta>, \ldots, |q_\nu>$, ergibt also einen anderen, im allgemeinen von (14.10) verschiedenen Vektor der $\{Q\}$-Basis [4]. Eine solche Operation erzeugt einen umkehrbar eindeutigen Zusammenhang zwischen den Vektoren dieser orthonormierten Basis, definiert also im Zustandsraum einen bestimmten linearen und unitären Operator. Auf diese Weise ordnet man jeder möglichen Permutation der N Teilchen einen unitären *Permutationsoperator* zu:

$$PP^\dagger = P^\dagger P = 1. \tag{14.11}$$

So transformiert sich der Vektor (14.10) bei der Transposition (1 2) – Vertauschung der Teilchen 1 und 2 – in den Vektor, bei dem sich das Teilchen 1 im Zustand $|q_\beta>$, das Teilchen 2 im Zustand $|q_\alpha>$ und alle anderen im selben Zustand wie vorher befinden. Der dieser Permutation zugeordnete Operator $P_{(12)}$ ist durch die folgende Eigenschaft definiert:

$$P_{(12)}\, |q_\alpha^{(1)}\, q_\beta^{(2)}\, q_\gamma^{(3)} \ldots q_\nu^{(N)}> = |q_\beta^{(1)}\, q_\alpha^{(2)}\, q_\gamma^{(3)} \ldots q_\nu^{(N)}>.$$

---

[4] Sind die N Einzelzustände $|q_\alpha>, \ldots, |q_\nu>$ nicht alle verschieden, so bleibt bei bestimmten Permutationen der Vektor (14.10) invariant; sind sie alle identisch, so bleibt er bei jeder Permutation ungeändert.

Der Einfachheit halber beschränken wir uns im folgenden auf den Fall $N = 3$, doch sind die nachstehenden Angaben für beliebiges N gültig. Dann ist zum Beispiel der zur Permutation (1 2 3) gehörende Operator $P_{(123)}$, bei der 1 den Platz von 2 einnimmt, 2 den von 1 und 3 den von 2, definiert durch:

$$P_{(123)} |q_\alpha^{(1)} q_\beta^{(2)} q_\gamma^{(3)}\rangle = |q_\gamma^{(1)} q_\alpha^{(2)} q_\beta^{(3)}\rangle. \tag{14.12}$$

Ist $|\psi\rangle$ ein Vektor des Raumes $\mathcal{E}$, dann ist

$$\begin{aligned} P_{(123)} |\psi\rangle &= \sum_{\alpha\beta\gamma} P_{(123)} |q_\alpha^{(1)} q_\beta^{(2)} q_\gamma^{(3)}\rangle \langle q_\alpha^{(1)} q_\beta^{(2)} q_\gamma^{(3)} |\psi\rangle \\ &= \sum_{\alpha\beta\gamma} |q_\gamma^{(1)} q_\alpha^{(2)} q_\beta^{(3)}\rangle \langle q_\alpha^{(1)} q_\beta^{(2)} q_\gamma^{(3)} |\psi\rangle. \end{aligned}$$

Vertauscht man in der letzten Zeile die Namen der Indizes, so ergibt sich:

$$P_{(123)} |\psi\rangle = \sum_{\alpha\beta\gamma} |q_\alpha^{(1)} q_\beta^{(2)} q_\gamma^{(3)}\rangle \langle q_\beta^{(1)} q_\gamma^{(2)} q_\alpha^{(3)} |\psi\rangle. \tag{14.13}$$

Sei $\psi(q_\alpha q_\beta q_\gamma)$ die zu $|\psi\rangle$ gehörige Wellenfunktion in der $\{Q\}$-Darstellung, das ist die Wahrscheinlichkeitsamplitude dafür, das Teilchen 1 im Zustand $|q_\alpha\rangle$ zu finden, 2 im Zustand $|q_\beta\rangle$ und 3 im Zustand $|q_\gamma\rangle$, dann ist in dieser Darstellung

$$P_{(123)}\, \psi(q_\alpha q_\beta q_\gamma) = \psi(q_\beta q_\gamma q_\alpha). \tag{14.14}$$

Sie ergibt sich also aus $\psi(q_\alpha q_\beta q_\gamma)$ *durch Anwendung der zu (1 2 3) inversen Permutation auf die Argumente.*

Besonders einfach ist das Transformationsgesetz für Vektoren der Form $|u^{(1)} v^{(2)} w^{(3)}\rangle \equiv |u\rangle^{(1)} |v\rangle^{(2)} |w\rangle^{(3)}$. Es ist dasselbe wie das Transformationsgesetz für die Basisvektoren der $\{Q\}$-Darstellung: Die Wirkung von P auf einen solchen Vektor liefert den Vektor, der sich durch die Permutation p der Teilchen 1, 2, 3 zwischen den Einzelzuständen $|u\rangle$, $|v\rangle$, $|w\rangle$ ergibt.

So ist (s. Gl. (14.12)):

$$P_{(123)} |u^{(1)} v^{(2)} w^{(3)}\rangle = |w^{(1)} u^{(2)} v^{(3)}\rangle.$$

Die Beziehung (14.13) liefert nämlich in diesem Fall

$$P_{(123)} |u^{(1)} v^{(2)} w^{(3)}\rangle = \sum_{\alpha\beta\gamma} |q_\alpha^{(1)} q_\beta^{(2)} q_\gamma^{(3)}\rangle \langle q_\alpha |w\rangle \langle q_\beta |u\rangle \langle q_\gamma |v\rangle$$

und die rechte Seite dieser Gleichung ist gerade die Entwicklung von $|w^{(1)} u^{(2)} v^{(3)}\rangle$ nach den Basisvektoren der $\{Q\}$-Darstellung. Was hier an einem Spezialfall gezeigt wurde, gilt allgemein (Aufgabe 1). Folglich hängt der zu einer bestimmten Permutation gehörende Operator P nicht von der bei seiner Konstruktion speziell gewählten symmetrischen Darstellung ab.

Die Wirkung der unitären Transformation P auf einen Operator $F(\xi^{(1)}, \xi^{(2)}, \ldots, \xi^{(N)})$ in $\mathcal{E}$ besteht wie bei Vektoren in der Permutation p der Argumente von F: Setzt man

$$p = \begin{pmatrix} 1 & 2 & \ldots & N \\ \alpha_1 & \alpha_2 & \ldots & \alpha_N \end{pmatrix}$$

so ist

$$P\,F(\xi^{(1)}, \xi^{(2)}, \ldots, \xi^{(N)})\,P^\dagger = F(\xi^{(\alpha_1)}, \xi^{(\alpha_2)}, \ldots, \xi^{(\alpha_N)}). \tag{14.15}$$

Zum Beispiel ergibt

$$P_{(123)}\,F(\xi^{(1)}, \xi^{(2)}, \xi^{(3)})\,P^\dagger_{(123)} = F(\xi^{(2)}, \xi^{(3)}, \xi^{(1)}) \tag{14.16}$$

($\xi^{(2)}$ nimmt den Platz von $\xi^{(1)}$, $\xi^{(3)}$ den von $\xi^{(2)}$ und $\xi^{(1)}$ den von $\xi^{(3)}$ ein).

Es genügt, wenn man diese Regel für eine beliebige Basisobservable des Systems beweist. Man kann stets eine symmetrische Darstellung konstruieren, in der eine solche Observable diagonal ist. Nehmen wir zum Beispiel eine der Observablen $q^{(i)}$ der oben angegebenen $\{Q\}$-Darstellung. Um die Gleichung $Pq^{(i)}P^\dagger = q^{(\alpha_i)}$ zu beweisen, reicht es zu zeigen, daß die beiden Seiten dasselbe Ergebnis liefern, wenn man sie auf alle Basisvektoren der $\{Q\}$-Darstellung anwendet. Wir beschränken uns hier auf den Spezialfall $N = 3$, $i = 1$, $p = (1\ 2\ 3)$:

$$\begin{aligned} P_{(123)}\,q^{(1)}\,P^\dagger_{(123)}\,|q_\alpha^{(1)}\,q_\beta^{(2)}\,q_\gamma^{(3)}\rangle &= P_{(123)}\,q^{(1)}\,|q_\beta^{(1)}\,q_\gamma^{(2)}\,q_\alpha^{(3)}\rangle = q_\beta\,P_{(123)}\,|q_\beta^{(1)}\,q_\gamma^{(2)}\,q_\alpha^{(3)}\rangle \\ &= q_\beta\,|q_\alpha^{(1)}\,q_\beta^{(2)}\,q_\gamma^{(3)}\rangle = q^{(2)}\,|q_\alpha^{(1)}\,q_\beta^{(2)}\,q_\gamma^{(3)}\rangle. \end{aligned}$$

Diese Definition der Permutationen von Observablen entspricht gerade der physikalischen Vorstellung: Die sich aus der Observablen B durch die Permutation ergebende Observable $PBP^\dagger$ hat dasselbe Eigenwertspektrum wie B und die Eigenzustände von $PBP^\dagger$ ergeben sich aus denen von B durch Anwendung des Permutationsoperators P.

Insbesondere ist B gegenüber den Permutationen der N Teilchen invariant, wenn für jede der $N!$ Permutationen dieser Teilchen $PBP^\dagger = B$ ist, d.h. wenn für beliebiges P

$$[P, B] = 0$$

ist. Man sagt dann, B sei ein bezüglich der N Teilchen *symmetrischer* Operator.

14.1.3 Algebra der Permutationsoperatoren. Symmetrisierungs- und Antisymmetrisierungsoperator

Zwei aufeinanderfolgende Permutationen p', p'' entsprechen einer einzigen Permutation $p = p''p'$. Für die zugehörigen Permutationsoperatoren ergibt sich aus ihrer Definition dieselbe Beziehung:

$$P = P''P'. \tag{14.17}$$

Die Permutationsoperatoren gehorchen also denselben algebraischen Beziehungen wie die Permutationen, denen sie zugeordnet sind [5].

Insbesondere kann man jeden Operator P in Form eines Produkts aus Transpositionen angeben. Zwar ist dieses Produkt nicht eindeutig definiert, doch besitzt die Zahl der darin auftretenden Transpositionen eine wohlbestimmte Parität $(-)^p$, die nach Definition gleich der Partiät der Permutation p ist. Hängen P, P' und P'' gemäß Gl. (14.17) zusammen, so ist klar, daß $(-)^p = (-)^{p'+p''}$ gilt.

Bestimmte Permutationen, namentlich die Transpositionen, sind gleich ihrer eigenen Inversen. In diesem Fall ist der zugehörige Operator (s. Gl. (14.11)) eine Observable und seine möglichen Eigenwerte sind $+1$ und -1.

Als ein Beispiel betrachten wir die Transposition $(i\,j)$:

$$P_{(ij)}^2 = 1. \tag{14.18}$$

Die Eigenvektoren zum Eigenwert $+1$ sind bei der Transposition $(i\,j)$ invariant: sie sind in i und j *symmetrisch*. Den Projektionsoperator auf den Raum der symmetrischen Vektoren nennt man den *Symmetrisierungsoperator*

$$S_{[ij]} = \tfrac{1}{2}(1 + P_{(ij)}). \tag{14.19}$$

Die Eigenvektoren zum Eigenwert -1 ändern bei der Transposition $(i\,j)$ ihr Vorzeichen: sie sind *antisymmetrisch* in i und j. Der Projektionsoperator auf den Raum der antisymmetrischen Vektoren in i und j heißt *Antisymmetrisierungsoperator:*

$$A_{[ij]} = \tfrac{1}{2}(1 - P_{(ij)}). \tag{14.20}$$

Es gilt offensichtlich

$$\begin{aligned} S_{[ij]} + A_{[ij]} &= 1 & S_{[ij]} - A_{[ij]} &= P_{(ij)} \\ P_{(ij)} S_{[ij]} = S_{[ij]} P_{(ij)} &= S_{[ij]} & P_{(ij)} A_{[ij]} = A_{[ij]} P_{(ij)} &= -A_{[ij]}. \end{aligned} \tag{14.21}$$

Jeder Vektor ist die Summe eines in i und j symmetrischen und eines in i und j antisymmetrischen Vektors. Eine derartige Zerlegung ist im einleitenden Abschnitt dieses Kapitels verwendet worden.

Die eben eingeführten Begriffe der Symmetrie und der Antisymmetrie dynamischer Zustände verallgemeinern wir jetzt auf den Fall der $N!$ Permutationen P.

---

[5] Zum Beispiel ist $P_{(123)} = P_{(12)}P_{(23)}$. Wir zeigen, daß die aufeinanderfolgende Wirkung von $P_{(23)}$ und $P_{(12)}$ auf die Wellenfunktion $\psi\,(q_\alpha q_\beta q_\gamma)$ dasselbe Ergebnis liefert wie Gl. (14.14). Wir setzen $\psi_1\,(q_\alpha q_\beta q_\gamma) \equiv P_{(23)}\psi\,(q_\alpha q_\beta q_\gamma)$. Es ist $\psi_1\,(q_\alpha q_\beta q_\gamma) = \psi\,(q_\alpha q_\gamma q_\beta)$.
Folglich gilt

$$P_{(123)}\,\psi\,(q_\alpha\, q_\beta\, q_\gamma) = P_{(12)}\,\psi_1\,(q_\alpha\, q_\beta\, q_\gamma) = \psi_1\,(q_\beta\, q_\alpha\, q_\gamma) = \psi\,(q_\beta\, q_\gamma\, q_\alpha).$$

Dasselbe Ergebnis bekommt man, wenn man *zuerst* die Permutation (12) und *dann* die Permutation (23) auf die Argumente der Funktion $\psi\,(q_\alpha q_\beta q_\gamma)$ ausübt.

Hierzu betrachten wir einen Vektor $|u\rangle$ aus dem Raum $\mathcal{E}$ und bezeichnen mit $\mathcal{E}_u$ den von $|u\rangle$ und den Vektoren aufgespannten Unterraum, die aus $|u\rangle$ durch Permutation hervorgehen. Die Dimension dieses Raumes ist gleich oder kleiner als $N!$, je nachdem, ob die $N!$ Vektoren voneinander linear unabhängig sind oder nicht.

Im Extremfall repräsentieren alle Vektoren $P|u\rangle$ denselben Zustand:

$$P|u\rangle = c_p|u\rangle \quad \text{für beliebiges } p. \tag{14.22}$$

Die Konstanten c_p unterliegen sehr einschränkenden Bedingungen. Ist P eine Transposition, so wissen wir, daß die einzig möglichen Werte von c_p $+1$ und -1 sind. Weil weiter jede Transposition $(i\,j)$ gleich dem Produkt $(1i)(2j)(12)(2j)(1i)$ ist, gilt

$$P_{(ij)} = P_{(1i)}P_{(2j)}P_{(12)}P_{(2j)}P_{(1i)}$$

und folglich

$$c_{(ij)} = c^2_{(1i)}\,c^2_{(2j)}\,c_{(12)} = c_{(12)}. \tag{14.23}$$

Die Konstante c ist also für alle Transpositionen dieselbe: Es ist entweder $c_{\text{tr.}} = +1$ oder $c_{\text{tr.}} = -1$. Weil jede Permutation p als ein Produkt aus Transpositionen aufgefaßt werden kann, ist die zugehörige Konstante c_p eine bestimmte Potenz von $c_{\text{tr.}}$. Diese Potenz ist gerade oder ungerade, je nachdem, ob die Permutation p gerade oder ungerade ist.

Die Beziehung (14.22) ist also nur in den beiden folgenden Fällen erfüllt:

(a) für beliebiges p, $c_p = 1$ $\quad P|u\rangle = |u\rangle$, (14.24)

(b) für beliebiges p, $c_p = (-)^p$ $\quad P|u\rangle = (-)^p\,|u\rangle$; (14.25)

$|u\rangle$ heißt *symmetrisch* oder *antisymmetrisch* bezüglich der Permutationen der N Teilchen, je nachdem, ob Fall (a) oder der Fall (b) vorliegt.

Die Gesamtheit der symmetrischen Vektoren bilden einen Unterraum von $\mathcal{E}$, und die der antisymmetrischen Vektoren bilden einen dazu orthogonalen Unterraum. Wir bezeichnen sie mit $\mathcal{E}^{(S)}$ bzw. mit $\mathcal{E}^{(A)}$. Die zugehörigen Projektionsoperatoren sind

$$S = \frac{1}{N!}\sum_P P \qquad A = \frac{1}{N!}\sum_P (-)^p P. \tag{14.26}$$

(Die Summe läuft über die $N!$ möglichen Permutationen). Nehmen wir nämlich die Folge, die bei einer beliebigen Anordnung der $N!$ Permutationen entsteht, und multiplizieren jedes Element dieser Folge mit einem speziellen Permutationsoperator P_1, so bewirkt das lediglich eine andere Reihenfolge dieser Elemente, also ist

$$P_1 S = S P_1 = S \qquad P_1 A = A P_1 = (-)^{p_1} A. \tag{14.27}$$

Genauso führt die Ersetzung eines jeden Elements P durch sein Inverses $P^\dagger$ zu einer anderen Anordnung, und weil das Inverse einer Permutation dieselbe Parität wie die Permutation selbst hat, gilt:

$$S = S^\dagger \qquad A = A^\dagger. \tag{14.28}$$

Aus den Gleichungen (14.27) und der Definition (14.26) der Operatoren S und A leitet man nach kurzer Rechnung her, daß

$$S^2 = S \qquad A^2 = A \tag{14.29}$$

und

$$SA = AS = 0; \tag{14.30}$$

Nach (14.28–30) sind die Operatoren S und A orthogonale Projektionsoperatoren. Denn ist $|u\rangle$ aus $\mathcal{E}^{(S)}$, Eigenschaft (14.24), so ist

$$S|u\rangle = \frac{1}{N!}\sum_P P|u\rangle = \left(\frac{1}{N!}\sum_P\right)|u\rangle = |u\rangle$$

und ist umgekehrt $|\rangle$ ein beliebiger Vektor, so hat man nach (14.27):

$$PS|\rangle = S|\rangle;$$

also ist $\mathcal{E}^{(S)}$ der Projektionsraum von S. Entsprechend zeigt man, daß A auf $\mathcal{E}^{(A)}$ projiziert.

Für den Fall $N = 3$ lautet die explizite Form von S und A:

$$S = \tfrac{1}{6}(1 + P_{(12)} + P_{(23)} + P_{(31)} + P_{(123)} + P_{(321)})$$
$$A = \tfrac{1}{6}(1 - P_{(12)} - P_{(23)} - P_{(31)} + P_{(123)} + P_{(321)}).$$

An diesem Beispiel erkennt man, daß $S + A \neq 1$ ist, sobald $N > 2$. Kehren wir wieder zu dem anfangs definierten Raum $\mathcal{E}_u$ zurück. Aus den Gleichungen (14.27) leitet man her, daß

$$SP|u\rangle = S|u\rangle \qquad AP|u\rangle = (-)^p A|u\rangle$$

für beliebiges P gilt. Danach haben die diesen Raum aufspannenden Vektoren $P|u\rangle$ alle dieselbe Projektion auf $\mathcal{E}^{(S)}$ und abgesehen vom Vorzeichen dieselbe Projektion auf $\mathcal{E}^{(A)}$. Folglich gibt es im Raum $\mathcal{E}_u$, je nachdem, ob $S|u\rangle$ von Null verschieden ist oder nicht, *genau einen symmetrischen Vektor oder gar keinen.* Ebenso enthält er *genau einen antisymmetrischen Vektor, wenn $A|u\rangle \neq 0$ ist und gar keinen, wenn $A|u\rangle = 0$* [6].

---

[6] Sind die $N!$ Vektoren $P|u\rangle$ linear unabhängig, so sind die speziellen Linearkombinationen $S|u\rangle$ und $A|u\rangle$ sicher nicht Null. In diesem Fall enthält $\mathcal{E}_u$ einen symmetrischen und einen antisymmetrischen Vektor.

14.1.4 Identische Teilchen und Symmetrisierungspostulat

Sind die N Teilchen des weiter oben untersuchten Systems nicht nur gleichartig, sondern sogar identisch, so ändert sich keine einzige dynamische Eigenschaft des Systems, wenn man an diesen Teilchen eine beliebige Permutation vornimmt. Wir präzisieren, welche Einschränkungen diese Invarianzbedingung der Bewegungsgleichung und den Observablen des Systems auferlegt.

Ist $|\psi_0>$ der Zustand des Systems zum Anfangszeitpunkt t_0, so ergibt sich daraus sein Zustand zu einem späteren Zeitpunkt t durch Anwendung des Entwicklungsoperators $U(t, t_0)$: $|\psi_t> = U(t, t_0)|\psi_0>$. Ist sein Anfangszustand $P|\psi_0>$, so ist die zeitliche Entwicklung des Systems bis auf die Permutation P streng dieselbe und sein Zustand zur Zeit t ist $P|\psi_t>$. Folglich gilt:

$$U(t, t_0)\,P|\psi_0> = P|\psi_t> = P\,U(t, t_0)\,|\psi_0>$$

und weil das für beliebiges ψ_0 wahr sein muß, ist

$$[P, U(t, t_0)] = 0. \qquad (14.31)$$

Sei H der Hamilton-Operator des Systems. $U(t, t_0)$ ist die Lösung der Schrödinger-Gleichung

$$i\hbar \frac{\mathrm{d}}{\mathrm{d}t} U(t, t_0) = H\,U(t, t_0)$$

mit der Anfangsbedingung $U(t_0, t_0) = 1$. Aus der Beziehung (14.31) und der daraus durch zeitliche Ableitung hervorgehenden ergibt sich

$$[P, H] = 0. \qquad (14.32)$$

Vertauschen umgekehrt H und P, so ist $U(t, t_0)$ und seine Transformierte $PUP^\dagger$ gleich, denn beide Operatoren genügen derselben Schrödinger-Gleichung mit derselben Anfangsbedingung: U und P vertauschen also. Damit das Bewegungsgesetz des Systems gegenüber Permutationen invariant ist, ist notwendig und hinreichend, daß der Hamilton-Operator die Beziehung (14.32) für beliebiges P erfüllt.

Wir betrachten andererseits eine physikalische Observable [7] B des Systems. $|u>$ sei ein Eigenzustand von B zum Eigenwert b. Befindet sich das System in diesem Zustand, so liefert die Messung von B mit Sicherheit das Ergebnis b. Ist folglich das System im Zustand $P|u>$, der sich aus $|u>$ durch die Permutation P ergibt, so liefert die Messung von B dasselbe Resultat:

$$B\,P|u> = b\,P|u>,$$

und zwar für jede Permutation. Anders ausgedrückt, muß jeder Vektor aus dem Raum $\mathcal{E}_u$, der durch Anwendung aller möglichen Permutationen der N Teilchen

[7] Der Begriff *physikalische Observable* ist in Abschnitt 13.3.6 definiert. Man vergleiche die dort durchgeführte Untersuchung der Invarianz bei „Drehungen um 2π" mit der Analyse der Invarianz bei Permutationen, wie sie für physikalische Observable hier geschieht.

auf $|u\rangle$ erzeugt wird, gleichermaßen ein Eigenvektor zum Eigenwert b sein (Austauschentartung). Damit diese Eigenschaft für jeden Eigenwert von B besteht, ist notwendig und hinreichend, daß für beliebiges P:

$$[B, P] = 0 \tag{14.33}$$

gilt.

Zusammenfassend stellen wir fest, die N Teilchen sind identisch, wenn der Hamilton-Operator und alle physikalischen Observablen des Systems bezüglich dieser Teilchen symmetrisch sind.

Versucht man folglich durch eine gleichzeitige Messung der Variablen q jedes Einzelteilchens den Zustand des Systems zu bestimmen, so gelingt das allenfalls bis auf eine Austauschentartung [8]. Man kann feststellen, daß sich n_1 Teilchen im Zustand $|q_1\rangle$, n_2 im Zustand $|q_2\rangle, \ldots, n_\kappa$ im Zustand $|q_\kappa\rangle, \ldots$ befinden ($n_1 + n_2 + \ldots + n_\kappa + \ldots = N$), die Identität der Teilchen, die jeden dieser Zustände besetzen, bleibt aber unbestimmt. Es gibt ($N!/n_1!n_2! \ldots n_\kappa! \ldots$) Basisvektoren der $\{Q\}$-Darstellung mit der gewünschten Eigenschaft. Der von ihnen aufgespannte Raum $\mathcal{E}(n_1 n_2 \ldots n_\kappa \ldots)$ wird durch Anwendung der $N!$ Permutationen auf einen dieser Vektoren erzeugt. Ein Vektor dieses Raumes repräsentiert sicher den Zustand des Systems; durch die Beobachtung wird jedoch nicht entschieden, welcher von ihnen das tut. Nun hängt aber – wie wir am Beispiel im einleitenden Abschnitt gesehen haben – die Vorhersage der Theorie von der Wahl des Vektors ab. Diese Mehrdeutigkeit stellt darum eine wirkliche Schwierigkeit dar. Sie wird durch die Einführung des *Symmetrisierungspostulats* behoben:

Besteht ein System aus N identischen Teilchen, so sind seine Zustände in bezug auf diese N Teilchen notwendig alle symmetrisch oder alle antisymmetrisch.

Je nach der Natur der identischen Teilchen muß man eine der beiden möglichen Beschreibungen verwenden. Sind die Zustände symmetrisch, so nennt man die Teilchen *Bosonen*, sind die Zustände antisymmetrisch, so heißen die Teilchen *Fermionen* (der Grund für diese Bezeichnungen wird im folgenden deutlich werden). *Die Erfahrung zeigt*, daß die Elementarteilchen mit dem Spin ½ (Elektronen, Protonen, Neutronen usw.) Fermionen sind, dagegen sind die Elementarteilchen mit ganzzahligem Spin (Photonen, π-Mesonen usw.) Bosonen.

Der oben eingeführte Raum $\mathcal{E}(n_1 n_2 \ldots n_\kappa \ldots)$ besitzt höchstens einen symmetrischen und höchstens einen antisymmetrischen Vektor. Das Symmetrisierungspostulat hebt also die Austauschentartung vollständig auf. Es bleibt zu zeigen, daß dieses Postulat nicht mit den anderen Grundpostulaten der Quantenmechanik in Widerspruch steht.

---

[8] Die $q^{(1)}, q^{(2)}, \ldots, q^{(N)}$ bilden im Raum $\mathcal{E}$ eine vollständige Menge kommutierender Observabler, doch sind nur die symmetrischen Funktionen dieser Observablen physikalische Observable, und diese bilden keinen vollständigen Satz in $\mathcal{E}$. Durch das im folgenden eingeführte Symmetrisierungspostulat wird als Zustandsraum ein bestimmter Unterraum von $\mathcal{E}$ gewählt, in dem die in Frage kommenden physikalischen Observablen einen vollständigen Satz bilden und in dem also die Austauschentartung vollständig aufgehoben ist.

Nehmen wir den Fall, daß Bosonen vorliegen (der Fall für Fermionen wird entsprechend behandelt). Der Projektionsoperator S auf die symmetrischen Zustände wurde im vorstehenden Abschnitt definiert. Als Linearkombination (Gl. (14.26)) der Permutationsoperatoren vertauscht er mit dem Entwicklungsoperator des Systems

$$[S, U(t, t_0)] = 0 \tag{14.34}$$

und mit seinen physikalischen Observablen:

$$[S, B] = 0. \tag{14.35}$$

Ist daher der Zustand des Systems zu einem bestimmten Anfangszeitpunkt symmetrisch, so bleibt wegen der Gleichung (14.34) diese Eigenschaft erhalten, solange das System keinem äußeren Einfluß unterworfen wird. Nehmen wir nun an, daß eine Idealmessung von B vorgenommen wird. Nach Gl. (14.35) besitzen S und B wengistens ein gemeinsames Basissystem. Ist der Zustand symmetrisch, so enthält die Entwicklung des Zustandsvektors nach diesem Basissystem nur symmetrische Eigenvektoren von B. Der Prozeß der Messung von B läßt also das System sicher in einem symmetrischen Zustand.

14.1.5 Bosonen und Bose-Einstein-Statistik

Wir betrachten ein System aus N Bosonen. Der Raum seiner Zustandsvektoren ist der Unterraum $\mathcal{E}^{(S)}$ von $\mathcal{E}$. Ausgehend vom Basissystem der $\{Q\}$-Darstellung kann man in folgender Weise ein Basissystem in $\mathcal{E}^{(S)}$ konstruieren.

In jedem Unterraum $\mathcal{E}(n_1\, n_2 \ldots n_\kappa \ldots)$ kann man (bis auf eine Phase) genau einen symmetrischen und auf Eins normierten Vektor bilden:

$$\left[\frac{N!}{n_1!\, n_2! \ldots n_\kappa! \ldots}\right]^{\frac{1}{2}} S\, |q_1^{n_1}\, q_2^{n_2} \ldots q_\kappa^{n_\kappa} \ldots> \tag{14.36}$$

$|q_1^{n_1}\, q_2^{n_2} \ldots q_\kappa^{n_\kappa} \ldots>$ ist der Basisvektor der $\{Q\}$-Darstellung, bei dem die n_1 ersten Teilchen den Zustand $|q_1>$ besetzen, die n_2 folgenden den Zustand $|q_2>$, $\ldots$, die n_κ folgenden den Zustand $|q_\kappa>$, $\ldots$ S ist der oben eingeführte Symmetrisierungsoperator (Gl. (14.26), die eckige Klammer ist eine Normierungskonstante. Der Austausch zweier Teilchen, die sich im selben Zustand befinden, läßt diesen Vektor ungeändert, tauscht man zwei Teilchen aus, die verschiedene Zustände besetzen, so geht er in einen anderen Vektor der $\{Q\}$-Basis über. Allgemeiner lassen die $\Pi n_\kappa! \equiv n_1! n_2! \ldots n_\kappa! \ldots$ Permutationen, die die Verteilung der N Teilchen auf die Einzelzustände $|q_1>, |q_2>, \ldots, |q_\kappa>, \ldots$ nicht ändern, diesen Vektor invariant, während alle anderen Permutationen ihn in einen anderen Basisvektor der $\{Q\}$-Basis überführen. Wendet man alle $N!$ Permutationen auf $|q_1^{n_1}\, q_2^{n_2} \ldots q_\kappa^{n_\kappa} \ldots>$ an, so erhält man die $[N!/\Pi\, n_\kappa!]$ Basisvektoren von $\mathcal{E}(n_1\, n_2 \ldots n_\kappa \ldots)$, und zwar jeden von ihnen $(\Pi\, n_\kappa!)$-fach. Der Vektor (14.36) ist gleich dem Produkt aus $[\Pi\, n_\kappa!/N!]^{1/2}$ und der Summe dieser Basisvektoren. Er ist symmetrisch und auf Eins normiert.

Zu jeder Folge nicht negativer ganzer Zahlen $n_1, n_2, \ldots, n_\kappa, \ldots$ mit

$$n_1 + n_2 + \ldots + n_\kappa + \ldots = N,$$

gehört also genau ein symmetrischer Zustand des Systems, der durch den Vektor (14.36) repräsentiert wird. Die Gesamtheit der auf diese Weise konstruierten Vektoren bilden eine orthonormierte Basis in $\mathcal{E}^{(S)}$.

Wir zeigen jetzt, daß ein *Bosonengas der Bose-Einstein-Statistik gehorcht.* Unter einem Bosonengas versteht man eine sehr große Anzahl von Bosonen, bei denen die gegenseitige Wechselwirkung in erster Näherung vernachlässigt werden kann. Der Hamilton-Operator H eines solchen Systems hat die Form einer Summe aus N einzelnen Hamilton-Operatoren:

$$H = h^{(1)} + h^{(2)} + \ldots + h^{(i)} + \ldots + h^{(N)}. \tag{14.37}$$

Nach Boltzmann herrscht thermodynamisches Gleichgewicht, wenn sich das System in seinem wahrscheinlichsten „makroskopischen Zustand" befindet. Mit makroskopischem oder auch Makrozustand bezeichnet man bekanntlich eine Gesamtheit von Quanten- oder auch Mikrozuständen, die so eng benachbart liegen, daß man sie im makroskopischen Bereich nicht voneinander unterscheiden kann. Nach der Ergodenhypothese sind alle Mikrozustände mit derselben Energie gleich wahrscheinlich. Die Wahrscheinlichkeit eines bestimmten Makrozustandes ist also proportional zur Anzahl der verschiedenen ihn bildenden Mikrozustände. Die Bestimmung des thermodynamischen Gleichgewichts des Systems hängt wesentlich von dieser Abzählung ab. Wir nehmen an, daß h zu den die $\{Q\}$-Darstellung definierenden Einzelteilchenvariablen q gehört. Jede Verteilung

$$n_1, n_2, \ldots, n_\kappa, \ldots$$

der N Teilchen auf die verschiedenen möglichen Einzelzustände

$$|q_1>, |q_2>, \ldots, |q_\kappa>, \ldots$$

definiert genau einen Mikrozustand des Bosonensystems (er wird durch den Vektor (14.36) repräsentiert). Das ist aber gerade die Hypothese der Bose-Einstein-Statistik, bei der die Teilchen als nicht unterscheidbar angesehen werden. Zustände des Systems, die sich nur durch die Identität der die diversen Einzelzustände besetzenden Teilchen unterscheiden, werden folglich als ein einziger Mikrozustand gezählt. Bei der Maxwell-Boltzmann-Statistik dagegen wird jedes Teilchen auf der mikroskopischen Skala als unterscheidbar angesehen, und die $[N!/\Pi n_\kappa!]$ Zustände des Systems, die zur selben Verteilung $n_1, n_1, \ldots, n_\kappa, \ldots$ gehören, werden als verschiedene Mikrozustände gezählt.

Ein wichtiger Hinweis. – Der allgemeine Ausdruck für den Dichteoperator

$$\rho = e^{-H/kT}/\mathrm{Tr}\, e^{-H/kT}, \tag{14.38}$$

der den Zustand eines Systems im thermodynamischen Gleichgewicht repräsentiert, und die Ausdrücke, die wir aus ihm in Abschnitt 8.4.6 ableiteten, behalten also ihre volle Gültigkeit. Der grundlegende Unterschied, der durch das Symmetrisierungspostulat eingeführt wird, beruht in der Tatsache, daß ρ ein Operator in $\mathcal{E}^{(S)}$ und nicht in $\mathcal{E}$ ist. Die quantenstatistischen Rechnungen, insbesondere die Berechnung der Spuren, müssen also in diesem eingeschränkten Raum erfolgen. So ist zum Beispiel ρ, weil H die Form (14.37) hat, im Raum $\mathcal{E}$ ein Tensorprodukt von Operatoren, die in jedem der Einzelteilchenräume $\mathcal{F}^{(1)}, \mathcal{F}^{(2)}, \ldots, \mathcal{F}^{(N)}$ definiert sind:

$$\rho = \prod_{i=1}^{N} \left[e^{-h^{(i)}/kT} / \mathrm{Tr}_i e^{-h^{(i)}/kT} \right].$$

Diese Faktorisierung verliert jedoch jeden Sinn, wenn ρ ein Operator in $\mathcal{E}^{(S)}$ ist, denn die N Faktoren sind für sich keine Operatoren in $\mathcal{E}^{(S)}$.

14.1.6 Fermionen und Fermi-Dirac-Statistik. Das Ausschließungsprinzip

Die vorstehende Analyse kann man für ein System aus N Fermionen wiederholen. Sein Zustandsraum ist der Unterraum $\mathcal{E}^{(A)}$ von $\mathcal{E}$.

Von der $\{Q\}$-Darstellung ausgehend erhält man ein vollständiges Orthonormalsystem antisymmetrischer Vektoren, indem man aus jedem Unterraum $\mathcal{E}(n_1\, n_2 \ldots n_\chi \ldots)$ einen auf Eins normierten antisymmetrischen Vektor nimmt. Damit ein solcher Vektor existiert, ist notwendig und hinreichend, daß $A\,|q_1^{n_1}\, q_2^{n_2} \ldots q_\chi^{n_\chi} \ldots\rangle$ von Null verschieden ist. Wir nehmen an, wenigstens ein Glied aus der Folge der Zahlen $n_1, n_2, \ldots, n_\chi, \ldots$ ist größer als Eins. In dem durch $|q_1^{n_1}\, q_2^{n_2} \ldots q_\chi^{n_\chi} \ldots\rangle$ repräsentierten Zustand besetzen dann wenigstens zwei Teilchen, z.B. das i-te und das j-te, denselben Einzelzustand, so daß dieser Vektor gegenüber dem Austausch dieser beiden Teilchen symmetrisch ist:

$$|q_1^{n_1}\, q_2^{n_2} \ldots q_\chi^{n_\chi} \ldots\rangle = \tfrac{1}{2}(1 + P_{(ij)})\, |q_1^{n_1}\, q_2^{n_2} \ldots q_\chi^{n_\chi} \ldots\rangle.$$

Andererseits ist wegen der Eigenschaft (14.27):

$$A\,(1 + P_{(ij)}) = 0.$$

Folglich gilt in diesem Fall:

$$A\,|q_1^{n_1}\, q_2^{n_2} \ldots q_\chi^{n_\chi} \ldots\rangle = 0. \qquad (14.39)$$

Anders ausgedrückt: *Zwei Fermionen können nicht denselben Einzelteilchenzustand besetzen. Das ist das Paulische Ausschließungsprinzip* [9].

Wir setzen jetzt voraus, daß jeder Einzelteilchenzustand höchstens einmal besetzt ist ($n_\varkappa$ = 0 oder 1). Der Vektor

---

[9] Das Ausschließungsprinzip ist von Pauli 1925 als eine allgemeine Eigenschaft der Elektronen eingeführt worden, um der Struktur komplexer Atome Rechnung zu tragen (s. Abschnitt 14.2.4.).

$$A|q_1^{n_1} q_2^{n_2} \dots q_\varkappa^{n_\varkappa} \dots> = \frac{1}{N!} \sum_P (-)^p P |q_1^{n_1} q_2^{n_2} \dots q_\varkappa^{n_\varkappa} \dots>$$

ist als Summe aus $N!$ paarweise orthogonalen Vektoren sicher nicht Null. Sein Normquadrat ist $(1/N!)$. Seien $|q_\alpha>, |q_\beta>, \dots, |q_\nu>$ die N besetzten Einzelteilchen-Zustände. Der auf Eins normierte Vektor $\sqrt{N!}\, A\, |q_\alpha^{(1)} q_\beta^{(2)} \dots q_\nu^{(N)}>$ repräsentiert den zugehörigen Zustand des Systems. Er kann in Form einer Determinante (*Slater-Determinante*) geschrieben werden:

$$\sqrt{N!}\, A\, |q_\alpha^{(1)} q_\beta^{(2)} \dots q_\nu^{(N)}> = \frac{1}{\sqrt{N!}} \begin{vmatrix} |q_\alpha>^{(1)} & |q_\alpha>^{(2)} & \dots & |q_\alpha>^{(N)} \\ |q_\beta>^{(1)} & |q_\beta>^{(2)} & \dots & |q_\beta>^{(N)} \\ \vdots & & & \\ |q_\nu>^{(1)} & |q_\nu>^{(2)} & \dots & |q_\nu>^{(N)} \end{vmatrix} \qquad (14.40)$$

Diese Identität ergibt sich leicht aus der Definition einer Determinante. Gäbe es unter den N Zuständen identische, so stimmten wenigstens zwei Zeilen der Determinante überein und man fände wieder das Paulische Ausschließungsprinzip.

Zusammenfassend stellen wir fest: Zu jeder Gesamtheit $|q_\alpha>, |q_\beta>, \dots |q_\nu>$ von N *verschiedenen* Zuständen, die man aus den Einzelteilchenzuständen $|q_1>, |q_2>, \dots, |q_\kappa>, \dots$ auswählt, gehört genau ein antisymmetrischer Zustand, der durch den Vektor (14.40) repräsentiert wird. Die Gesamtheit der auf diese Weise konstruierten Vektoren bilden eine orthonormierte Basis in $\mathfrak{E}^{(A)}$.

Ein Fermionengas gehorcht der Fermi-Dirac-Statistik. Das begründet man wie beim Fall der Bosonen. Lediglich die Abzählung der Mikrozustände verläuft anders. Jede Gesamtheit von N verschiedenen individuellen Zuständen definiert genau einen Mikrozustand des Fermionensystems (repräsentiert durch den Vektor (14.40)). Das ist aber gerade die Hypothese der Fermi-Dirac-Statistik, wonach die N Teilchen nicht unterscheidbar sind und sich niemals mehrfach im selben Einzelteilchen-Zustand befinden können.

Der Hinweis am Schluß des vorstehenden Abschnitts gilt auch für Fermionen. Der Dichteoperator eines Fermionensystems im thermodynamischen Gleichgewicht ist durch Gleichung (14.38) gegeben. Dabei handelt es sich um einen Operator im Raum $\mathfrak{E}^{(A)}$.

Die drei Statistiken für identische Teilchen unterscheiden sich in den Annahmen über den Zustandsraum. Das ist in der folgenden Tabelle zusammengefaßt:

Statistik	Maxwell-Boltzmann	Bose-Einstein	Fermi-Dirac
Teilchen-charakter	Unterscheidbarkeit	Ununterscheidbarkeit	Ununterscheidbarkeit und Ausschließung
Zustandsraum	$\mathfrak{E}$	$\mathfrak{E}^{(S)}$	$\mathfrak{E}^{(A)}$

14.1.7 Ist die Symmetrisierung der Wellenfunktion stets notwendig?

Wir betrachten ein System aus n identischen Teilchen, z.B. n Elektronen. Nach den vorangegangenen Überlegungen wird der Zustand dieses Systems durch eine antisymmetrische Wellenfunktion dargestellt. Nun sind diese Elektronen nicht die einzigen des Universums. Ignoriert man die anderen und behandelt das n-Elektronensystem als einen vom Rest getrennten Teil, so setzt das voraus, daß die dynamischen Eigenschaften der n Elektronen nicht durch die Existenz der anderen Elektronen beeinflußt werden. Man kann fragen, ob diese Annahme begründet ist oder ob vielmehr das Symmetrisierungspostulat ihr widerspricht, weil es eine bestimmte Korrelation zwischen den n Elektronen und den anderen bedingt.

Praktisch befinden sich alle Elektronen des betrachteten Systems im Innern eines bestimmten Bereichs D des Raumes, und die interessierenden dynamischen Eigenschaften des Systems gehören schließlich sämtlich zu Meßvorgängen, die innerhalb dieses Bereichs ausgeführt werden. Solange die Wechselwirkung der anderen Elektronen mit denen des Systems vernachlässigbar ist und solange diese anderen Elektronen nicht ins Innere von D eindringen, kann man diese einfach ignorieren. Diese Feststellung gilt ganz allgemein sowohl für Fermionen wie für Bosonen. Wir zeigen das am Fall eines Systems aus zwei Fermionen.

Ignoriert man die Existenz jedes anderen Teilchens, so wird der Zustand dieser beiden Fermionen durch eine bestimmte antisymmetrische, auf Eins normierte Wellenfunktion $\varphi(1,2)$ dargestellt. 1 und 2 bezeichnen hier die Ortskoordinaten und die z-Komponente des Spins der Teilchen 1 bzw. 2. Allgemein wird ein beliebiger Zustand dieses Systems durch eine bestimmte antisymmetrische und auf Eins normierte Wellenfunktion $\chi(1,2)$ beschrieben. Befindet sich das System zu einem gegebenen Zeitpunkt im Zustand φ, so sind seine dynamischen Eigenschaften zu diesem Zeitpunkt durch die Wahrscheinlichkeiten

$$w = |\langle\chi|\varphi\rangle|^2 \tag{14.41}$$

bestimmt.

In Wirklichkeit sind die beiden Fermionen Teil eines Systems aus N Fermionen. Wir untersuchen, ob diese dynamischen Eigenschaften dieselben sind wie die, die man bei Berücksichtigung der Existenz der $(N-2)$ anderen Fermionen findet. Sei $\Psi(3,4,\ldots,N)$ die auf Eins normierte antisymmetrische Wellenfunktion, die den Zustand der $(N-2)$ anderen Fermionen repräsentiert. Wären die Fermionen 1 und 2 mit den Fermionen $3,4,\ldots,N$ nicht identisch, so würde der Zustand des Gesamtsystems durch $\varphi(1,2)\,\Psi(3,4,\ldots,N)$ beschrieben und behielte diese faktorisierte Form, solange die Wechselwirkung zwischen den beiden ersten Fermionen und den übrigen vernachlässigbar bleibt. Der Vektor $|\Phi\rangle$, der den Zustand des Gesamtsystems korrekt darstellt, ist proportional zum antisymmetrischen Vektor $A|\varphi\Psi\rangle$, wobei A der durch Gl. (14.26) definierte Antisymmetrisierungsoperator der N Teilchen ist.

Nach Voraussetzung überlappen sich die Wellenpakete φ und Ψ nicht. Genauer ausgedrückt, befinden sich die beiden uns interessierenden Fermionen mit Sicherheit in einem bestimmten Raumbereich D und alle anderen Fermionen mit Sicherheit außerhalb dieses Bereichs. Ferner interessieren wir uns nur für die Eigenschaften der beiden in D befindlichen Fermionen.

Wir bezeichnen mit $\Theta(3, 4, \ldots, N)$ jede antisymmetrische und auf Eins normierte Wellenfunktion, die verschwindet, sobald einer der $(N-2)$ Ortsvektoren $r^{(3)}, \ldots, r^{(N)}$ sich in D befindet. Θ repräsentiert den Zustand eines Systems aus $(N-2)$ Fermionen, das ganz außerhalb von D liegt. Ψ ist eine solche Funktion. Bilden die Funktionen $\Theta_1, \Theta_2, \ldots, \Theta_i, \ldots$ ein vollständiges Orthonormalsystem von Funktionen dieser Art, so ist

$$\Psi = \sum_i \Theta^i \langle\Theta_i|\Psi\rangle.$$

Eine in 1 und 2 antisymmetrische Wellenfunktion bezeichnen wir mit $\chi(1, 2)$. Sie sei auf Eins normiert und besitze die entsprechende umgekehrte Eigenschaft: χ verschwindet, sobald einer der Vektoren $r^{(1)}$, $r^{(2)}$ außerhalb von D liegt. Er repräsentiert also zwei Fermionen, die sich gleichzeitig in D befinden. Die Funktion φ ist nach Voraussetzung eine Funktion dieser Art.

Je nach ihrer Wirkung auf den Vektor $|\chi\Theta\rangle$ kann man die Permutationen der N Teilchen in zwei Kategorien einteilen. Die der ersten Kategorie, die wir mit F bezeichnen, lassen bis aufs Vorzeichen den Vektor $|\chi\Theta\rangle$ ungeändert. Das sind die $2!(N-2)!$ Permutationen, die 1 und 2 untereinander und/oder 3, 4, ..., N untereinander austauschen:

$$F|\chi\Theta\rangle = (-)^f |\chi\Theta\rangle.$$

Alle anderen Permutationen – wir bezeichnen sie mit G – vertauschen wenigstens eines der Teilchen 1 und 2 mit den $(N-2)$ anderen. $G|\chi\Theta\rangle$ beschreibt also einen Zustand, bei dem entweder 1 oder 2 sich mit Sicherheit außerhalb von D befinden. Es ist also ein Vektor, der orthogonal zu jedem Vektor des Typs $|\chi\Theta\rangle$ ist:

$$\langle\chi'\Theta'|G|\chi\Theta\rangle = 0.$$

Aus diesen beiden Eigenschaften ergibt sich die Identität

$$\begin{aligned}\langle\chi'\Theta'|A|\chi\Theta\rangle &= \frac{1}{N!}\sum_P (-)^p \langle\chi'\Theta'|P|\chi\Theta\rangle \\ &= \frac{1}{N!}\sum_F (-)^f \langle\chi'\Theta'|F|\chi\Theta\rangle \\ &= \frac{2!(N-2)!}{N!} \langle\chi'\Theta'|\chi\Theta\rangle.\end{aligned} \tag{14.42}$$

Wir stellen dabei fest, daß das Quadrat der Norm von $A|\chi\Theta\rangle$ gleich $2!(N-2)!/N!$ ist.

Wir fragen jetzt nach der Wahrscheinlichkeit, daß sich die beiden Fermionen des Bereichs D im Zustand χ befinden. Wären die $(N-2)$ anderen Fermionen von den beiden ersten verschieden, so stellte $|\varphi\Psi\rangle$ den Zustand des Systems dar und die in Frage stehenden Wahrscheinlichkeiten wären:

$$\sum_i |\langle\chi\Theta_i|\varphi\Psi\rangle|^2 = |\langle\chi|\varphi\rangle|^2\left(\sum_i |\langle\Theta_i|\Psi\rangle|^2\right) = |\langle\chi|\varphi\rangle|^2. \tag{14.43}$$

Weil die N Fermionen identisch sind, ist ihr Zustand durch

$$|\Phi\rangle = \sqrt{C_N^2}\,A|\varphi\Psi\rangle \qquad \left(C_N^2 \equiv \frac{N!}{2!\,(N-2)!}\right)$$

gegeben. Man sucht also die Wahrscheinlichkeit dafür, daß sich das System in einem der Zustände befindet, die von den orthonormierten antisymmetrischen Vektoren

$$|X_i\rangle = \sqrt{C_N^2}\,A|\chi\Theta_i\rangle$$

aufgespannt werden, d.h. es ist

$$w = \sum_i |\langle X_i|\Phi\rangle|^2 = (C_N^2)^2 \sum_i |\langle\chi\Theta_i|A|\varphi\Psi\rangle|^2.$$

Mit der Identität (14.42) und der Beziehung (14.43) erhält man wieder das Ergebnis (14.41):

$$w = \sum_i |\langle\chi\Theta_i|\varphi\Psi\rangle|^2 = |\langle\chi|\varphi\rangle|^2.$$

Man kommt also zum richtigen Ergebnis, wenn man die Existenz der $(N-2)$ anderen Fermionen einfach ignoriert.

14.2 Anwendungen

14.2.1 Stoß zweier identischer Teilchen ohne Spin

Wir greifen wieder das im einleitenden Abschnitt angeschnittene Streuproblem auf. Seien $(\boldsymbol{R}, \boldsymbol{P})$ und $(\boldsymbol{r}, \boldsymbol{p})$ die Schwerpunkts- bzw. Relativvariablen:

$$\boldsymbol{R} = \tfrac{1}{2}(\boldsymbol{r}^{(1)} + \boldsymbol{r}^{(2)}), \qquad \boldsymbol{r} = \boldsymbol{r}^{(1)} - \boldsymbol{r}^{(2)}. \tag{14.44}$$

Der Hamilton-Operator lautet

$$H = \frac{\boldsymbol{P}^2}{4m} + \frac{\boldsymbol{p}^2}{m} + V(\boldsymbol{r}) \tag{14.45}$$

und der Zustand des Systems wird zu jedem Zeitpunkt durch eine bestimmte, von $\boldsymbol{R}$ und $\boldsymbol{r}$ abhängige Wellenfunktion $\Psi(\boldsymbol{R}, \boldsymbol{r})$ beschrieben.

Bei der Vertauschung der beiden Teilchen ändert sich $\boldsymbol{R}$ nicht, während $\boldsymbol{r}$ in $-\boldsymbol{r}$ übergeht. Die an die Wellenfunktionen des Systems zu stellende Symmetrisierungsbedingung führt zu [10]

$$\Psi(\boldsymbol{R}, -\boldsymbol{r}) = \pm\, \Psi(\boldsymbol{R}, \boldsymbol{r}). \tag{14.46}$$

Sind die beiden Teilchen Bosonen, so gilt das obere Vorzeichen, für Fermionen das untere.

Wir behandeln das Streuproblem zunächst unter der Voraussetzung, daß die Teilchen voneinander unterschieden werden können. Für diesen Fall ist die Lösung in Abschnitt 10.1 angegeben. Wir rekapitulieren kurz, um mit den Bezeichnungen in Übereinstimmung zu bleiben. Vor dem Stoß ($t \ll 0$) besteht das System aus dem Targetteilchen und einem Teilchen des einfallenden Strahls. Sein Zustand ist durch ihre Relativgeschwindigkeit $v = \hbar k/\tfrac{1}{2}m$ und durch den Stoßparameter $\boldsymbol{b}$ charakterisiert. Er wird durch ein Produkt von der Form $\Phi(\boldsymbol{R}, t)\, \varphi_b(\boldsymbol{r}, t)$ beschrieben, worin Φ und φ zwei freie, auf Eins normierte Wellenpakete bedeuten [11]. Im Schwerpunktsystem hat die Welle $\Phi(\boldsymbol{R}, t)$ die Gruppengeschwindigkeit Null. Die Welle $\varphi(\boldsymbol{r}, t)$ bewegt sich mit der Geschwindigkeit $\boldsymbol{v}$ und ihre Verbreiterung ist unter den Voraussetzungen, unter denen man die Wirkungsquerschnitte berechnet, vernachlässigbar. Legt man ihre Form einmal fest, so hat man (Gl. (10.13))

$$\varphi_b(\boldsymbol{r}, t) = \mathrm{e}^{-\mathrm{i}\boldsymbol{k}\cdot\boldsymbol{b} - \mathrm{i}Et/\hbar}\chi(\boldsymbol{r} - \boldsymbol{v}t - \boldsymbol{b})\,\mathrm{e}^{\mathrm{i}\boldsymbol{k}\cdot\boldsymbol{r}}. \tag{14.47}$$

Die durch diese Anfangsbedingungen definierte Wellenfunktion $\Psi_b(\boldsymbol{R}, \boldsymbol{r}, t)$ besitzt nach Beendigung des Streuvorgangs ($t \gg 0$) die Form

$$\Psi_b(\boldsymbol{R}, \boldsymbol{r}, t) = \Phi(\boldsymbol{R}, t)\left[\varphi_b(\boldsymbol{r}, t) + \psi_b^{(d)}(\boldsymbol{r}, t)\right] \tag{14.48}$$

worin $\psi_b^{(d)}$ das auslaufende Wellenpaket darstellt (Gl. (10.20)):

$$\psi_b^{(d)}(\boldsymbol{r}, t) \sim \mathrm{e}^{-\mathrm{i}\boldsymbol{k}\cdot\boldsymbol{b} - \mathrm{i}Et/\hbar}\chi[\boldsymbol{u}(r - vt) + \boldsymbol{s} - \boldsymbol{b}]\, f(\theta, \varphi)\, \frac{\mathrm{e}^{\mathrm{i}kr}}{r}. \tag{14.49}$$

---

10) Die Permutation ist eine von der Raumspiegelung verschiedene Operation. Bei dieser vertauschen sowohl $\boldsymbol{R}$ als auch $\boldsymbol{r}$ ihr Vorzeichen. Im vorliegenden Fall, bei dem die Teilchen keinen Spin haben und die Schwerpunktsbewegung – wie wir noch sehen werden – keine Rolle spielt, könnten die beiden Operationen leicht verwechselt werden, denn auf die Wellenfunktion des „Relativteilchens" haben sie dieselbe Wirkung.

11) In voller Strenge muß der Anfangszustand durch ein Produkt des Typs (14.3) beschrieben werden, weil es eine Korrelation der Teilchen erst gibt, wenn der Streuvorgang beginnt. Ein Produkt von der Art $\Phi\varphi$ kann man nur für spezielle Formen der Wellen Φ und φ auf die Form (14.3) bringen. Ein Beispiel ist

$$\Phi\varphi \propto \exp\left[\mathrm{i}\,(\boldsymbol{K}.\boldsymbol{R} + \boldsymbol{k}.\boldsymbol{r}) - a\,(4(\boldsymbol{R} - \boldsymbol{R}_0)^2 + (\boldsymbol{r} - \boldsymbol{r}_0)^2)\right].$$

Nun ist aber die Berechnung der Wirkungsquerschnitte von der speziellen Gestalt der anfänglichen Wellenpakete unabhängig, und der Fehler ist vernachlässigbar, wenn man mit einem Wellenpaket des Typs (14.3) beginnt. Dies war bei der Diskussion in Abschnitt 10.1.6. implizit angenommen worden.

Weil wir uns im Schwerpunktsystem befinden, bleibt das Wellenpaket $\Phi(\boldsymbol{R}, t)$ um den Ursprung konzentriert und der Wirkungsquerschnitt $\sigma^{(1)}(\Omega)$ für die Streuung des Teilchens 1 in die Richtung $\Omega \equiv (\theta, \varphi)$ ist gleich dem Streuquerschnitt für das „Relativteilchen" in dieselbe Richtung, d.h. es ist (Abschnitt 10.1.5):

$$\sigma^{(1)}(\Omega) = |f(\theta, \varphi)|^2. \tag{14.50}$$

Der Streuquerschnitt für das Teilchen 2 in Richtung Ω ist gleich dem Streuquerschnitt für das „Relativteilchen" in entgegengesetzter Richtung:

$$\sigma^{(2)}(\Omega) = |f(\pi - \theta, \varphi + \pi)|^2. \tag{14.51}$$

Nun sind aber die beiden Teilchen identisch und man muß an dieser Behandlung des Problems zwei wichtige Modifizierungen vornehmen:

(a) Die Meßapparaturen unterscheiden nicht zwischen den Teilchen 1 und 2, der Wirkungsquerschnitt $\sigma(\Omega)$ muß also neu definiert werden;

(b) Die Funktion Ψ_b muß richtig symmetrisiert werden.

Die Abänderung (a) ist nicht spezifisch quantenmechanisch. Wir definieren $\sigma(\Omega)$ als die Zahl der Teilchen (1 und 2), die pro Zeiteinheit und pro Einheit des einfallenden Stroms in den Raumwinkel $(\Omega, \Omega + d\Omega)$ emittiert werden (s. Gl. (14.5)):

$$\sigma(\Omega) = \sigma^{(1)}(\Omega) + \sigma^{(2)}(\Omega). \tag{14.52}$$

Bei dieser Definition muß man beachten, daß

$$\sigma^{(\text{tot})} = \tfrac{1}{2} \int \sigma(\Omega)\, d\Omega \tag{14.53}$$

ist, wenn man die übliche Definition des totalen Wirkungsquerschnitts beibehalten will, d.h. als die Zahl der aus dem einfallenden Strahl pro Zeit- und Stromeinheit ausgesonderten Teilchen.

Die Modifizierung (b) ist dagegen spezifisch quantenmechanischer Natur. Das korrekt symmetrisierte Wellenpaket, das *dieselben Anfangsbedingungen* wie $\Psi_b(\boldsymbol{R}, \boldsymbol{r}, t)$ ergibt, ist

$$\widehat{\Psi}_b(\boldsymbol{R}, \boldsymbol{r}, t) = \frac{1}{\sqrt{2}}[\Psi_b(\boldsymbol{R}, \boldsymbol{r}, t) \pm \Psi_b(\boldsymbol{R}, -\boldsymbol{r}, t)].$$

Vor dem Stoß ($t \ll 0$) nimmt nämlich diese Funktion die Form $\Phi(\boldsymbol{R}, t)\widehat{\varphi}_b(\boldsymbol{r}, t)$ mit (Gl. (14.47))

$$\widehat{\varphi}_b(\boldsymbol{r}, t) = e^{-i\boldsymbol{k}\cdot\boldsymbol{b} - iEt/\hbar} \frac{1}{\sqrt{2}} [\chi(\boldsymbol{r} - \boldsymbol{v}t - \boldsymbol{b})\, e^{i\boldsymbol{k}\cdot\boldsymbol{r}} \pm \chi(-\boldsymbol{r} - \boldsymbol{v}t - \boldsymbol{b})\, e^{-i\boldsymbol{k}\cdot\boldsymbol{r}}]$$

an. $\Phi\hat{\varphi}$ ist also eine Summe aus zwei Wellen. Die erste stellt den Anfangszustand im Schwerpunktsystem dar, bei dem Teilchen 1 sich mit der Relativgeschwindigkeit $\boldsymbol{v}$ und dem Stoßparameter $\boldsymbol{b}$ auf das Teilchen 2 zubewegt, die zweite repräsentiert denselben Zustand, wenn die Rollen der Teilchen 1 und 2 vertauscht werden. Weil diese beiden Wellen sich nicht überlappen (denn $t \ll 0$) und weil jede die Norm $\sqrt{1/2}$ hat, ist $\Phi\hat{\varphi}$ eine Wellenfunktion mit der Norm Eins, die wie $\Phi\varphi$ zwei Teilchen beschreibt, die sich, von ihrem Schwerpunktsystem aus betrachtet, mit der Relativgeschwindigkeit $\boldsymbol{v}$ und dem Stoßparameter $\boldsymbol{b}$ aufeinander zu bewegen.

Nach dem Stoß besteht $\hat{\Psi}_b$ so wie Ψ_b (s. Gl. (14.48)) aus zwei Anteilen. Der erste, $\Phi\hat{\varphi}$, repräsentiert die transmittierte Welle und geht in die Berechnung des Wirkungsquerschnitts nicht ein. Der zweite, $\Phi\hat{\psi}^{(d)}$, stellt die gestreute Welle dar. Er ergibt sich aus $\Phi\psi^{(d)}$, indem man an $\psi^{(d)}$ dieselbe Symmetrisierungsoperation vornimmt wie beim Übergang von Ψ_b zu $\hat{\Psi}_b$:

$$\hat{\psi}_b^{(d)}(\boldsymbol{r}, t) = \frac{1}{\sqrt{2}}[\psi_b^{(d)}(\boldsymbol{r}, t) \pm \psi_b^{(d)}(-\boldsymbol{r}, t)].$$

Am asymptotischen Ausdruck (14.49) erkennt man, daß man von $\Phi\psi^{(d)}$ zu $\Phi\hat{\psi}^{(d)}$ gelangt, indem man $f(\theta, \varphi)$ durch die symmetrisierte Streuamplitude ersetzt:

$$\hat{f}(\theta, \varphi) = \frac{1}{\sqrt{2}}[f(\theta, \varphi) \pm f(\pi - \theta, \varphi + \pi)].$$

Aus dem Ausdruck für die gestreuten Wellenpakete leitet man durch dieselben Rechnungen wie beim Fall zweier unterscheidbarer Teilchen den Streuquerschnitt her:

$$\sigma^{(1)}(\Omega) = |\hat{f}(\theta, \varphi)|^2 = \tfrac{1}{2}|f(\theta, \varphi) \pm f(\pi - \theta, \varphi + \pi)|^2$$
$$\sigma^{(2)}(\Omega) = |\hat{f}(\pi - \theta, \varphi + \pi)|^2 = \sigma^{(1)}(\Omega)\,.$$

Hieraus ergibt sich schließlich mit der Definition (14.52):

$$\sigma(\Omega) = 2|\hat{f}(\theta, \varphi)|^2 = |f(\theta, \varphi) \pm f(\pi - \theta, \varphi + \pi)|^2. \tag{14.54}$$

Wir erinnern uns, daß die Streuamplitude $\hat{f}(\theta, \varphi)$ der Koeffizient der auslaufenden Welle in der stationären Lösung der Schrödinger-Gleichung

$$\frac{\hbar^2}{m}(\Delta + k^2)\psi(\boldsymbol{r}) = V(\boldsymbol{r})\psi(\boldsymbol{r})$$

mit der asymtotischen Form $e^{i\boldsymbol{k}.\boldsymbol{r}} + f(\theta, \varphi)\,\frac{e^{ikr}}{r}$ ist.

Je nachdem, ob es sich um Bosonen oder um Fermionen handelt, ist die symmetrisierte Streuamplitude $f(\theta, \varphi)$ gleich dem $\sqrt{2}$-fachen des geraden Anteils von $f(\theta, \varphi)$ oder gleich dem $\sqrt{2}$-fachen des ungeraden Anteils. Liegt ein Zentralpotential vor, so ist der gerade Anteil von $f(\theta)$ eine Summe aus Partialwellen gerader Ordnung und der ungerade Anteil eine Summe aus Partialwellen ungerader Ordnung. Bei hinreichend niedrigen Energien, bei denen allein die s-Welle einen nennenswerten Beitrag liefert, werden zwei (spinlose) Fermionen praktisch nicht aneinander gestreut, während zwei Bosonen einen viermal so großen Wirkungsquerschnitt besitzen wie für den Fall, bei dem die Teilchen als unterscheidbar angesehen werden. Die Streuamplitude wird nämlich mit $\sqrt{2}$ multipliziert und der Streuquerschnitt ist gleich dem Doppelten des Betragsquadrats dieser symmetrisierten Amplitude, beides zusammen führt zum Faktor 4.

14.2.2 Stoß zweier Protonen

Die Behandlung des vorstehenden Abschnitts kann ohne weiteres auf den Stoß zweier identischer Teilchen ausgedehnt werden, die einen Spin aufweisen. Als Beispiel hierfür wollen wir den Stoß von zwei Protonen untersuchen, wobei wir voraussetzen, daß die Wechselwirkung durch ein reines Zentralpotential beschrieben wird. Der Gesamtspin der beiden Protonen ist eine Konstante der Bewegung, doch ist die Wechselwirkung im Singulettfall nicht dieselbe wie im Triplettfall. Mit $f_s(\theta)$ und mit $f_t(\theta)$ bezeichnen wir die (nicht symmetrisierte) zum Singulett- bzw. zum Triplettfall gehörenden Streuamplituden.

Weil es sich um Fermionen handelt, muß das Zwei-Protonen-System durch eine in bezug auf den Austausch dieser beiden Teilchen antisymmetrische Wellenfunktion beschrieben werden. Für einen Triplettzustand ist sie bei einer Vertauschung der Spins symmetrisch, also antisymmetrisch beim Vertauschen von $r^{(1)}$ und $r^{(2)}$. Die symmetrisierte Streuamplitude ist dann

$$\widehat{f}_t(\theta) = \frac{1}{\sqrt{2}}[f_t(\theta) - f_t(\pi - \theta)],$$

also ist der Wirkungsquerschnitt für die Streuung der beiden Protonen im Triplettzustand

$$\sigma_t(\Omega) = 2\,|\widehat{f}_t(\theta)|^2 = |f_t(\theta) - f_t(\pi - \theta)|^2.$$

Für einen Singulettzustand ist die Wellenfunktion antisymmetrisch beim Austausch der Spins, also symmetrisch bei einer Vertauschung der Raumkoordinaten. Die symmetrisierte Streuamplitude ist

$$\widehat{f}_s(\theta) = \frac{1}{\sqrt{2}}[f_s(\theta) + f_s(\pi - \theta)],$$

und der Streuquerschnitt für zwei Protonen im Singulettzustand

$$\sigma_s(\Omega) = 2\,|\widehat{f}_s(\theta)|^2 = |f_s(\theta) + f_s(\pi - \theta)|^2.$$

Beschießt man ein Target aus unpolarisierten Protonen mit einem Strahl unpolarisierter Protonen, so sind die Spins von einfallendem und Targetproton zueinander beliebig orientiert. Da der Raum der Triplettzustände dreidimensional und der der Singulettzustände eindimensional ist, ist die Wahrscheinlichkeit dafür, daß der anfängliche Gesamtspin ein Triplett ist, gleich ¾ und dafür, daß er ein Singulett ist, gleich ¼. Hieraus folgt

$$\sigma(\Omega) = \tfrac{3}{4}\,\sigma_t(\Omega) + \tfrac{1}{4}\,\sigma_s(\Omega)$$
$$= \tfrac{3}{4}\,|f_t(\theta) - f_t(\pi-\theta)|^2 + \tfrac{1}{4}\,|f_s(\theta) + f_s(\pi-\theta)|^2. \qquad (14.55)$$

Sind insbesondere die Kräfte spinunabhängig:

$$f_s(\theta) = f_t(\theta) = f(\theta)$$

so findet man nach Ausführung aller Rechnungen

$$\sigma(\Omega) = |f(\theta)|^2 + |f(\pi-\theta)|^2 - \tfrac{1}{2}\,[f^*(\theta)f(\pi-\theta) + f(\theta)\,f^*(\pi-\theta)]. \qquad (14.56)$$

Sind speziell die Energien so niedrig, daß man die Kernkräfte vernachlässigen und für $V(r)$ einfach das abstoßende Coulombpotential e^2/r setzen kann, so ist die Streuamplitude durch die Gleichung (11.33) gegeben und für den Streuquerschnitt gilt die *Mott-Formel*

$$\sigma(\Omega) = \left(\frac{e^2}{4E}\right)^2 \left[\sin^{-4}\frac{\theta}{2} + \cos^{-4}\frac{\theta}{2} - \sin^{-2}\frac{\theta}{2}\cos^{-2}\frac{\theta}{2}\cos\left(\frac{e^2}{\hbar v}\ln\left(\mathrm{tg}^2\frac{\theta}{2}\right)\right)\right] \qquad (14.57)$$

in der E die Energie gemessen im Schwerpunktsystem und v der Betrag der Relativgeschwindigkeit der beiden Protonen ist. Man vergleiche diese Formel mit der Rutherfordschen Streuformel (Gl. (11.36)).

Die klassische Rechnung würde nur die ersten beiden Terme in der Mott-Formel liefern:

$$\sigma_{\mathrm{cl.}}(\Omega) = \left(\frac{e^2}{4E}\right)^2 \left[\sin^{-4}\frac{\theta}{2} + \cos^{-4}\frac{\theta}{2}\right].$$

Der dritte Term rührt von dem rein quantenmechanischen Interferenzeffekt zwischen den Streuamplituden $f(\theta)$ und $f(\pi-\theta)$ her. Für $e^2/\hbar v \gg 1$ oszilliert dieser Term mit hoher Frequenz um Null, und zwar um so rascher, je weiter man sich (in beiden Richtungen) vom Winkel $\theta = \tfrac{1}{2}\pi$ entfernt. Für den Grenzfall $\hbar \to 0$ behalten diese Oszillationen dieselbe Amplitude, die Frequenz wird jedoch so hoch, daß der Mittelwert von $\sigma(\Omega)$ über einen kleinen, aber von Null verschiedenen Raumwinkel $\delta\Omega$ gegen den klassischen Wirkungsquerschnitt $\sigma_{\mathrm{cl.}}(\Omega)$ strebt.

14.2.3 Statistik der Atomkerne

Unter gewissen Bedingungen kann man einen Atomkern als ein Teilchen mit einem bestimmten Spin j ansehen.

Für alle atomphysikalischen Fragen stellt dies eine ausgezeichnete Näherung dar. Um dies einzusehen, betrachten wir einen Atomkern, also ein System aus $\mathcal{N}$ Nukleonen: Z Protonen und N Neutronen ($\mathcal{N} = Z + N$). Die dynamischen Variablen des Kerns sind Funktionen der Basisvariablen seiner $\mathcal{N}$ Bestandteile. Seien $\boldsymbol{R}$ und $\boldsymbol{P}$ Ort und Impuls seines Schwerpunkts (s. Abschnitt 9.3.3) und sei ρ die Gesamtheit der inneren Variablen (Spins und Relativkoordinaten von Ort und Impuls der Nukleonen). Unter diesen spielt insbesondere der Gesamtdrehimpuls $\boldsymbol{j}$ der inneren Variablen eine Rolle. Gewöhnlich nennt man ihn den *Kernspin:* j ist die Summe der Spins der $\mathcal{N}$ Nukleonen und der $(\mathcal{N}-1)$ relativen Bahndrehimpulse. Nach den Regeln für die Zusammensetzung von Drehimpulsen kann j ganz- oder halbzahlige Werte annehmen, je nachdem, ob $\mathcal{N}$ gerade oder ungerade ist.

Existiert kein äußeres Feld, so separiert die Schwerpunktsbewegung vom Rest und der Hamilton-Operator des Systems ist eine Summe aus zwei Termen: der kinetischen Energie des Schwerpunkts $P^2/2M$ (M Gesamtmasse des Kerns) und der inneren Energie $h(\rho)$, die aus der kinetischen Energie der Nukleonen und ihrer Wechselwirkungsenergie besteht. h besitzt eine bestimmte Anzahl gebundener Zustände, mit ϵ_0 bezeichnen wir den Eigenwert des Grundzustandes. Weil die Kräfte zwischen den Nukleonen gegenüber Drehungen invariant sind, vertauscht $h(\rho)$ mit den drei Komponenten von j (s. Abschnitt 13). Jeder Eigenwert des diskreten Spektrums gehört zu einem bestimmten Wert j des Kernspins und ist $(2j+1)$-fach entartet. Von nun an bezeichnen wir mit j den Spin des Grundzustandes, mit μ die möglichen Eigenwerte von j $(\mu = -j, -j+1, \ldots, +j)$ und mit χ_μ die Drehimpulseigenfunktionen des Grundzustandes zum Drehimpuls $(j\mu)$:

$$h(\rho)\chi_\mu = \epsilon_0\chi_\mu \qquad j_z\chi_\mu = \mu\chi_\mu.$$

Die $(2j+1)$ Vektoren χ_μ unterscheiden sich nur durch ihre Orientierung und ergeben sich durch wiederholte Anwendung von j_+ oder j_- auseinander. Sie bilden eine mögliche Darstellungsbasis des Vektoroperators j. Die Kernradien sind von der Größenordnung 10^{-13} bis 10^{-12} cm, folglich ist der Nukleonenabstand im Kern im Zustand χ_μ im Mittel von derselben Größe.

Bleibt der Kern im Grundzustand, so ist die Wellenfunktion des Systems von der Form $\sum_\mu \psi(\boldsymbol{R}, \mu)\chi_\mu$. Es ist dann in Strenge gerechtfertigt, ihn als ein Teilchen mit dem Spin j aufzufassen, dessen Wellenfunktion in der $\{\boldsymbol{R}, j_z\}$-Darstellung gleich $\psi(\boldsymbol{R}, \mu)$ ist. Im Hamilton-Operator kann man $h(\rho)$ durch ϵ_0 ersetzen, und $\psi(\boldsymbol{R}, \mu)$ ändert sich zeitlich wie die Wellenfunktion eines freien Teilchens der Masse M (von einem konstanten Phasenfaktor abgesehen, der physikalisch keine Bedeutung hat).

Durchfällt der Kern ein äußeres Feld, z.B. ein elektrisches Potentialfeld, so enthält der Hamilton-Operator zusätzlich zu den bisher angegebenen Termen noch die Wechselwirkungspotentiale der Z Protonen mit diesem äußeren Feld. Man kann den Kern dann nur noch näherungsweise als ein Teilchen mit dem Spin j ansehen, denn $h(\rho)$ vertauscht nicht mehr mit dem Hamilton-Operator. Diese Näherung ist aber noch sehr gut, wenn sich das Feld über Entfernungen von der Größenordnung des Kernradius nur wenig ändert. In diesem Falle kann man den Wert des Feldes am Ort jedes einzelnen Protons durch seinen Wert im Schwerpunkt des Systems ersetzen. Die äußere Wechselwirkung lautet dann $ZeV(\boldsymbol{R})$, und der Hamilton-Operator besitzt Eigenzustände von der Form $\sum_\mu \psi(\boldsymbol{R}, \mu)\chi_\mu$, worin $\psi(\boldsymbol{R}, \mu)$ den stationären Zustand eines Teilchens mit der Masse M, dem Spin j und der Ladung Ze im elektrischen Potential $V(\boldsymbol{R})$ darstellt [12].

Wir betrachten jetzt ein System aus n Kernen, die sich alle in ihrem Grundzustand befinden mögen. Jeden Kern fassen wir als ein Teilchen mit einem bestimmten Spin auf. Diese Näherung ist völlig gerechtfertigt, wenn der gegenseitige Abstand der Kerne genügend groß ist, wie z.B. bei einem Molekül oder einem Festkörper. Die Wellenfunktion des Systems hängt von den Ortsvektoren $\boldsymbol{R}^{(i)}$ der Kerne und den z-Komponenten ihrer Spins ab und seine zeitliche Entwicklung wird durch einen von $\boldsymbol{R}^{(i)}$, $\boldsymbol{P}^{(i)}$ und $j^{(i)}$ abhängigen Hamilton-Operator bestimmt.

---

[12] Bei den ersten Korrekturen dieser Näherung bleibt dieses Bild vom Atomkern bestehen. Man ordnet ihm dabei ein Quadrupolmoment zu (falls $j > \frac{1}{2}$), das man als Funktion der Komponenten von j ausdrücken kann. Der Quadrupoleffekt führt zu einer Kopplung des Kernspins mit dem äußeren Feld.

Wir fragen, wie sich das Symmetrisierungspostulat auf diese vereinfachte Beschreibung auswirkt. Offensichtlich kommt dieses Postulat nur zum Tragen, wenn das System aus identischen Kernen besteht. Dies kann man analog zu den Überlegungen in Abschnitt 14.1.7 begründen. Zwei verschiedene Kerne sind unterscheidbare Teilchen, obwohl ihre Bestandteile, Neutronen und Protonen, identisch sind.

Betrachten wir also ein System aus zwei identischen Kernen mit dem Spin j. Seinen Zustand beschreiben wir durch die Wellenfunktion $\psi(\boldsymbol{R}^{(1)}, \mu^{(1)}; \boldsymbol{R}^{(2)}, \mu^{(2)})$. Die Vertauschung der beiden Kerne wird durch die Operation P definiert:

$$P\psi = \psi(\boldsymbol{R}^{(2)}, \mu^{(2)}; \boldsymbol{R}^{(1)}, \mu^{(1)}).$$

In Wirklichkeit besteht das System aus $2Z$ Protonen und $2N$ Neutronen, und sein Zustand wird durch den Vektor beschrieben, den man aus dem Vektor

$$\Psi = \sum_{\mu_1\mu_2} \psi(\boldsymbol{R}^{(1)}, \mu_1; \boldsymbol{R}^{(2)}, \mu_2)\, \chi^{(1)}_{\mu_1} \chi^{(2)}_{\mu_2}$$

durch Antisymmetrisierung bezüglich der Protonen und der Neutronen erhält. Bei der Operation P werden die Protonen und die Neutronen des ersten Kerns mit denen des zweiten Kerns vertauscht, das sind insgesamt $\mathcal{N}$ elementare Transpositionen. Weil bei einer solchen Transposition der korrekt antisymmetrisierte Zustandsvektor sein Vorzeichen ändert, findet man $P\Psi = (-)^{\mathcal{N}}\Psi$ und folglich

$$P\psi = (-)^{\mathcal{N}}\psi.$$

Dies kann man ohne Schwierigkeiten auf Systeme mit mehr als zwei identischen Kernen verallgemeinern. Die Wellenfunktion des Systems muß also bezüglich der Permutationen der identischen Kerne symmetrisch oder antisymmetrisch sein, je nachdem, ob diese eine gerade oder eine ungerade Anzahl von Nukleonen enthalten.

Die Atomkerne sind daher:

(a) *Bosonen,* wenn sie eine *gerade* Anzahl von Nukleonen enthalten;

(b) *Fermionen,* wenn sie eine *ungerade* Anzahl von Nukleonen enthalten.

In spektakulärer Weise zeigen sich diese Unterschiede in der Statistik bei zahlreichen Phänomen, bei denen die reinen Nukleareffekte keine Rolle zu spielen scheinen. Wir nennen hier nur die Eigenschaften des flüssigen Heliums He^4 bei sehr tiefen Temperaturen. He^4 gehorcht der Bose-Einstein-Statistik. Das Isotop He^3, das der Fermi-Dirac-Statistik genügt, verhält sich bei tiefen Temperaturen grundsätzlich anders.

Auf ein anderes Beispiel, die Bandenspektren zweiatomiger, homonuklearer Moleküle, werden wir in Abschnitt 18.3.6 zu sprechen kommen.

14.2.4 Komplexe Atome. Zentralfeldnäherung

In entscheidender Weise bestimmt das Pauli-Prinzip die Struktur der Spektren komplexer Atome.

Existiert kein äußeres Feld, so ist der Hamilton-Operator eines Atoms mit Z Elektronen durch Gl. (13.71) gegeben. Er ist von den Elektronenspins unabhängig. In Strenge müßte man Terme für die Spin-Bahn-Wechselwirkung hinzufügen, doch kann man diese bei der gegenwärtigen Diskussion vernachlässigen. Bis auf den Sonderfall des Wasserstoffatoms ($Z = 1$) ist das Eigenwertproblem eines Hamilton-Operators dieses Typs nicht streng lösbar.

Zur Bestimmung der stationären Zustände des Atoms verwendet man gewöhnlich die sog. *Zentralfeldnäherung.* Bei dieser bewegt sich jedes Elektron unabhängig von den anderen in einem Zentralpotential $V(r)$, das aus der Kernanziehung und einer gemittelten Abstoßung durch die anderen Elektronen besteht. Dieser Abstoßungseffekt hängt offensichtlich vom Zustand der anderen Elektronen ab. Selbst näherungsweise kann man mit einem einzigen Ausdruck für das Potential der Gesamtheit des Atomspektrums nicht Rechnung tragen. Interessiert man sich jedoch nur für den stationären Zustand und die ersten angeregten Zustände, so kann man $V(r)$ ein für allemal festlegen. Die Näherung ist umso besser, je geschickter man dieses Potential wählt. Grob gesagt, besteht der Elektroneneffekt in einer Abschirmung des Coulomb-Feldes des Kerns, die umso ausgeprägter ist, je weiter man sich vom Kern entfernt: In der Nähe des Ursprungs verhält sich $V(r)$ wie $-Ze^2/r$. Mit größer werdendem r verliert es diese reine Coulomb-Form mehr und mehr, um sich im asymptotischen Bereich wie $-e^2/r$ zu verhalten. Für den Augenblick genügen uns diese halbquantitativen Aussagen. Wir werden später zwei systematische Methoden zur Bestimmung von $V(r)$ kennenlernen: in Abschnitt 14.2.5 die Methode von Thomas und Fermi und im achtzehnten Kapitel die von Hartree und Fock.

In der Zentralfeldnäherung lautet der Hamilton-Operator

$$H = h^{(1)} + h^{(2)} + \ldots + h^{(Z)} \tag{14.58}$$

mit

$$h = \frac{p^2}{2m} + V(r).$$

Die Eigenvektoren von H sind die Z-reihigen Slater-Determinanten, die man aus den Vektoren eines Basissystems von h bilden kann. Der Eigenwert von H zu einer bestimmten Slater-Determinante ist gleich der Summe der Energien der Z Ein-Teilchen-Zustände, die in dieser Determinante auftreten. Das Eigenwertproblem von H ist also leicht lösbar, wenn man die Lösung des Eigenwertproblems für den Ein-Teilchen-Operator h kennt.

h ist der Hamilton-Operator eines Teilchens mit dem Spin ½ in einem spinunabhängigen Zentralpotential. Für ein Teilchen ohne Spin ist die Lösung seines Eigenwertproblems im neunten Kapitel angegeben worden. Durch den Spin wird lediglich der Entartungsgrad eines jeden Niveaus verdoppelt. h, l^2, l_z und s_z bilden einen vollständigen Satz kommutierender Observabler, und ihre Basisvektoren werden durch die vier Quantenzahlen n, l, m_l und m_s gekennzeichnet. m_s, die Spinquantenzahl, kann die Werte $+½$ und $-½$ annehmen; n, die Hauptquantenzahl, hat dieselbe Bedeutung wie beim Problem des Wasserstoffatoms (die Knotenzahl der Radialfunktion ist $n - l - 1$). Weil die Eigenenergie jeden Zustandes, ϵ_{nl}, nur von n und l abhängt, ist jedes Ein-Teilchen-Niveau $2(2l + 1)$-fach entartet.

Die Reihenfolge der Energieniveaus ϵ_{nl} im Energiespektrum hängt nicht besonders kritisch von der Form des Potentials $V(r)$ ab. Zu gegebenem Wert von l sind sie nach wachsenden n geordnet. Bestünde $V(r)$ nur aus dem Coulomb-Feld des Kerns, so fielen alle Niveaus zum selben Wert von n ($l = 0, 1, \ldots, n - 1$) zusammen (s. Abb. 11.1). Der Abschirmeffekt durch die anderen Elektronen führt zu einer Anhebung aller dieser Niveaus, und zwar um so ausgeprägter, je weiter sich das Elektron im Mittel vom Kern aufhält, d.h. je größer jede der beiden Quantenzahlen n und l sind. Beschränkt man sich auf die Untersuchung des Grundzustandes und der ersten angeregten Zustände, so ist die Reihenfolge der Ein-Teilchen-Niveaus bei allen Atomen praktisch dieselbe:

$$\begin{array}{cccccccccccc} 1s & 2s & 2p & 3s & 3p & [4s, 3d] & 4p & [5s, 4d] & 5p & [6s, 4f, 5d] & 6p & [7s, 5f, 6d] \\ 2 & 2 & 6 & 2 & 6 & 2+10 & 6 & 2+10 & 6 & 2+14+10 & 6 & 2+14+10 \end{array}$$

Die eingeklammerten Niveaus fallen fast zusammen, und ihre Reihenfolge kann sich von Atom zu Atom ändern. Die Zahlen unter den Niveaus geben jeweils den Entartungsgrad an.

Jeder Zusammenfassung von Z Ein-Teilchen-Zuständen entspricht eine Slater-Determinante, also ein stationärer Zustand des Atoms. Die Energie dieses Zustands ist die Summe der Energien der ihn konstituierenden Ein-Teilchen-Zustände. Sie hängt also nur von der Anzahl der Elektronen ab, die jedes der Niveaus ϵ_{nl} besetzen. Die Angabe der Besetzungszahlen für jedes Ein-Teilchen-Niveau bestimmt eine *Konfiguration.* Danach besitzen Zustände mit derselben Konfiguration dieselbe Energie.

Sei ν_i die Anzahl der Elektronen, die das Niveau ϵ_i besetzen. ν_i ist höchstens gleich dem Entartungsgrad g_i dieses Niveaus. Ist $\nu_i = g_i$, so sagt man, die Elektronen bildeten eine *abgeschlossene Schale.* Ist $\nu_i < g_i$, so ist die Schale unvollständig. Es gibt $g_i!/\nu_i!(g_i - \nu_i)!$ Möglichkeiten, die ν_i Elektronen auf die g_i Ein-Teilchen-Zustände des Niveaus zu verteilen. Folglich sind die Konfigurationen alle oder doch fast alle entartet. Die einzigen nicht entarteten Konfigurationen sind die, die ausschließlich aus abgeschlossenen Schalen gebildet sind.

Man erhält die Konfiguration des Grundzustands, indem man die Z Elektronen auf die Niveaus mit den niedrigsten Energien verteilt. Eine bestimmte Anzahl von h Schalen ist dann auf den Z ersten Niveaus besetzt. Die $(h - 1)$ tieferen Schalen sind abgeschlossen, die h-te Schale im allgemeinen nicht. Nur bei bestimmten Werten von Z ($Z = 2, 4, 10, 12, 18$ usw.) ist auch sie abgeschlossen.

Als Beispiel wählen wir das Kohlenstoffatom ($Z = 6$). Im Grundzustand sind die $1s$- und die $2s$-Schale abgeschlossen, die zwei übrigen Elektronen befinden sich auf der $2p$-Schale. Weil es $\binom{6}{2} = 15$ verschiedene Möglichkeiten gibt, diese zwei Elektronen auf die sechs Zustände in der $2p$-Schale zu verteilen (in der Zentralfeldnäherung), ist der Grundzustand des Kohlenstoffatoms fünfzehnfach entartet. Beim Neon ($Z = 10$) sind im Grundzustand die $1s$-, $2s$- und die $2p$-Schale vollständig besetzt; der Zustand ist nicht entartet.

Die auf den tiefsten Schalen sitzenden Elektronen sind auch diejenigen, die dem Kern am nächsten sind. Die chemischen Eigenschaften des Atoms sind von der Bewegung dieser Elektronen praktisch unabhängig: Die Wechselwirkungen zwischen den Atomen hängen bei den niedrigen Energien, wie sie bei chemischen Reaktionen auftreten, wesentlich oder ausschließlich von den Bewegungen der Elektronen auf der äußeren Schale jedes Atoms ab. Zwei Atome, deren äußere Schalen eine ähnliche Elektronenstruktur besitzen, haben danach auch ähnliche chemische Eigenschaften. So ist die äußere Schale der Edelgase (Ne, A, Kr, Xe) eine abgeschlossene p-Schale. Bei den Halogenen (F, Cl, Br, I) ist die äußere Schale, eine p-Schale, nicht abgeschlossen. Dazu fehlt ein Elektron. Die äußere Schale der Alkalimetalle (Na, K, Rb, Cs) ist eine s-Schale mit einem Elektron und die nächsttiefere eine abgeschlossene p-Schale. Allgemein kann man für jedes chemische Element seinen Platz im Periodensystem leicht angeben, wenn man seine Elektronenkonfiguration kennt [13].

14.2.5 Das Thomas-Fermi-Modell des Atoms

Für große Ordnungszahlen Z kann man das zum Grundzustand gehörende Potential mit Hilfe einer auf Thomas und Fermi zurückgehenden halbklassischen Methode bestimmen.

Es sei $\rho(\boldsymbol{r})$ die Wahrscheinlichkeitsdichte dafür, im Volumenelement $(\boldsymbol{r}, \boldsymbol{r} + d\boldsymbol{r})$ ein Elektron zu finden, wenn sich das Atom in seinem Grundzustand aufhält. Wir setzen voraus, daß diese Funktion kugelsymmetrisch ist. Sie erfüllt die Normierungsbedingung

$$4\pi \int_0^\infty \rho(r)\, r^2\, dr = Z. \tag{14.59}$$

Die Gesamtheit der Z Elektronen bilden um den Kern eine Wolke negativer Elektrizität, deren Dichte im Mittel gleich $-e\rho(r)$ ist. Die im Atom verteilten elektrischen Ladungen erzeugen also ein mittleres elektrisches Potential $\Phi(r)$. Seine Quellen sind:

(*i*) die im Ursprung befindliche Punktladung des Kerns mit der Größe Ze,

(*ii*) die kontinuierliche Ladungsverteilung mit der Dichte $-e\rho(r)$.

---

[13] Über weitere Einzelheiten hinsichtlich der Deutung chemischer Eigenschaften durch die Quantentheorie siehe: *M. Born*, Atomic physics, 6^e ed. Blackie, Glasgow (1957). *L. Pauling* und *E.B. Wilson*, Introduction to Quantum Mechanics, McGraw-Hill, New York (1935). *E.U. Condon* und *G.H. Shortley*, The theory of atomic spectra, Cambridge University Press, 4^e ed. (1957). *G. Racah*, Phys. Rev., **62**, 438 (1942) und **63**, 367 (1943).

Φ ist also die Lösung der Poisson-Gleichung

$$\Delta\Phi \equiv \frac{1}{r}\left(\frac{\mathrm{d}^2}{\mathrm{d}r^2}r\right)\Phi = 4\pi e\rho \tag{14.60}$$

die sich im Ursprung wie

$$\lim_{r\to 0} r\Phi = Ze \tag{14.61}$$

verhält. Für große Z ist das Feld eines einzelnen Elektrons im Vergleich zu dem aller anderen klein. Man kann daher mit $-e\Phi(r)$ das Potential beschreiben, dem jedes Elektron in der Zentralfeld-Näherung unterliegt.

Das Atom befindet sich im Grundzustand, wenn die Z Elektronen die Z niedrigsten quantenmechanischen Energiezustände besetzen, die ein Teilchen der Masse m im Feld $-e\Phi(r)$ einnehmen kann. Die Dichte $\rho(r)$ ist also die Summe der Dichten $|\psi|^2$ der Z ersten Zustände. Um den zwischen $\rho(r)$ und $-e\Phi(r)$ bestehenden funktionalen Zusammenhang aufzufinden, verwenden wir die folgende *„halbklassische" Näherung.*

Im quasiklassischen Grenzfall ist die Anzahl der stationären Zustände im Energieband $(\epsilon, \epsilon + \delta\epsilon)$ proportional zu dem Volumen, das dieses Band im Phasenraum des zugehörigen klassischen Teilchens einnimmt. Der Proportionalitätsfaktor $2/h^3$ ist das Doppelte von dem in Abschnitt 6.2.6 angegebenen Faktor, weil jedes Elektron in zwei möglichen Spinzuständen existieren kann. Sind die Z ersten Quantenzustände besetzt, so ist daher die Energieverteilung für die Elektronen im Atom dieselbe wie die für ein statistisches Gemisch von Z klassischen Elektronen mit der Phasenraumdichte

$$n(\boldsymbol{r},\boldsymbol{p}) = \begin{cases} \dfrac{2}{h^3} & \text{wenn} \quad \varepsilon \equiv \dfrac{p^2}{2m} - e\Phi < \varepsilon_0 \\ 0 & \text{wenn} \quad \varepsilon > \varepsilon_0 \end{cases} \tag{14.62}$$

ϵ_0 ist die Energie des letzten besetzten Zustands. Den Energienullpunkt kann man beliebig festlegen: wir setzen $\epsilon_0 = 0$.

Ohne Diskussion nehmen wir an, daß die räumliche Verteilung der Elektronen im Atom dieselbe ist wie bei diesem klassischen Gemisch:

$$\rho(r) = \int n(\boldsymbol{r},\boldsymbol{p})\,\mathrm{d}\boldsymbol{p} = \frac{2}{h^3}\int_{\varepsilon<0}\mathrm{d}\boldsymbol{p}.$$

Drückt man ϵ durch seine Abhängigkeit von $\boldsymbol{p}$ und Φ aus, so findet man nach einer einfachen Integration:

$$\rho(r) = \begin{cases} \dfrac{8\pi}{3h^3}(2me\Phi)^{\frac{3}{2}} & \text{wenn} \quad \Phi > 0 \\ 0 & \text{wenn} \quad \Phi < 0 \end{cases} \tag{14.63}$$

Wird dieser Ausdruck in die rechte Seite von (14.60) eingesetzt, so ergibt sich eine Differentialgleichung zweiter Ordnung für Φ, und die Bedingung (14.59) und (14.61) vervollständigen die Definition dieser Funktion. Die Gleichungen (14.61), (14.63), (14.59) und (14.62) sind die grundlegenden Beziehungen des Thomas-Fermi-Modells.

Will man aus ihnen Φ und ρ herleiten, so ist die folgende Substitution zweckmäßig:

$$r = Z^{-\frac{1}{3}}\, bx \qquad \Phi = \frac{Ze}{r}\chi \tag{14.64}$$

mit

$$b = \frac{1}{2}\left(\frac{3\pi}{4}\right)^{\frac{2}{3}} \frac{\hbar^2}{me^2} \simeq 0{,}5 \times 10^{-8}\ \text{cm}. \tag{14.65}$$

Aus Gl. (14.63) leitet man den Ausdruck für ρ in Abhängigkeit von den dimensionslosen Größen χ und x her:

$$\rho = \begin{cases} \dfrac{Z^2}{4\pi b^3}\left(\dfrac{\chi}{x}\right)^{\frac{3}{2}} & \text{wenn} \quad \chi > 0 \\ 0 & \text{wenn} \quad \chi < 0. \end{cases} \tag{14.66}$$

Die Grundgleichung (14.60) ist äquivalent zur Gleichung

$$\frac{d^2\chi}{dx^2} = \begin{cases} x^{-\frac{1}{2}}\chi^{\frac{3}{2}} & \text{wenn} \quad \chi > 0 \\ 0 & \text{wenn} \quad \chi < 0. \end{cases} \tag{14.67}$$

Die Bedingung (14.61) ergibt $\chi(0) = 1$. Aus der Form von Gl. (14.67) erschließt man unmittelbar, daß $\chi(x)$ im Intervall $(0, \infty)$ höchstens eine Nullstelle hat. Sei x_0 diese Nullstelle. Dann ist χ sicher positiv im Intervall $(0, x_0)$ und negativ im Intervall (x_0, ∞). Bei Berücksichtigung der Ausdrücke (14.64) und (14.66) sowie der Differentialgleichung (14.67) lautet dann die Bedingung (14.59):

$$1 = \int_0^{x_0} \sqrt{x}\,\chi^{\frac{3}{2}}\, dx = \int_0^{x_0} x\,\chi''\, dx = x\chi' - \chi \Big|_0^{x_0} = x_0\,\chi'(x_0) + 1\,.$$

Die Ableitung χ' muß also im selben Punkt verschwinden wie χ, d.h. dieser Punkt muß im Unendlichen liegen.

$\chi(x)$ ist also die Lösung der Gleichung

$$\chi'' = x^{-\frac{1}{2}}\chi^{\frac{3}{2}}, \tag{14.68}$$

die den Bedingungen

$$\chi(0) = 1 \qquad \chi(\infty) = 0 \tag{14.69}$$

genügt.

Sie muß durch numerische Integration bestimmt werden. Abb. 14.1 zeigt die Kurve $\chi(x)$. Aus $\chi(x)$ ergeben sich vermöge der Definitionen (14.64–66) die Funktionen $\rho(r)$ und $\Phi(r)$.

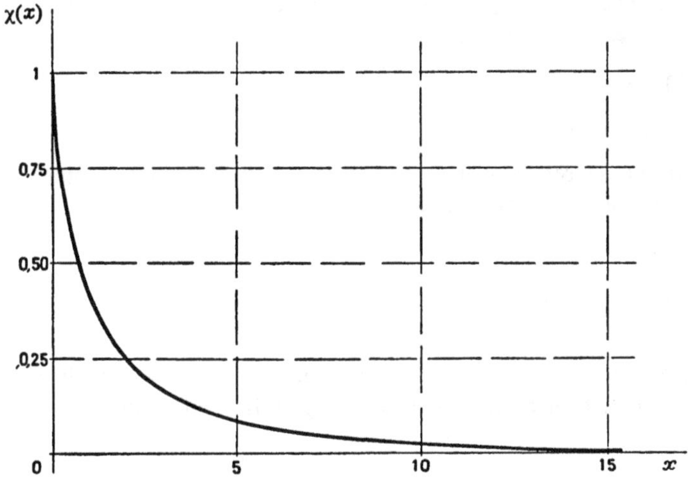

Abb. 14.1 Die Thomas-Fermi-Funktion $\chi(x)$: $\chi'' = x^{-1/2}\chi^{3/2}$, $\chi(0) = 1$, $\chi(\infty) = 0$.

Die quasi-klassische Näherung ist nur gerechtfertigt, wenn sich die Mehrzahl der Z Elektronenzustände im „Bereich großer Quantenzahlen" befinden, wenn also $Z \gg 1$ ist. Für ein bestimmtes Atom liefert das Thomas-Fermi-Modell eine Elektronendichte $\rho(r)$ und ein elektrostatisches Potential $\Phi(r)$, die man erhielte, wenn man das Wirkungsquantum $\hbar$ und die Ladung $(-e)$ jedes Elektrons gegen Null und die Anzahl Z der um den Kern kreisenden Elektronen so gegen Unendlich gehen ließe, daß die charakteristische Länge $\hbar^2/me^2$ und die Elektronengesamtladung $(-Ze)$ konstant blieben [14].

Aus dem Thomas-Fermi-Modell ergibt sich eine Abschätzung des Atomradius. Die Definition dieses Radius ist bis zu einem gewissen Grade willkürlich, weil die Elektronendichte erst im Unendlichen verschwindet, das Atom nimmt in Strenge keinen begrenzten Bereich des Raumes ein. Unter dem Radius des Atoms wollen wir den Radius $R(\alpha)$ der um den Ursprung zentrierten Kugel verstehen, die einen bestimmten Bruchteil $(1-\alpha)$ der Z Elektronen des Atoms enthält. Nach dieser Definition ist

$$(1-\alpha)\,Z = 4\pi\int_0^R \rho(r)\,r^2\,\mathrm{d}r.$$

[14] Das Thomas-Fermi-Modell ergibt eine in der Nähe des Ursprungs ($r \lesssim b/Z$) und im asymptotischen Bereich ($r \gg b$) zu große Elektronendichte. Im Ursprung bleibt $\rho(r)$ nicht endlich, sondern divergiert wie $r^{-3/2}$, im Unendlichen geht $\rho(r)$ wie r^{-6} gegen Null, anstatt exponentiell abzufallen.

Wir setzen

$$R(\alpha) = Z^{-\frac{1}{3}} b\, \mathrm{X}(\alpha).$$

Bei Berücksichtigung der Beziehungen (14.64), (14.66) und (14.68) erhält man nach kurzer Rechnung folgende Gleichung für X:

$$\chi(X) - X\chi'(X) = \alpha.$$

Sie muß numerisch gelöst werden.

Nimmt man für alle Atome denselben Wert von α, so ist auch X für alle Atome gleich, der Atomradius ist dann proportional zu $Z^{-1/3}$.

Setzt man $\alpha = 1/Z$, so ist

$$\overline{R} = R\left(\frac{1}{Z}\right) = Z^{-\frac{1}{3}} b\, \mathrm{X}\left(\frac{1}{Z}\right)$$

der Radius der Kugel, die alle Elektronen bis auf eins enthält. Abb. 14.2 stellt $\overline{R}$ in Abhängigkeit von $1/Z$ dar. Man sieht, daß $\overline{R}$ von Z praktisch unabhängig ist ($\overline{R} \cong 2 - 3 \cdot 10^{-8}$ cm).

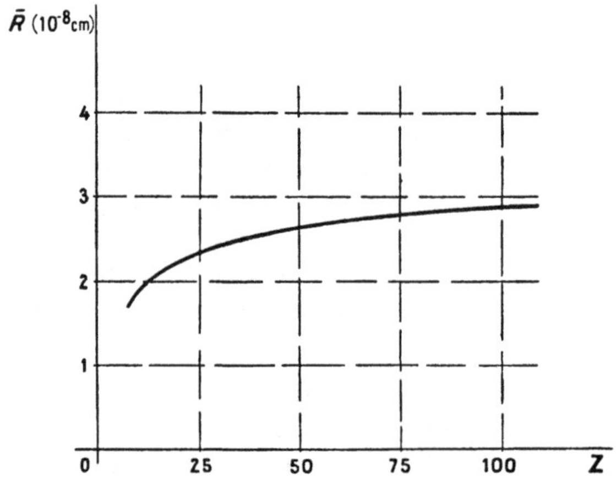

Abb. 14.2 Der Radius $\bar{R}$ des Thomas-Fermi-Atoms in Abhängigkeit von Z:
$4\pi \int_0^{\bar{R}} \rho(R)\, r^2\, dr = Z - 1.$

14.2.6 Nukleonensysteme und Isospin

Wir betrachten ein System aus Z Protonen und N Neutronen. Seine Entwicklung wird durch einen bestimmten Hamilton-Operator H bestimmt. Neutronen und Protonen sind gleichartige Teilchen. Zu ihrer Unterscheidung numerieren wir die Protonen von 1 bis Z und die Neutronen von $Z + 1$ bis $Z + N \equiv \mathcal{N}$. Mit A_Z bezeichnen wir den Antisymmetrisierungsoperator der Z ersten Teilchen und mit A_N den der N anderen. Weiter verwenden wir die Bezeichnungen der Abschnitte 14.1–3. Es sei

$$\varphi\left(q^{(1)}, q^{(2)}, \ldots, q^{(Z)}, q^{(Z+1)}, \ldots, q^{(\mathcal{N})}\right)$$

eine Wellenfunktion, die einen möglichen Zustand des Systems in der symmetrischen $\{Q\}$-Darstellung beschreibt. Diese Funktion ist den Antisymmetrisierungsbedingungen

$$A_N \varphi = \varphi \qquad A_Z \varphi = \varphi \tag{14.70}$$

unterworfen.

Für die Beschreibung dieses Systems aus Z Protonen und N Neutronen gibt es nun einen Formalismus, der zu dem oben angegebenen streng äquivalent ist. In diesem Formalismus werden Neutron und Proton nicht mehr als zwei verschiedene Teilchen angesehen, sondern als zwei verschiedene Zustände ein und desselben Teilchens, des *Nukleons*: Das System besteht aus $\mathcal{N}$ Nukleonen, von denen sich Z im Protonenzustand und N im Neutronenzustand befinden. Diese $\mathcal{N}$ Nukleonen sind identische Fermionen, und die Zustände des Systems sind in bezug auf die Permutationen dieser $\mathcal{N}$ Fermionen antisymmetrisch. Wir wollen jetzt diesen anderen Formalismus beschreiben und seine Äquivalenz zum früher angegebenen nachweisen.

Um den Protonenzustand vom Neutronenzustand zu unterscheiden, muß man dem Nukleon eine zusätzliche dynamische Variable, seine Ladung, zuschreiben, die zwei mögliche Werte annehmen kann. Mit ϖ und ν bezeichnen wir die zugehörigen Eigenzustände: ϖ repräsentiert den Protonenzustand, ν den Neutronenzustand. Der Ladungsraum des Nukleons ist wie der Spinraum zweidimensional, und man kann in ihm Operatoren definieren, die dieselben mathematischen Eigenschaften aufweisen wie die analogen Operatoren im Spinraum. Nehmen wir zum Beispiel die drei Pauli-Matrizen: In der Darstellung, in der ϖ und ν Basisvektoren sind, bilden diese Matrizen analog zum Vektor $\sigma \equiv (\sigma_x, \sigma_y, \sigma_z)$ im Ladungsraum den Vektoroperator $\tau \equiv (\tau_1, \tau_2, \tau_3)$. Der Vektor

$$t = \tfrac{1}{2}\tau \tag{14.71}$$

ist das Analogon zum Spin s und heißt *Isospin* des Nukleons. Man sieht, daß

$$t_3 \varpi = \tfrac{1}{2}\tau_3 \varpi = \tfrac{1}{2}\varpi \qquad t_3 \nu = \tfrac{1}{2}\tau_3 \nu = -\tfrac{1}{2}\nu .$$

Die Projektionsoperatoren Π_{ϖ} und Π_{ν} auf die Protonen- bzw. Neutronenzustände lauten

$$\Pi_{\varpi} = \tfrac{1}{2}(1 + \tau_3) \qquad \Pi_{\nu} = \tfrac{1}{2}(1 - \tau_3) \tag{14.72}$$

und die Ladung des Nukleons wird durch den Operator

$$e\,\Pi_{\varpi} = \tfrac{1}{2}(1 + \tau_3)e$$

repräsentiert. Das Produkt der $\mathcal{N}$ einzelnen Ladungsräume ist der Ladungsraum $\mathcal{E}_C$ des $\mathcal{N}$-Nukleonensystems. Die Gesamtladung des Systems repräsentiert der Operator

$$C \equiv \sum_{i=1}^{\mathcal{N}} e\,\Pi_{\varpi}^{(i)} = e(\tfrac{1}{2}\mathcal{N} + T_3), \tag{14.73}$$

worin T_3 die dritte Komponente des *Gesamtisospins* ist:

$$T = \sum_{i=1}^{\mathcal{N}} \boldsymbol{t}^{(i)}. \tag{14.74}$$

Eine orthonormierte Basis in $\mathcal{E}_C$ erhält man, indem man jeweils $\mathcal{N}$ der Vektoren ϖ oder ν miteinander multipliziert. So stellt z.B. der Basisvektor

$$\zeta = \varpi^{(1)} \varpi^{(2)} \ldots \varpi^{(Z)} \nu^{(Z+1)} \ldots \nu^{(\mathcal{N})}$$

den Ladungszustand dar, bei dem die Z ersten Teilchen Protonen und die N weiteren Neutronen sind. Im folgenden beschränken wir uns auf Zustände mit der Ladung $C = Ze$, d.h., es ist

$$T_3 = \tfrac{1}{2}(Z - N).$$

Zu diesem Eigenwert kann man $(\mathcal{N}!/Z!N!)$ Basisvektoren konstruieren. Der Basisvektor z.B.

$$\zeta_\alpha = \varpi^{(\alpha_1)} \varpi^{(\alpha_2)} \ldots \varpi^{(\alpha_Z)} \nu^{(\alpha_{Z+1})} \ldots \nu^{(\alpha_{\mathcal{N}})},$$

repräsentiert den Zustand, in dem die Z Teilchen $\alpha_1, \alpha_2, \ldots, \alpha_Z$ Protonen sind und die anderen Neutronen.

Die Ket-Vektoren des $\mathcal{N}$-Nukleonensystems sind Vektoren des Produktraumes aus $\mathcal{E}_C$ und dem Raum $\mathcal{E}_0$ der übrigen dynamischen Variablen. Eine Vertauschung dieser $\mathcal{N}$ Nukleonen bedeutet die gleichzeitige Permutation ihrer Ladungsvariablen und der übrigen Variablen: Stellt P_C eine bestimmte Permutation der Ladungen dar und P_0 dieselbe Permutation der anderen Variablen, so repräsentiert der Operator

$$P = P_0 P_C$$

die Permutation des Ensembles. Der Antisymmetrisierungsoperator des $\mathcal{N}$-Nukleonensystems ist

$$A = \frac{1}{\mathcal{N}!} \sum_P (-)^p P = \frac{1}{\mathcal{N}!} \sum_P (-)^p P_0 P_C. \tag{14.75}$$

Die möglichen Zustände des $\mathcal{N}$-Nukleonensystems mit der Ladung Ze sind die Vektoren Φ des Raumes $\mathcal{E}_C \otimes \mathcal{E}_0$, die der Antisymmetrisierungsbedingung

$$A\Phi = \Phi \tag{14.76}$$

und der Gleichung

$$T_3 \Phi = \tfrac{1}{2}(Z - N)\Phi \tag{14.77}$$

genügen.

Wir wollen jetzt zeigen, daß zwischen den Vektoren Φ, die den Bedingungen (14.76) und (14.77) genügen, und den Vektoren φ des Raumes $\mathcal{E}_0$, die den Bedingungen (14.70) unterworfen sind, ein umkehrbar eindeutiger Zusammenhang so besteht, daß beim Übergang von den einen zu den anderen Vektoren das Skalarprodukt erhalten bleibt. Dabei ist

$$|\Phi\rangle = \sqrt{\frac{\mathcal{N}!}{N!Z!}}\, A|\varphi\rangle\, |\zeta\rangle \tag{14.78}$$

$$|\varphi\rangle = \sqrt{\frac{\mathcal{N}!}{N!Z!}}\, \langle\zeta|\Phi\rangle. \tag{14.79}$$

Ist $|\varphi\rangle$ ein Vektor, der die Bedingungen (14.70) erfüllt, so genügt der sich daraus gemäß Gl. (14.78) ergebende Vektor $|\Phi\rangle$ offensichtlich den Bedingungen (14.76) und (14.77), denn T_3 vertauscht mit A und es ist $T_3|\zeta\rangle = \frac{1}{2}(Z-N)|\zeta\rangle$.

Zuerst zeigen wir, daß Gl. (14.79) gilt. Es ist zunächst:

$$\begin{aligned}\sqrt{\frac{\mathcal{N}!}{N!Z!}}\, \langle\zeta|\Phi\rangle &= \sqrt{\frac{\mathcal{N}!}{N!Z!}}\, \langle\zeta|A|\Phi\rangle \\ &= \frac{1}{N!Z!}\sum_P (-)^p\, P_0|\varphi\rangle\, \langle\zeta|P_C|\zeta\rangle.\end{aligned} \tag{14.80}$$

Die $\mathcal{N}!$ Permutationen können in zwei Kategorien eingeteilt werden. Bei der ersten, die wir mit F bezeichnen, werden die Z ersten Teilchen und (oder) die N übrigen jeweils unter sich ausgetauscht. Bei diesen $(N!Z!)$ Permutationen bleibt der Vektor $|\zeta\rangle$ ungeändert, und der Vektor $|\varphi\rangle$ wird mit $(-)^f$ multipliziert:

$$\langle\zeta|F_C|\zeta\rangle = 1 \qquad F_0|\varphi\rangle = (-)^f\, |\varphi\rangle.$$

Die Permutationen der zweiten Kategorie, G, transformieren den Vektor ζ in einen anderen ζ_α. Daher ist:

$$\langle\zeta|G_C|\zeta\rangle = 0.$$

Folglich enthält die Summe in Gl. (14.80) $(N!Z!)$ nichtverschwindende Terme, die alle gleich $|\varphi\rangle$ sind.

Geht man vermöge Gl. (14.78) von den Vektoren $|\varphi\rangle$ und $|\chi\rangle$ zu $|\Phi\rangle$ und $|X\rangle$ über, so bleibt dabei das Skalarprodukt erhalten. Ist nämlich

$$|X\rangle = \sqrt{\frac{\mathcal{N}!}{N!Z!}}\, A|\chi\rangle\, |\zeta\rangle$$

so gilt

$$\langle X|\Phi\rangle = \sqrt{\frac{\mathcal{N}!}{N!Z!}}\, \langle\chi|\, \langle\zeta|\Phi\rangle = \langle\chi|\varphi\rangle.$$

weil $|\Phi\rangle$ die Eigenschaften (14.76) und (14.78) besitzt.

Es verbleibt der Beweis, daß der Zusammenhang eineindeutig ist. Sei $|\Phi\rangle$ ein Vektor, der den Bedingungen (14.76) und (14.77) genügt, und $|\varphi\rangle$ der Vektor, der sich daraus gemäß Gl. (14.79) ergibt. Wegen der Beziehung (14.77) ist $|\Phi\rangle$ eine Linearkombination der Vektoren $|\zeta\rangle$, wobei die Koeffizienten Vektoren aus dem Raum $\mathscr{E}_0$ sind:

$$|\Phi\rangle = \sqrt{\frac{\mathscr{N}!}{N!\,Z!}} \sum_\alpha |\varphi_\alpha\rangle\,|\zeta_\alpha\rangle$$

$|\varphi\rangle$ ist der Koeffizient von ζ in der rechts stehenden Summe. Die Wirkung einer Permutation vom Typ F auf Φ ergibt

$$F|\Phi\rangle = \sqrt{\frac{\mathscr{N}!}{N!\,Z!}} \sum_\alpha (F_0|\varphi_\alpha\rangle)\,(F_C|\zeta_\alpha\rangle). \tag{14.81}$$

Folglich ist

$$F|\Phi\rangle = (-)^f\,|\Phi\rangle = \sqrt{\frac{\mathscr{N}!}{N!\,Z!}} \sum_\alpha (-)^f\,|\varphi_\alpha\rangle\,|\zeta_\alpha\rangle. \tag{14.82}$$

Nun transformiert F die Vektoren $|\zeta_\alpha\rangle$ ineinander, insbesondere bleibt der Vektor $|\zeta\rangle$ ungeändert. Also ist der Koeffizient von $|\zeta\rangle$ in der Entwicklung von $F|\Phi\rangle$ der von $F_C|\zeta\rangle$ auf der rechten Seite von Gl. (14.81). Setzt man diesen Koeffizienten zu dem in der Entwicklung (14.82) gleich, so findet man:

$$F_0\,|\varphi\rangle = (-)^f\,|\varphi\rangle.$$

Der zu $|\Phi\rangle$ gehörige Vektor $|\varphi\rangle$ besitzt also die Antisymmetrieeigenschaft (14.70). W.z.b.w.

So wird jeder Zustand aus Z Protonen und N Neutronen, der im gewöhnlichen Formalismus durch einen Vektor $|\varphi\rangle$ beschrieben wird, im neuen Formalismus durch den zugehörigen Vektor $|\Phi\rangle$ repräsentiert. Weil dieser Zusammenhang umkehrbar eindeutig ist und das Skalarprodukt erhalten bleibt, sind die mit Hilfe des neuen Formalismus berechneten Wahrscheinlichkeitsamplituden gleich den im üblichen Formalismus bestimmten. Damit ist die Äquivalenz der beiden Formalismen gewährleistet. Wird eine dynamische Variable im üblichen Formalismus durch einen bestimmten Operator Q dargestellt, so wird sie im neuen Formalismus durch einen Operator $\widehat{Q}$ in $\mathscr{E}_0 \otimes \mathscr{E}_C$ repräsentiert. Dieser Operator ist in bezug auf die $\mathscr{N}$ Nukleonen symmetrisch, er besitzt dasselbe Eigenwertspektrum wie Q und seine Eigenzustände ergeben sich aus denen von Q durch den Zusammenhang (14.78). Die Matrixelemente von $\widehat{Q}$ genügen der Gleichung

$$\langle X|\widehat{Q}|\Phi\rangle = \langle\chi|Q|\varphi\rangle. \tag{14.83}$$

Als Beispiel wollen wir den Hamilton-Operator $\widehat{H}$ konstruieren, wobei wir voraussetzen, daß Kräfte zwischen den Nukleonen nur „paarweise" auftreten. Wir nehmen also an, daß

$$H = K + V \tag{14.84}$$

ist, K ist die gesamte kinetische Energie. Sind $k_p(\xi)$ und $k_n(\xi)$ die kinetische Energie eines Protons bzw. eines Neutrons, so hat man

$$K = K_p + K_n$$

mit

$$K_p = \sum_{i \leqslant Z} k_p^{(i)} \qquad\qquad K_n = \sum_{i > Z} k_n^{(i)}$$

V, die potentielle Energie, enthält $\frac{1}{2}\mathcal{N}(\mathcal{N} - 1)$ Terme für die paarweise Wechselwirkung. $\frac{1}{2}Z(Z - 1)$ davon beschreiben die Proton-Protonwechselwirkung:

$$V_{pp} = \sum_{i < j \leqslant Z} v_{pp}^{(ij)},$$

$v_{pp}^{(ij)} \equiv v_{pp}(\xi^{(i)}, \xi^{(j)})$ bezeichnet das Wechselwirkungspotential zwischen dem i-ten und dem j-ten Proton. Weiter gibt es ZN Terme für die Proton-Neutronwechselwirkung:

$$V_{pn} = \sum_{i \leqslant Z} \sum_{j > Z} v_{pn}^{(ij)}$$

und $\frac{1}{2}N(N - 1)$ Terme der Neutron-Neutronwechselwirkung:

$$V_{nn} = \sum_{j > i > Z} v_{nn}^{(ij)}.$$

Die gesamte potentielle Energie lautet also

$$V = V_{pp} + V_{pn} + V_{nn}.$$

Der zu $\widehat{K}$ gehörende Operator K ist

$$\widehat{K} = \sum_{i=1}^{\mathcal{N}} \left(k_p^{(i)}\, \Pi_{\varpi}^{(i)} + k_n^{(i)}\, \Pi_{\nu}^{(i)}\right). \tag{14.85}$$

Dieser Operator ist symmetrisch, er vertauscht insbesondere mit A. Zum Beweis der Beziehung (14.83) genügt es, sich der Definition der Vektoren $|\Phi\rangle$ und $|X\rangle$ sowie der Projektionsoperatoren Π_{ϖ} und Π_{ν} zu erinnern:

$$\begin{aligned} \frac{N!\,Z!}{\mathcal{N}!} \langle X|\widehat{K}|\Phi\rangle &= \langle \chi\zeta|A\widehat{K}A|\varphi\zeta\rangle \\ &= \langle \chi\zeta|\widehat{K}A|\varphi\zeta\rangle \\ &= \langle \chi\zeta|KA|\varphi\zeta\rangle \end{aligned}$$

woraus

$$\langle X|\widehat{K}|\Phi\rangle = \sqrt{\frac{\mathcal{N}!}{N!\,Z!}}\, \langle \chi\zeta|K|\Phi\rangle$$

folgt. Weil aber der Operator K nicht auf die Ladungsvariablen wirkt, ist das Skalarprodukt $\langle\zeta|K|\Phi\rangle$ gleich dem Ergebnis der Wirkung von K auf $\langle\zeta|\Phi\rangle$. Unter Verwendung der Beziehung (14.79) finden wir

$$\langle X|\hat{K}|\Phi\rangle = \langle\chi|K|\varphi\rangle.$$

Entsprechend ist der zu V gehörige Operator

$$\hat{V} = \hat{V}_{pp} + \hat{V}_{pn} + \hat{V}_{nn} \tag{14.86}$$

mit

$$\hat{V}_{pp} = \sum_{i<j\leqslant\mathcal{N}} v_{pp}^{(ij)}\,\Pi_{\varpi}^{(i)}\,\Pi_{\varpi}^{(j)} \tag{14.86 a}$$

$$\hat{V}_{pn} = \sum_{i<j\leqslant\mathcal{N}} v_{pn}^{(ij)}\left[\Pi_{\varpi}^{(i)}\,\Pi_{\nu}^{(j)} + \Pi_{\nu}^{(i)}\,\Pi_{\varpi}^{(j)}\right] \tag{14.86 b}$$

$$\hat{V}_{nn} = \sum_{i<j\leqslant\mathcal{N}} v_{nn}^{(ij)}\,\Pi_{\nu}^{(i)}\,\Pi_{\nu}^{(j)}. \tag{14.86 c}$$

Das zeigt man auf dieselbe Weise wie beim Operator $\hat{K}$.

Den hier für Systeme aus Protonen und Neutronen beschriebenen Formalismus kann man auch auf Systeme übertragen, die aus mehr als zwei Arten von Fermionen bestehen. Nehmen wir an, ein System enthalte r gleichartige, aber voneinander unterscheidbare Arten von Fermionen: n_1 Fermionen vom Typ 1, n_2 vom Typ 2, ..., n_r vom Typ r. Anstatt nun die verschiedenen Fermionentypen als verschiedene Teilchen zu behandeln, kann man die r Arten als die r verschiedenen Zustände $|1\rangle, |2\rangle, \ldots, |r\rangle$ eines einzigen Fermions ansehen und das System behandeln, als wenn es aus $n_1 + n_2 + \ldots + n_r$ Fermionen eines einzigen Typs besteht, von denen sich n_1 im Zustand $|1\rangle$, n_2 im Zustand $|2\rangle$, ..., n_r im Zustand $|r\rangle$ befinden. Die Äquivalenz dieses „Isospin-Formalismus" mit dem gewöhnlichen zeigt man genauso wie bei Nukleonensystemen. Auch bei Bosonen ist dieser Formalismus möglich, wobei man nur die Operation der Antisymmetrisierung durch die der Symmetrisierung zu ersetzen hat (Aufgabe 9).

14.2.7 Bedeutung des Isospins. Ladungsunabhängigkeit

Ist bei einem $\mathcal{N}$-Nukleonensystem die Anzahl der Z Protonen und die der N Neutronen fest, so ist der gewöhnliche Formalismus, bei dem die Protonen und Neutronen als verschiedene Teilchen angesehen werden, zweifellos einfacher als der Isospin-Formalismus, bei dem man sie als Nukleonen in verschiedenen Ladungszuständen ansieht.

Seine Bedeutung erhält dagegen der Isospin-Formalismus bei Vorgängen, bei denen die Ladung des nuklearen Systems nicht erhalten bleibt. Der typische Fall hierfür ist die β-Radioaktivität: Beim Zerfall eines β-radioaktiven Kerns bleibt die Anzahl $\mathcal{N}$ der Nukleonen konstant, aber eines der Neutronen geht in ein Proton über. In diesem Fall behandelt man den Kern als ein System aus $\mathcal{N}$ Nukleonen, das in Wechselwirkung mit dem quantisierten Elektronen- und dem Neutrinofeld steht. Die Theorie der β-Radioaktivität übersteigt den Rahmen dieses Buches, wir erwähnen sie hier nur als Beispiel.

Abgesehen davon liegt das grundsätzliche Interesse am Isospin-Formalismus in der Tatsache begründet, daß die nuklearen Wechselwirkungen von der Ladung der Nukleonen praktisch unabhängig sind.

Die Massen von Proton und Neutron sind um weniger als 0,2 % voneinander verschieden. Daher ist die kinetische Energie eines Nukleons von seiner Ladung praktisch unabhängig:

$$k_p = k_n = k. \tag{14.87}$$

Auch das Nukleon-Nukleon-Potential ist praktisch ladungsunabhängig, sofern man die rein elektromagnetischen Wechselwirkungen vernachlässigen kann [15]:

$$v_{pp} = v_{pn} = v_{nn} = v. \tag{14.88}$$

Wir wollen die sich aus der Ladungsunabhängigkeit ergebenden Konsequenzen unter der Voraussetzung untersuchen, daß die zwischen den Nukleonen auftretenden Kräfte nur „paarweise" wirken [16].

Im gewöhnlichen Formalismus führt die Hypothese der Ladungsunabhängigkeit zu den beiden folgenden Eigenschaften des Hamilton-Operators:

(*i*) Er hängt nicht von Z und N, sondern nur von der Gesamtzahl $\mathcal{N}$ der Teilchen ab;

(*ii*) er ist symmetrisch bezüglich der Permutationen dieser $\mathcal{N}$ Teilchen und nicht nur in bezug auf die Permutationen der Z Protonen und (oder) der N Neutronen für sich.

Gelten nämlich die Relationen (14.87) und (14.88), so nimmt der Hamilton-Operator (14.84) die Form

$$H = \sum_{i=1}^{\mathcal{N}} k^{(i)} + \sum_{i<j\leq \mathcal{N}} v^{(ij)} \tag{14.89}$$

an, worin die zweite Summe wie in den Gln. (14.86) über jedes der $\frac{1}{2}\mathcal{N}(\mathcal{N}-1)$ Paare $(i\,j)$ der $\mathcal{N}$ Teilchen läuft.

---

15) Der elektromagnetische Effekt überwiegt nur bei genügend großen Nukleonenabständen ($\gg 10^{-13}$ cm). v_{pn} und v_{nn} sind dann praktisch Null, und v_{pp} reduziert sich auf die Coulomb-Abstoßung der beiden Protonen. Über eine Diskussion der Experimente zum Beweis der Ladungsunabhängigkeitsphypothese s. *Blatt* und *Weisskopf*, a.a.O., Fußnote 13-[32]); *D.H. Wilkinson*, Phil. Mag., 1 (1956), 1031.

16) Man braucht diese Einschränkung über die Natur der Kräfte nicht zu machen, wenn man die Äquivalenz zwischen der Ladungsunabhängigkeit und der Invarianzeigenschaft (14.91) aufzeigen will. Im allgemeinen Fall erfolgt der Beweis durch Anwendung des Satzes aus Abschnitt 4.5 des Anhangs D.

Im Isospin-Formalismus drückt sich die Ladungsunabhängigkeit dadurch aus, daß der Hamilton-Operator H nicht von den Ladungsvariablen abhängt. Wir haben dann einfach

$$\widehat{H} = H\,, \tag{14.90}$$

worin der Operator H als ein Operator im Raum $\mathcal{E}_0 \otimes \mathcal{E}_C$ aufzufassen ist. Zum Beweis kann man entweder von der Definition (14.83) der Operatoren im Isospin-Formalismus ausgehen, oder aber man berechnet die Ausdrücke (14.85) und (14.86) für $\widehat{K}$ und $\widehat{V}$ direkt unter der Voraussetzung, daß die Beziehungen (14.87) und (14.88) erfüllt sind. So ergibt sich für $\widehat{V}$:

$$\widehat{V} = \sum_{i<j\leqslant\mathcal{N}} v^{(ij)}\left[\Pi_\varpi^{(i)}\Pi_\varpi^{(j)} + \Pi_\varpi^{(i)}\Pi_\nu^{(j)} + \Pi_\nu^{(i)}\Pi_\varpi^{(j)} + \Pi_\nu^{(i)}\Pi_\nu^{(j)}\right]$$

und weil

$$\Pi_\varpi^{(i)} + \Pi_\nu^{(i)} = 1,$$

ist

$$\widehat{V} = \sum_{i<j\leqslant\mathcal{N}} v^{(ij)} = V.$$

Da $\widehat{H}$ von den Ladungsvariablen nicht abhängt, vertauscht es mit den drei Komponenten des Gesamtisospins:

$$[\widehat{H}, \boldsymbol{T}] = 0. \tag{14.91}$$

Genügt *umgekehrt* $\widehat{H}$ den Vertauschungsrelationen (14.91), so kann man ihn auf eine von den Ladungsvariablen unabhängige Form bringen.

$\widehat{H}$ ist eine bestimmte Funktion der gewöhnlichen Variablen ξ und der Ladungsvariablen τ jedes Teilchens. Nach unserer Annahme über die Natur der herrschenden Kräfte hat diese Funktion die Form

$$\widehat{H} = \sum_{i=1}^{\mathcal{N}} \widehat{k}^{(i)} + \sum_{i<j\leqslant\mathcal{N}} \widehat{v}^{(ij)},$$

worin $\widehat{k}^{(i)}$ nur von den Variablen i und $\widehat{v}^{(ij)}$ nur von i und j abhängt. Nun hat der Isospin dieselben mathematischen Eigenschaften wie der gewöhnliche Spin. Insbesondere besitzen die Komponenten der Vektoren $\boldsymbol{\tau}^{(i)}$ die Eigenschaften der Pauli-Matrizen. Folglich kann (s. Gln. (13.78–79)) jede Funktion $\widehat{H}$ der Komponenten der Vektoren $\boldsymbol{\tau}^{(1)}, \ldots, \boldsymbol{\tau}^{(\mathcal{N})}$ stets als lineare Funktion dieser Operatoren ausgedrückt werden. Weil andererseits $\widehat{H}$ mit $\boldsymbol{T}$ vertauscht, ist er in bezug auf Drehungen im Raum $\mathcal{E}_C$ invariant: $\widehat{H}$ ist eine skalare Funktion der Vektoren $\boldsymbol{\tau}^{(1)}, \ldots, \boldsymbol{\tau}^{(\mathcal{N})}$. Darum ist $\widehat{k}^{(i)}$ eine skalare und lineare Funktion der $\boldsymbol{\tau}^{(i)}$, also von den $\boldsymbol{\tau}^{(i)}$ unabhängig. $\widehat{v}^{(ij)}$ ist eine skalare und lineare Funktion von $\boldsymbol{\tau}^{(i)}$ und $\boldsymbol{\tau}^{(j)}$, hat also notwendig die Form

$$\widehat{v}^{(ij)} = a^{(ij)} + (\boldsymbol{\tau}^{(i)}.\boldsymbol{\tau}^{(j)})\, b^{(ij)},$$

worin $a^{(ij)}$ und $b^{(ij)}$ nur von den Bahn- und Spinvariablen abhängen. Man braucht nur noch zu zeigen, daß die Wirkung von $\tau^{(i)}.\tau^{(j)}$ auf die antisymmetrischen Vektoren im Raum $\mathcal{E}_0 \otimes \mathcal{E}_C$ dieselbe ist wie die eines Operators, der nur auf die Variablen des Raumes $\mathcal{E}_0$ wirkt. Nun hängt $(\tau^{(i)}.\tau^{(j)})$ mit dem Transpositionsoperator $P_C^{(ij)}$ im Ladungsraum durch die Diracsche Identität

$$P_C^{(ij)} = \tfrac{1}{2}(1 + \boldsymbol{\tau}^{(i)}.\boldsymbol{\tau}^{(j)}) \tag{14.92}$$

zusammen. Zum Beweis dieser Identität führen wir den Isospin des Paares $(i\,j)$ ein:

$$\boldsymbol{t}_{ij} = \boldsymbol{t}^{(i)} + \boldsymbol{t}^{(j)}.$$

Jeder Zustand im Ladungsraum ist die Summe eines Zustands $|1\rangle$, für den $t_{ij} = 1$ und eines Zustands $|0\rangle$, für den $t_{ij} = 0$ ist. Weiter ist jeder Triplettzustand symmetrisch in i und j, jeder Singulettzustand antisymmetrisch in i und j. Also ist

$$\boldsymbol{t}_{ij}^{2}\,|1\rangle = 2\,|1\rangle \qquad \boldsymbol{t}_{ij}^{2}\,|0\rangle = 0$$
$$P_C^{(ij)}\,|1\rangle = \ |1\rangle \qquad P_C^{(ij)}\,|0\rangle = -\,|0\rangle$$

und folglich

$$P_C^{(ij)} = \boldsymbol{t}_{ij}^{2} - 1.$$

Hieraus ergibt sich unter Anwendung der Identität

$$\boldsymbol{t}_{ij}^2 = \tfrac{1}{2}(3 + \boldsymbol{\tau}^{(i)}.\boldsymbol{\tau}^{(j)})$$

die Gleichung (14.92). Darum ist

$$\boldsymbol{\tau}^{(i)}.\boldsymbol{\tau}^{(j)} = 2P_C^{(ij)} - 1.$$

Weil aber für den Raum der antisymmetrischen Vektoren aus $\mathcal{E}_0 \otimes \mathcal{E}_C$

$$P^{(ij)} \equiv P_C^{(ij)}\, P_0^{(ij)} = -1$$

also

$$P_C^{(ij)} = -\,P_0^{(ij)}$$

gilt, kann der Operator $\tau^{(i)}.\tau^{(j)}$ durch den Operator

$$-\,2P_0^{(ij)} - 1$$

ersetzt werden, der nur auf die räumlichen Variablen wirkt. W.z.b.w.

Die Äquivalenz von Ladungsunabhängigkeit und Drehinvarianz im Ladungsraum gilt ganz allgemein [17]. Weil alle *mathematischen* Folgerungen über Drehungen auch im Ladungsraum ihre Gültigkeit behalten (Addition der Isospins, Wigner-Eckart-Theorem, Auswahlregeln usw.), vermittelt diese Äquivalenz eine besonders bequeme Methode zur Berücksichtigung der Ladungsunabhängigkeit der Kernkräfte.

17) S. Fußnote 16).

Aufgaben

1. In Abschnitt 14.1.1 wurde der einer Permutation p zugeordnete Operator P durch seine Wirkung auf die Basisvektoren einer bestimmten symmetrischen $\{Q\}$-Darstellung definiert. Man zeige, daß diese Definition von der jeweils gewählten Darstellung unabhängig ist.

2. Es seien S_n, A_n die Symmetrisierungsoperatoren bzw. Antisymmetrisierungsoperatoren der Teilchen 1, 2, …, n und S_{n-1}, A_{n-1} die Symmetrisierungsoperatoren bzw. Antisymmetrisierungsoperatoren der Teilchen 1, 2, …, $n-1$. Man zeige, daß

$$S_n = \frac{1}{n}\left[1 + \sum_{i=1}^{n-1} P_{(in)}\right] S_{n-1} = \frac{1}{n} S_{n-1}\left[1 + \sum_{i=1}^{n-1} P_{(in)}\right]$$

$$A_n = \frac{1}{n}\left[1 - \sum_{i=1}^{n-1} P_{(in)}\right] A_{n-1} = \frac{1}{n} A_{n-1}\left[1 - \sum_{i=1}^{n-1} P_{(in)}\right].$$

3. Man zeige, daß es unter den *symmetrischen* Observablen eines Systems aus N gleichartigen Teilchen nur dann einen vollständigen Satz kommutierender Observabler geben kann, wenn $N = 2$ ist.

4. Man bestimme den Wirkungsquerschnitt für die Proton-Proton-Streuung (im Schwerpunktsystem), wenn das einfallende Proton in einer bestimmten Richtung Ou vollständig polarisiert ist (Komponente des Spins in Richtung Ou gleich $+½$) und das Targetproton (*i*) vollständig in derselben Richtung, (*ii*) vollständig in der Gegenrichtung (Spinkomponente in Richtung Ou gleich $-½$) polarisiert ist und (*iii*) nicht polarisiert ist. Man vergleiche die erhaltenen Ausdrücke mit dem Ausdruck (14.56).

5. Der Ausdruck (14.56) ist der Wirkungsquerschnitt für die Streuung zweier Fermionen mit dem Spin ½, deren Wechselwirkung spinunabhängig ist. Wie muß dieser Ausdruck modifiziert werden, wenn die beiden identischen Teilchen

   (*a*) Fermionen mit dem Spin j,

   (*b*) Bosonen mit dem Spin j sind?

6. Man berechne den Mittelwert $\langle r\rangle$ des Abstandes eines Elektrons vom Ursprung im Thomas-Fermi-Modell und vergleiche ihn mit dem numerischen Wert $\langle r\rangle$ beim Wasserstoffatom (man verwende das Integral: $\int_0^\infty \chi(x)\,dx \cong 1{,}8$).

7. Ein Atom mit der Ordnungszahl Z sei p-fach ionisiert. Man berechne seine Elektronendichte im Thomas-Fermi-Modell. Man zeige, daß der Ausdruck (14.66) für $\rho(r)$ stets gilt, wobei b und x genauso wie in Abschnitt 14.2.5 (Gln. (14.64–65)) definiert sind, und daß die Funktion $\chi(x)$ die Lösung von Gl. (14.67) ist, die in einem bestimmten Punkt x_0 verschwindet und den Bedingungen

$$\chi(0) = 1 \qquad \chi'(x_0) = -p/Zx_0$$

genügt. Man untersuche den Verlauf von $\rho(r)$ und den des elektrostatischen Potentials $\Phi(r)$.

8. Gegeben sei ein System aus Z Elektronen, dessen Hamilton-Operator von den Spins nicht abhängt. Man zeige: Das Energiespektrum für Zustände mit einem bestimmten Wert M der z-Komponente des Gesamtspins ist dasselbe (gleiche Lage und gleicher Entartungsgrad), wie das Spektrum, das man erhält, wenn man die Elektronen mit dem Spin $+½$ und die mit dem Spin $-½$ als verschiedene Fermionen auffaßt und nach den Zuständen sucht, bei denen die $(½ Z + M)$ ersten Elektronen den Spin $½$ und die übrigen den Spin $-½$ haben.

9. Man stelle den in Abschnitt 14.2.6 definierten Isospin-Formalismus für ein $\mathcal{N}$-Fermionensystem auf, das aus r gleichartigen, aber unterscheidbaren Arten besteht, d.h. n_1 Fermionen sind vom Typ 1, n_2 Fermionen vom Typ 2, ..., n_r vom Typ r, $(n_1 + n_2 + \ldots + n_r = \mathcal{N})$. Wie muß der Formalismus modifiziert werden, wenn es sich um Bosonen handelt?

15* Invarianz und Erhaltungssätze. Zeitumkehr

Einleitung

Dieses Kapitel befaßt sich mit einer systematischen Untersuchung der Invarianzeigenschaften, die ein physikalisches System bei bestimmten Transformationen aufweisen kann, und den Folgerungen, die sich daraus für sein Verhalten ergeben.

In Abschnitt 15.1 werden einige mathematische Hilfsmittel zusammengestellt.

In Abschnitt 15.2 untersuchen wir die allgemeinen Eigenschaften von Transformationen und Transformationsgruppen. Jeder Transformation $\mathfrak{T}$ der Variablen und der Zustände ist ein Transformationsoperator T zugeordnet, der auf die Ket-Vektoren wirkt. T ist notwendig entweder unitär und linear oder unitär und antilinear und bis auf einen willkürlichen Phasenfaktor durch das Transformationsgesetz für die Basisobservablen des Systems definiert. Abgesehen vom Fall der Zeitumkehr ist T praktisch immer linear. Mit den verschiedenen in der Physik auftretenden Transformationen kann man eine bestimmte Anzahl von Transformationsgruppen bilden und jeder solchen Gruppe $\mathfrak{G}$ eine bestimmte Gruppe G von Transformationsoperatoren zuordnen [1]. Nach einem Überblick über die am häufigsten vorkommenden Gruppen zeigen wir an einigen einfachen Beispielen, wie man die Gruppe G konstruiert, und zwar einmal für den Fall, daß $\mathfrak{G}$ eine endliche Gruppe, und zum anderen für den Fall, daß $\mathfrak{G}$ eine kontinuierliche Gruppe ist, bei der alle endlichen Transformationen als eine Aufeinanderfolge infinitesimaler Transformationen definiert werden können.

Die eigentlichen Invarianzfragen werden im Abschnitt 15.3 angeschnitten. Die in diesem Abschnitt behandelten Transformationen sind zeitunabhängig und linear. Man gelangt zu einer einfachen Verallgemeinerung der Ergebnisse des dreizehnten Kapitels, das sich mit Drehungen befaßt hatte. Fordert man die Invarianz der Bewegungsgleichungen gegenüber den Transformationen einer Gruppe $\mathfrak{G}$, so ist das gleichbedeutend mit der Bedingung, daß der Hamilton-Operator H mit allen Operatoren der Gruppe G kommutiert. Folglich ist jede aus den Operatoren von G gebildete Observable eine Konstante der Bewegung: Zur „$\mathfrak{G}$"-Invarianz gehört

---

*) Der vierte Teil (sechzehntes bis neunzehntes Kapitel) ist bis auf wenige Passagen von diesem Kapitel unabhängig. Sie werden jeweils angezeigt und können beim ersten Lesen überschlagen werden. Man kann den vierten Teil also zunächst durcharbeiten.

1) Die in diesem Kapitel benötigten Begriffe über Gruppen und ihre Darstellungen sind in den Abschnitten 1 und 2 des Anhangs D angegeben.

eine bestimmte Anzahl von Erhaltungssätzen. Durch diese Symmetrieeigenschaften von H wird seine Diagonalisierung vereinfacht und bis zu einem gewissen Grade eine Aussage über die Entartung seiner Eigenwerte ermöglicht.

Die Invarianz gegenüber Zeitumkehr unterscheidet sich von den übrigen Fällen sowohl durch ihre physikalische Bedeutung als auch durch die Tatsache, daß der Zeitumkehroperator antilinear ist. Hierauf gehen wir in Abschnitt 15.4 ein.

Wir werden in diesem Kapitel eine sehr auffällige Analogie zwischen der klassischen und der Quantenmechanik feststellen. Sie zeigt sich bei der Definition der Transformationen, beim Zusammenhang zwischen den Invarianzeigenschaften der Bewegungsgleichungen und den Symmetrieeigenschaften der Hamilton-Funktion bzw. des Hamilton-Operators und bei der Frage der Existenz von Erhaltungssätzen.

15.1 Mathematische Hilfsmittel. Antilineare Operatoren

15.1.1 Drei wichtige Sätze

Satz I. Zwei lineare Operatoren A und B sind genau dann gleich, wenn

$$\langle u|A|u\rangle = \langle u|B|u\rangle \qquad \text{für beliebiges } |u\rangle.$$

Satz II. Zwei lineare Operatoren A und B sind genau dann bis auf eine Phase gleich,

$$A = B\,e^{i\alpha}, \tag{15.1}$$

wenn

$$|\langle u|A|v\rangle| = |\langle u|B|v\rangle| \qquad \text{für beliebige } |u\rangle \text{ und } |v\rangle. \tag{15.2}$$

Satz III. Existiert zwischen den Vektoren des Raumes $\mathcal{E}$ ein Zusammenhang $\mathfrak{T}$, der bis auf eine willkürliche Phase umkehrbar eindeutig ist, und bleibt dabei der Betrag des Skalarprodukts erhalten, so kann man die Phasen stets so festlegen, daß dieser Zusammenhang entweder linear unitär oder antilinear unitär ist.

Satz I ist bereits im Abschnitt 7.1.4 angegeben worden.

Bei Satz II ist zunächst offensichtlich, daß aus Gl. (15.1) die Gl. (15.2) folgt. Zum Beweis der Umkehrung wählen wir eine bestimmte Darstellung und bezeichnen mit A_{ij} und B_{ij} die Matrixelemente von A und B in dieser Darstellung. Weil Gl. (15.2) für die Basisvektoren dieser Darstellung gilt, hat man

$$|A_{ij}| = |B_{ij}| \qquad \text{für beliebiges } i \text{ und } j. \tag{15.3}$$

Wählt man für $|u\rangle$ den i-ten Basisvektor und für $|v\rangle$ eine Linearkombination des j-ten und des k-ten Basivektors, so erhält man

$$|A_{ij}x_j + A_{ik}x_k| = |B_{ij}x_j + B_{ik}x_k|$$

für alle Werte der komplexen Koeffizienten x_j und x_k. Wegen Gl. (15.3) kann man dafür auch schreiben:

$$\mathrm{Re}\left[x_j x_k^*(A_{ij} A_{ik}^* - B_{ij} B_{ik}^*)\right] = 0.$$

Damit das für beliebiges $x_j x_k^*$ erfüllt ist, ist notwendig

$$A_{ij} A_{ik}^* - B_{ij} B_{ik}^* = 0.$$

Zusammen mit Gl. (15.3) ergibt das

$$\frac{A_{ij}}{B_{ij}} = \frac{A_{ik}}{B_{ik}}. \tag{15.4}$$

Diese Überlegung kann man bei festem i und einer anderen Wahl der Spaltenindizes j und k wiederholen. Folglich ist das Verhältnis A_{ij}/B_{ij} von j unabhängig. Vertauscht man die Rollen der Zeilen und Spalten, so kann man zeigen, daß dieses Verhältnis auch von i unabhängig ist. Weil schließlich wegen Gl. (15.3) die Matrixelemente von A und B denselben Betrag haben, gilt:

$$\frac{A_{ij}}{B_{ij}} = \mathrm{e}^{\mathrm{i}\alpha} \qquad \text{für beliebige } i \text{ und } j.$$

Die Operatoren unterscheiden sich also nur um einen Phasenfaktor. W.z.b.w.

Satz III beweist man wie folgt. Nach Voraussetzung gehört zu jedem Vektor $|u\rangle$ aus $\mathfrak{E}$ ein bestimmter Vektor $|u'\rangle$. Dieser Vektor ist bis auf einen Phasenfaktor gegeben. Wir legen ihn für den Augenblick beliebig fest. Dann stellt das Gesetz $\mathfrak{T}$ einen umkehrbar eindeutigen Zusammenhang zwischen den Vektoren aus $\mathfrak{E}$ her:

$$|u'\rangle = \mathfrak{T}[|u\rangle] \qquad |u\rangle = \mathfrak{T}^{-1}[|u'\rangle], \tag{I}$$

wobei der Betrag des Skalarprodukts erhalten bleibt:

$$|\langle u'|v'\rangle| = |\langle u|v\rangle|. \tag{II}$$

Sei also

$$|1\rangle, |2\rangle, \ldots, |n\rangle, \ldots \tag{15.5}$$

ein vollständiges Orthonormalsystem in $\mathfrak{E}$. Dann bilden auch die Vektoren

$$|1'\rangle, |2'\rangle, \ldots, |n'\rangle, \ldots \tag{15.5'}$$

ein vollständiges Orthonormalsystem: Es ist orthonormal, weil wegen (II) das Gesetz $\mathfrak{T}$ die Norm und die Orthogonalität erhält. Es ist vollständig, denn existierte ein Vektor $|a'\rangle$, der zu allen Vektoren dieser Folge orthogonal wäre, so wäre der Vektor $|a\rangle \equiv \mathfrak{T}^{-1}[|a'\rangle]$ orthogonal zu allen Vektoren der Folge (15.5), was nach Voraussetzung nicht möglich ist.

Wir setzen:

$$u_n \equiv \langle n|u\rangle \qquad u'_n \equiv \langle n'|u'\rangle. \tag{15.6}$$

Wir müssen beweisen, daß bei geeigneter Wahl der Phasen der „gestrichenen" Vektoren entweder

$$u'_n = u_n \qquad \text{für beliebige } |u\rangle \text{ und } n \tag{15.7 a}$$

oder

$$u'_n = u_n^* \qquad \text{für beliebige } |u\rangle \text{ und } n \tag{15.7 b}$$

gilt.

Wegen (II) ist offensichtlich

$$|u'_n| = |u_n| \qquad \text{für beliebige } |u\rangle \text{ und } n.$$

Man braucht also nur die Phasenbeziehung zwischen u'_n und u_n zu untersuchen.

Hierzu legen wir die Phase jedes Basisvektors $|n'>$ durch die Bedingung fest, daß der Vektor $|1> + |n>$ in den Vektor $|1'> + |n'>$ transformiert wird.

Wir beweisen die Beziehungen (15.7) zunächst für den Spezialfall, daß $|u>$ ein „reeller" Vektor ist, d.h. daß alle u_n reell sind. Die Bedingung (II) ergibt für das Skalarprodukt von $|u>$ mit $|1> + |n>$:

$$|u_1 + u_n| = |u'_1 + u'_n|.$$

Das gewünschte Ergebnis findet man, wenn man die Phase von $|u>$ so wählt, daß $u'_1 = u_1$. Das setzt augenscheinlich $u_1 \neq 0$ voraus, doch kann man sich durch eine sehr einfache Verallgemeinerung dieser Überlegung davon überzeugen, daß man für $u_1 = 0$ zum selben Ergebnis kommt.

Es sei jetzt $|u>$ ein beliebiger Vektor. Die Bedingung (II) ergibt für das Skalarprodukt von $|u>$ mit dem „reellen" Vektor $\sum_{s=0}^{k} |j + s>$:

$$\left| \sum_{s=0}^{k} u_{j+s} \right| = \left| \sum_{s=0}^{k} u'_{j+s} \right| \tag{15.8}$$

Diese Beziehung ist für beliebige feste Werte von j und k erfüllt. Man kann das Ergebnis geometrisch deuten. Wir ordnen $|u>$ den Polygonzug (Γ) in der komplexen Zahlenebene zu, der durch das Aneinanderfügen seiner Komponenten $u_1, u_2, \ldots$ entsteht. Entsprechend ordnen wir $|u'>$ den aus den Komponenten $u'_1, u'_2, \ldots$ bestehenden Polygonzug (Γ') zu. Dann bedeutet die Beziehung (15.8), daß der Abstand irgendzweier Eckpunkte von (Γ') gleich dem Abstand der zugehörigen Eckpunkte von (Γ) ist. Das bedeutet, daß (Γ') aus (Γ) entweder (*a*) durch eine Drehung um den Ursprung oder (*b*) durch eine Drehung mit anschließender Spiegelung an der reellen Achse hervorgeht.

Im Fall (*a*) legen wir die Phase von $|u'>$ durch die Bedingung $u'_1 = u_1$ fest. Dann fallen (Γ') und (Γ) zusammen, d.h. es ist

$$u'_n = u_n \qquad \text{für jedes } n.$$

Im Fall (*b*) bestimmen wir die Phase von $|u'>$ durch die Bedingung $u'_1 = u_1^*$. Jetzt ist (Γ') in bezug auf die reelle Achse symmetrisch zu (Γ), d.h. es ist

$$u'_n = u_n^* \qquad \text{für jedes } n.$$

Es verbleibt der Nachweis, daß es nur zwei Möglichkeiten gibt: Entweder gehören *alle* Vektoren von $\mathcal{E}$ zum Fall (*a*) oder *alle* zum Fall (*b*).

Nehmen wir z.B. an, daß der Vektor $|j> + e^{i\alpha}|k>$ $(\alpha \neq n\pi)$ zum Fall (*a*) gehört. Dann befindet sich jeder Vektor $|u>$, dessen beide Komponenten u_j und u_k nicht verschwinden und die eine von $n\pi$ verschiedene relative Phase haben, ebenfalls im Fall (*a*), wie man aus der Eigenschaft (II) des aus $|u>$ und $|j> + e^{i\alpha}|k>$ gebildeten Skalarprodukts erkennen kann. Ohne Schwierigkeit kann man dann die Überlegung auf solche Vektoren ausdehnen, für die die Komponenten u_j, u_k verschwinden und für die die relative Phase gleich $n\pi$ ist. Ganz ähnlich verläuft der Beweis für den Fall (*b*).

Es gibt also zwei Möglichkeiten:

Fall (*a*). – Für eine passende Wahl der Phasen ist die Beziehung (15.7 a) erfüllt. Dann ist der Zusammenhang $\mathcal{T}$ *linear*. Genauer hat man:

$$<u'|v'> = <u|v> \tag{15.9 b}$$

Der Zusammenhang ist also linear unitär.

Fall (b). – Für eine passende Wahl der Phasen ist die Beziehung (15.7b) erfüllt. Dann ist der Zusammenhang $\mathcal{T}$ *antilinear.* Genauer ist:

$$\langle u' | v' \rangle = \langle u | v \rangle^*. \tag{15.9b}$$

In Übereinstimmung mit der weiter unten anzugebenden Definition der Unitarität antilinearer Operatoren ist das ein antilinearer unitärer Zusammenhang. W.z.b.w.

15.1.2 Antilineare Operatoren im Hilbert-Raum

Die Eigenschaften antilinearer Operatoren im Hilbert-Raum sind zu denen der linearen Operatoren weitgehend analog. Wir geben sie hier in Parallele zum siebten Kapitel (über lineare Operatoren) kurz an.

Definition. Wirkung auf Kets

Gehört zu jedem Ket-Vektor $|u\rangle$ aus dem Hilbert-Raum ein bestimmter Ket-Vektor $|v\rangle$, und ist diese Zuordnung antilinear, so sagt man, $|v\rangle$ ergebe sich aus $|u\rangle$ durch die Wirkung eines bestimmten antilinearen Operators A, und man schreibt

$$|v\rangle = A\,|u\rangle. \tag{15.10}$$

Die Antilinearitätseigenschaft lautet:

$$A(\lambda_1 |1\rangle + \lambda_2 |2\rangle) = \lambda_1^* (A\,|1\rangle) + \lambda_2^* (A\,|2\rangle). \tag{15.11}$$

Ein antilinearer Operator ist bereits durch seine Wirkung auf ein vollständiges System linear unabhängiger Vektoren aus $\mathcal{E}$ definiert, insbesondere also durch seine Wirkung auf die Vektoren eines Basissystems von $\mathcal{E}$.

Algebraische Operationen

Wie bei linearen Operatoren definiert man:

1. *Multiplikation mit einer Konstanten c.* Ist $c \neq c^*$, so beachte man, daß $cA \neq Ac$ ist. Vielmehr hat man

$$\boxed{cA = Ac^*} \tag{15.12}$$

2. *Summe* zweier antilinearer Operatoren (wie bei linearen Operatoren);
3. *Produkte:* Sind A_1 und A_2 antilinear, so ist das durch

$$(A_1 A_2)|u\rangle = A_1\,(A_2\,|u\rangle)$$

definierte Produkt $A_1 A_2$ ein linearer Operator. Ist A antilinear und B linear, so ist das Produkt AB antilinear. Sind allgemeiner $A, B, \ldots, L$ $p + q$ Operatoren, von denen p linear und q antilinear sind, so ist das Produkt $(AB\ldots L)$ linear oder antilinear, je nachdem, ob q gerade oder ungerade ist.

Alle diese Produkte sind assoziativ, im allgemeinen jedoch nicht kommutativ. Die Definition der Kommutatoren ist dieselbe wie bei linearen Operatoren, ebenso bleiben die algebraischen Regeln (5.63–66) gültig.

Inverses

Ist der durch Gl. (15.10) zwischen $|u\rangle$ und $|v\rangle$ definierte Zusammenhang umkehrbar eindeutig, so ist auch der zu A inverse Operator A^{-1} definiert:

$$|u\rangle = A^{-1}\,|v\rangle.$$

Nach Definition sind die antilinearen Operatoren A und B zueinander invers, wenn gleichzeitig gilt:

$$AB = 1 \qquad BA = 1. \tag{15.13}$$

Sind die Operatoren $A, B, C, \ldots, L$ teils linear, teils antilinear und besitzt jeder von ihnen ein Inverses, so existiert das Inverse ihres Produkts und es ist:

$$(ABC\ldots L)^{-1} = L^{-1}\ldots C^{-1}\,B^{-1}\,A^{-1}. \tag{15.14}$$

Wirkung auf Bra-Vektoren

Es sei A ein antilinearer Operator und $\langle\chi|$ ein Bra-Vektor. Das Konjugiertkomplexe des Skalarprodukts $\langle\chi|\,(A\,|u\rangle)$, eine lineare Funktion von $|u\rangle$, definiert einen bestimmten Bra-Vektor (s. Abschnitt 7.1.2), den wir mit $\langle\eta|$ bezeichnen. Nach Definition ist

$$\langle\eta| = \langle\chi|A. \tag{15.15}$$

Der Zusammenhang zwischen $\langle\chi|$ und $\langle\eta|$ ist antilinear:

$$(\lambda_1\langle 1| + \lambda_2\langle 2|)A = \lambda_1^*\,(\langle 1|A) + \lambda_2^*\,(\langle 2|A) \tag{15.16}$$

Aufgrund dieser Definition gilt für Skalarprodukte folgende Identität:

$$\boxed{(\langle\chi|A)\,|u\rangle = [\langle\chi|\,(A|u\rangle)]^*} \tag{15.17}$$

Dies vergleiche man mit der Identität (7.17) für lineare Operatoren. Man sieht, daß jetzt die Klammern nicht fortgelassen werden dürfen.

Wie im Fall der linearen Operatoren definiert man die drei algebraischen Operationen sowie den inversen Operator. Für die Multiplikation mit einer Konstanten gilt (s. Gl. (15.12)):

$$\langle\chi|\,(c\,A) = c^*\,(\langle\chi|A) = \langle\chi|(A\,c^*). \tag{15.18}$$

Alles andere bleibt ungeändert.

Ein wichtiger Hinweis

Die Beziehungen (15.12) und (15.17) fassen die Unterschiede zusammen, die bei antilinearen Operatoren gegenüber den linearen auftreten:

(*i*) Eine Konstante c, aufgefaßt als ein Operator im Raum der Ket-Vektoren oder der Bra-Vektoren, kommutiert nur dann mit den antilinearen Operatoren, wenn sie reell ist;

(*ii*) beim Skalarprodukt muß man ausdrücklich angeben, ob A auf den Ket rechts von ihm oder auf den Bra links von ihm wirkt.

In der Praxis verwendet man stets so viele Klammern, wie zur Vermeidung von Mehrdeutigkeiten nötig sind. Nehmen wir z.B. das Produkt $A_1 A_2$ zweier antilinearer Operatoren. Das Symbol $\langle u | A_1 A_2 | v \rangle$ ist nicht eindeutig. Klar ist dagegen die Schreibweise:

$$\langle u | (A_1 A_2) | v \rangle = (\langle u | A_1 A_2) | v \rangle = [(\langle u | A_1)(A_2 | v \rangle)]^* = \langle u | (A_1 A_2 | v \rangle). \quad (15.19)$$

Ebenso gilt für das Produkt $(A | u \rangle \langle v |)$ des linearen Operators $| u \rangle \langle v |$ mit dem antilinearen Operator A: Die Symbole $A | u \rangle \langle v | w \rangle$ und $\langle w | A | u \rangle \langle v |$ sind nicht klar, dagegen kann man unmißverständlich schreiben:

$$(A | u \rangle \langle v |) | w \rangle = A (| u \rangle \langle v | w \rangle) = (A | u \rangle) \langle v | w \rangle^* \quad (15.20)$$

$$\langle w | (A | u \rangle \langle v |) = (\langle w | A) | u \rangle \langle v | = [\langle w | (A | u \rangle)]^* \langle v |. \quad (15.21)$$

15.1.3 Antiunitäre Transformationen

Adjungierte antilineare (oder hermitisch konjugierte) *Operatoren*

$A^\dagger$ heißt der zum antilinearen Operator A adjungierte Operator, wenn $A^\dagger | u \rangle$ der zu $\langle u | A$ konjugierte Ket-Vektor für jedes $| u \rangle$ ist. Er ist ein antilinearer Operator.

Folglich gilt für beliebige $| u \rangle$ und $| t \rangle$:

$$\langle t | (A^\dagger | u \rangle) = \langle u | (A | t \rangle), \quad (15.22)$$

was man mit der Identität (7.20) vergleichen möge. Abgesehen davon bleiben die in Abschnitt 7.2.1 angegebenen Beziehungen auch hier gültig. Insbesondere gilt:

Sind die Operatoren $A, B, C, \ldots, L$ teils linear, teils antilinear, so ist (s. Gl. (15.14)):

$$(ABC \ldots L)^\dagger = L^\dagger \ldots C^\dagger B^\dagger A^\dagger. \quad (15.23)$$

Antiunitäre Operatoren

Ein Operator A heißt antiunitär, wenn er antilinear und sein Inverses gleich seinem Adjungierten ist:

$$A A^\dagger = A^\dagger A = 1.$$

Besteht die Folge $A, B, C, \ldots, L$ aus insgesamt $p + q$ Operatoren, von denen p unitär und q antiunitär sind, so ist das Produkt $ABC \ldots L$ unitär oder antiunitär, je nachdem, ob q gerade oder ungerade ist.

Antiunitäre Transformation von linearen Operatoren und Vektoren

Ein antiunitärer Operator K definiert eine antiunitäre Transformation der linearen Operatoren und Vektoren in $\mathscr{E}$, bei der:

jeder Ket $|u\rangle$ transformiert wird in $|\widehat{u}\rangle \equiv K|u\rangle$;
jeder lineare Operator B in $\widehat{B} \equiv K B K^{\dagger}$;
jeder Bra $\langle v|$ in $\langle\widehat{v}| \equiv \langle v|K^{\dagger}$.

Bei einer solchen Transformation bleiben

(*i*) die Konjugationsbeziehungen zwischen Bra- und Ket-Vektoren sowie die Beziehung der Adjunktion zwischen Operatoren erhalten. Ist B eine Observable, so ist $\widehat{B}$ eine Observable mit demselben Eigenwertspektrum, und der Unterraum zu jedem Eigenwert von B wird in den Unterraum zum selben Eigenwert von $\widehat{B}$ transformiert;

(*ii*) gehen die Skalarprodukte in ihr Konjugiertkomplexes über

$$\langle\widehat{u}|\widehat{B}|\widehat{v}\rangle = \langle u|B|v\rangle^{*} ; \tag{15.24}$$

(*iii*) wird jede Konstante c, als ein Operator betrachtet, in ihr Konjugiertkomplexes transformiert:

$$K c K^{\dagger} = c^{*} ; \tag{15.25}$$

(*iv*) erfüllen, falls zwischen Vektoren und (oder) Operatoren eine Relation besteht, die transformierten Größen die Relation, die aus der ursprünglichen dadurch entsteht, daß man in ihr alle Koeffizienten durch das Konjugiertkomplexe ersetzt. Anders ausgedrückt, bei der Transformation K bleiben die Gleichungen zwischen Vektoren und (oder) Operatoren erhalten, falls man die darin auftretenden Koeffizienten als Operatoren auffaßt. Z.B. transformieren sich die Vertauschungsrelationen

$$[q, p] = \mathrm{i}\hbar \qquad [J_x, J_y] = \mathrm{i}\hbar\, J_z \tag{15.26 a}$$

in

$$[\widehat{q}, \widehat{p}] = -\mathrm{i}\hbar \qquad [\widehat{J}_x, \widehat{J}_y] = -\mathrm{i}\hbar\, \widehat{J}_z. \tag{15.26 b}$$

15.1.4 Antilineare Operatoren und Darstellungen

Der zu einer $\{Q\}$-Darstellung gehörende Komplex-Konjugationsoperator K_Q

Per definitionem ist K_Q der Operator, der die Wellenfunktion in der $\{Q\}$-Darstellung in ihr Konjugiertkomplexes transformiert. *Dieser Operator hängt wesentlich von der gewählten Darstellung und insbesondere von den Phasen der Basisvektoren ab.*

Es seien $|1\rangle, |2\rangle, \dots, |n\rangle, \dots$ die Basisvektoren der $\{Q\}$-Darstellung. K_Q ist der antilineare Operator, der diese Vektoren invariant läßt:

$$K_Q\,|n\rangle = |n\rangle. \tag{15.27}$$

K_Q ist dadurch eindeutig definiert. Es ist klar, daß

$$K_Q^\dagger = K_Q \qquad K_Q^2 = 1 \tag{15.28}$$

und K_Q folglich ein antiunitärer Operator ist. Er besitzt die oben angegebene Eigenschaft:

Bei der antiunitären Transformation K_Q gehen die Matrizen der $\{Q\}$-Darstellung in ihr Konjugiertkomplexes über. Man hat nämlich:

$$\langle n|(K_Q|u\rangle) = \langle n|u\rangle^* \qquad (\langle v|K_Q)|n\rangle = \langle v|n\rangle^*$$
$$\langle m|(K_Q B K_Q)|n\rangle = \langle m|B|n\rangle^* \quad (B \text{ linearer Operator}).$$

Die Wirkung von K_Q in der $\{Q\}$-Darstellung ist einfach die Operation der Komplexkonjugation. Hieraus folgt nun leicht die Wirkung eines beliebigen antilinearen Operators A. A ist nämlich das Produkt aus K_Q mit einem linearen Operator:

$$A = (A\,K_Q)\,K_Q = K_Q\,(K_Q\,A). \tag{15.29}$$

(AK_Q) und (K_QA) sind lineare Operatoren. Sie ergeben sich durch die Transformation K_Q auseinander:

$$K_Q\,A = K_Q\,(A\,K_Q)\,K_Q$$

(wenn A antiunitär ist, sind (K_QA) und (AK_Q) unitär).

Darstellungswechsel

Wir wählen jetzt eine andere Darstellung, die $\{\Xi\}$-Darstellung. Mit K_Ξ bezeichnen wir den Operator der Komplexkonjugation für diese Darstellung und bedienen uns im übrigen der Bezeichnungen des Abschnitts 7.3.6. Insbesondere ist die Transformationsmatrix für die *linearen* Operatoren und für die Vektoren die unitäre Matrix $S(\xi; n) \equiv \langle\xi|n\rangle$.

Ist diese Matrix reell, so sind die Vektoren der neuen Basis gegenüber der Operation K_Q invariant. Mit anderen Worten ist

$$K_\Xi = K_Q \qquad \text{wenn } S = S^*.$$

In diesem Falle sind die einem bestimmten antilinearen Operator A in der $\{\Xi\}$-Darstellung zugeordneten linearen Operatoren AK_Ξ und $K_\Xi A$ dieselben wie die ihm in der $\{Q\}$-Darstellung zugeordneten.

Sind diese Bedingungen nicht erfüllt, so ist AK_Ξ verschieden von AK_Q. Es ist jedoch nützlich, die Matrix $(AK_\Xi)_\Xi$, die diesen Operator in der $\{\Xi\}$-Darstellung darstellt, aus seiner Darstellungsmatrix $(AK_Q)_Q$ in der $\{Q\}$-Darstellung herzuleiten. Es ist:

$$\begin{aligned}\langle\xi|(A\,K_{\Xi})|\xi'\rangle &= \langle\xi|(A\,K_Q)\,(K_Q\,K_{\Xi})|\xi'\rangle\\ &= \sum_{mn}\langle\xi|m\rangle\,\langle m|(A\,K_Q)|n\rangle\,\langle n|(K_Q\,K_{\Xi})|\xi'\rangle\\ &= \sum_{mn}\langle\xi|m\rangle\,\langle m|(A\,K_Q)|n\rangle\,\langle n|\xi'\rangle^*\end{aligned}$$

also

$$(A K_{\Xi})_{\Xi} = S\,(A\,K_Q)_Q\,\widetilde{S}\,. \tag{15.30}$$

Genauso ergibt sich

$$(K_{\Xi}\,A)_{\Xi} = (A\,K_{\Xi})^*_{\Xi} = S^*\,(K_Q A)_Q\,S^{\dagger}. \tag{15.31}$$

15.2 Transformationen und Transformationsgruppen

15.2.1 Transformation von Variablen und Zuständen

Wir haben bereits erklärt, was man unter der Drehung eines physikalischen Systems und unter der Permutation von Teilchen eines physikalischen Systems versteht.

Allgemein bedeutet die Ausführung einer Transformation an einem System das Ersetzen jeder seiner Variablen durch eine neue Variable und jedes seiner Zustände durch einen neuen Zustand so, daß dabei *die physikalischen Eigenschaften des Systems erhalten bleiben.*

Auf diese Weise stellt die Transformation $\mathcal{T}$ einen umkehrbar eindeutigen Zusammenhang zwischen den dynamischen Variablen her: Eine bestimmte Variable B wird in eine andere Variable

$$B' \equiv \mathcal{T}[B]$$

transformiert. Nach Voraussetzung hat die Transformierte B' dasselbe Spektrum wie B, und die Eigenzustände zu jedem Eigenwert von B' sind die transformierten Eigenzustände zum selben Eigenwert von B. Diese beiden Bedingungen drücken die Erhaltung der physikalischen Eigenschaften bei der Transformation der dynamischen Variablen aus. Obwohl diese Erhaltungsbedingung ohne einen Bezug auf die Meßvorgänge formuliert werden kann, wird die Transformation besonders anschaulich, wenn man sie sich an der zur Variablen B gehörenden Meßapparatur ausgeführt denkt: Die „Transformierte" dieser Apparatur ist die Apparatur, mit der man die Variable B' mißt. So definiert man die Verschiebungen (Drehungen, Translationen), die Spiegelungen (Symmetrie in bezug auf einen Punkt oder eine Ebene) usw. von Variablen.

Vom Begriff der Transformation von Variablen gelangt man leicht zu dem der Transformation von Zuständen. Der Vektor $|u\rangle$ repräsentiere einen möglichen Zustand des Systems. Man kann ihn stets als den gemeinsamen Eigenzustand eines vollständigen Satzes kommutierender Observabler auffassen; er ist so bis auf einen Phasenfaktor definiert. Der transformierte Vektor

$$|u'\rangle \equiv \mathfrak{T}[|u\rangle]$$

ist der gemeinsame Eigenzustand der transformierten Observablen. $\mathfrak{T}$ stellt also einen umkehrbar eindeutigen Zusammenhang zwischen den bis auf eine Phase definierten Zustandsvektoren her.

Nach Voraussetzung bleiben die physikalischen Eigenschaften der Zustände bei der Transformation erhalten: Das System sei im Zustand $|u'\rangle$. Dann ist die Wahrscheinlichkeit für das Auffinden der zum transformierten Zustand $|v'\rangle$ gehörenden Meßergebnisse gleich der Wahrscheinlichkeit, die zum Zustand $|v\rangle$ gehörenden Meßresultate zu erhalten, wenn sich das System im Zustand $|u\rangle$ befindet. Anders ausgedrückt, ist

$$|\langle u'|v'\rangle|^2 = |\langle u|v\rangle|^2 \qquad \text{für jedes } |u\rangle \text{ und } |v\rangle.$$

Bei dem hier vorliegenden umkehrbar eindeutigen Zusammenhang bleibt also der Betrag des Skalarprodukts erhalten. Nach Satz III kann man die Phasen der transformierten Vektoren stets so festlegen, daß diese Transformation entweder unitär oder aber antiunitär ist. Wir können also schreiben:

$$|u'\rangle = T|u\rangle, \tag{15.32}$$

wobei T ein durch die jeweilige Transformation bestimmter unitärer oder antiunitärer Operator ist. In beiden Fällen gilt:

$$TT^\dagger = T^\dagger T = 1. \tag{15.33}$$

Aus dem Transformationsgesetz (15.32) ergibt sich das Transformationsgesetz für die Dichteoperatoren:

$$\rho' = T\rho T^\dagger. \tag{15.34}$$

Wir betrachten wieder die Transformation der Observablen. Weil die physikalischen Eigenschaften sich nicht ändern, bleiben bei der genannten Transformation die Mittelwerte erhalten. Für jede Observable B haben wir also:

$$\langle u'|B'|u'\rangle = \langle u|B|u\rangle \qquad \text{für jedes } |u\rangle$$

oder auch[2)]

$$\langle u|(T^\dagger B' T)|u\rangle = \langle u|B|u\rangle \qquad \text{für jedes } |u\rangle.$$

Mit Satz I und der Eigenschaft (15.33) folgt notwendig:

$$B' = TBT^\dagger \qquad B = T^\dagger B' T. \tag{15.35}$$

Aus diesen Beziehungen folgt eine wichtige Eigenschaft: Bei der Transformation bleibt jede Relation zwischen den Observablen des Systems erhalten, wenn T linear ist, und sie geht in die konjugiert komplexe Relation über, wenn T antilinear ist.

2) Dieser Schluß ist für lineares T offensichtlich. Für antilineares T ist er richtig, weil $\langle u|B|u\rangle$ reell ist.

Das legt den Transformationsgesetzen für Observable sehr einschränkende Bedingungen auf. Jede Observable B ist eine bestimmte *reellwertige* Funktion $F(\xi)$ der Basisoberservablen $\xi_1, \xi_2, \ldots, \xi_n, \ldots$ des Systems. Ihre Transformierte ist notwendig: $B' \equiv F(\xi')$. *Die Transformation T ist also durch die Angabe der Transformationsgesetze für die Basisoberservablen vollständig bestimmt, d.h. durch die Angabe der Funktionen* $f_1(\xi), \ldots, f_n(\xi), \ldots$ *mit:*

$$\mathcal{T}[\xi_n] \equiv \xi_n' = f_n(\xi).$$

Diese Angaben legen auch die Vertauschungsrelationen für die ξ' fest. Als algebraische Relationen müssen sie die oben angegebene Erhaltungseigenschaft aufweisen. Es gibt darum nur zwei Möglichkeiten. *Bei der Transformation bleiben die fundamentalen Vertauschungsrelationen entweder erhalten oder es ändern sich die Vorzeichen* [3]. Im ersten Fall ist der zur Transformation gehörige Operator T linear, im zweiten antilinear (s. Gln. (15.26 a–b)).

Der Operator T muß die Beziehungen

$$\xi_n' = T\xi_n T^\dagger \tag{15.36}$$

erfüllen. Hierin sind alle physikalischen Eigenschaften von T enthalten, doch reichen diese Beziehungen zur vollständigen Bestimmung von T nicht aus. Sei T_1 ein anderer unitärer (oder antiunitärer) Operator, der dieselben Beziehungen erfüllt. Dann gilt (der Kürze halber lassen wir den Index n fort):

$$T_1^\dagger \xi' T_1 = \xi$$

also

$$T_1^\dagger T \xi T^\dagger T_1 = \xi$$

oder auch

$$[T_1^\dagger T, \xi] = 0 \qquad \text{für jedes } \xi. \tag{15.37}$$

Setzt man voraus, daß der Raum $\mathcal{E}$ in bezug auf den Observablensatz ξ *irreduzibel* ist, so ist Gl. (15.37) genau dann erfüllt, wenn $T_1^\dagger T$ eine Konstante ist.

Das ist eine Folge des Schurschen Lemmas (Anhang D 2.3). Man kann dies in folgender Weise direkt zeigen. Es sei $|u\rangle$ ein gemeinsamer Eigenzustand eines vollständigen Satzes kommutierender Observabler. Weil $C \equiv T_1^\dagger T$ mit diesen Observablen vertauscht, ist $|u\rangle$ notwendig Eigenvek-

[3] In der klassischen Mechanik sind das die Transformationen, bei denen die Poisson-Klammern

$$\{A_{\text{cl.}}, B_{\text{cl.}}\}$$

für jedes Paar $(A_{\text{cl.}}, B_{\text{cl.}})$ der dynamischen Variablen des Systems erhalten bleiben (kanonische Transformationen). In der Quantenmechanik dürfen sich entsprechend die Ausdrücke

$$\frac{1}{i\hbar}[A, B]$$

nicht ändern.

tor von C: $C|u\rangle = c|u\rangle$. Da aber C mit jeder Funktion $F(\xi)$ der Observablen des Systems kommutiert, hat man auch:

$$CF(\xi)|u\rangle = cF(\xi)|u\rangle \qquad \text{für jedes } F(\xi).$$

Nun ist der von der Gesamtheit der Vektoren $F(\xi)|u\rangle$ aufgespannte Unterraum von $\mathcal{E}$ ein in bezug auf die ξ invarianter Unterraum. Wegen der Voraussetzung der Irreduzibilität kann es also nur $\mathcal{E}$ selbst sein. Also ist $C = c$.

Setzt man voraus, so wie wir es bis jetzt stets getan haben, daß jeder Vektor des Zustandsraums als ein Eigenvektor eines vollständigen Satzes kommutierender Observabler aufgefaßt werden kann, so ist diese Irreduzibilitätseigenschaft von $\mathcal{E}$ automatisch erfüllt (Aufgabe 1). Die hier in Frage kommenden Observablen sind also physikalische Observablen. Wir werden den Raum $\mathcal{E}$ in bezug auf physikalische Observable stets als irreduzibel voraussetzen [4]. Dann hat die Konstante c notwendig den Betrag Eins, weil T und T_1 unitär sind. Wir können also schreiben:

$$T_1 = e^{i\alpha} T.$$

Zu jeder Transformation $\mathcal{T}$ gehört also ein unitärer oder antiunitärer Operator T, der bis auf einen Phasenfaktor durch die Transformationsgesetze für die Basisobservablen des Systems definiert ist (Gl. (15.36)). *T ist unitär, wenn bei der Transformation die Vertauschungsrelationen erhalten bleiben, und antiunitär, wenn sich dabei die Vorzeichen ändern.*

Die Phase von T kann man völlig willkürlich wählen, sie hat auf die physikalischen Eigenschaften der Transformation keinen Einfluß. Weder das Transformationsgesetz für die Observablen und die Dichteoperatoren noch die verschiedenen algebraischen Beziehungen unter den Operatoren werden davon berührt.

15.2.2 Transformationsgruppen

Mit den verschiedenen möglichen Transformationen kann man eine bestimmte Anzahl von Transformationsgruppen bilden, wobei das Wort Gruppe in seinem mathematischen Sinn zu verstehen ist (s. Anhang D 1.1).

Das *Produkt* $\mathcal{T}_{21} \equiv \mathcal{T}_2 \mathcal{T}_1$ von zwei Transformationen $\mathcal{T}_1, \mathcal{T}_2$ ist die Transformation, die entsteht, wenn man nach $\mathcal{T}_1$ die Transformation $\mathcal{T}_2$ anwendet. Der Transformationsoperator T ist bis auf einen Phasenfaktor gleich dem Produkt $T_2 T_1$. Diese Art von Produkt ist *assoziativ*, aber nicht notwendig kommutativ.

Die *Identität* $\mathcal{J}$ ist die Transformation, bei der jede Observable in sich transformiert wird. Der zugehörige Operator ist die Multiplikation mit einem beliebigen festen Phasenfaktor.

[4] S. den Literaturhinweis der Fußnote 13[14]. Dort wird diese Irreduzibilitätshypothese aufgegeben.

Das *Inverse* $\mathfrak{T}^{-1}$ einer Transformation $\mathfrak{T}$ ist durch die Relationen $\mathfrak{T}^{-1}\mathfrak{T} = \mathfrak{T}\mathfrak{T}^{-1} = \mathfrak{J}$ definiert. Weil der durch $\mathfrak{T}$ gegebene Zusammenhang zwischen den Zuständen umkehrbar eindeutig ist, existiert das Inverse stets.

Deshalb kann man von den in Abschnitt 15.2.1 angegebenen Transformationen jede als ein Element einer bestimmten Gruppe $\mathcal{G}$ ansehen.

Es gibt Gruppen, deren physikalische Bedeutung unmittelbar klar ist. Das sind die *Gruppe der räumlichen Transformationen* (Translationen, Rotationen, Reflexionen) *und ihre verschiedenen Untergruppen.* Von diesen nennen wir die Translationsgruppe, die Drehgruppe (Drehungen um einen Punkt), die Gruppe der Verschiebungen (Translation × Rotation), die der Punkt- und Ebenensymmetrie, die Drehspiegelungsgruppe (Drehung um einen Punkt × Spiegelung am selben Punkt) und die Symmetriegruppen der Kristalle.

Im vorangegangenen Kapitel sind wir einer anderen Kategorie von Gruppen begegnet: den *Permutationsgruppen* für gleichartige Teilchen. Wir haben auch schon die Permutationen bestimmter Variabler unter Ausschluß der anderen untersucht, insbesondere die Gruppe der Permutationen im Ladungsraum, an die sich im Fall der Nukleonensysteme die Gruppe der Isospindrehungen oder Drehgruppe im Ladungsraum anschloß.

Es ist zweckmäßig, die explizit zeitabhängigen Transformationen gesondert zu behandeln. Von diesen nennen wir hier vor allem die Galilei-Gruppe (Aufgabe 7). Die Galilei-Transformationen sind das nichtrelativistische Gegenstück zu den Lorentz-Transformationen im engeren Sinne. Diese bilden zusammen mit den Raumdrehungen die eigentliche Lorentz-Gruppe, auf die wir im fünften Teil dieses Buches zurückkommen werden. Auf der anderen Seite gibt es die Gruppe der Zeittranslationen und schließlich die Zeitumkehr. Zeittranslation und Zeitumkehr werden im Abschnitt 15.4 untersucht. Für den Rest dieses Abschnitts beschränken wir uns auf Transformationen, die die Zeit nicht explizit enthalten.

15.2.3 Gruppen von Transformationsoperatoren

Es sei $[\mathfrak{T}]$ eine Menge von Transformationen $\mathfrak{T}_1, \mathfrak{T}_2, \ldots, \mathfrak{T}_i, \ldots$. Jedem Element $\mathfrak{T}_i$ dieser Menge kann man einen Operator T_i zuordnen, der die Transformation der Vektoren und Operatoren im Zustandsraum bestimmt. Die physikalischen Eigenschaften definieren T_i nur bis auf einen Phasenfaktor, den wir vorerst beliebig festlegen. Wir erhalten so eine Menge von Transformationsoperatoren $[T]$, deren Elemente umkehrbar eindeutig mit den Elementen von $[\mathfrak{T}]$ zusammenhängen.

Wir nehmen jetzt an, daß $[\mathfrak{T}]$ eine Gruppe $\mathcal{G}$ ist. Dann muß $[T]$ nicht notwendig dieselbe Eigenschaft haben. Bei der Zuordnung von $[\mathfrak{T}]$ zu $[T]$ bleiben nämlich die Produkte nur bis auf einen Phasenfaktor erhalten, denn zu jedem Produkt

$$\mathfrak{T}_k = \mathfrak{T}_j \mathfrak{T}_i$$

gehört der Operator

$$T_k = e^{i\alpha_{ji}^k} T_j T_i,$$

worin α_{ji}^k eine Phase ist, die von der Phasenwahl für T_i, T_j und T_k abhängt. Damit $[T]$ eine Gruppe bildet, müssen alle Phasen α_{ji}^k verschwinden. In diesem Falle ist $[T]$ isomorph zur Gruppe $\mathfrak{G}$.

Falls es möglich ist, die Phasen der T_i so zu wählen, daß $[T]$ die Gruppeneigenschaft hat, wird man diese Wahl natürlich treffen. Doch besteht diese Möglichkeit nicht für alle Gruppen. Es gibt sie für die Permutationsgruppe (vierzehntes Kapitel), dagegen nicht für die Drehgruppe (Abschnitt 13.3.6), wenn das System aus einer ungeraden Anzahl von Teilchen mit halbzahligem Spin besteht. In diesem Fall bilden die durch Gl. (13.60) definierten Drehoperatoren $R(\alpha\beta\gamma)$ wohl eine Gruppe, doch gehören zu jeder Drehung $\mathfrak{R}$ zwei Operatoren R mit entgegengesetztem Vorzeichen. Wählt man einen der beiden als Element der Menge $[R]$, so bleibt bei dem auf diese Weise aufgestellten umkehrbar eindeutigen Zusammenhang das Produkt nur bis aufs Vorzeichen erhalten und $[R]$ besitzt nicht die Gruppeneigenschaft.

Will man zu einer Menge von Transformationsoperatoren gelangen, die die Gruppeneigenschaft aufweist, so muß man jedem $\mathfrak{T}_i$ nicht nur einen Operator T_i, sondern eine Menge von Transformationsoperatoren (T_i) zuordnen, die sich voneinander um einen Phasenfaktor unterscheiden. Sind die (T_i) geeignet gewählt, so bildet die auf diese Weise entstandene Menge von Transformationsoperatoren $\{T_i\}$ eine bestimmte Gruppe G und diese ist homomorph zur Gruppe $\mathfrak{G}$. Es sei (1) die Menge der zur identischen Transformation $\mathfrak{J}$ gehörenden Operatoren. Sie besteht aus dem Einheitsoperator 1 und unter Umständen aus weiteren Operatoren, die man durch Multiplikation von 1 mit einem Phasenfaktor erhält. Sie ist eine invariante Untergruppe (ein Normalteiler) von G und die Faktorgruppe $G/(1)$ ist zu $\mathfrak{G}$ isomorph (s. Anhang D, Abschnitt 1.4).

Auf diese Weise kann man eine große Zahl von Mengen $\{T\}$ bilden, die die Gruppeneigenschaft besitzen [5]. In der Praxis wählt man eine möglichst einfache ein für alle Mal aus. Man erhält so eine Gruppe von Transformationsoperatoren G, die zur Gruppe $\mathfrak{G}$ homomorph ist.

Bei allen bis jetzt in der Quantentheorie aufgetretenen Fällen kann man G stets so wählen, daß zu jedem Element von $\mathfrak{G}$ entweder *ein einziger Operator aus G gehört* (Isomorphismus), oder aber, falls dies nicht möglich ist, man wählt G so, daß zu jedem Element von $\mathfrak{G}$ *zwei Operatoren aus G* gehören, *die sich voneinander im Vorzeichen unterscheiden.* Die erste Möglichkeit ist stets gegeben, wenn das System eine gerade Anzahl halbzahliger Spins enthält. Die zweite ist bereits beim

[5] Die komplizierteste von ihnen erhält man, indem man jedem $\mathfrak{T}$ alle Operatoren zuordnet, die den Beziehungen (15.36) gehorchen: In diesem Fall erhält man alle Elemente von (T_i), indem man eins von ihnen mit einem beliebigen Phasenfaktor multipliziert. Praktisch ist es immer möglich, den T_i eine Realitätsbedingung aufzuerlegen, die den Phasenfaktor bis aufs Vorzeichen festlegt, ohne daß dabei die Gruppeneigenschaft verletzt wird. Die Menge (T_i) enthält dann nur zwei Elemente, die sich voneinander im Vorzeichen unterscheiden (s. Fußnote 15).

Fall der Drehungen halbzahliger Spins aufgetreten. Ein weiteres Beispiel wird uns im Zusammenhang mit der Zeitumkehr begegnen. Allgemein tritt sie immer dann auf, wenn das System aus einer ungeraden Anzahl halbzahliger Spins besteht.

15.2.4 Kontinuierliche Gruppen und infinitesimale Transformationen. Translationen. Rotationen

Als Beispiel wollen wir für einige Gruppen $\mathcal{G}$ die zugehörige Gruppe G konstruieren. Wir beschäftigen uns zunächst mit dem Fall kontinuierlicher Gruppen – also von Gruppen, die aus unendlich vielen, von einem oder mehreren kontinuierlichen Parametern abhängigen Elementen bestehen – und hier speziell mit solchen, bei denen die endlichen Transformationen durch eine Folge infinitesimaler Transformationen erzeugt werden können. Das ist bei der Drehgruppe und der Gruppe der Raumtranslationen der Fall. Es genügt dann die Angabe der infinitesimalen Transformationen der Observablen, um sie für irgendeine Operation der Gruppe zu kennen. Zu jeder infinitesimalen Transformation gehört ein infinitesimaler Transformationsoperator, d.h. ein unitärer [6] Operator, der sich vom Einsoperator infinitesimal unterscheidet.

Der Einfachheit halber nehmen wir an, daß die Elemente der Gruppe nur vom kontinuierlichen Parameter α abhängen, der so gewählt ist, daß

$$\mathcal{T}(\alpha) \xrightarrow[\alpha\to 0]{} \mathcal{I}.$$

Bis zur ersten Ordnung in $\delta\alpha$ lautet der zu $\mathcal{T}(\delta\alpha)$ gehörige infinitesimale Transformationsoperator

$$T(\delta\alpha) = 1 - \mathrm{i}\,\Theta\,\delta\alpha, \tag{15.38}$$

worin Θ ein hermitischer Operator ist (weil T unitär ist).

Transformiert sich die Observable ξ bei der Transformation $\mathcal{T}(\delta\alpha)$, in $\xi + \delta\xi$, so ist (Gl. (7.96)):

$$\delta\xi = -\mathrm{i}\,\delta\alpha\,[\Theta, \xi]$$

d.h.

$$[\Theta, \xi] = \mathrm{i}\,\frac{\delta\xi}{\delta\alpha}. \tag{15.39}$$

Diese Beziehungen definieren Θ bis auf eine Konstante, denn für eine gegebene Transformation $\mathcal{T}(\delta\alpha)$ sind die $\delta\xi/\delta\alpha$ bekannt [7].

---

[6] Dieser kann kein antiunitärer Operator sein. Betrachten wir nämlich zwei Observable, die nicht miteinander vertauschen. Diese erfahren bei einer infinitesimalen Transformation nur infinitesimale Änderungen und damit auch ihr Kommutator: Es ist nicht möglich, daß er das Vorzeichen wechselt.

[7] Fußnote siehe Seite 143.

Betrachten wir z.B. die Translationen eines Teilchens in Richtung der x-Achse. $\boldsymbol{r} \equiv (x, y, z)$ sei die Lage, $\boldsymbol{p} \equiv (p_x, p_y, p_z)$ der Impuls und $\boldsymbol{s} \equiv (s_x, s_y, s_z)$ der Spin dieses Teilchens. Bei der Transformation $\mathcal{T}_x(a)$ bleiben die neun Basisvariablen mit Ausnahme der Variablen x invariant. Sie wird in $x - a$ transformiert [8]:

$$T(a) x \, T^\dagger (a) = x - a.$$

Bei der infinitesimalen Transformation $\mathcal{T}_x(\delta\alpha)$ ist $\delta x = -\delta a$ und alle anderen Variationen sind Null. Der zugehörige hermitische Operator Θ_x genügt daher den Vertauschungsrelationen

$$[\Theta_x, x] = -\mathrm{i}$$
$$[\Theta_x, y] = \ldots = [\Theta_x, s_z] = 0$$

und das führt zu

$$\Theta_x = \frac{p_x}{\hbar} + k_0,$$

worin k_0 eine beliebige reelle Konstante ist, die wir von nun an gleich Null setzen. Die Erweiterung auf die Translationen einer Menge von N Teilchen bietet keine Schwierigkeit und ergibt

$$\boxed{\Theta_x = \frac{P_x}{\hbar}} \tag{15.40}$$

worin $p_x = \sum_{i=1}^{N} p_x^{(i)}$ die x-Komponente des Gesamtimpulses der N Teilchen ist.

Zu der infinitesimalen Translation $\mathcal{T}_x(\delta\alpha)$ gehört daher der infinitesimale unitäre Operator

---

7) In der klassischen Mechanik ist die bei der infinitesimalen Verschiebung $\mathcal{T}(\delta\alpha)$ auftretende Änderung $\delta\alpha\,\partial\xi/\partial\alpha$ der Variablen ξ durch die Poisson-Klammer

$$\frac{\partial \xi}{\partial \alpha} = \{\tau, \xi\}$$

definiert, worin τ der zur Variablen α kanonisch konjugierte Impuls ist. Die Observable $\hbar\Theta$ ist das quantenmechanische Analogon zu τ. (Handelt es sich um eine infinitesimale Drehung um die $\boldsymbol{u}$-Achse, so ist τ die Komponente des Drehimpulses in dieser Richtung. Liegt eine Translation in $\boldsymbol{u}$-Richtung vor, so ist τ die Impulskomponente in dieser Richtung.)

8) Die Transformierte x' von x ist $x - a$ und nicht $x + a$. Sei nämlich $|b\rangle$ ein Eigenvektor von x zum Eigenwert b. Seine Transformierte $|b'\rangle$ ist Eigenvektor von x zum Eigenwert $b + a$:

$$x|b\rangle = b|b\rangle \qquad x|b'\rangle = (b+a)|b'\rangle.$$

Aufgrund der Definition der Transformation von Observablen ist aber

$$x'|b'\rangle = b\,|b'\rangle,$$

woraus

$$x' = x - a$$

folgt. Man vergleiche diese Überlegung mit der in Abschnitt 13.3.3.

$$T_x(\delta a) = 1 - \frac{i}{\hbar} P_x \delta a$$

und zu der endlichen Transformation $\mathcal{T}_x(a)$ der unitäre Operator

$$T_x(a) = \exp(-iP_x a/\hbar).$$

Die Operatoren T_x bilden eine Gruppe, die isomorph zur Gruppe der Translationen in x-Richtung ist. Insbesondere ist:

$$T_x(a)\, T_x(b) = T_x(b)\, T_x(a) = T_x(a+b).$$

Die Gruppe der Translationen in x-Richtung ist eine Untergruppe der Translationsgruppe im allgemeinen Sinn. Eine spezielle Translation $\mathcal{T}(\boldsymbol{a})$ ist durch die Angabe des Vektors $\boldsymbol{a}$ definiert, um den die Zustände des Systems verschoben werden. Die Translationsgruppe hängt also von drei kontinuierlichen Parametern, den drei Komponenten von $\boldsymbol{a}$ ab. Das Gesetz für die Zusammensetzung zweier Translationen lautet:

$$\mathcal{T}(\boldsymbol{a})\, \mathcal{T}(\boldsymbol{b}) = \mathcal{T}(\boldsymbol{b})\, \mathcal{T}(\boldsymbol{a}) = \mathcal{T}(\boldsymbol{a}+\boldsymbol{b}).$$

Verallgemeinert man die gewonnenen Ergebnisse auf beliebige Translationen, so findet man, daß zur infinitesimalen Translation $\mathcal{T}(\boldsymbol{\epsilon})$ der Operator

$$\boxed{T(\varepsilon) \simeq 1 - \frac{i}{\hbar}(\boldsymbol{P}.\varepsilon)} \qquad (15.41)$$

gehört, worin $\boldsymbol{P}$ der Gesamtimpuls des N-Teilchensystems ist. Folglich gehört zur Translation $\mathcal{T}(\boldsymbol{a})$ der Operator

$$\boxed{T(\boldsymbol{a}) = e^{-i\boldsymbol{P}.\boldsymbol{a}/\hbar}} \qquad (15.42)$$

Die in dieser Weise definierten Operatoren T bilden eine zur Translationsgruppe isomorphe Gruppe, weil

$$T(a)\, T(b) = T(b)\, T(a) = T(a+b).$$

Die Drehgruppe ist ein anderes Beispiel für eine kontinuierliche Gruppe mit drei Parametern. Die Drehoperatoren wurden bereits im dreizehnten Kapitel definiert. Man vergleiche die Definitionsgleichung (13.55) mit der Gl. (15.41). Der Gesamtdrehimpuls $\boldsymbol{J}$ spielt bei der Drehgruppe die Rolle, die der Gesamtimpuls $\boldsymbol{P}$ bei der Translationsgruppe spielt. Die Komponente $(\boldsymbol{u}.\boldsymbol{J})$ des Gesamtdrehimpulses in $\boldsymbol{u}$-Richtung ist bis auf eine Konstante durch die Vertauschungsrelationen (13.56) und (13.57) definiert, die sich aus den infinitesimalen Drehungen der skalaren bzw. vektoriellen Observablen um die $\boldsymbol{u}$-Richtung ergeben. Die Konstante wird durch die Bedingung festgelegt, daß $\boldsymbol{J}$ selbst ein Vektoroperator sein soll [9].

[9] Diese Bedingung ist gleichbedeutend mit der, daß die $R_u(\boldsymbol{\epsilon})$ die infinitesimalen Operatoren einer Gruppe sein sollen.

Die Drehoperatoren R sind als Produkte infinitesimaler Drehungen definiert. Man gelangt so zur Gl. (13.60), die man mit der Gl. (15.42) vergleiche. Die auf diese Weise konstruierten Operatoren bilden eine Gruppe. Diese Gruppe ist isomorph zur Drehgruppe, wenn das System eine gerade Anzahl halbzahliger Spins enthält, aber nur homomorph zur Drehgruppe, wenn diese Zahl ungerade ist. Dieser Punkt wurde bereits diskutiert.

Die Menge der durch die Gln. (15.42) und (13.60) definierten Operatoren T und R und ihre Produkte bilden ebenfalls eine Gruppe. Enthält das System eine gerade Anzahl halbzahliger Spins, so ist diese Gruppe isomorph zur Gruppe der Verschiebungen. Andernfalls ist sie dazu nur homomorph, zu jedem Element der Verschiebungsgruppe gehören zwei Operatoren, die sich um das Vorzeichen unterscheiden.

15.2.5 Endliche Gruppen. Reflexionen

Die einfachste in der Physik auftretende Gruppe ist zweifellos die Gruppe der Punktspiegelungen. Sie besteht aus insgesamt zwei Elementen, der Identität $\mathfrak{I}$ und der eigentlichen Spiegelung $\mathfrak{S}_0$: $\mathfrak{S}_0{}^2 = \mathfrak{I}$. Bei der Transformation ändern die polaren Vektoren $\boldsymbol{r}$ und $\boldsymbol{p}$ ihr Vorzeichen, die axialen Vektoren $\boldsymbol{r} \times \boldsymbol{p}$ und $\boldsymbol{s}$ bleiben ungeändert. Weil $\boldsymbol{r}$ und $\boldsymbol{p}$ ihr Vorzeichen gleichzeitig vertauschen, bleiben die Vertauschungsrelationen für die Bahnvariablen erhalten. Dasselbe gilt für die Vertauschungsrelationen der Spinkomponenten. Der die Reflexion eines Teilchens definierende Operator S_0 ist also linear. Es ist der unitäre Operator, der den folgenden Vertauschungsrelationen genügt:

$$\left.\begin{aligned} S_0\, \boldsymbol{r}\, S_0^\dagger &= -\boldsymbol{r} \\ S_0 \boldsymbol{p}\, S_0^\dagger &= -\boldsymbol{p} \\ S_0\, \boldsymbol{s}\, S_0^\dagger &= \boldsymbol{s}. \end{aligned}\right\} \tag{15.43}$$

Er ist dadurch bis auf eine Phase bestimmt. Damit die Operatoren S_0 und 1 eine Gruppe bilden, die isomorph zur Reflexionsgruppe ist, muß

$$S_0^2 = 1 \qquad (S_0 = S_0^\dagger) \tag{15.44}$$

gelten, wodurch die Phase von S_0 bis aufs Vorzeichen festgelegt ist.

Vollständig ist S_0 bestimmt, wenn man seine Wirkung auf die Basisvektoren einer Darstellung, z.B. der $\{\boldsymbol{r}, s_z\}$-Darstellung, angibt. Wir wählen die folgende Definition:

$$S_0\, |\boldsymbol{r}\mu\rangle = |(-\boldsymbol{r})\mu\rangle. \tag{15.45}$$

Sie stimmt mit den Bedingungen (15.43) und (15.44) überein (Aufgabe 2). Aufgrund dieser Definition lautet die Regel für die Reflexion der Wellenfunktionen:

$$S_0\, \psi(\boldsymbol{r}, \mu) = \psi(-\boldsymbol{r}, \mu).$$

Der Operator S_0 ist nichts anderes als der in Abschnitt 13.4.6 eingeführte *Paritätsoperator.* Er ist eine Observable mit den beiden Eigenwerten +1 und −1. Die Erweiterung dieser Überlegungen auf Mehrteilchensysteme ist nicht schwer.

Die Reflexion $\mathcal{S}_0$ vertauscht mit allen Drehungen $\mathcal{R}$. Das Produkt der Operationen der Reflexionsgruppe mit denen der Drehgruppe liefert die Gruppe der Drehspiegelungen (Drehspiegelungsgruppe). Man beachte, daß S_0 mit allen Drehoperatoren vertauscht. Jeder Drehoperator ist nämlich eine Funktion des Gesamtdrehimpulses $\boldsymbol{J}$, und S_0 vertauscht mit $\boldsymbol{J}$, weil wegen Gl. (15.43) die Beziehung

$$S_0 \boldsymbol{J} S_0^\dagger = \boldsymbol{J}$$

besteht. Die aus S_0, den Operatoren R und ihren Produkten bestehende Menge ist ebenfalls eine Gruppe. Ist die Gruppe $[R]$ isomorph zur Drehgruppe (ganzzahliger Spin), so ist sie isomorph zur Drehspiegelungsgruppe. Andernfalls ist sie zu den Drehspiegelungen nur homomorph (halbzahliger Gesamtspin: Zu jedem Element der Drehspiegelungsgruppe gehören zwei Operatoren, die sich im Vorzeichen unterscheiden. Insbesondere sind die beiden zur reinen Reflexion gehörenden Operatoren $+S_0$ und $-S_0$ und die beiden der Identität zugeordneten Operatoren sind +1 und −1.

Wir betrachten nun noch eine andere Art von Reflexion, die Spiegelung an einer Ebene. Wir bezeichnen mit $\boldsymbol{u}$ einen zur Ebene senkrechten Einheitsvektor und mit $\mathcal{S}_{\boldsymbol{u}}$ die Spiegelung. $\mathcal{S}_{\boldsymbol{u}}$ ist eine spezielle Transformation aus der Drehspiegelungsgruppe, nämlich das Produkt von $\mathcal{S}_0$ mit einer Drehung um $\boldsymbol{u}$ (oder $-\boldsymbol{u}$) um den Winkel π:

$$\mathcal{S}_{\boldsymbol{u}} = \mathcal{S}_0 \mathcal{R}_{\boldsymbol{u}}(\pi). \tag{15.46}$$

Man beachte, daß

$$\mathcal{S}_{\boldsymbol{u}}^2 = \mathcal{I}. \tag{15.47}$$

Folglich bilden $\mathcal{S}_{\boldsymbol{u}}$ und $\mathcal{I}$ eine Gruppe, deren Untersuchung wie bei der Gruppe der Punktspiegelungen erfolgen kann. Übrigens ermöglicht es die Beziehung (15.46), die Eigenschaften der einen Gruppe aus denen der anderen herzuleiten.

Beschränken wir uns auf die Untersuchung eines Einteilchensystems. $S_{\boldsymbol{u}}$ ist der lineare unitäre Operator, der den Beziehungen

$$\left.\begin{aligned} S_{\boldsymbol{u}} \boldsymbol{r} S_{\boldsymbol{u}}^\dagger &= \boldsymbol{r} - 2\boldsymbol{u}(\boldsymbol{u}.\boldsymbol{r}) \\ S_{\boldsymbol{u}} \boldsymbol{p} S_{\boldsymbol{u}}^\dagger &= \boldsymbol{p} - 2\boldsymbol{u}(\boldsymbol{u}.\boldsymbol{p}) \\ S_{\boldsymbol{u}} \boldsymbol{s} S_{\boldsymbol{u}}^\dagger &= -\boldsymbol{s} + 2\boldsymbol{u}(\boldsymbol{u}.\boldsymbol{s}) \end{aligned}\right\} \tag{15.48}$$

genügt. Für $S_{\boldsymbol{u}}$ können wir den Ausdruck

$$S_{\boldsymbol{u}} = S_0 R_{\boldsymbol{u}}(\pi) = S_0 \, \mathrm{e}^{-\mathrm{i}\pi(\boldsymbol{J}.\boldsymbol{u})} \tag{15.49}$$

wählen, was zu

$$S_{\boldsymbol{u}}^2 = S_0^2 \, \mathrm{e}^{-2\pi\mathrm{i}(\boldsymbol{J}.\boldsymbol{u})} = (-)^{2J} \tag{15.50}$$

führt. Mit dieser Phasenwahl ergibt sich

$$S_u^2 = -1,$$

wenn der Spin halbzahlig ist. Sollen daher die Transformationsoperatoren eine Gruppe bilden, so muß man $\mathcal{S}_u$ die beiden Operatoren S_u und $-S_u$ zuordnen [10].

Ein weiteres Beispiel für eine endliche Gruppe ist die Permutationsgruppe für n gleichartige Teilchen. Sie wurde bereits im vierzehnten Kapitel untersucht. Jeder Permutation wurde ein linearer und unitärer Permutationsoperator zugeordnet. Die Menge dieser Operatoren bilden eine zur Permutationsgruppe isomorphe Gruppe [11]. Hierauf gehen wir nicht noch einmal ein, sondern fügen nur eine wichtige Bemerkung hinzu. Die Permutationen kommutieren mit den Raumtransformationen. Aus der Art ihrer Konstruktion folgt, daß auch die zugehörigen Operatoren diese Eigenschaft besitzen.

15.3 Invarianz der Bewegungsgleichungen und Erhaltungssätze

15.3.1 Invariante Observable

Wir beginnen jetzt mit den eigentlichen Invarianzfragen. Es sei $\mathcal{G}$ eine bestimmte Transformationsgruppe. Mit G bezeichnen wir die Gruppe der zugehörigen Transformationsoperatoren und mit T_i ein beliebiges Element aus der Menge G. Wir setzen voraus, daß alle Operatoren T_i linear (und unitär) sind. Die Zeitumkehr ist die einzige Transformation, die die Einführung antilinearer Operatoren erforderlich macht. Sie wird im Abschnitt 15.4 untersucht werden.

Die Tatsache, daß eine Observable Q in bezug auf die Transformationen der Gruppe invariant ist, wird durch die Bedingung $T_i Q T_i^\dagger = Q$ ausgedrückt, d.h.:

$$[Q, T_i] = 0 \qquad \text{für jedes } T_i. \tag{15.51}$$

Für den Fall der Drehgruppe sind die Konsequenzen aus diesen Vertauschungsregeln bereits analysiert worden (Abschnitt 13.3.8). Mit Hilfe des Gruppenkonzepts und unter Verwendung der Eigenschaften der linearen Darstellungen der Gruppe G kann man sie sehr allgemein formulieren (s. Anhang D, insbesondere den Abschnitt 2.4). $|\tau j \mu\rangle$ seien die Basisvektoren einer zur Gruppe G passenden Standarddarstellung. Diese Vektoren sind durch drei Quantenzahlen (oder durch drei Sätze

---

10) Beschränkt man sich allein auf die Gruppe $\{\mathcal{S}_u, \mathfrak{J}\}$ so ist es zweckmäßiger, $S_u = i^{2J} S_0 R_u(\pi)$ zu setzen, was dann zu $S_u^2 = 1$ führt. Bei dieser Wahl der Phase bleibt die Multiplikationsregel (15.46) nur bis aufs Vorzeichen gültig.

11) Zum selben Ergebnis wäre man auch gelangt, wenn man alle Operatoren zu ungeraden Permutationen durch ihr Negatives ersetzt hätte. Bei dieser anderen Wahl der Phase könnte man den Inhalt des vierzehnten Kapitels übernehmen, nur mit dem Unterschied, daß die Formeln zusätzlich mit Minuszeichen befrachtet würden.

von Quantenzahlen) gekennzeichnet. j zeigt die irreduzible Darstellung an, zu der die $|\tau j \mu\rangle$ gehören: μ dient zur Unterscheidung der Basisvektoren innerhalb einer irreduziblen Darstellung, und τ ist die zusätzliche Quantenzahl, die eventuell erforderlich ist, um die äquivalenten, orthogonalen, irreduziblen Unterräume voneinander zu unterscheiden. Wir verwenden dieselben Bezeichnungen wie in Abschnitt 13.1.5, weil die jetzige Diskussion eine Verallgemeinerung darstellt. So ist die wesentliche Eigenschaft von Q eine Verallgemeinerung der Eigenschaft (13.120), nämlich:

$$\langle \tau j \mu | Q | \tau' j' \mu' \rangle = \delta_{jj'} \delta_{\mu\mu'} Q^{(j)}_{\tau\tau'}. \tag{15.52}$$

Sehr häufig kann man die Folgerungen aus der Invarianz von Q ziehen, ohne explizit vom Gruppenbegriff Gebrauch zu machen. Es genügt hierzu, unter den Funktionen der T_i zu finden:

(*i*) eine Menge von Observablen J, die gegenüber *allen* Operationen der Gruppe invariant sind und deren Eigenwerte man durch die Quantenzahl (oder durch die Menge der Quantenzahlen) j kennzeichnen kann;

(*ii*) eine Menge M von Observablen, die paarweise miteinander vertauschen, aber nicht mit allen Operationen der Gruppe, und deren Eigenwerte durch μ gekennzeichnet sind.

Es ist klar, daß Q, J und M einen vollständigen Satz kommutierender Observabler bilden und daß darum die Matrizen von Q in jeder Darstellung besonders einfach sind, in der J und M diagonal sind. Man kann so die Eigenschaft (15.52) in jedem Einzelfall beweisen. Das ist für die Rotationen bereits geschehen. In diesem Fall findet man eine Observable der Kategorie (*i*), die Observable J^2 und eine Observable der Kategorie (*ii*), die Observable J_z. Im Fall der Drehspiegelungsgruppe muß man J^2 und S_0 für die Kategorie (*i*) nehmen – also den Gesamtdrehimpuls und die Parität – und die Observable J_z für die Kategorie (*ii*). Bei der Wahl der Observablen M existiert eine gewisse Willkür. Im Fall der Rotationen ist es üblich, J_z zu nehmen, doch könnte man genau so gut J_x oder J_y oder jede andere Komponente von J wählen.

Die Eigenzustände von Q erhält man, indem man die Matrizen $Q^{(j)}_{\tau\tau'}$, von denen jede zu einem bestimmten Eigenwert von J gehört, getrennt diagonalisiert. Zu jedem j gehört dann eine Folge von Eigenwerten $q^{(j)}_{(s)}$ von Q, die man – falls nötig – durch die Quantenzahl (oder durch den Satz von Quantenzahlen) s voneinander unterscheiden kann. Es sei d_j die Anzahl der möglichen Werte von μ ($2j + 1$ im Fall der Rotationen). Zu jedem dieser Eigenwerte gehört dieselbe Matrix $Q^{(j)}_{\tau\tau'}$. Also ist jeder einfache Eigenwert dieser Matrix ein d_j-fach entarteter Eigenwert von Q, jeder p-fach entartete Eigenwert dieser Matrix ist ein pd_j-fach entarteter Eigenwert von Q: Ist $d_j \neq 1$, so sind alle Eigenwerte von Q zur Quantenzahl j entartet, und der Entartungsgrad ist ein Vielfaches von d_j. Diese Art von Entartung ist eine direkte Folge der Invarianz von Q in bezug auf G. Man nennt sie *G-Entartung*.

15.3.2 Symmetrie des Hamilton-Operators und Erhaltungssätze

Wir nehmen an, daß der Hamilton-Operator H bei den Transformationen der Gruppe $\mathcal{G}$ invariant ist, so daß wir die Ergebnisse des vorstehenden Abschnitts auf ihn anwenden können. Von den Vertauschungsrelationen

$$[H, T_i] = 0 \qquad \text{für jeden Operator } T_i \text{ aus } G \tag{15.53}$$

ausgehend, bilden wir Observable vom Typ J und vom Typ M. Diese bilden mit H eine Menge von Observablen, die man gleichzeitig diagonalisieren kann. Darüber hinaus zeigt das Spektrum von H die *G-Entartung*.

In Analogie zur klassischen Mechanik führen die Symmetrien des Hamilton-Operators zu Erhaltungsaussagen. Weil nämlich jede (nicht explizit zeitabhängige) Observable, die mit H vertauscht, eine Konstante der Bewegung ist, ist folgende Eigenschaft evident:

Ist H in bezug auf die Transformationen einer Gruppe invariant, so ist jede Observable, die Funktion der Operatoren der Gruppe ist, eine Konstante der Bewegung.

Diese Eigenschaft ist insbesondere für die Observablen aus der oben eingeführten Menge (J, M) erfüllt. Weil diese paarweise vertauschen, können sie gleichzeitig scharf definiert werden.

Auf diese Weise gehört zu jeder Gruppe eine bestimmte Anzahl von Erhaltungssätzen. Falls die erhaltenen Observablen ein klassisches Analogon besitzen, so sind diese Erhaltungssätze mit den entsprechenden klassischen Erhaltungsaussagen identisch [12]. Wir zählen die am häufigsten vorkommenden auf.

(*i*) *Translationsinvarianz und Gesamtimpulserhaltung.* Der Hamilton-Operator ist in bezug auf Translationen genau dann invariant, wenn er es in bezug auf infinitesimale Translationen ist, d.h. wenn (s. Gl. (15.41)):

$$[H, \boldsymbol{P}] = 0 \tag{15.54}$$

gilt, wobei $\boldsymbol{P}$ der Gesamtimpuls des Systems ist. In diesem Fall sind die drei Komponenten des Gesamtimpulses Konstanten der Bewegung: Der Gesamtimpuls bleibt erhalten. Weil übrigens P_x, P_y, P_z paarweise vertauschen, kann man sie gleichzeitig scharf definieren. Sie behalten ihren jeweiligen Wert im zeitlichen Verlauf bei.

(*ii*) *Drehinvarianz und Erhaltung des Drehimpulses* (zur Erinnrung: die Drehinvarianz wird durch die Gleichung $[H, \boldsymbol{J}] = 0$ beschrieben).

(*iii*) *Spiegelungsinvarianz und Paritätserhaltung.* Aus der Invarianz des Hamilton-Operators in bezug auf Punktspiegelungen:

$$[H, S_0] = 0 \tag{15.55}$$

ergibt sich, daß die *Parität* eine Konstante der Bewegung ist.

---

[12] Das ist bei den Observablen der Fall, die zu infinitesimalen Verschiebungen gehören. S. Fußnote 7).

(*iv*) *Invarianz bei Permutationen und Erhaltung des Symmetriecharakters.* Besteht ein System aus identischen Teilchen, so ist der Hamilton-Operator in bezug auf jede Permutation dieser Teilchen invariant:

$$[H, P] = 0 \qquad \text{für jedes } P.$$

Folglich ist jede Observable, die eine Funktion der P ist, eine Konstante der Bewegung. Das gilt insbesondere für die Projektionsoperatoren S und A auf die symmetrischen bzw. antisymmetrischen Zustände:

$$[H, S] = 0 \qquad [H, A] = 0$$

S und A sind also Konstanten der Bewegung. Im vierzehnten Kapitel haben wir gesehen, daß diese Eigenschaft der Operatoren S und A eine notwendige Bedingung für die innere Konsistenz des Symmetrisierungspostulats ist.

(*v*) *Ladungsunabhängigkeit und Isospinerhaltung.* Ist $\boldsymbol{T}$ der Gesamtisospin eines Nukleonensystems und sind die Kräfte zwischen den Nukleonen ladungsunabhängig, so ist der Hamilton-Operator in bezug auf Drehungen im Isospinraum invariant, d.h. es ist:

$$[H, \boldsymbol{T}] = 0. \tag{15.56}$$

Also sind die Komponenten von $\boldsymbol{T}$ Konstanten der Bewegung, ebenso jede Funktion dieser Komponenten. Insbesondere gilt das für $\boldsymbol{T}^2$ und T_z. (Die Erhaltungsaussage für T_z bedeutet einfach die Ladungserhaltung.)

15.3.3 Invarianz der Bewegungsgleichungen für Zustände

Aus der Invarianz des Hamilton-Operators H in bezug auf die Gruppe $\mathcal{G}$ folgt die Invarianz des Schrödingerschen Entwicklungsoperators $U(t, t_0)$. Dieser ist nach Definition die Lösung der Integralgleichung

$$U(t, t_0) = 1 + \frac{1}{i\hbar}\int_0^t H\, U(t', t_0)\, dt'.$$

Multipliziert man beide Seiten von links mit T_i, von rechts mit $T_i^\dagger$ und beachtet die Unitarität von T_i sowie die Eigenschaft (15.53), so findet man

$$T_i\, U(t, t_0)\, T_i^\dagger = 1 + \frac{1}{i\hbar}\int_{t_0}^t H\, T_i\, U(t', t_0)\, T_i^\dagger\, dt'.$$

Weil U und $T_i U T_i^\dagger$ derselben Integralgleichung genügen, sind sie gleich, und das führt zu

$$[U(t, t_0), T_i] = 0 \qquad \text{für jeden Operator } T_i \text{ aus } G. \tag{15.57}$$

Zu den physikalischen Folgerungen aus der Invarianz von U gehören die im vorstehenden Abschnitt angegebenen Erhaltungsaussagen. Ist andererseits $|\psi(t)\rangle$ Lösung der Bewegungsgleichungen, so gilt das auch für den transformierten Vektor

$T_i \,|\, \psi(t)>$, weil U und T_i vertauschen. Die Zustände, die durch diese beiden Vektoren beschrieben werden, sind also in jedem Zeitpunkt durch die Transformation $\mathcal{T}_i$ einander zugeordnet. Folglich ist das Bewegungsgesetz für die *Zustände* in bezug auf die Transformationen der Gruppe $\mathcal{G}$ invariant:

Zwei Zustände, die durch eine bestimmte Transformation der Gruppe $\mathcal{G}$ *auseinander hervorgehen, behalten diese Eigenschaft im zeitlichen Verlauf.*

Diese Invarianzeigenschaft kann man in äquivalenter Weise auch beschreiben, indem man sich auf Messungen bezieht:

An einem System, das zu einem Zeitpunkt t_0 *in einer bestimmten Weise präpariert wurde, werde zu einem späteren Zeitpunkt* t *eine wohlbestimmte Messung ausgeführt. Nimmt man – ohne sonst etwas abzuändern – sowohl am Anfangszustand* (d.h. an der Apparatur, die zur Präparierung des Systems dient) *als auch an der (oder den) gemessenen Größe(n)* (d.h. an der Beobachtungsapparatur) *eine bestimmte Transformation* T_i *aus der Gruppe vor, so ändern sich die Meßergebnisse nicht.*

Nehmen wir insbesondere an, daß das System in einen reinen Zustand präpariert wurde, der durch den Vektor $|\varphi>$ beschrieben wird und daß man die Wahrscheinlichkeit mißt, das das System sich in einem reinen, durch den Vektor $|\chi>$ repräsentierten Zustand befindet. Die transformierten Zustandsvektoren sind $T_i\,|\varphi>$ bzw. $T_i\,|\chi>$. Aus der Vertauschungsregel (15.57) ergibt sich, daß die Wahrscheinlichkeiten gleich sind:

$$| \langle\chi|\, T_i^\dagger\, U(t, t_0)\, T_i\, |\varphi\rangle |^2 = | \langle\chi|\, U(t, t_0)\, |\varphi> |^2. \qquad (15.58)$$

Sei allgemeiner ρ_0 der Dichteoperator für den Zustand des Systems zu dem Zeitpunkt t_0, zu dem es präpariert wurde, und ρ der Dichteoperator, der das System zum Zeitpunkt t der Messung repräsentiert. Eine typische Messung besteht in der Bestimmung der Wahrscheinlichkeit dafür, daß sich der (oder die) Wert(e) der zu messenden Größe(n) sich in einem bestimmten Bereich D befindet (befinden). Bezeichnet man mit P_D den Projektionsoperator auf den Unterraum der Eigenzustände zu diesem Bereich, so ist diese Wahrscheinlichkeit

$$w = \mathrm{Tr}\, \rho P_D = \mathrm{Tr}\, U(t, t_0) \rho_0\, U^\dagger(t, t_0)\, P_D. \qquad (15.59)$$

Nehmen wir jetzt an, daß man vom Anfangszustand $\rho_0 \equiv T_i \rho_0 T_i^\dagger$ ausgeht und daß die Messung an der (oder den) transformierten Größe(n) ausgeführt wird. Der zu den Eigenwerten des Bereichs D gehörende Projektionsoperator ist $P_D \equiv T_i P_D T_i^\dagger$. Das Ergebnis dieser neuen Messung ist also:

$$w' = \mathrm{Tr}\, U(T_i \rho_0 T_i^\dagger)\, U^\dagger\, (T_i P_D T_i^\dagger). \qquad (15.60)$$

Berücksichtigt man die Eigenschaften der Spur und die Unitarität von T_i, so hat die Beziehung (15.57) zur Folge, daß beide Ergebnisse gleich sind:

$$w' = w. \qquad (15.61)$$

Damit diese Gleichheit besteht, genügt es übrigens, daß Gl. (15.58) für beliebige $|\varphi\rangle$ und $|\chi\rangle$ gültig ist.

Bis jetzt gingen wir von der Voraussetzung aus, daß H bestimmte Symmetrieeigenschaften besitzt, und wir haben daraus neben anderen Folgerungen hergeleitet, daß das Bewegungsgesetz für die Zustände in bezug auf die Gruppe $\mathcal{G}$ invariant ist, die zu diesen Symmetrieeigenschaften gehört. Umgekehrt *kann man als ein fundamentales Postulat voraussetzen, daß die Bewegungsgleichung invariant ist.* Das läuft auf die Forderung hinaus, daß die Gleichung (15.58) für alle Transformationen $\mathcal{T}_i$ aus der Gruppe und für beliebige $|\varphi\rangle$ und $|\chi\rangle$ erfüllt ist. Nach Satz II heißt das, daß U und $T_i^\dagger U T_i$ bis auf eine Phase gleich sind:

$$T_i^\dagger\, U(t,\, t_0)\, T_i = \mathrm{e}^{\mathrm{i}\alpha_i}\, U(t,\, t_0). \tag{15.62}$$

Die Phasenfaktoren $\mathrm{e}^{\mathrm{i}\alpha_i}$ sind dabei starken Einschränkungen unterworfen. Bei den meisten in der Physik auftretenden Gruppen sind sie notwendig alle gleich Eins[13].

Wir nehmen diese Phasenbedingung selbst dann als erfüllt an, wenn Konsistenzüberlegungen es gar nicht erforderlich machen. Unter dieser Voraussetzung lautet dann das Invarianzpostulat:

$$[T_i,\, U(t,\, t_0)] = 0.$$

Setzt man in diese Vertauschungsrelationen den infinitesimalen Entwicklungsoperator $U(t + \mathrm{d}t,\, t) = 1 - (\mathrm{i}/\hbar)H\,\mathrm{d}t$ ein, so ergeben sich wieder die Symmetriebedingungen für den Hamilton-Operator:

$$[T_i,\, H] = 0.$$

So führt jedes Invarianzpostulat an die Bewegungsgleichung zu einer Symmetrieeigenschaft des Hamilton-Operators. Für jedes quantenmechanische System, das keinen äußeren Kräften unterliegt, fordert man gewöhnlich die Invarianz in bezug auf die Gruppe der Verschiebungen. Das bedeutet, daß der Raum als homogen (Translationsinvarianz) und isotrop (Drehinvarianz) angenommen wird. Bis heute steht dieses Postulat mit der Erfahrung nicht in Widerspruch.

Lange Zeit hat man geglaubt, daß die zeitliche Entwicklung natürlicher Systeme auch spiegelungsinvariant ist. Dieses Invarianzpostulat ist wohl bei allen Vorgängen experimentell bestätigt worden, bei denen elektromagnetische oder nukleare

---

[13] Der Grund hierfür liegt darin, daß die $\mathrm{e}^{\mathrm{i}\alpha_i}$ eine eindimensionale Darstellung der Gruppe $\mathcal{G}$ bilden und stetige Funktionen von t sind, die für $t \to t_0$ gegen Eins gehen. Ist $\mathcal{G}$ eine endliche Gruppe, oder ist zumindest $\mathcal{T}_i$ Element einer endlichen Gruppe, so existiert eine ganze Zahl p, so daß $\mathcal{T}_i^{\,p} = \mathcal{I}$, folglich ist $\mathrm{e}^{\mathrm{i}\alpha_i}$ eine der p Einheitswurzeln. Die Stetigkeitsbedingung verlangt dann: $\mathrm{e}^{\mathrm{i}\alpha_i} = 1$. Die Punktspiegelung und die Spiegelung an einer Ebene sind Beispiele für diese Art von Transformationen. Ist die einzige eindimensionale Darstellung der Gruppe $\mathcal{G}$ die identische Darstellung, so ist offensichtlich $\mathrm{e}^{\mathrm{i}\alpha_i} = 1$ für jede Operation der Gruppe. Zu dieser Kategorie von Gruppen gehören die Drehgruppe und die Gruppe der Verschiebungen. Ist dagegen die Bewegungsgleichung allein in bezug auf die Translationsgruppe invariant, so hat das noch nicht notwendig zur Folge, daß alle Phasen α_i gleich Null sind.

Wechselwirkungen im eigentlichen Sinne im Spiel sind, d.h. solche Wechselwirkungen, die für den Zusammenhalt der Atomkerne verantwortlich sind. Dagegen zeigt die Erfahrung, daß dieses Postulat bei bestimmten anderen Wechselwirkungen, insbesondere bei denen, die für den β-Zerfall der Atomkerne verantwortlich sind, verletzt wird. Diese Wechselwirkungen sind sehr viel schwächer als die anderen. Solange man sie vernachlässigen kann, ist die Bewegungsgleichung spiegelungsinvariant und die Parität bleibt erhalten. Das gilt vor allem bei sämtlichen Vorgängen in der Atomphysik, also solchen Vorgängen, bei denen nur elektromagnetische Wechselwirkungen auftreten.

Ist ein äußeres Feld vorhanden, so hängen die Invarianzeigenschaften der Bewegungsgleichung von den Symmetrieeigenschaften des Feldes ab. Wir behandeln zwei Beispiele aus der Atomphysik, den Stark- und den Zeeman-Effekt.

15.3.4 Symmetrien des Stark- und des Zeeman-Effekts

Stark-Effekt

Wir betrachten ein atomares System in einem äußeren konstanten elektrischen Feld $\mathcal{E}$, das in die z-Richtung weise. Dieses Feld ist invariant gegenüber Translationen, Drehungen um die z-Achse und in bezug auf Spiegelungen an allen zur z-Achse parallelen Ebenen. Die hier auftretende Invarianzgruppe ist das Produkt der Translationsgruppe mit der Gruppe der Spiegelungen an den durch die z-Achse gehenden Ebenen.

Wir nehmen an, daß die Schwerpunktsbewegung bereits separiert ist, und beschränken uns auf die Untersuchung der möglichen Eigenzustände des Hamilton-Operators der Relativvariablen. Dieser ist in bezug auf die Gruppe der Spiegelungen an den durch die z-Achse gehenden Ebenen invariant. Die folgenden Überlegungen beruhen ausschließlich auf dieser Invarianzeigenschaft. Man braucht weder den Verlauf noch die Stärke der Kopplung des Systems mit dem elektrischen Feld zu kennen.

$\mathcal{S}_u$ sei die Spiegelung an einer beliebigen durch die z-Achse gehenden Ebene, S_u der zugehörige Operator, dessen Phase wir so festlegen, daß $S_u^2 = 1$ ist. Weil die hier betrachtete Gruppe durch die infinitesimale Drehung um die z-Achse und die Spiegelung $\mathcal{S}_u$ erzeugt wird, ist jeder Transformationsoperator der Gruppe eine Funktion von J_z und S_u. Wir haben also zwei voneinander unabhängige Konstanten der Bewegung, J_z und S_u. Diese kommutieren nicht miteinander:

$$S_u J_z S_u = -J_z. \tag{15.63}$$

Folglich sind bestimmte Eigenwerte von H notwendig entartet.

Um die Dinge zu präzisieren, stellen wir fest, daß J_z^2 mit J_z und S_u vertauscht, also mit allen Operatoren der Gruppe. J_z^2 ist die Observable vom Typ J der Gruppe (wie in Abschnitt 15.3.1 definiert). Als Observable vom Typ M können wir J_z oder S_u wählen. Im ersten Fall klassifizieren wir die stationären Zustände nach den Eigenwerten von J_z, im zweiten nach denen der Menge (J_z^2, S_u).

Wir wollen jetzt voraussetzen, daß das System aus einer geraden Anzahl halbzahliger Spins besteht. J_z kann dann alle ganzzahligen Werte annehmen. m sei einer davon. Ist $|>$ ein stationärer Zustand zu diesem Wert, so ist $S_u|>$ ein stationärer Zustand derselben Energie zum Eigenwert $-m$ von J_z. Ist $m \neq 0$, so sind diese beiden Zustände nicht notwendig orthogonal. Klassifiziert man also die stationären Zustände nach den Eigenwerten von J_z, so ergeben die Eigenwerte m und $-m$ dasselbe Energiespektrum, und jedes Niveau dieses Spektrums weist denselben Entartungsgrad auf. Mit anderen Worten hängen die Energieniveaus nur von $|m|$ ab und alle Niveaus zu $|m| \neq 0$ besitzen eine Entartung gerader Ordnung.

Dieses Resultat erhält man auch, wenn man die stationären Zustände nach den Eigenwerten von (J_z^2, S_u) einteilt. Zu deren Kennzeichnung benutzen wir die Symbole m^+ oder m^-. m ist eine nichtnegative ganze Zahl, deren Quadrat gleich dem Eigenwert von J_z^2 ist. Der obere Index zeigt an, daß der Eigenwert von S_u gleich $+1$ oder -1 ist. Nehmen wir z.B. einen m^+-Zustand:

$$J_z^2\,|m^+> = m^2\,|m^+> \qquad S_u\,|m^+> = |m^+>.$$

Ist $m \neq 0$, so ist der Vektor $J_z|m>$ nicht gleich Null und aufgrund der Identität (15.63) hat man:

$$S_u\,(J_z\,|m^+>) = -J_z S_u\,|m^+> = -(J_z\,|m^+>).$$

Jedem m^+-Zustand wird also durch die Wirkung von J_z ein m^--Zustand zugeordnet. Ist der erste ein stationärer Zustand, so ist es auch der zweite, und zwar zum selben Energieniveau: Diese hängen nur von der positiven ganzen Zahl m ab und weisen sämtlich eine Entartung gerader Ordnung auf. Der Fall $m = 0$ macht die Ausnahme: Die Spektren der 0^+- und 0^--Zustände können voneinander verschieden sein.

Zeeman-Effekt

Wir betrachten jetzt ein atomares System in einem konstanten Magnetfeld $\mathcal{H}$, das in die z-Richtung weise. Bei einer Spiegelung an einer zur z-Achse parallelen Ebene ändert $\mathcal{H}$ sein Vorzeichen. Dagegen ist $\mathcal{H}$ in bezug auf die Spiegelung am Ursprung, S_0, invariant. Die Invarianzgruppe des äußeren Feldes wird von den Translationen, den Drehungen um die z-Achse und der Spiegelung S_0 erzeugt. Wie beim Stark-Effekt untersuchen wir nur die Symmetrien des Hamilton-Operators, soweit sie die Relativvariablen betreffen. H ist invariant bei Drehungen um die z-Achse und bei der Spiegelung am Ursprung. S_0 sei der Paritätsoperator, dessen Phase wir durch die Bedingung $S_0^2 = 1$ festlegen. Alle Transformationen der Gruppe können als Funktion der Observablen J_z und S_0 ausgedrückt werden. Diese vertauschen miteinander:

$$S_0 J_z S_0 = J_z.$$

Die Invarianz von H in bezug auf die Transformationen dieser Gruppe hat keine systematische Entartung zur Folge [14].

[14] Alle irreduziblen Darstellungen der Gruppe sind demnach notwendig eindimensional.

H, S_0 und J_z können gleichzeitig diagonalisiert werden, und jeder gemeinsame Eigenvektor dieser drei Observablen stellt einen stationären Zustand dar, der bei den Transformationen der Gruppe invariant ist. Dieses Ergebnis beruht ausschließlich auf den Symmetrieeigenschaften von H. Es ist von Verlauf und Stärke der Kopplung des Systems mit dem Magnetfeld unabhängig.

15.4 Zeitumkehr und Mikroreversibilitätsprinzip

15.4.1 Translation der Zeit und Energieerhaltung

Die einfachsten Transformationen, bei denen die Zeit ins Spiel kommt, sind die Zeittranslationen. In der klassischen Mechanik hat die Invarianz der Bewegungsgleichungen gegenüber Translationen der Zeit den Energieerhaltungssatz zur Folge: Diese Invarianz fordert nämlich, daß die Hamilton-Funktion zeitunabhängig ist. Eine analoge Eigenschaft erhält man in der Quantenmechanik.

Es sei $|\psi(t)\rangle$ eine Lösung der Bewegungsgleichungen. Fordert man, daß das Bewegungsgesetz des Systems bei der Zeitverschiebung τ invariant bleibt, so verlangt das die Existenz einer anderen Lösung $|\psi'(t)\rangle$, die zum Zeitpunkt t denselben Zustand repräsentiert, wie die erste Lösung zum Zeitpunkt $t + \tau$:

$$|\psi'(t)\rangle = e^{i\alpha(t,\tau)}\,|\psi(t+\tau)\rangle.$$

Damit diese Beziehung für jede Lösung der Bewegungsgleichungen gilt, muß der Entwicklungsoperator notwendig die Eigenschaft

$$U(t, 0) = e^{i\alpha(t,\tau)}\,U(t+\tau, \tau) \tag{15.64}$$

besitzen, wobei $\alpha(t, \tau)$ eine unter Umständen von t und τ abhängige Phase ist.

Für sehr kleine t erhält man, wenn man $f(\tau) = \left.\dfrac{\partial\alpha}{\partial t}\right|_{t=0}$ setzt,

$$1 - \frac{i}{\hbar}H(0)\,dt = (1 + i f(\tau)\,dt)\left(1 - \frac{i}{\hbar}H(\tau)\,dt\right)$$

oder auch

$$H(\tau) = H(0) + \hbar f(\tau). \tag{15.65}$$

Soll das Bewegungsgesetz bei jeder Zeittranslation invariant bleiben, so muß Gl. (15.65) für jedes τ gelten. Die darin auftretende (reelle) Funktion $f(\tau)$ kann man gleich Null setzen, ohne die physikalischen Eigenschaften des Systems zu ändern. Ersetzt man nämlich den Hamilton-Operator $H(t)$ durch seinen Wert zur Zeit $t = 0$, so wird lediglich der Entwicklungsoperator mit dem Phasenfaktor $\exp[i\int_0^t f(t')\,dt']$ multipliziert (Aufgabe 6).

Ist demnach das Bewegungsgesetz des Systems in bezug auf Zeittranslationen invariant, so kann man den Hamilton-Operator als zeitunabhängig voraussetzen. Dies wollen wir im folgenden stets tun. Die Beziehung (15.64) reduziert sich dann auf die Invarianzbedingung für den Entwicklungsoperator:

$$U(t+\tau,\tau)=U(t,0). \tag{15.66}$$

15.4.2 Zeitumkehr in der klassischen und in der Quantenmechanik

Alle Systeme, die in diesem Abschnitt noch behandelt werden, sind konservativ. Das Bewegungsgesetz solcher Systeme ist häufig nicht nur bei Zeittranslationen invariant, sondern auch gegenüber der Zeitumkehr. Diese Art von Invarianz begegnet einem bereits in der klassischen Mechanik.

Die Lagrange-Funktion $L_{\text{cl.}}(\dot{q},q)$ der klassischen Mechanik ist ein Polynom zweiten Grades in den Geschwindigkeiten. Bei vielen Systemen treten Glieder erster Ordnung nicht auf. Dann ist:

$$L_{\text{cl.}}(\dot{q},q)=L_{\text{cl.}}(-\dot{q},q).$$

Die abgeschlossenen Teilchensysteme besitzen diese Symmetrieeigenschaft stets, und die Einführung eines statischen äußeren Feldes muß sie nicht notwendig verletzen. Sie bleibt bei einem rein elektrischen Feld erhalten, dagegen führt die Anwesenheit eines Magnetfeldes zu einer in den Geschwindigkeiten linearen Kopplung und hebt diese Symmetrie auf. Falls sie besteht, sind die Impulse lineare, homogene Funktionen der Geschwindigkeiten, und die Hamilton-Funktion weist eine analoge Symmetrieeigenschaft auf.

Um nicht zu formal zu sein, wollen wir die Konsequenzen einer solchen Symmetrie an einem einfachen Spezialfall untersuchen, dem Fall eines Teilchens in einem statischen Potential. Hier ist:

$$H(\boldsymbol{p},\boldsymbol{r})\equiv\frac{\boldsymbol{p}^2}{2m}+V(\boldsymbol{r})=H(-\boldsymbol{p},\boldsymbol{r}). \tag{15.67}$$

Folglich ist jede Lösung $\boldsymbol{r}(t)$ der Bewegungsgleichungen bezüglich der Zeit reversibel: Die durch

$$\boldsymbol{r}_{\text{Umk.}}(t)=\boldsymbol{r}(-t) \tag{15.68}$$

definierte Funktion ist ebenfalls Lösung der Bewegungsgleichungen. Der Zusammenhang zwischen diesen beiden Lösungen ist in Abb. 15.1 schematisch wiedergegeben. Die Lage des Teilchens zur Zeit t bei einer der Lösungen ist gleich seiner Lage zur Zeit $-t$ bei der anderen Lösung. Seine Geschwindigkeit zur Zeit t bei einer der Lösungen ist entgegengesetzt zu seiner Geschwindigkeit im Zeitpunkt $-t$ bei der anderen Lösung. Analog dazu ist der Zusammenhang zwischen den Impulsen:

$$\boldsymbol{p}_{\text{Umk.}}(t)=-\boldsymbol{p}(-t). \tag{15.69}$$

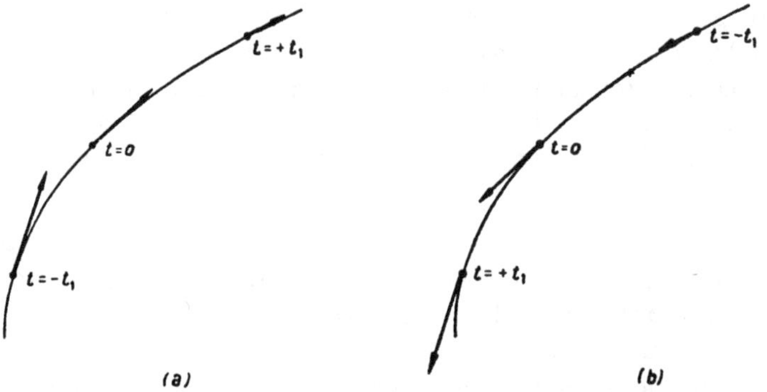

Abb. 15.1: Darstellung der beiden klassischen, durch Zeitumkehr auseinander hervorgehenden Bewegungen (a) und (b) im Konfigurationsraum: $r_a(t) = r_b(-t)$, $\dot{r}_a(t) = -\dot{r}_b(t)$.

Betrachten wir jetzt das analoge quantenmechanische System. Seine Schrödinger-Gleichung lautet:

$$i\hbar \frac{\partial}{\partial t}\psi(\boldsymbol{r},t) = \left[-\frac{\hbar^2}{2m}\Delta + V(\boldsymbol{r})\right]\psi(\boldsymbol{r},t). \tag{15.70}$$

Weil der Hamilton-Operator reell ist, erkennt man leicht, daß die Vertauschung von t mit $-t$ und der Übergang zur konjugiert komplexen Gleichung die folgende Gleichung liefert:

$$i\hbar \frac{\partial}{\partial t}\psi^*(\boldsymbol{r},-t) = \left[-\frac{\hbar^2}{2m}\Delta + V(\boldsymbol{r})\right]\psi^*(\boldsymbol{r},-t). \tag{15.71}$$

Ist daher $\psi(\boldsymbol{r}, t)$ Lösung der Schrödinger-Gleichung, so ist auch die Wellenfunktion

$$\psi_{\text{Umk.}}(\boldsymbol{r}, t) \equiv \psi^*(\boldsymbol{r}, -t) \tag{15.72}$$

Lösung dieser Gleichung.

Die Analogie zwischen dem Zusammenhang der beiden Lösungen ψ und $\psi_{\text{Umk.}}$ und dem Zusammenhang zwischen den beiden klassischen Lösungen (Gln. (15.68–69)) ist auffallend. Sei $P(\boldsymbol{r}, t)$ und $\Pi(\boldsymbol{p}, t)$ die statistischen Verteilungen von Ort und Impuls, falls zur Zeit t eine Messung vorgenommen wird, so ist leicht zu zeigen, daß

$$P_{\text{Umk.}}(\boldsymbol{r}, t) = P(\boldsymbol{r}, -t) \tag{15.68'}$$

$$\Pi_{\text{Umk.}}(\boldsymbol{p}, t) = \Pi(-\boldsymbol{p}, -t). \tag{15.69'}$$

15.4.3 Die Operation der Zeitumkehr. Teilchen ohne Spin

Die eben am Beispiel festgestellte zeitliche Umkehrbarkeit der Lösung der Schrödinger-Gleichung beruht darauf, daß der Hamilton-Operator $H(\boldsymbol{p}, \boldsymbol{r})$ bei einer Vertauschung von $\boldsymbol{p}$ in $-\boldsymbol{p}$ invariant bleibt. Das ist nämlich der Grund, warum er in der Wellenmechanik durch einen reellen Differentialoperator dargestellt wird. Wir müssen nun eine Transformation der Variablen und Zustände definieren, die *Zeitumkehr,* bei der $\boldsymbol{r}$ in $\boldsymbol{r}$ und $\boldsymbol{p}$ in $-\boldsymbol{p}$ transformiert werden. K sei der Operator, der diese Transformation bewirkt, und $\mathcal{K}$ die Transformation selbst. Dann ist:

$$K\boldsymbol{r}K^\dagger = \boldsymbol{r} \qquad K\boldsymbol{p}K^\dagger = -\boldsymbol{p}. \tag{15.73}$$

Die Transformation ändert das Vorzeichen der Vertauschungsrelationen, K ist also ein *antiunitärer Operator.* Durch die Beziehungen (15.73) ist er bis auf eine Phase bestimmt. Es sei K_0 der (im Sinne der Darstellungstheorie) zur Wellenmechanik gehörende Operator der Komplexkonjugation. Dieser Typ eines antiunitären Operators ist in Abschnitt 15.1.4 definiert worden. Weil die Darstellungsmatrizen von $\boldsymbol{r}$ und $\boldsymbol{p}$ in dieser Darstellung reell bzw. rein imaginär sind, erfüllt K_0 offensichtlich die Beziehungen (15.73). Diesen Operator wollen wir als Zeitumkehroperator wählen:

$$K = K_0.$$

Mit dieser Festlegung der Phase führt K eine Wellenfunktion in ihre konjugiert komplexe über:

$$K\Phi(\boldsymbol{r}) = \Phi^*(\boldsymbol{r}).$$

Soll H bei einer Vertauschung von $\boldsymbol{p}$ in $-\boldsymbol{p}$ invariant sein, so muß man fordern, daß

$$[K, H] = 0. \tag{15.74}$$

Unter dieser Voraussetzung liefert die Anwendung des (antiunitären) Operators K auf die Schrödinger-Gleichung:

$$-i\hbar\frac{\partial}{\partial t}K|\psi(t)\rangle = H\,K|\psi(t)\rangle$$

oder

$$i\hbar\frac{\partial}{\partial t}(K|\psi(-t)\rangle) = H(K|\psi(-t)\rangle).$$

Genügt also $|\psi(t)\rangle$ der Schrödinger-Gleichung, so auch der Vektor

$$|\psi(t)\rangle_{\text{Umk.}} \equiv K|\psi(-t)\rangle. \tag{15.75}$$

Der Zustand, der zu einer beliebigen Zeit t durch den Vektor $|\psi\rangle_{\text{Umk.}}$ repräsentiert wird, ergibt sich durch die Zeitumkehrtransformation aus demjenigen Zustand, der zur Zeit $-t$ durch den Vektor $|\psi\rangle$ beschrieben wird. Man erhält wieder die Reversibilitätseigenschaft der Lösungen der Schrödinger-Gleichung.

Aus den Definitionsgleichungen (15.73) folgt, daß die Transformation $\mathcal{K}$ mit allen Raumtransformationen, also den Translationen, Rotationen und Spiegelungen vertauscht. Weiter stellt man fest, daß der Operator K mit den Operatoren der Raumtransformationen, so wie sie im Abschnitt 15.2 definiert wurden, vertauscht [15], also mit den infinitesimalen Translationsoperatoren. Ebenso verschwindet der Antikommutator von K mit den Drehimpulskomponenten:

$$K(\boldsymbol{r} \times \boldsymbol{p})K^\dagger = -(\boldsymbol{r} \times \boldsymbol{p}), \tag{15.76}$$

K vertauscht folglich mit den infinitesimalen Drehoperatoren.

15.4.4 Allgemeine Definition der Zeitumkehr

Will man den Begriff der Zeitumkehr auf allgemeinere Teilchensysteme ausdehnen, muß man die Zeitumkehr der Spinvariablen definieren. Weil der Spin ein spezieller Drehimpuls ist, muß das Transformationsgesetz lauten:

$$K\boldsymbol{s}K^\dagger = -\boldsymbol{s}. \tag{15.77}$$

Die Zeitumkehroperation dreht die Richtung des Spins um. Bei dieser Definition bleibt die Vertauschungseigenschaft von $\mathcal{K}$ mit den Raumtransformationen, insbesondere mit den Drehungen erhalten. Weiter verschwindet wegen der Gln. (15.76–77) der Antikommutator von K mit den Komponenten des Gesamtdrehimpulses $\boldsymbol{J}$. Es ist also:

$$K\boldsymbol{J}K^\dagger = -\boldsymbol{J} \tag{15.78}$$

und folglich vertauscht K mit den Drehoperatoren (s. Aufgabe 8). Weil schließlich K antilinear ist, führt die Beziehung (15.78) zu:

$$K\, \mathrm{e}^{-\mathrm{i}(\boldsymbol{J}.\boldsymbol{u})\varphi/\hbar}\, K^\dagger = \exp\left[+\frac{\mathrm{i}}{\hbar}\varphi(K(\boldsymbol{J}.\boldsymbol{u})\,K^\dagger)\right] = \mathrm{e}^{-\mathrm{i}(\boldsymbol{J}.\boldsymbol{u})\varphi/\hbar}.$$

Wir wollen den Zeitumkehroperator für ein Teilchen mit dem Spin s konstruieren. Dieser Operator ist durch die Relationen (15.73) und (15.77) bestimmt. Sei K_0 der zur $\{\boldsymbol{r}, s_z\}$-Darstellung gehörende Operator der Komplexkonjugation. Die relativen Phasen der Basisvektoren dieser Darstellung sind wie üblich festgelegt, so insbesondere die Basisvektoren des Spinraums durch die im dreizehnten Kapitel eingeführte Standardwahl. Wir haben also:

---

[15] Kommutiert die Transformation $\mathcal{K}$ mit einer anderen Transformation $\mathcal{T}$, so ist notwendig $KT = \mathrm{e}^{\mathrm{i}\alpha}TK$, wobei der Phasenfaktor von der Wahl des Operators T abhängt. Durch die zusätzliche Bedingung $KT = TK$ ist dieser Operator bis aufs Vorzeichen definiert.

Das erlaubt gewisse Schlußfolgerungen über die Komplexität der zur Transformationsgruppe $\mathcal{G}$ gehörenden Operatorengruppe G, falls $\mathcal{G}$ mit $\mathcal{K}$ vertauscht. Man kann dann für (T_j) – Bezeichnungen wie in Abschnitt 15.2.3 – die *beiden* mit K vertauschenden Transformationsoperatoren nehmen. Insbesondere bezeichnet (1) das Paar (+1, –1). Diese Operatorenpaare – je zwei Operatoren unterscheiden sich im Vorzeichen voneinander – bilden offensichtlich eine Gruppe, die man als Gruppe G wählen kann.

$$K_0\,\boldsymbol{r}\,K_0 = \boldsymbol{r} \qquad K_0\,\boldsymbol{p}\,K_0 = -\boldsymbol{p} \tag{15.79}$$

$$K_0\,s_x\,K_0 = s_x \qquad K_0\,s_y\,K_0 = -\,s_y \qquad K_0\,s_z\,K_0 = s_z. \tag{15.80}$$

Wir setzen

$$K = T K_0. \tag{15.81}$$

Weil $T = KK_0$ und $T^\dagger = K_0 K^\dagger$, liefert die (*lineare*) unitäre Transformation T:

$$T\boldsymbol{r}\,T^\dagger = \boldsymbol{r} \qquad T\boldsymbol{p}\,T^\dagger = \boldsymbol{p} \tag{15.82}$$

$$T s_x\, T^\dagger = -\,s_x \qquad T\,s_y\,T^\dagger = s_y \qquad T\,s_z\,T^\dagger = -\,s_z. \tag{15.83}$$

Dies sind die Transformationsbeziehungen für die Variablen $\boldsymbol{r}$, $\boldsymbol{p}$ und $\boldsymbol{s}$, *wenn allein der Spin mit dem Winkel* π *um die y-Achse gedreht wird.* $Y^{(s)}$ sei der Operator für diese Drehung:

$$Y^{(s)} = \mathrm{e}^{-\mathrm{i}\pi s_y/\hbar}.$$

T und $Y^{(s)}$ sind bis auf einen Phasenfaktor gleich. Dieser hat keine physikalische Bedeutung, wir setzen ihn gleich Eins und erhalten:

$$K = Y^{(s)}\,K_0 = \mathrm{e}^{-\mathrm{i}\pi s_y/\hbar}\,K_0. \tag{15.84}$$

Für ein Teilchen mit dem Spin ½ gilt speziell:

$$K = -\,\mathrm{i}\sigma_y\,K_0. \tag{15.85}$$

Die Verallgemeinerung des Begriffs der Zeitumkehr auf N-Teilchensysteme bietet keine Schwierigkeiten. Der Operator K ist das Tensorprodukt der Zeitumkehroperatoren für jedes Einzelteilchen. Ist K_0 der zur $\{\boldsymbol{r}^{(1)}\,s_z^{(1)}\,\ldots\,\boldsymbol{r}^{(N)}\,s_z^{(N)}\}$-Standarddarstellung gehörende Operator der Komplexkonjugation und $Y^{(S)}$ der Drehoperator für die Spins mit dem Winkel π um die y-Achse, so erhält man – mit der oben angegebenen Phasenwahl –:

$$\boxed{K = Y^{(S)}\,K_0 = \mathrm{e}^{-\mathrm{i}\pi S_y/\hbar}\,K_0} \tag{15.86}$$

15.4.5 Zeitumkehr und Komplexkonjugation

Die Zeitumkehr weist zur Komplexkonjugation weitgehende Analogien auf. In Erweiterung wollen wir von nun an zwei lineare Operatoren als konjugiert komplex zueinander ansehen, wenn sie durch Zeitumkehr auseinander hervorgehen. Insbesondere heißt ein Operator Q

(*i*) *reell,* wenn $KQK^\dagger = Q$;

(*ii*) *rein imaginär,* wenn $KQK^\dagger = -Q$ ist.

Jede reelle Konstante ist ein reeller Operator. Die Konstante i ist ein rein imaginärer Operator, das Produkt von i mit einem reellen Operator ist rein imaginär. Produkt und Summe zweier Operatoren sind reell, wenn die Operatoren reell sind.

Der Begriff der Reellität darf nicht mit dem Hermitezitätsbegriff verwechselt werden. Hierzu müssen zwei Bemerkungen gemacht werden:

(*a*) Im Gegensatz zur Adjunktion folgt aus der Tatsache, daß zwei Operatoren konjugiert komplex zueinander sind, nicht notwendig, daß auch ihre Darstellungsmatrizen in einer bestimmten Darstellung zueinander konjugiert komplex sind;

(*b*) Unsere Definition der Komplexkonjugation ist nicht die einzig mögliche. Jede antiunitäre Transformation, deren Quadrat gleich der Einheit $\mathfrak{J}$ ist, kann einer Komplexkonjugation zugeordnet werden.

Nach *unserer* Definition sind alle Ortsobservablen reell. Die Impulse und Spins sind rein imaginär, und die in Abschnitt 15.2 eingeführten Operatoren der Raumtransformationen sind reell (Aufgabe 8).

Man kann den Begriff der Komplexkonjugation auf Vektoren ausdehnen. $K|\rangle$ heißt der zu $|\rangle$ *konjugiert komplexe Vektor.* Diese Zuordnung ist jedoch nur dann reziprok, wenn $K^2 = 1$ ist. Aus $\mathfrak{K}^2 = \mathfrak{J}$ folgt nämlich nur, daß K^2 mit allen Variablen vertauscht, also eine Konstante ist. Man zeigt leicht (Aufgabe 9), daß diese Konstante unabhängig von der Phasenwahl für K nur die beiden Werte $+1$ oder -1 annehmen kann. Man kann sie mit Hilfe des Ausdrucks (15.86) berechnen. Weil K_0 mit $Y^{(S)}$ kommutiert und $K_0^2 = 1$ ist, findet man

$$K^2 = (Y^{(S)})^2 = e^{-2\pi i S_y/\hbar} \tag{15.87}$$

oder auch, wenn n die Anzahl der Teilchen mit halbzahligem Spin ist, die das System enthält:

$$\boxed{K^2 = (-)^n} \tag{15.88}$$

Ist $K^2 = 1$, (n gerade), so ist die Komplexkonjugation zwischen Vektoren eine reziproke Zuordnung und man kann reelle Vektoren definieren. Ein Vektor $|r\rangle$ heißt reell, wenn

$$K|r\rangle = |r\rangle.$$

Entsprechend heißt eine *Darstellung reell,* wenn alle Basisvektoren reell sind.

In folgender Weise kann man ein reelles Basissystem konstruieren. Man geht von einem beliebigen Vektor $|a\rangle$ aus und bildet durch Linearkombination von $|a\rangle$ und $K|a\rangle$ den auf Eins normierten reellen Vektor:

$$|a'\rangle = c|a\rangle + c^*(K|a\rangle).$$

Daß dieser Vektor reell ist, ist offensichtlich, die Konstante c dient zur Normierung, und man zeigt ohne Mühe, daß dies stets geschehen kann. Darauf nimmt man einen zu $|a^r\rangle$ orthogonalen Vektor $|b\rangle$ und bildet in derselben Weise den auf Eins normierten Vektor $|b^r\rangle$. Weil $K|a^r\rangle = |a^r\rangle$ und $\langle a^r|b\rangle = 0$ nach Voraussetzung, hat man:

$$\langle a^r|(K|b\rangle) = (\langle a^r|K^\dagger)\,(K|b\rangle) = \langle a^r|b\rangle^* = 0$$

also ist $|b^r\rangle$ zu $|a^r\rangle$ orthogonal. Alsdann nimmt man einen zu $|a^r\rangle$ und $|b^r\rangle$ orthogonalen Vektor $|c\rangle$ und bildet den Vektor $|c^r\rangle$. Und so fort, bis das System vollständig konstruiert ist.

Die reellen Darstellungen besitzen bemerkenswerte Eigenschaften. Der ihnen zugeordnete Operator der Komplexkonjugation ist der Operator K selbst. Jeder reelle Operator wird durch eine reelle Matrix dargestellt. Zwei zueinander konjugiert komplexe Operatoren werden durch zueinander konjugiert komplexe Matrizen dargestellt. Die unitären Matrizen, mit denen man von einer reellen Darstellung zur anderen gelangt, sind reelle Matrizen.

Ist $K^2 = -1$ (n ungerade), so existieren keine reellen Vektoren. Weil jedoch $K = -K^\dagger$ ist, gilt für jeden Vektor $|u\rangle$:

$$\langle u|(K|u\rangle) \equiv \langle u|(K^\dagger|u\rangle) = -\langle u|(K|u\rangle) = 0.$$

In diesem Fall gilt also die wichtige Aussage:

Zwei zueinander konjugiert komplexe Vektoren $|\rangle$ und $K|\rangle$ sind orthogonal.

Ist weiter ein Vektor $|b\rangle$ orthogonal zu den beiden zueinander konjugiert komplexen Vektoren $|a\rangle$ und $K|a\rangle$, so ist auch sein Konjugiertkomplexes $K|b\rangle$ zu diesen Vektoren orthogonal. Hieraus leitet man ähnlich wie beim Fall $K^2 = 1$ her, daß Basissysteme existieren, bei denen die Vektoren paarweise konjugiert komplex zueinander sind.

15.4.6 Das Prinzip der Mikroreversibilität

So wie man vom Bewegungsgesetz eines Systems postuliert, daß es in bezug auf bestimmte Raumtransformationen invariant ist (Abschnitt 15.3.3), kann man auch verlangen, daß es zeitlich reversibel ist. Beschreibt also $|\psi(t)\rangle = U(t,0)|\psi\rangle$ eine mögliche Bewegung des Systems, so soll auch der Vektor

$$|\psi(t)\rangle_{\text{Umk.}} = K\,U(-t,0)|\psi\rangle$$

eine mögliche Bewegung repräsentieren und bis auf einen Phasenfaktor gleich dem Vektor $U(t,0)K|\psi\rangle$ sein. Nimmt man dies für jedes $|\psi\rangle$ an, so lautet das Reversibilitätspostulat:

$$U(t,0)K = e^{i\alpha(t)}K\,U(-t,0).$$

Alle Systeme, auf die dieses Postulat anwendbar ist, sind konservativ. Ist H der Hamilton-Operator eines solchen Systems, so ist:

$$U(t,0) = e^{-iHt/\hbar} \qquad U(-t,0) = e^{+iHt/\hbar} = U^\dagger(t,0),$$

woraus sich

$$U(t, 0) = e^{i\alpha}(K U^\dagger(t, 0) K^\dagger) \tag{15.89}$$

ergibt. Multipliziert man dies von links mit K und von rechts mit $K^\dagger$ und berücksichtigt, daß $K^2 = K^{\dagger 2} = (-)^n$ ist, so erhält man:

$$U^\dagger(t, 0) = e^{i\alpha}(K U(t, 0) K^\dagger).$$

Vergleicht man diese Beziehung mit der zur Gleichung (15.89) adjungierten Beziehung:

$$U^\dagger(t, 0) = e^{-i\alpha}(K U(t, 0) K^\dagger),$$

so sieht man, daß die allein möglichen Werte von $e^{i\alpha}$ gleich $+1$ oder -1 sind. Weil aber $e^{i\alpha}$ eine stetige Funktion von t und für $t = 0$ gleich $+1$ ist, ist notwendig $e^{i\alpha} = 1$. Wendet man jetzt Gleichung (15.89) auf den Operator $U(dt, 0) = 1 - \frac{i}{\hbar} H dt$ an, so bekommt man

$$1 - \frac{i}{\hbar} H dt = K\left[1 + \frac{i}{\hbar} H dt\right] K^\dagger$$

oder

$$K H K^\dagger = H. \tag{15.90}$$

Ist das Bewegungsgesetz eines konservativen Systems zeitlich reversibel, so ist der Hamilton-Operator reell, und umgekehrt (die Umkehrung wurde im Abschnitt 15.4.3 bewiesen).

Das Postulat der Reversibilität wird häufig – unter dem Namen *Mikroreversibilitätsprinzip* – etwas anders formuliert:

Das System sei konservativ und w die Wahrscheinlichkeit dafür, es zur Zeit t in einem Zustand $|\chi\rangle$ zu finden, wenn es zur Zeit t_0 in einen bestimmten Zustand $|\varphi\rangle$ präpariert wurde. $w_{\text{Umk.}}$ sei die Wahrscheinlichkeit dafür, das System zur Zeit t im Zustand $K|\varphi\rangle$ zu finden, falls es zum Zeitpunkt t_0 in den Zustand $K|\chi\rangle$ präpariert wurde. Dann verlangt das Mikroreversibilitätsprinzip, daß

$$w_{\text{Umk.}} = w \tag{15.91}$$

für beliebige $|\varphi\rangle$, $|\chi\rangle$, t_0 und t gilt.

Ausgeschrieben lautet die Bedingung (15.91):

$$|\langle\varphi|K^\dagger)(U(t, t_0)K|\chi\rangle)|^2 = |\langle\chi|U(t, t_0)|\varphi\rangle|^2.$$

Man vergleiche diese Beziehung mit (15.58). Weil

$$(\langle\varphi|K^\dagger)(UK|\chi\rangle) = \langle\varphi|(K^\dagger UK)|\chi\rangle^* = \langle\chi|(K^\dagger U^\dagger K)|\varphi\rangle$$

ist, kann man sie auch in der Form schreiben:

$$|\langle\chi|(K^\dagger U^\dagger K)|\varphi\rangle| = |\langle\chi|U|\varphi\rangle|.$$

Weil dies für jedes $|\varphi\rangle$ und $|\chi\rangle$ erfüllt sein muß, sind U und $K^\dagger UK$ bis auf einen Phasenfaktor gleich (Satz II). Dieser ist notwendig gleich +1, wie man durch Wiederholung der obigen Überlegung hinsichtlich des Faktors $e^{i\alpha}$ leicht beweist. Das Mikroreversibilitätsprinzip verlangt also, daß

$$\boxed{U(t, t_0) = K^\dagger U^\dagger(t, t_0)\, K} \tag{15.92}$$

ist. Wendet man diese Beziehung auf den infinitesimalen Entwicklungsoperator an, so erhält man wieder die Invarianzbedingung (15.90) für den Hamilton-Operator[16].

Gewöhnlich nimmt man an, daß bei Abwesenheit eines äußeren Feldes jedes quantenmechanische System dem Mikroreversibilitätsprinzip genügt. Bis jetzt ist diese Hypothese experimentell nicht widerlegt worden. Ist ein äußeres Feld vorhanden, so ist dieses Prinzip nur dann erfüllt, wenn das Feld in bezug auf Zeitumkehr invariant ist. Ein elektrostatisches Feld besitzt diese Invarianzeigenschaft. Das ist leicht einzusehen, denn die Quellen eines elektrostatischen Feldes sind unbewegliche elektrische Ladungen, und eine statische Ladungsverteilung wird durch die Zeitumkehr nicht verändert. Die Quellen eines statischen Magnetfeldes sind dagegen elektrische Permanentströme. Die Zeitumkehr ändert den Richtungssinn der Ströme und folglich die Richtung des von diesen Strömen erzeugten Magnetfeldes. Das Mikroreversibilitätsprinzip wäre also selbst bei Gegenwart eines zeitunabhängigen (statischen) Magnetfeldes nicht erfüllt.

15.4.7 Eine Folgerung: die Kramers-Entartung

Wie bei jeder anderen Symmetrie, so ergeben sich auch aus der Tatsache, daß der Hamilton-Operator H reell ist, einige wichtige Aussagen über sein Eigenwertproblem.

Ist $|u\rangle$ ein Eigenvektor von H,

$$H|u\rangle = E|u\rangle$$

so ist auch der dazu konjugiert komplexe Vektor $K|u\rangle$ Eigenvektor von H zum selben Eigenwert. Nach Voraussetzung ist nämlich

$$HK = KH$$

und weil E reell ist,

$$H(K|u\rangle) = K(H|u\rangle) = (KE|u\rangle) = E(K|u\rangle).$$

---

[16] Weil $U^\dagger(t_2, t_1) = U(t_1, t_2)$ ist, kann man Gl. (15.92) auch wie folgt schreiben:

$$U(t_2, t_1) = K^\dagger U(t_1, t_2) K.$$

Daraus folgt, daß der Unterraum $\mathcal{E}_E$ zum Eigenwert E in bezug auf die antiunitäre Transformation K invariant ist. Wir können die Ergebnisse des Abschnitts 15.4.5 anwenden und haben dabei zwei Fälle zu unterscheiden.

1. Fall. $K^2 = +1$ (gerade Anzahl von Spins ½).

In jedem Unterraum $\mathcal{E}_E$ kann man eine orthonormierte Basis so wählen, daß alle Vektoren *reell* sind. Also besitzt H (mindestens) ein Basissystem mit reellen Vektoren.

2. Fall. $K^2 = -1$ (ungerade Anzahl von ½-Spins).

In jedem Unterraum $\mathcal{E}_E$ kann man eine orthonormierte Basis wählen, bei der alle Vektoren paarweise konjugiert komplex zueinander sind. Also ist die Dimension von $\mathcal{E}_E$ geradzahlig. *Jeder Eigenwert von H ist mindestens zweifach entartet und seine Entartung ist notwendig von gerader Ordnung.* Diese Art von Entartung heißt *Kramers-Entartung.*

Es gibt Systeme, die außer der Invarianz gegenüber Zeitumkehr keine weitere Symmetrie aufweisen. Das ist z.B. für Atome in einem asymmetrischen Kristallgitter der Fall. Ein solches Atom kann man als ein System behandeln, das einem äußeren rein elektrostatischen Feld ausgesetzt ist; sein Hamilton-Operator ist reell. Enthält das Atom eine ungerade Anzahl von Elektronen, so sind alle Niveaus zweifach entartet. Durch ein Magnetfeld wird diese Entartung aufgehoben.

15.4.8 Reeller, drehinvarianter Hamilton-Operator

Weist der Hamilton-Operator H außer der Zeitumkehrinvarianz weitere Symmetrien auf, so bleiben die Ergebnisse des vorangegangenen Abschnitts gültig, verlieren aber viel von ihrer Bedeutung. Wigner [17] hat systematisch die Eigenschaften von H unter der Voraussetzung untersucht, daß

(*i*) H reell ist: $[K, H] = 0$;

(*ii*) H in bezug auf eine Gruppe linearer Transformationen T_i invariant ist: $[T_i, H] = 0$;

(*iii*) diese Transformationen T_i mit der Zeitumkehr vertauschen: $[K, T_i] = 0$.

Wir beschränken uns hier auf den Fall der Drehgruppe [18].

Es sei Y der Operator für eine Drehung mit dem Winkel π um die y-Achse (er darf nicht mit dem Drehoperator für die Spins allein, $Y^{(S)}$, verwechselt werden). Wir setzen:

$$K_y \equiv Y^\dagger K \equiv e^{i\pi J_y/\hbar} K \tag{15.93}$$

[17] E.P. *Wigner, Göttinger Nachrichten,* 31, 546 (1932).

[18] Fußnote siehe Seite 166.

$Y^\dagger$ und K vertauschen mit J^2, während ihr Antikommutator mit J_z verschwindet. Also vertauscht K_y mit J^2 und J_z und ebenso mit J_+ und J_-. Es ist nämlich:

$$Y^\dagger K(J_x \pm \mathrm{i}J_y) = Y^\dagger(-J_x \pm \mathrm{i}J_y)K = (J_x \pm \mathrm{i}J_y)Y^\dagger K.$$

Weil weiter $[Y, K] = 0$ und $Y^2 = K^2 = (-)^n$ (s. Gl. (15.88)), hat man schließlich:

$$K_y^2 = 1. \tag{15.94}$$

Der antiunitären Transformation K_y kann man eine Komplexkonjugation zuordnen, so wie es in Abschnitt 15.4.5 für K geschehen ist. Um diese neue Art von Konjugation von der früheren zu unterscheiden, wollen wir Anführungszeichen verwenden. Jeder (lineare) Operator, der mit K_y vertauscht, heißt dann „reell". $K|\rangle$ ist der zu $|\rangle$ „konjugiert komplexe" Vektor. Weil $K_y^2 = 1$ ist, gibt es „reelle" Vektoren und „reelle" Darstellungen. Die Wirkung eines „reellen" Operators auf einen „reellen" Vektor ergibt einen „reellen" Vektor. In einer „reellen" Darstellung werden „reelle" Operatoren durch reelle Matrizen dargestellt.

Weil J^2 und J_z „reell" sind, kann man im Drehimpulsraum (jj) ein Basissystem mit ausschließlich „reellen" Vektoren konstruieren. Weil auch J_+ und J_- „reell" sind, besteht die Standardbasis, die man aus diesen Vektoren nach der Methode aus Abschnitt 13.1.5 konstruieren kann, nur aus „reellen" Vektoren.

Mit $|\tau j \mu\rangle$ bezeichnen wir die Vektoren einer „reellen" Standardbasis. Ist H in bezug auf Drehungen und Zeitumkehr invariant, so kommutiert er gleichzeitig mit J und mit K_y. Seine Matrix ist in der $\{\tau j \mu\}$-Darstellung eine reelle Matrix von der Form (15.52), d.h.

$$\langle \tau j \mu | H | \tau' j' \mu' \rangle = \delta_{jj'}\,\delta_{\mu\mu'}\,H^{(j)}_{\tau\tau'}$$

[18] Ist G irgendeine Gruppe, so bewirkt die Reellität von H entweder eine Verdopplung der „G-Entartung" oder sie ermöglicht die Diagonalisierung von H in einer Darstellung, in der die Basisvektoren einer bestimmten „Reellitätsbedingung" genügen. Man erhält nämlich die folgenden Ergebnisse (s. Wigner, a.a.O.):

Es sei $\mathbf{G}^{(f)}$ eine irreduzible Darstellung von G, $\mathbf{G}^{(f)*}$ die konjugierte Darstellung. Die Wirkung von K auf einen Vektor der einen Darstellung ergibt einen Vektor der anderen Darstellung. $\mathbf{G}^{(f)}$ und $\mathbf{G}^{(f)*}$ sind entweder äquivalent oder inäquivalent. Im ersten Fall besitzt die Matrix, die von einer Darstellung zur anderen überführt ($\mathbf{G}^{(f)*} = S\,\mathbf{G}^{(f)}S^\dagger$), die Eigenschaft $SS^* = \pm 1$. Bezeichnen wir nun mit $\mathbf{G}$ die (eventuell reduzible) Darstellung der Gruppe G, die im Unterraum eines bestimmten Eigenwerts von H definiert ist, so können drei Fälle auftreten:

(*a*) Ist $\mathbf{G}$ nicht zu $\mathbf{G}^{(f)}$ äquivalent, so treten diese beiden Darstellungen in der Zerlegung von $\mathbf{G}$ nach irreduziblen Komponenten gleich häufig auf (verdoppelte Entartung).

(*b*) Ist $\mathbf{G}^{(f)*} \cong \mathbf{G}^{(f)}$ und $SS^*K^2 = -1$, so tritt $\mathbf{G}^{(f)}$ in der Zerlegung von $\mathbf{G}$ in einer geraden Anzahl auf (verdoppelte Entartung).

(*c*) Ist $\mathbf{G}^{(f)*} \cong \mathbf{G}^{(f)}$ und $SS^*K^2 = +1$, so können die Basisvektoren jeder Komponente $\mathbf{G}^{(f)}$ von $\mathbf{G}$ der „Reellitätsbedingung": $KS|u\rangle = |u\rangle$ unterworfen werden.

Die Darstellungen der Drehgruppe gehören sämtlich zum Fall (*c*).

und die $H^{(i)}_{TT}$ sind alle reell. Folglich zeigt *H die Drehentartung und besitzt darüberhinaus (mindestens) ein Orthonormalsystem von Eigenvektoren, die eine „reelle" Standardbasis bilden.*

Um im Zustandsraum $\mathcal{E}$ eine „reelle" Basis zu konstruieren, bildet man gewöhnlich tensorielle Produkte von Basisvektoren einfacherer Räume. Wir nehmen an, daß

$$\mathcal{E} = \mathcal{E}_1 \otimes \mathcal{E}_2 \otimes \ldots$$

ist und daß in jedem Teilraum $\mathcal{E}_i$ die Drehoperatoren und der Zeitumkehroperator definiert sind. Jedem $\mathcal{E}_i$ ist ein Operator $K_y^{(i)} = Y^{(i)\dagger} K^{(i)}$ für die „Komplexkonjugation" zugeordnet, und der Operator K_y für den ganzen Raum ist das Produkt:

$$K_y = K_y^{(1)} K_y^{(2)} \ldots$$

Das tensorielle Produkt von „reellen" Vektoren ist ein „reeller" Vektor. Insbesondere erhält man in $\mathcal{E}$ ein Basissystem aus „reellen" Vektoren, indem man tensorielle Produkte aus solchen Vektoren bildet, die in jedem Teilraum eine „reelle" Standardbasis des Drehimpulses bilden. Von diesem Basissystem in $\mathcal{E}$ ausgehend, kann man durch Drehimpulsaddition eine Standardbasis des Gesamtdrehimpulses in diesem Raum konstruieren. Weil die Clebsch-Gordan-Koeffizienten sämtlich reell sind, besteht die auf diese Weise erhaltene Standardbasis nur aus „reellen" Vektoren.

Wir schließen mit einer Bemerkung über den „Reellitätscharakter" der Kugelfunktionen.

$\omega \equiv (\theta, \varphi)$ seien die Winkelkoordinaten des Ortsvektors $\boldsymbol{r}$ eines Teilchens, $Y_l^m(\omega)$ die Kugelfunktion, die den Drehimpulszustand (lm) dieses Teilchens beschreibt. In diesem speziellen Fall ist ($\hbar = 1$):

$$K_y = \mathrm{e}^{-\mathrm{i}\pi l_y} K_0,$$

woraus man mit den Gleichungen (B. 92) und (C. 62) die Beziehung erhält:

$$\begin{aligned} K_y\, Y_l^m(\omega) &= \mathrm{e}^{-\mathrm{i}\pi l_y}\, Y_l^{m*}(\omega) = \mathrm{e}^{-\mathrm{i}\pi l_y}\, (-)^m\, Y_l^{-m}(\omega) \\ &= (-)^l\, Y_l^m(\omega). \end{aligned}$$

Die Kugelfunktion Y_l^m ist also „reell", wenn l gerade und „rein imaginär", wenn l ungerade ist. Dagegen bilden die Funktionen

$$\mathcal{Y}_l^m(\omega) \equiv \mathrm{i}^l\, Y_l^m(\omega)$$

eine „reelle" Standardbasis des Bahndrehimpulses.

Es seien jetzt $\omega_p \equiv (\theta_p, \varphi_p)$ die Winkelkoordinaten des Impulses $\boldsymbol{p}$ desselben Teilchens $Y_l^m(\omega_p)$ die Kugelfunktion, die den Drehimpulszustand (lm) in der $\{\boldsymbol{p}\}$-Darstellung darstellt. Man kann zeigen (Aufgabe 10), daß

$$K_0 = S_0 K_p,$$

worin S_0 der Paritätsoperator (Gl. (15.45)) und K_p der zur $\{p\}$-Darstellung gehörende Operator der Komplexkonjugation sind. Es ist daher

$$K_y Y_l^m(\omega_p) = Y_l^m(\omega_p).$$

Die $Y_l^m(\omega_p)$ bilden eine „reelle" Standardbasis des Bahndrehimpulses.

Diese Überlegungen über den „Reellitätscharakter" kann man ohne Schwierigkeiten auf allgemeine irreduzible Tensoroperatoren ausdehnen (Aufgabe 12).

Aufgaben

1. Der Zustandsraum $\mathcal{E}$ eines Systems sei die direkte Summe $\mathcal{E}_1 + \mathcal{E}_2 + \ldots$ einer bestimmten Anzahl von Unterräumen, die in bezug auf die Menge der *physikalischen* Observablen dieses Systems invariant sind. Man zeige, daß die Projektoren $P_1, P_2, \ldots$ auf diese Unterräume mit jeder physikalischen Observablen vertauschen und daß nicht alle Vektoren von $\mathcal{E}$ die Eigenschaft aufweisen, gemeinsamer Eigenvektor eines vollständigen Satzes kommutierender physikalischer Observabler zu sein.

2. Man zeige, daß der durch (15.45) definierte Operator S_0 die Beziehungen (15.43–44), insbesondere: $S_0\, \boldsymbol{p} S_0^\dagger = -\boldsymbol{p}$ erfüllt.

3. Bei einem Teilchen mit dem Spin ½ ist der Operator für die Spiegelung an einer Ebene (Normalenvektor $\boldsymbol{u}$) gleich dem Produkt aus einem nur auf die Bahnvariablen wirkenden Operator und einem Operator, der nur auf die Spinvariablen wirkt. Man zeige, daß dieser – bei einer speziellen Phasenwahl – gleich $(\boldsymbol{\sigma}.\boldsymbol{u})$ ist. Ferner verifiziere man, daß das Produkt $(\boldsymbol{\sigma}.\boldsymbol{v})(\boldsymbol{\sigma}.\boldsymbol{u})$, das zwei aufeinanderfolgende Spiegelungen repräsentiert (bis auf eine Phase), gleich dem Operator ist, der zu einer Drehung des Spins um einen Winkel $2(\boldsymbol{u}, \boldsymbol{v})$ um die $(\boldsymbol{u} \times \boldsymbol{v}) / |\boldsymbol{u} \times \boldsymbol{v}|$-Achse gehört.

4. Ein Strahl von Teilchen mit dem Spin s werde an einem eventuell spinabhängigen Potential gestreut. $\boldsymbol{p}_i$ sei der Impuls der einfallenden Teilchen. Mit einer Blende sondere man die in eine bestimmte Richtung gestreuten Teilchen aus. Deren Impuls sei $\boldsymbol{p}_f$ und D die von $\boldsymbol{p}_i$ und $\boldsymbol{p}_f$ aufgespannte Streuebene. Die einfallenden Teilchen seien nicht polarisiert, so daß ihr Spinzustand durch den Dichteoperator $\rho_i = 1/(2s+1)$ beschrieben wird. Man zeige: Ist das Potential in bezug *auf Drehungen und die Spiegelung am Ursprung* invariant, so ist der Dichteoperator für den Spinzustand der gestreuten Teilchen bezüglich der Ebene D symmetrisch.

5. Man zeige, daß der Dichteoperator für den Spinzustand eines Teilchens mit dem Spin ½ in genau einer Weise auf die Form

$$\rho = \tfrac{1}{2}(1 + \boldsymbol{P}.\boldsymbol{\sigma})$$

gebracht werden kann. $\boldsymbol{\sigma} \equiv (\sigma_x, \sigma_y, \sigma_z)$ ist das Doppelte des Spinvektors des Teilchens und $\boldsymbol{P}$ ein Vektor mit einem Betrag zwischen Null und Eins, der den Polarisationszustand des Teilchens vollständig bestimmt.

Indem man in Aufgabe 4 $s = 1/2$ setzt, zeige man, daß der die Polarisation des gestreuten Teilchens bestimmende Vektor $\boldsymbol{P}_f$ *senkrecht zur Streuebene steht.*

6. Man zeige: Fügt man zum Hamilton-Operator eines Systems eine beliebige reelle Zeitfunktion hinzu, so wird der Entwicklungsoperator lediglich mit einem Phasenfaktor multipliziert.

7. Bei einer Galilei-Transformation werden die Variablen $\boldsymbol{r}, \boldsymbol{p}, \boldsymbol{s}$ in $\boldsymbol{r} - \boldsymbol{v}t$, $\boldsymbol{p} - m\boldsymbol{v}$ bzw. $\boldsymbol{s}$ transformiert. Man zeige, daß eine solche Transformation durch den Operator $G(\boldsymbol{v}, t) = \exp \mathrm{i}\boldsymbol{v}.(m\boldsymbol{r} - \boldsymbol{p}t)/\hbar$ bewirkt wird. Bei einem N-Teilchensystem ist der entsprechende Operator $G(\boldsymbol{v}, t) = \exp \mathrm{i}\boldsymbol{v}.(M\boldsymbol{R} - \boldsymbol{P}t)/\hbar$, wobei M, $\boldsymbol{R}$, $\boldsymbol{P}$ Masse, Ort und Impuls des Schwerpunkts sind.

   (Anmerkung: Für einen bestimmten Wert von t bildet die Menge der Galilei-Transformationen eine Gruppe, und auch die Transformationsoperatoren bilden eine, wenn man die Phase so festlegt, wie hier geschehen). Bei dieser Transformation ist das Bewegungsgesetz invariant, falls

   $$G^\dagger(\boldsymbol{v}, t)\, U(t, t_0)\, G(\boldsymbol{v}, t_0) = U(t, t_0) \cdot \text{Phasenfaktor}.$$

   Man zeige, daß diese Bedingung zur Bedingung der „Galilei-Invarianz der Schrödinger-Gleichung":

   $$G^\dagger(\boldsymbol{v}, t)\left[\mathrm{i}\hbar \frac{\mathrm{i}}{\partial t} - H\right] G(\boldsymbol{v}, t) = \left[\mathrm{i}\hbar \frac{\partial}{\partial t} - H\right] + f$$

   gleichwertig ist (hierbei ist f eine beliebige reelle Zeitfunktion) und daß diese Bedingung vom Schrödingerschen Hamilton-Operator tatsächlich erfüllt wird (man findet: $f = 0$).

8. Man zeige, daß die Translations- und Drehoperatoren sowie der Reflexionsoperator S_0 (Definition (15.45)) mit dem Operator K vertauschen, der die Zeitumkehr bewirkt, und daß diese Eigenschaft nicht von der in der Definition von K auftretenden Phase abhängt.

9. Man zeige, daß das Quadrat eines antiunitären Operators gleich einer Konstanten ist, deren Werte nur $+1$ oder -1 sein können.

10. K_p sei der zur $\{\boldsymbol{p}\}$-Darstellung gehörende Operator der Komplexkonjugation, K_0 der zur $\{\boldsymbol{r}\}$-Darstellung gehörende und S_0 der Reflexionsoperator (Definition (15.45)). Man zeige, daß $K_0 = S_0 K_p$. Hiermit leite man her, daß sich die Wellenfunktion $\Phi(\boldsymbol{p})$ bei einer Zeitumkehr in

    $$K\Phi(\boldsymbol{p}) = \Phi^*(-\boldsymbol{p})$$

    transformiert.

11. Der Hamilton-Operator eines Systems sei invariant gegenüber Zeitumkehr und B sei eine rein imaginäre Observable (s. Abschnitt 15.4.5) dieses Systems (Impuls, Spin, Bahndrehimpuls usw.). Man zeige:

    (*i*) Ist ein stationärer Zustand nicht entartet, so ist der Mittelwert von B in diedem Zustand Null;

(*ii*) die Projektion von B auf den Unterraum eines beliebigen Energieeigenwerts hat die Spur Null.

12. $T_q^{(k)}$ ($q = -k, -k+1, \ldots, +k$) seien die Standardkomponenten eines irreduziblen Tensoroperators $\mathbf{T}^{(k)}$. Der Tensoroperator, dessen 0-Komponente gleich der aus $T_0^{(k)}$ durch Zeitumkehr hervorgehenden Komponente ist, heißt zu $\mathbf{T}^{(k)}$ konjugiert komplex (nach dieser Definition sind die kartesischen Komponenten reeller Vektoroperatoren in bezug auf Zeitumkehr invariant und die der imaginären Vektoroperatoren ändern ihr Vorzeichen). Man zeige, daß die Standardkomponenten des zu $\mathbf{T}^{(k)}$ konjugiert komplexen Operators die im *Sinne des Abschnitts 15.4.8* zu den entsprechenden Komponenten von $(-)^k\, \mathbf{T}^{(k)}$ „konjugiert komplexen" Operatoren sind. Speziell sind in einer „reellen" Standarddarstellung die Matrixelemente reell, wenn $\mathrm{i}^k\, \mathbf{T}^{(k)}$ reell ist, und rein imaginär, wenn $\mathrm{i}^k\, \mathbf{T}^{(k)}$ rein imaginär ist.

(Anmerkung: Diese Eigenschaft findet eine direkte Anwendung bei Problemen mit Winkelkorrelationen, denn sie liefert, bis aufs Vorzeichen, die relativen Phasen der verschiedenen Multipolanteile).

Vierter Teil
Näherungsmethoden

≪ Si les plats que je vous offre sont mal préparés, c'est moins la faute de mon cuisinier que celle de la chimie, qui est encore dans l'enfance.≫

(La Rôtisserie de la reine Pédauque).

ANATOLE FRANCE

16 Stationäre Störungen

Allgemeine Einführung in den vierten Teil

Die in der Quantenmechanik streng lösbaren Probleme betreffen sehr spezielle und sehr einfache Systeme. Praktisch kann kein physikalisches System ohne irgendeine Näherung behandelt werden. Das Geschick des Physikers besteht darin, sich von der Bedeutung der verschiedenen Effekte eine genaue Vorstellung zu machen und dann die geeigneten Näherungsmethoden anzuwenden. Im Grunde gibt es so viele Näherungsmethoden wie es Probleme gibt, so daß man sie unmöglich hier alle entwickeln kann. Wir geben in diesem Buch nur die an, die für eine systematische Behandlung allgemein genug sind. Einige sind bereits besprochen worden, so die quasiklassische Näherung und die WKB-Methode (sechstes Kapitel), sowie die Streuphasenmethode (neuntes Kapitel). Die anderen sind Gegenstand dieses vierten Teils.

Mathematisch besteht die Untersuchung eines Quantensystems in der Bestimmung seines Entwicklungsoperators $U(t, t_0)$ oder zumindest im Auffinden bestimmter charakteristischer Eigenschaften dieses Operators. Ist der Hamilton-Operator H des Systems zeitunabhängig, so reduziert sich die Aufgabe auf die Lösung des Eigenwertproblems von H. In diesem Fall ist nämlich:

$$U(t, t_0) = e^{-iH(t-t_0)/\hbar}.$$

Die Eigenschaften von U hängen also mit denen von H unmittelbar zusammen. Ist H zeitabhängig, so sind die Dinge weniger einfach, doch ist klar, daß auch hier die Eigenlösungen und Eigenwerte von H (sie sind jetzt Funktionen der Zeit) eine Rolle spielen werden, wenn man die Eigenschaften von U untersucht.

Allgemein sind Streuprobleme, bei denen die Eigenzustände des kontinuierlichen Spektrums auftreten, schwieriger als solche Probleme, bei denen man es nur mit gebundenen Zuständen zu tun hat. Sie werden im neunzehnten Kapitel angeschnitten. Die Kapitel 16 bis 18 befassen sich im wesentlichen mit der Untersuchung gebundener Zustände, obwohl die dabei entwickelten Methoden unter Umständen auch auf nicht gebundene Zustände ausgedehnt werden können. Die bei gebundenen Zuständen auftretenden Probleme können ihrerseits in zwei Kategorien eingeteilt werden. Da ist auf der einen Seite die Bestimmung der gebundenen Zustände oder genauer die Lösung des Eigenwertproblems von H, auf der anderen Seite geht es um die Berechnung der Übergänge von einem stationären Zustand in einen anderen. Bei der näherungsweisen Lösung des Eigenwertproblems von H werden gewöhnlich drei Methoden verwendet. Die erste basiert auf der quasiklassischen Näherung, also der Näherung großer Quantenzahlen und kleiner Wellenlängen: Das ist die im sechsten Kapitel behandelte WKB-Methode. Bei der zweiten geht man von der strengen Lösung des Eigenwertproblems eines zu H benachbarten Operators H_0 aus und drückt die Eigenwerte und Eigenfunktionen von H als Potenzreihe der Differenz $H - H_0$ aus: Das ist die Methode der stationären Störungen. Die dritte, die Variationsmethode, kann statt der beiden anderen immer dann verwendet werden, wenn man vom allgemeinen Verlauf der gesuchten Eigenlösungen bereits eine Vorstellung hat. Die stationären Störungen werden in diesem Kapitel und die Variationsmethode im achtzehnten Kapitel behandelt. Das siebzehnte Kapitel befaßt sich mit der Berechnung der Übergänge und allgemeiner mit den grundsätzlichen Methoden zur Untersuchung des Bewegungsgesetzes gebundener Zustände, wenn der Hamilton-Operators des Systems zeitlich geändert wird.

16.1 Störung eines nichtentarteten Niveaus

16.1.1 Potenzreihenentwicklung nach dem Störparameter

Wir setzen voraus, daß der Hamilton-Operator H die Summe aus einem „ungestörten Hamilton-Operator" H_0 und einem Störterm ist, den man zweckmäßigerweise in der Form λV schreibt, wobei V so wie H_0 ein zeitunabhängiger, hermitischer Operator und λ ein reeller Parameter sind:

$$H = H_0 + \lambda V. \tag{16.1}$$

Wir nehmen an, daß das Eigenwertproblem von H_0 gelöst ist und seine Eigenwerte

$$E_1^0, E_2^0, \ldots, E_i^0, \ldots$$

sind. Zu jedem Wert gehört ein Basissystem von Eigenvektoren, die wir mit $|E_i^0\alpha\rangle$ bezeichnen. Die Quantenzahl α dient zur Unterscheidung dieser Vektoren voneinander, falls der zugehörige Eigenwert entartet ist:

$$H_0\,|E_i^0\alpha\rangle = E_i^0\,|E^0\,\alpha\rangle. \tag{16.2}$$

Das Spektrum von H hängt vom Parameter λ stetig ab und geht für $\lambda = 0$ in das von H_0 über. Es sei nun E_a^0 ein bestimmter Eigenwert von H_0. Wir wollen den (oder die) Eigenwert(e) von H berechnen, der (oder die) für $\lambda \to 0$ gegen E_a^0 strebt (oder streben) und die zugehörigen Eigenzustände von H bestimmen. Um Schreibarbeit zu sparen, wollen wir das Spektrum von H_0 als vollständig diskret annehmen. Die folgenden Überlegungen bleiben gültig, auch wenn ein Teil des Spektrums von H_0 kontinuierlich ist, solange nur der Eigenwert E_a^0 zum diskreten Spektrum gehört.

Besonders einfach wird die Methode, *wenn der Eigenwert* E_a^0 *nicht entartet ist.* In diesem Abschnitt soll dies der Fall sein.

E sei der Eigenwert von H, der für $\lambda \to 0$ gegen E_a geht. Es ist ebenfalls ein einfacher Eigenwert. Der zugehörige Eigenvektor $|\psi\rangle$ ist bis auf eine Konstante bestimmt, die man beliebig festlegen kann. Wir wollen $|\psi\rangle$ in der folgenden Weise definieren:

$$H|\psi\rangle = E|\psi\rangle \tag{16.3}$$

$$\langle 0|\psi\rangle = \langle 0|0\rangle = 1. \tag{16.4}$$

Dabei setzen wir: $|E_a^0\rangle = |0\rangle$. Nach dieser Definition geht $|\psi\rangle$ gegen $|0\rangle$, wenn $\lambda \to 0$.

Ist die Störung λV hinreichend klein, so ist die Annahme sinnvoll, daß E und $|\psi\rangle$ durch rasch konvergierende Potenzreihen in λ dargestellt werden können:

$$E = E_a^0 + \lambda\varepsilon_1 + \lambda^2\varepsilon_2 + \ldots + \lambda^n\varepsilon_n + \ldots \tag{16.5}$$

$$|\psi\rangle = |0\rangle + \lambda|1\rangle + \lambda^2|2\rangle + \ldots + \lambda^n|n\rangle + \ldots \tag{16.6}$$

Beschränkt man sich auf die ersten Glieder dieser Entwicklungen, so bekommt man für E und $|\psi\rangle$ genäherte Ausdrücke, und diese Approximation ist umso besser, je rascher die Reihen konvergieren.

Die Störmethode besteht in der sukzessiven Bestimmung der in den Entwicklungen (16.5) und (16.6) auftretenden Koeffizienten. Hierzu setzen wir in (16.3) für H, E und $|\psi\rangle$ die Ausdrücke (16.1), (16.5) und (16.6) ein, was zu einer Gleichung zwischen zwei Potenzreihen in λ führt. Damit diese erfüllt ist, müssen die Koeffizienten bei jeder Potenz von λ gleich sein. Man erhält so nacheinander:

$$(H_0 - E_a^0)|0\rangle = 0 \tag{16.7^0}$$

$$(H_0 - E_a^0)|1\rangle + (V - \varepsilon_1)|0\rangle = 0 \tag{16.7^1}$$

$$(H_0 - E_a^0)|2\rangle + (V - \varepsilon_1)|1\rangle - \varepsilon_2|0\rangle = 0 \tag{16.7^2}$$

$$\cdots\cdots \qquad\qquad \cdots\cdots$$

$$(H_0 - E_a^0)|n\rangle + (V - \varepsilon_1)|n-1\rangle \ldots - \varepsilon_n|0\rangle = 0. \tag{16.7^n}$$

$$\cdots\cdots \qquad\qquad \cdots\cdots$$

Entsprechend lautet die Bedingung (16.4):

$$\langle 0|1\rangle = \langle 0|2\rangle = \ldots = \langle 0|n\rangle = \ldots = 0. \tag{16.8}$$

Gleichung (16.7^0) bestimmt die Energie und den Eigenvektor in nullter Näherung. Berücksichtigt man jeweils die Bedingungen (16.8), so liefert die Gleichung (16.7^1) die Korrektur dieser Größen in erster Näherung, Gleichung (16.7^2) diejenige in zweiter Näherung, ... , Gleichung (16.7^n) die Korrekturen in n-ter Näherung.

Gleichung (16.7^n) bestimmt nämlich ϵ_n und $|n\rangle$ in Abhängigkeit von den Korrekturen niedrigerer Ordnung. Um dies zu zeigen, projizieren wir auf die Basisvektoren von H_0. Die Projektion auf $|0\rangle$ ergibt wegen der Bedingung (16.8):

$$\epsilon_n = \langle 0 | V | n - 1 \rangle. \tag{16.9}$$

Die Projektion auf die anderen Basisvektoren legt die jeweiligen Komponenten von $|n\rangle$ fest:

$$\langle E^0\alpha|n\rangle = \frac{1}{E_a^0 - E^0}\Big[\langle E^0\alpha|\,(V - \varepsilon_1)\,|n-1\rangle - \varepsilon_2\,\langle E^0\alpha|n-2\rangle - \ldots$$
$$\ldots - \varepsilon_{n-1}\,\langle E^0\alpha|1\rangle\Big]$$
$$(E_a^0 \neq E^0).$$

Weil $\langle 0 | n \rangle = 0$ ist, ist $|n\rangle$ vollständig bestimmt. Zweckmäßig setzt man:

$$Q_0 \equiv 1 - |0\rangle\langle 0| = \sum_{E^0 \neq E_a^0} \Sigma_\alpha\, |E^0\alpha\rangle\langle E^0\alpha|$$

und

$$\frac{Q_0}{a} \equiv Q_0 \frac{1}{E_a^0 - H^0} Q_0 = \sum_{E^0 \neq E_a^0} \frac{\Sigma_\alpha |E^0\alpha\rangle\langle E^0\alpha|}{E_a^0 - E_0}. \tag{16.10}$$

Mit diesen Bezeichnungen kann man für $|n\rangle$ schreiben:

$$|n\rangle = \frac{Q_0}{a}\Big[(V - \varepsilon_1)\,|n-1\rangle - \varepsilon_2\,|n-2\rangle - \ldots - \varepsilon_{n-1}|1\rangle\Big]. \tag{16.11}$$

Die Gleichungen (16.9) und (16.11) sind zu (16.7^n) äquivalent, womit die Behauptung bewiesen ist.

16.1.2 Störung erster Ordnung

Die Korrekturen erster Ordnung ergeben sich aus (16.7^1). Man erhält sie, indem man die Gleichungen (16.9) und (16.11) für $n = 1$ anschreibt.

Die Gleichung (16.9) liefert die Korrektur erster Ordnung für das Energieniveau:

$$\boxed{\varepsilon_1 = \langle 0|V|0\rangle} \tag{16.12}$$

woraus man den Ausdruck für die Energie in erster Näherung erhält:

$$E = \langle 0|H|0\rangle + O(\lambda^2). \tag{16.13}$$

Das ist der mit dem Eigenvektor des ungestörten Hamilton-Operators H_0 berechnete Mittelwert von H.

Die Korrektur des Eigenvektors in erster Näherung ist:

$$|1\rangle = \frac{Q_0}{a}\,(V - \epsilon_1)\,|0\rangle,$$

weil aber $Q_0 | 0 \rangle = 0$ ist, reduziert sich dieser Ausdruck auf:

$$| 1 \rangle = \frac{Q_0}{a} V | 0 \rangle. \tag{16.14}$$

In erster Näherung ist also der Vektor $| \psi \rangle$ durch den Ausdruck

$$|\psi\rangle = \left(1 + \lambda \frac{Q_0}{a} V\right) |0\rangle + O(\lambda^2) \tag{16.15}$$

gegeben und seine Norm durch

$$\begin{aligned} \langle\psi|\psi\rangle &= \langle 0|0\rangle + \langle\psi|Q_0|\psi\rangle \\ &\simeq \langle 0|0\rangle + \lambda^2 \langle 1|1\rangle = 1 + \lambda^2 \langle 0| V \frac{Q_0}{a^2} V |0\rangle \\ &= 1 + O(\lambda^2). \end{aligned}$$

Aufgrund des Ausdrucks (16.14) sind die Komponenten der Korrektur erster Ordnung zum Vektor $|0\rangle$ in Richtung der anderen Basisvektoren des ungestörten Hamilton-Operators durch die folgende Gleichung gegeben:

$$\lambda \langle E^0 \alpha | 1 \rangle = \frac{\langle E^0 \alpha | (\lambda V) | 0 \rangle}{E_a^0 - E^0}. \qquad (E^0 \neq E_a^0) \tag{16.16}$$

Die Komponente in Richtung $|E^0 \alpha\rangle$ ist demnach gleich dem Verhältnis des Matrixelements der Störung zwischen $|0\rangle$ und $|E^0 \alpha\rangle$ zur *Energiedifferenz* zwischen diesen beiden nicht gestörten Eigenzuständen. Je kleiner dieses Verhältnis ist, umso rascher konvergiert die Potenzreihenentwicklung nach dem Störparameter.

16.1.3 Der Grundzustand des Heliumatoms

In einem ersten Beispiel[1)] wollen wir die Störungsmethode auf die Berechnung der Grundzustandsenergie des Heliumatoms und allgemeiner der eines $(Z-2)$-fach ionisierten Atoms anwenden. Ein solches Atom besteht aus einem Kern mit der Ladung Ze und zwei Elektronen. Wird der Kern als unendlich schwer vorausgesetzt, so ist der Hamilton-Operator H derjenige für zwei Elektronen im Potential

$$-\frac{Ze^2}{r_1} - \frac{Ze^2}{r_2} + \frac{e^2}{r_{12}},$$

worin $\boldsymbol{r}_1$ und $\boldsymbol{r}_2$ die Ortsvektoren der beiden Elektronen sind. $r_{12} \equiv |\boldsymbol{r}_1 - \boldsymbol{r}_2|$ ist ihr gegenseitiger Abstand.

Vernachlässigt man den Term für die gegenseitige Abstoßung, e^2/r_{12}, so bleibt ein Hamilton-Operator für zwei voneinander unabhängige Teilchen im Coulombfeld

1) Dieses Beispiel wurde dem Buch von *L. Pauling* und *E.B. Wilson*, a.a.O., Fußnote Kap. 14[13)], entnommen.

$-Ze^2/r$ übrig, dessen Eigenwertproblem man exakt lösen kann. Wir wählen ihn als den „ungestörten Hamilton-Operator" und behandeln den Abstoßungsterm e^2/r_{12} als eine Störung. Der Grundzustand für H_0 liegt vor, wenn sich beide Elektronen im $1s$-Zustand befinden.

Wir bezeichnen mit E_H die Bindungsenergie des Grundzustandes des Wasserstoffatoms. Dann ist die Eigenenergie des Grundzustandes von H_0 die Summe der Energien beider Elektronen:

$$E_a^0 = -2Z^2 E_H.$$

Die zugehörige Eigenfunktion ist das Produkt der Eigenfunktionen für jedes Elektron, d.h. (s. Anhang B 1.3)

$$\Phi_a(\boldsymbol{r}_1, \boldsymbol{r}_2) = \mathrm{e}^{-(r_1+r_2)/a}/\pi a^3$$

mit

$$a = a_0/Z = \hbar^2/Zme^2 (\simeq Z^{-1} \times 0{,}53 \times 10^{-8}\,\mathrm{cm}).$$

Die Wirkung der Störung wird in erster Näherung durch die Formel (16.12) gegeben:

$$\begin{aligned} \varepsilon_1 &= \int \Phi_a\, V\, \Phi_a\, \mathrm{d}\boldsymbol{r}_1\, \mathrm{d}\boldsymbol{r}_2 \\ &= \frac{e^2}{\pi^2 a^6} \int \frac{\mathrm{e}^{-2(r_1+r_2)/a}}{|\boldsymbol{r}_1 - \boldsymbol{r}_2|}\, \mathrm{d}\boldsymbol{r}_1\, \mathrm{d}\boldsymbol{r}_2. \end{aligned} \tag{16.17}$$

Das ist die elektrostatische Energie zweier kugelförmiger Ladungsverteilungen mit den Dichten $-e\rho_1(r_1)$ bzw. $-e\rho_2(r_2)$. Dabei ist:

$$\rho_1(r) = \rho_2(r) = \mathrm{e}^{-2r/a}/\pi a^3. \tag{16.18}$$

Zur Berechnung des Integrals

$$I = \int \mathrm{d}\boldsymbol{r}_1 \int \mathrm{d}\boldsymbol{r}_2 \frac{\rho_1(r_1)\, \rho_2(r_2)}{|\boldsymbol{r}_1 - \boldsymbol{r}_2|}$$

benutzt man die Entwicklung (B. 99). Nach der Integration über die Winkel erhält man

$$\begin{aligned} I &= 16\pi^2 \int_0^\infty \mathrm{d}r_1 \int_0^\infty \mathrm{d}r_2\, \rho_1(r_1)\, \rho_2(r_2)\, r_1^2\, r_2^2/r_> \\ &= 16\pi^2 \int_0^\infty \rho_1(r_1)\, r_1\, \mathrm{d}r_1 \left\{ \int_0^{r_1} \rho_2(r_2)\, r_2^2\, \mathrm{d}r_2 + r_1 \int_{r_1}^\infty \rho_2(r_2)\, r_2\, \mathrm{d}r_2 \right\} \end{aligned} \tag{16.19}$$

Es ist $\epsilon_1 = e^2 I$, wobei in das Integral I die Ausdrücke (16.18) einzusetzen sind. Führt man die Rechnungen durch, so wird schließlich:

$$\epsilon_1 = \frac{5}{4} Z E_H. \tag{16.20}$$

Die Näherung ist umso besser, je kleiner die Abstoßungsenergie der beiden Elektronen im Vergleich zur Anziehungsenergie des Kerns ist, je größer also Z ist. Das gibt die Tabelle 16.1 wieder, in der für die Energie des Grundzustandes von He, Li^+ und Be^{++} die experimentellen Ergebnisse den mit Hilfe der Störungstheorie berechneten Werten gegenübergestellt werden. Tatsächlich konvergiert die Störungsentwicklung schneller, als man es von vornherein erwarten könnte, und die Berechnung der Bindungsenergie in erster Näherung liefert selbst für das Heliumatom (Z = 2) einen vernünftigen Wert.

Bindungsenergie der Atome He, Li+, Be++ im Grundzustand.

Alle Energien sind in Elektronenvolt angegeben. Spalte 2 gibt die ungestörte Energie, Spalte 3 die Störung erster Ordnung und Spalte 3 die Summe aus beiden Größen, d.h. die Grundzustandsenergie an, wie sie die Störungsrechnung in erster Ordnung liefert. In Spalte 5 stehen die mit Hilfe der Variationsmethode berechneten Werte (Abschnitt 18.1.5) und in Spalte 6 die experimentellen Ergebnisse (nach *L. Pauling* und *E.B. Wilson*, a.a.O.).

	1	2	3	4	5	6
	Z	E_a^0	ε_1	$E_{\text{pert.}} = E_a^0 + \varepsilon_1$	$E_{\text{var.}}$	$E_{\text{exp.}}$
He . .	2	— 108	34	— 74	— 76,6	— 78,6
Li+ . .	3	— 243,5	50,5	— 193	— 195,6	— 197,1
Be++ . .	4	— 433	67,5	— 365,5	— 368,1	— 370,0

Tabelle 16.1

16.1.4 Die Coulombenergie der Atomkerne

In einem Atomkern sind die Nukleonenabstände von der Größenordnung 10^{-13} cm. Bei diesen Abständen überwiegen die eigentlichen Kernkräfte die Coulombabstoßung der Protonen bei weitem. Man kann diese daher als eine Störung behandeln. Dann ist H_0 die Summe der kinetischen Energien der Nukleonen und des eigentlichen Nukleonenpotentials, während die Störung V aus den $\frac{1}{2} Z(Z-1)$ Termen der Coulombabstoßung der Z Protonen besteht:

$$V = \sum_{i<j\leqslant Z} \frac{e^2}{r_{ij}} \tag{16.21}$$

($r_{ij} = |r_i - r_j|$ = Abstand des i-ten vom j-ten Proton).

Wir wollen mit der Störungsmethode für einen stationären Zustand die Verschiebung E_C des Energieniveaus berechnen, wie sie durch die Anwesenheit des Coulombfeldes bewirkt wird.

j sei der Spin des ungestörten Zustands. Dieser ist $(2j + 1)$-fach entartet. Es existieren mit anderen Worten $(2j + 1)$ ungestörte, orthonormierte Zustände Φ^j_μ, die jeder zu einem verschiedenen Wert μ der z-Komponente des Gesamtdrehimpulses gehören.

Trotz dieser Entartung ist es möglich, die vorstehenden Ergebnisse der Störungstheorie anzuwenden. Das Störpotential V ist nämlich wie H_0 drehinvariant. Wir können also das Eigenwertproblem im Unterraum $\mathcal{E}(j\mu)$ des Drehimpulses $(j\mu)$ behandeln. In diesem ist der Grundzustand nicht entartet, und für seine Energie wird die Korrektur erster Ordnung durch die Formel (16.12) richtig wiedergegeben:

$$E_c \cong \langle \Phi^j_\mu | V | \Phi^j_\mu \rangle. \tag{16.22}$$

Man sieht, daß diese Korrektur von μ unabhängig ist: Die Coulomb-Störung hebt die Entartung nicht auf. Dies gilt in jeder Näherung, denn H muß wie H_0 die Drehentartung aufweisen, weil er wie H_0 invariant gegen Drehungen ist.

Die Funktion Φ^j_μ hängt von den Koordinaten und den Spins der Z Protonen und $N \equiv \mathcal{N} - Z$ Neutronen ab. Weil sie in bezug auf die Protonen antisymmetrisch ist, liefern die $\frac{1}{2}Z(Z-1)$ Terme von V die gleichen Anteile. Man hat also: $E_c = \frac{1}{2}Z(Z-1)\epsilon$ mit

$$\begin{aligned}\varepsilon &= \langle \Phi^j_\mu \mid (e^2/r_{12}) \mid \Phi^j_\mu \rangle \\ &= \sum_{\text{spins}} \int \mid \Phi^j_\mu \mid^2 (e^2/r_{12})\, \mathrm{d}\boldsymbol{r}_1\, \mathrm{d}\boldsymbol{r}_2 \ldots \mathrm{d}\boldsymbol{r}_Z\, \mathrm{d}\boldsymbol{r}_{Z+1} \ldots \mathrm{d}\boldsymbol{r}_{\mathcal{N}}.\end{aligned}$$

Σ_{spins} kennzeichnet die Summation über die Spinvariablen der Nukleonen. Wir setzen:

$$\rho(\boldsymbol{r}_1, \boldsymbol{r}_2) = \sum_{\text{spins}} \int | \Phi^j_\mu |^2\, \mathrm{d}\boldsymbol{r}_3 \ldots \mathrm{d}\boldsymbol{r}_{\mathcal{N}}.$$

$\rho(\boldsymbol{r}_1, \boldsymbol{r}_2)$ ist die Wahrscheinlichkeitsdichte dafür, gleichzeitig das Proton 1 an der Stelle $\boldsymbol{r}_1$ und das Proton 2 im Punkt $\boldsymbol{r}_2$ zu finden. Man bekommt

$$\varepsilon = \int (e^2/r_{12})\, \rho(\boldsymbol{r}_1, \boldsymbol{r}_2)\, \mathrm{d}\boldsymbol{r}_1\, \mathrm{d}\boldsymbol{r}_2.$$

Um E_c zu berechnen, nehmen wir folgendes sehr einfaches Modell an. Wir vernachlässigen jede Korrelation zwischen den Lagen der beiden Protonen [2]:

$$\rho(\boldsymbol{r}_1, \boldsymbol{r}_2) \cong \rho(\boldsymbol{r}_1)\rho(\boldsymbol{r}_2) \tag{16.23}$$

und wählen als Dichte $\rho(\boldsymbol{r})$ die einer gleichförmigen Ladungsverteilung in einer Kugel mit dem Radius R, d.h.

---

2) Damit schätzt man E_c zu hoch ab. Das Pauli-Prinzip verlangt, daß $\rho(\boldsymbol{r}_1, \boldsymbol{r}_2)$ für $\boldsymbol{r}_1 = \boldsymbol{r}_2$ kleiner ist.

$$\rho(r) = \begin{cases} 3/4\pi R^3 & \text{wenn} \quad r < R \\ 0 & \text{wenn} \quad r > R \end{cases} \tag{16.24}$$

Die Rechnung ist zu der in Abschnitt 16.1.3 analog. Setzt man in den Ausdruck (16.19) die angegebenen Dichten ein, so erhält man nach Ausführung der Integrationen:

$$E_c \simeq \tfrac{3}{5} Z(Z-1) \frac{e^2}{R}. \tag{16.25}$$

Obwohl diese Formel eine relativ grobe Abschätzung von E_C darstellt, erweist sie sich doch als nützlich, wenn man die Ladungsunabhängigkeit der Kernkräfte (Abschnitt 14.2.7) verifizieren will. Im Isospinformalismus bedeutet diese Unabhängigkeitshypothese, daß der ungestörte Hamilton-Operator gegen Drehungen im Ladungsraum invariant ist und daß die Zustände desselben Isospinmultipletts dieselbe Bindungsenergie besitzen. Die Differenz zwischen den Bindungsenergien zweier Glieder desselben Multipletts, die man experimentell feststellt, ist darum gleich der Differenz ihrer Coulomb-Energien. Nimmt man für R den Wert

$$R = 1{,}45 \times \mathcal{N}^{\frac{1}{3}} \times 10^{-13}\,\text{cm}$$

an, so kann man für die Grundzustände von Spiegelkernen dieser Differenz durch die Formel (16.25) in akzeptabler Weise Rechnung tragen.

16.1.5 Korrekturen höherer Ordnung

Die Korrekturen zweiter Ordnung ergeben sich aus Gleichung (16.7^2). Man erhält sie, indem man die Gleichungen (16.9) und (16.11) für den Fall $n = 2$ anschreibt und dabei die Ausdrücke (16.12) und (16.14) für die Korrekturen erster Ordnung berücksichtigt. Man findet:

$$\varepsilon_2 = \langle 0|V|1\rangle = \langle 0|V \frac{Q_0}{a} V|0\rangle \tag{16.26}$$

$$|2\rangle = \frac{Q_0}{a}(V - \varepsilon_1)\,|1\rangle = \left[\frac{Q_0}{a} V \frac{Q_0}{a} - \frac{Q_0}{a^2} V\,|0\rangle\langle 0|\right] V|0\rangle. \tag{16.27}$$

Die Korrekturen höherer Ordnung bestimmt man auf die gleiche Weise. Die Formeln werden recht umständlich. Sie vereinfachen sich in dem wichtigen Spezialfall, daß alle Energiekorrekturen niedrigerer Ordnung verschwinden. Falls vorausgesetzt werden kann, daß

$$\epsilon_1 = \epsilon_2 = \ldots = \epsilon_{n-1} = 0, \tag{16.28}$$

ergeben nämlich die Rekursionsformeln (16.9) und (16.11)

$$\varepsilon_n = \langle 0|\, V\left(\frac{Q_0}{a} V\right)^{n-1} |0\rangle \tag{16.29}$$

$$|n\rangle = \frac{Q_0}{a} V |n-1\rangle = \left(\frac{Q_0}{a} V\right)^2 |n-2\rangle = \ldots = \left(\frac{Q_0}{a} V\right)^n |0\rangle. \tag{16.30}$$

Die Bedingung (16.28) lautet dabei:

$$\langle 0| V |0\rangle = \langle 0| V \frac{Q_0}{a} V |0\rangle = \ldots = \langle 0| V \left(\frac{Q_0}{a} V\right)^{n-2} |0\rangle = 0. \tag{16.28'}$$

Sind diese Bedingungen nicht erfüllt, so treibt man die Rechnungen nur selten bis zur n-ten Näherung. Die Störungsmethode ist nur nützlich, wenn die Konvergenz der Entwicklung genügend rasch ist, so daß man sich mit den Korrekturen niedrigerer Ordnung begnügen kann. Die Komplexität der Rechnungen wächst mit der Ordnung und wird schnell hinderlich.

Dennoch ist es nützlich, das allgemeine Verhalten der Korrekturen höherer Ordnung zu kennen, weil man dann eine Vorstellung von der Schnelligkeit der Konvergenz erhält. So lautet der Ausdruck (16.26) für ϵ_2 in der $\{|E^0\,\alpha\rangle\}$-Darstellung:

$$\varepsilon_2 = \sum_{E^0 \neq E_a^0} \frac{\sum_\alpha |\langle 0| V |E^0\,\alpha\rangle|^2}{E_a^0 - E^0}. \tag{16.31}$$

Er ist also eine Funktion der Matrixelemente von V. Der Einfluß der Störung ist umso schwächer, je kleiner jedes Matrixelement $\lambda\langle 0|V|E^0\,\alpha\rangle$ im Vergleich zur Energiedifferenz $|E_a^0 - E^0|$ ist. Allgemeiner kann man grob feststellen, daß die Störungsreihe umso rascher konvergiert, je kleiner die Matrixelemente $\lambda\langle E^0\,\alpha|V|E^{0\prime}\,\alpha'\rangle$ zu zwei Eigenzuständen des ungestörten Hamilton-Operators H_0 mit der Energie E^0 und $E^{0\prime}$ im Vergleich zu den Differenzen $|E_a^0 - E^0|$ und $|E_a^0 - E^{0\prime}|$ dieser Energien mit der ungestörten Energie E_a^0 ist.

Für die Korrektur ϵ_2 kann man eine Abschätzung nach oben angeben, indem man in (16.31) die Nenner durch den Abstand δE_{min} des Niveaus E_a^0 von seinem nächsten Nachbarn ersetzt:

$$|\varepsilon_2| \leqslant \frac{1}{\delta E_{\text{min.}}} \sum_{E^0 \neq E_a^0} \sum_\alpha \langle 0| V |E^0\alpha\rangle \langle E^0\alpha| V |0\rangle$$

bzw.

$$|\varepsilon_2| \leqslant \frac{1}{\delta E_{\text{min.}}} \langle 0| V\, Q_0\, V |0\rangle.$$

Setzt man hier die Definition von Q_0 ein, so ergibt sich:

$$\langle 0| V Q_0 V |0\rangle = \langle 0| V (1 - |0\rangle\langle 0|) V |0\rangle = \langle 0| V^2 |0\rangle - \langle 0| V |0\rangle^2 = (\Delta V)^2$$

worin $(\Delta V)^2$ die Varianz des Störpotentials im Zustand $|0\rangle$ bedeutet. Demnach können wir schreiben:

$$|\varepsilon_2| \leqslant \frac{(\Delta V)^2}{\delta E_{\text{min.}}}. \tag{16.32}$$

16.1.6 Stark-Effekt bei einem starren Rotator

Allgemein ist die Berechnung der Korrektur zweiter Ordnung ϵ_2 viel länger als diejenige von ϵ_1. Diese besteht lediglich in der Auswertung eines Matrixelements von V, während man bei der Bestimmung von ϵ_2 nach Formel (16.31) es mit einer unendlichen Folge von Matrixelementen von V und einer anschließenden Summation zu tun hat. Es kann jedoch geschehen, daß fast alle in (16.31) auftretenden Matrixelemente verschwinden und die Summe nur eine endliche Anzahl von Termen enthält. Hierfür geben wir im folgenden ein Beispiel.

Wir wollen die Verschiebung der Niveaus eines starren Rotators durch den Stark-Effekt untersuchen. Ein solches Problem tritt bei der Polarisierbarkeit zweiatomiger Moleküle in einem elektrischen Feld auf. Der starre Rotator repräsentiert die Bewegung der Kerne eines zweiatomigen Moleküls für den Grenzfall, daß die Schwingungsquanten als unendlich groß angesehen werden können. Die einzigen Freiheitsgrade des Systems sind die Winkelvariablen (θ, φ), die die räumliche Orientierung des Rotators festlegen. $\boldsymbol{L}$ sei der Drehimpuls und $I = mr_0^2$ das Trägheitsmoment (m reduzierte Masse, r_0 Abstand der Kerne voneinander). Der Hamilton-Operator des Rotators ist:

$$H_0 = \frac{L^2}{2I}$$

und seine Eigenfunktionen sind die Kugelfunktionen $Y_l^m(\theta, \varphi)$. Mit $|lm\rangle$ bezeichnen wir den durch Y_l^m dargestellten Vektor. Die zu diesem Vektor gehörende Eigenenergie hängt nur von l ab:

$$H_0 |lm\rangle = E_l^0 |lm\rangle \qquad E_l^0 = \frac{\hbar}{2I}\, l(l+1).$$

Bei Anwesenheit eines gleichförmigen elektrischen Feldes $\mathcal{E}$ in Richtung der z-Achse enthält der Hamilton-Operator des Systems den Zusatzterm

$$V = -d\,\mathcal{E}\cos\theta,$$

worin d das elektrische Dipolmoment des Rotators bedeutet. Wir wollen den Einfluß dieses Terms mit Hilfe der Störungsmethode berechnen.

In der $\{|lm\rangle\}$-Darstellung sind fast alle Elemente der Matrix, die V darstellt, gleich Null [3]. Damit

$$\langle l_1 m_1 | V | l_2 m_2 \rangle \neq 0$$

ist, muß (s. die Formeln Anhang (C. 16) und (C. 23))

$$m_1 = m_2 \qquad \text{und} \qquad l_1 = l_2 \pm 1$$

---

[3] Diese wichtigen Eigenschaften beruhen auf der Tatsache, daß V die 0-Komponente eines irreduziblen Tensoroperators erster Stufe ist und daß es die Parität (-1) besitzt.

sein. Sind diese Bedingungen erfüllt, so ergibt sich das Matrixelement aus der Formel (s. Anhang (B.90))

$$\langle l\,m|\cos\theta\,|l-1\;m\rangle = \langle l-1\;m|\cos\theta\,|l\,m\rangle = \left(\frac{l^2-m^2}{4l^2-1}\right)^{\frac{1}{2}}. \tag{16.33}$$

Mit Ausnahme des Niveaus $l = 0$ sind alle ungestörten Niveaus entartet. H_0 und $H \equiv H_0 + V$ vertauschen jedoch beide mit L_z. Ist $\mathcal{E}_m$ der Unterraum zum Eigenwert m von L_z, so kann man wegen dieser Vertauschungseigenschaften das Eigenwertproblem von H in jedem Unterraum $\mathcal{E}_m$ getrennt untersuchen. In jedem dieser Räume ist das Spektrum von H_0 nicht entartet, und man kann die oben entwikkelte Störungsmethode anwenden.

Betrachten wir also in $\mathcal{E}_m$ den ungestörten Zustand $|lm\rangle$. Aufgrund der oben angegebenen Auswahlregeln für V ist:

$$\langle lm|V|lm\rangle = 0.$$

In erster Näherung verschwindet die Korrektur des Energieniveaus. Die Korrektur zweiter Ordnung wird durch die Formel (16.31) gegeben. Dabei reduziert sich die Summe – wieder wegen der Auswahlregeln – auf die beiden zu $l + 1$ und $l - 1$ gehörenden Terme:

$$\begin{aligned}\varepsilon_2^{lm} &= \frac{2I(d\mathcal{E})^2}{\hbar^2}\sum_{l'\neq l}\frac{|\langle l\,m|\cos\theta\,|l'\,m\rangle|^2}{l(l+1)-l'(l'+1)}\\ &= \frac{2I(d\mathcal{E})^2}{\hbar^2}\left[\frac{|\langle l\,m|\cos\theta\,|l+1\;m\rangle|^2}{l(l+1)-(l+1)(l+2)}+\frac{|\langle l\,m|\cos\theta\,|l-1\;m\rangle|^2}{l(l+1)-l(l-1)}\right].\end{aligned}$$

Die Klammer auf der rechten Seite kann man mit Hilfe der Formeln (16.33) umformen, und nach einigen leichten Rechnungen findet man schließlich

$$\varepsilon_2^{lm} = \frac{(d\mathcal{E})^2}{E_l^0}\,\frac{l(l+1)-3m^2}{2(2l-1)(2l+3)}.$$

In zweiter Näherung ist demnach das Energiespektrum durch die Formel gegeben:

$$E_{lm} \simeq E_l^0\left[1+\left(\frac{d\mathcal{E}}{E_l^0}\right)^2\frac{l(l+1)-3m^2}{2(2l-1)(2l+3)}\right]. \tag{16.34}$$

Die Entartung ist nur teilweise aufgehoben, denn die Energie E_{lm} hängt nur von l und m^2 und nicht von l und m ab. Die Zustände zu Werten von m, die sich nur im Vorzeichen unterscheiden, bleiben im selben Niveau. Diese übrigbleibende Entartung besteht in jeder Näherung. Sie rührt von der Invarianz des Hamilton-Operators in bezug auf die Symmetrien des Stark-Effekts her, d.h. von der Invarianz gegen die Gruppe der Reflexionen an den durch die z-Achse gehenden Ebenen. Im Abschnitt 16.2.6 kommen wir auf diesen Punkt zurück.

16.2 Störung eines entarteten Niveaus

16.2.1 Elementare Theorie

Wir nehmen an, daß der Eigenwert E_a^0 des ungestörten Hamilton-Operators g_a-fach entartet ist. Wir übernehmen die Bezeichnungen des Abschnitts 16.1.1 und benennen mit $\mathcal{E}_a^0$ den Unterraum zu E_a^0 und mit P_0 den Projektionsoperator auf diesen Unterraum.

Jetzt kann es geschehen, daß für $\lambda \to 0$ mehr als ein Eigenwert von H gegen E_a^0 geht. $E_1, E_2, \ldots, E_n$ seien diese Werte, $g_1, g_2, \ldots, g_n$ ihre Entartungsgrade und $\mathcal{E}_1, \mathcal{E}_2, \ldots, \mathcal{E}_n$ die jeweiligen Unterräume. Es ist

$$g_1 + g_2 + \ldots + g_n = g_a$$

und der Raum

$$\mathcal{E}_1 + \mathcal{E}_2 + \ldots + \mathcal{E}_n$$

geht für $\lambda \to 0$ gegen $\mathcal{E}_a^0$. Ist, mit anderen Worten, P der Projektionsoperator auf den Raum $\mathcal{E}_1 + \mathcal{E}_2 + \ldots + \mathcal{E}_n$, so ist P eine stetige Funktion von λ und es gilt:

$$P \underset{\lambda \to 0}{\longrightarrow} P_0.$$

Die störungstheoretische Bestimmung der Eigenwerte und Eigenfunktionen von H ist hier nicht mehr so einfach wie für den Fall, daß der ungestörte Eigenwert nicht entartet ist. Eine strenge Lösung des Problems, die für alle Näherungen gültig ist, werden wir im Abschnitt 16.3 angeben. An dieser Stelle beschränken wir uns darauf, die Ergebnisse der Rekursionsmethode aus Abschnitt 16.1.1 zu untersuchen, wobei wir nur die niedrigsten Näherungen berücksichtigen und auf Strenge keinen Wert legen.

E sei ein Eigenwert aus der Folge $E_1, E_2, \ldots, E_n$ und $|\psi\rangle$ einer der dazu gehörenden Eigenvektoren. Dieser geht für $\lambda \to 0$ gegen einen bestimmten Vektor $|0\rangle$ aus $\mathcal{E}_a^0$, den wir im Augenblick nicht genauer bestimmen können. Wir nehmen an, daß E und $|\psi\rangle$ durch die Entwicklungen (16.5) und (16.6) dargestellt werden können mit der Normierungsbedingung (16.4). Die Koeffizienten dieser Entwicklungen hängen voneinander durch die Gleichungen (16.7) und (16.8) ab und können mittels Rekursion bestimmt werden.

Gleichung (16.7^0) verlangt, daß $|0\rangle$ zu $\mathcal{E}_a^0$ gehört:

$$P_0\,|0\rangle = |0\rangle. \tag{16.35}$$

Gleichung (16.7^1) ergibt durch Projektion auf $\mathcal{E}_a$:

$$P_0\,(V - \epsilon_1)\,|0\rangle = 0 \tag{16.36}$$

und durch Projektion auf den komplementären Unterraum:

$$Q_0 |1\rangle = \frac{Q_0}{a} V |0\rangle. \tag{16.37}$$

Dabei haben wir

$$Q_0 = 1 - P_0 \tag{16.38}$$

gesetzt und Q_0/a in Übereinstimmung mit Gleichung (16.10) definiert.

Gleichung (16.36) ist eine Eigenwertgleichung im Unterraum $\mathcal{E}_a^0$: ϵ_1 ist Eigenwert des Operators $P_0 VP_0$ in diesem Raum und $|0\rangle$ ist der zugehörige Eigenvektor. In der $\{|E^0 \alpha\rangle\}$ -Darstellung lautet diese Gleichung:

$$\sum_{\alpha'} \langle E_a^0 \alpha | V | E_a^0 \alpha' \rangle \langle E_a^0 \alpha' | 0 \rangle = \epsilon_1 \langle E_a^0 \alpha | 0 \rangle.$$

Man erhält demnach ϵ_1, die Korrektur in erster Näherung, durch Diagonalisierung der $g_a \cdot g_a$-Matrix

$$V_{\alpha\alpha'} \equiv \langle E_a^0 \alpha | V | E_a^0 \alpha' \rangle.$$

Die Eigenwerte dieser Matrix sind die möglichen Werte von ϵ_1. Gibt es g_a verschiedene, so sind sie alle einfach: Die Entartung wird durch die Störung vollständig aufgehoben. Ist die Anzahl der verschiedenen Werte kleiner als g_a, so sind einige von ihnen entartet: Die Entartung wird nur teilweise aufgehoben.

Ist die Korrektur erster Ordnung ϵ_1 ein einfacher Eigenwert, so ist der zugehörige Eigenzustand in nullter Näherung vollständig bestimmt: Der Vektor $|0\rangle$ ist bis auf eine Konstante durch die Gleichungen (16.7^0) und (16.7^1) definiert. Gleichung (16.37) bestimmt die Projektion $Q_0 |1\rangle$ der Korrektur erster Ordnung von $|\psi\rangle$ auf den zu $\mathcal{E}_a^0$ komplementären Raum. Ihre Projektion auf $\mathcal{E}_a$ selbst bleibt, von der Bedingung (16.4) abgesehen, unbestimmt. Ist $\mathcal{E}_1$ g_1-fach entartet, so verlangen die Gleichungen (16.7^0) und (16.7^1), daß $|0\rangle$ zum g_1-dimensionalen Unterraum dieses Eigenwerts gehört. Für weitere Aussagen über $|0\rangle$ muß man bei der Rechnung zu höheren Ordnungen übergehen.

Hat man einen der Werte ϵ_1 ausgewählt, so erhält man die Korrektur zweiter Ordnung ϵ_2, indem man die Gleichung (16.7^2) auf den Unterraum dieses Eigenwerts projiziert. Dieser Raum $\mathcal{E}_a^{(1)}$ ist Teilraum von $\mathcal{E}_a^0$. $P^{(1)}$ sei der Projektionsoperator auf diesen Unterraum und P' der Operator, der auf den dazu in $\mathcal{E}_a^0$ komplementären Raum projiziert:

$$P_0 = P^{(1)} + P' \qquad P^{(1)} + P' + Q_0 = 1.$$

Es ist also:

$$\begin{aligned} P^{(1)} H_0 &= P^{(1)} P_0 H_0 \\ &= E_a^0 P^{(1)} \\ P^{(1)} V &= P^{(1)} V (P^{(1)} + P' + Q_0) \\ &= \epsilon_1 P^{(1)} + P^{(1)} V Q_0. \end{aligned}$$

Damit ergibt die fragliche Projektion der Gleichung (16.7):

$$P^{(1)}\, V Q_0 \,|\, 1\rangle - \epsilon_2\, P^{(1)} \,|\, 0\rangle = 0$$

und mit Berücksichtigung von (16.37):

$$P^{(1)}\left[\left(V \frac{Q_0}{a} V\right) - \varepsilon_2\right] |0\rangle = 0. \tag{16.39}$$

Diese Gleichung steht in Analogie zur Gleichung (16.36). So wie ϵ_1 Eigenwert von $P_0\, VP_0$ in $\mathcal{E}_a^0$ ist, so ist ϵ_2 Eigenwert von $P^{(1)}\, V(Q_0/a)\, VP^{(1)}$ in $\mathcal{E}_a^{(1)}$. $|0\rangle$ ist der zugehörige Eigenvektor.

Ist ϵ_1 ein einfacher Eigenwert ($g_1 = 1$), so ist $|0\rangle$ durch die Gleichungen niedrigerer Ordnung bestimmt, und man hat wie beim nicht entarteten Fall:

$$\varepsilon_2 = \langle 0 | V \frac{Q_0}{a} V | 0\rangle .$$

Ist dagegen $g_1 > 1$, so besteht die Berechnung von ϵ_2 in der Bestimmung der Eigenwerte einer $g_1 \cdot g_1$-Matrix. Sind diese sämtlich verschieden, so wird die Entartung in zweiter Näherung vollständig aufgehoben.

Es kann geschehen, daß die Entartung in keiner Näherung völlig aufgehoben wird. Wir haben dies bereits im Zusammenhang mit der Coulomb-Energie von Atomkernen (Abschnitt 16.1.4) und dem Stark-Effekt bei einem starren Rotator (Abschnitt 16.1.6) festgestellt. Häufig ermöglicht allein die Untersuchung der Symmetrien von H_0 und H eine Aussage darüber, inwieweit die Entartung eines ungestörten Niveaus durch die Störung λV aufgehoben werden kann. Wir werden diesen Punkt in Abschnitt 16.2.6 systematisch diskutieren, nachdem wir zuvor die Methode an einigen Beispielen aus der Atomphysik illustriert haben.

16.2.2 Atomniveaus bei Abwesenheit von Spin-Bahnkräften

Wir betrachten ein Atom mit Z Elektronen. Im Abschnitt 14.2.4 untersuchten wir die Struktur der Energieniveaus eines solchen Systems in der Zentralfeldnäherung, bei der der Hamilton-Operator H durch

$$H_C = \sum_{i=1}^{Z} \left[\frac{p_i^2}{2m} + V_C(r_i)\right]$$

ersetzt wird. Hierdurch trägt man der gegenseitigen elektrostatischen Abstoßung der Elektronen nur im Mittel Rechnung. Mit V_1 bezeichnen wir die Differenz zwischen der exakten Coulomb-Wechselwirkung und der in H_C auftretenden potentiellen Energie:

$$V_1 = \sum_{i<j} \frac{e^2}{|\boldsymbol{r}_i - \boldsymbol{r}_j|} - \sum_i \left[V_C(r_i) + \frac{Ze^2}{r_i}\right]. \tag{16.40}$$

Vernachlässigt man in H die spinabhängigen Terme, so kann man ihn in der Form

$$H \cong H_C + V_1 \tag{16.41}$$

schreiben und das Spektrum von H aus dem Spektrum von H_C herleiten, indem man V_1 als eine Störung behandelt. Im nächsten Abschnitt untersuchen wir die Modifizierungen, die gegenüber dieser Behandlung erforderlich sind, wenn man die spinabhängigen Kräfte mit berücksichtigt.

Im allgemeinen ist jeder Eigenwert von H_C sehr hoch entartet, und die Störung V_1 hebt diese Entartung zumindest teilweise auf. Man erhält die in der Umgebung eines bestimmten Eigenwerts von H_C gelegenen Niveaus von H, indem man V_1 im Unterraum zu diesem Eigenwert diagonalisiert. So ergeben sich speziell der Grundzustand und die ersten angeregten Zustände von H durch Diagonalisierung von V_1 im Unterraum $\mathcal{E}_0$ zum Grundzustandseigenwert E_0 von H_C.

Die Symmetrien von H vereinfachen dieses Diagonalisierungsproblem beträchtlich. Weil H (wie H_C) spinunabhängig ist, ist er nicht nur invariant gegen eine Drehung insgesamt, sondern auch gegen eine Drehung der Bahnvariablen für sich und der Spinvariablen für sich: H vertauscht nicht nur mit dem Gesamtdrehimpuls $\boldsymbol{J}$, sondern auch mit dem Bahndrehimpuls $\boldsymbol{L}$ und dem Gesamtspin $\boldsymbol{S}$ [4]. Weil H_C dieselben Symmetrieeigenschaften aufweist, vertauscht auch der Operator $P_0 V_1 P_0$ mit $\boldsymbol{L}$ und $\boldsymbol{S}$. In $\mathcal{E}_0$ können seine Eigenzustände nach den Eigenwerten von $\boldsymbol{L}^2$, $\boldsymbol{S}^2$, L_z und S_z klassifiziert werden und seine Eigenwerte hängen nur von L und S ab und sind $(2S + 1)(2L + 1)$-fach entartet.

$|\gamma LSM_L M_S\rangle$ seien die Vektoren einer $\{\boldsymbol{L}^2 L_z, \boldsymbol{S}^2 S_z\}$-Standardbasis in $\mathcal{E}_0$. γ dient zur Unterscheidung der Basisvektoren voneinander, die zum selben Bahndrehimpuls und zum selben Spinwert gehören. In der zugehörigen Darstellung nimmt die Matrix von $P_0 V_1 P_0$ eine sehr einfache Form an. Es ist:

$$\langle\gamma LSM_L M_S|V_1|\gamma' L' S' M'_L M'_S\rangle = \delta_{LL'}\delta_{SS'}\delta_{M_L M'_L}\delta_{M_S M'_S}\mathfrak{V}^{(LS)}_{\gamma\gamma'}.$$

Man muß also lediglich die zu jedem Paar von Quantenzahlen (LS) gehörenden Matrizen $\mathfrak{V}^{(LS)}_{\gamma\gamma'}$ diagonalisieren.

Als Beispiel wählen wir das Kohlenstoffatom. Die Konfiguration seines Grundzustandes ist $1s^2\ 2s^2\ 2p^2$, d.h. die $1s$-Schale und die $2s$-Schale sind abgeschlossen und die unvollständige $2p$-Schale enthält zwei Elektronen. Sie ist $\binom{6}{2} = 15$-fach entartet. Wir suchen nach der Anzahl der möglichen Werte des Paares (LS) und ihrem Entartungsgrad, d.h. nach der Anzahl der Folgen aus jeweils $(2L + 1) \cdot (2S + 1)$ Vektoren, die zu diesen Werten gehören. Wir können hierbei die Existenz der abgeschlossenen Schalen ignorieren (Aufgabe 3) und brauchen uns nur mit den zwei $2p$-Elektronen zu befassen.

---

[4] H ist auch invariant gegen die Permutation der Bahnvariablen allein, doch nach dem Satz aus Anhang D. 4.5 ist diese Symmetrie wegen des Pauli-Prinzips äquivalent zur Invarianz in bezug auf Spindrehungen.

Ohne Berücksichtigung des Pauli-Prinzips kann man mit den zwei $2p$-Elektronen die folgenden Spektralterme bilden:

$$^3S \quad ^3P \quad ^3D \quad ^1S \quad ^1P \quad ^1D.$$

Weil die Spintripletts symmetrisch und die Spinsinguletts antisymmetrisch gegenüber Spinvertauschung sind und weil die S- und D-Zustände symmetrisch und die P-Zustände antisymmetrisch in bezug auf die Vertauschung der Bahnvariablen sind, genügen von diesen Termen die folgenden dem Pauli-Prinzip:

$$^3P \quad ^1S \quad ^1D,$$

d.h. insgesamt $9 + 1 + 5 = 15$ linear unabhängige, antisymmetrische Zustände, wie vorhergesagt. In der $\{LSM_LM_S\}$-Basis (hier wird γ nicht benötigt) ist die Störung V_1 notwendig diagonal. Sie besitzt drei verschiedene Werte: $\mathcal{V}(^3P)$, $\mathcal{V}(^1S)$ und $\mathcal{V}(^1D)$, deren Entartungsgrad 9, 1 bzw. 5 ist und deren numerische Berechnung bei Kenntnis der Einzelteilchen-Wellenfunktionen keine Schwierigkeiten bietet. Es zeigt sich, daß das ^3P-Niveau wesentlich tiefer als die beiden anderen Niveaus liegt (s. Abb. 16.1)[5)].

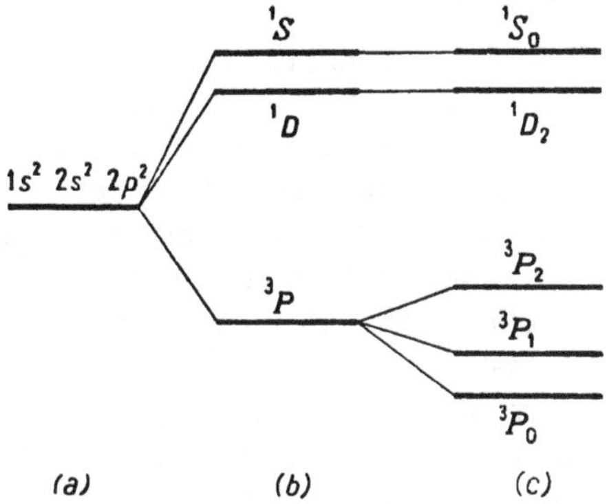

Abb. 16.1: Die Niveaus der Grundzustandskonfiguration des Kohlenstoffatoms.
(a) Zentralfeldnäherung ($V_1 = V_2 = 0$);
(b) ohne Spin-Bahnkopplung ($V_2 = 0$);
(c) mit Spin-Bahnkopplung.

16.2.3 Spin-Bahnkräfte. LS-Kopplung und jj-Kopplung

Der Ausdruck (16.41) für H ist nur eine Näherung. H enthält zusätzlich Wechselwirkungsterme, die von den Spins der Elektronen abhängen. Wir bezeichnen sie mit V_2:

$$H = H_C + V_1 + V_2. \tag{16.42}$$

---

5) Allgemein sind die Niveaus einer Konfiguration nach fallender Größe des Gesamtspins geordnet (*Hundsche Regel*). Nach Gleichung (16.40) enthält nämlich V_1 zwei Terme, von denen der zweite bei allen Niveaus denselben Beitrag liefert. Die Reihenfolge der Niveaus hängt also allein vom Abstoßungsterm $\Sigma e^2/|r_i - r_j|$ ab. Dieser ist umso kleiner, je weiter die Elektronen voneinander entfernt sind, je ausgeprägter also die Antisymmetrie des Bahnanteils der Wellenfunktion ist. Weil nun der Spinanteil der Wellenfunktion umso „symmetrischer" ist, je größer S ist (s. Anhang D. 4.5), ist der Bahnanteil umso „antisymmetrischer".

In erster Näherung bewegt sich jedes Elektron unabhängig von den anderen im Potential $V_C(r)$, und sein Spin s ist gemäß dem Gesetz (13.95) mit seinem Bahndrehimpuls gekoppelt. In einer sehr guten Näherung ist

$$V_2 \simeq \sum_{i=1}^{Z} (l_i \cdot s_i)\, g(r_i) \tag{16.43}$$

mit

$$g(r) = \frac{1}{2m^2 c^2} \frac{1}{r} \frac{\mathrm{d}V_C}{\mathrm{d}r} . \tag{16.44}$$

Um diesem Effekt korrekt Rechnung zu tragen, genügt es, bei den Überlegungen des vorstehenden Abschnitts überall V_1 durch $V_1 + V_2$ zu ersetzen. Dieser Ausdruck weist jedoch weniger Symmetrien als V_1 auf: $V_1 + V_2$ vertauscht zwar mit J, aber weder mit L noch mit S. So ist es jetzt viel schwieriger, die Störung im Unterraum zum ungestörten Eigenwert zu diagonalisieren. Relativ einfach wird das Problem nur, wenn einer der beiden Ausdrücke, V_1 oder V_2, sehr viel kleiner als der andere ist.

Ist $V_1 \gg V_2$, so kann man V_2 in erster Näherung vernachlässigen. Jede Konfiguration ergibt eine Folge von Niveaus, von denen jedes zu einem bestimmten Paar (LS) gehört, und jedes dieser Niveaus ist $(2L + 1)\,(2S + 1)$-fach entartet (s. Abschnitt 16.2.2). Die zugehörigen Eigenvektoren sind spezielle Linearkombinationen aus Slater-Determinanten, die man mit den Einzelteilchenzuständen dieser Konfiguration konstruiert. Es sind Eigenvektoren von L^2, S^2, L_z und S_z. Man behandelt dann V_2 im Unterraum jedes dieser Niveaus als eine Störung. Zu jedem möglichen Wert von $J\,(J = L + S,\ L + S - 1, \ldots, L - S)$ gehört ein $(2J + 1)$-fach entarteter Eigenwert von V_2. Die zugehörigen Eigenvektoren, $|\gamma LSJM\rangle$, sind Eigenvektoren von L^2, S^2, J^2 und J_z. Diese Konstruktion der Eigenvektoren des Gesamtdrehimpulses aus den zur Konfiguration gehörenden Slater-Determinanten heißt *Russel-Saunders-Kopplung* oder *LS-Kopplung*.

Ist $V_2 \gg V_1$, so kann man V_1 in erster Näherung vernachlässigen. Der Hamilton-Operator $H_C + V_2$ ist dann ein Hamilton-Operator für unabhängige Teilchen im Potential $V_C + (l.s)g(r)$. $j = l + s$ sei der Gesamtdrehimpuls des einzelnen Elektrons. Die Spin-Bahn-Kopplung hebt die Entartung der Einzelteilchenzustände mit nicht verschwindendem Bahndrehimpuls teilweise auf: Jedes Niveau mit $l \neq 0$ spaltet in zwei Niveaus mit $j = l + ½$ auf, und die zugehörigen Eigenvektoren sind durch die Quantenzahlen $(nljm)$ gekennzeichnet. Bis hierher ist die Behandlung des Hamilton-Operators $H_C + V_2$ in jedem Punkt analog zu der des Hamilton-Operators H_C selbst (Abschnitt 14.2.4). Jede Konfiguration von H_C ergibt eine bestimmte Anzahl von Konfigurationen für $H_C + V_2$. Sind diese bestimmt, so behandelt man bei jedem von ihnen V_1 als eine Störung. Zu jedem möglichen Wert von J gehört (oder gehören) ein (oder mehrere) $(2J + 1)$-fach entarteter (oder entartete) Eigenwert(e). Die zugehörigen Eigenvektoren sind die von j_i^2 und von J^2 und J_z. Diese Konstruktion der Eigenvektoren des Gesamtdrehimpulses heißt *jj-Kopplung.*

Die folgende Tabelle stellt die beiden Kopplungsarten schematisch dar:

	LS-Kopplung			jj-Kopplung
(V_1)	$L = \sum_i l_i$	$S = \sum_i s_i$	(V_2)	$j_i = l_i + s_i$
(V_2)	$J = L + S$		(V_1)	$J = \sum_i j_i$.

Der von V_2 stammende Anteil wächst rasch mit Z[6]. Bei den leichten und mittelschweren Atomen ist $V_1 \gg V_2$, und die LS-Kopplung stellt eine ausgezeichnete Näherung dar. Bei den schweren Atomen (vom Blei an) sind V_1 und V_2 von derselben Größenordnung und die Niveaustruktur der Grundkonfiguration liegt zwischen den durch die LS- und die jj-Kopplung gegebenen Strukturen.

16.2.4 LS-Kopplung beim Atom. Wirkung der Spin-Bahn-Kopplung

Wir untersuchen die Wirkung der Spin-Bahn-Kopplung als LS-Kopplung ($V_1 \gg V_2$). In diesem Fall behandelt man V_2 als eine Störung, die die Niveaus des Hamilton-Operators $H_C + V_1$ beeinflußt.

Sein Spektrum wurde im Abschnitt 16.2.2 beschrieben. Jedes Niveau gehört zu einem bestimmten Wert von L und von S und ist $(2L + 1)\,(2S + 1)$-fach entartet. Der Unterraum der zugehörigen Eigenvektoren wird von der Vektorfolge $|\alpha LSM_L M_S\rangle$ zu bestimmtem Bahndrehimpuls und Spin aufgespannt. Die Quantenzahl α zeigt die Konfiguration von H_C an, zu der das Niveau gehört, und dient unter Umständen zur Unterscheidung der Niveaus voneinander, die zur selben Konfiguration mit demselben Wertepaar LS gehören.

Man erhält die Störungsenergie, indem man V_2 im Unterraum $\mathcal{E}(\alpha LS)$ zu jedem der ungestörten Niveaus diagonalisiert. Im Unterraum $\mathcal{E}(\alpha LS)$ sind die Matrixelemente von V_2 dieselben wie die des Operators $A\,(\boldsymbol{L}.\boldsymbol{S})$, wobei A eine für das ungestörte Niveau (αLS) charakteristische Konstante ist:

$$\langle\alpha L S M_L M_S|\, V_2 \,|\alpha L S M_L' M_S'\rangle = A\,\langle\alpha L S M_L M_S|(\boldsymbol{L}.\boldsymbol{S})|\alpha L S M_L' M_S'\rangle. \quad (16.45)$$

Weil die Basisvektoren antisymmetrisch sind, liefern die Z Terme von V_2 (Gleichung (16.43)) zu jedem Matrixelement den gleichen Anteil. Man braucht also nur einen von ihnen, z.B. den von $(\boldsymbol{l}_1.\boldsymbol{s}_1)\,g(r_1)$, zu untersuchen, wobei wir den Index 1 im folgenden weglassen dürfen. Mit je einer Komponente l_m und s_μ von $\boldsymbol{l}$ bzw. $\boldsymbol{s}$ kann man den Operator $g(r)\,l_m s_\mu$ bilden. Dieser ist gleichzeitig die Komponente eines irreduziblen Vektoroperators in bezug auf die Drehungen der Bahnvariablen allein und die Komponente eines irreduziblen Vektoroperators in bezug auf Spindre-

---

[6] V_1 ist ein Schwankungsterm. Sein Einfluß auf die Energie jedes Elektrons wächst ungefähr wie $\sqrt{Z}$. Die Energie der Spin-Bahn-Kopplung für jedes Elektron wächst wie Z^2. Dies kann man mit Hilfe des Thomas-Fermi-Modells herleiten. Die Spin-Bahn-Kopplung ist zum Mittelwert von $(1/r)\,(\mathrm{d}V_C/\mathrm{d}r)$ proportional und man hat mit den Bezeichnungen des Abschnitts 14.2.5:

$$\frac{1}{r}\frac{\mathrm{d}V_C}{\mathrm{d}r} \simeq \frac{Z^2 e^2}{b^3}\frac{\mathrm{d}}{\mathrm{d}x}\left(\frac{\chi}{x}\right).$$

hungen allein. Dieselbe Eigenschaft besitzt der Operator $L_m S_\mu$. Hieraus leitet man mit Verwendung des Wigner-Eckart-Theorems nach einiger Rechnung her (s. Aufgabe 13.19):

$$\langle \alpha\, L\, S\, M_L\, M_S | g\, l_m\, s_\mu | \alpha\, L\, S\, M'_L\, M'_S \rangle = a \langle \alpha\, L\, S\, M_L\, M_S | L_m\, S_\mu | \alpha\, L\, S\, M'_L\, M_S \rangle\,,$$

worin a eine von den magnetischen Quantenzahlen M_L, M'_L, M_S, M'_S, m und μ unabhängige Konstante ist. Folglich ist:

$$\langle \alpha\, L\, S\, M_L\, M_S | g(r)\,(\boldsymbol{l}.\boldsymbol{s}) | \alpha\, L\, S\, M'_L\, M'_S \rangle = a \langle \alpha\, L\, S\, M_L\, M_S | (\boldsymbol{L}.\boldsymbol{S}) | \alpha\, L\, S\, M'_L\, M'_S \rangle.$$

Die Beziehung (16.45) erhält man, indem man jeden Term mit Z multipliziert und $A = Za$ setzt.

Im Unterraum $\mathcal{E}(\alpha LS)$ ist V_2 in der $\{\alpha LSM_L M_S\}$-Darstellung nicht diagonal. Weil es aber drehinvariant ist, ist es offensichtlich diagonal in der $\{\alpha LSJM\}$-Darstellung, bei der die Basisvektoren Eigenvektoren von J^2 und J_z zu diesem Unterraum sind. Die Beziehung (16.45) ermöglicht die Bestimmung der Eigenwerte. Weil nämlich

$$\boldsymbol{J}^2 = \boldsymbol{L}^2 + \boldsymbol{S}^2 + 2\boldsymbol{L}.\boldsymbol{S}$$

ist, hat man

$$\begin{aligned}\langle \alpha\, L\, S\, J\, M | V_2 | \alpha\, L\, S\, J\, M \rangle &= \tfrac{1}{2} A \langle \alpha\, L\, S\, J\, M | (\boldsymbol{J}^2 - \boldsymbol{L}^2 - \boldsymbol{S}^2) | \alpha\, L\, S\, J\, M \rangle \\ &= \tfrac{1}{2} A\, \hbar^2 [J(J+1) - L(L+1) - S(S+1)]. \end{aligned} \tag{16.46}$$

Daher spaltet das ungestörte Niveau (αLS) in so viele Niveaus auf, wie es Eigenwerte von J gibt ($J = L + S, \ldots, L - S$). Sie sind jeweils $(2J + 1)$-fach entartet und die Störenergie wird durch die Formel (16.46) angegeben.

Die Abbildung 16.1 gibt für die Grundkonfiguration des Kohlenstoffs die Niveaustruktur in LS-Kopplung wieder. Lediglich der ^3P-Zustand wird durch den Spin-Bahn-Term beeinflußt: Er spaltet in die drei Niveaus $^3P_0$, $^3P_1$ und $^3P_2$ auf. In diesem Fall ist $A > 0$, die Niveaus sind nach wachsenden Werten von J geordnet und der Grundzustand ist ein $^3P_0$-Zustand.

16.2.5 Zeeman- und Paschen-Back-Effekt

In den drei vorangegangenen Abschnitten haben wir die Struktur der Atomniveaus bei Abwesenheit eines äußeren Feldes untersucht. Wir behandeln jetzt ein Atom in einem konstanten Magnetfeld $\mathcal{H}$. Ist H_0 der Hamilton-Operator des Atoms ohne Feld, so erhält man den Hamilton-Operator mit Feld durch Hinzufügen des Terms

$$W = -\frac{e}{2mc}[\boldsymbol{\mathcal{H}}.(\boldsymbol{L} + 2\boldsymbol{S})] \tag{16.47}$$

(s. Gleichung (13.96)). Ein „diamagnetischer" Term in $\mathcal{H}^2$ wird vernachlässigt.

Zeeman-Effekt

Ist $\mathcal{H}$ hinreichend klein, so kann W als eine Störung behandelt werden. Weil H_0 drehinvariant ist, gehört zu jedem Niveau von H_0 ein bestimmter Wert J des Gesamtdrehimpulses. Wir setzen $J \neq 0$ voraus [7]. In diesem Fall ist das Niveau $(2J + 1)$-fach entartet, und die Störung W hebt diese Entartung auf.

E_0 sei eines der ungestörten Niveaus, J sein Drehimpuls, und $|E_0 JM\rangle$ seien die Eigenvektoren von J^2 und J_z, die den Unterraum zum Eigenwert E_0 aufspannen. Die durch das Magnetfeld bewirkten Niveauverschiebungen sind durch die Eigenwerte der Matrix

$$\langle E_0 JM | W | E_0 JM' \rangle$$

gegeben. Die Diagonalisierung dieser Matrix geschieht automatisch dann, wenn man die z-Achse in Richtung des Magnetfeldes weisen läßt, weil in diesem Fall W mit J_z vertauscht.

Weiter sind nach dem Wigner-Eckart-Theorem die Matrixelemente der Vektoroperatoren $\boldsymbol{L} + 2\boldsymbol{S}$ und $\boldsymbol{J}$ im Unterraum zu E_0 zueinander proportional:

$$\langle E_0 \, J \, M | (\boldsymbol{L} + 2\boldsymbol{S}) | E_0 \, J \, M' \rangle = g \, \langle E_0 \, J \, M | \boldsymbol{J} | E_0 \, J \, M' \rangle. \tag{16.48}$$

Der Proportionalitätsfaktor g ist gleich dem Verhältnis der reduzierten Matrixelemente dieser Operatoren. Er ist eine für das Niveau E_0 charakteristische Größe. Insbesondere ist:

$$\langle E_0 \, J \, M | (L_z + 2S_z) | E_0 \, J \, M' \rangle = g \, M \, \hbar \, \delta_{MM'}.$$

Wählt man die z-Richtung so, wie oben angegeben, so ist

$$W = -\frac{e \mathcal{H}}{2mc} (L_z + 2S_z) \, ,$$

woraus sich dann mit der Bezeichnung μ_B für das Bohrsche Magneton (Gleichung (13.74))

$$\langle E_0 \, J \, M | W | E_0 \, J \, M' \rangle = - M \, g \mu_B \mathcal{H} \, \delta_{MM'}.$$

ergibt.

Die Störung hebt demnach die Entartung vollständig auf. Die $(2J + 1)$ Niveaus sind durch die Zeeman-Formel

$$E = E_0 - M g \mu_B \mathcal{H} \qquad (M = -J, \, -J + 1, \, \ldots \, , \, +J) \tag{16.49}$$

bestimmt.

Berechnung des Landé-Faktors bei LS-Kopplung

Durch die Gleichung (16.48) wird der Landé-Faktor g definiert. Wir setzen voraus, daß wir uns im Gültigkeitsbereich der LS-Kopplung befinden und bezeichnen mit

[7] Ist $J = 0$ (diamagnetisches Atom), so gibt es in erster Ordnung in $\mathcal{H}$ keine Niveauverschiebung. Falls man bis zur zweiten Ordnung in $\mathcal{H}$ rechnet, darf man den „diamagnetischen" Term im Hamilton-Operator nicht vernachlässigen.

αLSJ die Quantenzahlen, die das Atomniveau charakterisieren, wenn kein äußeres Feld vorliegt.

Um g zu bestimmen, berechnen wir den Mittelwert

$$\langle \boldsymbol{J}.(\boldsymbol{L}+2\boldsymbol{S})\rangle \equiv \langle \alpha\, L\, S\, J\, M|(\boldsymbol{J}.(\boldsymbol{L}+2\boldsymbol{S}))|\alpha\, L\, S\, J\, M\rangle.$$

auf zwei Weisen.

(*a*) Wegen der Identität

$$\boldsymbol{J}.(\boldsymbol{L}+2\boldsymbol{S}) = \boldsymbol{J}^2 + \boldsymbol{S}^2 + \tfrac{1}{2}(\boldsymbol{J}^2 - \boldsymbol{L}^2 - \boldsymbol{S}^2)$$

ist

$$\langle \boldsymbol{J}.(\boldsymbol{L}+2\boldsymbol{S})\rangle = \tfrac{1}{2}[3J(J+1) + S(S+1) - L(L+1)]\hbar^2.$$

(*b*) Bildet man in der $\{\alpha LSJM\}$-Darstellung das Produkt der Matrizen direkt und berücksichtigt die Gleichung (16.48), so erhält man (s. Aufgabe 13.19):

$$\begin{aligned}\langle \boldsymbol{J}.(\boldsymbol{L}+2\boldsymbol{S})\rangle &= \sum_{i=xyz}\sum_{M'}\langle \alpha LSJM|J_i|\alpha LSJM'\rangle\langle \alpha LSJM'|(L_i+2S_i)|\alpha LSJM\rangle\\ &= g\,\langle \alpha LSJM|\boldsymbol{J}^2|\alpha LSJM\rangle\\ &= g\,J(J+1)\hbar^2.\end{aligned}$$

Aus beiden Ergebnissen folgt

$$g = 1 + \frac{J(J+1) + S(S+1) - L(L+1)}{2J(J+1)}. \tag{16.50}$$

Paschen-Back-Effekt

Die Theorie des Zeeman-Effekts ist nur gerechtfertigt, wenn der Abstand der durch die Störung W entstehenden Niveaus im Vergleich zum Abstand des ungestörten Niveaus von seinem nächsten Nachbarn klein ist. Befindet man sich im Gültigkeitsbereich der LS-Kopplung, so setzt das voraus, daß W, verglichen mit der Spin-Bahn-Kopplung V_2, klein ist, oder genauer (s. Gleichungen (16.46) und (16.49)), daß

$$|g|\,\mu_B\,\mathcal{H} \ll A\,\hbar^2.$$

Nehmen wir umgekehrt an, daß das Magnetfeld so stark ist, daß

$$A\,\hbar^2 \ll \mu_B\,\mathcal{H}.$$

In diesem Falle ist der Einfluß der Spin-Bahn-Kopplung gegenüber der Wirkung des Magnetfeldes vernachlässigbar. Diese kann als eine auf die Niveaus des Hamilton-Operators $H_C + V_1$ wirkende Störung aufgefaßt werden. Nach Abschnitt 16.2.4 ist jedes dieser ungestörten Niveaus durch die Quantenzahlen (αLS) gekennzeichnet und $(2S + 1)\,(2L + 1)$-fach entartet. Die Störung hebt diese Entartung teilweise auf: Das ist der Paschen-Back-Effekt. Die Niveauverschiebungen bezüglich eines ungestörten Niveaus $E_{\alpha LS}$ erhält man, indem man W im zugehörigen Unterraum diagonalisiert. Weil W mit L_z und S_z kommutiert, ist die Störmatrix in der $\{\alpha L S M_L M_S\}$-Darstellung diagonal:

$$\langle \alpha\, L\, S\, M_L\, M_S | W | \alpha\, L\, S\, M_L'\, M_S' \rangle = -\mu_B\, \mathcal{H}(M_L + 2M_S)\, \delta_{M_L M_L'}\, \delta_{M_S M_S'}.$$

Die Niveauverschiebungen sind durch die folgende Formel bestimmt:

$$\begin{aligned} &E = E_{\alpha LS} - \mu_B\, \mathcal{H}(M_L + 2M_S) \\ &(M_L = -L, \ldots, +L\,; \qquad M_S = -S, \ldots, +S). \end{aligned}$$

Sind $L \neq 0$ und $S \neq 0$, so sind einige dieser Niveaus noch entartet. Die Einführung eines kleinen Spin-Bahn-Kopplungsterms hebt diese restliche Entartung wenigstens teilweise auf.

16.2.6*) Aufhebung von Entartungen und Symmetrien von H

Die vorstehenden Beispiele illustrieren, wie wichtig in der Störungsrechnung Symmetrieüberlegungen sind. Die Existenz entarteter Eigenwerte kann stets auf Symmetrieeigenschaften des Hamilton-Operators zurückgeführt werden. Die Kenntnis der Invarianzgruppen von H_0 und H erlaubt vorherzusagen, in welchem Maß die Entartung des Niveaus E_a^0 durch die Störung aufgehoben wird, und vereinfacht die Berechnung der Störenergie beträchtlich.

Bei allen Beispielen, die wir untersuchten, war der ungestörte Hamilton-Operator H_0 in bezug auf eine bestimmte Gruppe G_0 und die Störung λV in bezug auf eine bestimmte Untergruppe davon invariant. So war für den Fall des Stark-Effekts bei einem starren Rotator (Abschnitt 16.1.6) G_0 die Drehspiegelungsgruppe und G die Gruppe der Reflexionen an den durch die z-Achse gehenden Ebenen (s. Abschnitt 15.3.4).

Wir verwenden wieder die Bezeichnungen aus Abschnitt 15.3.1. Mit den Operatoren aus G kann man Observable vom J- und M-Typ konstruieren, deren Eigenwerte durch die Quantenzahlen j und μ gekennzeichnet sind. Zu jedem Wert j gehört eine bestimmte irreduzible Darstellung der Gruppe. d_j sei die Dimension dieser Darstellung. Für gegebenes j existieren d_j mögliche Werte von μ, mit denen man die d_j Basisvektoren dieser Darstellung voneinander unterscheiden kann. Zu jedem Satz von Eigenwerten $(j\mu)$ gehört ein bestimmter Unterraum $\mathcal{E}(j\mu)$ des Zustandsraums $\mathcal{E}$. Weil H und H_0 gegenüber G invariant sind und folglich mit den J und M vertauschen, kann man ihre Eigenwertprobleme in jedem der Unterräume $\mathcal{E}(j\mu)$ getrennt lösen. Ihre Spektren sind einschließlich des Entartungsgrads in den d_j Unterräumen zu ein und demselben j gleich.

---

*) Dieser Abschnitt kann beim ersten Lesen übersprungen werden. Er ist der einzige in diesem Kapitel, der auf die Ergebnisse des fünfzehnten Kapitels Bezug nimmt und in dem einige Begriffe der Gruppentheorie verwendet werden.

E_a^0 sei der p_j-fach entartete Eigenwert von H_0 in $\mathcal{E}(j\mu)$. Aufgrund der eben angestellten Überlegungen gilt:

$$g_a = \Sigma_j p_j d_j. \tag{16.51}$$

Im Unterraum $\mathcal{E}(j\mu)$ hebt (vorausgesetzt, daß $p_j > 1$ ist) die Einführung der Störung die Entartung der ungestörten Energie mehr oder weniger auf. Besitzt H außer der Gruppe G keine andere Symmetrie, so wird die in Rede stehende Entartung im allgemeinen vollständig aufgehoben und man erhält p_j verschiedene Niveaus. *Folglich spaltet die Einführung der Störung im gesamten Raum $\mathcal{E}$ das ungestörte Niveau in höchstens $\Sigma_j p_j$ verschiedene Niveaus auf. Jedes Niveau gehört zu einem bestimmten Wert j, es ist d_j-fach entartet, falls die Entartung in $\mathcal{E}(j\mu)$ vollständig aufgehoben wird, andernfalls ist der Entartungsgrad ein Vielfaches von d_j.*

Diese Ergebnisse basieren ausschließlich auf der Tatsache, daß H die G-Symmetrie besitzt und von λ stetig so abhängt, daß es für $\lambda \to 0$ gegen H_0 geht. *Sie gelten für alle Näherungen der Störungsrechnung in Strenge.*

Ist der Unterraum $\mathcal{E}_a^0$ gegenüber der Gruppe G irreduzibel, so besteht die Summe (16.51) nur aus einem einzigen Term [8)], und die Entartung des Niveaus E_a^0 kann in keiner Ordnung aufgehoben werden. Allgemein geschieht das, wenn H_0 keine andere Symmetrie als die von H besitzt ($G_0 = G$). Ein Beispiel dafür lernten wir bei der Berechnung der Coulomb-Energie von Atomkernen kennen (Abschnitt 16.1.4).

In Abschnitt 16.1.6 ist dagegen G eine echte Untergruppe von G_0. Der Unterraum $\mathcal{E}_l^0$ zum Eigenwert E_l^0 ist $(2l + 1)$-fach entartet. Er ist in bezug auf G_0 irreduzibel, aber (falls $l \neq 0$) reduzibel in bezug auf G. In diesem speziellen Fall (s. Abschnitt 15.2.7) ist J der Operator l_z^2, dessen Eigenwerte m^2 durch die Quantenzahl $|m|$ ($|m| = 0, 1, 2, \ldots$) gekennzeichnet werden können. Die Dimension des zugehörigen irreduziblen Unterraums ist

$$d_{|m|} = \begin{cases} 2 & \text{wenn} \quad |m| \neq 0 \\ 1 & \text{wenn} \quad |m| = 0. \end{cases}$$

Die Beziehung (16.51) lautet in diesem Fall:

$$g_l = 2l + 1 = \sum_{|m|=0}^{l} d_{|m|}.$$

Folglich spaltet die Störung das Niveau E_l^0 in höchstens $l + 1$ verschiedene Niveaus auf, von denen eines einfach ist ($|m| = 0$), während alle anderen doppelt entartet sind. Genau dies wurde bei der Rechnung in Abschnitt 16.1.6 festgestellt. Man muß bei den gegenwärtigen Symmetrieüberlegungen beachten, daß sie in vol-

---

8) $\mathcal{E}_a^0$, ein in bezug auf G invarianter Unterraum, definiert eine bestimmte g_a-dimensionale Darstellung dieser Gruppe: G_a. Nach Gleichung (16.51) ist ihre Zerlegung in irreduzible Bestandteile: $G_a \cong \Sigma_j p_j G^{(j)}$.

ler Strenge nur eine obere Grenze für die Aufhebung der Entartung angaben. Als allgemeine Regel gilt, daß man diese Grenze tatsächlich erreicht, wenn man die Störungsrechnung genügend weit treibt. Im Fall des Abschnitts 16.1.6 gelingt das, wenn man bis zur zweiten Ordnung rechnet.

16.2.7 Quasi-Entartung

Sind die beiden Niveaus E_a und E_a^0 so eng benachbart, daß die durch die Störung V verursachten Korrekturen gegenüber dem Abstand $|E_a^0 - E_b^0|$ groß sind, so verlieren die hier behandelten Rechenmethoden jede Gültigkeit. Dieser Fall der „Quasi-Entartung" kann dennoch störungstheoretisch behandelt werden, wenn man die Definitionen des ungestörten Hamilton-Operators und der Störung in geeigneter Weise modifiziert.

Wir bezeichnen mit P_i^0 den Projektionsoperator auf den Unterraum zum Eigenwert E_i^0 von H_0. Es gilt:

$$H_0 = \Sigma_i E_i^0 P_i^0.$$

Im wesentlichen besteht die angedeutete Modifizierung darin, die Terme $E_a^0 P_a^0$ und $E_b^0 P_b^0$ in diesem Ausdruck für H_0 durch $E_\alpha^0 (P_a^0 + P_b^0)$ zu ersetzen, wobei E_α^0 zwischen E_a^0 und E_b^0 liegt. Man erhält so einen neuen ungestörten Hamilton-Operator, dessen Eigenwert E_α^0 $g_a + g_b$-fach entartet ist. Darauf berechnet man die durch die Störung

$$V + (E_a^0 - E_\alpha^0) P_a^0 + (E_b^0 - E_\alpha^0) P_b^0$$

am ungestörten Niveau E_α^0 bewirkten Korrekturen.

Diese Methode ist praktisch bei der Behandlung des Paschen-Back-Effekts verwendet worden (Abschnitt 16.2.5). Hier ist das Magnetfeld relativ stark, und die Niveauverschiebungen sind bei einem LS-Term im Vergleich zum Abstand zu den anderen Termen nicht mehr klein. Man nimmt dann $H_C + V_1$ anstelle von $H_C + V_1 + V_2$ als ungestörten Hamilton-Operator. Das bedeutet, daß man die Gruppe benachbarter Niveaus $E_{\alpha LSJ}$ ($J = |L - S|, \ldots, L + S$) durch das eine Niveau $E_{\alpha LS}$ ersetzt. Darauf werden die an diesem einen Niveau $E_{\alpha LS}$ durch die Störung $V_2 + W$ bewirkten Korrekturen störungstheoretisch berechnet. Beim eigentlichen Paschen-Back-Effekt ist das Magnetfeld so stark, daß man bei dieser Rechnung V_2 in erster Näherung vernachlässigen kann ($V_2 \ll W$), wie es in Abschnitt 16.2.5 geschehen ist. Sind V_2 und W von derselben Größenordnung, so ist diese Näherung nicht mehr gültig, und die Störungsrechnung wird wesentlich komplizierter (Aufgaben 7 und 8).

16.3*) Explizite Form der vollständigen Entwicklung

16.3.1 Der Hamilton-Operator H und seine Resolvente G(z)[9]

In diesem dritten Abschnitt geben wir kurz eine Methode an, mit der die Störungsentwicklung für alle Ordnungen explizit gebildet werden kann. Diese Methode stammt von Kato [10] und besteht im wesentlichen in der Verwendung der Entwicklung der Resolvente $G(z)$ von H in eine Potenzreihe nach der Störung. Zunächst geben wir die Definition von $G(z)$ und einige ihrer Eigenschaften an.

Ist H eine Observable, so heißt die Funktion der komplexen Variablen z:

$$G(z) \equiv \frac{1}{z - H} \tag{16.52}$$

die *Resolvente* von H [11].

Die Abbildung 16.2 gibt die komplexe z-Ebene wieder. Die reelle Achse enthält das Spektrum von H. Im allgemeinen besteht es aus einem diskreten Anteil und einem rechts davon liegenden, sich ins Unendliche erstreckenden kontinuierlichen Anteil. Die Singularitäten von $G(z)$ bilden das Spektrum von H. Der Einfachheit halber nehmen wir an, daß dieses nur diskret ist.

---

*) Dieser Abschnitt kann beim ersten Lesen übersprungen werden.

9) Statt Resolvente sagt man auch Greensche Funktion.

10) *T. Kato, Prog. Theor. Phys.*, 4, 154 (1949). Kato interessiert sich insbesondere für die Konvergenzbedingungen bei der Störungsrechnung, seine Methode ist für eine Diskussion dieser Frage besonders geeignet. Tatsächlich ist die Störungsentwicklung meist eine asymptotische Entwicklung. Wir gehen hier auf die mathematischen Aspekte der Kato'schen Arbeit nicht ein.

11) Ein Operator Q des Hilbert-Raums heißt beschränkt, wenn es eine Konstante M so gibt, daß

$$\frac{\langle u|Q^\dagger Q|u\rangle}{\langle u|u\rangle} \leqslant M$$

für jedes $|u\rangle$ gilt. Die kleinste dieser Zahlen M heißt die Norm des Operators Q und wird mit $\|Q\|$ bezeichnet. In voller Strenge kann man die verschiedenen algebraischen und analytischen Operationen, insbesondere die Begriffe der Konvergenz von Reihen, der Ableitung usw., nur auf beschränkte Operatoren des Hilbert-Raums erweitern (s. *M.H. Stone, Linear transformations in Hilbert space*, Amer. Math. Soc., New York, 1932 (Nachdruck 1958), *G. Hellwig, Differentialoperatoren der mathematischen Physik*, Berlin-Göttingen-Heidelberg: Springer-Verlag, 1964, *S. Grossmann, Funktionalanalysis*, Frankfurt a.M.: Akademische Verlagsgesellschaft, 1970).

Vom mathematischen Gesichtspunkt liegt das große Interesse an der Resolvente $G(z)$ darin, daß sie in der komplexen z-Ebene mit Ausnahme der Eigenwerte von H beschränkt ist: Sie ist eine Funktion von z, deren singuläre Punkte das Spektrum von H bilden. Ist $\Delta(z)$ das Quadrat des Abstands von z zum nächsten Eigenwert von H, so gilt:

$$\|G(z)\| = 1/\Delta(z).$$

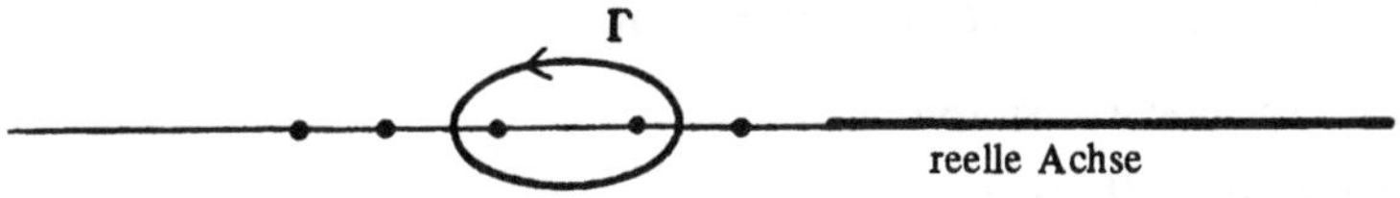

Abb. 16.2: Die komplexe z-Ebene mit dem Weg Γ. Das Spektrum von H ist auf der reellen Achse dick eingezeichnet.

$E_0, E_1, \ldots, E_i, \ldots$ seien die Eigenwerte von H, und P_i sei der Projektionsoperator auf den Unterraum zum Eigenwert E_i:

$$HP_i = E_i P_i. \tag{16.53}$$

Es gelten die Orthogonalitäts- und Vollständigkeitsrelationen:

$$P_i P_j = \delta_{ij} P_i \tag{16.54}$$

$$\Sigma_i P_i = 1. \tag{16.55}$$

Aufgrund der Definition (16.52) ist

$$G(z) P_i = \frac{P_i}{z - E_i}$$

und folglich

$$G(z) = \Sigma_i \frac{P_i}{z - E_i}. \tag{16.56}$$

Jeder diskrete Eigenwert E_i von H ist ein einfacher Pol von $G(z)$ und sein Residuum ist der Projektionsoperator P_i. Anders ausgedrückt ist:

$$P_i = \frac{1}{2\pi \mathrm{i}} \oint_{\Gamma_i} G(z)\,\mathrm{d}z \tag{16.57}$$

worin Γ_i einen geschlossenen Weg in der komplexen Ebene bezeichnet, der den Punkt E_i und sonst keine weitere Singularität von $G(z)$ umläuft. Ist allgemeiner Γ ein geschlossener Weg in der komplexen Ebene, der durch keinen Eigenwert von H geht (s. Abb. 16.2), und ist P_Γ die Summe der Projektionsoperatoren zu den im Innern dieser Kurve liegenden Eigenwerten, so ist:

$$P_\Gamma = \frac{1}{2\pi \mathrm{i}} \oint_\Gamma G(z)\,\mathrm{d}z. \tag{16.58}$$

Multipliziert man diese Gleichung mit H und berücksichtigt die Identität

$$(z - H) G \equiv G(z - H) \equiv 1,$$

so erhält man die wichtige Formel

$$H P_\Gamma = \frac{1}{2\pi \mathrm{i}} \oint_\Gamma z\, G(z)\,\mathrm{d}z. \tag{16.59}$$

16.3.2 Die Entwicklungen von G(z), P und HP nach Potenzen von λ V

Wir gehen jetzt zum eigentlichen Störproblem über.

Die Resolventen von H bzw. H_0 sind:

$$G \equiv \frac{1}{z - H_0 - \lambda V} \qquad G_0 \equiv \frac{1}{z - H_0}. \tag{16.60}$$

Weiter ist:

$$\frac{1}{z-H_0-\lambda V} = \frac{1}{z-H_0}[(z-H_0-\lambda V)+\lambda V]\frac{1}{z-H_0-\lambda V}$$
$$= \frac{1}{z-H_0} + \frac{1}{z-H_0}\lambda V \frac{1}{z-H_0-\lambda V}.$$

G ist also Lösung der Integralgleichung:

$$G = G_0 (1 + \lambda V G). \tag{16.61}$$

Durch Iteration ergibt sich G in Form einer Potenzreihe nach der Störung [12]:

$$G = \sum_{n=0}^{\infty} \lambda^n G_0 (V G_0)^n. \tag{16.62}$$

Nun bestimmen wir die Entwicklung von P in eine Potenzreihe nach der Störung, wobei wir die Bezeichnungen des Abschnitts 16.2.1 verwenden. Ist λ hinreichend klein, so existiert sicher ein geschlossener Weg in der z-Ebene, der gleichzeitig den ungestörten Eigenwert E_a^0 und die Eigenwerte von H umfährt, die für $\lambda = 0$ gegen E_a^0 gehen, sonst aber keine weiteren Eigenwerte von H und H_0. Ein solcher Weg sei mit Γ_a bezeichnet. Nach Gleichung (16.58) hat man:

$$P = \frac{1}{2\pi i} \oint_{\Gamma_a} G(z)\,dz.$$

Setzt man für G die Entwicklung (16.62) ein und vertauscht die Reihenfolge von Integration und Summation, so erhält man die Entwicklung von P nach Potenzen von λ:

$$P = P_0 + \sum_{n=1}^{\infty} \lambda^n A^{(n)} \tag{16.63}$$

mit

$$A^{(n)} = \frac{1}{2\pi i} \oint_{\Gamma_a} G_0 (V G_0)^n\,dz. \tag{16.64}$$

---

[12] Der Konvergenzradius dieser Entwicklung ist $\|\lambda V G_0\|$. Die Reihe ist also sicher absolut konvergent, wenn $\|\lambda V\| < \Delta_0(z)$, worin $\Delta_0(z)$ das Quadrat des Abstands von z zum nächstgelegenen Eigenwert von H ist.

Im Innern von Γ_a hat die Funktion $G_0\,(VG_0)^n$ als einzige Singularität einen Pol $(n+1)$-ter Ordnung in E_a^0. Nach Gleichung (16.64) ist $A^{(n)}$ das Residuum dieses Pols.

Zur Berechnung dieses Residuums verwendet man die Entwicklung von G_0 in eine Laurentreihe um seinen Pol E_a^0. Die Koeffizienten dieser Entwicklung ergeben sich leicht anhand des Ausdrucks (16.56). Man bekommt:

$$G_0 = \frac{P_0}{z - E_a^0} + \sum_{k=1}^{\infty} (-1)^{k-1} \left(z - E_a^0\right)^{k-1} \frac{Q_0}{a^k}.$$

Führt man nach Kato die Bezeichnung

$$S^k = \begin{cases} -P_0 & \text{wenn} \quad k = 0 \\ \dfrac{Q_0}{a^k} & \text{wenn} \quad k \geqslant 1 \end{cases} \tag{16.65}$$

ein, so kann man diese Entwicklung auch in der Form

$$G_0 = \sum_{k=0}^{\infty} (-)^{k-1} \left(z - E_a^0\right)^{k-1} S^k \tag{16.66}$$

schreiben. $A^{(n)}$ ist der Koeffizient von $(z - E_a^0)^{-1}$ in der Laurent-Entwicklung von $G_0\,(VG_0)^n$. Mit der Entwicklung (16.66) findet man leicht:

$$A^{(n)} = -\sum\nolimits_{(n)} S^{k_1}\, V\, S^{k_2}\, V \,\ldots\, V S^{k_{n+1}}. \tag{16.67}$$

$\Sigma_{(p)}$ bezeichnet darin konventionsgemäß eine Summation über alle Kombinationen der nichtnegativen ganzen Zahlen $k_1, k_2, \ldots, k_{n+1}$ mit

$$k_1 + k_2 + \ldots + k_{n+1} = p. \tag{16.68'}$$

Um das Bildungsgesetz für die Koeffizienten in der Entwicklung von P zu illustrieren, geben wir die ersten Terme an:

$$\begin{aligned} P = P_0 &+ \lambda \left(P_0 V \frac{Q_0}{a} + \frac{Q_0}{a} V P_0\right) \\ &+ \lambda^2 \Big(P_0 V \frac{Q_0}{a} V \frac{Q_0}{a} + \frac{Q_0}{a} V P_0 V \frac{Q_0}{a} + \frac{Q_0}{a} V \frac{Q_0}{a} V P_0 \\ &\quad - P_0 V P_0 V \frac{Q_0}{a^2} - P_0 V \frac{Q_0}{a^2} V P_0 - \frac{Q_0}{a^2} V P_0 V P_0\Big) + \ldots \end{aligned} \tag{16.69}$$

Mit Gleichung (16.59) als Ausgangspunkt führen dieselben Überlegungen zur Entwicklung von HP. Man findet:

$$\left(H - E_a^0\right) P = \sum_{n=1}^{\infty} \lambda^n B^{(n)} \tag{16.70}$$

und

$$B^{(n)} = \sum\nolimits_{(n-1)} S^{k_1}\, V\, S^{k_2}\, V \,\ldots\, V S^{k_{n+1}}. \tag{16.71}$$

Hiernach ist

$$(H - E_a^0)\, P = \lambda P_0 V P_0 + \lambda^2 \left(P_0 V P_0 V \frac{Q_0}{a} + P_0 V \frac{Q_0}{a} V P_0 + \frac{Q_0}{a} V P_0 V P_0 \right) + \ldots \tag{16.72}$$

16.3.3 Berechnung der Eigenwerte und Eigenzustände

Die gesuchten Eigenwerte und Eigenvektoren von H sind die Eigenwerte und Eigenvektoren des Operators HP in dem Raum, auf den P projiziert. Weil man P und HP konstruieren kann, wird das Problem auf die Diagonalisierung einer Matrix in einem g_a-dimensionalen Raum zurückgeführt.

Nicht entarteter Fall: $g_a = 1$.

Der Eigenvektor von H ist hier $P|0\rangle$. Aus der Entwicklung des Operators P ergibt sich ohne Schwierigkeit die seines Normquadrats $\langle 0|P|0\rangle$. $P|0\rangle$ ist ein Vielfaches des im ersten Abschnitt (16.1) gebildeten Eigenvektors. Dessen Normquadrat ist $1/\langle 0|P|0\rangle$.

Die Eigenenergie E_a erhält man aus der Gleichung $HP = E_a P$. Wegen $\mathrm{Tr}\, P = \mathrm{Tr}\, P_0 = 1$ ergibt sich (Gleichung (16.70)):

$$E_a = \mathrm{Tr}\, HP = E_a^0 + \sum_{n=1}^{\infty} \lambda^n (\mathrm{Tr}\, B^{(n)}),$$

d.h.

$$\epsilon_n = \mathrm{Tr}\, B^{(n)}. \tag{16.73}$$

Jeder der in $B^{(n)}$ auftretenden Terme enthält P_0 wenigstens einmal. Darum kann man unter Berücksichtigung der Identität

$$\mathrm{Tr}\, M P_0 N = \mathrm{Tr}\, P_0 N M = \langle 0|NM|0\rangle$$

ϵ_n leicht als einen zum ungestörten Zustand $|0\rangle$ gehörenden Operatormittelwert schreiben. So findet man insbesondere, in Übereinstimmung mit den Ergebnissen des Abschnitts 16.1 (Gleichungen (16.12) und (16.26)):

$$E_a = E_a^0 + \lambda \langle 0|V|0\rangle + \lambda^2 \langle 0|V \frac{Q_0}{a} V|0\rangle + \lambda^3 \left(\langle 0|V \frac{Q_0}{a} V \frac{Q_0}{a} V|0\rangle - \langle 0|V \frac{Q_0}{a^2} V|0\rangle \langle 0|V|0\rangle \right) + \ldots \tag{16.74}$$

Entarteter Fall: $g_a \neq 1$.

Statt das Eigenwertproblem von HP in $\mathcal{E}_a$ direkt zu lösen, kann man es durch ein ähnliches Diagonalisierungsproblem in $\mathcal{E}_a^0$ ersetzen.

Wir nehmen an, daß jeder Vektor aus $\mathcal{E}_a$ als die Projektion eines bestimmten Vektors aus $\mathcal{E}_a^0$ auf den Raum $\mathcal{E}_a$ aufgefaßt werden kann (beim Fall fehlender Entartung ist diese Voraussetzung implizit gemacht worden). Weil $\mathcal{E}_a$ und $\mathcal{E}_a^0$ dieselbe Dimension besitzen, folgt dann, daß der Projektionsoperator P einen umkehrbar eindeutigen Zusammenhang zwischen den Vektoren aus $\mathcal{E}_a$ und $\mathcal{E}_a^0$ herstellt. Für den Projektionsoperator P_0 gilt das Gleiche. Diese Bedingung der „Nicht-Orthogonalität" der beiden Unterräume ist offensichtlich erfüllt, wenn λ genügend klein ist.

Unter dieser Annahme kann jeder in $\mathcal{E}_a$ gelegene Eigenvektor von H auf die Form $P|E_a^0\alpha>$ gebracht werden. Er genügt der Gleichung:

$$HP|E_a^0\alpha> = E_\alpha P|E_a^0\alpha>.$$

Diese Gleichung zwischen Vektoren aus $\mathcal{E}_a$ ist aber genau dann erfüllt, wenn ihre Projektionen auf $\mathcal{E}_a^0$ gleich sind:

$$P_0 HP|E_a^0\alpha> = E_\alpha P_0 P|E_a^0\alpha>.$$

Wir setzen

$$H_a = P_0 HPP_0, \qquad K_a = P_0 PP_0. \tag{16.75}$$

Die vorstehende Gleichung lautet dann

$$H_a|E_a^0\alpha> = E_\alpha K_a|E_a^0\alpha>. \tag{16.76}$$

K_a und H_a sind hermitische Operatoren im Raum $\mathcal{E}_a^0$. Die Gleichung (16.76) ist eine verallgemeinerte Eigenwertgleichung. Die Eigenwerte E_α sind die Lösungen der Säkulargleichung (s. Abschnitt 7.3.2):

$$\det(H_a - xK_a) = 0.$$

Das sind die gesuchten Eigenenergien. Die Projektion der zugehörigen Eigenvektoren auf $\mathcal{E}_a$ sind die Eigenvektoren von H.

Aus den Entwicklungen von HP und P ergeben sich ohne Schwierigkeit die Entwicklungen für H_a und K_a (Gleichungen (16.69) und (16.72)):

$$K_a = P_0 - \lambda^2 P_0 V \frac{Q_0}{a^2} V P_0 + \ldots \tag{16.77}$$

$$H_a = E_a^0 K_a + \lambda P_0 V P_0 + \lambda^2 P_0 V \frac{Q_0}{a} V P_0 + \ldots \tag{16.78}$$

Man erhält die Eigenwerte E_α in einer bestimmten Näherung, indem man die Entwicklungen von H_a und K_a bei der entsprechenden Ordnung abbricht.

In n-ter Näherung unterscheiden sich unter Umständen die Ergebnisse dieser Theorie von denen der elementaren Theorie (Abschnitt 16.2), jedoch nur infinitesimal in höherer Ordnung. In erster Ordnung sind die Ergebnisse beider Methoden streng dieselben. Führt man den Vergleich durch, so muß man beachten, daß der Vektor

$|E_a^0\alpha\rangle$ von dem Vektor $|0\rangle$ der elementaren Theorie verschieden ist: der zweite ist der Grenzvektor des ersten für $\lambda \to 0$.

Es gibt eine Methode von Bloch [13], die der von Kato sehr ähnlich ist und sehr einfache Entwicklungen liefert. Sie basiert auf der Tatsache, daß der durch

$$P\,P_0 \equiv \mathfrak{U}\,K_a, \qquad \mathfrak{U}\,P_0 \equiv \mathfrak{U} \tag{16.79}$$

definierte Operator $\mathfrak{U}$ eine besonders einfache Entwicklung besitzt:

$$\mathfrak{U} = \sum_{n=0}^{\infty} \lambda^n\,\mathfrak{U}^{(n)} \tag{16.80}$$

$$\mathfrak{U}^{(n)} = \sum\nolimits_{(n)}' S^{k_1}\,V\,S^{k_2}\,V \ldots V\,S^{k_n}\,V\,P_0 \tag{16.81}$$

$\Sigma'_{(n)}$ bezeichnet die Summe über alle Kombinationen der nichtnegativen ganzen Zahlen $k_1, k_2, \ldots, k_n$, die den Bedingungen

$$\begin{aligned} &k_1 + k_2 + \ldots + k_p \geqslant p \quad (p = 1, 2, \ldots, n-1) \\ &k_1 + k_2 + \ldots + k_n = n \end{aligned} \tag{16.82}$$

genügen. Wir beachten, daß $P_0\mathfrak{U} = P_0$ und $P\,\mathfrak{U} = \mathfrak{U}$. Die Wirkung von $\mathfrak{U}$ auf einen Vektor aus $\mathcal{E}_a^0$ ergibt den Vektor in $\mathcal{E}_a$, von dem er die Projektion auf $\mathcal{E}_a^0$ ist.

Aufgrund der Definition von $\mathfrak{U}$ ist die Gleichung (16.76) äquivalent zu

$$(P_0\,H\,\mathfrak{U} - E_\alpha)\,K_a|E_a^0\,\alpha\rangle = 0. \tag{16.83}$$

Diese Gleichung ist eine gewöhnliche Eigenwertgleichung für den *nichthermitischen* Operator $P_0\,H\,\mathfrak{U} \equiv H_a K_a^{-1}$ in $\mathcal{E}_a^0$ [14]. Seine Eigenwerte sind die gesuchten Eigenenergien. Die zugehörigen Eigenvektoren sind die Projektionen der Eigenvektoren von H auf $\mathcal{E}_a^0$. Diese erhält man daraus durch Anwendung von $\mathfrak{U}$. Aus der Entwicklung von $\mathfrak{U}$ ergibt sich die von $P_0\,H\,\mathfrak{U}$, wenn man beachtet, daß

$$P_0\,H\,\mathfrak{U} = E_a^0\,P_0 + \lambda\,P_0\,V\,\mathfrak{U}.$$

Die ersten Terme lauten:

$$P_0\,H\,\mathfrak{U} = E_a^0\,P_0 + \lambda\,P_0\,V\,P_0 + \lambda^2\,P_0\,V\,\frac{Q_0}{a}\,V\,P_0 + \ldots$$

Man sieht, daß sie einfacher ist als die Entwicklungen (16.77) und (16.78) für H_a und K_a.

Für den Fall ohne Entartung ist die Energie E_a einfach durch die Formel

$$E_a = \langle 0|H\,\mathfrak{U}|0\rangle$$

gegeben, woraus man unmittelbar die Entwicklungskoeffizienten erhält:

$$\varepsilon_n = \sum\nolimits_{(n-1)}' \langle 0|\,V\,S^{k_1}\,V\,S^{k_2}\,V \ldots V\,S^{k_n}\,V|0\rangle.$$

---

[13] und [14]: Fußnoten siehe Seite 205.

Aufgaben

1. Man füge zum Hamilton-Operator $(p^2 + m^2 \omega^2 q^2)/2m$ die Wechselwirkung $V(q)$ hinzu und berechne mit Hilfe der Störungstheorie für die Fälle

   (*a*) $V = \frac{1}{2} m \alpha^2 q^2$

   (*b*) $V = bq$

   die Verschiebung der Energieniveaus in erster und zweiter Näherung. In beiden Fällen kann diese Verschiebung streng berechnet werden. Man vergleiche die Ergebnise.

2. Man untersuche ein Wasserstoffatom in der Schrödinger-Theorie (elftes Kapitel). Inwieweit kann ein konstantes elektrisches Feld $\mathcal{E}$ (Wechselwirkung $-e\,\mathcal{E}.\boldsymbol{r}$) die Entartung eines Niveaus aufheben? Man zeige, daß das Niveau $n = 2$ in erster Näherung in drei äquidistante Niveaus (mit dem Abstand $3\,\mathcal{E}\,\hbar^2/me$) aufspaltet, und bestimme ihren Entartungsgrad.

3. Man zeige, daß in der Zentralfeldnäherung der Gesamtdrehimpuls, der Gesamtbahndrehimpuls und der Gesamtspin der Elektronen einer abgeschlossenen Schale gleich Null sind. Hieraus leite man her, daß die Anzahl der linear unabhängigen Vektoren $(LSM_L M_S)$ einer bestimmten Konfiguration gleich der Anzahl ist, die man erhält, wenn man nur die Elektronen der unvollständigen Schalen berücksichtigt.

4. Welches sind die Spektralterme der Grundkonfiguration des Kohlenstoffatoms in der *jj*-Kopplung? Man verifiziere, daß man bei der *jj*-Kopplung und bei der *LS*-Kopplung dieselben Werte des Gesamtdrehimpulses findet, und zwar mit derselben Multiplizität (Abschnitt 16.2.4). Begründung!

5. Die Grundkonfiguration des Stickstoffatoms ($Z = 7$) ist $1s^2\,2s^2\,2p^3$. Welches sind seine Spektralterme in der *LS*-Kopplung?

6. Man wende bei der Untersuchung komplexer Atome (Abschnitte 16.2.2–4) die Überlegungen des Abschnitts 16.2.6 an. Man berücksichtige die Symmetrieeigenschaften von H_C, V_1 und V_2 und zeige, wie und in welchem Maße die sukzessive Einführung der Störungen $V_i (i = 1, 2)$ die Entartung der Niveaus von H_C aufhebt, und zwar

   (*a*) in der *LS*- und (*b*) in der *jj*-Kopplung.

7. Die Grundzustandskonfiguration eines Natriumatoms ($Z = 11$) ist $1s^2 2s^2 2p^6 3s^1$ und seine erste angeregte Konfiguration $1s^2 2s^2 2p^6 3p^1$. Folglich ist der Grundzustand des Natriums ein ${}^2S_{1/2}$-Zustand und seine beiden ersten angeregten Zustände sind ${}^2P_{1/2}$ und ${}^2P_{3/2}$. Man untersuche die Wirkung eines konstanten

---

13) *C. Bloch, Nuclear Physics,* 6 (1958), 329.

14) Als Operator im Raum $\mathcal{E}_a^0$ besitzt K_a ein Inverses. Betrachtet man ihn als einen Operator im gesamten Hilbert-Raum, so ist das offensichtlich nicht der Fall.

Magnetfeldes $\mathcal{H}$ auf diese Niveaus. Man berechne jeweils die Landé-Faktoren. Man vergrößere die Intensität des Magnetfeldes vom Zeeman- bis zum Paschen-Back-Bereich. Man gebe für die ^2P-Niveaus den Ausdruck in Abhängigkeit vom Parameter $\rho = \mu_B \mathcal{H}/A\hbar^2$ an, wobei μ_B das Bohrsche Magneton und A die in Abschnitt 16.2.4 eingeführte Konstante der Spin-Bahn-Kopplung sind ($A > 0$). Man skizziere die entsprechenden Kurven.

8. Man beantworte die Fragen der vorstehenden Aufgabe für den Grundzustandsterm des Kohlenstoffatoms. (Die Niveaus ergeben sich als die Wurzeln von Säkulargleichungen, von denen eine dritten Grades ist. Man kann den allgemeinen Kurvenverlauf bestimmen, ohne diese Säkulargleichungen lösen zu müssen.).

9. Die durch Einführung der Störung V aus einem g_a-fach entarteten Niveau entstehenden verschiedenen Niveaus $E_1, E_2, \ldots, E_n$ können durch ihren Schwerpunkt $<E>$ und die Standardabweichung ΔE charakterisiert werden, wobei diese (mit den Bezeichnungen des Abschnitts 16.2.1) definiert sind durch:

$$<E> = \frac{1}{g_a} \sum_{i=1}^{n} g_i E_i \qquad (\Delta E)^2 = \frac{1}{g_a} \sum_{i=1}^{n} g_i (E_i - <E>)^2.$$

Man zeige, daß in erster Ordnung in V gilt:

$$\epsilon \equiv <E> - E_a^0 \cong \frac{1}{g_a} \operatorname{Tr} P_0 V, \quad (\Delta E)^2 \cong \frac{1}{g_a} \operatorname{Tr} P_0 (V - \epsilon) P_0 (V - \epsilon).$$

Diese Formeln wende man auf die Störung

$$V = A\,(\boldsymbol{L}.\boldsymbol{S}) + \frac{e\hbar}{2mc}\,\mathcal{H}.(\boldsymbol{L} + 2\boldsymbol{S})$$

der beiden vorstehenden Probleme an. Man zeige, daß in diesen Fällen $\epsilon = 0$ ist, gebe ΔE an und untersuche ihre Abhängigkeit von dem in Aufgabe 7 definierten Parameter ρ.

17 Näherungslösungen der zeitabhängigen Schrödinger-Gleichung

Bildwechsel und Störungsrechnung für einen Teil des Hamilton-Operators

Dieses Kapitel behandelt in zwei Abschnitten die Näherungsmethoden zur Lösung der zeitabhängigen Schrödinger-Gleichung. Aus der Kenntnis, daß sich das Quantensystem zur Zeit t_0 in einem bestimmten Zustand befindet, muß man seinen Zustand zur Zeit t bestimmen. Im wesentlichen besteht das Problem also darin, so genau wie möglich den Operator $U(t, t_0)$ anzugeben, der die zeitliche Entwicklung der Zustände im Schrödinger-Bild festlegt.

Wir erinnern kurz an die wesentlichen Eigenschaften von $U(t, t_0)$. Dieser Operator ist durch die Angabe des Hamilton-Operators $H(t)$ des Systems bestimmt. Er ist durch die Integralgleichung

$$U(t,t_0) = 1 - \mathrm{i}\hbar^{-1} \int_{t_0}^{t} H(\tau)\, U(\tau, t_0)\, \mathrm{d}\tau \tag{17.1}$$

oder, was auf dasselbe hinausläuft, durch die Schrödinger-Gleichung

$$\mathrm{i}\hbar \frac{\partial}{\partial t} U(t,t_0) = H(t)\, U(t, t_0) \tag{17.2}$$

mit der Anfangsbedingung

$$U(t_0, t_0) = 1 \tag{17.3}$$

definiert. Weil $H(t)$ hermitisch ist, ist U unitär:

$$U(t,t')\, U^\dagger(t,t') = U^\dagger(t,t')\, U(t,t') = 1. \tag{17.4}$$

Weiter gilt die Zusammensetzungsregel [1)]

$$U(t,t') = U(t,t'')\, U(t'',t'), \tag{17.5}$$

woraus

$$U^\dagger(t,t') = U(t',t) \tag{17.6}$$

[1)] Die physikalische Bedeutung ist klar. Zum Beweis beachte man, daß bei unitärem und zeitunabhängigem V der Ausdruck $U(t, t')V$ Lösung der Schrödinger-Gleichung (17.2) ist. Damit er für jedes t gleich $U(t, t')$ ist, genügt es, daß er es für einen speziellen Wert von t, z.B. $t = t''$ ist. Das liefert dann: $V = U(t'', t')$.

folgt. Eine äquivalente Definition für U erhält man, indem man die Gleichung (17.1) durch die dazu konjugiert komplexe ersetzt. Diese lautet bei Berücksichtigung der Eigenschaft (17.6):

$$U(t, t_0) = 1 - \mathrm{i}\hbar^{-1} \int_{t_0}^{t} U(t, \tau)\, H(\tau)\, \mathrm{d}\tau. \tag{17.7}$$

Die in diesem Kapitel beschriebenen Methoden basieren auf folgendem Vorgehen. Man setzt voraus, daß der Hamilton-Operator H auf die Form

$$H(t) \equiv H^{(0)}(t) + V(t)$$

gebracht werden kann, worin $H^{(0)}(t)$ der Hamilton-Operator einer Schrödinger-Gleichung ist, die man integrieren kann. $U^{(0)}(t, t_0)$ sei der zu $H^{(0)}$ gehörende Entwicklungsoperator:

$$\mathrm{i}\hbar \frac{\partial}{\partial t} U^{(0)}(t, t_0) = H^{(0)}(t)\, U^{(0)}(t, t_0) \qquad U^{(0)}(t_0, t_0) = 1. \tag{17.9}$$

Weil man $U^{(0)}(t, t_0)$ angeben kann, genügt zur Bestimmung von U die Konstruktion des unitären Operators

$$U_I(t, t_0) \equiv U^{(0)\dagger}(t, t_0)\, U(t, t_0). \tag{17.10}$$

Die physikalische Bedeutung von U_I ist bereits in Abschnitt 8.2.7 besprochen worden: U_I ist der Entwicklungsoperator für die Zustände im Wechselwirkungsbild, das aus dem Schrödinger-Bild durch die unitäre Transformation $U^{(0)\dagger}(t, t_0)$ hervorgeht. Eine sehr einfache Rechnung (sie ist in Abschnitt 8.2.7 im einzelnen durchgeführt worden) zeigt, daß die zeitliche Entwicklung von U_I durch den Hamilton-Operator

$$V_I(t) \equiv U^{(0)\dagger}(t, t_0)\, V(t)\, U^{(0)}(t, t_0) \tag{17.11}$$

bestimmt ist. Anders ausgedrückt, ist $U_I(t, t_0)$ durch

$$\mathrm{i}\hbar \frac{\partial}{\partial t} U_I(t, t_0) = V_I(t)\, U_I(t, t_0) \qquad U_I(t_0, t_0) = 1 \tag{17.12}$$

bzw. durch

$$U_I(t, t_0) = 1 - \mathrm{i}\hbar^{-1} \int_{t_0}^{t} V_I(\tau)\, U_I(\tau, t_0)\, \mathrm{d}\tau \tag{17.13}$$

definiert. U_I besitzt dabei alle Eigenschaften eines Entwicklungsoperators und erfüllt insbesondere die Gleichungen (17.1–7), wobei natürlich überall $H(t)$ durch $V_I(t)$ zu ersetzen ist.

Die Integralgleichungen (17.1), (17.7) und (17.13) können zumindest formal durch Iteration gelöst werden. So erhält man durch Substitution des Ausdrucks

$$1 - \mathrm{i}\hbar^{-1} \int_{t_0}^{\tau} V_I(\tau')\, U_I(\tau', t_0)\, \mathrm{d}\tau'$$

für $U_I(\tau, t_0)$ im Integral der rechten Seite von Gleichung (17.13):

$$U_I(t,t_0)=1-\mathrm{i}\hbar^{-1}\int_{t_0}^{t}V_I(\tau)\,\mathrm{d}\tau+(\mathrm{i}\hbar)^{-2}\int^{t}\mathrm{d}\tau\int_{t_0}^{\tau}\mathrm{d}\tau'\,V_I(\tau)\,V_I(\tau')\,U(\tau',t_0). \quad (17.14)$$

Durch sukzessive Iteration findet man die Entwicklung

$$U_I(t,t_0) = 1 + \sum_{n=1}^{\infty} U_I^{(n)}(t,t_0) \quad (17.15)$$

worin $U_I^{(n)}$ das Integral

$$U_I^{(n)} \equiv (\mathrm{i}\hbar)^{-n}\int\limits_{t>\tau_n>\tau_{n-1}>\ldots>\tau_1>t_0}\mathrm{d}\tau_n\,d\tau_{n-1}\,\ldots\,\mathrm{d}\tau_1\,V_I(\tau_n)\,V_I(\tau_{n-1})\,\ldots\,V_I(\tau_1) \quad (17.16)$$

bedeutet. Mit den Definitionen (17.10) und (17.11) bekommt man dann die Entwicklung von U:

$$U(t,t_0) = U^{(0)}(t,t_0) + \sum_{n=1}^{\infty} U^{(n)}(t,t_0) \quad (17.17)$$

$$\begin{aligned}U^{(n)}(t,t_0)=(\mathrm{i}\hbar)^{-n}\int\limits_{t>\tau_n>\tau_{n-1}>\ldots>\tau_1>t_0}\mathrm{d}\tau_n\,\mathrm{d}\tau_{n-1}\ldots\mathrm{d}\tau_1\,&U^{(0)}(t,\tau_n)\,V(\tau_n)\,U^{(0)}(\tau_n,\tau_{n-1})\,V(\tau_{n-1})\ldots\\ &\times\ldots U^{(0)}(\tau_2,\tau_1)V(\tau_1)U^{(0)}(\tau_1,t_0).\end{aligned} \quad (17.18)$$

Die Gleichungen (17.15) und (17.17) sind Reihenentwicklungen nach Potenzen von V. Sie konvergieren umso rascher, je weniger sich $U^{(0)}(t, t_0)$ von $U(t, t_0)$ unterscheidet. Sie sind der Ausgangspunkt für die in diesem Kapitel entwickelten Rechenmethoden. $U^{(0)}$ repräsentiert die nullte Näherung, $U^{(1)}, U^{(2)}, \ldots, U^{(n)}, \ldots$ stellen die Korrekturen erster, zweiter, ..., n-ter, ... Ordnung dar. Praktisch beschränkt man sich auf die Korrekturen in niedrigster Ordnung, weil sonst die Rechnungen zu kompliziert werden.

17.1 Zeitabhängige Störungstheorie

17.1.1 Definition und Störungsrechnung für die Übergangswahrscheinlichkeiten

Die eben genannte Methode ist besonders dann anwendbar, wenn $H^{(0)}$ *zeitunabhängig* ist. In diesem Fall lautet der Entwicklungsoperator $U^{(0)}(t, t')$ einfach

$$U^{(0)}(t,t') = \exp\left[-\mathrm{i}H^{(0)}(t-t')/\hbar\right]. \quad (17.19)$$

Wir nehmen das Eigenwertproblem von $H^{(0)}$ als gelöst an. Falls nichts anderes gesagt wird, setzen wir der Einfachheit halber sein Spektrum als rein diskret voraus, obwohl diese Einschränkung nicht wesentlich ist. $V(t)$ ist durch seine Matrixelemente in einer Darstellung gegeben, in der $H^{(0)}$ diagonal ist. Mit $|a\rangle, |b\rangle, \ldots, |k\rangle, \ldots$ bezeichnen wir im folgenden die Basisvektoren dieser Darstellung und mit

$E_a^0, E_b^0, \ldots, E_k^0, \ldots$ die zugehörigen Eigenwerte von $H^{(0)}$. Weiter benutzen wir die Bezeichnungen

$$\omega_{kl} = (E_k^0 - E_l^0)/\hbar \tag{17.20}$$

$$V_{kl}(t) = \langle k|\, V(t)|l\rangle \tag{17.21}$$

ω_{kl} ist die „Bohrsche Frequenz" für den Übergang $l \to k$, $V_{kl}(t)$ das zu diesem Übergang gehörende Matrixelement von $V(t)$.

Wir nehmen jetzt an, daß sich das System zum Zeitpunkt t_0 in einem Eigenzustand von $H^{(0)}$, z.B. dem Zustand a befindet. Wir wollen die Wahrscheinlichkeit dafür berechnen, daß sich das System zur Zeit t in einem anderen Eigenzustand von $H^{(0)}$, z.B. dem Zustand b befindet, falls zu diesem Zeitpunkt eine Messung stattfindet. Diese *Übergangswahrscheinlichkeit* von a nach b ist definiert durch

$$W_{a\to b} = |\, \langle b|\, U(t, t_0)\,|a\rangle\,|^2. \tag{17.22}$$

Wäre V gleich Null, so würde sich der Zustandsvektor des Systems zur Zeit t vom Vektor $|a\rangle$, der den Anfangszustand repräsentiert, nur durch den Faktor $\exp[-iE_a^0(t-t_0)/\hbar]$ unterscheiden und $W_{a\to b}$ würde verschwinden. Die Entwicklung der Wahrscheinlichkeitsamplitude nach Potenzen von V erhält man, indem man für $U(t, t_0)$ die Entwicklung (17.17) einsetzt:

$$\langle b|\, U(t, t_0)\,|a\rangle = \sum_{n=1}^{\infty} \langle b|\, U^{(n)}\,|a\rangle. \tag{17.23}$$

Die $U^{(n)}$ sind durch die Formel (17.18) gegeben.

In der oben definierten $\{H^{(0)}\}$-Darstellung lauten die einzelnen Anteile für die Amplitude:

$$\langle b|\, U^{(1)}\,|a\rangle = -i\hbar^{-1} \int_{t_0}^{t} d\tau \left[e^{-iE_b^0(t-\tau)/\hbar}\, V_{ba}(\tau)\, e^{-iE_a^0(\tau-t_0)/\hbar} \right] \tag{17.24¹}$$

$$\langle b|\, U^{(2)}\,|a\rangle = (i\hbar)^{-2} \sum_k \int_{t_0}^{t} d\tau \int_{t_0}^{\tau} d\tau' \left[e^{-iE_b^0(t-\tau)/\hbar}\, V_{bk}(\tau)\, e^{-iE_k^0(\tau-\tau')/\hbar} \times V_{ka}(\tau')\, e^{-iE_a^0(\tau'-t_0)/\hbar} \right] \tag{17.24²}$$

$$\langle b|\, U^{(3)}\,|a\rangle = (i\hbar)^{-3} \sum_k \sum_l \int_{t_0}^{t} d\tau \int_{t_0}^{\tau} d\tau' \int_{t_0}^{\tau'} d\tau'' \left[e^{-iE_b^0(t-\tau)/\hbar}\, V_{bk}(\tau) \times e^{-iE_k^0(\tau-\tau')/\hbar}\, V_{kl}(\tau')\, e^{-iE_l^0(\tau'-\tau'')/\hbar}\, V_{la}(\tau'')\, e^{-iE_a^0(\tau''-t_0)/\hbar} \right]. \tag{17.24³}$$

In allen diesen Ausdrücken erstrecken sich die Summen über alle Vektoren der $\{H^{(0)}\}$-Basis.

Schematisch kann man diese Anteile aufsteigender Ordnung mit Hilfe der in Abb. 17.1 angegebenen Diagramme darstellen.

Das Diagramm (i) repräsentiert den Anteil erster Ordnung, oder genauer das Produkt in den Klammern auf der rechten Seite von Gleichung (17.24¹). Die durchgezogene Linie deutet die zeitliche Entwicklung des Systems an. Von t_0 bis τ ist sie durch den ungestörten Hamilton-Operator $H^{(0)}$ bestimmt, das System bleibt also im Zustand a und sein Zustandsvektor wird einfach mit dem Faktor $\exp[-iE_a^0(\tau - t_0)/\hbar]$ multipliziert. Zum Zeitpunkt τ erfolgt durch die Störung $V(\tau)$ der Übergang von a nach b, wie es das Matrixelement $V_{ba}(\tau)$ angibt. Von τ bis t bestimmt wieder $H^{(0)}$ die Entwicklung des Systems. Es bleibt im Zustand b und der Zustandsvektor wird lediglich mit dem Faktor $\exp[-iE_b^0(t - \tau)/\hbar]$ multipliziert. Folgt man dem Diagramm von unten nach oben, so erhält man die drei Faktoren in der Klammer in der Reihenfolge von rechts nach links. Der Anteil erster Ordnung ergibt sich dann durch Integration dieser Produkte über τ.

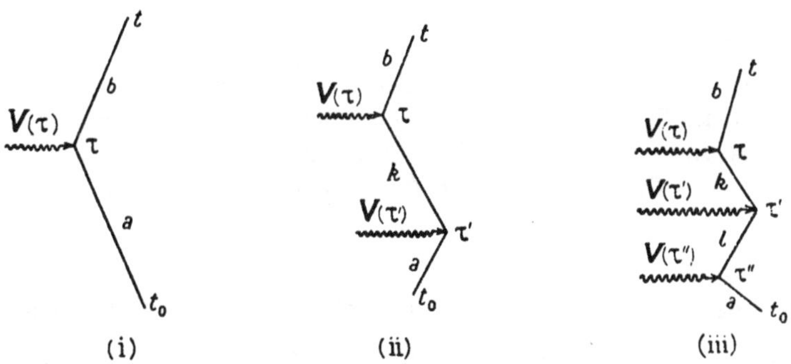

Abb. 17.1: Diagramm für die Anteile verschiedener Ordnung zur Amplitude für die Übergangswahrscheinlichkeit von a nach b: (i) erste Ordnung, (ii) zweite und (iii) dritte Ordnung.

Entsprechend gibt das Diagramm (ii) den Anteil zweiter Ordnung wieder. Das System entwickelt sich gemäß $H^{(0)}$ von t_0 bis τ', geht unter der Wirkung von $V(\tau')$ vom Anfangszustand a in den Zwischenzustand k über (intermediärer Zustand), entwickelt sich gemäß $H^{(0)}$ von τ' bis τ, gelangt durch die Wirkung von $V(\tau)$ aus dem Zustand k in den Endzustand b und entwickelt sich dann von τ bis t gemäß $H^{(0)}$ weiter. Man findet so in der Reihenfolge von rechts nach links die fünf Faktoren der Klammer der rechten Seite von Gleichung (17.24²). Der Anteil zweiter Ordnung ergibt sich durch Integration über τ' und $\tau\,(t_0 < \tau' < \tau < t)$ und Summation über die Zwischenzustände. Mit Bezug auf diese Art und Weise, den zeitlichen Ablauf der Übergänge in zweiter Ordnung darzustellen, nennt man den Zustand k häufig einen *virtuellen Zustand*, im Gegensatz zu den reellen Zuständen a und b. Man sagt, der Übergang zweiter Ordnung erfolgt durch Mitwirkung eines virtuellen Zustands.

Entsprechend erfolgen die Übergänge dritter Ordnung unter Mitwirkung von zwei virtuellen Zuständen k und l und werden durch das Diagramm (iii) dargestellt: Das Störpotential tritt jetzt insgesamt dreimal auf, und zwar zu den Zeiten τ'', τ' und τ. Es bewirkt den Übergang des Systems von a nach l, von l nach k und schließlich von k nach b. Allgemein geschehen die Übergänge n-ter Ordnung über $(n - 1)$ virtuelle Zustände.

Bricht man die Entwicklung (17.23) bei ihrem n-ten Glied ab, so erhält man die gesuchte Wahrscheinlichkeitsamplitude in n-ter Näherung. Ihr Betragsquadrat ist nach Definition die Übergangswahrscheinlichkeit in n-ter Ordnung [2]:

$$W_{a\to b} \simeq |\langle b|U^{(1)}|a\rangle + \langle b|U^{(2)}|a\rangle + \ldots + \langle b|U^{(n)}|a\rangle|^2.$$

Die *Übergangswahrscheinlichkeit in erster Ordnung* ist insbesondere:

$$W_{a\to b} \simeq |\langle b|U^{(1)}|a\rangle|^2 = \hbar^{-2}\left|\int_{t_0}^{t} e^{i\omega_{ba}\tau} V_{ba}(\tau)\,d\tau\right|^2. \qquad (17.25)$$

Wir stellen fest, daß in dieser Näherung

$$W_{b\to a} \simeq W_{a\to b}$$

gilt. Bei höheren Näherungen ist diese Relation im allgemeinen nicht erfüllt. Sie darf nicht mit der Eigenschaft der Mikroreversibilität verwechselt werden: $W_{Kb\to Ka} = W_{a\to b}$. Diese ist nur erfüllt (und zwar dann in Strenge in jeder Ordnung), wenn der Hamilton-Operator gegenüber Zeitumkehr invariant ist (Abschnitt 15.4.6).

17.1.2 Halbklassische Theorie der Coulombanregung von Atomkernen

Als Anwendung untersuchen wir das Problem der Coulomb-Anregung eines Kerns durch ein geladenes Teilchen, z.B. durch ein Proton [3].

Wir nehmen an, daß ein monoenergetischer Protonenstrahl auf ein Target aus Atomkernen trifft. Beim Zusammenstoß erfährt unter Umständen jeder Kern einen Übergang aus seinem Grundzustand α in einen seiner angeregten Zustände β. Wir wollen den Wirkungsquerschnitt für diese Kernreaktion berechnen.

Es seien Ze die Ladung des Kerns, R sein Radius, J_α bzw. J_β die Spins und E_α bzw. E_β die Energien der Zustände α und β. Es gibt $(2J_\alpha + 1)$ linear unabhängige Zustände α, die man untereinander durch die Komponente M_α entlang einer gegebenen Quantisierungsachse unterscheiden kann. Sie werden durch die Vektoren $|\alpha J_\alpha M_\alpha\rangle$ repräsentiert. Ist H_N der Hamilton-Operator des Kerns, so gilt

$$H_N|\alpha J_\alpha M_\alpha\rangle = E_\alpha|\alpha J_\alpha M_\alpha\rangle \qquad (M_\alpha = -J_\alpha, \ldots, J_\alpha).$$

Genauso hat man

$$H_N|\beta J_\beta M_\beta\rangle = E_\beta|\beta J_\beta M_\beta\rangle \qquad (M_\beta = -J_\beta, \ldots, J_\beta).$$

---

2) Der so erhaltene Ausdruck ist die korrekte Entwicklung von $W_{a\to b}$ nach Potenzen von V bis zur wenigstens $(n+1)$-ten Ordnung. Die Genauigkeit ist von höherer als $(n+1)$-ter Ordnung, falls $\langle b|U^{(1)}|a\rangle = 0$ ist.

3) Über die Coulomb-Anregung und ihre Anwendungen bei der Untersuchung der Kernstruktur s. *Alder* u.a., *Rev. Mod. Phys.*, 22 (1956), 432. Die hier angegebene halbklassischen Behandlung geht zurück auf: *K.A. Ter-Martyrosian*, *J. Exptl. Theoret. Phys. URSS*, 28 (1952), 284.

Es seien $E = \frac{1}{2} M v^2$ die Einfallsenergie im Schwerpunktsystem von Proton und Kern, $\Delta E = E_\beta - E_\alpha$ die Anregungsenergie des Kerns, Ω_α die Richtung des einfallenden Protons, Ω_β die des unelastisch gestreuten Protons, θ der Winkel zwischen diesen beiden Richtungen. Die zu berechnende Größe ist der Wirkungsquerschnitt

$$d\sigma(\Omega_\alpha M_\alpha \to \Omega_\beta M_\beta)/d\Omega$$

des Prozesses, bei dem das Proton unelastisch in die Richtung Ω_β gestreut wird und der Kern vom Zustand $(\alpha J_\alpha M_\alpha)$ in den Zustand $(\beta J_\beta M_\beta)$ übergeht.

Wir untersuchen die Wechselwirkung zwischen Proton und Kern. Diese reduziert sich bei sehr großem Abstand r des Protons vom Schwerpunkt des Kerns ($r \gg R$) auf die reine Coulomb-Wechselwirkung Ze^2/r. Mit kleiner werdendem r weicht sie davon mehr und mehr ab. Solange $r > R$ ist, ist diese Abweichung rein elektromagnetischen Ursprungs und reduziert sich im wesentlichen auf die Differenz zwischen der exakten Coulomb-Wechselwirkung und dem Term Ze^2/r, d.h.

$$V = e^2 \sum_{i=1}^{Z} \left(\frac{1}{|\boldsymbol{r} - \boldsymbol{r}_i|} - \frac{1}{r} \right) \tag{17.26}$$

($\boldsymbol{r}_i$ ist der Ortsvektor des i-ten Kernprotons).

„Dringt" das Proton in den Kern „ein" ($r < R$), so kommen die eigentlichen nuklearen Wechselwirkungen ins Spiel und überwiegen die elektromagnetischen Wechselwirkungen bei weitem.

Ist die Energie E genügend klein, so verhindert die Coulomb-Abstoßung Ze^2/r die Annäherung des Protons an den Kern. Sie bleibt daher die dominierende Wechselwirkung während der gesamten Dauer des Streuvorgangs. Darum wird die Bewegung des Proton-Kernsystems in erster Näherung durch den Hamilton-Operator

$$H^{(0)} \equiv H_N + \left(\frac{\boldsymbol{p}^2}{2M} + \frac{Ze^2}{r} \right)$$

bestimmt, worin $\boldsymbol{p}^2/2M$ die kinetische Energie des Protons bedeutet. Die Protonenbewegung separiert vollständig von der des Kerns. Dieser bleibt in seinem Grundzustand, und das Proton erfährt eine rein elastische Streuung, deren differentieller Wirkungsquerschnitt durch die Rutherford-Formel (6.29) gegeben ist:

$$d\sigma_R/d\Omega = \tfrac{1}{4} a^2 \sin^{-4} \tfrac{1}{2}\theta.$$

a ist die Hälfte des minimalen Abstands bei der klassischen Bewegung:

$$a = \tfrac{1}{2} \frac{Ze^2}{E}. \tag{17.27}$$

Die hier betrachtete Näherung ist dann gerechtfertigt, wenn

$$a \gg R. \tag{17.28}$$

Wir setzen weiter voraus, daß

$$\frac{\Delta E}{E} \ll 1 \tag{17.29}$$

$$\gamma \gg 1 \tag{17.30}$$

mit

$$\gamma \equiv \frac{a}{\lambda} = \frac{Ze^2}{\hbar v} \tag{17.31}$$

Die Abweichungen der Proton-Kernwechselwirkung von Ze^2/r ermöglicht das Auftreten von unelastischen Stößen. Weil aber wegen der Bedingung (17.28) das Proton praktisch nicht in den Kern „eindringen" kann, reduzieren sich diese Abweichungen im wesentlichen auf den einen Term V. Damit erlaubt die Bedingung (17.30) eine klassische Behandlung der Coulomb-Streuung (Abschnitt 6.1.5). Das Proton bewegt sich wie ein Wellenpaket vernachlässigbarer Ausdehnung, dessen Schwerpunkt $\boldsymbol{r}(t)$ den klassischen Bewegungsgesetzen folgt. Auch bei einem unelastischen Stoß $(\Omega_\alpha M_\alpha \to \Omega_\beta \Omega_\beta)$ kann man die Bewegung des Protons klassisch behandeln. Die Lösung der klassischen Bewegungsgleichungen ist bekannt, falls man das Potential V und damit auch den Energieübertrag ΔE vom Proton auf den Kern während des unelastischen Stoßes vernachlässigt, eine Näherung, die gerechtfertigt ist, solange die Bedingung (17.29) gilt. Bei fester Bahn $\boldsymbol{r}(t)$ des Protons ist darum V eine *zeitabhängige Störung*, die auf die dynamischen Variablen des Kerns wirkt:

$$V(t) = e^2 \sum_{i=1}^{Z} \left[\frac{1}{|\boldsymbol{r}(t) - \boldsymbol{r}_i|} - \frac{1}{r(t)} \right]$$

und den Übergang $(\alpha J_\alpha M_\alpha) \to (\beta J_\beta M_\beta)$ hervorrufen kann. Weil die Übergangswahrscheinlichkeit $W_{\alpha\to\beta}$ klein ist (man bestätigt *nachträglich*, daß $W_{\alpha\to\beta} \ll 1$ ist), kann man sich auf die erste Näherung beschränken. Die Formel (17.25) liefert:

$$W_{\alpha\to\beta} = \hbar^{-2} \left| \int_{-\infty}^{+\infty} e^{i(\Delta E)t/\hbar} \langle \beta J_\beta M_\beta | V(t) | \alpha J_\alpha M_\alpha \rangle \, dt \right|^2. \tag{17.32}$$

Der gesuchte Wirkungsquerschnitt ist das Produkt dieser Wahrscheinlichkeit mit dem Rutherfordschen Streuquerschnitt:

$$d\sigma(\Omega_\alpha M_\alpha \to \Omega_\beta M_\beta) = \tfrac{1}{4} a^2 \sin^{-4} \tfrac{1}{2}\theta \quad W_{\alpha\to\beta} \, d\Omega. \tag{17.33}$$

Es verbleibt die Berechnung von $W_{\alpha\to\beta}$. Wir begnügen uns hier mit der Angabe des Rechengangs. Die Polarkoordinaten von $\boldsymbol{r}_i$ und $\boldsymbol{r}(t)$ seien (r_i, Ω_i) bzw. (r, Ω). Diese sind wohlbestimmte Funktionen von t. Entwickelt man $|\boldsymbol{r}(t) - \boldsymbol{r}_i|^{-1}$ nach Kugelfunktionen, (Gleichung (B.99)), so erhält man

$$V(t) = \sum_{l=1}^{\infty} \sum_{m=-l}^{+l} (-)^m Q_l^m T_l^{-m} \tag{17.34}$$

mit

$$Q_l^m = \sum_{i=1}^{Z} e\, r_i^{\,l}\, Y_l^m(\Omega_i) \qquad (17.35)$$

$$T_l^m(t) = \frac{4\pi e}{2l+1} \frac{Y_l^m(\Omega)}{r^{l+1}}. \qquad (17.36)$$

Diese Entwicklung ist nur für $r_i < r$ gültig, eine Bedingung, die solange erfüllt ist, wie das Proton nicht in den Kern „eindringt". Eingesetzt in die Formel (17.32) ergibt das:

$$W_{\alpha\to\beta} = \Big| \sum_{lm} (-)^m S_l^{-m} \langle \beta\, J_\beta\, M_\beta | Q_l^m | \alpha\, J_\alpha\, M_\alpha \rangle \Big|^2 \qquad (17.37)$$

$$S_l^m = \int_{-\infty}^{+\infty} e^{i(\Delta E)t/\hbar}\, T_l^m(t)\, dt/\hbar. \qquad (17.38)$$

Die Koeffizienten S_l^m hängen allein von der klassischen Bahn des Protons ab und können durch numerische Integration bestimmt werden.

Die $(2l + 1)$ Operatoren Q_l^m $(m = -l, \ldots, +l)$ sind die Standardkomponenten des *elektrischen* 2^l*-Polmomente* $\mathbf{Q}^{(l)}$ (s. Abschnitt 13.6.4). Von den in Gleichung (17.37) auftretenden Matrixelementen verschwinden also nur die nicht, für die die Drehimpuls- und Paritätsauswahlregeln gelten:

$$\begin{aligned} &|J_\alpha - J_\beta| \leqslant l \leqslant J_\alpha + J_\beta \qquad m = M_\beta - M_\alpha \\ &\Pi_\alpha\, \Pi_\beta = (-)^l \end{aligned} \qquad (17.39)$$

(Π_α, Π_β sind die Paritäten der Zustände α und β). Schließlich ist nach dem Wigner-Eckart-Theorem:

$$\langle \beta\, J_\beta\, M_\beta | Q_l^m | \alpha\, J_\alpha\, M_\alpha \rangle = (2J_\beta + 1)^{-\frac{1}{2}} \langle J_\alpha\, l\, M_\alpha\, m | J_\beta\, M_\beta \rangle \langle \beta \| \mathbf{Q}^{(l)} \| \alpha \rangle.$$

Aufgrund der Auswahlregeln (17.39) erstreckt sich die Summe in der Gleichung (17.37) auf eine endliche Anzahl von Werten von l mit bestimmter Parität und auf einen einzigen Wert von m. Eine grobe Abschätzung zeigt außerdem, daß unter sonst gleichen Umständen der „$l = 2$"-Anteil ungefähr gleich $(R/a)^2$ mal dem „l"-Anteil ist. Man kann sich also auf den Term beschränken, der zum niedrigsten, sich aus den Auswahlregeln ergebenden Wert von l gehört, d.h. auf $|J_\alpha - J_\beta|$ oder $|J_\alpha - J_\beta| + 1$. Es sei l_0 dieser Wert. Dann ergibt sich:

$$W_{\alpha\to\beta} \simeq \frac{\langle J_\alpha\, l_0\, M_\alpha\, m | J_\beta\, M_\beta \rangle^2}{(2J_\beta + 1)} \left| S_{l_0}^{-m} \right|^2 \left| \langle \beta \| \mathbf{Q}^{(l_0)} \| \alpha \rangle \right|^2 \quad (m = M_\beta - M_\alpha).$$

Setzt man diesen Ausdruck in die Formel (17.33) ein, so erhält man für den Wirkungsquerschnitt einen theoretischen Ausdruck, der mit dem Experiment verglichen werden kann.

Bei Experimenten, bei denen die Targetkerne nicht ausgerichtet sind und die Polarisation der angeregten Kerne nicht gemessen wird, erhält man den experimentellen Wirkungsquerschnitt aus dem oben definierten durch Mittelung über die $2J_\alpha + 1$ möglichen Werte von M_α und Summation über die $2J_\beta + 1$ Werte von M_β. Berücksichtigt man die Orthogonalitätsrelationen für die Clebsch-Gordan-Koeffizienten, so erhält man:

$$\frac{d\sigma_{\alpha\to\beta}}{d\Omega} = \frac{a^2}{4(2J_\alpha+1)(2l_0+1)} \left| \langle\beta\|\mathbf{Q}^{(l_0)}\|\alpha\rangle \right|^2 \left[\sin^{-4}\tfrac{1}{2}\theta \sum_m \left| S_{l_0}^m \right|^2\right].$$

Die Winkelabhängigkeit dieses Wirkungsquerschnitts ist durch den Ausdruck in der Klammer gegeben und muß numerisch berechnet werden. Es ist bemerkenswert, daß vom Anfangs- und vom Endzustand nur der Spin, die Parität und das Betragsquadrat des elektrischen 2^{l_0}-Polmoments $\langle\beta \| \mathbf{Q}^{(l_0)} \| \alpha\rangle$ auftreten, und zwar dieses als einfache Proportionalitätskonstante. Stellt man diese Formel den experimentellen Ergebnissen gegenüber, so hat man damit ein sehr direktes Mittel zur Bestimmung dieser für die Struktur des Kerns charakteristischen Größen.

17.1.3 Zeitunabhängiges V. Erhaltung der ungestörten Energie

Hängt V nicht explizit von der Zeit ab, so sind die in den Formeln (17.24) auftretenden Zeitintegrale leicht auszuführen, so daß einige einfache Eigenschaften in Erscheinung treten. Wir beschränken uns hier auf *Übergänge in erster Ordnung.*

Wir setzen $t_0 = 0$. Die Formel (17.25) ergibt:

$$W_{a\to b} \simeq |V_{ba}|^2 f(t, \omega_{ba})/\hbar^2 \tag{17.40}$$

mit

$$f(t,\omega) \equiv \left| \int_0^t e^{i\omega\tau}\, d\tau \right|^2 = 2(1-\cos\omega t)/\omega^2. \tag{17.41}$$

Die Abb. 17.2 gibt $f(t, \omega)$ in Abhängigkeit von ω wieder. Man beachte das sehr ausgeprägte Maximum bei $\omega = 0$. Die Halbwertsbereite ist gleich $2\pi/t$. Wir stellen außerdem fest, daß

$$\int_{-\infty}^{+\infty} f(t,\omega)\, d\omega = 2\pi t \tag{17.42}$$

ist, wie man mit Hilfe der Residuenmethode leicht zeigen kann, und daß wegen Gleichung (A.15b):

$$f(t,\omega) \underset{t\to\infty}{\sim} 2\pi t\, \delta(\omega). \tag{17.43}$$

Bei gegebenem t hängt $W_{a\to b}$ in einfacher Weise vom Endzustand b ab. Sie ist bis auf eine Konstante gleich dem Betragsquadrat des Matrixelements $\langle b | V | a\rangle$ der Störung, multipliziert mit dem *Gewichtsfaktor* $f(t, \omega_{ba})$. Dieser Faktor hängt von der Bohrschen Frequenz für den Übergang $a \to b$ ab. Weil er für $\omega_{ba} = 0$ ein ausgeprägtes Maximum der Breite $2\pi/t$ aufweist, erfolgen die Übergänge vorzugsweise in solche Zustände, für die die Energie in einem Band der Breite

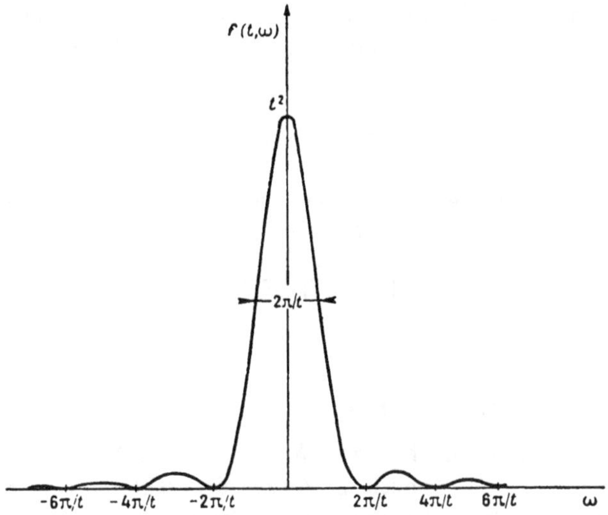

Abb. 17.2: Die Funktion $f(t, \omega) = 2(1 - \cos \omega t)/\omega^2$.

$$\delta E_0 \cong 2\pi\hbar/t$$

beiderseits der Energie des Anfangszustandes liegt. Anders ausgedrückt, *bleibt bei den Übergängen die ungestörte Energie bis auf* $2\pi\hbar/t$ *erhalten.*

Dieses Resultat weist eine gewisse Analogie zur Energie-Zeit-Unschärferelation (Abschnitt 4.2.4 und 8.2.6) auf. Doch muß man beachten, daß es sich hier um die Energie $H^{(0)}$ und nicht um die Gesamtenergie des Systems mit Einschluß der Störung handelt. Weiter ist t hier die Zeit nach Beendigung der Messung von $H^{(0)}$ und nicht die für den Bewegungsablauf des Systems charakteristische Zeit.

Für einen gegebenen Zustand b ist die Zeitabhängigkeit von $W_{a\to b}$ durch den Faktor $f(t, \omega_{ba})$ bestimmt. Bleibt beim Übergang die ungestörte Energie streng erhalten ($\omega_{ba} = 0$), so wächst er einfach wie t^2. Andernfalls oszilliert er zwischen 0 und $4/\omega_{ba}^2$ mit der Periode $2\pi/\omega_{ba}$. $W_{a\to b}$ oszilliert mit derselben Periode um den Mittelwert $2\,|V_{ba}|^2/(E_b - E_a)^2$ und weist das t^2-Verhalten nur für solche t-Werte auf, die im Vergleich zu dieser Periode klein sind.

Statt des Übergangs in einen speziellen Zustand kann man die *Übergänge in eine Gruppe von Zuständen mit benachbarter Energie* betrachten. Das geschieht häufig beim Fall der Übergänge in die Zustände des kontinuierlichen Spektrums. Man kann dann unter gewissen, noch zu nennenden Einschränkungen eine *Übergangswahrscheinlichkeit pro Zeiteinheit* definieren.

Wir betrachten also eine bestimmte Folge von Eigenvektoren von $H^{(0)}$ aus dem kontinuierlichen Spektrum. $|b\rangle$ sei ein Vektor aus dieser Folge und $E(b)$ der zugehörige Eigenwert von $H^{(0)}$.

Bei der Definition der Übergangswahrscheinlichkeiten muß man auf die Normierung der Vektoren $|b\rangle$ achten. Wir normieren sie so, daß

$$\langle b | b' \rangle = \delta(b - b')/n(b),$$

wobei $n(b)$ eine geeignet gewählte reelle positive Funktion ist. Der Projektionsoperator auf die Zustände eines bestimmten Bereichs B der Variablen b ist (s. Abschnitt 7.2.7):

$$P_B = \int_B |b\rangle\, n(b)\, \mathrm{d}b\, \langle b|.$$

Wählt man $E(b)$ als neue Variable und bezeichnet mit $B(E)$ den zugehörigen Integrationsbereich, so findet man

$$P_B = \int_{B(E)} |b\rangle\, \rho_b(E)\, \mathrm{d}E\, \langle b| \tag{17.44}$$

mit

$$\rho_b(E) = n(b)\, \mathrm{d}b/\mathrm{d}E \tag{17.45}$$

$\rho_b(E)$ nennt man häufig *Dichte der Niveaus b zur Energie E.* Nach Gleichung (17.44) ist das nämlich die Anzahl der Vektoren $|b\rangle$ pro Energieeinheitsintervall. Man beachte, daß $\rho_b(E)$ von der Normierung der Vektoren $|b\rangle$ abhängt.

Damit ist die Übergangswahrscheinlichkeit $W_{a\to B}$ in einen Zustand des Bereichs B:

$$\begin{aligned} W_{a\to B} &\equiv \langle a|\, U^\dagger(t,0)\, P_B\, U(t,0)\, |a\rangle \\ &= \int_{B(E)} W_{a\to b}\, \rho_b(E)\, \mathrm{d}E. \end{aligned} \tag{17.46}$$

Diese Formel erhält man, indem man für P_B den Ausdruck (17.44) einsetzt und für

$$W_{a\to b} = |\, \langle b|\, U(t,0)\, |a\rangle\, |^2. \tag{17.47}$$

Formal stellt $W_{a\to b}$ die Wahrscheinlichkeit für den Übergang $a \to b$ dar, wie sie durch die Gleichung (17.22) definiert wurde. Alle Schritte zur Berechnung dieser Größe behalten ihre volle Gültigkeit. Setzt man insbesondere in die rechte Seite von (17.44) die Formel (17.40) ein, so erhält man die Übergangswahrscheinlichkeit $W_{a\to B}$ in erster Näherung:

$$W_{a\to B} \simeq \int |\, V_{ba}\, |^2\, \rho_b\, f(t, \omega_{ba})\, \mathrm{d}E/\hbar^2 \tag{17.48}$$

ein Ausdruck, in dem $V_{ba} \equiv \langle b\,|\,V\,|\,a\rangle$ über den Parameter b von E abhängt.

Als Beispiel nehmen wir die Übergänge in die im Intervall $(E_1 - \frac{1}{2}\epsilon, E_1 + \frac{1}{2}\epsilon)$ gelegenen Niveaus b und setzen dabei voraus, daß die Breite ϵ so klein ist, daß V_{ba} und ρ_b in diesem Intervall praktisch konstant sind und vor das Integral gezogen werden können. Weiter nehmen wir t als so groß an, daß ϵ sehr viel größer als die Periode der Funktion f ist:

$$\epsilon \gg 2\pi\hbar/t. \tag{17.49}$$

Das Integral in (17.48) kann dann leicht ausgewertet werden. Man muß zwei Fälle unterscheiden:

(*i*) Das Hauptmaximum von f ist außerhalb des Integrationsbereichs (die Energie bleibt bei den Übergängen nicht erhalten). Man kann dann f durch seinen Mittelwert über mehrere Oszillationen ersetzen und erhält einen von der Zeit unabhängigen Ausdruck:

$$W_{a\to B} \simeq 2\varepsilon\, \rho_b(E_1) \mid V_{ba} \mid^2/(E_1 - E_a)^2.$$

(*ii*) Das Hauptmaximum von f liegt im Integrationsintervall (bei den Übergängen bleibt die Energie erhalten). Der Hauptanteil rührt dann von diesem Maximum her, und man begeht keinen großen Fehler, wenn man die Integration bis ins Unendliche erstreckt. Dann ergibt sich (Gleichung (17.42)):

$$W_{a\to B} \simeq 2\pi\, \hbar^{-1} \mid V_{ba}(E_a) \mid^2 \rho_b(E_a)\, t.$$

Aufgrund der Ungleichung (17.49) ist diese Wahrscheinlichkeit größer als die Summe aller anderen.

Wir führen die Übergangswahrscheinlichkeit pro Zeiteinheit ein:

$$w_{a\to B} \equiv \mathrm{d}W_{a\to B}/\mathrm{d}t.$$

Aus den vorangegangenen Ergebnissen schließen wir, daß diese Größe verschwindet, wenn bei den Übergängen die Energie nicht erhalten bleibt. Für solche Übergänge, die die Energie unverändert lassen, ist diese Wahrscheinlichkeit durch die wichtige Formel

$$\boxed{w_{a\to B} \simeq \frac{2\pi}{\hbar} \mid V_{ba} \mid^2 \rho_b} \tag{17.50}$$

gegeben, in der das Matrixelement $V_{ba} \equiv \langle b \mid V \mid a \rangle$ und die Niveaudichte ρ_b zu solchen Zuständen b gehören, deren Energie gleich der des Anfangszustandes ist.

Damit die Formel (17.50) Gültigkeit hat, muß t so groß sein, daß die Bedingung (17.49) erfüllt ist. Andererseits muß t so klein sein, daß die Näherung erster Ordnung noch gerechtfertigt ist ($w_{a\to b}\, t \ll 1$).

Bei dem hier angegebenen Beweis werden die Bedeutung und die Voraussetzungen für die Gültigkeit der Formel (17.50) besonders deutlich. Man kann zu dieser Formel auch auf einfachere Weise gelangen, indem man in die rechte Seite von Gleichung (17.40) für f seinen asymptotischen Ausdruck (17.43) einsetzt. Man erhält:

$$W_{a\to b} \underset{t\to\infty}{\sim} 2\pi\hbar^{-1} \mid V_{ba} \mid^2 \delta(E_b - E_a)\, t, \tag{17.51}$$

womit man dann in die Definitionsgleichung (17.46) für $W_{a\to B}$ eingeht.

17.1.4 Berechnung der Wirkungsquerschnitte in der Bornschen Näherung

Aus der Formel (17.50) kann man einen Ausdruck für die Streuquerschnitte in der sog. *Bornschen Näherung* herleiten. Das ist die Näherung erster Ordnung in bezug auf das Wechselwirkungspotential zwischen einfallendem Teilchen und Target. Die Herleitung dieses Ausdrucks ist nicht streng, hat aber den Vorzug der großen Einfachheit. Einen strengen Beweis werden wir im neunzehnten Kapitel geben.

Wir wählen den einfachsten Fall, den der Streuung eines Teilchens an einem Potential $V(\boldsymbol{r})$, das als Störung behandelt wird. Der Hamilton-Operator des freien Teilchens ist hier der ungestörte Hamilton-Operator:

$$H = H^{(0)} + V(\boldsymbol{r}) \qquad H^{(0)} = \boldsymbol{p}^2/2m.$$

Die Eigenzustände von $H^{(0)}$ sind die ebenen Wellen $e^{i\boldsymbol{k}\cdot\boldsymbol{r}}$. Eine solche Welle repräsentiert einen Zustand mit dem Impuls $\boldsymbol{p} = \hbar\boldsymbol{k}$, dessen *Dichte auf Eins normiert* ist. Mit $|\boldsymbol{k}\rangle$ bezeichnen wir die zugehörigen Ket-Vektoren. Diese genügen den Orthonormierungsbedingungen und der Vollständigkeitsrelation:

$$\langle \boldsymbol{k}|\boldsymbol{k}'\rangle = (2\pi)^3\,\delta(\boldsymbol{k}-\boldsymbol{k}') \qquad \int |\boldsymbol{k}\rangle \frac{\mathrm{d}\boldsymbol{k}}{(2\pi)^3}\langle \boldsymbol{k}| = 1.$$

Im $\boldsymbol{k}$-Raum ist die Dichte der in dieser Weise normierten Zustände konstant und gleich $(2\pi)^{-3}$: Die Anzahl der im Intervall $(\boldsymbol{k}, \boldsymbol{k} + \mathrm{d}\boldsymbol{k})$ gelegenen Zustände ist gleich $\mathrm{d}\boldsymbol{k}/(2\pi)^3$. Wir interessieren uns für die Impulszustände in einer bestimmten Richtung Ω und bezeichnen mit $\rho(E)$ ihre Dichte, so wie sie im vorangegangenen Abschnitt definiert wurde (Gleichung (17.45)). Diese Funktion kann *a priori* von Ω abhängen, wir werden weiter unten sehen, daß das nicht der Fall ist: $\rho(E)\mathrm{d}\Omega\mathrm{d}E$ ist die Anzahl der Zustände, deren Impulse in Richtung des Raumwinkels $(\Omega, \Omega + \mathrm{d}\Omega)$ weisen und deren Energie im Band $(E, E + \mathrm{d}E)$ liegt. Man hat also:

$$\rho(E)\,\mathrm{d}\Omega\,\mathrm{d}E = \mathrm{d}\boldsymbol{k}/(2\pi)^3 = \mathrm{d}\boldsymbol{p}/(2\pi\hbar)^3$$

was mit $\mathrm{d}\boldsymbol{p} = p^2\,\mathrm{d}\Omega\mathrm{d}p$ zu

$$\rho(E)\,\mathrm{d}E = p^2\,\mathrm{d}p/(2\pi\hbar)^3$$

führt. Also ist

$$\rho(E) = \frac{p^2}{(2\pi\hbar)^3}\frac{\mathrm{d}p}{\mathrm{d}E} = \frac{mp}{(2\pi\hbar)^3}. \tag{17.52}$$

Nach diesen Vorbemerkungen wollen wir für einen monoenergetischen einfallenden Strahl den Streuquerschnitt in eine bestimmte Richtung Ω_b berechnen. $E = \frac{1}{2}mu_a^2$ sei die Energie und $\hbar\boldsymbol{k}_a$ der Impuls der einfallenden Teilchen, $\hbar\boldsymbol{k}_b$ der Impuls zur selben Energie, aber in Richtung Ω_b. Vom Anfangszustand $|\boldsymbol{k}_a\rangle$ ausgehend, ist die Wahrscheinlichkeit pro Zeiteinheit $w_{a\to B}\,\mathrm{d}\Omega$ dafür, daß das System in einen Zustand b mit einer im Raumwinkel $(\Omega_b, \Omega_b + \mathrm{d}\Omega)$ liegenden Impulsrichtung und einer zu E benachbarten Energie übergeht, in erster Näherung durch die Formel (17.50) gegeben.

$$w_{a \to B}\, d\Omega \simeq 2\pi\hbar^{-1} \mid \langle \boldsymbol{k}_b | V | \boldsymbol{k}_a \rangle |^2 \rho(E)\, d\Omega. \tag{17.53}$$

$d\sigma_{a \to b}/d\Omega$ sei der differentielle Wirkungsquerschnitt der Streuung. $d\sigma_{a \to b}$ ist die Anzahl der pro Zeit- und Flußeinheit in den Raumwinkel $(\Omega_b, \Omega_b + d\Omega)$ gestreuten Teilchen. Weil $|k_a\rangle$ eine Welle mit dem Fluß v_a repräsentiert, ist:

$$d\sigma_{a \to b} = w_{a \to B}/v_a.$$

Setzt man für $w_{a \to B}$ den Näherungsausdruck (17.53) ein, so erhält man:

$$\frac{d\sigma_{a \to b}}{d\Omega} \simeq \frac{2\pi}{\hbar v_a} \mid \langle \boldsymbol{k}_b | V | \boldsymbol{k}_a \rangle |^2 \rho_b(E), \tag{17.54}$$

worin $\rho_b(E)$ die Dichte der Endzustände (Gleichung (17.52)) und

$$\langle \boldsymbol{k}_b | V | \boldsymbol{k}_a \rangle \equiv \int e^{i(\boldsymbol{k}_a - \boldsymbol{k}_b)\cdot \boldsymbol{r}}\, V(\boldsymbol{r})\, d\boldsymbol{r}$$

das Matrixelement des Potentials ist, das den Übergang verursacht.

17.1.5 Periodische Störung. Resonanzen

In erster Näherung (Formel (17.25)) ist die Übergangswahrscheinlichkeit $W_{a \to b}$ proportional zum Betragsquadrat der Amplitude mit der Frequenz ω_{ba} in der harmonischen Zerlegung der Funktion $V_{ba}(t)$. Konventionsgemäß setzt man hierbei außerhalb des Intervalls (t_0, t) $V_{ba} = 0$. Diese harmonische Analyse ist dann besonders einfach, wenn die Störung V nicht von der Zeit abhängt, und führt, wie wir feststellen konnten, zur „Erhaltung der ungestörten Energie". Gleichfalls sehr einfach ist sie für den allgemeineren Fall, daß V eine periodische Funktion der Zeit ist. Es tritt dann ein Phänomen von großer praktischer Bedeutung, die *Resonanzerscheinung*, auf.

Nehmen wir nämlich an, daß V eine harmonische Funktion der Zeit mit der Frequenz ω ist. Weil V ein hermitischer Operator ist, kann es in der Form

$$V = A\, e^{i\omega t} + A^\dagger\, e^{-i\omega t}$$

geschrieben werden, worin A einen gewissen zeitunabhängigen Operator darstellt. Die Übergangswahrscheinlichkeit $W_{a \to b}$ ist in erster Ordnung (mit der Vereinbarung $t_0 = 0$):

$$W_{a \to b} \simeq \hbar^{-2} \left| \langle b|A|a\rangle \int_0^t e^{i(\omega_{ba}+\omega)\tau}\, d\tau + \langle b|A^\dagger|a\rangle \int_0^t e^{i(\omega_{ba}-\omega)\tau}\, d\tau \right|^2$$

ein Ausdruck, den man mit dem Ausdruck (17.40) vergleichen möge.

Die Übergangsamplitude setzt sich hier also aus zwei Anteilen zusammen. Ist t genügend groß, so nimmt der erste Anteil nur wesentlich von Null verschiedene Werte an, wenn $\omega_{ba} + \omega$ in der Nähe von 0 liegt, d.h. wenn die Energie sich in einem Band der Breite $2\pi\hbar/t$ um den Punkt

$$E_b = E_a - \hbar\omega, \tag{17.55}$$

befindet, während der zweite Anteil nur in einem Band derselben Breite in der Umgebung von

$$E_b = E_a + \hbar\omega \tag{17.55'}$$

wichtig ist.

Praktisch ist t so groß ($t \gg 2\pi/\omega$), daß diese Bereiche sich nicht überlappen. $W_{a\to b}$ ist also nur für solche Übergänge von Bedeutung, bei denen *das ungestörte System das Energiequant* $\hbar\omega$ *emittiert oder absorbiert,* wie es die Gleichungen (17.55) anzeigen.

Im ersten Fall tritt in der Übergangsamplitude nur der erste Term auf, und die Übergangswahrscheinlichkeit reduziert sich auf den Ausdruck

$$W_{a\to b} \simeq |A_{ba}|^2 f(t, \omega_{ba} + \omega)/\hbar^2.$$

Der wesentliche Unterschied zum Ausdruck (17.40) liegt in der Ersetzung von ω_{ba} durch $\omega_{ba} + \omega$. Man kann in voller Analogie zum Vorgehen in Abschnitt 17.1.3 die Übergänge in eine Gruppe von Niveaus betrachten, die in einem Energieband ΔE ($\gg 2\pi\hbar/t$) um den Punkt $E_a - \hbar\omega$ liegen, und unter bestimmten Voraussetzungen eine Übergangswahrscheinlichkeit pro Zeiteinheit definieren. Es gilt wieder die Formel (17.50), mit dem einzigen Unterschied, daß V_{ba} und ρ_b sich jetzt auf Zustände b beziehen, deren Energie um $\hbar\omega$ kleiner ist als die Energie des Anfangszustandes. Für Übergänge, bei denen das System das Energiequant $\hbar\omega$ absorbiert, sind die gleichen Überlegungen anzustellen (s. Aufgabe 2).

Wir geben noch kurz das Ergebnis für den allgemeinen Fall an, daß V eine beliebige periodische Funktion der Zeit mit der Frequenz ω ist. Man hat dann die Fourier-Entwicklung

$$V = \sum_{s=1}^{\infty} (A_s e^{is\omega t} + A_s^\dagger e^{-is\omega t}).$$

Ist $t \gg 2\pi/\omega$, so interferieren die Anteile der verschiedenen Terme dieser Entwicklung zur Übergangswahrscheinlichkeit in erster Ordnung nicht. Die durch sie hervorgerufenen Übergänge gehören jeweils zu verschiedenen Energieüberträgen. Bei den „A_s-Übergängen" verliert das System das Energiequant $s\hbar\omega$ bis auf $2\pi\hbar/t$, bei den „$A_s^\dagger$-Übergängen" nimmt es bis auf $2\pi\hbar/t$ die Energie $s\hbar\omega$ auf.

17.2 Plötzliche und adiabatische Änderung des Hamilton-Operators

17.2.1 Problemstellung und Ergebnisse

Es stellt sich häufig das Problem, in welcher Weise sich der Zustand eines Systems ändert, wenn das auf ihn wirkende äußere Feld modifiziert wird. Das typische Beispiel hierfür ist ein atomares System, das in ein Magnetfeld fällt. Als allgemeine Regel gilt, daß die Ergebnisse in kritischer Weise von der Zeit T abhängen, die für diese Modifizierung des Hamilton-Operators erforderlich ist. In diesem Abschnitt wollen wir die beiden Grenzfälle untersuchen, bei denen T sehr klein (plötzliche Änderung) und sehr groß ist (adiabatische Änderung).

Wir nehmen an, daß der Hamilton-Operator von einem Anfangswert H_0 zur Zeit t_0 stetig in einen Endwert H_1 zur Zeit t_1 übergeht. Wir setzen

$$T = t_1 - t_0 \qquad s = (t - t_0)/T$$

und bezeichnen mit $H(s)$ den Wert des Hamilton-Operators, den er zur Zeit $t = t_0 + sT$ annimmt. $H(s)$ ist eine stetige Funktion von s mit

$$H(0) = H_0 \qquad H(1) = H_1.$$

Wir nehmen sie im folgenden als gegeben an.

Nach diesen Feststellungen hängt die Entwicklung des Systems vom Zeitpunkt t_0 bis zum Zeitpunkt t_1 nur noch vom Parameter T ab, der die Schnelligkeit mißt, mit der der Übergang von H_0 nach H_1 erfolgt. Zweckmäßigerweise setzt man

$$U(t, t_0) = U_T(s).$$

Das Problem besteht nun im wesentlichen darin, $U(t_1, t_0)$, d.h. $U_T(1)$ zu bestimmen und seine Abhängigkeit von T zu untersuchen.

Für die beiden genannten Grenzfälle sind die Ergebnisse von bemerkenswerter Einfachheit.

Für den Grenzfall $T \to 0$, d.h. *für den Fall der unendlich raschen Änderung, bleibt der Zustand des Systems ungeändert:*

$$\lim_{T\to 0} U_T(1) = 1. \tag{17.56}$$

Für den Grenzfall $T \to \infty$, d.h. *für den Fall des unendlich langsamen oder adiabatischen Übergangs, geht das System, falls es sich zur Zeit* t_0 *in einem Eigenzustand von* H_0 *befindet,* unter bestimmten, noch zu präzisierenden Bedingungen zur Zeit t_1 *in einen Eigenzustand von* H_1 *über.* Dieses wichtige Resultat ist als *Adiabatensatz* bekannt [4)].

[4)] Fußnote siehe Seite 224.

17.2.2 Plötzlicher Übergang

Zum Beweis des ersten Ergebnisses geht man von der Integralgleichung (17.1) aus, die mit den Bezeichnungen des vorstehenden Abschnitts lautet:

$$U_T(s) = 1 - \mathrm{i}\hbar^{-1}\, T \int_0^s H(s)\, U_T(s)\, \mathrm{d}s.$$

Für den Grenzfall $T \to 0$ geht der zweite Term auf der rechten Seite dieser Gleichung gegen Null und man erhält die Gleichung (17.56).

Ist T hinreichend klein, so kann man in erster Näherung voraussetzen, daß $U_T(1) \cong 1$ ist. Dies nennt man die *Näherung des plötzlichen Übergangs.*

Es sei $|0\rangle$ der Zustandsvektor des Systems zur Zeit t_0 und Q_0 der Projektionsoperator auf den Raum der zu $|0\rangle$ orthogonalen Vektoren. $|0\rangle$ sei auf Eins normiert. Dann hat man

$$Q_0 = 1 - |0\rangle\langle 0|.$$

Die Näherung des plötzlichen Übergangs besteht dann im Anschreiben der Gleichung

$$U(t_1, t_0)|0\rangle \cong |0\rangle.$$

Ein Maß für den Fehler, den man bei dieser Näherung begeht, ist durch die Wahrscheinlichkeit gegeben, das System in einem vom Anfangszustand verschiedenen Zustand zu finden, d.h. durch

$$\begin{aligned} \varpi &= \langle 0|\, U^\dagger(t_1, t_0)\, Q_0\, U(t_1, t_0)\, |0\rangle \\ &= \langle 0|\, U_T^\dagger(1)\, Q_0\, U_T(1)\, |0\rangle. \end{aligned} \tag{17.57}$$

Die Korrekturen zu dieser Näherung kann man mit Hilfe der im einleitenden Abschnitt dieses Kapitels angegebenen Störungsmethode berechnen. Im jetzigen Fall ($H^{(0)} = 0$, $V = H$) ist die nullte Näherung einfach der Operator 1 und die Entwicklung (17.17) ergibt:

$$U_T(1) = 1 - \mathrm{i}\hbar^{-1}\, T \int_0^1 H(s)\, \mathrm{d}s + (\mathrm{i}\hbar)^{-2}\, T^2 \int_0^1 \mathrm{d}s_1 \int_0^{s_1} \mathrm{d}s_2\, H(s_1)\, H(s_2) + \ldots \tag{17.58}$$

Setzt man dies in Gleichung (17.57) ein, so erhält man die Entwicklung von $\bar{\omega}$ nach Potenzen von T. Weil $Q_0|0\rangle = 0$, ist die niedrigste darin auftretende Ordnung ein Term in T^2. Man bekommt ihn, indem man die beiden ersten Terme von (17.58) einsetzt. Wir setzen:

---

4) Man nennt es auch Ehrenfestsches Theorem. Die Arbeiten Ehrenfests hierüber betreffen die klassische Mechanik und die Ältere Quantentheorie. Die Übertragung dieses Satzes auf die Quantenmechanik geht im wesentlichen auf M. Born und V. Fok zurück: *M. Born* und *V. Fok, Zeit. f. Phys.*, 51, 165 (1928). Siehe auch *T. Kato, Jour. Phys. Soc. Jap.*, 5, 435 (1950); *K.O. Friedrichs, On the Adiabatic Theorem in Quantum Theory*, Report IMM.NYU-218, New York (1955).

$$\overline{H} = \int_0^1 H(s)\,\mathrm{d}s = \frac{1}{T}\int_{t_0}^{t_1} H\,\mathrm{d}t. \tag{17.59}$$

Es ergibt sich

$$\varpi = \frac{T^2}{\hbar^2}\langle 0|\overline{H}\,Q_0\,\overline{H}|0\rangle + O(T^3).$$

Weil nun

$$\langle 0|\overline{H}\,Q_0\,\overline{H}|0\rangle = \langle 0|\overline{H}^2|0\rangle - \langle 0|\overline{H}|0\rangle^2 = (\Delta\overline{H})^2$$

gilt, worin $\Delta\overline{H}$ die Standardabweichung der Observablen $\overline{H}$ im Zustand $|0\rangle$ bedeu- bedeutet, findet man

$$\varpi = \frac{T^2(\Delta\overline{H})^2}{\hbar^2} + O(T^3). \tag{17.60}$$

Die Bedingung $\bar{\omega} \ll 1$, das Kriterium für die Gültigkeit der Näherung, führt also zu [5]:

$$\boxed{T \ll \hbar/\Delta\overline{H}} \tag{17.61}$$

Dies ist nichts anderes als eine spezielle Form der Energie-Zeit-Unschärferelation. Nach der Definition (17.59) ist $\overline{H}$ das zeitliche Mittel des Hamilton-Operators des Systems für das Intervall (t_0, t_1). Während dieses Zeitintervalls wird also die Entwicklung des Systems im Groben durch den Hamilton-Operator $\overline{H}$ bestimmt. Aufgrund der Energie-Zeit-Unschärferelation findet eine nennenswerte Änderung des Zustands dieses Systems erst nach einer Zeit von der Größe $\hbar/\Delta\overline{H}$ statt. Die Bedingung dafür, daß die Änderung dieses Zustands während der Zeit T vernachlässigbar ist, ist also durch die Beziehung (17.61) gegeben.

17.2.3 Plötzliche Richtungsumkehr eines Magnetfeldes

Als Anwendung betrachten wir ein Atom in einem konstanten Magnetfeld und untersuchen, was geschieht, wenn die Richtung dieses Feldes plötzlich umgekehrt wird. Wir setzen voraus, daß die Bedingungen für die Gültigkeit der LS-Kopplung erfüllt sind. Weiter sei das Feld zu Anfang so stark, daß der Gesamtspin $\boldsymbol{S}$ vom Gesamtbahndrehimpuls $\boldsymbol{L}$ vollständig entkoppelt (Paschen-Back-Effekt). Darüber hinaus nehmen wir der Einfachheit halber an, daß das Magnetfeld parallel zur z-Richtung bleibt und nach dem linearen Gesetz

---

[5] Die Bedingung $\bar{\omega} \ll 1$ impliziert nicht notwendig, daß $U_1(t_1, t_0)|0\rangle \cong |0\rangle$, sondern nur, daß sich diese beiden Vektoren lediglich durch einen Phasenfaktor voneinander unterscheiden. Die Formel (17.60) setzt jedoch eine rasche Konvergenz der Entwicklung (17.58) voraus, und hierfür ist die Bedingung (17.61), von Zufällen abgesehen, eine hinreichende Bedingung.

$$\mathcal{H}(t) = \mathcal{H}_0[2s - 1] = \mathcal{H}_0[2(t - t_0)/T - 1] \tag{17.62}$$

vom Wert $-\mathcal{H}_0$ in den Wert $\mathcal{H}_0$ übergeht.

Aus dem sechzehnten Kapitel (Abschnitte 16.2.2–5) wissen wir, daß der Hamilton-Operator des Systems von der Form

$$H = H^{(0)} + A(\boldsymbol{L}.\boldsymbol{S}) - \frac{e}{2mc}(L_z + 2S_z)\mathcal{H}(t) \tag{17.63}$$

ist. $H^{(0)}$ ist der ungestörte Hamilton-Operator der LS-Kopplung. Weil nach Gleichung (17.62) das zeitliche Mittel des Magnetfeldes gleich Null ist, ist das von H gleich dem Hamilton-Operator des Atoms ohne Feld:

$$\overline{H} = H^{(0)} + A(\boldsymbol{L}.\boldsymbol{S}).$$

Nun sei das System zu Anfang in einem Eigenzustand von H. Weil zu diesem Zeitpunkt die Voraussetzungen für den Paschen-Back-Effekt erfüllt sind, ist sein Zustandsvektor fast genau gleich einem der Vektoren $|\alpha LSM_L M_S>$, wie sie in Abschnitt 16.2.4 definiert sind. Wir setzen daher: $|0> = |\alpha LSM_L M_S>$. Die Berechnung von $\Delta\overline{H}$ ist nicht schwer. Weil $|\alpha LSM_L M_S>$ ein Eigenvektor von $H^{(0)} + AL_z S_z$ ist, rührt der einzige Anteil von der Differenz $\frac{1}{2}A(L_+S_- + L_-S_+)$ her. Nach Durchführung der Rechnungen findet man:

$$\Delta\overline{H} = \tfrac{1}{2}A\,\hbar^2\left[2\left(L(L+1) - M_L^2\right)\left(S(S+1) - M_S^2\right) - 2M_L M_S\right]^{\frac{1}{2}}.$$

Die Klammer ist ein numerischer Faktor der Ordnung 1 (er verschwindet für die beiden Extremfälle $M_L = \pm L$, $M_S = \pm S$). $\Delta\overline{H}$ ist also von der Größenordnung $A\hbar^2$, d.h. von der Größenordnung der durch die Spin-Bahn-Kopplung bewirkten Abstände der LS-Niveaus.

Ist folglich

$$T \ll (1/A\hbar), \tag{17.64}$$

so ist die Bedingung (17.61) für den plötzlichen Übergang erfüllt: Der Zustandsvektor bleibt bei der Umkehr des Feldes praktisch konstant. Damit der Zustand des Atoms selbst konstant bleibt, genügt es, daß sich der Zustandsvektor um einen Phasenfaktor ändert. Die Ungleichung (17.64) ist also eine hinreichende, aber keine notwendige Bedingung dafür, daß das Atom bei Umkehr des Feldes im selben Zustand bleibt. Auf diesen Punkt werden wir am Schluß des Abschnittes 17.2.8 zurückkommen.

17.2.4 Adiabatischer Übergang. Allgemeines. Trivialer Fall

Für den Rest dieses Abschnitts beschäftigen wir uns mit dem anderen Extremfall, bei dem sich der Hamilton-Operator sehr langsam ändert. Wir verwenden die Bezeichnungen aus Abschnitt 17.2.1.

Zunächst stellen wir den Adiabatensatz auf. Es handelt sich dabei um eine Eigenschaft der Zustände des diskreten Spektrums von $H(s)$. Der Einfachheit halber machen wir die nicht wesentliche Einschränkung, daß H nur ein diskretes Spektrum besitzt [6].

$\epsilon_1, \epsilon_2, \ldots, \epsilon_j, \ldots$ seien die Eigenwerte von H und $P_1, P_2, \ldots, P_j, \ldots$ die Projektionsoperatoren auf die jeweiligen Unterräume. Diese sind nach Voraussetzung *stetige Funktionen von s*. Wir nehmen weiter an, daß:

(*i*) *die Eigenwerte* während der ganzen Übergangsperiode $0 \leqslant s \leqslant 1$ *voneinander verschieden bleiben:*

$$\epsilon_j(s) \neq \epsilon_k(s) \quad \text{für jedes } j \text{ und } k, \tag{17.65}$$

(*ii*) *die Ableitungen* $\mathrm{d}P_j/\mathrm{d}s$, $\mathrm{d}^2P_j/\mathrm{d}s^2$ in diesem ganzen Intervall definiert und stückweise stetig sind.

Der Entwicklungsoperator $U_T(s)$ ist Lösung der Schrödinger-Gleichung

$$\mathrm{i}\hbar \frac{\mathrm{d}}{\mathrm{d}s} U_T(s) = TH(s)\, U_T(s), \tag{17.66}$$

worin der Hamilton-Operator $H(s)$ durch den Ausdruck

$$H(s) = \textstyle\sum_j \varepsilon_j(s) P_j(s) \tag{17.67}$$

gegeben ist. *Der Adiabatensatz behauptet, daß $U_T(s)$ die asymptotische Eigenschaft* [7]

$$\lim_{T\to\infty} U_T(s)\, P_j(0) = P_j(s) \lim_{T\to\infty} U_T(s) \qquad (j = 1, 2, \ldots) \tag{17.68}$$

besitzt.

Zunächst nehmen wir an, daß die Unterräume zu jedem Eigenwert von $H(s)$ ungeändert bleiben:

$$P_j(s) = P_j(0) \equiv P_j \qquad (j = 1, 2, \ldots).$$

In diesem Fall hat $H(s)$ die Form

$$H(s) = \textstyle\sum_j \varepsilon_j(s) P_j$$

---

[6] Es genügt, daß die diskreten Eigenwerte und die zu ihnen gehörenden Unterräume die Bedingungen der Stetigkeit, des „Nicht-Wachsens" und der weiter unten angegebenen Differenzierbarkeit erfüllen. *S.T. Kato*, a.a.O., Fußnote 4).

[7] Diese Eigenschaft ist zu der in Abschnitt 17.2.1 angegebenen äquivalent. Ist nämlich $|j\rangle$ ein Eigenvektor von $H(0)$ zum Eigenwert $\epsilon_j(0)$, so gilt $P_j(0)|j\rangle = |j\rangle$ und die Gl. (17.68) ergibt:

$$\lim_{T\to\infty} U_T(s)\, |j\rangle = P_j(s) \lim_{T\to\infty} U_T(s)\, |j\rangle.$$

Der Vektor $U_T(s)|j\rangle$ geht also für $T \to \infty$ gegen einen Vektor des zu $\epsilon_j(s)$ gehörenden Unterraums.

und vertauscht für alle s mit jedem Projektionsoperator P_j. Jedes P_j ist also eine Konstante der Bewegung:

$$U_T(s) P_j U_T^\dagger(s) = P_j. \tag{17.69}$$

Diese Beziehung ist für jedes T erfüllt, also auch für $T \to \infty$.

Weiter kann man in diesem Sonderfall die Gleichung (17.66) exakt integrieren und erhält

$$\begin{aligned} U_T(s) &= \exp\left(-\mathrm{i}T \int_0^s H(\sigma)\,\mathrm{d}\sigma/\hbar\right) \\ &= \sum_j \mathrm{e}^{-\mathrm{i}T\varphi_j(s)/\hbar} P_j. \end{aligned} \tag{17.70}$$

Wir benutzen dabei die Bezeichnung

$$\varphi_j(s) = \int_0^s \varepsilon_j(\sigma)\,\mathrm{d}\sigma. \tag{17.71}$$

Ist der Zustandsvektor des Systems zur Zeit t_0 ein Eigenvektor von H_0 zum Eigenwert $\epsilon_j(0)$, so unterscheidet sich sein Zustandsvektor zur Zeit t_1 davon nur um den Phasenfaktor $\mathrm{e}^{-\mathrm{i}T\varphi_j(1)/\hbar}$.

17.2.5 Das „Bild der sich drehenden Achsen"

Im allgemeinen Fall ist die strenge Integration der Schrödinger-Gleichung nicht mehr möglich, weil die Eigenachsen des Hamilton-Operators einer bestimmten Drehung im Hilbert-Raum ausgesetzt sind. Der erste Schritt bei der Behandlung des allgemeinen Falls besteht darum darin, mit Hilfe eines geeigneten Bildwechsels diese Drehbewegung der Achsen so weit wie möglich zu eliminieren.

Es sei $A(s)$ ein unitärer Operator mit der Eigenschaft

$$P_j(s) = A(s) P_j(0) A^\dagger(s) \qquad (j = 1, 2, \ldots). \tag{17.72}$$

Bei der unitären Transformation $A(s)$ wird jedes Basissystem von $H(0)$ in ein Basissystem von $H(s)$ und jeder Eigenvektor von $H(0)$ in einen Eigenvektor von $H(s)$ transformiert, wobei dieser stetig aus dem ursprünglichen hervorgeht.

$A(s)$ ist durch die Anfangsbedingung

$$A(0) = 1 \tag{17.73}$$

und durch die Differentialgleichung

$$\mathrm{i}\hbar\,\mathrm{d}A/\mathrm{d}s = K(s)\,A(s) \tag{17.74}$$

eindeutig definiert, wobei $K(s)$ einen geeigneten hermitischen Operator darstellt. Notwendig und hinreichend dafür, daß die Bedingungen (17.72) erfüllt sind, ist, daß $K(s)$ den Vertauschungsrelationen

$$[K(s), P_j(s)] = \mathrm{i}\hbar\,\mathrm{d}P_j/\mathrm{d}s \qquad (j = 1, 2, \ldots). \tag{17.75}$$

genügt.

Diese sind notwendig, weil sie aus den Gleichungen (17.72) durch Differentiation nach s hervorgehen. Sie sind hinreichend, denn die Ableitung des Ausdrucks

$$A^\dagger(s)\, P_j(s)\, A(s)$$

nach s ist gleich Null, wenn $A(s)$ und $P_j(s)$ den Gleichungen (17.74) und (17.75) genügen, d.h. der Ausdruck ist gleich seinem Anfangswert $P_j(0)$.

Die Relationen (17.75) legen $K(s)$ nicht eindeutig fest. Sie bleiben nämlich auch gültig, wenn man zu $K(s)$ den Operator $\Sigma_k P_k(s) f_k(s) P_k(s)$ hinzufügt, wobei die $f_k(s)$ beliebige, von s abhängige Operatoren sein können. Anders ausgedrückt, können die Projektionen $P_j(s)\, K(s) P_j(s)$ ($j = 1, 2, \ldots$) beliebig festgelegt werden. Aus einem erst später einzusehenden Grunde beseitigen wir diese Willkür durch die Zusatzbedingung

$$P_j(s) K(s) P_j(s) = 0 \qquad (j = 1, 2, \ldots). \tag{17.76}$$

Das führt zu (s. Aufgabe 5)

$$K(s) = \mathrm{i}\hbar \textstyle\sum_j (\mathrm{d}P_j/\mathrm{d}s)\, P_j(s).$$

Führt man an den Vektoren und Operatoren des Schrödinger-Bildes die unitäre Transformation $A^\dagger(s)$ aus, so erhält man die entsprechenden Vektoren und Operatoren in einem neuen Bild, dem Bild der „sich drehenden Achsen". Insbesondere wird die Observable $H(s)$ in

$$H^{(A)}(s) = A^\dagger(s)\, H(s)\, A(s)$$

transformiert, was bei Berücksichtigung der Gleichung (17.67) und (17.72) zu

$$H^{(A)}(s) = \textstyle\sum_j \varepsilon_j(s)\, P_j(0) \tag{17.77}$$

führt. Entsprechend heißt die Transformierte von $K(s)$:

$$K^{(A)}(s) = A^\dagger(s)\, K(s)\, A(s). \tag{17.78}$$

Der Entwicklungsoperator dieses neuen Bildes ist

$$U^{(A)}(s) \equiv A^\dagger(s)\, U_T(s). \tag{17.79}$$

Er ist (s. im einleitenden Abschnitt die Gleichung (17.12), worin man für $V = TH - K$ setzen muß) definiert durch die Gleichungen

$$\mathrm{i}\hbar\, \mathrm{d}U^{(A)}/\mathrm{d}s = [TH^{(A)}(s) - K^{(A)}(s)]\, U^{(A)}(s) \tag{17.80}$$

$$U^{(A)}(0) = 1. \tag{17.81}$$

17.2.6 Beweis des Adiabatensatzes

Falls man $K^{(A)}$ gegenüber $TH^{(A)}$ vernachlässigen kann, ist Gleichung (17.80) ohne Schwierigkeiten integrierbar. Man befindet sich dann nämlich in dem im Abschnitt

17.2.4 behandelten trivialen Fall. Es sei $\Phi_T(s)$ die Lösung der so entstandenen Schrödinger-Gleichung:

$$i\hbar \, d\Phi_T/ds = TH^{(A)}(s)\,\Phi_T(s) \tag{17.82}$$

$$\Phi_T(0) = 1. \tag{17.83}$$

Man findet (Gleichung (17.70)):

$$\Phi_T(s) = \sum_j e^{-iT\varphi_j(s)/\hbar} P_j(0) \tag{17.84}$$

wobei die φ_j stets durch Gleichung (17.71) definiert sind.

Nun entnimmt man den Definitionen (17.77) und (17.78), daß $H^{(A)}(s)$ und $K^{(A)}(s)$ von T unabhängig sind. Man erwartet also, daß für $T \to \infty$ in Gleichung (17.80) die Wirkung von $K^{(A)}$ durch die von $TH^{(A)}$ vollständig überdeckt wird und daß $U^{(A)}(s)$ gegen $\Phi_T(s)$ geht. Das gilt, wie wir sehen werden, tatsächlich und folglich ist (Gleichung (17.79)):

$$U_T(s) \underset{T\to\infty}{\sim} A(s)\,\Phi_T(s). \tag{17.85}$$

Zum Beweis führen wir eine neue Transformation durch und setzen:

$$W \equiv \Phi_T^\dagger\, U^{(A)} = \Phi_T^\dagger A^\dagger\, U_T. \tag{17.86}$$

Die Bewegungsgleichung für diesen neuen unitären Operator ergibt sich leicht aus den Gleichungen (17.80) und (17.82). In Integralform lautet sie:

$$W(s) = 1 + \frac{i}{\hbar}\int_0^s \overline{K}(\sigma)\, W(\sigma)\, d\sigma \tag{17.87}$$

mit

$$\overline{K}(s) \equiv \Phi_T^\dagger(s)\, K^{(A)}(s)\, \Phi_I(s) \tag{17.88}$$

$$= \Phi_T^\dagger A^\dagger K A\, \Phi_T. \tag{17.89}$$

Wir zeigen, daß der Kern $\overline{K}(s)$ eine Summe aus oszillierenden Funktionen ist, deren Frequenzen mit T unbeschränkt wachsen, und daß folglich das Integral in der Volterraschen Gleichung (17.87) für $T \to \infty$ gegen Null geht.

Jeder Operator Q besitzt die Zerlegungseigenschaft [8]:

$$Q = \sum_j \sum_k P_j(0)\, Q\, P_k(0).$$

Wir verwenden im folgenden die Bezeichnung

$$Q_{jk} \equiv P_j(0)\, Q\, P_k(0).$$

---

[8] Unser Vorgehen führt praktisch auf die Verwendung einer Darstellung, in der $H(0)$ diagonal ist. Hierbei werden die verschiedenen Schwierigkeiten vermieden, die sich aus der Entartung der Niveaus von $H(0)$ und der Willkür in der Phase der Basisvektoren ergeben.

Aus den Gleichungen (17.72), (17.84) und (17.89) leitet man insbesondere her, daß

$$\overline{K}_{jk} = \mathrm{e}^{\mathrm{i}T(\varphi_j - \varphi_k)/\hbar} K_{jk}^{(A)}$$
$$K_{jk}^{(A)} = A^{\dagger}(s) P_j(s) K(s) P_k(s) A(s). \qquad (17.90)$$

Aufgrund der Bedingungen (17.76) sind die $K_{jj}^{(A)}$ ($j = 1, 2, \ldots$) sämtlich Null, also sind die diagonalen Anteile $\overline{K}_{jj}$ der Zerlegung von $\overline{K}$ in Strenge gleich Null:

$$\overline{K}_{jj} = 0 \qquad (17.91)$$

Die nichtdiagonalen Anteile $\overline{K}_{jk}$ ($j \neq k$) enthalten den oszillierenden Faktor

$$\mathrm{e}^{\mathrm{i}T(\varphi_j - \varphi_k)/\hbar} \equiv \exp\left[\mathrm{i}\hbar^{-1} T \int_0^s (\varepsilon_j(\sigma) - \varepsilon_k(\sigma))\, \mathrm{d}\sigma\right].$$

Die Frequenz dieser Oszillationen ergibt sich durch Differentiation der Phase nach s:

$$T\,|\varepsilon_j(s) - \varepsilon_k(s)|/\hbar.$$

Aufgrund der Voraussetzung (17.65) ist die Differenz $\varepsilon_j - \varepsilon_k$ nie Null, also wächst die Frequenz für $T \to \infty$ proportional zu T.

Wir betrachten jetzt den Operator

$$F(s) \equiv \int_0^s \overline{K}(\sigma)\, \mathrm{d}\sigma. \qquad (17.92)$$

Wegen der Eigenschaft (17.91) sind seine Diagonalelemente sämtlich gleich Null:

$$F_{jj} = 0.$$

Die Nichtdiagonalelemente sind durch den Ausdruck

$$F_{jk} = \int_0^s \mathrm{e}^{\mathrm{i}T(\varphi_j - \varphi_k)/\hbar} K_{jk}^{(A)}\, \mathrm{d}\sigma \qquad (j \neq k) \qquad (17.93)$$

gegeben. $K_{jk}^{(A)}$ ist eine stetige Funktion von s und unabhängig von T. Was den Exponentialfaktor angeht. so wissen wir, daß seine Phase von T abhängt. F_{jk} ist also von der Form $\int_0^s \mathrm{e}^{\mathrm{i}T\alpha(\sigma)} f(\sigma)\, \mathrm{d}\sigma$, mit einer stetigen Funktion $f(\sigma)$ und einer stetigen und monotonen Funktion $\alpha(\sigma)$. Ein solches Integral strebt für $T \to \infty$ gegen Null. Partielle Integration liefert weiter:

$$F_{jk}(s) = \frac{\hbar}{\mathrm{i}T}\left[\mathrm{e}^{\mathrm{i}T(\varphi_j - \varphi_k)/\hbar} \frac{K_{jk}^{(A)}}{\varepsilon_j - \varepsilon_k}\Bigg|_0^s - \int_0^s \mathrm{e}^{\mathrm{i}T(\varphi_j - \varphi_k)/\hbar}\left[\frac{\mathrm{d}}{\mathrm{d}\sigma}\left(\frac{K_{jk}^{(A)}}{\varepsilon_j - \varepsilon_k}\right)\right] \mathrm{d}\sigma\right]. \qquad (17.94)$$

Es ist klar, daß der Ausdruck in den Klammern endlich bleibt, wenn $K_{jk}^{(A)}$ und die Ableitungen von $K_{jk}^{(A)}$, ε_j und ε_k nach s endlich bleiben. Also geht F_{jk} asymptotisch wie $1/T$ gegen Null. Man hat daher für $T \to \infty$:

$$F(s) = O\left(\frac{1}{T}\right).$$

Nun lautet das Integral auf der rechten Seite von Gleichung (17.87) nach partieller Integration:

$$F(s)\,W(s) - \int_0^s F(\sigma)\,\frac{\mathrm{d}W}{\mathrm{d}\sigma}\,\mathrm{d}\sigma,$$

oder auch

$$F(s)\,W(s) - \mathrm{i}\hbar^{-1}\int_0^s F(\sigma)\,\overline{K}W(\sigma)\,\mathrm{d}\sigma \quad (\sigma) \tag{17.95}$$

wegen der Differentialgleichung $\mathrm{d}W/\mathrm{d}s = \mathrm{i}\overline{K}W/\hbar$. Beide Terme im Ausdruck (17.95) enthalten den Operator F als Faktor, gehen also für $T \to \infty$ wie $1/T$ gegen Null. Folglich ist [9)]

$$W = 1 + O\left(\frac{1}{T}\right). \tag{17.96}$$

Mit Gleichung (17.86), der Definition von W, erhalten wir das angekündige Resultat

$$U_T(s) \underset{T\to\infty}{\sim} A(s)\,\Phi_T(s)\left[1 + O\left(\frac{1}{T}\right)\right]. \tag{17.97}$$

Weil $\Phi_T(s)$ mit den Projektionsoperatoren $P_j(0)$ vertauscht (s. Gleichung (17.84)) und weil der unitäre Operator $A(s)$ die Eigenschaft (17.72) besitzt, hat man

$$A(s)\,\Phi_T(s)\,P_j(0) = P_j(s)\,A(s)\,\Phi_T(s).$$

Damit genügt der eben erhaltene asymptotische Ausdruck für $U_T(s)$ den Relationen (17.68). Q.e.d.

17.2.7 Die adiabatische Näherung

Ist T genügend groß, oder besser: *drehen sich die Eigenachsen von $H(t)$ hinreichend langsam,* so kann man in erster Näherung den Entwicklungsoperator $U_T(1)$ durch seinen asymptotischen Ausdruck ersetzen:

$$U(t_1, t_0) \equiv U_T(1) \simeq A(1)\,\Phi_T(1). \tag{17.98}$$

Das ist die *adiabatische Näherung.*

---

9) In voller Strenge ist die angegebene Begründung nur gültig, wenn der Operator $K(s)$ im ganzen Intervall (0,1) beschränkt bleibt (s. Fußnote 16 [11)]). Man kann dann beweisen, daß $\|F(s)\|$ bezüglich s gleichmäßig wie $1/T$ gegen Null geht. Seien χ und η die oberen Grenzen von $\|K(s)\|$ bzw. $\|F(s)\|$. Weil W, Φ und A unitär sind, haben K, $K^{(A)}$, $\overline{K}$ und KW die gleiche Norm, ebenso sind die Normen von F und FW gleich. Folglich ist:

$$\|FW\| \leqslant \eta, \quad \left\|\int_0^s F\overline{K}W\,\mathrm{d}\sigma\right\| < \eta\chi s.$$

Weil schließlich $W - 1$ durch den Ausdruck (17.95) gegeben ist, hat man

$$\|W - 1\| \leqslant \eta(1 + \chi s).$$

Es sei $|0\rangle$ der auf Eins normierte Vektor, der den Zustand des Systems zum Zeitpunkt t_0 repräsentiert, und Q_0 der Projektionsoperator auf den komplementären Unterraum. Die adiabatische Näherung besteht dann darin, für

$$U(t, t_0)\,|0\rangle \simeq A(1)\,\Phi_T(1)\,|0\rangle$$

zu setzen. Ein Maß für den bei dieser Näherung begangenen Fehler ist die Wahrscheinlichkeit η dafür, das System zur Zeit t_1 in einem von $A(1)\Phi_T(1)|0\rangle$ verschiedenen Zustand zu finden. Weil der Projektionsoperator für den zu diesem Vektor orthogonalen Raum

$$Q_1 \equiv A(1)\,\Phi_T(1)\,Q_0\,\Phi_T^{\dagger}(1)\,A^{\dagger}(1)$$

ist, bekommt man für

$$\begin{aligned}\eta &\equiv \langle 0|\,U^{\dagger}(t_1, t_0)\,Q_1\,U(t_1, t_0)\,|0\rangle \\ &= \langle 0|\,W^{\dagger}(1)\,Q_0\,W(1)\,|0\rangle.\end{aligned}$$

Die Korrekturen zur adiabatischen Näherung können mit Hilfe der Störungsmethode aus dem einleitenden Abschnitt berechnet werden. Die Rolle von $U^{(0)}$ spielt hier $A(1)\Phi_T(1)$, die von U_I wird von $W(1)$ übernommen. Man integriert die Integralgleichung (17.87) und behält von der dadurch für W entstehenden Entwicklung nur die ersten Terme übrig. In erster Ordnung ergibt sich:

$$W(1) \cong 1 + (\mathrm{i}F/\hbar), \tag{17.99}$$

worin F den durch Gleichung (17.92) definierten Operator $F(1)$ darstellt.

Diese Entwicklung kann man auch zur Bestimmung von η verwenden. Die Rechnung verläuft analog zu der bei der plötzlichen Änderung vorgenommenen Bestimmung von $\bar{\omega}$ und liefert:

$$\eta \cong \hbar^{-2} \langle 0|F Q_0 F|0\rangle = (\Delta F/\hbar)^2, \tag{17.100}$$

worin ΔF die Standardabweichung der Observablen F im Zustand $|0\rangle$ darstellt. Die Bedingung $\eta \ll 1$ für die Gültigkeit der adiabatischen Näherung [10] bedeutet also, daß

$$\Delta F \ll \hbar.$$

Das Ergebnis ist in dieser sehr allgemeinen Form viel weniger brauchbar als beim Fall der Näherung der plötzlichen Änderung. (Gleichung (17.61)). Die Konstruktion der hier auftretenden Observablen F ist nämlich schwieriger als die der Observablen $\overline{H}$ für die Näherung der plötzlichen Änderung. Während $\overline{H}$ sich durch eine einfache Integration aus $H(t)$ ergibt, muß man für die Berechnung von F das Eigenwertproblem von $H(t)$ für jeden Punkt des Intervalls (t_0, t_1) lösen. Außerdem ist die Konstruktion des Operators $A(s)$ für jeden Punkt dieses Intervalls erforderlich.

---

[10] Die Bemerkungen, die im Zusammenhang mit dem Gültigkeitskriterium für die Näherung der plötzlichen Änderung gemacht wurden (Fußnote 5)), treffen auch hier zu.

Der einzige Fall von praktischem Interesse ist der, bei dem der Anfangszustand ein Eigenzustand von $H(0)$ ist. Für diesen Fall untersuchen wir die Bedingungen für die Gültigkeit der adiabatischen Näherung.

Wir verwenden jetzt nicht mehr die Variable s, sondern direkt die Veränderliche t. Mit $\epsilon_j(t)$ bezeichnen wir die Eigenwerte des Hamilton-Operators zur Zeit t, mit $P_j(t)$ die zugehörigen Projektionsoperatoren, mit $A(t)$ den Operator für den „Übergang auf die drehenden Achsen", und mit $\Phi(t)$ den Operator $\Phi_T(s)$. Die Definitionen (17.67) und (17.84) werden also durch die folgenden ersetzt:

$$H(t) = \sum_j \varepsilon_j(t) P_j(t) \tag{17.101}$$

$$\Phi(t) = \sum_j \exp\left(-\mathrm{i}\int_{t_0}^{t} \varepsilon_j(\tau)\, \mathrm{d}\tau/\hbar\right) P_j(0). \tag{17.102}$$

Die Gleichungen (17.73–74), die A definierten, werden durch

$$\mathrm{i}\hbar \mathrm{d}A/\mathrm{d}t = K'(t) A(t) \qquad A(0) = 1 \tag{17.103}$$

ersetzt, wobei

$$K'(t) \equiv K(s)/T = \mathrm{i}\hbar \sum_j (\mathrm{d}P_j/\mathrm{d}t) P_j(t). \tag{17.104}$$

Aus seiner Definition (17.92) entnehmen wir, daß

$$F \equiv F(t_1) = \int_{t_0}^{t_1} \Phi^\dagger(t) A^\dagger(t) K'(t) A(t) \Phi(t)\, \mathrm{d}t. \tag{17.105}$$

Wir machen weiter die nicht wesentliche Annahme, daß das Spektrum von $H(t)$ nicht entartet ist, und wählen ein Eigenachsensystem $|1\rangle_0, |2\rangle_0, \ldots, |j\rangle_0, \ldots$ des Hamilton-Operators $H(0)$. $|1\rangle_t, |2\rangle_t, \ldots, |j\rangle_t, \ldots$ sind die Vektoren des Eigenachsensystems von $H(t)$, die sich aus den anderen durch die Transformation $A(t)$ ergeben. Für beliebiges t hat man:

$$\left.\begin{aligned} |j\rangle_t &= A(t)\,|j\rangle_0 \\ H(t)\,|j\rangle_t &= \varepsilon_j(t)\,|j\rangle_t \\ P_j(t) &= |j\rangle_t\,{}_t\langle j| \end{aligned}\right\} \quad (j = 1, 2, \ldots). \tag{17.106}$$

$|i\rangle_0$ sei der Zustandsvektor des Systems zum Zeitpunkt t_0. In der adiabatischen Näherung ist dann der Zustandsvektor zur Zeit t_1 bis auf einen Phasenfaktor gleich $|i\rangle_1 \equiv A(t_1)\,|i\rangle_0$:

$$U(t_1, t_0)\,|i\rangle_0 \simeq \exp\left(-\mathrm{i}\int_{t_0}^{t_1} \varepsilon_i(\tau)\, \mathrm{d}\tau/\hbar\right) |i\rangle_1. \tag{17.107}$$

Definitionsgemäß ist die Wahrscheinlichkeit $p_{i\to j}$ $(j \neq i)$, das System in einem anderen Eigenzustand $|j\rangle_1$ von $H(t_1)$ zu finden:

$$p_{i\to j} = |\,{}_1\langle j|\,U(t_1, t_0)\,|i\rangle_0\,|^2.$$

Die oben beschriebene Störungsrechnung liefert:

$$p_{i\to j} \simeq |\, {}_0\langle j|F|i\rangle_0 \,|^2/\hbar^2. \tag{17.108}$$

Außerdem hat man

$$\eta_i = \sum_{j\neq i} p_{i\to j} \simeq \hbar^{-2} \sum_{j\neq i} {}_0\langle i|F|j\rangle_0\, {}_0\langle j|F|i\rangle_0$$

in Übereinstimmung mit dem Ergebnis (17.100).

Aus den Gleichungen (17.102), (17.104) und (17.105), sowie den in den Gleichungen (17.106) angegebenen Eigenschaften von $|j\rangle_t$ leitet man her, daß

$${}_0\langle j|F|i\rangle_0 = \mathrm{i}\hbar \int_{t_0}^{t_1} \alpha_{ji}(t) \exp\left[\mathrm{i}\int_{t_0}^{t} \omega_{ji}(\tau)\,\mathrm{d}\tau\right] \mathrm{d}t$$

mit

$$\begin{aligned}\alpha_{ji} &\equiv {}_0\langle j|A^\dagger(t)\,(\mathrm{d}P_i/\mathrm{d}t)\,A(t)\,|i\rangle_0 \\ &= {}_t\langle j|\,(\mathrm{d}\,|i\rangle_t/\mathrm{d}t)\end{aligned} \tag{17.109}$$

$$\omega_{ji}(t) = [\varepsilon_j(t) - \varepsilon_i(t)]/\hbar. \tag{17.110}$$

Damit wird aus Gleichung (17.108):

$$p_{i\to j} \simeq \left| \int_{t_0}^{t_1} \alpha_{ji}(t) \exp\left[\mathrm{i}\int_{t_0}^{t} \omega_{ji}(\tau)\,\mathrm{d}\tau\right] \mathrm{d}t \right|^2. \tag{17.111}$$

Die physikalische Bedeutung der Größen α_{ji} und ω_{ji} liest man aus den Definitionen (17.109) und (17.110) unmittelbar ab. $\alpha_{ji}(t)$ charakterisiert die Drehgeschwindigkeit der Eigenachsen von $H(t)$: Es ist die Komponente der Geschwindigkeit der $|i\rangle_t$-Achse in der $|i\rangle_t$-Richtung. $\omega_{ji}(t)$ ist die „Bohrsche Frequenz" des Übergangs $i \to j$.

Der in Gleichung (17.111) auftretende Integrand ist das Produkt aus der Funktion $\alpha_{ji}(t)$ und einer Exponentialfunktion, die mit der Frequenz $\omega_{ji}(t)$ oszilliert. Sind α_{ji} und ω_{ji} zeitunabhängig, so liefert die Integration:

$$p_{i\to j} \simeq \left|\frac{\alpha_{ji}}{\omega_{ji}}\right|^2 2(1 - \cos\omega_{ji} T)$$

$p_{i\to j}$ ist also von der Größenordnung von $|\alpha_{ji}/\omega_{ji}|^2$. Ändern sich α_{ji} und ω_{ji} hinreichend langsam mit der Zeit, so ist $p_{i\to j}$ höchstens von der Größenordnung des maximalen Werts, den $|\alpha_{ji}/\omega_{ji}|^2$ im Intervall (t_0, t_1) annehmen kann:

$$p_{i\to j} \lessapprox \max\left|\frac{\alpha_{ji}(t)}{\omega_{ji}(t)}\right|^2. \tag{17.112}$$

η_i hat dann höchstens die Größenordnung des Ausdrucks, der entsteht, wenn man die in dieser Ungleichung auftretenden Maxima über alle vom Zustand i verschiedenen Zustände j summiert. Im allgemeinen wird diese Summe durch den Ausdruck $|\alpha_i^{\text{max.}}/\omega_i^{\text{min.}}|^2$ majorisiert, wobei $\omega_i^{\text{min.}}$ der kleinste Wert der Bohrschen Frequenz für den Übergang von i in den nächsten Nachbarn und $\alpha_i^{\text{max.}}$ das Maximum der positiven Größe $\alpha_i(t)$ ist, die durch die Gleichung

$$\alpha_i^2(t) = \sum_{j \neq i} |\alpha_{ji}(t)|^2$$

definiert ist. Berücksichtigt man die Definitionsgleichung (17.109) für α_{ji} und beachtet, daß [11]

$$_t\langle i| \left(\frac{\mathrm{d}}{\mathrm{d}t} |i\rangle_t\right) = 0 \tag{17.113}$$

ist, so erkennt man, daß α_i der Betrag des Vektors $\mathrm{d}\,|i\rangle_t/\mathrm{d}t$, d.h. gleich der „Winkelgeschwindigkeit" der $|i\rangle_t$-Achse ist. Im allgemeinen wird also die Bedingung $\eta_i \ll 1$ erfüllt sein, wenn

$$\boxed{\left|\frac{\alpha_i^{\text{max.}}}{\omega_i^{\text{min.}}}\right|^2 \equiv \left|\frac{\text{maximale Winkelgeschwindigkeit von } |i\rangle_t}{\text{minimale Bohrsche Frequenz von } |i\rangle_t}\right|^2 \ll 1} \tag{17.114}$$

Die Bedingung (17.114) kann man als Gültigkeitskriterium für die adiabatische Näherung verwenden. Sie ist zwar zu einschränkend, hat aber den Vorteil, relativ handlich zu sein. Insbesondere muß man feststellen, daß es für die Berechnung von $\alpha_i(t)$ und der auf der rechten Seite der Ungleichung (17.112) auftretenden Größe $|\alpha_{ji}(t)|$ nicht notwendig ist, $A(t)$ zu bestimmen. Es genügt, das Eigenwertproblem von $H(t)$ zu lösen und die Vektoren $|i\rangle_t$ und $|j\rangle_t$ bis auf einen Phasenfaktor zu bestimmen. Im übrigen kann man zeigen, daß

$$\alpha_{ji}(t) = -\,_t\langle j| \frac{\mathrm{d}H}{\mathrm{d}t} |i\rangle_t / \hbar\omega_{ji}(t)$$

ist (Aufgabe 6).

---

[11] Aus den Beziehungen (17.104) und (17.106) ergibt sich nämlich:

$$\frac{\mathrm{d}}{\mathrm{d}t} |j\rangle_t = \frac{\mathrm{d}}{\mathrm{d}t} A(t)\,|j\rangle_0 = \frac{\mathrm{d}P_j}{\mathrm{d}t} |j\rangle_t \qquad (j = 1, 2, \ldots).$$

Differenziert man dagegen die Identität $P_j(t)\,|j\rangle_t = |j\rangle_t$, und vergleicht, so findet man, daß $P_j(\mathrm{d}\,|j\rangle_t/\mathrm{d}t) = 0$ ist, also

$$_t\langle j| \left(\frac{\mathrm{d}}{\mathrm{d}t} |j\rangle_t\right) = 0 \qquad (j = 1, 2, \ldots). \tag{17.113'}$$

Als Eigenvektoren von $H(t)$ sind die Vektoren $|j\rangle_t$ bis auf einen Phasenfaktor definiert. Die Bedingung (17.113') legt diese Phase fest.

17.2.8 Adiabatische Umkehr eines Magnetfeldes

Wir greifen – mit denselben Bezeichnungen – das Problem aus Abschnitt 17.2.3 wieder auf. Wir gehen von den gleichen Anfangsbedingungen aus, nehmen jetzt aber die Bedingung (17.64) nicht mehr als erfüllt an.

An der Form (17.63) des Hamilton-Operators dieses Systems erkennen wir, daß α, L, S und $M_J \equiv M_L + M_S$ gute Quantenzahlen sind ($H(t)$ vertauscht nämlich für beliebiges t mit $J_z \equiv L_z + S_z$). Ist daher der Anfangszustand $|\alpha LSM_L M_S\rangle$, so bewegt er sich im zeitlichen Verlauf im Raum der Vektoren, die dieselben Werte von α, L, S und $M_L + M_S$ besitzen.

Im einzelnen wollen wir den Fall untersuchen, bei dem der Anfangszustand ein ^2P-Zustand ist. Insgesamt gibt es sechs verschiedene ^2P-Zustände: Diese werden durch die Basisvektoren $|\alpha 1 \tfrac{1}{2} M_L M_S\rangle$ ($M_L = 1, 0, -1$; $M_S = \tfrac{1}{2}, -\tfrac{1}{2}$) repräsentiert. Wir bezeichnen sie im folgenden mit $|M_L M_S\rangle$. Weil sie sämtlich Eigenzustände von $H^{(0)}$ sind, kann man den zugehörigen Eigenwert als Energienullpunkt wählen. Damit ist die Bestimmung der Niveaus von H leicht (Aufgabe 16.7): Sie sind Funktionen des Parameters $\rho = \mu_B \mathcal{H}/A\hbar^2$ ($\mu_B \equiv e\hbar/2mc$ = Bohrsches Magneton), deren Verlauf in Abb. 17.3 wiedergegeben ist. Jedes Niveau gehört zu einem wohlbestimmten Wert von $M_J = M_L + M_S$. Für die beiden Grenzübergänge $\rho \to \pm\infty$ geht der zugehörige Eigenvektor in einen bestimmten Vektor $|M_L M_S\rangle$ über, so wie in der Abbildung angegeben. Wir wollen die Fälle $M_J = \tfrac{3}{2}$ und $M_J = \tfrac{1}{2}$ untersuchen.

Zunächst der Fall $M_J = \tfrac{3}{2}$. Zu diesem Wert von J_z gehört genau ein Zustand. Der zugehörige Vektor ist $|1 \tfrac{1}{2}\rangle$. Er ist notwendig für beliebiges t Eigenvektor von H. Eine einfache Rechnung liefert nämlich:

$$H|1\tfrac{1}{2}\rangle = A\hbar^2 (\tfrac{1}{2} - 2\rho(t))\,|1\tfrac{1}{2}\rangle.$$

Befindet sich das Atom anfangs im Zustand $|1\tfrac{1}{2}\rangle$, so liegt hinsichtlich der Integration der Schrödinger-Gleichung der in Abschnitt 17.2.4 beschriebene triviale Fall vor: Das Atom bleibt in diesem Zustand und der Zustandsvektor wird einfach mit dem Phasenfaktor $\exp[-\mathrm{i}A\hbar \int_{t_0}^{t} (\tfrac{1}{2} - 2\rho(\tau))\,\mathrm{d}\tau]$ multipliziert. Ändert sich das Magnetfeld zeitlich linear (Gleichung (17.62)), so ist der Zustandsvektor nach Ablauf der Zeit T gleich

$$\exp(-\mathrm{i}A\hbar T)\,|1\tfrac{1}{2}\rangle.$$

Das gilt für beliebiges T. Ist $A\hbar T \ll 1$, so erhält man wieder das Ergebnis für den Fall der plötzlichen Änderung, d.h. man bekommt den Vektor $|1\tfrac{1}{2}\rangle$ selbst.

Wir untersuchen jetzt den Fall $M_J = \tfrac{1}{2}$. Zu diesem Wert von J_z gehören zwei Eigenzustände; Diese sind Linearkombinationen der Vektoren $|0\tfrac{1}{2}\rangle$ und $|1 -\tfrac{1}{2}\rangle$, die wir bei der Lösung des Eigenwertproblems von $H(t)$ als Basisvektoren wählen wollen. Führt man die Rechnung durch, so wird $H(t)$ durch die Matrix

$$A\hbar^2 \begin{pmatrix} -\rho & \tfrac{1}{2}\sqrt{2} \\ \tfrac{1}{2}\sqrt{2} & -\tfrac{1}{2} \end{pmatrix}.$$

repräsentiert.

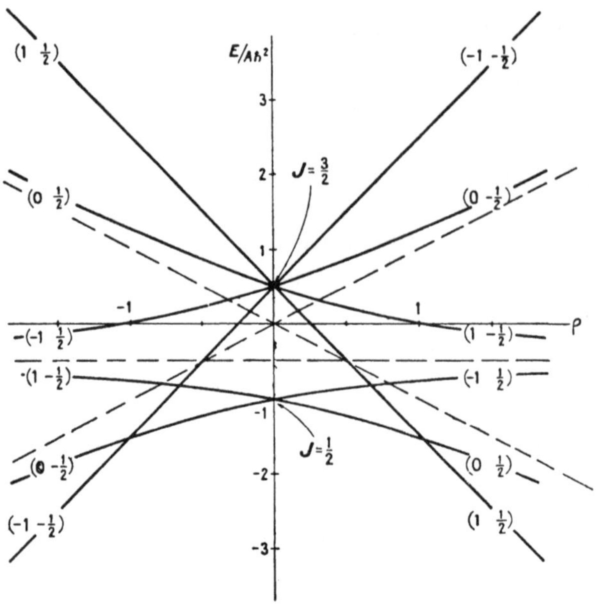

Abb. 17.3 Lage der ²P-Niveaus in Abhängigkeit von der Stärke des Magnetfeldes $\mathcal{H}$. Die in Klammern angegebenen Werte sind die Quantenzahlen $(M_L M_S)$ der Eigenzustände für die Grenzfälle $\rho \to \pm\infty$.

Mit Hilfe der Pauli-Matrizen $\boldsymbol{\sigma} \equiv (\sigma_x, \sigma_y, \sigma_z)$ bringt man diese Matrix auf die besonders bequeme Form

$$H(t) = \tfrac{1}{4} A\hbar^2 \left[(-2\rho - 1) + \boldsymbol{b}.\boldsymbol{\sigma}\right]. \tag{17.115}$$

Hierin hat der Vektor $\boldsymbol{b}$ die Komponenten

$$b_x = 2\sqrt{2}, \qquad b_y = 0, \qquad b_z = 1 - 2\rho.$$

Weiter führen wir den Einheitsvektor $\boldsymbol{u}$ in Richtung von $\boldsymbol{b}$ ein:

$$\boldsymbol{b} = b\,\boldsymbol{u} \qquad b = \sqrt{8 + (1 - 2\rho)^2}$$

$$\boldsymbol{u} \equiv \left(\frac{2\sqrt{2}}{b}, 0, \frac{1-2\rho}{b}\right). \tag{17.116}$$

Man beachte, daß der Vektor $\boldsymbol{b}$ und der Vektoroperator $\boldsymbol{\sigma}$ Vektoren eines dreidimensionalen Raumes sind, der mit dem gewöhnlichen Ortsraum nichts zu tun hat. Es handelt sich hier lediglich um ein mathematisches Hilfsmittel, mit dem man bestimmte Eigenschaften geometrisch veranschaulichen kann.

Aus den Gleichungen (17.115) und (17.116) erhalten wir

$$H(t) = \tfrac{1}{4} A\hbar^2 \left[(-1 - 2\rho) + b(\boldsymbol{\sigma}.\boldsymbol{u})\right] \tag{17.117}$$

$H(t)$ ist also eine Funktion des Operators $(\boldsymbol{\sigma}.\,\boldsymbol{u})$. Sein Eigenwertproblem kann daher leicht gelöst werden. Es ergeben sich die Eigenwerte $\tfrac{1}{4} A\hbar^2 (-1 - 2\rho \pm b)$ und die Projektionsoperatoren $P_\pm = \tfrac{1}{2}(1 \pm \boldsymbol{\sigma}.\boldsymbol{u})$. Mit $|+\rangle$ und $|-\rangle$ bezeichnen wir die zugehörigen Eigenachsen. Sie sind definiert bis auf eine Phase, die man durch die erste Bedingung (17.106) festlegen kann. Weil sie jedoch im folgenden nicht auftritt, werden wir uns damit nicht befassen. Wegen der hier vorliegenden Stetigkeit kann man die Entwicklung der beiden Niveaus in Abhängigkeit vom Parameter $\rho(t)$ und die ihrer Projektionsoperatoren leicht verfolgen (Abb. 17.3 und 17.4). Verläuft $\rho(t)$ von $-\infty$ bis $+\infty$, so geht die Eigenachse $|+\rangle$, von einem Phasenfaktor abgesehen, von $|0\,½\rangle$ in $|1\ -½\rangle$ über. Das zugehörige Energieniveau folgt dem oberen Hyperbelast der Abb. 17.4. In dieser Zeit geht die Eigenachse $|-\rangle$ von $|1\ -½\rangle$ in $|0\,½\rangle$ über und das zugehörige Energieniveau folgt dem unteren Hyperbelast.

Nehmen wir zum Beispiel an, daß sich das System zu Anfang im $|0\,½\rangle$-Zustand befindet. Erfolgt die Umkehr des Feldes genügend langsam, so bleibt der Zustandsvektor des Systems (bis auf einen Phasenfaktor) ein $|+\rangle$-Vektor, und nach Umkehr des Feldes befindet sich das System im wesentlichen im $|1\ -½\rangle$-Zustand.

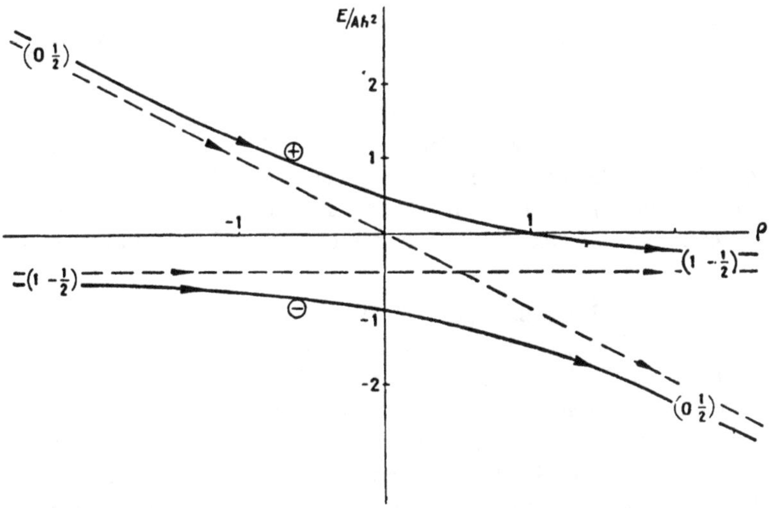

Abb. 17.4: Entwicklung der beiden ^2P-Niveaus, $M_J = ½$ bei Umkehr des Magnetfeldes. (Bezeichnungen wie in Abb. 17.3). Ausgezogene Linien für den adiabatischen Übergang, gestrichelte für den plötzlichen.

Das Kriterium für diesen adiabatischen Übergang erhält man aufgrund der Überlegungen des vorangegangenen Abschnitts. Mit den dort verwendeten Bezeichnungen ergibt sich (Beziehung (17.112)):

$$\eta_+ = p_{+\to-} \lesssim \max \left| \frac{\alpha(t)}{\omega(t)} \right|^2 \ll 1 \tag{17.118}$$

$\omega(t)$ ist die Bohrsche Frequenz für den Übergang $+\to-$:

$$\omega(t) = \tfrac{1}{2} A\hbar\, b = \tfrac{1}{2} A\hbar \sqrt{8 + (1 - 2\rho)^2}$$

$\alpha(t)$ ist die Projektion der Geschwindigkeit der $|+\rangle$-Eigenachse in $|-\rangle$-Richtung. Man bekommt

$$| \alpha(t) | = | \langle -| (dP_+/dt) |+\rangle | = \tfrac{1}{2} | \langle -| (\sigma . du/dt |+\rangle |$$

Weil du/dt senkrecht auf u steht und weil $|+\rangle$ und $|-\rangle$ Eigenvektoren von $(\sigma.u)$ sind, wird daraus

$$| \alpha(t) | = \tfrac{1}{2} \left| \frac{du}{dt} \right| = \frac{\sqrt{8}}{8 + (1 - 2\rho)^2} \left| \frac{d\rho}{dt} \right|.$$

Geschieht die Feldumkehr nach dem linearen Gesetz (17.62), so wird das Maximum von $|\alpha/\omega|$ für $\rho = +\frac{1}{2}$ erreicht, d.h. es ist:

$$\max \left| \frac{\alpha}{\omega} \right| = \tfrac{1}{2} \frac{\mu_B \mathcal{H}_0}{A\hbar^2} \times \frac{1}{A\hbar T}.$$

Die Bedingung (17.118) wird also realisiert, wenn

$$T' \equiv \frac{2A\hbar^2}{\mu_B \mathcal{H}_0} T \gg (1/A\hbar) \tag{17.119}$$

ist. T' ist die Zeit, die für den Übergang der Energie $\mu_B \mathcal{H}$ der magnetischen Kopplung von $-2A\hbar^2$ in $2A\hbar^2$ notwendig ist. Im wesentlichen erfolgt während dieser Periode die Drehung der $|+\rangle$-Eigenachse aus der $|0\frac{1}{2}\rangle$-Position in die $|1\ -\frac{1}{2}\rangle$-Lage. Die Bedingung (17.119) drückt die Tatsache aus, daß diese Zeit im Vergleich zu der für den Übergang $+\rightarrow-$ charakteristischen Zeit $1/A\hbar$ lang sein muß.

Interessant ist ein Vergleich dieser Bedingung für den adiabatischen Übergang mit der Bedingung (17.64) für den plötzlichen Übergang. Tatsächlich ist diese zu einschränkend. Sie ist notwendig dafür, daß der Zustandsvektor während der Dauer T der Feldumkehr praktisch ungeändert bleibt. Indessen bleiben mit Ausnahme des oben definierten Zeitintervalls T' die Eigenachsen des Hamiltonoperators praktisch fest, und der Zustandsvektor des Systems wird lediglich mit einem Phasenfaktor multipliziert. Damit der Zustand im eigentlichen Sinne, damit anders ausgedrückt der Zustandsvektor bis auf eine Phase während der Operation der Feldumkehr derselbe bleibt, genügt es also, daß die Bedingung des plötzlichen Übergangs während der Zeit T' erfüllt ist, d.h. daß

$$T' \ll (1/A\hbar) \tag{17.120}$$

ist (s. Aufgabe 8).

Aufgaben

1. Es seien u_1 und u_2 zwei orthogonale Eigenzustände zu einem zweifach entarteten Niveau des Hamilton-Operators H_0 eines Systems. Die Einführung einer konstanten Störung V hebt die Entartung auf und führt zur Aufspaltung dieses Niveaus in zwei um ϵ verschiedene Niveaus. Das System befinde sich anfangs im Zustand u_1 und die Störung V werde während des Zeitintervalls T eingeführt. $W_{1\to 2}$ sei die Wahrscheinlichkeit dafür, das System im Zustand u_2 zu finden,

nachdem die Störung zu wirken aufgehört hat. Man zeige, daß $W_{1\to 2}$ eine periodische Funktion von T mit der Kreisfrequenz $\epsilon/\hbar$ ist und verifiziere, daß man für den Grenzfall $\epsilon T \ll \hbar$ das Ergebnis der Störungstheorie in erster Näherung bekommt. Unter welcher Voraussetzung bleibt $W_{1\to 2}$ für beliebiges T gleich Null?

2. Ein Wasserstoffatom wird einem periodischen elektrischen Feld $\mathcal{E} = \mathcal{E}_0 \cos \omega t$ ausgesetzt, dessen Kreisfrequenz ω über der Ionisierungsfrequenz $m e^4/2\hbar^3$ liegt. Wie groß ist die Wahrscheinlichkeit pro Zeiteinheit für den Übergang in einen ionisierten Zustand, wenn sich das Atom zu Anfang in seinem Grundzustand befindet? Man setze dabei voraus, daß die ionisierten Zustände durch ebene Wellen beschrieben werden können. Wie ist bei diesem Anregungsprozeß des Atoms die Winkelverteilung der emittierten Elektronen?
(Anmerkung: Diese Aufgabe ist die halbklassische Behandlung des Photoeffekts, weil dabei das elektrische Feld nicht quantisiert wird. Die Ergebnisse sind dieselben wie bei der strengen Behandlung mit einem quantisierten elektromagnetischen Feld (s. Aufgabe 21.12).)

3. Beim β-Zerfall emittiert ein Atomkern ein Elektron, dessen Geschwindigkeit sehr häufig nahe der Lichtgeschwindigkeit c liegt, und ändert dabei seine Ladung von Ze in $(Z+1)e$. Man zeige, daß die Wirkung dieses Übergangs auf die anderen Elektronen mit der Methode der plötzlichen Änderung behandelt werden kann. Ferner zeige man, daß diese Methode auch anwendbar ist beim Tritium-Zerfall ($H^3 \equiv 1$ Proton + 2 Neutronen) in einen He^3-Kern ($\equiv 1$ Neutron + 2 Protonen). Hier beträgt die kinetische Energie des Zerfallelektrons im Mittel nur 16 keV ($mc^2 = 500$ keV). Das Tritiumatom sei anfangs in seinem Grundzustand. Wie groß ist dann nach seinem Zerfall in ein He^+-Ion die Wahrscheinlichkeit, es in einem $1s$-Zustand, in einem $2s$-Zustand und in einem Zustand mit $l \neq 0$ zu finden?

4. Es sei $H(t)$ der Hamilton-Operator eines nichtkonservativen Systems. Man nehme an, daß es einen zeitunabhängigen Vektor $|u\rangle$ gibt, der die Gleichung $H(t)|u\rangle = \epsilon(t)|u\rangle$ erfüllt, und zeige, daß der Vektor

$$\exp\left(-\mathrm{i}\int_{t_0}^{t} \epsilon(\tau)\,\mathrm{d}\tau/\hbar\right)|u\rangle$$

der Schrödinger-Gleichung dieses Systems genügt.

5. Es sei $P_1, P_2, \ldots, P_j, \ldots$ eine vollständige Folge von orthogonalen Projektionsoperatoren. Man nehme an, daß jeder dieser Operatoren eine differenzierbare Funktion eines Parameters s derart ist, daß bei einer Änderung von s die Orthogonalitätsrelationen und die Vollständigkeitsrelation

$$P_j P_k = \delta_{jk} P_k \qquad \Sigma_j P_j = 1$$

erhalten bleiben. Man zeige, daß der Operator

$$K(s) \equiv \mathrm{i}\hbar \Sigma_j (\mathrm{d}P_j/\mathrm{d}s) P_j \equiv -\mathrm{i}\hbar \Sigma_j P_j (\mathrm{d}P_j/\mathrm{d}s)$$

hermitisch ist und den Vertauschungsrelationen (17.75) genügt. Ferner zeige man, daß er auch die Identitäten

$$P_j K P_j = 0 \qquad (j = 1, 2, \ldots)$$
$$P_j K P_k = \mathrm{i}\hbar P_j (\mathrm{d}P_k/\mathrm{d}s) P_k = -\mathrm{i}\hbar P_j (\mathrm{d}P_j/\mathrm{d}s) P_k$$

erfüllt.

6. Es seien $P_j(s($ $(j = 1, 2, \ldots)$ die in Aufgabe 5 definierten Operatoren und $\epsilon_j(s)$ differenzierbare Funktionen von s. Man zeige, daß die Ableitung des Operators

$$H(s) = \Sigma_j \, \epsilon_j(s) P_j(s)$$

der Gleichung

$$P_j (\mathrm{d}H/\mathrm{d}s) P_k = (\epsilon_k - \epsilon_j) P_j (\mathrm{d}P_k/\mathrm{d}s) P_k + \delta_{jk} (\mathrm{d}\epsilon_k/\mathrm{d}s) P_k$$

genügt. Hiermit leitet man her, daß die durch Gleichung (17.109) definierte „Winkelgeschwindigkeit" $\alpha_{ji}(t)$ auch durch die Relation

$$\alpha_{ji}(t) = \frac{-1}{\hbar\omega_{ji}(t)} \, {}_t\langle j| \frac{\mathrm{d}H}{\mathrm{d}t} |i\rangle_t \qquad (j \neq i)$$

gegeben ist.

7. Ein gleichförmiges Magnetfeld $\mathcal{H}$ von konstanter Größe drehe sich mit der konstanten Winkelgeschwindigkeit α um eine Achse, die mit dem Feld den Winkel θ einschließe. In dieses Feld falle ein unendlich schweres Teilchen mit dem Spin $\boldsymbol{J}$ ein. Man setze $\hbar = 1$, bezeichne mit $\boldsymbol{u}(t)$ einen zum Magnetfeld parallelen Einheitsvektor und setze $\gamma = \mu\mathcal{H}$, wobei μ das gyromagnetische Verhältnis des Teilchens ist. Die Bewegung des Spins $\boldsymbol{J}$ wird dann durch den Hamilton-Operator $H(t) = -\gamma(\boldsymbol{J}.\boldsymbol{u})$ bestimmt. Es sei $t = 0$ der Anfangszeitpunkt, J_0 die Komponente von $\boldsymbol{J}$ in Richtung von $\boldsymbol{u}(0)$ und J_z seine Komponente in Richtung der Drehachse des Feldes.

   Man konstruiere den unitären Operator, der den Übergang auf „drehende Achsen" vermittelt und zeige dann, daß der Entwicklungsoperator im Schrödinger-Bild in Strenge durch die Formel

$$U(t) = \exp(-\mathrm{i}\alpha J_z t) \exp[\mathrm{i}(\gamma J_0 + \alpha J_z) t]$$

   gegeben ist. Man verifiziere an diesem Beispiel den Adiabatensatz. Man zeige einmal durch direkte Rechnung und einmal mit Hilfe der Methode des Abschnitts 17.2.7, daß das Kriterium für die Gültigkeit der adiabatischen Näherung $(\alpha \sin\theta/\gamma)^2 \ll 1$ lautet.

8. Es soll die Schrödinger-Gleichung des in Abschnitt 17.2.8 eingeführten Systems für den Fall $M_j = ½$ untersucht werden. $\begin{pmatrix} u \\ v \end{pmatrix}$ seien die Lösungen in der in diesem Abschnitt definierten Darstellung. Man wähle $t_0 = -½\,T$ und setze

$$T' = 2A\hbar^2 T/\mu_B \mathcal{H}_0 \; (\ll T) \qquad \chi = 4/A\hbar T'.$$

Man zeige, daß

$$u = y \exp(-\mathrm{i}\chi \xi^2) \qquad v = \mathrm{i}(\mathrm{d}y/\mathrm{d}\xi) \exp(-\mathrm{i}\chi \xi^2)$$

ist, wobei y als Funktion der Variablen $\xi = A\hbar t/\sqrt{2}$ der Gleichung

$$y'' - \tfrac{1}{2}\mathrm{i}(\sqrt{2} + 4\chi\xi)y' + y = 0$$

genügt. Setzt man $x = \xi + (\sqrt{2}/4\chi)$, so kann man die allgemeine Lösung dieser Gleichung in der Form

$$y = A_0 F\left(\frac{\mathrm{i}}{4\chi}\,\middle|\,\frac{1}{2}\,\middle|\,\mathrm{i}\chi x^2\right) + A_1\, x F\left(\frac{1}{2} + \frac{\mathrm{i}}{4\chi}\,\middle|\,\frac{3}{2}\,\middle|\,\mathrm{i}\chi x^2\right)$$

schreiben. Es sei $|0\tfrac{1}{2}\rangle$ der Anfangszustand. Man zeige unter Verwendung der asymptotischen Form der hypergeometrischen Funktionen, daß die Wahrscheinlichkeit dafür, das System nach der Zeit T im selben Zustand zu finden, durch die Formel

$$\tilde{\omega} = \left(\frac{1-\gamma}{1+\gamma}\right)^2, \qquad \gamma = \mathrm{Th}\,\frac{\pi}{4\chi}$$

gegeben ist (sie ist gültig für $T \gg (T'/A\hbar)^{1/2}$). Man verifiziere, daß die Bedingungen (17.119) und (17.120) den Bedingungen für den adiabatischen bzw. plötzlichen Übergang entsprechen.

18 Die Variationsmethode und damit zusammenhängende Probleme

Die Variationsmethode von Ritz

Von der WKB-Methode abgesehen, deren Anwendungsbereich sehr beschränkt ist, gibt es für die näherungsweise Bestimmung der Energieniveaus und der Wellenfunktionen des diskreten Spektrums im wesentlichen zwei Methoden: die Störungsrechnung (sechzehntes Kapitel) und die Variationsmethode. In diesem Kapitel werden wir uns mit der Variationsmethode beschäftigen.

Diese Methode zur näherungsweisen Lösung ist sehr allgemein und kann immer dann angewendet werden, wenn man die zu lösende Gleichung auf Variationsform bringen kann. Ihr Prinzip ist das folgende. Die gesuchten Lösungen gehören zu einem bestimmten Funktionenraum $\mathcal{F}$. Ψ sei eine beliebige Funktion dieses Raumes. Wir nehmen an, daß die Lösungen der zu untersuchenden Gleichung Funktionen aus $\mathcal{F}$ sind, die ein bestimmtes Funktional $Q[\Psi]$ stationär lassen. Die betreffende Gleichung ist dann äquivalent zur Variationsgleichung

$$\delta Q = 0. \tag{18.1}$$

Die Ritzsche Variationsmethode besteht dann darin, die Lösungen von (18.1) unter den Funktionen zu suchen, die zu einem eingeschränkteren Funktionenraum $\mathcal{F}'$ gehören.

Wir nehmen zum Beispiel an, daß $\mathcal{F}$ aus der Gesamtheit aller Wellenfunktionen eines bestimmten Quantensystems gebildet werde. Mit $\Phi(a, b, \ldots)$ bezeichnen wir die speziellen Wellenfunktionen, die durch die kontinuierlichen Parameter $a, b, \ldots$ gekennzeichnet sind. Als $\mathcal{F}'$ kann man die Gesamtheit dieser Funktionen Φ wählen. Als Funktional der Φ reduziert sich dann die Größe Q einfach auf eine Funktion der Variationsparameter $a, b, \ldots$, d.h. es ist

$$q(a, b, \ldots) \equiv Q[\Phi(a, b, \ldots)].$$

Jeder Satz von Werten $a_0, b_0, \ldots$, für die diese Funktion stationär ist, bestimmt eine Näherungslösung $\Phi_0 \equiv \Phi(a_0, b_0, \ldots)$ von Gleichung (18.1).

Der Erfolg der Methode hängt wesentlich von der Wahl des Raumes $\mathcal{F}'$ der Vergleichsfunktionen ab. Die Vergleichsfunktion muß genügend einfach sein, damit sie der Rechnung zugänglich ist. Andererseits muß der Variationsbereich groß genug oder geschickt gewählt sein, damit die auf diese Weise erhaltenen Lösungen hinreichend nahe an den strengen Lösungen liegen.

In der Praxis haben die stationären Werte von Q einen wohlbestimmten physikalischen Sinn. Einer der wesentlichen Vorteile der Variationsmethode besteht darin, daß diese Größen automatisch sehr genau abgeschätzt werden. Es ist nämlich klar, daß sich $Q[\Phi_0]$ und $Q[\Psi_0]$ um so weniger voneinander unterscheiden werden, je näher die Näherungslösung Φ_0 an der strengen Lösung Ψ_0 liegt. Weil aber $Q[\Psi]$ im Punkt $\Psi = \Psi_0$ stationär ist, ist diese Abweichung von kleinerer Ordnung als die zwischen Φ_0 und Ψ_0. Darüberhinaus ist die Variationsmethode vor allem für die Berechnung solcher Größen nützlich, die auf die Form stationärer Funktionale gebracht werden können. Das ist vor allem bei den Energieniveaus gebundener Zustände der Fall. Im neunzehnten Kapitel werden wir sehen, daß die Methode auch für die Berechnung der Streuamplituden verwendet werden kann.

Die Variationsmethode für die Berechnung der Niveaus des diskreten Spektrums wird in Abschnitt 18.1 dieses Kapitels beschrieben. In den beiden anderen Abschnitten behandeln wir zwei wichtige Probleme mit Methoden, die in mehr oder weniger direktem Zusammenhang mit der Variationsmethode stehen. Es geht dabei um die Bestimmung der Wellenfunktionen komplexer Atome in der Zentralfeldnäherung durch die Methoden von Hartree und Hartree-Fock (Abschnitt 18.2) und um die Behandlung von Molekülen in der adiabatischen Näherung von Born-Oppenheimer (Abschnitt 18.3).

18.1 Variationsmethode zur Bestimmung gebundener Zustände

18.1.1 Variationsform des Eigenwertproblems

Das stationäre Funktional, das bei der Variationsmethode zur Bestimmung der gebundenen Zustände auftritt, ist der Mittelwert der Energie. Es gilt nämlich folgender grundlegender Satz [1]:

Satz. Es sei H der Hamilton-Operator eines Quantensystems und $E[\Psi]$ der Mittelwert seiner Energie:

$$E[\Psi] \equiv \frac{\langle\Psi|H|\Psi\rangle}{\langle\Psi|\Psi\rangle}. \tag{18.2}$$

Faßt man diesen Mittelwert als Funktional der Zustandsvektoren auf, so ist jeder Vektor, der dieses Funktional stationär läßt, Eigenvektor des diskreten Spektrums von H und umgekehrt. Der zugehörige Eigenwert ist der stationäre Wert des Funktionals $E[\Psi]$.

[1] Es handelt sich um eine relativ allgemeine Aussage über das diskrete Spektrum hermitischer Operatoren im Hilbert-Raum. Beim folgenden Beweis kommt nämlich allein die Hermitezität von H ins Spiel.

Man muß dabei beachten, daß die hier eingeführten Vektoren $|\Psi\rangle$ eine *endliche Norm* besitzen: der im einleitenden Abschnitt eingeführte Funktionenraum ist der *Hilbert-Raum* der Zustände des Systems. Der Satz drückt also aus, daß die im Hilbert-Raum gelegenen Eigenlösungen von H Lösungen der Variationsgleichung

$$\delta E = 0 \tag{18.3}$$

sind.

Wir stellen weiter fest, daß das Funktional $E[\Psi]$ von der Norm und der Phase von $|\Psi\rangle$ unabhängig ist. An der Gültigkeit des Satzes würden also Zusatzbedingungen hinsichtlich der Norm oder der Phase von $|\Psi\rangle$ nichts ändern. So kann es insbesondere zweckmäßig sein, den Variationsbereich von $|\Psi\rangle$ auf Vektoren mit der Norm Eins zu beschränken. Bei einigen der folgenden Beispiele wird das auch geschehen.

Beweis des Satzes

Wir berechnen die Variation des Funktionals $E[\Psi]$ und erhalten:

$$\begin{aligned}\langle\Psi|\Psi\rangle\, \delta E &= \delta(\langle\Psi|H|\Psi\rangle) - E\,\delta(\langle\Psi|\Psi\rangle) \\ &= \langle\delta\Psi|(H-E)|\Psi\rangle + \langle\Psi|(H-E)|\delta\Psi\rangle.\end{aligned}$$

Solange $\langle\Psi|\Psi\rangle$ endlich, aber von Null verschieden ist, ist also Gleichung (18.3) äquivalent zur Gleichung

$$\langle\delta\Psi|(H-E)|\Psi\rangle + \langle\Psi|(H-E)|\delta\Psi\rangle = 0. \tag{18.4}$$

Der Ket-Vektor $|\delta\Psi\rangle$ ist die Variation von $|\Psi\rangle$, der Bra-Vektor $\langle\delta\Psi|$ diejenige des zu $|\Psi\rangle$ konjugierten Bra-Vektors. Die Variationen $|\delta\Psi\rangle$ und $\langle\delta\Psi|$ sind also nicht voneinander unabhängig. Trotzdem kann man sie als voneinander unabhängig ansehen. Die Gleichung (18.4) ist nämlich für jeden unendlich kleinen, aber sonst beliebigen Vektor $|\delta\Psi\rangle$ erfüllt. Ersetzt man in dieser Gleichung $|\delta\Psi\rangle$ durch $\mathrm{i}|\delta\Psi\rangle$, so erhält man eine neue Gleichung:

$$-\mathrm{i}\langle\delta\Psi|(H-E)|\Psi\rangle + \mathrm{i}\langle\Psi|(H-E)|\delta\Psi\rangle = 0. \tag{18.4'}$$

Aus den Gleichungen (18.4) und (18.4') erhält man durch Linearkombination die beiden äquivalenten Gleichungen

$$\langle\delta\Psi|(H-E)|\Psi\rangle = 0, \qquad \langle\Psi|(H-E)|\delta\Psi\rangle = 0.$$

Diese sind zu der einen Gleichung (18.4) äquivalent, wenn man die Variationen $|\delta\Psi\rangle$ und $\langle\delta\Psi|$ als beliebig und voneinander unabhängig ansieht[2)].

Hieraus ergeben sich weiter die beiden Relationen:

$$(H-E)|\Psi\rangle = 0, \qquad \langle\Psi|(H-E) = 0$$

---

2) Diese Regel gilt allgemein: Sie ergibt sich aus der Tatsache, daß die Gleichung (18.4) eine lineare Beziehung zwischen $|\delta\Psi\rangle$ und $\langle\delta\Psi|$ darstellt, während der Zusammenhang zwischen Bra- und Ket-Vektoren antilinear ist.

oder auch

$$(H - E[\Psi])|\Psi\rangle = 0 \tag{18.5 a}$$

$$(H^\dagger - E^*[\Psi])|\Psi\rangle = 0 \tag{18.5 b}$$

Diese beiden Relationen sind aber identisch, weil H hermitisch ist ($H = H^\dagger$). Gleichung (18.3) ist also äquivalent zu Gleichung (18.5 a): Jeder Ket-Vektor $|\Psi_1\rangle$, der E stationär läßt, ist ein Eigenket von H zum Eigenwert $E[\Psi_1]$.

Sei umgekehrt $\langle\Psi_1|$ ein Eigenket mit endlicher Norm, E_1 der zugehörige Eigenwert:

$$H|\Psi_1\rangle = E_1|\Psi_1\rangle.$$

Multipliziert man diese Gleichung von links skalar mit $\langle\Psi_1|$, so erhält man

$$E_1 = E[\Psi_1]$$

$|\Psi_1\rangle$ erfüllt also (18.5 a), aber auch (18.5 b), denn H ist hermitisch und E_1 reell. Folglich ist $E[\Psi]$ für $\Psi = \Psi_1$ stationär. Q.e.d.

Der Satz wird durch das folgende Lemma vervollständigt:

Lemma. Für einen beliebigen Zustand eines Systems ist der Mittelwert seiner Energie größer oder gleich der Eigenenergie seines Grundzustandes:

$$E[\Psi] \geqslant E_0. \tag{18.6}$$

Zum Beweis dieser Ungleichung muß man nur die Differenz der beiden Seiten in einer Darstellung berechnen, in der H diagonal ist. Der Kürze halber nehmen wir an, daß das Spektrum von H völlig diskret ist. $E_0, E_1, \ldots, E_n, \ldots$ seien die Energieniveaus in steigender Reihenfolge und $P_0, P_1, \ldots, P_n, \ldots$ die Projektionsoperatoren auf die entsprechenden Unterräume. Anwendung der Zerlegung der Einheit liefert:

$$E[\Psi] - E_0 \equiv \frac{\langle\Psi|(H - E_0)|\Psi\rangle}{\langle\Psi|\Psi\rangle} = \sum_{n=1}^{\infty}(E_n - E_0)\frac{\langle\Psi|P_n|\Psi\rangle}{\langle\Psi|\Psi\rangle}.$$

Jeder Term in der Summe ist notwendig Null oder positiv, darum auch die Summe selbst, womit die Ungleichung (18.6) bewiesen ist.

18.1.2 Berechnung der diskreten Niveaus

Wie im einleitenden Abschnitt allgemein ausgeführt, erhält man für die Variationsgleichung (18.3) Näherungslösungen, indem man den Variationsbereich der Vektoren $|\Psi\rangle$ auf einen Teilbereich des Zustandsraums einschränkt. Bei geschickter Wahl dieses eingeschränkteren Bereichs $\mathcal{F}'$ bekommt man so in einer guten Näherung gewisse Eigenvektoren von H und in einer noch besseren Näherung die zugehörigen Energieeigenwerte.

Die Methode wird besonders einfach, *wenn die Vergleichsfunktion von den Variationsparametern linear abhängt, wenn also der Bereich $\mathcal{F}'$ selbst ein Vektorraum ist.* $\mathcal{F}'$ ist dann ein Unterraum des Zustandsraumes, und zwar im üblichen Sinn des Wortes (Abschnitt 7.1.1).

Es sei P der Projektionsoperator auf $\mathcal{F}'$, Φ ein beliebiger Vektor aus diesem Raum und H_p die Projektion des Hamilton-Operators auf diesen Raum:

$$H_p \equiv PHP. \tag{18.7}$$

Der Ausdruck $E[\Phi]$ (Definition (18.2)) ist gleich dem Mittelwert von H_p. Nun ist der Operator H_p hermitisch und transformiert die Vektoren von $\mathcal{F}'$ linear ineinander: Es ist ein hermitischer Operator in $\mathcal{F}'$, und man kann darum auf ihn den Satz aus Abschnitt 18.1.1 anwenden. Die Variationsgleichung

$$\delta E[\Phi] = 0 \tag{18.8}$$

ist also zur Eigenwertgleichung

$$H_P\,\Phi = E\,\Phi \tag{18.9}$$

äquivalent. Die Näherung mit Hilfe der Variationsmethode besteht hier also darin, daß man das Eigenwertproblem von H durch ein Problem derselben Art ersetzt, welches aber von vornherein leichter zu lösen ist, weil der Raum $\mathcal{F}'$ nicht so umfangreich ist.

Man beachte die Analogie zur Störungsmethode (Abschnitt 16.2.1). Wählt man insbesondere als Raum $\mathcal{F}'$ den Unterraum zu einem bestimmten Eigenwert des ungestörten Hamilton-Operators, so sind die mit Hilfe der Variationsmethode erhaltenen Niveaus mit denen identisch, die man bei der Störungsrechnung in erster Näherung bekommt.

18.1.3 Ein einfaches Beispiel: Das Wasserstoffatom

Bevor wir die Variationsmethode diskutieren und ihre Vor- und Nachteile abschätzen, scheint es zweckmäßig, sich zunächst einige Übung in ihrer Anwendung zu verschaffen. Wir wollen hierzu mit ihr den Grundzustand des Wasserstoffatoms berechnen und die Ergebnisse mit dem exakten Resultat (neuntes Kapitel) vergleichen.

Wir setzen:

$$a_0 = \hbar^2/me^2 \qquad E_H = \tfrac{1}{2}(e^2/\hbar c)^2\,mc^2$$

$$\rho = \frac{r}{a_0}.$$

Wir suchen Eigenzustände mit wohlbestimmtem Drehimpuls und wählen darum die Vergleichsfunktionen in der Form

$$\Phi = a_0^{-\frac{3}{2}} \frac{u(\rho)}{\rho} Y_l^m(\theta, \varphi).$$

Eine einfache Rechnung liefert:

$$E[\Phi] = -E_H\left[\int_0^\infty u^*\left(\frac{d^2}{d\rho^2} - \frac{l(l+1)}{\rho^2} + \frac{2}{\rho}\right)u\,d\rho \Big/ \int_0^\infty |u|^2\,d\rho\right].$$

Wir beschränken uns auf s-Zustände ($l = m = 0$) und führen die Berechnung der stationären Werte der Energie für drei verschiedene Variationsbereiche von u aus:

$$u_1 = \rho e^{-b\rho}, \qquad u_2 = \frac{\rho}{b^2 + \rho^2}, \qquad u_3 = \rho^2 e^{-b\rho}.$$

Jede dieser Vergleichsfunktionen hängt nur von dem einen Parameter b ab. $E[\Phi]$ reduziert sich in allen drei Fällen auf eine Funktion von b, und die Variationsrechnung besteht einfach darin, das Minimum dieser Funktion zu suchen. Die Rechnungen weisen keinerlei Schwierigkeit auf. In der Tabelle 18.1 sind die Ergebnisse angegeben. Neben den analytischen Ausdrücken für die Norm $N^2 \equiv \langle\Phi|\Phi\rangle$ der Vergleichsfunktion findet man den Energiemittelwert in Abhängigkeit von b und den Punkt $b_{min.}$, für den dieser Wert ein Minimum wird, sowie diesen minimalen Wert selbst. Ein Vergleich von $E_{var.}$ mit der Grundzsutandsenergie $E_0 = -E_H$ ist ebenso interessant wie der der Näherungslösung $\Psi_{var.}$ mit der Eigenfunktion des Grundzustandes. Hierzu sind in der Tabelle die radialen, auf Eins normierten Anteile $(u/N)_{var.}$ angegeben, die zugehörigen Bildkurven findet man in Abb. 18.1. Sie müssen mit der exakten Radialfunktion $2\rho e^{-\rho}$ verglichen werden. Die Tabelle enthält schließlich den Mittelwert $\langle r\rangle_{var.}$ zu jeder der drei Näherungslösungen $\Psi_{var.}$ sowie die Größe

$$\epsilon \equiv 1 - |\langle\Psi_0|\Psi_{var.}\rangle|^2$$

(Ψ_0 und $\Psi_{var.}$ werden dabei als auf Eins normiert angenommen). ϵ ist ein gutes Maß für die Abweichung des Zustands $\Psi_{var.}$ vom Grundzustand (es ist das Betrags*quadrat* der Komponente von $\Psi_{var.}$, die zu Ψ_0 orthogonal ist).

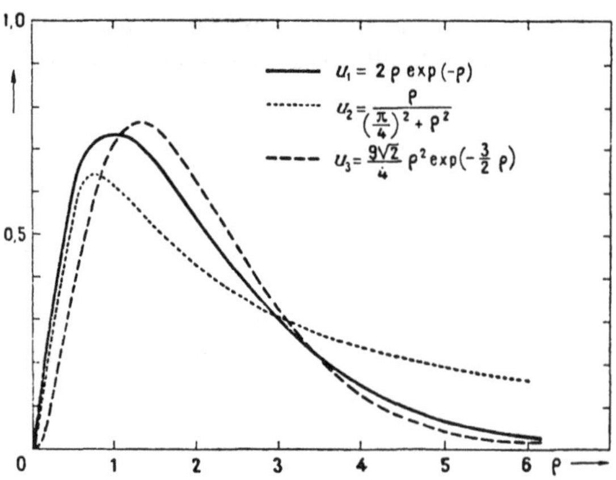

Abb. 18.1 Radialfunktionen für den Grundzustand des Wasserstoffatoms (auf Eins normiert) nach der Variationsmethode des Abschnitts 18.1.3.

Tabelle 18.1
Variationsrechnung für den Grundzustand des Wasserstoffatoms

		1	2	3
$u(b, \rho)$	=	$\rho\, e^{-b\rho}$	$\dfrac{\rho}{b^2 + \rho^2}$	$\rho^2\, e^{-b\rho}$
N^2	=	$1/4\,b^3$	$\pi/4b$	$3/4\,b^5$
$E(b)/E_H$	=	$b^2 - 2b$	$(\pi - 8b)/2\pi b^2$	$\frac{1}{3}b^2 - b$
$b_{\text{min.}}$	=	1	$\frac{1}{4}\pi$	$\frac{3}{2}$
$E_{\text{var.}}$	=	$-E_H$	$-0{,}81\,E_H$	$-0{,}75\,E_H$
$\dfrac{E_{\text{var.}} - E_0}{E_1 - E_0}$	=	0	0,25	0,33
$(u/N)_{\text{var.}}$	=	$2\rho\, e^{-\rho}$	$\rho[(\frac{1}{4}\pi)^2 + \rho^2]^{-1}$	$\frac{1}{4}9\sqrt{2}\,\rho^2\, e^{-\frac{3}{2}\rho}$
$\langle r\rangle_{\text{var.}}$	=	$1{,}5\,a_0$	∞	$1{,}66\,a_0$
$\varepsilon = 1 - \lvert\langle\Psi_0\vert\Psi_{\text{var.}}\rangle\rvert^2$	=	0	0,21	0,05

Die drei hier gewählten Vergleichsfunktionen haben mit der Wellenfunktion des Grundzustandes gemeinsam, daß sie keinen radialen Knoten aufweisen. Es ist daher zu vermuten, daß sie mit dieser Funktion eher übereinstimmen als mit den Wellenfunktionen der angeregten Zustände und daß die Werte $E_{\text{var.}}$ dem Grundzustandsniveau $-E_H$ näher liegen als jedem anderen Niveau (das erste angeregte Niveau ist $E_1 = -\frac{1}{4}E_H$). Zur Bestätigung dieser Vermutung ist in der Tabelle 18.1 unter jedem Wert von $E_{\text{var.}}$ der zugehörige Wert des Verhältnisses $(E_{\text{var.}} - E_0)/(E_1 - E_0)$ angegeben. Es stellt ein gutes Maß für den Fehler dar, den man bei der Berechnung des Grundzustandes mit Hilfe der Variationsrechnung begeht. Das beste Resultat erhält man mit der Vergleichsfunktion u_1, die die Wellenfunktion des Grundzustands selbst und den exakten Eigenwert liefert: Man beachte, daß u_1 sowohl im Ursprung ($\propto \rho$) wie im Unendlichen (exponentiell abfallend) dasselbe Verhalten aufweist wie die Eigenfunktionen der *s*-Zustände (mit einem vom Coulombpotential verschiedenen Potential erhielte man nicht die exakte Wellenfunktion, doch wäre das Ergebnis immer noch ausgezeichnet). Die Funktion u_2 zeigt zwar im Ursprung das richtige Verhalten, verläuft aber im Unendlichen gänzlich anders als die exakte Lösung. Der mit ihr berechnete Eigenwert $E_{\text{var.}} = -0{,}81\,E_H$ ist noch sehr befriedigend. Die Funktion u_3 schließlich, die im Ursprung nicht das richtige Verhalten zeigt ($\propto \rho^2$) und dafür im Unendlichen den korrekten exponentiellen Abfall, liefert ein weniger gutes Ergebnis. Die Untersuchung der Größen $\langle r \rangle_{\text{var.}}$ und ϵ zeigt, daß die Funktion u_3 im ganzen mit der exakten Lösung eher übereinstimmt als die Funktion u_2. Die Tatsache, daß sie bei der Berechnung der Energie ein schlechteres Ergebnis liefert, unterstreicht, wie wichtig hierbei das Verhalten im Ursprung ist. Dies hängt wesentlich mit dem anziehenden Charakter des Potentials zusammen.

18.1.4 Diskussion. Berechnung der angeregten Niveaus

Die Variationsmethode ist eine besonders wirksame Methode, doch ist es schwierig, die Tragweite ihrer Ergebnisse abzuschätzen.

So gibt es keine strenge Begründung, für welches Niveau sie einen Näherungswert liefert, und um so weniger kann man die Größenordnung des dabei auftretenden Fehlers angeben. Auf die erste Frage kann man indessen eine Antwort erhalten, indem man das allgemeine Verhalten der Näherungslösung $\Psi_{\text{var.}}$ (Knotenzahl, Verhalten im Ursprung und im Unendlichen) mit dem der exakten Lösung vergleicht, oder zumindest mit dem, was man über diese Lösung weiß. In der Praxis haben die gewählten Vergleichsfunktionen eine analytisch einfache Gestalt: Sie besitzen eine sehr begrenzte Anzahl von Schwingungen (oder Knoten). Es liegt also nahe, daß sie vom Grundzustand nicht allzu verschieden sind.

Aus diesen Gründen ist *die Variationsmethode vor allem für die Berechnung des Grundzustands geeignet,* für den sie eine obere Grenze angibt (Lemma (18.6)). Unglücklicherweise hat man aber kein sicheres Mittel für die Abschätzung des Fehlers (s. Aufgabe 1). Alles hängt von der Wahl und der Flexibilität der Vergleichsfunktion ab, d.h. von der Wahl und dem Umfang des Bereichs $\mathcal{F}'$.

Die Anwendung der Variationsmethode bei der Berechnung der angeregten Niveaus ist sehr viel unsicherer, einmal wegen der Notwendigkeit, komplexere Versuchsfunktionen wählen zu müssen, zum anderen aber wegen der Schwierigkeiten, die erhaltenen Resultate zu interpretieren und die Größenordnung und das Vorzeichen des Fehlers abzuschätzen. Es gibt jedoch zwei Fälle, bei denen diese Methode zur Berechnung angeregter Niveaus nützlich sein kann.

Im ersten Fall kennt man die Wellenfunktion Ψ_0 des Grundzustands und wählt die Vergleichsfunktion Φ aus den zu Ψ_0 orthogonalen Wellenfunktionen. In diesem Fall ist das Funktional $E[\Phi]$ mindestens gleich der Energie E_1 des ersten angeregten Zustands:

$$E[\Phi] \geqslant E_1, \tag{18.10}$$

und die Anwendung der Variationsmethode liefert eine obere Grenze für das Niveau E_1 (s. Aufgabe 2). Falls man die exakte Lösung für den Grundzustand nicht kennt, so kann es sein, daß man eine Näherungslösung Φ_0 angeben kann (die z.B. durch Variationsrechnung bestimmt wurde). In diesem Fall kann man die Variationsmethode für die Berechnung von E_1 anwenden, indem man von Vergleichsfunktionen ausgeht, die zu Φ_0 orthogonal sind. Hierbei ist vorauszusetzen, daß die Abweichung zwischen Φ_0 und Ψ_0 gering bleibt, d.h. daß

$$\epsilon_0 = 1 - |\langle\Psi_0|\Phi_0\rangle|^2 \ll 1$$

ist (Ψ_0 und Φ_0 auf Eins normiert). Die stationäre Lösung Φ_1 (sie sei auf Eins normiert) ist jetzt nicht mehr orthogonal zu Ψ_0 und die Ungleichung (18.10) kann verletzt sein, man hat aber notwendig (Aufgabe 3)

$$|\langle\Phi_1|\Psi_0\rangle|^2 < \epsilon_0 \tag{18.11}$$

und folglich

$$E[\Phi_1] \geqslant E_1 - \epsilon_0 (E_1 - E_0). \tag{18.12}$$

Beim zweiten, für die Anwendung der Variationsmethode günstigen Fall besitzt der Hamilton-Operator bestimmte Symmetrieeigenschaften. So sei z.B. der Hamilton-Operator H drehinvariant. Man kann dann die Eigenfunktionen und Eigenwerte mit Hilfe der Quantenzahlen j, m klassifizieren. Es sei $\mathcal{E}(jm)$ der Raum der Funktionen zum Drehimpuls (jm). Nimmt man als Vergleichsfunktion eine Funktion aus $\mathcal{E}(jm)$, so ist es möglich, durch Variationsrechnung die Niveaus (jm) und insbesondere das niedrigste unter ihnen zu berechnen. Für dieses Niveau gibt die Variationsmethode automatisch eine obere Grenze (Aufgabe 4).

18.1.5 Der Grundzustand des Heliumatoms

In diesem Abschnitt wollen wir durch eine Variationsrechnung den Grundzustand des Heliumatoms und allgemeiner den der $(Z-2)$-fach ionisierten Atome (Li^+, Be^{++} usw.) zu bestimmen suchen. Dieses Problem wurde bereits im Abschnitt 16.1.3 mit Hilfe der Störungsmethode behandelt. Falls nichts anderes gesagt wird, verwenden wir hier dieselben Bezeichnungen.

Als Vergleichsfunktion wählen wir eine Funktion, die mit der Funktion nullter Ordnung der Störungsrechnung identisch ist:

$$\Phi_a(\boldsymbol{r}_1, \boldsymbol{r}_2) = \frac{1}{\pi a^3}\, e^{-(r_1+r_2)/a}.$$

Die einzige Abänderung besteht darin, daß a jetzt ein Variationsparameter ist und nicht mehr den festen Wert a_0/Z hat.

Ist die gewählte Vergleichsfunktion auf Eins normiert, so ist der Mittelwert der Energie einfach durch die Formel

$$E(a) = \langle\varphi_a|H|\varphi_a\rangle = \iint \varphi_a^*(H\,\varphi_a)\,\mathrm{d}\boldsymbol{r}_1\,\mathrm{d}\boldsymbol{r}_2$$

gegeben. Der Hamilton-Operator des Systems kann in der Form

$$H = k_1 + k_2 + v_1 + v_2 + V_{12}$$

geschrieben werden, worin k_i ($i = 1, 2$) die kinetischen Energien der beiden Elektronen, $v_i = Ze^2/r_i$ ihre Wechselwirkung mit dem Kern und V_{12} ihre gegenseitige Wechselwirkung darstellen. $E(a)$ ist also die Summe der Mittelwerte dieser fünf Operatoren. Die Berechnung dieser fünf Größen wird wesentlich durch die Tatsache erleichtert, daß die Wellenfunktion φ_a auf die Form $\varphi_a = f_a(r_1) f_a(r_2)$ gebracht werden kann, wo $f_a(r)$ die Eigenfunktion des Grundzustands eines Elektrons in einem Coulombfeld mit der Ladung $Z'e$ ist. Hierbei ist

$$Z' = a_0/a.$$

Man weiß, daß die Gesamtenergie eines solchen Elektrons $-Z'^2 E_H$ ist, der Mittelwert seiner kinetischen Energie gleich $+Z'^2 E_H$ und der seiner potentiellen Energie gleich $-2Z'^2 E_H$ (Aufgabe 11.1). Folglich ist

$$\langle\varphi_a|k_i|\varphi_a\rangle = Z'^2 E_H$$
$$\langle\varphi_a|v_i|\varphi_a\rangle = -2Z'^2 E_H(Z/Z') = -2Z\,Z'\,E_H.$$

Andererseits bleibt die Rechnung aus Abschnitt 16.1.3 (Gleichungen (16.17–20)) auch hier gültig und liefert

$$\langle\varphi_a|V_{12}|\varphi_a\rangle = \tfrac{5}{4} Z' E_H,$$

woraus sich

$$E(a) = 2E_H\left(Z'^2 - 2\left(Z - \frac{5}{16}\right)Z'\right)$$

ergibt. Dieser Ausdruck wird, als Funktion von a, oder was auf dasselbe hinausläuft, als Funktion von Z' betrachtet, ein Minimum für

$$Z' = Z - \frac{5}{16}. \tag{18.13}$$

Der Wert dieses Minimums ist

$$E_{\text{var.}} = -2\left(Z - \frac{5}{16}\right)^2 E_H. \tag{18.14}$$

Für die Atome He, Li^+, Be^{++} sind die numerischen Werte von $E_{\text{var.}}$ in der Tabelle 16.1 (Spalte 5) angegeben. Es ist interessant, sie mit den Werten der Störungsrechnung in erster Näherung zu vergleichen. Man stellt fest, daß

$$E_{\text{var.}} = -2Z^2 E_H + \frac{5}{4} Z E_H - \frac{25}{128} E_H$$
$$= E_{\text{pert.}} - \frac{25}{128} E_H,$$

daß also der Wert um die von Z unabhängige Größe

$$\frac{25}{128} E_H = 2{,}64 \text{ eV}$$

unter dem durch die Störungsrechnung gegebenen Wert liegt. Wie zu erwarten war, ist die Näherung also besser. Trotzdem bleibt $E_{var.}$, in Übereinstimmung mit der Ungleichung (18.6), über dem experimentellen Wert $E_{exp.}$.

Die bei dieser Variationsrechnung angegebene Eigenfunktion hat eine einfache physikalische Bedeutung. Sie beschreibt zwei voneinander unabhängige Teilchen, die sich in einem Coulombfeld bewegen, dessen Ladung $Z'e$ durch (18.13) gegeben ist. Diese Ladung ist um $5e/16$ niedriger als die Kernladung. Die Differenz repräsentiert den Abschirmeffekt, dem jedes Elektron bei seiner Bewegung im Coulombfeld des Kerns durch die Anwesenheit des anderen Elektrons ausgesetzt ist.

Vergrößert man die „Flexibilität" der Vergleichsfunktion, so erhält man einen Wert $E_{var.}$, der noch näher am exakten Eigenwert liegt. Insbesondere kann man, statt als Vergleichsfunktion die Funktion φ_a zu wählen, die nur von dem einen Parameter a abhängt, das Produkt von φ_a mit einem Polynom in r_1, r_2 und r_{12} nehmen und die Koeffizienten zusätzlich als Variationsparameter ansehen. Der Wert für $E_{var.}$ wird in dem Maße kleiner und nähert sich dem exakten Wert, je mehr man die Komplexität des Polynoms vergrößert. Hylleraas gelangte auf diese Weise zu einem theoretischen Wert, der mit dem experimentellen ausgezeichnet übereinstimmt [3].

18.2 Die Atommodelle von Hartree und Hartree-Fock

18.2.1 Die Methode des selbstkonsistenten Feldes

Die Behandlung komplexer Atome wurde in großen Zügen bereits angegeben (Abschnitte 14.2.4 und 16.2.2–4). Ausgangspunkt war dabei die Näherung der unabhängigen Teilchen, bei der sich jedes Elektron unabhängig von den anderen in einem Potential bewegt, daß die Kernanziehung und den gemittelten Abstoßungseffekt durch die anderen Elektronen repräsentiert. Bei dieser Näherung wird die exakte Lösung der Schrödinger-Gleichung durch eine bestimmte, passend zu wählende Slater-Determinante approximiert. Sei Φ eine beliebige Slater-Determinante. Nimmt man Φ als Vergleichsfunktion, so ermittelt man mit Hilfe der Variationsmethode die beste Näherung. Diesen sehr wichtigen Spezialfall der Variationsmethode nennt man die Methode des selbstkonsistenten Feldes. Wir wollen hier die wichtigsten Schritte dieser Methode angeben, ohne auf Einzelheiten der Rechnung einzugehen [4].

[3] *Hylleraas, Zeitschr. f. Phys.*, 65 (1930), 209: Die Details der Hylleraasschen Arbeit findet man bei *Condon* und *Shortley, Theory of Atomic Spectra*, Cambridge (1957), 345. Die Methode von Hylleraas liefert eine sehr rasche Konvergenz. Mit acht Variationsparametern liegt der berechnete Wert etwas unterhalb dem experimentell ermittelten, scheinbar im Widerspruch zur Ungleichung (18.6). Tatsächlich liegt der experimentelle Wert $E_{exp.}$ aufgrund relativistischer Effekte ein wenig oberhalb des Eigenwerts E_0 des Grundzustands von H, was man übrigens abschätzen kann. Mit der Methode von Hylleraas berechnet man (sehr genau) E_0 und nicht $E_{exp.}$.

[4] Fußnote 4 siehe Seite 256.

Der Anwendungsbereich dieser Methode ist nicht auf einzelne Atome beschränkt, sondern erstreckt sich auch auf Elektronen eines Moleküls oder eines Festkörpers, allgemeiner auf Systeme identischer Teilchen in einem beliebigen äußeren Feld. Obwohl wir die Diskussion auf den Fall der Atome beschränken, behält die Darstellung formal diesen Charakter der Allgemeinheit.

18.2.2 Berechnung von $E[\Phi]$

Der Hamilton-Operator des Z-Elektronensystems lautet

$$H = H_1 + H_2 \tag{18.13}$$

$$H_1 = \sum_{i=1}^{Z} h^{(i)}, \qquad h^{(i)} = \frac{p^{(i)2}}{2m} + V(r^{(i)}) \tag{18.14}$$

$$H_2 = \sum_{i<j} w^{(ij)}. \tag{18.15}$$

Der erste Term, H_1, enthält die kinetische Energie und die vom äußeren Feld herrührende potentielle Energie (das elektrische Feld des Kerns). Er ist eine Summe von Z identischen Einzelteilchen-Hamilton-Operatoren. Der zweite Term, H_2, stellt das Wechselwirkungspotential der paarweise zusammengefaßten Elektronen dar und enthält $\frac{1}{2} Z(Z-1)$ identische Terme für jedes Elektronenpaar: $w^{(ij)}$ ist das Wechselwirkungspotential zwischen dem i-ten und dem j-ten Elektron. Vernachlässigt man die spinabhängigen Kräfte, so ist $w^{(ij)}$ einfach das elektrostatische Abstoßungspotential:

$$w^{(ij)} = e^2/r_{ij} \qquad (r_{ij} \equiv |r_i - r_j|). \tag{18.16}$$

Bei der folgenden Behandlung kommt diese spezielle Form von $w^{(ij)}$ übrigens gar nicht zum Tragen. Man setzt lediglich voraus, daß $w^{(ij)}$ nur eine Funktion der beiden dynamischen Variablen des i-ten und j-ten Elektrons ist und daß diese gegenüber der Permutation (ij) symmetrisch ist.

Weil $E[\Phi]$ von der Norm von Φ unabhängig ist, kann man stets voraussetzen, daß die Vergleichsfunktion auf Eins normiert ist. Mit Verwendung der Bezeichnungen aus dem vierzehnten Kapitel schreiben wir sie in der Form

$$|\Phi\rangle \equiv (Z!)^{1/2} A |\Phi\rangle, \tag{18.17}$$

worin A der durch die Gleichung (14.26) definierte Antisymmetrisierungsoperator ist:

$$A = \frac{1}{Z!} \Sigma_P (-)^p P \tag{18.18}$$

---

[4] Für eine detaillierte Behandlung der Methode und ihrer Anwendungen s. *D.R. Hartree, The calculation of Atomic structures*, Wiley (1957), S.a. *Condon* und *Shortley*, a.a.O. Fußnote 18[3].

und $|\widehat{\Phi}>$ das tensorielle Produkt aus Z beliebigen orthonormierten Einzel-Ket-Vek-Vektoren:

$$|\widehat{\Phi}\rangle \equiv |\alpha\rangle^{(1)} |\beta\rangle^{(2)} \dots |\zeta\rangle^{(Z)} \equiv |\alpha^{(1)} \beta^{(2)} \dots \zeta^{(Z)}\rangle \tag{18.19}$$

$$\langle\lambda|\mu\rangle \equiv \delta_{\lambda\mu} \qquad (\lambda, \mu = \alpha, \beta, \dots, \zeta). \tag{18.20}$$

Die Normierungsbedingung wird dabei automatisch erfüllt:

$$<\Phi|\Phi> = 1. \tag{18.21}$$

$E[\Phi]$ ist die Summe der Mittelwerte von H_1 und H_2. Ihre Berechnung wird dadurch erleichtert, daß diese Operatoren gegenüber Permutationen invariant sind, also mit A vertauschen, und daß A ein Projektionsoperator ist ($A^2 = A$).

Für den Mittelwert von H_1 ist dann nacheinander:

$$\begin{aligned}\langle H_1\rangle \equiv \langle\Phi|H_1|\Phi\rangle &= Z!\,\langle\widehat{\Phi}|H_1\,A|\widehat{\Phi}\rangle \\ &= \sum_{i=1}^{Z}\sum_{P}(-)^p\,\langle\widehat{\Phi}|h^{(i)}\,P|\widehat{\Phi}\rangle \\ &= \sum_{i=1}^{Z}\langle\widehat{\Phi}|h^{(i)}|\widehat{\Phi}\rangle.\end{aligned}$$

Setzt man für $|\widehat{\Phi}>$ seine Definition ein, so wird aus dem letzten Ausdruck:

$$\langle H_1\rangle = \textstyle\sum_\lambda \langle\lambda|h|\lambda\rangle \qquad (\lambda = \alpha, \beta, \dots, \zeta). \tag{18.22}$$

Er ist also die Summe aus den Mittelwerten der Einzelteilchen-Hamilton-Operatoren h bezüglich der von den Elektronen besetzten Einzelteilchen-Zustände.

Entsprechend kann $\langle H_2\rangle$ als Summe von Matrixelementen des Operators w zwischen den Vektoren eines Zwei-Elektronensystems geschrieben werden. Man erhlält nacheinander:

$$\begin{aligned}\langle H_2\rangle \equiv \langle\Phi|H_2|\Phi\rangle &= Z!\,\langle\widehat{\Phi}|H_2\,A|\widehat{\Phi}\rangle \\ &= \sum_{i<j}\sum_{P}(-)^p\,\langle\widehat{\Phi}|\,w^{(ij)}\,P|\widehat{\Phi}\rangle \\ &= \sum_{i<j}\langle\widehat{\Phi}|\,w^{(ij)}\,(1 - P_{(ij)})|\widehat{\Phi}\rangle\end{aligned}$$

d.h.

$$\langle H_2\rangle = \textstyle\sum'(\langle\lambda^{(1)}\,\mu^{(2)}|w^{(12)}|\lambda^{(1)}\,\mu^{(2)}\rangle - \langle\lambda^{(1)}\,\mu^{(2)}|w^{(12)}|\mu^{(1)}\,\lambda^{(2)}\rangle) \tag{18.23}$$

Die Summe erstreckt sich dabei über die $\frac{1}{2}Z(Z-1)$ Paare von Einzelteilchen-Zuständen, die man aus der Gesamtheit der Z Einzelteilchen-Zustände $\alpha, \beta, \dots, \zeta$ bilden kann. Der erste Term in der Klammer ist die Wechselwirkungsenergie bezüglich des Ket-Vektors $|\lambda^{(1)}\,\mu^{(2)}>$, bei dem sich das Elektron 1 im Zustand λ und das Elektron 2 im Zustand μ befindet. Der zweite Term ist der *Austauschterm,* d.h. das Matrixelement von w zwischen den Zuständen $|\lambda^{(1)}\,\mu^{(2)}>$ und $|\mu^{(1)}\,\lambda^{(2)}>$ (Man beachte, daß dieser Austauschterm reell ist, und daß

$$\langle\lambda^{(1)}\,\mu^{(2)}|w^{(12)}|\mu^{(1)}\,\lambda^{(2)}\rangle = \langle\mu^{(1)}\,\lambda^{(2)}|w^{(12)}|\lambda^{(1)}\,\mu^{(2)}\rangle$$

gilt. Diese Eigenschaft rührt davon her, daß $w^{(12)}$ hermitisch und gegenüber der Permutation (1 2) invariant ist). $\langle H_2\rangle$ kann man auch schreiben:

$$\langle H_2\rangle = \tfrac{1}{2}\sum_\lambda \sum_\mu (\langle\lambda^{(1)}\,\mu^{(2)}|w^{(12)}|\lambda^{(1)}\,\mu^{(2)}\rangle - \langle\lambda^{(1)}\,\mu^{(2)}|w^{(12)}|\mu^{(1)}\,\lambda^{(2)}\rangle) \qquad (18.24)$$
$$(\lambda, \mu = \alpha, \beta, \ldots, \zeta).$$

Man erhält schließlich

$$E[\Phi] = \langle H_1\rangle + \langle H_2\rangle, \qquad (18.25)$$

worin $\langle H_1\rangle$ und $\langle H_2\rangle$ durch die Gleichungen (18.22) und (18.24) gegeben sind.

18.2.3 Die Hartree-Fock Gleichungen

Die Lösung der Schrödinger-Gleichung mit der Variationsmethode in der Näherung des selbstkonsistenten Feldes ist die Funktion, für die $E[\Phi]$ in bezug auf die Z orthonormierten Vektoren $|\lambda\rangle$ ($\lambda = \alpha, \beta, \ldots, \zeta$) stationär ist. Die Stationarität von E hinsichtlich der Variation der Z den Z^2 Bedingungen (18.20) unterworfenen Vektoren ist gleichbedeutend damit (Methode der Lagrangeschen Multiplikatoren), daß Z^2 Konstante $\epsilon_{\lambda\mu}$ ($\lambda, \mu = \alpha, \beta, \ldots, \zeta$) derart existieren, daß die Variationsgleichung

$$\delta E - \sum_\lambda \sum_\mu \varepsilon_{\lambda\mu}\, \delta\langle\mu|\lambda\rangle = 0 \qquad (18.26)$$

erfüllt ist.

Die Z^2 Konstanten $\epsilon_{\lambda\mu}$ können als die Elemente einer bestimmten $Z \times Z$-Matrix aufgefaßt werden, die wir mit ϵ bezeichnen. Diese Matrix ist hermitisch. E ist nämlich wie δE reell. Subtrahiert man von (18.26) die dazu konjugiert komplexe Gleichung, so erhält man daher:

$$\sum_\lambda \sum_\mu (\varepsilon_{\lambda\mu} - \varepsilon^*_{\mu\lambda})\, \delta\langle\mu|\lambda\rangle = 0,$$

was

$$\varepsilon_{\lambda\mu} = \varepsilon^*_{\mu\lambda}$$

verlangt. Die Z Vektoren $|\alpha\rangle, |\beta\rangle, \ldots, |\zeta\rangle$ bilden eine orthonormierte Basis eines bestimmten Unterraums $\mathcal{E}_\Phi$ des Raums der Einzelteilchenzustände. Ein Basiswechsel in diesem Unterraum führt zur Multiplikation von $|\Phi\rangle$ mit einem Phasenfaktor. Bezeichnen wir nämlich mit S die unitäre $Z \times Z$-Matrix, die diesen Basiswechsel bewirkt und mit $|\alpha'\rangle, |\beta'\rangle, \ldots, |\zeta'\rangle$ die neuen Basisvektoren, so ist:

$$|\lambda'\rangle = \sum_\lambda |\lambda\rangle\, S_{\lambda\lambda'}.$$

Aufgrund einer bekannten Eigenschaft des Produkts von Determinanten ist die Slater-Determinante aus den Z neuen Vektoren gleich dem Produkt aus der Slater-Determinante der alten Vektoren mit der Determinante von S. Folglich ist:

$$|\Phi'\rangle = (\det S)\,|\Phi\rangle$$

und weil S unitär ist, folgt $|\det S| = 1$. Darum bleibt das Funktional $E[\Phi]$ bei einem Basiswechsel invariant und die Variationsgleichung (18.26) definiert die Folge $|\alpha\rangle, |\beta\rangle, \ldots, |\zeta\rangle$ bis auf einen Basiswechsel.

Man zeigt übrigens leicht, daß aus der Gleichung (18.26) die dazu analoge Gleichung

$$\delta E - \sum_\lambda \sum_\mu \epsilon'_{\lambda\mu}\, \delta \langle\mu'|\lambda'\rangle = 0$$

folgt, wobei die Matrix ϵ' sich aus der Matrix ϵ durch die Transformation $S^\dagger$ ergibt:

$$\epsilon'_{\lambda\mu} = (S^\dagger\, \epsilon\, S)_{\lambda\mu}.$$

Insbesondere kann man S so wählen, daß ϵ' diagonal wird. Weil man durch eine Einschränkung der Basiswahl das Variationsproblem nicht modifiziert, werden wir im folgenden die Diagonalität von ϵ voraussetzen. Die Variationsgleichung (18.26) lautet dann:

$$\delta E - \sum_\lambda e_\lambda\, \delta \langle\lambda|\lambda\rangle = 0. \tag{18.26'}$$

Die Berechnung der Variation δE ist bei Berücksichtigung der Ausdrücke (18.22), (18.24) und (18.25) nicht schwer. Man kann damit die linke Seite von Gleichung (18.26') als eine homogene Linearkombination der $2Z$ Variationen $\langle\delta\lambda|$ und $|\delta\lambda\rangle$ ($\lambda = \alpha, \beta, \ldots, \zeta$) schreiben. Das Verschwinden dieser Linearkombination für beliebige, voneinander als unabhängig angenommene Variationen (s. Fußnote 18 [2]) führt zusammen mit der Hermitezität von H zu einem System von Z Gleichungen für die Z orthogonalen Vektoren

$$|\alpha\rangle, |\beta\rangle, \ldots, |\zeta\rangle$$

– wir geben die Rechnung hier nicht an –, nämlich zu

$$h^{(1)}\,|\lambda\rangle^{(1)} + \sum_\mu {}^{(2)}\langle\mu|w^{(12)}|\mu\rangle^{(2)}\; |\lambda\rangle^{(1)} - \sum_\mu {}^{(2)}\langle\mu|w^{(12)}\,|\lambda\rangle^{(2)}\; |\mu\rangle^{(1)} = e_\lambda\, |\lambda\rangle^{(1)} \tag{18.I}$$
$$(\lambda = \alpha, \beta, \ldots, \zeta).$$

Man beachte dabei das Fehlen des Faktors ½ bei den beiden letzten Termen der linken Seite. Multipliziert man beide Seiten skalar mit ${}^{(1)}\langle\lambda|$ und summiert über λ, so erhält man

$$\sum_\lambda e_\lambda = \langle H_1\rangle + 2\langle H_2\rangle = E[\Phi] + \langle H_2\rangle. \tag{18.27}$$

Diese Beziehung werden wir weiter unten diskutieren.

Praktisch stellt man die Einzelteilchen-Kets durch ihre Wellenfunktionen

$$u_\lambda(q) \equiv \langle q|\lambda\rangle$$

dar, wobei $q \equiv (r, m_s)$ die Gesamtheit der Raum- und Spinkoordinaten kennzeichnet.

Es erweist sich als zweckmäßig, die „Elektronendichte"

$$\rho(q, q') \equiv \langle q|\rho|q'\rangle = \sum_\mu u_\mu(q)\, u^*_\mu(q') \tag{18.28}$$

einzuführen. Es ist die Darstellungsmatrix des Projektionsoperators auf den weiter oben definierten Raum $\mathcal{E}_\Phi$:

$$\rho = \sum_\mu |\mu\rangle\langle\mu|.$$

Das Diagonalelement

$$\rho(q) \equiv \rho(q, q) = \sum_\mu |\, u_\mu(q)\,|^2 \tag{18.29}$$

ist die Wahrscheinlichkeitsdichte dafür, im Punkt q ein Elektron zu finden.

Die Wechselwirkung $w^{(ij)}$ ist eine bestimmte reelle und symmetrische Funktion der Variablen $q^{(i)}, q^{(j)}$, die wir von nun an mit $w(q^{(i)}, q^{(j)})$ bezeichnen. Wir setzen:

$$W_{\text{Aust.}}(q, q') = \rho(q, q')\, w(q, q') \tag{18.30}$$

$$W(q) = \int \rho(q')\, w(q, q')\, \mathrm{d}q' \tag{18.31}$$

Nach Konvention bedeutet $\int \mathrm{d}q'$ die Integration über die Raumkoordinaten und die Summation über die Spinkoordinate. Mit diesen Bezeichnungen geht das System (18.I) in ein System von Integro-Differentialgleichungen über:

$$\left[-\frac{\hbar^2}{2m}\Delta + V(q)\right] u_\lambda(q) + W(q)\, u_\lambda(q) \tag{18.II}$$

$$- \int W_{\text{Aust.}}(q, q')\, u_\lambda(q')\, \mathrm{d}q' = e_\lambda\, u_\lambda(q)$$

$$(\lambda = \alpha, \beta, \ldots, \zeta).$$

Das sind die *Hartree-Fock-Gleichungen.*

Sie können durch Iteration gelöst werden. Ausgehend von einem Näherungswert ρ_0 für die Dichte erhält man durch Einsetzen in die Gleichungen (18.30) und (18.31) Näherungswerte für W und $W_{\text{Aust.}}$. Setzt man diese in (18.II) ein, so erhält man eine Eigenwertgleichung, mit deren Z ersten Lösungen $u_\alpha^{(1)}, \ldots, u_\zeta^{(1)}$ man sich einen neuen Wert ρ_1 für die Dichte verschaffen kann. Wiederholt man die eben beschriebenen Operationen mit diesem Wert ρ_1, so kommt man zu einem neuen Wert ρ_2 und so fort. Die Folge $\rho_0, \rho_1, \rho_2, \ldots$ konvergiert unter Umständen gegen die exakte Lösung ρ. Die Schnelligkeit der Konvergenz hängt offensichtlich von der Wahl von ρ_0 ab.

18.2.4 Diskussion

Jede Gleichung des Systems (18.II) ähnelt einer Schrödinger-Gleichung für jeweils einen der Z von den Atomelektronen besetzten Einzelteilchenzustände. Tatsächlich handelt es sich aber nicht um Eigenwertgleichungen, weil die Operatoren W und $W_{\text{Aust.}}$ von der Elektronendichte und folglich der Hamilton-Operator von den Eigenlösungen $u_\alpha, u_\beta, \ldots, u_\zeta$ abhängt. Trotz dieser Einschränkung ist es interessant und angebracht, diesen Einzelteilchen-Hamilton-Operator zu untersuchen und seinen verschiedenen Anteilen nach Möglichkeit einen physikalischen Sinn zu geben.

Hierzu bezeichnen wir mit $\rho^{(\lambda)}$ die Dichte der Elektronen, die sich in den $(Z-1)$ anderen besetzten Zuständen befinden:

$$\rho^{(\lambda)} \equiv \sum_{\mu\neq\lambda} |\mu\rangle\langle\mu| \equiv \rho - |\lambda\rangle\langle\lambda|, \qquad \rho^{(\lambda)}(q,q') \equiv \rho(q,q') - u_\lambda(q)\, u_\lambda^*(q')$$

$W^{(\lambda)}_{\text{Aust.}}$ und $W^{(\lambda)}$ seien die Ausdrücke, die man erhält, wenn man in den Definitionen (18.30) und (18.31) ρ durch $\rho^{(\lambda)}$ ersetzt. Entsprechend führen wir das vom Elektron im Zustand $|\lambda\rangle$ erzeugte mittlere Potential $X^{(\lambda)}$ ein:

$$X^{(\lambda)}(q) = \int |u_\lambda(q')|^2\, w(q,q')\, \mathrm{d}q' \tag{18.32}$$

$W^{(\lambda)}$ ist das von den Elektronen erzeugte mittlere Potential, die sich in den $(Z-1)$ anderen besetzten Zuständen befinden, während W das mittlere, von allen Elektronen erzeugte Potential ist:

$$W(q) = W^{(\lambda)}(q) + X^{(\lambda)}(q).$$

Damit kann die Gleichung (18.II) für den Zustand λ auf die Form

$$\left[-\frac{\hbar^2}{2m}\Delta + V(q)\right] u_\lambda(q) + W^{(\lambda)}(q)\, u_\lambda(q) - \int W^{(\lambda)}_{\text{Aust.}}(q,q')\, u_\lambda(q')\, \mathrm{d}q' = e_\lambda\, u_\lambda(q) \tag{18.III}$$

$$(\lambda = \alpha, \beta, \ldots, \zeta)$$

gebracht werden. $W^{(\lambda)}(q)\, u_\lambda(q)$ unterscheidet sich nämlich von $W(q)\, u_\lambda(q)$ durch den „Selbstenergieterm" $X^{(\lambda)}(q)\, u_\lambda(q)$. Genau so ist klar, daß

$$\int W^{(\lambda)}_{\text{Aust.}}(q,q')\, u_\lambda(q')\, \mathrm{d}q' = \int W_{\text{Aust.}}(q,q')\, u_\lambda(q')\, \mathrm{d}q' - X^{(\lambda)}(q)\, u_\lambda(q).$$

Die Form (18.III) der „Schrödinger-Gleichung" für das Elektron im Zustand λ kann man leicht interpretieren. Ihr Hamilton-Operator stellt die Energie des Elektrons λ im Kernfeld und im mittleren Feld der anderen Elektronen des Atoms dar. Er setzt sich aus vier Anteilen zusammen: der kinetischen Energie $-\hbar^2\Delta/2m$, der vom Kern herrührenden potentiellen Energie $V(q)$, der mittleren potentiellen Energie $W^{(\lambda)}(q)$, die auf die Anwesenheit der $(Z-1)$ anderen Elektronen zurückgeht, und schließlich aus einem vierten Anteil, der ebenfalls durch die anderen

Elektronen verursacht wird und den *Austauscheffekt* zwischen dem Zustand λ und den $(Z - 1)$ anderen besetzten Zuständen repräsentiert. Man erkennt, daß der Austauscheffekt zur Existenz eines nichtlokalen Potentials führt, das durch den Integralkern $W^{(\lambda)}_{\text{Aust.}}(q, q')$ definiert ist.

Diese Interpretation legt die Vermutung nahe, daß der Eigenwert e_λ die Energie des Elektrons im Zustand λ darstellt. Tatsächlich liefern die Z durch die Hartree-Fock-Gleichungen gegebenen Größen $e_\alpha, e_\beta, \ldots, e_\zeta$ in guter Näherung die *Ionisierungsenergien* der Z Atomelektronen. Dabei muß man aber beachten, daß die Summe dieser individuellen Energien nicht die Gesamtenergie des Z-Elektronensystems ergeben würde. Addiert man diese Einzelteilchenenergien, so zählt man die kinetische und die Wechselwirkungsenergie mit dem Kern je einmal, dagegen die Wechselwirkungsenergie der Elektronen untereinander zweimal. Um die Gesamtenergie zu erhalten, muß man also von dieser Summe den Mittelwert der Energie der gegenseitigen Wechselwirkung abziehen, d.h. die Größe $\langle H_2 \rangle$. Dieses Ergebnis fanden wir bereits weiter oben (Gleichung (18.27)).

18.2.5 Die Hartree-Gleichungen

Vernachlässigt man im System (18.III) die Austauschterme, so gelangt man zu einem sehr viel einfacheren Gleichungssystem:

$$\left[-\frac{\hbar^2}{2m}\Delta + V(q) + W^{(\lambda)}(q)\right] u_\lambda(q) = e_\lambda u_\lambda(q) \tag{18.IV}$$

$$(\lambda = \alpha, \beta, \ldots, \zeta).$$

Diese Gleichungen sind von Hartree allein durch intuitive Überlegungen gefunden worden. Man erhält sie auch mit Hilfe der Variationsmethode, indem man anstelle des antisymmetrisierten Produkts $|\Phi\rangle$ (Gleichung (18.17)) ein einfaches Produkt aus Einzelteilchen-Kets (Gleichung (18.19)) als Vergleichsfunktion wählt [5].

Das System von Hartree kann wie das von Hartree-Fock durch Iteration gelöst werden. Die Rechnungen sind dabei wegen des Fehlens der Austauschterme wesentlich kürzer. Dieses Systems ist jedoch nicht so symmetrisch wie das von Hartree-Fock: Der Hamilton-Operator von Hartree $h + W(\lambda)$ ist nicht für alle Einzelteilchenzustände gleich. Folglich sind die Eigenlösungen der Z Hartree-Gleichungen nicht paarweise orthogonal. Hieraus ergeben sich einige Schwierigkeiten bei der Anwendung der Methode, auf die wir hier aber nicht eingehen.

[5] Damit sind diese Gleichungen aber nicht begründet, denn im Gegensatz zu den $|\Phi\rangle$-Kets gehören die $|\widehat{\Phi}\rangle$-Kets nicht zum Vektorraum des Systems.

18.3 Die Struktur der Moleküle

18.3.1 Allgemeines. Separation von Elektronen- und Kernbewegung.

Ein Molekül ist ein durch die Vereinigung mehrerer Atome gebildeter gebundener Zustand. Es besteht also aus einer bestimmten Anzahl von Atomkernen, um die sich die Elektronen bewegen.

Die Bestimmung der stationären Zustände eines so komplexen Systems ist äußerst schwierig. Es gibt jedoch ein vereinfachendes Charakteristikum: *Die Masse der Elektronen ist viel geringer als die der Kerne,* während die auf Elektronen und Kerne wirkenden Kräfte von vergleichbarer Größe sind. Folglich bewegen sich die Elektronen sehr viel schneller als die Kerne. Aufgrund dieser Tatsache können die beiden Bewegungen in sehr guter Näherung getrennt behandelt werden. In erster Näherung „sehen" nämlich die Elektronen die Kerne wie unbewegliche Kraftzentren, und ihr Zustand entspricht dem eines Elektronensystems, das zu ruhenden Kernen gehört. Weil diese sich langsam bewegen, folgt der Zustand der Elektronen dieser Veränderung des auf sie wirkenden Potentials adiabatisch (s. Abschnitt 17.2). Weil umgekehrt die Elektronen bei einer nennenswerten Verschiebung der Kerne eine große Anzahl von Umläufen ausführen, unterliegen die Kerne praktisch nur einem gemittelten Effekt. Zur Bestimmung der Kernbewegung kann man daher ohne großen Fehler die Wechselwirkung mit den Elektronen durch den Mittelwert über mehrere Elektronenumläufe ersetzen. Das führt zu einer Schrödinger-Gleichung, bei der die Elektronenvariablen nicht mehr auftreten. Die bei dieser Methode der Variablenseparation verwendete Näherung heißt *adiabatische Näherung.*

In diesem Abschnitt wird die Methode schematisch entwickelt und ihr Gültigkeitsbereich diskutiert. Vorher sollen jedoch die eben angestellten Überlegungen durch eine halbklassische Analyse der Kernbewegung und eine grobe Abschätzung der verschiedenen Effekte präzisiert und vervollständigt werden.

In der Schrödinger-Gleichung für die Kerne hängt das Potential nur von deren gegenseitigem Abstand ab. Dieses Potential weist – das zeigt die Existenz des Moleküls – mit Sicherheit für ganz bestimmte endliche Kernabstände ein Minimum auf. Diesem Minimum entspricht eine stabile Gleichgewichtslage des Systems, um die die Kerne kleine Schwingungen ausführen können. Diese inneren *Schwingungen* der Kerne können von *Translations- und Rotations-Bewegungen* des Gesamtsystems überlagert werden. Durch die Einführung des Schwerpunkts wird die Translationsbewegung von den übrigen Bewegungen vollständig und in Strenge separiert. Man sagt, der Schwerpunkt bewege sich wie ein freies Teilchen, dessen Masse gleich der Gesamtmasse des Systems ist. Im folgenden setzen wir die Separierung der Schwerpunktsbewegung voraus und befassen uns nur mit der Rotations- und Schwingungsbewegung der Kerne.

m sei die Masse des Elektrons, M eine Masse von der Größenordnung der Kernmassen und a der mittlere Abstand der Kerne im Molekül. Dann gilt grob [6]:

$$a \cong 10^{-8}\ \mathrm{cm} \qquad m/M \cong 10^{-3} - 10^{-5}. \tag{18.33}$$

Weil die linearen Abmessungen des Moleküls von der Größenordnung a sind, gibt dieser Wert auch eine Abschätzung für die Amplitude der Elektronenbewegung. Aufgrund der Unschärferelationen ist dann der Impuls der Elektronen von der Größenordnung $\hbar/a$, also ihre kinetische Energie ungefähr $\hbar^2/ma^2$. Dies liefert eine Abschätzung für die Bindungsenergie im Grundzustand der Elektronen und gleichzeitig für die Abstände der Elektronenniveaus:

$$\epsilon_{\mathrm{el.}} \cong \hbar^2/ma^2. \tag{18.34}$$

(Wir erinnern an die entsprechende Überlegung in Abschnitt 11.1.2).

Bei der Kernbewegung untersuchen wir zunächst die Rotation. Das Trägheitsmoment dieses Systems ist von der Größenordnung Ma^2. Weil das Quadrat des Drehimpulses sich um Quanten von der Größe $\hbar^2$ ändert, variiert die Rotationsenergie um Quanten von der Größe

$$\epsilon_{\mathrm{rot.}} \cong \hbar^2/Ma^2. \tag{18.35}$$

Die Schwingungen kann man in erster Näherung als harmonisch mit den Schwingungsquanten $\epsilon_{\mathrm{vib.}} = \hbar\omega$ ansehen. Die potentielle Energie habe für die stabile Gleichgewichtslage der Kerne ihren Nullpunkt. Entfernt man einen der Kerne von den anderen um die Strecke a, so gewinnt das System die potentielle Energie $\frac{1}{2} M\omega^2 a^2$. Weil das aber nichts anderes bedeutet als die völlige Abtrennung eines der Atome von den anderen, wächst die Energie um die Größe $\epsilon_{\mathrm{el.}}$. Mit anderen Worten ist:

$$M\omega^2 a^2 \cong \hbar^2/ma^2$$

und folglich

$$\epsilon_{\mathrm{vib.}} \cong \hbar^2/(mM)^{1/2} a^2. \tag{18.36}$$

Ein Vergleich von (18.34), (18.35) und (18.36) zeigt, daß

$$\epsilon_{\mathrm{rot.}} \ll \epsilon_{\mathrm{vib.}} \ll \epsilon_{\mathrm{el.}}$$

Führt man genauer nach Born und Oppenheimer [7] den Parameter

$$\kappa = (m/M)^{1/4} \tag{18.37}$$

---

[6] Für das Wasserstoffmolekül hat das Massenverhältnis ein Maximum. In diesem Fall ist:

$$(m/M)_{H^2} \cong 0{,}5 \times 10^{-3}.$$

[7] *M. Born* und *J.R. Oppenheimer, Ann. der Phys.* 84 (1927), 457. Zur Theorie von Born und Oppenheimer s. Abschnitt 18.3.5.

ein, so ergibt sich:

$$\varepsilon_{\text{rot.}} \simeq \varkappa^2 \varepsilon_{\text{vib.}} \simeq \varkappa^4 \varepsilon_{\text{el.}} \tag{18.38}$$

Man weiß, daß einem Niveauabstand ϵ eine klassische Frequenz $\epsilon/\hbar$ entspricht. Die Elektronenbewegung ist also schneller als die Schwingungsbewegung der Kerne und diese wiederum schneller als die Rotationsbewegung des Gesamtsystems, wie es bei unseren ersten Überlegungen bereits behauptet wurde. Das Frequenzverhältnis ist von der Ordnung κ^2, also ungefähr 1/100: Während einer vollen Drehung der Molekülgesamtheit führen die Kerne ungefähr 100 Schwingungen um ihre Gleichgewichtslagen und die Elektronen etwa 10 000 Umläufe aus.

18.3.2 Die Elektronenbewegung bei unbeweglichen Kernen

Wir wenden uns jetzt dem Problem der Bestimmung der stationären Zustände von Molekülen zu, wobei wir auf die halbklassische Diskussion des vorangegangenen Abschnitts Bezug nehmen. Da es sich um eine schematische Darstellung handeln wird, werden wir die Vorgaben soweit wie möglich vereinfachen. Das Prinzip der Methode wird davon nicht berührt. So werden wir insbesondere die Elektronen und Kerne als spinlose Teilchen ansehen.

Die Freiheitsgrade der Elektronen kennzeichnen wir mit dem Index i, die der Kerne mit dem Index j. x_i sind die Elektronenkoordinaten, X_j die Koordinaten der Kerne; M_j ist die Masse des Kerns mit den Koordinaten X_j. T_e und T_N sind die kinetischen Energien der Elektronen bzw. Kerne, V ist das Wechselwirkungspotential zwischen den Teilchen, aus denen das Molekül besteht. Der Hamilton-Operator des Moleküls setzt sich aus drei Anteilen zusammen:

$$H = T_N + T_e + V. \tag{18.39}$$

Dabei ist:

$$T_N = -\sum_j \frac{\hbar^2}{2M_j}\frac{\partial^2}{\partial X_j^2}, \qquad T_e = -\sum_i \frac{\hbar^2}{2m}\frac{\partial^2}{\partial x_i^2} \tag{18.39'}$$

$V \equiv V(x, X)$ ist eine bestimmte Funktion der Elektronen- und Kernkoordinaten: Es ist die Summe aus den Coulombenergien der paarweise zusammengefaßten Teilchen des Systems.

Wir betrachten den einfacheren Hamilton-Operator

$$H^{(0)} = T_e + V. \tag{18.40}$$

Man erhält ihn, indem man im Ausdruck für H die kinetische Energie der Kerne vernachlässigt. $H^{(0)}$ ist der Hamilton-Operator des Systems für den Grenzfall $M_j \to \infty$. Seine stationären Zustände entsprechen einem Elektronensystem in Anwesenheit unbeweglicher Kerne. Weil $H^{(0)}$ keine Ableitungen nach X_j enthält, hat man nämlich:

$$[X_i, H^{(0)}] = 0;$$

$H^{(0)}$ und X_j können gleichzeitig diagonalisiert werden. Anders ausgedrückt: Um das Eigenwertproblem von $H^{(0)}$ zu lösen, kann man für die Lagekoordinaten der Kerne bestimmte Werte X'_j vorgeben und die Eigenvektoren von $H^{(0)}$ unter den Vektoren suchen, die zu diesen speziellen Werten der X'_j gehören. X' sei die Gesamtheit dieser X'_j. Zu jeder Gesamtheit X' gehört eine Folge $W_n(X')$ von Eigenwerten von $H^{(0)}$. Mit der Quantenzahl n unterscheidet man die Elemente der Folge voneinander. Sind n und X' vorgegeben, so gibt es unter Umständen mehrere voneinander linear unabhängige Eigenvektoren. In diesem Fall kann man sie zusätzlich durch den Index s voneinander unterscheiden. Die Schrödinger-Gleichung gelangt so auf die Form:

$$H^{(0)} | n s X' \rangle = W_n(X') | n s X' \rangle. \tag{18.41}$$

In der $\{xX\}$-Darstellung wird der Eigenvektor $|nsX'\rangle$ durch die Wellenfunktion

$$\varphi_{ns}(x, X')\, \delta(X - X') \tag{18.42}$$

dargestellt, wobei die Funktion φ die Lösung der Schrödinger-Gleichung

$$[T_e + V(x, X')]\, \varphi_{ns}(x, X') = W_n(X')\, \varphi_{ns}(x, X') \tag{18.43}$$

ist.

In dieser Gleichung spielt X' nur die Rolle eines Parameters: Es ist die Schrödinger-Gleichung für die Elektronen des Moleküls, wenn man die Kerne in den Orten X' fixiert. Zu jeder Eigenlösung dieser Gleichung gehört eine Eigenfunktion von $H^{(0)}$ in der Form (18.42). Kennt man alle Eigenlösungen der Gleichung (18.43) für alle möglichen Werte X', so kann man ein vollständiges System von Eigenfunktionen von $H^{(0)}$ bilden. Weil die Normierungsfragen sich im folgenden als wichtig erweisen werden, wollen wir stets orthonormierte Eigenfunktionen nehmen. Dem trägt man Rechnung, wenn die Funktion $\varphi_{ns}(x, X')$, als Funktion der x allein betrachtet, auf Eins normiert wird.

Das Eigenwertproblem (18.43) ist der Bestimmung der stationären Zustände eines Atoms analog. Es kann durch analoge Methoden, wie z.B. die des selbstkonsistenten Feldes gelöst werden. Im vorliegenden Fall unterliegen die Elektronen jedoch Kräften mit mehreren Zentren, und die bei atomaren Problemen festgestellte Symmetrie ist hier weitgehend, wenn nicht völlig zerstört.

Diskutieren wir kurz diese Symmetriefrage [8]. Das Potential $V(x, X)$ ist translations-, dreh- und spiegelungsinvariant hinsichtlich der Gesamtheit der Elektronen und Kerne. Darüberhinaus ist es invariant in bezug auf eine Permutation der identischen Teilchen des Systems und gegenüber Zeitumkehr. Wir nehmen jetzt an, daß man die Kerne in den Lagen X' fixiert. Betrachtet man $V(x, X')$ als Funktion der x allein, so sind seine Symmetrien unter den eben angegebenen die, die die

[8] Über die Symmetrieeigenschaften von Elektronenwellenfunktionen bei Molekülen s. *L.D. Landau* und *E.M. Lifshitz*, *Quantenmechanik*, Berlin: Akademie-Verlag, 1971.

Kernkonfiguration X' ungeändert lassen. So ist bei einem zweiatomigen Molekül, wie z.B. ClH, das Potential in bezug auf Drehungen um die durch den Chlor- und den Wasserstoffkern gehende Achse und gegenüber Spiegelungen an den durch diese Achse gehenden Ebenen invariant. Zusammen mit der Invarianz gegenüber Zeitumkehr sind das die einzigen Symmetrien. Ist das Molekül hinreichend komplex, so bleibt allein die Invarianz gegenüber Zeitumkehr übrig. $H^{(0)}$ weist, wenn man ihn nur als Funktion der Variablen x auffaßt, offensichtlich dieselben Symmetrien wie $V(x, X')$ auf. Die Entartung des Niveaus $W_n(X')$ hängt mit diesen Symmetrieeigenschaften zusammen (s. das fünfzehnte Kapitel).

Um jede auf die Entartung zurückgehende Komplikation zu vermeiden, setzen wir im folgenden voraus, daß $V(x, X')$ nur gegenüber Zeitumkehr invariant ist. Dann ist $W_n(X')$ allenfalls noch zufällig entartet. Bei einem Molekül (und nicht bei einem freien Radikal) ist nämlich die Anzahl der Elektronen gerade, und es liegt der erste, in Abschnitt 15.4.7 untersuchte Fall vor. Man kann daher die Phase der Eigenfunktion $\varphi_n(x, X')$ so wählen, daß diese Funktion reell ist. Wir setzen also voraus, daß $W_n(X')$ nicht entartet und $\varphi_n(x, X')$ reell ist.

Zum Abschluß dieses Abschnitts zwei Bemerkungen.

Faßt man $H^{(0)}$ als einen Operator auf, der nur auf die Variablen x wirkt, so ist er eine stetige Funktion der Parameter X'. Das Gleiche gilt für seinen Eigenwert und Eigenfunktionen, sobald deren Phasen einmal festgelegt sind. Anders ausgedrückt, sind bei festem n sowohl $W_n(X')$ als auch $\varphi_n(x, X')$ stetige Funktionen von X'.

Als ein Operator, der auf alle Variablen wirkt (s. Gleichung (18.41)), ist $H^{(0)}$ gegenüber den verschiedenen Transformationen invariant, die weiter oben für $V(x, X)$ aufgezählt wurden. Also ist jeder Vektor, der aus $|n X'>$ durch eine dieser Transformationen hervorgeht, Eigenvektor von $H^{(0)}$ zum selben Eigenwert $W_n(X')$. $W_n(X')$ bleibt mit anderen Worten ungeändert, wenn man an den X' eine dieser Transformationen vornimmt. Insbesondere hängt $W_n(X')$ nur von den gegenseitigen Abständen der Kerne ab, d.h. von der geometrischen Figur, die die Kerne miteinander bilden. Es ändert sich also nicht, wenn man diese Figur durch Translation und Rotation verschiebt oder sie durch ihr Spiegelbild ersetzt (Reflexion).

18.3.3 Die adiabatische Näherung

Im vorangegangenen Abschnitt haben wir die stationären Zustände der Elektronen in Gegenwart fester Kerne untersucht. Wir nehmen jetzt an, daß sich die Kerne langsam nach dem Gesetz $X'(t)$ verschieben. Falls diese Bewegung hinreichend langsam ist, so folgt der Zustand der Elektronen den Änderungen des Potentials, dem sie unterliegen, adiabatisch: Sind sie zum Zeitpunkt t_0 in dem Zustand $(n, X'(t_0))$, der zum Niveau $W_n(X'(t_0))$ gehört – d.h. wird der Zustand durch die Wellenfunktion $\varphi_n(x, X'(t_0))$ beschrieben –, so ist ihr Zustand zur Zeit t im wesentlichen der Zustand $(n, X'(t))$, der sich bei festem n stetig aus dem vorgehenden ergibt.

Die Bedingungen für die Gültigkeit dieser adiabatischen Näherung wurden in Abschnitt 17.2.7 diskutiert (s. das Kriterium (17.14)). Die Wahrscheinlichkeit η_n dafür, die Elektronen in einem von (n, X') verschiedenen Zustand zu finden, ist durch

$$\eta_n \simeq \left| \frac{\alpha_n}{\omega_n} \right|^2 \tag{18.44}$$

gegeben, worin α_n die „Winkelgeschwindigkeit" des Vektors $\varphi_n(x, X')$ und ω_n die minimale, zum Niveau $W_n(X')$ gehörende Frequenz bedeuten.

Für eine Abschätzung erinnern wir uns an die halbklassische Analyse aus Abschnitt 18.3.1. Die Abstände der Elektronenniveaus ist durch (18.34) gegeben, so daß

$$\omega_n \cong \epsilon_{el}/\hbar \cong \hbar/ma^2. \tag{18.45}$$

Um α_n abzuschätzen, verschaffen wir uns zunächst die Größenordnung der Norm von $\partial\varphi_n/\partial X'_j$, wobei φ_n nach Voraussetzung eine reelle und auf Eins normierte Funktion ist. Man weiß, daß für eine praktisch vollständige Abtrennung eines Atoms vom Rest des Moleküls eine Verschiebung des entsprechenden Kerns um eine Strecke der Größe a aus seiner Gleichgewichtslage erforderlich ist. X'_j muß also um $\Delta X'_j \cong a$ anwachsen, damit die Funktion $\varphi_n(x, X')$ in eine dazu orthogonale Funktion transformiert wird. Hieraus folgt, daß $\partial\varphi_n/\partial X_j$ grob gleich dem Quotienten aus dieser Funktion und a ist und daß für das Normquadrat ungefähr gilt:

$$\int \left(\frac{\partial\varphi_n}{\partial X_j}\right)^2 \mathrm{d}x \simeq \frac{1}{a^2}. \tag{18.46}$$

Nun ist nach Definition α_n^2 das Quadrat der Norm der (reellen) Funktion $\mathrm{d}\varphi_n/\mathrm{d}t$. Mit $v_j = \mathrm{d}X'_j/\mathrm{d}t$ ist α_n^2 gleich dem Normquadrat der Funktion $\Sigma_j v_j(\partial_{\varphi n}/\partial X_j)$, woraus ungefähr

$$\alpha_n^2 \simeq \frac{1}{a^2} \Sigma_j v_j^2$$

folgt. Bezeichnet man die kinetische Energie der Kerne mit t_N, so kann man diese Abschätzung auch schreiben:

$$\alpha_n^2 \simeq \frac{t_N}{Ma^2}. \tag{18.47}$$

Setzt man (18.45) und (18.47) in (18.44) ein, so erhält man:

$$\eta_n \simeq \varkappa^4 \frac{t_N}{\varepsilon_{el.}}. \tag{18.48}$$

Diese halbklassische Analyse des Phänomens wird bei der Bestimmung der stationären Zustände des Moleküls nützlich sein. Wir untersuchen also das Eigenwertproblem von H. Mit den Definitionen (18.39) und (18.40) ist

$$H = H^{(0)} + T_N. \tag{18.49}$$

Könnte man die kinetische Energie T_N der Kerne vollständig vernachlässigen, so reduzierte sich der Hamilton-Operator des Moleküls auf $H^{(0)}$ und jeder stationäre Zustand $|n X'\rangle$ gehörte zu einem wohlbestimmten Wert der elektronischen Quantenzahl n und zu einer ganz bestimmten Lage X' der Kerne. Die Kerne blieben in X' fest und die Bewegung der Elektronen würde durch die Funktion $\varphi_n(x, X')$ beschrieben. Die Wirkung von T_N besteht darin, die Eigenfunktionen von $H^{(0)}$ zu benachbarten X' zu koppeln.

In der adiabatischen Näherung vernachlässigt man die Kopplung zwischen Vektoren, die zu verschiedenen elektronischen Quantenzahlen gehören, und nimmt an, daß n eine gute Quantenzahl ist:

$$n \cong const. \tag{18.50}$$

Unter dieser Voraussetzung sind die Eigenvektoren von H Linearkombinationen der Vektoren $|n X'\rangle$ zu einem bestimmten Wert von n, also Vektoren der Form

$$\int |n X'\rangle \psi(X')\, dX', \tag{18.51}$$

worin $\psi(X')$ eine beliebige Funktion der X' bedeutet. In der $\{x X\}$-Darstellung werden diese Vektoren durch Wellenfunktionen von der Form

$$\Phi_n(x, X) \equiv \varphi_n(x, X)\, \psi(X) \tag{18.52}$$

dargestellt.

Um die Eigenlösungen von H in dieser Näherung zu bestimmen, genügt die *Anwendung der Variationsmethode mit $\Phi_n(x, X)$ als Vergleichsfunktion.* In diesem Fall ist der Variationsbereich der Vergleichsfunktion ein Unterraum des Zustandsraums, d.h. der Raum $\mathcal{E}_n$ der Vektoren von der Form (18.51), und die Methode führt (Abschnitt 18.1.2) zu einer Eigenwertgleichung in diesem Unterraum (Gleichung (18.9)). Hier erhält man eine Schrödinger-Gleichung für die unbekannte Funktion $\psi(X)$. Der Hamilton-Operator in dieser Gleichung – wir bezeichnen ihn mit H_n – ist die Projektion von H auf $\mathcal{E}_n$. Er wirkt nur auf die Variablen der Kerne. Die Eigenwerte von H_n sind die Energieniveaus des Moleküls zur Quantenzahl n.

Der Fehler bei dieser Näherung kann aufgrund der Überlegungen, die wir zu Beginn dieses Abschnitts angestellt haben, abgeschätzt werden. Φ_n sei eine Näherungslösung, wie sie durch diese Methode erhalten wird, und ψ_n die entsprechende exakte Lösung. Beide Lösungen seien auf Eins normiert. Die Differenz

$$\delta\Psi \equiv \Psi_n - \Phi_n$$

repräsentiert die Abweichung des adiabatischen Grenzfalls von der exakten Lösung. Sie ist ein Vektor, der im wesentlichen außerhalb des Unterraums $\mathcal{E}_n$ liegt und dessen Normquadrat gleich der oben eingeführten Größe η_n ist. Mit Gleichung (18.48) ergibt sich:

$$\iint |\delta\Psi|^2 \, dx \, dX \simeq \varkappa^4 \langle \frac{T_N}{\varepsilon_{el.}} \rangle \simeq \varkappa^4 \frac{\varepsilon_{vib.}}{\varepsilon_{el.}} \simeq \varkappa^6.$$

Grob gilt also:

$$\delta\Psi \cong \kappa^3 \Phi', \tag{18.53}$$

worin Φ' eine zum Raum $\mathcal{E}_n$ orthogonale und auf Eins normierte Funktion bedeutet. Weil das Funktional

$$E[\Psi] \equiv \frac{\langle\Psi|H|\Psi\rangle}{\langle\Psi|\Psi\rangle}$$

um die Lösung Ψ_n stationär ist, führt die Berechnung der Energie mit der Funktion Φ_n zu einem Fehler zweiter Ordnung in bezug auf die Variation $\delta\Psi$, d.h.

$$\begin{aligned}\delta E &\simeq \langle\delta\Psi|H|\delta\Psi\rangle = \varkappa^6 \langle\Phi'|H|\Phi'\rangle \\ &\simeq \varkappa^6 \varepsilon_{el.}.\end{aligned}$$

Berücksichtigt man die Beziehung (18.38), so stellt man fest, daß

$$\delta E/\varepsilon_{rot.} \cong \kappa^2 \qquad (\cong 10^{-2} \ll 1). \tag{18.54}$$

Folglich führt die adiabatische Näherung bei der Bestimmung der Wellenfunktion des Moleküls zu einem Fehler von der Größenordnung κ^3 (Gleichung (18.53)), während der Fehler bei der Berechnung der Energie κ^2-mal kleiner ist als der Abstand der Rotationsniveaus (Gleichung (18.54)).

18.3.4 Der Hamilton-Operator für die Kerne in der adiabatischen Näherung

Wir wollen jetzt mit der Variationsmethode die „Schrödinger-Gleichung" für die Funktion $\psi(X)$ aufstellen.

Wir erinnern uns, daß $\varphi_n(x, X)$ diejenige reelle Lösung von (18.43) ist, deren Norm hinsichtlich der Integration über die x gleich Eins ist:

$$\varphi_n^*(x, X) = \varphi_n(x, X) \tag{18.55}$$

$$\int \varphi_n^2(x, X) \, dx = 1. \tag{18.56}$$

Als stetige Funktion der X ist φ_n so bis aufs Vorzeichen bestimmt, das man beliebig festlegen kann. Differenziert man beide Seiten der Gleichung (18.56), so erhält man die im folgenden nützlichen Gleichungen:

$$\int \varphi_n \frac{\partial \varphi_n}{\partial X_j} \, dx = 0. \tag{18.56'}$$

$$\int \varphi_n \frac{\partial^2 \varphi_n}{\partial X_j^2} \, dx = -\int \left(\frac{\partial \varphi_n}{dX_j}\right)^2 dx. \tag{18.56''}$$

Damit ist $\psi(X)$ irgendeine quadratintegrable Funktion der X.

Nachdem der Variationsbereich der Vergleichsfunktion präzisiert wurde, wollen wir das Funktional $E[\Phi_n]$ auf die Form eines Funktionals von $\psi(X)$ bringen. Aus den Eigenschaften von φ_n folgt zunächst:

$$\langle\Phi_n|\Phi_n\rangle \equiv \iint |\Phi_n|^2 \,\mathrm{d}x\,\mathrm{d}X = \int |\psi|^2 \,\mathrm{d}X. \tag{18.57}$$

Andererseits kann man schreiben:

$$\langle\Phi_n|H|\Phi_n\rangle \equiv \iint \Phi_n^* (H\,\Phi_n)\,\mathrm{d}x\,\mathrm{d}X = \int \psi^* (H_n\psi)\,\mathrm{d}X \tag{18.58}$$

wenn man dabei

$$H_n\psi \equiv \int \varphi_n(x, X)\left[H\,\varphi_n(x, X)\,\psi(X)\right]\mathrm{d}x \tag{18.59}$$

setzt.

Darum ist

$$E[\Phi_n] = \frac{\int \psi^* (H_n\psi)\,\mathrm{d}X}{\int |\psi|^2 \,\mathrm{d}X}. \tag{18.60}$$

Die Identität (18.59) ist die Definitionsgleichung für einen bestimmten Operator H_n des Raums der Funktionen $\psi(X)$. Daß er linear ist, ist klar. Weiter unten zeigen wir, daß er auch hermitisch ist. In der adiabatischen Näherung sind die Eigenlösungen der Schrödinger-Gleichung des Moleküls diejenigen Funktionen, die $E[\Phi_n]$ in bezug auf die Variation von $\psi(X)$ stationär lassen. Nach Gleichung (18.60) sind das die Lösungen der Eigenwertgleichung

$$H_n\,\psi = E\,\psi. \tag{18.61}$$

Dies ist die gesuchte „Schrödinger-Gleichung".

Die Energieniveaus des Moleküls zur elektronischen Quantenzahl n sind die Eigenwerte von H_n. Die zugehörigen Wellenfunktionen Φ_n erhält man, indem man in den Ausdruck (18.52) für $\psi(X)$ die entsprechende(n) Lösung(en) der Schrödinger-Gleichung (18.61) einsetzt.

Unter Berücksichtigung der Eigenschaften der φ_n kann man die in der Definition (18.59) auftretenden Integrationen weitgehend ausführen und so für H_n einen handlicheren Ausdruck erhalten.

Aus der Eigenschaft (18.43) leitet man her, daß

$$H^{(0)}\,\varphi_n(x, X)\,\psi(X) = W_n(X)\,\varphi_n(x, X)\,\psi(X),$$

woraus sich zusammen mit der Beziehung (18.56)

$$\int \varphi_n\,[H^{(0)}\,\varphi_n\,\psi]\,\mathrm{d}x = W_n(X)\,\psi(X) \tag{18.62}$$

ergibt.

Aus dem Ausdruck (18.39′) für die kinetische Energie der Kerne folgt

$$T_N \varphi_n \psi = \sum_j \left(-\frac{\hbar^2}{2M_j}\right)\left[\varphi_n \frac{\partial^2 \psi}{\partial X_j^2} + 2\frac{\partial \varphi_n}{\partial X_j}\frac{\partial \psi}{\partial X_j} + \frac{\partial^2 \varphi_n}{\partial X_j^2}\psi\right]$$

womit man sich den Ausdruck

$$\int \varphi_n (T_N \varphi_n \psi)\, \mathrm{d}x$$

verschaffen kann, indem man mit $\varphi_n(x, X)$ multipliziert und über x integriert. Es ist zweckmäßig, die Anteile der drei Terme in der eckigen Klammer zu trennen. Wegen der Eigenschaft (18.56) ergibt der erste Term einfach $(T_N \psi)$. Hierin ist T_N der im üblichen Sinn auf die X wirkende Differentialoperator:

$$T_N \psi = \sum_j \left(\frac{-\hbar^2}{2M_j}\right)\frac{\partial^2 \psi}{\partial X_j^2}. \tag{18.63}$$

Der Anteil des zweiten Terms verschwindet wegen der Eigenschaft (18.56′). Der Anteil des dritten Terms ist das Produkt von ψ mit einer Funktion $W_n'(X)$, die man mit der Beziehung (18.56″) auf die Form

$$W_n'(X) = \sum_j \frac{\hbar^2}{2M_j}\int \left(\frac{\partial \varphi_n}{\partial X_j}\right)^2 \mathrm{d}x \tag{18.64}$$

bringen kann. Insgesamt erhält man:

$$\int \varphi_n (T_N \varphi_n \psi)\, \mathrm{d}x = (T_N + W_n')\,\psi. \tag{18.65}$$

Mit der Definition (18.59) und den Gleichungen (18.49), (18.62) und (18.65) bekommen wir schließlich:

$$H_n = T_N + W_n' + W_n. \tag{18.66}$$

Die drei Terme lassen sich leicht interpretieren. Die potentielle Energie $W_n(X)$ ist das Mittel von $H^{(0)}$, d.h. die Summe aus der Wechselwirkungsenergie der Kerne und dem Mittelwert der Energie der Elektronen im Quantenzustand n und zu einer bestimmten Lage X der Kerne. Aufgrund der Diskussion des Abschnitts 18.3.1 weist $W_n(X)$ in einem bestimmten Punkt X_0, der stabilen Gleichgewichtslage der von den Kernen gebildeten Figur, ein absolutes Minimum auf.

Die beiden anderen Terme rühren von der über den Zustand der Elektronen gemittelten kinetischen Energie der Kerne her. Neben der kinetischen Energie T_N im eigentlichen Sinn tritt zusätzlich die potentielle Energie $W_n'(X)$ auf[9)]. Sie stellt eine kleine Korrektur zur potentiellen Energie W_n dar. Setzt man nämlich in den Ausdruck (18.64) die durch die Gleichung (18.46) gegebenen Abschätzung ein, so findet man:

[9)] Dieser Term ist das Analogon zum Zentrifugalterm in den Bewegungsgleichungen eines klassischen Systems, der bei der Wahl eines sich gleichförmig drehenden Bezugssystems auftritt.

$$W_n'(X_0) \simeq \frac{\hbar^2}{Ma^2}$$

W_n' ist also eine positive Größe von der Ordnung der Rotationsquanten.

18.3.5 Die Born-Oppenheimer-Methode

Die ursprüngliche, auf Born und Oppenheimer [10] zurückgehende Behandlung der Moleküle unterscheidet sich ein wenig von der eben beschriebenen Variationsmethode. Sie besteht darin, den Hamilton-Operator als Potenzreihe in κ zu schreiben und dann das Eigenwertproblem von H nach dem üblichen Vorgehen störungstheoretisch zu lösen.

Im vorangegangenen Abschnitt hatten wir mit X_0 die Stelle bezeichnet, in der $W_n(X)$ sein Minimum annimmt. Tatsächlich ist diese Gleichgewichtslage nur bis auf eine Drehung definiert, weil W_n in bezug auf eine Rotation aller Kerne zusammen invariant ist (Wir stellen nebenbei fest, daß das für W_n' im allgemeinen nicht gilt). Genauer ist $X = (\omega, \xi)$, wobei ω die drei Winkelvariablen (zwei beim zweiatomigen Molekül) kennzeichnet, die die Orientierung der Kerngesamtheit festlegen, und ξ die Gesamtheit der Radialvariablen, die die gegenseitige Lage der Kerne bestimmen. W_n hängt nur von ξ ab und die Gleichgewichtslage gehört zu bestimmten Werten der Radialvariablen.

Nach Born und Oppenheimer führt man neue Radialvariable u ein, indem man definiert:

$$\xi = \xi_0 + \kappa u.$$

Die u stellen in passenden Einheiten die Auslenkung der Kerne aus ihrer Gleichgewichtslage dar. Weil κ etwa gleich dem Verhältnis der Schwingungsamplituden der Kerne zu denen der Elektronenbewegung ist, ist der Bereich, in dem sich die u ändern, derselbe wie der für die x, d.h. von der Größenordnung a.

Nach diesem Variablenwechsel erhält man die Reihenentwicklung von H nach Potenzen von κ, indem man den Ausdruck für die potentielle Energie nach Potenzen der u entwickelt. Der Term T_N ist von der Ordnung κ^2. Man muß die Entwicklung bis zur vierten Ordnung in κ treiben, um die Rotationsniveaus korrekt zu erhalten. Bricht man die Entwicklung nach der fünften Ordnung ab, so erhält man bis auf Glieder höherer Ordnung dieselben Resultate wie bei der adiabatischen Näherung. In Übereinstimmung mit der Abschätzung, die in Abschnitt 18.3.1 diskutiert wurde, treten Unterschiede auf, wenn man die Entwicklung bis zur sechsten Ordnung oder darüberhinaus treibt.

18.3.6 Zweiatomige Moleküle

Wir wollen die allgemeine Behandlung der Moleküle mit Hilfe der adiabatischen Näherung nicht weiter verfolgen und insbesondere die Trennung der Schwingungen und Drehungen nicht diskutieren. Hierzu müßte man die Variationsmethode in etwas veränderter Form anwenden, indem man statt der zwei Variablensätze drei einführt: die Winkelvariablen, die die Orientierung des Gesamtsystems festlegen, die Variablen, die die relative Lage der Kerne untereinander und schließlich diejenigen Veränderlichen, die die gegenseitige Lage der Elektronen untereinander bestimmen. Wir beschränken uns zum Schluß dieses Abschnitts auf einige summarische Anmerkungen über die Struktur zweiatomiger Moleküle.

---

[10] A.a.O. Fußnote 18 [7].

Nach Separation der Schwerpunktsbewegung beziehen sich die Kernvariablen nur noch auf die relative Bewegung der Kerne untereinander. Die Koordinaten X reduzieren sich also in diesem Fall auf die Komponenten des Vektors $\boldsymbol{R} = \boldsymbol{R}_1 - \boldsymbol{R}_2$, der den Ort des ersten Kerns relativ zu dem des zweiten beschreibt. x stellt wie bisher die Gesamtheit der Elektronenkoordinaten dar, genauer deren Koordinaten relativ zum Schwerpunkt der Kerne. Zur Vereinfachung berücksichtigen wir die Existenz der Spins nicht [11]. $\boldsymbol{L}$ sei der (Bahn-)Drehimpuls der Elektronen, $\boldsymbol{G}$ der der Kerne ($\boldsymbol{G} = \boldsymbol{R} \times \boldsymbol{P}$) und $\boldsymbol{K}$ der Gesamtdrehimpuls:

$$\boldsymbol{K} = \boldsymbol{G} + \boldsymbol{L}. \tag{18.67}$$

Schließlich sei $\boldsymbol{u}$ der Einheitsvektor in Richtung der Molekülachse ($\boldsymbol{u} = \boldsymbol{R}/R$), und der Index u kennzeichne die Komponenten der Vektoren in Richtung dieser Achse. Nebenbei konstatieren wir das Bestehen der Operatoridentität

$$\boldsymbol{G}.\boldsymbol{R} = 0. \tag{18.68}$$

Hieraus ergibt sich, daß G_u ($\equiv \boldsymbol{G}.\boldsymbol{u}$) identisch gleich Null ist und daß folglich

$$K_u = L_u$$

gilt. Im übrigen übernehmen wir die Bezeichnungen des vorangegangenen Abschnitts.

Als erstes betrachten wir die Elektronenbewegung. $H^{(0)}$ weist, als Operator betrachtet, der nur auf die Elektronenvariablen wirkt, dieselben Symmetrien wie beim Stark-Effekt auf: $H^{(0)}$ ist gegenüber Drehungen um die $\boldsymbol{u}$-Achse und in bezug auf Spiegelungen an den durch diese Achse gehenden Ebenen invariant. Sind die beiden Atome identisch, so ist $H^{(0)}$ darüberhinaus spiegelungsinvariant im eigentlichen Sinn ($x \to -x$), doch lassen wir diesen Spezialfall für den Augenblick beiseite.

Zur Klassifizierung der Zustände genügt es, sich auf die Diskussion des Stark-Effekts in Abschnitt 15.3.4 zu beziehen. Jedes Niveau von $H^{(0)}$ gehört zu einem bestimmten Eigenwert von L_u^2. Die Eigenwerte von L_u^2 können auf die Form $\hbar^2\Lambda^2$ gebracht werden, worin Λ eine Quantenzahl ist, die alle nichtnegativen ganzzahligen Werte annehmen kann. Wie in der Spektroskopie üblich, kennzeichnen wir die zu den drei ersten Werten $\Lambda = 0, 1, 2$ gehörenden Terme mit den griechischen Großbuchstaben Σ, Π, Δ. Ist $\Lambda \neq 0$, so ist das Niveau zweifach entartet. Man kann es den zwei Eigenvektoren zu den Eigenwerten $\hbar\Lambda$ und $-\hbar\Lambda$ der Drehimpulskomponente in Richtung der Molekülachse zuordnen. Dagegen sind die Σ-Niveaus ($\Lambda = 0$) einfach. Man kann sie in zwei Kategorien einteilen, je nachdem, ob

[11] Ist die Spin-Bahnkopplung im Vergleich zur Größe der Rotationsquanten klein, so modifiziert die Anwesenheit der Spins die Resultate nur unwesentlich und führt lediglich zum Auftreten einer Feinstruktur, so wie bei Atomen in LS-Kopplung. Andernfalls ändert sich das Spektrum grundsätzlich. S. *L.D. Landau* und *E.M. Lifschitz*, a.a.O., Fußnote 18 [8]).

ihr Eigenvektor bei Reflexion an einer durch die Achse gehenden Ebene invariant bleibt (Σ^+) oder sein Vorzeichen ändert (Σ^-). Bei der großen Mehrzahl der zweiatomigen Moleküle ist der Grundzustand ein Σ^+-Zustand.

Wir betrachten jetzt den gesamten Hamilton-Oprator und untersuchen die Bedingungen für die Gültigkeit der adiabatischen Näherung. Eine eventuelle Entartung der Elektronenniveaus kompliziert die Dinge nur scheinbar. Man kann nämlich zeigen, daß die durch T_N verursachte Kopplung zwischen den Zuständen zu $\hbar\Lambda$ und $-\hbar\Lambda$ geringer ist als der Abstand der Rotationsniveaus. Sie wird darum einfach vernachlässigt. Man ergänzt, mit anderen Worten, die Näherung (18.50) durch die Näherung $L_u = const.$

Nun ist die Art, wie wir die Variationsmethode in den Abschnitten 18.3.3 und 18.3.4 angewendet haben, wohl für eine allgemeine Diskussion geeignet, sie gestattet aber nicht, in einfacher Weise die Trennung zwischen Rotationen und Schwingungen aufzuzeigen. Die Schwierigkeit beruht darin, daß die Korrektur $W_n'(\boldsymbol{R})$ im allgemeinen nicht drehinvariant ist. Es empfiehlt sich daher, der Drehinvarianz von H und $H^{(0)}$ von Anfang an Rechnung zu tragen und nach den Eigenvektoren von H zu einem gegebenen Gesamtdrehimpuls zu suchen. Die Eigenvektoren von $H^{(0)}$ können in folgender Weise charakterisiert werden:

(*i*) durch die Quantenzahlen K, m_K des Gesamtdrehimpulses (m_K ist die Komponente von $\boldsymbol{K}$ in Richtung einer festen Raumachse, nicht zu verwechseln mit K_u);

(*ii*) durch die Quantenzahlen, die den Elektronenzustand spezifizieren, d.h. durch n und eventuell, falls $\Lambda \neq 0$, durch s ($s \equiv$ Vorzeichen von L_u);

(*iii*) durch den Kernabstand R.

Die Schrödinger-Gleichung (18.41) lautet dann:

$$H^{(0)} \,|\, K\, m_K\, nsR > \; = W_n(R) \,|\, K m_K\, nsR >. \tag{18.69}$$

Die adiabatische Näherung besteht dann darin, die Eigenlösungen von H im Unterraum der Vektoren zu suchen, die zu bestimmten Werten von K, m_K, n und s gehören, d.h. unter den Vektoren der Form

$$\int_0^\infty |K\, m_K\, n\, s\, R>\, y(R)\, \mathrm{d}R \tag{18.70}$$

(man vergleiche dies mit der Form (18.51)). Jetzt wendet man die Variationsmethode wie in den Abschnitten 18.3.3 und 18.3.4 an. Man gelangt zu einer Schrödinger-Gleichung für die Radialfunktion $y(R)$, deren Eigenwerte die Energieniveaus bezüglich der Quantenzahlen K und n sind (diese Niveaus sind von m_K und s unabhängig).

Den Hamilton-Operator h dieser Radialgleichung erhält man auf dieselbe Weise wie in Abschnitt 18.3.4. $H^{(0)}$ liefert den Anteil $W_n(R)$. Zur Berechnung des Anteils T_N, der kinetischen Energie der Kerne, bringt man diesen Operator auf die Form

$$T_N = \frac{P_R{}^2}{2M} + \frac{G^2}{2MR^2} \tag{18.71}$$

(M reduzierte Masse der Kerne, P_R Radialimpuls) und behandelt die beiden Terme auf der rechten Seite getrennt voneinander. Beim ersten zeigt man leicht, daß er den Beitrag

$$-\frac{\hbar^2}{2M}\frac{\mathrm{d}^2}{\mathrm{d}R^2}+w_n'(R) \tag{18.72}$$

liefert, wobei $w_n'(R)$ eine kleine, von K, m_K und s unabhängige Korrektur bedeutet. Der Anteil des zweiten Terms, die kinetische Energie der Rotation, verdient etwas mehr Beachtung. Er ist gleich dem Produkt aus $\hbar^2/2MR^2$ mit dem Mittelwert des Operators $\boldsymbol{G}^2$ im Unterraum der Vektoren (18.70). Mit Verwendung der Definition (18.67) kann man ihn nacheinander schreiben:

$$\begin{aligned}\langle \boldsymbol{G}^2\rangle &= \langle(\boldsymbol{K}-\boldsymbol{L})^2\rangle\\ &= \hbar^2 K(K+1)-2\langle \boldsymbol{K}.\boldsymbol{L}\rangle+\langle \boldsymbol{L}^2\rangle.\end{aligned}$$

Weil der Zustand $|K\, m_K\, n s R>$ ein Eigenzustand von L_u ist, verschwindet der Mittelwert einer jeden Komponente von $\boldsymbol{L}$ senkrecht zu $\boldsymbol{u}$. Hieraus erhält man zusammen mit Gleichung (18.68):

$$\langle \boldsymbol{K}.\boldsymbol{L}\rangle = \langle K_u L_u\rangle = \langle L_u^2\rangle = \hbar^2\,\Lambda^2.$$

$\langle \boldsymbol{L}^2\rangle$ ist eine gewisse positive, allein von n abhängige Größe. Setzt man

$$\omega_n''(R) \equiv (\langle \boldsymbol{L}^2\rangle - 2\hbar^2\,\Lambda^2)/2MR^2,$$

so erhält man für den Anteil der Rotationsenergie den Ausdruck

$$\frac{\hbar^2 K(K+1)}{2M\,R^2}+w_n''(R). \tag{18.73}$$

Die kleinen Korrekturen $w_n'(R)$ und $w_n''(R)$ können zum Potential $W_n(R)$ geschlagen werden. Der radiale Hamilton-Operator gelangt so auf die Form:

$$h\equiv-\frac{\hbar^2}{2M}\frac{\mathrm{d}^2}{\mathrm{d}R^2}+\frac{\hbar^2 K(K+1)}{2M\,R^2}+W_n(R). \tag{18.74}$$

Das ist der radiale Hamilton-Operator eines Teilchens mit der Masse M und dem Drehimpuls K im Potential $W_n(R)$.

Wir stellen fest, daß die Werte, die das ganzzahlige K annehmen kann, von n abhängen. Es ist nämlich $K \geqslant |K_u|$. Gibt man n vor und damit Λ, denn es ist $|K_u| = |L_u| = \Lambda$, so liefert diese Bedingung:

$$K \geqslant \Lambda. \tag{18.75}$$

Die Energieniveaus E sind die Eigenwerte von h. Sie ergeben sich aus der Radialgleichung:

$$h\,y(R) = E\,y(R).$$

Bei gegebenen K und n sind das die Niveaus eines Teilchens mit der Masse M und dem Drehimpuls K im Potential $W_n(R)$. Um sie voneinander zu unterscheiden, führen wir eine dritte Quantenzahl v ein. n ist die elektronische Quantenzahl, v die Schwingungsquantenzahl und K die Rotationsquantenzahl.

Die wesentlichen Eigenschaften des auf diese Weise erhaltenen Spektrums hängen vom allgemeinen Verlauf von $W_n(R)$ ab. Diese Funktion weist für einen bestimmten Wert des Kernabstands R_0, der der stabilen Gleichgewichtslage des Moleküls entspricht, ein ausgeprägtes Minimum auf. Die Erfahrung zeigt, daß $W_n(R)$ sehr häufig in ausgezeichneter Näherung durch ein Morse-Potential um seine Gleichgewichtslage dargestellt werden kann (s. Abb. 18.2 und Aufgabe 5). Für die niedrigsten Niveaus ist die Eigenfunktion $y(R)$ im wesentlichen in einem kleinen Bereich (von der Ausdehnung κR_0 ungefähr) um den Punkt R_0 konzentriert und repräsentiert die Kernschwingungen um die Gleichgewichtslage.

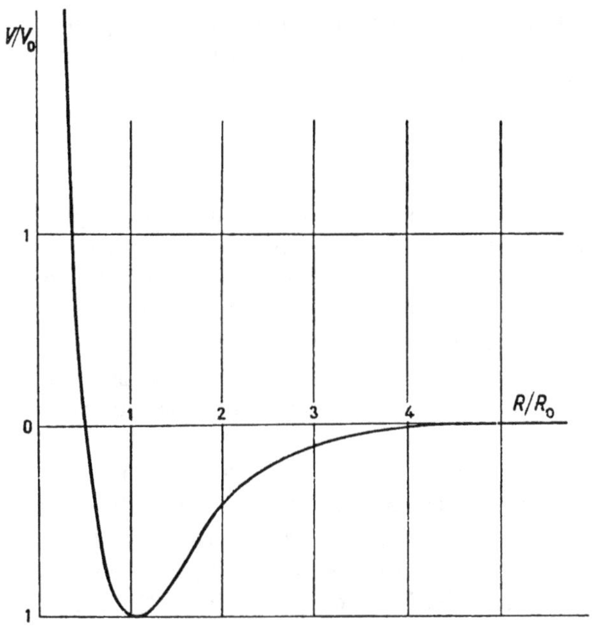

Abb. 18.2: Das Morse-Potential: $V = V_0\,(e^{-2(R-R_0)/b} - 2e^{-(R-R_0)/b})$. R_0 Gleichgewichtsabstand der Kerne, V_0 Tiefe des Potentials im Gleichgewichtspunkt. Das Minimum ist um so ausgeprägter, je kleiner das Verhältnis b/R_0 ist. Der in der Abbildung verwendete Wert, $b/R_0 = 0{,}68$ gehört zum Wasserstoffmolekül.

In erster Näherung (der harmonischen Näherung) kann man im Zentrifugalterm R durch R_0 ersetzen und $W_n(R)$ durch die beiden ersten Glieder seiner Entwicklung nach Potenzen von $q \equiv R - R_0$. Mit den Bezeichnungen

$$B_n = \hbar^2/2MR_0^2, \qquad W_n(R_0) = E_n, \qquad W''_n(R_0) = M\omega_n^2,$$

gelangt man so zur Radialgleichung

$$\left[-\frac{\hbar^2}{2M}\frac{d^2}{dq^2} + E_n + \tfrac{1}{2} M\,\omega_n^2\,q^2 + B_n\,K(K+1)\right] y = E_{nvK}\,y.$$

Das ist die Schrödinger-Gleichung eines harmonischen Oszillators. Folglich ist:

$$\begin{aligned} &E_{nvK} = E_n + (v + \tfrac{1}{2})\,\hbar\,\omega_n + K(K+1)\,B_n \\ &(v = 0, 1, 2, \ldots; \qquad K = \Lambda, \Lambda + 1, \Lambda + 2, \ldots). \end{aligned} \tag{18.76}$$

Die Energie ist also die Summe aus der Elektronenenergie E_n, der Schwingungsenergie $(v + ½)\hbar\omega_n$ und der Rotationsenergie $K(K + 1)B_n$. Andererseits findet man die richtige Größenordnung für die Quanten $\hbar\omega_n$ und B_n, so daß die Analyse des Abschnitts 13.3.1 und die sich daraus für die Struktur der Molekülspektren ergebenden Folgerungen bestätigt werden [12].

Wir gehen hier nicht darauf ein, wie unsere Untersuchung bei Berücksichtigung des Spins modifiziert werden muß. Wir weisen nur auf einen interessanten Effekt hin, der mit dem Spin und der Statistik der Kerne zusammenhängt. Weil die Kopplung der Kernspins mit dem Rest des Moleküls vollständig vernachlässigbar ist, besteht der einzige Effekt in einer Spinentartung oder Multiplizität eines jeden Niveaus. Die Eigenfunktionen des Moleküls werden auf die Form

$$\Psi = \Phi(\boldsymbol{R}, x)\,\chi(\mu_1, \mu_2)$$

gebracht, und der Entartungsgrad ist gleich der Anzahl der linear unabhängigen Funktionen $\chi(\mu_1, \mu_2)$. j_1, j_2 seien die Spins der beiden Kerne. Dann existieren insgesamt $(2j_1 + 1)(2j_2 + 1)$ Funktionen χ. Sind die beiden Kerne verschieden, so unterliegt Ψ keiner Einschränkung und die Multiplizität jedes Niveaus ist gleich $(2j_1 + 1)(2j_2 + 1)$. Sind dagegen die beiden Kerne identisch mit dem Spin $j (j_1 = j_2 = j)$, so muß Ψ hinsichtlich einer Vertauschung der Kerne symmetrisch oder antisymmetrisch sein ($\boldsymbol{R} \leftrightarrow -\boldsymbol{R}$, $\mu_1 \leftrightarrow \mu_2$), je nachdem, ob sie Bosonen oder Fermionen sind, d.h. je nachdem, ob j ganz- oder halbzahlig ist. Nun kann man im $(2j + 1)^2$-dimensionalen Raum der χ $(j + 1)(2j + 1)$ symmetrische und $j(2j + 1)$ antisymmetrische Funktionen bilden (Aufgabe 13.13). Die Multiplizität g ist also verschieden, je nachdem, ob $\Psi(\boldsymbol{R}, x)$ symmetrisch oder antisymmetrisch ist, d.h., je nachdem, ob Φ bei einer Spiegelung der Kerne allein gerade oder ungerade ist. Ist $\tilde{\omega}$ die Parität von Φ bei dieser Transformation ($\tilde{\omega} = \pm 1$), dann hat man:

$$g = \begin{cases} (j+1)(2j+1) & j(2j+1) & \text{wenn} \quad \tilde{\omega} = +1 \\ j(2j+1) & (j+1)(2j+1) & \text{wenn} \quad \tilde{\omega} = -1. \end{cases}$$
$$\qquad (j \text{ ganz}) \qquad\qquad (j \text{ halbzahlig})$$

[12] Für den elektronischen Grundzustand des Wasserstoffmoleküls (Σ^+-Zustand) werden die ersten Niveaus durch diese Formel korrekt wiedergegeben mit $E_0 = -4{,}72$ eV, $\hbar\omega_0 = 0{,}54$ eV und $B_0 = 0{,}0074$ eV. Diese Werte gehören zu einem Gleichgewichtsabstand $R_0 = 0{,}74 \times 10^{-8}$ cm. Eine bessere Darstellung des Schwingungs- und Rotationsspektrums erhält man, wenn man für $W_0(R)$ ein Morse-Potential mit $V_0 = 4{,}72$ eV, $R_0 = 0{,}74 \times 10^{-8}$ cm und $b = 0{,}68\,R_0$ wählt (s. Abb. 18.2 und Aufgabe 5). Die Dissoziationsenergie des Moleküls ist $V_0 - ½\hbar\omega_0$.

Interessant wird die Sache dadurch, daß $\tilde{\omega}$ von der Parität des orbitalen Gesamtdrehimpulses abhängt. Man kann nämlich zeigen, daß

$$\tilde{\omega} = (-)^K \tilde{\omega}_e$$

ist, wobei $\tilde{\omega}_e$ (= ± 1) von den Reflexionseigenschaften der elektronischen Wellenfunktion abhängt, die zu Φ gehört. Ist $\Lambda \neq 0$, so gibt es für jedes Niveau zwei Elektronenwellenfunktionen mit entgegengesetztem $\tilde{\omega}$. Für die Σ-Niveaus dagegen ($\Lambda = 0$) existiert nur eine Elektronenfunktion, $\tilde{\omega}_e$ hat einen wohlbestimmten Wert, + 1 oder − 1, und die Multiplizität g ändert sich in charakteristischer Weise von einem Rotationsniveau zum anderen [13].

Diese charakteristischen Eigenschaften der Energiespektren der Σ-Niveaus zweiatomiger, homonuklearer Moleküle zeigen sich in deutlicher Weise, wenn man die Struktur des „Bandenspektrums" dieser Moleküle untersucht. Weil die optischen Übergänge zwischen Zuständen mit verschiedenen Spinfunktionen eine sehr geringe Wahrscheinlichkeit haben, bleibt bei den beobachteten Übergängen die Parität von K praktisch erhalten. Weiter hängt unter den üblichen Beobachtungsbedingungen die relative Intensität der Strahlung mit geraden Werten von K und die der Strahlung mit ungeraden Werten von K direkt mit dem Verhältnis der oben berechneten Multiziplizitäten zusammen, d.h. mit $(j + 1)/j$ oder $j/(j + 1)$, je nach dem Vorzeichen von $\tilde{\omega}_e$ und je nachdem, ob die Kerne Bosonen oder Fermionen sind. Das liefert eine besonders direkte Methode zur Messung von Kernspins.

Aufgaben

1. E_0 sei die Energie, Ψ_0 die Wellenfunktion des Grundzustands eines bestimmten Quantensystems. Eine Variationsrechnung liefere die Energie $E_{\text{var.}}$ und die Wellenfunktion $\Psi_{\text{var.}}$. Ψ_0 und $\Psi_{\text{var.}}$ seien auf Eins normiert. Man setze: $\epsilon = 1 - |<\Psi_0|\Psi_{\text{var.}}>|^2$. ϵ ist das Quadrat der Norm der Projektion von $\Psi_{\text{var.}}$ auf den zu Ψ_0 orthogonalen Unterraum. Es ist ein Maß für das Quadrat des Abstandes des Zustands $\Psi_{\text{var.}}$ vom Zustand Ψ_0. Man beweise die Ungleichung:

$$E_{\text{var.}} - E_0 \geqslant \epsilon(E_1 - E_0)$$

(E_1 ist die Energie des ersten angeregten Niveaus). Man verifiziere, daß sie von den Ergebnissen der Rechnung in Abschnitt 18.1.3 erfüllt wird und diskutiere.

2. Bei bekannter Wellenfunktion für den Grundzustand des Wasserstoffatoms berechne man das Niveau des ersten angeregten s-Zustands, indem man als Vergleichsfunktion den Anteil der Funktion $u = \rho e^{-b\rho}$ nimmt, der zur Wellenfunktion des Grundzustands orthogonal ist (Bezeichnungen wie in Abschnitt 18.1.3). Man vergleiche mit dem exakten Eigenwert und der exakten Eigenfunktion und diskutiere.

3. Man beweise die Ungleichungen (18.11) und (18.12).

[13] Ist insbesondere $j = 0$, so fehlen die Niveaus mit $\tilde{\omega} = -1$, und K kann nur Werte mit bestimmter Parität annehmen.

4. Mit Verwendung der Vergleichsfunktion $u = \rho^{l+1}\, e^{-b\rho}$ (Bezeichnungen des Abschnitts 18.1.3) berechne man für das Wasserstoffatom das niedrigste Energieniveau zum Drehimpuls l.

5. Man untersuche die eindimensionale Bewegung eines Teilchens mit der Masse M im Potential

$$V(q) = V_0\,[e^{-2q/b} - 2e^{-q/b}]$$

(*Morse-Potential*). Man bestimme die Energieniveaus und die zugehörigen Eigenfunktionen.

Anmerkung: Durch den Variablen- und Funktionenwechsel

$$\xi = 2K_0\, b\, e^{-q/b}, \qquad \omega(\xi) = e^{\frac{1}{2}\xi - \kappa b}\, \psi(q)$$

$$\text{mit} \quad K_0 = \sqrt{2MV_0}/\hbar \qquad \kappa = \sqrt{-2ME}/\hbar$$

führe man die Wellengleichung auf eine Laplacesche Differentialgleichung zurück. Man findet eine endliche Anzahl diskreter Niveaus, die durch den ganzzahligen Index n gekennzeichnet sind:

$$E_n = -V_0 \left(1 - \frac{n + \frac{1}{2}}{K_0 b}\right)^2 \qquad (0 \leqslant n \leqslant K_0 b - \tfrac{1}{2}).$$

19 Streutheorie

Einleitung

Bisher haben wir uns nur mit sehr einfachen Streuproblemen befaßt: der Streuung eines Elementarteilchens an einem Potential, insbesondere an einem Zentralpotential, und der gegenseitigen Streuung zweier Elementarteilchen. Durch Separation der Relativ- von der Schwerpunktsbewegung wurde dieses Problem auf das erste zurückgeführt. Die Behandlung dieser Art von Streuproblemen geschah im zehnten Kapitel; sie wurde durch die Untersuchung der Coulomb-Streuung (Abschnitt 11.2) und der Streuung zweier identischer Teilchen (Abschnitte 14.2.1–2) vervollständigt. Darüberhinaus erhielten wir in Abschnitt 17.1.4 einen besonders einfachen Ausdruck für die Streuung eines Teilchens an einem Potential $V(r)$, indem wir $V(r)$ als eine Störung behandelten und uns auf Effekte erster Ordnung (Gl. (17.54)) beschränkten. Die Überlegungen beruhten dabei jedoch auf einer nicht ganz einwandfreien Definition des Wirkungsquerschnitts. Ein strenger Beweis der dort angegebenen Formel steht noch aus.

In diesem Kapitel wollen wir einerseits einen Formalismus aufstellen, mit dem man Streuprobleme zwischen komplexen Atomen behandeln kann, und andererseits die in den vorangegangenen Kapiteln entwickelten Methoden, also die Störungs- und die Variationsmethode, auf die Berechnung der Streuquerschnitte ausdehnen.

Diese Probleme können auf zwei verschiedene Weisen erörtert werden. Bei der ersten gibt man eine strenge Begründung der Definition aus Abschnitt 17.1.4, in dem man die Wirkungsquerschnitte den Wahrscheinlichkeiten pro Zeiteinheit und Einheit des einfallenden Stroms zuordnet und diese dann in Beziehung setzt zu den Matrixelementen des Entwicklungsoperators $U(t, t')$ für den Grenzübergang $t \to +\infty$ und $t' \to -\infty$. Bei der zweiten werden in einfacher Verallgemeinerung der in Abschnitt 10.1 angestellten Untersuchung die Wirkungsquerschnitte mit dem asymptotischen Verhalten der stationären Lösungen der Schrödinger-Gleichung in Zusammenhang gebracht. Es ist klar, daß beide Wege äquivalent sind. In diesem Kapitel werden wir den zweiten Weg gehen [1].

Das Kapitel besteht aus fünf Abschnitten. In den beiden ersten wird für den einfacheren Fall der Streuung eines Teilchens an einem Potential $V(r)$ der Formalismus aufgestellt und die Störungsmethode entwickelt. Im dritten Abschnitt erfolgt die Erweiterung auf komplexere Stöße. Abschnitt 19.4 behandelt die Variations-

[1] Über den ersten Weg s. z.B.: *M.L. Goldberger* und *K.M. Watson, Collision Theory*; John Wiley and Sons Ins., New York, London, Sidney 1964.

methoden, und im fünften Abschnitt werden eine Reihe von Eigenschaften der Streuamplituden angegeben. Diese folgen aus sehr allgemeinen Eigenschaften des entsprechenden Hamilton-Operators, wie der der Hermitezität, der Zeitumkehrinvarianz und anderen Invarianzeigenschaften.

19.1 Greensche Funktion aus freien Wellen und Bornsche Näherung

19.1.1 Integraldarstellung der Streuamplituden

In diesem und dem nächsten Abschnitt diskutieren wir das Problem der Streuung eines Teilchens mit der Masse m an einem Potential $V(\boldsymbol{r})$. H_0 sei die kinetische Energie und H der Gesamthamilton-Operator:

$$H_0 \equiv -\frac{\hbar^2}{2m}\Delta \tag{19.1}$$

$$H \equiv -\frac{\hbar^2}{2m}\Delta + V(\boldsymbol{r}). \tag{19.2}$$

Wir nehmen an, daß das Potential asymptotisch schneller als $1/r$ gegen Null geht. Potentiale, die wie $1/r$ gegen Null gehen, werden in Abschnitt 19.2.5 kurz untersucht.

Bei den folgenden Überlegungen treten verschiedene Arten von Wellen auf, die man durch geeignete Bezeichnungen voneinander unterscheiden muß. Der Buchstabe φ kennzeichne von nun an ebene Wellen, der Buchstabe ψ die stationären Lösungen des Hamilton-Operators H. Mit einem bestimmten Wellenvektor $\boldsymbol{k}$ kann man definieren:

(*i*) die ebene Welle: $\varphi_k \equiv e^{i\boldsymbol{k}.\boldsymbol{r}}$;

(*i*) die stationären Wellen $\psi_k^{(+)}$ und $\psi_k^{(-)}$, die jeweils durch ihr asymptotisches Verhalten $e^{i\boldsymbol{k}.\boldsymbol{r}}$ + auslaufende Welle und $e^{i\boldsymbol{k}.\boldsymbol{r}}$ + einlaufende Welle charakterisiert sind.

Ist insbesondere $\boldsymbol{k}_a$ der Wellenvektor der einfallenden Teilchen und E ihre Energie ($k_a = k = (2mE)^{1/2}$), so ist $\psi_{k_a}^{(+)}$ die stationäre Streuwelle (Definition in Abschnitt 10.1.2). Diese Welle ist mit der zugehörigen Streuamplitude durch die Bedingungen

$$H\psi_{\boldsymbol{k}_a}^{(+)} = E\psi_{\boldsymbol{k}_a}^{(+)} \qquad \psi_{\boldsymbol{k}_a}^{(+)} \underset{r\to\infty}{\sim} e^{i\boldsymbol{k}_a\cdot\boldsymbol{r}} + f_{\boldsymbol{k}_a}^{(+)}(\Omega)\frac{e^{ikr}}{r}. \tag{19.3}$$

bestimmt. $d\sigma_{a\to b}/d\Omega$ sei der differentielle Streuquerschnitt in Richtung Ω_b. Im zehnten Kapitel zeigten wir, daß

$$d\sigma_{a\to b}/d\Omega = |f_{\boldsymbol{k}_a}^{(+)}(\Omega_b)|^2. \tag{19.4}$$

$\boldsymbol{k}_b$ sei ein Wellenvektor vom Betrag k und in Richtung Ω_b. Im ganzen folgenden Abschnitt treten ausschließlich stationäre Wellen auf, die durch die Vektoren $\boldsymbol{k}_a$

und $\boldsymbol{k}_b$ bestimmt sind. Zur Abkürzung werden wir die Indizes $\boldsymbol{k}_a$ und $\boldsymbol{k}_b$ durch die Indizes a und b ersetzen.

Wir beginnen unsere Untersuchung mit der Herleitung einer sehr allgemeinen Eigenschaft der Streuamplituden. Wir betrachten zwei Potentiale $U(\boldsymbol{r})$ und $\widehat{U}(\boldsymbol{r})$ und bezeichnen mit ξ, $\widehat{\xi}$ die stationären, zu den jeweiligen Hamilton-Operatoren gehörenden Lösungen. Insbesondere interessieren wir uns für die Lösungen $\widehat{\xi}_b^{(-)}$ und $\xi_a^{(+)}$. Für diese hat man:

$$\left[-\frac{\hbar^2}{2m}\Delta+\widehat{U}\right]\widehat{\xi}_b^{(-)}=E\,\widehat{\xi}_b^{(-)} \tag{19.5}$$

$$\left[-\frac{\hbar^2}{2m}\Delta+U\right]\xi_a^{(+)}=E\,\xi_a^{(+)} \tag{19.6}$$

$$\widehat{\xi}_b^{(-)}\underset{r\to\infty}{\sim}\mathrm{e}^{\mathrm{i}\boldsymbol{k}_b\cdot\boldsymbol{r}}+\widehat{f}_b^{(-)}(\Omega)\frac{\mathrm{e}^{-\mathrm{i}kr}}{r} \tag{19.7}$$

$$\xi_a^{(+)}\underset{r\to\infty}{\sim}\mathrm{e}^{\mathrm{i}\boldsymbol{k}_a\cdot\boldsymbol{r}}+f_a^{(+)}(\Omega)\frac{\mathrm{e}^{\mathrm{i}kr}}{r}\,. \tag{19.8}$$

Wir wollen zeigen, daß

$$\begin{aligned}\langle\widehat{\xi}_b^{(-)}|(U-\widehat{U})|\xi_a^{(+)}\rangle&\equiv\int\widehat{\xi}_b^{(-)*}(\boldsymbol{r})\left[U(\boldsymbol{r})-\widehat{U}(\boldsymbol{r})\right]\xi_a^{(+)}(\boldsymbol{r})\,\mathrm{d}\boldsymbol{r}\\&=-\frac{2\pi\hbar^2}{m}\left[f_a^{(+)}(\Omega_b)-\widehat{f}_b^{(-)*}(-\Omega_a)\right]\end{aligned} \tag{19.9}$$

gilt ($-\Omega_a$ kennzeichnet dabei die zu Ω_a entgegengesetzte Richtung).

Der Beweis geschieht analog zum Vorgehen in Abschnitt 10.5.1, bei dem wir die Integraldarstellungen für die Streuphasen hergeleitet hatten. Falls keine Verwechslungen zu befürchten sind, werden wir gelegentlich die Indizes a und b und das Symbol $\widehat{\ }$ fortlassen. Wir multiplizieren beide Seiten der Gleichung (19.6) mit $\xi^{(-)*}$, die zu (19.5) konjugiert komplexe Gleichung mit $\xi^{(+)}$ und subtrahieren. Weil $\widehat{U}$ reell ist, erhält man:

$$-\frac{\hbar^2}{2m}\left[\xi^{(-)*}(\Delta\xi^{(+)})-(\Delta\xi^{(-)*})\xi^{(+)}\right]+\xi^{(-)*}(U-\widehat{U})\,\xi^{(+)}=0.$$

Integration über das Volumen einer Kugel mit dem Radius R und dem Mittelpunkt im Ursprung liefert:

$$\langle\xi^{(-)}|(U-\widehat{U})|\xi^{(+)}\rangle=\frac{\hbar^2}{2m}\lim_{R\to\infty}\int_{r<R}\left[\xi^{(-)*}(\Delta\xi^{(+)})-(\Delta\xi^{(-)*})\,\xi^{(+)}\right]\mathrm{d}\boldsymbol{r}. \tag{19.10}$$

Trotz der Hermitezität von Δ verschwindet das Integral beim Grenzübergang nicht notwendig, denn die Funktionen ξ sind nicht quadratintegrabel. Zur Auswertung führen wir es mit Hilfe des Greenschen Satzes in ein Oberflächenintegral über.

Mit den von r abhängigen Funktionen ξ_1 und ξ_2 führen wir die folgenden Ausdrücke ein:

$$W[\xi_1, \xi_2] \equiv \xi_1 \frac{\partial \xi_2}{\partial r} - \xi_2 \frac{\partial \xi_1}{\partial r}$$

und

$$\begin{aligned} \} \xi_1, \xi_2 \{ &\equiv \int W[\xi_1, \xi_2]\,|_{r=R}\, R^2 \,\mathrm{d}\Omega \\ &\equiv \int W[r\,\xi_1, r\,\xi_2]\,|_{r=R}\, \mathrm{d}\Omega. \end{aligned} \tag{19.11}$$

Nach dem Greenschen Satz ist:

$$\} \xi_1, \xi_2 \{ = \int_{r<R} [\xi_1 (\Delta \xi_2) - (\Delta \xi_1)\, \xi_2]\, \mathrm{d}\boldsymbol{r}.$$

Gleichung (19.10) liefert also:

$$\langle \xi^{(-)} | (U - \widehat{U}) | \xi^{(+)} \rangle = \frac{\hbar^2}{2m} \lim_{R\to\infty} \} \xi^{(-)*}, \xi^{(+)} \{. \tag{19.12}$$

Das Oberflächenintegral strebt asymptotisch gegen eine Konstante. Diese kann man leicht bestimmen, indem man die Funktionen ξ und ihre Ableitungen nach r durch das erste Glied ihrer asymptotischen Entwicklung nach Potenzen von $1/r$ ersetzt. Einsetzen der Ausdrücke (19.7) und (19.8) führt zu:

$$\begin{aligned} \lim_{R\to\infty} \} \xi^{(-)*}, \xi^{(+)} \{ = &\lim_{R\to\infty} \} \mathrm{e}^{-\mathrm{i}\boldsymbol{k}_b\cdot\boldsymbol{r}}, \mathrm{e}^{\mathrm{i}\boldsymbol{k}_a\cdot\boldsymbol{r}} \{ + \lim_{R\to\infty} \Big\} \mathrm{e}^{-\mathrm{i}\boldsymbol{k}_b\cdot\boldsymbol{r}}, f^{(+)} \frac{\mathrm{e}^{\mathrm{i}kr}}{r} \Big\{ \\ &+ \lim_{R\to\infty} \Big\} f^{(-)*} \frac{\mathrm{e}^{\mathrm{i}kr}}{r}, \mathrm{e}^{\mathrm{i}\boldsymbol{k}_a\cdot\boldsymbol{r}} \Big\{ + \lim_{R\to\infty} \Big\} f^{(-)*} \frac{\mathrm{e}^{\mathrm{i}kr}}{r}, f^{(+)} \frac{\mathrm{e}^{\mathrm{i}kr}}{r} \Big\{. \end{aligned} \tag{19.13}$$

Die asymptotische Form der ebenen Welle ist durch die Beziehung

$$\mathrm{e}^{\mathrm{i}\boldsymbol{k}\cdot\boldsymbol{r}} \underset{r\to\infty}{\sim} \frac{2\pi}{\mathrm{i}kr} [\delta(\Omega_r - \Omega_k)\, \mathrm{e}^{\mathrm{i}kr} - \delta(\Omega_r + \Omega_k)\, \mathrm{e}^{-\mathrm{i}kr}] + O\left(\frac{1}{r^2}\right) \tag{19.14}$$

gegeben (Aufgabe 1). Ω_r und Ω_k bezeichnen die Richtungen der Vektoren $\boldsymbol{r}$ bzw. $\boldsymbol{k}$. Die δ-Funktionen sind durch

$$\int \delta(\Omega' - \Omega)\, \varphi(\Omega')\, \mathrm{d}\Omega' = \varphi(\Omega)$$

definiert. Ersetzt man auf der rechten Seiten von (19.13) die ebenen Wellen durch ihre asympotischen Formen, so kann die Integration über die Winkel leicht ausgeführt werden. Weil k_b und k_a denselben Betrag haben, ist der erste Term streng gleich Null (in Übereinstimmung mit der in Aufgabe 2 angegebenen Eigenschaft). Beim zweiten Term rührt der allein nicht verschwindende Beitrag vom einlaufenden Anteil der ebenen Welle her. Er ist gleich $-4\pi f^{(+)}(\Omega_b)$. Das Gleiche gilt für den dritten Term. Der entsprechende Beitrag ist $4\pi f^{(-)*}(-\Omega_a)$. Der vierte Term verschwindet. Man hat also:

$$\lim_{R\to\infty} \{ \xi^{(-)*}, \xi^{(+)} \} = -4\pi \left[f^{(+)}(\Omega_b) - f^{(-)*}(-\Omega_a) \right].$$

Zusammen mit der Gleichung (19.12) erhält man damit die Relation (19.9). W.z.b.w.

Wichtig an dieser Beziehung (19.9) ist, daß sie von der speziellen Gestalt der Potentiale U und $\hat{U}$ unabhängig ist. Diese müssen lediglich reell sein und asymptotisch schneller als $1/r$ gegen Null gehen.

Als erste Anwendung setzen wir:

$$U = V \qquad \hat{U} = 0.$$

Die Relation (19.9) ergibt:

$$\langle \varphi_b | V | \psi_a^{(+)} \rangle = -\frac{2\pi\hbar^2}{m} f_a^{(+)}(\Omega_b). \tag{19.15}$$

In den beiden nächsten Abschnitten wird diese Integraldarstellung der Streuamplitude als Ausgangspunkt für die Bornsche Näherung dienen.

Jetzt setzen wir:

$$U = \hat{U} = V.$$

Weil die linke Seite von (19.9) verschwindet, müssen die beiden auf der rechten Seiten auftretenden Amplituden gleich sein:

$$f_a^{(+)}(\Omega_b) = f_b^{(-)*}(-\Omega_a). \tag{19.16}$$

Schließlich setzen wir:

$$U = 0, \qquad \hat{U} = V.$$

Jetzt liefert die Beziehung (19.9):

$$\langle \psi_b^{(-)} | V | \varphi_a \rangle = -\frac{2\pi\hbar^2}{m} f_b^{(-)*}(-\Omega_a). \tag{19.17}$$

Aus der Gegenüberstellung der Beziehungen (19.15), (19.16) und (19.17) erhalten wir die wichtige Gleichung:

$$\langle \psi_b^{(-)} | V | \varphi_a \rangle = \langle \varphi_b | V | \psi_a^{(+)} \rangle. \tag{19.18}$$

19.1.2 Wirkungsquerschnitte und T-Matrix. Mikroreversibilität

Ersetzt man in der Formel (19.4) die Streuamplitude durch die Integraldarstellung (19.15), so erhält man:

$$\frac{d\sigma_{a\to b}}{d\Omega} = \frac{m^2}{4\pi^2\hbar^4}|\langle\varphi_b|V|\psi_a^{(+)}\rangle|^2.$$

Im Hinblick auf die Formel (17.54) formen wir diesen Ausdruck um, indem wir die Zustandsdichte

$$\rho(E) = (2\pi\hbar)^{-3}\, p^2(dp/dE) = m\hbar k/(2\pi\hbar)^3$$

einführen (s. die Definition in Abschnitt 17.1.4, Gleichung (17.52)) und mit v die Einfallsgeschwindigkeit bezeichnen: $v = \hbar k/m$. Wir erhalten dann [2]:

$$\frac{d\sigma_{a\to b}}{d\Omega} = \frac{2\pi}{\hbar v}|\langle\varphi_b|V|\psi_a^{(+)}\rangle|^2\,\rho(E). \tag{19.19}$$

Streng genommen ist $\langle\varphi_b|V|\psi_a^{(+)}\rangle$ kein Matrixelement des Operators V, weil $|\psi_a^{(+)}\rangle$ und $|\varphi_b\rangle$ nicht Basisvektoren ein und derselben Darstellung sein können. Es erweist sich als zweckmäßig, die sog. T-Matrix einzuführen. Dies geschieht durch die Gleichung:

$$T_{a\to b} \equiv \langle\varphi_b|T|\varphi_a\rangle = \langle\varphi_b|V|\psi_a^{(+)}\rangle. \tag{19.20}$$

Diese Matrix heißt *Übergangsmatrix* und das zum Übergang $a \to b$ gehörende Matrixelement *Übergangsamplitude.* Wir beachten, daß diese Matrixelemente zwischen ebenen Wellen zur selben Energie gebildet werden. Offensichtlich kann man einen Operator T im Hilbert-Raum einführen, der die Bedingung (19.20) erfüllt, doch definiert diese Bedingung ihn nicht völlig. Sie legt in der Darstellung, in der die ebenen Wellen Basisfunktionen sind, nur bestimmte Matrixelemente fest, nämlich die zwischen Wellen mit wohlbestimmter Energie. Zur vollständigen Bestimmung von T muß man auch die Matrixelemente zwischen ebenen Wellen mit einer von E verschiedenen Energie festlegen. Wir werden die Definition später präzisieren.

Die Formel (19.19) erhält somit die Form:

$$\frac{d\sigma_{a\to b}}{d\Omega} = \frac{2\pi}{\hbar v}|T_{a\to b}|^2\,\rho(E). \tag{19.19'}$$

Bevor wir unsere Überlegungen fortsetzen, erinnern wir an die Eigenschaft der Mikroreversibilität. Die verschiedenen zu den Vektoren $-\boldsymbol{k}_a$, $-\boldsymbol{k}_b$ gehörenden Wellen versehen wir mit den Indizes Ka bzw. Kb. Zwischen ebenen Wellen besteht offensichtlich die Beziehung:

$$\varphi_{-k} = \varphi_k^*.$$

Weil weiter der Hamilton-Operator H reell ist, gilt:

$$\psi_{-k}^{(\mp)} = \psi_k^{(\pm)*}.$$

[2] Bei der anderen Formulierung der Streutheorie ergibt sich diese Form zwanglos unmittelbar aus der Definition der Wirkungsquerschnitte.

Insbesondere ist:

$$\varphi_a = \varphi^*_{Ka} \qquad \psi_b^{(-)} = \psi_{Kb}^{(+)*}$$

und weil V reell ist, stellen die „Matrixelemente" $<\psi_b^{(-)}|V|\varphi_a>$ und $<\varphi_{Ka}|V|\psi_{Kb}^{(+)}>$ dasselbe Integral dar. Die Beziehung (19.18) kann man also genau so gut in der Form

$$<\varphi_{Ka}|V|\psi_{Kb}^{(+)}> = <\varphi_b|V|\psi_a^{(+)}>$$

oder auch (Definition (19.20))

$$T_{Kb\to Ka} = T_{a\to b} \tag{19.21}$$

schreiben. Dann sind die Beträge dieser beiden Amplituden erst recht gleich. Mit der Formel (19.19′) folgt daraus die Eigenschaft der Mikroreversibilität für die elastische Streuung [3]:

$$\mathrm{d}\sigma_{Kb\to Ka}/\mathrm{d}\Omega = \mathrm{d}\sigma_{a\to b}/\mathrm{d}\Omega. \tag{19.22}$$

19.1.3 Die Bornsche Näherung

Die Formel (19.19) gilt *in Strenge*. Sie stellt wie die Formel (10.2), aus der sie hergeleitet wurde, eine Beziehung zwischen dem Wirkungsquerschnitt und der stationären Streuwelle $\psi_a^{(+)}$ her. Diese tritt im hier vorliegenden Fall nicht in ihrer asymptotischen Form, sondern als Faktor in einem Integral auf. Ersetzt man sie durch eine Näherung, so entsteht eine Näherungsformel für den differentiellen Wirkungsquerschnitt.

Ist insbesondere $V(\boldsymbol{r})$ hinreichend klein, so unterscheidet sich die Welle $\psi_a^{(+)}$ nur wenig von der einfallenden ebenen Welle φ_a und kann darum durch diese bei der Berechnung der Übergangsamplitude ersetzt werden. Das ist die *Bornsche Näherung:*

$$T_{a\to b} \cong T_{a\to b}^{(B)} = <\varphi_b|V|\varphi_a>. \tag{19.23}$$

In dieser Näherung reduziert sich die Formel (19.19) auf die Formel (17.54). Diese erweist sich also als eine Näherungsformel für den Wirkungsquerschnitt, falls man $V(\boldsymbol{r})$ als eine Störung behandeln kann.

Wir setzen:

$$\boldsymbol{q} = \boldsymbol{k}_b - \boldsymbol{k}_a\,.$$

$\hbar\boldsymbol{q}$ ist der beim Stoß vom Teilchen auf das Potential übertragene Impuls (Abb. 19.1). Der Betrag dieses Vektors wächst mit dem Ablenkungswinkel θ, dem Winkel zwischen den Richtungen von $\boldsymbol{k}_a$ und $\boldsymbol{k}_b$, nach dem Gesetz:

---

3) Für ein Zentralpotential ergibt sich diese Eigenschaft auch aus der Drehinvarianz. Hier sehen wir, daß sie bei anderen Potentialen ebenfalls erfüllt ist.

$$q = 2k \sin \tfrac{1}{2}\theta \qquad (k = k_a = k_b). \tag{19.24}$$

Aus der Gleichung (19.23) erhält man:

$$T^{(B)}_{a\to b} = \int e^{-i\boldsymbol{q}\cdot\boldsymbol{r}} V(\boldsymbol{r})\, d\boldsymbol{r} \equiv \mathcal{V}(\boldsymbol{q}). \tag{19.25}$$

Damit ergibt sich in der Bornschen Näherung für den differentiellen Wirkungsquerschnitt die besonders einfache Form:

$$\frac{d\sigma^{(B)}_{a\to b}}{d\Omega} = \frac{m^2}{4\pi^2\hbar^4} \,|\, \mathcal{V}(\boldsymbol{q})\,|^2. \tag{19.26}$$

Er ist proportional zum Betragsquadrat der Fourierkomponente von $V(\boldsymbol{r})$, die zu dem beim Stoß übertragenen Impuls gehört. Man beachte, daß er allein über den Vektor $\boldsymbol{q}$ von der Energie und den Winkeln abhängt.

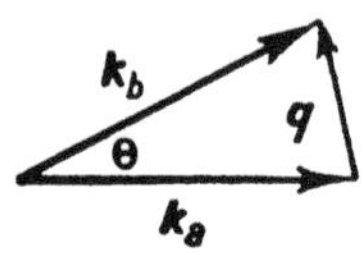

Abb. 19.1.

Bei einem Zentralpotential werden die Dinge noch einfacher. Nach Integration über die Winkel ergibt sich für die rechte Seite von Gleichung (19.25):

$$\mathcal{V}(q) = \frac{1}{q}\int_0^{\infty} \sin qr\, V(r)\, r dr. \tag{19.27}$$

Der differentielle Wirkungsquerschnitt hängt also nur vom Betrag $\hbar q$ des Impulsübertrags ab. Den totalen Wirkungsquerschnitt σ_{tot} kann man, wenn man q statt θ als Integrationsvariable wählt ($0 \leqslant q \leqslant 2k$, $q dq = k^2 \sin\theta\, d\theta$), auf die Form

$$\sigma^{(B)}_{tot.} = \frac{m^2}{2\pi\hbar^4 k^2}\int_0^{2k} \mathcal{V}^2(q)\, q dq \tag{19.28}$$

bringen.

Aus diesen Formeln kann man einige Schlüsse über das Verhalten der Wirkungsquerschnitte bei hohen Energien ziehen. Es sei a die Reichweite des Potentials $V(\boldsymbol{r})$. Weil die reelle Funktion $V(\boldsymbol{r})$ nur in einem Bereich von der linearen Dimension a nennenswerte Werte annimmt, ist ihre Fourier-Transformierte nur in einem Bereich von der Größe $1/a$ wesentlich von Null verschieden [4].

---

4) Man kann hier annehmen, daß a von der Größenordnung der Stadardabweichung der Verteilung

$$V^2(\boldsymbol{r}) / \int V^2(\boldsymbol{r}')\, d\boldsymbol{r}'$$

ist.

Der Wirkungsquerschnitt ist also nur im Bereich $q \lesssim 1/a$ nennenswert. Aufgrund der Beziehung (19.24) entspricht dieser Bereich Ablenkungswinkeln, für die

$$\sin \tfrac{1}{2}\theta \lesssim 1/2\, ka$$

ist. Bei hoher Energie ($ka \gg 1$) ist er *im wesentlichen in Vorwärtsrichtung konzentriert,* und zwar in einer Winkelausdehnung von der Größe $1/ka$. Man vergleiche diese auf der Bornschen Näherung basierenden Schlußfolgerungen mit den Ergebnissen des Abschnitts 10.3.4, in dem die Streuung an einer harten Kugel bei hoher Energie untersucht wurde.

Der totale Wirkungsquerschnitt geht wie $1/E$ gegen Null. Aus der Formel (19.28) folgt nämlich die asymptotische Form

$$\sigma_{\text{tot.}}^{(B)} \underset{k\to\infty}{\sim} \frac{m^2}{2\pi\hbar^4 k^2} \int_0^\infty \mathcal{V}^2(q)\, q\mathrm{d}q. \tag{19.29}$$

Das gilt auch, wenn es sich nicht um ein Zentralpotential handelt.

19.1.4 Die Integralgleichung für die Streuung

Bis jetzt war die Welle $\psi_a^{(+)}$ als Lösung der Schrödinger-Gleichung definiert worden, die im Unendlichen bestimmten Bedingungen zu genügen hatte. Wir wollen nun zeigen, daß sie auch Lösung einer bestimmten Integralgleichung ist. Mit dieser neuen Definition ist es möglich, $\psi_a^{(+)}$ in Form einer Entwicklung nach Potenzen von V zu schreiben und die Korrekturen bei der Bornschen Näherung abzuschätzen.

Wegen der Identität [5]

$$(\Delta + k^2)\frac{\mathrm{e}^{ikr}}{r} = -4\pi\delta(\boldsymbol{r})$$

besitzt die Funktion

$$\mathcal{G}(\boldsymbol{r}, \boldsymbol{r}') = -\frac{m}{2\pi\hbar^2}\frac{\mathrm{e}^{ik|\boldsymbol{r}-\boldsymbol{r}'|}}{|\boldsymbol{r}-\boldsymbol{r}'|} \tag{19.30}$$

die Eigenschaft

$$\frac{\hbar^2}{2m}(\Delta + k^2)\,\mathcal{G}(\boldsymbol{r}, \boldsymbol{r}') = \delta(\boldsymbol{r}-\boldsymbol{r}'). \tag{19.31}$$

---

[5] Als Distribution (im Sinne von Schwartz) ist e^{ikr}/r unendlich oft differenzierbar. Zum Beweis der Identität beachte man

$$\Delta(1/r) = -4\pi\delta(\boldsymbol{r})$$

sowie die Produktregel für die Ableitung:

$$\Delta(fg) = (\Delta f)\, g + 2\,(\nabla f)\cdot(\nabla g) + f\,\Delta g.$$

Dies ist eine Greensche Funktion des freien Teilchens für die Energie $E = \hbar k^2/2m$. Die dazu konjugiert komplexe Funktion besitzt dieselbe Eigenschaft.

Nun kann man die Schrödinger-Gleichung, der die Welle $\psi_a^{(+)}$ genügt, wie folgt schreiben:

$$\frac{\hbar^2}{2m}(\Delta + k^2)\psi = V\psi. \tag{19.32}$$

Diese Gleichung stellt, wenn man für einen Augenblick die Funktion $F(\boldsymbol{r}) \equiv V(\boldsymbol{r})\psi(\boldsymbol{r})$ als gegeben annimmt, eine inhomogene partielle Differentialgleichung dar. Wegen der Eigenschaft (19.31) ist die Funktion

$$\widehat{\psi}(\boldsymbol{r}) \equiv \int \mathcal{G}(\boldsymbol{r}, \boldsymbol{r}')\, F(\boldsymbol{r}')\, \mathrm{d}\boldsymbol{r}'$$

eine partikuläre Lösung dieser Gleichung. Ihre allgemeine Lösung erhält man, indem man zur partikulären Lösung die allgemeine Lösung der homogenen Gleichung hinzufügt. Genügt, mit anderen Worten, ψ der Gleichung (19.32), so ist $\psi - \widehat{\psi}$ eine freie Welle zur selben Energie:

$$\frac{\hbar^2}{2m}(\Delta + k^2)(\psi - \widehat{\psi}) = 0 \tag{19.33}$$

und umgekehrt.

Um diese freie Welle vollständig zu bestimmen, genügt es, ihr asymptotisches Verhalten zu kennen. Wir zeigen, daß $\widehat{\psi}$ asymptotisch gegen eine rein auslaufende Welle strebt. Hierzu benutzen wir den Ausdruck (19.30). Weil

$$|\boldsymbol{r} - \boldsymbol{r}'| \equiv r\left[1 - 2\frac{\boldsymbol{r}.\boldsymbol{r}'}{r^2} + \frac{r'^2}{r^2}\right]^{\frac{1}{2}} \underset{r\to\infty}{\sim} r - \frac{\boldsymbol{r}}{r}.\boldsymbol{r}' + O\left(\frac{r'}{r}\right),$$

hat man für $r \gg r'$:

$$\frac{e^{ik|\boldsymbol{r}-\boldsymbol{r}'|}}{|\boldsymbol{r}-\boldsymbol{r}'|} \underset{r\to\infty}{\sim} \frac{e^{ikr}}{r}\, e^{-i\boldsymbol{k}\cdot\boldsymbol{r}'} + O\left(\frac{r'}{r}\right) \tag{19.34}$$
$$(\boldsymbol{k} = k\boldsymbol{r}/r)$$

woraus

$$\widehat{\psi}(\boldsymbol{r}) \underset{r\to\infty}{\sim} -\frac{m}{2\pi\hbar^2}\frac{e^{ikr}}{r}\int e^{-i\boldsymbol{k}\cdot\boldsymbol{r}'}\, V(\boldsymbol{r}')\psi(\boldsymbol{r}')\, \mathrm{d}\boldsymbol{r}' \tag{19.35}$$

folgt. Dieser Ausdruck gilt für solche r, die sehr viel größer als die Reichweite des Potentials sind ($r \gg a$). Strebt also die Welle asymptotisch gegen die Form (19.3), so zeigt auch $\psi - \widehat{\psi}$ ein asymptotisches Verhalten von der Form ($e^{i\boldsymbol{k}_a\cdot\boldsymbol{r}}$ + auslaufende Welle). Weil diese Funktion der Gleichung (19.33) genügt, ist sie notwendig die ebene Welle $e^{i\boldsymbol{k}_a\cdot\boldsymbol{r}}$. Darum gilt:

$$\psi_a^{(+)} = e^{i\boldsymbol{k}_a\cdot\boldsymbol{r}} - \frac{m}{2\pi\hbar^2}\int \frac{e^{ik|\boldsymbol{r}-\boldsymbol{r}'|}}{|\boldsymbol{r}-\boldsymbol{r}'|} V(\boldsymbol{r}')\,\psi_a^{(+)}(\boldsymbol{r}')\,d\boldsymbol{r}'. \tag{19.36}$$

Die Bedingungen (19.3) führen zur Gleichung (19.36) und umgekehrt. Dies ist die *Integralgleichung für die Streuung.*

Berücksichtigt man die Relation (19.34), so liest man das asymptotische Verhalten von $\psi_a^{(+)}$ aus (19.36) direkt ab. Es ergibt sich wieder die Eigenschaft (19.15).

Die vorstehenden Überlegungen können wiederholt werden, indem man die Greensche Funktion durch die dazu konjugiert komplexe Funktion $\mathcal{G}^*(\boldsymbol{r},\boldsymbol{r}')$ ersetzt. Dies ist auch eine Greensche Funktion des freien Teilchens, die aber das asymptotische Verhalten einer einlaufenden Welle aufweist. Man gelangt so zur Integralgleichung

$$\psi_a^{(-)} = e^{i\boldsymbol{k}_a\cdot\boldsymbol{r}} - \frac{m}{2\pi\hbar^2}\int \frac{e^{-ik|\boldsymbol{r}-\boldsymbol{r}'|}}{|\boldsymbol{r}-\boldsymbol{r}'|} V(\boldsymbol{r}')\,\psi_a^{(-)}(\boldsymbol{r}')\,d\boldsymbol{r}'. \tag{19.37}$$

19.1.5 Die Bornsche Reihe

Die Gleichungen (19.36) und (19.37) können durch Iteration gelöst werden. Die Methode erinnert an das bei der Lösung der Integralgleichung (17.13) angewandte Verfahren. Dort handelte es sich um Probleme mit zeitabhängiger Störung.

Wir betrachten hier die Gleichung (19.36). Ersetzt man im Integral der rechten Seite $\psi_a^{(+)}$ durch die ebene Welle $e^{i\boldsymbol{k}_a\cdot\boldsymbol{r}}$, so erhält man

$$\psi_1^{(+)} = e^{i\boldsymbol{k}_a\cdot\boldsymbol{r}} + \int \mathcal{G}(\boldsymbol{r},\boldsymbol{r}')\,e^{i\boldsymbol{k}_a\cdot\boldsymbol{r}'}\,d\boldsymbol{r}'.$$

Substituiert man weiter die Welle $\psi_1^{(+)}$, so bekommt man

$$\psi_2^{(+)} = e^{i\boldsymbol{k}_a\cdot\boldsymbol{r}} + \int \mathcal{G}(\boldsymbol{r},\boldsymbol{r}')\,\psi_1^{(+)}(\boldsymbol{r}')\,d\boldsymbol{r}'.$$

Substituiert man wieder $\psi_2^{(+)}$, so erhält man eine neue Welle $\psi_3^{(+)}$ und so fort. Unter Umständen konvergiert die auf diese Weise entstehende Folge von Funktionen gegen die exakte Lösung $\psi_a^{(+)}$, die man dann auf die Form einer Reihenentwicklung nach Potenzen von V bringen kann, d.h. auf die Form

$$\psi_a^{(+)} = e^{i\boldsymbol{k}_a\cdot\boldsymbol{r}} + \sum_{n=1}^{\infty}\int K_n(\boldsymbol{r},\boldsymbol{r}')\,e^{i\boldsymbol{k}_a\cdot\boldsymbol{r}'}\,d\boldsymbol{r}' \tag{19.38}$$

mit

$$K_n(\boldsymbol{r},\boldsymbol{r}') = \int K_1(\boldsymbol{r},\boldsymbol{r}'')\,K_{n-1}(\boldsymbol{r}'',\boldsymbol{r}')\,d\boldsymbol{r}'' \qquad (n>1)$$
$$K_1(\boldsymbol{r},\boldsymbol{r}') = \mathcal{G}(\boldsymbol{r},\boldsymbol{r}')\,V(\boldsymbol{r}').$$

Das ist die *Bornsche Reihe* für die stationäre Streuwelle.

Setzt man diese Entwicklung von $\psi_a^{(+)}$ in das Integral $<\varphi_b|V|\psi_a^{(+)}>$ ein, so bekommt man eine analoge Entwicklung für $T_{a\to b}$. Auch das ist eine Entwicklung nach Potenzen von V. Sie konvergiert, wenn V hinreichend klein ist [6]. Die Bornsche Näherung besteht nun einfach darin, daß man die Entwicklung nach dem ersten Glied abbricht.

19.1.6 Kriterien für die Gültigkeit der Bornschen Näherung

Ersetzt man bei der Berechnung von $T_{a\to b}$ die Funktion $\psi_a^{(+)}$ durch die ebene Welle φ_a, so muß der dabei begangene Fehler vernachlässigbar sein, damit die Bornsche Näherung gerechtfertig ist. Innerhalb der Reichweite des Potentials V darf sich also die exakte stationäre Welle nur wenig von der ebenen Welle unterscheiden. Wir setzen:

$$\psi'(\boldsymbol{r}) \equiv \psi_a^{(+)}(\boldsymbol{r}) - e^{i\boldsymbol{k}_a\boldsymbol{r}}.$$

Damit lautet die Bedingung:

$$|\psi'(\boldsymbol{r})| \ll 1 \tag{19.39}$$

(für jeden Punkt $\boldsymbol{r}$, für den das Potential wesentlich von Null verschieden ist).

Zur Abschätzung von ψ' genügt es, den Term niedrigster Ordnung in seiner Bornschen Reihe zu nehmen. Ist $\widehat{\boldsymbol{k}}_a$ die Richtung der z-Achse, so erhält man nach einer Variablensubstitution:

$$\psi'(\boldsymbol{r}) \simeq -\frac{m}{2\pi\hbar^2} e^{ikz} I(\boldsymbol{r})$$

$$I(\boldsymbol{r}) \equiv \int e^{ik(R+Z)} V(\boldsymbol{R}+\boldsymbol{r})\, d\boldsymbol{R}/R.$$

$|I|$ hängt über k von der Energie ab. Man erhält jedoch eine von der Energie unabhängige obere Grenze, indem man den Integranden durch seinen Betrag ersetzt:

$$|I| < \int |V(\boldsymbol{R}+\boldsymbol{r})|\, d\boldsymbol{R}/R. \tag{19.40}$$

a sei die Reichweite des Potentials [7], V_0 seine mittlere Tiefe. Dann ist diese Schranke in dem uns interessierenden Bereich ungefähr gleich $2\pi V_0 a^2$. Die Bornsche Näherung ist darum für alle Energien gültig, falls

$$V_0 \ll \hbar^2/ma^2. \tag{19.41}$$

---

[6] Für Konvergenzuntersuchungen der Bornschen Reihe s. *R. Jost* und *A. Pais, Phys. Rev.*, 82 (1951), 840; *W. Kohn, Rev. Mod. Phys.*, 26,(1954), 292. Die im siebzehnten Kapitel bei der Methode der zeitabhängigen Störungen auftretende Integralgleichung ist vom Volterra-Typ. Sind $U^{(0)}$ und V Funktionen und keine Operatoren, so konvergiert die durch Iteration entstehende Entwicklung von U stets. Divergenzen sind nur möglich, wenn $U^{(0)}$ und V Operatoren im Hilbert-Raum sind. Die hier vorliegende Integralgleichung ist dagegen vom Fredholmschen Typ. Deshalb konvergiert die Bornsche Reihe nicht immer.

[7] Siehe Fußnote 4).

Offensichtlich ist diese Bedingung zu einschränkend. Das Integral $|I|$ erreicht die durch die Beziehung (19.40) definierte Grenze nur für solch niedrige Energien, für die der Exponentialfaktor $e^{ik(R+Z)}$ im Potentialbereich praktisch konstant [8], d.h., wenn $ka \ll 1$ ist. Ist dagegen $ka \gg 1$, so oszilliert dieser Faktor in diesem Bereich sehr schnell, und die Abschätzung ist viel zu grob. Für $k \to \infty$ werden die Oszillationen immer enger und das Integral I strebt gegen Null. Man erwartet deshalb, daß die Bornsche Näherung für genügend hohe Energien gerechtfertigt ist.

Das asymptotische Verhalten von I bei hohen Energien kann mit Hilfe der Streuphasenmethode bestimmt werden. Der wesentliche Anteil rührt von den Umgebungen der Punkte her, für die der oszillierende Phasenfaktor stationär ist, d.h. von der Umgebung der Halbachse $X = Y = 0$, $Z < 0$. Die Rechnung, die wir hier nicht angeben, liefert [9]:

$$I \underset{k\to\infty}{\sim} \frac{2\pi i}{k} \int_{-\infty}^{z} V(x, y, z')\, dz' + O(k^{-2}). \tag{19.42}$$

Für diesen Grenzfall ist also $|I|$ in dem uns interessierenden Bereich von der Größenordnung $2\pi V_0\, a/k$. Das Kriterium (19.39) ist daher erfüllt, wenn:

$$ka \gg 1 \qquad V_0 \ll \hbar^2 k/ma. \tag{19.43}$$

Um ein Kriterium bei mittleren Energien zu erhalten, wenn die Bedingung (19.41) nicht erfüllt ist, muß man das Integral I in jedem Einzelfall abschätzen. Praktisch begnügt man sich mit der Abschätzung in einem geeignet gewählten Punkt des Potentialbereichs, z.B. im Punkt $r = 0$. Speziell für Zentralpotentiale findet man nach der Integration über die Winkel:

$$I(0) = \frac{2\pi i}{k} \int_0^\infty (1 - e^{2ikr})\, V(r)\, dr,$$

in guter Übereinstimmung mit den Eigenschaften (19.40) und (19.42). Das Kriterium lautet dann:

$$\left| \int_0^\infty (1 - e^{2ikr})\, V(r)\, dr \right| \ll \hbar^2 k/m. \tag{19.44}$$

Bei einem Stoß ist der *geometrische Wirkungsquerschnitt* $4\pi a^2$ die charakteristische Einheit für Streuquerschnitte, wobei a die Reichweite der beim Stoß auftretenden Kräfte angibt. Unter den Bedingungen, für die die Bornsche Näherung gültig ist, ist der totale Wirkungsquerschnitt im Vergleich zu dieser Größe klein:

$$\sigma_{tot} \ll \text{geometrischer Streuquerschnitt}. \tag{19.45}$$

---

[8] Und unter der Voraussetzung, daß V sein Vorzeichen nicht ändert. Genauer ist:

$$I(\boldsymbol{r}) \underset{k\to 0}{\sim} \int V(\boldsymbol{R} + \boldsymbol{r})\, d\boldsymbol{R}/R.$$

[9] S.z.B.: *L.I. Schiff, Phys. Rev.*, 103 (1956), 443.

Wir beweisen diese Ungleichung für die beiden Grenzfälle $ka \ll 1$ und $ka \gg 1$. Hierzu gehen wir vom Ausdruck (19.28) für den totalen Wirkungsquerschnitt aus. Der allgemeine Verlauf der Funktion $\mathcal{V}(q)$ ergibt sich aus ihrer Definition (19.25). Sie ist in einem Bereich mit den (linearen) Ausdehnungen $1/a$ etwa von der Größe $(2\pi)^{3/2}\, V_0\, a^3$ und außerhalb dieses Bereichs praktisch Null. Die Gleichung (19.28) liefert daher:

wenn $ka \ll 1$ ist: $\quad \sigma^{(B)}_{\text{tot}}/4\pi a^2 \approx 2\pi (V_0\, ma^2/\hbar^2)^2$

wenn $ka \gg 1$ ist: $\quad \sigma^{(B)}_{\text{tot}}/4\pi a^2 \approx \tfrac{1}{2}\pi\, (V_0\, ma/\hbar^2 k)^2$.

Die Gültigkeitskriterien für die Bornsche Näherung sind im ersten Fall die Ungleichung (19.41) und im zweiten die Ungleichung (19.43). In beiden Fällen ist daher: $\sigma^{(B)}_{\text{tot}}/4\pi a^2 \ll 1$.

Die Ungleichung (19.45) ist eine notwendige, aber nicht hinreichende Bedingung für die Gültigkeit der Bornschen Näherung. Es kommt vor, daß infolge von Resonanzeffekten, wie z.B. dem Ramsauer-Townsend-Effekt bei der Streuung langsamer Elektronen an Atomen, der Wirkungsquerschnitt sehr viel kleiner als der geometrische Streuquerschnitt ist, ohne daß die Bornsche Reihe rasch konvergiert. In der Praxis erkennt man die Resonanzeffekte leicht an ihrer extremen Empfindlichkeit gegenüber Änderungen der Einfallsenergie. Von dieser Einschränkung abgesehen stellt die Ungleichung (19.45) ein äußerst nützliches Kriterium dar, um über die Anwendbarkeit der Bornschen Näherung entscheiden zu können.

19.1.7 Elastische Elektronenstreuung an einem Atom

Als Anwendungsbeispiel betrachten wir die elastische Streuung eines geladenen Teilchens an einem Atom. Wir vereinfachen die Behandlung des Vorgangs, indem wir das Atom als eine Verteilung elektrischer Ladung ansehen und für die Streuung des geladenen Teilchens an dem Potential, das von dieser Ladungsverteilung erzeugt wird, den Wirkungsquerschnitt berechnen. Diese Methode liefert tatsächlich den korrekten Streuquerschnitt, solange man sich im Gültigkeitsbereich der Bornschen Näherung befindet (s. Abschnitt 19.3.6). Wir wollen annehmen, daß das einfallende Teilchen ein Elektron ist. Den Austauscheffekt, der dann zwischen diesem und den Atomelektronen ins Spiel kommt, werden wir nicht berücksichtigen, weil er bei den Energien, für die die Bornsche Näherung gerechtfertigt ist, nur zu einer kleinen Korrektur führt.

Das Atom ist nach Voraussetzung neutral. Z sei seine Ordnungszahl und $\rho(\boldsymbol{r})$ die Elektronendichte:

$$\int \rho\, d\boldsymbol{r} = Z.$$

Das elektrische Potential φ genügt der Poisson-Gleichung:

$$\Delta\varphi = -4\pi e[Z\,\delta(\boldsymbol{r}) - \rho(\boldsymbol{r})]. \qquad (19.46)$$

Das Elektron unterliegt dem Potential

$$V(\boldsymbol{r}) = -e\varphi(\boldsymbol{r}),$$

das einem analogen Gesetz gehorcht. Durch Fourier-Transformation erhält man daraus die Beziehung:

$$q^2 \mathcal{V}(q) = 4\pi e^2[Z - F(q)] \tag{19.47}$$

zwischen der Funktion $\mathcal{V}(q)$ (Definition (19.25) oder (19.27)) und der Funktion

$$F(q) \equiv \int e^{-i\boldsymbol{q}\cdot\boldsymbol{r}} \rho(r)\, d\boldsymbol{r} = q^{-1} \int_0^\infty \sin qr\, \rho(r)\, r dr. \tag{19.48}$$

Mit Verwendung der Beziehung (19.47) lautet der Ausdruck für den differentiellen Wirkungsquerschnitt in der Bornschen Näherung (Gleichung (19.26)):

$$d\sigma/d\Omega = 4[Z - F(q)]^2 m^2 e^4/\hbar^4 q^4. \tag{19.49}$$

$F(q)$ heißt *Formfaktor* der Elektronendichte. Sein allgemeiner Verlauf folgt leicht aus dem von $\rho(r)$. Man hat insbesondere:

$$F(0) = Z.$$

Ist a der Atomradius, d.h. der mittlere Abstand der Elektronen vom Kern, so ist der Faktor F praktisch nur im Bereich $q \lesssim 1/a$ von Null verschieden.

Für die Elektronendichte

$$\rho(r) = Z e^{-r/a}/2a^3$$

ist z.B. der Formfaktor

$$F(q) = Z[1 + q^2 a^2]^{-2}.$$

Für $qa \gg 1$, d.h. für große Ablenkungen:

$$\sin \tfrac{1}{2}\theta \gg 1/2ka,$$

ist der Formfaktor praktisch Null ($F(q) \ll Z$), und die Formel (19.49) reduziert sich im wesentlichen auf die Rutherfordsche Streuformel, die den Wirkungsquerschnitt für die Streuung allein am Kern angibt: der Einfluß der Elektronen ist vernachlässigbar.

Ihr Einfluß wird dagegen merklich, sobald $qa \lesssim 1$. Der Abschirmeffekt kommt also für kleine Winkel zum Tragen:

$$\sin \tfrac{1}{2}\theta \lesssim 1/2ka. \tag{19.50}$$

Das stimmt mit dem klassischen Bild gut überein, nach dem die kleinen Ablenkungen großen Stoßparametern entsprechen.

Abschließend untersuchen wir die Bedingungen für die Anwendbarkeit der Bornschen Näherung.

Die Reichweite des Potentials ist von der Größenordnung a. Eine auf dem Thomas-Fermi-Modell basierende Abschätzung liefert:

$$a \cong Z^{-\frac{1}{3}} \hbar^2/me^2.$$

Als mittleren Wert des Potentials kann man den Wert der Coulomb-Wechselwirkung mit dem Kern im Punkt $r = a$ wählen:

$$V_0 \cong Ze^2/a.$$

Mit den üblichen Bezeichnungen

$$v = \hbar k/m, \qquad \gamma = Ze^2/\hbar v$$

erhält man:

$$ka = Z^{2/3}\,\gamma^{-1}.$$

Das Kriterium (19.41) liefert dann: $Z^{2/3} \ll 1$, ist also nie erfüllt. Die Bornsche Näherung ist also nur für hinreichend hohe Energien gerechtfertigt. In diesem Bereich ($ka \gg 1$), d.h. für $\gamma \ll Z^{2/3}$ ergibt das Kriterium (19.43): $\gamma \ll 1$.

Folglich ist die Bornsche Näherung nur für hinreichend hohe Energien anwendbar, für die

$$\gamma \ll 1$$

ist. In diesem Fall ist der Abschirmeffekt nur für sehr kleine Winkel merklich und wird außerhalb des durch die Ungleichung (19.50) bestimmten Bereichs praktisch vernachlässigbar, d.h. außerhalb von:

$$\theta \lesssim \gamma.$$

Man erkennt, daß man den Formfaktor experimentell bestimmen kann, indem man bei hinreichend hohen Energien für kleine Winkel eine genaue Messung der Winkelverteilung vornimmt und die Formel (19.49) für die Interpretation der experimentellen Ergebnisse ausnutzt.

19.1.8 Zentralpotential. Berechnung der Streuphasen

Bei einem Zentralpotential hängt die Amplitude $T_{a\to b}$ nur vom Ablenkwinkel θ ab ($\cos\theta = \boldsymbol{k}_a\boldsymbol{k}_b/k^2$), und ihre Entwicklung lautet:

$$\begin{aligned} T_{a\to b} &= 16\pi^2 \textstyle\sum_{lm} T_l\, Y_l^{m*}(\widehat{\boldsymbol{k}}_b)\, Y_l^m(\widehat{\boldsymbol{k}}_a) \\ &= 4\pi \textstyle\sum_l (2l+1)\, T_l\, P_l(\cos\theta). \end{aligned} \tag{19.51}$$

Durch Vergleich mit der Entwicklung (10.31) ergibt sich der Zusammenhang zwischen den Koeffizienten T_l und den Streuphasen:

$$T_l = -\hbar^2 e^{i\delta_l} \sin\delta_l/2mk. \tag{19.52}$$

Andererseits kann man die Reihenentwicklung (19.51) direkt bekommen, wenn man im Integral $<\varphi_b|V|\psi_a^{(+)}>$ die Wellen φ_b und $\psi_a^{(+)}$ durch ihre Entwicklung nach Kugelfunktionen ersetzt. Mit Verwendung der Orthonormierungsrelationen für die Kugelfunktionen sind die Integrationen über die Winkel leicht auszuführen. Die Koeffizienten T_l treten dabei als Radialintegrale auf. Wir setzen:

$$\psi_a^{(+)} = 4\pi \sum_{lm} \mathrm{i}^l \psi_l(r)\, Y_l^m(\hat{\boldsymbol{k}}_a)\, Y_l^{m*}(\hat{\boldsymbol{r}}). \tag{19.53}$$

Man erhält:

$$T_l = \int_0^\infty j_l(kr)\, V(r)\, \psi_l(r)\, r^2\, \mathrm{d}r. \tag{19.54}$$

Leicht erkennt man (Aufgabe 4), daß

$$\psi_l \underset{r\to\infty}{\sim} \mathrm{e}^{\mathrm{i}\delta_l} \sin(kr - \tfrac{1}{2} l\pi + \delta_l)/kr.$$

Ein Vergleich der Beziehungen (19.52) und (19.54) liefert die in der Gleichung (10.73) angegebene Integraldarstellung für $\sin\delta_l$. Diese reduziert sich auf die Bornsche Formel für die Streuphasen, (10.75), falls sich die l-Welle beliebig wenig von der freien Welle unterscheidet.

Genau so leitet man aus der Integralgleichung für die Streuung eine Integralgleichung für ψ_l her. Dabei verwendet man die folgende Entwicklung der Greenschen Funktion (Aufgabe 4):

$$\frac{\mathrm{e}^{\mathrm{i}k|\boldsymbol{r}-\boldsymbol{r}'|}}{|\boldsymbol{r}-\boldsymbol{r}'|} = 4\pi k \sum_{lm} j_l(kr_<)\, h_l^{(+)}(kr_>)\, Y_l^{m*}(\hat{\boldsymbol{r}}')\, Y_l^m(\hat{\boldsymbol{r}}). \tag{19.55}$$

Hierin bezeichnet $r_<$ und $r_>$ den kleineren bzw. den größeren der beiden Beträge r und r'. Setzt man die Entwicklungen (19.53), (19.55) sowie die Entwicklung für die ebene Welle in die Integralgleichung für die Streuung ein, so ergibt sich die Integralgleichung für die auslaufende Teilwelle:

$$\psi_l(r) = j_l(kr) - (2mk/\hbar^2) \int_0^\infty j_l(kr_<)\, h_l^{(+)}(kr_>)\, V(r')\, \psi_l(r')\, r'^2\, \mathrm{d}r'. \tag{19.56}$$

Durch Iteration dieser Gleichung gelangt man schließlich, Konvergenz vorausgesetzt, zur Lösung ψ_l in Form einer Reihenentwicklung nach Potenzen von V.

19.1.9 Die Greensche Funktion als Operator. Zusammenhang mit der Resolvente von H_0

In allen bisher aufgestellten Beziehungen tritt die Greensche Funktion als Integralkern auf. Man kann sie aber auch als die Darstellungsmatrix eines bestimmten Operators $G_0^{(+)}$ ansehen, indem man definiert:

$$\mathcal{G}(\boldsymbol{r}, \boldsymbol{r}') \equiv \langle \boldsymbol{r}|G_0^{(+)}|\boldsymbol{r}'\rangle. \tag{19.57}$$

Sei also $u(\boldsymbol{r})$ die Wellenfunktion, die zu einem Vektor $|u\rangle$ gehört: $u(\boldsymbol{r}) \equiv \langle \boldsymbol{r}|u\rangle$. Dann wird der Vektor $G_0^{(+)}|u\rangle$ durch die Funktion

$$\langle r|G_0^{(+)}|u\rangle = \int \mathcal{G}(r, r')\, u(r')\, dr' \tag{19.58}$$

dargestellt. Entsprechend definieren wir den Operator $G_0^{(-)}$ durch:

$$\mathcal{G}^*(r, r') \equiv \langle r|G_0^{(-)}|r'\rangle. \tag{19.59}$$

Weil $\mathcal{G}(r, r')$ in r und r' symmetrisch ist, hat man:

$$G_0^{(-)} = G_0^{(+)\dagger}. \tag{19.60}$$

Mit dem Index 0 soll angedeutet werden, daß diese Operatoren mit dem Hamilton-Operator H_0 der freien Wellen zusammenhängen. Die Indizes (+) und (—) weisen auf die jeweiligen asymptotischen Eigenschaften hin. Aus der asymptotischen Form für die Greensche Funktion (Gleichung (19.34)) leitet man nämlich her, daß

$$\langle r G_0^{(\pm)}|u\rangle \underset{r\to\infty}{\sim} -\frac{m}{2\pi\hbar^2}\frac{e^{\pm ikr}}{r}\int e^{\mp i\boldsymbol{k}\, r'}\, u(r')\, dr' \tag{19.61}$$
$$(\boldsymbol{k} = k\, r/r)$$

gilt, und zwar für jeden Vektor $|u\rangle$ mit endlicher Norm (das sichert uns die Konvergenz des auf der rechten Seite stehenden Integrals).

Diese Operatoren sind extrem singulär. Falls nicht gerade sämtliche Fourier-Komponenten von $u(r)$ in bezug auf Wellenvektoren mit dem Betrag k verschwinden, fällt $\langle r|G_0^{(\pm)}|u\rangle$ im Unendlichen viel zu langsam, als daß diese Funktion quadratintegrabel sein könnte. Die Wirkung von $G_0^{(+)}$ oder $G_0^{(-)}$ auf einen Vektor im Hilbert-Raum ergibt also im allgemeinen einen Vektor außerhalb dieses Raumes. Die Operatoren sind also in Strenge gar keine Operatoren im Hilbert-Raum.

Man kann sie jedoch als Grenzwerte von Operatoren im Hilbert-Raum definieren:

$$G_0^{(\pm)} = \lim_{\varepsilon\to 0+}\frac{1}{E - H_0 \pm i\varepsilon} \qquad (\varepsilon > 0). \tag{19.62}$$

Auf der rechten Seite steht die Resolvente $(z - H_0)^{-1}$ (s. Abschnitt 16.3). Für jeden Wert der komplexen Variablen z mit Ausnahme der Eigenwerte von H_0 ist das ein (beschränkter) Operator im Hilbert-Raum. Ausgenommen sind also lediglich Punkte auf der positiven reellen Achse. Der Ausdruck (19.62) liefert das Verhalten der Resolvente in der Umgebung seiner Singularitätenlinie. Dieses Verhalten hängt davon ab, auf welcher Seite man sich befindet: Geht z gegen E und bleibt oberhalb der reellen Achse (Im $z > 0$), so strebt $(z - H_0)^{-1}$ gegen $G_0^{(+)}$; geht geht z von unten gegen $E\,(\mathrm{Im}\, z < 0)$, so strebt $(z - H_0)^{-1}$ gegen $G_0^{(-)}$.

Man beweist das wie folgt. Aus der (diagonalen) Matrix von $(z - H_0)^{-1}$ in der $\{p\}$-Darstellung erhält man durch die bekannte unitäre Transformation seine Matrix in der $\{r\}$-Darstellung:

$$\langle r|(z - H_0)^{-1}|r'\rangle = \frac{1}{(2\pi)^3}\int e^{i\boldsymbol{k}'\cdot(r'-r)}\left(z - \frac{\hbar^2 k'^2}{2m}\right)^{-1} d\boldsymbol{k}'.$$

Die Integration über die Winkel kann sofort ausgeführt werden. Führt man durch die Definition

$$z = \hbar^2 \zeta^2/2m \qquad \mathrm{Re}\,\zeta > 0$$

die Größe ζ ein und setzt

$$\boldsymbol{R} = \boldsymbol{r} - \boldsymbol{r}',$$

so wird daraus:

$$\begin{aligned}\langle \boldsymbol{r}|\,(z - H_0)^{-1}\,|\boldsymbol{r}'\rangle &= \frac{m}{\pi^2 \hbar^2 R}\int_0^\infty \frac{k' \sin k' R}{\zeta^2 - k'^2}\,\mathrm{d}k' \\ &= \frac{m}{\pi \hbar^2 R}\,\frac{1}{2\pi \mathrm{i}}\int_{-\infty}^{+\infty} \frac{k'\,\mathrm{e}^{\mathrm{i}k'R}}{\zeta^2 - k'^2}\,\mathrm{d}k'.\end{aligned}$$

Der Wert des letzten Integrals bleibt ungeändert, wenn man den Integrationsweg durch einen oberhalb der reellen Achse liegenden Halbkreis mit großem Radius schließt. Das dadurch entstandene Integral ist gleich dem 2πi-fachen der Summe der Residuen der Pole, die oberhalb der reellen Achse liegen. Im vorliegenden Fall gibt es nur einen Pol, dessen Lage vom Vorzeichen von $\mathrm{Im}\,\zeta$, also vom Vorzeichen von $\mathrm{Im}\,z$ abhängt (Abb. 19.2):

(*a*) $\mathrm{Im}\,z > 0$. – Pol in $k' = \zeta$ mit dem Residuum $-\frac{1}{2}\,\mathrm{e}^{\mathrm{i}\zeta R}$;

(*b*) $\mathrm{Im}\,z < 0$. – Pol in $k' = -\zeta$ mit dem Residuum $-\frac{1}{2}\,\mathrm{e}^{-\mathrm{i}\zeta R}$.

Folglich ist:

$$\langle \boldsymbol{r}|\,(z - H)^{-1}\,|\boldsymbol{r}'\rangle = -\frac{m}{2\pi\hbar^2} \times \begin{cases} \mathrm{e}^{\mathrm{i}\zeta R}/R & \text{wenn} \quad \mathrm{Im}\,z > 0 \\ \mathrm{e}^{-\mathrm{i}\zeta R}/R & \text{wenn} \quad \mathrm{Im}\,z < 0. \end{cases}$$

Diese Ausdrücke muß man nun mit dem für $\mathcal{G}(\boldsymbol{r}, \boldsymbol{r}')$ (Gleichung (19.30)) vergleichen. Für den Grenzübergang $z \to E$ geht ζ gegen k, und die eben berechnete

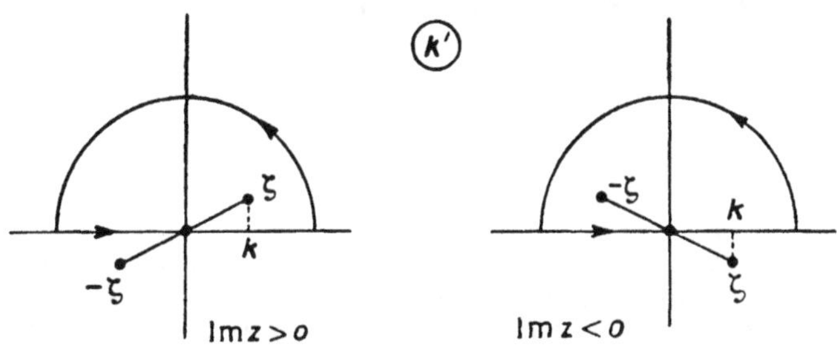

Abb. 19.2.

Matrix strebt gegen $\mathcal{G}(\boldsymbol{r}, \boldsymbol{r}')$, falls der Imaginärteil von z positiv bleibt, oder gegen $\mathcal{G}^*(\boldsymbol{r}, \boldsymbol{r}')$, falls er bei diesem Grenzübergang negativ bleibt. W.z.b.w.

Mit Operatoren sind die Rechnungen häufig einfacher als mit ihren Darstellungsmatrizen. Darum ist es oft vorteilhaft, mit den Operatoren $G_0^{(+)}$ und $G_0^{(-)}$ und nicht mit den eigentlichen Greenschen Funktionen zu arbeiten. Man darf jedoch nicht vergessen, daß es sich um singuläre Operatoren handelt, deren Handhabung Sorgfalt und ein gewisses Fingerspitzengefühl [10] verlangt. In voller Strenge müßte man die Operatoren durch die regulären Ausdrücke $(E - H_0 \pm i\epsilon)^{-1}$ ersetzen und die Bedingungen des Grenzübergangs besonders untersuchen. Wir wollen uns damit im folgenden nicht befassen. Von Fall zu Fall ersetzen wir die Operatoren $G_0^{(\pm)}$ durch die Operatoren $(E - H_0 \pm i\epsilon)^{-1}$, wobei wir stets voraussetzen, daß ϵ reell und positiv ist und es sich um den Grenzübergang $\epsilon \to 0+$ handelt.

Mit den eben eingeführten Bezeichnungen lauten die Integralgleichungen (19.36) und (19.37):

$$\psi_a^{(\pm)} = \varphi_a + G_0^{(\pm)} V \psi_a^{(\pm)} \tag{19.63}$$

oder auch

$$\psi_a^{(\pm)} = \varphi_a + \frac{1}{E - H_0 \pm i\varepsilon} V \psi_a^{(\pm)}. \tag{19.63'}$$

Durch Iteration gelangt man zur Bornschen Reihe:

$$\psi_a^{(\pm)} = \left[1 + \sum_{n=1}^{\infty} (G_0^{(\pm)} V)^n\right] \varphi_a. \tag{19.64}$$

In diesen Ausdrücken bedeuten die Symbole ψ und φ entweder die stationären Wellen oder die von ihnen dargestellten Ket-Vektoren (weil eine Verwechslung nicht möglich ist, unterdrücken wir die Symbole $|\rangle$).

Aus diesen Gleichungen ergeben sich die dazu konjugierten Gleichungen, indem man die Kets durch die zu ihnen konjugierten Bra-Vektoren ersetzt. Weil H_0 hermitisch ist, gilt:

$$G_0^{(+)\dagger} = G_0^{(-)} \qquad G_0^{(-)\dagger} = G_0^{(+)}. \tag{19.65}$$

Aus Gleichung (19.63) folgt:

$$\langle\psi_a^{(\pm)}| = \langle\varphi_a| + \langle\psi_a^{(\pm)}| V G_0^{(\mp)} \tag{19.66}$$

---

[10] Unter anderem darf man die $G_0^{(\pm)}$ nur auf Vektoren mit endlicher Norm wirken lassen. An einem Beispiel sei gezeigt, in welche Schwierigkeiten man gerät, wenn man auf den singulären Charakter dieser Operatoren nicht achtet. Aus der Beziehung (19.31) und der Symmetrie der Greenschen Funktion in bezug auf r und r' folgt:

$$(E - H_0) G_0^{(\pm)} = 1, \quad G_0^{(\pm)} (E - H_0) = 1.$$

Diese Beziehungen besagen, so wie sie dastehen, daß die linken Seiten, angewandt auf einen Vektor mit *endlicher Norm,* wieder denselben Vektor ergeben. Nähme man sie jedoch wörtlich, so könnte man zu dem Schluß kommen, daß $E - H_0$ ein Inverses besitzt, was offensichtlich falsch ist, und daß $G_0^{(+)}$ und $G_0^{(-)}$ beide gleich diesem Inversen, also auch untereinander gleich sind, was ebenfalls falsch ist.

und aus Gleichung (19.64) die Bornsche Reihe

$$\langle\psi_a^{(\pm)}| = \langle\varphi_a| \left[1 + \sum_{n=1}^{\infty} (V\, G_0^{(\mp)})^n\right]. \tag{19.67}$$

19.2 Verallgemeinerung auf gebundene Wellen

19.2.1 Die verallgemeinerte Bornsche Näherung

Es kann vorkommen, daß die potentielle Energie $V(\boldsymbol{r})$ für eine Anwendung der Bornschen Näherung zu groß ist, daß man aber das Streuproblem für ein Potential exakt lösen kann, das sich von $V(\boldsymbol{r})$ nur wenig unterscheidet. Man sieht dann die Differenz als eine Störung an und behandelt sie wie in Abschnitt 19.1, nachdem man die dort angestellten Überlegungen in einfacher Weise verallgemeinert hat.

Wir setzen:

$$\begin{aligned} V(\boldsymbol{r}) &= U_1(\boldsymbol{r}) + W_1(\boldsymbol{r}) \\ H_1 &= H_0 + U_1(\boldsymbol{r}). \end{aligned} \tag{19.68}$$

Dann ist also:

$$H = H_1 + W_1 \tag{19.69}$$

H_1 ist der ungestörte Hamilton-Operator, W_1 die Störung. Nach Voraussetzung gehen U_1 und V asymptotisch schneller als $1/r$ gegen Null. Die Verallgemeinerung auf Potentiale, die wie $1/r$ gegen Null gehen, erfolgt in Abschnitt 19.2.5. Die stationären Zustände von H_1 seien exakt bekannt. Wir bezeichnen sie mit dem Buchstaben χ und die zugehörigen Amplituden mit dem Buchstaben g. Alle weiteren Bezeichnungen übernehmen wir aus Abschnitt 19.1.1. So definieren wir $\chi_a^{(+)}$ und $g_a^{(+)}$ durch:

$$H_1\, \chi_a^{(+)} = E\, \chi_a^{(+)} \qquad \chi_a^{(+)} \underset{r\to\infty}{\sim} e^{i\boldsymbol{k}_a\cdot\boldsymbol{r}} + g_a^{(+)}(\Omega)\, e^{ikr}/r.$$

Alle Eigenschaften, die sich in Abschnitt 19.1 für den Hamilton-Operator H ergeben hatten, besitzt offensichtlich auch der Hamilton-Operator H_1. Wir können für die Stöße mit der Energie E eine Übergangsmatrix definieren, die wir mit $T^{(1)}$ bezeichnen wollen:

$$T_{a\to b}^{(1)} \equiv \langle\varphi_b|T^{(1)}|\varphi_a\rangle = \langle\varphi_b|U_1|\chi_a^{(+)}\rangle = \langle\chi_b^{(-)}|U_1|\varphi_a\rangle. \tag{19.70}$$

Von den in Abschnitt 19.1.1 bewiesenen Eigenschaften erinnern wir insbesondere an:

$$g_b^{(-)*}(-\Omega_a) = g_a^{(+)}(\Omega_b) = -\frac{m}{2\pi\hbar^2}\, T_{a\to b}^{(1)}.$$

Aus der Beziehung (19.9) leiten wir eine Integraldarstellung für die Differenz $T_{a\to b} - T^{(1)}_{a\to b}$ her. Setzt man

$$\widehat{U} = U_1, \qquad U = V,$$

so ergibt sich nacheinander:

$$\begin{aligned}\langle\chi_b^{(-)}|W_1|\psi_a^{(+)}\rangle &= -\frac{2\pi\hbar^2}{m}[f_a^{(+)}(\Omega_b) - g_b^{(-)*}(-\Omega_a)] \\ &= -\frac{2\pi\hbar^2}{m}[f_a^{(+)}(\Omega_b) - g_a^{(+)}(\Omega_b)] \\ &= T_{a\to b} - T^{(1)}_{a\to b}.\end{aligned} \tag{19.71}$$

Entsprechend findet man, wenn man $\widehat{U} = V$ und $U = U_1$ setzt:

$$\langle\psi_b^{(-)}|W_1|\chi_a^{(+)}\rangle = T_{a\to b} - T^{(1)}_{a\to b}. \tag{19.72}$$

Aus den Gleichungen (19.71) und (19.72) folgt die Relation

$$\langle\psi_b^{(-)}|W_1|\chi_a^{(+)}\rangle = \langle\chi_b^{(-)}|W_1|\psi_a^{(+)}\rangle, \tag{19.73}$$

eine Verallgemeinerung der Beziehung (19.18).

Beide Integraldarstellungen können als Ausgangspunkt für die Störungsrechnung dienen. Wir wollen von der Beziehung (19.71) ausgehen. Sie liefert:

$$\boxed{T_{a\to b} = T^{(1)}_{a\to b} + \langle\chi_b^{(-)}|W_1|\psi_a^{(+)}\rangle} \tag{19.74}$$

Dieser Ausdruck für die Übergangsamplitude gilt in Strenge. Wäre W_1 gleich Null, so bliebe nur der erste Term übrig. Der zweite Term stellt also die durch W_1 bewirkte Korrektur dar. Für hinreichend kleines W_1 unterscheidet sich die exakte stationäre Welle $\psi_a^{(+)}$ von $\chi_a^{(+)}$ nur wenig und kann ohne großen Fehler im Korrekturterm durch diese ersetzt werden. Damit erhält man die Übergangsamplitude in erster Ordnung der Störung W_1:

$$T_{a\to b} \simeq T^{(1)}_{a\to b} + \langle\chi_b^{(-)}|W_1|\chi_a^{(+)}\rangle. \tag{19.75}$$

Das ist die Verallgemeinerung der Bornschen Näherung (s. Gleichung (19.23)). Man beachte das gleichzeitige Auftreten der stationären Lösungen zu ein- und auslaufenden Wellen sowie deren Reihenfolge im Korrekturintegral:

$$\langle\chi_b^{(-)}|W_1|\chi_a^{(+)}\rangle \equiv \int \chi_b^{(-)*}(\boldsymbol{r})\, W_1(\boldsymbol{r})\, \chi_a^{(+)}(\boldsymbol{r})\,\mathrm{d}\boldsymbol{r}. \tag{19.76}$$

Für $U_1 = 0$ erhält man wieder das Bornsche Ergebnis. Für $U_1 \neq 0$ ist die Berechnung dieses Integrals offensichtlich nicht mehr so einfach. Etwas leichter wird sie, wenn U_1 und V kugelsymmetrisch sind. Man kann dann die Entwicklungen (Aufgabe 4)

$$\chi_{\boldsymbol{k}}^{(\pm)} = \frac{4\pi}{kr} \sum_{lm} \mathrm{i}^l \, \mathrm{e}^{\pm \mathrm{i}\eta_l} F_l(k\,;r)\, Y_l^{m*}(\hat{\boldsymbol{k}})\, Y_l^m(\hat{\boldsymbol{r}}) \tag{19.77}$$

verwenden, worin $F_l(k;\,r)$ die reguläre Lösung der Radialgleichung

$$\left[\frac{\mathrm{d}^2}{\mathrm{d}r^2} - \frac{l(l+1)}{r^2} - \frac{2m}{\hbar^2} U_1 + k^2\right] y = 0 \tag{19.78}$$

mit dem asymptotischen Verhalten

$$F_l(k\,;r) \underset{r\to\infty}{\sim} \sin\left(kr - \tfrac{1}{2} l\pi + \eta_l\right) \tag{19.79}$$

ist (η_l ist die Streuphase der l-Welle im Potential U_1. Setzt man die Entwicklungen für $\chi_a^{(+)}$ und $\chi_b^{(-)}$ in das Integral (19.76) ein und führt die Integration über die Winkel aus, so bekommt man schließlich

$$\langle \chi_b^{(-)} | W_1 | \chi_a^{(+)} \rangle = \frac{4\pi}{k^2} \sum_l (2l+1)\, P_l(\cos\theta)\, \mathrm{e}^{2\mathrm{i}\eta} \int_0^\infty F_l^2(k\,;r)\, W_1(r)\, \mathrm{d}r\,.$$

Diese Reihe konvergiert um so rascher, je kleiner der Wirkungsradius von W_1 ist.

19.2.2 Verallgemeinerte Bornsche Reihe

Zur Bestimmung der Korrekturen höherer Ordnung muß man $\psi_a^{(+)}$ nach Potenzen von W_1 entwickeln. Hierzu stellen wir $\psi_a^{(+)}$ wie in Abschnitt 19.1 als Lösung einer entsprechenden Integralgleichung dar. Durch Iteration gelangt man dann zur gesuchten Entwicklung.

$G_1^{(+)}(\boldsymbol{r}, \boldsymbol{r}')$ sei die Greensche Funktion des Hamilton-Operators H_1 zur Energie $E = \hbar^2 k^2/2m$ und mit dem asymptotischen Verhalten einer auslaufenden Welle. Nach Definition ist sie eine in $\boldsymbol{r}$ und $\boldsymbol{r}'$ symmetrische Funktion, die der partiellen Differentialgleichung

$$(E - H_1)\, G_1^{(+)} \equiv \left[\frac{\hbar^2}{2m}(\Delta + k^2) - U_1\right] G_1^{(+)}(\boldsymbol{r}, \boldsymbol{r}') = \delta(\boldsymbol{r}' - \boldsymbol{r}) \tag{19.80}$$

genügt und sich für $r \to \infty$ wie $\mathrm{e}^{\mathrm{i}kr}/r$ verhält ($\boldsymbol{r}'$ bleibt dabei fest). Sie ist die Darstellungsmatrix eines bestimmten Operators $G_1^{(+)}$:

$$\langle \boldsymbol{r} | G_1^{(+)} | \boldsymbol{r}' \rangle \equiv G_1^{(+)}(\boldsymbol{r}, \boldsymbol{r}').$$

Ohne Diskussion nehmen wir zunächst an, daß stets nur eine Funktion $G_1^{(+)}(\boldsymbol{r}, \boldsymbol{r}')$ mit diesen Eigenschaften existiert.

Um zur Integralgleichung zu gelangen, wenden wir die Überlegung aus Abschnitt 19.1.4 auf diese Funktion an. Die Schrödinger-Gleichung für $\psi_a^{(+)}$ schreiben wir in der Form:

$$(E - H_1)\psi_a^{(+)} \equiv \left[\frac{\hbar^2}{2m}(\Delta + k^2) - U_1\right]\psi_a^{(+)} = W_1\psi_a^{(+)}$$

und stellen fest, daß wegen Gleichung (19.80) die Funktion

$$\psi_a^{(+)} - \int G_1^{(+)}(\boldsymbol{r}, \boldsymbol{r}')\, W_1(\boldsymbol{r}')\, \psi_a^{(+)}(\boldsymbol{r}')\, \mathrm{d}\boldsymbol{r}'$$

der „homogenen Gleichung"

$$(E - H_1)\,\chi = 0$$

genügt. Diese Funktion ist notwendig gleich der Funktion $\chi_a^{(+)}$, weil beide dasselbe asymptotische Verhalten besitzen. $\psi_a^{(+)}$ ist daher Lösung der Integralgleichung

$$\psi_a^{(+)} = \chi_a^{(+)}(\boldsymbol{r}) + \int G_1^{(+)}(\boldsymbol{r}, \boldsymbol{r}')\, W_1(\boldsymbol{r}')\, \psi_a^{(+)}(\boldsymbol{r}')\, \mathrm{d}\boldsymbol{r}'. \tag{19.81}$$

Hieraus ergibt sich ohne Schwierigkeit die Reihenentwicklung von $\psi_a^{(+)}$ nach Potenzen von W_1. Setzt man diese Entwicklung in das „Matrixelement" der rechten Seite von (19.74) ein, so erhält man die entsprechende Entwicklung für die Amplitude $T_{a\to b}$. Die Näherungsformel (19.75) folgt daraus, wenn man sich auf die beiden ersten Glieder beschränkt.

Die zu $G_1^{(+)}(\boldsymbol{r}, \boldsymbol{r}')$ konjugiert komplexe Funktion ist ebenfalls eine Greensche Funktion von H_1 zur Energie E: Es ist die Greensche Funktion $G_1^{(-)}(\boldsymbol{r}, \boldsymbol{r}')$, die sich asymptotisch wie eine einlaufende Welle verhält. Durch eine analoge Überlegung leitet man aus den Eigenschaften dieser Funktion die Integralgleichung

$$\psi_a^{(-)} = \chi_a^{(-)} + \int G_1^{(-)}(\boldsymbol{r}, \boldsymbol{r}')\, W_1(\boldsymbol{r}')\, \psi_a^{(-)}(\boldsymbol{r}')\, \mathrm{d}\boldsymbol{r}' \tag{19.82}$$

her. Aus dieser Gleichung erhält man wie vorhin die Entwicklung von $T_{a\to b}$ nach Potenzen von W_1, wobei man die Eigenschaft (19.73) berücksichtigt. Das Resultat ist offensichtlich dasselbe.

19.2.3 Die Greensche Funktion aus gebundenen Wellen

Die Existenz der Greenschen Funktionen $G_1^{(+)}$ und $G_1^{(-)}$ muß man beweisen. Wir werden sehen, daß sie nach einer zwanglosen Verallgemeinerung der Gleichung (19.62) als die Grenzwerte der Resolvente von H_1 definiert werden können, d.h. durch:

$$G_1^{(\pm)} = \lim_{\varepsilon \to 0^+} \frac{1}{E - H_1 \pm \mathrm{i}\varepsilon}. \tag{19.83}$$

Entsprechend ordnen wir dem Hamilton-Operator H für jeden Wert von E die Funktionen

$$G^{(\pm)} = \lim_{\varepsilon\to 0^+} \frac{1}{E - H \pm i\varepsilon} \tag{19.84}$$

zu.

Wir betrachten die Operatoren $G^{(+)}$ und $G^{(-)}$ und zeigen zunächst, daß

$$(E - H)\,G^{(\pm)} = 1, \qquad G^{(\pm)}\,(E - H) = 1. \tag{19.85}$$

Ist $|u\rangle$ ein Vektor mit endlicher Norm, so gilt offensichtlich:

$$(E - H)\frac{1}{E - H + i\varepsilon}|u\rangle = |u\rangle - \frac{i\varepsilon}{E - H + i\varepsilon}|u\rangle. \tag{19.86}$$

Das Quadrat der Norm für den zweiten Term auf der rechten Seite ist

$$\begin{aligned} N(\varepsilon) &= \varepsilon^2 \langle u| \frac{1}{(E-H)^2 + \varepsilon^2} |u\rangle \\ &= \varepsilon \int |u(E')|^2 \frac{\varepsilon}{(E - E')^2 + \varepsilon^2} \mathrm{d}E'. \end{aligned}$$

Die zweite Zeile erhält man, wenn man eine Darstellung wählt, in der H diagonal ist. $|u(E')|^2\,\mathrm{d}E'$ ist das Quadrat der Norm der Komponente von $|u\rangle$ zur Energie E'. Gemäß einer bekannten Eigenschaft der δ-Funktion (Gleichung (A.15c)) strebt das Integral gegen $\pi|u(E)|^2$, wenn ϵ gegen Null geht. Bei diesem Grenzübergang wird also $N(\epsilon)$ gleich Null. Für $\epsilon \to 0$ liefert daher die Gleichung (19.86):

$$(E - H)\,G^{(+)}|u\rangle = |u\rangle.$$

Weil diese Beziehung für jedes $|u\rangle$ (mit *endlicher Norm* [11]) erfüllt ist, hat man:

$$(E - H)\,G^{(+)} = 1.$$

Entsprechend beweist man die anderen Beziehungen aus (19.85).

Genauso zeigt man, daß

$$(E - H_1)\,G_1^{(\pm)} = 1, \qquad G_1^{(\pm)}\,(E - H_1) = 1. \tag{19.87}$$

Die Gleichungen (19.85) und (19.87) sichern uns, daß $G^{(\pm)}$ und $G_1^{(\pm)}$ Greensche Funktionen von H bzw. H_1 zur Energie E sind. Überträgt man sie in die $\{r\}$-Darstellung, so erhält man die für Greensche Funktionen charakteristischen partiellen Differentialgleichungen. So ergibt sich aus der ersten Gleichung von (19.87) die Gleichung (19.80).

Beim vorstehenden Beweis wurden die Bedingungen für den Grenzübergang $\epsilon \to 0+$ sorgfältig beachtet, weil sie dabei eine wesentliche Rolle spielen. Im folgenden werden wir diese Strenge nicht mehr walten lassen und nur von Fall zu Fall $G^{(\pm)}$ durch $[E - H \pm i\epsilon]^{-1}$ und $G_1^{(\pm)}$ durch $[E - H_1 \pm i\epsilon]^{-1}$ ersetzen, wobei ϵ eine reell positive, unendlich kleine Größe bedeuten soll.

---

[11] Man denke an die Bemerkungen in der Fußnote 10).

Wiederholt man die Überlegungen des Anfangs von Abschnitt 16.3.2, so gelangt man zu den grundlegenden Identitäten

$$\frac{1}{E-H\pm i\varepsilon}-\frac{1}{E-H_0\pm i\varepsilon}=\frac{1}{E-H\pm i\varepsilon}V\frac{1}{E-H_0\pm i\varepsilon} \qquad (19.88\,\mathrm{a})$$

$$=\frac{1}{E-H_0\pm i\varepsilon}V\frac{1}{E-H\pm i\varepsilon}. \qquad (19.88\,\mathrm{b})$$

Hierzu existieren analoge Identitäten mit H_1 und U_1 statt mit H und V und solche mit H_1 und W_1 anstelle von H_0 und V.

Aus diesen Identitäten (19.88) ergeben sich neben anderen Folgerungen die Beziehungen [12]

$$(1+G^{(\pm)}V)(1-G_0^{(\pm)}V)=1 \qquad (19.89\,\mathrm{a})$$

$$(1-G_0^{(\pm)}V)(1+G^{(\pm)}V)=1. \qquad (19.89\,\mathrm{b})$$

Nun kann man die Gleichung (19.63) auf die Form

$$[1-G_0^{(\pm)}V]\,\psi_a^{(\pm)}=\varphi_a$$

bringen. Wendet man auf beide Seiten dieser Gleichung den Operator $(1+G^{(\pm)}V)$ an und vereinfacht mit Hilfe der Beziehung (19.89 a) die linke Seite, so erhält man die folgende wichtige Formel:

$$\psi_a^{(\pm)}=\left(1+\frac{1}{E-H\pm i\varepsilon}V\right)\varphi_a. \qquad (19.90)$$

Weil H hermitisch ist, gilt offensichtlich:

$$G^{(\pm)\dagger}=G^{(\mp)}. \qquad (19.91)$$

Daher lautet die zur Gleichung (19.90) konjugiert komplexe Gleichung:

$$\langle\psi_a^{(\pm)}|=\langle\varphi_a|\left(1+V\frac{1}{E-H\mp i\varepsilon}\right). \qquad (19.92)$$

Jetzt sind wir in der Lage, die asymptotischen Eigenschaften von $G^{(+)}$ und $G^{(-)}$, sowie die von $G_0^{(+)}$ und $G_0^{(-)}$ herzuleiten. Ist $|u\rangle$ ein Vektor, der im Unendlichen hinreichend schnell klein wird, so hat man wegen der Identität (19.88 b):

$$G^{(\pm)}|u\rangle=G_0^{(\pm)}|\mho\rangle$$

mit

$$|\mho\rangle=(1+V\,G^{(\pm)})\,|u\rangle.$$

[12] Aus diesen Identitäten darf man weder folgern, daß $[1+G^{(\pm)}V]$ und $[1-G_0^{(\pm)}V]$ zueinander invers sind, noch daß sie jeder für sich eine Inverse besitzen. S. Fußnote 10).

Fällt auch der Vektor $|\mho\rangle$ hinreichend rasch im Unendlichen [13], so kann man auf ihn (19.61) anwenden. Das führt zu:

$$\langle \boldsymbol{r}|G^{(\pm)}|u\rangle \underset{r\to\infty}{\sim} -\frac{m}{2\pi\hbar^2}\frac{e^{\pm ikr}}{r}\langle \varphi_{\pm\boldsymbol{k}}|\mho\rangle \qquad (19.93)$$
$$(\boldsymbol{k} = k\,\boldsymbol{r}/r).$$

Die Wirkung von $G^{(+)}$ auf einen Vektor des Hilbert-Raums liefert im allgemeinen einen Vektor mit dem asymptotischen Verhalten einer rein auslaufenden Welle, die Wirkung von $G^{(-)}$ ergibt einen Vektor, der sich wie eine rein einlaufende Welle verhält. Ersetzt man $|\mho\rangle$ auf der rechten Seite von Gleichung (19.93) durch seine Definition und beachtet (Gleichung (19.92)), daß

$$\langle \varphi_{\pm\boldsymbol{k}}|(1 + V G^{(\pm)}) = \langle \psi^{(\mp)}_{\pm\boldsymbol{k}}|,$$

so findet man:

$$\langle \boldsymbol{r}|G^{(\pm)}|u\rangle \underset{r\to\infty}{\sim} -\frac{m}{2\pi\hbar^2}\frac{e^{\pm ikr}}{r}\langle \psi^{(\mp)}_{\pm\boldsymbol{k}}|u\rangle. \qquad (19.94)$$

Man beachte, daß es die Welle $\psi_{\boldsymbol{k}}^{(-)}$ ist, die bei der asymptotischen Eigenschaft von $G^{(+)}$ auftritt, und die Welle $\psi_{\boldsymbol{k}}^{(+)}$ bei der von $G^{(-)}$.

Analoge Eigenschaften ergeben sich für $G_1^{(+)}$ und $G_1^{(-)}$, insbesondere die asymptotische Eigenschaft

$$\langle \boldsymbol{r}|G_1^{(\pm)}|u\rangle \underset{r\to\infty}{\sim} -\frac{m}{2\pi\hbar^2}\frac{e^{\pm ikr}}{r}\langle \chi^{(\mp)}_{\pm\boldsymbol{k}}|u\rangle \qquad (19.95)$$
$$(\boldsymbol{k} = k\boldsymbol{r}/r).$$

Ist U_1 kugelsymmetrisch, so kann man die Greenschen Funktionen $G_1^{(\pm)}$ mit Hilfe der Lösungen der Radialgleichungen (19.78) leicht konstruieren. Man erhält (Aufgabe 4):

$$\langle \boldsymbol{r}|G_1^{(\pm)}|\boldsymbol{r}'\rangle = -\frac{2m}{\hbar^2 k}\frac{1}{rr'}\sum_{lm} e^{\pm i\eta_l} F_l(k\,;r_<)\,u_l^{(\pm)}(k\,;r_>)\,Y_l^{m*}(\hat{\boldsymbol{r}}')\,Y_l^m(\hat{\boldsymbol{r}}). \qquad (19.96)$$

In dieser Formel bezeichnen $r_<$ und $r_>$ jeweils den kleineren bzw. größeren der Beträge $\boldsymbol{r}$ und $\boldsymbol{r}'$. η_l und F_l sind in Abschnitt 19.2.1 definiert worden; $u_l^{(\pm)}$ sind die nichtregulären Lösungen der Gleichung (19.78) mit dem asymptotischen Verhalten

$$u_l^{(\pm)} \underset{r\to\infty}{\sim} e^{\pm i(kr - \frac{1}{2}l\pi)}.$$

Anhand dieser expliziten Form (19.96) kann man die charakteristischen Eigenschaften von $G_l^{(+)}$ und $G_l^{(-)}$ leicht bestätigen.

---

[13] Die folgenden Überlegungen gelten nicht mehr, wenn sich V im Unendlichen wie $1/r$ verhält.

19.2.4 Anwendungen. Definition und formale Eigenschaften von T

Die Mehrzahl unserer früher gewonnenen Ergebnisse kann man auf recht einfache Weise erhalten, wenn man sich der Greenschen Funktionen bedient und dabei ihre formalen Eigenschaften berücksichtigt. Der Vorteil dieses Vorgehens besteht einerseits darin, daß die Rechnungen formal sehr einfach werden, zum anderen sind bei dieser Art der Formulierung Verallgemeinerungen leicht möglich.

So ergeben sich insbesondere die Integralgleichungen (19.81) und (19.82) wieder. Man kann sie auf die Form bringen:

$$\psi_a^{(\pm)} = \chi_a^{(\pm)} + \frac{1}{E - H_1 \pm \mathrm{i}\varepsilon} W_1 \psi_a^{(\pm)}. \tag{19.97}$$

Vergleicht man die asymptotischen Eigenschaften beider Seiten, so erhält man die Beziehung (19.74).

Die Formeln:

$$\chi_a^{(\pm)} = \left[1 + \frac{1}{E - H_1 \pm \mathrm{i}\varepsilon} U_1\right] \varphi_a. \tag{19.98}$$

$$\psi_a^{(\pm)} = \left[1 + \frac{1}{E - H \pm \mathrm{i}\varepsilon} W_1\right] \chi_a^{(\pm)} \tag{19.99}$$

geben wir nur an und überlassen den Beweis dem Leser.

Auch für T können wir eine formale Definition angeben. Die Relation (19.20) definiert nur seine Matrixelemente zwischen ebenen Wellen zur bestimmten Energie E. Mit Berücksichtigung von Gleichung (19.90) bringt man diese Beziehung auf die Form

$$\langle\varphi_b|T|\varphi_a\rangle = \langle\varphi_b| \left[V + V \frac{1}{E - H + \mathrm{i}\varepsilon} V\right] |\varphi_a\rangle. \tag{19.100}$$

Wir verallgemeinern sie und setzen:

$$T = V + V \frac{1}{E - H + \mathrm{i}\varepsilon} V. \tag{19.101}$$

In dieser Definition spielt E die Rolle eines Parameters. T ist der Wert der durch

$$T(z) = V + V \frac{1}{z - H} V$$

definierten Funktion, den diese annimmt, wenn z von oben ($\operatorname{Im} z > 0$) gegen den reellen Wert E geht.

Die rechte Seite von (19.101) kann man mit Hilfe der Identitäten (19.88 a) und (19.88 b) umformen, womit man für den Operator T die Integralgleichungen:

$$T = V + T\frac{1}{E - H_0 + \mathrm{i}\varepsilon}V \tag{19.102a}$$

$$T = V + V\frac{1}{E - H_0 + \mathrm{i}\varepsilon}T \tag{19.102b}$$

erhält.

Praktisch treten von den Matrixelementen von T nur die auf, die mit freien Wellen zur Energie E, insbesondere mit ebenen Wellen gebildet sind.

Als Anwendungsbeispiel leiten wir noch einmal die Mikroreversibilitätsbeziehung (19.21) her, wobei wir ausschließlich die formalen Eigenschaften von T berücksichtigen. K sei der (antilineare) Zeitumkehroperator. H_0 ist offensichtlich gegenüber Zeitumkehr invariant. Weiter ist klar, daß

$$\varphi_{Ka} = K\varphi_a, \qquad \varphi_{Kb} = K\varphi_b. \tag{19.103}$$

Wir nehmen an, daß auch H diese Invarianzeigenschaft besitzt:

$$KHK^\dagger = H.$$

Das setzt voraus, daß

$$KVK^\dagger = V$$

ist. Hieraus leitet man zusammen mit den Definitionen (19.84) und (19.101) nacheinander her, daß

$$KG^{(+)}K^\dagger = G^{(-)} = G^{(+)\dagger}$$

und

$$KTK^\dagger = T^\dagger \tag{19.104}$$

ist. Aus dieser Eigenschaft von T gegenüber Zeitumkehr folgt:

$$\begin{aligned} T_{Kb\to Ka} &= (\langle\varphi_a|K^\dagger)\, T(K|\varphi_b\rangle) \\ &= \langle\varphi_a|(K^\dagger TK)|\varphi_b\rangle^* \\ &= \langle\varphi_b|(K^\dagger T^\dagger K)|\varphi_a\rangle \\ &= \langle\varphi_b|T|\varphi_a\rangle = T_{a\to b}. \end{aligned}$$

Das ist die Mikroreversibilitätsbeziehung.

19.2.5 Anmerkung über 1/r-Potentiale

Bei unserer Untersuchung haben wir immer vorausgesetzt, daß die Potentiale $V(r)$, $U_1(r)$ und $W_1(r)$ im Unendlichen schneller verschwinden als $1/r$. Nur unter dieser Bedingung besitzen die verschiedenen Wellen und Greenschen Funktionen das jeweils angegebene asymptotische Verhalten. Die Methode ist nach einigen Abänderungen auch anwendbar, wenn $V(r)$ einen Term mit $1/r$ enthält, falls $U_1(r)$ ebenfalls diesen Term aufweist, und folglich $W_1(r)$ schneller als $1/r$ gegen Null geht. Die asymptotischen Formen unterscheiden sich dann von den früheren einfach durch einen zu $\ln 2kr$ proportionalen Zusatzterm im Argument der Exponentialfunktion. Für die asymptotischen Formen von u_l und F_l gilt das Gleiche. Abgesehen von einigen Unterschieden bleiben Methode und Ergebnisse im wesentlichen gleich. So bleiben insbesondere die Definitionen (19.83) und (19.84) für die Greenschen Funktionen bestehen, ferner die Integralgleichung (19.97), die fundamentale Eigenschaft (19.74) und die Formel (19.75) für den Grenzfall, daß W_1 als eine kleine Störung behandelt werden kann.

19.3 Komplexe Streuung und Bornsche Näherung

19.3.1 Allgemeines. Wirkungsquerschnitte

In diesem Abschnitt wollen wir die vorangegangenen Überlegungen auf den Stoß irgendwelcher Teilchen ausdehnen [14]. Unter Umständen können sie eine innere Struktur aufweisen. Handelt es sich um Elementarteilchen, wie Elektronen, Protonen oder Neutronen, so sind allein die Spinvariablen die inneren Variablen, doch wollen wir auch komplexe Teilchen, wie Ionen, Atome, Atomkerne usw. betrachten, die durch die Vereinigung mehrerer Elementarteilchen entstanden sind.

Wir nehmen also an, daß zwei Teilchen A und X miteinander zusammenstoßen. Allgemein kann man drei Arten von Vorgängen beobachten:

(*a*) Die Teilchen werden ohne Änderung ihres inneren Quantenzustands einfach abgelenkt:

$$A + X \to A + X;$$

das ist die *elastische Streuung;*

(*b*) Sie werden unter Änderung ihres inneren Quantenzustands abgelenkt [15]:

$$A + X \to A' + X'$$

gehen dabei also in die Zustände A' und X' über; das ist die *inelastische Streuung;*

(*c*) die Teilchen A und X tauschen während des Stoßes eine bestimmte Anzahl von Elementarteilchen aus oder allgemeiner: das System $(A + X)$ zerfällt in zwei oder mehr andere Teilchen, z.B.

[14] Zur hier verwendeten Terminologie s. *C. Bloch, Cours sur la Theorie des réactions nucléaires, C.E.N. Saclay* (1955–1956) oder auch *J. Blatt* und *V. Weisskopf, Theoretische Kernphysik,* Kap. VIII.

[15] Diese Änderung kann eine einfache Umkehr der Spins sein. Die Definition unterscheidet sich von der sonst üblichen. Bei dieser spricht man erst dann von einer inelastischen Streuung, wenn sich die innere Energie der Teilchen ändert.

$$A + X \rightarrow B + Y.$$

Das ist die *Reaktionsstreuung.*

Eine chemische Reaktion ist eine Reaktionsstreuung zwischen Molekülen, eine Kernreaktion eine solche zwischen Atomkernen. Wir werden im folgenden einige Beispiele hierfür angeben.

Die charakteristischen Größen eines Stoßes zweier Teilchen sind die Wirkungsquerschnitte. Dieser Begriff wurde für elastische Stöße schon in Abschnitt 10.1.1 eingeführt. Allgemeiner *ist der Wirkungsquerschnitt für eine bestimmte Art von Ereignissen, die bei einem Stoß auftreten können, gleich der Anzahl dieser Ereignisse pro Zeiteinheit und Target dividiert durch den auf das Target einfallenden Teilchenstrom.*

Damit für den Stoß zwischen A und X ein Wirkungsquerschnitt eindeutig definiert werden kann, müssen die Anfangsbedingungen des Stoßes, d.h. die Quantenzustände und die Geschwindigkeiten der Teilchen A und X genau bestimmt sein. Bei den üblichen experimentellen Bedingungen ist eine Geschwindigkeit, z.B. die von X, gleich Null: Man beschießt ein praktisch ruhendes Target aus X-Teilchen mit einem monoenergetischen Strahl aus A-Teilchen. Weil jedoch die Schwerpunktsbewegung des Gesamtsystems von der Relativbewegung in Strenge separiert werden kann, ist es über einfache kinematische Überlegungen möglich, Zusammenhänge zwischen den Wirkungsquerschnitten herzustellen, bei denen sich die Anfangsbedingungen nur durch einen Wechsel des Bezugssystems voneinander unterscheiden. So kann man in offensichtlicher Verallgemeinerung des Vorgangs aus Abschnitt 10.1.6 (s. Aufgabe 10.2) die Wirkungsquerschnitte im Schwerpunktsystem (Schwerpunktsgeschwindigkeit gleich Null) transformieren und umgekehrt. Darum beziehen sich im folgenden alle Wirkungsquerschnitte auf das Schwerpunktsystem.

Bei den weiteren Ausführungen bezeichnet E stets die Gesamteinfallsenergie im Schwerpunktsystem und H den Hamilton-Operator, der die Bewegung der Relativkoordinaten bestimmt (den Gesamthamilton-Operator erhält man durch Hinzufügen der kinetischen Energie des Schwerpunkts).

19.3.2 Kanäle

Zunächst führen wir einen Begriff ein, der für die Behandlung komplexer Stöße sehr nützlich ist. Das ist der Begriff des *Kanals.* Man versteht darunter jede Art von Zerfall des Systems, die beim Stoß möglich ist. Eine dieser Möglichkeiten sind die einfallenden Teilchen selbst: das ist der *Eingangskanal.* Bei einer elastischen Streuung bleiben die beiden Teilchen im Eingangskanal. Dagegen ist bei den beiden anderen Arten von Streuvorgängen der Ausgangs- vom Eingangskanal verschieden: die Teilchen im Ausgangskanal sind von den im Eingangskanal verschieden. Wir kennzeichnen die verschiedenen Kanäle im folgenden durch griechische Buchstaben.

Jedem Kanal kann man eine bestimmte Anzahl von Größen und Parametern zuordnen. Zur Vereinfachung nehmen wir an, daß die Reaktionskanäle ausschließlich aus zwei Teilchen gebildet werden.

Sei also γ ein bestimmter, aus den Teilchen C und Z bestehender Kanal. $r_\gamma = r_C - r_Z$ bestimmt die Lage von C relativ zu Z, r_C und r_Z sind die Ortsvektoren von C und Z in bezug auf den gemeinsamen Schwerpunkt von C und Z. Entsprechend führt man den Relativimpuls p_γ und die reduzierte Masse M_γ ein:

$$M_\gamma = \frac{M_C M_Z}{M_C + M_Z};$$

die kinetische Energie des Kanals γ ist $p_\gamma^2/2M_\gamma$.

Die (auf Eins normierte) Wellenfunktion φ_γ, die den inneren Quantenzustand der Teilchen des Kanals beschreibt, ist das Produkt aus den Wellenfunktionen φ_C und φ_Z der Teilchen C bzw. Z. Sind h_C und h_Z die Hamilton-Operatoren dieser Teilchen, so hat man:

$$\begin{aligned} h_C \varphi_C &= e_C \varphi_C, & h_Z \varphi_Z &= e_Z \varphi_Z \\ \varphi_\gamma &= \varphi_C \varphi_Z, & e_\gamma &= e_C + e_Z \end{aligned}$$

e_γ ist die innere Gesamtenergie der Teilchen des Kanals γ.

Schließlich beschreibe V_γ die Wechselwirkung zwischen den Teilchen C und Z, d.h. V_γ ist die Summe der Wechselwirkungspotentiale zwischen jedem Elementarteilchen von C und jedem Elementarteilchen von Z. V_γ strebt für $r_\gamma \to \infty$ gegen Null. Wir wollen voraussetzen, daß dieser Abfall stets rascher als $1/r_\gamma$ ist. Die Verallgemeinerung auf $1/r_\gamma$-Potentiale ist nach den Bemerkungen in Abschnitt 19.2.5 ohne Schwierigkeiten möglich.

Der Hamilton-Operator des Systems lautet:

$$H = H_\gamma + V_\gamma \tag{19.105}$$

mit

$$H_\gamma = h_C + h_Z + p_\gamma^2/2M_\gamma. \tag{19.106}$$

19.3.3 Berechnung der Wirkungsquerschnitte. *T*-Matrizen

Beim weiter oben angeführten Stoß ist der Kanal $(A + X)$ der Eingangskanal. Wir kennzeichnen ihn durch α. Zur Festlegung der Anfangsbedingungen des Stoßes muß man den Relativimpuls der Teilchen im Anfangszustand vorgeben. Die Gesamtheit der auf diese Weise vorgegebenen Anfangsbedingungen repräsentieren wir durch den Buchstaben oder den Index a: $a \equiv (\alpha, k_a)$. Es ist:

$$E = e_\alpha + \hbar^2 k_a^2/2M_\alpha. \tag{19.107}$$

Wir nehmen an, daß die Relation $A + X \to B + Y$ möglich ist. Man sagt dann, der Kanal $(B + Y)$, der β-Kanal, sei ein *offener Kanal.* Die Teilchen dieses Kanals gehen mit einem Relativimpuls vom Betrage $\hbar k_b$ hervor, der durch den Energieerhaltungssatz

$$E = e_\beta + \hbar^2 k_\beta^2/2M_\beta \tag{19.108}$$

bestimmt ist. Damit der β-Kanal offen ist, muß $E - e_\beta$ notwendig positiv sein.

Jedem Satz a von Anfangsbedingungen kann man eine ebene Welle zuordnen:

$$\Phi_a = \varphi_\alpha \, e^{ik_a \cdot r_\alpha}, \tag{19.109}$$

sowie zwei stationäre Wellen $\Psi_a^{(+)}$ und $\Psi_a^{(-)}$. $\Psi_a^{(+)}$ ist die stationäre Lösung von H zur Energie E, die sich im Eingangskanal asymptotisch wie ($e^{ik_a \cdot r_\alpha}$ + auslaufende Welle) verhält und in allen anderen offenen Kanälen wie eine rein auslaufende Welle. $\Psi_a^{(-)}$ ist entsprechend mit einlaufenden Wellen definiert. Aufgrund dieser Definitionen ist:

$$H_\alpha \, \Phi_a = E \, \Phi_a \tag{19.110}$$

$$H \, \Psi_a^{(\pm)} = E \, \Psi_a^{(\pm)} \tag{19.111}$$

und für jeden anderen offenen γ-Kanal (wir nehmen an, daß keiner von ihnen mehr als zwei Teilchen enthält) gilt:

$$\begin{aligned} \Psi_a^{(\pm)} &\underset{r_\alpha \to \infty}{\sim} \varphi_\alpha \left[e^{ik_a \cdot r_\alpha} + f_{a\alpha}^{(\pm)}(\Omega_\alpha) \, e^{\pm ik_a r_\alpha}/r_\alpha \right] \\ &\underset{r_\gamma \to \infty}{\sim} \varphi_\gamma \, f_{a\gamma}^{(\pm)}(\Omega_\gamma) \, e^{\pm ik_c r_\gamma}/r_\gamma \qquad (\gamma \neq \alpha). \end{aligned} \tag{19.112}$$

Die Existenz der stationären Lösungen $\Psi_a^{(+)}$ und $\Psi_a^{(-)}$ setzen wir ohne Diskussion voraus.

Die Wirkungsquerschnitte hängen mit dem asymptotischen Verhalten der Welle $\Psi^{(a)}$ direkt zusammen. Man zeigt dies durch eine einfache Verallgemeinerung der Überlegung aus den Abschnitten 10.1.3–5. Wir wollen hier nur das Ergebnis angeben.

$d\sigma_{a\to b}/d\Omega_\beta$ sei der differentielle Wirkungsquerschnitt für die Emission des Teilchens B in die Richtung Ω_b. Man findet [16]:

$$\frac{d\sigma_{a\to b}}{d\Omega_\beta} = \frac{v_b}{v_a} \left| f_{a\beta}^{(+)}(\Omega_b) \right|^2 \tag{19.113}$$

$v_a = \hbar k_a/M_\alpha$ ist die Einfallsgeschwindigkeit, $v_b = \hbar k_b/M_\beta$ die Relativgeschwindigkeit des Teilchens B nach dem Stoß.

In Verallgemeinerung der Betrachtungen des Abschnitts 19.1.2 kann man den Stoßvorgang mit der Energie E durch eine bestimmte Übergangsmatrix T beschreiben. Diese ist so definiert, daß

[16] Dieses Resultat erhält man auch, indem man die Überlegung aus Abschnitt 10.1.1 verallgemeinert. Der Wirkungsquerschnitt ist gleich dem Verhältnis des Stroms der Teilchen B, $v_b |f_{a\beta}^{(+)}(\Omega_b)|^2$, zum einfallenden Strom v_a.

$$T_{a\to b} \equiv \langle b|T|a\rangle = -\frac{2\pi\hbar^2}{M_\beta} f_{a\beta}^{(+)}(\Omega_b). \tag{19.114}$$

Aus den Gleichungen (19.113) und (19.114) folgt dann:

$$\boxed{\frac{\mathrm{d}\sigma_{a\to b}}{\mathrm{d}\Omega_\beta} = \frac{2\pi}{\hbar v_a}\left| T_{a\to b}\right|^2 \rho_b(E)} \tag{19.115}$$

In Übereinstimmung mit der Definition aus Abschnitt 17.1.4 bedeutet $\rho_b(E)$ die Dichte der Endzustände. Die Formel (19.115) ist die Verallgemeinerung der Formel (19.19'). $T_{a\to b}$ ist die Amplitude für den Übergang $a \to b$.

19.3.4 Integraldarstellungen der Übergangsamplitude

Um die Integraldarstellungen von $T_{a\to b}$ aufzustellen, verallgemeinert man zunächst die Beziehung (19.9).

H und $\widehat{H}$ seien zwei mögliche Hamilton-Operatoren des betrachteten Quantensystems: Die kinetische Energie ist bei beiden dieselbe, aber die potentiellen Energien können voneinander verschieden sein. Wir fordern, daß die Differenz durch Terme ausgedrückt wird, die asymptotisch rascher als $1/r$ gegen Null gehen. Wir betrachten spezieller die stationären Lösungen von H und $\widehat{H}$ zur Energie E und bezeichnen sie mit Ψ und $\widehat{\Psi}$. Wir stellen fest, daß bestimmte Kanäle für Stöße offen sein können, die durch den Hamilton-Operator H beschrieben werden, und geschlossen für Stöße, die durch $\widehat{H}$ beschrieben werden, und umgekehrt. Wir wollen annehmen, daß der β-Kanal für Stöße offen ist, die durch den Hamilton-Operator $\widehat{H}$ bestimmt sind. Es existiert also eine Lösung $\widehat{\Psi}_b^{(-)}$ zu den Anfangsbedingungen $b \equiv (\beta, k_b)$. Es gilt:

$$\widehat{H}\,\widehat{\Psi}_b^{(-)} = E\,\widehat{\Psi}_b^{(-)} \tag{19.116}$$

und für jeden offenen δ-Kanal (der aus höchstens zwei Teilchen bestehen soll) hat man:

$$\begin{aligned} \widehat{\Psi}_b^{(-)} &\underset{r_\beta\to\infty}{\sim} \varphi_\beta\left[\mathrm{e}^{\mathrm{i}\boldsymbol{k}_b\cdot\boldsymbol{r}_\beta} + \widehat{f}_{b\beta}^{(-)}(\Omega_\beta)\,\mathrm{e}^{-\mathrm{i}k_b r_\beta}/r_\beta\right] \\ &\underset{r_\delta\to\infty}{\sim} \varphi_\delta\,\widehat{f}_{b\delta}^{(-)}(\Omega_\delta)\,\mathrm{e}^{-\mathrm{i}k_d r_\delta}/r_\delta \qquad (\delta \neq \beta). \end{aligned} \tag{19.117}$$

Wir beweisen, daß

$$\langle\widehat{\Psi}_b^{(-)}|(H-\widehat{H})|\Psi_a^{(+)}\rangle = -\frac{2\pi\hbar^2}{M_\beta} f_{a\beta}^{(+)}(\Omega_b) + \frac{2\pi\hbar^2}{M_\alpha}\widehat{f}_{b\alpha}^{(-)*}(-\Omega_a). \tag{19.118}$$

Die Schritte sind die gleichen wie bei der Herleitung der Beziehung (19.9). Man multipliziert beide Seiten der Gleichung (19.111) mit $\widehat{\Psi}_b^{(-)*}$ und beide Seiten der zu (19.116) konjugiert komplexen Gleichung mit $\Psi_a^{(+)}$. Nach Subtraktion erhält man:

$$\left[\widehat{\Psi}_b^{(-)*}(H\Psi_a^{(+)}) - (H\widehat{\Psi}_b^{(-)})^*\Psi_a^{(+)}\right] + \widehat{\Psi}_b^{(-)*}(H-\widehat{H})\Psi_a^{(+)} = 0.$$

Summiert man über die Spins und integriert über den gesamten Konfigurationsraum, so ergibt sich die Beziehung (19.118). Trotz der Hermitezität von H ist der von der eckigen Klammer herrührende Anteil nicht notwendig gleich Null, denn weder Ψ noch $\widehat{\Psi}$ besitzen eine endliche Norm. Zur Berechnung dieses Anteils integriert man zunächst über ein endliches Volumen des Konfigurationsraums und geht dann zur Grenze über. Mit Hilfe des Greenschen Satzes kann das Volumenintegral in ein Oberflächenintegral umgewandelt werden [17]. Dies wiederum kann als eine Summe geschrieben werden, bei der die einzelnen Summanden zu den ν-Kanälen gehören, die sowohl für Ψ als auch für $\widehat{\Psi}$ offen sind. Man findet:

$$\langle\widehat{\Psi}_b^{(-)}|\,(H-\widehat{H})\,|\Psi_a^{(+)}\rangle = \sum_\nu \frac{\hbar^2}{2M_\nu} \lim_{R_\nu\to\infty} \{\,\widehat{\Psi}_a^{(-)*}, \Psi_b^{(+)}\,\}_\nu, \tag{19.119}$$

Das Symbol $\{\ldots\}_\nu$ ist durch

$$\{\,F_1, F_2\,\}_\nu = \left\langle \int \left(F_1\frac{\partial F_2}{\partial r_\nu} - F_2\frac{\partial F_1}{\partial r_\nu}\right)\bigg|_{r_\nu=R_\nu} R_\nu^2\,\mathrm{d}\Omega_\nu\right\rangle$$

definiert, wobei die Bezeichnung $\langle\int\ldots\mathrm{d}\Omega_\nu\rangle$ die Summation oder Integration über alle Variablen mit Ausnahme von r_ν bedeutet. Man kann die verschiedenen auf der rechten Seite von (19.119) stehenden Terme abschätzen, indem man für Ψ und $\widehat{\Psi}$ sowie für ihre Radialableitungen die jeweiligen asymptotischen Formen (Gleichungen (19.112) und (19.117)) einsetzt. Bei jedem Kanal mit Ausnahme des α- und des β-Kanals ist $\Psi_a^{(+)}$ eine rein auslaufende Welle und $\Psi_b^{(-)}$ eine rein einlaufende. Die Klammer $\{\ldots\}_\nu$ geht daher asymptotisch gegen Null. Beim α- und β-Kanal ist dagegen der Anteil der Klammer von Null verschieden, weil bei einer der beiden asymptotischen Formen der Term einer ebenen Welle auftritt. Die Rechnung ist mit der in Abschnitt 19.1.1 identisch und liefert die beiden auf der rechten Seite von (19.118) stehenden Terme. Damit ist der Beweis erbracht.

---

[17] Um die Dinge zu präzisieren, erinnern wir uns, daß die Separation des Schwerpunkts auf verschiedene Weise möglich ist, daß dabei aber die Größe

$$x \equiv (\textstyle\sum_j M_j r_j^2)^{\frac{1}{2}}$$

von der Art der Reduzierung unabhängig ist. Sind $r_1, r_2, \ldots, r_j, \ldots$ die zu einer bestimmten Reduzierung gehörenden Koordinaten und $M_1, M_2, \ldots, M_j, \ldots$, die zugehörigen Massen (s. Abschnitt 9.3.3), so ist die hier infrage stehende Integration durch die Bedingung $x < X$ definiert. X ist positiv und gegenüber den Reichweiten der auftretenden Wechselwirkungen groß. Der Greensche Satz erlaubt die Umwandlung des Volumenintegrals in ein Integral über die Hyperfläche $x = X$, das für $X \to \infty$ gegen den Ausdruck auf der rechten Seite von Gleichung (19.119) geht.

Wir wollen die grundlegende Beziehung (19.118) auf eine handlichere Gestalt bringen. Hierzu gehen wir zum Spezialfall $\widehat{H} = H$ über. Die linke Seite verschwindet dann und man erhält:

$$\frac{1}{M_\beta} f_{a\beta}^{(+)}(\Omega_b) = \frac{1}{M_\alpha} f_{b\alpha}^{(-)*}(-\Omega_a).$$

Vergleicht man dies mit der Definition (19.114) von T, so gelangt man zu der äquivalenten Definition:

$$\langle b|T|a\rangle = -\frac{2\pi\hbar^2}{M_\alpha} f_{b\alpha}^{(-)*}(-\Omega_a). \tag{19.114'}$$

Beide Definitionen gelten auch für die zum Hamilton-Operator $\widehat{H}$ gehörende Übergangsmatrix $\widehat{T}$. Verwendet man diese Definitionen, so lautet die Beziehung (19.118):

$$\langle b|T|a\rangle = \langle b|\widehat{T}|a\rangle + \langle\widehat{\Psi}_b^{(-)}|(H-\widehat{H})|\Psi_a^{(+)}\rangle. \tag{19.120}$$

In dieser Form werden wir sie benutzen.

Ist der α-Kanal für die Welle $\widehat{\Psi}_b^{(-)}$ geschlossen, so bleibt diese Beziehung gültig, falls man $\langle b|\widehat{T}|a\rangle = 0$ setzt. Ebenso bleibt sie wahr, wenn der β-Kanal für die Welle $\Psi_a^{(+)}$ geschlossen ist. Man muß dann $\langle b|T|a\rangle = 0$ setzen.

Ist insbesondere $\widehat{H} = H_\beta$, so reduziert sich $\widehat{\Psi}_\beta^{(-)}$ auf die ebene Welle Φ_β, und weil $H - H_\beta = V_\beta$ ist, liefert die Beziehung (19.120):

$$\langle b|T|a\rangle = \langle\Phi_b|V_\beta|\Psi_a^{(+)}\rangle. \tag{19.121}$$

Ersetzt man entsprechend H durch H_α und $\widehat{H}$ durch H, so gelangt man zu:

$$\langle b|T|a\rangle = \langle\Psi_b^{(-)}|V_\alpha|\Phi_a\rangle. \tag{19.122}$$

Sämtliche eben hergeleiteten Eigenschaften gelten für jede Art von Streuvorgang: für die elastische Streuung ($\alpha = \beta$), die inelastische Streuung ($\alpha \neq \beta$, $V_\alpha = V_\beta$) oder die Reaktionsstreuung ($V_\alpha \neq V_\beta$).

19.3.5 Die Bornsche Näherung und ihre Verallgemeinerungen

Ersetzt man auf der rechten Seite der Gleichung (19.121) $\Psi_\alpha^{(+)}$ durch die ebene Welle Φ_a, so erhält man die *Amplitude für den Übergang $a \to b$ in der Bornschen Näherung* (s. Gleichung (19.23)):

$$T_{a\to b} \simeq T_{a\to b}^{(B)} = \langle\Phi_b|V_\beta|\Phi_a\rangle. \tag{19.123}$$

Denselben Näherungswert bekommt man, wenn man in der Gleichung (19.122) $\Psi_b^{(-)}$ durch Φ_b ersetzt. Die Beziehung (19.120) liefert nämlich, wenn man H_α statt H und H_β statt $\widehat{H}$ setzt:

$$\langle\Phi_b|V_\beta|\Phi_a\rangle = \langle\Phi_b|V_\alpha|\Phi_a\rangle. \tag{19.124}$$

Damit gilt also auch:

$$T^{(B)}_{a\to b} = \langle\Phi_b|V_\alpha|\Phi_a\rangle. \tag{19.123'}$$

Der Übergang von (19.121) zu (19.123) ist gerechtfertigt, wenn sich $\Psi^{(+)}$ innerhalb der Reichweite des Potentials V_β hinreichend wenig von Φ_a unterscheidet. Der Übergang von (19.122) zu (19.124) ist dann gerechtfertigt, wenn sich $\Psi_b^{(-)}$ im Potentialbereich V_α hinreichend wenig von Φ_b unterscheidet. Diese beiden Bedingungen sind offensichtlich äquivalent, obwohl sie verschieden aussehen. Sie setzen voraus, daß beide Wellen $\Psi_a^{(+)}$ und $\Psi_b^{(-)}$ durch die ebenen Wellen Φ_a und Φ_b ersetzt werden können (näherungsweise).

Genauere Formeln kann man erhalten, wenn man anstelle der ebenen Wellen Funktionen nimmt, die sich von den stationären Lösungen noch weniger unterscheiden.

Nehmen wir z.B. an, daß V_α auf die Form

$$V_\alpha = U_\alpha + W_\alpha$$

gebracht werden kann und daß man die stationären Lösungen des Hamilton-Operators $H_\alpha + U_\alpha$ zur Energie E kennt. X seien diese Lösungen und $T^{(X)}$ die zugehörige Übergangsmatrix. Speziell ist $X_a^{(+)}$ die Lösung vom Typ einer „auslaufenden Welle", die zu den Anfangsbedingungen a gehört und es gilt:

$$\begin{aligned} T^{(X)}_{a\to b} &= \langle\Phi_b|(H_\alpha + U_\alpha - H_\beta)|X_a^{(+)}\rangle \\ &= \langle\Phi_b|(V_\beta - W_\alpha)|X_a^{(+)}\rangle. \end{aligned} \tag{19.125}$$

Ist W_α hinreichend klein, so unterscheidet sich $X_a^{(+)}$ wenig von $\Psi_a^{(+)}$.

Ebenso nehmen wir an, daß sich V_β auf die Form

$$V_\beta = U_\beta + W_\beta$$

bringen läßt und daß man die stationären Lösungen des Hamilton-Operators $H_\beta + U_\beta$ zur Energie E kennt. Wir bezeichnen diese mit Ξ und die zugehörige Übergangsmatrix mit $T^{(\Xi)}$. Ist speziell $\Xi_b^{(-)}$ die Lösung vom Typ einer „einlaufenden Welle" zu den Anfangsbedingungen b, so hat man:

$$T^{(\Xi)}_{a\to b} = \langle\Xi_b^{(-)}|(V_\alpha - W_\beta)|\Phi_a\rangle. \tag{19.126}$$

Ist W_α hinreichend klein, so unterscheidet sich $\Xi_b^{(-)}$ wenig von $\Psi_b^{(-)}$.

Damit ist aufgrund der Eigenschaft (19.120):

$$T_{a\to b} = T^{(X)}_{a\to b} + \langle\Psi_b^{(-)}|W_\alpha|X_a^{(+)}\rangle \tag{19.127}$$

$$= T^{(\Xi)}_{a\to b} + \langle\Xi_b^{(-)}|W_\beta|\Psi_a^{(+)}\rangle. \tag{19.128}$$

Beide Ausdrücke für $T_{a\to b}$ gelten exakt. Näherungsausdrücke erhält man daraus, indem man in (19.127) $\Psi_b^{(-)}$ durch $\Xi_b^{(-)}$ und in (19.128) $\Psi_b^{(+)}$ durch $X_a^{(+)}$ ersetzt:

$$T_{a\to b} \simeq T_{a\to b}^{(X)} + \langle \Xi_b^{(-)} | W_\alpha | X_a^{(+)} \rangle \tag{19.129}$$

$$\simeq T_{a\to b}^{(\Xi)} + \langle \Xi_b^{(-)} | W_\beta | X_a^{(+)} \rangle. \tag{19.130}$$

Obwohl sie, falls $W_\alpha \neq W_\beta$ ist, formal verschieden sind, sind sie tatsächlich stets gleich. Man erkennt dies leicht, indem man in Gleichung (19.120) $H_\alpha + U_\alpha$ anstelle von H und $H_\beta + U_\beta$ anstelle von $\hat{H}$ setzt.

Die hier hergeleiteten Formeln stellen eine Verallgemeinerung der Bornschen Näherung dar (s. Gleichung (19.75)). Sie sind besser als die Ausdrücke, die man erhält, wenn man in (19.121) $\Psi_a^{(+)}$ einfach durch $X_a^{(+)}$ ersetzt. Weil nämlich (Gleichung (19.125))

$$\langle \Phi_b | V_\beta | X_a^{(+)} \rangle = T_{a\to b}^{(X)} + \langle \Phi_b | W_\alpha | X_a^{(+)} \rangle$$

ist, besteht diese letzte Näherung darin, daß man im Ausdruck (19.127) $\Psi_b^{(-)}$ durch Φ_b und nicht durch $\Xi_b^{(-)}$ ersetzt. Aus einem analogen Grund sind auch die Formeln (19.129) und (19.130) besser als der Ausdruck, der entsteht, wenn man auf der rechten Seite von (19.122) $\Psi_b^{(-)}$ einfach durch $\Xi_b^{(-)}$ ersetzt.

19.3.6 Streuung schneller Elektronen an einem Atom

Zur Illustration der eigentlichen Bornschen Näherung untersuchen wir die Streuung schneller Elektronen an einem Atom.

Der Kern sei unendlich schwer und im Ursprung des Koordinatensystems fest. Dann lautet der Hamilton-Operator des Systems:

$$H = \frac{\boldsymbol{p}^2}{2m} + h + V(\boldsymbol{r}, A).$$

Der erste Term ist die kinetische Energie des einfallenden Elektrons, der zweite der Hamilton-Operator des Atoms und der dritte die Wechselwirkungsenergie:

$$V(\boldsymbol{r}, A) = -\frac{Ze^2}{r} + \sum_{i=1}^{Z} \frac{e^2}{|\boldsymbol{r} - \boldsymbol{r}_i|} \tag{19.131}$$

Darin ist $\boldsymbol{r}$ der Ortsvektor des einfallenden Elektrons, $\boldsymbol{r}_1, \boldsymbol{r}_2, \ldots \boldsymbol{r}_Z$ die Ortsvektoren der Atomelektronen. Mit $\varphi_0, \varphi_1, \ldots, \varphi_n, \ldots$ bezeichnen wir schließlich die Eigenfunktionen von h und mit $e_0, e_1, \ldots, e_n, \ldots$ die zugehörigen Eigenwerte.

Wir betrachten eine inelastische Streuung, bei der das Elektron seinen Impuls von $\hbar \boldsymbol{k}_0$ in $\hbar \boldsymbol{k}_n$ ändert, während das Atom aus seinem Grundzustand φ_0 in den angeregten Zustand φ_n übergeht. Da die Energie beim Stoß erhalten bleibt, ist:

$$\hbar^2 (k_0^2 - k_n^2) = 2m(e_n - e_0).$$

Den Impulsübertrag bezeichnen wir mit $\hbar\boldsymbol{q}$:

$$\boldsymbol{q} = \boldsymbol{k}_n - \boldsymbol{k}_0.$$

Man beachte, daß die Beziehung (19.24) hier nicht anwendbar ist. Vielmehr gilt:

$$q^2 = (k_0 - k_n)^2 + 4k_0 k_n \sin^2 \tfrac{1}{2}\theta. \tag{19.132}$$

Neben dem direkten Prozeß, bei dem das Elektron unter Verlust eines Teils seiner kinetischen Energie lediglich abgelenkt wird, kann es auch vorkommen, daß das einfallende Elektron beim Stoß mit einem der Atomelektronen ausgetauscht wird. Dieser Effekt wird dann von Bedeutung sein, wenn die Geschwindigkeit des gestreuten Elektrons von derselben Größenordnung ist wie die der Atomelektronen, d.h. wenn $k_n a \cong 1$ ist. Im Gültigkeitsbereich der Bornschen Näherung wird er dagegen klein sein. Wir werden ihn daher hier vernachlässigen. Aus demselben Grund behandeln wir das einfallende Elektron als ein von den Atomelektronen verschiedenes Teilchen. Aus der Formel (19.123) erhält man dann die Übergangsamplitude in der Bornschen Näherung:

$$T_{0\to n} \simeq \int e^{-i\boldsymbol{q}\,\boldsymbol{r}} \varphi_n^*(A)\, V(\boldsymbol{r}, A)\, \varphi_0(A)\, d\boldsymbol{r}\, dA. \tag{19.133}$$

Das ist – innerhalb der Bornschen Näherung – die Übergangsamplitude für ein Teilchen, das im Potential:

$$V_n(\boldsymbol{r}) \equiv \int \varphi_n^*(A)\, V(\boldsymbol{r}, A)\, \varphi_0(A)\, dA \tag{19.134}$$

die Impulsänderung $\hbar\boldsymbol{q}$ erfährt. Dieses Resultat gilt für jedes n, also auch für die elastische Streuung ($n = 0$).

Um das Ergebnis auf eine Form zu bringen, die zu der in Abschnitt 19.1.7 erhaltenen analog ist, führen wir die „Elektronendichte"

$$\rho_n(\boldsymbol{r}) = Z \int \varphi_n^*(\boldsymbol{r}, \boldsymbol{r}_2, \ldots, \boldsymbol{r}_Z)\, \varphi_0(\boldsymbol{r}, \boldsymbol{r}_2, \ldots, \boldsymbol{r}_Z)\, d\boldsymbol{r}_2 \ldots d\boldsymbol{r}_Z \tag{19.135}$$

und den zugehörigen Formfaktor

$$F_n(\boldsymbol{q}) = \int e^{-i\boldsymbol{q}\,\boldsymbol{r}} \rho_n(\boldsymbol{r})\, d\boldsymbol{r}$$

ein.

Für den Fall der elastischen Streuung ($n = 0$) ergibt sich wieder die Dichte der Elektronen und der Formfaktor im Grundzustand (s. Gleichung (19.48)):

$$\rho_0(\boldsymbol{r}) = \rho(r), \qquad F_0(\boldsymbol{q}) = F(q).$$

Setzt man im Integral, das $V_0(\boldsymbol{r})$ definiert, die explizit durch die Gleichung (19.131) gegebene Form des Potentials ein, so stellt man fest, daß $V_0(\boldsymbol{r})$ das Coulombsche Wechselwirkungspotential für ein Elektron in einem Feld ist, das von der Ladungsverteilung

$$e\,[Z\delta(r) - \rho(r)]$$

erzeugt wird. Das ist aber genau das in Abschnitt 19.1.7 angenommene Streupotential. Das in diesem Abschnitt eingeführte Modell ist somit begründet.

Wir betrachten jetzt einen inelastischen Stoß ($n \neq 0$). Wir setzen in die Definition von V_n die explizite Form (19.131) des Potentials ein. Wegen der Orthogonalität der Funktionen φ_0 und φ_n ist der Anteil des Terms Ze^2/r gleich Null. Die anderen Terme liefern ein Coulomb-Potential, dem ein Elektron in dem Feld unterliegt, das von der Ladungsverteilung $-e\rho_n(r)$ erzeugt wird. Wiederholt man die Rechnungen des Abschnitts 19.1.7, so findet man:

$$T_{0 \to n} \cong -4\pi e^2 F_n(q) \qquad (n \neq 0).$$

Hieraus ergibt sich der differentielle Wirkungsquerschnitt für die inelastische Streuung in der Bornschen Näherung:

$$\frac{\mathrm{d}\sigma_{0\to n}}{\mathrm{d}\Omega} = 4\,\frac{m^2 e^4}{\hbar^4}\,\frac{k_n}{k_0}\,\frac{|F_n(q)|^2}{q^4}. \tag{19.136}$$

Man beachte die große Ähnlichkeit dieser Formel mit der Formel (19.49) für die elastische Streuung. Die Winkelverteilung hängt vom Faktor $|F_n(q)|^2/q^4$ ab. Der allgemeine Verlauf von $F_n(q)$ folgt leicht aus dem von $\rho_n(r)$. So ist insbesondere $F_n(0) = 0$. Weiter ist, mit a als Atomradius, der Faktor $F_n(q)$ praktisch nur im Bereich mit $qa \lesssim 1$ von Null verschieden. Im Gültigkeitsbereich der Bornschen Näherung ($\gamma \ll 1$) hat man $k_0 a \gg 1$. Dies entspricht einer Einfallsenergie, die sehr viel größer ist als der Niveauabstand des Atoms (Größenordnung $\hbar^2/ma^2$). Folglich ist $(k_0 - k_n)a$ etwa gleich $1/k_0 a$. Weil q zwischen $k_0 - k_n$ und $k_0 + k_n$ variiert, wenn θ von 0 bis 2π wächst, ändert sich in diesem Intervall qa von $1/k_0 a$ auf $2k_0 a$ (s. Gleichung (19.132)). Nach dem, was weiter oben gesagt wurde, wird das Elektron vor allem in Winkel gestreut werden, für die $qa \lesssim 1$ ist, d.h. in den Bereich kleiner Winkel:

$$\theta \lesssim 1/k_0 a.$$

Im Prinzip kann man durch die inelastische Elektronenstreuung den Ort des Elektrons messen. Nach Voraussetzung hat das einfallende Wellenpaket transversale Ausdehnungen, die sehr viel größer sind als a, so daß die Unschärfe der Transversalkomponente des Impulses sehr viel kleiner ist als $\hbar/a$. Unmittelbar nach der inelastischen Streuung ist, vorausgesetzt, daß man die Änderung des Quantenzustands des Atoms nachweisen kann, der Ort des Elektrons bis auf eine Unschärfe von der Größenordnung a bekannt. Die Richtung seines Impulses ist jedoch nur bis auf $1/k_0 a$ bestimmt, für die Transversalkomponente dieses Impulses gibt es eine Unschärfe von der Größenordnung $\hbar/a$. Das stimmt mit dem überein, was im vierten Kapitel im Zusammenhang mit den Ortsmessungen gesagt wurde (s. insbesondere die Diskussion der Messungen mit der Wilson-Kammer, Fußnote 4[7]).

19.3.7 Coulombanregung von Kernen

Als Anwendungsbeispiel für die verallgemeinerte Bornsche Näherung greifen wir das in Abschnitt 17.1.2 behandelte Problem wieder auf, wobei wir uns von der klassischen Näherung zu befreien suchen.

Wir verwenden, soweit nichts anderes gesagt wird, die dort angegebenen Bezeichnungen. Die Einfallsenergie soll hinreichend niedrig sein, damit die Bedingung (17.28) erfüllt ist. Dagegen müssen die Bedingungen (17.29) und (17.30), auf denen die klassische Behandlung beruht, nicht mehr unbedingt realisiert sein. Weil die Einfallsenergie unterhalb der Höhe der Coulomb-Schwelle Ze^2/R liegt, „dringt" das Proton während des Stoßes praktisch nicht in den Kern „ein". Man erwartet daher, daß der Einfluß der eigentlichen Wechselwirkung mit dem Kern klein ist. Wir wollen ihn zunächst vernachlässigen. Der Stoß wird dann durch den Hamilton-Operator $H^{(0)} + V$ bestimmt.

Mit a bezeichnen wir die Anfangs- und mit b die Endbedingungen des Stoßes, $X_a^{(+)}$ und $X_b^{(-)}$ seien die zugehörigen Eigenlösungen von $H^{(0)}$. Weil in $H^{(0)}$ die Protonenvariablen von den Kernvariablen vollständig separiert sind, ist $X_a^{(+)}$ das Produkt der Wellenfunktion des Kerns im Anfangszustand α mit einer reinen Coulomb-Streuwelle $\xi_a^{(+)}(\boldsymbol{r})$, die den stationären Streuzustand eines Protons mit der Energie E und dem Anfangsimpuls $\hbar \boldsymbol{k}_a$ im Potential Ze^2/r repräsentiert. Ebenso ist $X_b^{(-)}$ das Produkt aus der Wellenfunktion des Kerns im Zustand β mit einer reinen Coulomb-Welle $\xi_b^{(-)}(\boldsymbol{r})$ vom „einlaufenden" Typ [18], die die Streuung eines Protons mit der Energie $(E - \Delta E)$ und dem Impuls $\hbar \boldsymbol{k}_b$ im Potential Ze^2/r beschreibt. Weil die $X_a^{(+)}$-Welle zum β-Kanal keinen Beitrag liefert, ergibt die in Strenge geltende Formel (19.127):

$$T_{a\to b} = \langle \Psi_b^{(-)} | V | X_a^{(+)} \rangle.$$

Wenn wir nun V als eine kleine Störung behandeln, kann man seinen Anteil zur Welle $\Psi_b^{(-)}$ vernachlässigen und diese durch $X_b^{(-)}$ ersetzen. Das liefert gemäß der verallgemeinerten Bornschen Formel (19.129):

$$T_{a\to b} = \langle X_b^{(-)} | V | X_a^{(+)} \rangle.$$

Weil die X-Wellen für $r < R$ praktisch gleich Null sind, kann man V durch seine Entwicklung (17.34) ersetzen. Dies führt zu:

$$\begin{aligned} T_{a\to b} &= \textstyle\sum_{lm} (-)^m R_l^{-m} \langle \beta\, J_\beta\, M_\beta | Q_l^m | \alpha\, J_\alpha\, M_\alpha \rangle \\ R_l^m &= \frac{4\pi Ze}{2l+1} \int \xi_b^{(-)*}(\boldsymbol{r})\, \frac{Y_l^m(\Omega)}{r^{l+1}}\, \xi_a^{(+)}(\boldsymbol{r})\, \mathrm{d}\boldsymbol{r}. \end{aligned} \tag{19.137}$$

[18] Ihre Entwicklung nach Kugelfunktionen ist durch Gleichung (19.77) gegeben, wenn man für F_l die regulären Coulomb-Lösungen nimmt. Man beachte, daß $\xi_b^{(-)} = \xi_{Kb}^{(+)*}$.

Setzt man dies in die Formel (19.115) ein, so erhält man den Ausdruck für den differentiellen Wirkungsquerschnitt der Coulombanregung. Er weist eine weitgehende Analogie zu dem Ausdruck auf, den die halbklassische Theorie liefert. Man gelangt von dem einen zum anderen, indem man R_l^m durch $A\,(d\sigma_R/d\Omega)^{1/2}\,S_l^m$ ersetzt, wobei die positive Konstante A durch die Beziehung $A^2 = 4\pi^2\hbar^4\,v_a/M^2\,v_b$ gegeben ist. Sind darüberhinaus die Bedingungen (17.29–30) erfüllt, so rührt der Hauptanteil im Integral R_l^m von der Umgebung der klassischen Trajektorie her. Mit Hilfe der Methode der stationären Phasen kann man dann wieder das halbklassische Ergebnis erhalten.

Die Diskussion der Auswahlregeln kann ohne Änderung so wiederholt werden, wie sie am Ende des Abschnitts 17.1.2 angegeben wurde. Für Experimente z.B., bei denen die Targetkerne nicht orientiert sind und die Polarisation der angeregten Kerne nicht gemessen werden, gilt die Formel

$$\frac{d\sigma_{a\to b}}{d\Omega} = \frac{1}{(2J_\alpha+1)(2l_0+1)}\frac{M^2 v_b}{4\pi^2\hbar^4 v_a}\,|\langle\beta\|Q^{(l_0)}\|\alpha\rangle|^2\,(\textstyle\sum_m |R_{l_0}^m|^2).$$

Man kann diese Ausführungen erweitern, indem man die nuklearen Wechselwirkungen im eigentlichen Sinne mit berücksichtigt. Es sei V_{pA} das Wechselwirkungspotential zwischen dem Proton und den Nukleonen des Kerns A. Dieses Potential ist für $r < R$ sehr stark und für $r > R$ praktisch gleich Null. Wir schließen von nun an V_{pA} in $H^{(0)}$ mit ein. Weiter ist es zweckmäßig, das Potential V in einen äußeren und einen inneren Teil aufzuspalten: $V = V_{\text{int.}} + V_{\text{ext.}}$, gemäß der Definition:

$$V_{\text{ext.}} = \begin{cases} V & \text{wenn} \quad r > R \\ 0 & \text{wenn} \quad r < R \end{cases}$$

und auch $V_{\text{int.}}$ zu $H^{(0)}$ hinzuzunehmen. Nach diesen Modifizierungen ist die oben angegebene Separierung der Variablen nicht mehr möglich, und die Wellen $X_a^{(+)}$ und $X_b^{(-)}$ sind nicht mehr rein elastische Streuwellen. Die verallgemeinerte Bornsche Näherung liefert dann:

$$T_{a\to b} \simeq T_{a\to b}^{(X)} + \langle X_b^{(-)}|\,V_{\text{ext.}}|X_a^{(+)}\rangle.$$

Der erste Term $T_{a\to b}^{(X)}$ ist der Term der Kernanregung. Es ist die Übergangsamplitude, die man erhält, wenn man die Wechselwirkung zwischen Proton und Kern im äußeren Bereich ($r > R$) durch eine punktuelle Coulomb-Wechselwirkung ersetzt. Die Anregung $\alpha \to \beta$ kann dann nur auftreten, wenn das Proton in den Kern eindringt. Der zweite Term beschreibt die eigentliche Coulombanregung.

Aufgrund der Existenz der Coulombschwelle und des allgemeinen Verlaufs der Kernkräfte (sehr starke Kräfte mit kurzer Reichweite), weisen die Wellen $X_a^{(+)}$ und $X_b^{(-)}$ bei niedrigen Energien schmale Resonanzen auf, in Analogie zu den im zehnten Kapitel untersuchten Streuresonanzen. Kennt man die charakteristischen Parameter dieser Resonanzen – Resonanzenergie und Resonanzbreite für die verschiedenen offenen Kanäle –, so kann man die genannten Wellen im äußeren Bereich konstruieren [19] und die beiden Terme der Übergangsamplitude berechnen. Außerhalb dieser Resonanzen dringt das Proton praktisch nicht in den Kern ein, $T^{(X)}_{a\to b}$ ist vernachlässigbar und die Amplitude für die Coulombanregung ist im wesentlichen durch die Formel (19.137) gegeben. In dieser sind die X-Wellen reine Coulomb-Streuwellen. Beim Durchgang durch eine Resonanz ist $T^{(X)}_{a\to b}$ nicht mehr vernachlässigbar, und seine Änderung in Abhängigkeit von der Energie zeigt das typische Verhalten von Resonanzamplituden (s. Gleichung (10.64)). Auch die Amplitude für die Coulombanregung erfährt eine gewisse Modifizierung, auf die wir hier jedoch nicht eingehen. Beide Amplituden tragen kohärent zum totalen Wirkungsquerschnitt bei.

19.3.8 Greensche Funktionen und Integralgleichungen für die stationären Streuwellen

Die Überlegungen aus Abschnitt 19.2.3 lassen sich ohne Schwierigkeit auf Stöße zwischen zusammengesetzten Systemen ausdehnen. Jedem Hamilton-Operator H, H_α usw. kann man die Greenschen Funktionen $[E - H \pm i\epsilon]^{-1}$, $[E - H_\alpha \pm i\epsilon]^{-1}$, etc. zuordnen. Von einigen Änderungen in den Bezeichnungen abgesehen, bleiben alle Beziehungen aus dem Abschnitt 19.2.3 gültig und können in analoger Weise bewiesen werden, so insbesondere die Eigenschaft (19.85), die Identitäten (19.88–89) und die asymptotischen Eigenschaften dieser Funktionen. Zum Beispiel gilt für jeden offenen γ-Kanal (s. Gleichung (19.94)):

$$\langle \boldsymbol{r}_\gamma | \frac{1}{E - H \pm i\varepsilon} | u \rangle \underset{r_\gamma \to \infty}{\sim} -\frac{M_\gamma}{2\pi\hbar^2} \varphi_\gamma \frac{e^{\pm i k_c r_\gamma}}{r_\gamma} \langle \Psi'^{(\mp)}_{(\gamma, \pm \boldsymbol{k}_c)} | u \rangle$$
$$(\boldsymbol{k}_c = k_c \boldsymbol{r}_\gamma / r_\gamma).$$

Mit Hilfe der verschiedenen Eigenschaften der Greenschen Funktionen kann man die folgenden Integralgleichungen herleiten:

$$\Psi'^{(\pm)}_a = \Phi_a + \frac{1}{E - H_\alpha \pm i\varepsilon} V_\alpha \Psi'^{(\pm)}_a \tag{19.138}$$

$$\Psi'^{(\pm)}_a = X^{(\pm)}_a + \frac{1}{E - H_\alpha - U_\alpha \pm i\varepsilon} W_\alpha \Psi'^{(\pm)}_a \tag{19.139}$$

usw., ebenso die Formeln:

$$\Psi'^{(\pm)}_a = \left(1 + \frac{1}{E - H \pm i\varepsilon} V_\alpha\right) \Phi_a \tag{19.140}$$

$$= \left(1 + \frac{1}{E - H \pm i\varepsilon} W_\alpha\right) X^{(\pm)}_a. \tag{19.141}$$

---

[19] Eine detaillierte Behandlung dieser Frage findet man in der in Fußnote 14) angegebenen Literatur.

Aus diesen Integralgleichungen bzw. Formeln ergeben sich dann leicht die Bornschen Reihen für die Übergangsamplituden. So erhält man, wenn man in den Ausdruck (19.121) die Formel (19.140) einsetzt und die Greensche Funktion entwickelt, nacheinander:

$$\langle b|T|a\rangle = \langle\Phi_b|\left(V_\beta + V_\beta \frac{1}{E - H + \mathrm{i}\varepsilon} V_\alpha\right)|\Phi_a\rangle \tag{19.142}$$

$$= \langle\Phi_b|\left(V_\beta + V_\beta \frac{1}{E - H_\alpha + \mathrm{i}\varepsilon} V_\alpha + \ldots\right)|\Phi_a\rangle. \tag{19.143}$$

Bei den in den Abschnitten 19.1 und 19.2 behandelten Spezialfällen können alle Übergangsamplituden als Matrixelement eines Operators T definiert werden, der durch die Gleichung (19.101) definiert ist, oder auch durch eine der Integralgleichungen (19.102). Für den Fall komplexer Stöße ist die Definition eines eindeutigen Operators dagegen nicht mehr möglich. Dennoch erkennt man an der Gleichung (19.142), daß jede Amplitude für den Übergang vom α- in den β-Kanal und zur Energie E als Matrixelement eines Operators $T^{\beta\alpha}$ aufgefaßt werden kann, der durch

$$T^{\beta\alpha} = V_\beta + V_\beta \frac{1}{E - H + \mathrm{i}\varepsilon} V_\alpha \tag{19.144}$$

definiert ist. Für den Fall von Reaktionsstößen ($V_\beta \neq V_\alpha$) genügen diese Matrixelemente übrigens nicht der üblichen Definition als Darstellung von Operatoren, weil die in der Formel

$$T_{a\to b} = \langle\Phi_b|T^{\beta\alpha}|\Phi_a\rangle \tag{19.145}$$

auftretenden Vektoren $|\Phi_a\rangle$ und $\langle\Phi_b|$ nicht orthogonal zueinander sind.

19.3.9 Streuung eines Teilchens an zwei Streuzentren

Das grundsätzliche Interesse an den formalen Überlegungen des vorstehenden Abschnitts ist darin begründet, daß sie sehr allgemein gehalten sind und für die Behandlung komplexer Systeme einen Rahmen liefern. Um mit diesem Formalismus einen gewissen Umgang zu erlangen, wollen wir ihn auf einen einfachen Fall anwenden, wobei wir eine Reihe von elementaren Ergebnissen wiederfinden werden.

Wir untersuchen das Problem der Streuung eines Teilchens an zwei Streuzentren, z.B. der Streuung eines Elektrons an zwei Atomen. Den Austauscheffekt werden wir dabei durchweg vernachlässigen, dagegen treffen wir über die Wellenlänge des einfallenden Elektrons keine spezielle Voraussetzung.

Die Kerne der Streuatome sollen unendlich schwer und an feste Zentren gebunden sein. Den Ursprung des Koordinatensystems legen wir in den Kern 1 und bezeichnen mit $\boldsymbol{R}$ den vom Kern 1 zum Kern 2 weisenden Ortsvektor (s. Abb. 19.3). Der

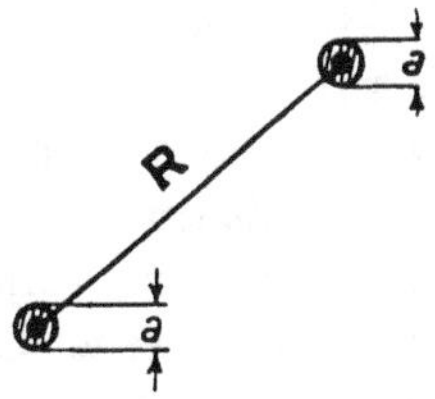

Abb. 19.3:

Abstand R soll gegenüber den Atomdimensionen groß sein: $a \ll R$. Der Hamilton-Operator lautet dann:

$$H = H_0 + V \tag{19.146}$$

mit

$$H_0 = \frac{p^2}{2m} + h_1 + h_2 \tag{19.146'}$$

$$V = V_1 + V_2 \tag{19.146''}$$

h_1 und h_2 sind die Hamilton-Operatoren der Atome 1 und 2, V_1 und V_2 die Wechselwirkungspotentiale mit dem einfallenden Teilchen. Schließlich sei G_0 die Greensche Funktion der freien Wellen:

$$G_0 \equiv (E - H_0 + \mathrm{i}\epsilon)^{-1}.$$

Die zu dieser (elastischen oder inelastischen) Streuung des Teilchens an den beiden Atomen gehörende Übergangsamplitude T ist durch die Bornsche Reihe

$$T = V + VG_0V + VG_0VG_0V + \dots \tag{19.147}$$

gegeben. Ersetzt man darin V durch $V_1 + V_2$, so erhält man die Entwicklung von T nach Potenzen von V_1 und V_2:

$$T = V_1 + V_2 + V_1G_0V_1 + V_1G_0V_2 + V_2G_0V_1 + V_2G_0V_2 + V_1G_0V_1G_0V_1 + V_1G_0V_1G_0V_2 + \dots$$

Im folgenden wird über die Stärke von V_1 und V_2 keine besondere Annahme gemacht. Diese Entwicklung muß nicht unbedingt rasch konvergieren und ist daher als Ausgangspunkt einer Näherungsmethode ungeeignet. Wir werden die einzelnen Terme jedoch so umordnen, daß wir eine schnell konvergierende Reihe erhalten.

Hierzu gehen wir von der folgenden Überlegung aus. Wenn man für den Term zweiter Ordnung $V_1G_0V_2$ in der Darstellung, in der $\boldsymbol{r}$ diagonal ist, ein Matrixelement berechnet, so stellt man fest, daß jedes Matrixelement von G_0, der Greenschen Funktion aus freien Wellen, den Faktor $e^{ik|\boldsymbol{r}-\boldsymbol{r}'|}/|\boldsymbol{r}-\boldsymbol{r}'|$ enthält. Weil V_1 im wesentlichen in einem kleinen Bereich um den Ursprung und V_2 im wesentchen in einem kleinen Bereich um den Punkt $\boldsymbol{R}$ lokalisiert ist, ist dieser Faktor von der Größenordnung $1/R$. Dieselbe Feststellung trifft man für den Term $V_2G_0V_1$.

Im Groben sind die Terme $V_1 G_0 V_2$ und $V_2 G_0 V_1$ um das a/R-fache kleiner als die Terme $V_1 G_0 V_1$ und $V_2 G_0 V_2$. Das Gleiche gilt auch für die Terme höherer Ordnung. Das führt uns dazu, die verschiedenen Terme nach der Anzahl des Auftretens von G_0 zwischen V_1 und V_2 zu ordnen. Terme, in denen G_0 nicht zwischen V_1 und V_2 auftritt, werden wir Terme erster Ordnung nennen, Terme, in denen G_0 zwischen V_1 und V_2 einmal vorkommt, sollen Terme zweiter Ordnung heißen, ..., Terme n-ter Ordnung sind solche, bei denen G_0 zwischen V_1 und V_2 $(n-1)$-fach auftritt, usw. Nach dieser Terminologie sind $V_1 G_0 V_1$ und $V_2 G_0 V_2$ Terme erster Ordnung, $V_1 G_0 V_2$ und $V_2 G_0 V_1$ Terme zweiter Ordnung.

Wir führen weiter die Übergangsmatrizen T_1 und T_2 ein und definieren:

$$\begin{aligned} T_i &= V_i + V_i G_0 T_i \qquad\qquad (i = 1, 2) \\ &= V_i + V_i G_0 V_i + V_i G_0 V_i G_0 V_i + \ldots \end{aligned} \tag{19.148}$$

T_1 ist die Übergangsmatrix für die Streuung am Atom 1, wenn man die Wechselwirkung des einfallenden Teilchens mit dem Atom 2 vernachlässigt, T_2 die entsprechende Matrix für die Streuung am Atom 2, wenn man die Wechselwirkung mit dem Atom 1 vernachlässigt. Mit Hilfe der Operatoren T_1, T_2 und G_0 kann man die Anteile nach wachsender Ordnung einfach ausdrücken. Das Bildungsgesetz ist leicht abzulesen. Die erste Ordnung ergibt $T_1 + T_2$, die zweite $T_1 G_0 T_2 + T_2 G_0 T_1$ usw. Es ist also:

$$\begin{aligned} T = (T_1 + T_2) + (T_1 G_0 T_2 + T_2 G_0 T_1) \\ + (T_1 G_0 T_2 G_0 T_1 + T_2 G_0 T_1 G_0 T_2) + \ldots \end{aligned} \tag{19.149}$$

Diese Entwicklung ist der gesuchte Ausgangspunkt. Die verschiedenen Terme kann man leicht interpretieren. Die Terme erster Ordnung beschreiben die einfache Streuung am Atom 1 (Term T_1) bzw. am Atom 2 (Term T_2). Die Terme zweiter Ordnung stellen die Zweifachstreuung dar: So repräsentiert $T_1 G_0 T_2$ die Streuung des einfallenden Teilchens am Atom 2 (Operator T_2), das Fortschreiten des so gestreuten Teilchens von 2 nach 1 (Operator G_0) und schließlich die Streuung des Teilchens am Atom 1 (Operator T_1). Jeder Term n-ter Ordnung bedeutet n Streuungen des Teilchens an den Atomen 1 oder 2.

Man kann den zu jedem Term gehörenden Streumechanismus durch Diagramme von der Art schematisch darstellen, wie sie bei der zeitabhängigen Störungstheorie verwendet wurden (Abb. 17.1). In der Abb. 19.4 sind zwei solcher Diagramme wiedergegeben.

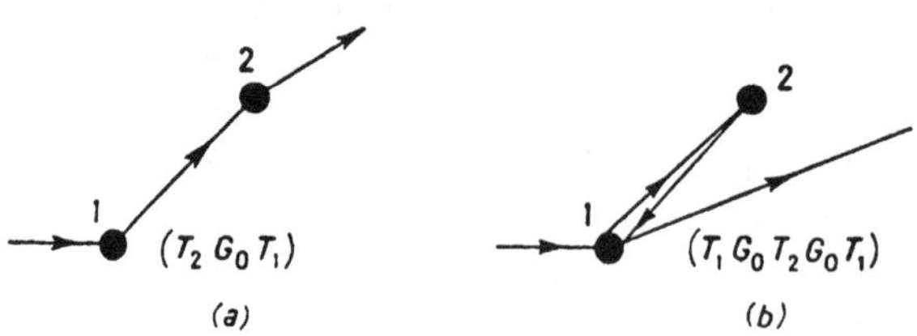

Abb. 19.4: Diagramme für zwei Glieder aus der Entwicklung (19.149).

Durch die Entwicklung (19.149) ist es möglich, einen Zusammenhang zwischen den Übergangsamplituden dieses Problems mit zwei Streuern und den Amplituden des Problems mit einem Streuer herzustellen.

Zur Vereinfachung nehmen wir an, daß die beiden Atome identisch sind und bezeichnen mit $t(e)$ die Übergangsmatrix zur Energie e für ein Problem mit einem Streuer, d.h. für die Streuung des Teilchens an *einem* der beiden Atome. Dieses *liege im Ursprung.*

$|kmn\rangle$ sei der Eigenvektor von H_0, dem das Produkt aus der ebenen Welle $e^{i\boldsymbol{k}\cdot\boldsymbol{r}}$, die das einfallende Teilchen mit dem Impuls $\hbar\boldsymbol{k}$ repräsentiert, der Wellenfunktion φ_m des Atoms 1 und der Wellenfunktion φ_n des Atoms 2 entspricht:

$$H_0|\boldsymbol{k}mn\rangle = \left(\frac{\hbar^2 k^2}{2m} + e_m + e_n\right)|\boldsymbol{k}mn\rangle.$$

Nach der hier gewählten Normierung ist:

$$\langle\boldsymbol{k}'\,m'\,n'|\boldsymbol{k}mn\rangle = (2\pi)^3\,\delta(\boldsymbol{k}-\boldsymbol{k}')\,\delta_{mm'}\,\delta_{nn'}.$$

Weiter bezeichne $|km\rangle$ das Produkt der ebenen Welle $e^{i\boldsymbol{k}\cdot\boldsymbol{r}}$ mit der Wellenfunktion φ_m des Atoms für das Problem mit einem Streuer.

Aus der Definition (19.148) für T_1 leitet man leicht her, daß

$$\langle\boldsymbol{k}'\,m'\,n'|T_1(E)|\boldsymbol{k}mn\rangle = \delta_{nn'}\,\langle\boldsymbol{k}'\,m'|t(E-e_n)|\boldsymbol{k}m\rangle. \qquad (19.150)$$

Genau so kann man einen Zusammenhang zwischen den Elementen der Matrix T_2 und den Elementen der Übergangsmatrix herstellen, die zur Streuung an einem, im Punkt $\boldsymbol{R}$ plazierten Atom gehört. Diese ergibt sich aus $t(e)$, indem man am System eine Translation um $\boldsymbol{R}$ vornimmt. Folglich ist (Aufgabe 5):

$$\langle\boldsymbol{k}'\,m'\,n'|T_2(E)|\boldsymbol{k}mn\rangle = \delta_{mm'}\,e^{i(\boldsymbol{k}-\boldsymbol{k}')\cdot\boldsymbol{R}}\langle\boldsymbol{k}'\,n'|t(E-e_m)|\boldsymbol{k}n\rangle. \quad (19.151)$$

Die Beziehungen (19.150) und (19.151) gelten ohne Einschränkung für jeden Übergang, und zwar auch dann, wenn die Zustände $|kmn\rangle$ und $|k'm'n'\rangle$ zu verschiedenen Energien gehören.

19.3.10 Einfachstreuung. Interferenzen

Als erste Anwendung der Entwicklung (19.149) berechnen wir den Wirkungsquerschnitt für die elastische Streuung des Teilchens an den beiden Atomen.

Wir nehmen an, daß die beiden Atome in ihrem Grundzustand φ_0 sind und auch bleiben und bezeichnen mit $\boldsymbol{k}_0$ und $\boldsymbol{k}$ die Wellenvektoren der einfallenden bzw. gestreuten Welle. Es handelt sich also um den Übergang $(\boldsymbol{k}_0 00) \to (\boldsymbol{k}\,00)$ mit

$$k = k_0, \qquad E = \hbar^2 k^2/2m + 2e_0.$$

Zur Berechnung der Übergangsamplitude brechen wir die Entwicklung (19.149) nach den Gliedern erster Ordnung ab:

$$T \cong T_1 + T_2. \tag{19.152}$$

Berücksichtigt man die Beziehungen (19.150) und (19.151) und setzt:

$$\boldsymbol{q} \equiv \boldsymbol{k} - \boldsymbol{k}_0$$

$$\langle \boldsymbol{k}0 | t(E - e_0) | \boldsymbol{k}_0 0 \rangle \equiv \langle \boldsymbol{k} | t | \boldsymbol{k}_0 \rangle,$$

so bekommt man:

$$\langle \boldsymbol{k}\, 00 | T | \boldsymbol{k}_0\, 00 \rangle \cong [1 + \mathrm{e}^{-i\boldsymbol{q}.\boldsymbol{R}}] \langle \boldsymbol{k} | t | \boldsymbol{k}_0 \rangle. \tag{19.153}$$

Man erkennt die Beziehung für die Streuamplitude wieder, wie sie bei der elementaren Behandlung der Interferenzen angegeben wurde. Sie ermöglicht einen Zusammenhang zwischen dem Wirkungsquerschnitt $\mathrm{d}\Sigma/\mathrm{d}\Omega$ der elastischen Streuung an den beiden Atomen und dem Wirkungsquerschnitt $\mathrm{d}\sigma/\mathrm{d}\Omega$ für den Übergang $(\boldsymbol{k}_0 0) \to (\boldsymbol{k}\, 0)$, d.h. für dieselbe elastische Streuung an einem einzigen Atom. Den ersten erhält man, indem man das Quadrat des Betrages von $\langle \boldsymbol{k}00 | T | \boldsymbol{k}_0 00 \rangle$ mit einem passenden Faktor multipliziert, den zweiten, indem man mit demselben Faktor das Quadrat des Betrages von $\langle \boldsymbol{k} | t | \boldsymbol{k}_0 \rangle$ multipliziert. Aus der Beziehung (19.153) bekommen wir daher:

$$\mathrm{d}\Sigma/\mathrm{d}\Omega \cong 2I(\Omega)\, \mathrm{d}\sigma/\mathrm{d}\Omega \tag{19.154}$$

$$I(\Omega) = 1 + \cos(\boldsymbol{q}.\boldsymbol{R}). \tag{19.155}$$

Das Auftreten des Faktors $I(\Omega)$ in der Formel (19.154) ist auf die Interferenzen zwischen den an jedem Atom gestreuten Wellen zurückzuführen. Würde dieses Interferenzphänomen nicht auftreten, so wäre $I(\Omega) = 1$, und der Wirkungsquerschnitt $\mathrm{d}\Sigma/\mathrm{d}\Omega$ wäre einfach die Summe der Wirkungsquerschnitte für die Streuung an jedem der Atome 1 und 2.

Untersucht man das Verhalten von $I(\Omega)$ in Abhängigkeit von der Streurichtung, so findet man ohne Schwierigkeit die bekannten Ergebnisse der Interferenztheorie, Wir beschränken uns hier auf die Diskussion der beiden Grenzfälle, bei denen die Wellenlänge $\lambda = 2\pi/k$ entweder sehr groß oder sehr klein gegenüber R ist.

Ist $\lambda \gg R$, so ist für jede Streurichtung $\boldsymbol{q} \cdot \boldsymbol{R} \ll 1$, woraus $I(\Omega) = 2$ folgt. Der Wirkungsquerschnitt für die Streuung an beiden Atomen ist also das Vierfache des Wirkungsquerschnitts an einem Atom, d.h. also das Doppelte von dem, bei dem das Interferenzphänomen nicht existiert.

Ist $\lambda \ll R$, so oszilliert $I(\Omega)$ sehr schnell zwischen den Extremwerten 0 und 2, wenn man die Streurichtung variiert. Sind α_0 und α die Winkel, die $\boldsymbol{k}_0$ und $\boldsymbol{k}$ mit $\boldsymbol{R}$ einschließen, so ist:

$$\boldsymbol{q} \cdot \boldsymbol{R} = \frac{2\pi R\,(\cos\alpha_0 - \cos\alpha)}{\lambda}.$$

Folglich ist $I(\Omega)$ jedesmal dann gleich Null, wenn $(\cos\alpha - \cos\alpha_0)$ ein halbzahliges Vielfaches von λ/R, und gleich 2 immer dann, wenn $(\cos\alpha - \cos\alpha_0)$ gleich einem ganzzahligen Vielfachen von λ/R ist. Die zugehörigen Werte von α definieren jeweils die Richtungen mit einem Interferenzminimum bzw. -maximum. Die Breite der Interferenzstreifen ist von der Größenordnung λ/R. Die Möglichkeit, die-diese Interferenzen zu beobachten, hängt vom Auflösungsvermögen der Apparatur ab. Diese zählt die Teilchen, die in einen bestimmten Raumwinkel mit der *endlichen* Dimension $\delta\Omega \equiv (\delta\alpha)^2$ emittiert werden. Die Zählrate ist durch das Integral von $d\Sigma/d\Omega$ über diesen endlichen Bereich gegeben. Die Winkelabhängigkeit von $d\Sigma/d\Omega$ in diesem Bereich wird im wesentlichen durch den Faktor $I(\Omega)$ bestimmt. Für $\delta\alpha \gg \lambda/R$ weist $I(\Omega)$ im fraglichen Bereich zahlreiche Oszillationen auf und kann durch seinen Mittelwert ersetzt werden: Die Verhältnisse sind so, als wenn $I(\Omega) = 1$ wäre und es keine Kohärenz zwischen den an den beiden Atomen gestreuten Wellen gäbe [20]. Ist dagegen $\delta\alpha \ll \lambda/R$, so bleibt $I(\Omega)$ in diesem Bereich praktisch konstant. Das Auflösungsvermögen des Detektors ist dann für eine Beobachtung des Interferenzphänomens ausreichend.

Wir betrachten jetzt inelastische Stöße, bei denen eines der Atome aus seinem Grundzustand in seinen n-ten angeregten Zustand übergeht. $\boldsymbol{k}_n$ sei der Wellenvektor der gestreuten Welle. Der Betrag ist bestimmt durch die Beziehung:

$$E = \frac{\hbar^2 k_n^2}{2m} + e_0 + e_n.$$

Der differentielle Wirkungsquerschnitt $d\Sigma_n/d\Omega$ ist die Summe aus den Wirkungsquerschnitten $d\Sigma_{n0}/d\Omega$ und $d\Sigma_{0n}/d\Omega$ für die Übergänge $(\boldsymbol{k}_0 00) \to (\boldsymbol{k}_n n0)$ bzw. $(\boldsymbol{k}_0 00) \to (\boldsymbol{k}_n 0n)$. Ihre Berechnung ist ohne Schwierigkeiten mit Hilfe der Näherung (19.152) möglich, bei der man in der Entwicklung von T nur die Glieder der Einfachstreuung übrig behält. Beim Übergang $(\boldsymbol{k}_0 00) \to (\boldsymbol{k}_n n0)$ wird das Atom 1 angeregt und das Atom 2 bleibt im Grundzustand; der Anteil von T_2 ist offensichtlich Null (s. Gleichung (19.151)) und der von T_1 liefert den Wirkungsquerschnitt $d\sigma_n/d\Omega$ für die inelastische Streuung des Teilchens an einem einzigen Atom: $(\boldsymbol{k}_0 0) \to (\boldsymbol{k}_n n)$. Der Übergang $(\boldsymbol{k}_0 00) \to (\boldsymbol{k}_n 0n)$ gehört zur umgekehrten Situation: Der Anteil von T_1 verschwindet, während der von T_2 den Wirkungsquerschnitt $d\sigma_n/d\Omega$ ergibt. Also wird schließlich:

$$d\Sigma_n/d\Omega \equiv d\Sigma_{n0}/d\Omega + d\Sigma_{0n}/d\Omega = 2\,d\sigma_n/d\Omega.$$

Im Gegensatz zur elastischen Streuung wirkt jedes Streuatom so, als wenn es allein vorhanden wäre: Die vom Atom 1 inelastisch gestreute Welle und die vom Atom 2 inelastisch gestreute Welle gehören zu verschiedenen Kanälen und können nicht miteinander interferieren.

[20] Dieses Resultat bestätigt und präzisiert die Angaben des Abschnitts 10.1.1, in dem die Bedingungen festgelegt wurden, für die ein Target als ein System aus voneinander unabhängigen Streuern aufgefaßt werden darf.

19.3.11 Mehrfachstreuung

Wir betrachten jetzt den Übergang $(\boldsymbol{k}_0 00) \to (\boldsymbol{k}pq)$, bei dem die Atome 1 und 2 aus ihrem Grundzustand in ihren p-ten bzw. q-ten angeregten Zustand übergehen. Dabei ist:

$$E = \frac{\hbar^2 k^2}{2m} + e_p + e_q.$$

$\mathrm{d}\Sigma_{pq}/\mathrm{d}\Omega$ sei der differentielle Wirkungsquerschnitt für diesen Übergang.

Weil jetzt beide Atome ihren Quantenzustand ändern, sind die Anteile T_1 und T_2 der Einfachstreuung streng gleich Null, und man muß die Entwicklung von T bis zur zweiten Ordnung treiben. Das ergibt:

$$\langle \boldsymbol{k}pq | T | \boldsymbol{k}_0 00 \rangle \cong A_{12} + A_{21} \tag{19.156}$$

mit:

$$A_{ij} \equiv \langle \boldsymbol{k}pq | T_i G_0 T_j | \boldsymbol{k}_0 00 \rangle. \tag{19.157}$$

Abb. 19.5 zeigt die Diagramme für die beiden Amplituden der Zweifachstreuung.

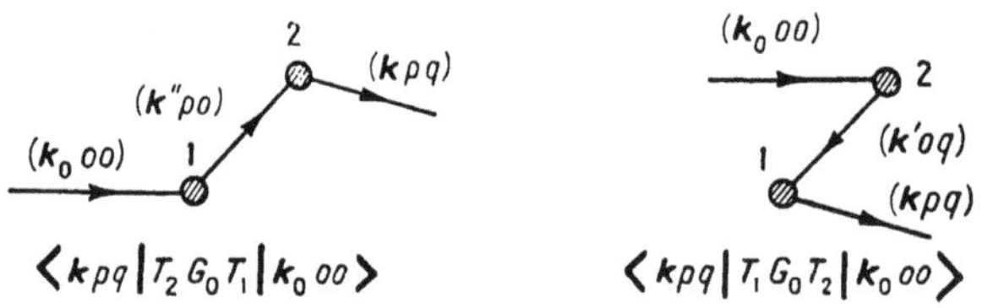

Abb. 19.5: Diagramm für die Zweifachstreuung.

Zunächst berechnen wir die Amplitude A_{21}. Wir führen dies in der $\{rmn\}$-Darstellung aus, um die Bedingung $a \ll R$ berücksichtigen zu können. Weil G_0 mit h_1 und h_2 vertauscht, ist:

$$A_{21} = \iint f_2(\boldsymbol{r}'')\, g(\boldsymbol{r}'', \boldsymbol{r}')\, f_1(\boldsymbol{r}')\, \mathrm{d}\boldsymbol{r}''\, \mathrm{d}\boldsymbol{r}' \tag{19.158}$$

mit

$$f_1(\boldsymbol{r}') \equiv \langle \boldsymbol{r}' p0 | T_1 | \boldsymbol{k}_0 00 \rangle = \frac{1}{(2\pi)^3} \int \mathrm{e}^{\mathrm{i}\boldsymbol{k}' \cdot \boldsymbol{r}'} \langle \boldsymbol{k}' p0 | T_1 | \boldsymbol{k}_0 00 \rangle\, \mathrm{d}\boldsymbol{k}' \tag{19.159}$$

$$f_2(\boldsymbol{r}'') \equiv \langle \boldsymbol{k} pq | T_2 | \boldsymbol{r}'' p0 \rangle = \frac{1}{(2\pi)^3} \int \mathrm{e}^{-\mathrm{i}\boldsymbol{k}'' \cdot \boldsymbol{r}''} \langle \boldsymbol{k} pq | T_2 | \boldsymbol{k}'' p\, 0 \rangle\, \mathrm{d}\boldsymbol{k}'' \tag{19.160}$$

$$g(\boldsymbol{r}'', \boldsymbol{r}') \equiv \langle \boldsymbol{r}'' p0 | G_0 | \boldsymbol{r}' p0 \rangle = -\frac{m}{2\pi\hbar^2} \frac{\mathrm{e}^{\mathrm{i}K_p |\boldsymbol{r}'' - \boldsymbol{r}'|}}{|\boldsymbol{r}'' - \boldsymbol{r}'|}. \tag{19.161}$$

Im letzten Ausdruck ist die positive Größe K_p durch die Beziehung

$$E = \frac{\hbar^2 K_p^2}{2m} + e_p + e_0$$

gegeben. Wir verwenden außerdem den Vektor $\boldsymbol{K}_p$, der durch

$$\boldsymbol{K}_p \equiv K_p \boldsymbol{R}/R$$

definiert ist.

Wegen der Eigenschaften von T_1 ist die Funktion $f_1(\boldsymbol{r}')$ außerhalb des Bereichs um den Ursprung von der Größenordnung a praktisch Null, und $f_2(\boldsymbol{r}'')$ ist wegen der Eigenschaften von T_2 nur innerhalb einer Umgebung um den Punkt $\boldsymbol{R}$ von der Größenordnung a wesentlich von Null verschieden. Folglich kann man im Integral (19.158) $g(\boldsymbol{r}'', \boldsymbol{r}')$ durch das erste Glied seiner Entwicklung nach Potenzen von $\boldsymbol{r}'/R$ und $(\boldsymbol{r}'' - \boldsymbol{R})/R$ ersetzen. Man begeht dabei einen Fehler von der ungefähren Größe a/R, wenn man A_{21} berechnet.

Wegen:

$$|\boldsymbol{r}'' - \boldsymbol{r}'| \cong R + \boldsymbol{R}.(\boldsymbol{r}'' - \boldsymbol{R} - \boldsymbol{r}')/R + \dots$$

bedeutet dieser Näherungsschritt, daß man für $g(\boldsymbol{r}'', \boldsymbol{r}')$ schreibt:

$$g(\boldsymbol{r}'', \boldsymbol{r}') \simeq -\frac{m}{2\pi\hbar^2}\frac{e^{i\boldsymbol{K}_p\cdot(\boldsymbol{r}''-\boldsymbol{r}')}}{R}. \tag{19.162}$$

Setzt man die Ausdrücke (19.159), (19.160) und (19.162) in die rechte Seite von (19.158) ein, so kann man die Integrationen leicht ausführen und erhält:

$$A_{21} \simeq -(m/2\pi\hbar^2 R)\langle \boldsymbol{k}pq|T_2|\boldsymbol{K}_p p0\rangle \langle \boldsymbol{K}_p p0|T_1|\boldsymbol{k}_0 00\rangle. \tag{19.163}$$

Genau so bekommt man für A_{12}, wenn man mit $\boldsymbol{K}_q$ den Vektor bezeichnet, der durch die Beziehungen

$$\boldsymbol{K}_q \equiv -K_q \boldsymbol{R}/R, \qquad E = \frac{\hbar^2 K_q^2}{2m} + e_0 + e_q$$

definiert ist, bis auf einen Fehler von der Größenordnung a/R den Ausdruck:

$$A_{12} \simeq -(m/2\pi\hbar^2 R)\langle \boldsymbol{k}pq|T_1|\boldsymbol{K}_q 0q\rangle \langle \boldsymbol{K}_q 0q|T_2|\boldsymbol{k}_0 00\rangle. \tag{19.164}$$

Man beachte, daß die Matrixelemente von T_1 und T_2, die in den Ausdrücken (19.163) und (19.164) auftreten, zu Übergängen gehören, bei denen die Energie erhalten bleibt. Mit Hilfe der Beziehungen (19.150) und (19.151) kann man daher A_{21} und A_{12} als Funktion der Übergangsamplituden ausdrücken, die bei der inelastischen Streuung an einem Einzelatom auftreten. Das Gleiche gilt dann für den differentiellen Wirkungsquerschnitt $d\Sigma_{pq}/d\Omega$. Denn es ist:

$$\begin{aligned}\frac{d\Sigma_{pq}}{d\Omega} &= \frac{2\pi}{\hbar v_0}|A_{21} + A_{12}|^2 \rho(E) \\ &= \frac{2\pi}{\hbar v_0}|A_{21}|^2 \rho(E) + \frac{2\pi}{\hbar v_0}|A_{12}|^2 \rho(E) + \frac{2\pi}{\hbar v_0}(A_{21}^* A_{12} + A_{21} A_{12}^*)\rho(E).\end{aligned} \tag{19.165}$$

Führt man alle Rechnungen aus, so ergibt sich schließlich:

$$\begin{aligned}d\Sigma_{pq}/d\Omega = {} & (d\sigma_p(\boldsymbol{k}_0 \to \boldsymbol{K}_p)/R^2 d\Omega)(d\sigma_q(\boldsymbol{K}_p \to \boldsymbol{k})/d\Omega) \\ & + (d\sigma_q(\boldsymbol{k}_0 \to \boldsymbol{K}_q)/R^2 d\Omega)(d\sigma_p(\boldsymbol{K}_q \to \boldsymbol{k})/d\Omega) \\ & + \text{Interferenzterme.}\end{aligned} \tag{19.166}$$

Das Anschreiben der Interferenzterme überlassen wir dem Leser. Das Symbol $d\sigma_n(\boldsymbol{k} \to \boldsymbol{k}')/d\Omega$ in diesem Ausdruck bezeichnet den Wirkungsquerschnitt für die inelastische Streuung $(\boldsymbol{k}0) \to (\boldsymbol{k}'n)$ des Teilchens an einem Einzelatom.

Die beiden ersten Glieder in der Formel (19.166) sind genau die, die auch von der elementaren klassischen Theorie geliefert werden. Klassisch gesehen kann nämlich die Zweifachstreuung auf zwei verschiedene Arten geschehen: Entweder wird das Teilchen zuerst inelastisch vom Atom 1 gegen das Atom 2 gestreut und dann inelastisch vom Atom 2 in die Endrichtung, oder es wird zuerst inelastisch vom Atom 2 gegen das Atom 1 und dann von diesem inelastisch in die Endrichtung gestreut. Das erste und das zweite Glied im Ausdruck (19.166) sind jeweils die zu diesen beiden Prozessen gehörenden Wirkungsquerschnitte. Wir sehen, daß wir zu ihnen die Terme hinzufügen müssen, die von der Interferenz dieser beiden Arten von Streuwellen herrühren. Um sie beobachten zu können (s. die entsprechenden Bemerkungen im Abschnitt 19.3.10), muß das Auflösungsvermögen des Detektors so ausreichend sein, daß Winkel von der Größenordnung λ/R unterschieden werden können.

Für $\lambda \ll a$ sind die Wirkungsquerschnitte für die Einzelstreuung im wesentlichen nach vorn konzentriert, die Streuamplituden sind für Ablenkungen, die größer als λ/a sind, praktisch gleich Null. Folglich kann die Zweifachstreuung nur dann auftreten, wenn die beiden Atome (bis auf λ/a ungefähr) in Einfallsrichtung hintereinander liegen, d.h. wenn $\boldsymbol{k}_0$ parallel oder antiparallel zu $\boldsymbol{R}$ ist. Im ersten Fall ist A_{12} vernachlässigbar klein und A_{21} für kleine Ablenkungen wesentlich von Null verschieden: Wenn also $\boldsymbol{k}$ mit der Genauigkeit λ/a zu $\boldsymbol{k}_0$ parallel ist, wird das Teilchen zunächst vom Atom 1 und danach vom Atom 2 in eine Richtung gestreut, die im wesentlichen zur Einfallsrichtung parallel ist. Im zweiten Fall sind die Rollen der Atome 1 und 2 vertauscht. Die Beobachtung von „Bahnen" ionisierter Teilchen in der Wilson-Kammer beruht wesentlich auf diesen Ergebnissen (s. Fußnote 4 [7]).

19.4 Variationsrechnung für die Übergangsamplituden

19.4.1 Stationäre Ausdrücke für die Streuphasen

Die Variationsmethode wurde bereits bei der Bestimmung von Energieniveaus angewandt (achtzehntes Kapitel). In diesem Abschnitt wollen wir kurz schildern, wie man sie für die Berechnung der Streuphasen und allgemeiner der Übergangsamplituden verwenden kann. Man kann damit jede Amplitude bestimmen, wenn man ein Funktional kennt, das in bezug auf Variationen der Wellenfunktion um die korrekte Streuwellenfunktion stationär bleibt. Die in den vorangegangenen Abschnitten angegebenen Integralausdrücke für die Übergangsamplituden sind hierfür nicht geeignet, weil sie nicht stationär sind. So ist der Ausdruck (19.54) für T_l als Funktional von ψ_l nicht stationär, weil ψ_l die korrekte Lösung der Radialgleichung ist. Ebenso ist der Ausdruck (19.127) für $T_{a\to b}$, wenn man ihn als Funktional von

$\Psi_b^{(-)}$ auffaßt, nicht stationär, wenn $\Psi_b^{(-)}$ um seinen korrekten Wert variiert. Es sind verschiedene stationäre Ausdrücke für diese Größen angegeben worden. Wir wollen hier den angeben, der am nützlichsten zu sein scheint. Er geht auf Schwinger [21] zurück.

In diesem Abschnitt wollen wir den Fall eines Teilchens in einem Zentralpotential betrachten und für den Koeffizienten T_l in der Entwicklung der Übergangsamplitude nach Kugelfunktionen einen stationären Ausdruck suchen (Entwicklung (19.51)). Bis auf einige Änderungen, die wir noch angeben werden, übernehmen wir die Bezeichnungen aus Abschnitt 19.1.8.

Ist $\psi_a^{(+)}$ die stationäre Streuwelle, so ist die Partialwelle ψ_l Lösung der Integralgleichung (19.56). Im Hinblick auf spätere Verallgemeinerungen schreiben wir diese in der Form:

$$\psi_l(r) = j_l(kr) + g_l^{(+)}\, V\psi_l, \tag{19.167}$$

worin $g_l^{(+)}$ der Integraloperator ist, der die Greensche Funktion

$$g_l^{(+)}(r, r') \equiv -(2mk/\hbar^2)\, j_l(kr_<)\, h_l^{(+)}(kr_>) \tag{19.168}$$

als Kern hat, d.h., es ist:

$$g_l^{(+)} V\psi_l \equiv \int_0^\infty g_l^{(+)}(r, r')\, V(r')\, \psi_l(r')\, r'^2\, \mathrm{d}r'.$$

Entsprechend verwenden wir auch die Bezeichnung $<\varphi_1, \varphi_2>$ für das Skalarprodukt der beiden Radialfunktionen φ_1, φ_2:

$$<\varphi_1, \varphi_2> \equiv \int_0^\infty \varphi_1^*(r)\, \varphi_2(r)\, r^2\, \mathrm{d}r.$$

Der Integralausdruck (19.54) für T_l lautet dann:

$$T_l = <j_l, V\psi_l>. \tag{19.169}$$

Wir setzen:

$$\begin{aligned} A[\psi] &\equiv <j_l, V\psi> = <\psi^*, Vj_l> \\ &= \int_0^\infty j_l(kr)\, V(r)\, \psi(r)\, r^2\, \mathrm{d}r, \end{aligned} \tag{19.170}$$

$$\begin{aligned} B[\psi] &\equiv <\psi^*, (V - Vg_l^{(+)}V)\,\psi> \\ &= \int_0^\infty \psi^2(r)\, V(r)\, r^2\, \mathrm{d}r - \int_0^\infty\!\!\int_0^\infty \big(\psi(r)\, V(r)\, g_l^{(+)}(r, r')\, V(r')\, \psi(r')\big)\, r^2\, \mathrm{d}r\, r'^2\, \mathrm{d}r', \end{aligned} \tag{19.171}$$

und betrachten das Funktional:

---

[21] S. vor allem *B. Lippmann* und *J. Schwinger*, a.a.O. Eine Diskussion der Vorteile, die die verschiedenen Variationsausdrücke, die für die Berechnung der Streuphasen vorgeschlagen wurden, aufweisen, findet man bei *M. Moe* und *D.S. Saxon*, Phys. Rev., 111 (1958), 950.

$$\mathfrak{T}_l[\psi] \equiv \frac{A^2}{B}, \tag{19.172}$$

das von der Funktion ψ abhängt. Der Variationsbereich von ψ ist allein durch die Bedingung festgelegt, daß $r^2 |\psi|^2$ lokal integrierbar sein soll.

Man hat:

$$\mathfrak{T}_l[\psi_l] = T_l.$$

Das ist offensichtlich eine Folgerung aus der Integralgleichung (19.167) und dem Ausdruck (19.169) für T_l.

Man beachte, daß $\mathfrak{T}_l$ *weder von der Normierung der Funktion* ψ (es ändert sich nicht, wenn man ψ mit einer beliebigen Konstante multipliziert) *abhängt, noch von dem Wert, den diese Funktion in Bereichen annimmt, für die* $V(r) = 0$ *ist.* $\mathfrak{T}_l$ nimmt also für jede Funktion ψ_l denselben Wert T_l an, die der folgenden Bedingung genügt:

$$\psi_l(r) = Cj_l(kr) + g_l^{(+)}\, V\, \psi_l \qquad \text{wenn} \qquad V(r) \neq 0 \tag{19.167a}$$

(C ist dabei eine beliebige Konstante). Diese Bedingung ist weniger einschränkend als (19.167).

Wir berechnen die Variation von $\mathfrak{T}_l$. Aus der Definition (19.172) folgt:

$$\delta\mathfrak{T}_l = \frac{2A}{B}\,\delta A - \frac{A^2}{B^2}\,\delta B.$$

Offensichtlich ist, daß

$$\delta A = \int_0^\infty \delta\psi\, V(r)\, j_l(kr)\, r^2\, \mathrm{d}r = \langle \delta\psi^*, Vj_l \rangle$$

ist und, unter Berücksichtigung der Tatsache, daß V reell und $g_l^{(+)}(r, r')$ in r und r' symmetrisch ist,

$$\delta B = 2 \langle \delta\psi^*, (V - Vg_l^{(+)}\, V)\,\psi \rangle.$$

Man kann also schreiben:

$$\delta\mathfrak{T}_l = \frac{2A}{B^2} \langle \delta\psi^*, F \rangle$$

Hierbei wurde

$$F(r) = B[\psi]\, V(r)\, j_l(kr) - A[\psi]\, V(r)\,(\psi - g_l^{(+)}\, V\psi).$$

gesetzt. Damit $\delta\mathfrak{T}_l = 0$ ist für jedes $\delta\psi$, ist notwendig und hinreichend, daß $F(r)$ identisch verschwindet. Dafür ist notwendig, daß $j_l(kr)$ und $\psi - g_l^{(+)}\, V\psi$ in jedem Punkt, in dem $V(r)$ ungleich Null ist, zueinander proportional sind, d.h., daß ψ eine der Funktionen ψ_l ist, die die Bedingung (19.167a) erfüllen. Man zeigt leicht, daß diese Bedingung auch hinreichend ist. *Folglich ist der stationäre Wert von $\mathcal{T}_l$ gleich der Amplitude, die wir berechnen wollen:*

$$T_l = \mathcal{T}_l\,|_{\text{st.}} \tag{19.173}$$

Damit bei den Rechnungen nur reelle Funktionen auftreten, zerlegen wir $g_l^{(+)}(r, r')$ in einen reellen und einen imaginären Anteil. Der reelle Anteil ist die Greensche Funktion:

$$g_l^{(1)}(r, r') \equiv -(2m\,k/\hbar^2)\, j_l(kr_<)\, n_l(kr_>)\,,$$

so daß

$$g_l^{(+)}(r, r') = g_l^{(1)}(r, r') - \mathrm{i}\,(2m\,k/\hbar^2)\, j_l(kr)\, j_l(kr')$$

ist. Setzt man diesen Ausdruck in die Definitionsgleichung für $\mathcal{T}_l$ ein (d.h. in den Ausdruck (19.171) für $B[\psi]$), so kann man das Ergebnis (19.173) in der äquivalenten Form:

$$T_l^{-1} = \mathcal{T}_l^{-1}\Big|_{\text{st.}} = \frac{\langle \psi^*, (V - V g_l^{(1)} V)\, \psi \rangle}{\langle j_l, V\psi \rangle^2}\Bigg|_{\text{st.}} + \mathrm{i}\,\frac{2mk}{\hbar^2}$$

schreiben. Weil weiter wegen (19.52)

$$T_l^{-1} - \mathrm{i}\,(2m\,k/\hbar^2) = -2m\,k \operatorname{cotg} \delta_l/\hbar^2$$

ist, erhält man für $k \operatorname{cotg} \delta_l$ den folgenden stationären Ausdruck:

$$k \operatorname{cotg} \delta_l = -\frac{\hbar^2}{2m}\, \frac{\langle \psi^*, (V - V g_l^{(1)} V)\, \psi \rangle}{\langle j_l, V\psi \rangle^2}\Bigg|_{\text{st.}} \tag{19.174}$$

$$= -\frac{\hbar^2}{2m}\, \frac{\displaystyle\int_0^\infty \psi^2\, V r^2\, \mathrm{d}r - \int_0^\infty\!\!\int_0^\infty \big(\psi(r)\, V(r)\, g_l^{(1)}(r, r')\, V(r')\, \psi(r')\big)\, r^2\, \mathrm{d}r\, r'^2\, \mathrm{d}r'}{\displaystyle\left[\int_0^\infty j_l(kr)\, V(r)\, \psi(r)\, r^2\, \mathrm{d}r\right]^2}\Bigg|_{\text{st.}}$$

Die Funktion ψ_l, für die die rechte Seite von (19.174) stationär bleibt, kann als reell angenommen werden. Setzt man das auch bei den Vergleichsfunktionen voraus, so ändert sich die eben hergeleitete Variationsbeziehung nicht.

19.4.2 Berechnung der Streuphasen. Diskussion

Der Ausdruck (19.174) ist der Ausgangspunkt für die Berechnung der Streuphasen mit einer Variationsmethode. Man setzt dabei im Funktional auf der rechten Seite für ψ eine von mehreren Parametern abhängige Vergleichsfunktion φ ein, und bestimmt für die auf diese Weise entstandene Funktion den stationären Wert in bezug auf die Variation der Parameter. Je benachbarter die Vergleichsfunktion φ zur exakten Lösung ψ_l ist, um so weniger unterscheidet sich der dadurch erhaltene Näherungswert von $k \operatorname{cotg} \delta_l$ vom exakten Wert. Wir stellten bereits fest – und dies ist ein Vorteil der Variationsmethode von Schwinger –, daß das Ergebnis von der Normierung von φ und von den Werten unabhängig ist, die φ in den Bereichen annimmt, in denen V gleich Null ist. Die Methode ist also genau, wenn man eine Vergleichsfunktion wählt, die innerhalb der Reichweite des Potentials denselben Verlauf hat wie die exakte Lösung. Die Fehlerabschätzung beruht wesentlich auf diesen halbquantitativen Überlegungen. Sie ist wie bei der Variationsrechnung für Energieniveaus weitgehend empirisch.

Beschränkt man sich darauf, in (19.174) für ψ die freie Welle $j_l(kr)$ einzusetzen, so erhält man:

$$k \operatorname{cotg} \delta_l = -\frac{\hbar^2}{2m} \frac{1-\Delta_l}{\langle j_l, V j_l \rangle} \tag{19.175}$$

mit

$$\Delta_l = \frac{\langle j_l, V g_l^{(1)} V j_l \rangle}{\langle j_l, V j_l \rangle}. \tag{19.176}$$

Diese Formel ist grundsätzlich genauer als die Formel (10.75) der Bornschen Näherung. Für den Grenzfall $\Delta_l \ll 1$ ist sie übrigens zur Bornschen Näherung zweiter Ordnung äquivalent. Sobald jedoch Δ_l nicht mehr klein ist, ist die Formel (19.175) häufig viel genauer als die Formel, die die Bornsche Näherung in zweiter Näherung liefert.

Um diesen Vergleich zwischen den beiden Näherungsmethoden an einem Beispiel zu illustrieren, behandeln wir die s-Streuung an einem rechteckigen Potentialtopf für den Grenzfall sehr niedriger Energien. Wir nehmen also an, daß

$$V(r) = \begin{cases} -V_0 & r < r_0 \\ 0 & r > r_0 \end{cases} \tag{19.177}$$

ist, bestimmen die Streulänge

$$a = -\lim_{k \to 0} (k \operatorname{cotg} \delta)^{-1}$$

mit den Methoden, die wir bisher aufgeführt haben, und vergleichen die Ergebnisse mit dem der strengen Rechnung. Setzt man:

$$b = (2m\, V_0\, r_0^2/\hbar^2)^{\frac{1}{2}},$$

so sind die Resultate durch die folgenden Formeln gegeben:

Exakte Rechnung: $a = -\left(\frac{\operatorname{tg} b}{b} - 1\right) r_0$

Variationsrechnung (Gleichung (19.175)): $a_{\text{var.}} = -\frac{\frac{1}{3} b^2}{1 - 0{,}4\, b^2}\, r_0$

Bornsche Näherung: $a_B = -\frac{1}{3} b^2 r_0$

Bornsche Näherung zweiter Ordnung: $a_B^{(2)} = -\left(\frac{1}{3} b^2 + \frac{2}{15} b^4\right) r_0.$

Das Kriterium für die Gültigkeit der Bornschen Näherung ist durch die Ungleichung (19.43), also durch

$$b \ll 1$$

gegeben (b ist ein Maß für die Tiefe des Potentialtopfes, d.h. für die Anzahl der gebundenen Zustände). Die numerischen Ergebnisse sind in der Tabelle 19.1 angegeben. Man stellt fest, daß $a_{\text{var.}}$ auch für relativ große Werte von b eine ausgezeichnete Näherung bleibt, sogar bis hin zum Bereich $\frac{1}{2}\pi < b < \pi$ und diesen eingeschlossen, bei dem die Bornsche Reihe sicher nicht konvergiert.

Tabelle 19.1

Vergleich der verschiedenen Werte für die Streulänge in Abhängigkeit vom Parameter

$$b = (2m\, V_0\, r_0^2/\hbar^2)^{\frac{1}{2}}$$

(mit r_0 als Längeneinheit).

	Exakte Rechnung	Formel (19.175)	Bornsche Näherung	
			2. Ordnung	1. Ordnung
b	a	$a_{\text{var.}}$	$a_B^{(2)}$	$a_B^{(1)}$
0	0	0	0	0
0,1 π	— 0,034	— 0,034	— 0,034	— 0,033
0,2 π	— 0,156	— 0,156	— 0,152	— 0,132
0,3 π	— 0,460	— 0,459	— 0,401	— 0,296
0,4 π	— 1,449	— 1,428	— 0,859	
$\frac{\pi}{2}$	∞ (*)	— 63,2 (**)	— 1,63	
0,6 π	2,63	2,81	— 2,9	
0,7 π	1,63	1,72		
0,8 π	1,29	1,38		
0,9 π	1,11	1,21		
π	1,00	1,12		

(*) $a = \infty$ entspricht einem gebundenen Zustand mit der Energie Null.

(**) $a_{\text{var.}}$ wird unendlich und wechselt für $b = 0{,}503\,\pi$ sein Vorzeichen.

19.4.3 Erweiterung auf komplexe Stöße

Die vorangegangenen Entwicklungen kann man auch auf allgemeinere Streuprobleme erweitern. Wir wollen hierauf nicht im einzelnen eingehen, sondern uns auf die Angabe eines stationären Ausdrucks für die Übergangsmatrix für den Fall beschränken, bei dem zwei zusammengesetzte Teilchen (elastisch oder inelastisch) aneinander gestreut werden.

Wir übernehmen, soweit nichts anderes gesagt wird, die Bezeichnungen aus Abschnitt 19.3. Die Übergangsamplitude für $a \to b$ ist durch:

$$T_{a\to b} = \langle\Phi_b|V_\beta|\Psi_a^{(+)}\rangle = \langle\Psi_b^{(-)}|V_\alpha|\Phi_a\rangle$$

gegeben. Diese Ausdrücke sind in bezug auf die Variationen von $\Psi_a^{(+)}$ oder $\Psi_b^{(-)}$ nicht stationär. Weil es sich um eine Streuung handelt, sind die ungestörten Hamilton-Operatoren gleich. Wir setzen daher:

$$H_\alpha = H_\beta = H_0 \qquad V_\alpha = V_\beta = V$$
$$G_0^{(+)} = G_0^{(-)\dagger} = [E - H_0 + i\varepsilon]^{-1}.$$

Man weiß, daß:

$$|\Phi_a\rangle = (1 - G_0^{(+)}V)|\Psi_0^{(+)}\rangle$$
$$\langle\Phi_b| = \langle\Psi^{(-)}|(1 - V G_0^{(+)}).$$

Die Amplitude $T_{a\to b}$ ist also auch durch den Ausdruck:

$$T_{a\to b} = \frac{\langle\Psi_b^{(-)}|V|\Phi_a\rangle\langle\Phi_b|V|\Psi_a^{(+)}\rangle}{\langle\Psi_b^{(-)}|(V - V G_0^{(+)}V)|\Psi_a^{(+)}\rangle} \tag{19.178}$$

gegeben. Dieser ist in bezug auf die unabhängigen Variationen von $\Psi_a^{(+)}$ und $\Psi_b^{(-)}$ stationär. Er ist die Verallgemeinerung des in Abschnitt 19.4.1 für T_l angegebenen Ausdrucks.

Von einfacheren Fällen, wie dem Stoß zweier Elementarteilchen, abgesehen, stößt die praktische Anwendung dieses Ausdrucks auf eine ernsthafte Schwierigkeit, die explizite Konstruktion der Greenschen Funktion $G_0^{(+)}$. Er kann zwar bei manchen Überlegungen, bei denen man die explizite Gestalt von $G_0^{(+)}$ nicht unbedingt kennen muß, nützlich sein [22], doch sind die Möglichkeiten zu seiner Anwendung ziemlich eingeschränkt.

19.5 Allgemeine Eigenschaften der Übergangsmatrix

Einige Eigenschaften der T-Matrix ergeben sich unmittelbar aus den charakteristischen Eigenschaften des Hamilton-Operators, der den Stoß bestimmt. In den vorangegangenen Abschnitten sind sie von Fall zu Fall angegeben worden, ohne daß auf ihre sehr allgemeine Gültigkeit besonders hingewiesen wurde. Die Frage wird daher in diesem Abschnitt systematisch aufgegriffen.

[22] *S.B. Lippmann* und *J. Schwinger*, a.a.O.

19.5.1 Stromerhaltung. S-Matrix

Einige Eigenschaften der T-Matrix sind eine einfache Konsequenz aus der Hermitezität des den Stoß regierenden Hamilton-Operators. So ergaben sich daraus in Abschnitt 19.3.4 die Integraldarstellungen (19.121–122). Auf die gleiche Weise kann man zwei weitere Beziehungen erhalten, die unter dem Namen Stromerhaltungsrelationen bekannt sind.

Wir greifen die Bezeichnungen aus Abschnitt 19.3.4 wieder auf und betrachten die beiden stationären Wellen $\Psi_a^{(+)}$ und $\Psi_b^{(+)}$ zur *selben* Energie E. Es gilt:

$$\Psi_b^{(+)*}(H\Psi_a^{(+)}) - (H\Psi_b^{(+)})^*\Psi_a^{(+)} = 0.$$

Also ist die Größe, die man bekommt, wenn man die linke Seite dieser Gleichung über die Spins summiert und über einen endlichen Bereich des Konfigurationsraums integriert, gleich Null. Mit Hilfe des Greenschen Satzes kann sie in ein Oberflächenintegral umgewandelt werden, das für den Grenzfall, daß man die Fläche ins Unendliche schickt, als eine Summe geschrieben werden kann, in der die Summanden zu den verschiedenen offenen Kanälen gehören (s. Fußnote 17)). Man erhält somit:

$$0 = \sum_\nu \frac{\hbar^2}{2M_\nu} \lim_{R_\nu\to\infty} \{\Psi_b^{(+)*}, \Psi_a^{(+)}\}_\nu. \tag{19.179}$$

Die rechte Seite dieser Gleichung vergleiche man mit der rechten Seite der Gleichung (19.119). Zu ihrer Auswertung ersetze man für jeden Kanal die Funktionen $\Psi_b^{(+)}$ und $\Psi_a^{(+)}$ durch ihre asymptotischen Formen. Dies führt zu:

$$\begin{aligned} 0 = \frac{\hbar^2}{2M_\beta} \lim_{R_\beta\to 0} &\left\{ e^{-i\boldsymbol{k}_b \cdot \boldsymbol{r}_\beta}, f_{a\beta}^{(+)}(\Omega_\beta)\frac{e^{ik_b r_\beta}}{r_\beta}\right\}_\beta \\ &+ \frac{\hbar^2}{2M_\alpha} \lim_{R_\alpha\to 0} \left\{ f_{b\alpha}^{(+)*}(\Omega_\alpha)\frac{e^{-ik_a r_\alpha}}{r_\alpha}, e^{i\boldsymbol{k}_a\cdot \boldsymbol{r}_\alpha}\right\}_\alpha \\ &+ \sum_\nu \frac{\hbar^2}{2M_\nu} \lim_{R_\nu\to 0} \left\{ f_{b\nu}^{(+)*}(\Omega_\nu)\frac{e^{-ik_n r_\nu}}{r_\nu}, f_{a\nu}^{(+)}(\Omega_\nu)\frac{e^{ik_n r_\nu}}{r_\nu}\right\}_\nu . \end{aligned}$$

Die beiden ersten Terme werden so ausgewertet, wie es in Abschnitt 19.1.1 bereits einmal geschehen ist. Im dritten Term wird über alle Kanäle, auch den α- und den β-Kanal summiert. Bei seiner Berechnung muß man auf die Bedeutung des Symbols $\{\ldots\}_\nu$ zurückgreifen. Im Gegensatz zur Rechnung in Abschnitt 19.3.4 liefert dieser Term einen Beitrag, der nicht verschwindet. Man erhält schließlich:

$$0 = -\frac{2\pi\hbar^2}{M_\beta} f_{a\beta}^{(+)}(\Omega_b) + \frac{2\pi\hbar^2}{M_\alpha} f_{b\alpha}^{(+)*}(\Omega_a) + \sum_\nu \frac{i\hbar^2 k_n}{M_\nu}\int f_{b\nu}^{(+)*}(\Omega_\nu) f_{a\nu}^{(+)}(\Omega_\nu)\,d\Omega_\nu.$$

Ersetzt man in dieser Gleichung mittels der Definition (19.114) die $f(\Omega)$ durch die Elemente der Matrix T, so findet man:

$$0 = \langle b|T|a\rangle - \langle b|T^{\dagger}|a\rangle + 2\pi i \sum_{\nu} \rho_{\nu}(E) \int \langle b|T^{\dagger}|n\rangle \, d\Omega_{\nu} \, \langle n|T|a\rangle. \quad (19.180)$$

Dabei bezeichneten wir die ebene Welle des ν-Kanals in Richtung Ω_ν mit n und verwendeten außerdem die Definition der Zustandsdichte:

$$\rho_{\nu}(E) = M_{\nu} \, k_{n}/(2\pi)^{3} \hbar^{2}.$$

$T^{\dagger}$ ist wie üblich definiert:

$$\langle m|T^{\dagger}|n\rangle = \langle n|T|m\rangle^{*}.$$

Diese Überlegungen können auch mit den $\Psi^{(-)}$-Wellen anstelle der $\Psi^{(+)}$-Wellen durchgeführt werden. Hier erhält man dann die Beziehung

$$0 = \sum_{\nu} \frac{\hbar^{2}}{2M_{\nu}} \lim_{R_{\nu}\to\infty} \{ \Psi_{a}^{(-)}, \Psi_{b}^{(-)*} \}_{\nu} \quad (19.179')$$

die sich aus (19.179) ergibt, wenn man a mit b vertauscht und $\Psi^{(+)}$ durch $\Psi^{(-)*}$ ersetzt. Für die Auswertung der rechten Seite genügt es daher, diese Substitutionen vorzunehmen und anstelle der Definition (19.114) die Definition (19.114′) zu verwenden. Man bekommt dann:

$$0 = \langle b|T|a\rangle - \langle b|T^{\dagger}|a\rangle + 2\pi i \sum_{\nu} \rho_{\nu}(E) \int \langle b|T|n\rangle \, d\Omega_{\nu} \, \langle n|T^{\dagger}|a\rangle. \quad (19.180')$$

Für die Beziehungen (19.180) und (19.180′) führen wir noch einen zweiten Beweis an, der mehr formaler Natur ist. Aus den Beziehungen:

$$\langle b|T|a\rangle = \langle \Phi_b| V_\beta |\Phi_a\rangle + \langle \Phi_b| V_\beta \frac{1}{E - H + i\varepsilon} V_\alpha |\Phi_a\rangle$$

$$\langle b|T^{\dagger}|a\rangle = \langle \Phi_b| V_\alpha |\Phi_a\rangle + \langle \Phi_b| V_\beta \frac{1}{E - H - i\varepsilon} V_\alpha |\Phi_a\rangle$$

erhält man nach Subtraktion und mit Hilfe der Eigenschaften (19.124) und (A.15/3):

$$\langle b|(T - T^{\dagger})|a\rangle = -2\pi i \, \langle \Phi_b| V_\beta \, \delta(E - H) V_\alpha |\Phi_a\rangle. \quad (19.181)$$

Wir nehmen an, daß die Menge der stationären Wellen $\Psi_n^{(-)}$, *erstreckt über die Gesamtheit des Spektrums von H* – und eventuell durch eine Folge von (passend normierten) Eigenvektoren des diskreten Spektrums vervollständigt – ein vollständiges Orthogonalsystem von Eigenvektoren von H bilden. Dann gilt die Vollständigkeitsrelation

$$(2\pi)^{-3} \sum_{n} |\Psi_{n}^{(-)}\rangle \langle \Psi_{n}^{(-)}| = 1 \quad (19.182)$$

(Die Summe geht dabei über alle Energien des Spektrums von H, also mit Einschluß des diskreten Spektrums.) Weiter sollen auch die $\Psi_n^{(+)}$ der Vollständigkeitsrelation genügen:

$$(2\pi)^{-3} \sum_{n} |\Psi_{n}^{(+)}\rangle \langle \Psi_{n}^{(+)}| = 1. \quad (19.182')$$

Mit der Beziehung (19.182) kann man das Skalarprodukt auf der rechten Seite von (19.181) auf die Form:

$$\langle\Phi_b|\,V_\beta\,\delta(E-H)\,V_\alpha|\Phi_a\rangle \equiv (2\pi)^{-3}\sum_n \langle\Phi_b|\,V_\beta|\Psi_n^{(-)}\rangle\,\delta(E-E_n)\,\langle\Psi_n^{(-)}|\,V_\beta|\Phi_a\rangle$$
$$= \sum_\nu \rho_\nu(E)\int \langle b|T^\dagger|n\rangle\,\mathrm{d}\Omega_\nu\,\langle n|T|a\rangle$$

bringen, woraus die Beziehung (19.180) folgt. Mit Hilfe der Beziehung (19.182') erhält man genau so die Beziehung (19.180').

Die Gleichungen (19.180) und (19.180'), denen die Matrixelemente von T und $T^\dagger$ genügen müssen, sind für beliebige a und b gültig. Man kann sie einfacher auf die Form:

$$T - T^\dagger + 2\pi\mathrm{i}\,T^\dagger T = 0 \tag{19.183}$$

$$T - T^\dagger + 2\pi\mathrm{i}\,T T^\dagger = 0 \tag{19.183'}$$

bringen, wobei eine passende Summenkonvention für die Indizes in den Matrizenprodukten $T^\dagger T$ und $TT^\dagger$ zu treffen ist: Man belegt jeden Index ν mit dem Gewichtsfaktor $\rho_\nu(E)$, der die Zustandsdichte im ν-Kanal angibt. Man beachte, daß die hier auftretenden Matrixelemente sämtlich mit Zuständen zur Energie E gebildet sind.

Wir führen nun die S-Matrix ein. Sie ist definiert durch:

$$S \equiv 1 - 2\pi\mathrm{i}\,T. \tag{19.184}$$

Diese Matrix ist für Stöße mit der Energie E charakteristisch, und ihre Elemente sind wie die von T mit Zuständen zur Energie E gebildet. Ersetzt man in den Gleichungen (19.180) und (19.180') T und $T^\dagger$ durch ihren Zusammenhang mit S und $S^\dagger$, so findet man:

$$S^\dagger S = S S^\dagger = 1. \tag{19.185}$$

Die S-Matrix ist unitär.

Ist $U(t, t')$ der Entwicklungsoperator des Systems, so kann man übrigens zeigen, daß

$$S = \lim_{\substack{t\to+\infty\\ t'\to-\infty}} U(t,t')$$

ist. Der Beweis verlangt große Vorsicht bei der Untersuchung des Grenzübergangs. Wir gehen hierauf nicht ein, sondern verweisen auf die Literaturangaben in Fußnote 1).

19.5.2 Die Bohr-Peierls-Placzek-Relation

Aus der Beziehung (19.180) erhält man für den Sonderfall $a = b$ (Man beachte, daß dann die Beziehungen (19.180) und (19.180') identisch sind);

$$\langle a|T|a\rangle - \langle a|T|a\rangle^* = -2\pi\mathrm{i}\sum_\nu \int |\langle n|T|a\rangle|^2\,\rho_\nu(E)\,\mathrm{d}\Omega_\nu. \tag{19.186}$$

Der Integrand auf der rechten Seite dieser Gleichung ist, vom Faktor $2\pi/\hbar v_a$ abgesehen, der Ausdruck für den differentiellen Wirkungsquerschnitt $d\sigma_{a\to n}/d\Omega_\nu$. Daher gilt:

$$\sum_\nu \int |\langle n|T|a\rangle|^2 \rho_\nu(E)\, d\Omega_\nu = \frac{\hbar v_a}{2\pi} \sum_\nu \int \frac{d\sigma_{a\to n}}{d\Omega_\nu}\, d\Omega_\nu$$

$$= \frac{\hbar v_a}{2\pi}\, \sigma_a^{\text{tot.}}$$

$\sigma_a^{\text{tot.}}$ ist der totale Wirkungsquerschnitt zum Anfangszustand a. Einsetzen in (19.186) liefert:

$$\sigma_a^{\text{tot.}} = -\frac{2}{\hbar v_a} \operatorname{Im} T_{aa}.$$

Drückt man T_{aa} durch die Streuamplitude in Vorwärtsrichtung $f_{aa}^{(+)}(\Omega_a)$ aus (s. Gleichung (19.114)), wobei wir diese einfach mit $f_a(0)$ bezeichnen, setzt also:

$$T_{aa} \equiv \langle a|T|a\rangle = -\frac{2\pi\hbar^2}{M_\alpha} f_a(0)$$

so gelangt man zu der Beziehung:

$$\boxed{\sigma_a^{\text{tot.}} = \frac{4\pi}{k_a} \operatorname{Im} f_a(0)} \tag{19.187}$$

Das ist die Bohr-Peierls-Placzek-Relation, die einen Zusammenhang zwischen dem totalen Wirkungsquerschnitt und dem Imaginärteil der Streuamplitude in Vorwärtsrichtung herstellt.

19.5.3 Mikroreversibilität

Ist H gegenüber Zeitumkehr invariant, so genügt die Matrix T der *Mikroreversibilitätsbeziehung* (s. Abschnitt 15.4.6):

$$\boxed{T_{Kb\to Ka} = T_{a\to b}} \tag{19.188}$$

Für den einfachen Fall der Streuung eines Teilchens an einem reellen Potential (Abschnitte 19.1.2 und 19.2.4) ist diese Relation bereits bewiesen worden. Für den allgemeinen Fall kann man den formalen Beweis aus Abschnitt 19.2.4 ohne große Änderungen übernehmen. K sei der Zeitumkehroperator, mit Ka und Kb bezeichnen wir die Anfangs- oder Endzustände, die aus a bzw. b durch Zeitumkehr hervorgehen (Umkehr der Impulse und Spins). Genauer ist:

$$\Phi_{Kb} \equiv K\,\Phi_b \qquad \Phi_{Ka} \equiv K\,\Phi_a.$$

Um die Eigenschaft (19.188) zu beweisen, verwenden wir den Ausdruck (19.142) für die Übergangsamplitude:

$$T_{Kb\to Ka} = \langle\Phi_{Ka}| \left[V_\alpha + V_\alpha \frac{1}{E-H+i\varepsilon} V_\beta \right] |\Phi_{Kb}\rangle$$

$$= (\langle\Phi_a|K^\dagger) \left[V_\alpha + V_\alpha \frac{1}{E-H+i\varepsilon} V_\beta \right] (K|\Phi_b\rangle).$$

Weil K antiunitär ist und weil die Operatoren H, V_α und V_β bei Zeitumkehr invariant sind, wird daraus:

$$T_{Kb\to Ka} = \langle\Phi_b| \left[V_\alpha + V_\beta \frac{1}{E-H+i\varepsilon} V_\alpha \right] |\Phi_a\rangle$$

$$= \langle\Phi_b| \left[V_\beta + V_\beta \frac{1}{E-H+i\varepsilon} V_\alpha \right] \Phi_a\rangle.$$

Die zweite Zeile erhält man mit Hilfe der Beziehung (19.124). Die rechte Seite ist der Ausdruck (19.142) für die Amplitude $T_{a\to b}$. Damit ist der Beweis erbracht.

Quadriert man beide Seiten der Relation (19.188) und drückt sie dann durch die Wirkungsquerschnitte $d\sigma_{a\to b}/d\Omega_\beta$ und $d\sigma_{Kb\to Ka}/d\Omega_\alpha$ aus, so erhält man für diese die entsprechende Mikroreversibilitätsbeziehung:

$$v_b \, d\sigma_{Kb\to Ka}/\rho_a(E)\, d\Omega_\alpha = v_a \, d\sigma_{a\to b}/\rho_b(E)\, d\Omega_\beta. \tag{19.189}$$

Es ist nämlich: $v_{Kb} = v_b$, $\rho_{Ka} = \rho_a$. Aus der Definition der Geschwindigkeit und der Zustandsdichte (Gleichung (17.52)) folgt weiter die für jeden Kanal geltende Beziehung:

$$v_n \rho_n = p_n^2/(2\pi\hbar)^3 = k_n^2/(2\pi)^3 \hbar.$$

Daher kann man die Relation (19.189), wenn man $d\Omega_\alpha = d\Omega_\beta = d\Omega$ setzt, auch in der Form:

$$\boxed{k_b^2 \, d\sigma_{Kb\to Ka} = k_a^2 \, d\sigma_{a\to b}} \tag{19.190}$$

schreiben.

19.5.4 Invarianzeigenschaften der T-Matrix

Wir untersuchen jetzt die Konsequenzen, die sich aus der Invarianz von H gegenüber Rotationen, Spiegelungen und allgemeiner gegenüber Transformationen ergeben, die durch unitäre Operatoren repräsentiert werden. Zunächst betrachten wir die Invarianz in bezug auf eine Transformation und danach in bezug auf eine bestimmte Transformationsgruppe.

Sind H, H_α und H_β bei einer bestimmten unitären Transformation X invariant, so gilt die Beziehung (s. Abschnitt 15.3.3):

$$T_{Xa \to Xb} = T_{a \to b}. \tag{19.191}$$

(Man beachte: Diese Beziehung unterscheidet sich von der Mikroreversibilitätsrelation durch die Reaktionsrichtung bei der Amplitude auf der linken Seite.)

Zum Beweis genügt die Feststellung, daß aufgrund der Definition (19.144) auch der Operator $T^{\beta\alpha}$ die Invarianzeigenschaft in bezug auf die Transformation X besitzt:

$$X^\dagger \, T^{\beta\alpha} \, X = T^{\beta\alpha}.$$

Folglich ist:

$$T_{Xa \to Xb} \equiv \langle \Phi_b | X^\dagger \, T^{\beta\alpha} X | \Phi_a \rangle = \langle \Phi_b | T^{\beta\alpha} | \Phi_a \rangle \equiv T_{a \to b}.$$

Aus der Eigenschaft (19.191) erhält man dann weiter leicht die entsprechende Beziehung für die Wirkungsquerschnitte:

$$\mathrm{d}\sigma_{Xa \to Xb} = \mathrm{d}\sigma_{a \to b}, \tag{19.192}$$

die man mit der Relation (19.190) zu vergleichen hat.

Wir nehmen jetzt an, daß der Gesamthamilton-Operator H und die verschiedenen „ungestörten" Hamilton-Operatoren H_α, H_β, ... in bezug auf eine bestimmte Transformationsgruppe G invariant sind. Man kann dann zeigen, daß sich für die Matrix T Konsequenzen ergeben, die zu denen des Abschnitts 15.3.1 analog sind (Dort hatten wir die Eigenschaften der Matrizen untersucht, die die gegenüber der Gruppe G invarianten Observablen darstellten.)

Hierzu übernehmen wir die Bezeichnungen aus diesem Abschnitt und betrachten die zwei Observablenmengen J und M, die dort definiert wurden. Mit ν kennzeichnen wir einen der offenen Kanäle mit der Energie E. H_ν, J und M bilden einen Satz kommutierender Observabler. $|\nu E_\nu \tau_\nu j \mu\rangle$ seien die Vektoren eines gemeinsamen Basissystems (dabei soll es sich hinsichtlich der Gruppe G um eine Standardbasis handeln, doch ist diese Einschränkung nicht wesentlich). E_ν ist der Eigenwert von H_ν, j und μ seien die Eigenwerte der Observablen J bzw. M, und τ_ν schließlich sei eine zusätzliche Quantenzahl, deren Variationsbereich von den Werten von E_ν, j und μ abhängt. Diese Vektoren sind orthonormiert:

$$\langle \nu E_\nu \tau_\nu j \mu | \nu E'_\nu \tau'_\nu j' \mu' \rangle = \delta(E_\nu - E'_\nu) \, \delta_{\tau_\nu \tau'_\nu} \, \delta_{jj'} \, \delta_{\mu\mu'}.$$

τ_ν sei der Einfachheit halber diskret. Das ist z.B. der Fall, wenn G die Drehgruppe ist oder diese als Untergruppe enthält und wenn der Kanal nur zwei Teilchen mit der Energie E_ν enthält: τ_ν kann dann eine *endliche* Anzahl diskreter Werte annehmen.

Bei fester Energie E betrachten wir jetzt die Übergänge von einem bestimmten ν-Kanal in einen anderen ν'-Kanal. Aufgrund der Voraussetzungen ist der zugehörige Operator $T_{\nu\nu'}$ (Definition (19.144)) hinsichtlich der Transformationen der Gruppe G invariant. In einer offensichtlichen Verallgemeinerung der Eigenschaft (15.52) ergibt sich daraus:

$$\langle\nu\, E\, \tau_\nu\, j\, \mu | T^{\nu\nu'} | \nu'\, E\, \tau_{\nu'}\, j'\, \mu'\rangle = \delta_{jj'}\, \delta_{\mu\mu'}\, \langle\nu\, \tau_\nu | T^{(j)} | \nu'\, \tau_{\nu'}\rangle, \tag{19.193}$$

worin $\langle\nu\, \tau_\nu | T^{(j)} | \nu'\, \tau_{\nu'}\rangle$ von den Quantenzahlen j, τ_ν und $\tau_{\nu'}$, nicht aber von μ abhängt. Diese Gleichung faßt alle Folgerungen hinsichtlich der Invarianz gegenüber der Gruppe G zusammen.

Zu jedem Paar $(\nu\nu')$ offener Kanäle gehört eine bestimmte Anzahl von Koeffizienten $\langle\nu\, \tau_\nu | T^{(j)} | \nu'\, \tau_{\nu'}\rangle$. Unter diesen bilden die zu einem gegebenen Wert von j gehörenden (j und E fest, ν, τ_ν, ν' und $\tau_{\nu'}$ veränderlich) eine gewisse quadratische Matrix, die wir mit $T^{(j)}$ bezeichnen. Diese Matrix ist ein Analogon zur T-Matrix, ihre Dimension ist dagegen im allgemeinen viel geringer. Enthält zum Beispiel G die Drehgruppe und besteht keiner der offenen Kanäle aus mehr als zwei Teilchen, so ist $T^{(j)}$ eine endliche Matrix. Gibt es darüber hinaus nur einen offenen Kanal und haben die beiden Teilchen keinen Spin, so ist $T^{(j)}$ eindimensional: Es ist eine einfache Zahl, die bis auf einen leicht zu bestimmenden Faktor gleich dem Koeffizienten T_j in der Entwicklung (19.51) ist.

Die Übergangsamplitude $T_{a\to b}$ kann man leicht nach den Elementen der $T^{(j)}$-Matrizen entwickeln. Hierzu formt man die Definition (19.145) mit Hilfe der Vollständigkeitsrelationen der Standardbasen für den α- und den β-Kanal um und verwendet die Eigenschaft (19.193). Die Entwicklungskoeffizienten hängen von den Projektionen der ebenen Wellen Φ_a und Φ_b auf die fraglichen Basisvektoren ab. Ist Φ_n eine ebene Welle der Energie E im ν-Kanal, so kann man schreiben:

$$\langle\Phi_n | \nu\, E_\nu\, \tau_\nu\, j\, \mu\rangle = \delta(E - E_\nu)\, \langle\Phi_n | \nu\, \tau_\nu\, j\, \mu\rangle. \tag{19.194}$$

Mit dieser Bezeichnung findet man nach kurzer Rechnung:

$$T_{a\to b} = \sum_{j\mu} \sum_{\tau_\alpha \tau_\beta} \langle\Phi_b | \beta\, \tau_\beta\, j\, \mu\rangle\, \langle\beta\, \tau_\beta | T^{(j)} | \alpha\, \tau_\alpha\rangle\, \langle\alpha\, \tau_\alpha\, j\, \mu | \Phi_a\rangle. \tag{19.195}$$

Das ist die Verallgemeinerung der Entwicklung (19.51). Wie diese ist sie bei rascher Konvergenz besonders nützlich. Das ist der Fall bei nuklearen Stößen, bei denen die Wellenlänge des Eingangs- oder die des Ausgangskanals gegenüber der Reichweite der Kernkräfte groß ist. Bei diesem Fall wird sie am häufigsten angewendet (s. die Literaturhinweise der Fußnote 14)).

Aufgaben

1. Man beweise die asymptotische Eigenschaft

$$\exp(\mathrm{i}\boldsymbol{q}.\boldsymbol{r}) \underset{r\to\infty}{\sim} \frac{2\pi}{\mathrm{i}qr}\, [\delta(\Omega_r - \Omega_q)\, e^{\mathrm{i}qr} - \delta(\Omega_r + \Omega_q)\, e^{-\mathrm{i}qr}] + O\left(\frac{1}{r^2}\right),$$

(i) indem man die Entwicklung der ebenen Welle nach Kugelfunktionen und deren Vollständigkeitsrelation benutzt;

(*ii*) indem man direkt die asymptotische Form von

$$\int \exp(\mathrm{i}\boldsymbol{q}\cdot\boldsymbol{r})\,\varphi(\Omega_r)\,\mathrm{d}\Omega_r$$

bestimmt. ($\varphi(\Omega)$ ist eine stetige Funktion von $\Omega \equiv (\theta\varphi)$; Ω_r und Ω_q sind die Richtungen der Vektoren $\boldsymbol{r}$ bzw. $\boldsymbol{q}$.)

2. Man zeige, daß bei beliebigem R für zwei ebene Wellen $\exp(\mathrm{i}\boldsymbol{q}_1\cdot\boldsymbol{r})$, $\exp(\mathrm{i}\boldsymbol{q}_2\cdot\boldsymbol{r})$ derselben Wellenlänge ($q_1 = q_2$) streng

$$\{\exp(\mathrm{i}\boldsymbol{q}_1\cdot\boldsymbol{r}),\ \exp(\mathrm{i}\boldsymbol{q}_2\cdot\boldsymbol{r})\} = 0$$

gilt. Die Klammer $\{\ldots\}$ ist in Abschnitt 19.1.1 definiert.

3. Man berechne den Wirkungsquerschnitt in der Bornschen Näherung:

(*i*) für den rechteckigen Potentialtopf mit der Tiefe V_0 und dem Radius a;

(*ii*) für das Gauß-Potential:

$$V = V_0 \exp(-r^2/a^2);$$

(*iii*) für das Yukawa-Potential:

$$V = \frac{V_0 \exp(-Kr)}{Kr}.$$

An diesen drei Spezialfällen bestätige man die Behauptungen aus dem Abschnitt 19.1.3 über den allgemeinen Verlauf der Winkelverteilung bei hohen Energien. Schließlich bestimme man die asymptotische Form für den totalen Wirkungsquerschnitt.

4. Man untersuche den Hamilton-Operator eines Teilchens mit der Masse m in einem Zentralpotential kurzer Reichweite ($rV \underset{r\to\infty}{\longrightarrow} 0$):

$$H \equiv -(\hbar^2/2m)\,\Delta + V(r).$$

Für die Energie $E = \hbar^2 k^2/2m$ lautet die Radialgleichung

$$\left(\frac{\mathrm{d}^2}{\mathrm{d}r^2} - \frac{l(l+1)}{r^2} - \frac{2m}{\hbar^2}\,V + k^2\right) y_l = 0.$$

$F_l(k;r)$ sei die reguläre Lösung, $u_l^{(+)}(k;r)$ und $u_l^{(-)}(k;r)$ seien die „auslaufenden" bzw. „einlaufenden" Lösungen. Diese Lösungen seien so normiert, daß:

$$F_l(k;r) \underset{r\to\infty}{\sim} \sin(kr - \tfrac{1}{2}l\pi + \delta_l)$$

$$u_l^{(\pm)}(k;r) \underset{r\to\infty}{\sim} \exp[\pm\,\mathrm{i}(kr - \tfrac{1}{2}l\pi)].$$

(*i*) Für die stationären Wellen $\Psi_{\boldsymbol{k}}^{(\pm)}$ (Definitionen des Abschnitts 19.1.1) beweise man die Entwicklungen:

$$\Psi_{\boldsymbol{k}}^{(\pm)} = \frac{4\pi}{kr} \sum_{lm} \mathrm{i}^l \exp(\pm \mathrm{i}\delta_l)\, Y_l^{m*}(\widehat{\boldsymbol{k}})\, Y_l^m(\widehat{\boldsymbol{r}})\, F_l(k\,;r).$$

(*ii*) Man zeige, daß die durch

$$\frac{\hbar^2}{2m} G^{(\pm)}(\boldsymbol{r}, \boldsymbol{r}') = -\frac{1}{k\, r\, r'} \sum_{lm} \exp(\pm \mathrm{i}\delta_l)\, Y_l^{m*}(\widehat{\boldsymbol{r}})\, Y_l^m(\widehat{\boldsymbol{r}'})\, F_l(k\,;r_<)\, u_l^{(\pm)}(k\,;r_>)$$

definierten Funktionen Greensche Funktionen des Operators $E - H$ sind, daß sie also in $\boldsymbol{r}$ und $\boldsymbol{r}'$ symmetrisch sind und der Gleichung

$$(E - H)\, G^{(\pm)}(\boldsymbol{r}, \boldsymbol{r}') = \delta(\boldsymbol{r} - \boldsymbol{r}')$$

genügen. Ferner zeige man das asymptotische Verhalten:

$$G^{(\pm)}(\boldsymbol{r}, \boldsymbol{r}') \underset{r\to\infty}{\sim} -\frac{2m}{\hbar^2} \frac{\exp(\pm \mathrm{i}kr)}{r}\, \psi_{\pm\boldsymbol{k}}^{(\mp)}(\boldsymbol{r}')$$
$$(\boldsymbol{k} = k\,\boldsymbol{r}/r)$$

(Ändert man die Definitionen von F_l und $u_l^{(\pm)}$ passend ab, so gelten diese Formeln auch für Potentiale, die sich asymptotisch wie $1/r$ verhalten. Die asymptotische Form von $G^{(\pm)}$ muß dann natürlich auch abgeändert werden.)

5. Man beweise die Formel (19.151).

Fünfter Teil
Elemente der relativistischen Quantenmechanik

„Ich bin schwarz, und
dennoch bin ich schön ..."
(Das Hohelied 1.5)

20 Die Dirac-Gleichung

20.1 Allgemeine Einführung

20.1.1 Die relativistische Quantenmechanik [1)]

Die bisherigen Untersuchungen basierten sämtlich auf der Schrödinger-Gleichung. Diese war durch Korrespondenzüberlegungen aus dem Hamilton-Formalismus der nichtrelativistischen klassischen Mechanik „hergeleitet" worden. Sie besitzt daher dieselben Invarianzeigenschaften wie die ihr zugrunde liegende Hamilton-Funktion. So ist sie für ein isoliertes System gegenüber räumlichen Drehungen und Translationen invariant. Man kann zeigen, daß sie auch in bezug auf Galilei-Transformationen invariant ist (s. Aufgabe 15.7). Somit sind auch die physikalischen Aussagen der Schrödinger-Theorie zwar invariant in bezug auf Galilei-Transformationen, nicht aber gegenüber Lorentz-Transformationen, wie es das Relativitätsprinzip fordert. Weil Galilei- und Lorentz-Transformationen nur für den Grenzfall sehr geringer Geschwindigkeiten miteinander übereinstimmen, muß man erwarten – und die Erfahrung bestätigt dies –, daß diese Theorie die Vorgänge nur in dem Maße korrekt beschreibt, in dem die Geschwindigkeiten der beteiligten Teilchen gegenüber der Lichtgeschwindigkeit vernachlässigbar sind: $v \ll c$. Insbesondere übersteigen alle Vorgänge, die mit der Wechselwirkung zwischen Licht und Materie zusammenhängen, wie Emission, Absorption oder Streuung von Photonen, den Rahmen der nichtrelativistischen Quantenmechanik.

Eine der grundsätzlichen Schwierigkeiten bei der Aufstellung der relativistischen Quantentheorie besteht darin, daß der Erhaltungssatz für die Teilchenzahl nicht mehr allgemein gültig ist (Abschnitt 2.2.1). Eine der wichtigsten Folgerungen aus dem Relativitätsprinzip ist die Äquivalenz von Masse und Energie. Sie führt zu der Möglichkeit der Erzeugung oder Vernichtung von Teilchen, sobald die bei den Wechselwirkungen auftretenden Energien mindestens gleich der Ruheenergie der betreffenden Teilchen sind. Damit die relativistische Quantentheorie vollständig ist, muß sie in ihren Rahmen nicht nur Zustände aufnehmen, die sich durch den Quantenzustand voneinander unterscheiden, sondern auch solche, die sich auf die Natur und die Anzahl der Elementarteilchen beziehen, aus denen das betrachtete System bestehen kann. Hierzu ist der Begriff des quantisierten Feldes erforderlich, weshalb die relativistische Quantentheorie häufig auch Quantenfeldtheorie genannt wird. Bis heute ist diese Theorie nicht frei von Schwierigkeiten und Widersprüchen. Trotzdem erklärt sie eine große Zahl von experimentellen Tatsachen.

[1)] Für dieses Kapitel ist die Kenntnis der Abschnitte D.1 und D.2 aus dem Anhang empfehlenswert.

Der fünfte und letzte Teil dieses Buches bringt eine Einführung in die Quantenfeldtheorie, wobei er gleichzeitig elementare Rechenmethoden für relativistische Effekte liefert, die in der Dynamik des Elektrons und bei der Wechselwirkung zwischen dem elektromagnetischen Feld und geladenen Teilchen auftreten.

Er besteht aus zwei Kapiteln. Im ersten beschäftigen wir uns mit einem der einfachsten Probleme aus der relativistischen Quantenmechanik, nämlich mit dem Fall eines Teilchens mit dem Spin ½ in einem vorgegebenen Kraftfeld. Ein typisches Beispiel hierfür ist ein Elektron in einem elektromagnetischen Feld. Das Feld ist nicht quantisiert, und man sucht die zeitliche Entwicklung dieses Systems durch eine Wellengleichung zu beschreiben, die die vom Relativitätsprinzip geforderten Invarianzeigenschaften besitzt. Diese Gleichung muß darüber hinaus dem Korrespondenzprinzip genügen und in der nichtrelativistischen Näherung zur Pauli-Theorie führen. Eine solche Gleichung existiert: Es ist die Dirac-Gleichung. Nach einer Erinnerung an die Lorentz-Gruppe und die klassische relativistische Dynamik (Abschnitt 20.1), stellen wir die Dirac-Gleichung auf (Abschnitt 20.2) und untersuchen im einzelnen ihre Invarianzeigenschaften (Abschnitt 20.3). Der Rest dieses Kapitels befaßt sich dann tiefgehender mit der Bedeutung dieser Theorie. Dabei wird im Zusammenhang mit ihren wichtigsten Anwendungen untersucht, wie sie sich im Vergleich zur klassischen Dynamik (Abschnitt 20.4), zur nichtrelativistischen Quantentheorie (Abschnitt 20.5) und zur Quantenfeldtheorie (Abschnitt 20.6) stellt.

Das andere Kapitel befaßt sich mit dem Begriff des quantisierten Feldes, sowie mit der elementaren Quantentheorie der elektromagnetischen Strahlung und ihrer Wechselwirkung mit atomaren oder nuklearen Systemen.

20.1.2 Bezeichnungen, Vereinbarungen und Definitionen

Einheiten. – Von einigen Ausnahmen abgesehen (sie fallen beim Lesen sofort auf), setzen wir im folgenden stets:

$$\hbar = c = 1.$$

Bei Wahl dieser Einheiten hat die Zeit die Dimension einer Länge, die Energien, Impulse und Massen die Dimension einer inversen Länge, die elektrischen Ladungen schließlich erscheinen als dimensionslose Größen ($e^2 \equiv e^2/\hbar c \cong 1/137$). Durch einfache Homogenitätsüberlegungen erhält man die allgemeinen Ausdrücke wieder in den üblichen Dimensionen.

Koordinaten. – Die Angabe eines Zeitpunkts t und eines Punkts $\boldsymbol{r} \equiv (x, y, z)$ des gewöhnlichen Ortsraumes definiert einen Raum-Zeit-Punkt *). Seine Koordinaten bezeichnen wir mit x^0, x^1, x^2, x^3. $x^0 \equiv ct$ ist die Zeitkoordinate und x^1, x^2, x^3 die drei Raumkoordinaten: $x^1 \equiv x$, $x^2 \equiv y$, $x^3 \equiv z$. Allgemeiner verwenden wir die Indizes 0, 1, 2, 3 zur Kennzeichnung der Komponenten von Vierervektoren

*) Auch: Weltpunkt.

oder Tensoren in Richtung der t-, x-, y-, z-Achse. Griechische Indizes kennzeichnen die Komponenten von Vierervektoren oder Tensoren im Raumzeitkontinuum und können die Werte 0, 1, 2, 3 annehmen. Lateinische Buchstaben sind den Komponenten des gewöhnlichen Raumes vorbehalten und können die Werte 1, 2, 3 annehmen. So haben wir:

$$x^\mu \equiv (x^0, x^k) \equiv (x^0, x^1, x^2, x^3)$$
$$(\mu = 0, 1, 2, 3) \quad (k = 1, 2, 3).$$

Metrischer Tensor, kovariante und kontravariante Indizes

Die Metrik im Raumzeitkontinuum ist pseudo-euklidisch und durch den *metrischen Tensor*

$$g_{\mu\nu} = \begin{pmatrix} 1 & 0 & 0 & 0 \\ 0 & -1 & 0 & 0 \\ 0 & 0 & -1 & 0 \\ 0 & 0 & 0 & -1 \end{pmatrix}$$

definiert, also durch

$$g_{00} = 1, \quad g_{kk} = -1, \quad g_{\mu\nu} = 0 \quad \text{wenn} \quad \mu \neq \nu. \tag{20.1}$$

Man hat zwischen *kovarianten* Vektoren (die sich wie $\partial/\partial x^\mu$ transformieren) und *kontravarianten* Vektoren (die sich wie x^μ transformieren), zu unterscheiden, allgemeiner zwischen kovarianten und kontravarianten Tensorkomponenten. Es ist üblich, die kovarianten Indizes tief und die kontravarianten hoch zu stellen. So ist z.B. ein kontravarianter Vektor durch a^μ gekennzeichnet. Den zugehörigen kovarianten Vektor a_μ erhält man daraus durch Anwendung des metrischen Tensors:

$$a_\mu = \sum_\nu g_{\mu\nu} a^\nu,$$

was zu

$$a_0 = a^0, \qquad a_k = -a^k$$

führt.

Wir verwenden stets die *Einsteinsche Summenkonvention*, nach der über doppelt auftretende Indizes automatisch summiert wird. Nach dieser Konvention lautet die vorstehende Beziehung einfach:

$$a_\mu = g_{\mu\nu} a^\nu.$$

Die Operation des Hinaufziehens der Indizes geschieht durch Anwendung des Tensors $g^{\mu\nu}$:

$$a^\mu = g^{\mu\nu} a_\nu.$$

Im hier vorliegenden Fall ist übrigens:

$$g^{\mu\nu} = g_{\mu\nu}.$$

Andererseits ist:

$$g_\mu{}^\nu = g_{\mu\rho}\, g^{\rho\nu} = g^\mu{}_\nu = \delta_\mu{}^\nu,$$

mit dem Kronecker-Symbol:

$$\delta_\mu{}^\nu = \begin{vmatrix} 1 & \text{wenn} & \mu = \nu \\ 0 & \text{wenn} & \mu \neq \nu. \end{vmatrix}$$

Dreier- und Vierervektoren, Skalarprodukt

Für Dreiervektoren, oder Vektoren des gewöhnlichen Ortsraums, behalten wir die bisher verwendeten Bezeichnungen bei. Sie werden durch halbfette Buchstaben gekennzeichnet und ihr Betrag durch den entsprechenden mageren Buchstaben.

Die drei Raumkoordinaten eines kontravarianten Vierervektors a^μ bilden einen Dreiervektor. Mit diesen Bezeichnungen hat man also:

$$a^\mu \equiv (a^0, a^1, a^2, a^3) \equiv (a^0, \boldsymbol{a}) \qquad \boldsymbol{a} \equiv (a_x, a_y, a_z)$$

$$a^1 = a_x \qquad a^2 = a_y \qquad a^3 = a_z \qquad a \equiv (\boldsymbol{a}\,.\,\boldsymbol{a})^{\frac{1}{2}} \equiv [a_x^2 + a_y^2 + a_z^2]^{\frac{1}{2}}.$$

Falls eine Verwechslung mit dem Betrag eines Dreiervektors nicht möglich ist, lassen wir den Index unter Umständen fort und bezeichnen den Vierervektor einfach mit a.

Das Skalarprodukt zweier Vierervektoren a^μ und b^μ erhält man durch Verjüngung aus den kontravarianten Komponenten des einen Vektors und den kovarianten Komponenten des anderen Vektors, d.h. durch $a_\mu b^\mu$ oder auch $a^\mu b_\mu$. Es gilt:

$$a_\mu b^\mu = a^\mu b_\mu = a^0 b^0 - \boldsymbol{a}.\,\boldsymbol{b} \tag{20.2}$$

$a_\mu a^\mu = (a^0)^2 - \boldsymbol{a}^2$ heißt gelegentlich die *Norm* von a^μ.

Klassifizierung der Vierervektoren

Je nach dem Vorzeichen ihrer Norm werden die Vierervektoren in drei Arten eingeteilt:

$a_\mu a^\mu < 0$ $\quad a^\mu$ = raumartiger Vektor

$a_\mu a^\mu = 0$ $\quad a^\mu$ = Nullvektor

$a_\mu a^\mu > 0$ $\quad a^\mu$ = zeitartiger Vektor.

Diese Klassifizierung entspricht der Lage des Vektors relativ zum Lichtkegel $x_\mu x^\mu = 0$. Für die beiden letzten Fälle kann man noch eine Unterscheidung hinsichtlich des Vorzeichens der Zeitkomponente treffen:

$a^0 > 0$, der Vektor weist in die Zukunft,

$a^0 < 0$, der Vektor weist in die Vergangenheit.

Gradient, Differentialoperatoren

Die Bezeichnungen $\nabla \equiv (\partial/\partial x, \partial/\partial y, \partial/\partial z)$ und $\Delta \equiv \nabla \cdot \nabla$ behalten wir bei.

Die vier partiellen Differentialoperatoren $\partial/\partial x^\mu$ bilden einen *kovarianten* Vektor, den wir mit dem Symbol ∂_μ kennzeichnen:

$$\begin{aligned} \partial_\mu &\equiv \partial/\partial x^\mu \equiv (\partial/\partial x^0, \partial/\partial x^1, \partial/\partial x^2, \partial/\partial x^3) \\ &\equiv (\partial/\partial ct, \nabla). \end{aligned} \tag{20.3}$$

Das ist der Gradientenoperator.

Auch den „kontravarianten Gradienten" verwendet man. Hier ist:

$$\partial^\mu \equiv g^{\mu\nu} \partial_\nu \equiv (\partial/\partial ct, -\nabla). \tag{20.4}$$

Der d'Alembert-Operator ist definiert durch [2] (s. Abschnitt 2.2.4):

$$\Box \equiv \frac{1}{c^2}\frac{\partial^2}{\partial t^2} - \Delta \equiv \partial_\mu \partial^\mu. \tag{20.5}$$

$\epsilon^{\lambda\mu\nu\rho}$-Tensor

$\epsilon^{\lambda\mu\nu\rho}$ ist der in den vier Indizes total antisymmetrische Tensor, dessen Komponenten bei zwei gleichen Indizes gleich Null sind, gleich $+1$, wenn $(\lambda\mu\nu\rho)$ eine gerade Permutation von $(0, 1, 2, 3)$, und gleich -1, wenn $(\lambda\mu\nu\rho)$ eine ungerade Permutation von $(0, 1, 2, 3)$ ist.

Elektromagnetisches Feld

Das elektromagnetische Potential besteht aus einem Vektorpotential $A(r, t)$ und einem skalaren Potential $\varphi(r, t)$, die einen Vierervektor bilden, den wir mit A^μ bezeichnen:

$$A^\mu \equiv (\varphi, A). \tag{20.6}$$

Das elektrische Feld $\mathcal{E}$ und das magnetische Feld $\mathcal{H}$ sind durch

$$\mathcal{E} = -\nabla\varphi - \partial A/\partial x^0, \qquad \mathcal{H} = \operatorname{rot} A \tag{20.7}$$

gegeben.

---

[2] Bei vielen Autoren wird mit $\Box$ der Operator mit dem entgegengesetzten Vorzeichen bezeichnet.

Die Komponenten von $\mathcal{E}$ und von $\mathcal{H}$ bilden einen antisymmetrischen Tensor $F_{\mu\nu}$ im Raumzeitkontinuum. Dieser ist durch

$$F_{\mu\nu} = \frac{\partial A_\nu}{\partial x^\mu} - \frac{\partial A_\mu}{\partial x^\nu} \tag{20.8}$$

definiert, also ist:

$$F_{\mu\nu} \equiv \begin{pmatrix} 0 & \mathcal{E}_x & \mathcal{E}_y & \mathcal{E}_z \\ -\mathcal{E}_x & 0 & -\mathcal{H}_z & \mathcal{H}_y \\ -\mathcal{E}_y & \mathcal{H}_z & 0 & -\mathcal{H}_x \\ -\mathcal{E}_z & -\mathcal{H}_y & \mathcal{H}_x & 0 \end{pmatrix} \tag{20.9}$$

Schließlich verwenden wir auch den Viererverktoroperator D_μ:

$$D_\mu \equiv \partial_\mu + ieA_\mu \equiv \left(\frac{\partial}{\partial x^0} + ie\varphi, \nabla - ie\boldsymbol{A}\right). \tag{20.10}$$

20.1.3 Die Lorentz-Gruppe

Bei einem Wechsel des Bezugssystems durch eine Lorentz-Transformation werden die Koordinaten *linear* und *reell* so transformiert, daß das Quadrat des Abstands zweier verschiedener Weltpunkte erhalten bleibt. Bei einer solchen Transformation ergeben sich die neuen Koordinaten x'^μ aus den alten, x^μ, durch die Beziehung:

$$x'^\mu = \Omega^\mu{}_\nu x^\nu + a^\mu.$$

Der reelle Vektor a^μ stellt eine einfache Translation der Raum-Zeit-Achsen dar. Im folgenden behandeln wir die Translationen getrennt und verwenden den Namen Lorentz-Transformation für die homogenen Transformationen ($a^\mu = 0$) [3]:

$$x'^\mu = \Omega^\mu{}_\nu x^\nu. \tag{20.11}$$

Durch Hinauf- oder Herabziehen der Indizes kann man aus der Matrix $\Omega^\mu{}_\nu$ die Matrizen $\Omega_\mu{}^\nu$, $\Omega^{\mu\nu}$, $\Omega_{\mu\nu}$ (z.B.: $\Omega^{\mu\nu} = g^{\nu\rho}\, \Omega^\mu{}_\rho$) erhalten. Die Lorentz-Transformation ist definiert, wenn man eine dieser Matrizen vorgibt. Die Bedingungen der Reellität und der Erhaltung des Abstandsquadrats schreiben sich wie folgt:

$$\Omega_{\mu\nu}{}^* = \Omega_{\mu\nu} \tag{20.12}$$

$$\Omega_{\mu\nu}\, \Omega^{\mu\lambda} = \Omega_{\nu\mu}\, \Omega^{\lambda\mu} = \delta_\nu{}^\lambda. \tag{20.13}$$

Folglich ist:

$$\det |\Omega^\mu{}_\nu| = \pm 1 \tag{20.14}$$

[3] Gewöhnlich nennt man die Gruppe, die auch die Translationen umfaßt, die *inhomogene Lorentz-Gruppe.*

und die inverse Transformation lautet:

$$x^\mu = x'^\nu \, \Omega_\nu{}^\mu. \tag{20.15}$$

Die Gesamtheit dieser Transformationen bildet eine Gruppe, die *homogene Lorentz-Gruppe.* Das ist die Gruppe der linearen reellen Transformationen, bei denen die Skalarprodukte zwischen Vierervektoren erhalten bleiben.

Ist $\Omega^{00} > 0$, so ändert die Transformation den Richtungssinn der zeitartigen Vektoren nicht, d.h. das Vorzeichen der Zeitkomponente dieser Vektoren. Die Transformation heißt dann orthochron und die Menge dieser Transformationen bildet die *orthochrone Lorentz-Gruppe.*

Ist *darüber hinaus* $\det |\Omega^\mu{}_\nu| = +1$, so läßt die Transformation auch den Richtungssinn der drei Raumachsen ungeändert. Die Menge dieser Transformationen bildet die *eigentliche Lorentz-Gruppe,* wir bezeichnen sie mit $\mathcal{L}_0$.

Sämtliche Transformationen der eigentlichen Gruppe können als eine Folge infinitesimaler Transformationen aufgefaßt werden. Die Matrix einer *infinitesimalen Lorentz-Transformation* ist von der Form:

$$g_{\mu\nu} + \omega_{\mu\nu},$$

in der die Größen $\omega_{\mu\nu}$ infinitesimal klein sind. Die Bedingungen (20.12) und (20.13) ergeben:

$$\omega_{\mu\nu} = \omega_{\mu\nu}{}^*, \qquad \omega_{\mu\nu} + \omega_{\nu\mu} = 0 \tag{20.16}$$

$\omega_{\mu\nu}$ ist also ein reeller, antisymmetrischer Tensor.

Wir setzen:

$$Z^{(\alpha\beta)}_{\mu\nu} = -Z^{(\beta\alpha)}_{\mu\nu} = g_{\mu\alpha} g_{\nu\beta} - g_{\mu\beta} g_{\nu\alpha}. \tag{20.17}$$

Das ist ein antisymmetrischer Tensor, von dem nur die beiden Elemente mit $\mu = \alpha$, $\nu = \beta$ und $\mu = \beta$, $\nu = \alpha$ ungleich Null sind. Eins davon ist gleich $+1$, das andere gleich -1. Ist ϵ unendlich klein, so ist

$$g_{\mu\nu} - \epsilon Z^{(\alpha\beta)}_{\mu\nu}$$

die Matrix einer speziellen infinitesimalen Lorentz-Transformation, nämlich der „Drehung" um den Winkel ϵ in der $x^\alpha x^\beta$-Ebene.

Insgesamt gibt es sechs infinitesimale Transformationen dieser Art: Die Drehungen in den x^1x^2-, x^2x^3-, x^3x^1-Ebenen sind räumliche Drehungen mit dem Winkel ϵ um die z-, x- bzw. y-Achse; die „Drehungen" in den x^1x^0-, x^2x^0-, x^3x^0-Ebenen sind die speziellen Lorentz-Transformationen mit der Geschwindigkeit ϵ in x-, y- bzw. z-Richtung [4)].

[4)] Fußnote siehe Seite 358.

Außer den infinitesimalen Transformationen kann man verschiedene Arten von *Spiegelungen* definieren, insbesondere die räumlichen Spiegelungen $s(x^0 = x^0,\ x^k = -x^k)$ und die Zeitspiegelung $t(x^0 = -x^0,\ x^k = x^k)$. Die orthochrone Gruppe besteht aus den Transformationen $\mathcal{L}_0$, der Spiegelung s und ihren Produkten $s\mathcal{L}_0$. Die homogene Gruppe wird von den Transformationen $\mathcal{L}_0$, $s\mathcal{L}_0$, $t\mathcal{L}_0$ und $st\mathcal{L}_0$ gebildet. Die Eigenschaften dieser vier Stücke der homogenen Gruppe sind in der folgenden Tabelle zusammengefaßt:

<table>
<tr><th>Stücke</th><th>Det $|\Omega^{\mu}{}_{\nu}|$</th><th>Ω^{00}</th><th colspan="3">Bezeichnung der Gruppe</th></tr>
<tr><td>$\mathcal{L}_0$</td><td>+ 1</td><td>> 0</td><td>eigentliche</td><td rowspan="2">orthochrone</td><td rowspan="4">homogene</td></tr>
<tr><td>$s\mathcal{L}_0$</td><td>— 1</td><td>> 0</td><td></td></tr>
<tr><td>$t\mathcal{L}_0$</td><td>— 1</td><td>< 0</td><td colspan="2"></td></tr>
<tr><td>$st\mathcal{L}_0$</td><td>+ 1</td><td>< 0</td><td colspan="2"></td></tr>
</table>

20.1.4 Erinnerung an die klassische relativistische Dynamik

Wir erinnern an die dynamischen Eigenschaften eines klassischen Teilchens mit der Ruhemasse m und der Ladung e in einem elektromagnetischen Feld $(\varphi, \boldsymbol{A})$.

Die Geschwindigkeit des Teilchens ist:

$$\boldsymbol{v} \equiv \mathrm{d}\boldsymbol{r}/\mathrm{d}t. \tag{20.18}$$

Die relativistische Masse M und die Bewegungsgröße $\boldsymbol{\pi}$ [5] sind durch:

$$M \equiv m/\sqrt{1 - v^2}, \qquad \boldsymbol{\pi} \equiv M\boldsymbol{v} \tag{20.19}$$

definiert. $(M, \boldsymbol{\pi})$ ist ein Vierervektor mit der Norm:

$$M^2 - \boldsymbol{\pi}^2 = m^2. \tag{20.20}$$

Er weist in die Zukunft $(M > 0)$.

[4] Ergibt sich das neue Bezugssystem aus dem alten durch eine Drehung mit dem endlichen Winkel φ um die z-Achse, so hat man:

$$x'^1 = x^1\cos\varphi + x^2\sin\varphi,\quad x'^2 = x^2\cos\varphi - x^1\sin\varphi,\quad x'^3 = x^3,\quad x'^0 = x^0.$$

Ergibt es sich durch eine spezielle Lorentz-Transformation mit der Geschwindigkeit $v = \mathrm{th}\varphi$ in x-Richtung, so ist:

$$x'^1 = x^1\,\mathrm{ch}\varphi - x^0\,\mathrm{sh}\varphi,\quad x'^0 = x^0\,\mathrm{ch}\varphi - x^1\,\mathrm{sh}\varphi,\quad x'^2 = x^2,\quad x'^3 = x^3.$$

Die oben genannten Transformationen gehören zu dem Fall, für den $\varphi = \epsilon \equiv$ unendlich klein ist.

[5] Nicht zu verwechseln mit dem Impuls (s. Fußnote 2 [14]).

Ist kein Feld vorhanden, so führt das Teilchen eine gleichförmige Bewegung aus: $\boldsymbol{v}$ = const.

In einem elektromagnetischen Feld genügt die Teilchenbahn der Gleichung:

$$\mathrm{d}\boldsymbol{\pi}/\mathrm{d}t = e[\mathcal{E} + \boldsymbol{v} \times \mathcal{H}] \equiv \boldsymbol{F}. \tag{20.21}$$

Das ist die fundamentale Gleichung der relativistischen Dynamik eines Massenpunktes. Der Vektor $\boldsymbol{F}$ heißt *Lorentz-Kraft.*

Von den Folgerungen aus dieser Gleichung geben wir hier die Gleichungen:

$$\frac{\mathrm{d}M}{\mathrm{d}t} = (\boldsymbol{v}.\boldsymbol{F}) = e(\boldsymbol{v}.\mathcal{E}), \tag{20.21'}$$

$$\frac{\mathrm{d}}{\mathrm{d}t}(\boldsymbol{r} \times \boldsymbol{\pi}) = \boldsymbol{r} \times \boldsymbol{F} \tag{20.22}$$

an, die Bewegungsgleichungen für die Masse bzw. den Drall (Moment der Bewegungsgröße).

Durch die Einführung der Eigenzeit τ des Teilchens, die durch

$$\begin{aligned} \mathrm{d}\tau &= (\mathrm{d}x^\mu \, \mathrm{d}x_\mu)^{1/2} \\ &= \sqrt{1 - v^2}\, \mathrm{d}t \end{aligned}$$

definiert ist, kann man diese Beziehungen in kovarianter Form schreiben. Man definiert die Vierergeschwindigkeit:

$$u^\mu \equiv \mathrm{d}x^\mu/\mathrm{d}\tau \equiv (\mathrm{d}t/\mathrm{d}\tau,\ \boldsymbol{v}\mathrm{d}t/\mathrm{d}\tau) \qquad (u^\mu u_\mu = 1)$$

aus der sich durch Multiplikation mit m der Vierervektor der Bewegungsgröße ergibt:

$$\pi^\mu \equiv m u^\mu \equiv (M, \boldsymbol{\pi}).$$

Die Gleichungen (20.21) und (20.21') sind dann äquivalent zu der kovariant formulierten Gleichung:

$$\mathrm{d}\pi^\mu/\mathrm{d}\tau = e F^{\mu\nu} u_\nu, \tag{20.23}$$

oder auch:

$$\frac{\mathrm{d}u^\mu}{\mathrm{d}\tau} = \frac{e}{m} F^{\mu\nu} u_\nu$$

$F^{\mu\nu}$ ist der elektromagnetische Feldtensor (Gleichungen (20.8–9)).

Diese Bewegungsgleichungen kann man aus einem Lagrange- oder aus einem Hamilton-Formalismus herleiten (s. Aufgabe 1.5). Der Impuls $\boldsymbol{p}$ bildet mit der Energie E einen Vierervektor p^μ, der mit dem Vierervektor π^μ durch die Beziehung:

$$p^\mu = \pi^\mu + eA^\mu \tag{20.24}$$

zusammenhängt. Es ist also:

$$E = M + e\varphi, \qquad \boldsymbol{p} = \boldsymbol{\pi} + e\boldsymbol{A}.$$

Die Hamilton-Funktion ist:

$$H \equiv e\varphi + \sqrt{(\boldsymbol{p} - e\boldsymbol{A})^2 + m^2}, \tag{20.25}$$

aus der sich dann die kanonischen Gleichungen ergeben:

$$\mathrm{d}\boldsymbol{r}/\mathrm{d}t = \boldsymbol{\pi}/M, \qquad \mathrm{d}\boldsymbol{p}/\mathrm{d}t = -e\,\mathrm{grad}\,(\varphi - \boldsymbol{u}.\boldsymbol{A}).$$

Die erste definiert die Geschwindigkeit. Die zweite ist nichts anderes als die Gleichung (20.21), wie man leicht beweist, wenn man die Definition der Felder $\mathcal{E}$ und $\mathcal{H}$ einsetzt (Gleichung (20.7)) und berücksichtigt, daß:

$$\frac{\mathrm{d}\boldsymbol{A}}{\mathrm{d}t} = \left(\frac{\partial}{\partial t} + \boldsymbol{v}.\mathrm{grad}\right)\boldsymbol{A}.$$

20.2 Klein-Gordon- und Dirac-Gleichungen

20.2.1 Die Klein-Gordon-Gleichung

Das Aufstellen einer relativistischen Wellengleichung für das Elektron wird durch die Existenz des Spins erschwert. Wir versuchen daher, zunächst eine Wellengleichung für ein Teilchen ohne Spin, z.B. für ein π-Meson, zu finden. Ein solches Teilchen besitzt keinen inneren Freiheitsgrad und seine Wellenfunktion hängt nur von den Variablen $\boldsymbol{r}$ und t ab. m sei die Masse des Teilchens, e seine Ladung, und wir nehmen an, daß es sich im elektromagnetischen Potential $A^\mu \equiv (\varphi, \boldsymbol{A})$ befindet.

Wir gehen unter Zuhilfenahme des Korrespondenzprinzips empirisch vor. Wir sind dann sicher, daß sich im Gültigkeitsbereich der klassischen Näherung wieder die klassischen Bewegungsgleichungen ergeben.

Wir erinnern an die Korrespondenzregel von Schrödinger:

$$E \to \mathrm{i}\partial/\partial t, \qquad \boldsymbol{p} \to -\mathrm{i}\nabla. \tag{20.26}$$

Setzt man $p^\mu \equiv (E, \boldsymbol{p})$, so kann man diese Regel auch einfacher schreiben:

$$p^\mu \to \mathrm{i}\,\partial^\mu. \tag{20.26'}$$

Aus dem Ausdruck (20.25) für die Hamilton-Funktion erhalten wir:

$$E = e\varphi + \sqrt{(\boldsymbol{p} - e\boldsymbol{A})^2 + m^2}, \tag{20.27}$$

woraus man mit der Regel (20.26) die folgende Wellengleichung „herleitet":

$$\left(\mathrm{i}\frac{\partial}{\partial t} - e\varphi\right)\Psi = \left[\left(\frac{1}{\mathrm{i}}\nabla - eA\right)^2 + m^2\right]^{\frac{1}{2}}\Psi.$$

Diese Gleichung weist zwei schwerwiegende Mängel auf. Einerseits ist wegen des unsymmetrischen Auftretens der Raum- und Zeitkoordinaten die relativistische Invarianz mit ihren Konsequenzen schwer zu übersehen. Andererseits ist der Operator auf der rechten Seite eine Quadratwurzel, mit der man praktisch nur dann rechnen kann, wenn A gleich Null ist.

Beide Schwierigkeiten umgeht man, wenn man die Beziehung (20.20) als Ausgangspunkt der Korrespondenzüberlegung wählt. Diese lautet:

$$(E - e\varphi)^2 - (p - eA)^2 = m^2. \tag{20.28}$$

Sie ist nicht zur Beziehung (20.27) äquivalent, sondern zu der allgemeineren Beziehung:

$$E = e\varphi \pm \sqrt{(p - eA)^2 + m^2}. \tag{20.29}$$

Allein dem +-Zeichen entsprechen klassische reelle Lösungen. Das −-Zeichen gehört zu Lösungen mit negativer Masse, was ohne physikalische Bedeutung ist. Geht man also von der Beziehung (20.28) aus, so führt man „parasitäre" Lösungen mit negativer Masse ein.

Unter diesem Vorbehalt liefert die Anwendung der Korrespondenzregel die *Klein-Gordon-Gleichung:*

$$\left[\left(\mathrm{i}\frac{\partial}{\partial t} - e\varphi\right)^2 - \left(\frac{1}{\mathrm{i}}\nabla - eA\right)^2\right]\Psi = m^2\Psi, \tag{20.30}$$

die man auch in der Form:

$$(D_\mu D^\mu + m^2)\Psi \equiv [(\partial_\mu + \mathrm{i}eA_\mu)(\partial^\mu + \mathrm{i}eA^\mu) + m^2]\Psi = 0 \tag{20.30'}$$

schreiben kann. Die relativistische Invarianz ist evident.

Wir diskutieren kurz die Interpretation dieser Gleichung [6]. Der Einfachheit halber beschränken wir uns auf den feldfreien Fall. Dann lautet die Gleichung (s. Abschnitt 2.2.4):

$$(\Box + m^2)\Psi = 0. \tag{20.31}$$

Hinsichtlich der Zeit ist dies eine Differentialgleichung zweiter Ordnung. Um Ψ für jeden späteren Zeitpunkt vollständig bestimmen zu können, muß man also zu Anfang Ψ und $\partial\Psi/\partial t$ kennen. Dieser Schwierigkeit kann man durch das Postulat

---

[6] Weitere Einzelheiten s. *H. Feshbach* und *F. Villars, Rev. Mod. Phys.*, 30 (1958), 24. Hier findet man auch die grundlegenden Literaturhinweise.

begegnen, daß der Zustand des Systems zu einem bestimmten Zeitpunkt nicht allein durch die Funktion Ψ repräsentiert wird, sondern durch die beiden Funktionen Ψ und $\partial\Psi/\partial t$ oder durch die beiden Linearkombinationen:

$$\Phi = \Psi + \frac{\mathrm{i}}{m}\frac{\partial\Psi}{\partial t}, \qquad \chi = \Psi - \frac{\mathrm{i}}{m}\frac{\partial\Psi}{\partial t}.$$

Dies läuft auf die Forderung hinaus, daß der Zustand des Systems durch eine Wellenfunktion repräsentiert wird, die aus zwei Komponenten, Φ und χ, besteht. Diese Funktion genügt einer Differentialgleichung, die hinsichtlich der Zeit von erster Ordnung ist und die man leicht aus der Klein-Gordon-Gleichung herleiten kann. Im nichtrelativistischen Grenzfall ist die Energie des Teilchens im wesentlichen gleich seiner Ruhemasse m. Man hat dann:

$$\mathrm{i}\partial\Psi/\partial t \cong m\Psi$$

und folglich: $\chi \ll \Phi$. Wird also eine der Komponenten gegenüber der anderen vernachlässigbar klein, so ergibt sich wieder die nichtrelativistische Schrödinger-Theorie, bei der der Zustand eines Teilchens ohne Spin durch eine einkomponentige Wellenfunktion repräsentiert wird.

Um nun die Wellenfunktion interpretieren zu können, muß man eine Aufenthaltswahrscheinlichkeitsdichte P und eine Stromdichte $\boldsymbol{j}$ definieren, die zusammen der Kontinuitätsgleichung genügen: (s. Abschnitt 4.1.3):

$$\frac{\partial P}{\partial t} + \nabla\cdot\boldsymbol{j} = 0 \tag{20.32}$$

oder auch:

$$\partial_\mu j^\mu = 0, \tag{20.33}$$

wenn man die Bezeichnung $j^\mu \equiv (P, \boldsymbol{j})$ verwendet.

Weil Ψ und Ψ^* beide der Gleichung (20.31) genügen, hat man:

$$\Psi^*(\Box\Psi) - (\Box\Psi^*)\Psi = 0.$$

Berücksichtigt man die Definition des d'Alembert-Operators, so wird daraus:

$$\partial_\mu[\Psi^*(\partial^\mu\Psi) - (\partial^\mu\Psi^*)\Psi] = 0.$$

Die Kontinuitätsgleichung ist erfüllt, wenn j^μ proportional zur Klammer auf der linken Seite ist. Die Proportionalitätskonstante legen wir so fest, daß sich im nichtrelativistischen Grenzfall wieder die übliche Definition des Stroms ergibt:

$$j^\mu = \frac{\mathrm{i}}{2m}[\Psi^*(\partial^\mu\Psi) - (\partial^\mu\Psi^*)\Psi].$$

Dann ist:

$$P(r,t) = \frac{i}{2m}\left[\Psi^* \frac{\partial \Psi}{\partial t} - \frac{\partial \Psi^*}{\partial t}\Psi\right]$$
$$j(r,t) = \frac{1}{2im}\left[\Psi^*(\nabla \Psi) - (\nabla \Psi^*)\Psi\right]. \tag{20.34}$$

Wir stellen fest: *Die Dichte P(r, t) ist nicht positiv definit.* Das ist eine der größten Schwierigkeiten bei der Klein-Gordon-Gleichung.

Eine weitere Schwierigkeit, die übrigens mit der anderen zusammenhängt, liegt in der Möglichkeit von „Lösungen mit negativer Energie". Sucht man z.B. die ebenen Wellen, die Lösungen der feldfreien Gleichung sind:

$$\Psi = \exp[-i(Et - \boldsymbol{p},\boldsymbol{r})],$$

so gelangt man nach Einsetzen dieses Ausdrucks in die Gleichung (20.31) zu der Bedingung:

$$E = \pm\sqrt{\boldsymbol{p}^2 + m^2}.$$

Ex existieren also Lösungen mit der negativen Energie $-\sqrt{\boldsymbol{p}^2 + m^2}$. Ihr Auftreten ist offensichtlich darauf zurückzuführen, daß in die Theorie, wie bereits festgestellt, negative Massen eingeführt wurden (korrekter müßte man übrigens von Lösungen mit negativer Masse reden; im feldfreien Fall ist jedoch eine Unterscheidung zwischen Masse und Energie illusorisch).

Nach Pauli und Weißkopf [7] kann man diese Schwierigkeiten umgehen, indem man die Interpretation des Vierervektors j^μ und die Definition der Mittelwerte modifiziert. Danach ist ej^μ der Stromdichte-Vierervektor, insbesondere ist $eP(\boldsymbol{r}, t)$ die elektrische Ladungsdichte. (20.33) ist dann eine Gleichung, die die Ladungserhaltung beschreibt. Die Teilchenzahl bleibt dagegen nicht erhalten. Dies erklärt die Möglichkeit der Vernichtung und Erzeugung von Teilchenpaaren mit entgegengesetzter Ladung, Vorgänge, die allein die Feldtheorie befriedigend erklären kann. So verstanden handelt es sich nicht mehr um eine Einteilchen-Theorie, sondern um eine Theorie für eine Ladung. Mit der Diracschen Theorie wird es uns dagegen möglich sein, eine positiv definite Dichte zu definieren. Wir werden indessen sehen, daß auch in dieser Theorie die Schwierigkeit der negativen Energien auftritt, so daß auch sie nicht in voll befriedigender Weise als eine Theorie für *ein* Teilchen aufgefaßt werden kann (Abschnitt 20.6).

20.2.2 Die Dirac-Gleichung

Wir versuchen jetzt, eine relativistische Wellengleichung für das Elektron aufzustellen. Nach Dirac werden wir dabei in Analogie zur nichtrelativistischen Quantenmechanik vorgehen.

[7] *W. Pauli* und *V. Weißkopf*, *Helv. Phys. Acta*, 7 (1934), 709. S. auch *H. Feshbach* und *F. Villars*, a.a.O., Fußnote 6).

In der nichtrelativistischen Theorie wird das Elektron durch einen Spinor aus zwei Komponenten repräsentiert, die sich bei Drehungen wie die Komponenten eines Drehimpulses ½ transformieren. Entsprechend muß das Elektron in der relativistischen Theorie durch eine Wellenfunktion aus mehreren Komponenten dargestellt werden, die inbezug auf die umfangreichere Lorentz-Gruppe ein ganz bestimmtes Transformationsverhalten aufweisen. Es sei $\psi_s(\boldsymbol{r}, t)$ die s-te Komponente der Welle Ψ, die wir in Form einer einspaltigen Matrix schreiben:

$$\Psi = \begin{vmatrix} \psi_1 \\ \psi_2 \\ \cdot \\ \cdot \\ \cdot \\ \cdot \\ \psi_N \end{vmatrix}$$

Diese Welle kann man wie im nichtrelativistischen Fall zu einem bestimmten Zeitpunkt als eine Funktion der Bahnvariablen $\boldsymbol{r}$ und der inneren oder Spinvariablen s ($s = 1, 2, \ldots, N$) auffassen. Eine solche Welle stellt einen bestimmten Zustandsvektor $|\psi(t)\rangle$ dar, und der Raum $\mathcal{E}$ dieser Zustände ist das tensorielle Produkt

$$\mathcal{E} = \mathcal{E}^{(0)} \otimes \mathcal{E}^{(s)}$$

des Raumes $\mathcal{E}^{(0)}$ der Bahnvariablen mit dem Raum $\mathcal{E}^{(s)}$ der Spinvariablen. Die Welle Ψ repräsentiert diesen Vektor in einer entsprechenden Darstellung:

$$\Psi(\boldsymbol{r}, s, t) \equiv \psi_s(\boldsymbol{r}, t) \equiv \langle \boldsymbol{r} s | \Psi(t) \rangle.$$

Wiederum in Analogie zum nichtrelativistischen Fall definieren wir die Aufenthaltswahrscheinlichkeitsdichte in einem Punkt durch die Beziehung:

$$P(\boldsymbol{r}, t) = \sum_{s=1}^{N} |\psi_s|^2. \tag{20.35}$$

Unter diesen Voraussetzungen muß die Wellengleichung notwendig von der Form:

$$\mathrm{i}\partial\Psi/\partial t = H_D \Psi \tag{20.36}$$

sein, worin H_D ein hermitischer Operator im Zustandsraum ist. Weil nämlich Ψ den Zustand des Elektrons zu jedem Zeitpunkt vollständig bestimmt, muß die Wellengleichung in bezug auf die Zeit von erster Ordnung sein. Darüber hinaus sichert die Hermitezität von H_D die Konsistenz der Definition von $P(\boldsymbol{r}, t)$ (s. Abschnitt 4.1.2).

Weil wir eine relativistische Wellengleichung aufstellen wollen, müssen wir weiter eine gewisse formale Symmetrie zwischen den Raum- und den Zeitkoordinaten fordern. Dies bedeutet, daß die gesuchte Gleichung auch in bezug auf die Raumkoordinaten von erster Ordnung sein muß.

Zunächst betrachten wir den Fall eines Elektrons ohne äußeres Feld. Der Hamilton-Operator muß dann translationsinvariant, also von $\boldsymbol{r}$ unabhängig sein. Berücksichtigt man alle angeführten Voraussetzungen, so kann man ihn in der Form schreiben:

$$H_D = \boldsymbol{\alpha}.\boldsymbol{p} + \beta m. \tag{20.37}$$

Darin ist $\boldsymbol{p}$ gemäß der Korrespondenzregel (20.26) der Operator $-\mathrm{i}\nabla$, $\boldsymbol{\alpha} \equiv (\alpha_x, \alpha_y, \alpha_z)$ und β stellen vier hermitische Operatoren dar, die nur auf die Spinvariablen wirken. Mit der Bezeichnung $E \equiv \mathrm{i}\partial/\partial t$ lautet dann die Wellengleichung:

$$[E - \boldsymbol{\alpha}.\boldsymbol{p} - \beta m]\Psi = 0. \tag{20.38}$$

Zur Festlegung von $\boldsymbol{\alpha}$ und β nehmen wir das Korrespondenzprinzip zu Hilfe und fordern, daß die Lösungen dieser Gleichung auch der Klein-Gordon-Gleichung genügen:

$$[E^2 - \boldsymbol{p}^2 - m^2]\Psi = 0. \tag{20.39}$$

Multipliziert man die Gleichung (20.38) von links mit dem Operator $[E + \boldsymbol{\alpha}.\boldsymbol{p} + \beta m]$, so gelangt man zu der Gleichung zweiter Ordnung:

$$\Big[E^2 - \sum_k (\alpha^k)^2 (p^k)^2 - \beta^2 m^2 - \sum_{k<l} (\alpha^k \alpha^l + \alpha^l \alpha^k)\, p^k p^l - \sum_k (\alpha^k \beta + \beta \alpha^k)\, m\, p^k\Big]\Psi = 0.$$

Diese Gleichung ist mit der Gleichung (20.39) identisch, falls die vier Operatoren β, $\boldsymbol{\alpha}$ antivertauschen und ihr Quadrat gleich 1 ist:

$$\begin{aligned} (\alpha^k)^2 &= 1 \qquad & \alpha^k \alpha^l + \alpha^l \alpha^k &= 0 \qquad (k \neq l) \\ \beta^2 &= 1 & \alpha^k \beta + \beta \alpha^k &= 0 \end{aligned} \tag{20.40}$$

Genügen die hermitischen Matrizen β, α den Bedingungen (20.40), so ist die Gleichung (20.38) die Dirac-Gleichung.

Aus dieser Gleichung für ein freies Elektron gelangen wir zur Dirac-Gleichung für ein Elektron in einem elektromagnetischen Feld $(\varphi, \boldsymbol{A})$, indem wir substituieren:

$$E \to E - e\varphi, \qquad \boldsymbol{p} \to \boldsymbol{p} - e\boldsymbol{A} \tag{20.41}$$

(e ist hier die Elektronenladung ($e < 0$)). Man erhält:

$$[(E - e\varphi) - \boldsymbol{\alpha}.(\boldsymbol{p} - e\boldsymbol{A}) - \beta m]\Psi = 0 \tag{20.42}$$

oder auch:

$$\left[\left(\mathrm{i}\frac{\partial}{\partial t} - e\varphi\right) - \boldsymbol{\alpha}.(-\mathrm{i}\nabla - e\boldsymbol{A}) - \beta m\right]\Psi = 0. \tag{20.43}$$

Vergleicht man diese Gleichung mit (20.36), so ergibt sich für den Diracschen Hamilton-Operator mit Feld der Ausdruck:

$$H_D = e\varphi + \alpha.(p - eA) + \beta m. \tag{20.44}$$

20.2.3 Konstruktion des Raumes $\mathcal{E}^{(s)}$. Dirac-Darstellung

Es verbleibt die Konstruktion des Raumes $\mathcal{E}^{(s)}$. Die Operatoren in diesem Raum sind die vier Basisoperatoren β, $\alpha_x, \alpha_y, \alpha_z$, sowie die aus ihnen gebildeten Funktionen. In bezug auf diese Operatorenmenge muß der Raum $\mathcal{E}^{(s)}$ irreduzibel sein.

Wir gehen aus von den Hermitezitätseigenschaften der vier Basisoperatoren und den Beziehungen (20.40), die ihre algebraischen Eigenschaften festlegen.

Diese Eigenschaften sind zu den der drei Operatoren $\sigma_1, \sigma_2, \sigma_3$ analog, die in der nichtrelativistischen Theorie für den Spin ½ auftreten. Hier ist der Raum $\mathcal{E}^{(\sigma)}$ der Spinvariablen zweidimensional, und ihn kann man in der folgenden Weise konstruieren. Weil σ_3 hermitisch und $\sigma_3^2 = 1$ ist, sind seine einzigen Eigenwerte $+1$ oder -1. Weiter kann man jedem Eigenvektor von σ_3 den entsprechenden Eigenvektor zum entgegengesetzten Eigenwert zuordnen. Nehmen wir z.B. einen Vektor $|+\rangle$ mit: $\sigma_3 |+\rangle = |+\rangle$. Weil σ_3 und σ_1 antivertauschen, hat der Vektor $|-\rangle \equiv \sigma_1 |+\rangle$ die Eigenschaft: $\sigma_3 |-\rangle = (-)|-\rangle$. Man beachte weiter, daß $\sigma_1 |\pm\rangle \equiv |\mp\rangle$ und $\sigma_3 |\pm\rangle = (\pm 1)|\pm\rangle$ ist. Der von den Vektoren $|+\rangle$ und $|-\rangle$ aufgespannte Raum ist also in bezug auf die Operatoren σ_3, σ_1 und die Funktionen dieser Operatoren (insbesondere $\sigma_2 \equiv \mathrm{i}\sigma_1\sigma_3$) invariant. Aus seiner Konstruktion geht dann unmittelbar hervor, daß er irreduzibel ist. Er ist also der gesuchte Raum $\mathcal{E}^{(\sigma)}$. Die Operatoren $\sigma_1, \sigma_2, \sigma_3$ werden übrigens in der Darstellung, in der die Vektoren $|+\rangle$ und $|-\rangle$ Basisvektoren sind, durch die Pauli-Matrizen dargestellt (s. Abschnitt 13.4.2 oder Formel (7.65)).

Von diesen Überlegungen lassen wir uns bei der Konstruktion von $\mathcal{E}^{(s)}$ leiten. Wir führen die Operatoren $\sigma_x, \sigma_y, \sigma_z$ und ρ_1, ρ_2, ρ_3 durch die folgenden Definitionen ein:

$$\sigma_z = -\mathrm{i}\alpha_x \alpha_y, \qquad \sigma_x = -\mathrm{i}\alpha_y \alpha_z, \qquad \sigma_y = -\mathrm{i}\alpha_z \alpha_x \tag{20.45}$$

$$\rho_3 = \beta, \qquad \rho_1 = \sigma_z \alpha_z = -\mathrm{i}\alpha_x \alpha_y \alpha_z, \qquad \rho_2 = \mathrm{i}\rho_1 \rho_3 = -\beta \alpha_x \alpha_y \alpha_z. \tag{20.46}$$

Die vier Basisoperatoren drücken wir durch diese Operatoren aus:

$$\beta = \rho_3, \qquad \alpha^k = \rho_1 \sigma^k. \tag{20.47}$$

Die Konstruktion des Raumes $\mathcal{E}^{(s)}$ läuft dann darauf hinaus, einen Raum zu finden, der in bezug auf die ρ und die σ irreduzibel ist. Nun erkennt man leicht, daß:

(*i*) die ρ mit den σ vertauschen;

(*ii*) die σ hermitisch sind, ihr Quadrat gleich 1 ist und daß sie paarweise antivertauschen;

(*iii*) die ρ hermitisch sind, ihr Quadrat gleich 1 ist und daß sie paarweise vertauschen.

Folglich gilt (s. Abschnitt 8.1.6):

(*i*) $\mathcal{E}^{(s)}$ ist das tensorielle Produkt eines in bezug auf die ρ irreduziblen Raumes $\mathcal{E}^{(\rho)}$ mit einem in bezug auf die σ irreduziblen Raumes $\mathcal{E}^{(\sigma)}$;

(*ii*) $\mathcal{E}^{(\sigma)}$ ist ein zweidimensionaler Raum, den man nach der oben angegebenen Methode konstruieren kann;

(*iii*) $\mathcal{E}^{(\rho)}$ ist ebenfalls ein zweidimensionaler Raum, den man nach der gleichen Methode konstruieren kann.

Der Raum $\mathcal{E}^{(s)}$ ist daher vierdimensional.

In den nächsten Abschnitten werden wir zeigen, daß die σ mit dem Spin zusammenhängen und die ρ mit dem Vorzeichen der Energie: Die Dirac-Gleichung umfaßt wie die Klein-Gordon-Gleichung – und aus denselben Gründen – Lösungen zu negativer Energie. Wir werden insbesondere sehen, daß $\boldsymbol{\alpha}$ ein (polarer) Vektoroperator und $\boldsymbol{\sigma}$ ein (axialer) Vektoroperator ist. Formal gilt übrigens:

$$\boldsymbol{\alpha} \times \boldsymbol{\alpha} = 2i\boldsymbol{\sigma}. \tag{20.48}$$

Der Spin des Elektrons ist $\frac{1}{2}\boldsymbol{\sigma}$. Das Vorzeichen der Energie ist im wesentlichen durch den Eigenwert von $\beta \equiv \rho_3$ gegeben.

Der Zustand des Elektrons wird also durch eine vierkomponentige Funktion repräsentiert, das sind zwei Komponenten mehr als in der nichtrelativistischen Spin-½-Theorie. Die Darstellung, in der die ρ und die σ durch die Pauli-Matrizen gegeben sind (s. Gleichungen (7.65–66)), heißt *Dirac-Darstellung*. In ihr gehört jede Komponente von Ψ zu einer bestimmten Spinstellung in bezug auf die z-Richtung und im wesentlichen zu einem bestimmten Vorzeichen der Energie.

20.2.4 Kovariante Form der Dirac-Gleichung

Dirac hat die nach ihm benannte Gleichung ursprünglich in der Form (20.43) vorgeschlagen. In dieser Form ist sie für die physikalische Interpretation und für die Untersuchung des Übergangs zum nichtrelativistischen Grenzfall besonders geeignet. Wir wollen sie auf eine Form bringen, die in bezug auf die Raum- und Zeitkoordinaten symmetrischer und die darum immer dann zweckmäßiger ist, wenn es sich um Fragen der relativistischen Kovarianz handelt.

Hierzu multiplizieren wir die beiden Seiten von Gleichung (20.43) von links mit β und setzen:

$$\begin{aligned} \gamma^\mu &\equiv (\gamma^0, \gamma^1, \gamma^2, \gamma^3) \equiv (\gamma^0, \boldsymbol{\gamma}) \\ \gamma^0 &\equiv \beta \qquad \boldsymbol{\gamma} \equiv \beta\boldsymbol{\alpha}. \end{aligned} \tag{20.49}$$

Dann erhält man:

$$[i\gamma^\mu D_\mu - m]\Psi \equiv [\gamma^\mu(i\partial_\mu - eA_\mu) - m]\Psi = 0 \tag{20.50}$$

Die Eigenschaften der γ^μ bekommt man leicht aus denen der α und β. Die zehn Relationen (20.40) führen zu den zehn äquivalenten Relationen:

$$\gamma^\mu\gamma^\nu + \gamma^\nu\gamma^\mu = 2g^{\mu\nu}. \tag{20.51}$$

Die Hermitezitätsbedingungen für die α und β sind äquivalent zu den Bedingungen:

$$\gamma^{0\dagger} = \gamma^0, \qquad \gamma^{k\dagger} = -\gamma^k, \tag{20.52}$$

die man auch in der verkürzten Form

$$\gamma^{\mu\dagger} = \gamma^0\gamma^\mu\gamma^0 \tag{20.53}$$

schreiben kann.

Es ist zweckmäßig, auf die γ die üblichen Regeln des Hinauf- und Herabziehens von Indizes auszudehnen und zu setzen:

$$\gamma_\mu = g_{\mu\nu}\gamma^\nu. \tag{20.54}$$

Man beachte, daß

$$\gamma_0 = \gamma^0, \qquad \gamma_k = -\gamma^k \tag{20.55}$$

und

$$\gamma^\mu = \gamma_\mu^\dagger = \gamma_\mu^{-1}. \tag{20.56}$$

20.2.5 Die adjungierte Gleichung. Definition des Stroms

Wir haben eine positiv definite Dichte für die Aufenthaltswahrscheinlichkeit definiert (Gleichung (20.35)) und festgestellt, daß diese Definition wegen der Hermitezität des Diracschen Hamilton-Operators sinnvoll ist. Um die Dinge genauer zu fassen, führen wir jetzt eine Stromdichte ein und zeigen, daß sie, wenn sie mit den Lösungen der Dirac-Gleichung gebildet wird, einer Kontinuitätsgleichung genügt. Wir führen die Diskussion zunächst mit Verwendung der Diracschen Form (20.43) durch. Danach wiederholen wir die Überlegungen anhand der kovarianten Form der Dirac-Gleichung.

Wir nehmen an, daß eine spezielle Darstellung der β und α gewählt wurde. Die Welle Ψ ist dann eine Matrix aus vier Zeilen und einer Spalte:

$$\Psi \equiv \begin{pmatrix} \psi_1 \\ \psi_2 \\ \psi_3 \\ \psi_4 \end{pmatrix}$$

$\Psi^\dagger$ sei die dazu adjungierte Matrix:

$$\Psi^\dagger \equiv (\psi_1{}^* \; \psi_2{}^* \; \psi_3{}^* \; \psi_4{}^*).$$

Die Operatoren des Spinraums sind 4 X 4-Matrizen. Man kann „partielle" Skalarprodukte definieren, bei denen man nur über die Spinvariablen summiert. Wir werden solche Skalarprodukte durch runde Klammern kennzeichnen. Die Dichte P z.B. wird in dieser Bezeichnung einfach:

$$P(r, t) \equiv (\Psi^\dagger \, \Psi) \tag{20.57}$$

geschrieben. Ein weiteres Beispiel ist:

$$(\Psi^\dagger \beta \Psi) \equiv \Sigma_s \, \Sigma_t \psi_s{}^* \beta_{st} \, \psi_t.$$

β_{st} ist darin das Matrixelement der s-ten Zeile und t-ten Spalte.

Ist nun Ψ Lösung der Dirac-Gleichung, ist also:

$$\begin{aligned} \mathrm{i}\partial\Psi/\partial t &= H_D \Psi \\ &= \left[e\varphi + \sum_k \alpha^k\left(-\mathrm{i}\frac{\partial}{\partial x^k} - eA^k\right) + \beta m\right]\Psi, \end{aligned} \tag{20.58}$$

so ist $\Psi^\dagger$ Lösung der dazu adjungierten Gleichung, d.h. der Gleichung, die aus der ursprünglichen durch Übergang zu den konjugiert komplexen Größen und Ersetzen der Matrizen durch ihre Transponierten entsteht:

$$\begin{aligned} \mathrm{i}\partial\Psi^\dagger/\partial t &= -\Psi^\dagger H_D \\ &= -e\varphi\Psi^\dagger - \sum_k\left(\mathrm{i}\frac{\partial}{\partial x^k} - eA^k\right)\Psi^\dagger \alpha^k - m\Psi^\dagger\beta. \end{aligned} \tag{20.59}$$

Multipliziert man beide Seiten von (20.58) von links mit $\Psi^\dagger$ und die Seiten von (20.59) von rechts mit Ψ und addiert, so erhält man:

$$\mathrm{i}\frac{\partial}{\partial t}(\Psi^\dagger \Psi) = -\mathrm{i}\sum_k \frac{\partial}{\partial x^k}(\Psi^\dagger \alpha^k \Psi). \tag{20.60}$$

Auf der linken Seite dieser Gleichung steht die Zeitableitung der Wahrscheinlichkeitsdichte und auf der rechten die Divergenz eines Vektors $j(r, t)$, der durch

$$j(r, t) \equiv (\Psi^\dagger \alpha \Psi) \tag{20.61}$$

definiert ist. $j(r, t)$ ist die gesuchte Stromdichte und die Gleichung (20.60) die Kontinuitätsgleichung:

$$\frac{\partial}{\partial t} P + \nabla \cdot j = 0.$$

Die gleichen Überlegungen kann man anstellen, indem man von der kovarianten Form (20.50) der Dirac-Gleichung ausgeht.

Die zu (20.50) adjungierte Gleichung ist:

$$(-\mathrm{i}\partial_\mu - eA_\mu)\,\Psi^\dagger\,\gamma^{\mu\dagger} - m\Psi^\dagger = 0. \tag{20.62}$$

(In dieser Gleichung steht das Symbol $\partial_\mu\,\Psi^\dagger\,\gamma^{\mu\dagger}$ für die aus einer Zeile und vier Spalten bestehende Matrix $(\partial\Psi^\dagger/\partial x^\mu)\gamma^{\mu\dagger}$). Zweckmäßig setzt man:

$$\overline{\Psi} = \Psi^\dagger\,\gamma^0, \qquad \Psi^\dagger = \overline{\Psi}\,\gamma^0. \tag{20.63}$$

Multipliziert man die Gleichung (20.62) von links mit γ^0 und berücksichtigt die Beziehungen (20.53), so kann man sie auf die einfachere Form

$$\boxed{(-\mathrm{i}\partial_\mu - eA_\mu)\overline{\Psi}\gamma^\mu - m\overline{\Psi} = 0} \tag{20.64}$$

bringen. Offensichtlich ist diese Gleichung zur Gleichung (20.59) äquivalent. $\overline{\Psi}$ heißt die *Adjungierte* zu Ψ und die Gleichung (20.64) die *adjungierte Gleichung*.

Multipliziert man (20.50) skalar von links mit $\overline{\Psi}$ und (20.64) skalar von rechts mit Ψ und subtrahiert, so erhält man:

$$\mathrm{i}\partial_\mu\,(\overline{\Psi}\;\;\gamma^\mu\,\Psi) = 0.$$

Man definiert den Vierervektor der Stromdichte durch:

$$j^\mu \equiv (\overline{\Psi}\,\gamma^\mu\,\Psi). \tag{20.65}$$

Die Gleichung ist dann äquivalent zur Kontinuitätsgleichung:

$$\partial_\mu\,j^\mu = 0.$$

Man zeigt leicht, daß $j^\mu \equiv (P, j)$ ist. Damit ist also die Kontinutitätsgleichung kovariant formuliert. Im nächsten Abschnitt werden wir zeigen, daß die vier Komponenten von j^μ tatsächlich einen Vierervektor bilden.

20.3 Invarianzeigenschaften der Dirac-Gleichung

20.3.1 Eigenschaften der Dirac-Matrizen

Bevor wir die Invarianzeigenschaften der Dirac-Gleichung untersuchen, wollen wir uns mit den Eigenschaften des Systems der vier 4×4-*Matrizen* $\gamma^\mu \equiv (\gamma^0, \gamma^1, \gamma^2, \gamma^3)$ befassen, die den Relationen

$$\gamma^\mu\,\gamma^\nu + \gamma^\nu\,\gamma^\mu = 2g^{\mu\nu}\,I \tag{20.66}$$

(I ist die Einheitsmatrix) genügen. Diese Matrizenbeziehungen sind zu den Operatorbeziehungen (20.51) analog, dennoch müssen die so eingeführten Matrizen nicht notwendig den Unitaritätsbedingungen (20.53) genügen. Die folgenden Eigenschaften ergeben sich allein aus den Relationen (20.66).

γ^A-*Matrizen.* Weil die γ^μ paarweise antivertauschen und ihr Quadrat gleich $+I$ oder $-I$ ist, ist jedes mehrfache Produkt aus ihnen bis aufs Vorzeichen gleich einer der sechzehn, in Tabelle 20.1 aufgeführten Matrizen. Wir bezeichnen diese mit γ^A. Sie sind in die fünf Klassen (*S*), (*V*), (*T*), (*A*) und (*P*) mit 1, 4, 6, 4 bzw. 1 Elementen eingeteilt. Der Grund für diese Einteilung wird im folgenden klar (s. Abschnitt 20.3.5).

Tabelle 20.1

Liste der γ^A-Matrizen

Bezeichnung	Explizite Form					
	$(\gamma^A)^2 = I$			$(\gamma^A)^2 = -I$		
(*S*) $1 \equiv$		I				
(*V*) $\gamma^\mu \equiv \{\gamma^0, \gamma^k\} \equiv$		γ^0		γ^1	γ^2	γ^3
(*T*) $\gamma^{[\lambda\mu]} \equiv \{\gamma^k\gamma^0, \gamma^5\gamma^0\gamma^k\} \equiv$	$\gamma^1\gamma^0$	$\gamma^2\gamma^0$	$\gamma^3\gamma^0$	$\gamma^2\gamma^3$	$\gamma^3\gamma^1$	$\gamma^1\gamma^2$
(*A*) $\gamma^{[\lambda\mu\nu]} \equiv \{\gamma^0\gamma^5, \gamma^k\gamma^5\} \equiv$		$\gamma^1\gamma^2\gamma^3$		$\gamma^0\gamma^2\gamma^3$	$\gamma^0\gamma^3\gamma^1$	$\gamma^0\gamma^1\gamma^2$
(*P*) $\gamma^{[\lambda\mu\nu\rho]} \equiv \gamma^5$					$\gamma^0\gamma^1\gamma^2\gamma^3$	

Offensichtlich ist $(\gamma^A)^2$ gleich I oder $-I$. Die sechs Matrizen, deren Quadrat gleich I ist, sind in der linken Spalte zusammengefaßt, und die zehn Matrizen, deren Quadrat gleich $-I$ ist, in der rechten Spalte.

Als einzige dieser Matrizen vertauscht die Einheitsmatrix I mit allen anderen Matrizen. Ist $\gamma^A \neq I$, so vertauscht diese Matrix mit acht von den sechzehn Matrizen und antivertauscht mit den anderen acht.

So antivertauscht insbesondere die durch

$$\gamma^5 \equiv \gamma^0 \gamma^1 \gamma^2 \gamma^3$$

definierte Matrix [8] mit den γ^μ:

$$\gamma^5 \gamma^\mu + \gamma^\mu \gamma^5 = 0 \tag{20.68}$$

und ihr Quadrat ist:

$$(\gamma^5)^2 = -I. \tag{20.69}$$

[8] Der Index 4 ist üblicherweise der Zeitkomponente vorbehalten. Man definiert: $x^4 = ix^0 = ict$.

Inverse Matrizen γ_A. Wir definieren die Matrizen γ_μ durch die Beziehung:

$$\gamma_\mu = g_{\mu\nu}\,\gamma^\nu. \tag{20.70}$$

Offensichtlich ist:

$$\gamma_\mu\,\gamma^\mu = \gamma^\mu\,\gamma_\mu = I \text{ (Ohne Summation über } \mu).$$

Man erhält daher die Inverse einer Matrix γ^A, indem man die Reihenfolge der in ihr auftretenden Matrizen γ^μ umdreht und diese dann durch die zugehörigen Matrizen γ_μ ersetzt. Den auf diese Weise entstehenden Ausdruck bezeichnen wir mit γ_A:

$$\gamma_A\,\gamma^A = \gamma^A\,\gamma_A = I. \tag{20.71}$$

Mit dieser Konstruktionsmethode ergibt sich z.B.:

$$\gamma_5 = \gamma_3\,\gamma_2\,\gamma_1\,\gamma_0.$$

Spur und Determinante. Es ist

$$\operatorname{Tr}\gamma^A = \begin{cases} 4 & \text{wenn} \quad \gamma^A = I \\ 0 & \text{wenn} \quad \gamma^A \neq I. \end{cases} \tag{20.72}$$

Sei nämlich $\gamma^A \neq I$ und sei γ^B eine der acht Matrizen, die mit dieser Matrix antivertauschen:

$$\gamma^A = -\gamma^B\,\gamma^A\,\gamma_B.$$

Dann wird:

$$\operatorname{Tr}\gamma^A = -\operatorname{Tr}\gamma^B\,\gamma^A\,\gamma_B = -\operatorname{Tr}\gamma_B\,\gamma^B\,\gamma^A = -\operatorname{Tr}\gamma^A = 0.$$

Weiter gilt (Aufgabe 3):

$$\det\gamma^A = 1.$$

Umordnungslemma. Man beweist unmittelbar die folgende Eigenschaft:

Multipliziert man jede der sechzehn γ^A-Matrizen von rechts (oder von links) mit irgendeiner dieser Matrizen, so erhält man bis auf die Anordnung und das Vorzeichen wieder diese sechzehn Matrizen.

Lineare Unabhängigkeit und Irreduzibilität. Mit Hilfe des vorstehenden Lemmas und der Eigenschaften der Spur zeigt man leicht:

1. Die sechzehn γ^A-Matrizen sind linear unabhängig.
2. Jede 4×4-Matrix ist eine eindeutige Linearkombination der γ^A-Matrizen:

$$M = \Sigma_A\, m_A\,\gamma^A \qquad m_A = \tfrac{1}{4}\operatorname{Tr}\gamma_A\,M.$$

3. Jede Matrix, die mit jeder γ^μ-Matrix vertauscht, also mit jeder γ^A-Matrix, ist ein Vielfaches der Einheitsmatrix:

   wenn $[M, \gamma^\mu] = 0$ für jedes μ, dann ist $M = \text{const.} \times I$.

Hauptsatz. Es seien γ^μ und γ'^μ *zwei Systeme aus vier* 4×4*-Matrizen, die den Relationen (20.66) genügen. Dann gibt es eine bis auf eine Konstante definierte, nichtsinguläre Matrix* S *(det* $S \neq 0$*), so daß gilt:*

$$\gamma^\mu = S\gamma'^\mu S^{-1} \qquad (\mu = 0, 1, 2, 3). \tag{20.73}$$

Der Beweis dieses Satzes verläuft so. Zu jedem γ^μ- und γ'^μ-System gibt es sechzehn γ^A- bzw. γ'^A-Matrizen mit den oben angegebenen Eigenschaften. So entspricht jeder γ^A-Matrix eine bestimmte γ'^A-Matrix, wobei der Index A insgesamt sechzehn verschiedene Werte annehmen kann. Sei F eine Matrix und sei S die durch:

$$S \equiv \Sigma_A \, \gamma'^A F \gamma_A$$

definierte Matrix (die Summe läuft über die sechzehn möglichen Werte von A). Sei γ^B eine spezielle Matrix, γ_B ihre Inverse und γ'^B die zugehörige Matrix aus dem anderen System. Wegen des Umordnungslemmas ist dann:

$$\gamma'^B S \gamma_B \equiv \textstyle\sum_A \gamma'^B \gamma'^A F \gamma_A \gamma_B = \sum_A \gamma'^A F \gamma_A \equiv S$$

also:

$$\gamma'^B S = S\gamma^B. \tag{20.74}$$

Damit für diese Matrix S die Beziehung (20.73) erfüllt ist, muß sie eine Inverse besitzen. Hierzu führen wir die durch:

$$T \equiv \Sigma_A \, \gamma^A G \gamma'_A$$

definierte Matrix T ein, wobei G eine beliebig vorgegebene Matrix ist. Durch eine analoge Überlegung wie eben zeigt man, daß:

$$\gamma^B T = T\gamma'^B.$$

Folglich hat man

$$\gamma^B TS = T\gamma'^B S = TS\gamma^B$$

für jedes γ^B; TS kommutiert mit jeder Matrix γ^B und ist ein Vielfaches der Einheitsmatrix: $TS = c \times I$. Die Konstante ergibt sich aus der Formel:

$$\begin{aligned} c &= \tfrac{1}{4}\operatorname{Tr} TS = \tfrac{1}{4}\textstyle\sum_A \sum_B \operatorname{Tr} \gamma^A G \gamma'_A \gamma'^B F \gamma_B \\ &= \tfrac{1}{4}\operatorname{Tr} G(\textstyle\sum_A \sum_B \gamma'_A \gamma'^B F \gamma_B \gamma^A)\, 4 = \operatorname{Tr} GS. \end{aligned}$$

Nun kann man F stets so wählen, daß S mindestens ein von Null verschiedenes Element hat. Man zeigt nämlich leicht, daß die sechzehn γ^A-Matrizen nicht linear unabhängig wären, wenn S für jedes F gleich Null wäre. Damit ist es stets möglich, die Matrix G so zu wählen, daß

$$\mathrm{Tr}\, GS \equiv \Sigma_s\, \Sigma_t\, G_{st}\, S_{ts} = 1/4 .$$

Man hat dann $c = 1$ und folglich $T = S^{-1}$. S besitzt also eine Inverse und aus der Beziehung (20.74) ergibt sich die Eigenschaft (20.73), indem man beide Seiten von rechts mit S^{-1} multipliziert.

Gibt es eine andere Matrix S' mit derselben Eigenschaft, so vertauscht $S^{-1}\, S'$ mit jedem γ^μ und folglich gilt: $S^{-1}\, S' = \text{const.} \times I$. Besitzt umgekehrt S die Eigenschaft (20.73), so auch jedes Vielfache von S. Die nichtsinguläre Matrix S existiert also und ist bis auf eine Konstante definiert. W.z.b.w.

Unitäre γ^μ-Matrizen. Sind die den Relationen (20.66) genügenden γ^μ-Matrizen unitär:

$$\gamma_\mu \equiv \gamma^0\, \gamma^\mu\, \gamma^0 = \gamma^{\mu\dagger}, \tag{20.75}$$

so sind alle γ^A-Matrizen unitär. Folglich sind sie hermitisch oder antihermitisch, je nachdem, ob $(\gamma^A)^2$ gleich $+I$ oder gleich $-I$ ist.

Vervollständigt wird der Hauptsatz durch das folgende Korollar, das wir hier aber nicht beweisen wollen:

Es seien γ^μ und γ'^μ zwei Systeme aus vier unitären 4×4-Matrizen, die die Bedingungen (20.66) erfüllen. Dann existiert eine unitäre, bis auf eine Phase bestimmte Matrix U so, daß $\gamma'^\mu = U\gamma^\mu\, U^\dagger$ ($\mu = 0, 1, 2, 3$) gilt.

Komplexkonjugation, B-Matrix. Sind insbesondere die γ^μ unitär und genügen den Relationen (20.66), so sind auch die vier dazu konjugiert komplexen Matrizen $\gamma^{\mu *}$ unitär und erfüllen diese Relationen. Man kann dann das Korollar anwenden: Die γ^μ ergeben sich aus den $\gamma^{\mu *}$ durch eine unitäre Transformation. Die Matrix dieser Transformation bezeichnen wir im folgenden mit B (sie ist bis auf eine Phase definiert):

$$\gamma^\mu = B\gamma^{\mu *} B^\dagger \qquad \gamma^{\mu *} = B^* \gamma^\mu \widetilde{B}. \tag{20.76}$$

Man kann zeigen, daß B antisymmetrisch ist (Aufgabe 4):

$$B = -\widetilde{B}$$

oder, was auf dasselbe hinausläuft, daß:

$$BB^* = B^*B = -I. \tag{20.77}$$

Sind die γ-Matrizen in der Dirac-Darstellung gegeben, so hat man:

$$B \equiv B_D = \gamma^2 \gamma^5$$
$$= - \mathrm{i}\, \rho_3\, \sigma_y.$$

Für diesen Sonderfall ist die Beziehung (20.77) leicht zu beweisen.

20.3.2 Forminvarianz der Dirac-Gleichung bei einem orthochronen Wechsel des Bezugssystems

Damit die Dirac-Gleichung und die Kontinuitätsgleichung dem Relativitätsprinzip genügen, müssen sie bei den verschiedenen Lorentz-Transformationen dieselbe Form behalten. In voller Strenge fordert dieses Prinzip nur die Forminvarianz gegenüber den eigentlichen Lorentz-Transformationen [9]. Tatsächlich ist die Theorie forminvariant in bezug auf die volle Gruppe. Wir beginnen mit einer detaillierten Untersuchung der Invarianz in bezug auf die orthochrone Gruppe. Auf die Invarianz gegenüber Zeitumkehr werden wir am Ende dieses Abschnitts in Zusammenhang mit den anderen charakteristischen Invarianzeigenschaften der Dirac-Gleichung eingehen und ohne direkt auf die Lorentz-Transformationen Bezug zu nehmen.

Wir nehmen also an, daß der Zustand des Elektrons in einem Bezugssystem (R) durch die vierkomponentige Wellenfunktion $\Psi(x)$ beschrieben wird. Diese genügt der Dirac-Gleichung:

$$[\gamma^\mu (\mathrm{i}\partial_\mu - eA_\mu(x)) - m]\,\Psi(x) = 0. \tag{20.78}$$

Für die Operatoren des Raumes $\mathcal{E}^{(s)}$ sei eine Darstellung fest gewählt; die Symbole γ^μ bezeichnen also ganz bestimmte Matrizen, und die Beziehung (20.78) repräsentiert vier Gleichungen ($s = 1, 2, 3, 4$):

$$\sum_{=1,2,3,4} \sum_{\mu} (\gamma^\mu)_{st} \left(\mathrm{i}\frac{\partial}{\partial x^\mu} - eA_\mu(x^0\, x^1\, x^2\, x^3)\right)\psi_t(x^0\, x^1\, x^2\, x^3) - m\psi_s(x^0\, x^1\, x^2\, x^3) = 0\,,$$

denen die vier Komponenten $\psi_s(x)$ der Wellenfunktion genügen müssen.

Dasselbe physikalische System betrachten wir in einem neuen Bezugssystem (R'), das aus dem alten durch eine bestimmte orthochrone Lorentz-Transformation $\mathcal{L}$ hervorgeht:

$$(R') = \mathcal{L}(R).$$

---

[9] Und gegenüber den Raum- und Zeittranslationen. Daß die Gleichung auch diese Invarianzeigenschaft besitzt, zeigt man leicht durch eine Überlegung, die zu der in diesem Abschnitt gegebenen analog ist. Wird der Ursprung des Bezugssystems um einen Vierervektor a^μ verschoben, d.h. ist $x'^\mu = x^\mu + a^\mu$, so hat man: $A'_\mu(x') = A^\mu(x)$ und das Transformationsgesetz für die Wellenfunktionen heißt (in Analogie zum Gesetz (20.85)) einfach:

$$\Psi'(x') = \Psi(x).$$

$\mathcal{L}$ ist durch eine bestimmte Matrix Ω^{μ}_{ν} charakterisiert, die die Eigenschaften (20.12) und (20.13) (und überdies $\Omega^{0}{}_{0} > 0$) besitzt und die den linearen Zusammenhang zwischen den Koordinaten x^{μ} eines bestimmten Punktes im Bezugssystem (R) und den Koordinaten x'^{μ} *desselben Punktes* im Bezugssystem (R') herstellt, also das Transformationsgesetz für kontravariante Vektoren (Gleichungen (20.11) und (20.15)). Wir schreiben symbolisch:

$$x' = \mathcal{L}x, \qquad x = \mathcal{L}^{-1} x'. \tag{20.79}$$

Die partiellen Differentialoperatoren gehorchen dem Transformationsgesetz für kovariante Vektoren:

$$\partial_{\mu} = \partial'_{\nu}\, \Omega^{\nu}_{\mu}. \tag{20.80'}$$

Die kovarianten Komponenten $A'_{\mu}(x')$ des Potentials in bezug auf das neue System schließlich ergeben sich aus den $A_{\mu}(x)$ durch das Gesetz:

$$A_{\mu}(x) \equiv A_{\mu}(\mathcal{L}^{-1} x') = A'_{\nu}(x')\, \Omega^{\nu}_{\mu}. \tag{20.81}$$

Faßt man sie als Funktion der neuen Koordinaten auf, so genügt $\Psi(x)$ einer Gleichung, die aus der Gleichung (20.79) durch Einsetzen der Ausdrücke (20.80) und (20.81) hervorgeht.

$$[\widehat{\gamma}^{\mu}(i\partial'_{\mu} - eA'_{\mu}(x')) - m]\Psi(\mathcal{L}^{-1}x') = 0 \tag{20.82}$$

Darin ist:

$$\widehat{\gamma}^{\mu} \equiv \Omega^{\mu}{}_{\rho}\gamma^{\rho}. \tag{20.83}$$

Die vier Matrizen γ^{μ} sind unitär und genügen den Relationen (20.66). Die vier Matrizen $\widehat{\gamma}^{\mu}$ sind nicht notwendig unitär, aufgrund der Orthogonalität der Ω^{μ}_{ν} (Beziehung (20.13)) erfüllen sie aber auch die Relationen (20.66). Es ist nämlich:

$$\begin{aligned}\widehat{\gamma}^{\mu}\widehat{\gamma}^{\nu} + \widehat{\gamma}^{\nu}\widehat{\gamma}^{\mu} &= \Omega^{\mu}{}_{\rho}\,\Omega^{\nu}{}_{\sigma}(\gamma^{\rho}\gamma^{\sigma} + \gamma^{\sigma}\gamma^{\rho})\\ &= 2\Omega^{\mu}{}_{\rho}g^{\rho\sigma}\,\Omega^{\nu}{}_{\sigma} = 2g^{\mu\nu}.\end{aligned}$$

Nach dem Hauptsatz aus Abschnitt 20.3.1 existiert also eine nichtsinguläre und bis auf eine Konstante definierte Matrix Λ, die die $\widehat{\gamma}$ in die γ transformiert:

$$\begin{gathered}\widehat{\gamma}^{\mu} \equiv \Omega^{\mu}{}_{\rho}\gamma^{\rho} = \Lambda^{-1}\gamma^{\mu}\Lambda\\ (\mu = 0, 1, 2, 3).\end{gathered} \tag{20.84}$$

Setzt man diese Beziehung in die linke Seite von (20.82) ein, setzt außerdem

$$\Psi'(x') = \Lambda\Psi(x) \equiv \Lambda\Psi(\mathcal{L}^{-1} x') \tag{20.85}$$

und multipliziert von links mit Λ, so findet man:

$$[\gamma^{\mu}(i\partial'_{\mu} - eA'_{\mu}(x'))]\Psi'(x') = 0.$$

Diese Wellengleichung beschreibt die Bewegung des Systems im neuen Bezugssystem. Wir stellen fest, daß sie mit (20.78) formal identisch ist. Die Dirac-Gleichung ist also gegenüber einem orthochronen Wechsel des Bezugssystems forminvariant, und das Transformationsgesetz ist durch die Beziehung (20.85) gegeben.

Die bis auf eine Konstante bestimmte Matrix Λ kann im allgemeinen nicht unitär gewählt werden. Doch kann man die Konstante stets so festlegen, daß

$$\Lambda^\dagger = \gamma^0 \Lambda^{-1} \gamma^0 \tag{20.86}$$

ist. Λ ist dann bis auf eine Phase bestimmt. Weil die Ω^μ_ρ reell und weil die γ^μ unitär sind und darum der Beziehung (20.75) genügen, liefert nämlich der Vergleich der Beziehung (20.83) mit der adjungierten Gleichung:

$$\widehat{\gamma}^{\mu\dagger} = \gamma^0 \widehat{\gamma}^\mu \gamma^0.$$

Bildet man von (20.84) die adjungierte Beziehung und setzt die vorstehende Beziehung darin ein, so erhält man nach einigen einfachen Rechnungen:

$$\widehat{\gamma}^\mu = (\gamma^0 \Lambda^\dagger \gamma^0)\, \gamma^\mu (\gamma^0 \Lambda^\dagger \gamma^0)^{-1}.$$

Ein Vergleich mit (20.84) zeigt, daß die Matrix $\Lambda \gamma^0 \Lambda^\dagger \gamma^0$ mit den vier Matrizen γ^μ vertauscht. Sie ist also ein Vielfaches der Einheitsmatrix:

$$\Lambda^\dagger = c\,\gamma^0 \Lambda^{-1} \gamma^0. \tag{20.87}$$

Wir beweisen, daß die Konstante c notwendig reell und positiv ist. Aus den Gleichungen (20.87) und (20.84) folgt:

$$\Lambda^\dagger \Lambda = c\gamma^0(\Lambda^{-1}\gamma^0\Lambda) = c(\Omega^0{}_0 + \textstyle\sum_k \Omega^0{}_k \gamma^0 \gamma^k),$$

woraus man mit Berücksichtigung von (20.72) erhält, daß $\mathrm{Tr}\, \Lambda^\dagger \Lambda = 4c\,\Omega^0{}_0$ ist. Nun ist die Spur der Matrix $\Lambda^\dagger \Lambda$ notwendig reell und positiv. Für $\Omega^0{}_0$ gilt das Gleiche, also ist auch c reell und positiv. Multipliziert man Λ mit $\sqrt{c}$, so ist mit dieser neuen Matrix alles bewiesen.

Aus dem Transformationsgesetz (20.85) für die Wellenfunktionen leitet man das Transformationsgesetz für die adjungierten Funktionen her:

$$\overline{\Psi}' \equiv \Psi'^\dagger \gamma^0 = \Psi^\dagger \Lambda^\dagger \gamma^0 = \overline{\Psi} \gamma^0 \Lambda^\dagger \gamma^0.$$

Hieraus ergibt sich wegen der Eigenschaft (20.86):

$$\overline{\Psi}'(x') = \overline{\Psi}(x) \Lambda^{-1}. \tag{20.88}$$

Mit Verwendung dieses Transformationsgesetzes zeigt man dann, daß auch die adjungierte Gleichung (20.64) gegenüber einer orthochronen Lorentz-Transformation forminvariant ist. Dies überlassen wir dem Leser.

Es verbleibt der Nachweis für die Forminvarianz der Kontinuitätsgleichung, oder besser, der Beweis, daß sich j^μ (Definition (20.65)) wie ein kontravarianter Vierervektor transformiert [10].

Das verifiziert man leicht. Aus den Eigenschaften (20.85), (20.88) und (20.84) leitet man nämlich her, daß

$$j'^\mu(x') \equiv (\overline{\Psi}'\gamma^\mu\Psi') = (\overline{\Psi}\Lambda^{-1}\gamma^\mu\Lambda\Psi) = \Omega^\mu{}_\rho(\overline{\Psi}\gamma^\rho\Psi)$$
$$= \Omega^\mu{}_\rho j^\rho(x).$$

Für jede Lorentz-Transformation ist Λ durch die Bedingungen (20.84) und (20.86) bis auf eine Phase definiert. *Im hier vorliegenden Fall hat diese Phase keine physikalische Bedeutung.* Will man sie soweit wie möglich festlegen, so hat man darauf zu achten, daß die Λ weiterhin eine zur orthochronen Lorentz-Gruppe homomorphe Gruppe bilden (die Diskussion aus dem Abschnitt 15.2.3 kann man bis auf geringe Änderungen übernehmen).

Nun sind die Ω^μ_ν reell, und die Bedingung (20.84) ergibt:

$$\Omega^\mu_\nu \gamma^{\nu *} = (\Lambda^*)^{-1} \gamma^{\mu *} \Lambda^*,$$

woraus man mit Einführung der Matrix B (Definition (20.76)) zu

$$\Omega^\mu_\nu \gamma^\nu = (B\Lambda^* B^\dagger)^{-1} \gamma^\mu (B\Lambda^* B^\dagger)$$

kommt. Vergleicht man dies mit der Gleichung (20.84), so stellt man fest, daß $B\Lambda^* B^\dagger \Lambda^{-1}$ mit den vier Matrizen γ^μ vertauscht. Es ist daher ein Vielfaches der Einheitsmatrix. Rechnet man z.B. die Determinante von diesem Ausdruck aus, so erkennt man, daß dieses Vielfache ein Phasenfaktor ist. Darum gilt:

$$\Lambda^* = e^{i\lambda} B^\dagger \Lambda B.$$

Weil Λ bis auf einen Phasenfaktor festgelegt ist, kann man diesen stets so wählen, daß $e^{i\lambda} = 1$ ist. Wenn wir das im folgenden tun, ist Λ bis aufs Vorzeichen definiert.

Zu jeder orthochronen Lorentz-Transformation gehören also *zwei* sich im Vorzeichen unterscheidende Matritzen Λ, die durch die drei Bedingungen:

$$\Omega^\mu_\nu \gamma^\nu = \Lambda^{-1} \gamma^\mu \Lambda \qquad (20.89\,\text{a})$$

$$\Lambda^\dagger = \gamma^0 \Lambda^{-1} \gamma^0 \qquad (20.89\,\text{b})$$

$$\Lambda^* = B^\dagger \Lambda B \qquad (20.89\,\text{c})$$

definiert sind. Klar ist, daß die Menge dieser Matrizen eine Gruppe bilden und daß diese Gruppe zur orthochronen Lorentz-Gruppe homomorph ist. Wir werden

[10] Andernfalls hinge die Normierung der Wellenfunktion vom Bezugssystem ab und j^0 könnte nicht mehr als Wahrscheinlichkeitsdichte interpretiert werden.

im nächsten Abschnitt sehen, daß man die Unbestimmtheit im Vorzeichen nicht beseitigen kann, ohne diese Gruppeneigenschaft der Λ-Matrizen zu verletzen [11].

20.3.3 Transformationen der eigentlichen Gruppe

Wir wollen die durch die Gleichungen (20.89) definierten Λ-Matrizen explizit konstruieren. In diesem Abschnitt beschränken wir uns auf die Transformationen der eigentlichen Gruppe.

Zunächst betrachten wir infinitesimale Transformationen. Zu jeder der sechs infinitesimalen „Drehungen" $g_{\mu\nu} - \epsilon Z^{(\alpha\beta)}_{\mu\nu}$ gehört eine sich wenig von der Einheitsmatrix unterscheidende Matrix $\Lambda^{(\alpha\beta)}(\epsilon)$, die man darum in der Form

$$\Lambda^{(\alpha\beta)}(\epsilon) \cong I + i\epsilon S_{\alpha\beta} \tag{20.90}$$

schreiben kann. Hierin ist $S_{\alpha\beta}$ eine endliche, noch zu bestimmende Matrix. Man hat:

$$[\Lambda^{(\alpha\beta)}(\varepsilon)]^{-1} \simeq \Lambda^{(\alpha\beta)}(-\varepsilon) \simeq I - i\varepsilon S_{\alpha\beta}.$$

Damit führt die Bedingung (20.89 a) zu:

$$-\varepsilon g^{\mu\nu} Z^{(\alpha\beta)}_{\nu\rho} \gamma^{\rho} = -i\varepsilon [S_{\alpha\beta}, \gamma^{\mu}],$$

oder auch wegen (20.17) zu:

$$[S_{\alpha\beta}, \gamma^{\mu}] = i(\delta^{\mu}{}_{\beta}\gamma_{\alpha} - \delta^{\mu}{}_{\alpha}\gamma_{\beta}).$$

Man beachte, daß $S_{\alpha\beta}$ mit den γ^μ denselben Vertauschungsrelationen genügt wie die Matrix $\frac{1}{2} i\gamma_\alpha \gamma_\beta$. Die Differenz vertauscht mit den vier Matrizen γ^μ und ist daher eine Konstante. Man erkennt leicht, daß die Bedingungen (20.89 b) und (20.89 c) genau dann erfüllt sind, wenn diese Konstante gleich Null ist. Setzt man:

---

[11] Anstelle der Bedingung (20.89 c) kann man auch die allgemeinere Bedingung: $\Lambda^* = \eta B^\dagger \Lambda B$ nehmen, worin η eine von der jeweiligen Lorentz-Transformation abhängige Konstante ist. Die Gruppeneigenschaft der Λ bleibt erhalten, wenn die η eine abelsche Darstellung der Lorentz-Gruppe bilden. Folglich ist für die Transformationen der eigentlichen Lorentz-Gruppe $\mathfrak{L}_0$ notwendig $\eta = 1$, was wieder zur Bedingung (20.89 c) führt. Für Spiegelungen, also für Elemente aus $s\mathfrak{L}_0$, hat man zwei Möglichkeiten:

(*a*) $\eta = 1$ für jedes $s\mathfrak{L}_0$; es ergibt sich wieder (20.89 c);

(*b*) $\eta = -1$ für jedes $s\mathfrak{L}_0$; dann ist: $\Lambda^* = -B\Lambda B^\dagger$.

Der physikalische Inhalt der Theorie ist von dieser Wahl offensichtlich unabhängig. Die Gruppen $G^{(a)}$ und $G^{(b)}$, die zu diesen beiden Möglichkeiten gehören, sind beide zur orthochronen Lorentz-Gruppe homomorph, nicht aber isomorph zueinander. Inbesondere ist das Quadrat der beiden Matrizen, die zur Spiegelung s gehören, für $G^{(a)}$ gleich I und für $G^{(b)}$ gleich $-I$. (S. Fußnote 12) weiter unten.)

$$\sigma_{\mu\nu} \equiv \tfrac{1}{2}\,\mathrm{i}\,[\gamma_\mu, \gamma_\nu]$$
$$\equiv \mathrm{i}\,\gamma_\mu\,\gamma_\nu \qquad (\mu \neq \nu) \tag{20.91}$$

so erhält man:

$$\boxed{S_{\alpha\beta} = \tfrac{1}{2}\sigma_{\alpha\beta}} \tag{20.92}$$

Wir werden die von den Matrizen $S_{\alpha\beta}$ und $\sigma_{\alpha\beta}$ dargestellten Operatoren durch dieselben Buchstaben kennzeichnen. Wir werden sehen, daß $S_{\alpha\beta}$ ein antisymmetrischer Tensoroperator (sechs Komponenten) ist, der den inneren Drehimpuls oder Spin des Teilchens darstellt. In Strenge ist der Spin der räumliche Anteil (drei Komponenten) dieses Operators. $S_{\alpha\beta}$ hängt mit den Operatoren σ und $\boldsymbol{\alpha}$ aus den Abschnitten 20.2.2–3 durch die Relationen:

$$S_{10} = \tfrac{1}{2}\,\mathrm{i}\alpha_x \qquad S_{20} = \tfrac{1}{2}\,\mathrm{i}\alpha_y \qquad S_{30} = \tfrac{1}{2}\,\mathrm{i}\alpha_z \tag{20.93 a}$$
$$S_{23} = \tfrac{1}{2}\,\sigma_x \qquad S_{31} = \tfrac{1}{2}\,\sigma_y \qquad S_{12} = \tfrac{1}{2}\,\sigma_z \tag{20.93 b}$$

zusammen.

Jede endliche Transformation aus der eigentlichen Lorentz-Gruppe kann als das Produkt aus aufeinanderfolgenden infinitesimalen Transformationen aufgefaßt werden. Man kann also die Λ-Matrizen, die zu einem endlichen Wechsel des Bezugssystems gehören, konstruieren, indem man das Produkt aus den eben definierten, zu infinitesimalen Transformationen gehörenden Matrizen bildet. Dann sind die Bedingungen (20.89 b) und (20.89 c) automatisch erfüllt, und man erhält eine der beiden Λ-Matrizen.

So ist insbesondere die „Drehung" um einen Winkel φ in der $x^\alpha x^\beta$-Ebene ein Produkt aus Matrizen, die zu infinitesimalen Drehungen in dieser Ebene gehören. Die Matrix, die diese Transformation beschreibt, ist folglich:

$$\Lambda^{(\alpha\beta)}(\varphi) = \mathrm{e}^{\mathrm{i}\varphi S_{\alpha\beta}}. \tag{20.94}$$

Handelt es sich (s. Fußnote 4)) um eine spezielle Lorentz-Transformation mit der Geschwindigkeit $v = \operatorname{th}\varphi$ in x-Richtung, so findet man, wenn man die Beziehungen (20.93 a) und die Eigenschaften von α_x berücksichtigt:

$$\Lambda^{xt}(\varphi) = \mathrm{e}^{-\frac{1}{2}\alpha_x\varphi} = \operatorname{ch}\tfrac{1}{2}\varphi - \alpha_x \operatorname{sh}\tfrac{1}{2}\varphi. \tag{20.95}$$

Bezeichnet man allgemeiner mit $\Lambda_{sp.}(\boldsymbol{v})$ die Matrix, die der speziellen Lorentz-Transformation mit der Geschwindigkeit $\boldsymbol{v}$ zugeordnet ist, so hat man:

$$\Lambda_{sp.}(\boldsymbol{v}) = \operatorname{ch}\tfrac{1}{2}\varphi - (\boldsymbol{\alpha}\cdot\boldsymbol{u})\operatorname{sh}\tfrac{1}{2}\varphi$$

mit:

$$\boldsymbol{u} \equiv \boldsymbol{v}/v, \qquad \varphi = \operatorname{th}^{-1} v.$$

Wir setzen:

$$b \equiv 1/\sqrt{1-v^2} = \operatorname{ch}\varphi. \qquad (20.96)$$

Nach einer elementaren Rechnung kann damit der vorstehende Ausdruck auf die Form:

$$\Lambda_{\text{sp.}}(\boldsymbol{v}) = \frac{1}{\sqrt{2(1+b)}}[1 + b - (\boldsymbol{\alpha}.\boldsymbol{v})\, b] \qquad (20.97)$$

gebracht werden.

Wir betrachten jetzt Drehungen im gewöhnlichen Sinn des Wortes. Für Drehungen um die z-Achse liefert der Ausdruck (20.94):

$$\Lambda^{(xy)}(\varphi) = e^{iS_{12}\varphi} = e^{\frac{1}{2}i\sigma_z\varphi} = \cos\tfrac{1}{2}\varphi + i\sigma_z \sin\tfrac{1}{2}\varphi. \qquad (20.98)$$

Allgemeiner ist die Matrix, die einer Drehung mit dem Winkel φ um eine zum Einheitsvektor $\boldsymbol{u}$ parallele Achse zugeordnet ist:

$$\Lambda_{\boldsymbol{u}}(\varphi) = \cos\tfrac{1}{2}\varphi + i\sigma_u \sin\tfrac{1}{2}\varphi \qquad (20.99)$$

mit $\sigma_u \equiv (\boldsymbol{\sigma}.\boldsymbol{u})$.

Wir sind jetzt in der Lage zu diskutieren, wie der Spin des Teilchens durch die Dirac-Gleichung beschrieben wird. Dieser ist durch die Transformationseigenschaften der inneren Variablen bei Raumdrehungen definiert. Die Gleichung (20.99) liefert hier den allgemeinen Ausdruck für die Transformationsmatrizen. Zwischen diesem und dem durch (13.84) gegebenen Ausdruck besteht der einzige Unterschied darin, daß vor σ_u ein anderes Vorzeichen steht. Besser: Man gelangt von dem einen Ausdruck zum anderen, indem man φ mit $-\varphi$ vertauscht. Die beiden Matrizen sind mit anderen Worten zueinander invers. Dieser Unterschied hat seine Ursache darin, daß wir im dreizehnten Kapitel die Drehung der Variablen und Zustände untersuchten, wobei die Achsen fest blieben, während wir hier den umgekehrten Standpunkt einnehmen. Wir erkennen also, daß sich die Diracsche Wellenfunktion bei Drehungen transformiert wie die Wellenfunktion *eines Teilchens mit dem Spin ½*.

Man beachte insbesondere, daß man bei einer Drehung mit dem Winkel 2π um irgendeine Achse nicht wieder die Einheitsmatrix erhält. Man findet nämlich:

$$\Lambda_{\boldsymbol{u}}(2n\pi) = (-)^n I, \qquad (20.100)$$

eine Eigenschaft, die für halbzahlige Spins charakteristisch ist. Damit ist klar, daß man die Unbestimmtheit im Vorzeichen von Λ nicht beseitigen kann, ohne daß die Gruppeneigenschaft der Λ verletzt wird.

Von nun an nennen wir die Wellenfunktionen der Dirac-Theorie *Spinoren*.

20.3.4 Raumspiegelung und orthochrone Gruppe

Hat man das Transformationsgesetz der Spinoren in bezug auf die eigentliche Lorentz-Gruppe bestimmt, so genügt die Kenntnis des Transformationsgesetzes für die Spiegelung s, um es auch für irgendein Element aus der orthochronen Gruppe angeben zu können.

Wir bezeichnen mit Λ_s die Matrix, die zur Spiegelung s des Bezugssystems gehört. Das Gesetz (20.85) lautet in diesem Fall:

$$\Psi'(t, \boldsymbol{r}) = \Lambda_s \Psi(t, -\boldsymbol{r}). \qquad (20.101)$$

Die Bedingung (20.89 a) liefert:

$$\Lambda_s^{-1} \gamma^0 \Lambda_s = \gamma^0 \qquad \Lambda_s^{-1} \gamma^k \Lambda_s = -\gamma^k,$$

woraus

$$\Lambda_s = c_s \gamma^0$$

folgt. Die Konstante c_s wird durch die beiden Bedingungen (20.89 b) und (20.89 c) festgelegt. Man erhält:

$$c_s = \pm 1.$$

Also ist:

$$\Lambda_s = \pm \gamma^0. \qquad (20.102)$$

Λ_s ist also, so wie oben diskutiert, bis aufs Vorzeichen bestimmt [12].

20.3.5 Konstruktion von kovarianten Größen

Mit den Komponenten des Spinors $\Psi(x)$ und denen seines Adjungierten $\overline{\Psi}(x)$ kann man insgesamt sechzehn von x^0, x^1, x^2, x^3 abhängige Funktionen bilden, die linear unabhängig voneinander und in Ψ und $\overline{\Psi}$ bilinear sind. Man kann sie in fünf Klassen mit wohlbestimmtem Tensorcharakter einteilen: ein Skalar S, ein Vektor V^μ, ein antisymmetrischer Tensor zweiter Stufe $T^{[\mu\nu]}$, ein antisymmetrischer Tensor dritter Stufe oder Pseudovektor $A^{[\lambda\mu\nu]}$ und ein antisymmetrischer Tensor vierter Stufe oder Pseudoskalar P. Diese sind in der Tabelle 20.2 zusammengestellt.

---

[12] Der Ausdruck (20.102) gehört zum Fall (a) aus der Fußnote 11). Fall (b) liefert:

$$\Lambda_s = \pm\, i\gamma^0.$$

Tabelle 20.2
In Ψ und $\overline{\Psi}$ bilineare Tensoren

Bezeichnung des Tensors	Anzahl seiner Komponenten	Transformationsverhalten
$S(x) \equiv (\overline{\Psi}\Psi)$	1	Skalar
$V^{\mu}(x) \equiv (\overline{\Psi}\gamma^{\mu}\Psi)$	4	Vektor
$T^{[\mu\nu]}(x) \equiv (\overline{\Psi}\gamma^{\mu}\gamma^{\nu}\Psi) \quad (\mu \neq \nu)$	6	Tensor 2. Stufe
$A^{[\lambda\mu\nu]}(x) \equiv (\overline{\Psi}\gamma^{\lambda}\gamma^{\mu}\gamma^{\nu}\Psi) \quad (\lambda \neq \mu, \mu \neq \nu, \nu \neq \lambda)$	4	Pseudovektor
$P(x) \equiv (\overline{\Psi}\gamma^{5}\Psi)$	1	Pseudoskalar

Den angegebenen Tensorcharakter beweist man leicht mit Hilfe des Transformationsgesetzes (20.85) bzw. (20.88) für die Spinoren Ψ und $\overline{\Psi}$ sowie der Beziehung (20.89 a) zwischen der Λ-Matrix und den Koeffizienten Ω^{μ}_{ν} der zugehörigen Lorentz-Transformation.

Wir erinnern daran, daß sich das Transformationsgesetz für den Pseudoskalar von dem für den Skalar nur durch den zusätzlichen Faktor $\det|\Omega^{\mu}_{\nu}|$ unterscheidet:

$$P(x') = \det|\Omega^{\mu}_{\nu}|\, P(x).$$

Bei einer Transformation aus der eigentlichen Lorentz-Gruppe transformiert sich also ein pseudoskalares Feld wie ein skalares Feld, bei einer Spiegelung s ändert es dagegen das Vorzeichen. Genau so unterscheidet sich das Transformationsgesetz für den Pseudovektor nur durch den zusätzlichen Faktor $\det|\Omega^{\mu}_{\nu}|$ von dem Gesetz für den Vektor.

Der Vektor $V^{\mu}(x)$ war bereits als Vierervektor der Stromdichte interpretiert worden:

$$V^{\mu}(x) \equiv j^{\mu}(x).$$

Auch die anderen kovarianten Größen können gedeutet werden. So ist $T^{[\mu\nu]}$ bis auf eine Konstante gleich einem Tensor $S^{\mu\nu}$, den man als eine Spindichte interpretieren kann:

$$T^{[\mu\nu]} = -2\mathrm{i}S^{\mu\nu}(x) \equiv -2\mathrm{i}(\overline{\Psi}\, S^{\mu\nu}\, \Psi).$$

20.3.6 Eine andere Formulierung der Forminvarianz: Transformation der Zustände

Bisher war jede Transformation eine Operation an den Achsen des Bezugssystems, während das physikalische System nicht verändert wurde. Man kann nun umgekehrt die betreffende Transformation am physikalischen System vornehmen und die Achsen festhalten. Dieser Standpunkt ist im dritten Teil systematisch eingenommen worden (s. insbesondere die Bemerkungen aus Abschnitt 13.3.2 hierzu). Obwohl die Resultate in einer verschiedenen Sprache ausgedrückt werden, ist klar, daß beide Standpunkte äquivalent sind.

Um dies zu präzisieren, bezeichnen wir den Zustand des physikalischen Systems, das im Bezugssystem (R) durch den Spinor $\Psi(x)$ repräsentiert wird, mit (S). (S') sei der Zustand, den man erhält, wenn man an (S) die Transformation $\mathcal{L}$ ausführt, und $(\widehat{R})$ sei das Bezugssystem, das durch dieselbe Transformation in (R) übergeht (s. Abb. 20.1):

$$(S') = \mathfrak{L}(S), \qquad (\widehat{R}) = \mathfrak{L}^{-1}(R).$$

Wir betrachten die drei folgenden Spinoren:

$\Psi(x)$ repräsentiert (S) im Bezugssystem (R),
$\widehat{\Psi}(\widehat{x})$ repräsentiert (S) im Bezugssystem $(\widehat{R})$,
$\Psi'(x)$ repräsentiert (S') im Bezugssystem (R).

Es ist klar, daß die beiden Spinoren $\widehat{\Psi}$ und Ψ' für dieselben Werte ihrer Argumente gleich sind:

$$\Psi'(x) = \widehat{\Psi}(x). \tag{20.103}$$

Der Zusammenhang zwischen $\widehat{\Psi}$ und Ψ wurde in Abschnitt 20.3.2 aufgestellt. Weil man von $(\widehat{R})$ nach (R) durch die Transformation $\mathcal{L}$ gelangt, hat man, indem man

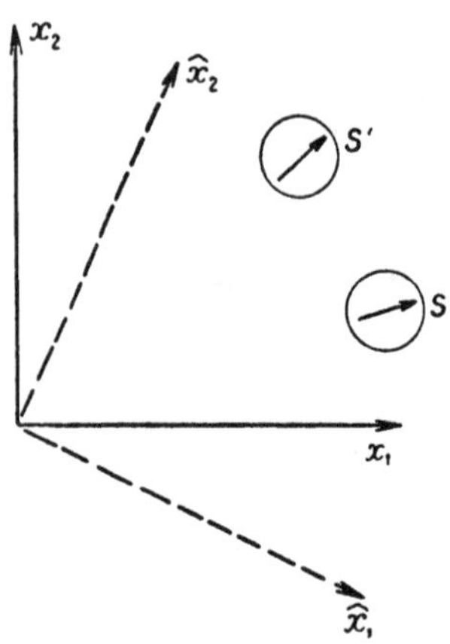

Abb. 20.1: Die beiden Möglichkeiten, wie man eine Lorentz-Transformation auffassen kann: Wechsel des Bezugssystems $(\hat{x} \to x)$ und Transformation des Systems $(S \to S')$.

die Gleichung (20.85) berücksichtigt und mit Λ stets die Matrix bezeichnet, die zu $\mathcal{L}$ gehört:

$$\Psi(\widehat{x}) = \Lambda\widehat{\Psi}(\mathfrak{L}^{-1}\widehat{x}).$$

Folglich ist:

$$\Psi'(x) = \Lambda^{-1}\Psi(\mathfrak{L}x). \tag{20.104}$$

Der Vergleich mit (20.85) zeigt, daß die Transformation der Zustände gerade durch die inverse Operation geschieht wie die Transformation des Bezugssystems.

Dieselben Feststellungen gelten für das elektromagnetische Feld, in dem sich das Dirac-Teilchen befindet. (A) sei dieses Feld und (A') das Feld, das daraus durch die Transformation $\mathcal{L}$ hervorgeht:

$$(A') = \mathcal{L}(A).$$

Wir führen die folgenden drei (kovarianten) Vierervektoren ein:

$A_\mu(x)$ repräsentiert (A) im Bezugssystem (R),
$\widehat{A}_\mu(\widehat{x})$ repräsentiert (A) im Bezugssystem $(\widehat{R})$,
$A'_\mu(x)$ repräsentiert (A') im Bezugssystem (R).

Man kann die bei den Spinoren angestellte Überlegung wiederholen. Offensichtlich ist:

$$A'_\mu(x) = \widehat{A}_\mu(x). \tag{20.105}$$

Weiter gilt wegen (20.81):

$$\widehat{A}_\mu(\mathfrak{L}^{-1}x) = A_\nu(x)\,\Omega^\nu{}_\mu\,,$$

woraus

$$A'_\mu(x) = A_\nu(\mathfrak{L}x)\,\Omega^\nu{}_\mu \tag{20.106}$$

folgt.

Wir nehmen jetzt an, daß $\Psi(x)$ der Dirac-Gleichung mit dem Potential $A_\mu(x)$ genügt:

$$[\gamma^\mu(\mathrm{i}\partial_\mu - eA_\mu) - m]\Psi = 0. \tag{20.107}$$

Berücksichtigt man die Gleichungen (20.103) und (20.105), so liefert die Forminvarianz der Dirac-Gleichung gegenüber einem Wechsel des Bezugssystems: $(R) \to (\hat{R})$:

$$[\gamma^\mu(\mathrm{i}\partial_\mu - eA'_\mu) - m]\Psi' = 0. \tag{20.108}$$

Die Forminvarianz läßt sich also in der folgenden Weise ausdrücken:

Genügt $\Psi(x)$ der Dirac-Gleichung mit dem Potential $A_\mu(x)$, so genügt der Zustand $\Psi'(x)$, der daraus durch die Transformation $\mathcal{L}$ hervorgeht, der Dirac-Gleichung mit dem transformierten Potential $A'_\mu(x)$.

20.3.7 Invarianzbedingungen für die Bewegungsgleichung

Im allgemeinen sind die Gleichungen (20.107) und (20.108) voneinander verschieden. Identisch sind sie dann, wenn das äußere Potential (A) gegenüber der Transformation $\mathcal{L}$ invariant ist, d.h. wenn:

$$A'_\mu(x) = A_\mu(x).$$

In diesem Fall genügen Ψ und Ψ' derselben Wellengleichung. Also *ist die Bewegungsgleichung für die Zustände bei jeder Transformation $\mathcal{L}$ invariant, die das äußere Potential ungeändert läßt.*

Bisher war $\mathcal{L}$ stets eine Transformation aus der orthochronen Lorentz-Gruppe, doch trifft alles, was hier gesagt wurde, auch für Raum- und Zeittranslationen zu (s. Fußnote 9)). Auch die zuletzt angegebenen Eigenschaften – Forminvarianz und Invarianzbedingung für die Bewegungsgleichung – bleiben gültig, wenn $\mathcal{L}$ eine Raum- oder Zeittranslation darstellt.

20.3.8 Transformationsoperatoren. Impuls, Drehimpuls, Parität

Um die Untersuchung nach dem allgemeinen Schema des fünfzehnten Kapitels fortsetzen zu können, schreiben wir das Transformationsgesetz (20.104) in der Form:

$$\Psi' = T\Psi, \tag{20.109}$$

worin T ein passender linearer Operator ist. Die Forminvarianz der Dirac-Gleichung kann dann durch die Operatorbeziehung

$$T\mathfrak{D}(A)T^{-1} = \mathfrak{D}(A') \tag{20.110}$$

ausgedrückt werden, in der $\mathfrak{D}(A)$ bzw. $\mathfrak{D}(A')$ der Dirac-Operator mit den Potentialen A und A' ist, der durch

$$\mathfrak{D}(A) \equiv \gamma^\mu(i\partial_\mu - eA_\mu) \tag{20.111}$$

definiert ist. Die Invarianzbedingung für die Bewegungsgleichung hinsichtlich der Transformation $\mathcal{L}$ wird schließlich als Vertauschungsrelation formuliert:

$$[T, \mathfrak{D}(A)] = 0. \tag{20.112}$$

Der Operator T kann leicht konstruiert werden. Er ist das Produkt eines Operators $T^{(s)}$, der allein auf die Spinvariablen, mit einem Operator $T^{(0)}$, der nur auf die Bahnvariablen wirkt:

$$T = T^{(s)} \otimes T^{(0)}.$$

Vergleicht man (20.109) mit (20.104), so sieht man, daß

$$T^{(s)} = \Lambda^{-1} \tag{20.113}$$

ist. Λ ist hier der *Operator,* der durch die in Abschnitt 20.3.2 eingeführte Matrix Λ dargestellt wird.

Wir bestimmen für infinitesimale Lorentz-Translationen und -„Drehungen", sowie für die Spiegelung s die explizite Form von T.

Bei Translationen ist $T^{(s)} = 1$. Wir führen den Differentialoperator

$$\boxed{p_\mu \equiv i\partial_\mu} \tag{20.114}$$

ein. p_μ ist der *Energie-Impuls-Vierervektor* (genauer handelt es sich um die kovarianten Komponenten dieses Vektors). Für eine infinitesimale Translation in Richtung der x^α-Achse finden wir:

$$T = 1 - i\epsilon p_\alpha.$$

(ϵ infinitesimal).

Wir betrachten jetzt eine infinitesimale „Drehung" mit dem Winkel ϵ in der $x^\alpha x^\beta$-Ebene. In diesem Fall ist:

$$\begin{aligned}(\mathcal{L}x)^\mu &= x^\mu - \epsilon Z^{(\alpha\beta)\mu}{}_\nu x^\nu \\ &= x^\mu - \epsilon(\delta^\mu{}_\alpha x_\beta - \delta^\mu{}_\beta x_\alpha).\end{aligned}$$

Ist $\psi_s(x)$ eine Komponente des Spinors $\Psi(x)$, so gilt offensichtlich in erster Ordnung in ϵ:

$$\psi_s(\mathcal{L}x) \simeq \psi_s(x) + \varepsilon\left(x_\alpha \frac{\partial\psi_s}{\partial x^\beta} - x_\beta \frac{\partial\psi_s}{\partial x^\alpha}\right).$$

Führt man den Differentialoperator

$$L_{\alpha\beta} \equiv x_\alpha p_\beta - x_\beta p_\alpha \tag{20.115}$$

ein, so kann man dies auf die Form

$$\psi_s(\mathcal{L}x) \cong (1 - i\epsilon L_{\alpha\beta})\,\psi_s(x)$$

bringen. Andererseits folgt aus (20.90) und (20.113):

$$T^{(s)} \cong (1 - i\epsilon S_{\alpha\beta}),$$

worin $S_{\alpha\beta}$ durch die Gleichung (20.92) definiert ist. Damit lautet schließlich das Transformationsgesetz (20.109) der Spinoren für den Fall „infinitesimaler Drehungen":

$$\begin{aligned}\Psi'(x) &\cong (1 - i\epsilon S_{\alpha\beta})\,(1 - i\epsilon L_{\alpha\beta})\,\Psi(x) \\ &\cong (1 - i\epsilon J_{\alpha\beta})\,\Psi(x)\end{aligned}$$

mit

$$\boxed{J_{\alpha\beta} \equiv L_{\alpha\beta} + S_{\alpha\beta} \equiv x_\alpha p_\beta - x_\beta p_\alpha + \tfrac{1}{2}\sigma_{\alpha\beta}}\,. \tag{20.116}$$

Die drei räumlichen Komponenten J_{23}, J_{31}, J_{12} von $J_{\alpha\beta}$ gehören zu infinitesimalen Drehungen um die x-, y- bzw. z-Achse. Sie sind also die Komponenten des Gesamtdrehimpulses J und man hat:

$$\begin{aligned} &\boldsymbol{J} = \boldsymbol{L} + \boldsymbol{S} \\ &\boldsymbol{L} = \boldsymbol{r} \times \boldsymbol{p}, \quad \boldsymbol{S} = \tfrac{1}{2}\boldsymbol{\sigma}. \end{aligned} \tag{20.117}$$

Die Komponenten von $\boldsymbol{L}$ wirken nur auf die Bahnvariablen: $\boldsymbol{L}$ ist der Bahndrehimpuls. Die Komponenten von $\boldsymbol{S}$ wirken nur auf die inneren Variablen: $\boldsymbol{S}$ ist der Spinvektor des Teilchens.

Wir überlassen dem Leser den Nachweis, daß $\boldsymbol{J}$, $\boldsymbol{L}$ und $\boldsymbol{S}$ den Vertauschungsrelationen genügen, die für Drehimpulse charakteristisch sind, und daß $\boldsymbol{S}$ die Eigenschaft:

$$\boldsymbol{S}^2 = \tfrac{3}{4}$$

besitzt, die für ein Teilchen mit dem Spin ½ charakteristisch ist.

Den zur Raumspiegelung gehörenden Operator bezeichnen wir mit P und nennen in den Paritätsoperator [13]. Den Operator der „Bahnparität" bezeichnen wir mit $P^{(0)}$:

$$P^{(0)}\,\Psi(t, \boldsymbol{r}) = \Psi(t, -\boldsymbol{r}).$$

Aufgrund der Bedingung (20.113) haben wir für P die Wahl zwischen zwei entgegengesetzten Ausdrücken. Sie ergeben sich auf einfache Weise aus der Untersuchung des Abschnitts 20.3.4 (s. die Beziehung (20.102)). Wir wählen die bequemere:

$$\boxed{P = \gamma^0 P^{(0)}}\,. \tag{20.118}$$

Man beachte, daß P hermitisch und $P^2 = 1$ ist.

20.3.9 Erhaltungssätze und Konstanten der Bewegung

Hängt die Transformation von der Zeit ab, so beeinflußt der dieser Transformation zugeordnete Operator die Zeitabhängigkeit von Ψ explizit. Das ist insbesondere bei

---

[13] Korrekter und genauer gehören zu der Transformation s aus der orthochronen Lorentz-Gruppe zwei Transformationen s' und s'' aus der Gruppe $G^{(a)}$ der Transformationsoperatoren. Diese werden durch die Operatoren $P' = c'\gamma^0 P^{(0)}$ und $P'' = c''\gamma^0 P^{(0)}$ mit $c' = -c''$ repräsentiert. Die Menge der beiden Zahlen (c', c'') definiert die *innere Parität* des Teilchens. Nach der Untersuchung des Abschnitts 20.3.4 sind zwei Fälle: $(+1, -1)$ und $(-1, +1)$ möglich, die zu den beiden nichtäquivalenten irreduziblen Darstellungen von $G^{(a)}$ gehören. Im vorliegenden Fall eines Teilchens ist dieser Begriff der inneren Parität rein akademisch. Er wird jedoch in der Quantenfeldtheorie wichtig, wenn man die Wechselwirkung mehrerer Teilchen untersucht.

Die gleichen Überlegungen kann man anstellen, wenn man als Operatorengruppe $G^{(b)}$ wählt (s. Fußnoten 11) und 12)). Auch in diesem Fall findet man zwei mögliche innere Paritäten, $(+i, -i)$ und $(-i, +i)$.

Man beachte: Im Gegensatz zu dem, was man häufig in der Literatur findet, gibt es für Spinoren nur zwei mögliche innere Paritäten und *nicht vier.*

Zeittranslationen und speziellen (geschwindigkeitsabhängigen) Lorentz-Transformationen der Fall.

Für jede zeitunabhängige Transformation ist dagegen *die Wirkung von T auf den Zustandsvektor unabhängig vom Bewegungsgesetz dieses Vektors definiert.* T kann dann als ein Operator für die Transformation der Zustände und Observablen des Systems so definiert werden, wie es in Abschnitt 15.2 geschehen ist. Die Invarianzeigenschaften der Bewegungsgleichung können in diesem Fall in der Form von Erhaltungsaussagen ausgedrückt werden.

Ist nämlich $\mathcal{L}$ eine Raumtransformation, so ist T eine bestimmte Funktion der Operatoren für die Spiegelung, die infinitesimalen Translationen und die infinitesimalen Drehungen, d.h. eine bestimmte Funktion von P, $\boldsymbol{J}$ und $\boldsymbol{p}$. T vertauscht also mit γ^0. Weil nun

$$\gamma^0\left(\mathrm{i}\frac{\partial}{\partial t} - H_D\right) \equiv \mathfrak{D}(A) - m$$

ist, so ist die Vertauschungsrelation (20.112) in diesem Fall zur Bedingung:

$$[T, H_D] = 0$$

äquivalent. Man wird also auf die Bedingungen aus dem Abschnitt 15.3.2 zurückgeführt, und alles, was dort über den Zusammenhang zwischen den Symmetrien des Hamilton-Operators und den Erhaltungssätzen gesagt wurde, kann hier übernommen werden.

So führt die Translationsinvarianz von $A_\mu(x)$ zu den Vertauschungsrelationen

$$[\boldsymbol{p}, H_D] = 0$$

und der Impulserhaltung. Ist $A_\mu(x)$ kugelsymmetrisch, so hat man:

$$[\boldsymbol{J}, H_D] = 0$$

und der Gesamtdrehimpuls bleibt erhalten. Ist $A_\mu(x)$ invariant in bezug auf eine Spiegelung am Ursprung, so gilt:

$$[P, H_D] = 0$$

und die Parität ist eine Erhaltungsgröße.

20.3.10 Zeitumkehr und Ladungskonjugation

In diesem Abschnitt beweisen wir die Forminvarianz der Dirac-Gleichung für die beiden antilinearen Operationen der Zeitumkehr und der Ladungskonjugation. In beiden Fällen ist es zweckmäßig, einen antiunitären Operator im Zustandsraum einzuführen, der besonders einfache allgemeine Eigenschaften aufweist. Wir bezeichnen ihn mit K.

Der antiunitäre Operator K. Wir definieren:

$$K\boldsymbol{r}K^{\dagger} = \boldsymbol{r}, \qquad K\boldsymbol{p}K^{\dagger} = -\boldsymbol{p} \tag{20.119}$$

$$K\gamma^{\mu}K^{\dagger} = \gamma^{\mu} \qquad (\mu = 0, 1, 2, 3). \tag{20.120}$$

Das ist ein antiunitärer Transformationsoperator, der $\boldsymbol{p}$ in $-\boldsymbol{p}$ überführt und $\boldsymbol{r}$ und γ^{μ} unverändert läßt. Man beachte, daß dieser Operator *nicht* der Zeitumkehroperator ist. Dieser wird im folgenden mit K_T bezeichnet.

Wir zeigen, daß ein bis auf eine Phase bestimmter Operator existiert, der diesen Relationen genügt und die Eigenschaft hat:

$$K^2 = -1. \tag{20.121}$$

Daß K, falls er existiert, bis auf einen Phasenfaktor definiert ist, ergibt sich aus den Relationen (20.119–120) sowie aus der Tatsache, daß der Zustandsraum in bezug auf die Basisoperatoren $\boldsymbol{r}$, $\boldsymbol{p}$ und γ^{μ} irreduzibel ist. Wir wählen eine bestimmte Darstellung, z.B. die Dirac-Darstellung. Jeder *Operator* γ^{μ} wird darin durch eine bestimmte Matrix γ^{μ}_D dargestellt. B_D sei der Operator, den die „Matrix B" darstellt, die die γ^{μ}_D in die zu ihnen konjugiert komplexen Matrizen transformiert. B_D wird hier als ein Operator im Gesamtraum angesehen und nicht als ein Operator im Spinraum allein. Er ist ein unitärer Operator, der mit $\boldsymbol{r}$ und mit $\boldsymbol{p}$ vertauscht. K_D sei der zu dieser Darstellung gehörende Operator für die Komplexkonjugation (Definition aus Abschnitt 15.1.4). Die Beziehungen (20.76) ergeben:

$$\gamma^{\mu} = B_D (K_D \gamma^{\mu} K_D{}^{\dagger}) B_D{}^{\dagger}.$$

Folglich erfüllt der antiunitäre Operator

$$K \equiv B_D K_D$$

die Relationen (20.120). Weil B_D mit $\boldsymbol{r}$ und $\boldsymbol{p}$ vertauscht und weil gemäß der Definition von K_D:

$$K_D \boldsymbol{r} K_D = \boldsymbol{r}, \qquad K_D \boldsymbol{p} K_D = -\boldsymbol{p}$$

gilt, genügt K auch den Relationen (20.119). Weil schließlich $K_D = K_D{}^{\dagger}$ ist, ergibt die Eigenschaft (20.77):

$$B_D (K_D B_D K_D) \equiv K^2 = -1.$$

Das ist die Eigenschaft (20.121). Sie bleibt gültig, wenn man K mit einem beliebigen Phasenfaktor multipliziert. W.z.b.w.

Ladungskonjugation. Multipliziert man die Gleichung (20.107) von links mit K und berücksichtigt, daß K antilinear ist und mit γ^{μ}, ∂_{μ} und $A_{\mu}(x)$ vertauscht, so findet man:

$$[\gamma^{\mu}(-\mathrm{i}\partial_{\mu} - eA_{\mu}(x)) - m]K\Psi(x) = 0 \tag{20.122}$$

$K\Psi$ genügt also einer Wellengleichung, die sich von der Dirac-Gleichung nur dadurch unterscheidet, daß der Faktor +i mit -i vertauscht ist. Wir multiplizieren gliedweise mit γ^5. Weil dieser Operator mit den γ^μ antivertauscht und mit allen in der Klammer auftretenden Operatoren kommutiert, erhält man:

$$[\gamma^\mu (\mathrm{i}\partial_\mu + eA_\mu(x)) - m]\gamma^5 K\Psi(x) = 0. \tag{20.123}$$

Wir setzen:

$$\boxed{K_C \equiv \gamma^5 K} \tag{20.124}$$

$$\Psi^C(x) \equiv K_C \Psi(x). \tag{20.125}$$

Die Gleichung (20.123) lautet dann:

$$[\gamma^\mu (\mathrm{i}\partial_\mu + eA_\mu(x)) - m]\Psi^C(x) = 0. \tag{20.126}$$

Die Gleichung, der die Welle $\Psi^C(x)$ genügt, unterscheidet sich von der, der die Welle $\Psi(x)$ gehorcht, nur durch das Vorzeichen in der Ladung. *Beschreibt daher $\Psi(x)$ die Bewegung eines Dirac-Teilchens mit der Masse m und der Ladung e im Potential $A_\mu(x)$, so beschreibt $\Psi^C(x)$ die Bewegung eines Dirac-Teilchens mit derselben Masse und der entgegengesetzen Ladung (– e) im selben Potential $A_\mu(x)$.*

Man sagt, die Spinoren Ψ und Ψ^C seien ladungskonjugiert zueinander, und nennt die Transformation K_C die *Ladungskonjugation.*

Der Zusammenhang zwischen Ψ und Ψ^C ist übrigens umkehrbar. Aus den Eigenschaften von K und γ^5 leitet man nämlich leicht her, daß:

$$K_C^2 = 1. \tag{20.127}$$

Ferner kann man zeigen, daß die Ladungskonjugation mit den Translationen und den Transformationen aus der orthochronen Lorentz-Gruppe vertauscht. Genauer: Ist bei einer dieser Transformationen $L\Psi$ die Transformierte von Ψ, so ist $L\Psi^C$ ihre Ladungskonjugierte, falls es sich um eine Translation oder eine Transformation aus der eigentlichen Lorentz-Gruppe handelt, und $-L\Psi^C$, falls L eine Spiegelung darstellt (s. Aufgabe 5).

Zeitumkehr. Man kann die Invarianz der Dirac-Gleichung bei Zeitumkehr direkt zeigen, doch ist es genau so einfach, von den bei der Ladungskonjugation erhaltenen Resultaten auszugehen.

Ein vorgegebenes Potential $A_\mu(t, r)$ wird durch eine bestimmte Anzahl bewegter Ladungen erzeugt. Das Potential $A'_\mu(t, r)$, das daraus durch Zeitumkehr hervorgeht, erhält man, wenn man die Bewegung dieser Ladungen umkehrt. Bei dieser Operation ändern die Ströme, also auch das Magnetfeld, das Vorzeichen. Die elektrischen Ladungen dagegen und damit auch das elektrische Feld bleiben ungeändert:

$$\mathcal{H}'(t, \boldsymbol{r}) = -\mathcal{H}(-t, \boldsymbol{r}), \qquad \mathcal{E}'(t, \boldsymbol{r}) = \mathcal{E}(-t, \boldsymbol{r}).$$

Folglich „transformiert sich A_μ wie ein Pseudovektor":

$$\boldsymbol{A}'(t, \boldsymbol{r}) = -\boldsymbol{A}(-t, \boldsymbol{r}) \qquad A_0'(t, \boldsymbol{r}) = A_0(-t, \boldsymbol{r}).$$

Setzt man für t in der Gleichung (20.126) $-t$, so wird daher:

$$[-\gamma^0(\mathrm{i}\partial_0 - eA_0'(t, \boldsymbol{r})) + \textstyle\sum_k \gamma^k(\mathrm{i}\partial_k - eA_k'(t, \boldsymbol{r})) - m]\Psi^C(-t, \boldsymbol{r}) = 0.$$

Wir multiplizieren gliedweise mit $\gamma^5\gamma^0$. Weil dieser Operator mit den γ^k vertauscht und mit γ^0 antivertauscht, ist:

$$[\gamma^\mu(\mathrm{i}\partial_\mu - eA_\mu'(t, \boldsymbol{r})) - m]\Psi'(t, \boldsymbol{r}) = 0 \tag{20.128}$$

falls man:

$$\begin{aligned}\Psi'(t, \boldsymbol{r}) &\equiv \gamma^5\gamma^0\Psi^C(-t, \boldsymbol{r})\\ &= \gamma^0 K\Psi(-t, \boldsymbol{r})\end{aligned} \tag{20.129}$$

setzt.

Wir führen den (antiunitären) Zeitumkehroperator ein:

$$\boxed{K_T \equiv \gamma^0 K} \tag{20.130}$$

Nach Definition ist $\Psi'(t, \boldsymbol{r})$ der Spinor, der durch die Transformation der Zeitumkehr aus dem Spinor $\Psi(-t, \boldsymbol{r})$ hervorgeht. Er genügt der Gleichung (20.128). Genügt also Ψ der Dirac-Gleichung mit dem Potential A_μ, so genügt Ψ' der Dirac-Gleichung mit dem Potential A_μ', das aus A_μ durch Zeitumkehr hervorgeht.

Ist insbesondere A_μ bei Zeitumkehr invariant (wenn sich das Teilchen z.B. in einem stationären, rein elektrischen Feld befindet: $\boldsymbol{A} = 0$, $\partial A_0/\partial t = 0$), so genügen beide Spinoren Ψ und Ψ' derselben Dirac-Gleichung.

Aus den Eigenschaften von γ^0 und K folgt:

$$K_T^2 = -1. \tag{20.131}$$

Dieses Resultat, das für Systeme mit halbzahligem Drehimpuls charakteristisch ist, ergab sich bereits beim nichtrelativistischen Grenzfall (Gleichung (15.88)). Die Konsequenzen, die wir dort gezogen hatten (insbesondere die Kramers-Entartung), behalten auch hier ihre volle Gültigkeit.

Beachtet man die Abhängigkeit des Operators B_D von den ρ und den σ (s. den Schluß des Abschnitts 20.3.1), so gelangt man zu Beziehungen, die zu den Definitionsgleichungen (20.124) und (20.130) äquivalent sind:

$$\begin{aligned}K_C &= \mathrm{i}\rho_2\sigma_y K_D\\ K_T &= \mathrm{i}\sigma_y K_D.\end{aligned}$$

Diese erweisen sich als nützlich, wenn man mit den Operatoren K_C und K_T in der Dirac-Darstellung arbeitet.

20.3.11 Eichinvarianz

Der Vollständigkeit halber erwähnen wir an dieser Stelle den Begriff der Eichvarianz (s. Abschnitt 21.3.4).

Bei einer Umeichung des elektromagnetischen Potentials werden die Komponenten $A_\mu(x)$ durch:

$$A'_\mu(x) \equiv A_\mu(x) - \partial_\mu G(x) \tag{20.132}$$

ersetzt, worin $G(x)$ eine beliebig gewählte Funktion der Raum-Zeit-Koordinaten ist. Das gibt:

$$A'_0 = A_0 - \frac{\partial G}{\partial t}, \qquad \mathbf{A}' = \mathbf{A} + \nabla G.$$

Bei einer solchen Transformation bleiben das elektrische und das magnetische Feld ungeändert.

Ist $\Psi(x)$ die Lösung der Dirac-Gleichung mit dem Potential A_μ, so ist klar, daß

$$\Psi'(x) \equiv e^{ieG(x)}\Psi(x) \tag{20.133}$$

Lösung der Dirac-Gleichung mit dem Potential A'_μ ist. Dies nennt man die Eichinvarianz der Dirac-Gleichung.

20.4 Interpretation der Operatoren und einfache Lösungen

20.4.1 Dirac-Gleichung und Korrespondenzprinzip

Die Lösungen der Dirac-Gleichung mit einem elektromagnetischen Feld genügen einer Differentialgleichung zweiter Ordnung, die nicht mit der Klein-Gordon-Gleichung übereinstimmt, aber dem Korrespondenzprinzip entspricht.

Um diese Gleichung aufzustellen, wenden wir den Operator $(-i\gamma^\lambda D_\lambda - m)$ auf die kovariante Form (20.50) der Dirac-Gleichung an und erhalten:

$$[\gamma^\lambda \gamma^\mu D_\lambda D_\mu + m^2]\Psi = 0. \tag{20.134}$$

Aus den algebraischen Eigenschaften der Operatoren γ^μ folgt:

$$\gamma^\lambda \gamma^\mu \equiv g^{\lambda\mu} + ½[\gamma^\lambda, \gamma^\mu]. \tag{20.135}$$

Nach einer einfachen Abänderung der Summationsindizes erhält man:

$$[\gamma^\lambda, \gamma^\mu] D_\lambda D_\mu \equiv -[\gamma^\lambda, \gamma^\mu] D_\mu D_\lambda = \tfrac{1}{2}[\gamma^\lambda, \gamma^\mu][D^\lambda, D_\mu]. \tag{20.136}$$

Nun ist aufgrund der Definition des Operators D_μ (Gleichung (20.10)):

$$\begin{aligned}[D_\lambda, D_\mu] &\equiv ie[\partial_\lambda, A_\mu] + ie[A_\lambda, \partial_\mu] \\ &\equiv ie\left(\frac{\partial A_\mu}{\partial x^\lambda} - \frac{\partial A_\lambda}{\partial x^\mu}\right) \equiv ieF_{\lambda\mu}.\end{aligned} \tag{20.137}$$

Damit ergeben die Gleichungen (20.135–137) zusammen:

$$\gamma^\lambda\gamma^\mu D_\lambda D_\mu \equiv D_\mu D^\mu + eS^{\lambda\mu}F_{\lambda\mu}, \tag{20.138}$$

worin $S^{\lambda\mu}$ den Spin des Teilchens repräsentiert (Definition (20.92)). Die Gleichung (20.134) kann also auf die folgende Form gebracht werden:

$$[D_\mu D^\mu + eS^{\lambda\mu}F_{\lambda\mu} + m^2]\Psi = 0. \tag{20.139}$$

Ein Vergleich mit der Form (20.30′) der Klein-Gordon-Gleichung zeigt, daß sie sich von dieser um den Term:

$$eS^{\lambda\mu}F_{\lambda\mu} \tag{20.140}$$

unterscheidet, also um einen Kopplungsterm zwischen dem Spin des Teilchens und dem elektromagnetischen Feld. Dieser hat kein klassisches Analogon, und sein Beitrag ist im Gültigkeitsbereich der quasiklassischen Näherung vernachlässigbar. Ein Diracsches Wellenpaket bewegt sich also genau so wie ein Klein-Gordon-Wellenpaket.

20.4.2 Die dynamischen Variablen eines Dirac-Teilchens

Von Fall zu Fall haben wir bereits einige dynamische Variable der Dirac-Theorie physikalisch gedeutet. Wir wollen diese Frage jetzt systematisch aufgreifen und insbesondere die Variablen der Quantentheorie angeben, die zu den verschiedenen klassischen Größen korrespondieren (s. Abschnitt 20.1.4).

Hierbei spielt die relativistische Invarianz der Theorie keine wesentliche Rolle. Wir gehen genau so vor wie in der nichtrelativistischen Quantenmechanik: Das System wird definiert durch die Angabe einer Anzahl dynamischer Variabler, die einer bestimmten Algebra genügen, und die Dirac-Gleichung – in der Diracschen Form (Gleichung (20.36) und (20.44)) – ist die Bewegungsgleichung für die Zustände im Schrödinger-Bild.

Im folgenden wird die Zeit einfach als Parameter behandelt, während die Raumkoordinaten mit zu den dynamischen Variablen gezählt werden. Die Basisvariablen sind $\boldsymbol{r}$, $\boldsymbol{p}$ und die inneren Variablen α und β. Die Darstellungstheorie ist hier ohne jede Änderung und Einschränkung anwendbar. In der Dirac-Darstellung werden die Zustandsvektoren $|\Psi\rangle$, $|\Phi\rangle$ ... durch vierkomponentige Wellenfunktionen $\Psi(\boldsymbol{r})$, $\Phi(\boldsymbol{r})$, ... der Koordinaten x, y, z dargestellt. Das Skalarprodukt $\langle\Phi|\Psi\rangle$ ist in dieser Darstellung durch eine Summation über die vier möglichen Werte des Index, der den inneren Freiheitsgrad repräsentiert, sowie eine Integration über den gesamten Ortsraum definiert:

$$\langle\Phi|\Psi\rangle = \sum_{s=1}^{4} \int \varphi^*_s(\boldsymbol{r})\,\psi_s(\boldsymbol{r})\,\mathrm{d}\boldsymbol{r}.$$

Diese Definition des Skalarprodukts ist mit der in Abschnitt 20.2.2 (Formel (20.35)) angegebenen Definition der Dichte der Aufenthaltswahrscheinlichkeit konsistent. Allgemeiner wird die statistische Deutung der Theorie, so wie sie im ersten Teil dieses Buches entwickelt wurde, ungeändert übernommen. Insbesondere ist der Mittelwert eines Operators Q in einem bestimmten Zustand des Systems:

$$\langle Q\rangle = \langle u|Q|u\rangle,$$

worin $|u\rangle$ der auf Eins normierte Vektor ist, der den Zustand des Systems repräsentiert.

Die Deutung der Observablen, die auf den inneren Freiheitsgrad keinen Einfluß haben, ist evident. Wir nennen vor allem:

$\boldsymbol{r}$, Ortsvektor,

$\boldsymbol{p}$, Impuls,

$\boldsymbol{\pi} \equiv \boldsymbol{p} - e\boldsymbol{A}(\boldsymbol{r}, t)$, Bewegungsgröße.

Zu den von $\boldsymbol{r}$ abhängigen Funktionen gehört der Operator

$$\delta(\boldsymbol{r} - \boldsymbol{r}_0),$$

der Projektionsoperator auf den Unterraum zum Eigenwert $\boldsymbol{r}_0$. Er repräsentiert die Aufenthaltswahrscheinlichkeitsdichte im Punkt $\boldsymbol{r}_0$.

Von den Observablen, die vom inneren Freiheitsgrad abhängen, nennen wir hier [14]:

- Die Energie: $H \equiv e\varphi + \boldsymbol{\alpha}.\boldsymbol{\pi} + \beta m;$ (20.141)
- die relativistische Masse: $M \equiv H - e\varphi \equiv \boldsymbol{\alpha}.\boldsymbol{\pi} + \beta m;$ (20.142)
- die Stromdichte in $\boldsymbol{r}$: $\boldsymbol{j}(\boldsymbol{r}_0) \equiv \boldsymbol{\alpha}\delta(\boldsymbol{r} - \boldsymbol{r}_0);$ (20.143)
- den Gesamtdrehimpuls: $\boldsymbol{J} \equiv (\boldsymbol{r} \times \boldsymbol{p}) + \frac{1}{2}\boldsymbol{\sigma};$ (20.144)
- den Spin: $\boldsymbol{S} \equiv \frac{1}{2}\boldsymbol{\sigma};$ (20.145)
- die Parität: $P \equiv \beta P^{(0)}.$ (20.146)

Die Definitionen von H und M beruhen auf der Korrespondenz zur klassischen Mechanik, die Definition von $\boldsymbol{j}(\boldsymbol{r}_0)$ ergibt sich aus der Kontinuitätsgleichung, die Definitionen von $\boldsymbol{J}$ und $\boldsymbol{S}$ hängen mit den Transformationen der Zustände bei Drehungen zusammen und die von P schließlich mit den Transformationen bei einer Spiegelung.

---

[14] Man beachte, daß der Impuls von der Eichung abhängt. Allein der Impuls des Gesamtsystems ist davon unabhängig (Teilchen + elektromagnetisches Feld). Das gleiche gilt auch für die Energie H und den Drehimpuls $\boldsymbol{J}$ (s. Abschnitt 21.3.7).

Mit Hilfe des Korrespondenzprinzips kann man α als die Geschwindigkeit des Teilchens deuten. Diese Interpretation wird bereits durch den Ausdruck für die Stromdichte nahegelegt. Wir vergleichen die klassischen Gleichungen (20.18–19) und (20.21) mit den entsprechenden Gleichungen der Quantentheorie. Um diesen Vergleich durchführen zu können, muß man ins Heisenberg-Bild übergehen. Die Heisenberg-Gleichungen der Variablen $\boldsymbol{r}$ und $\boldsymbol{\pi}$ (des Heisenberg-Bildes) lauten:

$$\mathrm{d}\boldsymbol{r}/\mathrm{d}t = -\mathrm{i}[\boldsymbol{r}, H]$$

$$\mathrm{d}\boldsymbol{\pi}/\mathrm{d}t = -\mathrm{i}[\boldsymbol{\pi}, H] + \partial\boldsymbol{\pi}/\partial t.$$

Ersetzt man H und $\boldsymbol{\pi}$ durch ihre oben angegebenen Ausdrücke und benutzt die Vertauschungs- oder Antivertauschungsregeln für die Operatoren $\boldsymbol{r}$, $\boldsymbol{p}$, $\boldsymbol{\alpha}$ und β, so findet man nach einer längeren Rechnung, die jedoch keine grundsätzlichen Schwie-Schwierigkeiten aufweist (Aufgabe 6):

$$\mathrm{d}\boldsymbol{r}/\mathrm{d}t = \boldsymbol{\alpha} \tag{20.147}$$

$$\mathrm{d}\boldsymbol{\pi}/\mathrm{d}t = e(\mathcal{E} + \boldsymbol{\alpha} \times \mathcal{H}). \tag{20.148}$$

Andererseits leitet man unter Verwendung des Ausdrucks (20.142) für M und Berücksichtigung der Eigenschaften von α her, daß:

$$\boldsymbol{\pi} = \tfrac{1}{2}(M\boldsymbol{\alpha} + \boldsymbol{\alpha}M). \tag{20.149}$$

Man sieht, daß die Gleichungen (20.147–148) für die dynamischen Variablen im Heisenberg-Bild mit den entsprechenden Gleichungen (20.18), (20.21) und (20.19) für die klassischen dynamischen Variablen übereinstimmen, wenn man $\boldsymbol{\alpha}$ der klassischen Geschwindigkeit $\boldsymbol{v}$ zuordnet.

Man beachte, daß die Komponenten der Geschwindigkeit $\boldsymbol{\alpha}$ untereinander nicht vertauschen und daß jede von ihnen im ganzen zwei Eigenwerte $+c$ und $-c$ ($+1$ und -1 in unseren Einheiten) hat. Hierin liegt keine grundsätzliche Schwierigkeit. Es ist lediglich ein weiterer Hinweis, daß man die klassischen Bilder, die man sich von dem Vorgang macht, nicht zu wörtlich nehmen darf. Wir werden hierauf in Abschnitt 20.6.2 zurückkommen.

20.4.3 Das freie Elektron. Ebene Wellen

Für den Rest dieses vierten Abschnitts beschäftigen wir uns mit den Lösungen der Dirac-Gleichung, zunächst bei Abwesenheit eines äußeren Feldes und dann bei Vorliegen eines statischen Zentralpotentials. Die Dirac-Gleichung zu lösen, ist gleichbedeutend mit dem Aufsuchen der Eigenlösungen des Hamilton-Operators H_D. Falls nichts anderes gesagt wird, werden alle Rechnungen in der Dirac-Darstellung durchgeführt. Dabei werden wir häufig die in Abschnitt 20.2.3 eingeführten Operatoren ρ_1, ρ_2, ρ_3 und σ_x, σ_y, σ_z verwenden.

Es sei zunächst kein äußeres Feld vorhanden. Der Hamilton-Operator H_D vertauscht dann mit den drei Komponenten des Impulses. Wir wollen daher die Eigenlösungen von H_D bilden, die zu einem bestimmten Wert $\boldsymbol{p}$ des Impulses gehören. Das sind ebene Wellen, d.h. Funktionen von der Form:

$$u(\boldsymbol{p})\, e^{i\boldsymbol{p}\boldsymbol{r}},$$

worin $u(\boldsymbol{p})$ ein Spinor mit vier von $\boldsymbol{r}$ unabhängigen Komponenten ist. Dieser ist bestimmt durch die Eigenwertgleichung

$$Hu(\boldsymbol{p}) = Eu(\boldsymbol{p}), \tag{20.150}$$

worin H der Operator im Spinraum $\mathcal{E}^{(s)}$ ist:

$$H \equiv \boldsymbol{\alpha}.\boldsymbol{p} + \beta m \equiv \rho_1 (\boldsymbol{\sigma}.\boldsymbol{p}) + \rho_3 m. \tag{20.151}$$

Eine einfache Rechnung ergibt:

$$H^2 = p^2 + m^2.$$

Die einzigen möglichen Eigenwerte von H sind also die beiden Werte $\pm\sqrt{p^2 + m^2}$, d.h. es ist:

$$\begin{aligned} E &= \epsilon E_p \qquad (\epsilon = \pm 1) \\ E_p &= \sqrt{p^2 + m^2}. \end{aligned} \tag{20.152}$$

Man weist leicht nach – z.B. unter Ausnutzung der Tatsache, daß ρ_2 mit H antivertauscht –, daß diese beiden Eigenwerte zweifach entartet sind.

Andererseits *vertauscht die Komponente $\boldsymbol{\sigma}.\boldsymbol{p}/2p$ des Spins in Impulsrichtung mit H.* Diese Eigenschaft liest man unmittelbar aus dem Ausdruck (20.151) ab (die anderen Komponenten des Spins kommutieren dagegen nicht mit H). So wird man also die gemeinsamen Eigenlösungen von H und $\boldsymbol{\sigma}.\boldsymbol{p}/2p$ suchen. Man findet vier Paare von Eigenwerten:

$$(+E_p, +½) \quad (+E_p, -½) \quad (-E_p, +½) \quad (-E_p, -½).$$

Zu jedem von ihnen gehört genau ein Eigenzustand. Der Eigenspinor ergibt sich dann direkt aus den beiden Eigenwertgleichungen. Im folgenden Abschnitt zeigen wir noch eine andere Methode zur Konstruktion dieses Spinors. Die Tabelle 20.3 gibt die Komponenten der vier (auf Eins normierten) Eigenspinoren für den besonders einfachen Fall an, daß $\boldsymbol{p}$ in z-Richtung weist. Wir erinnern daran, daß β und σ_z in der Dirac-Darstellung durch Diagonalmatrizen dargestellt werden.

Tabelle 20.3

Spinorkomponenten für eine Welle mit dem Impuls $\boldsymbol{p} \equiv (0, 0, p)$ *in der Dirac-Darstellung* $(E_p = \sqrt{m^2 + p^2})$.

Energie $E =$	Positiv $+E_p$		Negativ $-E_p$	
Spin $\sigma.p/2p \equiv \frac{1}{2}\sigma_z$	$+\frac{1}{2}$	$-\frac{1}{2}$	$+\frac{1}{2}$	$-\frac{1}{2}$
$\left(\frac{2E_p}{E_p+m}\right)^{\frac{1}{2}} \times$ $u_1 =$	1	0	$-\frac{p}{E_p+m}$	0
$u_2 =$	0	1	0	$\frac{p}{E_p+m}$
$u_3 =$	$\frac{p}{E_p+m}$	0	1	0
$u_4 =$	0	$-\frac{p}{E_p+m}$	0	1
Die vier Spinoren sind auf Eins normiert: $u^\dagger u = 1$.				

20.4.4 Konstruktion der ebenen Wellen durch Lorentz-Tranformation

Ist $A_\mu = 0$, so ist jede Lorentz-Transformierte einer Lösung der Dirac-Gleichung wieder eine Lösung dieser Gleichung. Insbesondere kann jede ebene Welle mit dem Impuls $\boldsymbol{p}$ durch Lorentz-Transformation aus einer ebenen Welle mit dem Impuls Null hergeleitet werden. Von dieser Feststellung wollen wir ausgehen und eine Konstruktionsmethode für die im vorangegangenen Abschnitt angegebenen Spinoren $u(\boldsymbol{p})$ angeben.

Für einen Impuls gleich Null lautet die Gleichung (20.150):

$$\beta m u(0) = E u(0).$$

$+m$ und $-m$ sind die beiden möglichen Eigenwerte. Zu jedem Eigenwert $\epsilon m (\epsilon = \pm 1)$ gehört der Spinor $u^{(\epsilon)}(0)$. Er ist ein Eigenvektor des Operators β. Wir setzen ihn als auf Eins normiert voraus und legen die Spinrichtung beliebig fest. $u^{(\epsilon)}(0)$ ist dann bis auf einen Phasenfaktor definiert.

Damit ist die ebene Welle:

$$\Psi_0^{(\epsilon)} = u^{(\epsilon)}(0)\, e^{-i\epsilon m t}$$

eine Lösung der Dirac-Gleichung zum Impuls Null und zu einer Energie ϵm, d.h. zum Energie-Impuls-Vektor $(\epsilon m, 0)$.

Diese Lösung betrachten wir von einem neuen Bezugssystem aus, das sich gegenüber dem alten mit der Geschwindigkeit $\boldsymbol{v} = -\boldsymbol{p}/\epsilon\sqrt{m^2 + p^2} = -\boldsymbol{p}/\epsilon E_p$ bewegt. Im neuen System ist der Energie-Impuls-Vektor des Teilchens:

$$p^\mu \equiv (\epsilon E_p, p) \tag{20.153}$$

Die Lösung wird in diesem System durch die ebene Welle:

$$\Psi_p^{(\epsilon)} = \Lambda_{sp.}(v) u^{(\epsilon)}(0) \exp(-ip^\mu x_\mu)$$
$$= [\Lambda_{sp.}(v) u^{(\epsilon)}(0)] \exp[-i(\epsilon E_p t - p.r)]$$

dargestellt. Der Ausdruck in der ersten Klammer ist daher zu einem der Spinoren $u(p)$ proportional, die wir bestimmen wollen und die wir im folgenden mit $u^{(\epsilon)}(p)$ bezeichnen. Sein Quadrat ist die Zeitkomponente der zugehörigen Viererstromdichte. Diese ergibt sich durch Lorentz-Transformation der zu $u^{(\epsilon)}(0)$ gehörenden Stromdichte, ist also gleich:

$$b \equiv (1 - v^2)^{-½} = E_p/m.$$

Wir wählen darum die Definition:

$$u^{(\epsilon)}(p) \equiv b^{-½} \Lambda_{sp.}(v) u^{(\epsilon)}(0).$$

Setzt man hierin den Ausdruck (20.97) mit den oben angegebenen Werten für v und b ein, so findet man:

$$u^{(\epsilon)}(p) = [2E_p(m + E_p)]^{-½} [m + E_p + \epsilon\alpha.p] u^{(\epsilon)}(0). \tag{20.154}$$

Dies ist der gesuchte Ausdruck. Ist insbesondere $u^{(\epsilon)}(0)$ ein Eigenzustand von $(\sigma.p)$, so gilt das auch für $u^{(\epsilon)}(p)$, der dann einer der im vorhergehenden Abschnitt definierten Spinoren ist. Hat p die Richtung der z-Achse, so ergeben sich gerade die Resultate der Tabelle 20.3.

Den Ausdruck (20.154) kann man schließlich auf die Form:

$$u^{(\epsilon)}(p) = [2E_p(m + E_p)]^{-½} [m + \gamma^\mu p_\mu] u^{(\epsilon)}(0) \tag{20.155}$$

bringen, in der p_μ den durch die Gleichung (20.153) definierten Energie-Impuls-Viervervektor bezeichnet.

20.4.5 Zentralpotential

Wir suchen jetzt die Eigenlösungen für ein Dirac-Teilchen in einem statischen Zentralpotential $V(r)$. Der Diracsche Hamilton-Operator ist dann:

$$H_D \equiv \alpha.p + \beta m + V(r). \tag{20.156}$$

Er ist gegenüber Drehung und Spiegelung invariant:

$$[H_D, J] = 0, \qquad [H_D, P] = 0.$$

Wir suchen daher nach den Eigenlösungen mit bestimmtem Drehimpuls und bestimmter Parität.

Es ist zweckmäßig, die Lösungen Ψ in der Form

$$\Psi = \begin{pmatrix} \Phi \\ \chi \end{pmatrix} \tag{20.157}$$

zu schreiben mit

$$\Phi \equiv \begin{pmatrix}\psi_1\\ \psi_2\end{pmatrix}, \qquad \chi \equiv \begin{pmatrix}\psi_3\\ \psi_4\end{pmatrix}. \tag{20.158}$$

Projiziert man Ψ auf die Unterräume mit $\beta = +1$ und $\beta = -1$, so erhält man:

$$\tfrac{1}{2}(1+\beta)\Psi = \begin{pmatrix}\Phi\\ 0\end{pmatrix}, \qquad \tfrac{1}{2}(1-\beta)\Psi = \begin{pmatrix}0\\ \chi\end{pmatrix} \tag{20.159}$$

Φ und χ sind Funktionen von r und der Komponente μ des Spins in z-Richtung. Man kann sie auch als Funktion der Radialvariablen r und der „Winkelvariablen" (θ, φ, μ) auffassen; in diesem Punkt ist alles analog zu den Wellenfunktionen der Pauli-Theorie.

Wir nehmen an, daß Ψ eine gemeinsame Eigenfunktion von J^2, J_z und P ist. (JM) seien die Quantenzahlen, die den Drehimpuls festlegen. Bei der Parität erweist es sich als bequem, sie durch die Quantenzahl ϖ zu kennzeichnen, so daß:

$$\varpi = \begin{cases} +1 & \text{für Zustände mit der Parität } (-)^{J+\frac{1}{2}} \\ -1 & \text{für Zustände mit der Parität } (-)^{J-\frac{1}{2}} \end{cases} \tag{20.160}$$

ist. Nach Voraussetzung ist dann:

$$J^2\begin{pmatrix}\Phi\\ \chi\end{pmatrix} = J(J+1)\begin{pmatrix}\Phi\\ \chi\end{pmatrix}, \qquad J_z\begin{pmatrix}\Phi\\ \chi\end{pmatrix} = M\begin{pmatrix}\Phi\\ \chi\end{pmatrix}$$
$$P_{(0)}\begin{pmatrix}\Phi\\ \chi\end{pmatrix} = (-)^{J+\frac{1}{2}\varpi}\begin{pmatrix}\Phi\\ -\chi\end{pmatrix} \tag{20.161}$$

$\mathcal{Y}_{LJ}^M(\theta, \varphi, \mu)$ sei die zu (JM) gehörende Drehimpulsfunktion, die durch die Zusammensetzung eines Spins ½ mit den Kugelfunktionen L-ter Ordnung gebildet wurde. Sie hat die Parität $(-)^L$. Nach den Additionsregeln für Drehimpulse kann L nur die beiden Werte:

$$L = l \equiv J + \tfrac{1}{2}\varpi \qquad L = l' \equiv J - \tfrac{1}{2}\varpi \tag{20.162}$$

annehmen, und die beiden Funktionen $\mathcal{Y}_{lJ}^M$ und $\mathcal{Y}_{l'J}^M$ sind von entgegengesetzter Parität, die erste mit der Parität $(-)^{J+\frac{1}{2}\varpi}$ und die zweite mit der Parität $(-)^{J-\frac{1}{2}\varpi}$. Aufgrund der Gleichung (20.161) ist Φ eine Funktion von $(r, \theta, \varphi, \mu)$ zum Drehimpuls (JM) und zur Parität $(-)^{J+\frac{1}{2}\varpi}$, notwendig also gleich dem Produkt einer von r abhängigen Funktion mit $\mathcal{Y}_{lJ}^M$. Eine entsprechende Überlegung zeigt, daß χ gleich dem Produkt einer von r abhängigen Funktion mit $\mathcal{Y}_{l'J}^M$ ist.

Stellt daher $\Psi_{\varpi J}^M$ einen Zustand mit dem Drehimpuls (JM) und der Parität $(-)^{J+\frac{1}{2}\varpi}$ dar, so kann man sie auf die Form:

$$\Psi_{\varpi J}^M = \frac{1}{r}\begin{pmatrix} F\,\mathcal{Y}_{lJ}^M \\ \mathrm{i}G\,\mathcal{Y}_{l'J}^M \end{pmatrix} \tag{20.163}$$

bringen, worin l und l' durch die Gleichungen (20.162) gegeben und F und G beliebige Funktionen von r sind.

Wir versuchen also, das folgende Eigenwertproblem zu lösen:

$$H_D \Psi^M_{\tilde{\omega} J} = E \Psi^M_{\tilde{\omega} J}. \tag{20.164}$$

Hierzu trennen wir im Operator H_D die „Winkelvariablen" von den Radialvariablen. Wir gehen dabei ganz analog wie im neunten Kapitel vor.

Wir führen den Radialimpuls p_r und die „Radialgeschwindigkeit" α_r ein:

$$p_r \equiv -\mathrm{i}\frac{1}{r}\frac{\partial}{\partial r} r \tag{20.165}$$

$$\alpha_r \equiv \boldsymbol{\alpha}.\hat{\boldsymbol{r}} = \rho_1(\boldsymbol{\sigma}.\boldsymbol{r})/r. \tag{20.166}$$

Mit Hilfe der Identität (13.83) leitet man her, daß:

$$\begin{aligned}(\boldsymbol{\alpha}.\boldsymbol{r})(\boldsymbol{\alpha}.\boldsymbol{p}) &= (\boldsymbol{\sigma}.\boldsymbol{r})(\boldsymbol{\sigma}.\boldsymbol{p}) = \boldsymbol{r}.\boldsymbol{p} + \mathrm{i}\boldsymbol{\sigma}.\boldsymbol{L}\\ &= r p_r + \mathrm{i}(1 + \boldsymbol{\sigma}.\boldsymbol{L}).\end{aligned}$$

Hieraus ergibt sich durch linksseitige Multiplikation mit α_r/r und unter Berücksichtigung der offensichtlichen Eigenschaft $\alpha_r^2 = 1$ die Identität:

$$\boldsymbol{\alpha}.\boldsymbol{p} \equiv \alpha_r\left(p_r + \frac{\mathrm{i}}{r}(1 + \boldsymbol{\sigma}.\boldsymbol{L})\right). \tag{20.167}$$

Wir untersuchen den Operator $1 + \sigma.L$. Man zeigt leicht, daß:

$$1 + \sigma.L = J^2 + \tfrac{1}{4} - L^2.$$

Es ist klar, wie ein Blick auf den Ausdruck (20.163) zeigt, daß die Wirkung von L^2 auf $\Psi^M_{\tilde{\omega} J}$ mit der Wirkung des Operators

$$(J + \tfrac{1}{2}\tilde{\omega}\beta)(J + \tfrac{1}{2}\tilde{\omega}\beta + 1) \equiv J(J+1) + \tfrac{1}{4} + \tfrac{1}{2}\tilde{\omega}\beta(2J+1)$$

gleichbedeutend ist. Folglich ist:

$$(1 + \sigma.L)\Psi^M_{\tilde{\omega} J} = -\tfrac{1}{2}\tilde{\omega}\,(2J+1)\beta\Psi^M_{\tilde{\omega} J}. \tag{20.168}$$

Nach Substitution der Beziehungen (20.167–168) in die Gleichung (20.164) gelangt diese auf die Form:

$$\left[\alpha_r\left(p_r - \frac{\mathrm{i}\varpi(J+\frac{1}{2})}{r}\beta\right) + m\beta + V(r)\right]\Psi^M_{\varpi J} = E\Psi^M_{\varpi J}.$$

Ersetzt man die Eigenfunktion durch ihren Ausdruck (20.163), die Operatoren p_r und α_r durch ihre Definitionen (20.165) und (20.166) und verwendet die Identitäten (s. Aufgabe 8):

$$\begin{aligned}(\boldsymbol{\sigma}.\hat{\boldsymbol{r}})\,\mathcal{Y}^M_{lJ} &= -\,\mathcal{Y}^M_{l'J}\\ (\boldsymbol{\sigma}.\hat{\boldsymbol{r}})\,\mathcal{Y}^M_{l'J} &= -\,\mathcal{Y}^M_{lJ},\end{aligned} \tag{20.169}$$

so leitet man aus dieser Gleichung zwei gekoppelte Differentialgleichungen für die Radialfunktionen $F(r)$ und $G(r)$ her:

$$\left[-\frac{\mathrm{d}}{\mathrm{d}r}+\frac{\varpi(J+\frac{1}{2})}{r}\right] G=(E-m-V)\,F \tag{20.170 a}$$

$$\left[\frac{\mathrm{d}}{\mathrm{d}r}+\frac{\varpi(J+\frac{1}{2})}{r}\right] F=(E+m-V)\,G. \tag{20.170 b}$$

Dieses System von Radialgleichungen spielt hier die gleiche Rolle wie die Gleichung (9.20) in der nichtrelativistischen Theorie.

Nach einer Integration über die Winkel ist die Norm von $\Psi_{\varpi J}^{M}$ durch den Ausdruck:

$$\langle\Psi_{\varpi J}^{M}|\Psi_{\varpi J}^{M}\rangle=\int_0^\infty(|F|^2+|G|^2)\,\mathrm{d}r \tag{20.171}$$

gegeben, den man mit dem Ausdruck (9.21) vergleiche.

Die Diskussion der Regularitätsbedingungen für die Funktionen F und G verläuft analog zu den Überlegungen, die in der nichtrelativistischen Theorie für die Funktion $y_l(r)$ angestellt wurden. Wir geben hier die Einzelheiten nicht an.

20.4.6 Freie Kugelwellen

Für $V = 0$ liefert die Methode des vorhergehenden Abschnitts die stationären Lösungen der Dirac-Gleichung für das freie Elektron, die zu einem bestimmten Drehimpuls und zu einer bestimmten Parität gehören. Es sind die Diracschen freien Kugelwellen.

Die Gleichung (20.170 b) ergibt in diesem Fall:

$$G=\frac{1}{E+m}\left[\frac{\mathrm{d}}{\mathrm{d}r}+\frac{\varpi(J+\frac{1}{2})}{r}\right]F. \tag{20.172}$$

Setzt man diesen Ausdruck in die Gleichung (20.170 a) ein, so erhält man:

$$\begin{aligned}(E^2-m^2)\,F&=\left[-\frac{\mathrm{d}}{\mathrm{d}r}+\frac{\varpi(J+\frac{1}{2})}{r}\right]\left[\frac{\mathrm{d}}{\mathrm{d}r}+\varpi\frac{(J+\frac{1}{2})}{r}\right]F\\&=\left[-\frac{\mathrm{d}^2}{\mathrm{d}r^2}+\frac{(J+\frac{1}{2})(J+\varpi+\frac{1}{2})}{r^2}\right]F.\end{aligned}$$

Wie man nun leicht nachweist, ist:

$$(J+\tfrac{1}{2})(J+\varpi+\tfrac{1}{2})=l(l+1),$$

worin l die durch (20.162) definierte ganze Zahl ist. Folglich stimmt die Gleichung mit der Radialgleichung für die freien Wellen in der nichtrelativistischen Theorie überein, sobald man $(E^2 - m^2)$ durch die mit $2m$ multiplizierte nichtrelativistische Energie ersetzt. Sie besitzt für jeden positiven Wert von $(E^2 - m^2)$ genau eine reguläre Lösung. Setzt man weiter:

$$k = \sqrt{E^2 - m^2} \qquad (|E| \geqslant m),$$

so lautet diese Gleichung:

$$\left[\frac{d^2}{dr^2} - \frac{l(l+1)}{r^2} + k^2\right] F = 0.$$

Ihre reguläre (bis auf eine Konstante definierte Lösung) ist:

$$F = r j_l(kr).$$

Die zugehörige Funktion G erhält man dann aus der Beziehung (20.172). Benutzt man die Rekursionsbeziehungen (B. 42) und (B. 43) (mit $\gamma = 0$, die erste für $\tilde{\omega} = +1$, die zweite für $\tilde{\omega} = -1$), so findet man:

$$G = \frac{\varpi k}{E + m} r j_{l'}(kr).$$

Folglich existiert für jeden außerhalb des Intervalls $(-m, +m)$ gelegenen Wert E der Energie eine freie Kugelwelle mit dem Drehimpuls (JM) und der Parität $(-)^{J+\frac{1}{2}\tilde{\omega}}$. In der Form (20.163) lautet sie:

$$\text{const.} \times \begin{pmatrix} |E + m|^{\frac{1}{2}} \; j_l(\sqrt{E^2 - m^2}\, r) \; \mathcal{Y}_{lJ}^{M} \\ i\varpi\varepsilon |E - m|^{\frac{1}{2}} \; j_{l'}(\sqrt{E^2 - m^2}\, r) \; \mathcal{Y}_{l'J}^{M} \end{pmatrix} \tag{20.173}$$

mit: $\epsilon = E/|E|$.

20.4.7 Das Wasserstoffatom

Als zweites Beispiel bestimmen wir die gebundenen Zustände eines Elektrons im Coulombfeld eines Atomkerns. Diesen behandeln wir als eine im Ursprung befindliche Punktladung, die $(-Z)$-mal so groß ist wie die Ladung des Elektrons [15]. Es handelt sich also um die Bestimmung der *gebundenen Zustände* eines Dirac-Teilchens im Zentralpotential:

$$V = -Ze^2/r.$$

---

[15] Das setzt den Kern als unendlich schwer voraus. Der dabei begangene Fehler darf nicht vernachlässigt werden, da er von der Größenordnung der relativistischen Effekte ist. Im wesentlichen kann man ihn umgehen, wenn man überall die Elektronenmasse m durch die reduzierte Masse ersetzt.

Dieses Eigenwertproblem kann streng gelöst werden. Wir geben die Methode hier in großen Zügen wieder. Sie ist übrigens eine einfache Verallgemeinerung des in Abschnitt 11.1.3 angewandten Verfahrens.

Beachtet man das asymptotische Verhalten der Lösungen des Radialgleichungssystems (20.170), so ist klar, daß E im Intervall $(-m, +m)$ liegen muß. Die Werte, für die die im Ursprung reguläre Lösung ein asymptotisches Verhalten wie $\exp(-\sqrt{m^2 - E^2}\, r)$ hat, sind daher die gesuchten Eigenwerte.

Wir setzen:

$$\varkappa = \sqrt{m^2 - E^2} \qquad \nu = \sqrt{\frac{m - E}{m + E}} \tag{20.174}$$

$$\zeta = Ze^2 \qquad \tau = \varpi(J + \tfrac{1}{2}) \tag{20.175}$$

und führen die Variable

$$\rho \equiv \kappa r \tag{20.176}$$

ein. Das System (20.170) geht damit über in:

$$\left(-\frac{d}{d\rho} + \frac{\tau}{\rho}\right) G = \left(-\nu + \frac{\zeta}{\rho}\right) F \tag{20.177 a}$$

$$\left(\frac{d}{d\rho} + \frac{\tau}{\rho}\right) F = \left(\nu^{-1} + \frac{\zeta}{\rho}\right) G. \tag{20.177 b}$$

Wir suchen die Lösungen der Form:

$$F(\rho) = \rho^s e^{-\rho}(a_0 + a_1 \rho + a_2 \rho^2 + \ldots) \qquad (a_0 \neq 0) \tag{20.178 a}$$

$$G(\rho) = \rho^s e^{-\rho}(b_0 + b_1 \rho + b_2 \rho^2 + \ldots) \qquad (b_0 \neq 0) \tag{20.178 b}$$

Setzt man diese Entwicklungen in die Gleichungen (20.177) ein, so erhält man eine Folge von Gleichungen, von denen die erste s festlegt, während man aus den anderen durch Rekursion die Koeffizienten $a_0, b_0, a_1, b_1, \ldots, a_n, b_n, \ldots$ bestimmen kann. Die Gleichung für s hat zwei Wurzeln $\pm\sqrt{\tau^2 - \zeta^2}$. Damit F und G im Ursprung die Regularitätsbedingungen $F(0) = G(0) = 0$ erfüllen, ist notwendig und hinreichend, daß $s > 0$ ist. Daher bleibt nur die positive Wurzel übrig [16]:

$$s = \sqrt{\tau^2 - \zeta^2}.$$

Zu jedem Wert von E gehört also eine im Ursprung reguläre Lösung. Im allgemeinen besitzt sie ein Verhalten wie $\rho^s e^\rho$ im Unendlichen, wenn nicht die beiden Entwicklungen (20.178) nur eine endliche Zahl von Gliedern aufweisen. Dies ist nur

---

[16] Wir nehmen an, daß $\zeta < |\tau|$ oder auch: $Ze^2 < (J + ½)$ ist. Diese Bedingung ist für $Z < 137$ stets erfüllt, was in der Praxis der Fall ist. Andernfalls wäre die Diskussion der Regularitätsbedingungen im Ursprung sehr viel schwieriger.

für bestimmte Werte von E möglich. Das sind die gesuchten Energieniveaus, die nach Ausführung aller Rechnungen durch den Ausdruck:

$$m\left[1+\frac{\zeta^2}{(n'+s)^2}\right]^{-\frac{1}{2}}$$

gegeben sind. n', die radiale Quantenzahl, gibt den Grad des in den Ausdrücken (20.178) stehenden Polynoms an. Für jeden positiven Wert von n' existiert für jeden der beiden Werte von $\tilde{\omega}$ eine reguläre Lösung. Für $n' = 0$ existiert für $\tilde{\omega} = -1$ eine reguläre Lösung, nicht aber für $\tilde{\omega} = +1$.

Wir führen die Hauptquantenzahl

$$n = J + ½ + n'$$

ein. Die Ergebnisse können dann in der folgenden Weise neu formuliert werden. Die Abhängigkeit der Niveaus des diskreten Spektrums von den beiden Quantenzahlen n und J ist durch die Formel:

$$E_{nJ} = m\left[1+\frac{Z^2e^4}{(n-\varepsilon_J)^2}\right]^{-\frac{1}{2}} \tag{20.179}$$

$$\varepsilon_J = J + \tfrac{1}{2} - \sqrt{(J+\tfrac{1}{2})^2 - Z^2e^4} \tag{20.179'}$$

gegeben, worin n jeden positiven ganzzahligen Wert und J jeden halbzahligen Wert aus dem Intervall $(0, n)$ annehmen kann:

$$n = 1, 2, \ldots, \infty\,; \qquad J = \tfrac{1}{2}, \tfrac{3}{2}, \ldots, n - \tfrac{1}{2}.$$

Zu jedem Wert von J gehören zwei Folgen von $(2J + 1)$ Lösungen mit entgegengesetzter Parität, bis auf den Wert $J = n - ½$, zu dem eine einzige Serie von $(2J + 1)$ Lösungen mit der Parität $(-)^{n-1}$ gehört. Statt der Paritäten kann man auch die Werte von l, des Bahndrehimpulses der beiden ersten Komponenten des Spinors, angeben. Wir erinnern daran, daß dieser die Parität $(-)^l$ hat.

Zur Unterscheidung der verschiedenen Lösungsfolgen benutzt man gewöhnlich die spektroskopische Bezeichnung nl_J. Die folgende Tabelle gibt zusammen mit den zugehörigen spektroskopischen Ausdrücken die ersten Niveaus nach ansteigender Ordnung an (jeder Term ist $(2J + 1)$-fach entartet):

$n=1$	$J=\frac{1}{2}$	$1s_{\frac{1}{2}}$			$(n'=0)$
$n=2$	$J=\frac{1}{2}$	$2s_{\frac{1}{2}}$	$2p_{\frac{1}{2}}$		$(n'=1)$
	$J=\frac{3}{2}$		$2p_{\frac{3}{2}}$		$(n'=0)$
$n=3$	$J=\frac{1}{2}$	$3s_{\frac{1}{2}}$	$3p_{\frac{1}{2}}$		$(n'=2)$
	$J=\frac{3}{2}$		$3p_{\frac{3}{2}}$	$3d_{\frac{3}{2}}$	$(n'=1)$
	$J=\frac{5}{2}$			$3d_{\frac{5}{2}}$	$(n'=0)$.

Entwickelt man den Ausdruck (20.179) nach Potenzen von Z^2e^4, so findet man:

$$E_{nJ} = m\left[1 - \frac{Z^2e^4}{2n^2} - \frac{(Z^2e^4)^2}{2n^4}\left(\frac{n}{J+\frac{1}{2}} - \frac{3}{4}\right) + \dots\right].$$

Das erste Glied ist der Masseterm. Das zweite, $-Z^2e^4/2n^2$ ist genau die von der nichtrelativistischen Theorie angegebene Größe. Das dritte und die folgenden Glieder liefern die relativistischen Korrekturen. Sie bewirken, daß die „zufällige Entartung" der Niveaus aus der nichtrelativistischen Theorie teilweise aufgehoben wird: Bei festem n wird die Bindungsenergie $m - E$ jedes Terms leicht erhöht. Dieses Anwachsen hängt allein von J ab und ist umso ausgeprägter, je kleiner J ist.

Die experimentellen Daten, die man über die Feinstruktur des Wasserstoffatoms und der wasserstoffartigen Atome (insbesondere He^+) besitzt, stimmen weitgehend mit diesen theoretischen Aussagen überein.

Absolut vollständig ist diese Übereinstimmung jedoch nicht. Die deutlichste Diskrepanz tritt bei der Feinstruktur der n = 2-Niveaus des Wasserstoffatoms auf [17]. In der nichtrelativistischen Näherung sind die drei Niveaus $2s_{1/2}$, $2p_{1/2}$ und $2p_{3/2}$ gleich. Nach der Dirac-Theorie sind die Niveaus $2s_{1/2}$ und $2p_{1/2}$ noch gleich, während das $2p_{3/2}$-Niveau etwas höher liegt (der Abstand ist ungefähr 10^{-4} eV). Die Differenz $2p_{3/2}-2p_{1/2}$ stimmt mit der Theorie gut überein. Das $2s_{1/2}$-Niveau liegt jedoch höher als das $2p_{1/2}$-Niveau, der Abstand $2s_{1/2}-2p_{1/2}$ beträgt ungefähr ein Zehntel des Abstandes $2p_{3/2}-2p_{1/2}$. Dieser Effekt ist unter dem Namen Lamb-Shift bekannt. Um ihm Rechnung zu tragen, muß man die Wechselwirkung zwischen Elektron, Proton und quantisiertem elektromagnetischem Feld in Strenge behandeln. Die Dirac-Theorie befaßt sich nur mit dem Hauptanteil dieser Wechselwirkung, dem Coulomb-Potential. Die Lamb-Shift repräsentiert die „Strahlungskorrekturen" in dieser Näherung [18].

20.5 Nichtrelativistischer Grenzfall der Dirac-Gleichung

20.5.1 Kleine und große Komponenten

Wir betrachten die ebenen Wellen mit positiver Energie, für die wir die Komponenten in Tabelle 20.3 angegeben haben. Wir nehmen an, daß sich die Energie E_p nur wenig von der Ruheenergie unterscheidet:

$$W \equiv E_p - m \ll m.$$

---

[17] *W.E. Lamb* und *R.C. Retherford, Phys. Rev.*, 72 (1947), 241.

[18] Der von der Quantenelektrodynamik angegebene theoretische Wert, bei dem die „Strahlungskorrekturen" berücksichtigt werden, ergibt für den Abstand $2s_{1/2}-2p_{1/2}$: 1 057,99 ± 0,2 Megahertz/sec. (s. *C.M. Sommerfield, Phys. Rev.*, 107 (1957), 328).

Dies ist die Bedingung für die nichtrelativistische Näherung. Für diesen Fall ist nämlich die kinetische Energie W im wesentlichen gleich $\frac{1}{2} mv^2$, und man hat:

$$\frac{W}{m} \cong \tfrac{1}{2} v^2 \ll 1.$$

Man stellt fest, daß die nichtverschwindende Komponente zu $\beta = +1$ dann sehr viel größer als die andere ist:

$$\sigma_z = +1 \qquad \frac{u_3}{u_1} = \left(\frac{W}{W+2m}\right)^{\frac{1}{2}} \simeq O\left(\frac{v}{c}\right) \ll 1$$

$$\sigma_z = -1 \qquad \frac{u_4}{u_2} = -\left(\frac{W}{W+2m}\right)^{\frac{1}{2}} \simeq O\left(\frac{v}{c}\right) \ll 1.$$

Ein entsprechendes Verhalten zeigt sich auch bei den freien Kugelwellen (s. den Ausdruck (20.173)) und den Eigenfunktionen des Wasserstoffatoms (s. vor allem die in Aufgabe 10 definierten Eigenlösungen). Dies legt die Vermutung nahe, daß in der nichtrelativistischen Näherung die beiden Spinorkomponenten Ψ_3 und Ψ_4, die zum Eigenwert -1 von β gehören, sehr klein sind und vernachlässigt werden können. Die Dirac-Theorie wäre unter diesen Bedingungen zu einer Zweikomponententheorie äquivalent.

Um diesen Punkt zu verdeutlichen, schreiben wir den Dirac-Spinor Ψ in der Form (20.157), wobei Φ und χ durch die Gleichungen (20.158) oder (20.159) definiert sind. Wie wir bereits in Abschnitt 20.4.5 feststellten, können Φ und χ als Vektoren des Zustandsraums der nichtrelativistischen Zweikomponententheorie aufgefaßt werden.

Mit diesen Bezeichnungen lautet die Dirac-Gleichung für einen stationären Zustand der Energie E in der Diracschen Form, sowie der Dirac-Darstellung:

$$(\boldsymbol{\sigma}.(\boldsymbol{p} - e\boldsymbol{A}))\,\chi + (e\varphi + m)\,\Phi = E\Phi \tag{20.180 a}$$

$$(\boldsymbol{\sigma}.(\boldsymbol{p} - e\boldsymbol{A}))\,\Phi + (e\varphi - m)\,\chi = E\chi. \tag{20.180 b}$$

Wir setzen:

$$\begin{aligned} \boldsymbol{\pi} &= \boldsymbol{p} - e\boldsymbol{A}, & M &= E - e\varphi \\ W &= E - m, & M' &= \tfrac{1}{2}(m + M) = m + \tfrac{1}{2}(W - e\varphi). \end{aligned} \tag{20.181}$$

Lösen wir die Gleichung (20.180 b) nach χ auf und setzen in (20.180 a) ein, so erhält man nacheinander:

$$\chi = \frac{1}{2M'}(\boldsymbol{\sigma}.\boldsymbol{\pi})\,\Phi \tag{20.182}$$

$$\left[(\boldsymbol{\sigma}.\boldsymbol{\pi})\frac{1}{2M'}(\boldsymbol{\sigma}.\boldsymbol{\pi}) + e\varphi\right]\Phi = W\Phi. \tag{20.183}$$

Dieses Gleichungssystem ist zur Dirac-Gleichung *streng äquivalent.*

Im nichtrelativistischen Grenzfall ist:

$$W,\ e\varphi,\ p,\ eA \ll m, \qquad M' \cong m. \tag{20.184}$$

Bei Beachtung der Gleichung (20.182) ist klar, daß

$$\chi \ll \Phi$$

und daß das Verhältnis dieser beiden Größen ungefähr p/m, d.h. etwa v/c ist. Im folgenden wollen wir χ die *kleinen* und Φ die *großen Komponenten* nennen.

Weiter unterscheiden wir in diesem Abschnitt zwischen *„geraden"* und *„ungeraden" Operatoren,* indem wir definieren:

(i) ein Operator $\mathfrak{G}$ ist „gerade", wenn er kein Matrixelement besitzt, das die großen mit den kleinen Komponenten verbindet (Beispiele: $\boldsymbol{p}$, $\boldsymbol{r}$, $\boldsymbol{L}$, $\boldsymbol{\sigma}$, $\boldsymbol{J}$, $P(\boldsymbol{r}_0)$, β);

(ii) ein Operator $\mathfrak{J}$ ist „ungerade", wenn seine nichtverschwindenden Matrixelemente kleine und große Komponenten miteinander verbinden (Beispiele: $\boldsymbol{\alpha}$, $\beta\boldsymbol{\alpha}$, γ^5, $\boldsymbol{j}(\boldsymbol{r}_0)$).

In äquivalenter Fassung ist $\mathfrak{G}$ ein Operator, der mit β vertauscht, $\mathfrak{J}$ ein Operator, der mit β antivertauscht:

$$\mathfrak{G} = \beta\mathfrak{G}\beta, \qquad \mathfrak{J} = -\beta\mathfrak{J}\beta. \tag{20.185}$$

Jeder Operator Q ist gleich der Summe aus einem „geraden" und einem „ungeraden" Operator, und diese Zerlegung ist eindeutig:

$$Q = \tfrac{1}{2}[Q + \beta Q\beta] + \tfrac{1}{2}[Q - \beta Q\beta].$$

Das Produkt zweier „gerader" bzw. zweier „ungerader" Operatoren ist ein „gerader" Operator; das Produkt eines „geraden" mit einem „ungeraden" Operator ist ein „ungerader" Operator.

20.5.2 Die Pauli-Theorie als nichtrelativistischer Grenzfall der Dirac-Theorie

Wir kehren zum Gleichungssystem (20.182–183) zurück. Vernachlässigt man die kleinen Komponenten, so begeht man bei der Normierung der Wellenfunktion einen Fehler von der Größenordnung v^2/c^2. Einen Fehler von etwa derselben Größe begeht man, wenn man in (20.183) den Operator M' durch die Masse m ersetzt. In dieser Näherung nimmt die Gleichung (20.183) die Form einer Eigenwertgleichung an [19]:

$$H_{n.r.}\Phi = W\Phi \tag{20.186}$$

mit dem Hamilton-Operator

[19] Strenggenommen ist die Gleichung (20.183) keine Eigenwertgleichung, denn der Operator in der Klammer auf der linken Seite hängt über M' vom „Eigenwert" W ab.

$$H_{n.r.} \equiv \frac{1}{2m}(\boldsymbol{\sigma}.\boldsymbol{\pi})(\boldsymbol{\sigma}.\boldsymbol{\pi}) + e\varphi, \tag{20.187}$$

der auf die zweikomponentige Wellenfunktion Φ wirkt. Die Gleichung (20.126) bestimmt die Energie W bis auf einen Fehler von der Größenordnung v^2/c^2.

Um $H_{n.r.}$ auf eine bekanntere Form zu bringen, wenden wir die Identität (13.83) an und beachten dabei, daß die Komponenten von π nicht untereinander vertauschen und folglich:

$$\pi \times \pi = ie \operatorname{rot} A = ie\mathcal{H}$$

ist. Führt man die Rechnung durch, so erhält man:

$$H_{n.r.} \equiv \frac{1}{2m}(p - eA)^2 - \frac{e}{2m}(\boldsymbol{\sigma}.\mathcal{H}) + e\varphi. \tag{20.188}$$

Das ist wieder der Hamilton-Operator der Pauli-Theorie für ein Teilchen mit der Masse m, der Ladung e und dem magnetischen Eigenmoment:

$$\mu = \mu_B \sigma \qquad (\mu_B \equiv \text{Bohrsches Magneton} \equiv e/2m).$$

Die Dirac-Theorie liefert nicht nur die Existenz eines magnetischen Eigenmoments für das Elektron, sie gibt für dieses Moment auch den korrekten Wert an (s. Abschnitt 13.4.1). Dieses Ergebnis gehört zu den größeren Erfolgen der Theorie [20].

Damit in der hier untersuchten Näherung die Dirac-Theorie zur Zweikomponententheorie von Pauli äquivalent ist, muß man den Zusammenhang zwischen den Operatoren der Dirac-Theorie und den Operatoren herstellen können, die nur auf die großen Komponenten wirken.

Ein derartiger Zusammenhang kann tatsächlich dann aufgestellt werden, wenn die Operatoren in den Rechnungen nur durch Matrixelemente zwischen solchen Zuständen Ψ' und Ψ'' treten, bei denen die Energie positiv und so wenig von der Ruhemasse verschieden ist, daß man die nichtrelativistische Näherung anwenden kann.

---

[20] Tatsächlich unterscheidet sich der experimentell ermittelte Wert etwas von diesem theoretischen Wert (*P. Kusch* und *H.M. Foley, Phys. Rev.*, 72(1947), 1256. Neuere Messungen ergeben:

$$\Delta\mu_{\text{exp.}} \equiv \mu_{\text{exp.}} - \mu_B = (1{,}165 \pm 0{,}011) \times 10^{-3}\, \mu_B.$$

Die „Strahlungskorrekturen" der Quantenelektrodynamik tragen dieser Anomalie Rechnung. Sie liefern nämlich (*Sommerfield*, a.a.O.):

$$\Delta\mu_{\text{th.}} = 1{,}163 \times 10^{-3}\, \mu_B.$$

In diesem Zusammenhang stellen wir fest, daß die Gleichung, die man erhält, wenn man zum Dirac-Operator den Term $\kappa\mu_B\sigma_{\mu\nu}F^{\mu\nu}$ hinzufügt, dieselben Invarianzeigenschaften wie die Dirac-Gleichung aufweist und dies für jeden Wert der numerischen Konstante κ. Eine solche Gleichung beschreibt ein Teilchen mit der Masse m, der Ladung e und dem magnetischen Eigenmoment $(1 + \kappa)\mu_B$.

Handelt es sich um einen „geraden" Operator $\mathcal{T}$, so ist das Matrixelement $\langle\Psi''|\mathcal{T}|\Psi'\rangle$ von der Form:

$$\langle\Phi''|\mathcal{T}|\Phi'\rangle + \langle\chi''|\mathcal{T}|\chi'\rangle.$$

Hierin ist der zweite Summand (v^2/c^2)-mal kleiner als der erste und kann in der hier diskutierten Näherung vernachlässigt werden. $\mathcal{T}$ kann also durch seine Projektion auf den Raum der großen Komponenten ersetzt werden: Diese stellt in der nichtrelativistischen Pauli-Theorie die physikalische Größe dar, die in der Dirac-Theorie von $\mathcal{T}$ repräsentiert wird.

Handelt es sich um einen „ungeraden' Operator $\mathfrak{J}$, so hat man:

$$\langle\Psi''|\mathfrak{J}|\Psi'\rangle = \langle\Phi''|\mathfrak{J}|\chi'\rangle + \langle\chi''|\mathfrak{J}|\Phi'\rangle.$$

Die kleinen Komponenten treten in beiden Summanden explizit auf. In der hier betrachteten Näherung liefert (20.182) jedoch:

$$|\chi\rangle = \rho_1 \frac{\boldsymbol{\sigma}.\boldsymbol{\pi}}{2m} |\Phi\rangle,$$

woraus:

$$\langle\Psi''|\mathfrak{J}|\Psi'\rangle = \frac{1}{2m} \langle\Phi''| [\mathfrak{J}\, \rho_1(\boldsymbol{\sigma}.\boldsymbol{\pi}) + (\boldsymbol{\sigma}.\boldsymbol{\pi})\, \rho_1 \mathfrak{J}]\, |\Phi'\rangle$$

folgt. $\mathfrak{J}$ kann also durch die Projektion des Operators

$$\frac{1}{2m} [\mathfrak{J}\, \rho_1(\boldsymbol{\sigma}.\boldsymbol{\pi}) + (\boldsymbol{\sigma}.\boldsymbol{\pi})\, \rho_1 \mathfrak{J}]$$

auf den Raum der großen Komponenten ersetzt werden.

So kann z.B. die „Geschwindigkeit" $\boldsymbol{\alpha} \equiv \rho_1 \boldsymbol{\sigma}$ durch den Operator

$$\boldsymbol{\pi}/m \equiv [\boldsymbol{\sigma}(\boldsymbol{\sigma}.\boldsymbol{\pi}) + (\boldsymbol{\sigma}.\boldsymbol{\pi})\boldsymbol{\sigma}]/2m$$

im Raum der großen Komponenten ersetzt werden. Entsprechend kann man für die Stromdichte im Punkt $\boldsymbol{r}_0$:

$$\boldsymbol{j}(\boldsymbol{r}_0) \equiv \rho_1 \boldsymbol{\sigma} \delta(\boldsymbol{r} - \boldsymbol{r}_0)$$

näherungsweise den Operator

$$(\boldsymbol{j}(\boldsymbol{r}_0))_{n.r.} \equiv \delta(\boldsymbol{r} - \boldsymbol{r}_0)\, \boldsymbol{\sigma} \left(\frac{\boldsymbol{\sigma}.\boldsymbol{\pi}}{2m}\right) + \left(\frac{\boldsymbol{\sigma}.\boldsymbol{\pi}}{2m}\right) \boldsymbol{\sigma}\, \delta(\boldsymbol{r} - \boldsymbol{r}_0)$$

im Raum der großen Komponenten setzen, wofür man auch mit Verwendung der Identität (13.83) schreiben kann:

$$(\boldsymbol{j}(\boldsymbol{r}_0))_{n.r.} \equiv \boldsymbol{j}^{(I)} + \boldsymbol{j}^{(II)} \tag{20.189}$$

$$\boldsymbol{j}^{(I)} \equiv [\delta(\boldsymbol{r} - \boldsymbol{r}_0)\, \boldsymbol{\pi} + \boldsymbol{\pi}\, \delta(\boldsymbol{r} - \boldsymbol{r}_0)]/2m \tag{20.190 a}$$

$$\boldsymbol{j}^{(II)} \equiv \mathrm{i}[\delta(\boldsymbol{r} - \boldsymbol{r}_0)\, (\boldsymbol{p} \times \boldsymbol{\sigma}) - (\boldsymbol{p} \times \boldsymbol{\sigma})\, \delta(\boldsymbol{r} - \boldsymbol{r}_0)]/2m. \tag{20.190 b}$$

Der elektrische Dirac-Strom ej besteht also in diesem Grenzfall aus zwei Anteilen. Der erste, $ej^{(I)}$, ist mit dem Strom der Schrödinger-Theorie identisch (s. Aufgabe 4.1). Zur Deutung des zweiten Anteils untersuchen wir sein Matrixelement zwischen den großen Komponenten Φ' und Φ''. Nach Ausführung der Rechnung findet man:

$$\langle\Phi''|ej^{(II)}|\Phi'\rangle = \frac{e}{2m}\,\mathrm{rot}\,\langle\Phi''|\delta(\boldsymbol{r}-\boldsymbol{r}_0)\,\boldsymbol{\sigma}|\Phi'\rangle.$$

Das ist ein Ausdruck für den Magnetstrom und die Größe:

$$\frac{e}{2m}\langle\Phi''|\delta(\boldsymbol{r}-\boldsymbol{r}_0)\,\boldsymbol{\sigma}\,|\Phi'\rangle \equiv \langle\Phi''|\,\delta(\boldsymbol{r}-\boldsymbol{r}_0)\,\boldsymbol{\mu}\,|\Phi'\rangle$$

kann als eine magnetische Momentdichte gedeutet werden. Man beachte, daß die Divergenz dieses Magnetstroms gleich Null ist. Zur Kontinuitätsgleichung liefert sie also keinen Anteil.

20.5.3 Anwendung: Hyperfeinstruktur und Dipol-Dipol-Kopplung

Wir betrachten ein Elektron im elektrischen Feld eines Atoms, das Feld werde durch ein bestimmtes elektrostatisches Potential $\varphi(r)$ beschrieben, und untersuchen den Einfluß des Feldes, das vom magnetischen Moment $\boldsymbol{M}$ des Kerns erzeugt wird. Das Feld eines sich im Ursprung befindenden magnetischen Dipols $\boldsymbol{M}$ kann durch das Vektorpotential:

$$\boldsymbol{A} \equiv \boldsymbol{M} \times \boldsymbol{r}/r^3 \tag{20.191}$$

$$\equiv \mathrm{rot}\,(\boldsymbol{M}/r) \tag{20.191'}$$

beschrieben werden. Im Diracschen Hamilton-Operator führt die Existenz dieses Feldes zu einem zusätzlichen Term $-e\boldsymbol{\alpha}.\boldsymbol{A}$.

Um in der nichtrelativistischen Näherung den Einfluß dieses Feldes zu bestimmen, können wir den nichtrelativistischen Grenzfall des Operators $-e\boldsymbol{\alpha}.\boldsymbol{A}$ berechnen, und zwar mit der Methode aus dem vorhergehenden Abschnitt. Wir können aber auch direkt beim Paulischen Hamilton-Operator untersuchen, wie er durch die Existenz von $\boldsymbol{M}$ abgeändert wird. Beide Methoden sind äquivalent. Wir befassen uns hier mit der zweiten.

Beschränken wir uns nur auf lineare Terme in $\boldsymbol{M}$, so enthält der Paulische Hamilton-Operator zwei zusätzliche Glieder:

$$I_a = -\frac{e}{2m}(\boldsymbol{p}.\boldsymbol{A} + \boldsymbol{A}.\boldsymbol{p})$$

$$I_b = -\frac{e}{2m}(\boldsymbol{\sigma}.\boldsymbol{\mathcal{H}}) = -\boldsymbol{\mu}.\boldsymbol{\mathcal{H}};$$

$\mathcal{H}$ ist hier das vom Dipol erzeugte Feld.

I_a ist ein Spin-Bahn-Kopplungsterm (Spin des Kerns und Bahn des Elektrons). Die Divergenz von $\boldsymbol{A}$ verschwindet nämlich (s. Gleichung (20.191')), woraus:

$$I_a = -\frac{e}{m}\boldsymbol{A}.\boldsymbol{p}$$

folgt. Setzt man hier auf der rechten Seite den Ausdruck (20.191) ein und führt außerdem den Bahndrehimpuls des Elektrons ein: $\boldsymbol{L} \equiv \boldsymbol{r} \times \boldsymbol{p}$, so findet man:

$$I_a = -e\boldsymbol{M}.\boldsymbol{L}/mr^3. \tag{20.192}$$

I_b ist der Term für die Spin-Spin-Kopplung oder die Dipol-Dipol-Kopplung. Um ihn zu berechnen, verwenden wir den Ausdruck (20.191') für $\boldsymbol{A}$:

$$\begin{aligned} I_b &= -\boldsymbol{\mu}.(\nabla \times \boldsymbol{A}) = -\boldsymbol{\mu}.\left[\nabla \times \left(\nabla \times \frac{\boldsymbol{M}}{r}\right)\right] \\ &= (\boldsymbol{\mu}.\boldsymbol{M})\,\Delta\left(\frac{1}{r}\right) - [(\boldsymbol{\mu}.\nabla)(\boldsymbol{M}.\nabla)]\left(\frac{1}{r}\right). \end{aligned} \tag{20.193}$$

Ist $r \neq 0$, so kann man die Ableitungen leicht ausführen und erhält:

$$-\frac{3(\boldsymbol{M}.\boldsymbol{r})(\boldsymbol{\mu}.\boldsymbol{r}) - (\boldsymbol{M}.\boldsymbol{\mu})\,r^2}{r^5}.$$

Als einfache Funktion betrachtet, weist der Ausdruck (20.193) im Ursprung eine Singularität wie $1/r^3$ auf. Um die Wirkung dieses Operators I_b zu bestimmen, wenden wir ihn auf eine reguläre Funktion $f(\boldsymbol{r})$ an und integrieren über eine kleine Umgebung des Punktes $\boldsymbol{r} = 0$. Hierzu bringen wir vorher I_b auf die Form:

$$I_b = \tfrac{2}{3}(\boldsymbol{\mu}.\boldsymbol{M})\,\Delta\left(\frac{1}{r}\right) - [(\boldsymbol{\mu}.\nabla)(\boldsymbol{M}.\nabla) - \tfrac{1}{3}(\boldsymbol{\mu}.\boldsymbol{M})\,\Delta]\left(\frac{1}{r}\right). \tag{20.193'}$$

Der zweite Term auf der rechten Seite ist ein Tensoroperator zweiter Stufe im Raum der von $\boldsymbol{r}$ abhängigen Funktionen. Entwickelt man $f(\boldsymbol{r})$ nach Kugelfunktionen, so tragen bei der Integration über die Winkel allein die Koeffizienten der Kugelfunktionen zweiter Ordnung etwas bei. Diese aber verschwinden im Ursprung wenigstens wie r^2. Deshalb ist der Anteil dieses zweiten Terms im Ausdruck (20.193') im Ursprung gleich Null. Den ersten Term kann man auf die Form $-(8\pi/3)\,(\boldsymbol{\mu}.\boldsymbol{M})\,\delta(\boldsymbol{r})$ bringen, wenn man die Identität (A. 12) benutzt. Folglich hat man für beliebiges $\boldsymbol{r}$, den Ursprung eingeschlossen:

$$I_b = -\frac{8\pi}{3}(\boldsymbol{M}.\boldsymbol{\mu})\,\delta(\boldsymbol{r}) - \frac{1}{r^3}\left[3\left(\boldsymbol{M}.\frac{\boldsymbol{r}}{r}\right)\left(\boldsymbol{\mu}.\frac{\boldsymbol{r}}{r}\right) - (\boldsymbol{M}.\boldsymbol{\mu})\right]. \tag{20.194'}$$

Die Ausdrücke (20.192) und (20.194) gelten in der nichtrelativistischen Näherung und erlauben die Bestimmung der Hyperfeinstruktur der Atomniveaus bis auf einen Fehler von der Größenordnung v^2/c^2. Für s-Elektronen insbesondere ist der Anteil zur Hyperfeinstruktur durch den Term $-(8\pi/3)\,(\boldsymbol{\mu}.\boldsymbol{M})\,\delta(\boldsymbol{r})$ gegeben.

20.5.4 Korrekturen höherer Ordnung und Foldy-Wouthuysen-Transformation

In der niedrigsten Ordnung von v/c ist die Dirac-Theorie zur Zweikomponententheorie von Pauli äquivalent. Die relativistischen Korrekturen höherer Ordnung kann man daher erhalten, indem man stets von den Gleichungen (20.182–183) ausgeht. Hierzu ersetzt man $1/M'$ durch seine Entwicklung nach Potenzen von $[(W - e\varphi)/2m]$:

$$\frac{1}{M'} = \frac{1}{m}\left[1 - \frac{W - e\varphi}{2m} + \left(\frac{W - e\varphi}{2m}\right)^2 - \dots\right]$$

Weil

$$\left\langle\frac{W - e\varphi}{2m}\right\rangle \simeq \left\langle\frac{\pi^2}{4m^2}\right\rangle \simeq O\left(\frac{v^2}{c^2}\right),$$

ist dies im wesentlichen eine Entwicklung nach Potenzen von v^2/c^2. Bricht man diese Entwicklung nach dem ersten Glied ab, erhält man wieder die Pauli-Theorie, so wie das in Abschnitt 20.5.2 geschehen ist. Die relativistischen Korrekturen höherer Ordnung bekommt man, indem man die Entwicklung über das erste Glied hinaus fortsetzt. Berücksichtigt man jedoch die Korrekturen von der Größenordnung v^2/c^2, so ist die Dirac-Theorie in der Form (20.182–183) nicht mehr formal äquivalent zu einer Zweikomponententheorie:

1. Der Anteil der kleinen Komponenten kann jetzt weder bei der Normierung, noch bei der Berechnung der Matrixelemente „gerader" Operatoren vernachlässigt werden;
2. die Gleichung (20.183) ist keine Eigenwertgleichung mehr im ursprünglichen Sinn des Wortes (s. Fußnote 19)).

Trotz dieses Umstandes muß die Methode nicht völlig verworfen werden; ihre Anwendung und die Deutung ihrer Ergebnisse verlangt jedoch eine sorgfältigere Handhabung. Foldy und Wouthuysen [21)] schlugen daher eine andere Methode vor, mit der man die Dirac-Theorie in jeder Ordnung von v/c durch eine Zweikomponententheorie ersetzen kann. Sie besteht im wesentlichen darin, daß man die Wellenfunktionen und die Operatoren der Dirac-Theorie in geeigneter Weise unitär transformiert. In diesem neuen Bild – wir nennen es das FW-Bild [*)] – ist der Diracsche Hamilton-Operator in der jeweiligen Ordnung von v/c ein „gerader" Operator, so daß in dieser Näherung die kleinen von den großen Komponenten in der Wellengleichung vollständig entkoppelt werden. Man kann daher die kleinen Komponenten einfach vernachlässigen und erhält so die gesuchte Zweikomponententheorie. Die Operatoren dieser Theorie ergeben sich dabei einfach aus den „geraden" Operatoren des FW-Bildes und nicht aus denen des alten Bildes. Man ge-

---

[21)] *L.L. Foldy* und *S.A. Wouthuysen*, *Phys. Rev.*, 78(1958), 29.

[*)] Häufig auch: Foldy-Wouthuysen-Darstellung.

langt auf diese Weise zu einer neuen Deutung der Operatoren der nichtrelativistischen Mechanik, insbesondere für den Ortsoperator, einer Deutung, die in vieler Hinsicht befriedigender als die alte Interpretation ist.

Der Rest dieses Abschnitts befaßt sich mit der FW-Transformation und ihrer Anwendung bei der nichtrelativistischen Näherung der Dirac-Gleichung.

20.5.5 Foldy-Wouthuysen-Transformation für ein freies Teilchen

Für den einfachen Fall eines freien Teilchens kann man die kleinen von den großen Komponenten in jeder Ordnung von v/c entkoppeln.

Wir untersuchen hierzu den Diracschen Hamilton-Operator:

$$H_0 \equiv \boldsymbol{\alpha}.\boldsymbol{p} + \beta m.$$

Γ_+ sei der Projektionsoperator auf den Raum der Lösungen zu positiver Energie, Γ_- der Projektionsoperator auf den Raum der Lösungen mit negativer Energie:

$$\Gamma_\pm = \frac{1}{2}\left[1 \pm \frac{H_0}{E_p}\right] = \frac{1}{2}\left[1 \pm \frac{\boldsymbol{\alpha}.\boldsymbol{p} + \beta m}{E_p}\right] \qquad (20.195)$$

$$E_p = \sqrt{m^2 + \boldsymbol{p}^2}.$$

Andererseits seien B_+ und B_- die Projektionsoperatoren auf den Raum der großen bzw. der kleinen Komponenten:

$$B_\pm \equiv \tfrac{1}{2}(1 \pm \beta).$$

Aufgrund seiner Definition transformiert der Operator U, der den Übergang zum FW-Bild ermöglicht, Γ_+ in B_+ und Γ_- in B_-. Kennzeichnen wir die Vektoren und Operatoren im FW-Bild mit einem Strich, so haben wir:

$$U^\dagger U = U U^\dagger = 1$$

$$\Gamma'_\pm \equiv U\Gamma_\pm U^\dagger = B_\pm.$$

Um U zu bestimmen, fordern wir, daß er translations-, rotations- und spiegelungsinvariant ist. Man kann dann zeigen – was wir hier nicht tun wollen –, daß U bis auf einen Phasenfaktor definiert ist. Legt man diese Phase fest, so findet man:

$$U = \sqrt{\frac{2E_p}{m + E_p}}\,\frac{1}{2}\left[1 + \beta\frac{H_0}{E_p}\right] \qquad (20.196)$$

$$= \sqrt{\frac{m + E_p}{2E_p}} + \beta\frac{\boldsymbol{\alpha}.\boldsymbol{p}}{\sqrt{2E_p(m + E_p)}}. \qquad (20.196')$$

Man verifiziert leicht, daß dieser Ausdruck für U alle verlangten Eigenschaften besitzt.

Da U unabhängig von der Zeit ist, ist der Hamilton-Operator, der die Entwicklung der Zustände im FW-Bild bestimmt, einfach durch die Gleichung

$$H_F = UH_D\,U^\dagger$$

gegeben, woraus man mit Verwendung des Ausdrucks (20.196):

$$H_F = \beta E_p \equiv \beta(m^2 + p^2)^{1/2} \tag{20.197}$$

erhält.

Weil H_F ein „gerader" Operator ist, sind die großen Komponenten Φ' von den kleinen χ' in der Bewegungsgleichung vollständig entkoppelt. Dies liefert das angekündigte Ergebnis:

$$\mathrm{i}\partial\Phi'/\partial t = E_p\Phi' \tag{20.198 a}$$

$$\mathrm{i}\partial\chi'/\partial t = -E_p\,\chi'. \tag{20.198 b}$$

Beschränkt man sich auf die Lösungen zu positiver Energie – *a fortiori* auf die nichtrelativistischen Energien – so ist die Dirac-Theorie äquivalent zu der Zweikomponententheorie, der die Gleichung (20.198 a) zugrunde liegt, und zwar gilt diese Äquivalenz streng in allen Ordnungen von v/c.

Der Operator U vertauscht mit $\boldsymbol{p}$, $\boldsymbol{J}$ und mit dem Paritätsoperator P, nicht jedoch mit $\boldsymbol{r}$. In einer Darstellung, in der $\boldsymbol{r}$ diagonal ist, ist U ein Integraloperator mit den Matrixelementen

$$\langle \boldsymbol{r}|U|\boldsymbol{r}'\rangle = \int\!\!\int \langle \boldsymbol{r}|\boldsymbol{p}\rangle\,\mathrm{d}\boldsymbol{p}\,\langle \boldsymbol{p}|U|\boldsymbol{p}'\rangle\,\mathrm{d}\boldsymbol{p}'\,\langle \boldsymbol{p}'|\boldsymbol{r}'\rangle,$$

was mit Verwendung des Ausdrucks (20.196') zu

$$\langle \boldsymbol{r}|U|\boldsymbol{r}'\rangle = (2\pi)^{-3}\int\left[\sqrt{\frac{m+E_p}{2E_p}} + \beta\,\frac{\boldsymbol{\alpha}\cdot\boldsymbol{p}}{\sqrt{2E_p(m+E_p)}}\right]\mathrm{e}^{\mathrm{i}\boldsymbol{p}\cdot(\boldsymbol{r}-\boldsymbol{r}')}\,\mathrm{d}\boldsymbol{p}$$

führt. $\langle \boldsymbol{r}|U|\boldsymbol{r}'\rangle$ ist eine Funktion von $(\boldsymbol{r}-\boldsymbol{r}')$, deren Werte für $|\boldsymbol{r}-\boldsymbol{r}'| \gg 1/m$ praktisch Null sind, die aber von Null wesentlich verschiedene Werte annimmt, sobald $|\boldsymbol{r}-\boldsymbol{r}'|$ kleiner ist als $1/m$ oder von derselben Größenordnung wie $1/m$. Die FW-Transformation ist also eine nichtlokale Transformation: Der transformierte Spinor $\Psi'(\boldsymbol{r})$ geht aus $\Psi(\boldsymbol{r})$ hervor, indem man über einen gewissen Bereich in der Umgebung von $\boldsymbol{r}$ „mittelt". Dieser Bereich hat eine lineare Ausdehnung von der Größenordnung $1/m$, d.i. die Compton-Wellenlänge des Teilchens.

Den Ort des Teilchens repräsentiert im FW-Bild der Operator:

$$\boldsymbol{r}' \equiv U\boldsymbol{r}\,U^\dagger.$$

Dieser Operator ist von $\boldsymbol{r}$ verschieden. Nach Foldy und Wouthuysen nennen wir die im FW-Bild von $\boldsymbol{r}$ repräsentierte Größe die mittlere Lage. Im üblichen Bild wird er durch einen bestimmten Operator $\boldsymbol{R}$ dargestellt und man hat $\boldsymbol{R}' \equiv \boldsymbol{r}$, also:

$$\boldsymbol{R} \equiv U^\dagger\boldsymbol{r}\,U.$$

In der Dirac-Darstellung ist $\boldsymbol{R}$ ein nichtlokaler Operator. Seine Wirkung auf einen Spinor $\Psi(\boldsymbol{r})$ besteht in etwa darin, daß dieser mit $\boldsymbol{r}$ multipliziert wird, wobei man gleichzeitig den Wert dieses Spinors in jedem Punkt durch einen bestimmten Mittelwert über eine Umgebung dieses Punktes von der Größenordnung $1/m$ ersetzt. Daher rührt der Name mittlere Lage.

Ist Q' eine „gerade" Observable im FW-Bild, so erhält man die Observable $Q_{n.r.}$, die ihr in der oben definierten Zweikomponententheorie entspricht, indem man von von Q' nur die Matrixelemente zwischen den Vektoren aus dem Raum der großen Komponenten übrigbehält: $Q_{n.r.} \equiv B_+ Q' B_+$. Insbesondere gehört die Observable $\boldsymbol{r}$, die in der Zweikomponententheorie den Ort repräsentiert, zur „mittleren Lage" $\boldsymbol{R}$ und nicht zum Ortsoperator der eigentlichen Dirac-Theorie [22].

20.5.6 Foldy-Wouthuysen-Transformation für ein Teilchen in einem Feld

Existiert ein äußeres Feld, so lautet der Diracsche Hamilton-Operator:

$$H = \beta m + \mathfrak{I} + \mathfrak{T}$$
$$\mathfrak{I} \equiv \boldsymbol{\alpha} . \boldsymbol{\pi} = \boldsymbol{\alpha} . (\boldsymbol{p} - e\boldsymbol{A}), \qquad \mathfrak{T} \equiv e\varphi.$$

Jetzt existiert im allgemeinen kein Bild, in dem der Hamilton-Operator in Strenge „gerade" ist. Man kann aber durch sukzessive unitäre Transformation zu Bildern gelangen, in denen die Hamilton-Operatoren einen „ungeraden" Anteil immer höherer Ordnung in v/c aufweisen.

Untersuchen wir hierzu die unitäre Transformation:

$$U = \exp(\beta \mathfrak{I}/2m).$$

Der Hamilton-Operator H_1, der die Entwicklung der Zustände im neuen Bild bestimmt, ist dann:

$$H_1 = UHU^\dagger - \mathrm{i} U \partial U^\dagger/\partial t.$$

Berücksichtigt man, daß $\beta\mathfrak{I}$ mit $(\beta m + \mathfrak{I})$ antivertauscht und $U^\dagger = \exp(-\beta\mathfrak{I}/2m)$ ist, so erhält man:

[22] In Übereinstimmung mit der hier gegebenen Interpretation entsprechen der Bahndrehimpuls $\boldsymbol{r} \times \boldsymbol{p}$ und der Spin $\boldsymbol{\sigma}$ der Zweikomponententheorie nicht dem Bahndrehimpuls bzw. dem Spin der Dirac-Theorie, sondern vielmehr dem „mittleren Drehimpuls" $\boldsymbol{R} \times \boldsymbol{p}$ bzw. dem „mittleren Spin" $\boldsymbol{\Sigma} \cdot \boldsymbol{\Sigma}$ ist dabei der Operator, zu dem $\boldsymbol{\sigma}$ im FW-Bild gehört: $\boldsymbol{\Sigma}' \equiv \boldsymbol{\sigma}$. Der Leser möge nachweisen, daß jede Komponente des mittleren Spins und jede des mittleren Bahndrehimpulses mit dem Hamilton-Operator des freien Teilchens vertauscht. Der eigentliche Spin und der eigentliche Bahndrehimpuls besitzen diese Eigenschaft nicht. Wir stellen außerdem fest, daß:

$$\boldsymbol{J} \equiv (\boldsymbol{r} \times \boldsymbol{p}) + \tfrac{1}{2}\boldsymbol{\sigma} = (\boldsymbol{R} \times \boldsymbol{p}) + \tfrac{1}{2}\boldsymbol{\Sigma}.$$

$$\begin{aligned} U(\beta m + \mathfrak{J})\, U^\dagger &= U^2(\beta m + \mathfrak{J}) \\ &= \beta m[\cos(\mathfrak{J}/m) + (\mathfrak{J}/m)\sin(\mathfrak{J}/m)] \\ &\qquad + m[(\mathfrak{J}/m)\cos(\mathfrak{J}/m) - \sin(\mathfrak{J}/m)]. \end{aligned}$$

Die Terme $U\mathfrak{G}U^\dagger$ und $-\mathrm{i}U\partial U^\dagger/\partial t$ kann man nach Potenzen von $\mathfrak{J}/m$ entwickeln, wobei man von der folgenden Operatoridentität (s. Aufgabe 8.4) Gebrauch macht, die für irgendzwei Operatoren A und B gültig ist:

$$e^A B e^{-A} = B + [A, B] + \frac{1}{2}[A,[A,B]] + \ldots + \frac{1}{n!}\overbrace{[A,[A,\ldots[A,[A,B]]\ldots]]}^{n \text{ Klammern}} + \ldots$$

Wir geben hier nur das Ergebnis der Berechnung von H' für den Fall an, daß $\mathfrak{J}$ nicht von der Zeit abhängt. Weil es sich um eine erste Näherung handelt, setzen wir $H' = H_1$. Man bekommt:

$$\begin{aligned} H_1 &= \beta m + \mathfrak{G}_1 + \mathfrak{J}_1 \\ \mathfrak{G}_1 &= \mathfrak{G} + \beta\frac{\mathfrak{J}^2}{2m} - \frac{1}{8}m\left[\frac{\mathfrak{J}}{m},\left[\frac{\mathfrak{J}}{m},\frac{\mathfrak{G}}{m}\right]\right] - \frac{1}{8}\beta m\left(\frac{\mathfrak{J}}{m}\right)^4 + \ldots \\ \mathfrak{J}_1 &= m\left(\frac{1}{2}\beta\left[\frac{\mathfrak{J}}{m},\frac{\mathfrak{G}}{m}\right] - \frac{1}{3}\left(\frac{\mathfrak{J}}{m}\right)^3\right) + \ldots \end{aligned}$$

Die „geraden" und die „ungeraden" Anteile von H_1 sind als Entwicklungen gegeben. Die angeschriebenen Ausdrücke liefern $\mathfrak{G}_1$ bis auf $(\mathfrak{J}/m)^6$ oder $(\mathfrak{G}/m)\,(\mathfrak{J}/m)^4$ und $\mathfrak{J}_1$ bis auf $(\mathfrak{J}/m)^5$ oder $(\mathfrak{G}/m)\,(\mathfrak{J}/m)^3$ und Glieder höherer Ordnung genau. Der „ungerade" Anteil von H_1 ist also mindestens um einen Faktor von der Größenordnung von $\mathfrak{G}/m$ oder $(\mathfrak{J}/m)^2$ kleiner als der von H. Im nichtrelativistischen Grenzfall sind $\mathfrak{G}/m$ und $\mathfrak{J}/m$ von der Größenordnung $(v/c)^2$ bzw. v/c. $\mathfrak{J}_1$ ist also von der Größenordnung $(v/c)^3$.

Wir wiederholen mit H_1 die Operation, die wir eben mit H ausgeführt haben. Wir wenden also die neue Transformation mit dem unitären Operator:

$$U_1 = \exp(\beta\mathfrak{J}_1/2m)$$

an und nennen den neuen Hamilton-Operator H_2. Sein „ungerader" Anteil $\mathfrak{J}_2$ ist mindestens um einen Faktor von der Größenordnung von $\mathfrak{G}_1/m$ oder $(\mathfrak{J}_1/m)^2$ kleiner als der „ungerade" Anteil von H_1: Im nichtrelativistischen Grenzfall ist $\mathfrak{G}_1/m$ von der Größenordnung $(v/c)^2$ und $(\mathfrak{J}_1/m)^2$ von der Größenordnung $(v/c)^6$. $\mathfrak{J}_2$ ist daher von der Größenordnung $(v/c)^5$. Vernachlässigt man Glieder dieser Größenordnung, so ist H_2 ein „gerader" Operator. Er ist gegeben durch die Formel:

$$\begin{aligned} H_2 &\simeq \beta m + \mathfrak{G}_1 + O(v^5) \\ &\simeq \beta m + \mathfrak{G} + \beta\frac{\mathfrak{J}^2}{2m} - \frac{1}{8}m\left[\frac{\mathfrak{J}}{m},\left[\frac{\mathfrak{J}}{m},\frac{\mathfrak{G}}{m}\right]\right] - \frac{1}{8}\beta m\left(\frac{\mathfrak{J}}{m}\right)^4 + O(v^5) \\ &\simeq \beta m + e\varphi + \frac{1}{2m}\beta(\boldsymbol{\sigma}.\boldsymbol{\pi})^2 - \frac{1}{8m^2}\left[(\boldsymbol{\sigma}.\boldsymbol{\pi}),\ [(\boldsymbol{\sigma}.\boldsymbol{\pi}),\varphi]\right] - \frac{1}{8m^3}\beta(\boldsymbol{\sigma}.\boldsymbol{\pi})^4 + O(v^5). \end{aligned}$$

Vernachlässigt man ebenso Glieder von der Größenordnung $(v/c)^3$, so ist H_1 ein „gerader" Operator, der durch die Formel gegeben ist:

$$H_1 \simeq \beta m + e\varphi + \frac{1}{2m}\beta(\boldsymbol{\sigma}.\boldsymbol{\pi})^2 + O(v^3).$$

Der Übergang zur Zweikomponententheorie geschieht jetzt wie beim Fall des freien Teilchens. Bis auf einen Fehler von der Größe $(v/c)^5$ werden die Lösungen zu positiver Energie durch die Wellenfunktionen aus dem Raum der großen Komponenten repräsentiert, die der Gleichung:

$$\mathrm{i}\partial\Phi'/\partial t = (m + H'_{n.r.})\Phi'$$

genügen. Hierin ist $(m + H'_{n.r.})$ die Projektion des oben angegebenen Näherungsausdrucks von H_2 auf den Raum der großen Komponenten:

$$H'_{n.r.} = e\varphi + \frac{1}{2m}(\boldsymbol{\sigma}.\boldsymbol{\pi})^2 - \frac{e}{8m^2}\left[(\boldsymbol{\sigma}.\boldsymbol{\pi}),\left[(\boldsymbol{\sigma}.\boldsymbol{\pi}),\varphi\right]\right] - \frac{1}{8m^3}(\boldsymbol{\sigma}.\boldsymbol{\pi})^4. \tag{20.199}$$

Die beiden ersten Glieder bilden den Hamilton-Operator der Pauli-Theorie. Die beiden anderen Glieder liefern die relativistischen Korrekturen zweiter Ordnung zur nichtrelativistischen Energie $H_{n.r.}$.

Eine einfache Rechnung ergibt:

$$(\boldsymbol{\sigma}.\boldsymbol{\pi})^4 = \left(\boldsymbol{\pi}^2 - e(\boldsymbol{\sigma}.\boldsymbol{\mathcal{H}})\right)^2 \tag{20.200}$$

$$\left[(\boldsymbol{\sigma}.\boldsymbol{\pi}),\left[(\boldsymbol{\sigma}.\boldsymbol{\pi}),\varphi\right]\right] = \operatorname{div}\boldsymbol{\mathcal{E}} + 2\boldsymbol{\sigma}.(\boldsymbol{\mathcal{E}}\times\boldsymbol{\pi}) \tag{20.201}$$

womit man $H'_{n.r.}$ auf eine bekanntere Form bringen kann.

Wendet man eine hinreichende Anzahl der eben beschriebenen unitären Transformationen nacheinander an, so kann man eine Zweikomponententheorie aufbauen, die die Zustände zu positiver Energie in jeder nur gewünschten Ordnung von (v/c) liefert. Die Konvergenzuntersuchung für diese Entwicklung ist schwierig. Sehr wahrscheinlich handelt es sich in den meisten Fällen um eine asymptotische Entwicklung. Im wesentlichen ist es eine Entwicklung nach Potenzen des Operators $\boldsymbol{p}/m$, d.h. nach Potenzen von $(\hbar/mc)\,\mathrm{grad}$ (und von $\partial/m\partial t$, d.h. von $(\hbar/mc^2)\partial/\partial t$), so daß die aufeinanderfolgenden Glieder der Reihe um so schneller klein werden, je weniger sich das Potential $(\boldsymbol{A}, \varphi)$ über eine Länge von der Größe $\hbar/mc$ (und über ein Zeitintervall von der Größe $\hbar/mc^2$, einem Intervall, in dem die Compton-Länge mit Lichtgeschwindigkeit zurückgelegt wird) ändert.

20.5.7 Elektron in einem elektrostatischen Zentralpotential

Als Anwendungsbeispiel für die Technik des vorhergehenden Abschnitts betrachten wir ein Elektron in einem elektrostatischen Zentralpotential $V(r) \equiv e\varphi(r)$. In diesem Fall ist $\boldsymbol{A}(r) = 0$, und der Hamilton-Operator der Pauli-Theorie ist einfach der Hamilton-Operator aus der Schrödinger-Theorie:

$$H_{n.r.} = \frac{p^2}{2m} + V(r).$$

Will man die Rechnung sofort über die zweite Ordnung hinaustreiben, so muß man $H_{n.r.}$ durch $H'_{n.r.}$ ersetzen. Dies läuft darauf hinaus, daß man zu $H_{n.r.}$ die beiden letzten Glieder aus dem Ausdruck (20.199) hinzufügt. Im vorliegenden Fall ist:

$$e\mathcal{E} = -\operatorname{grad} V = -\frac{\boldsymbol{r}}{r}\frac{\mathrm{d}V}{\mathrm{d}r}$$

$$e \operatorname{div} \mathcal{E} = -\Delta V,$$

was bei Berücksichtigung der Beziehungen (20.200) und (20.201) für $H'_{n.r.}$ folgendes ergibt:

$$H'_{n.r.} = H_{n.r.} - \frac{p^4}{8m^3c^2} + \frac{\hbar^2}{4m^2c^2}\frac{1}{r}\frac{\mathrm{d}V}{\mathrm{d}r}(\boldsymbol{\sigma}\cdot\boldsymbol{L}) + \frac{\hbar^2}{8m^2c^2}\Delta V. \qquad (20.202)$$

Das erste Korrekturglied ist die relativistische Korrektur der kinetischen Energie $p^2/2m$. Das zweite ist der Spin-Bahn-Kopplungsterm (s. Formel (13.91)). Das dritte Korrekturglied, $\hbar^2 \Delta V/8m^2c^2$, ist eine Korrektur des Zentralpotentials, die unter dem Namen Darwin-Term bekannt ist. Ist $V(r) = -Ze^2/r$ (reines Coulomb-Potential), so ist der Darwin-Term gleich $(\pi Ze^2\hbar^2/2m^2c^2)\,\delta(\boldsymbol{r})$ und beeinflußt nur die s-Zustände.

20.5.8 Diskussion und Schlußfolgerungen

Die Operatoren in der Zweikomponententheorie sind die Projektionen von Operatoren des FW-Bildes auf den Raum der großen Komponenten. Das gilt für den feldfreien Fall wie für den Fall mit einem äußeren Feld. Insbesondere stimmt der Operator $\boldsymbol{r}$ der nichtrelativistischen Theorie mit dem Operator $\boldsymbol{R}$ überein, den wir die „mittlere Lage" nannten. In der Dirac-Theorie ist die Wechselwirkung zwischen dem Teilchen und dem elektromagnetischen Feld lokal, d.h. das Teilchen erfährt das elektromagnetische Potential in dem Punkt $\boldsymbol{r}$, in dem es sich befindet. Im FW-Bild, in dem $\boldsymbol{r}$ die „mittlere Lage" repräsentiert, geht diese Wechselwirkung in eine nichtlokale über: Hier trägt das elektromagnetische Potential einer ganzen Umgebung um das Teilchen zur Wechselwirkung bei (diese Umgebung hat ungefähr die Ausdehnung $\hbar/mc$). Je weniger sich das Potential $(\boldsymbol{A}, \varphi)$ in diesem Bereich ändert, um so eher kann diese Wechselwirkung durch eine Taylor-Entwicklung dargestellt werden, in der der Wert des Potentials und der seiner höheren Ableitungen im Punkt $\boldsymbol{r}$ auftreten. Ein Hamilton-Operator wie $H'_{n.r.}$ (Gleichungen (20.199) oder (20.202)) enthält die ersten Glieder dieser Entwicklung.

Im nichtrelativistischen Grenzfall wird das Diracsche Elektron folglich nicht als eine Punktladung, sondern als eine Ladungs- und Stromverteilung beschrieben, die sich über einen Bereich von der (linearen) Ausdehnung $\hbar/mc$ erstreckt. Damit erklärt sich das Auftreten von Wechselwirkungstermen, die für ein magnetisches Moment (Wechselwirkung $-\boldsymbol{\mu}.\boldsymbol{\mathcal{H}}$, Spin-Bahn-Wechselwirkung) und eine ausgedehnte Ladungsverteilung (Darwin-Term) charakteristisch sind.

Zum Abschluß stellen wir fest, daß die Anwendung der nichtrelativistischen Näherung streng genommen nicht erlaubt ist, wenn die Potentiale im Ursprung singulär sind. Dies gilt für Potentiale wie $\boldsymbol{A} = \boldsymbol{M} \times \boldsymbol{r}/r^3$ oder $\varphi = -Ze/r$, die in der Umgebung des Punktes $r = 0$ nicht mehr klein sind. Treibt man nämlich die in diesem Abschnitt beschriebene Methode der schrittweisen Näherung hinreichend weit, so gelangt man zu einem Hamilton-Operator mit so stark (im Ursprung) singulären Termen, daß sie einen unendlich hohen Beitrag zur Energie liefern. Die obige Diskussion legt die Lösung dieser Schwierigkeit nahe. Man ersetzt $\boldsymbol{A}$ und φ im nichtrelativistischen Hamilton-Operator durch ihre Mittelwerte über einen Bereich von der (linearen) Ausdehnung $\hbar/mc$. Ist die nichtrelativistische Näherung tatsächlich gerechtfertigt, so führt dieses Vorgehen zu einem Abschneiden („cut-off") der Singularität in der Entfernung $\hbar/mc$ vom Ursprung, und zwar bei allen singulären Ausdrücken, die einem bei der Rechnung begegnen. Damit die nichtrelativistische Näherung in den beiden oben genannten Fällen angewandt werden darf, muß im Punkt $r = \hbar/mc$

$$e\,|\boldsymbol{A}| \ll mc^2, \qquad e\varphi \ll mc^2$$

sein [23].

20.6 Negative Energien und Theorie des Positrons

20.6.1 Eigenschaften der ladungskonjugierten Lösungen

Im folgenden wird uns der in Abschnitt 20.3.9 eingeführte Begriff der Ladungskonjugation nützlich sein. Die Ladungskonjugation vermittelt einen (antilinearen und reziproken) Zusammenhang zwischen Wellenfunktionen, die die Entwicklung zweier verschiedener Teilchen im selben Potential $(\boldsymbol{A}, \varphi)$ beschreiben: die beiden Teilchen haben dieselbe Masse m, aber entgegengesetzte Ladungen $+e$ und $-e$.

Wird eine zum ersten Teilchen gehörende Größe durch $Q(e)$ repräsentiert, so wird dieselbe zum zweiten Teilchen gehörende Größe durch $Q(-e)$ dargestellt. So wird der Impuls in beiden Fällen durch $\boldsymbol{p} \equiv -\mathrm{i}\nabla$ repräsentiert, während die Energie im ersten Fall durch $H(e) \equiv \boldsymbol{\alpha}.(\boldsymbol{p} - e\boldsymbol{A}) + \beta m + e\varphi$ und im zweiten durch $H(-e) \equiv \boldsymbol{\alpha}.(\boldsymbol{p} + e\boldsymbol{A}) + \beta m - e\varphi$ beschrieben wird.

Wir betrachten eine Lösung $\Psi(\boldsymbol{r}, t)$ und die ladungskonjugierte Lösung $\Psi^C(\boldsymbol{r}, t)$ und vergleichen die physikalischen Eigenschaften der Zustände, die von diesen Lösungen beschrieben werden. Man weiß, daß:

---

[23] Ist m_N die Masse des Kerns, so ist $|M| \cong Ze\hbar/m_N c$. Die Größe eA/mc^2 ist im Punkt $r = \hbar/mc$ von der Größenordnung $(e^2/\hbar c)\,(Zm/m_N)$, also etwa 10^{-5} bis 10^{-6}. Unsere Rechnung für die Hyperfeinkopplung ist daher völlig gerechtfertigt. Beim zweiten Beispiel ist $e\varphi/mc^2$ von der Größenordnung $Ze^2/\hbar c$, die Rechnung ist gültig für $Z \ll 137$.

$$\Psi^C = K_C \Psi \tag{20.203}$$

ist mit dem in (20.124) definierten antilinearen Operator K_C. $\langle Q \rangle$ bezeichne den Mittelwert von Q im Zustand Ψ und $\langle Q \rangle_C$ den desselben Operators im Zustand Ψ^C. Sind beide Zustände auf Eins normiert, so ist:

$$\begin{aligned} \langle Q \rangle &= \langle \Psi | Q | \Psi \rangle \\ \langle Q \rangle_C &= \langle \Psi^C | Q | \Psi^C \rangle. \end{aligned}$$

Aus der Beziehung (20.203) erhält man:

$$\begin{aligned} \langle Q \rangle_C &= (\langle \Psi | K_C^\dagger)\,(Q K_C | \Psi \rangle) \\ &= \langle \Psi | (K_C^\dagger Q K_C) | \Psi \rangle^* = \langle \Psi | (K_C^\dagger Q^\dagger K_C) | \Psi \rangle \end{aligned}$$

und hieraus die Beziehung zwischen den Mittelwerten:

$$\langle Q \rangle_C = \langle (K_C^\dagger Q^\dagger K_C) \rangle. \tag{20.204}$$

Hieraus und aus den Eigenschaften der antiunitären Transformation K_C ergeben sich dann die folgenden Relationen zwischen den Mittelwerten im Zustand Ψ und denen im ladungskonjugierten Zustand Ψ^C:

$$\begin{array}{lll} \langle \beta \rangle_C = -\langle \beta \rangle & \langle \boldsymbol{\alpha} \rangle_C = \langle \boldsymbol{\alpha} \rangle & \langle \boldsymbol{\sigma} \rangle_C = -\langle \boldsymbol{\sigma} \rangle \\ \langle \boldsymbol{r} \rangle_C = \langle \boldsymbol{r} \rangle & \langle \boldsymbol{p} \rangle_C = -\langle \boldsymbol{p} \rangle & \langle \boldsymbol{L} \rangle_C = -\langle \boldsymbol{L} \rangle \\ \langle P(\boldsymbol{r}_0) \rangle_C = \langle P(\boldsymbol{r}_0) \rangle & \langle \boldsymbol{j}(\boldsymbol{r}_0) \rangle_C = \langle \boldsymbol{j}(\boldsymbol{r}_0) \rangle & \langle \boldsymbol{J} \rangle^C = -\langle \boldsymbol{J} \rangle \\ & \langle H(-e) \rangle_C = -\langle H(e) \rangle. & \end{array} \tag{20.205}$$

Man beachte, daß beide Lösungen in allen Punkten *die gleiche Wahrscheinlichkeits- und Stromdichte aufweisen* – also in allen Punkten die entgegengesetzte Ladungs- und elektrische Stromdichte –, *die Energien aber entgegengesetzt sind:* Die Ladungskonjugation ändert das Vorzeichen der Energie.

20.6.2 Anomales Verhalten der Lösungen zu negativer Energie

Nach diesen Vorbereitungen sind wir in der Lage, das Problem der negativen Energie zu untersuchen.

Wir betrachten zunächst den Fall eines freien Teilchens. Die Lösungen der Dirac-Gleichung wurden in Abschnitt 20.4.3 angegeben. Das Energiespektrum besteht aus zwei kontinuierlichen Bändern $(-\infty, -mc^2)$ und $(mc^2, +\infty)$, die durch das Intervall der Breite $2mc^2$ voneinander getrennt sind (Abb. 20.2 a). Das erste Band entspricht den Zuständen mit negativer Energie: $E = -E_p = -\sqrt{m^2 + p^2}$, das zweite den Zuständen zu positiver Energie.

Wir untersuchen die Bewegung eines freien Wellenpakets. Wir werden zeigen, daß der Schwerpunkt des Pakets im allgemeinen der klassischen Bahn nur im Mittel folgt. Hierzu integrieren wir die Bewegungsgleichungen des Heisenberg-Bildes:

$$\mathrm{d}\boldsymbol{r}/\mathrm{d}t = \mathrm{i}[H, \boldsymbol{r}] = \boldsymbol{\alpha} \tag{20.206}$$

$$\begin{aligned} \mathrm{d}\boldsymbol{\alpha}/\mathrm{d}t &= \mathrm{i}[H, \boldsymbol{\alpha}] = \mathrm{i}(H\boldsymbol{\alpha} + \boldsymbol{\alpha}H) - 2\mathrm{i}\boldsymbol{\alpha}H \\ &= 2\mathrm{i}\boldsymbol{p} - 2\mathrm{i}\boldsymbol{\alpha}H \end{aligned} \tag{20.207}$$

Da $\boldsymbol{p}$ und H zeitunabhängig sind, kann die Gleichung (20.207) sofort integriert werden. Man erhält:

$$\boldsymbol{\alpha}(t) = \left(\boldsymbol{\alpha}(0) - \frac{\boldsymbol{p}}{H}\right)\mathrm{e}^{-2\mathrm{i}Ht} + \frac{\boldsymbol{p}}{H}.$$

Damit ist die Zeitabhängigkeit von $\mathrm{d}\boldsymbol{r}/\mathrm{d}t$ explizit gegeben, so daß man auch die Gleichung (20.206) integrieren kann:

$$\boldsymbol{r}(t) = \boldsymbol{r}(0) + \frac{\boldsymbol{p}}{H}t + \mathrm{i}\left(\boldsymbol{\alpha}(0) - \frac{\boldsymbol{p}}{H}\right)\frac{\mathrm{e}^{-2\mathrm{i}Ht}}{2H}. \tag{20.208}$$

Diese Gleichung gibt den Operator $\boldsymbol{r}$ im Heisenberg-Bild zur Zeit t wieder, und zwar in Abhängigkeit der Werte, die die Operatoren $\boldsymbol{r}$ und $\boldsymbol{\alpha}$ zur Zeit $t = 0$ annehmen. Hieraus erhält man das Bewegungsgesetz für den Schwerpunkt $\langle \boldsymbol{r} \rangle$ eines beliebigen Wellenpakets, und es erweist sich als lehrreich, dieses Gesetz mit dem klassischen Gesetz zu vergleichen:

$$\boldsymbol{r}_{\mathrm{cl.}}(t) = \boldsymbol{r}_{\mathrm{cl.}}(0) + \left(\frac{\boldsymbol{p}}{H}\right)_{\mathrm{cl.}} t.$$

Anstelle der gleichförmigen (geradlinigen) klassischen Bewegung führt das Wellenpaket eine komplexe Bewegung aus, die sich aus einer gleichförmigen Bewegung mit der Geschwindigkeit $\langle \boldsymbol{p}/H \rangle$ und einer schnellen Schwingungsbewegung zusammensetzt. Diese ist durch

$$\left\langle \mathrm{i}\left(\boldsymbol{\alpha}(0) - \frac{\boldsymbol{p}}{H}\right)\frac{\mathrm{e}^{-2\mathrm{i}Ht}}{2H} \right\rangle$$

gegeben. Ihre Amplitude ist also von der Größenordnung $\hbar/2mc$ und ihre Periode von der Größe $\hbar/2mc^2$. Sie ist unter dem Namen „Zitterbewegung" bekannt.

Die „Zitterbewegung" verschwindet, wenn das Paket aus Wellen mit ausschließlich positiver bzw. mit ausschließlich negativer Energie besteht. Um dies zu sehen, muß man lediglich zeigen, daß

$$\Gamma_\pm\left(\boldsymbol{\alpha} - \frac{\boldsymbol{p}}{H}\right)\frac{\mathrm{e}^{-2\mathrm{i}Ht}}{2H}\,\Gamma_\pm = 0$$

ist. Γ_+ und Γ_- sind die Projektionsoperatoren auf die Zustände mit positiver bzw. negativer Energie (Definition (20.195)). Man findet nacheinander:

$$[H, \boldsymbol{\alpha}] = 2\boldsymbol{p} - 2\boldsymbol{\alpha}H$$

$$[\Gamma_\pm, \boldsymbol{\alpha}] = \pm\frac{\boldsymbol{p}}{E_p} \mp \boldsymbol{\alpha}\frac{H}{E_p},$$

woraus man wegen $H\Gamma_\pm = \pm E_p\Gamma_\pm$, herleitet, daß:

$$0 = \Gamma_\pm[\Gamma_\pm, \boldsymbol{\alpha}]\Gamma_\pm = \Gamma_\pm\left(\frac{\boldsymbol{p}}{H} - \boldsymbol{\alpha}\right)\Gamma_\pm.$$

Berücksichtigt man, daß H mit Γ_+ und Γ_- vertauscht, so folgt die Behauptung. Die „Zitterbewegung" ist also ein Interferenzeffekt zwischen den Komponenten des Wellenpakets zu positiver Energie und den Komponenten mit negativer Energie.

Diese mit den negativen Energien zusammenhängende „Zitterbewegung" ist ein merkwürdiger Effekt, der an sich aber keine Schwierigkeit darstellt. Diese tritt erst auf, wenn man die Bewegung eines Wellenpakets untersucht, das ausschließlich aus Zuständen mit negativer Energie zusammengesetzt ist. In diesem Fall verschwindet die „Zitterbewegung". Der Schwerpunkt des Pakets bewegt sich gleichförmig mit der Geschwindigkeit:

$$\boldsymbol{v} = \left\langle \frac{\boldsymbol{p}}{H} \right\rangle = -\left\langle \frac{\boldsymbol{p}}{E_p} \right\rangle$$

also entgegengesetzt zu seinem Impuls $\langle \boldsymbol{p} \rangle$. Im nichtrelativistischen Grenzfall ($H \cong -mc^2$) hat man insbesondere die Beziehung: $\boldsymbol{v} = -\langle \boldsymbol{p} \rangle / m$. Das Teilchen verhält sich, als wenn es die negative Masse $-m$ hätte.

Die Schwierigkeit wird noch deutlicher, wenn man die Bewegung von Wellenpaketen in einem statischen Feld untersucht.

Betrachten wir zum Beispiel ein Elektron in dem anziehenden Coulomb-Potential $-Ze^2/r$. Das Spektrum besteht aus einem kontinuierlichen, von mc^2 bis $+\infty$ reichenden Band positiver Energien, aus einer diskreten Folge positiver Energieniveaus unterhalb von mc^2 und einem kontinuierlichen Band aus negativen Energien, das von $-mc^2$ bis $-\infty$ reicht (s. Abb. 20.2 b). Um eine Vorstellung von den Zuständen negativer Energie zu erhalten, erinnern wir uns, daß sie aufgrund der Ladungskonjugation zu einem Teilchen mit derselben Masse, aber der entgegengesetzten Ladung (also zu einem Positron) im selben Potential gehören, oder was auf dasselbe hinausläuft, zu einem Elektron im abstoßenden Potential Ze^2/r. Bei diesem Zusammenhang ändert die Energie das Vorzeichen, die kleinen und die großen Komponenten werden vertauscht, aber die Dichten und die Stromdichten bleiben dieselben (s. Gleichung (20.205)).

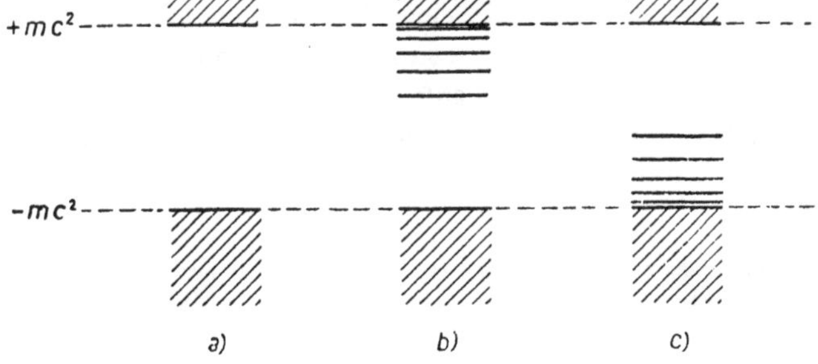

Abb. 20.2: Das Energiespektrum eines Dirac-Elektrons: (*a*) frei; (*b*) im anziehenden Potential $-Ze^2/r$; (*c*) im abstoßenden Potential Ze^2/r.

Das Spektrum des Elektrons im abstoßenden Potential Ze^2/r ist in Abb. 20.2 c wiedergegeben. Dem positiven Energiekontinuum beim abstoßenden Potential entspricht das negative Energiekontinuum beim anziehenden Potential.

Betrachten wir insbesondere die Bewegung eines Wellenpakets negativer Energie im Anwendungsbereich der nichtrelativistischen Näherung ($Ze^2 \ll 1$, Energien in der Nähe von $-mc^2$). Sie ist die gleiche wie die Bewegung eines Wellenpakets positiver Energie, das daraus durch Ladungskonjugation hervorgeht. Bei sehr geringen Geschwindigkeiten kann man zur quasiklassischen Näherung übergehen (s. Abschnitt 6.1.5), und der Schwerpunkt des Pakets bewegt sich im wesentlichen wie ein klassisches Elektron in einem Potential mit dem entgegengesetzten Vorzeichen, d.h. wie ein Teilchen mit der negativen Masse $-m$ im Potential $-Ze^2/r$: die Geschwindigkeit weist entgegengesetzt zur Richtung des Impulses, die Beschleunigung entgegengesetzt zur Kraftrichtung. Eine derartige Situation ist experimentell nie beobachtet worden.

20.6.3 „Löcher"-Theorie und Positronen

Zunächst haben die Lösungen zu negativer Energie keinerlei physikalische Bedeutung. Könnte man die Zustände mit positiver Energie von den Zuständen mit negativer Energie vollständig entkoppeln, so wäre es möglich, diese einfach zu verwerfen. Das ist jedoch nicht der Fall.

Betrachten wir zum Beispiel ein freies Elektron in einem Zustand mit positiver Energie E_+ und unterwerfen es während eines Zeitintervalls $(0, t)$ einem elektrischen Strahlungsfeld mit der Frequenz ω. Ist t genügend lang und die Stärke des Feldes nicht zu groß, so kann man den Effekt mit der Methode aus Abschnitt 17.1.5 berechnen. Man erhält eine von Null verschiedene Wahrscheinlichkeit dafür, daß das Elektron in einen Zustand mit der Energie $E_+ + \hbar\omega$ oder $E_+ - \hbar\omega$ übergeht. Ist nun

$$\hbar\omega > (E_+ + mc^2),$$

so führt der zweite Übergang zu einem Zustand mit negativer Energie.

Als ein zweites Beispiel betrachten wir das vollständige Spektrum des Wasserstoffatoms (Abb. 20.2 b). Wegen der Kopplung des Elektrons mit dem elektromagnetischen Feld besteht stets eine gewisse Wahrscheinlichkeit für den Strahlungsübergang aus einem bestimmten Zustand des Atoms in einen Zustand mit niedrigerer Energie. Folglich kann ein Elektron in einem der gebundenen Zustände des Wasserstoffatoms, selbst wenn es isoliert ist, durch Quantensprünge in Zustände mit negativer Energie übergehen, wobei ein Photon oder auch mehrere emittiert werden. Weil nun das Spektrum nach unten nicht beschränkt ist, besitzt das Wasserstoffatom keine stabilen Zustände [24].

[24] Von *O. Klein* stammt ein berühmtes Paradoxon, das sich mit dieser Übergangswahrscheinlichkeit in die Zustände mit negativer Energie befaßt. Es wird in der Literatur häufig angegeben, z.B. bei *M. Born*, a.a.O., Fußnote 1[2].

Um diese Schwierigkeiten zu umgehen, machte Dirac folgenden Vorschlag. Im sogenannten Vakuum sind die Zustände mit negativer Energie sämtlich durch Elektronen besetzt. Bringt man in dieses „Vakuum" ein weiteres Elektron, so befindet es sich notwendig in einem Zustand mit positiver Energie, weil die Zustände mit negativer Energie bereits besetzt sind und die Elektronen der Fermi-Dirac-Statistik gehorchen.

Das „Vakuum" stellt sich also als ein vollständig entartetes Fermi-Gas mit unendlich hoher Dichte dar. Darüberhinaus nimmt man an, daß es gänzlich unbeobachtbar ist, daß von ihm weder Gravitationseinflüsse noch elektromagnetische Wirkungen ausgehen. Die physikalisch beobachtbaren Eigenschaften eines bestimmten Zustands sind die Unterschiede dieses Zustands im Vergleich zum „Vakuum". So ist die beobachtbare Ladung des Systems (Elektron + „Vakuum") die Differenz zwischen der Gesamtladung des Systems und der Ladung des „Vakuums", d.h. die Ladung des Elektrons. Entsprechend ist die beobachtbare Energie dieses Systems die Differenz zwischen seiner Gesamtenergie und der des „Vakuums", d.i. die Energie des Elektrons. Bis hierher bedeutet diese neue Definition des „Vakuums" mit der veränderten Interpretation meßbarer Größen nichts weiter, als daß es den Elektronen aufgrund des Ausschließungsprinzips verboten ist, in Zustände mit negativer Energie zu gelangen [25].

Untersuchen wir jetzt, was geschieht, wenn ein Elektron im „Meer" der Elektronen mit negativer Energie fehlt. Nach unserer Vereinbarung über die beobachtbaren physikalischen Eigenschaften hat dieses „Loch" eine Ladung, die zu der des fehlenden Elektrons entgegengesetzt ist. Es hat weiter eine Energie mit entgegengesetztem, also positivem Vorzeichen, und den entgegengesetzten Impuls. Diese Überlegungen sind gültig, ob sich das Elektron nun in einem Eigenzustand des Hamilton-Operators befindet oder nicht. Bildet das fehlende Elektron speziell ein Wellenpaket, das sich mit der Geschwindigkeit v bewegt, so bewegt sich das „Loch" mit derselben Geschwindigkeit, aber der Impuls wechselt das Vorzeichen: Das „Loch" verhält sich wie ein Teilchen mit der positiven Masse $+m$ und der Ladung $-e$. Solche Teilchen hat man beobachtet: Es sind die *Positronen.*

Unter der Wirkung eines elektromagnetischen Feldes oder jeder anderen geeigneten Störung kann ein Elektron aus dem „Meer" der Elektronen mit negativer Energie in einen Zustand mit positiver Energie übergehen. Das „Loch" der negativen Energie erscheint als ein Positron. Bei einem solchen Übergang wird also ein Paar von Teilchen mit entgegengesetztem Vorzeichen gebildet. Die Erzeugung von Elektron-Positron-Paaren ist experimentell beobachtet worden.

Gibt es schließlich im „Elektronenmeer" mit negativer Energie ein „Loch", so kann ein Elektron unter Emission von Photonen aus einem Zustand mit positiver Energie in diesen unbesetzten negativen Energiezustand übergehen. Auch diese Vernichtung eines Elektron-Positron-Paares unter Photonenemission ist beobachtet worden.

---

[25] Insbesondere wird die „Zitterbewegung" automatisch unterdrückt.

20.6.4 Schwierigkeiten der „Löcher"-Theorie

Die eben kurz skizzierte Theorie der „Löcher" bringt die Dirac-Theorie mit den experimentellen Tatsachen in Einklang: das Fehlen von Zuständen mit negativer Energie, die Existenz der Positronen, die Paarerzeugung und -vernichtung. Sie stellt daher einen großen Fortschritt dar. Trotzdem muß man auf ihre Grenzen und Schwierigkeiten hinweisen.

Ganz offensichtlich ist diese Theorie unvollständig. Durch das Postulat, daß die Gesamtheit der Zustände mit negativer Energie besetzt ist, ist diese Theorie *keine Theorie mehr für ein Teilchen,* selbst wenn man mit ihr nur ein Elektron beschreiben will. Der Formalismus der Diracschen Einteilchentheorie ist so, wie er in diesem Kapitel entwickelt wurde, für die Beschreibung einer dartigen Situation unzureichend. Erst im Rahmen der Feldtheorie darf man hoffen, hierfür eine konsistente Beschreibung geben zu können.

Die „Löcher"-Theorie ist nur eine Vorstufe zu einer Quantenfeldtheorie des Elektrons. Sie hat den Vorteil, daß sie einfache Bilder liefert, und kann daher als Anleitung bei der Aufstellung der korrekten Theorie nützlich sein. Sobald man jedoch ihre Aussagen zu präzisieren versucht, treten Mängel und Widersprüche auf.

So besteht das „Vakuum" aus unendlich vielen Elektronen, ohne daß diese miteinander in Wechselwirkung treten.

Ein anderer Mangel dieser Theorie ist die augenscheinlich unsymmetrische Rolle, die Elektronen und Positronen in ihr spielen. Man kann übrigens eine dazu ladungskonjugierte Theorie aufstellen, bei der die Positronen die Rolle der Teilchen und die Elektronen die der Löcher übernehmen, ohne daß sich an den physikalischen Folgerungen irgendetwas ändert. Alle diese Schwierigkeiten können im Formalismus der Feldtheorie beseitigt werden, wobei man von Gleichungen ausgeht, die in bezug auf die Operation der Ladungskonjugation invariant sind.

Zum Abschluß bemerken wir, daß selbst die Definition der Zustände mit negativer Energie vom jeweils vorliegenden elektromagnetischen Potential abhängt. Für die beiden in Abschnitt 20.6.2 behandelten Fälle, den des freien Teilchens und den eines Teilchens in einem Coulomb-Feld, ist der Raum der Zustände zu negativer Energie nicht derselbe. Entwickelt man z.B. die Wellenfunktion für den Grundzustand des Wasserstoffatoms, so findet man einen kleinen, aber nicht verschwindenden Anteil von ebenen Wellen mit negativer Energie. Bei der oben angegebenen Definition des „Vakuums" wählten wir als Zustände zu negativer Energie die eines freien Teilchens, denn es ist sinnvoll, das Vakuum bei Abwesenheit von Feldern zu definieren. Die Einführung eines äußeren elektromagnetischen Feldes verändert diesen „Vakuumzustand" (Paarerzeugung): Das „Vakuum" verhält sich wie ein polarisierbares Medium, in dem eine elektrische Ladung kleiner erscheint, als sie in Wirklichkeit ist. In der Feldtheorie findet man solche Effekte wieder. Die „Löcher"-Theorie macht zwar Aussagen darüber, sie liefert aber kein ausreichendes Mittel zu ihrer Berechnung.

Aufgaben

1. Man zeige: Ist Ψ Lösung der Klein-Gordon-Gleichung mit dem Feld A^μ, so genügt der Viererstrom:

$$j^\mu = \frac{i}{2m}\left[\Psi^*(D^\mu\Psi) - \Psi(D^\mu\Psi)^*\right] \equiv \frac{i}{2m}\left[\Psi^*(\partial^\mu\Psi) - \Psi(\partial^\mu\Psi^*)\right] - \frac{e}{m}A^\mu\Psi^*\Psi$$

der Kontinuitätsgleichung (s. Aufgabe 4.1).

2. Man betrachte ein Wasserstoffatom, in dem das Elektron durch ein Teilchen mit derselben Masse und derselben Ladung ersetzt wird, das aber der Klein-Gordon-Gleichung gehorcht. Die Niveaus des diskreten Spektrums sind dann durch die folgende Eigenwertgleichung gegeben:

$$\left[\Delta + m^2 - \left(E - \frac{e^2}{r}\right)^2\right]\Psi(r) = 0.$$

Man zeige, daß diese Gleichung durch Trennung der Winkel- von den Radialvariablen streng gelöst werden kann, und daß die verschiedenen Niveaus des diskreten Spektrums über die folgenden Formeln von den Quantenzahlen n und l abhängen:

$$E^{nl} = m\left(1 + \frac{e^4}{(n-\varepsilon_l)^2}\right)^{-\frac{1}{2}} \qquad \varepsilon_l = l + \tfrac{1}{2} - \left[(l+\tfrac{1}{2})^2 - e^4\right]^{\frac{1}{2}}$$

$$[n = 1, 2, \ldots, \infty\,; \qquad l = 0, 1, \ldots, n-1].$$

Man vergleiche mit dem Spektrum, das die nichtrelativistische Schrödinger-Theorie liefert.

3. Man beweise, daß die Determinante aller in der Tabelle 20.1 (Abschnitt 20.3.1) definierten (nicht notwendig unitären) γ^A-Matrizen gleich Eins ist.

4. Für die am Ende von Abschnitt 20.3.1 definierte Matrix B zeige man: $BB^* = B^*B = -I$.
(Man beweise zunächst, daß
(*i*) BB^* ein Vielfaches der Einheitsmatrix ist, daß also $BB^* = B^*B = \pm I$;
(*ii*) die Matrix BB^* für jedes System der vier unitären γ^μ Matrizen dieselbe ist).

5. Man beweise die folgenden Eigenschaften des in Abschnitt 20.3.10 eingeführten (antiunitären) Operators K_C für die Ladungskonjugation:

$$K_C\, p_\mu\, K_C^\dagger = -p_\mu, \qquad K_C\, J_{\alpha\beta}\, K_C^\dagger = -J_{\alpha\beta}$$

$$K_C\, P\, K_C^\dagger = -P, \qquad K_C\, K_T\, K_C^\dagger = -K_T.$$

Hieraus leite man her, daß bei der in Abschnitt 20.3.8 angegebenen Phasenwahl für die Transformationsoperatoren der Operator K_C mit den Translationsoperatoren und mit den Transformationsoperatoren der eigentlichen Lorentz-Gruppe vertauscht und mit den Raumspiegelungen und der Zeitumkehr antivertauscht. Wie muß man die Wahl der Phasen abändern, damit K_C mit allen diesen Transformationen vertauscht?

6. Man leite aus dem Ausdruck für den Diracschen Hamilton-Operator die Bewegungsgleichungen (20.147) und (20.148) der Operatoren $\boldsymbol{r}$ und $\boldsymbol{\pi}$ im Heisenberg-Bild her. Ebenso leite man die Gleichungen:

$$\frac{\mathrm{d}}{\mathrm{d}t}\left[(\boldsymbol{r}\times\boldsymbol{\pi})+\frac{1}{2}\boldsymbol{\sigma}\right]=\boldsymbol{r}\times\boldsymbol{F} \qquad \frac{\mathrm{d}M}{\mathrm{d}t}=\boldsymbol{\alpha}.\boldsymbol{F}\equiv e\boldsymbol{\alpha}.\boldsymbol{\mathcal{E}}$$

her, in denen $\boldsymbol{F}$ die Lorentz-Kraft darstellt: $\boldsymbol{F} \equiv e(\boldsymbol{\mathcal{E}} + \alpha \times \boldsymbol{\mathcal{H}})$. Man vergleiche diese Gleichungen mit den Gleichungen (20.22) und (20.21′) der klassischen Dynamik.

7. Im feldfreien Fall ist jede Lösung der Dirac-Gleichung auch Lösung der Klein-Gordon-Gleichung. Man zeige durch ein Gegenbeispiel, daß die Umkehrung nicht gilt.

8. Man beweise die Identitäten (20.169).

9. Man entwickle eine ebene Dirac-Welle mit dem Impuls $\boldsymbol{p}$ in z-Richtung nach freien Kugelwellen.

10. Man bestimme systematisch die Wellenfunktionen des Wasserstoffatoms so, daß die Radialfunktionen F und G zueinander proportional sind. Man verifiziere, daß die so erhaltenen Niveaus zu $n' = 0$ (also $J = n - ½$) und $l = n - 1$ gehören. Man findet (Bezeichnungen s. Abschnitt 20.4.7):

$$E_{n,n-\frac{1}{2}}=m\left(1-\frac{e^4}{n^2}\right)^{\frac{1}{2}}$$

$$F = Cte \times \rho^{s}\,\mathrm{e}^{-\rho}, \qquad G = -\nu F$$

mit $s=\sqrt{n^2-e^4}, \quad \varkappa = me^2/n, \quad \rho = \varkappa r, \quad \nu = \varkappa/(E+m) \simeq e^2/2n.$

11. Man berechne die von der Dirac-Theorie angegebenen Niveaus des Wasserstoffatoms mit der in Abschnitt 20.4.7 beschriebenen Methode.

12. Man vergleiche die von der Dirac-Theorie angegebene Feinstruktur der Niveaus des Wasserstoffatoms mit der Struktur, die die Klein-Gordon-Theorie für ein Teilchen mit derselben Masse, derselben Ladung und im selben Coulomb-Feld liefert (s. Aufgabe 2).

13. Man berechne die relativistischen Korrekturen zweiter Ordnung des Ausdrucks (20.202) für die $2s_{1/2}$-, $2p_{1/2}$-, $2p_{3/2}$-Niveaus des Wasserstoffatoms. Man zeige, daß in dieser Näherung die $2s_{1/2}$- und $2p_{1/2}$-Zustände auf demselben Niveau bleiben, und vergleiche die Ergebnisse mit der strengen Behandlung in Abschnitt 20.4.7.

21 Feldquantisierung. Strahlungstheorie

Se non è vero, è bene trovato

Einleitung

Dieses letzte Kapitel hat zwei Aufgaben. Einerseits soll es den Leser mit dem Begriff des quantisierten Feldes vertraut machen und ihm einen ersten Überblick über die Quantenfeldtheorie, ihre physikalische Bedeutung, ihre Erfolge und ihre Grenzen geben. Zum anderen soll es eine elementare Behandlung der Quantentheorie der elektromagnetischen Strahlung sowie der Kopplungseffekte der Strahlung mit atomaren und nuklearen Systemen liefern.

Bei der Aufstellung der Quantenfeldtheorie kann man genau so vorgehen wie bei der nichtrelativistischen Quantentheorie von Teilchensystemen. Diese Methode basiert auf dem Korrespondenzprinzip und nimmt den kanonischen Hamilton-Formalismus des klassischen Feldes zum Ausgangspunkt. Der einzige Unterschied besteht darin, daß man es hier mit einem System zu tun hat, das unendlich viele Freiheitsgrade besitzt. Gewöhnlich nennt man den auf diese Weise entstandenen Formalismus den Hamilton-Formalismus.

Er hat einen grundsätzlichen Mangel: Er ist nicht kovariant formuliert [1]. Es ist möglich, die Theorie auf eine vollständig kovariante Form zu bringen, indem man von kovarianten Gleichungen des klassischen Feldes ausgeht und eine Quantisierungsmethode wählt, die diesen kovarianten Charakter nicht ändert. Eine derartige Formulierung besitzt ohne Zweifel praktische und auch grundsätzliche Vorteile. Viele Rechnungen werden allein dadurch einfacher, daß die auftretenden Ausdrücke automatisch eine gedrängte und symmetrische Form behalten. Dafür erfordert dieser Formalismus jedoch einen aufwendigen mathematischen Apparat. Die für den Hamilton-Formalismus nötigen Begriffe sind geläufiger, darum ist dieser für eine Einführung eher geeignet.

Das Kapitel besteht aus vier Abschnitten. Die beiden ersten befassen sich mit dem einfachsten Feldtyp, nämlich mit dem skalaren Feld. Abschnitt 21.1 behandelt das

[1] Dies impliziert natürlich nicht, daß das Relativitätsprinzip verletzt ist. Die relativistische Invarianz der Theorie ist jedoch nicht von vornherein klar und muß bewiesen werden. Wir gehen darauf nicht ein.

freie Feld. Hier geben wir die Methode für die Quantisierung des klassischen Feldes, die Definition des Zustandsraums und die Interpretation der Quantenzustände an. In Abschnitt 21.2 betrachten wir die Kopplung eines solchen Feldes mit einem Teilchensystem und untersuchen an diesem einfachen Modell die Eigenschaften, die für die Wechselwirkung eines Feldes mit einem atomaren oder nuklearen System charakteristisch sind. Die in diesem Abschnitt behandelten Anwendungen erscheinen als besonders geeignet, um die Methoden und die physikalische Bedeutung, aber auch die Schwierigkeiten der Quantenfeldtheorie zu illustrieren. Die beiden letzten Abschnitte befassen sich mit der elektromagnetischen Strahlung. Abschnitt 21.3 ist eine Erinnerung an die klassische Theorie; die Quantentheorie und ihre Anwendungen werden in Abschnitt 21.4 kurz erörtert. Viele der im Zusammenhang mit dem skalaren Feld auftretenden Techniken und Überlegungen lassen sich ohne Schwierigkeit auf die Strahlung übertragen, weshalb sie nur in großen Zügen wiederholt werden. Die Betonung wird vor allem auf den Unterschieden liegen, die auf dem Vektorcharakter des elektromagnetischen Potentials sowie auf der Tatsache beruhen, daß die Masse des Photons Null ist [2)].

21.1 Quantisierung eines reellen skalaren Feldes

21.1.1 Freies klassisches Feld. Normalschwingungen

Ein klassisches reelles und skalares Feld ist zu jedem Zeitpunkt t durch die Angabe seiner Amplitude $\Phi(\boldsymbol{r}, t)$ für jeden Punkt $\boldsymbol{r}$ des Raumes definiert. Es kann als ein dynamisches System mit unendlich vielen Freiheitsgraden aufgefaßt werden. Zu jedem Punkt des Raumes gehört eine bestimmte Koordinate dieses Systems, die Feldamplitude in diesem Punkt.

Die Dynamik eines solchen Systems ist von der eines Systems mit endlich vielen Freiheitsgraden nicht wesentlich verschieden. Weil jedoch die Koordinaten durch *kontinuierliche* Parameter gekennzeichnet sind – z.B. durch die x-, y- und z-Komponente von $\boldsymbol{r}$ –, wird die gewöhnliche Ableitung nach der Zeit durch die partielle Differentiation ersetzt. Die Entwicklung des Systems wird durch eine Bewegungsgleichung von der Form:

$$\ddot{\Phi}(\boldsymbol{r}, t) \equiv \partial^2\Phi/\partial t^2 = F[\Phi(\boldsymbol{r}, t), \dot{\Phi}(\boldsymbol{r}, t)]$$

bestimmt, worin F ein Funktional der Amplitude $\Phi(\boldsymbol{r}, t)$ und ihrer partiellen Ableitung: $\dot{\Phi} \equiv \partial\Phi/\partial t$, beide zum Zeitpunkt t genommen, bezeichnet. Der Zustand des Systems ist also für jeden Zeitpunkt durch die Angabe seiner Lage und seiner Geschwindigkeit zur Zeit t_0 bestimmt, d.h. durch die Gesamtheit seiner Koordinaten $\Phi(\boldsymbol{r}, t_0)$ und ihrer zeitlichen Ableitungen:

[2)] Die Literatur über die Quantenelektrodynamik ist sehr umfangreich. Wir nennen vor allem: *J.D. Bjorken, S.D. Drell,* Relativistische Quantenmechanik/Relativistische Quentenfeldtheorie, Mannheim (1966/67); *N.N. Bogoljubov, D.V. Shirkow,* Introduction to the Theory of Quantized Fields, New York (1979); *J.M. Jauch, F. Rohrlich,* The Theory of Photons and Electrons, Berlin (1976).

$$\dot{\Phi}(\boldsymbol{r}, t_0) \equiv \left.\frac{\partial \Phi(\boldsymbol{r}, t)}{\partial t}\right|_{t=t_0} .$$

Von allen Bewegungsgleichungen, die in bezug auf die Transformationen aus der inhomogenen Lorentz-Gruppe invariant sind, ist die Klein-Gordon-Gleichung die einfachste:

$$[\Box + \mu^2]\,\Phi \equiv \ddot{\Phi} - \Delta\Phi + \mu^2\Phi = 0. \tag{21.1}$$

Sie ist in Φ linear und homogen und die Bewegungsgleichung für ein freies Feld. μ ist eine Konstante. Später werden wir sehen, daß sie gerade die Masse der Quanten darstellt, die dem quantisierten Feld zugeordnet werden (s. Abschnitt 21.1.5).

Wäre auf der linken Seite dieser Gleichung der Term $\Delta\Phi$ nicht vorhanden, so würden sich die verschiedenen Koordinaten des Systems unabhängig voneinander verändern, jede würde eine harmonische Schwingung mit der Frequenz μ ausführen, wobei Amplitude und Phase von den Anfangsbedingungen abhängen würden. Der Term $\Delta\Phi$ koppelt diese harmonischen Schwingungen miteinander.

Eine solche Gesamtheit von gekoppelten Oszillatoren kann man durch die Einführung von Normalkoordinaten in eine Gesamtheit von voneinander unabhängigen Oszillatoren überführen. Das soll jetzt geschehen.

$f_1, f_2, \ldots, f_i, \ldots$ sei eine vollständige orthonormale Folge reeller, von $\boldsymbol{r}$ abhängender Funktionen, die der Eigenwertgleichung des hermitischen Operators $(-\Delta)$ genügen. Das Spektrum der Eigenwerte reicht von 0 bis $+\infty$. k_i^2 sei der zur Funktion f_i gehörende Eigenwert. Dann ist:

$$(\Delta + k_i^2)\, f_i = 0 \tag{21.2}$$

$$\int f_i(\boldsymbol{r})\, f_j(\boldsymbol{r})\, \mathrm{d}\boldsymbol{r} = \delta_{ij} \tag{21.3}$$

$$\textstyle\sum_i f_i(\boldsymbol{r})\, f_i(\boldsymbol{r}') = \delta(\boldsymbol{r} - \boldsymbol{r}'). \tag{21.4}$$

Aus den Orthogonalitätsbeziehungen (21.3) und der Vollständigkeitsrelation (21.4) erhält man die Entwicklungen:

$$\Phi(\boldsymbol{r}, t) = \textstyle\sum_i q_i(t)\, f_i(\boldsymbol{r}) \tag{21.5}$$

$$q_i(t) = \int f_i(\boldsymbol{r})\, \Phi(\boldsymbol{r}, t)\, \mathrm{d}\boldsymbol{r}. \tag{21.6}$$

Die Größen $q_1, q_2, \ldots, q_i, \ldots$ sind die gesuchten Normalkoordinaten. Aus den Gleichungen (21.6) und (21.1) leitet man nämlich her, daß:

$$\ddot{q}_i + \omega_i^2 q_i = 0 \tag{21.7}$$

ist, mit

$$\omega_i = (k_i^2 + \mu^2)^{\frac{1}{2}}. \tag{21.8}$$

Jedes q_i genügt also der Bewegungsgleichung für einen unabhängigen harmonischen Oszillator mit der Frequenz ω_i. Nach Gleichung (21.5) ist die Feldamplitude eine lineare Superposition dieser voneinander unabhängigen Oszillatoren.

Bisher haben wir angenommen, daß die Basisfunktionen f durch einen diskreten Index gekennzeichnet sind. Weil aber der Operator $(-\Delta)$ ein kontinuierliches Spektrum besitzt (das sich von 0 bis $+\infty$ erstreckt), hängen diese Basisfunktionen von einer Indexmenge ab, wobei mindestens einer dieser Indizes kontinuierlich ist. Man kann die vorstehenden Überlegungen mit kontinuierlichen Indizes wiederholen. Abgesehen von einigen offensichtlichen Abänderungen, auf die wir hier nicht im einzelnen eingehen, bleiben die Ergebnisse im wesentlichen dieselben. Dagegen wird die quantentheoretische Behandlung durch das Auftreten kontinuierlicher Indizes beträchtlich erschwert. Um diese Art von Schwierigkeiten zu vermeiden, setzen wir voraus, daß das Feld nur in einem endlichen Volumen des Raumes definiert ist und an der Oberfläche dieses Volumens geeigneten Randbedingungen genügt. Wir nehmen dann an, daß sich alle interessierenden physikalischen Größen aus den für ein endliches Volumen berechneten Größen ergeben, indem man das Volumen unendlich groß werden läßt. Dieser Kunstgriff wurde schon einmal in Abschnitt 5.3.4 verwendet. Offensichtlich ist er nicht streng. Man muß darauf achten, daß durch ihn nicht ein Teil der Invarianzeigenschaften der Theorie verdeckt wird.

21.1.2 Quantisierung des freien Feldes

Nach dem Übergang zu Normalkoordinaten liegt eine sehr einfache Quantisierungsmethode für das reelle skalare Feld nahe. Sie besteht darin, daß man jeder Normalschwingung des klassischen Feldes einen quantenmechanischen Oszillator derselben Frequenz zuordnet (s. zwölftes Kapitel).

Um diesen Zusammenhang aufzustellen, bilden wir die klassische Hamilton-Funktion in Normalkoordinaten. p_i sei der zu q_i kanonisch konjugierte Impuls. Die Gleichung (21.7) ist zu den Hamiltonschen Gleichungen äquivalent:

$$\dot{q}_i = p_i, \qquad \dot{p}_i = -\,\omega_i^2 q_i.$$

Diese erhält man, indem man als Hamilton-Funktion des i-ten Freiheitsgrades:

$$h_i = \tfrac{1}{2}(p_i^2 + \omega_i^2 q_i^2) \tag{21.9}$$

wählt, woraus sich der Ausdruck für die gesamte Hamilton-Funktion ergibt:

$$H = \Sigma_i h_i. \tag{21.10}$$

Das zugehörige quantisierte Feld erhält man, indem man die reellen dynamischen Variablen q_i und p_i durch Observable ersetzt, die den Vertauschungsrelationen ($\hbar = 1$):

$$[q_i, p_j] = \mathrm{i}\delta_{ij} \tag{21.11}$$

genügen.

Zu jeder Teilschwingung gehört eine diskrete Folge äquidistanter Niveaus, die durch die Formel:

$$E_{n_i} = (n_i + ½)\,\omega_i \qquad (n_i = 0, 1, 2, \ldots, \infty) \tag{21.12}$$

gegeben sind. Es ist jetzt zweckmäßig, Erzeugungs- und Vernichtungsoperatoren einzuführen, die wir mit $b_i^\dagger$ und b_i bezeichnen:

$$\begin{aligned} b_i &= (2\omega_i)^{-½}\,(\omega_i q_i + \mathrm{i}p_i) \\ b_i^\dagger &= (2\omega_i)^{-½}\,(\omega_i q_i - \mathrm{i}p_i). \end{aligned} \tag{21.13}$$

Die Vertauschungsregeln (21.11) sind zu den Vertauschungsrelationen für die adjungierten Operatoren b_i und $b_i^\dagger$ äquivalent:

$$[b_i, b_j^\dagger] = \delta_{ij}, \tag{21.14}$$

während man die Folge der Eigenvektoren von h_i durch wiederholte Anwendung des Operators $b_i^\dagger$ auf den Eigenvektor des Grundzustandes erhält (s. Gleichung (12.20)).

Man bekommt eine vollständige Folge von Eigenvektoren von H, indem man das tensorielle Produkt aus den Eigenzuständen der Teil-Hamilton-Operatoren h_1, h_2, $\ldots$, h_i, $\ldots$ bildet. Jeder Zustand ist durch die Folge der Quantenzahlen n_1, n_2, $\ldots$, n_i, $\ldots$ gekennzeichnet. Seine Energie ist die Summe der Teilenergien:

$$E_{n_1 n_2 \ldots n_i \ldots} = \Sigma_i\,(n_i + ½)\omega_i. \tag{21.15}$$

Sein auf Eins normierter Eigenvektor ergibt sich aus dem Vektor $|0\rangle$, der den Grundzustand repräsentiert ($n_1 = n_2 = \ldots = n_i = \ldots = 0$) durch die Formel:

$$|n_1 n_2 \ldots n_i \ldots\rangle = \Pi_i \frac{(b_i^\dagger)^{n_i}}{(n_i!)^{\frac{1}{2}}}\,|0\rangle. \tag{21.16}$$

Das Feld im Punkt $\boldsymbol{r}$ ist ein bestimmter hermitischer Operator $\Phi(\boldsymbol{r})$, der durch den Ausdruck:

$$\Phi(\boldsymbol{r}) = \Sigma_i\, q_i f_i(\boldsymbol{r}) \tag{21.17}$$

definiert ist. Man erhält ihn korrespondenzmäßig aus der klassischen Beziehung (21.5). Drückt man ihn durch die b_i und $b_i^\dagger$ aus, so ergibt sich:

$$\Phi(\boldsymbol{r}) = \Sigma_i\,(2\omega_i)^{-½}\,(b_i + b_i^\dagger)\,f_i. \tag{21.18}$$

Bis jetzt erscheint das Feld als eine Gesamtheit quantisierter Oszillatoren. In dem eben betrachteten stationären Zustand gibt jede Quantenzahl n für die spezielle Normalschwingung die Anzahl der Schwingungsquanten an. Man kann die Eigenzustände von H und allgemeiner der Operatoren des Systems auch korpuskular interpretieren, wie das in Abschnitt 12.1.5 schon einmal entwickelt wurde. n_i bedeutet dann die Anzahl der Teilchen (oder Quanten) im Zustand f_i zur Energie

ω_i. Es ist der Eigenwert eines bestimmten Teilchenzahloperators, des Operators, der die „Anzahl der Teilchen im Zustand f_i" repräsentiert. Dieser ist durch:

$$N_i = b_i^\dagger b_i \tag{21.19}$$

definiert. b_i ist der Vernichtungsoperator eines Quants im Zustand f_i, $b_i^\dagger$ der Erzeugungsoperator eines Quants im Zustand f_i.

Die Interpretation ist nur dann sinnvoll, wenn die Gesamtenergie des Systems gleich der Summe aus den Energien der Quanten ist, die in diesem Zustand vorhanden sind. Hierfür genügt es, wie in Abschnitt 12.1.5 bereits angegeben, auf der rechten Seite von Gleichung (21.10) von jedem Term h_i die Konstante $\frac{1}{2}\omega_i$ abzuziehen. Die Bewegungsgleichung wird durch diese Abänderung des Hamilton-Operators offensichtlich nicht berührt. Der neue Hamilton-Operator besitzt die geforderte Eigenschaft. Man findet nämlich:

$$H = \sum_i N_i \omega_i. \tag{21.20}$$

Insbesondere ist das Vakuum der Zustand mit der Energie Null. Der Vektor $b_i^\dagger|0\rangle$ repräsentiert einen Zustand mit nur einem einzigen Quant, und seine Energie ist gleich der Energie ω_i dieses Quants.

Die Quanten, von denen hier die Rede ist, sind nicht unterscheidbar. Der Zustand des Gesamtsystems ist nämlich durch die Anzahl $n_1, n_2, \ldots, n_i, \ldots$ dieser Quanten vollständig bestimmt, mit denen sie die Einzelteilchenzustände $f_1, f_2, \ldots f_i, \ldots$ besetzen können. Diese „Besetzungszahlen" können jeden ganzzahligen Wert zwischen Null und Unendlich annehmen. Die Quanten folgen also der Bose-Einstein-Statistik (s. Abschnitt 14.1.5): Das quantisierte Feld stellt ein *Bosonensystem* mit unbestimmter Teilchenzahl dar.

Wir schließen diesen Abschnitt mit einer Bemerkung über den Grundzustand des Systems. Dieser Vakuumzustand unterscheidet sich grundsätzlich vom klassischen Vakuum. Bei einem klassischen Feld ist das Vakuum oder der Zustand mit der kleinsten Energie ein Zustand, für den das Feld in jedem Punkt verschwindet. Beim quantisierten Feld ist das Feld $\Phi(\boldsymbol{r})$ in einem bestimmten Punkt ein Operator, der mit dem Hamilton-Operator nicht vertauscht. Sein Mittelwert ist im Vakuumzustand gleich Null, wie man sich aufgrund der Eigenschaften der b_i und $b_i^\dagger$ leicht klar macht. Seine Varianz ist jedoch von Null verschieden. Man erhält nämlich aus dem Ausdruck (21.18) für das Feld:

$$\langle \Phi^2(\boldsymbol{r})\rangle_0 \equiv \sum_i \sum_j \tfrac{1}{2}(\omega_i \omega_j)^{-\frac{1}{2}} \langle 0|\left(b_i + b_i^\dagger\right)\left(b_j + b_j^\dagger\right)|0\rangle f_i(\boldsymbol{r}) f_j(\boldsymbol{r})$$

und weil:

$$\langle 0|\left(b_i + b_i^\dagger\right)\left(b_j + b_j^\dagger\right)|0\rangle = \langle 0|\, b_i b_j^\dagger\, |0\rangle = \delta_{ij}$$

erhält man:

$$\langle \Phi^2\rangle_0 = \sum_i \frac{f_i^2(\boldsymbol{r})}{2\omega_i}.$$

Die rechte Seite ist eine Reihe mit ausschließlich positiven Gliedern, also eine von Null verschiedene positive Größe. Man kann nun zeigen, daß diese Reihe divergent ist [3]. Das Auftreten divergenter Größen ist für Systeme mit unendlich vielen Freiheitsgraden charakteristisch. Es ist für die Feldtheorie eine Quelle ernsthafter Schwierigkeiten. Im zweiten Abschnitt werden wir Gelegenheit haben, hierauf zurückzukommen.

21.1.3 Lagrange-Funktion des Feldes. Kanonisch konjugierter Impuls

Wir befassen uns zunächst wieder mit dem klassischen Feld und geben kurz die Verallgemeinerung des Lagrange- und des Hamilton-Formalismus für Systeme an, die eine unendliche Anzahl von Freiheitsgraden aufweisen. Sind die Koordinaten durch eine diskrete Indexmenge gekennzeichnet, so ist die Verallgemeinerung evident; wir haben sie bei den Normalkoordinaten bereits verwendet. Schwieriger wird die Sachlage, wenn die Koordinaten von einem kontinuierlichen Index abhängen, besonders dann, wenn die „Lage" des Feldes durch die Angabe seiner Amplitude in jedem Raumpunkt definiert ist. Genau diese Koordinatenwahl ist es, die uns hier interessiert.

Die Lagrange-Funktion L hängt von den Koordinaten des Systems und den Komponenten seiner Geschwindigkeit ab. Im vorliegenden Fall ist sie ein Funktional von Φ und $\dot{\Phi}$. Wir wollen annehmen, daß sie in der Form:

$$L = \int \mathcal{L}\,\mathrm{d}\boldsymbol{r} \tag{21.21}$$

geschrieben werden kann. Die Lagrange-Dichte $\mathcal{L}$ hängt über Φ, die Komponenten des Gradienten von Φ und über $\dot{\Phi}$ von $\boldsymbol{r}$ und t ab:

$$\mathcal{L} \equiv \mathcal{L}(\Phi, \partial\Phi/\partial x^k, \dot{\Phi}).$$

Kennt man L, so definiert man das Wirkungsintegral:

$$I = \int_{t_1}^{t_2} L\,\mathrm{d}t = \int_{t_1}^{t_2} \mathrm{d}t \int \mathrm{d}\boldsymbol{r}\,\mathcal{L}. \tag{21.22}$$

Es ist ein bestimmtes Funktional von $\Phi(\boldsymbol{r}, t)$. Das Prinzip der kleinsten Wirkung liefert die Bewegungsgleichungen (s. Gleichung (1.12)):

$$\delta I = 0 \qquad (\delta\Phi(t_1) = \delta\Phi(t_2) = 0). \tag{21.23}$$

Aufgrund der Beziehungen (21.22) ist klar, daß diese Bewegungsgleichung dann dem Relativitätsprinzip genügt, *wenn sich $\mathcal{L}$ in bezug auf die Transformationen der Lorentz-Gruppe wie ein Skalar verhält.* Diese Bedingung an $\mathcal{L}$ erleichtert das Aufsuchen der Lagrange-Funktion sehr.

---

[3] Dagegen besitzt das Integral über ein endliches Volumen eine endliche Schwankung. Diese ist um so stärker, je kleiner das Integrationsvolumen ist, und geht gegen Unendlich, wenn dieses Volumen gegen Null geht (s. Aufgabe 1).

Im vorliegenden Fall werden die Lagrangeschen Gleichungen durch eine partielle Differentialgleichung für die Amplitude $\Phi(\boldsymbol{r}, t)$ ersetzt, die man leicht aus dem Prinzip der kleinsten Wirkung erhält:

$$\frac{\partial}{\partial t}\frac{\partial \mathfrak{L}}{\partial \dot{\Phi}} + \sum_k \frac{\partial}{\partial x^k}\frac{\partial \mathfrak{L}}{\partial(\partial \Phi/\partial x^k)} - \frac{\partial \mathfrak{L}}{\partial \Phi} = 0. \tag{21.24}$$

Das ist die Bewegungsgleichung für das Feld.

Um die Feldkoordinaten mit einiger Strenge zu definieren, denken wir uns den Raum in infinitesimale Zellen eingeteilt. Zu jeder Zelle $(\boldsymbol{r}, \boldsymbol{r} + \mathrm{d}\boldsymbol{r})$ gehört eine Koordinate des Systems, das ist die Größe $\Phi(\boldsymbol{r}, t)\,\mathrm{d}\boldsymbol{r}$. Das Bewegungsgesetz legt die Änderung dieser Koordinaten in Abhängigkeit von der Zeit fest. Der zur Koordinate $\Phi(\boldsymbol{r}, t)\,\mathrm{d}\boldsymbol{r}$ konjugierte Impuls $\Pi(\boldsymbol{r}, t)$ ist dann nach der üblichen Definition durch die Funktionalableitung von L nach der Geschwindigkeitskomponente $\dot{\Phi}(\boldsymbol{r}, t)$ gegeben:

$$\Pi(\boldsymbol{r}, t) \equiv \frac{\delta L}{\delta \dot{\Phi}(\boldsymbol{r}, t)\,\mathrm{d}\boldsymbol{r}} = \frac{\partial \mathfrak{L}}{\partial \dot{\Phi}}. \tag{21.25}$$

Der hier verwendete Begriff der Funktionalableitung ist die natürliche Verallgemeinerung des Begriffs der partiellen Ableitung. So ist in der vorstehenden Gleichung δL die Variation von L, wenn sich $\dot{\Phi}$ in einem kleinen Volumen $\mathrm{d}\boldsymbol{r}$ um den Punkt $\boldsymbol{r}$ um die infinitesimale Größe $\delta\dot{\Phi}$ ändert, während im übrigen Raum alles konstant bleibt.

Jetzt können wir die Hamilton-Funktion H gemäß der üblichen Definition (Gleichung (1.13)) aufstellen. Sie ist ein Funktional von Φ und Π:

$$H \equiv H[\Phi, \Pi] \equiv \int \Pi\,\dot{\Phi}\,\mathrm{d}\boldsymbol{r} - L$$

oder auch:

$$H = \int \mathcal{H}\,\mathrm{d}\boldsymbol{r} \tag{21.26}$$

$$\mathcal{H} \equiv \mathcal{H}(\Phi, \partial\Phi/\partial x^k, \Pi) = \Pi\,\dot{\Phi} - \mathfrak{L}$$

$\mathcal{H}$ heißt Hamilton-Dichte. Die Hamiltonschen Gleichungen sind (s. Gleichung (1.14)):

$$\begin{aligned} \dot{\Phi} &= \frac{\partial \mathcal{H}}{\partial \Pi} \\ \dot{\Pi} &= -\frac{\partial \mathcal{H}}{\partial \Phi} + \sum_k \frac{\partial}{\partial x^k}\frac{\partial \mathcal{H}}{\partial(\partial \Phi/\partial x^k)}. \end{aligned} \tag{21.27}$$

Für das freie skalare Feld kann als Lagrange-Dichte der Ausdruck:

$$\begin{aligned} \mathfrak{L} &= \tfrac{1}{2}[(\partial_\mu \Phi)(\partial^\mu \Phi) - \mu^2\Phi^2] \\ &= \tfrac{1}{2}[\dot{\Phi}^2 - (\nabla\Phi)^2 - \mu^2\Phi^2] \end{aligned} \tag{21.28}$$

gewählt werden. Man erhält nämlich wieder die Gleichung (21.1), wenn man diesen Ausdruck in die Gleichung (21.24) einsetzt.

Der zu Φ konjugierte Impuls ist in diesem Fall:

$$\Pi = \dot{\Phi}. \tag{21.29}$$

Für die Hamilton-Funktion findet man den Ausdruck:

$$H = \tfrac{1}{2} \int (\Pi^2 + (\mathrm{grad}\, \Phi)^2 + \mu^2 \Phi^2)\, \mathrm{d}\boldsymbol{r}. \tag{21.30}$$

Die hier eingeführte Funktion H stimmt mit der durch die Gleichung (21.10) gegebenen überein. Um dies zu zeigen, genügt es, Φ und Π durch ihre Entwicklungen nach den q_i und p_i zu ersetzen und die Eigenschaften der Funktionen f zu berücksichtigen. Die Entwicklung von Φ ist durch die Gleichung (21.5) gegeben. Für Π findet man über die Definition (21.25):

$$\begin{aligned} \Pi(\boldsymbol{r}, t)\, \mathrm{d}\boldsymbol{r} &= \frac{\delta L}{\delta \dot{\Phi}(\boldsymbol{r}, t)} \\ &= \sum_i \frac{\partial L}{\partial \dot{q}_i} \frac{\delta \dot{q}_i}{\delta \dot{\Phi}(\boldsymbol{r}, t)} \end{aligned}$$

und weil per definitionem $p_i = \partial L / \partial \dot{q}_i$ und nach (21.6)

$$\dot{q}_i = \int f_i(\boldsymbol{r})\, \dot{\Phi}(\boldsymbol{r}, t)\, \mathrm{d}\boldsymbol{r}$$

und damit

$$\delta \dot{q}_i / \delta \dot{\Phi}(\boldsymbol{r}, t) = f_i(\boldsymbol{r})\, \mathrm{d}\boldsymbol{r}$$

ist, schließlich:

$$\Pi(\boldsymbol{r}, t) = \textstyle\sum_i p_i f_i(\boldsymbol{r}). \tag{21.31}$$

Setzt man dies, wie angegeben, ein, so erhält man:

$$H = \tfrac{1}{2} \textstyle\sum_i \sum_j [p_i p_j \int f_i f_j\, \mathrm{d}\boldsymbol{r} + q_i q_j \int (\nabla f_i \cdot \nabla f_j)\, \mathrm{d}\boldsymbol{r} + \mu^2 q_i q_j \int f_i f_j\, \mathrm{d}\boldsymbol{r}]. \tag{21.32}$$

Partielle Integration und Berücksichtigung von (21.2) liefert:

$$\int (\nabla f_i \cdot \nabla f_j)\, \mathrm{d}\boldsymbol{r} = -\int f_i \Delta f_j\, \mathrm{d}\boldsymbol{r} = k_i^2 \int f_i f_j\, \mathrm{d}\boldsymbol{r}.$$

Setzt man diesen letzten Ausdruck in die rechte Seite von (21.32) ein, beachtet die Orthogonalitätsrelationen der f (Gleichung (21.3)) und die Definition von ω_i (Gleichung (21.8)), so gelangt man endlich zu dem angekündigten Ergebnis:

$$H = \tfrac{1}{2} \textstyle\sum_i (p_i^2 + \omega_i^2 q_i^2)$$

(Wir erinnern uns, daß dieser Ausdruck sich vom Ausdruck (21.20) um eine unendlich große Konstante unterscheidet).

Um das Feld zu quantisieren, kann man gleichermaßen die q_i und p_i, die b_i und $b_i^\dagger$ oder die $\Phi(\boldsymbol{r})$ und die $\Pi(\boldsymbol{r})$ als Basisvariable wählen. Dabei haben die Vertauschungsrelationen für die Φ und die Π eine sehr einfache Form. Wir wollen sie aus den Vertauschungsrelationen der b und der $b^\dagger$ herleiten. Die Gleichungen (21.13) ergeben:

$$p_i = \tfrac{1}{2}\, \mathrm{i} \sqrt{2\omega_i}\,(b_i^\dagger - b_i).$$

Setzt man diesen Ausdruck in die Entwicklung (21.31) ein, so findet man:

$$\Pi(\boldsymbol{r}) = \Sigma_i \tfrac{1}{2}\, \mathrm{i} \sqrt{2\omega_i}\;(b_i^\dagger - b_i) f_i. \tag{21.33}$$

Die gesuchten Vertauschungsrelationen bekommt man, indem man die Entwicklungen (21.18) und (21.33), die Vertauschungsrelationen der b und $b^\dagger$ und die Vollständigkeitsrelation (21.4) verwendet. Es ergibt sich:

$$\begin{aligned} [\Phi(\boldsymbol{r}), \Phi(\boldsymbol{r}')] &= [\Pi(\boldsymbol{r}), \Pi(\boldsymbol{r}')] = 0 \\ [\Phi(\boldsymbol{r}), \Pi(\boldsymbol{r}')] &= \mathrm{i}\delta(\boldsymbol{r} - \boldsymbol{r}'). \end{aligned} \tag{21.34}$$

21.1.4 Komplexe Basisfunktionen

Die Überlegungen im vorstehenden Abschnitt zeigen uns, wie man das Feld quantisieren kann, ohne daß man zu Normalkoordinaten übergeht. Die Verwendung von Normalkoordinaten erleichtert jedoch sehr häufig die Rechnung und sogar die Interpretation der Quantenfeldtheorie. Weil nämlich die Eigenwerte des Operators $(-\Delta)$ entartet sind, existiert für die Wahl der Basisfunktionen und der Normalkoordinaten eine große Willkür. Nach einer sehr einfachen Verallgemeinerung ist es jedoch möglich, die Quantisierung mit Verwendung komplexer Basisfunktionen durchzuführen. In diesem Abschnitt entwickeln wir zunächst diese allgemeinere Quantisierungsmethode und zeigen dann, daß das quantisierte Feld von der Wahl der Basisfunktionen unabhängig ist.

$u_1, u_2, \ldots, u_s, \ldots$ sei eine vollständige Orthonormalfolge von Basisfunktionen und ω_s die zugehörige Energie. Man hat dann (s. Gleichungen (21.2–4) und (21.8)):

$$\int u_s^* \, u_t \, \mathrm{d}\boldsymbol{r} = \delta_{st} \qquad \Sigma_s\, u_s(\boldsymbol{r})\, u_s^*(\boldsymbol{r}') = \delta(\boldsymbol{r} - \boldsymbol{r}') \tag{21.35}$$

$$(\Delta + k_s^2)\, u_s = 0 \tag{21.36}$$

$$\omega_s = (k_s^2 + \mu^2)^{\frac{1}{2}}. \tag{21.37}$$

Zu jeder Schwingung u_s gehören zwei zueinander adjungierte Operatoren a_s und $a_s^\dagger$. Diese Operatoren genügen den Vertauschungsrelationen (s. Gleichung (21.14)):

$$\begin{aligned} [a_s, a_t] &= [a_s^\dagger, a_t^\dagger] = 0, \\ [a_s, a_t^\dagger] &= \delta_{st}, \end{aligned} \tag{21.38}$$

mit denen die Konstruktion des Zustandsraums für das System möglich ist. Jedem u_s wird so ein quantisierter harmonischer Oszillator zugeordnet. $a_s^\dagger$ und a_s werden als Erzeugungs- bzw. Vernichtungsoperator eines Quants im Zustand u_s interpretiert. Die Observablen des Systems sind Funktionen der Erzeugungs- und Vernichtungsoperatoren. Insbesondere repräsentiert die Observable

$$N_s \equiv a_s{}^\dagger a_s$$

die Zahl der Quanten im Zustand u_s. Für das Feld $\Phi(r)$ gilt die Entwicklung (s. Gleichung (21.18)):

$$\Phi(r) = \sum_s (2\,\omega_s)^{-\frac{1}{2}} \big(a_s u_s(r) + a_s{}^\dagger u_s{}^*(r)\big), \tag{21.39}$$

und der konjugierte Impuls des Feldes ist gegeben durch die Entwicklung (s. Gleichung (21.33)):

$$\Pi(r) = \sum_s \tfrac{1}{2} \mathrm{i} (2\,\omega_s)^{+\frac{1}{2}} \big(a_s{}^\dagger u_s{}^*(r) - a_s u_s(r)\big). \tag{21.40}$$

Der Hamilton-Operator ist schließlich (s. Gleichung (21.20)):

$$H = \Sigma_i\, a_s{}^\dagger\, a_s\, \omega_s. \tag{21.41}$$

Wir stellen jetzt den Zusammenhang zwischen den a und $a^\dagger$ und den Operatoren b und $b^\dagger$ aus Abschnitt 21.1.2 her und zeigen, daß das eben definierte Quantensystem dasselbe ist wie das in jenem Abschnitt.

Mit s bezeichneten wir die Gesamtheit der Quantenzahlen, mit denen man die Funktionen u voneinander unterscheidet. Diese Gesamtheit enthält üblicherweise eine Quantenzahl, die die Energie festlegt und eine Menge σ von Quantenzahlen, mit denen man die Funktionen zum selben Wert der Energie voneinander unterscheiden kann. Für die Energiequantenzahl verwenden wir die Wellenzahl k:

$$\omega = (k^2 + \mu^2)^{1/2}. \tag{21.42}$$

Es ist also: $s \equiv (k, \omega)$.

Genau so enthält die Menge i der Quantenzahlen, mit denen man die Funktionen f voneinander unterscheidet, die Wellenzahl k, die die Energie festlegt, und eine bestimmte Menge ρ von zusätzlichen Quantenzahlen: $i \equiv (k, \rho)$.

Von den Funktionen $f_{k\rho}$, die zu einem bestimmten Wert von k gehören, gelangt man zu den Funktionen $u_{k\sigma}$, die zum selben Wert von k gehören, durch die unitäre Transformation:

$$u_{k\sigma} = \sum_\rho T_{\sigma\rho} f_{k\rho}, \qquad f_{k\rho} = \sum_\sigma (T^\dagger)_{\rho\sigma} u_{k\sigma} \tag{21.43}$$
$$(T \equiv \text{unitäre Matrix})$$

Sämtliche im folgenden auftretenden Größen beziehen sich auf einen wohlbestimmten Wert von k. Der Kürze halber lassen wir den Index k daher fort.

Damit die Entwicklungen (21.18) und (21.39) denselben Operator $\Phi(r)$ und die Entwicklungen (21.33) und (21.40) denselben Operator $\Pi(r)$ darstellen, ist notwendig und hinreichend, daß für jeden Wert von k gilt:

$$\sum_\sigma a_\sigma u_\sigma = \sum_\rho b_\rho f_\rho.$$

Wegen der zweiten Beziehung aus (21.43) ist dies gleichbedeutend damit, daß:

$$a_\sigma = \Sigma_\rho T_{\sigma\rho}^* b_\rho \tag{21.44}$$

gilt oder auch:

$$a_\sigma^\dagger = \Sigma_\rho T_{\sigma\rho} b_\rho^\dagger. \tag{21.44'}$$

Damit ergibt sich also der Zusammenhang zwischen den a und den b einerseits und den $a^\dagger$ und den $b^\dagger$ andererseits. Der Zusammenhang ist linear. Genauer gesagt, ist der lineare Zusammenhang zwischen den Erzeugungsoperatoren $b^\dagger$ und $a^\dagger$ identisch mit dem linearen Zusammenhang zwischen den Basisfunktionen f und u.

Aus den Beziehungen (21.44–44') resultiert, daß die Entwicklungen (21.18) und (21.39) dasselbe Feld $\Phi(\boldsymbol{r})$ darstellen. Damit die beiden Methoden für die Quantisierung dieses Feldes äquivalent sind, müssen die a und die $a^\dagger$ den Vertauschungsrelationen (21.38) genügen, und für den durch die Gleichung (21.20) definierten Hamilton-Operator H muß sich, wenn er als Funktion dieser Operatoren ausgedrückt wird, die Entwicklung (21.41) ergeben. Berücksichtigt man die Unitaritätseigenschaft der Matrix T, so kann man dies leicht beweisen. Aus dieser Eigenschaft leitet man nämlich für jeden Wert von k her, daß:

$$\begin{aligned}[a_\sigma, a_{\sigma'}^\dagger] &= \sum_{\rho\rho'} T_{\sigma\rho}^* T_{\sigma'\rho'} [b_{\rho'}, b_{\rho'}^\dagger] \\ &= \sum_{\rho\rho'} T_{\sigma\rho}^* T_{\sigma'\rho'} \delta_{\rho\rho'} = \delta_{\sigma\sigma'},\end{aligned}$$

woraus

$$[a_s, a_{s'}^\dagger] = \delta_{ss'}$$

folgt. Ebenso ist für jeden Wert von k:

$$\begin{aligned}\sum_\sigma a_\sigma^\dagger a_\sigma &= \sum_{\rho\rho'} \sum_\sigma T_{\sigma\rho} T_{\sigma\rho'}^* b_\rho^\dagger b_{\rho'} \\ &= \sum_{\rho\rho'} \delta_{\rho\rho'} b_\rho^\dagger b_{\rho'} = \sum_\rho b_\rho^\dagger b_\rho,\end{aligned}$$

woraus der geforderte Ausdruck für H folgt.

21.1.5 Ebene Wellen. Definition des Impulses

Von den verschiedenen Systemen komplexer Basisfunktionen sind vor allem die ebenen Wellen zu nennen. Wie wir später zeigen werden, gehören sie zu Einzelteilchenzuständen mit wohlbestimmtem Impuls.

Um mit diskreten Indizes arbeiten zu können, nehmen wir an, daß das Feld in einem Würfel der Kantenlänge L eingeschlossen ist, und daß die Funktionen u_s periodischen Randbedingungen genügen. Es soll also:

$$u_s(\tfrac{1}{2}L, y, z) = u_s(-\tfrac{1}{2}L, y, z)$$

mit zwei weiteren Gleichungen gelten, die sich daraus durch zyklische Vertauschung der Argumente x, y, und z ergeben. Dies ist eine einfache Verallgemeinerung der in Abschnitt 5.3.4 beschriebenen Periodizitätsbedingung.

Als Basisfunktionen können wir dann die ebenen Wellen:

$$u_{\boldsymbol{k}} = L^{-\frac{3}{2}} e^{i\boldsymbol{k}\cdot\boldsymbol{r}} \tag{21.45}$$

wählen, bei denen die Komponenten des Wellenvektors Vielfache von $2\pi/L$ sind:

$$k_x = 2\pi n_x/L, \qquad k_y = 2\pi n_y/L, \qquad k_z = 2\pi n_z/L.$$

Man erhält ein vollständiges Orthonormalsystem von Basisfunktionen, wenn die Zahlen n_x, n_y und n_z alle ganzen Zahlen durchlaufen:

$$n_x, n_y, n_z = 0, \pm 1, \pm 2, \pm 3, \ldots$$

Jeder dieser ebenen Wellen ordnen wir einen Vernichtungsoperator a_k und einen Erzeugungsoperator $a_k{}^\dagger$ zu. Das Feld $\Phi(\boldsymbol{r})$ wird durch die Entwicklung (s. Gleichung (21.39)):

$$\Phi(\boldsymbol{r}) = \sum_{\boldsymbol{k}} (2\omega_{\boldsymbol{k}} L^3)^{-\frac{1}{2}} \left(a_{\boldsymbol{k}} e^{i\boldsymbol{k}\cdot\boldsymbol{r}} + a_{\boldsymbol{k}}{}^\dagger e^{-i\boldsymbol{k}\cdot\boldsymbol{r}}\right) \tag{21.46}$$

dargestellt und sein kanonisch konjugierter Impuls durch (s. Gleichung (21.40)):

$$\Pi(\boldsymbol{r}) = \sum_{\boldsymbol{k}} i(\omega_{\boldsymbol{k}}/2L^3)^{\frac{1}{2}} \left(a_{\boldsymbol{k}}{}^\dagger e^{-i\boldsymbol{k}\cdot\boldsymbol{r}} - a_{\boldsymbol{k}} e^{i\boldsymbol{k}\cdot\boldsymbol{r}}\right) \tag{21.47}$$

Der Hamilton-Operator lautet schließlich (s. Gleichung (21.41)):

$$H = \sum_{\boldsymbol{k}} \left(a_{\boldsymbol{k}}{}^\dagger a_{\boldsymbol{k}}\right) \omega_{\boldsymbol{k}}, \tag{21.48}$$

wobei die Summe wie auch in den beiden anderen Entwicklungen über alle möglichen Werte von $\boldsymbol{k}$ erstreckt wird, d.h. über alle möglichen Werte von n_x, n_y und n_z.

Wie bereits in Abschnitt 5.3.4 erläutert, ergeben sich die korrekten Ergebnisse, indem man L unendlich groß werden läßt. Bei diesem Grenzübergang werden die Summen durch Integrale ersetzt. In einem kleinen Band $(\boldsymbol{k}, \boldsymbol{k} + \delta\boldsymbol{k})$ gibt es $(L/2\pi)^3 \delta\boldsymbol{k}$ verschiedene Werte für n_x, n_y und n_z. Nimmt man entsprechend der Vorstellung dieses Grenzübergangs $L \to \infty$ an, daß man den einzelnen Summanden stetige Funktionen von $\boldsymbol{k}$ zuordnen kann, so kann man das Summenzeichen durch das Integralzeichen ersetzen:

$$\int (L/2\pi)^3 \, d\boldsymbol{k},$$

wobei $(L/2\pi)^3$ die Dichte der Einzelteilchenzustände im Raum der Wellenvektoren ist. Den Namen *Niveaudichte* reserviert man gewöhnlich für die Anzahl der Einzelteilchenzustände pro Raumwinkel- und Energieeinheit; das ist eine bestimmte von der Energie abhängende Funktion $\rho_L(\omega)$. Die Zahl $\rho_L \, d\Omega \, d\omega$ der Zustände, bei denen der Wellenvektor in den Raumwinkel $(\Omega, \Omega + d\Omega)$ weist und die Energie in dem Band $(\omega, \omega + d\omega)$ liegt, ist:

$$\rho_L \, d\Omega \, d\omega = (L/2\pi)^3 k^2 (dk/d\omega) \, d\omega \, d\Omega$$
$$= (L/2\pi)^3 \omega k \, d\omega \, d\Omega.$$

Also ist:

$$\rho_L(\omega) = L^3 \omega k/(2\pi)^3 \tag{21.49}$$

(s. Gleichung (17.52)).

Man kann auf den Kunstgriff mit dem Würfel verzichten und von ebenen Wellen ausgehen, die sich über den gesamten Raum erstrecken. Der Wellenvektor kann dann ohne Einschränkung jeden Wert annehmen, und die Wellen hängen von den drei *kontinuierlichen Indizes* k_x, k_y und k_z ab. Bei den Normierungen tritt dann statt des Kronecker-Symbols die δ-Funktion auf.

Die Basisfunktionen sind dann:

$$u(\boldsymbol{k}) \equiv u(\boldsymbol{k}\,;\boldsymbol{r}) = e^{i\boldsymbol{k}\cdot\boldsymbol{r}}/(2\pi)^{\frac{3}{2}}$$

und zu jeder gehören die zueinander adjungierten Operatoren $a(\boldsymbol{k})$ und $a^\dagger(\boldsymbol{k})$. Die verschiedenen Formeln ergeben sich aus den vorangegangenen, indem man überall $u_{\boldsymbol{k}}$ durch $(2\pi/L)^{\frac{3}{2}} u(\boldsymbol{k})$, $a_{\boldsymbol{k}}$ durch $(2\pi/L)^{\frac{3}{2}} a(\boldsymbol{k})$ und das Symbol Σ durch $\int (L/2\pi)^3 \, d\boldsymbol{k}$ ersetzt. So lauten die charakteristischen Eigenschaften der Basisfunktionen jetzt (s. Gleichung (21.35–37)):

$$\int u^*(\boldsymbol{k}\,;\boldsymbol{r})\, u(\boldsymbol{k}'\,;\boldsymbol{r})\, d\boldsymbol{r} = \delta(\boldsymbol{k}-\boldsymbol{k}') \qquad \int u(\boldsymbol{k}\,;\boldsymbol{r})\, u^*(\boldsymbol{k}\,;\boldsymbol{r}')\, d\boldsymbol{k} = \delta(\boldsymbol{r}-\boldsymbol{r}')$$
$$(\Delta + k^2)\, u(\boldsymbol{k}\,;\boldsymbol{r}) = 0$$
$$\omega(k) = (k^2 + \mu^2)^{\frac{1}{2}}.$$

Die Vertauschungsrelationen für die Operatoren a und $a^\dagger$ sind (s. Gleichung (21.38)):

$$[a(\boldsymbol{k}), a(\boldsymbol{k}')] = [a^\dagger(\boldsymbol{k}), a^\dagger(\boldsymbol{k}')] = 0$$
$$[a(\boldsymbol{k}), a^\dagger(\boldsymbol{k}')] = \delta(\boldsymbol{k}-\boldsymbol{k}').$$

Die Felder $\Phi(\boldsymbol{r})$ und $\Pi(\boldsymbol{r})$ sind durch die Integrale (s. Gleichung (21.39) und (21.40)):

$$\Phi(\boldsymbol{r}) = (2\pi)^{-\frac{3}{2}} \int \frac{d\boldsymbol{k}}{\sqrt{2\omega}} \left(a(\boldsymbol{k})\, e^{i\boldsymbol{k}\cdot\boldsymbol{r}} + a^\dagger(\boldsymbol{k})\, e^{-i\boldsymbol{k}\cdot\boldsymbol{r}}\right)$$

$$\Pi(\boldsymbol{r}) = (2\pi)^{-\frac{3}{2}}\, i \int \sqrt{\frac{\omega}{2}}\, d\boldsymbol{k} \left(a^\dagger(\boldsymbol{k})\, e^{-i\boldsymbol{k}\cdot\boldsymbol{r}} - a(\boldsymbol{k})\, e^{i\boldsymbol{k}\cdot\boldsymbol{r}}\right)$$

gegeben und der Hamilton-Operator durch (s. Gleichung (21.41)):

$$H = \int a^\dagger(\boldsymbol{k})\, a(\boldsymbol{k})\, \omega(k)\, d\boldsymbol{k}.$$

Wir wollen jetzt den Zusammenhang zwischen dem Feldimpuls $\boldsymbol{W}$ und der Entwicklung nach ebenen Wellen herstellen.

Nach Definition hängt der Vektoroperator $\boldsymbol{W}$ über die Formel (15.41) mit den infinitesimalen Translationen zusammen. Bei einer endlichen Translation $\mathcal{T}(\boldsymbol{a})$ (Bezeichnungen wie in Abschnitt 15.2.4) wird der Operator $\Phi(\boldsymbol{r}_0)$, der die Amplitude des Feldes im Punkt $\boldsymbol{r} = \boldsymbol{r}_0$ angibt, in den Operator $\Phi(\boldsymbol{r}_0 + \boldsymbol{a})$ transformiert. Dieser bestimmt die Feldamplitude in dem Punkt, der aus $\boldsymbol{r}_0$ durch die betreffende Translation hervorgeht [4]. Entsprechend geht $\Pi(\boldsymbol{r}_0)$ in $\Pi(\boldsymbol{r}_0 + \boldsymbol{a})$ über. Für den

[4] Fußnote siehe Seite 443.

Fall, daß $\boldsymbol{a}$ ein infinitesimaler Vektor $\boldsymbol{\epsilon}$ ist, liefert dieses Transformationsgesetz für Observable:

$$\begin{aligned}[\boldsymbol{\epsilon}.\boldsymbol{W}, \Phi(\boldsymbol{r}_0)] &= \mathrm{i}\boldsymbol{\epsilon}.\nabla\Phi\big|_{\boldsymbol{r}=\boldsymbol{r}_0} \\ [\boldsymbol{\epsilon}.\boldsymbol{W}, \Pi(\boldsymbol{r}_0)] &= \mathrm{i}\boldsymbol{\epsilon}.\nabla\Pi\big|_{\boldsymbol{r}=\boldsymbol{r}_0}.\end{aligned} \tag{21.50}$$

Weil diese Vertauschungsregeln für jedes r_0 gelten müssen, kann man mit ihnen W bis auf eine additive vektorielle Konstante definieren. Die x-Komponente dieses Operators ist danach bis auf eine Konstante durch die Vertauschungsrelationen:

$$[W_x, \Phi(\boldsymbol{r}_0)] = \mathrm{i}\frac{\partial\Phi}{\partial x}\bigg|_{\boldsymbol{r}=\boldsymbol{r}_0} \tag{21.51}$$

$$[W_x, \Pi(\boldsymbol{r}_0)] = \mathrm{i}\frac{\partial\Pi}{\partial x}\bigg|_{\boldsymbol{r}=\boldsymbol{r}_0} \tag{21.52}$$

bestimmt. Diese Relationen erfüllt der Operator:

$$W_x = -\int\Pi\frac{\partial\Phi}{\partial x}\,\mathrm{d}\boldsymbol{r} + \text{const.} \tag{21.53}$$

Eine partielle Integration ergibt den dazu äquivalenten Ausdruck:

$$W_x = \int\frac{\partial\Pi}{\partial x}\Phi\,\mathrm{d}\boldsymbol{r} + \text{const.} \tag{21.54}$$

Setzt man nämlich den Ausdruck (21.53) in die linke Seite der Gleichung (21.51) ein und beachtet die Vertauschungsrelationen (21.34), so findet man:

$$\begin{aligned}\left[-\int\Pi(\boldsymbol{r})\frac{\partial\Phi(\boldsymbol{r})}{\partial x}\,\mathrm{d}\boldsymbol{r}, \Phi(\boldsymbol{r}_0)\right] &= -\int[\Pi(\boldsymbol{r}), \Phi(\boldsymbol{r}_0)]\frac{\partial\Phi(\boldsymbol{r})}{\partial x}\,\mathrm{d}\boldsymbol{r} \\ &= \mathrm{i}\int\delta(\boldsymbol{r}-\boldsymbol{r}_0)\frac{\partial\Phi(\boldsymbol{r})}{\partial x}\,\mathrm{d}\boldsymbol{r} \\ &= \mathrm{i}\frac{\partial\Phi}{\partial x}\bigg|_{\boldsymbol{r}=\boldsymbol{r}_0}.\end{aligned}$$

Ebenso zeigt man, daß auch der Ausdruck (21.54) für W_x der Beziehung (21.52) genügt.

Für W_y und W_z kann man analoge Ausdrücke anschreiben. Die drei Komponenten von W sind dann bis auf eine Konstante bestimmt. Diese kann durch die Forderung festgelegt werden, daß W ein Vektoroperator sein soll. Man erhält schließlich für den Impuls des Feldes die beiden äquivalenten Ausdrücke:

---

[4] Man beachte den Unterschied zum Transformationsgesetz für die Observable x, das in Abschnitt 15.2.4 (s. Fußnote 15 [3])) angegeben wurde. Hier ist $\boldsymbol{r}_0$ ein Parameter, der den Punkt im Raum festlegt, in dem die Feldamplitude gemessen wird.

$$W = -\int \Pi(\nabla\Phi)\, d\boldsymbol{r} \tag{21.55}$$

$$= +\int (\nabla\Pi)\,\Phi\, d\boldsymbol{r} \tag{21.56}$$

(Anmerkung: Die klassische Theorie führt zu einer formal identischen Definition des Feldimpulses).

Wir drücken W durch die Operatoren a_k und $a_k^\dagger$ aus. Hierzu ersetzen wir Φ und Π durch ihre Entwicklungen (21.46) und (21.47) und berücksichtigen die Orthogonalitätsrelationen für die ebenen Wellen. Man bekommt dann:

$$W = \tfrac{1}{2}\sum_k k\left(a_k^\dagger a_k + a_k a_k^\dagger - a_k a_{-k} - a_{-k}^\dagger a_k^\dagger\right)$$

oder auch mit Verwendung der Vertauschungsrelationen für die a und die $a^\dagger$:

$$W = \sum_k \left(a_k^\dagger a_k\right) k + \tfrac{1}{2}\sum_k k\left(1 - a_{-k} a_k - a_{-k}^\dagger a_k^\dagger\right).$$

Summiert wird über alle möglichen Werte von k. In der zweiten Summe ändert sich die Klammer nicht, wenn man k mit $-k$ vertauscht. Folglich sind die Glieder zu zwei entgegengesetzt gleichen k zueinander entgegengesetzt gleich, die zweite Summe ist also gleich Null. Damit ist:

$$W = \Sigma_k \left(a_k^\dagger a_k\right) k. \tag{21.57}$$

Aus diesem Ausdruck ergeben sich die Vertauschungsrelationen zwischen W und den a und $a^\dagger$:

$$[W, a_k] = -k a_k \tag{21.58}$$

$$[W, a_k^\dagger] = +k a_k^\dagger. \tag{21.59}$$

Die Ausdrücke (21.57–59) können leicht interpretiert werden, wenn man postuliert, daß ein Teilchen im Zustand u_k den Impuls k hat. Weil $(a_k^\dagger a_k)$ die Teilchenzahl im Zustand u_k repräsentiert, bedeutet die Formel (21.57) einfach, daß der Gesamtimpuls W des Feldes gleich der Summe der Impulse der Teilchen ist, aus denen das Feld besteht. Ebenso entsprechen die Beziehungen (21.58) und (21.59) genau der Deutung von a_k und $a_k^\dagger$ als Vernichtungs- und Erzeugungsoperatoren für ein Teilchen mit dem Impuls k. Es sei nämlich $|w\rangle$ ein Eigenvektor des Gesamtimpulses zum Eigenwert w. Nach (21.58) erfüllt der Vektor $a_k|w\rangle$ (falls er nicht gleich Null ist, d.h., falls das Feld wenigstens ein Teilchen mit dem Impuls k enthält) die Eigenwertgleichung:

$$\begin{aligned} W a_k |w\rangle &= a_k (W - k)|w\rangle = a_k (w - k)|w\rangle \\ &= (w - k)\, a_k |w\rangle\,; \end{aligned}$$

während aufgrund der Beziehung (21.59) eine analoge Rechnung zu

$$W a_k^\dagger |w\rangle = (w + k)\, a_k^\dagger |w\rangle$$

führt.

Man beachte, daß die im Feld vorhandenen Teilchen mit dem Impuls $\boldsymbol{k}$ die Energie $\omega = (k^2 + \mu^2)$ besitzen. *Es sind also Teilchen mit der Masse* μ.

21.1.6 Kugelwellen. Definition des Drehimpulses

Die ebenen Wellen sind die am häufigsten verwendeten Basisfunktionen. Genau so gut kann man aber auch Kugelwellen benutzen. Die Basisfunktionen sind dann von der Form:

$$u_{klm} \equiv \text{const.}\, j_l(kr)\, Y_l^m(\theta, \varphi) \tag{21.60}$$

und hängen von dem kontinuierlichen Index k und den beiden diskreten Indizes l und m ab. Will man es nur mit diskreten Indizes zu tun haben, so genügt es, das Feld in eine Kugel mit dem endlichen Radius R einzuschließen und an die Basisfunktionen die Bedingung zu stellen, daß ihre Werte auf der Kugeloberfläche gleich Null sein sollen. Die korrekten Resultate ergeben sich dann, wenn man den Kugelradius unendlich groß werden läßt.

Sämtliche Überlegungen aus dem vorangegangenen Abschnitt können mit diesen neuen Basisfunktionen wiederholt werden. Für den Zustand, der durch die Kugelwelle u_{klm} beschrieben wird, führt man so den Vernichtungsoperator a_{klm} und den Erzeugungsoperator $a_{klm}{}^\dagger$ ein. Man kann weiter zeigen, daß die Kugelwellen mit den Einzelteilchenzuständen zu wohlbestimmtem Drehimpuls zusammenhängen, so wie die ebenen Wellen zu Einzelteilchenzuständen mit bestimmtem Impuls gehören. Für den Gesamtdrehimpuls des Feldes findet man den Ausdruck:

$$\boldsymbol{I} = -\int \Pi\, (\boldsymbol{l}\Phi)\, \mathrm{d}\boldsymbol{r} \tag{21.61}$$

worin $\boldsymbol{l}$ den Operator $-\mathrm{i}(\boldsymbol{r} \times \nabla)$ darstellt, der auf die rechts von ihm stehende Funktion Φ wirkt:

$$\boldsymbol{l}\Phi = -\mathrm{i}\boldsymbol{r} \times (\nabla \Phi).$$

Ein äquivalenter Ausdruck ist:

$$\boldsymbol{I} = \int (\boldsymbol{l}\Pi)\, \Phi\, \mathrm{d}\boldsymbol{r}.$$

Die Operatoren a_{klm} und $a_{klm}{}^\dagger$ deutet man als den Vernichtungs- bzw. den Erzeugungsoperator eines Teilchens (oder Quants) mit der Energie $\omega = (k^2 + \mu^2)^{1/2}$ und dem Drehimpuls (lm). Weiter sind die $(2l + 1)$ Operatoren $a_{klm}{}^\dagger$, die zu einem bestimmten Wert von l und k gehören, die Standardkomponenten eines irreduziblen Tensoroperators l-ter Stufe. Die $(2l + 1)$ Operatoren a_{klm} sind, von Reihenfolge und Vorzeichen abgesehen, die Standardkomponenten des dazu adjungierten Operators (Definition in Abschnitt 13.6.1).

21.1.7 Raumspiegelungen und Zeitumkehr

Zu den Transformationen, für die die Bewegungsgleichungen invariant sind, gehören auch die Raumspiegelungen und die Zeitumkehr. Diese Transformationen sind definiert, sobald man das Transformationsgesetz für das Feld $\Phi(\boldsymbol{r})$ und seinen kanonisch konjugierten Impuls $\Pi(\boldsymbol{r})$ angibt. Der (unitäre oder antiunitäre) Operator der Transformation ist dann bis auf eine Phase bestimmt.

Für die *Raumspiegelung* lautet dieses Gesetz:

$$\Phi(\boldsymbol{r}) \to \Phi(-\boldsymbol{r}), \qquad \Pi(\boldsymbol{r}) \to \Pi(-\boldsymbol{r}). \tag{21.I}$$

Dieses Gesetz ist für das skalare Feld charakteristisch. Der Operator S_0 für diese Transformation ist *unitär* (Die Vertauschungsrelationen für die Felder bleiben dann bei der Transformation erhalten). Weil alle Operatoren der Theorie Funktionen von Φ und Π sind, kann man ihr Transformationsverhalten aus den Gesetzen (21.I) leicht herleiten. So findet man für die zu den ebenen Wellen gehörenden Operatoren a und $a^\dagger$ in Übereinstimmung mit der Bedeutung dieser Operatoren:

$$\begin{aligned} S_0\, a_{\boldsymbol{k}}\, S_0{}^\dagger &= a_{-\boldsymbol{k}} \\ S_0\, a_{\boldsymbol{k}}{}^\dagger\, S_0{}^\dagger &= a_{-\boldsymbol{k}}{}^\dagger. \end{aligned} \tag{21.II}$$

Bei der *Zeitumkehr* bleibt das Feld ungeändert und seine Geschwindigkeit wechselt das Vorzeichen:

$$\Phi(\boldsymbol{r}) \to \Phi(\boldsymbol{r}), \qquad \Pi(\boldsymbol{r}) \to -\,\Pi(\boldsymbol{r}). \tag{21.I'}$$

Der Operator K für diese Transformation ist *antiunitär*, denn die Vertauschungsrelationen für die Felder ändern bei der Transformation das Vorzeichen. Das Transformationsgesetz für die zu den ebenen Wellen gehörenden Operatoren a und $a^\dagger$ ergibt sich aus (21.I'):

$$\begin{aligned} K a_{\boldsymbol{k}}\, K^\dagger &= a_{-\boldsymbol{k}} \\ K a_{\boldsymbol{k}}{}^\dagger\, K^\dagger &= a_{-\boldsymbol{k}}{}^\dagger. \end{aligned} \tag{21.II'}$$

Das Transformationsverhalten dieser Erzeugungs- und Vernichtungs-Operatoren ist also bei der Zeitumkehr das gleiche wie bei der Raumspiegelung. Man muß dabei jedoch beachten, daß es sich einmal um eine unitäre und zum anderen um eine antiunitäre Transformation handelt.

Die Beziehungen (21.I) oder (21.II) und die Beziehungen (21.I') oder (21.II') definieren S_0 bzw. K bis auf eine Phase. Damit auch diese festgelegt ist, vereinbaren wir, daß der Vektor $|0\rangle$ bei diesen Transformationen invariant ist:

$$S_0\,|0\rangle = |0\rangle, \qquad K\,|0\rangle = |0\rangle.$$

21.2 Kopplung mit einem atomaren System

21.2.1 Kopplung mit einem Teilchensystem

Das Feld befinde sich jetzt in Wechselwirkung mit einem Teilchen. An den folgenden Überlegungen würde sich allerdings nichts Wesentliches ändern, wenn man dieses eine Teilchen durch ein Teilchensystem ersetzte.

Die dynamischen Variablen des Gesamtsystems, Teilchen + Feld, sind Funktionen der Basisvariablen der beiden Teilsysteme. Als Basisvariable des Teilchens wählen wir seinen Ortsvektor $\boldsymbol{R}$ und seinen Impuls $\boldsymbol{P}$. Der Einfachheit halber nehmen wir an, daß es keinen Spin besitzt. Als Basisvariable des Feldes kann man $\Phi(\boldsymbol{r})$ und $\Pi(\boldsymbol{r})$ nehmen, genau so gut aber auch eine vollständige Folge von Erzeugungs- und Vernichtungsoperatoren, so wie sie in den vorangegangenen Abschnitten eingeführt werden. Wir werden im folgenden die Operatoren $a_{\boldsymbol{k}}$ und $a_{\boldsymbol{k}}^{\dagger}$ verwenden, die wir im Zusammenhang mit der Zerlegung nach ebenen Wellen angegeben hatten (s. Abschnitt 21.1.5).

Der Zustandsraum des Gesamtsystems ist das Produkt aus dem Raum der Teilchenzustände und dem Zustandsraum des freien Feldes. Der Hamilton-Operator des Gesamtsystems besteht aus drei Gliedern:

$$H = H_{\text{Teilch.}} + H_{\text{Feld}} + H'. \tag{21.62}$$

Die beiden ersten Terme bestimmen die Bewegung der Teilsysteme, wenn sie voneinander völlig entkoppelt wären. Der dritte Term stellt die Wechselwirkung dar.

So ist H_{Feld} der Hamilton-Operator des freien Feldes. Für ihn sind oben mehrere Ausdrücke angegeben worden, wir nennen hier vor allem die Gleichung (21.48). $H_{\text{Teilch.}}$ ist der Hamilton-Operator, der die Bewegung des Teilchens im feldfreien Fall bestimmt. Nehmen wir beispielsweise an, es befinde sich in einem Potential und seine Masse sei M. Wir setzen voraus, daß:

$$M \gg \mu$$

ist und daß seine Bewegung in der nichtrelativistischen Näherung behandelt werden kann. Dann ist:

$$H_{\text{Teilch.}} = \frac{\boldsymbol{P}^2}{2M} + V(\boldsymbol{R}). \tag{21.63}$$

Es verbleibt die Definition von H'. Am einfachsten ist es anzunehmen, daß die Wechselwirkung proportional zum Wert der Feldamplitude in dem Punkt $\boldsymbol{R}$ ist, in dem sich gerade das Teilchen befindet:

$$H' = g\,\Phi(\boldsymbol{R}) \tag{21.64}$$

$$= g L^{-\frac{3}{2}} \sum_{\boldsymbol{k}} \frac{1}{\sqrt{2\omega_{\boldsymbol{k}}}} \left(a_{\boldsymbol{k}}\, \mathrm{e}^{\mathrm{i}\boldsymbol{k}\cdot\boldsymbol{R}} + a_{\boldsymbol{k}}^{\dagger}\, \mathrm{e}^{-\mathrm{i}\boldsymbol{k}\cdot\boldsymbol{R}}\right) \tag{21.64'}$$

g ist eine dimensionslose Konstante. Man nennt sie die *Kopplungskonstante*. Den zweiten Ausdruck für H' erhält man, indem man in den ersten die Entwicklung (21.46) einsetzt.

Diese besondere Form der Wechselwirkung wird fast eindeutig durch Invarianzüberlegungen festgelegt. Dennoch enthält die im folgenden zu entwickelnde Theorie im Ansatz eine nichtrelativistische Näherung. Dies liegt nicht allein daran, daß der Term $H_{\text{Teilch.}}$ nicht die vom Relativitätsprinzip geforderten Kovarianzeigenschaften aufweist. Vielmehr ist das Konzept, nach dem das materielle System aus genau einem Teilchen besteht – und allgemeiner das Konzept eines Systems mit ganz bestimmter Teilchenzahl –, in der relativistischen Quantenmechanik nicht mehr gerechtfertigt. Bei der Aufstellung von H' muß man diese beiden Punkte beachten. Dabei kann uns die im zwanzigsten Kapitel erfolgte Untersuchung der nichtrelativistischen Näherung der Dirac-Gleichung als Anleitung dienen. Sie legt den Ansatz nahe, daß die Wechselwirkung zwischen einem nichtrelativistischen Teilchen der Masse M und einem Feld nicht lokal ist, wie es die Gleichung (21.64) angibt, sondern daß bei dieser Wechselwirkung auch die Werte des Feldes in einer ganzen Umgebung mit der Ausdehnung $1/M$ um den Teilchenort mit ins Spiel kommen. Wir werden also den Ausdruck (21.64) durch den Ausdruck:

$$H' = g \int \Phi(\boldsymbol{r})\, \rho(|\boldsymbol{r} - \boldsymbol{R}|)\, \mathrm{d}\boldsymbol{r} \tag{21.65}$$

ersetzen, wobei $\rho(\boldsymbol{r}) \equiv \rho(r)$ eine reelle, kugelsymmetrische Funktion sein soll, die der Normierungsbedingung:

$$\int \rho(\boldsymbol{r})\, \mathrm{d}\boldsymbol{r} \equiv 4\pi \int_0^\infty \rho(r)\, r^2\, \mathrm{d}r = 1$$

genügt und in einem Bereich mit dem Radius $1/M$ um den Ursprung konzentriert ist (Abb. 21.1 a). Die Formel (21.64) erhält man wieder, wenn man für diese Funktion auf der rechten Seite von (21.65) die „Funktion" $\delta(\boldsymbol{r} - \boldsymbol{R})$ einsetzt.

Wir definieren weiter die Funktion:

$$C(k) = \int \mathrm{e}^{+\mathrm{i}\boldsymbol{k}\cdot\boldsymbol{r}}\, \rho(\boldsymbol{r})\, \mathrm{d}\boldsymbol{r}.$$

Sie heißt *Abschneidefunktion,* ist reell und kugelsymmetrisch, genügt der Bedingung

$$C(0) = 1$$

und ist aufgrund der bekannten Eigenschaften der Fourier-Transformationen in einem Bereich mit dem Radius M um den Punkt $k = 0$ konzentriert (s. Abb. 21.1 b). Setzt man die Entwicklung (21.46) für Φ in die rechte Seite von (21.65) ein, so erhält man nach einer kurzen Rechnung:

$$H' = g L^{-\frac{3}{2}} \sum_{\boldsymbol{k}} \frac{C(k)}{\sqrt{2\omega_{\boldsymbol{k}}}} \left(a_{\boldsymbol{k}}\, \mathrm{e}^{\mathrm{i}\boldsymbol{k}\cdot\boldsymbol{R}} + a_{\boldsymbol{k}}^{\dagger}\, \mathrm{e}^{-\mathrm{i}\boldsymbol{k}\cdot\boldsymbol{R}}\right). \tag{21.66}$$

Von der Entwicklung (21.64′) unterscheidet sich diese Entwicklung nur durch den Faktor $C(k)$ bei jedem Summanden. Die Wirkung dieses Faktors besteht im wesentlichen darin, den Anteil zur Wechselwirkung abzuschneiden, der von den Termen mit hohen Frequenzen herrührt, d.h. von den Termen mit $k \gtrsim M$.

Dieses Unterdrücken steht in gutem Einklang mit der nichtrelativistischen Näherung. Jeder Term in der Entwicklung (21.66) entspricht nämlich einem bestimmten Impuls- und Energieübertrag vom Teilchen auf das Feld und umgekehrt. Der Term mit $a_{\boldsymbol{k}}\, \mathrm{e}^{\mathrm{i}\boldsymbol{k}\cdot\boldsymbol{R}}$ bewirkt, daß ein Feldquant mit dem Impuls $\boldsymbol{k}$ und der Energie

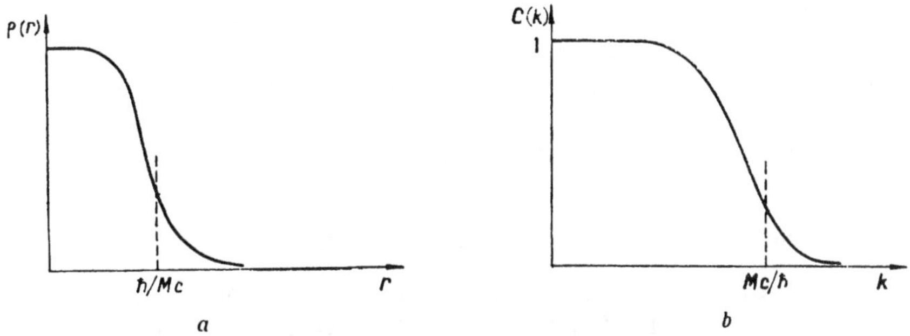

Abb. 21.1: Allgemeiner Verlauf der Funktionen $\rho(r)$ und $C(k)$.

ω_k absorbiert und der dabei dem Feld verlorengehende Impuls- und Energiebetrag auf das Teilchen übertragen wird. Der Term mit $a_k^\dagger\, e^{-ik.R}$ bewirkt die Erzeugung eines Feldquants mit dem Impuls k und der Energie ω_k, wobei sich Impuls und Energie des Teilchens entsprechend verringern. Für $k \gtrsim M$ sind die Überträge ausreichend groß, so daß der Erhaltungssatz für die Anzahl der Teilchen mit der Masse M verletzt werden kann, d.h. das Feld kann das Teilchen absorbieren oder ein zweites Teilchen mit der Masse M erzeugen. Die nichtrelativistische Näherung ist also nur in dem Maße gerechtfertigt, in dem dieser Anteil der Hochfrequenzterme vernachlässigbar ist, und ihre Ergebnisse dürfen, falls sie korrekt sind, durch die Einführung einer Abschneidefunktion $C(k)$ nicht modifiziert werden. Um so mehr dürfen sie nicht in kritischer Weise von der Form dieser Funktion abhängen. Bei allen folgenden Rechnungen setzen wir darum:

$$C(k) = \begin{cases} 1 & \text{für} \quad 0 \leqslant k \leqslant K \\ 0 & \text{für} \quad k > K \end{cases} \tag{21.67}$$

und geben dem Parameter K einen Wert von der Größenordnung M.

Abschließend untersuchen wir die Invarianzeigenschaften von H. Es ist klar, daß der durch die Gleichung (21.65) definierte Operator H' bei einer beliebigen Verschiebung des Gesamtsystems (Feld + Teilchen) invariant bleibt. Man verifiziert weiter, daß dieser Operator mit dem Gesamtimpuls $\boldsymbol{P} + \boldsymbol{W}$ und mit dem Gesamtdrehimpuls $(\boldsymbol{R} \times \boldsymbol{P}) + \boldsymbol{I}$ des Systems vertauscht. H' ist auch spiegelungsinvariant, falls $\Phi(\boldsymbol{r})$ bei dieser Operation in $\Phi(-\boldsymbol{r})$ übergeht (skalares Feld). H_{Feld} besitzt alle diese Invarianzeigenschaften. Ist $V(R) = 0$, so gilt dies auch für $H_{\text{Teilch.}}$, also für H. Ist $V(R) \neq 0$, so ist $H_{\text{Teilch.}}$ nur bei Drehungen und Spiegelungen invariant. Damit ist dann auch H zwar dreh- und spiegelungsinvariant, aber nicht mehr invariant gegenüber Translationen.

Das hier eingeführte Quantensystem ist deshalb interessant, weil man bei ihm bereits in einer sehr einfachen Form die wesentlichen Eigenschaften eines Atoms findet, das in Wechselwirkung mit dem elektromagnetischen Strahlungsfeld steht. Das Teilchen spielt dabei die Rolle des Atoms und das skalare Feld die der elektromagnetischen Strahlung. Der grundsätzliche Unterschied besteht darin, daß die elektromagnetischen Feldquanten, die Photonen, die Masse Null und den Spin Eins haben, während die Teilchen des hier untersuchten Feldes keinen Spin und eine von Null verschiedene Masse aufweisen. Im weiteren Verlauf dieses Abschnitts untersuchen wir anhand dieses sehr einfachen Modells einige typische Eigenschaften des Atoms bei Gegenwart des elektromagnetischen Feldes.

21.2.2 Schwache Kopplung und Störungsrechnung

Ist g hinreichend klein, so kann man H' als kleine Störung behandeln und die im sechzehnten und im siebzehnten Kapitel entwickelten Methoden anwenden.

Der ungestörte Hamilton-Operator ist:

$$H_0 \equiv H_{\text{Feld}} + H_{\text{Teilch.}}.$$

Die Methoden der Störungstheorie verwenden eine Darstellung, in der H_0 diagonal ist. Ihre Basisvektoren erhalten wir auf folgende Weise: $|\alpha\rangle, |\beta\rangle, \dots, |\lambda\rangle, \dots$ sei ein vollständiges Orthonormalsystem von Eigenvektoren von $H_{\text{Teilch.}}$, der als Operator im Zustandsraum des Teilchens aufgefaßt wird. $E_\alpha, E_\beta, \dots, E_\lambda, \dots$ seien die zugehörigen Eigenenergien (nach wachsender Größe). Multipliziert man einen beliebigen Vektor $|\lambda\rangle$ aus diesem System mit dem Vektor $|0\rangle$, der im Zustandsraum des Feldes das Vakuum repräsentiert, so erhält man einen Vektor im Zustandsraum $\mathcal{E}$ des Gesamtsystems, den wir der Kürze halber auch mit $|\lambda\rangle$ bezeichnen. Es ist klar, daß:

$$H_0 |\lambda\rangle = E_\lambda |\lambda\rangle.$$

Durch wiederholte Anwendung der Erzeugungsoperatoren $a_{\boldsymbol{k}}^\dagger$ auf den Vektor $|0\rangle$ (s. Gleichung (21.16)) erhält man ein vollständiges Orthonormalsystem von Eigenvektoren von H_{Feld} in $\mathcal{E}_{\text{Feld}}$. Entsprechend erhält man durch wiederholte Anwendung der Erzeugungsoperatoren $a_{\boldsymbol{k}}^\dagger$ auf jeden der eben definierten Vektoren $|\alpha\rangle, |\beta\rangle, \dots, |\lambda\rangle, \dots$ eine vollständige orthonormale Folge von Eigenvektoren von H_0 in $\mathcal{E}$. Dies ist das gesuchte Basissystem. Einen Vektor aus dieser Basis bezeichnen wir mit $|n\rangle$ und mit E_n die zugehörige Energie:

$$H_0 |n\rangle = E_n |n\rangle.$$

Im Zustand $|n\rangle$ befindet sich das Teilchen in einem ganz bestimmten Eigenzustand von $H_{\text{Teilch.}}$, und das Feld enthält eine Anzahl von Quanten mit ganz bestimmtem Impuls.

Im folgenden treten praktisch nur Vektoren mit einer sehr begrenzten Anzahl von Feldquanten auf. Zu ihrer Kennzeichnung reicht es, den griechischen Buchstaben, der den Zustand des Teilchens charakterisiert, sowie die Wellenvektoren der Quanten anzugeben, die im Feld vorhanden sind. Hiernach repräsentiert $|\lambda\boldsymbol{k}\rangle$ den Zustand, in dem man dem Teilchen im Zustand λ ein Feldquant mit dem Impuls $\boldsymbol{k}$ hinzufügt, $|\lambda\boldsymbol{k}\boldsymbol{k}'\rangle$ den Zustand, in dem zum Teilchen im Zustand λ zwei Quanten mit dem Impuls $\boldsymbol{k}$ bzw. $\boldsymbol{k}'$ hinzukommen, usw. Man beachte, daß:

$$
\begin{aligned}
H_0\,|\lambda k\rangle &= (E_\lambda + \omega_k)\,|\lambda k\rangle \\
H_0\,|\lambda k\, k'\rangle &= (E_\lambda + \omega_k + \omega_{k'})\,|\lambda k\, k'\rangle .
\end{aligned}
\tag{21.68}
$$

Weiter gilt:

$$|\lambda \boldsymbol{k}\rangle = a_{\boldsymbol{k}}^{\dagger}|\lambda\rangle$$

und, falls $\boldsymbol{k} \neq \boldsymbol{k}'$,

$$|\lambda \boldsymbol{k}\boldsymbol{k}'\rangle = a_{\boldsymbol{k}}^{\dagger}\, a_{\boldsymbol{k}'}^{\dagger}|\lambda\rangle .$$

Die Abb. 21.2 zeigt ein spektroskopisches Diagramm, das für die tieferen Niveaus des Hamilton-Operators H_0 typisch ist.

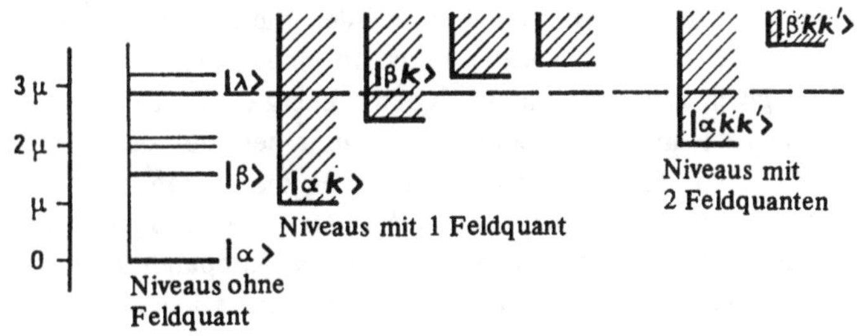

Abb. 21.2: Die ersten Niveaus von H_0.

Wie üblich (s. Abb. 11.1, 12.1 usw.) ist der Abstand der Niveaus vom Niveau des Grundzustands gleich der Energiedifferenz dieser Niveaus relativ zur Grundzustandsenergie. Die Niveaus mit derselben Energie liegen folglich auf derselben Höhe. Die in der Abbildung angegebenen Niveaus sind nach der Natur der zugehörigen Eigenzustände angeordnet. In der linken Spalte befinden sich die Niveaus der Zustände ohne Feldquanten. Danach folgen mehrere Spalten, die jeweils zu einem bestimmten Quantenzustand des Teilchens gehören. Die erste dieser Spalten gehört zu den Zuständen $|\alpha \boldsymbol{k}\rangle$, bei denen sich das Teilchen im Grundzustand befindet. Sie ist (für den Grenzübergang $L \to \infty$) ein kontinuierliches Band, dessen Minimum der Existenz eines Feldquants mit dem Impuls Null entspricht und das folglich im Abstand μ über dem Niveau des Grundzustands $|\alpha\rangle$ liegt. Beim nächsten Band befindet sich das Teilchen in seinem ersten angeregten Zustand, es gehört also zu den Zuständen $|\beta \boldsymbol{k}\rangle$. Und so fort. Auf die Niveaus mit einem Feldquant folgen rechts die Niveaus mit zwei Quanten, die wieder in eine Reihe von Spalten aufgeteilt sind, je nach dem Zustand, in dem sich das Teilchen befindet. Und so weiter.

Die Störung H' bewirkt nun die Kopplung dieser Niveaus miteinander. In der hier gewählten Darstellung wird dieser Kopplungsterm durch eine besonders einfache Matrix dargestellt. Beachtet man nämlich die Entwicklung (21.66), so sieht man, *daß nur die Matrixelemente von H' nicht verschwinden, für die sich die Basisvektoren in der Anzahl der Feldquanten um Eins unterscheiden.* Diese Matrixelemente kann man nun bei Berücksichtigung der Eigenschaften der Erzeugungs- und Vernichtungsoperatoren leicht berechnen. Insbesondere findet man:

$$\langle\lambda|H'|\nu \boldsymbol{k}\rangle = \langle\nu \boldsymbol{k}|H'|\lambda\rangle^* = (2\pi/L)^{\frac{3}{2}} g \frac{C(k)}{\sqrt{2\omega_{\boldsymbol{k}}}} \langle\lambda|U(\boldsymbol{k})|\nu\rangle \qquad (21.69\,\text{a})$$

$$\langle\lambda \boldsymbol{k}\,\boldsymbol{k}'|H'|\nu \boldsymbol{k}\rangle = \langle\nu \boldsymbol{k}|H'|\lambda \boldsymbol{k}\,\boldsymbol{k}'\rangle^*$$
$$= (2\pi/L)^{\frac{3}{2}} g \frac{C(k)}{\sqrt{2\omega_k}} \langle\lambda|U^\dagger(\boldsymbol{k}')|\nu\rangle \qquad (\boldsymbol{k} \neq \boldsymbol{k}'). \qquad (21.69\,\text{b})$$

(Für $\boldsymbol{k} = \boldsymbol{k}'$ muß man im letzten Ausdruck den Faktor $\sqrt{2}$ hinzufügen). Wir setzten dabei:

$$U(\boldsymbol{k}) \equiv e^{i\boldsymbol{k}\cdot\boldsymbol{R}}/(2\pi)^{\frac{3}{2}}. \qquad (21.70)$$

Wie schwach auch die Kopplung sein mag, sie führt zu einer qualitativen Modifizierung des Spektrums. Vor allem werden die meisten der gebundenen Zustände instabil, und es erfolgen unter Emission eines Feldquants oder mehrerer Quanten *Übergänge* in Zustände mit niedrigerer Energie. Betrachten wir z.B. den in Abb. 21.2 eingezeichneten Zustand $|\lambda\rangle$. Dieser befindet sich auf demselben Niveau wie eine Reihe von Kontinuumszuständen, z.B. die Zustände vom Typ $|\alpha\boldsymbol{k}\rangle$ oder $|\beta\boldsymbol{k}\rangle$ mit einem Feldquant und die Zustände vom Typ $|\alpha\boldsymbol{k}\boldsymbol{k}'\rangle$ mit zwei Quanten. Die Einführung der kleinen Störung H' koppelt die gebundenen Zustände mit den Zuständen, die ein Quant aufweisen, diese wiederum werden mit den Zuständen mit zwei Quanten gekoppelt usw. Es werden also „Strahlungsübergänge" vom Zustand $|\lambda\rangle$ in die kontinuierlichen Zustände möglich, die auf demselben Niveau liegen. Schematisch ist dies in der Abb. 21.3 veranschaulicht. Es bleiben allein die gebundenen Zustände stabil, bei denen für die Emission eines Quants mit der Masse μ die Energie nicht groß genug ist, also die Zustände mit einer Energie unterhalb von $E_\alpha + \mu$. Im Beispiel der Abbildung 21.2 ist nur der Grundzustand stabil.

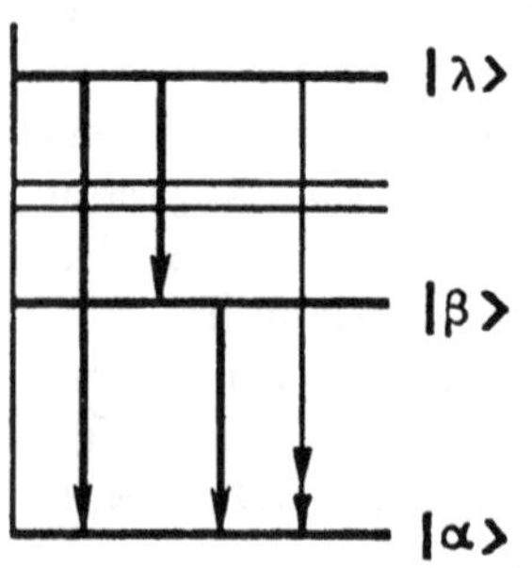

Abb. 21.3: Strahlungsübergänge des Niveaus $|\lambda\rangle$. Der rechte Doppelpfeil repräsentiert den Übergang in den Grundzustand unter Emission von zwei Quanten. Es handelt sich um einen Übergang höherer Ordnung.

Die Existenz des Kopplungsterms H' führt außerdem zu einer gewissen Verschiebung der Niveaus der gebundenen Zustände. Es handelt sich dabei, wie wir sehen werden, um einen Effekt zweiter Ordnung. Trotzdem kann auch er zu Instabilitäten und „Strahlungsübergängen" zwischen den verschiedenen Zuständen des Teilchens führen und damit die Aussagen über das Spektrum von H_0 beeinflussen. Eine geringe Verschiebung der Niveaus kann bereits ausreichen, um bestimmte „Strahlungsübergänge" energetisch möglich zu machen oder um zum inversen Effekt zu führen.

21.2.3 Niveauverschiebung

Als eine erste Anwendung wollen wir die eben erwähnte Verschiebung der Niveaus berechnen. Bei dieser einfachen Rechnung werden wir bereits die wesentlichen Schwierigkeiten der Feldtheorie kennenlernen und damit in der Lage sein, die physikalische Bedeutung und die Grenzen dieser Theorie besser zu verstehen.

Wir betrachten also ein stabiles Niveau, z.B. das Niveau des Grundzustands, und berechnen mit der Methode der stationären Störungen die Verschiebung, die der Kopplungsterm H' bewirkt. Wir setzen voraus, daß das Niveau nicht entartet ist. Weil H' dieselben Invarianzeigenschaften wie $H_{\text{Teilch.}}$ besitzt, ist die Behandlung entarteter Niveaus nicht grundsätzlich anders. In erster Ordnung ist die Verschiebung durch die Formel (16.12) gegeben. Aufgrund der oben angeführten Eigenschaften von H' ist das Ergebnis Null:

$$\langle\alpha|H'|\alpha\rangle = 0.$$

Man muß also die Rechnung bis zur zweiten Ordnung treiben. Die Korrektur zweiter Ordnung bezeichnen wir mit δE_α. Man hat (s. Abschnitt 16.1.5):

$$\delta E_\alpha = \langle\alpha|H' \frac{1}{E_\alpha - H_0} H'|\alpha\rangle. \tag{21.71}$$

Um diesen Ausdruck zu berechnen, gehen wir in die weiter oben definierte Darstellung. In der Rechnung treten nur solche Zwischenzustände auf, die ein Quant enthalten. Mit Hilfe der Beziehungen (21.68), (21.69 a) und (21.70) findet man nacheinander:

$$\begin{aligned}\delta E_\alpha &= \sum_n \langle\alpha|H'|n\rangle \frac{1}{E_\alpha - E_n} \langle n|H'|\alpha\rangle \\ &= \sum_\nu \sum_{\boldsymbol{k}} |\langle\alpha|H'|\nu\boldsymbol{k}\rangle|^2/(E_\alpha - E_\nu - \omega_k) \\ &= g^2(2\pi/L)^3 \sum_\nu \sum_{\boldsymbol{k}}\left[(C^2(k)/2\omega_k)\,|\langle\alpha|U_{\boldsymbol{k}}|\nu\rangle|^2/(E_\alpha - E_\nu - \omega_k)\right]\end{aligned}$$

oder auch, indem man nach der in Abschnitt 21.1.5 beschriebenen Technik die Summation über $\boldsymbol{k}$ durch eine Integration ersetzt und die durch (21.67) gegebene Abschneidefunktion verwendet:

$$\delta E_\alpha = -g^2 \int_{k \leqslant K} \mathrm{d}\boldsymbol{k} \sum_\nu \left(|\langle\alpha|U(\boldsymbol{k})|\nu\rangle|^2/2\omega(\omega + E_\nu - E_\alpha)\right). \tag{21.72}$$

Man beachte, daß:

$$\delta E_\alpha < 0.$$

Die Klammer auf der rechten Seite von (21.72) ist nämlich für jedes ν und jedes $\boldsymbol{k}$ positiv, denn das Niveau E_α ist stabil, so daß:

$$\omega + E_\nu - E_\alpha > 0.$$

Für $|\delta E_\alpha|$ erhält man eine Abschätzung nach oben, indem man im Nenner die Größe $(E_\nu - E_\alpha)$ durch ihr Minimum, also durch Null ersetzt (E_α ist das Niveau des Grundzustands). Die Summation über ν kann dann mit Verwendung der Vollständigkeitsrelation: $\Sigma_\nu |\nu\rangle\langle\nu| = 1$ leicht durchgeführt werden und liefert, weil $UU^\dagger = (2\pi)^{-3}$ ist: $(2\pi)^{-3}/2\omega^2$. Man findet damit nach der Integration über die Winkel:

$$|\delta E_\alpha| < (g^2/4\pi^2)\int_0^K (k^2/\omega^2)\,\mathrm{d}k. \tag{21.73}$$

Das letzte Integral kann man exakt berechnen. Weil $K \gg \mu$ ist, ist sein Wert etwas kleiner als K. Folglich gilt:

$$|\delta E_\alpha| < g^2 K/4\pi^2. \tag{21.74}$$

Die rechte Seite von (21.72) kann man übrigens auch wie folgt abschätzen. Verwendet man direkt die Vollständigkeitsrelation und ersetzt $U(\boldsymbol{k})$ durch seine Definition (21.70), so bekommt man:

$$\delta E_\alpha = -(g^2/8\pi^3)\int_{k\leqslant K} \langle\alpha|\,\mathrm{e}^{\mathrm{i}\boldsymbol{k}\cdot\boldsymbol{R}}(\omega + H_{\text{Teilch.}} - E_\alpha)^{-1}\,\mathrm{e}^{-\mathrm{i}\boldsymbol{k}\cdot\boldsymbol{R}}\,|\alpha\rangle\,(\mathrm{d}\boldsymbol{k}/2\omega). \tag{21.75}$$

Der unitäre Operator $\mathrm{e}^{\mathrm{i}\boldsymbol{k}\boldsymbol{R}}$ vertauscht mit $\boldsymbol{R}$ und transformiert $\boldsymbol{P}$ in $(\boldsymbol{P} - \boldsymbol{k})$. Darum ist:

$$\mathrm{e}^{\mathrm{i}\boldsymbol{k}\cdot\boldsymbol{R}}\,H_{\text{Teilch.}}\,\mathrm{e}^{-\mathrm{i}\boldsymbol{k}\cdot\boldsymbol{R}} = \frac{(\boldsymbol{P}-\boldsymbol{k})^2}{2M} + V(R) = H_{\text{Teilch.}} + \frac{k^2}{2M} - \frac{\boldsymbol{P}.\boldsymbol{k}}{M}$$

und hieraus folgt:

$$\mathrm{e}^{\mathrm{i}\boldsymbol{k}\cdot\boldsymbol{R}}(\omega + H_{\text{Teilch.}} - E_\alpha)^{-1}\,\mathrm{e}^{-\mathrm{i}\boldsymbol{k}\cdot\boldsymbol{R}} = \left(\omega + \frac{k^2}{2M} + H_{\text{Teilch.}} - E_\alpha - \frac{\boldsymbol{P}.\boldsymbol{k}}{M}\right)^{-1}.$$

Setzt man diesen Ausdruck in die rechte Seite von (21.75) ein, so erhält man:

$$\delta E_\alpha = -(g^2/8\pi^3)\int_{k\leqslant K}\langle\alpha|\left(\omega + \frac{k^2}{2M} + H_{\text{Teilch.}} - E_\alpha - \frac{\boldsymbol{P}.\boldsymbol{k}}{M}\right)^{-1}|\alpha\rangle\,(\mathrm{d}\boldsymbol{k}/2\omega).$$

Man begeht keinen großen Fehler, wenn man im Mittelwert auf der rechten Seite den Term $\boldsymbol{P}.\boldsymbol{k}/m$ vernachlässigt, denn die Geschwindigkeit des Teilchens im Zustand $|\alpha\rangle$ ist im Mittel sehr viel kleiner als Eins (nichtrelativistische Näherung). Hiermit wird nach Integration über die Winkel:

$$\delta E_\alpha \simeq -(g^2/4\pi^2)\int_0^K (k^2/\omega^2)(1 + (k^2/2M\omega))^{-1}\,\mathrm{d}k, \tag{21.76}$$

ein Ausdruck, der sich von der rechten Seite der Gleichung (21.73) nur durch den Faktor $(1 + (k^2/2M\omega))^{-1}$ beim Integranden unterscheidet. Weil $\mu \ll K \approx M$ ist, fällt dieser Faktor grob von 1 auf 2/3 innerhalb des Integrationsbereichs. Deshalb können wir schreiben:

$$\delta E_\alpha = -s g^2 K/4\pi^2 \qquad (s \lesssim 1). \tag{21.77}$$

Die hierin auftretende numerische Konstante s liegt ungefähr zwischen 2/3 und 1.

Um die Bedeutung dieses Effekts abschätzen zu können, bestimmen wir seine Größenordnung für den Fall, daß die verschiedenen Größen unseres Modells numerische Werte annehmen, wie sie einem bei den Atomen begegnen [5]. M ist dann die Masse des Elektrons, g^2 die Feinstrukturkonstante:

$$g^2 \cong 10^{-1}. \tag{21.78}$$

Den Abstand des Niveaus von seinem nächsten Nachbarn bezeichnen wir mit D:

$$D/M \cong 10^{-4} - 10^{-5}. \tag{21.79}$$

Mit diesen Werten ist:

$$|\delta E_\alpha/D| \approx g^2 M/4\pi^2 D \approx 100.$$

Dieser beträchtliche Effekt steht in keinem Verhältnis zu den beobachteten Verschiebungen, und wir müssen die Gültigkeit der störungstheoretischen Behandlung und die physikalische Bedeutung des Ergebnisses ernsthaft bezweifeln.

Tatsächlich ist jedoch die Gegenüberstellung der theoretischen Ergebnisse zu den experimentellen Daten nicht ganz so einfach und damit auch nicht so katastrophal. Die Masse M nämlich, die bei der Berechnung der ungestörten Niveaus auftritt, ist *nicht* die Masse, die man experimentell beobachtet. Diese erhält man durch eine Energie- und Impulsmessung am „freien" Teilchen, d.h., außerhalb der Reichweite des Potentials $V(R)$. Ein solches „freies" Teilchen bleibt indessen an das Feld gekoppelt, und darum ergibt die Messung:

$$M_{\text{exp.}} = M + \delta M,$$

worin δM den Anteil zur Ruheenergie des Teilchens darstellt, der auf die Gegenwart des Feldes zurückgeht. Im vorliegenden Fall findet man nach einer einfachen Rechnung:

$$\delta M \approx -g^2 K/4\pi^2.$$

Genauer gesagt, liefert die Rechnung in zweiter Ordnung der Störung die rechte Seite der Gleichung (21.76) (Aufgabe 2). Die Verschiebung δE_α ist also fast vollständig auf diese „Renormierung" der Masse zurückzuführen[6].

Berechnet man die Niveaus des Wasserstoffatoms mit der Schrödinger- oder mit der Dirac-Theorie, so setzt man die experimentelle Masse des Elektrons ein. Damit trägt man bereits der Kopplung des Elektrons mit dem elektromagnetischen Strah-

---

[5] Weil die Kopplungsformen verschieden sind, können die numerischen Ergebnisse der skalaren Theorie mit denen der Quantenelektrodynamik nicht exakt übereinstimmen. Um vergleichen zu können, muß die Konstante g^2 so festgelegt werden, daß man für die Wahrscheinlichkeit eines Dipolübergangs einen Wert erhält, der von derselben Größenordnung ist wie der Wert für die Dipolübergänge bei Atomen (s. Gleichung (21.81) und Gleichung (21.245)). Man muß also: $g^2/4\pi \approx 1/137$ setzen.

[6] Schneidet man bei $K \approx M$ ab, so ergibt sich $\delta M/M \approx 10^{-3}$. Die relative Änderung der Masse ist also sehr gering, was die Anwendung der Störungsmethode bei diesem Problem nur um so mehr rechtfertigt. Führt man jedoch die Abschneidefunktion nicht ein, so ist δM durch ein divergentes Integral gegeben. Auf diese Schwierigkeit werden wir noch zurückkommen.

lungsfeld weitgehend Rechnung, was die gute Übereinstimmung des berechneten mit dem beobachteten Spektrum erklärt.

Die „experimentell beobachtete Verschiebung" $\delta E'_\alpha$ ist die Differenz zwischen der berechneten Verschiebung δE_α und der Verschiebung $\delta E_\alpha^{(0)}$, die man erhält, wenn man einfach im Hamilton-Operator des Teilchens die theoretische Masse durch die experimentell ermittelte Masse (man nennt sie auch die „renormierte" Masse) ersetzt. In unserem Modell besteht diese Substitution der „renormierten" Masse darin, daß man $H_{\text{Teilch.}}$ durch

$$\delta M + \frac{P^2}{2(M + \delta M)} + V(R)$$

ersetzt. Dies führt im wesentlichen zu einer gemeinsamen Verschiebung aller Niveaus um die Größe δM. Man erhält daraus:

$$\delta E_\alpha^{(0)} = \delta M (1 - \langle\alpha| \frac{P^2}{2M^2} |\alpha\rangle).$$

Beschränkt man sich bei der Störungsrechnung auf die zweite Näherung, so weist die Berechnung von $\delta E'_\alpha = \delta E_\alpha - \delta E_\alpha^{(0)}$ keine ernsthaften Schwierigkeiten auf und liefert für $|\delta E'_\alpha/D|$ einen Wert von der Größenordnung 10^{-3}, was ein vernünftiges Ergebnis darstellt.

Trotzdem muß man bei diesem Wert von $\delta E'_\alpha$ vorsichtig sein, denn er hängt in kritischer Weise von der jeweils gewählten Abschneidefunktion ab. Eine realistische Rechnung müßte daher von einer vollständig relativistischen Theorie ausgehen. Tatsächlich handelt es sich um ein schwieriges Problem der Quantenfeldtheorie, das bis heute nicht völlig befriedigend gelöst werden konnte. In der relativistischen Theorie ist die Wechselwirkung nämlich streng lokal und man findet für δM einen Ausdruck von der Form: $\delta M = ZM$, worin Z ein divergentes Integral darstellt (s. Fußnote 6)). Genau so sind δE_α und $\delta E_\alpha^{(0)}$ durch divergente Integrale gegeben, so daß der Ausdruck für $\delta E'_\alpha$ von der unbestimmten Form $\infty - \infty$ ist.

In der Praxis behebt man diese Unbestimmtheit durch eine *ad hoc*-Beschreibung, die auf Invarianzüberlegungen basiert. Man kommt dann zu Ergebnissen, die mit der Erfahrung bemerkenswert gut übereinstimmen [7]. Die eigentliche Rechtfertigung dieser Rechenmethoden bleiben jedoch offen.

Trotz der hier aufgeführten Einschränkungen ermöglicht es unser Modell, über zahlreiche Effekte Aussagen zu machen und sie auch zu berechnen. Deshalb werden wir seine Untersuchung fortsetzen. Dabei gehen wir auf die „Massenrenormierung", die nur im Rahmen des kovarianten Formalismus befriedigend behandelt werden kann, nicht weiter ein.

---

7) S. Fußnote 20 [18].

21.2.4 Emission eines Feldquants

Wir untersuchen jetzt die Zustände des Teilchens, die durch die Existenz des Kopplungsterms H' instabil werden.

In diesem Abschnitt wollen wir für verschiedene „Strahlungsübergänge" die Übergangswahrscheinlichkeit pro Zeiteinheit berechnen, wobei wir die zeitabhängige Störungsmethode anwenden (Abschnitt 17.1.3).

Wir nehmen als Beispiel für H_0 ein Spektrum an, wie es in Abb. 21.2 skizziert ist, und betrachten den Zustand $|\lambda>$. Die einzigen energetisch möglichen Übergänge (Abb. 21.3) sind die Übergänge in den Grundzustand, die unter Emission von einem oder zwei Feldquanten erfolgen ($3\mu > E_\lambda - E_\alpha > 2\mu$) und die Übergänge in den ersten angeregten Zustand mit Emission eines Quants ($2\mu > E_\lambda - E_\beta > \mu$). Im folgenden wollen wir nur die Übergänge mit Emission eines Quants betrachten. Die Emission von zwei Quanten ist ein Effekt höherer Ordnung und, unter sonst gleichen Umständen, g^2-mal seltener als die Emission eines Quants. Man muß ihn also fortlassen, wenn man sich bei der Störungsrechnung auf die erste Näherung beschränkt.

Befindet sich das Teilchen anfangs im Zustand $|\lambda>$, so ist die Wahrscheinlichkeit pro Zeiteinheit dafür, daß es mit Emission eines Quants in den Raumwinkel $(\Omega, \Omega + \mathrm{d}\Omega)$ in den Zustand $|\alpha>$ übergeht, d.h., die Wahrscheinlichkeit pro Zeiteinheit für den Übergang $\lambda \to \alpha\boldsymbol{k}$, wobei der Vektor $\boldsymbol{k}$ in den betreffenden Raumwinkel weist, in erster Näherung durch den Ausdruck:

$$w_{\lambda\to\alpha\boldsymbol{k}}\,\mathrm{d}\Omega = 2\pi|<\lambda|H'|\alpha\boldsymbol{k}>|^2\,\rho_L(\omega)\,\mathrm{d}\Omega \tag{21.80}$$

gegeben. Hierbei genügt die Energie des Quants der Erhaltungsaussage:

$$\omega = \omega_{\lambda\alpha} \equiv E_\lambda - E_\alpha.$$

Mit den Beziehungen (21.49), (21.69 a) und (21.70) wird aus dem Ausdruck (21.80):

$$w_{\lambda\to\alpha\boldsymbol{k}} = 2\pi g^2 \frac{|\langle\lambda|\,e^{i\boldsymbol{k}\cdot\boldsymbol{R}}\,|\alpha\rangle|^2}{2\omega}\,\frac{\omega k}{(2\pi)^3} = g^2 k\,|\langle\lambda|\,e^{i\boldsymbol{k}\cdot\boldsymbol{R}}\,|\alpha\rangle|^2/8\pi^2. \tag{21.81}$$

Integriert man über die Winkel, so erhält man die Wahrscheinlichkeit pro Zeiteinheit für den Übergang $\lambda \to \alpha$. Wir bezeichnen sie mit $\Gamma_{\lambda\to\alpha}$:

$$\Gamma_{\lambda\to\alpha} \equiv \int w_{\lambda\to\alpha\boldsymbol{k}}\,\mathrm{d}\Omega = (g^2 k/8\pi^2)\int |\langle\lambda|\,e^{i\boldsymbol{k}\cdot\boldsymbol{R}}\,|\alpha\rangle|^2\,\mathrm{d}\Omega. \tag{21.82}$$

Analoge Ausdrücke ergeben sich für die Übergänge in den Zustand β. Die totale Übergangswahrscheinlichkeit pro Zeiteinheit ist:

$$\Gamma_\lambda = \Gamma_{\lambda\to\alpha} + \Gamma_{\lambda\to\beta}. \tag{21.83}$$

Nach einer halbklassischen Überlegung, die allerdings einiger Einschränkungen bedarf (s. Abschnitt 21.2.5), ist Γ_λ der Kehrwert der *mittleren Lebensdauer* des Zustands $|\lambda\rangle$. Betrachten wir nämlich ein statistisches Ensemble von Teilchen und bezeichnen mit $N_\lambda(t)$ die Anzahl dieser Teilchen, die zur Zeit t den Zustand $|\lambda\rangle$ besetzen. Die Zahl der Teilchen, die während des Zeitintervalls $(t, t + \mathrm{d}t)$ einen Strahlungsübergang ausführen, ist dann $\Gamma_\lambda N_\lambda(t)\mathrm{d}t$. Folglich hat man:

$$N_\lambda(t + \mathrm{d}t) = (1 - \Gamma_\lambda \mathrm{d}t) N_\lambda(t)$$

oder auch:

$$\mathrm{d}N_\lambda/\mathrm{d}t = - \Gamma_\lambda N_\lambda$$

und daher:

$$N_\lambda(t) = N_\lambda(0)\, \mathrm{e}^{-\Gamma_\lambda t}. \tag{21.84}$$

Das ist das bekannte *exponentielle Zerfallsgesetz* mit der mittleren Lebensdauer $1/\Gamma_\lambda$.

In dem hier behandelten Beispiel gibt es im wesentlichen zwei Arten von möglichen Strahlungsübergängen, $\lambda \to \alpha$ und $\lambda \to \beta$, und das *Verzweigungsverhältnis* des ersten zum zweiten ist $\Gamma_{\lambda\to\alpha}/\Gamma_{\lambda\to\beta}$.

Die eben angeführte halbklassische Begründung darf nicht als ein Beweis für die Existenz eines exponentiellen Gesetzes aufgefaßt werden. Die ihr zugrunde liegende Störungsrechnung setzt voraus, daß $\Gamma_\lambda t \ll 1$ ist (s. die Diskussion am Ende des Abschnitts 17.1.3), d.h., daß t so klein ist, daß der Zustandsvektor des Systems sich von seiner Anfangslage nur wenig unterscheidet. Für längere Zeiten ist eine gründlichere quantentheoretische Behandlung erforderlich. Sie wird in Abschnitt 21.2.5 gegeben.

Um die Größenordnung der Γ zu bestimmen, übernehmen wir die Bezeichnungen und numerischen Werte aus dem vorangegangenen Abschnitt. Sind die Anregungsenergien nicht zu hoch, so ist $k \approx D$ und weil die Ausdehnung $\langle R\rangle$ der Wellenfunktion für das Teilchen ungefähr gleich $(2MD)^{-1/2}$ ist, hat man:

$$k\langle R\rangle \approx (D/2M)^{1/2} \cong 5 \times 10^{-3} \ll 1.$$

$\langle\lambda|\mathrm{e}^{i\boldsymbol{kR}}|\alpha\rangle$ kann man daher abschätzen, wenn man die Exponentialfunktion durch das erste Glied ihrer Taylor-Entwicklung ersetzt, das einen nicht verschwindenden Beitrag liefert (Approximation der langen Wellen). Die Größenordnung dieses Terms ist im wesentlichen durch die Drehimpuls-*Auswahlregeln* festgelegt. Im günstigsten Fall (Dipol-Übergänge) findet man:

$$|\langle\lambda|\mathrm{e}^{i\boldsymbol{k}\boldsymbol{R}}|\alpha\rangle| \cong |\langle\lambda|\boldsymbol{k}.\boldsymbol{R}|\alpha\rangle \approx k\langle R\rangle$$

und hieraus:

$$\Gamma_{\lambda\to\alpha} \approx (g^2 k/2\pi)\,(k\langle R\rangle)^2 \approx 10^{-6} D.$$

Nimmt man für Γ_λ denselben Wert an, so ergibt sich eine mittlere Lebensdauer $1/\Gamma_\lambda$, die sehr viel größer ist (um den Faktor 10^6) als das Zeitintervall $1/D$, das für die Bewegung des Teilchens im Potential charakteristisch ist. Es war also vernünftig, die für die Emission des Feldquants verantwortliche Wechselwirkung H' als eine kleine Störung zu behandeln.

Man kann für Γ_λ einen formal sehr einfachen und sehr allgemeinen Ausdruck angeben, indem man direkt von der Formel (21.80) ausgeht und die Definition der Niveaudichte, die Erhaltungsaussage für die Energie und die Vollständigkeitsrelation verwendet. Man erhält nacheinander [8]:

$$\begin{aligned}\Gamma_\lambda &= 2\pi(L/2\pi)^3 \sum_\nu \int \mathrm{d}\boldsymbol{k}\, |\langle\lambda|H'|\nu\boldsymbol{k}\rangle|^2\, \delta(E_\lambda - E_\nu - \omega)\\ &= 2\pi(L/2\pi)^3 \sum_\nu \int \mathrm{d}\boldsymbol{k}\, \langle\lambda|H'\delta(E_\lambda - H_0)|\nu\boldsymbol{k}\rangle\langle\nu\boldsymbol{k}|H'|\lambda\rangle\\ &= 2\pi\,\langle\lambda|H'\delta(E_\lambda - H_0)\,H'|\lambda\rangle. \end{aligned} \tag{21.85}$$

Dieser Ausdruck wird für uns im folgenden nützlich sein.

21.2.5 Quantentheorie des Zerfalls. Linienbreite

In diesem Abschnitt wollen wir die exakte Quantentheorie für die zeitliche Änderung eines metastabilen Zustands angeben. Wir werden dabei sehen, daß die sehr vereinfachenden Begründungen aus dem vorstehenden Abschnitt im wesentlichen richtig sind und daß insbesondere das Zerfallsgesetz in einer ausgezeichneten Näherung ein exponentielles Gesetz ist. Andererseits werden wir zu den wichtigen Begriffen der Niveauverschiebung und der Linienbreite gelangen.

Wir nehmen an, daß sich das System zur Zeit $t = 0$ in einem gebundenen Zustand von H_0 zum Eigenwert E_λ befindet, und bestimmen die zeitliche Entwicklung dieses Systems.

Bis jetzt hatten wir stets angenommen, daß E_λ ein einfacher Eigenwert von H_0 ist. Bis zur Diskussion der Ergebnisse werden wir diese vereinfachende Voraussetzung beibehalten. Die folgende Behandlung ist jedoch auch auf den entarteten Fall anwendbar. $\mathcal{E}_\lambda$ sei der Unterraum der gebundenen Zustände zur ungestörten Energie E_λ, P_λ und Q_λ seien die Projektionsoperatoren auf $\mathcal{E}_\lambda$ bzw. den dazu komplementären Raum:

$$H_0P_\lambda = P_\lambda H_0 = E_\lambda P_\lambda \qquad P_\lambda + Q_\lambda = 1.$$

Es sei $U(t)$ der Entwicklungsoperator des Systems:

$$U(t) \equiv \mathrm{e}^{-\mathrm{i}Ht}. \tag{21.86}$$

Die Aufgabe besteht im wesentlichen darin, für $t > 0$ den Ausdruck $P_\lambda U(t) P_\lambda$ zu berechnen.

---

[8] Der Ausdruck (21.85) gilt übrigens nicht nur speziell für das vorliegende Problem. Vielmehr ist er der allgemeine Ausdruck für die Übergangswahrscheinlichkeit pro Zeiteinheit, und zwar in erster Näherung der Störungsrechnung. Er gibt sich unmittelbar aus der Theorie des Abschnitts 17.1.3, indem man von der Formel (17.40) ausgeht und für die darin auftretende Funktion f die asymptotische Form (17.43) verwendet.

Wir führen die Resolvente ein:

$$G(z) \equiv \frac{1}{z - H}. \tag{21.87}$$

Sie ist eine Funktion der komplexen Variablen z, deren Singularitätsstellen gerade die Eigenwerte von H sind (die diskreten Werte sind einfache Pole, das kontinuierliche Spektrum ist ein Schnitt). Es gilt [9]:

$$U(t) = -\frac{1}{2\pi i} \int_{-\infty}^{+\infty} e^{ixt} \left[G(x^+) - G(x^-)\right] dx \qquad (x^\pm \equiv x \pm i\varepsilon) \tag{21.88}$$

Folglich besteht zwischen den durch die Beziehungen:

$$\mathcal{U}(t) = P_\lambda U(t) P_\lambda \qquad \mathcal{G}(z) = P_\lambda G(z) P_\lambda \tag{21.90}$$

definierten Operatoren im Raum $\mathcal{E}_\lambda$ der Zusammenhang:

$$\mathcal{U}(t) = -\frac{1}{2\pi i} \int_{-\infty}^{+\infty} e^{ixt} \left[\mathcal{G}(x^+) - \mathcal{G}(x^-)\right] dx \qquad (x^\pm \equiv x \pm i\varepsilon). \tag{21.91}$$

Um für $G(z)$ einen handlichen Ausdruck zu erhalten, setzen wir:

$$\begin{aligned} H &= H_1 + H'' \\ H_1 &\equiv P_\lambda H P_\lambda + Q_\lambda H Q_\lambda = H_0 + Q_\lambda H' Q_\lambda \\ H'' &\equiv P_\lambda H Q_\lambda + Q_\lambda H P_\lambda = P_\lambda H' Q_\lambda + Q_\lambda H' P_\lambda. \end{aligned}$$

Man beachte, daß:

$$\begin{aligned} &H_1 P_\lambda = P_\lambda H_1 = E_\lambda P_\lambda \qquad && [Q_\lambda, H_1] = 0 \\ &P_\lambda H'' = H'' Q_\lambda && Q_\lambda H'' = H'' P_\lambda. \end{aligned}$$

Aus diesen Beziehungen und aus der Operatoridentität:

---

[9] Allgemeiner ist der Zusammenhang zwischen $U(t)$ und $G(z)$ durch die Transformationsformeln:

$$G(z) = -i \int_0^{\eta\infty} e^{izt}\, U(t) dt \qquad U(t) = \frac{1}{2\pi i} \int_C e^{-izt}\, G(z) dz$$

gegeben (η Vorzeichen von $\operatorname{Im} z$; C Weg in der komplexen Ebene, der so von $+\infty + i\epsilon$ nach $+\infty - i\epsilon$ geht, daß alle Singularitäten von $G(z)$ zu seiner Linken liegen, d.h., alle Eigenwerte von H). Man beweist dies leicht in einer Darstellung, in der H diagonal ist. Die Beziehung (21.88) erhält man direkt, wenn man berücksichtigt, daß für infinitesimales positives ϵ (s. Gl. (A.15 e)) gilt:

$$G(x\pm) \equiv \frac{1}{x - H \pm i\varepsilon} = PP \frac{1}{x - H} \mp i\pi\delta(x - H). \tag{21.89}$$

Wir stellen fest, daß für $t > 0$ der Beitrag von $G(x^-)$ zum Integral auf der rechten Seite von (21.88) streng gleich Null ist.

$$(A - B)^{-1} \equiv A^{-1} + A^{-1}B(A - B)^{-1}$$

leitet man skuzessive her:

$$\frac{1}{z-H} = \frac{1}{z-H_1} + \frac{1}{z-H_1} H'' \frac{1}{z-H} \tag{21.92}$$

$$= \frac{1}{z-H_1} + \frac{1}{z-H_1} H'' \frac{1}{z-H_1} + \frac{1}{z-H_1} H'' \frac{1}{z-H_1} H'' \frac{1}{z-H} \tag{21.93}$$

$$P_\lambda \frac{1}{z-H} P_\lambda = \frac{P_\lambda}{z-E_\lambda} + \frac{1}{z-E_\lambda}\left(P_\lambda H'' \frac{1}{z-H_1} H'' P_\lambda\right) P_\lambda \frac{1}{z-H} P_\lambda. \tag{21.94}$$

Die Beziehung (21.94) ist eine Beziehung zwischen Operatoren in $\mathfrak{E}_\lambda$, d.h.:

$$\mathcal{G}(z) = \frac{1}{z-E_\lambda}\left(1 + \mathcal{W}(z)\mathcal{G}(z)\right) \tag{21.95}$$

mit:

$$\mathcal{W}(z) \equiv P_\lambda H'' \frac{1}{z-H_1} H'' P_\lambda = P_\lambda H' Q_\lambda \frac{1}{z - Q_\lambda H Q_\lambda} Q_\lambda H' P_\lambda. \tag{21.96}$$

Aus der Gleichung (21.95) erhalten wir:

$$\mathcal{G}(z) = \frac{1}{z - E_\lambda - \mathcal{W}(z)}. \tag{21.97}$$

Die Gleichungen (21.91), (21.96) und (21.97) sind exakte Beziehungen, die als Ausgangspunkt für die Berechnung von $\mathcal{U}(t)$ dienen können.

Die Gleichungen (21.96) und (21.97) definieren $\mathcal{W}(z)$ und $\mathcal{G}(z)$ als Funktionen der komplexen Variablen z in der Ebene, die durch die Eigenwerte des kontinuierlichen Spektrums von H aufgeschnitten ist. Wir interessieren uns besonders für das Verhalten dieser Funktionen in der Umgebung des Schnitts. Unter Verwendung der Beziehung (21.89) kann man in $\mathcal{W}(x^\pm)$ den hermitischen vom antihermitischen Teil trennen. Man erhält:

$$\mathcal{W}(x\pm) = \Delta(x) \mp \tfrac{1}{2} \mathrm{i}\Gamma(x) \tag{21.98}$$

$$\Delta(x) \equiv P_\lambda H' PP \frac{1}{x - Q_\lambda H Q_\lambda} H' P_\lambda \tag{21.99}$$

$$\Gamma(x) \equiv 2\pi P_\lambda H' \delta(x - Q_\lambda H Q_\lambda) H' P_\lambda. \tag{21.100}$$

Wir bemerken, daß $\Gamma(x)$ ein positiv definiter hermitischer Operator ist.

Im weiteren Verlauf dieser Untersuchung nehmen wir an, daß E_λ ein einfacher Eigenwert von H_0 ist [10].

---

[10] Fußnote siehe Seite 462.

Nach Voraussetzung befindet sich das System zur Zeit $t = 0$ im zugehörigen Eigenzustand $|\lambda\rangle$. Wir wollen seinen Zustandsvektor:

$$|\Psi(t)\rangle = U(t)\,|\lambda\rangle \tag{21.101}$$

für jeden späteren Zeitpunkt bestimmen und spezieller die Komponente dieses Vektors in Richtung von $|\lambda\rangle$.

Bei den vorangegangenen Überlegungen können die Operatoren $\mathcal{U}(t)$, $\mathcal{G}(z)$, $\mathcal{W}(z)$, $\Delta(x)$, $\Gamma(x)$ durch ihren Mittelwert über $|\lambda\rangle$ ersetzt und wie einfache Funktionen behandelt werden. Die Gleichungen (21.90), (21.99) und (21.100) gehen dann jeweils über in:

$$\mathcal{U}(t) \equiv \langle\lambda|\, U(t)\,|\lambda\rangle \qquad \mathcal{G}(z) \equiv \langle\lambda|\, G(z)\,|\lambda\rangle \tag{21.102}$$

$$\Delta(x) \equiv \langle\lambda|\, H'PP\frac{1}{x - Q_\lambda H Q_\lambda} H'\,|\lambda\rangle \tag{21.103}$$

$$\Gamma(x) \equiv 2\pi\,\langle\lambda|\, H'\delta(x - Q_\lambda H Q_\lambda)\, H'\,|\lambda\rangle \tag{21.104}$$

und die Gleichungen (21.97) und (21.91) geben jeweils:

$$\mathcal{G}(x\pm) = \left[x - E_\lambda - \Delta(x) \pm \tfrac{1}{2}\,\mathrm{i}\,\Gamma(x)\right]^{-1} \tag{21.105}$$

$$\mathcal{U}(t) = \frac{1}{2\pi}\int_{-\infty}^{+\infty} \mathrm{e}^{-\mathrm{i}xt}\, F(x)\,\mathrm{d}x \tag{21.106}$$

mit:

$$F(x) \equiv \mathrm{i}\big(\mathcal{G}(x^+) - \mathcal{G}(x^-)\big) = \frac{\Gamma(x)}{[x - E_\lambda - \Delta(x)]^2 + \frac{1}{4}\Gamma(x)^2}\,. \tag{21.107}$$

---

10) In den meisten praktischen Fällen rührt die Entartung von E_λ von einer Invarianzeigenschaft von H_0 her, die bestehen bleibt, wenn man die Kopplung H' hinzufügt. Z.B. ist die $(2J + 1)$-fache Entartung beim radioaktiven Zerfall eines Kerns mit dem Spin J auf die Drehinvarianz zurückzuführen, die bestehen bleibt, wenn man zum ungestörten Hamilton-Operator die für den Zerfall verantwortliche Kopplung hinzufügt. Weil dann $\mathcal{E}_\lambda$ ein irreduzibler Unterraum ist und weil die Operatoren $\mathcal{W}(z)$, $\mathcal{G}(z)$, $\mathcal{U}(t)$ invariant sind, sind diese Vielfache des Einheitsoperators, und ihre Berechnung geschieht genau so wie beim nichtentarteten Fall. Jeder Zustand des Raumes $\mathcal{E}_\lambda$ gehorcht demselben Gesetz des radioaktiven Zerfalls mit derselben mittleren Lebensdauer und derselben Niveauverschiebung.

Sind dagegen diese Symmetriebedingungen nicht mehr erfüllt, so kann es mehrere mittlere Lebensdauern und mehrere Niveauverschiebungen geben. Das ist z.B. für den ersten angeregten Zustand des Wasserstoffatoms der Fall (s. die Diskussion der Lamb-Verschiebung am Schluß des Abschnitts 20.4.7). Ein weiteres Beispiel ist der Fall des K^0-Bosons. Die Behandlung des allgemeinen Falls ist übrigens im wesentlichen dieselbe wie die des einfachen Falls. Mit denselben Näherungen findet man für $\mathcal{U}(t)$ den Ausdruck:

$$\mathcal{U}(t) \simeq \exp\left[-\mathrm{i}\left(E_\lambda + \mathcal{W}\left(E_\lambda^+\right)\right)t\right]$$

der das Ergebnis (21.109) verallgemeinert. Die Real- und die Imaginärteile der Eigenwerte des (nichthermitischen) Operators $\mathcal{W}(E_\lambda^+)$ liefern die verschiedenen Niveauverschiebungen bzw. die zugehörigen mittleren Lebensdauern.

Bis jetzt ist keinerlei Näherung vorgenommen worden. Um $F(x)$ und danach $\mathcal{U}(t)$ zu berechnen, setzen wir die Kopplung als schwach voraus und behalten in den Ausdrücken (21.103) und (21.104) für $\Delta(x)$ und $\Gamma(x)$ jeweils nur die Glieder niedrigster Ordnung in H' zurück. Hierfür genügt es, in den genannten Ausdrücken $Q_\lambda H Q_\lambda$ durch H_0 zu ersetzen. Dann ist es leicht, $\Delta(x)$ und $\Gamma(x)$ zu berechnen. Der allgemeine Verlauf von $\Gamma(x)$ ist in der Abb. 21.4 wiedergegeben. Sind Δ und Γ hinreichend klein, so weist $F(x)$ in der Nähe des Punktes $x = E_\lambda$ ein steiles Maximum auf, und der hauptsächliche Beitrag zum Integral (21.106) rührt von diesem Bereich her. Dieses Integral kann man also abschätzen, indem man für die langsam veränderlichen Funktionen $\Delta(x)$ und $\Gamma(x)$ ihre Werte im Punkt $x = E_\lambda$ einsetzt, d.h.

$$\Delta(E_\lambda) \equiv \delta E_\lambda \qquad \Gamma(E_\lambda) \equiv \Gamma_\lambda, \tag{21.108}$$

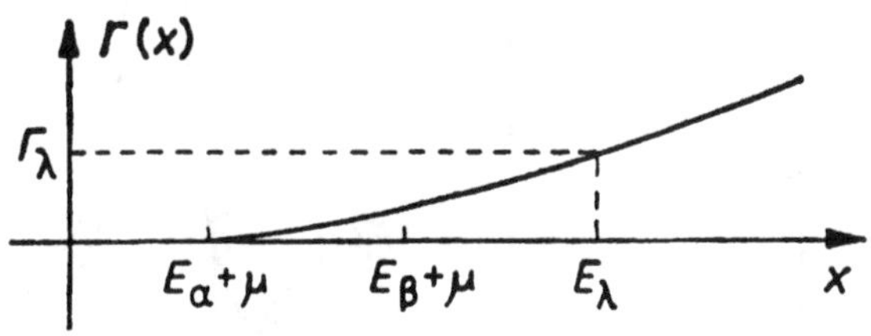

Abb. 21.4: Allgemeiner Verlauf von $\Gamma(x)$. Man beachte, daß $\Gamma(x) = 0$ für $x < E_\alpha + \mu$.

was darauf hinausläuft, daß man für die Funktion $F(x)$:

$$F_1(x) = \frac{\Gamma_\lambda}{(x - E_\lambda - \delta E_\lambda)^2 + \frac{1}{4}\Gamma_\lambda^2}$$

setzt (s. Abb. 21.5).

Die Integration kann dann leicht ausgeführt werden und liefert:

$$\mathcal{U}(t) \simeq e^{-i(E_\lambda + \delta E_\lambda)t - \frac{1}{2}\Gamma_\lambda t}. \tag{21.109}$$

Folglich ist:

$$|\mathcal{U}(t)|^2 = e^{-\Gamma_\lambda t} \tag{21.110}$$

Man erhält genau das exponentielle Zerfallsgesetz

Für die *mittlere Lebensdauer* bekommt man den Wert, der bereits im vorangegangenen Abschnitt angegeben wurde (s. Gleichung (21.84) und s. ferner die Gleichungen (21.85), (21.104) und (21.108)).

Wie die Formel (21.109) zeigt, besteht die Modifizierung des Bewegungsgesetzes für das Niveau λ durch die Einführung der Kopplung H' im wesentlichen darin, daß die komplexe Energie:

$$\delta E_\lambda - \tfrac{1}{2} i \Gamma_\lambda$$

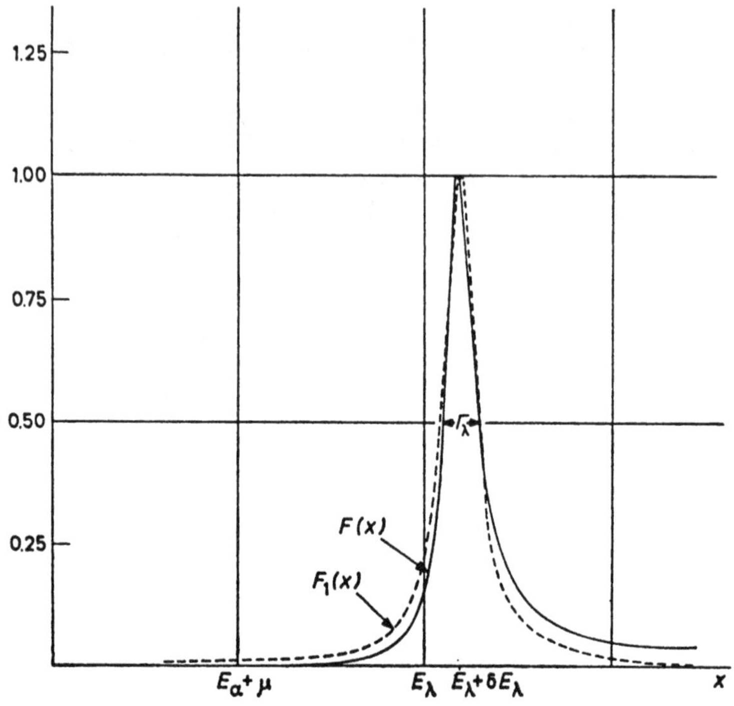

Abb. 21.5: Typischer Verlauf von $F(x)$ und $F_1(x)$.

Hierbei wurde für die Funktionen Δ und Γ die Abhängigkeit von x angenommen, die für Dipol-Übergänge typisch ist:

$$\Delta(x) \cong \text{const.} = \delta E_\lambda \qquad \Gamma(x)/\Gamma_\lambda \cong (x - E_\lambda + \xi)^3/\xi^3 \qquad \xi \equiv E_\lambda - E_\alpha - \mu.$$

Es wurde: $\delta E_\lambda/\xi = 0{,}2$ und $\Gamma_\lambda/\xi = 0{,}1$ gesetzt.

Der Fehler für $\mathfrak{U}(t)$ ist dem Betrag nach kleiner als die Größe:

$$\frac{1}{2\pi}\int_{-\infty}^{+\infty} |\, F(x) - F_1(x)\,|\, dx.$$

Sind Γ_λ und δE_λ verglichen mit $E_\lambda - E_\alpha - \mu$ und $E_\lambda - E_\beta - \mu$ hinreichend klein, so bleibt er, relativ gesehen, vernachlässigbar bis auf sehr lange Zeiten ($t \gg 1/\Gamma_\lambda$).

hinzugefügt wird. Der Realteil δE_λ ist die eigentliche *Niveauverschiebung*. Sie entspricht der Verschiebung eines stabilen Niveaus (s. Gleichungen (21.71), (21.103) und (21.108)). Der für den metastabilen Zustand charakteristische Imaginärteil ist bis aufs Vorzeichen gleich der Halbwertsbreite des Niveaus. Er ist es, der für die Existenz eines exponentiellen Zerfallsgesetzes verantwortlich ist.

Um den Sachverhalt zu präzisieren, wollen wir die anderen Komponenten von $|\Psi(t)\rangle$ in der Näherung der schwachen Kopplung berechnen. In dieser Näherung verschwinden nur die Komponenten nicht, die in Richtung der Vektoren mit nur einem Feldquant liegen:

$$|\Psi(t)\rangle = \mathcal{U}(t)\,|\lambda\rangle + \sum_{\nu k} h_{\nu k}(t)\,|\nu k\rangle \tag{21.111}$$

$$h_{\nu k}(t) = \langle \nu k|\, U(t)\,|\lambda\rangle. \tag{21.112}$$

Aus der Gleichung (21.92) leitet man her, daß:

$$\langle \nu k|\, G(z)\,|\lambda\rangle = \langle \nu k|\,(z - H_1)^{-1}\, H''\,|\lambda\rangle\, \mathcal{G}(z).$$

Diese Gleichung gilt exakt. Die Näherung der schwachen Kopplung besteht darin, daß im Nenner auf der rechten Seite H_1 durch H_0 ersetzt wird:

$$\langle \nu k|\, G(z)\,|\lambda\rangle = \langle \nu k|\, H'\,|\lambda\rangle\,(z - \omega - E_\nu)^{-1}\,\mathcal{G}(z).$$

Aus diesem Näherungsausdruck für das Matrixelement von $G(z)$ leitet man mit Hilfe der Formel (21.88) einen Näherungswert für das zugehörige Matrixelement von $U(t)$ her. Man gelangt zu einem Integral, das man mit der Residuenmethode auswerten kann. Für große Werte von t bleibt nur der Beitrag des Pols übrig, der auf der reellen Achse liegt, so daß man erhält:

$$h_{\nu k}(t) = \langle \nu k|\, H'\,|\lambda\rangle \left. \frac{e^{-ixt}}{x - E_\lambda - \Delta(x) + \frac{1}{2}\,i\Gamma(x)} \right|_{x=\omega+E_\nu} \quad (\Gamma t \gg 1).$$

Das Quadrat des Betrages dieses Ausdrucks gibt für große Werte von t (groß im Vergleich zur mittleren Lebensdauer des metastabilen Zustands) die Wahrscheinlichkeit an, das System im Zustand (νk) zu finden. Es kann auf die Form:

$$|\, h_{\nu k}(\infty)\,|^2 = |\,\langle \nu k|\, H'\,|\lambda\rangle\,|^2\, F(\omega + E_\nu)/\Gamma(\omega + E_\nu) \tag{21.113}$$

gebracht werden, worin $F(x)$ die durch die (21.107) definierte Funktion ist. Aufgrund der bereits angegebenen Eigenschaften von $F(x)$ (s. Abb. 21.5) nimmt $|h_{\nu k}(\infty)|^2$ nur für $\omega + E_\nu \cong E_\lambda$ wesentlich von Null verschiedenen Werte an, d.h., für Übergänge, bei denen die ungestörte Energie im wesentlichen erhalten bleibt. Für diese – im hier behandelten Beispiel sind das die Zustände, für die $\nu = \alpha$ und $\nu = \beta$ ist – kann man $F(x)$ durch $F_1(x)$ ersetzen. Für die Übergänge $\lambda \to \alpha k$ erhält man die Formel:

$$|\, h_{\nu k}(\infty)\,|^2 = \frac{|\,\langle \alpha k|\, H'\,|\lambda\rangle\,|^2}{(\omega + E_\alpha - E_\lambda - \delta E_\lambda)^2 + \frac{1}{4}\,\Gamma_\lambda^2} \tag{21.114}$$

Hiernach ist bei diesem Übergang die Energieverteilung der emittierten Quanten durch ein *Lorentz-Gesetz mit der Breite* Γ_λ um den Punkt $E_\lambda + \delta E_\lambda - E_\alpha$ gegeben, d.h. die Verteilung ist um die durch die *Verschiebung* δE_λ korrigierte Bohrsche Frequenz des Übergangs zentriert.

Die *Linienbreite* des Strahlungsübergangs ist dann in Übereinstimmung mit der Energie-Zeit-Unschärferelation gleich dem Kehrwert der mittleren Lebensdauer (für die von uns gewählten Einheiten mit $\hbar = 1$).

Über die Bedeutung dieser Resultate sind mehrere Bemerkungen erforderlich.

An erster Stelle muß man, um ein Verteilungsgesetz wie das in der Gleichung (21.114) mit den experimentellen Daten vergleichen zu können, präzisieren, wie man den Anfangszustand $|\lambda>$ experimentell realisieren kann. Darauf kommen wir in Abschnitt 21.2.7 zu sprechen.

Zweitens unterliegt die hier vorgestellte Behandlung denselben Einwänden wie die Überlegungen, die wir in Abschnitt 21.2.3 im Zusammenhang mit der Niveauverschiebung angestellt hatten. Nimmt man die dort angegebenen numerischen Werte, so stellt man fest, daß die Verschiebung δE_λ von derselben Größenordnung ist wie δE_α, also sehr viel größer als der Abstand der ungestörten Niveaus. Kennzeichnet man mit $\delta E_\lambda{}^{(0)}$ den auf die Massenrenormierung zurückgehenden Effekt, so kann man zeigen, daß die Differenz:

$$\delta E'_\lambda \equiv \delta E_\lambda - \delta E_\lambda{}^{(0)}$$

eine zum Abstand der Niveaus relativ kleine Korrektur ist. Hier begegnet uns exakt dieselbe Schwierigkeit wieder wie die, die wir im Abschnitt 21.2.3 ausführlich diskutiert haben. Die entsprechende Diskussion kann daher Punkt für Punkt wiederholt werden.

Schließlich wurde überhaupt nicht die Verschiebung der Niveaus berücksichtigt, in die die Übergänge erfolgen, und erst recht nicht die Tatsache, daß einige dieser Niveaus durch die Kopplung H' ebenfalls instabil werden können. Diese Vernachlässigung beruht offensichtlich auf der Näherung der schwachen Kopplung, wie sie bei der Berechnung der Amplituden $h_{\nu k}$ angewandt wurde.

Um diese Einflüsse zu berücksichtigen, kann man die Formel (21.114) für Übergänge in einen stabilen Zustand oder in einen Zustand, dessen mittlere Lebensdauer sehr viel länger ist als die des Anfangszustands, korrigieren. Bezeichnet man mit $E_\alpha{}^{(0)}, \ldots, E_\lambda{}^{(0)}, \ldots$ die Niveaus, die man erhält, wenn man im Hamilton-Operator $H_{\text{Teilch.}}$ für M die experimentell ermittelte Masse einsetzt, so lautet die korrigierte Formel:

$$|h_{\nu k}|^2_{\text{corr.}} = \frac{|\langle\alpha k|\, H'\, |\lambda\rangle|^2}{(\omega + E^{(0)}_\alpha + \delta E'_\alpha - E^{(0)}_\lambda - \delta E'_\lambda)^2 + \frac{1}{4}\Gamma^2_\lambda} \qquad (21.114')$$

Es ist eine Formel dieser Art, die man den experimentellen Daten gegenüberstellt. Die Übereinstimmung erweist sich als ausgezeichnet.

21.2.6 Elastische Streuung. Dispersionsformel

Zum Abschluß betrachten wir einige einfache Streuprobleme.

Als erstes untersuchen wir die elastische Streuung eines Feldquants am Teilchen, das sich in seinem Grundzustand befinde. k_i sei der Wellenvektor des einfallenden Quants, k_f ein Wellenvektor derselben Länge, der in die Richtung weist, in der man das Quant nach dem Stoß beobachtet. Es handelt sich also um den Übergang:

$$i \to f \equiv (\alpha k_i) \to (\alpha k_f).$$

Wir setzen:

$$k_i = k_f = k, \qquad \omega_i = \omega_f = \omega$$

und bezeichnen die Anfangsenergie des Systems mit E:

$$E = \omega + E_\alpha. \tag{21.115}$$

Der Wirkungsquerschnitt ist durch die allgemeine Formel:

$$\frac{d\sigma_{i\to f}}{d\Omega} = \frac{2\pi}{\text{einfallender Fluß}} |T_{i\to f}|^2 \rho_f(E) \tag{21.116}$$

gegeben, $T_{i\to f}$ ist die Übergangsamplitude:

$$T_{i\to f} \equiv \langle f|T|i\rangle \equiv \langle \alpha k_f|T|\alpha k_i\rangle \tag{21.117}$$

$$T = H' + H' \frac{1}{E - H + i\varepsilon} H'. \tag{21.118}$$

Der einfallende Fluß ist gleich dem Produkt aus der Einfallsgeschwindigkeit k/ω mit der Quantendichte im Zustand $|\alpha k_i\rangle$. Bei passender Normierung ergibt sich: $L^{-3} k/\omega$. $\rho_f(E)$ ist die Dichte der Endzustände mit der Energie E (s. Gleichung (21.49)). Man hat daher:

$$2\pi\rho_f(E)/\text{ einfallender Fluß} = L^6 \omega^2/4\pi^2.$$

Hieraus erhält man:

$$\frac{d\sigma_{i\to f}}{d\Omega} = (L^6 \omega^2/4\pi^2) \, |T_{i\to f}|^2. \tag{21.119}$$

Bis hierher haben wir angenommen, daß die grundlegenden Formeln der Streutheorie ihre volle Gültigkeit behalten: Die Gleichungen (21.116) und (21.118), die unseren Ausgangspunkt darstellen, sind im wesentlichen äquivalent zu den Gleichungen (19.115) und (19.143). Einige Unterschiede bestehen lediglich in den Bezeichnungen, der Wahl der Einheiten und in der Normierung der Wellenfunktionen, die in der Definition der Übergangsamplitude auftreten.

Im vorliegenden Fall sind diese Formeln nicht völlig korrekt. Sie wurden unter der Voraussetzung aufgestellt, daß die Entwicklung des Systems *vor* und *nach* dem Stoß im wesentlichen durch den Hamilton-Operator H_0 bestimmt ist, während die Wechselwirkung H' vollständig vernachlässigt wird. Eine solche Voraussetzung ist bei den Streuproblemen, die im zehnten und im neunzehnten Kapitel behandelt wurden, völlig gerechtfertigt, nicht dagegen hier.

Untersuchen wir z.B. den Zustand des Systems vor dem Stoß. Das Teilchen befindet sich in seinem Grundzustand, das Feldquant wird durch ein Wellenpaket repräsentiert, das sich in Richtung auf das Teilchen bewegt. Das Wellenpaket hat die kleine Umgebung um den Ursprung, in dem sich das Teilchen aufhält, noch nicht erreicht. Die Wechselwirkung zwischen Quant und Teilchen ist also vernachlässigbar, und das Quant bewegt sich so, als wenn es frei wäre. In diesem

Punkt ist die Situation dieselbe wie die in der üblichen Streutheorie. Die Wechselwirkung H' darf jedoch nicht unberücksichtigt bleiben, denn das Teilchen bleibt selbst, wenn es vom Quant getrennt ist, stets an das Feld gekoppelt. In voller Strenge ist sein Anfangszustand nicht der Eigenzustand $|\alpha>$ des Hamilton-Operators H_0 zur Energie E_α, sondern der Eigenzustand des Hamilton-Operators H, der für den Grenzübergang $g \to 0$ in den Zustand $|\alpha>$ übergeht, und für den die Eigenenergie $E_\alpha + \delta E_\alpha$ in Abschnitt 21.2.3 berechnet wurde.

Eine korrekte Theorie muß also die Differenz zwischen dem „physikalischen Zustand" $|\bar{\alpha}>$ und dem ungestörten Zustand $|\alpha>$ berücksichtigen. Ist die Kopplung hinreichend schwach, so führt das im wesentlichen zu einer Renormierung der Masse, während der eigentliche Streumechanismus davon nicht berührt wird [11].

Unter diesen Bedingungen bleiben daher die üblichen Formeln der Streutheorie gültig, falls man im ungestörten Hamilton-Operator die Masse M durch die experimentelle Masse $M + \delta M$ ersetzt.

Wir berechnen nun den Wirkungsquerschnitt, indem wir H' als eine Störung behandeln. Für T setzen wir die Bornsche Reihe (19.147) ein. In erster Näherung ist die Amplitude offensichtlich gleich Null:

$$<\alpha \boldsymbol{k}_f | H' | \alpha \boldsymbol{k}_i> = 0.$$

Man muß also bis zur zweiten Ordnung gehen. Die Amplitude ist in zweiter Ordnung in H':

$$T^{(B)}_{i\to f} = <\alpha \boldsymbol{k}_f | H' \frac{1}{E - H_0 + \mathrm{i}\varepsilon} H' | \alpha \boldsymbol{k}_i> \tag{21.120}$$

$$= \sum_n <\alpha \boldsymbol{k}_f | H' | n> \frac{1}{E - E_n + \mathrm{i}\varepsilon} <n | H' | \alpha \boldsymbol{k}_i>. \tag{21.120'}$$

Die Summe erstreckt sich über alle Basisvektoren des Hamilton-Operators H_0. Die meisten Glieder sind wegen der sehr speziellen Form von H' gleich Null. Die virtuellen Zustände, die einen von Null verschiedenen Beitrag liefern, kann man in zwei Kategorien einteilen:

(*i*) die Zustände $|\nu>$ ohne Feldquant;

(*ii*) die Zustände $|\nu \boldsymbol{k}_i \boldsymbol{k}_f>$, die zwei Quanten mit dem Impuls $\boldsymbol{k}_i$ bzw. $\boldsymbol{k}_f$ enthalten.

Die ersten gehören zu den Übergängen:

$$(\alpha \boldsymbol{k}_i) \to (\nu) \to (\alpha \boldsymbol{k}_f),$$

bei denen das Teilchen das einfallende Quant absorbiert, bevor es wieder ein Quant in den Endzustand emittiert. Die zweiten gehören zu den Übergängen:

$$(\alpha \boldsymbol{k}_i) \to (\nu \boldsymbol{k}_i \boldsymbol{k}_f) \to (\alpha \boldsymbol{k}_f),$$

[11] In zweiter Näherung muß man für die Wechselwirkung zwischen Quant und Teilchen die Änderungen berücksichtigen, die sich aus der Anwesenheit virtueller Quanten um das Teilchen ergeben. Im wesentlichen besteht diese Modifizierung in einer Abänderung der Kopplungskonstanten („Ladungsrenormierung").

bei denen das Quant des Endzustandes emittiert wird, bevor das Teilchen das einfallende Quant absorbiert.

Wir führen die Bohrschen Frequenzen ein:

$$\omega_{\nu\alpha} = E_\nu - E_\alpha \qquad (> 0). \tag{21.121}$$

Man erhält dann:

$$T^{(B)}_{i\to f} = \sum_\nu \left[\frac{\langle \alpha k_f | H' | \nu \rangle \langle \nu | H' | \alpha k_i \rangle}{\omega - \omega_{\nu\alpha}} - \frac{\langle \alpha k_f | H' | \nu k_i k_f \rangle \langle \nu k_i k_f | H' | \alpha k_i \rangle}{\omega + \omega_{\nu\alpha}} \right] \tag{21.122}$$

Dies gibt, wenn man die Gleichungen (21.69) und (21.70) mit $C(k) = 1$ berücksichtigt (was für $k << M$ erlaubt ist):

$$T^{(B)}_{i\to f} = (L^{-3} g^2/2\omega) \sum_\nu \left[\frac{X_\nu}{\omega - \omega_{\nu\alpha}} - \frac{X'_\nu}{\omega + \omega_{\nu\alpha}} \right] \tag{21.123}$$

mit:

$$X_\nu \equiv \langle \alpha | \mathrm{e}^{-\mathrm{i} k_f \cdot R} | \nu \rangle \langle \nu | \mathrm{e}^{\mathrm{i} k_i \cdot R} | \alpha \rangle \tag{21.124}$$

$$X'_\nu \equiv \langle \alpha | \mathrm{e}^{\mathrm{i} k_i \cdot R} | \nu \rangle \langle \nu | \mathrm{e}^{-\mathrm{i} k_f \cdot R} | \alpha \rangle. \tag{21.124'}$$

Setzt man diesen Ausdruck in die rechte Seite von (21.119) ein, so erhält man den differentiellen Wirkungsquerschnitt in der zweiten Bornschen Näherung:

$$\frac{\mathrm{d}\sigma^{(B)}_{i\to f}}{\mathrm{d}\Omega} = \frac{g^4}{16\pi^2} \left| \sum_\nu \left(\frac{X_\nu}{\omega - \omega_{\nu\alpha}} - \frac{X'_\nu}{\omega + \omega_{\nu\alpha}} \right) \right|^2. \tag{21.125}$$

Jeder Term in der Reihe stellt den Beitrag von einem der oben beschriebenen Übergänge dar. Unter sonst gleichen Umständen ist dieser Beitrag um so größer, je weniger sich die Einfallsenergie von der Energie des betreffenden virtuellen Zustands unterscheidet. Sind beide Energien gleich, so ist der Beitrag unendlich groß. Für jeden Übergang der ersten Kategorie, dessen Bohrsche Frequenz größer ist als die Masse des Quants, existiert deshalb ein kritischer Wert der Energie, d.h., für jedes Niveau, von dem aus ein Übergang in den Grundzustand mit Emission eines Feldquants möglich ist.

Beim Durchgang durch einen dieser kritischen Werte, z.B. durch E_λ ($\omega_{\lambda\alpha} > \mu$), verschwindet der Nenner mit Zeichenwechsel, das Glied $X_\lambda/(\omega - \omega_{\lambda\alpha})$ wird unendlich, und der Ausdruck für den Wirkungsquerschnitt divergiert. Wie klein auch die Kopplungskonstante sein mag, in diesem Bereich verliert die Bornsche Näherung offensichtlich ihre Gültigkeit [12]. Tatsächlich bleibt der Wirkungsquerschnitt endlich,

[12] Fußnote siehe Seite 470.

zeigt aber ein sehr steiles Maximum. Wie wir sehen werden, handelt es sich um ein Resonanzphänomen, das völlig analog zu den im zehnten Kapitel untersuchten Erscheinungen ist (Abschnitte 10.4.1–3).

21.2.7 Resonanzstreuung. Bildung eines metastabilen Zustands

Um den Wirkungsquerschnitt bei Annäherung an einen der kritischen Energiewerte, z.B. an E_λ, zu berechnen, betrachten wir von neuem den strengen Ausdruck für die Übergangsamplitude. Aufgrund der Definitionen (21.117) und (21.118) hat man:

$$\langle f|T|i\rangle = \sum_{nn'} \langle f|H'|n\rangle \langle n| \frac{1}{E - H + \mathrm{i}\varepsilon} |n'\rangle \langle n'|H'|i\rangle. \tag{21.126}$$

Die Bornsche Näherung bestand darin, daß man in jedem Glied dieser Entwicklung die exakte Greensche Funktion $(E - H + \mathrm{i}\epsilon)^{-1}$ durch die Greensche Funktion $(E - H_0 + \mathrm{i}\epsilon)^{-1}$ des ungestörten Hamilton-Operators ersetzt (s. Gleichungen (21.120) und (21.120′)). Ist die Kopplungskonstante hinreichend klein, so ist diese Näherung für alle Glieder mit Ausnahme des Glieds gerechtfertigt, für das $n = \lambda$ und $n' = \lambda$ ist. Bei diesem wird der Faktor $\langle\lambda|(E - H_0 + \mathrm{i}\epsilon)^{-1}|\lambda\rangle$ unendlich groß, wenn die Energie den Wert E_λ passiert. Wir bezeichnen diesen Term mit $A^{(\text{res.})}$:

$$A^{(\text{res.})} \equiv \langle f|H'|\lambda\rangle \langle\lambda| \frac{1}{E - H + \mathrm{i}\varepsilon} |\lambda\rangle \langle\lambda|H'|i\rangle \tag{21.127}$$

und die Differenz mit $A^{(\text{pot.})}$:

$$\langle f|T|i\rangle \equiv A^{(\text{res.})} + A^{(\text{pot.})}. \tag{21.128}$$

$A^{(\text{pot.})}$ berechnen wir in der Bornschen Näherung. Man erhält einen Ausdruck, der sich von dem Ausdruck (21.123) nur durch das Fehlen des Terms $X_\lambda/(\omega - \omega_{\lambda\alpha})$ in der Summe über die ν-Zustände unterscheidet. Es bleibt also die Berechnung von $A^{(\text{res.})}$.

Ersetzt man in der Definition (21.127) die Matrixelemente von H' durch ihre explizite Form (s. Gleichungen (21.69) und (21.124)), so erhält man:

---

[12] In der Näherung langer Wellen ($k\langle R\rangle \ll 1$), hat man $|X_\lambda| \cong (k\langle R\rangle)^2$; setzt man $\Delta\omega = |E - E_\lambda|$ und behält nur den dominierenden Anteil, so ergibt der Ausdruck (21.125):

$$\mathrm{d}\sigma/\mathrm{d}\Omega \cong (g^4/16\pi^2)\,(k^2\langle R\rangle^2/\Delta\omega)^2.$$

Nach einem bekannten Kriterium (Abschnitt 19.1.6) ist die Bornsche Näherung nicht mehr anwendbar, wenn der totale Wirkungsquerschnitt von derselben Größenordnung wie der geometrische Streuquerschnitt $4\pi\langle R\rangle^2$ ist. Dies ist der Fall für:

$$\Delta\omega \lesssim (g^2 k/4\pi)\,(k\langle R\rangle).$$

Nimmt man die numerischen Werte aus Abschnitt 21.2.3, so ist dies ein sehr schmaler Bereich (Größenordnung $10^{-4}\,D$) und dennoch viel breiter als die Linienbreite Γ_λ.

$$A^{(\text{res.})} = L^{-3} g^2 \frac{X_\lambda}{2\omega} \mathcal{G}(E^+), \tag{21.129}$$

worin $\mathcal{G}(E^+)$ der in Abschnitt 21.2.5 eingeführte Mittelwert der Greenschen Funktion ist:

$$\mathcal{G}(E^+) \equiv \langle\lambda| \frac{1}{E - H + i\varepsilon} |\lambda\rangle. \tag{21.130}$$

Diese Funktion wurde in jenem Abschnitt auch berechnet. Die Gleichung (21.105) gibt das Ergebnis an. Setzt man es in (21.129) ein, so findet man:

$$A^{(\text{res.})} = (L^{-3} g^2 / 2\omega) \frac{X_\lambda}{E - E_\lambda - \Delta(E) + \frac{1}{2} i\Gamma(E)}. \tag{21.131}$$

Dieser Ausdruck für $A^{(\text{res.})}$ ist exakt. Von dem Ausdruck, den die Bornsche Näherung liefert, unterscheidet er sich nur dadurch, daß im Energienenner der komplexe Term $\Delta(E) - \frac{1}{2} i\Gamma(E)$ auftritt. Dieser sorgt für das Verschwinden der Singularität. Die Eigenschaften dieses zusätzlichen Terms wurden in Abschnitt 21.2.5 untersucht. Ersetzt man ihn durch seinen Wert für $E = E_\lambda$ (s. Gleichungen (21. (21.103), (21.104) und (21.108)), so ist das unter der Annahme schwacher Kopplung gerechtfertigt, denn seine Änderung in Abhängigkeit von der Energie ist in dem uns interessierenden Energieband vernachlässigbar. Man erhält für $A^{(\text{res.})}$ den Ausdruck, der für die Amplitude einer Resonanzstreuung charakteristisch ist:

$$A^{(\text{res.})} = (L^{-3} g^2 / 2\omega) \frac{X_\lambda}{E - E_\lambda - \delta E_\lambda + \frac{1}{2} i\Gamma_\lambda} \tag{21.132}$$

Sie ist mit der Breite Γ_λ um den Punkt $E_\lambda + \delta E_\lambda$ konzentriert.

Hier kann man die Diskussion der Streuresonanzen aus dem zehnten Kapitel wieder aufgreifen. Dort wurde auch auf den *Zusammenhang zwischen diesen Resonanzen und der Existenz metastabiler Zustände* hingewiesen. Präzisiert man das Modell, so gelangt man zu Ausdrücken, die mit denen in Abschnitt 10.4.2 praktisch identisch sind (wenn man $A^{(\text{pot.})}$ vernachlässigt). Dies gilt für die Streuamplitude, die differentiellen Wirkungsquerschnitte und den totalen Wirkungsquerschnitt, sowie für die „Verzögerung" bei der Transmission der gestreuten Welle (s. Aufgabe 4). Die hier vorliegende Resonanz hängt mit dem metastabilen Zustand $|\lambda\rangle$ zusammen, der eine mittlere Lebensdauer $1/\Gamma_\lambda$ hat und dessen Eigenschaften in den Abschnitten 21.2.4–5 diskutiert wurden.

Will man den Wirkungsquerschnitt genau messen und insbesondere seine charakteristische Energieabhängigkeit zeigen, so muß die Energiedispersion des einfallenden Feldquants so gering sein, daß die Streuamplitude im Intervall $\Delta\omega$ praktisch konstant bleibt. Im Resonanzbereich setzt das voraus, daß:

$$\Delta\omega \ll \Gamma_\lambda. \tag{21.133}$$

Die Dauer des Stoßes $1/\Delta\omega$ ist dann sehr viel länger als die Lebensdauer $1/\Gamma_\lambda$, und diese ist unbeobachtbar.

Liegen dagegen die dazu komplementären experimentellen Bedingungen vor, d.h. ist:

$$\Delta\omega \gg \Gamma_\lambda, \tag{21.134}$$

so kann man den zeitlichen Ablauf des Vorgangs beobachten und nach einer Übergangsperiode von der Größenordnung $1/\Delta\omega$ das charakteristische Zerfallsgesetz des metastabilen Zustands $|\lambda>$ aufzeigen. Dies liegt an der sehr speziellen Form der Streuamplitude im Resonanzbereich (Gleichung (21.132)) und kann leicht hergeleitet werden, indem die Rechnung aus Abschnitt 10.4.3 Punkt für Punkt wiederholt wird.

Es handelt sich dabei um ein sehr allgemeines Ergebnis, daß nicht nur für die Streuungen, sondern für alle Stöße gültig ist. Zu jeder Stoßresonanz, definiert durch ihre Energie E und ihre Breite Γ, gehört ein metastabiler Zustand derselben Energie und mit der mittleren Lebensdauer $1/\Gamma$, für den die Beobachtungsbedingungen zu den Bedingungen, die für die Beobachtung einer Resonanz üblich sind, komplementär sind [13].

21.2.8 Absorption eines Feldquants (photoelektrischer Effekt). Strahlungseinfang

Bei den bisher behandelten Problemen traten nur die gebundenen Zustände des Teilchens auf. In diesem Abschnitt behandeln wir zwei Probleme, die Feldquantenabsorption und den Strahlungseinfang, bei denen die Existenz nicht gebundener Zustände angenommen wird. Wir wollen voraussetzen, daß $\lim_{R\to\infty} V(R) = 0$ ist und daß folglich das Teilchenspektrum aus einer diskreten Folge gebundener Zustände mit den negativen Energien $E_\alpha, E_\beta, \ldots, E_\lambda, \ldots$ und einem Kontinuum ungebundener Zustände mit Energien besteht, die sich von 0 bis $+\infty$ erstrecken. Nach den Definitionen des Abschnitts 19.1.1 bezeichnen wir die zum Wellenvektor $\boldsymbol{q}$ gehörenden stationären Wellen mit $\psi_q^{(+)}$ und $\psi_q^{(-)}$. Diese sind die Eigenlösungen von $H_{\text{Teilch.}}$ zur Energie:

$$E = q^2/2M. \tag{21.135}$$

Sie können auch als die Eigenlösungen von H_0 aufgefaßt werden und repräsentieren dann die stationären Streuzustände des Gesamtsystems, wenn man den Kopplungsterm H' vernachlässigt. $\Psi_q^{(+)}$ und $\Psi_q^{(-)}$ seien die stationären Streuzustände, falls man die Kopplung berücksichtigt.

[13] Es handelt sich um zwei komplementäre Manifestationen derselben Eigenschaft des Systems, weil beide von derselben Eigenschaft seiner Resolvente $G(z)$ herrühren. Diese ist durch $G(z) = (z - H)^{-1}$ in der vom kontinuierlichen Spektrum von H aufgeschnittenen Ebene definiert. Die einzigen Singularitäten befinden sich auf der reellen Achse, dies sind die Eigenwerte von H. Doch kann ihre analytische Fortsetzung auf die anderen Blätter der Riemannschen Ebene weitere Singularitäten aufweisen. Resonanz und metastabiler Zustand sind darauf zurückzuführen, daß $G(z)$ auf dem zweiten Blatt der unteren Halbebene im Punkt $z = E - \frac{1}{2}i\Gamma$ nahe der reellen Achse einen Pol aufweist.

Wir nehmen an, das Teilchen sei in seinem Grundzustand und werde einem monoenergetischen Strahl von Feldquanten der Geschwindigkeit $\boldsymbol{k}/\omega$ ausgesetzt. Reicht die Energie der einfallenden Quanten aus, um das Atom zu „ionisieren", d.h. ist

$$\omega > (-E_\alpha),$$

so kann das Quant einfach absorbiert und seine gesamte Energie auf das Teilchen übertragen werden. Dieses wird dann mit einer kinetischen Energie fortgestoßen, die gleich der Differenz zwischen der aufgenommenen Energie ω und der Bindungsenergie $(-E_\alpha)$ ist:

$$E = \omega + E_\alpha.$$

Das ist der Mechanismus des photoelektrischen Effekts (s. Abschnitt 1.2.1).

Wir berechnen den Wirkungsquerschnitt für die Absorption des Quants der Energie k mit Ausstoß des Teilchens in eine bestimmte Richtung. $\boldsymbol{q}$ sei ein Vektor, der in diese Richtung weist und dessen Betrag mit der Energie über die Beziehung (21.135) zusammenhängt. Es handelt sich also um den Übergang:

$$i \to f \equiv (\alpha \boldsymbol{k}) \to (\boldsymbol{q}).$$

Wir nehmen wie beim Fall der elastischen Streuung ohne Diskussion an, daß man die Formeln der gewöhnlichen Streutheorie anwenden darf (die Einschränkungen, die wir dabei in Abschnitt 21.2.6 machten, gelten übrigens auch hier). Der Wirkungsquerschnitt ist dann durch die Formel (21.116) gegeben, und zwar mit demselben Ausdruck für den einfallenden Fluß, aber mit $\rho_f(E) = Mq/(2\pi)^3$ und dem folgenden Ausdruck für die Übergangsamplitude (s. Gleichung (19.122)):

$$\begin{aligned} T_{i\to f} &\equiv \langle \boldsymbol{q} | T | \alpha \boldsymbol{k} \rangle \\ &= \langle \Psi_{\boldsymbol{q}}^{(-)} | H' | \alpha \boldsymbol{k} \rangle. \end{aligned}$$

Beschränkt man sich auf die niedrigste Ordnung in H', so kann man bei der Berechnung dieses Matrixelements $\Psi_{\boldsymbol{q}}^{(-)}$ durch $\psi_{\boldsymbol{q}}^{(-)}$ ersetzen (s. Gleichungen (19.129–130)). Das ergibt:

$$T_{i\to f} \simeq \langle \psi_{\boldsymbol{q}}^{(-)} | H' | \alpha \boldsymbol{k} \rangle = (L^{-3} g^2/2\omega)^{\frac{1}{2}} \langle \psi_{\boldsymbol{q}}^{(-)} | \mathrm{e}^{\mathrm{i}\boldsymbol{k}\cdot\boldsymbol{R}} | \alpha \rangle$$

und hieraus folgt:

$$\frac{\mathrm{d}\sigma(\alpha \boldsymbol{k} \to \boldsymbol{q})}{\mathrm{d}\Omega} \simeq \frac{g^2}{8\pi^2} \frac{Mq}{k} | \langle \psi_{\boldsymbol{q}}^{(-)} | \mathrm{e}^{\mathrm{i}\boldsymbol{k}\cdot\boldsymbol{R}} | \alpha \rangle |^2. \tag{21.136}$$

Genau so berechnet man den Wirkungsquerschnitt für die umgekehrte Reaktion. Bei dieser bewegt sich das Teilchen anfangs mit dem Impuls $\boldsymbol{q}$ und wird im Zustand α durch das Potential $V(R)$ eingefangen, wobei es ein Feldquant mit dem Impuls $\boldsymbol{k}$ emittiert:

$$\boldsymbol{q} \to \alpha \boldsymbol{k}.$$

In erster Ordnung findet man:

$$\frac{d\sigma(q \to \alpha k)}{d\Omega} \simeq \frac{g^2}{8\pi^2}\frac{Mk}{q} \mid \langle\alpha| \, e^{-i\boldsymbol{k}\cdot\boldsymbol{R}} |\psi_{\boldsymbol{q}}^{(+)}\rangle \mid^2. \tag{21.137}$$

Man kann diesen Ausdruck direkt erhalten oder aus dem vorangehenden, indem man die Mikroreversibilitätsrelation (19.190) auf die beiden Reaktionen $\boldsymbol{q} \to \alpha \boldsymbol{k}$ und $(K\alpha)(-\boldsymbol{k}) \to (-\boldsymbol{q})$ anwendet, die durch Zeitumkehr auseinander hervorgehen. Es ist nämlich:

$$\langle\alpha| \, e^{-i\boldsymbol{k}\cdot\boldsymbol{R}} |\psi_{\boldsymbol{q}}^{(+)}\rangle = \langle\psi_{-\boldsymbol{q}}^{(-)}| \, e^{-i\boldsymbol{k}\cdot\boldsymbol{R}} (K|\alpha\rangle).$$

21.3 Klassische Theorie der elektromagnetischen Strahlung

21.3.1 Die Maxwellschen Gleichungen

Die Grundgleichungen der klassischen Strahlungstheorie sind die Maxwellschen Gleichungen [14]:

$$\text{rot}\,\mathcal{E} + \partial\mathcal{H}/\partial t = 0 \tag{21.138 a}$$

$$\text{div}\,\mathcal{H} = 0 \tag{21.138 b}$$

$$\text{rot}\,\mathcal{H} - \partial\mathcal{E}/\partial t = 4\pi \boldsymbol{s} \tag{21.139 a}$$

$$\text{div}\,\mathcal{E} = 4\pi s^0. \tag{21.139 b}$$

Diese bestimmen die Entwicklung des elektrischen Feldes $\mathcal{E}$ und des magnetischen Feldes $\mathcal{H}$ bei Anwesenheit einer elektrischen Ladungsverteilung mit der Dichte s^0 und eines elektrischen Stroms mit der Dichte $\boldsymbol{s}$. $\boldsymbol{s}$ und s^0 genügen der Kontinuitätsgleichung:

$$\text{div}\,\boldsymbol{s} + \partial s^0/\partial t = 0,$$

die aus den Gleichungen (21.139) folgt und zum Erhaltungssatz für die elektrische Ladung führt.

Die Maxwellschen Gleichungen werden durch die Lorentz-Gleichung vervollständigt, die die Bewegung der elektrischen Ladungen in Gegenwart des elektromagnetischen Feldes festlegt. Nach dieser Gleichung ist die Dichte der Trägheitskraft einer geladenen Flüssigkeit zu jedem Zeitpunkt gleich der elektromagnetischen Kraftdichte:

$$\boldsymbol{f} \equiv s^0\,\mathcal{E} + (\boldsymbol{s} \times \mathcal{H}). \tag{21.140}$$

Nach der klassischen Elektronentheorie von Lorentz besteht die Materie ausschließlich aus Teilchen, die eine bestimmte Masse und eine bestimmte Ladung besitzen.

---

[14] Im Gegensatz zum Abschnitt über das skalare Feld verwenden wir hier keine rationalisierten Einheiten; deshalb der Faktor 4π auf der rechten Seite der Gleichungen.

Um für jedes Teilchen die Bewegungsgleichung zu erhalten, genügt es, die Lorentz-Gleichung für den Grenzfall zu nehmen, daß die Ladung in einem infinitesimal kleinen Volumen konzentriert ist. Wir betrachten ein Teilchen mit der Masse m und der Ladung e und bezeichnen mit $\boldsymbol{R}$ seine Lage, mit $\boldsymbol{V}$ seine Geschwindigkeit und mit $\boldsymbol{\Pi}$ seine Bewegungsgröße ($\boldsymbol{\Pi} = M\boldsymbol{V}$; M ist die durch (20.20) definierte relativistische Masse). Die Dichten s^0 und $\boldsymbol{s}$ – genauer: die Beiträge des fraglichen Teilchens zu diesen Größen – sind durch die Beziehungen:

$$s^0 = e\delta(\boldsymbol{r} - \boldsymbol{R}), \qquad \boldsymbol{s} = e\boldsymbol{V}\delta(\boldsymbol{r} - \boldsymbol{R}) \tag{21.141}$$

gegeben. Die elektromagnetische Kraft $\boldsymbol{F}$, der das Teilchen unterworfen ist, erhält man, indem man $\boldsymbol{f}$ über einen kleinen Bereich um $\boldsymbol{R}$ integriert. Die Lorentz-Gleichung liefert dann (s. Gleichung (20.22)):

$$\mathrm{d}\boldsymbol{\Pi}/\mathrm{d}t = \boldsymbol{F} \equiv e(\boldsymbol{\mathcal{E}} + \boldsymbol{V} \times \boldsymbol{\mathcal{H}}) \tag{21.142}$$

$\boldsymbol{\mathcal{E}}$ und $\boldsymbol{\mathcal{H}}$ sind in dieser Gleichung die Werte des elektrischen bzw. magnetischen Feldes im Punkt $\boldsymbol{R}$. Wir erinnern daran, daß:

$$\boldsymbol{V} \equiv \mathrm{d}\boldsymbol{R}/\mathrm{d}t = \boldsymbol{\Pi}/M \equiv \boldsymbol{\Pi}/\sqrt{m^2 + \boldsymbol{\Pi}^2} \tag{21.143}$$

ist (M wieder die relativistische Masse des Teilchens). Die Gleichungen (21.142–143) sind die Bewegungsgleichungen des Teilchens in Gegenwart des Feldes.

Die angegebenen Definitionen und Gleichungen können auch in kovarianter Form geschrieben werden. $\boldsymbol{\mathcal{E}}$ und $\boldsymbol{\mathcal{H}}$ bilden einen antisymmetrischen Tensor $F_{\mu\nu}$, so wie in (20.9) definiert. s^0 und $\boldsymbol{s}$ bilden den Vierervektor der Stromdichte $s^\mu \equiv (s^0, \boldsymbol{s})$. Die Maxwellschen Gleichungen lauten [15]:

$$\epsilon^{\kappa\lambda\mu\nu}\, \partial_\lambda F_{\mu\nu} = 0 \tag{21.138'}$$

$$\partial_\mu F^{\mu\nu} = 4\pi s^\nu \tag{21.139'}$$

und die Kontinuitätsgleichung: $\partial_\nu s^\nu = 0$. Die Kraftdichte $\boldsymbol{f}$ ist der räumliche Anteil des Vierervektors:

$$f^\mu \equiv F^{\mu\nu} s_\nu. \tag{21.140'}$$

Entsprechend ist $\boldsymbol{F}\mathrm{d}t$ der Raumanteil des Vierervektors $eF^{\mu\nu}\,\mathrm{d}x_\nu$, $\boldsymbol{\Pi}$ der des Vierervektors $\Pi^\mu \equiv (M, \boldsymbol{\Pi})$. Die Gleichung (21.142) kann man zusammen mit einer analogen Gleichung für M auf eine kovariante Form bringen, indem man die Eigenzeit des Teilchens und seine Vierergeschwindigkeit einführt.

[15] Führt man den dualen elektromagnetischen Tensor $\widehat{F}^{\kappa\lambda} \equiv \frac{1}{2}\,\epsilon^{\kappa\lambda\mu\nu} F_{\mu\nu}$ ein, so kann man die Gleichung (21.138') auf die einfachere Form

$$\partial_\lambda \widehat{F}^{\kappa\lambda} = 0$$

bringen.

21.3.2 Symmetrien und Erhaltungssätze der klassischen Theorie

Die relativistische Invarianz der klassischen Theorie führt zu einer Anzahl von Symmetrieeigenschaften und Erhaltungssätzen. Auf die Energie- und Impulserhaltung wollen wir etwas genauer eingehen, um dann auf die Erhaltung des Drehimpulses und die Symmetrieeigenschaften bei Spiegelung und Zeitumkehr kurz hinzuweisen. Der Einfachheit halber wollen wir annehmen, daß das System nur ein Teilchen (ein Elektron) enthält. Die Verallgemeinerung auf Mehrteilchensysteme ist offensichtlich.

Um zum Energie-Impuls-Erhaltungssatz zu gelangen, zeigen wir zunächst, daß f^μ (Definition (21.140′)) gleich der Divergenz eines bestimmten Tensors ist, falls $F^{\mu\nu}$ den Maxwellschen Gleichungen genügt.

Aus der Gleichung (21.139′) leitet man nämlich her, daß:

$$\begin{aligned} f^\mu &\equiv F^{\mu\nu} s_\nu = \frac{1}{4\pi} F^{\mu\nu}(\partial^\rho F_{\rho\nu}) \\ &= \frac{1}{4\pi}\left[\partial^\rho (F^{\mu\nu} F_{\rho\nu}) - F_{\rho\nu}(\partial^\rho F^{\mu\nu})\right]. \end{aligned} \tag{21.144}$$

Aus der Gleichung (21.138′) folgt bei Berücksichtigung der Tatsache, daß F ein antisymmetrischer Tensor ist:

$$\begin{aligned} F_{\rho\nu}(\partial^\rho F^{\mu\nu}) &= \tfrac{1}{2} F_{\rho\nu}(\partial^\rho F^{\mu\nu} + \partial^\nu F^{\rho\mu}) = \tfrac{1}{2} F_{\rho\nu}(\partial^\mu F^{\rho\nu}) \\ &= \tfrac{1}{4}\partial^\mu (F_{\rho\nu} F^{\rho\nu}) = \tfrac{1}{4} g^{\mu\rho}\partial_\rho (F_{\varkappa\lambda} F^{\varkappa\lambda}). \end{aligned}$$

Substituiert man diesen Ausdruck in die rechte Seite von (21.144) und setzt:

$$T^{\mu\rho} \equiv \frac{1}{4\pi}\left(F^{\mu\nu} F^\rho{}_\nu - \tfrac{1}{4} g^{\mu\rho} F_{\varkappa\lambda} F^{\varkappa\lambda}\right), \tag{21.145}$$

so erhält man:

$$f^\mu = \partial_\rho T^{\mu\rho}. \tag{21.146}$$

Das ist die Behauptung.

$T^{\mu\rho}$ ist der „Energie-Impuls-Tensor". Drückt man darin die Feldkomponenten explizit aus, so findet man:

$$\begin{aligned} T^{00} &= -\frac{1}{8\pi}(\mathcal{E}^2 + \mathcal{H}^2) \\ T^{k0} &= T^{0k} = -\frac{1}{4\pi}[\mathcal{E} \times \mathcal{H}] \\ T^{kl} &= T^{lk} = \frac{1}{4\pi}\left(\mathcal{E}_k \mathcal{E}_l + \mathcal{H}_k \mathcal{H}_l + \tfrac{1}{2}\delta_{kl}(\mathcal{H}^2 - \mathcal{E}^2)\right). \end{aligned}$$

Die Energie W^0 und den Impuls $\boldsymbol{W}$ des Feldes definieren wir durch die folgenden über den gesamten Raum erstreckten Integrale:

$$W^0 \equiv \frac{1}{8\pi}\int(\mathcal{E}^2 + \mathcal{H}^2)\,\mathrm{d}\boldsymbol{r} \tag{21.147 a}$$

$$\boldsymbol{W} \equiv \frac{1}{4\pi}\int(\boldsymbol{\mathcal{E}} \times \boldsymbol{\mathcal{H}})\,\mathrm{d}\boldsymbol{r} \tag{21.147 b}$$

Also ist:

$$W^\mu = -\int T^{\mu 0}\,\mathrm{d}\boldsymbol{r}. \tag{21.148}$$

Es ist nicht unmittelbar klar, daß W_μ ein Vierervektor ist. Man kann dies aber mit Hilfe des Energie-Impuls-Erhaltungssatzes zeigen.

Um diesen zu beweisen, bringen wir die Bewegungsgleichung des Teilchens auf die Form:

$$\frac{\mathrm{d}\Pi^\mu}{\mathrm{d}t} = \int f^\mu\,\mathrm{d}\boldsymbol{r}.$$

Diese Gleichung gilt für jedes Integrationsvolumen V, vorausgesetzt, daß es den Punkt enthält, in dem sich das Teilchen befindet. Setzt man für f^μ den Ausdruck (21.146) ein, so bekommt man:

$$\frac{\mathrm{d}\Pi^\mu}{\mathrm{d}t} = \frac{\mathrm{d}}{\mathrm{d}t}\left(\int_V T^{\mu 0}\,\mathrm{d}\boldsymbol{r}\right) + \int_V\left(\sum_k \frac{\partial T^{\mu k}}{\partial x^k}\right)\mathrm{d}\boldsymbol{r}.$$

Das zweite Integral kann in ein Oberflächenintegral umgewandelt werden. Wir erstrecken das Volumen über den gesamten Raum. Unter der (hier gerechtfertigten) Voraussetzung, daß das elektromagnetische Feld im Unendlichen hinreichend schnell verschwindet, geht das Oberflächenintegral gegen Null und man erhält zusammen mit der Definition (21.148):

$$\frac{\mathrm{d}}{\mathrm{d}t}(\Pi^\mu + W^\mu) = 0.$$

Dies begründet die oben angegebenen Definitionen von Feldenergie und Feldimpuls und stellt den Satz von der Erhaltung der Energie und des Impulses des Gesamtsystems (Teilchen + Feld) dar:

$$M + W^0 = \text{zeitliche Konstante} \tag{21.149 a}$$

$$\boldsymbol{\Pi} + \boldsymbol{W} = \text{zeitliche Konstante} \tag{21.149 b}$$

Durch eine analoge Überlegung erhält man den Erhaltungssatz für den Gesamtdrehimpuls:

$$(\boldsymbol{R} \times \boldsymbol{\Pi}) + \boldsymbol{I} = \text{zeitliche Konstante}, \tag{21.150}$$

wenn man den Drehimpuls des Feldes durch:

$$I = \frac{1}{4\pi}\int [\boldsymbol{r} \times (\mathcal{E} \times \mathcal{H})]\,\mathrm{d}\boldsymbol{r} \tag{21.151}$$

definiert.

Besteht das System aus mehreren Teilchen, so müssen Π und M durch die Summe der Bewegungsgrößen bzw. die Summe der relativistischen Massen und $(\boldsymbol{R} \times \Pi)$ durch die Summe der Dralls (der Momente der Bewegungsgrößen) ersetzt werden. Dann bleiben die drei Erhaltungssätze (21.149 a), (21.149 b) und (21.150) gültig.

Wir betrachten jetzt die Raumspiegelungen und die Zeitumkehr.

Bei einer Raumspiegelung ($t \to t$, $\boldsymbol{r} \to -\boldsymbol{r}$) sind die Bewegungsgleichungen invariant, wenn man die Ladung e als Skalar und das Feld $F^{\mu\nu}$ als Tensor behandelt. Dann transformiert sich s^0 wie eine skalare Funktion des dreidimensionalen Raumes, $\boldsymbol{s}$ und $\mathcal{E}$ transformieren sich wie polare Vektorfelder und $\mathcal{H}$ wird wie ein axiales Vektorfeld transformiert. U.a. gilt also:

$$\mathcal{E}(t, \boldsymbol{r}) \to -\mathcal{E}(t, -\boldsymbol{r}), \qquad \mathcal{H}(t, \boldsymbol{r}) \to +\mathcal{H}(t, -\boldsymbol{r}). \tag{21.152}$$

Die Bewegungsgleichungen sind in der Zeit reversibel ($t \to -t$; $\boldsymbol{r} \to \boldsymbol{r}$), falls man e als einen Skalar und $F^{\mu\nu}$ wie einen „Pseudotensor" behandelt. Danach sind s^0 und $\mathcal{E}$, als Funktionen von $\boldsymbol{r}$ betrachtet, invariant bei Zeitumkehr und $\boldsymbol{s}$ und $\mathcal{H}$ wechseln das Vorzeichen. Insbesondere hat man:

$$\mathcal{E}(t, \boldsymbol{r}) \to +\mathcal{E}(-t, \boldsymbol{r}), \qquad \mathcal{H}(t, \boldsymbol{r}) \to -\mathcal{H}(-t, \boldsymbol{r}). \tag{21.153}$$

21.3.3 Selbstenergie und klassischer Elektronenradius

An dieser Stelle muß auf eine ernsthafte Schwierigkeit der klassischen Strahlungstheorie hingewiesen werden. Bei allen bisherigen Überlegungen wurde vorausgesetzt, daß die Ladung jedes Teilchens in einem kleinen Bereich, z.B. in einer Kugel konzentriert ist, deren Radius a gegen Null geht. Tatsächlich muß die Annahme, daß die Ladungen streng punktförmig sind, verworfen werden. Betrachten wir nämlich ein isoliertes Elektron, das im Ursprung des Koordinatensystems ruht und berechnen die Energie δm des von diesem Elektron erzeugten Feldes. Gewöhnlich trägt sie den Namen *elektrostatische Selbstenergie.* Sie ist ein *Renormierungsterm für die Masse.* Aufgrund der Überlegungen des Abschnitts 21.2.3, die hier ungeändert übernommen werden kann, ist nämlich die experimentell beobachtete Masse:

$$m_{\text{exp.}} = m + \delta m.$$

Weil das im äußeren Bereich ($r > a$) erzeugte Feld gleich $e\boldsymbol{r}/r^3$ ist, ergibt die Formel (21.147 a):

$$\delta m > \frac{e^2}{8\pi}\int \frac{\mathrm{d}\boldsymbol{r}}{r^4} = \frac{e^2}{2a}$$

und weil $\delta m < m_{\text{exp.}}$ ist, hat man: $a > e^2/2m_{\text{exp.}}$. Die Länge:

$$r_0 = \frac{e^2}{m_{\text{exp.}}} \ (\simeq 2{,}82 \times 10^{-13}\ \text{cm})$$

heißt *klassischer Elektronenradius.* Das klassische Elektron ist also ein Objekt von endlicher Ausdehnung (mit der Größenordnung r_0). Nun ist die Theorie nicht in der Lage, der Stabilität solcher Objekte und um so weniger ihrer inneren Struktur Rechnung zu tragen, d.h., Aussagen über die Ladungs- und Stromverteilung im Bereich $r < r_0$ zu machen. Die elektromagnetischen Kräfte, die zwischen den Bestandteilen des Elektrons herrschen, sind durchweg abstoßend und würden zu seinem Zerfall führen. Damit das Elektron stabil bleibt, müßte es ausgleichende Kohäsionskräfte nichtelektromagnetischen Ursprungs geben. Bei einer relativistischen Theorie stößt die Einführung derartiger Kräfte auf ernsthafte Schwierigkeiten. In der Praxis begnügt man sich hinsichtlich der inneren Struktur des Elektrons mit *ad hoc*-Hypothesen. Korrekte Aussagen darf man daher nur für solche Vorgänge erwarten, die nicht in kritischer Weise von den Einzelheiten dieser Struktur abhängen, d.h., für Vorgänge, bei denen die auftretenden Wellenlängen genügend groß sind ($\lambda \gg r_0$) [16].

21.3.4 Elektromagnetisches Potential. Eichung

Zu den Gleichungen (21.139) erhält man äquivalente, aber einfachere Gleichungen, wenn man das Vektorpotential A und das skalare Potential φ einführt (Definitionen s. Gleichung (21.17)):

$$\mathcal{H} = \operatorname{rot} A, \qquad \mathcal{E} = -\partial A/\partial t - \operatorname{grad} \varphi. \tag{21.154}$$

Die Gleichungen (21.138) sind dann automatisch erfüllt. Die Gleichungen (21.139) sind äquivalent zu den Gleichungen:

$$\ddot{A} - \Delta A + \operatorname{grad}(\dot{\varphi} + \operatorname{div} A) = 4\pi s \tag{21.155 a}$$

$$\ddot{\varphi} - \Delta\varphi - \frac{\partial}{\partial t}(\dot{\varphi} + \operatorname{div} A) = 4\pi s^0. \tag{21.155 b}$$

Die Gleichungen (21.154) definieren A und φ nur bis auf eine beliebige Funktion. Sei nämlich $G(t, r)$ eine solche beliebig vorgegebene Funktion, so bleiben diese Gleichungen gültig, wenn man in ihnen die Substitutionen:

$$A \to A - \operatorname{grad} G, \qquad \varphi \to \varphi + \partial G/\partial t \tag{21.156}$$

vornimmt. Man nennt dies eine *Eichtransformation* (s. Abschnitt 20.3.11).

Ein großer Vorteil bei der Verwendung der elektromagnetischen Potentiale besteht darin, daß die Zusammenhänge vollständig kovariant formuliert werden können. A und φ bilden einen Vierervektor A^μ (s. Gleichung (20.6)). Aufgrund der Gleichungen (21.154) ist die Rotation von A^μ gleich dem Feldtensor $F^{\mu\nu}$ (s. Gleichung

[16] Die Quantentheorie weist eine „Ultraviolettkatastrophe" auf, die ähnlichen Ursprungs ist. Man darf jedoch die Analogie zwischen klassischer und Quantentheorie nicht zu weit treiben. Effekte wie die Paarerzeugung führen dazu, daß man dem „quantentheoretischen Elektron" einen Radius von der Größenordnung $\hbar/mc$ zuweist. Dieser ist 137 mal größer als r_0.

(20.8)), wodurch er bis auf den Gradienten einer beliebigen Funktion definiert ist. Die Eichtransformation ist nichts anderes als die Addition eines Gradienten:

$$A^\mu \to A^\mu + \partial^\mu G \qquad (G \text{ beliebig}) \tag{21.157}$$

Die Gleichungen (21.155) lauten:

$$\Box A^\mu - \partial^\mu(\partial_\nu A^\nu) = 4\pi s^\mu. \tag{21.158}$$

Ohne die formale Kovarianz der Theorie zu verletzen, kann man die Eichungsmöglichkeiten einschränken, indem man an das Potential die *Lorentz-Bedingung* stellt:

$$\partial_\nu A^\nu = 0. \tag{21.159}$$

Die Bewegungsgleichung für das Potential nimmt dann eine einfachere Form an:

$$\Box A^\mu = 4\pi s^\mu. \tag{21.160}$$

Ist χ eine beliebige Lösung der Gleichung $\Box\chi = 0$, so legt die Lorentz-Bedingung die Eichung des Potentials bis auf eine derartige Funktion χ fest. Anders ausgedrückt, sind die Definition des Feldes $F^{\mu\nu}$ und die Gleichungen (21.159) und (21.160) in bezug auf einen *Wechsel der Lorentz-Eichung* (manchmal nennt man sie auch spezielle Eichtransformationen) invariant:

$$A^\mu \to A^\mu + \partial^\mu \chi \qquad (\Box\chi = 0). \tag{21.161}$$

Sehr einfache Bewegungsgleichungen erhält man auch, wenn man fordert, daß:

$$\operatorname{div} \boldsymbol{A} = 0. \tag{21.162}$$

Im Gegensatz zur Lorentz-Bedingung bleibt bei dieser Bedingung die formale Kovarianz der Theorie nicht erhalten. Sie hat jedoch den Vorteil, daß die Willkür bei der Eichung vollständig beseitigt ist. Man nennt die dadurch definierte Eichung die Coulomb-Eichung. Im folgenden werden wir gerade sie verwenden. Doch bevor wir die Strahlungstheorie in dieser Eichung behandeln, müssen wir auf eine wichtige Zerlegungseigenschaft von Vektorfeldern eingehen.

21.3.5 Longitudinaler und transversaler Anteil eines Vektorfeldes

Jedes reelle oder komplexe Vektorfeld $\boldsymbol{B}(\boldsymbol{r})$ kann als die Überlagerung von zwei Feldern aufgefaßt werden:

$$\boldsymbol{B}(\boldsymbol{r}) = \boldsymbol{B}_{\|}(\boldsymbol{r}) + \boldsymbol{B}_{\perp}(\boldsymbol{r}), \tag{21.163}$$

wobei das eine, $\boldsymbol{B}_{\|}$, wirbelfrei und das andere, $\boldsymbol{B}_{\perp}$, quellenfrei ist. Man hat:

$$\operatorname{rot} \boldsymbol{B}_{\|} = 0, \qquad \operatorname{div} \boldsymbol{B}_{\|} = \operatorname{div} \boldsymbol{B} \tag{21.164}$$

$$\operatorname{div} \boldsymbol{B}_{\perp} = 0, \qquad \operatorname{rot} \boldsymbol{B}_{\perp} = \operatorname{rot} \boldsymbol{B}. \tag{21.165}$$

Diese Zerlegung ist eindeutig, wenn man sich auf quadratisch integrierbare Vektorfelder beschränkt[17]. Nach Definition stellen die Felder $\boldsymbol{B}_{\|}$ und $\boldsymbol{B}_{\perp}$ den *logitudinalen* bzw. den *transversalen* Anteil des Feldes $\boldsymbol{B}$ dar. Dabei ist:

$$\boldsymbol{B}_{\|} = \operatorname{grad} U \qquad U(\boldsymbol{r}) = -\frac{1}{4\pi}\int \frac{\operatorname{div} \boldsymbol{B}(\boldsymbol{r}')}{|\boldsymbol{r}-\boldsymbol{r}'|}\,\mathrm{d}\boldsymbol{r}' \tag{21.166}$$

$$\boldsymbol{B}_{\perp} = \operatorname{rot} V \qquad V(\boldsymbol{r}) = \frac{1}{4\pi}\int \frac{\operatorname{rot} \boldsymbol{B}(\boldsymbol{r}')}{|\boldsymbol{r}-\boldsymbol{r}'|}\,\mathrm{d}\boldsymbol{r}'. \tag{21.167}$$

Verwendet man die Fourier-Transformation, so ist diese Zerlegung leicht durchzuführen. Es seien $\boldsymbol{b}$, $\boldsymbol{b}_{\perp}$, $\boldsymbol{b}_{\|}$ die Fourier-Transformierten von $\boldsymbol{B}$, $\boldsymbol{B}_{\perp}$, $\boldsymbol{B}_{\|}$:

$$\begin{aligned} &\boldsymbol{b}(\boldsymbol{k}) = (2\pi)^{-\frac{3}{2}} \int \boldsymbol{B}(\boldsymbol{r})\, \mathrm{e}^{-\mathrm{i}\boldsymbol{k}.\boldsymbol{r}}\,\mathrm{d}\boldsymbol{r} \\ &\boldsymbol{b}_{\|}(\boldsymbol{k}) = \ldots \qquad\qquad \text{etc.} \end{aligned} \tag{21.168}$$

Die Gleichungen (21.164–165) sind zu den Gleichungen:

$$\begin{aligned} \boldsymbol{k} \times \boldsymbol{b}_{\|} &= 0 \qquad & \boldsymbol{k}.\boldsymbol{b}_{\|} &= \boldsymbol{k}.\boldsymbol{b} \\ \boldsymbol{k}.\boldsymbol{b}_{\perp} &= 0 \qquad & \boldsymbol{k} \times \boldsymbol{b}_{\perp} &= \boldsymbol{k} \times \boldsymbol{b} \end{aligned}$$

äquivalent. $\boldsymbol{b}_{\|}$ ist dabei die Projektion von $\boldsymbol{b}$ in Richtung von $\boldsymbol{k}$, was den Namen longitudinaler Anteil[18] für $\boldsymbol{B}_{\|}$ erklärt. $\boldsymbol{b}_{\perp}$ ist die senkrecht zum Vektor $\boldsymbol{k}$ liegende Komponente von $\boldsymbol{b}$, und dies erklärt, warum man $\boldsymbol{B}_{\perp}$ den transversalen Anteil von $\boldsymbol{B}$ nennt. Die Gleichungen (21.166) und (21.167) sind jeweils äquivalent zu den Gleichungen:

$$\boldsymbol{b}_{\|} = \boldsymbol{k}(\boldsymbol{b}.\boldsymbol{k})/k^2 \qquad \boldsymbol{b}_{\perp} = \boldsymbol{k} \times (\boldsymbol{b} \times \boldsymbol{k})/k^2. \tag{21.169}$$

Die Fourier-Transformierte der in (21.166) definierten Funktion U ist:

$$u(\boldsymbol{k}) = -\mathrm{i}(\boldsymbol{b}.\boldsymbol{k})/k^2.$$

(Anmerkung: Die Fourier-Transformierte von $1/r$ ist $\sqrt{2\pi}/\pi k^2$).

Allgemeiner ausgedrückt, ist der Raum der quadratintegrablen Vektorfelder – d.h., der Raum der Wellenfunktionen für ein Teilchen mit dem Spin 1 – die Vereinigung von zwei orthogonalen Unterräumen, dem Raum der longitudinalen und dem der transversalen Felder. Die hier betrachtete Zerlegung besteht darin, $\boldsymbol{B}$ als die Summe seiner Projektionen auf diese beiden komplementären Unterräume zu schreiben. Bei einer passenden Wahl des Basissystems erhält man diese Zerlegung

---

[17] Man muß auch voraussetzen, daß $\boldsymbol{B}_{\|}$ und $\boldsymbol{B}_{\perp}$ einzeln quadratintegrabel sind. Wir werden diese Zerlegung auch für Felder vornehmen, die nicht quadratintegrabel sind. Die longitudinalen und die transversalen Anteile sind dann eindeutig durch die Gleichungen (21.166) bzw. (21.167) definiert.

[18] Man darf $\boldsymbol{B}_{\|}$ nicht mit dem *Radialanteil* von $\boldsymbol{B}$ verwechseln. Dieser ist die Projektion von $\boldsymbol{B}$ in Richtung des Vektors $\boldsymbol{r}$: $\boldsymbol{B}_{\text{rad.}} = \boldsymbol{r}(\boldsymbol{B}.\boldsymbol{r})/r^2$. Man beachte insbesondere, daß der Radialanteil eines rein transversalen Feldes im allgemeinen nicht gleich Null ist.

automatisch. Mit $L^{(1)}, L^{(2)}, \ldots, L^{(\lambda)}, \ldots$ bezeichnen wir eine vollständige orthonormale Folge von Longitudinalfeldern und mit $T^{(1)}, T^{(2)}, \ldots, T^{(\tau)}, \ldots$ eine vollständige Folge von orthonormierten transversalen Feldern:

$$\operatorname{rot} \boldsymbol{L}^{(\lambda)} = 0, \qquad \int (\boldsymbol{L}^{(\lambda)*} . \boldsymbol{L}^{(\lambda')})\, \mathrm{d}\boldsymbol{r} = \delta_{\lambda\lambda'} \tag{21.170 a}$$

$$\operatorname{div} \boldsymbol{T}^{(\tau)} = 0, \qquad \int (\boldsymbol{T}^{(\tau)*} . \boldsymbol{T}^{(\tau')})\, \mathrm{d}\boldsymbol{r} = \delta_{\tau\tau'} \tag{21.170 b}$$

$$\sum_\lambda L_i^{(\lambda)}(\boldsymbol{r})\, L_j^{(\lambda)*}(\boldsymbol{r}') + \sum_\tau T_i^{(\tau)}(\boldsymbol{r})\, T_j^{(\tau)*}(\boldsymbol{r}') = \delta_{ij}\, \delta(\boldsymbol{r} - \boldsymbol{r}') \tag{21.170 c}$$

$(i, j = x, y$ oder $z)$.

Wir setzen:

$$\beta_{\|}^{(\lambda)} = \int (\boldsymbol{L}^{(\lambda)*} . \boldsymbol{B})\, \mathrm{d}\boldsymbol{r}, \qquad \beta_{\perp}^{(\tau)} = \int (\boldsymbol{T}^{(\tau)*} . \boldsymbol{B})\, \mathrm{d}\boldsymbol{r} \tag{21.171}$$

Es ist:

$$\boldsymbol{B}_{\|} = \sum_\lambda \beta_{\|}^{(\lambda)} \boldsymbol{L}^{(\lambda)}, \qquad \boldsymbol{B}_{\perp} = \sum_\tau \beta_{\perp}^{(\tau)} \boldsymbol{T}^{(\tau)}. \tag{21.172}$$

Die Verwendung der Fourier-Transformation bedeutet die Wahl eines speziellen Basissystems: das System der longitudinalen und transversalen ebenen Wellen. Jedem Wellenvektor sind ein longitudinales Feld:

$$\boldsymbol{L}^{(\boldsymbol{k})} = (2\pi)^{-\frac{3}{2}}\, \widehat{\boldsymbol{k}}\, \mathrm{e}^{\mathrm{i}\boldsymbol{k}.\boldsymbol{r}} \qquad (\widehat{\boldsymbol{k}} \equiv \boldsymbol{k}/k) \tag{21.173 a}$$

und zwei zueinander orthogonale transversale Felder:

$$\boldsymbol{T}^{(\boldsymbol{k}\varpi)} = (2\pi)^{-\frac{3}{2}}\, \boldsymbol{\epsilon}^{(\varpi)}\, \mathrm{e}^{\mathrm{i}\boldsymbol{k}.\boldsymbol{r}} \qquad (\varpi = 1{,}2) \tag{21.173 b}$$

zugeordnet. $\boldsymbol{\epsilon}^{(1)}$ und $\boldsymbol{\epsilon}^{(2)}$ sind zwei beliebig gewählte Einheitsvektoren, die zu $\boldsymbol{k}$ und untereinander orthogonal sind [19]:

$$\boldsymbol{k} . \boldsymbol{\epsilon}^{(1)} = \boldsymbol{k} . \boldsymbol{\epsilon}^{(2)} = 0 \tag{21.174 a}$$

$$\boldsymbol{\epsilon}^{(1)*} . \boldsymbol{\epsilon}^{(1)} = \boldsymbol{\epsilon}^{(2)*} . \boldsymbol{\epsilon}^{(2)} = 1, \qquad \boldsymbol{\epsilon}^{(1)*} . \boldsymbol{\epsilon}^{(2)} = 0. \tag{21.174 b}$$

Die Komponenten von $\boldsymbol{B}$ in dieser Basis (Definition (21.171)) hängen mit den Vektoren $\boldsymbol{b}_{\|}$ und $\boldsymbol{b}_{\perp}$ durch die Formeln (s. Gleichung (21.169)):

$$\boldsymbol{b}_{\|} = \beta_{\|}^{(\boldsymbol{k})}\, \widehat{\boldsymbol{k}}, \qquad \boldsymbol{b}_{\perp} = \sum_\varpi \beta_{\perp}^{(\boldsymbol{k}\varpi)}\, \boldsymbol{\epsilon}^{(\varpi)} \tag{21.175}$$

zusammen. Die ebenen Wellen hängen hier vom kontinuierlichen Index $\boldsymbol{k}$ ab und sind mit Hilfe der „Funktion" $\delta(\boldsymbol{k} - \boldsymbol{k}')$ normiert. Will man es nur mit diskreten

[19] Man beachte, daß diese Vektoren nicht notwendig reell sind. Nach Definition ist ein Vektor reell, wenn es seine Komponenten sind. Der Vektor $\boldsymbol{k}$ ist ein reeller Vektor. Die Definition für das Skalarprodukt zweier komplexer Vektoren $\boldsymbol{A}$ und $\boldsymbol{B}$ ist:

$$\boldsymbol{A}^* . \boldsymbol{B} \equiv A_x^* B_x + A_y^* B_y + A_z^* B_z.$$

Indizes zu tun haben, so hat man nach dem üblichen Kunstgriff das System in einen Würfel mit der Kantenlänge L einzuschließen. Die in den Definitionen (21.173) auftretende Konstante $(2\pi)^{-\frac{3}{2}}$ muß dann durch $L^{-\frac{3}{2}}$ ersetzt werden.

Die Kugelwellen bilden ein anderes Basissystem, das häufig gebraucht wird. Wir kommen darauf in Abschnitt 21.4.4 zurück.

21.3.6 Elimination des longitudinalen Feldes

Bei den Maxwellschen Gleichungen sind die Gleichungen (21.138 b) und (21.139 b) keine Bewegungsgleichungen im eigentlichen Sinn, sondern vielmehr einschränkende Bedingungen, die man den Feldern $\mathcal{E}$ und $\mathcal{H}$ auferlegt. Sie legen nämlich die kongitudinalen Anteile dieser beiden Felder fest.

Nach (21.138 b) ist $\mathcal{H}_{\parallel}$ Null; nach (21.139 b) ist $\mathcal{E}_{\parallel}(t, r)$ das *von der Ladungsverteilung* $s_0(t, r)$ *erzeugte elektrostatische Feld.* Um den Zustand des Systems festzulegen, genügt es also, daß man einerseits die Ladungs- und die Stromverteilung angibt – d.h., die Orte und die Geschwindigkeiten der Teilchen –, und zum anderen die transversalen Felder $\mathcal{H}_{\perp}$ und $\mathcal{E}_{\perp}$. Man kann demnach die Theorie neu formulieren, indem man den longitudinalen Anteil der Felder vollständig eliminiert.

Anstatt diese Elimination direkt vorzunehmen, ist es vorteilhafter, zunächst das Potential (φ, A) in der Coulomb-Eichung (s. Gleichung (21.162)) einzuführen. Es handelt sich um eine einfache Änderung der Variablen. Nach Definition ist das Feld A rein transversal:

$$A_{\parallel} = 0, \qquad A = A_{\perp}. \tag{21.176}$$

Die alten Größen sind in Abhängigkeit von den neuen durch die Gleichungen (21.154) gegeben, also:

$$\mathcal{E}_{\parallel} = -\operatorname{grad}\varphi \tag{21.177}$$

$$\mathcal{H} = \operatorname{rot} A, \qquad \mathcal{E}_{\perp} = -\partial A/\partial t. \tag{21.178}$$

φ ist durch die Gleichung (21.155 b) bestimmt. Diese lautet hier:

$$\Delta\varphi = -4\pi s^0. \tag{21.179}$$

Man erhält:

$$\varphi(t, r) = \int \frac{s^0(t, r')}{|r - r'|} \, dr', \tag{21.180}$$

woraus dann der Ausdruck für $\mathcal{E}_{\parallel}$ in Abhängigkeit von s^0 folgt. Um φ aus der Gleichung (21.155 a) zu eliminieren, genügt es, diese in ihre longitudinale und transversale Komponente zu zerlegen. Die erste dieser Gleichungen ist:

$$\operatorname{grad}\dot{\varphi} = 4\pi s_{\parallel} \tag{21.181}$$

und ist identisch erfüllt, wenn φ der Gleichung (21.180) genügt [20].

[20] Fußnote siehe Seite 484.

In der zweiten tritt φ nicht auf. Es ist die Bewegungsgleichung:

$$\ddot{A} - \Delta A = 4\pi s_{\perp}. \tag{21.182}$$

Es bleibt die Eliminierung des longitudinalen Feldes aus den Bewegungsgleichungen der Teilchen (Gleichungen (21.142–143)), d.h., aus dem Ausdruck für die Lorentz-Kraft, der jedes Teilchen unterworfen ist. Die verschiedenen, zu jedem Teilchen gehörenden Größen bezeichnen wir so wie in Abschnitt 21.3.1 und bringen zusätzlich einen Index 1, 2, ... , n, ... an, um die Teilchen voneinander zu unterscheiden. So ist z.B. der Beitrag des n-ten Teilchens zur Ladungsdichte:

$$s_n^0 = e_n \delta(\boldsymbol{r} - \boldsymbol{R}_n).$$

Die Gleichung (21.179) lautet dann:

$$\Delta\varphi = -4\pi \sum_n e_n \delta(\boldsymbol{r} - \boldsymbol{R}_n) \tag{21.183}$$

und ihre Lösung ist das Coulomb-Potential:

$$\varphi = \sum_n e_n / |\boldsymbol{r} - \boldsymbol{R}_n|. \tag{21.184}$$

$\boldsymbol{F}_i$ sei die Lorentz-Kraft, der das i-te Teilchen unterworfen ist. Man kann schreiben:

$$\begin{aligned} \boldsymbol{F}_i &= \boldsymbol{F}_i^{\text{tr.}} + \boldsymbol{F}_i^{\text{long.}} \\ \boldsymbol{F}_i^{\text{tr.}} &= e_i\big(\mathcal{E}_{\perp}(i) + \boldsymbol{V}_i \times \mathcal{H}(i)\big) = e_i\left(-\frac{\partial \boldsymbol{A}(i)}{\partial t} + \boldsymbol{V} \times \operatorname{rot} \boldsymbol{A}(i)\right) \\ \boldsymbol{F}_i^{\text{long.}} &= e_i\, \mathcal{E}_{\parallel}(i) = -e_i \operatorname{grad} \varphi(i) \end{aligned} \tag{21.185}$$

$\mathcal{E}_{\perp}(i)$, $\mathcal{H}(i)$, ... bezeichnen hier die Werte, die $\mathcal{E}_{\perp}$, $\mathcal{H}$, ... im Punkt $\boldsymbol{R}_i$ annehmen. Setzt man in $\boldsymbol{F}^{\text{long.}}$ den durch (21.184) gegebenen Ausdruck für grad $\varphi(i)$ ein, so erreicht man die gewünschte Elimination.

So kann man jedoch nicht unmittelbar vorgehen, denn das Potential φ divergiert im Punkt $\boldsymbol{R}_i$. Die Schwierigkeit beruht darin, daß wir die Ladungen als streng punktförmig behandelt haben. $\boldsymbol{F}_i^{\text{long.}}$ ist die elektrostatische Kraft, die auf das i-te Teilchen von der Gesamtheit der anwesenden Ladungen ausgeübt wird. Wir bezeichnen mit $\boldsymbol{F}_i'$ den Anteil von $\boldsymbol{F}_i^{\text{long.}}$, der vom i-ten Teilchen selbst herrührt, und mit $\boldsymbol{F}_i^{\text{coul.}}$ den Beitrag aller übrigen Ladungen. Solange die Teilchen hinreichend weit voneinander entfernt sind, kann man sie bei der Berechnung von $\boldsymbol{F}^{\text{coul.}}$ als punktförmige Ladungen ansehen, und erhält dann:

$$\boldsymbol{F}_i^{\text{coul.}} = \sum_{n \neq i} e_i e_n (\boldsymbol{R}_i - \boldsymbol{R}_n) / |\boldsymbol{R}_i - \boldsymbol{R}_n|^3. \tag{21.186}$$

---

[20] Es genügt, wenn die Divergenzen jeder Seite gleich sind: $\Delta\dot{\varphi} = 4\pi \operatorname{div} \boldsymbol{s}$. Die Gleichung kann man aber herleiten, indem man die Gleichung (21.179) nach der Zeit differenziert und die Kontinuitätsgleichung berücksichtigt.

Diese Annahme ist dagegen nicht mehr erlaubt, wenn man F_i' berechnen will. Tatsächlich findet man für jede Ladungsverteilung im Inneren des i-ten Teilchens:

$$F_i' = 0.$$

Insgesamt unterliegt also jedes Teilchen der Lorentz-Kraft des transversalen Feldes (Gleichung (21.185)) und der elektrostatischen Kraft, die von allen *anderen* Ladundungen ausgeht (Gleichung (21.186)):

$$F_i = F_i^{\text{tr.}} + F_i^{\text{coul.}} \tag{21.187}$$

21.3.7 Energie, Impuls und Drehimpuls

Nachdem wir das longitudinale Feld aus den Bewegungsgleichungen eliminiert haben, müssen wir das gleiche auch bei den Erhaltungssätzen für die Energie, den Impuls und den Drehimpuls tun.

Ersetzt man im Ausdruck (21.147 a) für die Feldenergie $\mathcal{E}$ durch $\mathcal{E}_\perp$, so erhält man einen neuen Ausdruck U, der nur von den transversalen Komponenten abhängt. Um beide Ausdrücke voneinander zu unterscheiden, geben wir diesem den Namen *Strahlungsenergie:*

$$U \equiv \frac{1}{8\pi}\int (\mathcal{E}_\perp^2 + \mathcal{H}^2)\,\mathrm{d}\boldsymbol{r}. \tag{21.188}$$

Entsprechend definieren wir den *Strahlungsimpuls* $\boldsymbol{X}$ (s. Gleichung (21.147 b)) und den *Drehimpuls der Strahlung* $\boldsymbol{G}$ (s. Gleichung (21.151)):

$$\boldsymbol{X} \equiv \frac{1}{4\pi}\int (\mathcal{E}_\perp \times \mathcal{H})\,\mathrm{d}\boldsymbol{r} \tag{21.189}$$

$$\boldsymbol{G} \equiv \frac{1}{4\pi}\int [\boldsymbol{r} \times (\mathcal{E}_\perp \times \mathcal{H})]\,\mathrm{d}\boldsymbol{r}. \tag{21.190}$$

U, $\boldsymbol{X}$ und $\boldsymbol{G}$ stellen jeweils die Energie, den Impuls und den Drehimpuls des Systems dar, wenn keine Ladungen vorhanden sind.

Man kann sie in Analogie zu den Ausdrücken, die im Abschnitt 21.1 für die Energie, den Impuls und den Drehimpuls des skalaren Feldes angegeben wurden, auf eine andere Form bringen (s. die Abschnitte 21.1.3, 21.1.5 und 21.1.6). Ersetzt man in den Ausdrücken (21.188–190) $\mathcal{H}$ durch rot $\boldsymbol{A}$, führt einige partielle Integrationen aus und berücksichtigt, daß $\mathcal{E}_\perp$ und $\boldsymbol{A}$ transversale Felder sind und im Unendlichen verschwinden, so erhält man:

$$U = \frac{1}{8\pi}\int \textstyle\sum_i (\mathcal{E}_{\perp i}^2 + (\nabla A_i)^2)\,\mathrm{d}\boldsymbol{r}, \tag{21.188'}$$

$$\boldsymbol{X} = \frac{1}{4\pi}\int \textstyle\sum_i \mathcal{E}_{\perp i}(\nabla A_i)\,\mathrm{d}\boldsymbol{r}, \tag{21.189'}$$

und

$$G = G^{(0)} + G^{(s)} \tag{21.190'}$$

mit

$$G^{(0)} \equiv \frac{1}{4\pi}\int \sum_i \mathcal{E}_{\perp i}(\boldsymbol{l} A_i)\, \mathrm{d}\boldsymbol{r}, \tag{21.191 a}$$

$$G^{(s)} \equiv \frac{1}{4\pi}\int (\mathcal{E}_\perp \times A)\, \mathrm{d}\boldsymbol{r}. \tag{21.191 b}$$

Um zu diesen Ausdrücken zu gelangen, verwendet man zweckmäßig Technik und Bezeichnungen des Tensorkalküls, insbesondere den antisymmetrischen Tensor dritter Stufe aus dem euklidischen Raum (Definition s. Fußnote 13 [2]) sowie die Identität:

$$\varepsilon_{ijk}\,\varepsilon_{klm} = \delta_{il}\,\delta_{jm} - \delta_{im}\,\delta_{jl}.$$

Damit ist dann:

$$\mathcal{H}^2 = (\mathrm{rot}\, A)^2 = \varepsilon_{ijk}\,\varepsilon_{klm}\frac{\partial A_j}{\partial x_i}\frac{\partial A_m}{\partial x_l} = \frac{\partial A_m}{\partial x_l}\frac{\partial A_m}{\partial x_l} - \frac{\partial A_l}{\partial x_m}\frac{\partial A_m}{\partial x_l}$$

$$= \frac{\partial A_m}{\partial x_l}\frac{\partial A_m}{\partial x_l} - \frac{\partial}{\partial x_l}\left(A_m\frac{\partial A_l}{\partial x_m}\right) + A_m\frac{\partial^2 A_l}{\partial x_m\,\partial x_l}$$

und weil A ein transversales Feld ist, das im Unendlichen verschwindet:

$$\int \mathcal{H}^2\, \mathrm{d}\boldsymbol{r} = \int \frac{\partial A_m}{\partial x_l}\frac{\partial A_m}{\partial x_l}\, \mathrm{d}\boldsymbol{r} \equiv \int \sum_m (\nabla A_m)^2\, d\boldsymbol{r},$$

woraus sich die Gleichung (21.188') ergibt. Eine entsprechende Rechnung liefert:

$$(\mathcal{E}_\perp \times \mathcal{H})_i = \varepsilon_{ijk}\,\varepsilon_{klm}\,\mathcal{E}_{\perp j}\frac{\partial A_m}{\partial x_l} = \mathcal{E}_{\perp m}\frac{\partial}{\partial x_i}A_m - \frac{\partial}{\partial x_l}(\mathcal{E}_{\perp j}A_i),$$

was zur Gleichung (21.189') führt. Weiter ist:

$$(\boldsymbol{r} \times (\mathcal{E}_\perp \times \mathcal{H}))_i = \mathcal{E}_{\perp m}\left(\varepsilon_{ijk}\,x_j\frac{\partial A_m}{\partial x_k}\right) - \frac{\partial}{\partial x_l}(\varepsilon_{ijk}\,x_j\,\mathcal{E}_{\perp l}\,A_k) + \varepsilon_{ijk}\,\mathcal{E}_{\perp j}\,A_k,$$

woraus dann die Gleichung (21.190') mit den Definitionen (21.191 a) und (21.191 b) für $G^{(0)}$ bzw. $G^{(s)}$ folgt.

Es ist instruktiv, diese Ausdrücke mit denen zu vergleichen, die wir für das skalare Feld hergeleitet hatten. Nehmen wir z.B. die Ausdrücke (21.30) und (21.188') für die jeweilige Feldenergie. Die Unterschiede ergeben sich daraus, daß: (*i*) das Feld A ein Vektorfeld ist, (*ii*) seine Masse gleich Null ist ($\mu = 0$) und (*iii*) die hier verwendeten Feldeinheiten sich von denen in Abschnitt 21.1 um den Faktor $\sqrt{4\pi}$ unterscheiden. Damit erweist sich aber der Ausdruck (21.188') als eine einfache Verallgemeinerung des Ausdrucks (21.30), falls der zum Feld A kanonisch konjugierte Impuls $(-\mathcal{E}_\perp)$ ist. Dies legt aber die zweite der Gleichungen (21.178) nahe und kann im folgenden auch gezeigt werden. Die gleichen Überlegungen kann man für den Impuls (Gleichungen (21.55) und (21.189')) und für den Drehimpuls

(Gleichungen (21.61) und (21.190')) anstellen. Der Vektorcharakter des Feldes manifestiert sich besonders beim Drehimpuls. Zum Term $G^{(0)}$, den man durch Verallgemeinerung aus dem Ausdruck für den Drehimpuls des skalaren Feldes erhält, kommt ein Term $G^{(s)}$ hinzu: $G^{(0)}$ repräsentiert den „Bahndrehimpuls" und $G^{(s)}$ den „Spin" des Feldes [21].

Wir sind jetzt in der Lage, das longitudinale Feld aus den Ausdrücken für die Gesamtenergie, den Gesamtimpuls und den Gesamtdrehimpuls (s. Abschnitt 21.3.2) eines Systems zu eliminieren, das aus dem elektromagnetischen Feld und einer Anzahl geladener Teilchen besteht, die mit diesem Feld in Wechselwirkung treten.

Nehmen wir zunächst den Gesamtimpuls des Systems. Nach der in Abschnitt 21.3.2 angegebenen Definition ist:

$$\begin{aligned} P_{\text{tot.}} &= \Sigma_n \Pi_n + W \\ &= \Sigma_n \Pi_n + X + X'. \end{aligned} \tag{21.192}$$

mit:

$$X' \equiv \frac{1}{4\pi} \int (\mathcal{E}_{\parallel} \times \mathcal{H})\, \mathrm{d}\boldsymbol{r}.$$

Ersetzt man $\mathcal{E}_{\parallel}$ und $\mathcal{H}$ durch ihre Definitionen (Gleichungen (21.177–178)), so erhält man:

$$\begin{aligned} \mathcal{E}_{\parallel} \times \mathcal{H} &= -(\operatorname{grad} \varphi \times \mathcal{H}) = \varphi \operatorname{rot} \mathcal{H} - \operatorname{rot}(\varphi \mathcal{H}) \\ &= -\varphi(\Delta A) - \operatorname{rot}(\varphi \mathcal{H}). \end{aligned}$$

Partielle Integration liefert, weil φ und A im Unendlichen verschwinden:

$$X' = -\frac{1}{4\pi} \int \varphi(\Delta A)\, \mathrm{d}\boldsymbol{r} = -\frac{1}{4\pi} \int A(\Delta\varphi)\, \mathrm{d}\boldsymbol{r}.$$

$\Delta\varphi$ ist (Gleichung (21.183)) eine Summe von δ-Funktionen, man kann sofort integrieren und bekommt:

$$X' = \Sigma_n\, e_n A(n)$$

mit $A(n) \equiv A(R_n)$. Setzt man dies in die Gleichung (21.192) ein, so gelangen wir zu folgender *Definition für den Impuls P_n des n-ten Teilchens* [22]:

---

[21] Im vorliegenden Fall werden die Dinge durch die Transversalitätsbedingung komplizierter. Sie hat u.a. zur Folge, daß die Amplituden des Feldes A in jedem Raumpunkt nicht mehr eine Menge von unabhängigen Variablen bilden. Sie ist auch die Ursache für die spezielle Gestalt der in Aufgabe 5 angegebenen Vertauschungsrelationen. Aus gleichem Grund erfüllen auch die Vektoroperatoren $G^{(0)}$ und $G^{(s)}$ nicht mehr einzeln die für Drehimpulse charakteristischen Vertauschungsrelationen.

[22] Wir erinnern daran, daß wir uns in der Strahlungs-Eichung befinden, und daß das Feld A rein transversal ist. Eine allgemeinere, *von der Eichung unabhängige* Definition erhält man, wenn man setzt:

$$P_n \equiv \Pi_n + e_n A_{\perp}(n).$$

$$P_n \equiv \Pi_n + e_n A(n). \tag{21.193}$$

Der Gesamtimpuls ist also:

$$P_{\text{tot.}} = \Sigma_n P_n + X. \tag{21.194}$$

Er ist die Summe aus den Teilchenimpulsen und dem Strahlungsimpuls und eine Konstante der Bewegung.

Analog verfährt man beim Drehimpuls. Für den Drehimpuls des n-ten Teilchens ergibt sich die Definition:

$$L_n \equiv R_n \times P_n, \tag{21.195}$$

worin P_n durch die Beziehung (21.193) gegeben ist. Für den Gesamtdrehimpuls liefert die Rechnung den Ausdruck:

$$J_{\text{tot.}} = \Sigma_n L_n + G. \tag{21.196}$$

Betrachten wir schließlich die Gesamtenergie des Systems. Nach der in Abschnitt 21.3.1 angegebenen Definition kann man sie auf die Form:

$$\Sigma_n M_n + U + U'$$

bringen, wobei:

$$U' \equiv W^0 - U \equiv \frac{1}{8\pi} \int \mathcal{E}_{\parallel}^2 \, \mathrm{d}r$$

ist. Ersetzt man $\mathcal{E}_{\parallel}$ durch seine Definition und integriert einmal partiell, so erhält man:

$$U' = \frac{1}{8\pi} \int (\operatorname{grad} \varphi)^2 \, \mathrm{d}r = -\frac{1}{8\pi} \int \varphi (\Delta \varphi) \, \mathrm{d}r.$$

φ ist das von den anwesenden elektrischen Ladungen erzeugte Potential. Behandelt man diese Ladungen, so wie es bisher geschah, als streng punktförmig, so findet man:

$$U' = \tfrac{1}{2} \sum_n \sum_p \frac{e_n e_p}{|R_n - R_p|}.$$

In dieser Doppelsumme stellen die Glieder mit $n \neq p$ die Coulombenergie des Teilchensystems dar:

$$H_{\text{coul}} \equiv \sum_{n<p} \frac{e_n e_p}{|R_n - R_p|}. \tag{21.197}$$

(Die Summe erstreckt sich hierin über alle Teilchenpaare). Die anderen Glieder (mit $n = p$) sind unendlich groß. Man trifft hier auf die gleiche Schwierigkeit wie bei der Berechnung von $F_i^{\text{long.}}$ in Abschnitt 21.3.6. Der i-te Term repräsentiert die elektrostatische Energie des i-ten Teilchens in seinem eigenen elektrischen Feld. Diese Energie u_i' hängt in kritischer Weise von der Ladungsverteilung im Innern des Teilchens ab und wird unendlich groß, wenn der Radius des Teilchens gegen Null geht (s. Abschnitt 21.3.3). Um den korrekten Wert der Selbstenergie zu erhalten, müßte man den bisher nicht berücksichtigten Beitrag der in Abschnitt 21.3.3 erwähnten Kohäsionskräfte hinzufügen. Solange man über die innere Struktur der Teilchen keine widerspruchsfreie Theorie besitzt, muß man ohne Diskussion annehmen, daß man diese „Selbstenergie"-Terme fortlassen darf, indem man die Ruhemasse m_i des Teilchens geeignet abändert. Man erhält dann den folgenden Ausdruck für die Gesamtenergie des Systems:

$$E_{\text{tot.}} = \Sigma_n M_n + H_{\text{coul.}} + U. \qquad (21.198)$$

Sie ist die Summe aus den relativistischen Massen der Teilchen, ihrer Coulomb-Energie und der Strahlungsenergie.

21.3.8 Die Hamilton-Funktion der freien Strahlung

Man kann die in Abschnitt 21.3.6 hergeleiteten Bewegungsgleichungen auf die kanonische Form bringen. Zunächst behandeln wir den Fall der freien Strahlung, bei dem also nur das elektromagnetische Feld und keine Ladungen anwesend sind.

Der Zustand der Strahlung ist zu jedem Zeitpunkt durch die Angabe des transversalen Feldes A und seiner „Geschwindigkeit" $\partial A/\partial t$ bestimmt. Die elektrischen und magnetischen Feldkomponenten ergeben sich daraus über die Gleichungen (21.178). Ihre zeitliche Änderung wird durch die Bewegungsgleichung (21.182) festgelegt, die sich bei Abwesenheit von Ladung und Strom auf die folgende Gleichung reduziert:

$$\Box A \equiv \ddot{A} - \Delta A = 0 \qquad (21.199)$$
$$(\operatorname{div} A = 0).$$

Diese Gleichung unterscheidet sich von der Bewegungsgleichung für das skalare Feld nur dadurch, daß es sich hier um ein transversales Vektorfeld handelt und daß der Masseterm verschwindet. Ansonsten erfolgt die Aufstellung des kanonischen Formalismus genau so, wie das im Abschnitt 21.1 für das skalare Feld geschehen ist. $T^{(1)}, T^{(2)}, \ldots, T^{(\tau)}, \ldots$ sei ein vollständiges Orthonormalsystem von transversalen Feldern (Gleichung (21.170 b)), wie es in Abschnitt 21.3.5 eingeführt wurde. Darüberhinaus nehmen wir an, daß es ein Basissystem von *reellen Normalkoordinaten* bildet:

$$\begin{aligned} T^{(\tau)*} &= T^{(\tau)} \\ (\Delta + k_\tau^2)\, T^{(\tau)} &= 0. \end{aligned} \qquad (21.200)$$

Die zugehörigen Normalkoordinaten q_τ (s. Gleichung (21.6)) sind definiert durch:

$$q_\tau = \frac{1}{\sqrt{4\pi}} \int (\boldsymbol{T}^{(\tau)} . \boldsymbol{A})\, \mathrm{d}\boldsymbol{r}. \tag{21.201}$$

Dies sind reelle Funktionen der Zeit, die der Bewegungsgleichung

$$\ddot{q}_\tau + k_\tau^2 q_\tau = 0 \tag{21.202}$$

genügen, also der Bewegungsgleichung für einen harmonischen Oszillator mit der Frequenz k_τ. Die zugehörige Hamilton-Funktion ist:

$$h_\tau = \tfrac{1}{2} (p_\tau^2 + k_\tau^2 q_\tau^2), \tag{21.203}$$

worin p_τ den zu q_τ kanonisch konjugierten Impuls darstellt. p_τ ist gleich $\dot{q}_\tau$ und ergibt sich aus der „Geschwindigkeit" des Feldes durch die Beziehung:

$$p_\tau = \frac{1}{\sqrt{4\pi}} \int (\boldsymbol{T}^{(\tau)} . \dot{\boldsymbol{A}})\, \mathrm{d}\boldsymbol{r}. \tag{21.204}$$

Summiert man die zu den verschiedenen Eigenschwingungen gehörenden Hamilton-Funktionen, so erhält man die Hamilton-Funktion für das freie Strahlungsfeld:

$$H_{\text{Strah.}} = \Sigma_\tau h_\tau. \tag{21.205}$$

Der in den Definitionen (21.201) und (21.204) auftretende Faktor $1/\sqrt{4\pi}$ rührt von dem hier gewählten Einheitensystem her [23].

$H_{\text{Strah.}}$ gibt die Strahlungsenergie in Abhängigkeit von den kanonischen Variablen an. Man hat nämlich (s. Gleichung (21.178)):

$$\boldsymbol{A} = \sqrt{4\pi} \sum_\tau q_\tau \boldsymbol{T}^{(\tau)} \tag{21.206}$$

$$\boldsymbol{\mathcal{E}}_\perp = -\sqrt{4\pi} \sum_\tau p_\tau \boldsymbol{T}^{(\tau)}. \tag{21.207}$$

Aus den Orthonormierungsbeziehungen und der Reellität von $\boldsymbol{T}^{(\tau)}$ folgt:

$$\int \boldsymbol{\mathcal{E}}_\perp^2 \,\mathrm{d}\boldsymbol{r} = 4\pi \sum_\tau p_\tau^2. \tag{21.208}$$

Weil andererseits $\boldsymbol{T}^{(\tau)}$ ein transversaler Vektor ist, der der Gleichung (21.200) genügt, erhält man nach partieller Integration:

$$\begin{aligned} \int \sum_i (\nabla A_i)^2 \,\mathrm{d}\boldsymbol{r} &= -\int \sum_i A_i (\Delta A_i)\,\mathrm{d}\boldsymbol{r} \\ &= 4\pi \sum_\tau k_\tau^2 q_\tau^2. \end{aligned} \tag{21.209}$$

Setzt man die Ausdrücke (21.208) und (21.209) in den Energieausdruck ein, so ergibt sich schließlich:

$$U = \tfrac{1}{2} \Sigma_\tau (p_\tau^2 + k_\tau^2 q_\tau^2) = H_{\text{Strah.}}.$$

---

[23] S. Fußnote 14).

21.3.9 Die Hamilton-Funktion der mit einem Teilchensystem gekoppelten Strahlung

Beim allgemeinen Fall kann man als kanonische Variable für die Beschreibung des Zustands des Strahlungsfeldes die im vorstehenden Abschnitt eingeführten Variablen q_τ und p_τ verwenden und für die Beschreibung der Teilchenzustände die Variablen $\boldsymbol{R}_n$ und $\boldsymbol{P}_n$, den Ort und Impuls jedes Teilchens angeben. $\boldsymbol{P}_n$ hängt mit der Bewegungsgröße des Teilchens über die Beziehung (21.193) zusammen.

Mit Hilfe der Ergebnisse aus Abschnitt 21.3.6 (Gleichung (21.182) ist die Bewegungsgleichung für $\boldsymbol{A}$, Gleichungen (21.185–187) liefern den Ausdruck für die Lorentz-Kraft) kann man die Bewegungsgleichungen durch diese neuen Variablen ausdrücken. Insbesondere erhält man statt der Gleichung (21.202) für den freien Oszillator jetzt die Gleichung:

$$\begin{gathered}\ddot{q}_\tau + k_\tau^2 q_\tau = \sqrt{4\pi}\,\textstyle\sum_n e_n \boldsymbol{V}_n \,.\, \boldsymbol{T}^{(\tau)}(n) \\ (\boldsymbol{V}_n \equiv \dot{\boldsymbol{R}}_n\,;\ \boldsymbol{T}^{(\tau)}(n) \equiv \boldsymbol{T}^{(\tau)}(\boldsymbol{R}_n)).\end{gathered} \tag{21.210}$$

Diese Bewegungsgleichungen kann man mit der Hamilton-Funktion:

$$H \equiv H(q_\tau, p_\tau; \boldsymbol{R}_n, \boldsymbol{P}_n) = H_{\text{Strah.}} + H_{\text{coul.}} + \textstyle\sum_n H_n \tag{21.211}$$

auf die kanonische Form bringen. $H_{\text{Strah.}}$ ist die Hamilton-Funktion der freien Strahlung (Gleichung (21.205)), $H_{\text{coul.}}$ ist das durch die Gleichung (21.297) gegebene Coulomb-Potential und H_n ist die Massenenergie des n-ten Teilchens, ausgedrückt durch die kanonischen Variablen:

$$H_n \equiv \sqrt{(m_n^2 + (\boldsymbol{P}_n - e_n \boldsymbol{A}(n))^2}. \tag{21.212}$$

Hierin ist:

$$\boldsymbol{A}(n) = \sqrt{4\pi}\,\textstyle\sum_\tau q_\tau \boldsymbol{T}^{(\tau)}(n). \tag{21.213}$$

Es wird dem Leser überlassen, diese wichtige Beziehung zu beweisen. Ernsthafte Schwierigkeiten treten dabei nicht auf.

21.4 Quantentheorie der Strahlung

21.4.1 Quantisierung des freien Strahlungsfeldes. Photonen

Wie beim skalaren Feld kann man die Quantentheorie der elektromagnetischen Strahlung über das Korrespondenzprinzip aus der klassischen Theorie „herleiten". Als Ausgangspunkt nehmen wir den in den Abschnitten 21.3.8–9 entwickelten Hamilton-Formalismus.

Wir betrachten zunächst die freie Strahlung. Zu den reellen Variablen der klassischen Theorie korrespondieren Observable, die den folgenden Vertauschungsrelationen genügen:

$$[q_\tau, q_{\tau'}] = [p_\tau, p_{\tau'}] = 0$$
$$[q_\tau, p_{\tau'}] = \mathrm{i}\delta_{\tau\tau'}.$$

Ersetzt man in der durch die Gleichungen (21.203–205) gegebenen Hamilton-Funktion die klassischen Variablen durch diese Observablen, so erhält man den Hamilton-Operator für das freie Strahlungsfeld. Dem Planckschen Gesetz entsprechend ist dieses Feld also eine Überlagerung aus quantisierten Oszillatoren.

Die Diskussion des Abschnitts 21.1.2 kann hier vollständig übernommen werden, insbesondere also die korpuskulare Interpretation. Die Strahlungsquanten nennt man *Photonen.* Zu jeder Teilschwingung τ gehört ein bestimmter Photonentyp, der durch die „Wellenfunktion" $\boldsymbol{T}^{(\tau)}$ mit der Energie k_τ charakterisiert ist. Die Photonen unterliegen der Bose-Einstein-Statistik, dies in Übereinstimmung mit den experimentell ermittelten thermodynamischen Eigenschaften der Strahlung (Gesetze der Schwarzen Strahlung usw.). Ungeändert können hier die am Ende des Abschnitts 21.1.2 gemachten Bemerkungen über die Energie des Vakuums und die Schwankungen des Feldes im Vakuum übernommen werden.

Die hier angegebene Quantisierungsmethode ist von der Wahl des Basissystems unabhängig, dabei wurde vorausgesetzt, daß diese Felder reell sind. Man kann aber die Methode auch mit komplexen Feldern formulieren und dies genau so begründen, wie das in Abschnitt 21.1.4 für den Fall des skalaren Feldes geschah. Die allgemeinen Formeln lassen sich leicht angeben, worauf wir an dieser Stelle verzichten. Wir wollen vielmehr etwas genauer auf die ebenen Wellenfelder eingehen, um dann kurz auf die kugelförmigen Wellenfelder hinzuweisen. Am häufigsten wird die Entwicklung nach ebenen Wellen angewandt, während die Entwicklung nach Kugelwellen oder die Multipolentwicklung bei Emissions- bzw. Absorptionsproblemen nützlich ist.

21.4.2 Ebene Wellen. Strahlungsimpuls

Bei der Entwicklung nach ebenen Wellen geht man wie beim skalaren Feld (s. Abschnitt 21.1.5) vor. Wir geben die wichtigen Formeln an und weisen jeweils auf die Unterschiede im Vergleich zum Fall des skalaren Feldes hin.

Wir betrachten also ein vollständiges System von transversalen ebenen Wellenfeldern. Um mit diskreten Indizes arbeiten zu können, schließen wir diese Felder in einen Würfel mit der Kantenlänge L ein und fordern die üblichen periodischen Randbedingungen. Ein Feld $\boldsymbol{U}^{(\boldsymbol{k}\varpi)}$ dieses Basissystems ist durch die Angabe des Wellenvektors $\boldsymbol{k}$ und der Quantenzahl ϖ definiert, die seine Polarisation festlegt (ϖ = 1, 2):

$$\boldsymbol{U}^{(\boldsymbol{k}\varpi)} = L^{-\frac{3}{2}}\boldsymbol{\epsilon}^{(\varpi)}\,\mathrm{e}^{\mathrm{i}\boldsymbol{k}\,\boldsymbol{r}}. \tag{21.214}$$

Der in Abschnitt 21.3.5 eingeführte Ausdruck für $\boldsymbol{T}^{(\boldsymbol{k}\varpi)}$ (Gleichung (21.173b)) unterscheidet sich hiervon nur durch die Normierung. Die Vektoren $\boldsymbol{\epsilon}^{(1)}$ und $\boldsymbol{\epsilon}^{(2)}$ genügen den Gleichungen (21.174) und sind dadurch bis auf eine unitäre Transformation definiert.

Jeder ebenen Welle ordnen wir einen Vernichtungsoperator $a_{(k\varpi)}$ und einen Erzeugungsoperator $a_{(k\varpi)}^{\dagger}$ zu. Das Feld A wird durch die Entwicklung (s. die Gleichungen (21.46) und (21.206)):

$$A = \sum_{k} \sum_{\varpi} (2\pi/k)^{\frac{1}{2}} \left(a_{(k\varpi)} U^{(k\varpi)} + a_{(k\varpi)}^{\dagger} U^{(k\varpi)*}\right) \tag{21.215}$$

dargestellt und das Feld $\mathcal{E}_{\perp}$ (s. die Gleichungen (21.47) und (21.207)) durch:

$$\mathcal{E}_{\perp} = \sum_{k} \sum_{\varpi} \mathrm{i} (2\pi k)^{\frac{1}{2}} \left(a_{(k\varpi)} U^{(k\varpi)} - a_{(k\varpi)}^{\dagger} U^{(k\varpi)*}\right). \tag{21.116}$$

Die a und $a^{\dagger}$ genügen den Vertauschungsrelationen, die für Erzeugungs- und Vernichtungsoperatoren charakteristisch sind:

$$[a_{(k\varpi)}, a_{(k'\varpi')}] = [a_{(k\varpi)}^{\dagger}, a_{(k'\varpi')}^{\dagger}] = 0 \tag{21.217 a}$$

$$[a_{(k\varpi)}, a_{(k'\varpi')}^{\dagger}] = \delta_{kk'} \delta_{\varpi\varpi'}. \tag{21.217 b}$$

Der Operator:

$$N_{(k\varpi)} \equiv a_{(k\varpi)}^{\dagger} a_{(k\varpi)} \tag{21.218}$$

stellt die Anzahl der Photonen im Zustand $U^{(k\varpi)}$ dar.

Wählt man die Energie des Vakuums als Energienullpunkt, so ist der Hamilton-Operator der Strahlung:

$$H_{\text{Strah.}} = \sum_{k} \sum_{\varpi} N_{(k\varpi)} k. \tag{21.219}$$

Der Impuls X ist in seiner Abhängigkeit von den Operatoren $\mathcal{E}_{\perp}$ und A durch den Ausdruck (21.189′) definiert. Setzt man darin die Entwicklungen (21.216) und (21.215) ein, so erhält man nach Ausführung aller Rechnungen (Aufgabe 6):

$$X = \sum_{k} \sum_{\varpi} N_{(k\varpi)} \boldsymbol{k}. \tag{21.220}$$

Den Ausdrücken (21.219) und (21.220) entnehmen wir, daß ein Photon im Zustand $U^{(k\varpi)}$ ein Quant mit dem Impuls $\boldsymbol{k}$ und der Energie k ist, d.h., ein Quant mit der Masse Null und dem Impuls $\boldsymbol{k}$.

Die Anzahl der Zustände des Photons, dessen Impuls im Intervall $(\boldsymbol{k}, \boldsymbol{k} + \delta\boldsymbol{k})$ liegt, ist $2(L/2\pi)^3 \delta\boldsymbol{k}$. Der darin auftretende Faktor 2 rührt daher, daß es bei einem gegebenen Impuls zwei voneinander linear unabhängige Polarisationszustände ($\varpi = 1, 2$) gibt. Die Niveaudichte $\rho_L(k)$ für die Energie k und den Impuls in Richtung Ω und mit *bestimmter Polarisation* ϖ (Definition in Abschnitt 21.1.5) ist durch:

$$\rho_L(k) = L^3 k^2/(2\pi)^3 \tag{21.221}$$

gegeben (s. Gleichung (21.49)).

21.4.3 Polarisation

Die Photonen mit gleichem Implus $\boldsymbol{k}$ können sich durch ihre Polarisation voneinander unterscheiden. Klassisch ist die Polarisation die Schwingungsrichtung des transversalen elektrischen Feldes. Sie wird durch einen reellen oder komplexen (und bis auf eine Phase definierten) Einheitsvektor dargestellt, der senkrecht zur Ausbreitungsrichtung $\boldsymbol{k}$ liegt. Diese Definition läßt sich ohne Schwierigkeit auf den vorliegenden Fall ausdehnen. Zu jedem Wert von $\boldsymbol{k}$ gehören zwei linear unabhängige Polarisationen $\boldsymbol{\epsilon}^{(1)}$ und $\boldsymbol{\epsilon}^{(2)}$ und jede andere mögliche Polarisation ist eine (unitäre) Linearkombination dieser Basispolarisationen [24].

Als Basispolarisationen kann man zwei *lineare* orthogonale Polarisationen, d.h., zwei reelle Vektoren $\boldsymbol{\epsilon}^{(1)}$ und $\boldsymbol{\epsilon}^{(2)}$ wählen. Wir vereinbaren, daß $\boldsymbol{\epsilon}^{(1)}$, $\boldsymbol{\epsilon}^{(2)}$ und $\boldsymbol{k}$ ein orthogonales Rechtssystem bilden, das die Basis bis auf eine Drehung um die Ausbreitungsrichtung festlegt:

$$\boldsymbol{\epsilon}^{(\varpi)*} = \boldsymbol{\epsilon}^{(\varpi)} \qquad \boldsymbol{\epsilon}^{(1)} \times \boldsymbol{\epsilon}^{(2)} = \boldsymbol{k}/k.$$

Man kann als Basis auch die *zirkularen Polarisationen* $\boldsymbol{e}^{(+)}$ und $\boldsymbol{e}^{(-)}$ wählen:

$$\begin{aligned} \boldsymbol{e}^{(+)} &= -\frac{\sqrt{2}}{2}(\boldsymbol{\epsilon}^{(1)} + \mathrm{i}\boldsymbol{\epsilon}^{(2)}) \\ \boldsymbol{e}^{(-)} &= \frac{\sqrt{2}}{2}(\boldsymbol{\epsilon}^{(1)} - \mathrm{i}\boldsymbol{\epsilon}^{(2)}). \end{aligned} \tag{21.222}$$

Man beachte, daß

$$\boldsymbol{e}^{(+)} = -\boldsymbol{e}^{(-)*}.$$

Die Größen, die sich auf diese Basis beziehen, kennzeichnen wir mit dem Symbol $\hat{}$. Man kann dann für zirkular polarisierte Photonen Vernichtungsoperatoren $\hat{a}_{(\boldsymbol{k}\eta)}$ und Erzeugungsoperatoren $\hat{a}_{(\boldsymbol{k}\eta)}^\dagger$ definieren. Die zugehörige ebene Welle ist:

$$\hat{U}^{(\boldsymbol{k}\eta)} \equiv L^{-\frac{3}{2}}\boldsymbol{e}^{(\eta)}\,\mathrm{e}^{\mathrm{i}\boldsymbol{k}\cdot\boldsymbol{r}} \qquad (\eta = + \text{ oder } -).$$

Das Interesse an der zirkularen Polarisation beruht im wesentlichen auf der folgenden Eigenschaft:

Ein zirkular polarisiertes Photon hat einen ganz bestimmten, in seine Ausbreitungsrichtung weisenden Drehimpuls. Die Komponente des Drehimpulses ist gleich +1 bei rechts-zirkularer Polarisation ($\eta = +$) und gleich −1 bei links-zirkularer Polarisation ($\eta = -$).

Nehmen wir an, die Strahlung befinde sich in einem der Zustände $|\boldsymbol{k}\pm\rangle$, die durch:

$$|\boldsymbol{k}\pm\rangle \equiv \hat{a}_{(\boldsymbol{k}\pm)}^\dagger\,|0\rangle$$

---

[24] Wir betrachten hier nur die Fälle mit *vollständiger Polarisation* (reine Fälle). Die *partiell polarisierten* Zustände sind statistische Gemische und können durch einen Dichteoperator im (zweidimensionalen) Raum der Polarisationszustände repräsentiert werden.

definiert sind. Er repräsentiert dann ein Photon mit dem Impuls k und rechts- (+) oder linkszirkularer (−) Polarisation. Man kann zeigen (Aufgabe 8), daß:

$$(\boldsymbol{k}.\boldsymbol{G}^{(0)})\,|\boldsymbol{k}\pm\rangle = 0 \tag{21.223}$$

$$(\boldsymbol{k}.\boldsymbol{G}^{(s)})\,|\boldsymbol{k}\pm\rangle = (\pm k)\,|\boldsymbol{k}\pm\rangle \tag{21.224}$$

ist, wobei die Vektoroperatoren $\boldsymbol{G}^{(0)}$ und $\boldsymbol{G}^{(s)}$ durch die Gleichungen (21.191) definiert sind. Nach der Gleichung (21.190') ist der Gesamtdrehimpuls gleich der Summe dieser beiden Operatoren. G_k sei seine Komponente in Richtung von $\boldsymbol{k}$:

$$G_k \equiv (\boldsymbol{k}.\boldsymbol{G})/k.$$

Die beiden Gleichungen (21.223–224) liefern dann die Behauptung:

$$G_k\,|\boldsymbol{k}\pm\rangle = (\pm 1)\,|\boldsymbol{k}\pm\rangle.$$

Diese Eigenschaft ist für ein Teilchen mit dem Spin 1 charakteristisch. Hat allgemeiner ein Teilchen mit dem Spin 1 einen ganz bestimmten Impuls $\boldsymbol{k}$, so ist die Komponente seines Bahndrehimpulses in Richtung von $\boldsymbol{k}$ gleich Null und die Komponente seines Spins in derselben Richtung kann einen der drei Werte + 1, 0 oder − 1 annehmen. Für den Fall des Photons müssen jedoch die longitudinalen ebenen Wellen, die zum Wert Null der Spinkomponente gehören, eliminiert werden.

21.4.4 Multipolentwicklung. Photonen mit bestimmtem Drehimpuls und bestimmter Parität

Statt der ebenen Wellen kann man auch Kugelwellen als Basis wählen, von denen jede zu einem bestimmten Drehimpuls und einer bestimmten Parität gehört. Wir geben hier nur ohne Beweis die wesentlichen Ergebnisse an.

Ein Vektorfeld $\boldsymbol{B}(\boldsymbol{r})$ kann als eine dreikomponentige Wellenfunktion aufgefaßt werden, die den Zustand eines Teilchens mit dem Spin 1 darstellt. Bei der Wahl der Komponenten dieser Wellenfunktion besteht eine gewisse Willkür. Man kann z.B. die drei Komponenten B_x, B_y und B_z nehmen. Für die hier folgende Diskussion ist es jedoch günstiger, die Standardkomponenten von $\boldsymbol{B}$ zu wählen:

$$B_+ = -\frac{\sqrt{2}}{2}(B_x - \mathrm{i}B_y)$$
$$B_0 = B_z$$
$$B_- = \frac{\sqrt{2}}{2}(B_x + \mathrm{i}B_y).$$

Die Wellenfunktion hängt von $\boldsymbol{r}$ und dem Index μ ab, mit dem man die fraglichen Komponenten kennzeichnet (μ = +, 0, −):

$$\Psi(\boldsymbol{r}, \mu) \equiv B_\mu(\boldsymbol{r}).$$

In diesem Punkt zeigt sich eine vollständige Parallele zwischen Teilchen mit dem Spin 1 und Teilchen mit dem Spin ½ (s. die Abschnitte 13.4.3–4).

Die Observablen dieses Teilchens mit dem Spin 1 sind Funktionen seiner Lage $\boldsymbol{r}$, seines Impulses $\boldsymbol{p}$ und seines Spins $\boldsymbol{s}$. In der hier benutzten Darstellung ist

$p = -\mathrm{i}\nabla$, während die Matrizen, die die Spinkomponenten s_+, s_- und s_z darstellen, durch die Gleichungen (13.28) mit $j = j' = 1$ gegeben sind. Es ist $s^2 = 2$, wie es für einen Drehimpuls 1 charakteristisch ist.

Wir können den Bahndrehimpuls dieses Teilchens definieren:

$$l = r \times p$$

und seinen Gesamtdrehimpuls:

$$j \equiv l + s.$$

Die Komponenten von j sind nach der üblichen Definition des Drehimpulses den infinitesimalen Drehungen dieses Vektorfeldes zugeordnet.

Entsprechend definieren wir die Parität P. Es ist ein Operator, der die Spiegelung des Feldes $B(r)$ am Ursprung bewirkt [25]:

$$PB_\mu(r) = -B_\mu(-r).$$

Wir wollen nun eine vollständige Basis von Vektorfeldern mit bestimmtem Drehimpuls (jm) konstruieren, die der Wellengleichung:

$$(\Delta + k^2)\,B(r) = 0$$

genügen. Dies ist mit der Suche nach einem gemeinsamen Basissystem von p^2, j^2 und j_z gleichbedeutend. Die zugehörigen Eigenwerte sind k^2, $j(j+1)$ bzw. m. k kann alle Werte von 0 bis $+\infty$ annehmen (zu einem diskreten Spektrum von k gelangt man, wenn man das Feld in eine Kugel mit endlichem Radius R einschließt), j alle ganzzahligen Werte von 0 bis $+\infty$, und m nimmt alle ganzzahligen Werte von $-j$ bis $+j$ an.

Aufgrund der Additionseigenschaften des Drehimpulses kann man zeigen, daß p^2, l^2, j^2 und j_z eine vollständige Menge kommutierender Observabler bilden. Ferner gibt es für jedes Wertetripel $(k\,j\,m)$, falls

(*i*) $j \neq 0$ ist, *drei* linear unabhängige Zustände, für die man jeweils

$$l = j + 1, \qquad j, \qquad j - 1$$

hat;

(*ii*) $j = 0$ ist, *genau einen* Zustand, für den dann $l = 1$ ist.

Diese Zustände haben eine bestimmte Parität, nämlich:

$$P = (-)^{l+1}.$$

---

[25] Wir nehmen an, daß $B(r)$ ein polares Vektorfeld ist, was das Auftreten des Minuszeichens bei der Operation der Raumspiegelung erklärt. Bis auf das Vorzeichen für die Parität gilt das folgende auch für axiale oder Pseudovektorfelder (s. Fußnote 20 [11]).

Anstatt die Zustände $(k\,j\,m)$ nach den möglichen Werten von l einzuteilen, wie wir das eben getan haben, kann man sie auch nach ihrem transversalen oder longitudinalen Charakter und ihrer Parität klassifizieren. Ob ein Feld transversal oder longitudinal ist, hängt von den Eigenschaften des Operators $(\boldsymbol{s}.\boldsymbol{p})$ ab. In der hier gewählten Darstellung hat man nämlich (Gleichung (13.93)):

$$(\boldsymbol{s}.\boldsymbol{p}) \equiv \text{rot}$$

$$(\boldsymbol{s}.\boldsymbol{p})^2 - \boldsymbol{p}^2 \equiv \text{grad div} \qquad (\equiv \text{rot rot} + \Delta).$$

Für ein longitudinales Feld ist $(\boldsymbol{s}.\boldsymbol{p})^2 = 0$, für ein transversales Feld gilt: $(\boldsymbol{s}.\boldsymbol{p})^2 - \boldsymbol{p}^2 = 0$. Man kann zeigen, daß $\boldsymbol{p}^2$, $(\boldsymbol{s}.\boldsymbol{p})^2$, $\boldsymbol{P}, \boldsymbol{j}^2$ und j_z eine vollständige Menge kommutierender Observabler bilden und daß zu jedem Wertetripel $(k\,j\,m)$, falls

(*i*) $j \neq 0$ ist, *drei* linear unabhängige Zustände mit:

$$\begin{array}{llll} (\boldsymbol{s}.\boldsymbol{p})^2 = 0 & k^2 & k^2 \\ P = (-)^j & (-)^j & (-)^{j+1} \end{array}$$

gehören;

(*ii*) $j = 0$ ist, *genau ein* longitudinaler und gerader Zustand mit:

$$(\boldsymbol{s}.\boldsymbol{p})^2 = 0 \qquad P = +1$$

gehört (es ist der schon oben angegebene Zustand mit $l = 1$).

Um die zugehörigen Basisfunktionen zu konstruieren, greifen wir auf die in Abschnitt 21.1.6 im Zusammenhang mit dem skalaren Feld eingeführten Funktionen u_{kjm} zurück. Die in der Definition (21.60) auftretende Konstante ist eine Funktion von k, die wir so festgelegt denken, daß die u_{kjm} ein vollständiges Orthonormalsystem skalarer Funktionen bilden. Zu jedem Wertetripel $(k\,j\,m)$ gehört genau ein longitudinaler Zustand. Die zugehörige Basisfunktion ist:

$$\boldsymbol{\Lambda}_{kjm} \equiv \text{grad}\, u_{kjm}/k$$

(das ist ein Vektorfeld mit der Parität $(-)^j$). Zu jedem Satz von Werten $(k\,j\,m)$ mit Ausnahme der Fälle: $j = m = 0$ gehören zwei transversale Zustände mit entgegengesetzter Parität. Die zugehörigen Basisfunktionen sind [26]:

$$\boldsymbol{\Theta}^{(-)}_{kjm} \equiv \boldsymbol{l}\, u_{kjm}/\sqrt{j(j+1)} \qquad (P = (-)^{j+1}) \tag{21.225 a}$$

$$\boldsymbol{\Theta}^{(+)}_{kjm} \equiv \nabla \times \boldsymbol{l}\, u_{kjm}/k\,\sqrt{j(j+1)} \qquad (P = (-)^{j}). \tag{21.225 b}$$

Wir beachten, daß:

$$\boldsymbol{\Theta}^{(\pm)}_{kjm} = \text{rot}\,\boldsymbol{\Theta}^{(\mp)}_{kjm}/k.$$

[26] Bei den meisten Autoren und insbesondere bei *Blatt* und *Weisskopf*, a.a.O., findet man bei den Paritäten genau das umgekehrte Vorzeichen. Der Grund liegt darin, daß diese Autoren axiale Vektorfelder betrachten, während wir hier polare Vektorfelder eingeführt haben.

Die Felder $\mathbf{\Theta}_{kjm}^{(\varpi)}$ (k ändert sich von 0 bis $+\infty$; $j = 1, 2, \ldots, \infty$; $m = -j, \ldots, +j$; ϖ = + oder −) bilden ein vollständiges Orthonormalsystem von transversalen Feldern, nach dem man die Operatoren A und $\mathcal{E}_\perp$ der Strahlungstheorie entwickeln kann:

$$A = \sum_{kjm\varpi} (2\pi/k)^{\frac{1}{2}} [a_{kjm}^{(\varpi)} \mathbf{\Theta}_{kjm}^{(\varpi)} + a_{kjm}^{(\varpi)\dagger} \mathbf{\Theta}_{kjm}^{(\varpi)*}] \tag{21.226}$$

$$\mathcal{E}_\perp = \sum_{kjm\varpi} (2\pi k)^{\frac{1}{2}} \mathrm{i} [a_{kjm}^{(\varpi)} \mathbf{\Theta}_{kjm}^{(\varpi)} - a_{kjm}^{(\varpi)\dagger} \mathbf{\Theta}_{kjm}^{(\varpi)*}]. \tag{21.227}$$

In diesen Entwicklungen repräsentieren die Terme $\mathbf{\Theta}_{kjm}^{(+)}$ nach der gebräuchlichen Terminologie den Anteil des *elektrischen* 2^l-Pols; die Terme $\mathbf{\Theta}_{kjm}^{(-)}$ den Beitrag des *magnetischen* 2^l-Pols. Alle in Abschnitt 21.4.2 angestellten Überlegungen können hier für die Multipolentwicklung wiederholt werden. Die Operatoren $a_{kjm}^{(\varpi)}$ und $a_{kjm}^{(\varpi)\dagger}$ deutet man als Vernichtungs- bzw. Erzeugungsoperatoren für ein Photon mit der Energie k, dem Drehimpuls (j m) und der Parität $(-)^j\varpi$. Die Spektren von k, j m und ϖ sind oben erwähnt worden. Wir beachten, daß es kein Photon mit dem Drehimpuls Null gibt.

21.4.5 Kopplung mit einem atomaren System

Die Strahlung sei jetzt mit einem Teilchensystem gekoppelt. Die Behandlung verläuft analog zu der des skalaren Feldes, wir beschränken uns hier auf die wesentlichen Punkte.

Der Hamilton-Operator des Systems hat, von einigen offensichtlichen Unterschieden abgesehen, dieselbe Form wie die zugehörige Hamilton-Funktion der klassischen Theorie (s. Gleichung (21.211)). Diese Unterschiede hängen von den dynamischen Eigenschaften und vom Spin der beteiligten Teilchen ab. Wir beschränken uns hier auf den Fall eines atomaren Systems, d.h. auf Z Elektronen und einen Kern mit der Ladung $-Ze$ (e ist die Ladung des Elektrons).

Zunächst sehen wir von der Anwesenheit des Kerns ab und bilden den Hamilton-Operator für das System (Z Elektronen + Strahlung). Der Gesamt-Hamilton-Operator ergibt sich dann aus der Gleichung (21.211), wobei $H_{\text{Strah.}}$ den Hamilton-Operator der freien Strahlung darstellt, $H_{\text{coul.}}$ die gegenseitige Coulomb-Wechselwirkung der Elektronen und H_n den Diracschen Hamilton-Operator für das n-te Elektron im Feld A:

$$H_n = \alpha_n \cdot (P_n - eA(n)) + \beta_n m \tag{21.228}$$

α_n und β_n sind die zum n-ten Elektron gehörenden Dirac-Matrizen.

In der nichtrelativistischen Näherung wird aus H_n nach Abzug der Ruhemasse:

$$(H_n)_{NR} = \frac{(P_n - eA(n))^2}{2m} - \frac{e}{2m} (\sigma_n \cdot \mathcal{H}(n)). \tag{21.229}$$

Wir stellen fest, daß man in H_n den Term für die Kopplung Elektron-Strahlung (Gleichung (21.228)) in der Form:

$$H'_n = -e\int (\boldsymbol{j}_n(\boldsymbol{r}).\boldsymbol{A}(\boldsymbol{r}))\,\mathrm{d}\boldsymbol{r} \tag{21.230}$$

schreiben kann, worin $\boldsymbol{j}_n(\boldsymbol{r})$ die Diracsche Stromdichte des Elektrons im Punkt $\boldsymbol{r}$ bezeichnet, d.h. (s. Gleichung (20.143)):

$$\boldsymbol{j}_n(\boldsymbol{r}) \equiv \boldsymbol{\alpha}_n\, \delta(\boldsymbol{R}_n - \boldsymbol{r}) \tag{21.231}$$

$e\boldsymbol{j}_n(\boldsymbol{r})$ ist die elektrische Stromdichte des n-ten Elektrons. Ersetzt man in (21.230) $\boldsymbol{j}_n$ durch den Ausdruck in der nichtrelativistischen Näherung (s. Gleichungen (20.189–190)), so erhält man die Kopplung $(H'_n)_{NR}$ in dieser Näherung:

$$(H'_n)_{NR} \equiv H_n^{(I)} + H_n^{(II)} + H''_n \tag{21.232}$$

$$H_n^{(I)} = -\frac{e}{2m}(\boldsymbol{P}_n.\boldsymbol{A}(n) + \boldsymbol{A}(n).\boldsymbol{P}_n) \tag{21.233 a}$$

$$H_n^{(II)} = -\mathrm{i}\frac{e}{2m}\left[\boldsymbol{\sigma}_n\big((\boldsymbol{P}_n\times\boldsymbol{A}(n)) + (\boldsymbol{A}(n)\times\boldsymbol{P}_n)\big)\right] = -\frac{e}{2m}(\boldsymbol{\sigma}_n.\,\boldsymbol{\mathcal{H}}(n)) \tag{21.233 b}$$

$$H''_n = \frac{e^2}{2m}\boldsymbol{A}^2(n). \tag{21.233 c}$$

Das ist gerade die im Ausdruck (21.229) auftretende Elektron-Strahlungs-Kopplung.

Will man auch den Kern berücksichtigen, so muß man zum Hamilton-Operator die Terme für die Coulomb-Wechselwirkung des Kerns mit jedem der Z Elektronen hinzufügen, ferner den Term für die kinetische Energie des Kerns und schließlich einen Term, der die Kopplung des Kerns mit der Strahlung beschreibt [27]. In der (im wesentlichen nichtrelativistischen) Näherung, in der der Kern als unendlich schwer angenommen wird, sind die beiden letzten Terme vernachlässigbar, der Kern liegt fest im Ursprung des Koordinatensystems und zum Hamilton-Operator kommen lediglich die Z Terme $-Ze^2/R_n$ für die Coulombanziehung hinzu. Das Atom wird einfach als ein System aus Z Elektronen behandelt, die dem äußeren Potential $-Ze^2/R$ unterliegen und mit dem elektromagnetischen Feld gekoppelt sind. Der Hamilton-Operator hat dann die Form:

$$H = H_{\mathrm{Strah.}} + H_{\mathrm{At.}} + H', \tag{21.234}$$

worin $H_{\mathrm{Strah.}}$ wie sonst den Hamilton-Operator der freien Strahlung bezeichnet. $H_{\mathrm{At.}}$ ist der eigentliche Hamilton-Operator des Atoms, d.h., der Elektronen im Coulomb-Feld des Kerns und mit der gegenseitigen Coulomb-Wechselwirkung. Er besteht aus dem Wechselwirkungsterm $H_{\mathrm{Coul.}}$ und den kinetischen Energien der

[27] Vorausgesetzt, daß man den Kern als punktförmige Ladung ansehen kann. Diese Näherung ist gerechtfertigt, solange die auftretenden Frequenzen im Vergleich zu den Anregungsenergien des Kerns niedrig sind.

Z Elektronen. H' beschreibt die Kopplung zwischen den Atomelektronen und der Strahlung und besteht aus der Summe von Z Termen H'_n, die durch die Gleichung (21.230) definiert sind. Im folgenden untersuchen wir die Bewegung der Elektronen in der nichtrelativistischen Näherung. Die H'_n haben dann die durch die Gleichungen (21.232–233) gegebene Form:

$$H' = H^{(I)} + H^{(II)} + H'' \tag{21.235}$$

mit:

$$H^{(I)} = \Sigma_n H_n^{(I)} \qquad H^{(II)} = \Sigma_n H_n^{(II)} \qquad H'' = \Sigma_n H_n''. \tag{21.235'}$$

Bei der Untersuchung eines derartigen Systems werden gewöhnlich zwei Näherungsmethoden verwendet.

Die erste Methode besteht darin, daß *man die elektromagnetische Strahlung klassisch* behandelt. Sie ist immer dann gerechtfertigt, wenn die Energieüberträge zwischen Atom und Strahlung im Vergleich zur Energie jedes dabei emittierten oder absorbierten Photons so groß sind, daß man den diskontinuierlichen Charakter dieses Übertrags vernachlässigen kann. Sie ist daher die geeignete Näherung für starke Intensitäten und niedrige Frequenzen (große Anzahl von Photonen). Sie ist insbesondere bei der Untersuchung eines Atoms angebracht, das sich in einem statischen elektromagnetischen Feld oder in einem elektrischen Wechselfeld befindet. Das Problem wird dadurch auf den Fall eines Atoms in einem gegebenen äußeren (und unter Umständen zeitabhängigen) Feld reduziert.

Bei der zweiten Näherungsmethode sieht man den *Kopplungsterm H' als eine kleine Störung* an, so wie wir es im Zusammenhang mit dem skalaren Feld schon einmal getan haben.

Die Ausführungen des Abschnitts 21.2.2 kann man hier ohne große Änderung übernehmen. Der ungestörte Hamilton-Operator ist:

$$H_0 \equiv H_{\text{Strah.}} + H_{\text{At.}}$$

Will man die Störungsmethode anwenden, so muß man in eine Darstellung gehen, in der H_0 diagonal ist. Für das Feld werden wir die in Abschnitt 21.4.2 definierte Darstellung (Entwicklung nach ebenen Wellen) nehmen. Die Basisvektoren sind dann die gemeinsamen Eigenvektoren von $H_{\text{At.}}$ und den Operatoren $N_{(\boldsymbol{k}\varpi)}$, die die Anzahl der Photonen mit bestimmtem Impuls und bestimmter Polarisation repräsentieren.

Die Matrixelemente von H' in dieser Darstellung erhält man leicht, wenn man diesen Operator durch die $a_{(\boldsymbol{k}\varpi)}$ und $a_{(\boldsymbol{k}\varpi)}{}^\dagger$ ausdrückt. Setzt man in den Gleichungen (21.233) für das Feld A seine Entwicklung (21.215) ein, so findet man:

$$H_n^{(I)} = -\frac{e}{m}\sum_s \left(\frac{2\pi}{kL^3}\right)^{\frac{1}{2}} \left(a_s(\boldsymbol{P}.\boldsymbol{\epsilon})\, e^{i\boldsymbol{k}\cdot\boldsymbol{R}} + \text{herm. conj.}\right) \qquad (21.236\,a)$$

$$H_n^{(II)} = -\frac{e}{2m}\sum_s \left(\frac{2\pi}{kL^3}\right)^{\frac{1}{2}} \left(i\,a_s(\boldsymbol{\sigma}.\boldsymbol{k}\times\boldsymbol{\epsilon})\, e^{i\boldsymbol{k}\cdot\boldsymbol{R}} + \text{herm. conj.}\right) \quad (21.236\,b)$$

$$H_n'' = \frac{e^2}{2m}\sum_s\sum_{s'} \frac{\pi}{\sqrt{kk'}L^3}\Big(\left(a_s a_{s'}(\boldsymbol{\epsilon}.\boldsymbol{\epsilon}')\, e^{i(\boldsymbol{k}+\boldsymbol{k}')\cdot\boldsymbol{R}} + \text{herm. conj.}\right) + \left(a_s^{\dagger} a_{s'}(\boldsymbol{\epsilon}^*.\boldsymbol{\epsilon}')\, e^{i(\boldsymbol{k}'-\boldsymbol{k})\,\boldsymbol{R}} + \text{herm. conj.}\right)\Big) \qquad (21.237)$$

(Zur Abkürzung der Schreibweise haben wir: $s \equiv (\boldsymbol{k}\varpi)$, $s' \equiv (\boldsymbol{k}'\varpi')$ gesetzt und bei den Vektoren $\boldsymbol{R}_n$, $\boldsymbol{P}_n$, $\boldsymbol{\sigma}_n$, $\boldsymbol{\epsilon}^{(\varpi)}$, $\boldsymbol{\epsilon}^{(\varpi')}$ die Indizes fortgelassen). Setzt man schließlich diese Entwicklungen in die Definitionen (21.235) und (21.235′) ein, so erhält man den gesuchten Ausdruck von H'.

Die Kopplung H' führt einerseits zu einer Verschiebung der Atomniveaus, andererseits werden alle Zustände mit Ausnahme des Grundzustands metastabil (die Masse des Photons ist Null). Man kann diesen Effekt im Rahmen der Störungsmethode diskutieren. Dabei treten offensichtlich dieselben Schwierigkeiten wie beim skalaren Fall auf und dies trotz der Tatsache, daß die Kopplungskonstante e klein ist ($e^2 = 1/137$). So gibt es insbesondere eine „Ultraviolettkatastrophe" die ihre Ursache darin hat, daß die Wechselwirkung H' lokal ist (s. Gleichungen (21.230–231). Man kann diese Katastrophe vermeiden, indem man eine passende Abschneidefunktion einführt. Aus den bereits wiederholt angegebenen Gründen ist es vernünftig, den Schnitt bei einer Frequenz vorzunehmen, die in der Größenordnung von m liegt. Wir wollen hier weder auf die Einschränkungen, die hinsichtlich dieses Abschneideprozesses notwendig sind, zurückkommen, noch auf die Schwierigkeiten, die damit verbunden sind, daß man die Masse und die Ladung der Teilchen renormieren muß. Ohne wesentliche Änderungen kann man alle Überlegungen aus dem Abschnitt 21.2 über die Verschiebung der Niveaus und die Eigenschaften der metastabilen Zustände (mittlere Lebensdauer, Linienbreite, Bildung und Zerfallsmodus) auf den Fall der Strahlung übertragen [28]. Ebenso können die verschiedenen Streuprobleme mit denselben Methoden behandelt werden, wie das in jenem Abschnitt für den Fall des skalaren Feldes geschehen ist. Wir beschränken uns zum Abschluß dieses Kapitels auf zwei sehr einfache Anwendungen der Quantentheorie der Strahlung: Einmal berechnen wir die Wahrscheinlichkeiten für die Strahlungsemission durch ein Atom, zum anderen bestimmen wir den Comptonschen Streuquerschnitt für den Grenzfall niedriger Frequenzen.

---

[28] Der Fall der Strahlung wird dadurch komplizierter, daß die Photonen Quanten mit der Ruhemasse Null und dem Spin Eins sind. Die verschwindende Ruhemasse führt zusätzlich zu einer „Infrarotkatastrophe", d.h. dazu, daß bestimmte Terme in der Störungsentwicklung bei niedriger Frequenz divergent werden. Die „Infrarotkatastrophe" hat ihre Ursache in der verwendeten Methode. Man vermeidet diese „Katastrophe", wenn man die Methode verbessert. Die „Ultraviolettkatastrophe" ist dagegen eine Schwierigkeit der Theorie selbst. Eine völlig befriedigende Lösung hat man bis heute nicht finden können.

21.4.6 Emission eines Photons durch ein Atom. Dipolstrahlung.

Wir betrachten ein Atom in einem seiner angeregten Zustände $|\lambda>$ zur Energie E_λ. Ein solches Atom kann Übergänge in Zustände $|\alpha>$, $|\beta>$, ... ausführen, deren Energien E_α, E_β, ... niedriger als E_λ liegen, wobei es ein Photon emittiert, dessen Energie gleich der Differenz zwischen der Energie des Anfangs- und der des Endzustands ist.

Wir untersuchen einen solchen Strahlungsübergang:

$$\lambda \to \mu k \epsilon$$

μ ist der Endzustand des Atoms, $\boldsymbol{k}$ und $\boldsymbol{\epsilon}$ sind Impuls bzw. Polarisation des emittierten Photons. Es ist:

$$k = E_\lambda - E_\mu. \tag{21.238}$$

In erster Näherung der Störungsrechnung ist die Übergangswahrscheinlichkeit pro Zeiteinheit (s. Abschnitt 21.2.4):

$$w_{\lambda\to\mu\boldsymbol{k}\boldsymbol{\epsilon}} = 2\pi \,|\, \langle\lambda|H'|\mu\boldsymbol{k}\boldsymbol{\epsilon}\rangle\,|^2 \big(L^3 k^2/(2\pi)^3\big). \tag{21.239}$$

Nach (21.235) besteht H' aus drei Gliedern. Davon liefert das dritte, H'', zum Matrixelement der vorstehenden Formel keinen Beitrag [29]. Die Anteile der beiden anderen Glieder bekommt man leicht, wenn man die Entwicklungen (21.236) verwendet. Man erhält:

$$\langle\lambda|H^{(I)}|\mu\boldsymbol{k}\boldsymbol{\epsilon}\rangle = -\frac{e}{m}\left(\frac{2\pi}{kL^3}\right)^{\frac{1}{2}} F^{(I)} \tag{21.240 a}$$

$$\langle\lambda|H^{(II)}|\mu\boldsymbol{k}\boldsymbol{\epsilon}\rangle = \frac{\mathrm{i}e}{m}\left(\frac{2\pi}{kL^3}\right)^{\frac{1}{2}} F^{(II)} \tag{21.240 b}$$

mit:

$$F^{(I)} \equiv \langle\lambda|\textstyle\sum_n(\boldsymbol{\epsilon}.\boldsymbol{P}_n)\,\mathrm{e}^{\mathrm{i}\boldsymbol{k}.\boldsymbol{R}_n}\,|\mu\rangle \tag{21.241 a}$$

$$F^{(II)} \equiv \langle\lambda|\tfrac{1}{2}\textstyle\sum_n(\boldsymbol{\epsilon}.\boldsymbol{k}\times\boldsymbol{\sigma}_n)\,\mathrm{e}^{\mathrm{i}\boldsymbol{k}.\boldsymbol{R}_n}\,|\mu\rangle. \tag{21.241 b}$$

Setzt man diese Ausdrücke in die Formel (21.239) ein, so gelangt man schließlich zu der Formel:

$$w_{\lambda\to\mu\boldsymbol{k}\boldsymbol{\epsilon}} = \frac{e^2 k}{2\pi m^2}\,|\, F^{(I)} - \mathrm{i}F^{(II)}\,|^2, \tag{21.242}$$

[29] Durch H'' wird die Zahl der Photonen entweder nicht geändert oder sie erhöht oder erniedrigt sich um zwei Einheiten. Wir stellen fest, daß H'' von zweiter Ordnung in e ist und daher bei der Störungsrechnung erster Ordnung in e fortgelassen werden kann. Bei der Berechnung der Niveauverschiebung, die von zweiter Ordnung ist (s. Abschnitt 21.2.3), ist der Anteil von H'' nicht mehr vernachlässigbar. Auch bei der Streuung von Photonen ist er von Bedeutung (s. (Abschnitt 21.4.7).

in der $F^{(I)}$ und $F^{(II)}$ die durch die Beziehungen (21.241) gegebenen Matrixelemente sind.

Bei den üblichen atomaren Übergängen hängt die Größe der Übergangswahrscheinlichkeit in kritischer Weise von den Drehimpulsen j_λ und j_μ und den Paritäten Π_λ und Π_μ der Zustände $|\lambda\rangle$ und $|\mu\rangle$ ab.

Ist $j_\lambda = j_\mu = 0$, so ist die Übergangswahrscheinlichkeit in Strenge gleich Null, die Matrixelemente $F^{(I)}$ und $F^{(II)}$ verschwinden identisch (Aufgabe 10). Der Grund liegt darin, daß es kein Photon mit dem Drehimpuls Null gibt (s. Abschnitt 21.4.4).

Ist j_λ oder j_μ von Null verschieden, so kann man die Übergangswahrscheinlichkeit in der Näherung großer Wellenlängen berechnen. Es sei R eine Länge von atomarer Größenordnung. Bei den üblichen atomaren Übergängen hat man:

$$k \lesssim e^2/R \cong me^4,$$

oder:

$$kR \lesssim e^2 \ll 1.$$

Die Ausdrücke (21.241) kann man abschätzen, indem man die Exponentialausdrücke durch den ersten Term ihrer Taylorentwicklung ersetzt, dessen Beitrag zum Matrixelement nicht verschwindet. Die Ordnung dieses Terms wird im wesentlichen durch die Auswahlregeln für den Drehimpuls und die Parität festgelegt. Dies wollen wir hier nicht im einzelnen diskutieren [30]. Unter sonst gleichen Umständen ist die Wahrscheinlichkeit für den *elektrischen Dipolübergang* am größten, d.h., wenn:

$$\Delta j \equiv |j_\lambda - j_\mu| \leqslant 1 \qquad \Delta\Pi \equiv \Pi_\lambda \Pi_\mu = -1 \qquad (j_\lambda + j_\mu = 0 \text{ ausgenommen}) \tag{21.243}$$

ist. Danach folgen die magnetischen Übergänge ($\Delta j \leqslant 1$, $\Delta\Pi = 1$, $j_\lambda + j_\mu \neq 0$) und die elektrischen Quadrupolübergänge ($\Delta j \leqslant 2$, $\Delta\Pi = +1$, $j_\lambda + j_\mu \neq 0$ oder 1), die $(kR)^{-2}$-mal schwächer sind als die elektrischen Dipolübergänge.

Wir nehmen an, daß die Bedingungen für die elektrische Dipolstrahlung erfüllt sind (Bedingungen (21.243)). Dann kann man schreiben:

$$F^{(I)} \simeq \langle\lambda|\textstyle\sum_n(\boldsymbol{\epsilon}.\boldsymbol{P}_n)|\mu\rangle$$
$$F^{(II)} \simeq \tfrac{1}{2}\,\mathrm{i}\langle\lambda|\textstyle\sum_n(\boldsymbol{\epsilon}.\boldsymbol{k}\times\boldsymbol{\sigma}_n)(\boldsymbol{k}.\boldsymbol{R}_n)|\mu\rangle.$$

---

30) Anstatt wie hier nach ebenen Wellen zu entwickeln, ist es für das Problem angemessener, die Multipolentwicklung zu verwenden. Aufgrund der Auswahlregeln verschwinden dann die meisten Anteile. Die übrigbleibenden schätzt man ab, indem man die Multipolfelder $\boldsymbol{\Theta}$ durch das erste Glied ihrer Entwicklung nach Potenzen von kr ersetzt. Man beachte, daß für $kr \ll 1$:

$$\boldsymbol{\Theta}^{(+)}_{kjm} \propto (kr)^{j-1} \qquad \boldsymbol{\Theta}^{(-)}_{kjm} \propto (kr)^{j}.$$

Eine umfassende Diskussion dieser Methode findet man in Zusammenhang mit den Strahlungsübergängen bei Kernen bei *J. Blatt* und *V. Weisskopf*, Kap. 12, a.a.O., Fußnote 13 [32].

Ungefähr ist also: $F^{(I)} \approx 1/R$, $F^{(II)} \approx k^2 R$, d.h.:

$$|F^{(II)}/F^{(I)}| \approx (kR)^2 \ll 1.$$

Der Beitrag von $F^{(II)}$ kann gegenüber dem von $F^{(I)}$ vernachlässigt werden. Zur Berechung von $F^{(I)}$ muß man das elektrische Dipolmoment der Elektronen einführen:

$$D \equiv e \, \Sigma_n \, R_n. \tag{21.244}$$

(Das ist der in den Abschnitten 13.6.4 und 17.1.2 mit $Q^{(1)}$ bezeichnete Vektoroperator. S. Gleichung (17.35)).

Er genügt der Beziehung:

$$[D, H_{\text{At.}}] = \mathrm{i}e \, \Sigma_n \, P_n/m.$$

Folglich ist:

$$\begin{aligned}(\mathrm{i}e/m) \langle\lambda | \Sigma_n P_n | \mu\rangle &= \langle\lambda | (D H_{\text{At.}} - H_{\text{At.}} D) | \mu\rangle \\ &= (E_\mu - E_\lambda) \langle\lambda | D | \mu\rangle = -k \langle\lambda | D | \mu\rangle\end{aligned}$$

und damit:

$$F^{(I)} = \mathrm{i}mk \langle\lambda | (D.\epsilon) | \mu\rangle / e$$

und

$$w_{\lambda\to\mu k\epsilon} = \frac{k^3}{2\pi} | \langle\lambda | (D.\epsilon) | \mu\rangle |^2. \tag{21.245}$$

Um die Rechnung fortzusetzen, muß man die „magnetischen Quantenzahlen" m_λ und m_μ des Anfangs- bzw. des Endzustands festlegen und gemäß der Definition (13.125) das reduzierte Matrixelement $\langle\lambda \| D \| \mu\rangle$ einführen. Ist D_q die q-te Standardkomponente des Vektoroperators D, so liefert das Wigner-Eckart-Theorem:

$$\langle\lambda j_\lambda m_\lambda | D_q | \mu j_\mu m_\mu\rangle = (2j_\lambda + 1)^{-\frac{1}{2}} \langle j_\mu 1 m_\mu q | j_\lambda m_\lambda\rangle \langle\lambda \| D \| \mu\rangle.$$

Weil $\epsilon . D = \Sigma_q \, \epsilon_q \, D_q$ ist, wobei ϵ_q (q = +, 0, –) die Standardkomponenten des Polarisationsvektors bedeuten (Definition (13.94)), erhält man schließlich:

$$w_{\lambda\to\mu k\epsilon} = [k^3 \, | \langle\lambda \| D \| \mu\rangle |^2 / 2\pi] \times [| \Sigma_q \epsilon_q \langle j_\mu 1 m_\mu q | j_\lambda m_\lambda\rangle |^2 / (2j_\lambda + 1)]. \tag{21.246}$$

Ist das Atom im Anfangszustand nicht polarisiert und interessiert nur die Übergangswahrscheinlichkeit für eine beliebige Orientierung des Endzustands, so muß man über m_μ summieren und über m_λ mitteln:

$$\langle w_{\lambda\to\mu k\epsilon}\rangle \equiv \frac{1}{2j_\lambda + 1} \Sigma_{m_\lambda m_\mu} w_{\lambda\to\mu k\epsilon}.$$

Man berücksichtigt hierbei die Symmetrie- und die Orthogonalitätsbeziehungen für die Clebsch-Gordan-Koeffizienten (s. Gleichungen (C.13c) und (C.14a)) und erhält dann:

$$\langle w_{\lambda\to\mu\boldsymbol{k}\boldsymbol{\epsilon}}\rangle = \frac{k^3 \mid \langle\lambda\|\boldsymbol{D}\|\mu\rangle \mid^2}{6\pi(2j_\lambda+1)}\,.$$

Wie zu erwarten, hängt dieser Ausdruck weder von der Emissionsrichtung noch von der Polarisation des emittierten Photons ab. Die totale Übergangswahrscheinlichkeit pro Zeiteinheit erhält man hieraus, indem man über die beiden Polarisationszustände summiert und über die Emissionswinkel integriert, d.h. mit dem Faktor 8π multipliziert:

$$w^{(\mathrm{tot})}_{\lambda\to\mu} = \frac{4k^3}{3(2j_\lambda+1)} \mid \langle\lambda\|\boldsymbol{D}\|\mu\rangle \mid^2. \tag{21.247}$$

21.4.7 Compton-Streuung bei niedrigen Energien. Thomsonsche Formel

Die in Abschnitt 21.2 behandelten Streuprobleme wollen wir hier nicht wieder aufgreifen – man kann sie mit denselben Methoden lösen, wie sie dort im Zusammenhang mit dem skalaren Feld angegeben wurden –, wir wollen dagegen das einfachere Problem der Compton-Streuung behandeln, also der Streuung von Photonen an freien Elektronen [31].

Der Zustand des Systems vor dem Stoß enthält ein Elektron mit bestimmtem Impuls $\boldsymbol{P}_i$ und ein Photon mit dem Impuls $\boldsymbol{k}_i$ und der Polarisation $\boldsymbol{\epsilon}_i$. Er wird durch einen bestimmten Ket-Vektor repräsentiert, den wir mit $|i\rangle$ bezeichnen:

$$|i\rangle \equiv |\boldsymbol{P}_i\, \boldsymbol{k}_i\, \boldsymbol{\epsilon}_i\rangle.$$

Wir wollen den Wirkungsquerschnitt für die Streuung aus diesem Anfangszustand in einen bestimmten Endzustand berechnen, in dem das Elektron den Impuls $\boldsymbol{P}_f$ und das Photon den Impuls $\boldsymbol{k}_f$ und die Polarisation $\boldsymbol{\epsilon}_f$ hat. Der zugehörige Ket-Vektor sei:

$$|f\rangle \equiv |\boldsymbol{P}_f\, \boldsymbol{k}_f\, \boldsymbol{\epsilon}_f\rangle.$$

Energie und Impuls bleiben beim Stoß erhalten.

Um den Wirkungsquerschnitt für alle Energien zu berechnen, muß man das Elektron als ein Dirac-Teilchen behandeln, daß durch die Wechselwirkung $-e\boldsymbol{\alpha}.\boldsymbol{A}(\boldsymbol{R})$ mit der Strahlung gekoppelt ist. Wir beschränken uns hier auf den Grenzfall niedriger Frequenzen [32].

Das Elektron sei anfangs in Ruhe: $\boldsymbol{P}_i = 0$, und die einfallende Photonenstrahlung so weich, daß die während des Stoßes auf das Elektron übertragene Energie im Vergleich zu seiner Ruhemasse klein ist:

---

[31] Beim Fall des skalaren Feldes ist der Wirkungsquerschnitt für die Streuung eines Feldquants an einem freien Teilchen in Strenge gleich Null.

[32] Der allgemeine Fall kann mit derselben Methode behandelt werden und ergibt die Klein-Nishina-Formel. Die Rechnungen sind lang, aber nicht besonders schwierig. Wesentlich kürzer werden sie bei Verwendung des kovarianten Formalismus (s. *Jauch* und *Rohrlich*, a.a.O.).

$$k_i \ll m$$

(hieraus folgt: $k_f \cong k_i$, $P_f \approx k_f$). Man kann dann das Elektron in der nichtrelativistischen Näherung behandeln und als Hamilton-Operator des Systems den Ausdruck:

$$H = H_0 + H'$$

wählen, worin

$$H_0 = H_{\text{Strah.}} + \frac{\boldsymbol{P}^2}{2m}.$$

H' ist eine Summe aus drei Termen (s. Gleichung (21.235)), die jeweils durch die Gleichungen (21.236 a), (21.236 b) und (21.237) definiert sind.

Für die Berechnung des Streuquerschnitts verwenden wir die Formeln der Streutheorie, wobei die Einschränkungen, die in diesem Zusammenhang in Abschnitt 21.2.6 gemacht wurden, auch hier gelten. Wie dort nehmen wir an, daß die von der Streutheorie angegebenen Formeln korrekt sind, vorausgesetzt, daß die darin auftretende Elektronenmasse die experimentell ermittelte ist.

Nun stößt die unmittelbare Anwendung des Formalismus der Streutheorie auf eine andere Schwierigkeit: Es ist unmöglich, die Schwerpunktsvariablen zu definieren und damit zu separieren. Diese Schwierigkeit ist jedoch nur scheinbar. In der nichtrelativistischen Streutheorie spielt die Elimination der Schwerpunktsbewegung nur eine nebensächliche Rolle. Die auf sie zurückgehenden Vereinfachungen haben ihre eigentliche Ursache darin, daß beim Stoß der Gesamtimpuls des Systems erhalten bleibt. Man kann die Theorie auch formulieren, ohne diese Elimination durchzuführen; der Impulserhaltungssatz erscheint dann explizit.

Diese neue Formulierung wollen wir hier verwenden. Die einzige Änderung betrifft die Definition der Übergangsamplitude $T_{i \to f}$. Formal nehmen wir für T dieselbe Definition:

$$T \equiv H' + H' \frac{1}{E - H + i\varepsilon} H'.$$

Weil T translationsinvariant ist, enthält das Matrixelement $\langle f | T | i \rangle$ eine δ-Funktion als Faktor, die die Erhaltung des Gesamtimpulses sichert. $T_{i \to f}$ ist definiert durch:

$$\langle f | T | i \rangle = (2\pi)^3 \, \delta(\boldsymbol{P}_f + \boldsymbol{k}_f - \boldsymbol{P}_i - \boldsymbol{k}_i) \, T_{i \to f}. \tag{21.248}$$

Der hier eingeführte Faktor $(2\pi)^3$ berücksichtigt die Normierung der ebenen Elektronenwelle:

$$\langle \boldsymbol{P} | \boldsymbol{P}' \rangle = (2\pi)^3 \, \delta(\boldsymbol{P} - \boldsymbol{P}').$$

Damit ist der Streuquerschnitt durch die allgemeine Formel (21.116) gegeben.

Um $<f|T|i>$ zu berechnen, entwickeln wir T nach Potenzen von e und behalten nur die Glieder niedrigster Ordnung zurück. Das sind die Glieder mit e^2:

$$<f|T|i>=<f|H''|i>+<f|(H^{(I)}+H^{(II)})\frac{1}{E-H_0+i\varepsilon}(H^{(I)}+H^{(II)})|i>+O(e^4). \quad (21.249)$$

Ein Blick auf die Ausdrücke (21.236) und (21.237) zeigt, daß in beiden Summanden der rechten Seite das Integral:

$$\int e^{i(\boldsymbol{P}_i+\boldsymbol{k}_i-\boldsymbol{P}_f-\boldsymbol{k}_f).\boldsymbol{R}}\,d\boldsymbol{R} \equiv (2\pi)^3\,\delta(\boldsymbol{P}_f+\boldsymbol{k}_f-\boldsymbol{P}_i-\boldsymbol{k}_i)$$

als Faktor auftritt. Dieser Term sorgt für die oben erwähnte Impulserhaltung. Aus dem Ausdruck (21.237) folgt weiter:

$$<f|H''|i> = \frac{2\pi e^2}{mkL^3}(\boldsymbol{\epsilon}_f^*.\boldsymbol{\epsilon}_i)\int e^{i(\boldsymbol{k}_i+\boldsymbol{P}_i-\boldsymbol{k}_f-\boldsymbol{P}_f).\boldsymbol{R}}\,d\boldsymbol{R}, \quad (21.250)$$

wobei $k = (k_i k_f)^{1/2}$ ist. Weil wir uns nur für den Grenzfall niedriger Energien interessieren, vernachlässigen wir die Glieder von der Ordnung k/m gegenüber Eins und schreiben einfach:

$$k_i \cong k_f \cong k.$$

Für den zweiten Summanden auf der rechten Seite von (21.249) kann man leicht zeigen, daß sein Beitrag zur Übergangsamplitude etwa das k/m-fache des Beitrags ist, den der erste Summand liefert; wir vernachlässigen ihn daher. Damit erhält man schließlich unter den hier angegebenen Näherungsbedingungen ($e^2 \ll 1$, $k \ll m$):

$$T_{i\to f} = \frac{2\pi e^2}{mkL^3}(\boldsymbol{\epsilon}_f^*.\boldsymbol{\epsilon}_i) \quad (21.251)$$

und hieraus den Streuquerschnitt (s. Gleichung (21.116)):

$$\begin{aligned}\frac{d\sigma_{i\to f}}{d\Omega} &= 2\pi L^3\,|\,T_{i\to f}\,|^2\left(L^3k^2/(2\pi)^3\right)\\ &= \frac{e^4}{m^2}\,|\,\boldsymbol{\epsilon}_f^*.\boldsymbol{\epsilon}_i\,|^2.\end{aligned} \quad (21.252)$$

Um für die Streuung von unpolarisierten Photonen in Richtung von $\boldsymbol{k}_f$ den Wirkungsquerschnitt zu erhalten, muß man das Mittel über die beiden möglichen Anfangszustände der Polarisation bilden und über die beiden möglichen Zustände der Endpolarisation summieren. θ sei der Winkel für die Ablenkung der Photonen ($\cos\theta = \boldsymbol{k}_i.\boldsymbol{k}_f/k^2$). Es ist dann:

$$\begin{aligned}\left.\frac{d\sigma_{i\to f}}{d\Omega}\right|_{\text{non pol.}} &= \tfrac{1}{2}\sum_{\boldsymbol{\epsilon}_i\boldsymbol{\epsilon}_f}\frac{d\sigma_{i\to f}}{d\Omega}\\ &= \tfrac{1}{2}\,\frac{e^4}{m^2}(1+\cos^2\theta).\end{aligned} \quad (21.253)$$

Integriert man über die Emissionswinkel, so erhält man den totalen Wirkungsquerschnitt für die Streuung der Photonen am Elektron:

$$\sigma_{\text{tot.}} = \frac{8\pi}{3} \frac{e^4}{m^2}. \qquad (21.254)$$

Alle Ergebnisse stimmen mit der Erfahrung gut überein.

Die Ausdrücke (21.252–254) sind mit denen der klassischen Strahlungstheorie identisch [33]. Insbesondere ergibt sich wieder die klassische Thomsonsche Formel für den totalen Wirkungsquerschnitt. Diese Übereinstimmung der beiden Theorien bestätigt und präzisiert, was in Abschnitt 1.2.2 über die Bedeutung und die Grenzen der klassischen Theorie des Compton-Effekts gesagt wurde. Offensichtlich kann die klassische Theorie weder dem korpuskularen Charakter der Strahlung noch der Tatsache Rechnung tragen, daß die Übertragung von Impuls und Energie zwischen Strahlung und Elektron durch diskrete Quanten erfolgt. Sie kann aber den Mittelwert des Impulses korrekt angeben, der pro Zeit- und Flußeinheit auf das Elektron übertragen wird (Gleichung (21.254)), weiter die Winkelverteilung und die Polarisation der gestreuten Strahlung (Gleichung (21.252)) und, falls man den Doppler-Effekt berücksichtigt, die Wellenlängenänderung der gestreuten Strahlung (Gleichungen (1.5) und (1.6)).

Die Übereinstimmung beider Theorien ist nur dann völlig realisiert, wenn die Frequenzen niedrig genug sind, bzw. die Wellenlänge $1/k$ der Strahlung so groß ist, daß der Streuvorgang von der inneren Struktur des Elektrons praktisch unabhängig ist. Weil das Elektron ein Quantenobjekt ist, sind seine Dimensionen von der Größenordnung $1/m$ und die Größenordnung der Struktureffekte ist gleich dem Verhältnis k/m [34]. Im nichtrelativistischen Grenzfall sind sie durch den zweiten Summanden im Ausdruck (21.249) gegeben. Vergrößert man die Einfallsenergie, so tritt die Quantennatur des Elektrons mehr und mehr hervor und man beobachtet immer deutlichere Abweichungen von den Voraussagen der klassischen Theorie.

Aufgaben

1. Es sei $\Phi(\boldsymbol{r})$ das reelle skalare Feld aus Abschnitt 21.1 und es soll das Integral dieser Observablen über einen endlichen Bereich gemessen werden. Allgemeiner betrachte man das Integral:

$$\hat{\Phi} \equiv \int \Phi(\boldsymbol{r})\, P(\boldsymbol{r})\, \mathrm{d}\boldsymbol{r}$$

[33] Die Konstante $\hbar$ tritt nicht auf. Jeder Ausdruck ist ein Vielfaches des klassischen Elektronenradius: $r_0 = e^2/mc^2$. Den Ausdruck (21.252) z.B. kann man auch $r_0^2 \cos^2\alpha$ schreiben, worin α den Winkel zwischen den (linearen) Anfangs- und Endpolarisationen bezeichnet.

[34] In der klassischen Theorie ist die Größenordnung der Struktureffekte etwa ke^2/m, das ist das Verhältnis des klassischen Elektronenradius zur Wellenlänge der Strahlung.

Darin sei $P(\boldsymbol{r})$ eine gegebene reelle, nichtnegative Funktion, die über den ganzen Raum integriert den Wert Eins ergibt. Man setze:

$$\chi(\boldsymbol{\varkappa}) \equiv \int \exp\,(\mathrm{i}\boldsymbol{\varkappa}.\boldsymbol{r})\, P(\boldsymbol{r})\,\mathrm{d}\boldsymbol{r} \qquad (\chi(0) = 1).$$

Man zeige, daß die statistische Verteilung von $\widehat{\Phi}$ im Vakuumzustand eine Gauß-Verteilung ist und daß:

$$(\Delta\widehat{\Phi})^2 = \int \frac{|\,\chi(\boldsymbol{\varkappa})\,|^2}{16\pi^3(\mu^2 + \varkappa^2)^{\frac{1}{2}}}\,\mathrm{d}\boldsymbol{\varkappa}.$$

Ist insbesondere die Gewichtsfunktion $P(\boldsymbol{r})$ nur in einem Bereich von der (linearen) Dimension a nennenswert von Null verschieden und ist $\mu a \ll 1$, so hat man: $\Delta\widehat{\Phi} \approx 1/a$.

Man behandle das gleiche Problem mit dem elektromagnetischen Feld und zeige, daß im Vakuumzustand: $\Delta\mathcal{E}_\perp \approx \Delta\mathcal{H} \approx 1/a^2$ ist.

2. Man zeige, daß die in Abschnitt 21.2.3 definierte Korrektur δM in zweiter Näherung durch den auf der rechten Seite der Gleichung (21.76) stehenden Ausdruck gegeben ist.

3. Man betrachte das in Abschnitt 21.2.6 beschriebene Problem der elastischen Streuung. Das Target sei nicht polarisiert und der Streuwinkel werde mit θ bezeichnet: $\cos\theta = \boldsymbol{k}_i.\boldsymbol{k}_f/k^2$. Man zeige, daß in der zweiten Bornschen Näherung und für den Grenzfall großer Wellenlängen ($k\langle R\rangle \ll 1$) die Winkelverteilung der elastisch gestreuten Quanten wie $\cos^2\theta$ ist und daß der Wirkungsquerschnitt für $k \to 0$ gegen Null geht (dieses Verhalten ist für die skalare Kopplung charakteristisch).

4. Man betrachte das Problem der Resonanzstreuung aus Abschnitt 21.2.7 und verwende die dort angegebenen Bezeichnungen. Man nehme an, daß der Anfangszustand $|\alpha\rangle$ des atomaren Systems den Drehimpuls Null hat und der Resonanzzustand $|\lambda\rangle$ den Drehimpuls l. Man zeige, daß bei Vernachlässigung von $A^{(\mathrm{pot.})}$ die Übergangsamplitude T für die elastische Streuung $\boldsymbol{k}_i \to \boldsymbol{k}_f$ durch die Formel:

$$T = \frac{\Gamma}{\omega L^3}\,\frac{2l+1}{k}\,P_l(\cos\theta)\,\frac{\Gamma_{\lambda\to\alpha}}{(E - E_\lambda - \delta E_\lambda) + \frac{1}{2}\mathrm{i}\Gamma_\lambda}$$

gegeben ist. Hierin bezeichnet θ den Streuwinkel und $\Gamma_{\lambda\to\alpha}$ die Wahrscheinlichkeit für den Strahlungsübergang $\lambda \to \alpha$ (s. Gleichung (21.82)). Folglich ist der differentielle Wirkungsquerschnitt für die elastische Streuung:

$$\frac{\mathrm{d}\sigma_{\text{él.}}}{\mathrm{d}\Omega} = \frac{(2l+1)^2}{k^2}\,P_l^{\,2}(\cos\theta)\,\frac{\Gamma_{\lambda\to\alpha}^{\,2}}{4(E - E_\lambda - \delta E_\lambda)^2 + \Gamma_\lambda^{\,2}}\,.$$

Man zeige, daß diese beiden Ausdrücke eine einfache Verallgemeinerung von denen sind, die man für den Fall der Resonanzstreuung eines Teilchens an einem Zentralpotential erhält (Gleichungen (10.64) und (10.65)), und daß man Diskussion und Rechnungen aus den Abschnitten 10.4.2–3 über den Begriff der Resonanz und den des metastabilen Zustands Punkt für Punkt übernehmen kann.

5. Es sei $A_j(\boldsymbol{r})$ die j-te Komponente des Potentials $\boldsymbol{A}$ (in der Coulomb-Eichung) und $\mathcal{E}_i(\boldsymbol{r})$ die i-te Komponente des transversalen elektrischen Feldes $\mathcal{E}_\perp$. Man beweise die Vertauschungsrelationen:

$$[\mathcal{E}_i(\boldsymbol{r}), A_j(\boldsymbol{r}')] = \mathrm{i}\theta_{ij}(\boldsymbol{r}-\boldsymbol{r}')$$

mit

$$\theta_{ij}(\boldsymbol{r}-\boldsymbol{r}') \equiv \delta_{ij}\,\delta(\boldsymbol{r}-\boldsymbol{r}') - \frac{\partial^2}{\partial x_i \partial x_j'}\left(\frac{1}{4\pi\,|\boldsymbol{r}-\boldsymbol{r}'|}\right)$$

($\theta_{ij}(\boldsymbol{r}-\boldsymbol{r}')$ ist der Projektionsoperator auf den Unterraum der transversalen Felder).

6. Man beweise die Formel (21.220) für den Gesamtimpuls der Strahlung.

7. Man beweise, daß der Eigendrehimpuls der Strahlung, $\boldsymbol{G}^{(s)}$, der Formel:

$$\boldsymbol{G}^{(s)} = -\mathrm{i}\sum_{\boldsymbol{k}\varpi\varpi'} a_{(\boldsymbol{k}\varpi)}{}^{\dagger}\, a_{(\boldsymbol{k}\varpi')}(\boldsymbol{\epsilon}^{(\varpi)*} \times \boldsymbol{\epsilon}^{(\varpi')})$$

genügt (Bezeichnungen wie in Abschnitt 21.4.2). Bezeichnen insbesondere $N_{\boldsymbol{k}+}$ und $N_{\boldsymbol{k}-}$ die Anzahl der rechts- bzw. links-zirkular polarisierten Photonen mit dem Impuls $\boldsymbol{k}$ (Definition (21.222)), so hat man:

$$\boldsymbol{G}^{(s)} = \sum_{\boldsymbol{k}}(N_{\boldsymbol{k}+} - N_{\boldsymbol{k}-})\,\boldsymbol{k}/k.$$

8. Man beweise die Beziehungen (21.223) und (21.224).

9. a) Es sei $u^{LM}(\boldsymbol{r})$ ein skalares Feld, das sich bei Drehungen wie die Kugelfunktion $Y_L^M(\theta, \varphi)$ transformiert und es sei $\boldsymbol{V}(\boldsymbol{r}, \boldsymbol{p})$ ein (polarer oder axialer) Vek- Vektor, der mit den Vektoren $\boldsymbol{r}$ und $\boldsymbol{p}$ gebildet ist. Man zeige, daß das durch:

$$\boldsymbol{U}^{LM} \equiv \boldsymbol{V}(\boldsymbol{r}, -\mathrm{i}\nabla)\, u^{LM}(\boldsymbol{r})$$

definierte Vektorfeld einen Zustand mit dem Drehimpuls $(L\,M)$ repräsentiert (aufgrund dieses Satzes stellen die in Abschnitt 21.4.4 eingeführten Vektorfelder $\boldsymbol{\Lambda}_{kjm}$ und $\boldsymbol{\Theta}^{(\pm)}_{kjm}$ Zustände mit dem Drehimpuls $(j\,m)$ dar).

   b) So wie zu einem Teilchen mit dem Spin 1 eine Wellenfunktion mit drei Komponenten gehört, wird einem Teilchen mit dem ganzzahligen Spin s eine $(2s+1)$-komponentige Wellenfunktion zugeordnet. Die Komponenten bilden ein irreduzibles Tensorfeld s-ter Stufe. Es sei $X_\mu^{(s)}(\boldsymbol{r}, \boldsymbol{p})$ die μ-te Komponente eines solchen irreduziblen Tensorfeldes, die aus den Vektoren $\boldsymbol{r}$ und $\boldsymbol{p}$ gebildet ist. Man zeige, daß das Tensorfeld $U^{LM}(\boldsymbol{r})$, dessen μ-te Komponente durch:

$$U_\mu^{LM} \equiv X_\mu^{(s)}(\boldsymbol{r}, -\mathrm{i}\nabla)\, u^{LM}(\boldsymbol{r}) \qquad (\mu = -s, \ldots, +s)$$

gegeben ist, einen Zustand dieses Teilchens mit dem Drehimpuls $(L\,M)$ darstellt.

10. Man zeige unter Verwendung der expliziten Formeln (21.241) für die Matrixelemente, daß die Wahrscheinlichkeit für die Emission eines Photons streng gleich Null ist, wenn die Spins des Anfangs- und des Endzustands beide gleich Null sind ($0 \to 0$-*Auswahlregel*).
(Anmerkung: Verwendet man statt der Entwicklung nach ebenen Wellen die Multipolentwicklung, so ist die Eigenschaft offensichtlich).

11. Man berechne die Wahrscheinlichkeit pro Zeiteinheit für den Strahlungsübergang $2p \to 1s$ beim Wasserstoffatom (man erhält $w_{2p\to 1s} = 6{,}25 \times 10^8\ \mathrm{sec}^{-1}$).

12. Man zeige, daß in der Näherung großer Wellenlängen die Übergangswahrscheinlichkeit bei der *magnetischen Dipolstrahlung* $\lambda \to \mu k \epsilon$ (Bezeichnungen wie in Abschnitt 21.4.5) durch die Formel

$$w_{\lambda\to\mu k\epsilon} = \frac{k}{2\pi} \,|\, \langle\lambda|\,[\boldsymbol{M}.(\boldsymbol{\epsilon}\times\boldsymbol{k})]\,|\mu\rangle\,|^2$$

(s. Gleichung (21.245)) gegeben ist, wobei $\boldsymbol{M}$ das magnetische Gesamtmoment des atomaren Systems ist, das den Übergang ausführt:

$$\boldsymbol{M} = (e/2m)\,\textstyle\sum_i(\boldsymbol{l}_i + 2\boldsymbol{s}_i)$$

(Anmerkung: Diese Formel gibt die Wahrscheinlichkeit für den Strahlungsübergang richtig an, falls $\Delta\Pi = +1$ und $j_\lambda + j_\mu \leqslant 1$ ist. Ist $j_\lambda + j_\mu \geqslant 2$, so ist der elektrische Quadrupolanteil nicht Null und kann im allgemeinen nicht vernachlässigt werden).

Hieraus leite man her, daß die Gesamtwahrscheinlichkeit für den magnetischen Dipolübergang (s. Gleichung (21.247)) durch die Formel:

$$w^{(\mathrm{tot.})}_{\lambda\to\mu} = \frac{4k^3}{3(2j_\lambda + 1)} \,|\, \langle\lambda\|\boldsymbol{M}\|\mu\rangle\,|^2.$$

gegeben ist. Man zeige, daß für den Fall des $2s \to 1s$-Übergangs beim Wasserstoffatom diese Größe in der nichtrelativistischen Näherung gleich Null ist (d.h. wenn man die Wellenfunktionen der Schrödinger-Theorie benutzt).

13. Man berechne den Wirkungsquerschnitt für den photoelektrischen Effekt beim Grundzustand des Wasserstoffatoms. Man nehme an, daß: $me^4 \ll k \ll m$ (m Elektronenmasse, k Impuls des einfallenden Photons, $\hbar = c = 1$). Dann ist der Energieübertrag auf das Photoelektron genügend groß, um seinem Endzustand eine ebene Welle zuordnen zu können, seine Geschwindigkeit aber hinreichend klein, so daß man es als ein nichtrelativistisches Teilchen behandeln kann. Weil der Anteil der magnetischen Wechselwirkung (Term $H^{(II)}$) vernachlässigbar ist, findet man:

$$\frac{d\sigma}{d\Omega} = 4\sqrt{2}\, e^8 \left(\frac{m}{k}\right)^{7/2} \times \frac{e^4}{m^3}\, \frac{\cos^2\varphi}{(1 - v\cos\theta)^4}\,.$$

φ und θ sind die Winkel, die die Emissionsrichtung mit der Polarisationsrichtung (lineare Polarisation vorausgesetzt) bzw. mit der Impulsrichtung des einfallenden Photons einschließt. Man erhält wieder die Ergebnisse der halbklassischen Theorie (s. Aufgabe 17.2), wenn man in dieser Formel $\upsilon = 0$ setzt.

Anhang

C Vektoradditionskoeffizienten und Drehmatrizen

Inhalt

---

[1] Dieser Anhang entstand in Zusammenarbeit mit *J. Horowitz*. Für eine ausführlichere Darstellung s. insbesondere *A.R. Edmonds, Drehimpulse in der Quantenmechanik*, Mannheim: Bibliographisches Institut 1964. S. auch *U. Fano* und *G. Racah, Irreducible Tensorial Sets*, New York: Academic Press Inc. 1959.

Der Drehimpuls. Bezeichnungen und Vereinbarungen

In diesem Anhang gelten die folgenden Bezeichnungen und Vereinbarungen.

Einheiten: $\hbar = 1$.

Komponenten des Drehimpulses: $\boldsymbol{J}$, Drehimpulsoperator mit den kartesischen Komponenten J_x, J_y, J_z.

$$J_\pm = J_x \pm iJ_y. \tag{C.1}$$

Vertauschungsrelationen

$$[J_x, J_y] = iJ_z \qquad [J_y, J_z] = iJ_x \qquad [J_z, J_x] = iJ_y \tag{C.2}$$

$$[J_z, J_\pm] = \pm J_\pm \qquad [J_+, J_-] = 2J_z. \tag{C.3}$$

Basisvektoren einer $\{J^2 J_z\}$*-Standarddarstellung*

$$J^2|\tau JM\rangle = J(J+1)\,|\tau JM\rangle \tag{C.4}$$

$$J_z|\tau JM\rangle = M|\tau JM\rangle \tag{C.5}$$

$$J_\pm|\tau JM\rangle = \sqrt{J(J+1) - M(M\pm 1)}\,|\tau J\ M\pm 1\rangle \tag{C.6}$$

$$\langle\tau JM|\tau' J' M'\rangle = \delta_{\tau\tau'}\,\delta_{JJ'}\,\delta_{MM'} \tag{C.7}$$

(J ganz- oder halbzahlig $\geqslant 0 \quad M = -J, -J+1, \ldots, +J$).

τ kennzeichnet die Gesamtheit der Quantenzahlen, die man bei der Bildung eines vollständigen Systems zu J und M hinzufügen muß. Es wird im folgenden nur dann angegeben, wenn es notwendig ist.

C.1 Clebsch-Gordan-Koeffizienten und 3-*j*-Symbole

C.1.1. Definition und Bezeichnungen

$\boldsymbol{j}_1, \boldsymbol{j}_2$ Drehimpulse des Quantensystems 1 bzw. 2.

$\boldsymbol{J}$, Drehimpuls des Systems, das durch die Vereinigung dieser beiden Systeme entsteht:

$$\boldsymbol{J} = \boldsymbol{j}_1 + \boldsymbol{j}_2. \tag{C.8}$$

Das tensorielle Produkt der $(2j_1 + 1)$ Vektoren des Systems 1:

$$|j_1\, m_1\rangle \quad (j_1 \text{ fest}, m_1 = -j_1, \ldots, +j_1)$$

mit den $(2j_2 + 1)$ Vektoren des Systems 2:

$$|j_2\, m_2\rangle \quad (j_2 \text{ fest}, m_2 = -j_2, \ldots, +j_2)$$

ergibt die $(2j_1 + 1)(2j_2 + 1)$ gemeinsamen Eigenvektoren von $\boldsymbol{j}_1^2, \boldsymbol{j}_2^2, j_{1z}, j_{2z}$:

$$|j_1\, j_2\, m_1\, m_2\rangle \equiv |j_1\, m_1\rangle\, |j_2\, m_2\rangle, \tag{C.9}$$

aus denen man durch unitäre Transformation die $(2j_1 + 1)(2j_2 + 1)$ gemeinsamen Eigenvektoren von j_1^2, j_2^2, J^2, J_z herleiten kann:

$$|j_1 j_2 JM\rangle \quad (J = |j_1 - j_2|, \ldots, j_1 + j_2; M = -J, \ldots, +J). \tag{C.10}$$

Definition

Die Koeffizienten dieser unitären Transformation heißen die Clebsch-Gordan-Koeffizienten [2]) (C.-G.-Koeffizienten) oder Vektoradditionskoeffizienten $\langle j_1 j_2 m_1 m_2 | JM\rangle$:

$$|j_1 j_2 JM\rangle = \sum_{m_1 m_2} |j_1 j_2 m_1 m_2\rangle \langle j_1 j_2 m_1 m_2 | JM\rangle. \tag{C.11}$$

Phasenkonvention [3])

Zur eindeutigen Definition der Vektoren (C.9) und (C.10) legen wir ihre relativen Phasen durch die folgenden Bedingungen fest:

(*i*) Die $|j_1 m_1\rangle$, die $|j_2 m_2\rangle$ und die $|j_1 j_2 JM\rangle$ genügen den Beziehungen (C.6);

(*ii*) $\langle j_1 j_2 j_1 (j_1 - J) | JJ\rangle$ reell und größer als Null.

3 j-Symbole (nach Wigner) [4])

$$\begin{pmatrix} j_1 & j_2 & J \\ m_1 & m_2 & -M \end{pmatrix} \equiv \frac{(-)^{j_1-j_2+M}}{\sqrt{2J+1}} \langle j_1 j_2 m_1 m_2 | JM\rangle. \tag{C.12}$$

C.1.2. Grundlegende Eigenschaften der C.-G.-Koeffizienten

Reellität. Sie sind sämtlich reell:

$$\langle j_1 j_2 m_1 m_2 | JM\rangle^* = \langle j_1 j_2 m_1 m_2 | JM\rangle.$$

---

[2]) Die in der Literatur für die C.-G.-Koeffizienten verwendeten Symbole sind sehr unterschiedlich. Wir nennen hier:

$\langle j_1 j_2 m_1 m_2 \| j_1 j_2 JM\rangle$	*Condon* und *Shortley, Theory of Atomic Spectra,* Cambridge: University Press 1957.
$C_{j_1 j_2}(JM; m_1 m_2)$	*Blatt* und *Weisskopf, Theoretische Kernphysik,* Leipzig 1959.
$S^{j_1 j_2}_{jm_1 m_2}$	*E.P. Wigner, Group Theory and its Application to the Quantum Mechanics of Atomic Spectra,* New York, London: Academic Press 1959.

[3]) Diese Konvention findet man bei den meisten Autoren, insbesondere bei Wigner, Condon und Shortley, Blatt und Weisskopf, a.a.O., und bei *Racah, Phys. Rev.* 62 (1942), 437.

[4]) *Racah,* a.a.O., Fußnote 3), verwendet das Symbol:

$$V(abc, \alpha\beta\gamma) \equiv (-)^{a-b-c}\begin{pmatrix} a & b & c \\ \alpha & \beta & \gamma \end{pmatrix} \equiv \frac{(-)^{c-\gamma}}{\sqrt{2c+1}} \langle ab\alpha\beta | c\, -\gamma\rangle.$$

Auswahlregeln

(*i*) $m_1 + m_2 = M$;

(*ii*) $|j_1 - j_2| \leq J \leq j_1 + j_2$ („Dreiecksungleichungen").

Sind diese beiden Bedingungen nicht erfüllt, so ist

$$\langle j_1 j_2 m_1 m_2 | JM \rangle = 0.$$

Symmetrieregeln:

$$\begin{pmatrix} j_1 & j_2 & j_3 \\ m_1 & m_2 & m_3 \end{pmatrix} \quad \text{ist:}$$

(*i*) invariant bei einer zyklischen Vertauschung der drei Spalten;

(*ii*) wird mit $(-)^{j_1+j_2+j_3}$ multipliziert bei einer Vertauschung von zwei Spalten;

(*iii*) wird mit $(-)^{j_1+j_2+j_3}$ multipliziert, wenn man die Vorzeichen von m_1, m_2, m_3 ändert.

Folgerungen:

$$\langle j_1 j_2 m_1 m_2 | JM \rangle = (-)^{j_1+j_2-J} \langle j_2 j_1 m_2 m_1 | JM \rangle \tag{C.13 a}$$

$$= (-)^{j_1-J+m_2} \sqrt{\frac{2J+1}{2j_1+1}} \langle J j_2 M -m_2 | j_1 m_1 \rangle \tag{C.13 b}$$

$$= (-)^{j_2-J-m_1} \sqrt{\frac{2J+1}{2j_2+1}} \langle j_1 J -m_1 M | j_2 m_2 \rangle \tag{C.13 c}$$

$$= (-)^{j_1+j_2-J} \langle j_1 j_2 -m_1 -m_2 | J -M \rangle . \tag{C.13 d}$$

Orthogonalitätsrelationen:

$$\sum_{m_1=-j_1}^{+j_1} \sum_{m_2=-j_2}^{+j_2} \langle j_1 j_2 m_1 m_2 | JM \rangle \langle j_1 j_2 m_1 m_2 | J' M' \rangle = \delta_{JJ'} \delta_{MM'} \tag{C.14 a}$$

$$(| j_1 - j_2 | < J < j_1 + j_2 ; \quad -J < M < J)$$

$$\sum_{J=|j_1-j_2|}^{j_1+j_2} \sum_{M=-J}^{+J} \langle j_1 j_2 m_1 m_2 | JM \rangle \langle j_1 j_2 m_1' m_2' | J M \rangle = \delta_{m_1 m_1'} \delta_{m_2 m_2'} \tag{C.14 b}$$

$$(-j_1 < m_1 < +j_1 ; \quad -j_2 < m_2 < +j_2)$$

$$\sum_{m_1=-j_1}^{+j_1} \sum_{m_2=-j_2}^{+j_2} \begin{pmatrix} j_1 & j_2 & j_3 \\ m_1 & m_2 & m_3 \end{pmatrix} \begin{pmatrix} j_1 & j_2 & j_3' \\ m_1 & m_2 & m_3' \end{pmatrix} = \frac{1}{2j_3+1} \delta_{j_3 j_3'} \delta_{m_3 m_3'} \tag{C.15 a}$$

$$\sum_{j_3=|j_1-j_2|}^{j_1+j_2} \sum_{m_3=-j_3}^{+j_3} (2j_3+1) \begin{pmatrix} j_1 & j_2 & j_3 \\ m_1 & m_2 & m_3 \end{pmatrix} \begin{pmatrix} j_1 & j_2 & j_3 \\ m_1' & m_2' & m_3 \end{pmatrix} = \delta_{m_1 m_1'} \delta_{m_2 m_2'} . \tag{C.15 b}$$

Zusammensetzung von Kugelfunktionen:

$$\int Y_{l_1}^{m_1}(\Omega)\, Y_{l_2}^{m_2}(\Omega)\, Y_{l_3}^{m_3}(\Omega)\, d\Omega = \left[\frac{(2l_1+1)(2l_2+1)(2l_3+1)}{4\pi}\right]^{\frac{1}{2}} \begin{pmatrix} l_1 & l_2 & l_3 \\ 0 & 0 & 0 \end{pmatrix} \begin{pmatrix} l_1 & l_2 & l_3 \\ m_1 & m_2 & m_3 \end{pmatrix} \tag{C.16}$$

Hieraus folgt:

$$Y_{l_1}^{m_1}(\Omega)\, Y_{l_2}^{m_2}(\Omega)$$

$$= \sum_{L=|l_1-l_2|}^{l_1+l_2} \sum_{M=-L}^{L} \left[\frac{(2l_1+1)(2l_2+1)}{4\pi(2L+1)}\right]^{\frac{1}{2}} \langle l_1\, l_2\, 00|L0\rangle \langle l_1\, l_2\, m_1\, m_2|LM\rangle\, Y_L^M(\Omega) \qquad (C.17\,a)$$

$$= \sum_{L=|l_1-l_2|}^{l_1+l_2} \sum_{M=-L}^{L} (-)^M \left[\frac{(2l_1+1)(2l_2+1)(2L+1)}{4\pi}\right]^{\frac{1}{2}} \begin{pmatrix} l_1 & l_2 & L \\ 0 & 0 & 0 \end{pmatrix} \begin{pmatrix} l_1 & l_2 & L \\ m_1 & m_2 & M \end{pmatrix} Y_L^{-M}(\Omega) \qquad (C.17\,b)$$

C.1.3. Berechnung der C.-G.-Koeffizienten

Rekursionsbeziehungen

Die Argumente der C.-G.-Koeffizienten unterscheiden sich höchstens um:

$(i)\ \Delta J = 0 \qquad \Delta M = +1$

$$\sqrt{J(J+1) - M(M+1)}\, \langle j_1\, j_2\, m_1\, m_2|JM\rangle \qquad (C.18)$$
$$= \sqrt{j_1(j_1+1) - m_1(m_1+1)}\, \langle j_1\, j_2\; m_1{+}1\; m_2|J\; M{+}1\rangle$$
$$+ \sqrt{j_2(j_2+1) - m_2(m_2+1)}\, \langle j_1\, j_2\, m_1\; m_2{+}1|J\; M{+}1\rangle$$

$(ii)\ \Delta J = 0 \qquad \Delta M = -1$

$$\sqrt{J(J+1) - M(M-1)}\, \langle j_1\, j_2\, m_1\, m_2|JM\rangle \qquad (C.19)$$
$$= \sqrt{j_1(j_1+1) - m_1(m_1-1)}\, \langle j_1\, j_2\; m_1{-}1\; m_2|J\; M{-}1\rangle$$
$$+ \sqrt{j_2(j_2+1) - m_2(m_2-1)}\, \langle j_1\, j_2\, m_1\; m_2{-}1|J\; M{-}1\rangle$$

$(iii)\ \Delta J = \pm 1 \qquad \Delta M = 0$

$$A_0 \langle j_1\, j_2\, m_1\, m_2|JM\rangle = A_+ \langle j_1\, j_2\, m_1\, m_2|J{+}1\; M\rangle + A_- \langle j_1\, j_2\, m_1\, m_2|J{-}1\; M\rangle \qquad (C.20)$$

mit

$$A_0 = m_1 - m_2 + M\, \frac{j_2(j_2+1) - j_1(j_1+1)}{J(J+1)} \qquad (M = m_1 + m_2)$$
$$A_+ = f(J+1)$$
$$A_- = f(J)$$
$$f(x) = \sqrt{x^2 - M^2}\left[\frac{[(j_1+j_2+1)^2 - x^2][x^2 - (j_1-j_2)^2]}{4x^2(2x-1)(2x+1)}\right]^{\frac{1}{2}}$$

Racah-Formel

$$\begin{pmatrix} a & b & c \\ \alpha & \beta & \gamma \end{pmatrix} = (-)^{a-b-\gamma} \sqrt{\Delta(abc)}\, \sqrt{(a+\alpha)!\,(a-\alpha)!\,(b+\beta)!\,(b-\beta)!\,(c+\gamma)!\,(c-\gamma)!} \qquad (C.21)$$
$$\times \sum_t (-)^t \left[t!\,(c-b+t+\alpha)!\,(c-a+t-\beta)!\,(a+b-c-t)!\,(a-t-\alpha)!\,(b-t+\beta)!\right]^{-1}$$
$$(\alpha + \beta + \gamma = 0, \quad |a - b| \leqslant c \leqslant a + b)$$

mit

$$\Delta(abc) \equiv \frac{(a+b-c)!\,(b+c-a)!\,(c+a-b)!}{(a+b+c+1)!} \qquad (C.22)$$

Die Summe läuft über alle die ganzzahligen Werte von t, für die die in den Summanden auftretenden Faktoren einen Sinn haben (0! = 1). Die Anzahl der Summanden ist $\nu + 1$, wobei ν die kleinste der neun Zahlen:

$$\begin{array}{lll} a \pm \alpha & b \pm \beta & c \pm \gamma \\ a+b-c & b+c-a & c+a-b \end{array}$$

ist.

C.1.4. Spezielle Werte und Tabellen

Spezielle Werte

(i) J und M nehmen ihren größten Wert an: $\langle j_1 j_2 j_1 j_2 | j_1 + j_2 \; j_1 + j_2 \rangle = 1$;

(ii) eins der j ist Null: $\langle j 0 m 0 | j m \rangle = 1$ oder $\begin{pmatrix} j & j & 0 \\ m & -m & 0 \end{pmatrix} = \frac{(-)^{j-m}}{\sqrt{2j+1}}$;

(iii) $m_1 = m_2 = m_3 = 0$:

wenn $l_1 + l_2 + l_3$ ungerade ist, so ist $\begin{pmatrix} l_1 & l_2 & l_3 \\ 0 & 0 & 0 \end{pmatrix} = 0$; (C.23 a)

wenn $2p \equiv l_1 + l_2 + l_3$ gerade ist, so ist $\begin{pmatrix} l_1 & l_2 & l_3 \\ 0 & 0 & 0 \end{pmatrix} = (-)^p \sqrt{\Delta(l_1 l_2 l_3)} \frac{p!}{(p-l_1)!\,(p-l_2)!\,(p-l_3)!}$ (C.23 b)

(l_1, l_2, l_3 sind ganzzahlig und größer oder gleich Null und erfüllen die „Dreiecksungleichungen".)

Sonderfälle der Racah-Formel

Die folgenden Formeln bzw. die daraus durch die Symmetrieregeln hergeleiteten liefern die C.-G.-Koeffizienten für die Fälle:

(i) $m_1 = \pm j_1$ oder $m_2 = \pm j_2$ oder $M = \pm J$:

$$\begin{aligned} \langle j_1 j_2 m_1 m_2 | J J \rangle &= \langle j_2 j_1 -m_2 \; -m_1 | J \; -J \rangle \\ &= (-)^{j_1-m_1} \sqrt{\frac{(2J+1)!\,(j_1+j_2-J)!}{(j_1+j_2+J+1)!\,(J+j_1-j_2)!\,(J+j_2-j_1)!}} \sqrt{\frac{(j_1+m_1)!\,(j_2+m_2)!}{(j_1-m_1)!\,(j_2-m_2)!}} \\ & \qquad (m_1 + m_2 = J)\,; \end{aligned} \tag{C.24}$$

(ii) ein j ist die Summe der beiden anderen:

Wenn $J = j_1 + j_2$, dann ist

$$\langle j_1 j_2 m_1 m_2 | J M \rangle = \sqrt{\frac{(2j_1)!\,(2j_2)!}{(2J)!}} \sqrt{\frac{(J+M)!\,(J-M)!}{(j_1+m_1)!\,(j_1-m_1)!\,(j_2+m_2)!\,(j_2-m_2)!}} \tag{C.25}$$

$$\langle J j_2 M \; -m_2 | j_1 m_1 \rangle = (-)^{j_2-m_2} \sqrt{\frac{2j_1+1}{2J+1}} \langle j_1 j_2 m_1 m_2 | J M \rangle. \tag{C.26}$$

Tabellen für die 3 j-Symbole

Die folgenden Tabellen liefern für das Symbol

$$\begin{pmatrix} j & s & (j+e) \\ m & \mu & (-m-\mu) \end{pmatrix}$$

die Ausdrücke in Abhängigkeit von j und m, und zwar für

$$s = 0, \tfrac{1}{2}, 1, \tfrac{3}{2}, 2$$
$$0 \leqslant e \leqslant s \qquad 0 \leqslant \mu \leqslant s.$$

Unter Verwendung der Symmetrieregeln kann man mit ihnen jeden C.-G.-Koeffizienten berechnen, bei dem ein j gleich 0, 1/2, 1, 3/2 oder 2 ist.

Tabelliert ist die durch:

$$\begin{pmatrix} j & s & (j+e) \\ m & \mu & (-m-\mu) \end{pmatrix} = (-)^{j+m} \sqrt{\frac{(2j+e-s)!}{(2j+e+s+1)!} \frac{(j+m+\mu+e)!}{(j+m)!}} \, \Phi^{s}_{\mu e} \qquad \text{(C.27)}$$

definierte Funktion $\Phi^{s}_{\mu e}(j, m)$.

$s = 0$

$\Phi^{0}_{00} = 1$

$s = \frac{1}{2}$

$\Phi^{\frac{1}{2}}_{\frac{1}{2}\frac{1}{2}} = 1$

$s = 1$

Tabelle von $\Phi^{1}_{\mu e}$

	$e = 0$	$e = 1$
$\mu = 0$	$-2m$	$-\sqrt{2(j-m+1)}$
$\mu = 1$	$-\sqrt{2(j-m)}$	1

$s = \frac{3}{2}$

Tabelle von $\Phi^{\frac{3}{2}}_{\mu e}$

	$e = \frac{1}{2}$	$e = \frac{3}{2}$
$\mu = \frac{1}{2}$	$j - 3m$	$-\sqrt{3(j-m+1)}$
$\mu = \frac{3}{2}$	$-\sqrt{3(j-m)}$	1

$s = 2$

Tabelle von $\Phi^{2}_{\mu e}$

	$e = 0$	$e = 1$	$e = 2$
$\mu = 0$	$2[3m^2 - j(j+1)]$	$2m\sqrt{6(j-m+1)}$	$\sqrt{6(j-m+2)(j-m+1)}$
$\mu = 1$	$(2m+1)\sqrt{6(j-m)}$	$2(j-2m)$	$-2\sqrt{j-m+1}$
$\mu = 2$	$\sqrt{6(j-m)(j-m-1)}$	$-2\sqrt{(j-m)}$	1

C.2 Racah-Koeffizienten und 6-j-Symbole

C.2.1. Definition und Bezeichnungen

Kopplung von drei Drehimpulsen

J, Gesamtdrehimpuls eines Systems, das durch die Vereinigung von drei verschiedenen Systemen mit den Drehimpulsen j, j' und j'' entsteht:

$$J = j + j' + j''.$$

In dem von den Vektoren $|m\, m'\, m''\rangle \equiv |jm\rangle\, |j'\, m'\rangle\, |j''\, m''\rangle$ (j, j', j'' gegeben; m, m', m'' veränderlich) aufgespannten $(2j+1)\,(2j'+1)\,(2j''+1)$-dimensionalen Raum ist der Unterraum zum Drehimpuls (JM) unter Umständen mehr als eindimensional ($2J$ und $2M$, ganzzahlige Quantenzahlen mit derselben Parität wie $2(j+j'+j'')$; $\min |j \pm j' \pm j''| \leqslant J \leqslant j+j'+j''$; $-J \leqslant M \leqslant +J$).

Die folgenden Kopplungsarten [s)] ermöglichen die Konstruktion von zwei im allgemeinen verschiedenen Basissystemen in diesem Unterraum:

a) $j' + j = g'$, $g' + j'' = J$ (Abb. C.1 a) – Vektoren $|(j'\, j)\, g', j''; JM\rangle$

$$|(j'\, j)\, g', j''\,;\, JM\rangle = \sum_{\substack{mm'm''\\ \mu'}} |m\, m'\, m''\rangle\, \langle j'\, j\, m'\, m | g'\, \mu'\rangle\, \langle g'\, j''\, \mu'\, m'' | JM\rangle$$

b) $j + j'' = g''$, $j' + g'' = J$ (Abb. C.1 b) – Vektoren $|j', (j\, j'')\, g''; JM\rangle$

$$|j', (j\, j'')\, g''\,;\, JM\rangle = \sum_{\substack{mm'm''\\ \mu''}} |m\, m'\, m''\rangle\, \langle j\, j''\, m\, m'' | g''\, \mu''\rangle\, \langle j'\, g''\, m'\, \mu'' | JM\rangle.$$

s) Man beachte die Reihenfolge der Vektoren, die man miteinander koppelt. Ändert man diese Reihenfolge, indem man z.B. bei der Kopplung (a) j mit j'' vertauscht, so ändert sich unter Umständen das Vorzeichen des resultierenden Vektors.

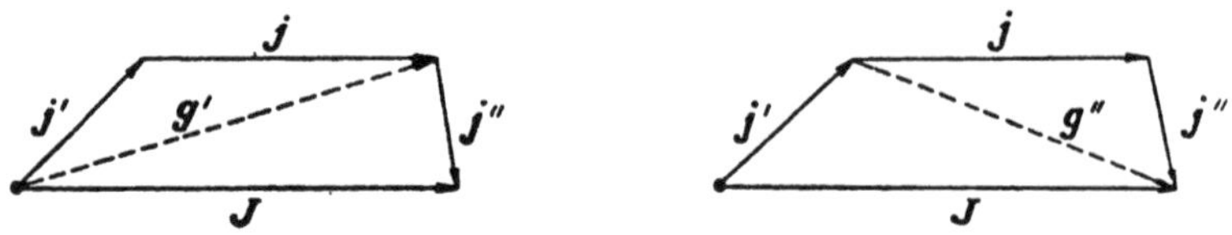

a) $j' + j = g'$, $g' + j'' = J$ b) $j + j'' = g''$, $j' + g'' = J$

Abb. C.1: $J = j + j' + j''$. Verschiedene Kopplungsarten.

Durch unitäre Transformation gelangt man von einem Basissystem zum anderen.

Definition der Wignerschen 6 j-Symbole

Sie hängen mit den Koeffizienten dieser Transformation durch die Beziehung

$$\langle j', (j\, j'')\, g''\,;\, JM | (j'\, j)\, g', j''\,;\, J'\, M' \rangle = \delta_{JJ'}\, \delta_{MM'} \sqrt{(2g'+1)(2g''+1)}\, (-)^{j+j'+j''+J} \begin{Bmatrix} j' & j & g' \\ j'' & J & g'' \end{Bmatrix} \tag{C.28}$$

zusammen, d.h. es ist:

$$|(j'\, j)\, g', j''\,;\, JM\rangle = \sum_{g''} |j', (j\, j'')\, g''\,;\, JM\rangle \sqrt{(2g'+1)(2g''+1)}\, (-)^{j+j'+j''+J} \begin{Bmatrix} j' & j & g' \\ j'' & J & g'' \end{Bmatrix} \tag{C.29}$$

W-Koeffizienten von Racah [6]

Racah verwendet die *W*-Koeffizienten, die sich von den 6 *j*-Symbolen durch das Vorzeichen unterscheiden:

$$\begin{Bmatrix} j_1 & j_2 & j_3 \\ J_1 & J_2 & J_3 \end{Bmatrix} = (-)^{j_1+j_2+J_1+J_2}\, W(j_1\, j_2\, J_2\, J_1\,;\, j_3\, J_3). \tag{C.30}$$

Zugeordnete Koeffizienten

In den Ausdrücken für Winkelverteilungen begegnet man manchmal den Koeffizienten $Z\,(L J L' J'; j\lambda)$ und $F_\lambda\,(L\, L'\, J_1 J_2)$, für die es ausführliche Tabellen gibt und die durch die folgende Beziehung definiert sind:

$$Z(L\, J\, L'\, J'\,;\, j\, \lambda) = (-)^{J+J'+\frac{1}{2}(L'-L+\lambda)} \sqrt{(2L+1)(2L'+1)(2J+1)(2J'+1)(2\lambda+1)} \times \begin{pmatrix} L & L' & \lambda \\ 0 & 0 & 0 \end{pmatrix} \begin{Bmatrix} L & L' & \lambda \\ J' & J & j \end{Bmatrix}. \tag{C.31 a}$$

$$F_\lambda(L\, L'\, J_1\, J_2) = (-)^{J_1+J_2-1} \sqrt{(2L+1)(2L'+1)(2J_2+1)(2\lambda+1)} \begin{pmatrix} L & L' & \lambda \\ 1 & -1 & 0 \end{pmatrix} \begin{Bmatrix} L & L' & \lambda \\ J_2 & J_2 & J_1 \end{Bmatrix}. \tag{C.31 b}$$

[6] *Racah*, a.a.O. Die Vorzeichenfaktoren verschwinden, wenn man für die 6 *j*-Symbole die *W*-Koeffizienten substituiert. Für die 6 *j*-Symbole gelten jedoch einfachere Symmetriebeziehungen (s. Abschnitt C.2.2).

Die Koeffizienten $F_\lambda(L\,L'\,J_1 J_2)$ treten insbesondere dann auf, wenn die Reaktionsprodukte Teilchen mit dem Spin 1 enthalten und man die Polarisation nicht beobachtet.

Das den 6 j-Symbolen zugeordnete Tetraeder

Zur einfacheren Handhabung der W-Koeffizienten oder der 6 j-Symbole ist es zweckmäßig, jedem Symbol $\begin{Bmatrix} j' & j & g' \\ j'' & J & g'' \end{Bmatrix}$ ein Tetraeder zuzuordnen, bei dem jede Kante einen der sechs Drehimpulse repräsentiert. Zwei gegenüberliegende Kanten gehören zu den beiden Drehimpulsen einer Spalte. Die drei Drehimpulse der ersten Zeile entsprechen den Kanten einer Tetraederfläche. Weiter entsprechen jeder Fläche drei Drehimpulse, die man durch Vektoraddition der beiden anderen erhält, so wie es die Definition des 6 j-Symbols verlangt.

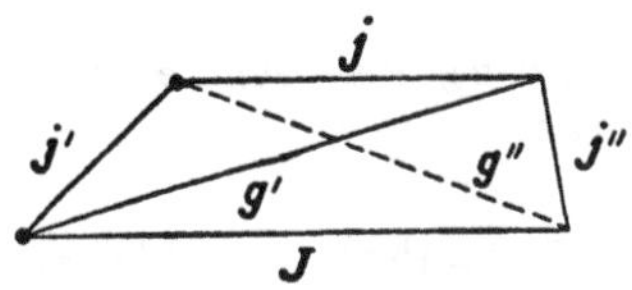

Abb. C.2: Das dem Symbol $\begin{Bmatrix} j' & j & g' \\ j'' & J & g'' \end{Bmatrix}$ zugeordnete Tetraeder.

C.2.2. Grundlegende Eigenschaften der 6-j-Symbole

Reellität: Die 6 j-Symbole sind sämtlich reell.

Auswahlregeln

Damit $\begin{Bmatrix} j_1 & j_2 & j_3 \\ J_1 & J_2 & J_3 \end{Bmatrix} \neq 0$ ist, ist *notwendig*, daß jede Fläche des Tetraeders drei Drehimpulse so repräsentiert, daß einer von ihnen tatsächlich die Summe der beiden anderen sein kann. Mit anderen Worten ist notwendig, daß die Elemente jedes der Tripel

$$(j_1\,j_2\,j_3) \quad (j_1\,J_2 J_3) \quad (J_1 j_2 J_3) \quad (J_1 J_2 j_3)$$

(*i*) die Dreiecksungleichungen erfüllen;

(*ii*) ihre Summe eine ganze Zahl ergeben.

(Anmerkung: Entweder sind die sechs j ganzzahlig oder die drei zu einer Fläche gehörenden j sind ganz oder die beiden zu gegenüberliegenden Kanten gehörenden j sind ganz).

Symmetriebeziehungen

Die 6 j-Symbole bleiben ungeändert

(*i*) bei einer Vertauschung ihrer Spalten, z.B. $\begin{Bmatrix} j_1 & j_2 & j_3 \\ J_1 & J_2 & J_3 \end{Bmatrix} = \begin{Bmatrix} j_2 & j_1 & j_3 \\ J_2 & J_1 & J_3 \end{Bmatrix}$;

(*ii*) bei einer Vertauschung von zwei Elementen der ersten Zeile mit den zugehörigen Elementen der zweiten Zeile, z.B. $\begin{Bmatrix} j_1 & j_2 & j_3 \\ J_1 & J_2 & J_3 \end{Bmatrix} = \begin{Bmatrix} J_1 & J_2 & j_3 \\ j_1 & j_2 & J_3 \end{Bmatrix}$.

Zur Definition eines 6 j-Symbols genügt es mit anderen Worten, die sechs Drehimpulse und ihre gegenseitige Lage auf dem zugehörigen Tetraeder vorzugeben.

Grundlegende Zusammenhänge mit den C.-G.-Koeffizienten

Folgende Zusammenhänge bestehen zwischen dem Symbol $\begin{Bmatrix} j_1 & j_2 & j_3 \\ J_1 & J_2 & J_3 \end{Bmatrix}$ und den C.-G. Koeffizienten, die zu den Tripeln $(j_1 j_2 j_3)$, $(j_1 J_2 J_3)$, $(J_1 j_2 J_3)$, $(J_1 J_2 j_3)$ der vier Tetraederflächen gehören:

$$\sum_{\substack{M_1 M_2 M_3 \\ m_1 m_2}} (-)^{J_1+J_2+J_3+M_1+M_2+M_3} \begin{pmatrix} J_1 & J_2 & j_3 \\ M_1 & -M_2 & m_3 \end{pmatrix} \begin{pmatrix} J_2 & J_3 & j_1 \\ M_2 & -M_3 & m_1 \end{pmatrix} \begin{pmatrix} J_3 & J_1 & j_2 \\ M_3 & -M_1 & m_2 \end{pmatrix} \begin{pmatrix} j_1 & j_2 & j_3' \\ m_1 & m_2 & m_3' \end{pmatrix}$$
$$= \delta_{j_3 j_3'} \delta_{m_3 m_3'} \frac{1}{2j_3+1} \begin{Bmatrix} j_1 & j_2 & j_3 \\ J_1 & J_2 & J_3 \end{Bmatrix}. \tag{C.32}$$

(Anmerkung: Diese Summe läuft nur über zwei Indizes, denn die M und die m hängen voneinander ab).

$$\sum_{M_1 M_2 M_3} (-)^{J_1+J_2+J_3+M_1+M_2+M_3} \begin{pmatrix} J_1 & J_2 & j_3 \\ M_1 & -M_2 & m_3 \end{pmatrix} \begin{pmatrix} J_2 & J_3 & j_1 \\ M_2 & -M_3 & m_1 \end{pmatrix} \begin{pmatrix} J_3 & J_1 & j_2 \\ M_3 & -M_1 & m_2 \end{pmatrix}$$
$$= \begin{pmatrix} j_1 & j_2 & j_3 \\ m_1 & m_2 & m_3 \end{pmatrix} \begin{Bmatrix} j_1 & j_2 & j_3 \\ J_1 & J_2 & J_3 \end{Bmatrix}. \tag{C.33}$$

(Diese Summe läuft tatsächlich nur über einen Index).

$$\sum_{g m_g} (-)^{g+m_g} (2g+1) \begin{Bmatrix} j_1 & J_1 & g \\ J_2 & j_2 & f \end{Bmatrix} \begin{pmatrix} j_1 & J_1 & g \\ m_1 & M_1 & -m_g \end{pmatrix} \begin{pmatrix} j_2 & J_2 & g \\ m_2 & M_2 & m_g \end{pmatrix}$$
$$= (-)^{j_2+J_1+f+g} \sum_{m_f} (-)^{f+m_f} \begin{pmatrix} j_1 & j_2 & f \\ m_1 & m_2 & -m_f \end{pmatrix} \begin{pmatrix} J_1 & J_2 & f \\ M_1 & M_2 & m_f \end{pmatrix}. \tag{C.34}$$

(Die Summen über m_g und m_f enthalten jeweils nur einen Term).

Racah-Eliott-Relationen und Orthogonalitätsrelation

$$\sum_x (-)^{2x} (2x+1) \begin{Bmatrix} a & b & x \\ a & b & f \end{Bmatrix} = 1. \tag{C.35 a}$$

$$\sum_x (-)^{a+b+x} (2x+1) \begin{Bmatrix} a & b & x \\ b & a & f \end{Bmatrix} = \delta_{f_0} \sqrt{(2a+1)(2b+1)}. \tag{C.35 b}$$

$$\sum_x (2x+1) \begin{Bmatrix} a & b & x \\ c & d & f \end{Bmatrix} \begin{Bmatrix} c & d & x \\ a & b & g \end{Bmatrix} = \delta_{fg} \frac{1}{2f+1}. \tag{C.35 c}$$

$$\sum_x (-)^{f+g+x} (2x+1) \begin{Bmatrix} a & b & x \\ c & d & f \end{Bmatrix} \begin{Bmatrix} c & d & x \\ b & a & g \end{Bmatrix} = \begin{Bmatrix} a & d & f \\ b & c & g \end{Bmatrix}. \tag{C.35 d}$$

$$\sum_x (-)^{a+b+c+d+e+f+g+h+x+j} (2x+1) \begin{Bmatrix} a & b & x \\ c & d & g \end{Bmatrix} \begin{Bmatrix} c & d & x \\ e & f & h \end{Bmatrix} \begin{Bmatrix} e & f & x \\ b & a & j \end{Bmatrix} = \begin{Bmatrix} g & h & j \\ e & a & d \end{Bmatrix} \begin{Bmatrix} g & h & j \\ f & b & c \end{Bmatrix}. \tag{C.35 e}$$

C.2.3. Racah-Formel und Tabellen

Die Racah-Formel

$$\begin{Bmatrix} j_1 & j_2 & j_3 \\ J_1 & J_2 & J_3 \end{Bmatrix} = [\Delta(j_1 j_2 j_3)\, \Delta(j_1 J_2 J_3)\, \Delta(J_1 j_2 J_3)\, \Delta(J_1 J_2 j_3)]^{\frac{1}{2}}$$
$$\times \sum_t \frac{(-)^t (t+1)!}{\begin{array}{c}(t-j_1-j_2-j_3)!\,(t-j_1-J_2-J_3)!\,(t-J_1-j_2-J_3)!\,(t-J_1-J_2-j_3)! \\ \times (j_1+j_2+J_1+J_2-t)!\,(j_2+j_3+J_2+J_3-t)!\,(j_3+j_1+J_3+J_1-t)!\end{array}} \tag{C.36}$$

Es gilt dieselbe Definition von $\Delta(a\,b\,c)$ und dieselbe Vereinbarung über die Summation wie bei der Formel (C.22). Die Anzahl der Summanden ist gleich $1 + \sigma$, wobei σ die kleinste der zwölf Zahlen

$$\begin{array}{cccc} j_1+j_2-j_3 & j_1+J_2-J_3 & J_1+j_2-J_3 & J_1+J_2-j_3 \\ j_2+j_3-j_1 & J_2+J_3-j_1 & j_2+J_3-J_1 & J_2+j_3-J_1 \\ j_3+j_1-j_2 & J_3+j_1-J_2 & J_3+J_1-j_2 & j_3+J_1-J_2 \end{array}$$

ist.

Sonderfälle

(i) Ein j ist *Null:*

$$\begin{Bmatrix} j & j' & 0 \\ J & J' & g \end{Bmatrix} = (-)^{j+J+g} \frac{\delta_{jj'}\,\delta_{JJ'}}{\sqrt{(2j+1)(2J+1)}} \qquad (|j-J| < g < j+J) \quad \text{(C.37)}$$

(ii) ein j ist gleich 1/2:

$$\begin{Bmatrix} j & j+\frac{1}{2} & \frac{1}{2} \\ J & J+\frac{1}{2} & g+\frac{1}{2} \end{Bmatrix} = (-)^{1+g+j+J} \left[\frac{(1+g+j-J)(1+g-j+J)}{(2j+1)(2j+2)(2J+1)(2J+2)}\right]^{\frac{1}{2}} \quad \text{(C.38)}$$
$$(|j-J| < g < j+J).$$

$$\begin{Bmatrix} j & j+\frac{1}{2} & \frac{1}{2} \\ J+\frac{1}{2} & J & g \end{Bmatrix} = (-)^{1+g+j+J} \left[\frac{(1-g+j+J)(2+g+j+J)}{(2j+1)(2j+2)(2J+1)(2J+2)}\right]^{\frac{1}{2}} \quad \text{(C.39)}$$
$$(|j-J| < g < j+J).$$

C.3 9-j-Symbole

C.3.1. Definition und grundlegende Eigenschaften

Kopplung von vier Drehimpulsen und Definitionen der 9 j-Symbole

J, Gesamtdrehimpuls eines Systems, das durch die Vereinigung von vier verschiedenen Systemen mit den Drehimpulsen j_1, j_2, j_3, j_4 entsteht:

$$J = j_1 + j_2 + j_3 + j_4.$$

In dem von den Vektoren

$$|m_1\, m_2\, m_3\, m_4> \equiv \prod_{i=1}^{4} |j_i\, m_i> \quad (j_i \text{ fest, } m_i \text{ veränderlich})$$

aufgespannten $\prod_{i=1}^{4}(2j_i+1)$-dimensionalen Raum führen die beiden folgenden Kopplungen zu zwei verschiedenen Basissystemen des Unterraumes zum Drehimpuls (JM):

a) $\boldsymbol{j}_1 + \boldsymbol{j}_2 = \boldsymbol{J}_{12} \qquad \boldsymbol{j}_3 + \boldsymbol{j}_4 = \boldsymbol{J}_{34} \qquad \boldsymbol{J}_{12} + \boldsymbol{J}_{34} = \boldsymbol{J}$
Vektoren $|(j_1\, j_2)\, J_{12}, j_3\, j_4 (J_{34})\,;\, JM>$;

b) $\boldsymbol{j}_1 + \boldsymbol{j}_3 = \boldsymbol{J}_{13} \qquad \boldsymbol{j}_2 + \boldsymbol{j}_4 = \boldsymbol{J}_{24} \qquad \boldsymbol{J}_{13} + \boldsymbol{J}_{24} = \boldsymbol{J}$
Vektoren $|(j_1\, j_3)\, J_{13}, (j_2\, j_4)\, J_{24}\,;\, JM>$.

Bis auf eine Konstante sind die Wignerschen 9 j-Symbole die Koeffizienten der unitären Transformation, die von einer Basis zur anderen führen. Man definiert:

$$\langle (j_1 j_2) J_{12}, (j_3 j_4) J_{34}; JM | (j_1 j_3) J_{13}, (j_2 j_4) J_{24}; J' M' \rangle$$
$$= \delta_{JJ'} \delta_{MM'} \sqrt{(2J_{12}+1)(2J_{34}+1)(2J_{13}+1)(2J_{24}+1)} \begin{Bmatrix} j_1 & j_2 & J_{12} \\ j_3 & j_4 & J_{34} \\ J_{13} & J_{24} & J \end{Bmatrix} \tag{C.40 a}$$

Andere Definition:

$$\langle [(j_1 j_2) J_{12}, j_3] J_{123} j_4; JM | [(j_4 j_2) J_{42}, j_3] J_{423} j_1; J' M' \rangle \tag{C.40 b}$$
$$= (-)^{J_{423}+j_1-J_{123}-j_4} \delta_{JJ'} \delta_{MM'} \sqrt{(2J_{12}+1)(2J_{123}+1)(2J_{42}+1)(2J_{423}+1)} \begin{Bmatrix} j_2 & J_{12} & j_1 \\ J_{42} & j_3 & J_{423} \\ j_4 & J_{123} & J \end{Bmatrix}$$

Man verwendet auch die Bezeichnung:

$$\mathbf{X} \begin{pmatrix} j_1 & j_2 & J_{12} \\ j_3 & j_4 & J_{34} \\ J_{13} & J_{24} & J \end{pmatrix} = \begin{Bmatrix} j_1 & j_2 & J_{12} \\ j_3 & j_4 & J_{34} \\ J_{31} & J_{24} & J \end{Bmatrix}$$

Zusammenhang mit den 3 j-Symbolen

$$\begin{pmatrix} J_{13} & J_{24} & J \\ M_{13} & M_{24} & M \end{pmatrix} \begin{Bmatrix} j_1 & j_2 & J_{12} \\ j_3 & j_4 & J_{34} \\ J_{13} & J_{24} & J \end{Bmatrix} = \sum_{\substack{m_1 m_2 m_3 m_4 \\ M_{12} M_{34}}} \begin{pmatrix} j_1 & j_2 & J_{12} \\ m_1 & m_2 & M_{12} \end{pmatrix} \begin{pmatrix} j_3 & j_4 & J_{34} \\ m_3 & m_4 & M_{34} \end{pmatrix} \begin{pmatrix} j_1 & j_3 & J_{13} \\ m_1 & m_3 & M_{13} \end{pmatrix} \begin{pmatrix} j_2 & j_4 & J_{24} \\ m_2 & m_4 & M_{24} \end{pmatrix} \begin{pmatrix} J_{12} & J_{34} & J \\ M_{12} & M_{34} & M \end{pmatrix} \tag{C.40 c}$$

Symmetriebeziehungen

$$\begin{Bmatrix} J_1 & J_2 & J_3 \\ J_4 & J_5 & J_6 \\ J_7 & J_8 & J_9 \end{Bmatrix}$$

wird

(i) mit $(-)^R$ multipliziert, $R = \sum_{i=1}^{9} J_i$, wenn man zwei Zeilen oder zwei Spalten vertauscht, und

bleibt

(ii) ungeändert bei Spiegelung an den Diagonalen.

Orthogonalitätsrelation

$$\sum_{J_{13} J_{24}} (2J_{13}+1)(2J_{24}+1) \begin{Bmatrix} j_1 & j_2 & J_{12} \\ j_3 & j_4 & J_{34} \\ J_{13} & J_{24} & J \end{Bmatrix} \begin{Bmatrix} j_1 & j_2 & J'_{12} \\ j_3 & j_4 & J'_{34} \\ J_{13} & J_{24} & J \end{Bmatrix} = \frac{\delta_{J_{12} J'_{12}} \delta_{J_{34} J'_{34}}}{(2J_{12}+1)(2J_{34}+1)}.$$

Zusammenhang mit den 6 j-Symbolen

$$\begin{Bmatrix} j_1 & j_2 & J_{12} \\ j_3 & j_4 & J_{34} \\ J_{13} & J_{24} & J \end{Bmatrix} = \sum_g (-)^{2g} (2g+1) \begin{Bmatrix} j_1 & j_2 & J_{12} \\ J_{34} & J & g \end{Bmatrix} \begin{Bmatrix} j_3 & j_4 & J_{34} \\ j_2 & g & J_{24} \end{Bmatrix} \begin{Bmatrix} J_{13} & J_{24} & J \\ g & j_1 & j_3 \end{Bmatrix} \tag{C.41}$$

Ein j ist gleich Null

$$\begin{Bmatrix} j_1 & j_2 & f \\ j_3 & j_4 & f' \\ g & g' & 0 \end{Bmatrix} = \delta_{ff'}\,\delta_{gg'}\,\frac{(-)^{j_2+j_3+f+g}}{\sqrt{(2f+1)(2g+1)}}\begin{Bmatrix} j_1 & j_2 & f \\ j_4 & j_3 & g \end{Bmatrix} \tag{C.42}$$

C.4 Drehmatrizen

C.4.1. Drehungen, Drehoperatoren. $R^{(J)}$-Matrizen

$\mathcal{R}_u(\varphi)$ ≡ Drehung um die u-Achse mit dem Winkel φ

$\mathcal{R}(\alpha\,\beta\,\gamma)$ ≡ Drehung mit den Eulerschen Winkeln (α, β, γ) (C.43)

≡ $\mathcal{R}_Z(\gamma)\ \mathcal{R}_u(\beta)\ \mathcal{R}_z(\alpha)$.

Die Operationen der rechten Seite folgen von *rechts nach links* aufeinander (s. Abb. C.3).

Die zugehörige Matrix: Transformationsmatrix für die Vektorkomponenten (sie wird mit demselben Buchstaben $\mathcal{R}$ wie die Drehung gekennzeichnet).

Ist $V(V_1, V_2, V_3)$ ein beliebiger Vektor und $V'(V_1', V_2', V_3')$ der daraus durch die Drehung $\mathcal{R}$ hervorgehende transformierte Vektor, so hat man:

$V' = \mathcal{R}_{ij}\ V_j$, $\mathcal{R}_{ij}$ Elemente der zugehörigen Matrix.

(*Folgerung:* Transformiert sich der unitäre, in die i-Richtung weisende Vektor a_i in A_j (j = 1, 2 oder 3), so gilt: $A_j \equiv \mathcal{R}[a_j] = a_i \mathcal{R}_{ij}$, $\mathcal{R}_{ij} = a_i \cdot A_j$).

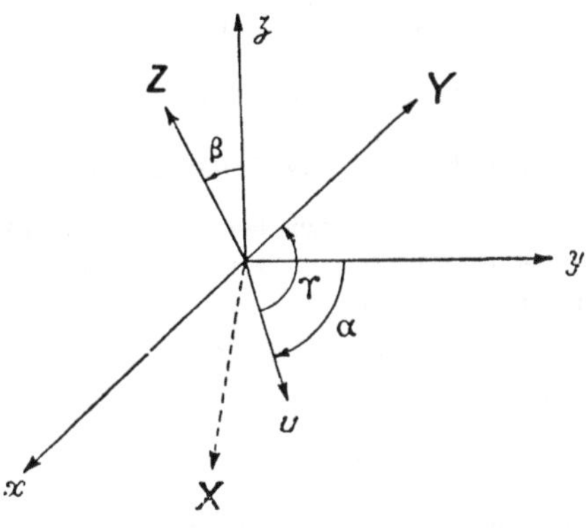

Abb. C.3: Die Eulerschen Winkel
α = (Oy, Ou), β = (Oz, OZ), γ = (Ou, OY).

$$\mathcal{R}^* = \mathcal{R} \qquad \tilde{\mathcal{R}} = \mathcal{R}^{-1} \qquad \det \mathcal{R} = 1 \tag{C.44}$$

$$\mathcal{R}(\alpha\,\beta\,\gamma) \equiv$$

$$\begin{pmatrix} \cos\gamma\cos\beta\cos\alpha - \sin\gamma\sin\alpha & -\sin\gamma\cos\beta\cos\alpha - \cos\gamma\sin\alpha & \sin\beta\cos\alpha \\ \cos\gamma\cos\beta\sin\alpha + \sin\gamma\cos\alpha & -\sin\gamma\cos\beta\sin\alpha + \cos\gamma\cos\alpha & \sin\beta\sin\alpha \\ -\cos\gamma\sin\beta & \sin\gamma\sin\beta & \cos\beta \end{pmatrix} \tag{C.45}$$

Drehoperator: Der unitäre Operator $\mathcal{R}$, der jedem Ket-Vektor seinen durch die Drehung transformierten Vektor zuordnet:

$$\mathcal{R}[|>] \equiv R|> \qquad R^{\dagger}R = RR^{\dagger} = 1. \tag{C.46}$$

Ist Q eine Observable des Quantensystems, so ist:

$$\mathcal{R}[Q] \equiv RQR^{-1}. \tag{C.47}$$

Ist $\boldsymbol{B} \equiv (B_x, B_y, B_z)$ ein dem Quantensystem zugeordneter Vektoroperator ($B_i \equiv \boldsymbol{B}.\boldsymbol{a}_i$), so ist:

$$\mathcal{R}[B_i] \equiv R B_i R^{-1} = (\boldsymbol{B}.\boldsymbol{A}_i) = \widetilde{\mathcal{R}}_{ij}B_j. \tag{C.48}$$

Anmerkung: Hier tritt das Inverse von $\mathcal{R}$ und nicht $\mathcal{R}$ selbst auf.

Wendet man die Formel (C.48) auf die Transformation der Komponenten des Drehimpulses J bei der Drehung $\mathcal{R}(\alpha\beta\gamma)$ an, so erhält man:

$$R J_{\pm} R^{-1} = e^{\mp i\gamma}\left[\frac{1+\cos\beta}{2}e^{\mp i\alpha}J_{\pm} - \frac{1-\cos\beta}{2}e^{\pm i\alpha}J_{\mp} - \sin\beta\, J_z\right] \tag{C.49 a}$$

$$R J_z R^{-1} = \tfrac{1}{2}\sin\beta\,(e^{-i\alpha}J_+ + e^{i\alpha}J_-) + \cos\beta\, J_z. \tag{C.49 b}$$

Die Abhängigkeit vom Gesamtdrehimpuls J

Infinitesimale Drehung:

$$R_u(\epsilon) = 1 - i\epsilon(\boldsymbol{J}.\boldsymbol{u}) \qquad (\epsilon \ll 1). \tag{C.50}$$

Endliche Drehungen:

$$R_u(\varphi) = e^{-i\varphi(\boldsymbol{J}.\boldsymbol{u})} \tag{C.51}$$

$$R(\alpha\beta\gamma) = e^{-i\alpha J_z}e^{-i\beta J_y}e^{-i\gamma J_z}. \tag{C.52}$$

Zusammenhang zwischen Drehungen und Drehoperatoren

Der Zusammenhang zwischen infinitesimalen Drehungen und den Operatoren R, die sich vom Einheitsoperator infinitesimal unterscheiden, ist umkehrbar eindeutig. Für endliche Drehungen gilt dies nicht notwendig.

Zu jeder endlichen Drehung $\mathcal{R}$ gehören im allgemeinen zwei Drehungen R' und R'', die durch die Beziehung

$$R'' = D R'$$

miteinander zusammenhängen. Der Operator D ist hierbei erklärt durch:

$$D = \begin{cases} +1 & \text{wenn } J \text{ ganzzahlig} \\ -1 & \text{wenn } J \text{ halbzahlig.} \end{cases}$$

Damit $R' = R''$ ist, muß notwendig der Zustandsraum aus Zuständen zu ausschließlich ganzzahligem J gebildet sein.

$$R_u(2\pi) = D$$
$$R_u(4\pi) = 1.$$

Sind $(\alpha\beta\gamma)$ und $(\alpha_1\beta_1\gamma_1)$ zwei Sätze von Eulerschen Winkeln, die dieselbe Drehung definieren (Gl. (13.42)), so ist:

$$R(\alpha_1\beta_1\gamma_1) = D^{n_\alpha+n_\beta+n_\gamma} R(\alpha\beta\gamma). \tag{C.53}$$

Drehmatrizen $R^{(J)}(\alpha\beta\gamma)$

Elemente der $(2J+1)$-dimensionalen Matrix:

$$\begin{aligned} R^{(J)}_{MM'}(\alpha\beta\gamma) &\equiv \langle JM|R(\alpha\beta\gamma)|JM'\rangle \\ &\equiv \langle JM|\, e^{-i\alpha J_z}\, e^{-i\beta J_y}\, e^{-i\gamma J_z}\,|JM'\rangle. \end{aligned} \tag{C.54}$$

Die Vektoren $|JM\rangle$ (J fest, $M = -J, \ldots, +J$) sind $(2J+1)$ Eigenvektoren von J^2 und J_z, die sich auseinander durch die Beziehungen (C.6) ergeben.

$r^{(J)}(\beta)$*-Matrix*

$$\begin{aligned} r^{(J)}(\beta) &\equiv R^{(J)}(0,\beta,0) \\ r^{(J)}_{MM'}(\beta) &\equiv \langle JM|\, e^{-i\beta J_y}\,|J M'\rangle \end{aligned} \tag{C.55}$$

$$R^{(J)}_{MM'}(\alpha\beta\gamma) = e^{-i\alpha M}\, r^{(J)}_{MM'}(\beta)\, e^{-i\gamma M'}. \tag{C.56}$$

C.4.2. Allgemeine Eigenschaften der $R^{(J)}$-Matrizen

Inverse Matrix: $[R^{(J)}(\alpha\beta\gamma)]^{-1} = R^{(J)}(-\gamma, -\beta, -\alpha).$ (C.57)

Determinante: $\det R^{(J)} = 1.$ (C.58)

$$R^{(J)}_u(2\pi) = (-)^{2J}. \tag{C.59}$$

Zu jedem Satz von Eulerschen Winkeln gehört eine einzige $R^{(J)}$-Matrix.

Zu jeder Drehung $\mathcal{R}$ gehört genau eine Matrix $R^{(J)}$, falls J ganzzahlig ist, zu ihr gehören zwei Matrizen, die sich im Vorzeichen voneinander unterscheiden, falls J halbzahlig ist.

Reellität: $r^{(J)}(\beta)$ ist eine reelle Matrix.

Drehungen um π *um die Achsen*

Bezeichnungen: $X, Y, Z \equiv$ Drehoperatoren zum Winkel $+\pi$ um die x-, y- bzw. die z-Achse.

$$X^2 = Y^2 = Z^2 = XYZ = (-)^{2J}. \tag{C.60}$$

$$X|JM\rangle = e^{-i\pi J}|J\ {-M}\rangle, \quad \text{und hieraus} \quad X^{(J)}_{MM'} = e^{-i\pi J}\,\delta_{M\,-M'}. \tag{C.61}$$

$$Y|JM\rangle = (-)^{J-M}|J\ {-M}\rangle, \quad \text{und hieraus} \quad Y^{(J)}_{MM'} = (-)^{J+M}\,\delta_{M\,-M'}. \tag{C.62}$$

$$Z|JM\rangle = e^{-i\pi M}|JM\rangle, \quad \text{und hieraus} \quad Z^{(J)}_{MM'} = e^{-i\pi M}\,\delta_{MM'}. \tag{C.63}$$

Transformation des Drehimpulsoperators bei der Drehung Y:

$$YJ_xY^\dagger = -J_x \quad YJ_yY^\dagger = J_y \quad YJ_zY^\dagger = -J_z \quad YJ_\pm Y^\dagger = -J_\mp$$

und hieraus folgt

$$Y R^{(J)} Y^\dagger = R^{(J)*}. \tag{C.64}$$

Symmetriebeziehungen (hergeleitet aus (C.62) und (C.64)):

$$r^{(J)}_{MM'} = (-)^{M-M'}\, r^{(J)}_{-M,\,-M'}. \tag{C.65}$$

$$R^{(J)*}_{MM'} = (-)^{M-M'}\, R^{(J)}_{-M,\,-M'}. \tag{C.66}$$

Unitaritäts- und Orthogonalitätsrelationen

Aus $R^{(J)\dagger} = R^{(J)-1}$ ergeben sich die Unitaritätsrelationen:

$$\sum_M R^{(J)}_{MM'}\, R^{(J)*}_{MM''} = \delta_{M'M''} \qquad \sum_M R^{(J)}_{M'M}\, R^{(J)*}_{M''M} = \delta_{M'M''} \tag{C.67}$$

und bei Beachtung der Symmetriebeziehungen die Orthogonalitätsrelationen:

$$\begin{aligned}&\sum_M (-)^{J+M}\, R^{(J)}_{MM'}\, R^{(J)}_{-M-M''} = (-)^{J+M'}\, \delta_{M'M''}\\ &\sum_M (-)^{J+M}\, R^{(J)}_{M'M}\, R^{(J)}_{-M''-M} = (-)^{J+M'}\, \delta_{M'M''}.\end{aligned} \tag{C.68}$$

Reduzierungs- und Zusammensetzungsformeln

Die in den folgenden Formeln auftretenden Matrizen $R^{(j_1)}$, $R^{(j_2)}$, $R^{(J)}$ gehören zu denselben Eulerschen Winkeln.

Reduzierung des tensoriellen Produkts $R^{(j_1)} \otimes R^{(j_2)}$:

$$R^{(j_1)}_{m_1 m_1'}\, R^{(j_2)}_{m_2 m_2'} = \sum_{J=|j_1-j_2|}^{j_1+j_2}\ \sum_{M,M'=-J}^{+J} \langle j_1 j_2 m_1 m_2 | JM\rangle\, R^{(J)}_{MM'}\, \langle j_1 j_2 m_1' m_2' | J M'\rangle. \tag{C.69}$$

Zusammensetzungsformel:

$$R^{(J)}_{MM'} = \sum_{m_1, m_1'=-j_1}^{+j_1}\ \sum_{m_2, m_2'=-j_2}^{+j_2} \langle j_1 j_2 m_1 m_2 | JM\rangle\, R^{(j_1)}_{m_1 m_1'}\, R^{(j_2)}_{m_2 m_2'}\, \langle j_1 j_2 m_1' m_2' | J M'\rangle. \tag{C.70}$$

Speziell gilt für $J = j_1 + j_2$

$$\begin{aligned} R^{(J)}_{JJ} &= R^{(j_1)}_{j_1 j_1}\, R^{(j_2)}_{j_2 j_2}\\ R^{(J)}_{J,-J} &= R^{(j_1)}_{j_1,-j_1}\, R^{(j_2)}_{j_2,-j_2}.\end{aligned} \tag{C.71}$$

C.4.3. Berechnung der Matrixelemente $R^{(J)}_{MM'}$

Grundsätzliche Methoden

Falls man die Matrix $r^{(J)}(\beta)$ kennt, kann man aus ihr mit Hilfe der Identität (C.56) leicht die Matrix $R^{(J)}(\alpha\beta\gamma)$ herleiten.

Ist $r^{(J)}$ reell und unitär und besitzt sie die Symmetrieeigenschaft (C.65), so ist:

$$r^{(J)}_{MM'}(\beta) = r^{(J)}_{M'M}(-\beta) = (-)^{M-M'}\, r^{(J)}_{-M-M'}(\beta).$$

Kennt man also die Matrixelemente zu $M \geqslant 0$ und $M \geqslant M'$, so kann man daraus alle anderen herleiten.

Die Matrixelemente zu $M \geqslant 0$ und $M \geqslant M'$ kann man aber

a) mit Hilfe der weiter unten angegebenen Wigner-Formel direkt berechnen;

b) durch Anwendung der Formel (C.70) für die Zusammensetzung aus den Elementen der Matrizen $r^{(j_1)}$ und $r^{(j_2)}$ herleiten, die zu kleineren Drehimpulsen gehören. Insbesondere erhält man alle Matrizen $r^{(J)}$ nacheinander aus $r^{(1/2)}$;

c) durch Anwendung der Rekursionsbeziehungen auseinander herleiten, die sich aus den Gleichungen (C.49) ergeben.

Wigner-Formel

Wir setzen:

$$\xi \equiv \cos \tfrac{1}{2}\beta, \qquad \eta \equiv \sin \tfrac{1}{2}\beta.$$

Es ist:

$$r^{(J)}_{MM'} = \sum_t (-)^t \frac{\sqrt{(J+M)!\,(J-M)!\,(J+M')!\,(J-M')!}}{(J+M-t)!\,(J-M'-t)!\,t!\,(t-M+M')!} \times \xi^{2J+M-M'-2t}\,\eta^{2t-M+M'}. \tag{C.72}$$

Bei der Summation gilt dieselbe Vereinbarung wie bei der Formel (C.21). Die Anzahl der Summanden ist gleich $1 + \tau$, wobei τ die kleinste der vier Zahlen $J \pm M$, $J \pm M'$ ist.

$r^{(J)}_{MM'}$ ist ein homogenes Polynom vom Grade $2J$ in den Variablen ξ und η.

Sonderfälle für die Wigner-Formel

$$\begin{aligned} r^{(J)}_{MJ} &= (-)^{J-M}\, r^{(J)}_{JM} = r^{(J)}_{-J\,-M} = (-)^{J-M}\, r^{(J)}_{-M\,-J} \\ &= \sqrt{\frac{(2J)!}{(J+M)!\,(J-M)!}}\, \xi^{J+M}\, \eta^{J-M} \\ r^{(J)}_{JJ} &= r^{(J)}_{-J\,-J} = \xi^{2J} \qquad r^{(J)}_{J\,-J} = (-)^{2J}\, r^{(J)}_{J\,-J} = \eta^{2J}. \end{aligned} \tag{C.73}$$

Fall $J = 1/2$:

$$R^{1/2}(\alpha\,\beta\,\gamma) = \begin{pmatrix} e^{-\frac{1}{2}i\alpha} \cos \tfrac{1}{2}\beta\, e^{-\frac{1}{2}i\gamma} & -e^{-\frac{1}{2}i\alpha} \sin \tfrac{1}{2}\beta\, e^{+\frac{1}{2}i\gamma} \\ e^{+\frac{1}{2}i\alpha} \sin \tfrac{1}{2}\beta\, e^{-\frac{1}{2}i\gamma} & e^{+\frac{1}{2}i\alpha} \cos \tfrac{1}{2}\beta\, e^{+\frac{1}{2}i\gamma} \end{pmatrix} \tag{C.74}$$

(In diesem Ausdruck gehören die Zeilen von oben nach unten und die Spalten von links nach rechts zu $M = ½, -½$).

C.4.4. Ganzzahlige Werte von J ($J = l$) und Drehung der Kugelflächenfunktionen

Fall $l = 1$

$$r^{(1)}(\beta) = \begin{pmatrix} \tfrac{1}{2}(1+\cos\beta) & -\tfrac{1}{2}\sqrt{2}\sin\beta & \tfrac{1}{2}(1-\cos\beta) \\ \tfrac{1}{2}\sqrt{2}\sin\beta & \cos\beta & -\tfrac{1}{2}\sqrt{2}\sin\beta \\ \tfrac{1}{2}(1-\cos\beta) & \tfrac{1}{2}\sqrt{2}\sin\beta & \tfrac{1}{2}(1+\cos\beta) \end{pmatrix} \tag{C.75}$$

(In diesem Ausdruck gehören die Zeilen von oben nach unten und die Spalten von links nach rechts zu $M = +1, 0, -1$).

Drehung der Kugelflächenfunktionen

$\omega \equiv (\theta, \varphi)$ Polarwinkel eines Einheitsvektors v in bezug auf das x, y, z-System ($v_1 = \sin\theta\cos\varphi$, $v_2 = \sin\theta\sin\varphi$, $v_3 = \cos\theta$).

$\Omega \equiv (\Theta, \Phi)$ = Polarwinkel desselben Vektors v in bezug auf das X, Y, Z-System.

(α, β, γ) Eulersche Winkel, mit der das x, y, z-System in das X, Y, Z-System gedreht wird [7].

Θ und Φ sind bestimmte Funktionen von θ und φ, während α, β, γ als Parameter auftreten.

$\omega_1 \equiv (\theta_1, \varphi_1)$ Polarwinkel des Vektors $v_1 \equiv \mathcal{R}^{-1}\, v$, in bezug auf das x, y, z-System, der bei der Drehung $\mathcal{R}(\alpha\beta\gamma)$ in v übergeht. Es ist: $\omega_1 = \Omega$.

Die Kugelfunktion $Y_l^m(\omega)$ stellt einen bestimmten Ket-Vektor $|lm\rangle$ in der $\{\omega\}$-Darstellung dar:

$$Y_l^m(\omega) = \langle \omega | lm \rangle.$$

Die Drehung $\mathcal{R}(\alpha\beta\gamma)$ transformiert diesen Ket in einen Ket $R(\alpha\beta\gamma)|lm\rangle$, dessen Komponente in Richtung von v gleich der Komponente von $|lm\rangle$ in Richtung von v_1 ist:

$$Y_l^m(\Omega) \equiv \langle \omega_1 | lm \rangle = \langle \omega | R | lm \rangle.$$

Hieraus ergibt sich die Formel für die *Drehung der Kugelflächenfunktionen:*

$$Y_l^m(\Omega) = \sum_{m'=-l}^{+l} Y_l^{m'}(\omega)\, R_{m'm}^{(l)}(\alpha\,\beta\,\gamma). \tag{C.76}$$

Skalarprodukt und Additionstheorem

Es seien v, v' zwei Einheitsvektoren, ω, ω' ihre Polarwinkel in bezug auf das x, y, z-System, Ω, Ω' die Polarwinkel derselben Vektoren in bezug auf das X, Y, Z-System. Die Beziehung (C.76) und die Unitaritätsrelation für $R^{(l)}$ liefern:

$$\sum_m Y_l^m(\Omega)\; Y_l^{m*}(\Omega') = \sum_m Y_l^m(\omega)\; Y_l^{m*}(\omega'). \tag{C.77}$$

Liegt speziell v' in Z-Richtung, so erhält man das Additionstheorem:

$$\sqrt{\frac{2l+1}{4\pi}}\; Y_l^0(\Omega) \equiv \frac{2l+1}{4\pi} P_l(\cos\Theta) = \sum_{m=-l}^{+l} Y_l^m(\theta, \varphi)\; Y_l^{m*}(\beta, \alpha). \tag{C.78}$$

$r_{mm'}^{(l)}$, *in Abhängigkeit von* $\cos\beta$ *und* $\sin\beta$:

Ist l ganzzahlig und

(*i*) $(-)^{m+m'} = +1$, so ist $r_{mm'}^{(l)}$ = Polynom in $\cos\beta$ vom Grade l;

(*ii*) $(-)^{m+m'} = -1$, so ist $r_{mm'}^{(l)} = \sin\beta \times$ (Polynom in $\cos\beta$ vom Grade $(l-1)$).

---

[7] Zur eindeutigen Festlegung der Eulerschen Winkel stellen wir die Zusatzbedingungen

$$0 \leqslant \alpha \leqslant 2\pi \quad 0 \leqslant \beta \leqslant \pi \quad -\pi \leqslant \gamma \leqslant +\pi$$

(damit wird das u, z, Z-System ein Rechtssystem). Unter dieser Voraussetzung sind

(*i*) die Polarkoordinaten der Z-Achse in bezug auf das x, y, z-System (β, α);

(*ii*) die Polarkoordinaten der z-Achse in bezug auf das X, Y, Z-System $(\beta, \pi - \gamma)$.

Insbesondere ist:

$$r_{ml}^{(l)}(\beta) = \sqrt{\frac{(2l)!}{(l+m)!\,(l-m)!}}\,\frac{1}{2^l}(1+\cos\beta)^m \sin^{l-m}\beta. \tag{C.79}$$

Ausdrücke für $R^{(l)}_{mm'}$, falls m oder m' gleich Null sind:

$$R^{(l)}_{m0}(\alpha\,\beta\,\gamma) = \sqrt{\frac{4\pi}{2l+1}}\; Y_l^{m*}(\beta\,\alpha). \tag{C.80 a}$$

$$R^{(l)}_{0m}(\alpha\,\beta\,\gamma) = (-)^m\sqrt{\frac{4\pi}{2l+1}}\; Y_l^{m*}(\beta\,\gamma). \tag{C.80 b}$$

$$R^{(l)}_{00}(\alpha\,\beta\,\gamma) = P_l(\cos\beta). \tag{C.80 c}$$

C.5 Irreduzible Tensoroperatoren

C.5.1. Definition und grundlegende Eigenschaften

Definition

Tensoroperator ≡ Menge von Operatoren, die sich bei einer Drehung linear ineinander transformieren.

Irreduzibler Tensoroperator: Die $(2k+1)$ Operatoren $T^{(k)}_q$ $(q = -k, \ldots, +k)$ heißen die *Standardkomponenten eines irreduziblen Tensoroperators k-ter Stufe*, $\mathbf{T}^{(k)}$, falls sie sich bei Drehungen gemäß der Formel

$$R T^{(k)}_q R^{-1} = \sum_{q'=-k}^{+k} T^{(k)}_{q'}\, R^{(k)}_{q'q} \tag{C.81}$$

transformieren.

Vektoroperator ≡ irreduzibler Tensoroperator 1. Stufe. Sind seine Komponenten im x, y, z-System V_x, V_y, V_z, so sind seine Standardkomponenten

$$V_+ = -\tfrac{1}{2}\sqrt{2}(V_x + \mathrm{i}V_y) \qquad V_0 = V_z \qquad V_- = \tfrac{1}{2}\sqrt{2}(V_x - \mathrm{i}V_y).$$

Skalarer Operator ≡ irreduzibler Tensoroperator 0. Stufe.

Vertauschungsrelationen mit J

$$[J_\pm, T^{(k)}_q] = \sqrt{k(k+1) - q(q\pm1)}\; T^{(k)}_{q\pm1}. \tag{C.82 a}$$

$$[J_z, T^{(k)}_q] = q\,T^{(k)}_q. \tag{C.82 b}$$

Hermitische Konjugation[8]:

$$\mathbf{S}^{(k)} = \mathbf{T}^{(k)\dagger} \text{ wenn } S^{(k)}_q = (-)^q\, T^{(k)\dagger}_{-q}. \tag{C.83}$$

[8]) Fußnote siehe Seite 536.

Grundeigenschaft (Wigner-Eckart)

$$\begin{aligned}\langle\tau JM|T_q^{(k)}|\tau' J' M'\rangle &= \frac{(-)^{2k}}{\sqrt{2J+1}}\langle\tau J||\mathbf{T}^{(k)}||\tau' J'\rangle\langle J'k\, M'q|JM\rangle\\ &= (-)^{J-M}\langle\tau J||\mathbf{T}^{(k)}||\tau' J'\rangle\begin{pmatrix} J & k & J'\\ -M & q & M'\end{pmatrix}.\end{aligned} \tag{C.84}$$

$\langle\tau J||\mathbf{T}^{(k)}||\tau' J'\rangle$ heißt das *reduzierte Matrixelement* [9].

Es gilt die Konjugationsbeziehung (k ganz):

$$\langle\tau J||\mathbf{T}^{(k)}||\tau' J'\rangle^* = (-)^{J'-J}\langle\tau' J'||\mathbf{T}^{(k)\dagger}||\tau J\rangle. \tag{C.85}$$

Spezielle Tensoroperatoren

Identitätsoperator:

$$\langle\alpha J||\alpha' J'\rangle = \delta_{\alpha\alpha'}\,\delta_{JJ'}\sqrt{2J+1}$$

Gesamtdrehimpuls:

$$\langle\alpha J||J||\alpha' J'\rangle = \delta_{\alpha\alpha'}\,\delta_{JJ'}\sqrt{J(J+1)(2J+1)}.$$

C.5.2. Tensorprodukte von irreduziblen Tensoroperatoren[10]

Definitionen

Es seien $\mathbf{T}^{(k_1)}$, $\mathbf{U}^{(k_2)}$ zwei irreduzible Tensoroperatoren k_1- bzw. k_2-ter Stufe. Man definiert:

$\mathbf{T}^{(k_1)}\otimes\mathbf{U}^{(k_2)}\equiv$ Menge der $(2k_1+1)(2k_2+1)$ (nicht notwendig linear unabhängigen) Operatoren $T_{q_1}^{(k_1)}U_{q_2}^{(k_2)}$. Es ist ein (reduzibler) Tensoroperator.

$\mathbf{V}^{(K)}\equiv\left[\mathbf{T}^{(k_1)}\otimes\mathbf{U}^{(k_2)}\right]_K$, das tensorielle Produkt K-ter Stufe, ist der irreduzible Tensoroperator K-ter Stufe mit den Komponenten

$$V_Q^{(K)} = \sum_{q_1 q_2}\langle k_1 k_2 q_1 q_2|KQ\rangle\, T_{q_1}^{(k_1)}\, U_{q_2}^{(k_2)} \tag{C.86}$$

(notwendig ist $|k_1 - k_2| \leqslant K \leqslant k_1 + k_2$).

Ist $k_1 = k_2 = k$, so definiert man das Skalarprodukt [11]:

$$S \equiv (\mathbf{T}^{(k)}\cdot\mathbf{U}^{(k)}) = \sum_q (-)^q\, T_q^{(k)}\, U_{-q}^{(k)}. \tag{C.87}$$

Anmerkung: $S = (-)^k\sqrt{2k+1}\;V_0^{(0)}$.

[8] Diese Definition stammt von Racah (a.a.O.). Nach ihr bilden die Kugelflächenfunktionen Y_l^m l-ter Ordnung einen hermitischen Tensoroperator. Man beachte, daß das weiter unten eingeführte tensorielle Produkt von hermitischen irreduziblen Tensoroperatoren, die miteinander vertauschen, nicht immer hermitisch ist. Will man dies erreichen, so muß man die Definition der hermitischen Konjugation modifizieren, indem man $(-)^q$ durch $(-)^{k+q}$ ersetzt. Bei dieser neuen Definition sind die Kugelfunktionen ungerader Ordnung antihermitisch.

[9] Diese Definition geht auf Racah (a.a.O.) zurück.

[10] In den folgenden Beziehungen beschränken wir uns auf Tensoroperatoren ganzzahliger Stufe.

[11] Hiernach ist das Skalarprodukt von zwei Vektoroperatoren $(V.W)$, wie bei der üblichen Definition gleich $V_x W_x + V_y W_y + V_z W_z$.

Reduzierte Matrixelemente

Ein Quantensystem sei durch Vereinigung aus zwei Teilsystemen 1 und 2 entstanden. J_1 und J_2 seien deren Drehimpulse ($J = J_1 + J_2$).

$|\tau_1 J_1 M_1>$ Basisvektoren des Systems 1, $|\tau_2 J_2 M_2>$ Basisvektoren des Systems 2.

$\mathbf{T}^{(k_1)}$, $\mathbf{U}^{(k_2)}$ irreduzible Tensoroperatoren, die ausschließlich auf die Variablen des Systems 1 bzw. 2 wirken.

$\mathbf{V}^{(K)}$ tensorielles Produkt K-ter Stufe gemäß der Definition (C.86).

In der $\{\tau_1\, \tau_2\, J_1^2\, J_2^2\, J^2\, J_z\}$ -Standarddarstellung sind die Matrixelemente von $\mathbf{V}^{(K)}$ durch die folgende Formel gegeben:

$$\begin{aligned}\langle\tau_1\, \tau_2\, J_1\, J_2\, J\|\mathbf{V}^{(K)}\|\tau_1'\, \tau_2'\, J_1'\, J_2'\, J'\rangle &= \sqrt{(2J+1)(2K+1)(2J'+1)}\\ &\times \begin{Bmatrix} J_1' & J_2' & J' \\ k_1 & k_2 & K \\ J_1 & J_2 & J \end{Bmatrix} \langle\tau_1\, J_1\|T^{(k_1)}\|\tau_1'\, J_1'\rangle\, \langle\tau_2\, J_2\|U^{(k_2)}\|\tau_2'\, J_2'\rangle. \end{aligned} \tag{C.88}$$

Sonderfälle, bei denen sich das 9 J-Symbol auf ein 6 J-Symbol reduziert

$\mathbf{U} = 1 \qquad K = k_1 = k.$

$$\begin{aligned}\langle\tau_1\, \tau_2\, J_1\, J_2\, J\|\mathbf{T}^{(k)}\|\tau_1'\, \tau_2'\, J_1'\, J_2'\, J'\rangle &= \delta_{\tau_2\tau_2'}\,\delta_{J_2J_2'}\,\langle\tau_1\, J_1\|\mathbf{T}^{(k)}\|\tau_1'\, J_1'\rangle\\ &\times (-)^{J'+J_1+J_2+k}\sqrt{(2J+1)(2J'+1)} \begin{Bmatrix} J_1 & k & J_1' \\ J' & J_2 & J \end{Bmatrix}\end{aligned} \tag{C.89}$$

$\mathbf{T} = 1 \qquad K = k_2 = k.$

$$\begin{aligned}\langle\tau_1\, \tau_2\, J_1\, J_2\, J\|\mathbf{U}^{(k)}\|\tau_1'\, \tau_2'\, J_1'\, J_2'\, J'\rangle &= \delta_{\tau_1\tau_1'}\,\delta_{J_1J_1'}\langle\tau_2\, J_2\|\mathbf{U}^{(k)}\|\tau_2'\, J_2'\rangle\\ &\times (-)^{J+J_1+J_2'+k}\sqrt{(2J+1)(2J'+1)} \begin{Bmatrix} J_2 & k & J_2' \\ J' & J_1 & J \end{Bmatrix}\end{aligned} \tag{C.90}$$

$K = 0 \qquad k_1 = k_2 = k.$

$$\begin{aligned}&\langle\tau_1\, \tau_2\, J_1\, J_2\, JM|(\mathbf{T}^{(k)}\,.\,\mathbf{U}^{(k)})|\tau_1'\, \tau_2'\, J_1'\, J_2'\, J'\, M'\rangle\\ &= \delta_{JJ'}\,\delta_{MM'}\,(-)^{J+J_2+J_1'} \begin{Bmatrix} J_1 & k & J_1' \\ J_2' & J & J_2 \end{Bmatrix} \langle\tau_1\, J_1\|\mathbf{T}^{(k)}\|\tau_1'\, J_1'\rangle\, \langle\tau_2\, J_2\|\mathbf{U}^{(k)}\|\tau_2'\, J_2'\rangle\end{aligned} \tag{C.91}$$

Sonderfall: $\mathbf{T}^{(k)} = \mathbf{J}_1$

$$\langle J_1\, J_2\, J+1\|\mathbf{J}_1\|J_1\, J_2\, J\rangle = \tfrac{1}{2}\sqrt{\frac{[(2S+1)^2-(J+1)^2]\,[(J+1)^2-4d^2]}{J+1}}$$

$$\begin{aligned}\langle J_1\, J_2\, J\|\mathbf{J}_1\|J_1\, J_2\, J\rangle &= \tfrac{1}{2}\,[2d(2S+1)+J(J+1)]\sqrt{\frac{2J+1}{J(J+1)}}\\ &= \tfrac{1}{2}[J_1(J_1+1)+J(J+1)-J_2(J_2+1)]\sqrt{\frac{2J+1}{J(J+1)}}\end{aligned}$$

$$\langle J_1\, J_2\, J-1\|\mathbf{J}_1\|J_1\, J_2\, J\rangle = -\tfrac{1}{2}\sqrt{\frac{[(2S+1)^2-J^2]\,[J^2-4d^2]}{J+1}}$$

$$S = \tfrac{1}{2}(J_1+J_2) \qquad d = \tfrac{1}{2}(J_1-J_2)$$

$$|2d| \leqslant J \leqslant 2S$$

D Elemente der Gruppentheorie

Inhalt

Einleitung

Die Bewegungsgleichungen quantenmechanischer Systeme sind häufig in bezug auf bestimmte Transformationsgruppen invariant oder die auftretenden Observablen weisen hinsichtlich dieser Gruppen einfache Transformationseigenschaften auf. Die Folgerungen und Vereinfachungen, die sich aus diesen Symmetrieeigenschaften ergeben, kann man mit den Methoden der Gruppentheorie besonders deutlich herausstellen.

Verfügt man bei der Handhabung der Operatoren über ein gewisses Maß an Intuition und Geschicklichkeit, so kann man die Symmetrieeigenschaften eines Systems oft auch ausnutzen, ohne explizit auf die Gruppentheorie Bezug zu nehmen. Dabei lassen es dann viele auch ausgezeichnete Physiker bewenden, selbst auf die Gefahr hin, bei dem einen oder anderen speziellen Problem „wohlbekannte" Ergebnisse der Gruppentheorie wiederzuentdecken. Es gibt jedoch Gebiete der Physik, wie z.B. die Molekül- oder die Kristallphysik, bei denen die konsequente Verwendung der Gruppentheorie unvermeidlich wird. Selbst bei weniger verwickelten Symmetrien ermöglichen es die Methoden der Gruppentheorie, die Probleme klarer zu formulieren und bestimmte Lösungswege automatisch aufzuzeigen.

Dieser Anhang soll den Leser mit der Gruppentheorie vertraut machen und als Einführung in die ausführlichere Literatur hierüber dienen [1)].

Angegeben werden die Grundbegriffe und Eigenschaften, die in der Quantenmechanik am häufigsten vorkommen. Die Beweise werden aus Platzmangel fast vollständig unterdrückt. Viele, insbesondere alle aus den Abschnitten D.1 und D.2, sind auch nicht sehr schwierig.

D.1 Allgemeines über Gruppen

D.1.1 Definitionen

Gruppe

Eine Menge $\mathcal{G}$ von Operationen a, b, c ... bildet eine Gruppe, wenn:

(*i*) *das Produkt* von irgendzwei Operationen wieder zur Menge gehört:

$$\text{Ist } a \in \mathcal{G} \text{ und } b \in \mathcal{G}\text{, so ist auch } ab \in \mathcal{G}\,;$$

(*ii*) *die Einheit* zur Menge gehört:

$$I \in \mathcal{G} \text{ so daß für jedes } a \in \mathcal{G}, \quad Ia = aI = a\,;$$

(*iii*) zu jedem a auch das *Inverse* a^{-1} zur Menge gehört:

$$\text{Ist } a \in \mathcal{G}\text{, dann ist } a^{-1} \in \mathcal{G} \text{ mit } a^{-1}a = a\,a^{-1} = I\,;$$

(*iv*) das Produkt *assoziativ* ist:

$$(ab)c = a(bc).$$

---

1) S. z.B.: *L. Baumgartner*, Gruppentheorie, de Gruyter, Berlin–New York (1972); *B.L. van der Waerden*, Algebra, Springer, Berlin–Heidelberg–New York (1966); *E.P. Wigner*, Group Theory and its Application to the Quantum Mechanics of Atomic Spectra, Academic Press, New York–London (1959); *M. Hamermesh*, Group Theory and its Applications to Physical Problems, Addison Wesley, London (1962).

Endliche Gruppe

Eine endliche Gruppe besitzt eine endliche Anzahl N von Elementen. N ist die *Ordnung* der Gruppe.

Beispiele: Die Gruppe der Raumspiegelungen ist eine endliche Gruppe der Ordnung 2. Ihre beiden Elemente sind die Identität I und die Spiegelung s am Ursprung des Koordinatensystems: $s^2 = I$. Die Gruppe $\mathcal{S}_n$ der Permutationen von n Objekten ist eine endliche Gruppe der Ordnung $n!$

Kontinuierliche Gruppe

Eine kontinuierliche Gruppe besitzt nicht abzählbar unendlich viele Elemente, die von einem oder von mehreren kontinuierlichen Parametern abhängen.

Beispiele: Die Gruppe $\mathcal{R}_3$ der räumlichen Drehungen, die Gruppe der räumlichen Translationen.

Abelsche Gruppe

Eine Gruppe heißt abelsch, wenn alle ihre Elemente paarweise miteinander *vertauschen:*

$$ab = ba \qquad \text{für alle } a \text{ und } b.$$

Beispiele: Raumspiegelungen und -translationen, Drehungen um die z-Achse.

D.1.2 Klassen

Konjugierte Elemente

Zwei Elemente a und b der Gruppe $\mathcal{G}$ heißen zueinander konjugiert, wenn es ein Element $x \in \mathcal{G}$ so gibt, daß

$$b = xax^{-1}.$$

(x ist nicht eindeutig).

Ist b konjugiert zu a, so ist a konjugiert zu b: die Konjugation ist ein symmetrischer Zusammenhang. Sind weiter b und c zu ein und demselben Element a konjugiert, so sind sie auch zueinander konjugiert.

Klassen

Die Menge der zu einem Element $a \in \mathcal{G}$ konjugierten Elemente definiert eine Klasse von $\mathcal{G}$. a gehört selbst zu dieser Klasse.

Die Klasse der zu b konjugierten Elemente und die Klasse der zu a konjugierten Elemente sind identisch, wenn b zu a konjugiert ist, andernfalls haben sie kein Element gemeinsam. Jedes Element von $\mathcal{G}$ gehört zu einer wohlbestimmten Klasse: Die gesamte Gruppe kann in Klassen eingeteilt werden.

Ein Element aus $\mathcal{G}$ bildet eine Klasse für sich, falls es mit allen anderen Elementen der Gruppe vertauscht. Insbesondere bildet die Einheit I eine Klasse für sich.

Beispiel: Die Menge $\mathcal{R}(\varphi)$ der Drehungen um denselben Winkel φ, die sich nur durch die Richtung der Drehachse voneinander unterscheiden, bilden eine Klasse der Gruppe $\mathcal{R}_3$. Zu jedem Winkel φ gehört eine Klasse dieser Gruppe $(0 \leqslant \varphi < \pi)$.

D.1.3 Untergruppen

Definition

Eine Gruppe $\mathcal{H}$ heißt Untergruppe der Gruppe $\mathcal{G}$, falls alle Elemente von $\mathcal{H}$ auch zu $\mathcal{G}$ gehören.

Beispiel: Die Drehungen um die z-Achse bilden eine Untergruppe von $\mathcal{R}_3$; die Parallelverschiebungen in z-Richtung bilden eine Untergruppe der Gruppe der Raumtranslationen.

Nebenklassen

Ist x ein Element aus $\mathcal{G}$, so kann man jedem Element h der Untergruppe $\mathcal{H}$ das Element xh zuordnen. Die Menge dieser Elemente bezeichnen wir mit $x\mathcal{H}$. Zwischen den Elementen von $\mathcal{H}$ und denen von $x\mathcal{H}$ besteht ein umkehrbar eindeutiger Zusammenhang.

Zwei Fälle sind möglich:

(*a*) ist $x \in \mathcal{H}$, so ist $x\mathcal{H}$ die Untergruppe $\mathcal{H}$ selbst;

(*b*) ist $x \notin \mathcal{H}$, so ist $x\mathcal{H}$ keine Gruppe und heißt Linksnebenklasse zur Untergruppe $\mathcal{H}$.

Analog definiert man die Rechtsnebenklasse $\mathcal{H}x$. Wir betrachten im folgenden nur Linksnebenklassen. Die Rechtsnebenklassen besitzen offensichtlich die gleichen Eigenschaften wie die Linksnebenklassen.

Zwei Linksnebenklassen $x_1\mathcal{H}$, $x_2\mathcal{H}$ enthalten entweder dieselben Elemente oder sie haben kein Element gemeinsam, je nachdem, ob $x_2^{-1}x_1$ zu $\mathcal{H}$ gehört oder nicht.

Alle Elemente von $\mathcal{G}$ gehören entweder zu $\mathcal{H}$ oder zu einer seiner Linksnebenklassen: die Gruppe $\mathcal{G}$ ist die Vereinigung der Untergruppe $\mathcal{H}$ und ihren zugehörigen Linksnebenklassen.

Konjugierte Untergruppe

Ist $\mathcal{H}$ eine Untergruppe von $\mathcal{G}$ und gehört ein Element x aus $\mathcal{G}$ nicht zu $\mathcal{H}$, so ist auch $x\mathcal{H}x^{-1}$ eine Untergruppe von $\mathcal{G}$. Sie heißt die zu $\mathcal{H}$ *konjugierte* Untergruppe.
(Anmerkung: ist $x \in \mathcal{H}$, so ist $x\mathcal{H}x^{-1}$ die Gruppe $\mathcal{H}$ selbst).

Die zu $\mathcal{H}$ konjugierten Untergruppen sind weder notwendig von $\mathcal{H}$, noch untereinander verschieden.

Normalteiler, Faktorgruppe

$\mathcal{H}$ ist ein Normalteiler (oder eine invariante Untergruppe) von $\mathcal{G}$, falls:

$$\mathcal{H} = x\mathcal{H}x^{-1} \quad \text{für jedes } x \in \mathcal{G}.$$

Äquivalente Definition: Eine Untergruppe ist Normalteiler von $\mathcal{G}$, falls mit einem Element auch die ganze Klasse dieses Elements zur Untergruppe gehört. Diese Definition ist dann sehr nützlich, wenn man sämtliche Normalteiler einer gegebenen Gruppe bilden will.

Ist $\mathcal{H}$ ein Normalteiler, und sind $x\mathcal{H}$ und $y\mathcal{H}$ zwei ihrer Linksnebenklassen, so ist das Produkt eines Elements aus $x\mathcal{H}$ mit einem Element aus $y\mathcal{H}$ ein Element aus der Linksnebenklasse $yx\mathcal{H}$:

$$(y\mathcal{H})\,(x\mathcal{H}) = (yx\,\mathcal{H}).$$

(Anmerkung: Ist $\mathcal{H}$ ein Normalteiler, so gilt: $x\mathcal{H} = \mathcal{H}x$).

Die aus dem Normalteiler und seinen Linksnebenklassen bestehende Menge bildet eine Gruppe, in der $\mathcal{H}$ das Einselement ist: die *Faktorgruppe* $\mathcal{G}/\mathcal{H}$.

Beispiel: Die Gruppe $\mathcal{A}_n$ der geraden Permutationen von n Objekten ist ein Normalteiler von $\mathcal{S}_n$. Sie besitzt genau eine Nebenklasse, die Menge der ungeraden Permutationen. Die Faktorgruppe hat also zwei Elemente.

Einfache und halbeinfache Gruppe

Eine Gruppe ist einfach, wenn ihr Einselement der einzige Normalteiler ist.

Beispiel: Die Gruppe der räumlichen Drehungen.

Eine Gruppe ist halbeinfach, wenn ihr Einselement der einzige abelsche Normalteiler ist.

Beispiel: Die Gruppe $\mathcal{S}_n$.

D.1.4 Isomorphismus und Homomorphismus

Isomorphismus

Zwei Gruppen $\mathcal{G}$ und $\widehat{\mathcal{G}}$ sind zueinander isomorph, falls zwischen ihren Elementen ein umkehrbar eindeutiger Zusammenhang so besteht, daß die Multiplikationsregel erhalten bleibt, d.h.:

(*i*) zu jedem Element g_i aus $\mathcal{G}$ gehört genau ein Element $\widehat{g_i}$ aus $\widehat{\mathcal{G}}$ und umgekehrt;

(*ii*) ist $g_i g_j = g_k$, so ist $\widehat{g_i}\,\widehat{g_j} = \widehat{g_k}$.

Beispiele: Die Gruppe der Symmetrien des gleichseitigen Dreiecks und die Gruppe $\mathcal{S}_3$ sind isomorph; die Tetraedergruppe und die Gruppe $\mathcal{S}_4$ sind isomorph.

Homomorphismus

Ist der Zusammenhang zwischen den Elementen von $\mathcal{G}$ und $\widehat{\mathcal{G}}$ nur eindeutig, so sind die beiden Gruppen zueinander homomorph.

Genauer ist $\mathcal{G}$ homomorph zu $\widehat{\mathcal{G}}$,

(*i*) wenn zu jedem Element g_i aus $\mathcal{G}$ genau ein Element $\widehat{g_i}$ aus $\widehat{\mathcal{G}}$ gehört und zu jedem Element $\widehat{g_i}$ mindestens (vielleicht aber mehr als) ein Element aus $\mathcal{G}$;

(*ii*) wenn $g_i g_j = g_k$, dann ist $\widehat{g_i}\,\widehat{g_j} = \widehat{g_k}$.

Besitzt $\mathcal{G}$ einen Normalteiler $\mathcal{H}$, so ist er homomorph zur Faktorgruppe $\mathcal{G}/\mathcal{H}$.

Ist $\mathcal{G}$ homomorph zu $\widehat{\mathcal{G}}$, so ist die Menge $\mathcal{H}$ der Elemente von $\mathcal{G}$, die homomorph zum Einselement $\widehat{I}$ sind, ein Normalteiler von $\mathcal{G}$. Die Menge der Elemente von $\mathcal{G}$, die homomorph zu einem bestimmten, vom Einselement $\widehat{I}$ verschiedenen Element sind, bildet eine Nebenklasse zu dieser Untergruppe; die Faktorgruppe $\mathcal{G}/\mathcal{H}$ ist isomorph zu $\widehat{\mathcal{G}}$.

D.2 (Lineare) Darstellungen einer Gruppe

D.2.1 Definitionen

Gruppe der linearen Abbildungen

Das Produkt (quadratischer) Matrizen ist assoziativ. Erfüllt also eine Menge von $n \times n$-Matrizen die Gruppenaxiome (*i*)–(*iii*), so bildet sie eine bestimmte Gruppe **G**.

Jede Matrix stellt einen bestimmten linearen Operator G eines n-dimensionalen Vektorraumes $\mathcal{E}_n$ dar und definiert damit eine lineare Transformation der Vektoren dieses Raumes: Sind $|1\rangle$, $|2\rangle, \ldots, |n\rangle$ die Basisvektoren dieses Raumes (sie müssen nicht orthonormiert sein), so gilt für sie das Transformationsgesetz:

$$G|k\rangle = \sum_j |j\rangle\, G_{jk}.$$

Eine so definierte Gruppe – im weiteren werden wir sie mit halbfetten lateinischen Buchstaben kennzeichnen – heißt *Gruppe der n-dimensionalen linearen Transformationen.*

Darstellung einer Gruppe

Eine *Gruppe von linearen Transformationen* heißt (lineare) *Darstellung einer Gruppe* $\mathcal{G}$, wenn diese zur Transformationsgruppe *homomorph* ist.

Es sei **G** eine solche Gruppe und $\mathcal{E}$ der Vektorraum, in dem ihre Matrizen wirken. Dann heißt $\mathcal{E}$ der *Darstellungsraum* und seine Dimension n ist die *Dimension der Darstellung.*

Ist $\mathcal{G}$ isomorph zu **G**, so heißt die Darstellung *treu.* Andernfalls bilden die zur Einsmatrix homomorphen Elemente von $\mathcal{G}$ einen Normalteiler $\mathcal{H}$ und **G** ist eine treue Darstellung der Faktorgruppe $\mathcal{G}/\mathcal{H}$.

Eindimensionale Darstellungen

Jede Gruppe besitzt wenigstens eine eindimensionale Darstellung, nämlich ihre *identische Darstellung,* bei der jedes Element der Gruppe durch die Zahl 1 dargestellt wird.

Damit sie noch weitere besitzt, muß sie Normalteiler haben, bei denen die Faktorgruppen abelsch sind. Alle anderen eindimensionalen Darstellungen der Gruppe sind dann die Darstellungen dieser abelschen Faktorgruppen (S. den Fall der symmetrischen Gruppen $\mathbf{S}_n$, Abschnitt D.4.4).

Unitäre Darstellung

Eine Darstellung **G** heißt unitär, wenn alle ihre Matrizen unitär sind.

Äquivalente Darstellungen

Zwei Darstellungen derselben Dimension **G** und **G'** heißen äquivalent, wenn die Darstellungsmatrizen $G'(g)$ und $G(g)$ der Elemente g von G durch dieselbe lineare Transformation T miteinander verknüpft sind:

$$G'(g) = T\,G(g)\,T^{-1} \quad \text{für jedes } g \in \mathcal{G}$$

oder auch

$$\mathbf{G}' = T\,\mathbf{G}\,T^{-1}.$$

Man schreibt dann:

$$\mathbf{G}' \cong \mathbf{G}.$$

Bei identischen Darstellungsräumen $\mathcal{E}$ und $\mathcal{E}'$ entspricht der Übergang von **G** zur äquivalenten Darstellung **G'** einem Wechsel der Basisvektoren in diesem Raum.

Konjugierte Darstellungen

Sind die Matrizen zweier Darstellungen **G** und **G*** zueinander konjugiert komplex, so heißen diese konjugiert zueinander.

Eine Darstellung **G** heißt selbstkonjugiert, wenn ihre konjugierte Darstellung zu ihr äquivalent ist: $\mathbf{G} \cong \mathbf{G}^*$.

Charaktere

Die Spur der Matrix $G(g)$ in der Darstellung **G** von G heißt der Charakter χ von g in dieser Darstellung:

$$\chi(g) \equiv \operatorname{Tr} G(g).$$

Aufgrund der Spureigenschaften haben zwei Elemente von $\mathcal{G}$, die zur selben Nebenklasse gehören, denselben Charakter: *Der Charakter ist eine Klassenfunktion.*

Aus dem gleichen Grund *haben zwei äquivalente Darstellungen dasselbe Charakterensystem:*

$$\chi'(g) = \chi(g) \quad \text{wenn} \quad G'(g) = T\,G(g)T^{-1}.$$

Man schreibt:

$$\chi' = \chi \quad \text{wenn} \quad \mathbf{G}' \cong \mathbf{G}.$$

Anmerkung: Ist G selbstkonjugiert, so sind ihre Charaktere reell.

D.2.2 Operationen auf Darstellungsräumen. Reduzibilität[2)]

Es seien $\mathbf{G}^a$, $\mathbf{G}^b$ zwei Darstellungen einer Gruppe $\mathcal{G}$, n_a und n_b ihre Dimensionen, $\mathcal{E}_a$ und $\mathcal{E}_b$ die jeweiligen Darstellungsräume.

Falls dann $|a1>, |a2>, \ldots, |an_a>$ die Basisvektoren von $\mathcal{E}_a$, $|b1>, \ldots, |bn_b>$ die von $\mathcal{E}_b$ sind, so sind die linearen Transformationen, die die Operation g in diesen beiden Darstellungen darstellen, jeweils durch die Transformationsgesetze für die Basisvektoren definiert:

$$g[|a\kappa\rangle] = \sum_\lambda |a\lambda\rangle\, G^a_{\lambda\kappa}(g) \qquad g[|b\mu\rangle] = \sum_\nu |b\nu\rangle\, G^b_{\nu\mu}(g). \tag{D.1}$$

Nach Definition wird die direkte Summe $\mathcal{E}_a + \mathcal{E}_b$ der Räume $\mathcal{E}_a$ und $\mathcal{E}_b$ von den $n_a + n_b$ Vektoren $|a1>, \ldots, |an_a>, |b1>, \ldots, |bn_b>$ aufgespannt.

Die Matrizen dieses neuen Raumes können auf die Form

$$M \equiv \begin{pmatrix} M_{aa} & M_{ab} \\ M_{ba} & M_{bb} \end{pmatrix}$$

gebracht werden. M_{aa} ist eine $n_a \times n_a$-Matrix, die die Vektoren des Raumes $\mathcal{E}_a$ ineinander transformiert; M_{bb} ist entsprechend eine $n_b \times n_b$-Matrix, die die Vektoren aus $\mathcal{E}_b$ ineinander transformiert; die $n_a \times n_b$-Matrix M_{ab} transformiert die Vektoren aus dem Raum $\mathcal{E}_b$in Vektoren des Raumes $\mathcal{E}_a$, die $n_b \times n_a$-Matrix M_{ba} besitzt die umgekehrte Eigenschaft. Ist insbesondere A eine Matrix in $\mathcal{E}_a$ und B eine in $\mathcal{E}_b$, so kann man ihre direkte Summe $A + B$ bilden, die die Form einer vergröberten Diagonalmatrix (Blockdiagonalform) besitzt:

$$A + B = \begin{pmatrix} A & 0 \\ 0 & B \end{pmatrix}.$$

Man beachte, daß:

$$\mathrm{Tr}\,(A + B) = \mathrm{Tr}\,A + \mathrm{Tr}\,B, \qquad \det\,(A + B) = \det A \det B. \tag{D.2}$$

Bei der Bildung der direkten Summe von Matrizen bleiben die Einheit und das Multiplikationsgesetz erhalten:

$$1_{(a+b)} = 1_{(a)} + 1_{(b)} \qquad (A_1 + B_1)(A_2 + B_2) = A_1 A_2 + B_1 B_2.$$

---

2) Die in diesem Abschnitt angeführten Eigenschaften gelten allgemein für Matrixsysteme, zwischen denen ein umkehrbar eindeutiger Zusammenhang besteht. Sie sind selbst dann gültig, wenn diese Matrixsysteme keine Gruppe bilden.

Folglich ist die Menge $\mathbf{G}^{a+b}$ der Matrizen $G^a(g) + G^b(g)$ eine Darstellung der Gruppe $\mathfrak{G}$. Die lineare Transformation, die dabei die Operation g darstellt, ist durch die Transformationsgesetze (D.1) für die $n_a + n_b$ Basisvektoren von $\mathcal{E}_a + \mathcal{E}_b$ definiert. Für die Charaktere dieser Darstellung hat man: $\chi^{a+b}(g) = \chi^a(g) + \chi^b(g)$, mit anderen Worten ist

$$\chi^{a+b} = \chi^a + \chi^b. \tag{D.3}$$

Tensorielles Produkt oder Kronecker-Produkt

Die Bildung des tensoriellen Produkts von Räumen und Matrizen wurde bereits im siebten Kapitel erklärt.

Beim tensoriellen Produkt von $\mathcal{E}_a$ mit $\mathcal{E}_b$ bildet man den $n_a n_b$-dimensionalen Raum $\mathcal{E}_a \otimes \mathcal{E}_b$ mit den Basisvektoren $|ab\,\kappa\mu\rangle \equiv |a\kappa\rangle\,|b\mu\rangle$ ($\kappa = 1, 2, \ldots, n_a$; $\mu = 1, 2, \ldots, n_b$). Die aus den Darstellungsmatrizen $G^a(g)$ und $G^b(g)$ gebildeten Matrizen $G^a(g) \otimes G^b(g)$ sind eine $n_a n_b$-dimensionale Darstellung der Gruppe $\mathfrak{G}$, bei der eine bestimmte Operation dieser Gruppe durch das Gesetz:

$$g[|ab\,\kappa\mu\rangle] = \sum_{\lambda\nu} |ab\,\lambda\nu\rangle\, G^a_{\lambda\kappa}(g)\, G^b_{\nu\mu}(g) \tag{D.4}$$

definiert ist. Die Charaktere dieser Darstellung erhält man durch die Beziehungen:

$$\chi^{ab}(g) = \chi^a(g)\,\chi^b(g). \tag{D.5}$$

Reduzibilität

Ein *invarianter Unterraum* des Raumes $\mathcal{E}$ einer Darstellung $\mathbf{G}$ ist ein Unterraum von $\mathcal{E}$, bei dem die Vektoren durch Anwendung der Matrizen von $\mathbf{G}$ linear ineinander transformiert werden.

Die Darstellung $\mathbf{G}$ heißt:

(*i*) *irreduzibel*, wenn $\mathcal{E}$ (außer sich selbst oder den Nullraum) keinen invarianten Unterraum enthält;

(*ii*) *reduzibel* sonst:

$$\mathcal{E} = \mathcal{E}_1 + \mathcal{E}_2 \quad (\mathcal{E}_1, \mathcal{E}_2 \neq 0), \quad \mathcal{E}_1 \text{ invarianter Unterraum.}$$

Ist im zweiten Fall auch $\mathcal{E}_2$ invariant, so ist $\mathbf{G}$ zerlegbar. Durch eine geeignete lineare Transformation kann man dann die Basisvektoren aus $\mathcal{E}$ in Vektoren transformieren, die entweder in $\mathcal{E}_1$ oder in $\mathcal{E}_2$ liegen. Die auf diese Weise erhaltene äquivalente Darstellung ist die direkte Summe einer Darstellung $\mathbf{G}_1$ mit dem Raum $\mathcal{E}_1$ und einer Darstellung $\mathbf{G}_2$ im Raum $\mathcal{E}_2$:

$$\mathbf{G} \cong \mathbf{G}_1 + \mathbf{G}_2.$$

Eine Darstellung $\mathbf{G}$ ist vollständig reduzibel (vollreduzibel), wenn man sie in die Form einer (direkten) Summe von irreduziblen Bestandteilen (Komponenten) bringen kann:

$$\mathbf{G} \cong \mathbf{G}^{(1)} + \mathbf{G}^{(2)} + \ldots \quad (\mathbf{G}^{(1)}, \mathbf{G}^{(2)}, \ldots \text{ irreduzibel}).$$

Jede unitäre Darstellung ist entweder irreduzibel oder vollständig reduzibel.

Die Drehmatrizen $R^{(j)}$ (Anhang Abschnitt C.4) zu einem bestimmten Wert j bilden eine irreduzible unitäre Darstellung $\mathbf{D}^{(j)}$ einer Gruppe. In Strenge stellt $\mathbf{D}^{(j)}$ nur die Drehgruppe $\mathcal{R}_3$ dar, wenn j ganzzahlig ist. Bei beliebigem j sind die $\mathbf{D}^{(j)}$ die irreduziblen Darstellungen einer Gruppe, für die die infinitesimalen Transformationen dieselben sind wie die für $\mathcal{R}_3$ (d.i. die Gruppe $\mathfrak{U}_2$ der linearen unitären, unimodularen zweidimensionalen Transformationen.) Für diese Gruppe ist $\mathcal{R}_3$ Faktorgruppe. Ist j halbzahlig, so ist $\mathbf{D}^{(j)}$ eine treue Darstellung von $\mathfrak{U}_2$ und jedem Element von $\mathcal{R}_3$ entsprechen zwei Matrizen aus $\mathbf{D}^{(j)}$ mit entgegengesetztem Vorzeichen.

Die irreduziblen Darstellungen einer abelschen Gruppe sind sämtlich eindimensional.

Homomorphe Abbildung eines Darstellungsraumes auf einen anderen

Man gelangt zu einer *linearen Abbildung von* $\mathcal{E}_a$ in $\mathcal{E}_b$, wenn man jedem Vektor $|a\rangle$ aus $\mathcal{E}_a$ genau einen Vektor $|b\rangle$ aus $\mathcal{E}_b$ linear zuordnet. Diese Abbildung ist *homomorph*, wenn die Transformationseigenschaften der Vektoren bei den verschiedenen Gruppenoperationen erhalten bleiben, d.h. wenn aus der Zuordnung

$$|a\rangle \to |b\rangle$$

die Zuordnung

$$g[|a\rangle] \to g[|b\rangle] \quad \text{für jedes } g \in \mathcal{G}$$

folgt.

Eine Abbildung von $\mathcal{E}_a$ in $\mathcal{E}_b$ ist vollständig bestimmt, wenn man zu jedem Basisvektor aus $\mathcal{E}_a$ die $n_b \times n_a$-Matrix kennt, die den entsprechenden Vektor aus $\mathcal{E}_b$ definiert:

$$|a\varkappa\rangle \to \sum_{\mu} |b\mu\rangle\, S_{\mu\varkappa}. \tag{D.6}$$

Ist die Abbildung homomorph, so gilt die Matrizengleichung

$$SG^a(g) = G^b(g)\, S \quad \text{für jedes } g \in \mathcal{G}$$

d.h.

$$S\mathbf{G}^a = \mathbf{G}^b S. \tag{D.7}$$

Spannt die Gesamtheit der den Vektoren aus $\mathcal{E}_a$ zugeordneten Vektoren $|b\rangle$ den ganzen Raum $\mathcal{E}_b$ auf (was voraussetzt, daß $n_a \geqslant n_b$), so spricht man von einer *Abbildung* von $\mathcal{E}_a$ *auf* $\mathcal{E}_b$. In diesem Fall sind alle in S enthaltenen $n_b \times n_b$-Determinanten von Null verschieden.

Ist darüber hinaus die Zuordnung umkehrbar eindeutig ($n_a = n_b$), so ist die Matrix S nicht singulär ($\det S \neq 0$). In diesem Fall spricht man von einem *isomorphen Zusammenhang* und hat offensichtlich:

$$\mathbf{G}^a \cong \mathbf{G}^b.$$

D.2.3 Grundlegende Sätze

Die Anwendungen der Gruppentheorie auf die Quantenmechanik basieren im wesentlichen auf den folgenden Sätzen:

Schursches Lemma
Sind $\mathbf{G}^{(a)}$ und $\mathbf{G}^{(b)}$ zwei irreduzible Darstellungen einer Gruppe und existiert eine homomorphe Abbildung vom Raum der einen Darstellung in den der anderen, so hat die Matrix S, die diese Abbildung bewirkt, folgende Eigenschaften (S genügt dabei den Gleichungen (D.6 und (D.7)):

a) sind $\mathbf{G}^{(a)}$ und $\mathbf{G}^{(b)}$ inäquivalent, so ist notwendig $S = 0$;

b) sind $\mathbf{G}^{(a)}$ und $\mathbf{G}^{(b)}$ äquivalente Darstellungen, so ist entweder $S = 0$ oder $\det S \neq 0$;

c) ist $\mathbf{G}^{(a)} \equiv \mathbf{G}^{(b)}$, so ist S ein Vielfaches der Einheitsmatrix: $S = c\mathbf{1}$ (c konstant).

Korollar

Vertauscht eine (quadratische) Matrix S mit allen Matrizen einer *irreduziblen* Darstellung $\mathbf{G}$ einer Gruppe, so ist sie ein Vielfaches der Einheitsmatrix:

Ist $[S, \mathbf{G}] = 0$, *so ist notwendig* $S = c1$.

Vollreduzible Darstellungen. Eindeutigkeitssatz

Seien

$$\mathbf{G} \cong \mathbf{G}_1 + \mathbf{G}_2 + \ldots + \mathbf{G}_p \quad \mathbf{G} \cong \mathbf{G}'_1 + \mathbf{G}'_2 + \ldots + \mathbf{G}'_{p'}.$$

zwei Zerlegungen einer vollreduziblen Darstellung in *irreduzible* Bestandteile. Man kann dann zeigen, daß $p = p'$ ist und daß ein umkehrbar eindeutiger Zusammenhang zwischen jedem Glied der einen Zerlegung und einem zu ihm äquivalenten Glied der anderen Zerlegung existiert. Anders ausgedrückt:

Eindeutigkeitssatz. – Ist $\mathbf{G}$ *vollreduzibel, so ist ihre Zerlegung in irreduzible Bestandteile bis auf Äquivalenz eindeutig.*

Falls nichts anderes gesagt wird, sehen wir im folgenden zwei zueinander äquivalente Darstellungen nicht mehr als verschieden an. Dann kann dieselbe irreduzible Darstellung in der Darstellung $\mathbf{G}$ mehrfach auftreten.

$$\mathbf{G}^{(1)}, \mathbf{G}^{(2)}, \ldots, \mathbf{G}^{(j)}, \ldots$$

seien die *irreduziblen Darstellungen der Gruppe* $\mathfrak{G}$. Aufgrund des Eindeutigkeitssatzes genügt jede vollreduzible Darstellung $\mathbf{G}$ dem Äquivalenzgesetz:

$$\mathbf{G} \simeq \sum_j n_j \, \mathbf{G}^{(j)} \tag{D.8}$$

und die nichtnegativ ganzen Zahlen $n_1, n_2, \ldots, n_j, \ldots$ sind eindeutig bestimmt. Das Charakterensystem von $\mathbf{G}$ genügt entsprechend der Gleichung:

$$\chi = \sum_j n_j \, \chi^{(j)}. \tag{D.9}$$

Der Eindeutigkeitssatz wird durch die beiden folgenden Sätze vervollständigt:

Satz II. – *Ist* $\mathbf{G}$ *vollreduzibel, so ist auch jeder Bestandteil* $\mathbf{G}_1$ von $\mathbf{G}$ vollreduzibel, und ihre Zerlegung in irreduzible Bestandteile ist die direkte Summe einer bestimmten Anzahl dieser Bestandteile.

Ist also $\mathbf{G} \cong \mathbf{G}_1 + \mathbf{G}_2$, und zerfällt $\mathbf{G}$ nach dem Gesetz (D.8), so hat man:

$$\mathbf{G}_1 \simeq \sum_j n_j^1 \, \mathbf{G}^{(j)} \quad \text{mit } n_j^1 \leqslant n_j \quad (j = 1, 2, \ldots).$$

Satz III. – *Ist* $\mathbf{G}$ *vollreduzibel und existiert eine homomorphe Abbildung ihres Raumes* $\mathfrak{E}$ *auf den Raum* $\mathfrak{E}_1$ *einer anderen Darstellung* $\mathbf{G}_1$ *derselben Gruppe, so ist* $\mathbf{G}_1$ *ein Bestandteil von* $\mathbf{G}$.

Satz III kommt insbesondere dann zum Tragen, wenn man jedem Vektor $|\hat{\kappa}\rangle$ aus dem Raum $\mathfrak{E}_1$ einen Vektor $|\kappa\rangle$ aus $\mathfrak{E}$ zuordnen kann (die den Raum $\mathfrak{E}_1$ aufspannenden Vektoren $|\hat{\kappa}\rangle$ brauchen dabei nicht linear unabhängig zu sein) und sich die Vektoren $|\hat{\kappa}\rangle$ nach derselben Formel wie die $|\kappa\rangle$ transformieren, d.h. wenn:

$$g[|\widehat{\kappa}\rangle] = \sum_\lambda |\widehat{\lambda}\rangle \, G_{\lambda\kappa}(g).$$

Offensichtlich realisiert in diesem Falle der Zusammenhang $|x\rangle \to |\widehat{x}\rangle$ eine homomorphe Abbildung von $\mathcal{E}$ auf $\mathcal{E}_1$.

Insbesondere gilt:

Korollar III. – *Gehören die von den Vektoren* $|a\kappa\rangle$ (κ veränderlich) *und* $|b\mu\rangle$ (μ veränderlich) *aufgespannten Räume zu den Darstellungen* $\mathbf{G}^a$ *bzw.* $\mathbf{G}^b$ *und ist das tensorielle Produkt* $\mathbf{G}^{ab}$ *dieser beiden Darstellungen vollreduzibel, so ist die im Raum der Produktvektoren* $|a\kappa\rangle|b\mu\rangle$ *definierte Darstellung* $\mathbf{G}'$ *ein Bestandteil von* $\mathbf{G}^{ab}$.

Anmerkung: Die Vektoren $|a\kappa\rangle|b\mu\rangle$ sind nicht notwendig linear unabhängig voneinander. Falls dies der Fall ist, so ist $\mathbf{G}' \cong \mathbf{G}^{ab}$.

D.2.4 Anwendungen auf die Quantentheorie

Die in der Quantentheorie auftretenden Gruppen sind die Transformationsgruppen des Zustandsraumes. Fast immer handelt es sich um lineare, unitäre Transformationen. Daher werden wir uns im folgenden auf derartige Transformationen beschränken.

Mit $\mathcal{E}$ bezeichnen wir den Zustandsraum und mit $\mathcal{G}$ eine Gruppe von unitären Operatoren G_1, $G_2, \ldots$

Sei $|u\rangle$ ein Vektor aus $\mathcal{E}$. $|u\rangle$ und die Menge der Vektoren $G_1|u\rangle$, $G_2|u\rangle, \ldots$ spannen nicht notwendig den gesamten Raum $\mathcal{E}$, aber einen bestimmten Unterraum $\mathcal{E}_u$ des Zustandsraums auf. Dieser Raum $\mathcal{E}_u$ ist in bezug auf die Transformationsgruppe invariant und gehört zu einer bestimmten unitären (also vollreduziblen) Darstellung $\mathbf{G}^u$ der Gruppe $\mathcal{G}$.

Ist weiter Q ein linearer Operator in $\mathcal{E}$, so spannen Q und die Operatoren $G_1QG_1^{-1}$, $G_2QG_2^{-1}, \ldots$ einen Vektorraum $\mathcal{E}_Q$ auf (die Vektoren sind in diesem Fall Operatoren), dessen Elemente sich unter den Operationen der Gruppe linear ineinander transformieren. $\mathcal{E}_Q$ gehört zu einer Darstellung $\mathbf{G}^Q$ von $\mathcal{G}$, die in allen hier auftretenden Fällen vollreduzibel oder irreduzibel ist. Nach Definition transformiert sich Q gemäß $\mathbf{G}^Q$.

Der Operator Q heißt *invariant in bezug auf* $\mathcal{G}$, wenn er sich wie die identische Darstellung transformiert: Q vertauscht dann mit allen Operatoren der Gruppe. Allgemeiner ist der Operator *Q eine Komponente eines irreduziblen Tensoroperators der Gruppe* $\mathcal{G}$, wenn er sich wie eine irreduzible Darstellung $\mathbf{G}^{(j)}$ dieser Gruppe transformiert.

Irreduzible Unterräume $\mathcal{E}(\tau j)$. *Der Gruppe* $\mathcal{G}$ *zugeordnete Darstellung*

Der Raum $\mathcal{E}$ ist die direkte Summe von d_j-dimensionalen, irreduziblen invarianten Unterräumen $\mathcal{E}(\tau j)$. Jeder von ihnen gehört zu einer bestimmten irreduziblen Darstellung $\mathbf{G}^{(j)}$ von $\mathcal{G}$. Mit dem Index τ unterscheiden wir diejenigen Unterräume voneinander, die zur selben irreduziblen Darstellung gehören.

Seien $|\tau j\mu\rangle$ (μ veränderlich) d_j Vektoren, die ein Basissystem in $\mathcal{E}(\tau j)$ bilden. Weil $\mathbf{G}^{(j)}$ bis auf Äquivalenz bestimmt ist, ist die Wahl dieser Basis beliebig. Es ist daher zweckmäßig, eine *Standardbasis* in $\mathcal{E}(\tau j)$ zu definieren, bei der jede Operation der Gruppe durch eine ganz bestimmte Matrix $G^{(j)}_{\lambda\mu}$ repräsentiert wird:

$$G|\tau j\mu\rangle = \sum_{\lambda=1}^{d_j} |\tau j\lambda\rangle\, G^{(j)}_{\lambda\mu}. \tag{D.10}$$

Im folgenden sei die Wahl dieser Standardbasis bereits geschehen.

Die Menge aller Vektoren $|\tau j\mu\rangle$ (τ, j, μ veränderlich) bilden ein Basissystem des Raumes $\mathcal{E}$. Die $\{\tau j\mu\}$-Darstellung nennen wir im weiteren die der Gruppe $\mathcal{G}$ *zugeordnete Standarddarstellung,* wobei das Wort Darstellung im quantenmechanischen Sinne zu nehmen ist. Die Transformationseigenschaften der Ket-Vektoren und Operatoren in bezug auf die Operationen der Gruppe $\mathfrak{G}$ führen zu besonders einfachen Eigenschaften ihrer Komponenten in dieser Darstellung. Dies wird durch die beiden folgenden Sätze zusammengefaßt:

Komponenten der Ket-Vektoren und Operatoren in der $\{\tau j\mu\}$-Darstellung

Satz A. – Transformieren sich die Vektoren $|u1\rangle, \ldots, |u\nu\rangle, \ldots$ ineinander wie die Basisvektoren der unitären Darstellung $\mathbf{G}^a$, d.h. ist:

$$G\,|u\nu\rangle = \sum_\rho |u\rho\rangle\, G^a_{\rho\nu},$$

so besitzen ihre Komponenten $\langle\tau j\mu|u\nu\rangle$ die folgenden Eigenschaften:

1. *Tritt $\mathbf{G}^{(j)}$ in der Zerlegung*

$$\mathbf{G}^a \simeq \sum_k n_k\, \mathbf{G}^{(k)} \tag{D.11}$$

von $\mathbf{G}^a$ *nach irreduziblen Bestandteilen nicht auf, so ist notwendig*

$$\langle\tau j\mu|u\nu\rangle = 0.$$

2. *Tritt $\mathbf{G}^{(j)}$ in dieser Zerlegung auf und ist $\langle a\nu|\sigma k\chi\rangle$ die Matrix, die diese Zerlegung realisiert, so ist*

$$\langle\tau j\mu|u\nu\rangle = \sum_{\sigma=1}^{n_j} u^j_{\tau\sigma}\, \langle a\nu|\sigma j\mu\rangle^*, \tag{D.12}$$

wobei die $u^j_{\tau\sigma}$ n_j von μ und ν unabhängige Konstanten sind.

Satz B. – Transformieren sich die Operatoren $Q_1, Q_2, \ldots, Q_\nu, \ldots$ linear ineinander wie die Basisvektoren der unitären Darstellung $\mathbf{G}^a$, d.h. ist:

$$G\, Q_\nu\, G^{-1} = \sum_\rho Q_\rho\, G^a_{\rho\nu};$$

so haben die Matrixelemente $\langle\tau_1 j_1 \mu_1|Q_\nu|\tau_2 j_2 \mu_2\rangle$ die folgenden Eigenschaften:

1. *Tritt $\mathbf{G}^{(j_1)}$ in der Zerlegung*

$$\mathbf{G}^a \otimes \mathbf{G}^{(j_2)} \simeq \sum_k n_k^{aj_2}\, \mathbf{G}^{(k)} \tag{D.13}$$

des tensoriellen Produkts $\mathbf{G}^a \otimes \mathbf{G}^{(j_2)}$ nach irreduziblen Bestandteilen nicht auf, so ist notwendig

$$\langle\tau_1 j_1 \mu_1|Q_\nu|\tau_2 j_2 \mu_2\rangle = 0.$$

2. *Tritt $\mathbf{G}^{(j_1)}$ darin auf und ist $\langle a j_2 \nu \mu_2|\sigma k\chi\rangle$ die Matrix, die diese Zerlegung realisiert, so ist*

$$\langle\tau_1 j_1 \mu_1|Q_\nu|\tau_2 j_2 \mu_2\rangle = \sum_{\sigma=1}^{n^{aj_2}_{j_1}} \langle\tau_1 j_1\|Q\|\tau_2 j_2\rangle_\sigma\, \langle a j_2 \nu\mu_2|\sigma j_1 \mu_1\rangle^*, \tag{D.14}$$

wobei die $\langle\tau_1 j_1\|Q\|\tau_2 j_2\rangle_\sigma$ $n^{aj_2}_{j_1}$ von μ_1, μ_2 und ν unabhängige Konstanten sind.

Wichtiger Hinweis:

Die Elemente der in diesen Sätzen auftretenden unitären Matrizen: $\langle a\nu|\sigma k\chi\rangle$, $\langle aj_2\,\nu\mu_2|\sigma k\chi\rangle$ genügen den folgenden Definitionsgleichungen:

$$\sum_{\nu\nu'}\langle a\nu|\sigma k\chi\rangle^*\,G^{a}_{\nu\nu'}\,\langle a\nu'|\sigma'\,k'\,\chi'\rangle=\delta_{\sigma\sigma'}\,\delta_{kk'}\,G^{(k)}_{\chi\chi'},\tag{D.15 a}$$

$$\sum_{\substack{\nu\nu'\\ \mu\mu'}}\langle aj\nu\mu|\sigma k\chi\rangle^*\,G^{a}_{\nu\nu'}\,G^{(j)}_{\mu\mu'}\,\langle aj\,\nu'\,\mu'|\sigma'\,k'\,\chi'\rangle=\delta_{\sigma\sigma'}\,\delta_{kk'}\,G^{(k)}_{\chi\chi'}.\tag{D.15 b}$$

Sie sind durch Vorgabe der Darstellungen $\mathbf{G}^a$ und $\mathbf{G}^a\otimes\mathbf{G}^{(j)}$ eindeutig bestimmt. Sie hängen also allein vom Transformationsverhalten der Vektoren $|u\nu\rangle$ oder der Operatoren Q_ν in bezug auf die Operationen der Gruppe $\mathfrak{G}$ ab und von keiner anderen Eigenschaft.

Beweis des Satzes A

Wir wenden die unitäre Transformation $\langle a\nu|\sigma k\chi\rangle$ auf die Basisvektoren $|u1\rangle$, $|u2\rangle, \dots,$ $|u\nu\rangle, \dots$ an. Man erhält ein neues System von Basisvektoren in dem Raum, der von diesen Vektoren aufgespannt wird:

$$|u\sigma k\chi\rangle=\sum_{\nu}|u\nu\rangle\,\langle a\nu|\sigma k\chi\rangle.\tag{D.16}$$

Die Unitaritätsbeziehungen liefern weiter:

$$|u\nu\rangle=\sum_{\sigma k\chi}|u\sigma k\chi\rangle\,\langle a\nu|\sigma k\chi\rangle^*.\tag{D.17}$$

Aus der Definition dieser unitären Transformation folgt, daß die d_k Vektoren $|u\sigma k\chi\rangle$ (σ, k fest, χ veränderlich) einen bestimmten Unterraum $\mathfrak{E}_u(\sigma k)$ aufspannen und eine Standardbasis der Darstellung $\mathbf{G}^{(k)}$ in diesem Unterraum bilden. Wir entwickeln sie nach der $\{\tau j\mu\}$-Basis:

$$|u\sigma k\chi\rangle=\sum_{\tau j\mu}|\tau j\mu\rangle\,\langle\tau j\mu|u\sigma k\chi\rangle.$$

Die Matrix $\langle\tau j\mu|u\sigma k\chi\rangle$ mit d_j Zeilen und d_k Spalten (μ und χ veränderlich, der Rest fest) bewirkt eine homomorphe Abbildung von $\mathfrak{E}_u(\sigma k)$ in $\mathfrak{E}(\tau j)$. Weil die Darstellungen dieser Unterräume entweder inäquivalent oder gleich sind, hat man nach dem Schurschen Lemma:

$$\langle\tau j\mu|u\sigma k\chi\rangle=\delta_{jk}\,\delta_{\mu\chi}\,u^{j}_{\tau\sigma},\tag{D.18}$$

wobei $u^j_{\tau\sigma}$ eine von μ unabhängige Konstante ist. Hiermit liefert die Projektion der beiden Seiten von Gleichung (D.17) auf $|\tau j\mu\rangle$:

$$\langle\tau j\mu|u\nu\rangle=\sum_{k\chi}\delta_{jk}\,\delta_{\mu\chi}\,\Big(\sum_{\sigma}u^{j}_{\tau\sigma}\,\langle a\nu|\sigma k\chi\rangle^*\Big).$$

In dieser Gleichung sind die beiden Punkte des Satzes A enthalten.

Beweis des Satzes B

Wir betrachten die Vektoren $Q_\nu|\tau_2 j_2\mu_2\rangle$ (ν und μ_2 veränderlich, τ_2 und j_2 fest). Sie transformieren sich linear ineinander wie die Basisvektoren der Darstellung $\mathbf{G}^a\otimes\mathbf{G}^{(j_2)}$. Hieraus ergibt sich nicht automatisch, daß der von ihnen aufgespannte Raum zu dieser Darstellung gehört, denn diese Vektoren sind nicht notwendig linear unabhängig. Nach Korollar III ist jedoch die fragliche Darstellung, wenn nicht $\mathbf{G}^a \otimes \mathbf{G}^{(j_2)}$ selbst, auf jeden Fall eine ihrer Bestandteile. Obwohl also diese Vektoren linear abhängig sein können, kann man auf sie Punkt für Punkt die Überlegung übertragen, die bei den Vektoren $|u1\rangle, \ldots, |u\nu\rangle \ldots$ in Satz A angestellt wurde.

Man führt folgende Vektoren ein:

$$|q\tau_2 j_2 \sigma k\chi\rangle = \sum_{\nu\mu_2} Q_\nu |\tau_2 j_2 \mu_2\rangle \langle a j_2 \nu \mu_2 | \sigma k \chi\rangle. \tag{D.16'}$$

Aufgrund der Unitaritätsbeziehungen für die Matrix $\langle a j_2 \nu \mu_2 | \sigma k \chi\rangle$ ist:

$$Q_\nu |\tau_2 j_2 \mu_2\rangle = \sum_{\sigma k \chi} |q\tau_2 j_2 \sigma k \chi\rangle \langle a j_2 \nu \mu_2 | \sigma k \chi\rangle^*. \tag{D.17'}$$

Die d_k Vektoren $|q\tau_2 j_2 \sigma k\chi\rangle$ (χ veränderlich, der Rest fest) sind entweder sämtlich gleich Null, oder sie bilden eine Standardbasis der Darstellung $\mathbf{G}^{(k)}$. In diesem Fall ist der Satz A anwendbar. Darum ist stets:

$$\langle \tau j \mu | q \tau_2 j_2 \sigma k \chi\rangle = \delta_{jk} \delta_{\mu\chi} \langle \tau j \| Q \| \tau_2 j_2\rangle_\sigma,$$

worin $\langle \tau j \| Q \| \tau_2 j_2\rangle_\sigma$ eine von μ unabhängige Konstante ist. Folglich liefert die Projektion der beiden Seiten von (D.17') auf $|\tau_1 j_1 \mu_1\rangle$:

$$\langle \tau_1 j_1 \mu_1 | Q_\nu | \tau_2 j_2 \mu_2\rangle = \sum_{k\chi} \delta_{j_1 k} \delta_{\mu_1 \chi} \Big(\sum_\sigma \langle \tau_1 j_1 \| Q \| \tau_2 j_2\rangle_\sigma \langle a j_2 \nu \mu_2 | \sigma k \chi\rangle^*\Big),$$

woraus sich der Satz B ergibt.

Auswahlregel

Transformieren sich $|u\rangle$, Q, $|v\rangle$ wie $\mathbf{G}^u$, $\mathbf{G}^Q$, $\mathbf{G}^v$ und tritt keine der irreduziblen Komponenten von $\mathbf{G}^v$ in der Zerlegung von $\mathbf{G}^Q \otimes \mathbf{G}^u$ auf, so ist notwendig

$$\langle v | Q | u\rangle = 0.$$

Diese Regel wird sehr häufig gebraucht. Sind $\mathbf{G}^u$ und $\mathbf{G}^v$ irreduzible Darstellungen, so ergibt sie sich einfach aus Punkt 1 von Satz B. Sie ist aber auch anwendbar, wenn weder $\mathbf{G}^u$ noch $\mathbf{G}^Q$, noch $\mathbf{G}^v$ irreduzibel sind. Um dies zu zeigen, beachte man, daß sich $Q|u\rangle$ wie die Darstellung $\mathbf{G}^Q \otimes \mathbf{G}^u$ oder eine ihrer Komponenten transformiert (Korollar III), und wende auf den Vektor $Q|u\rangle$ den Satz A an.

Ein Spezialfall: die Drehgruppe

Die Sätze A und B gelten insbesondere für die Drehgruppe.

Das Problem der Zusammensetzung von zwei Drehimpulsen ist ein Spezialfall für die Anwendung des Satzes A. Die in Abschnitt 13.5.2 eingeführten $(2j_1 + 1)(2j_2 + 1)$ Vektoren $|\alpha j_1 j_2 m_1 m_2\rangle$ transformieren sich wie die Basisvektoren der Darstellung $\mathbf{D}^{(j_1)} \otimes \mathbf{D}^{(j_2)}$ die sich als tensorielles Produkt aus den irreduziblen Darstellungen $\mathbf{D}^{(j_1)}$ und $\mathbf{D}^{(j_2)}$ der Drehgruppe ergibt [3]. Nach Abschnitt 13.5 ist die Zerlegung dieser Darstellung nach irreduziblen Bestandteilen durch:

[3] Hier von der Drehgruppe $\mathcal{R}_3$ zu sprechen, ist nicht richtig. Es handelt sich vielmehr um die Gruppe $\mathfrak{U}_2$.

$$\mathbf{D}^{(j_1)} \otimes \mathbf{D}^{(j_2)} \simeq \sum_{J=|j_1-j_2|}^{j_1+j_2} \mathbf{D}^{(J)} \tag{D.19}$$

gegeben und die Elemente der unitären Matrix, die diese Zerlegung bewirkt, sind die Clebsch-Gordan-Koeffizienten $<j_1 j_2 m_1 m_2 | JM>$. Weil jede irreduzible Darstellung in dieser Zerlegung höchstens einmal auftritt ($n_J^{j_1 j_2} = 1$ für $J = j_1 + j_2, j_1 + j_2 - 1, \ldots, |j_1 - j_2|$), besteht die Summe auf der rechten Seite von (D.12) in diesem Fall nur aus einem einzigen Term. In jedem Unterraum $\mathcal{E}(\tau J)$ sind also die Komponenten von $|\alpha j_1 j_2 m_1 m_2>$ bis auf eine (von M unabhängige Konstante) bekannt.

Entsprechend ergibt sich das Wigner-Eckart-Theorem (Abschnitt 13.6.4) durch Anwendung des Satzes B auf die Komponenten $T_q^{(k)}$ eines gegenüber Drehungen irreduziblen Tensoroperators, d.h. auf die $(2k + 1)$ Operatoren, die sich wie die Basisvektoren der Darstellung $\mathbf{D}^{(k)}$ transformieren.

Das Matrixelement $<\tau_1 j_1 m_1 | T_q^{(k)} | \tau_2 j_2 m_2>$ ist durch den Ausdruck (D.14) gegeben. Weil jeder Bestandteil $\mathbf{D}^{(J)}$ von $\mathbf{D}^{(k)} \otimes \mathbf{D}^{(j_2)}$ in der Zerlegung dieser Darstellung nach irreduziblen Bestandteilen nur einmal auftritt ($n_J^{kj_2} = 1$ für $J = k + j_2, \ldots, |k - j_2|$), besteht die Summe der rechten Seite von (D.14) nur aus einem Term.

Anmerkung: Die Definition des reduzierten Matrixelements $<\tau_1 j_1 || \mathbf{T}^{(k)} || \tau_2 j_2>$ in Abschnitt 13 unterscheidet sich von der hier gegebenen um den Faktor $\sqrt{2j_1 + 1}$.

Invariante Observable. $\mathcal{G}$-Entartung

Ist Q bezüglich $\mathcal{G}$ eine *invariante Observable*, so ist

$$[Q, G] = 0 \qquad \text{für jedes } g \in \mathcal{G}.$$

Die d_j Vektoren $Q|\tau j \mu>$ (τj fest, μ veränderlich) transformieren sich wie die Basisvektoren der Darstellung $\mathbf{G}^{(j)}$. Der Satz B (und ebenso der Satz A oder das Schursche Lemma) liefert in diesem Fall:

$$\langle \tau j \mu | Q | \tau' j' \mu' \rangle = \delta_{jj'} \delta_{\mu\mu'} Q_{\tau\tau'}^{(j)}. \tag{D.20}$$

In jeder der Gruppe $\mathcal{G}$ zugeordneten Standarddarstellung wird daher Q durch eine besonders einfache Matrix dargestellt.

In einer solchen Darstellung reduziert sich das Eigenwertproblem von Q auf die Diagonalisierung von hermitischen Matrizen $Q^{(j)}$, deren Elemente $Q_{\tau\tau'}^{(j)}$ nur von den Indizes τ und τ' abhängen. Zu jedem Wert von j gehört so eine bestimmte Anzahl von Eigenwerten von Q, das sind die Eigenwerte $q_1^{(j)}, q_2^{(j)}, \ldots, q_i^{(j)}, \ldots$ der Matrix $Q^{(j)}$. *Jeder einfache Eigenwert dieser Matrix ist ein d_j-fach entarteter Eigenwert von Q; jeder p-fach entartete Eigenwert von $Q^{(j)}$ ist ein pd_j-fach entarteter Eigenwert von Q.*

Auf die beiden folgenden Eigenschaften weisen wir besonders hin:

1. Ist Q in bezug auf $\mathcal{G}$ invariant, so ist der Unterraum zu jedem Eigenwert von Q invariant bezüglich $\mathcal{G}$.

2. Es sei Q eine in bezug auf $\mathcal{G}$ invariante und in einem *endlichen* Raum definierte Observable, wobei die Vektoren dieses Raumes sich ineinander gemäß der Darstellung $\mathbf{G}$ transformieren. Die Zerlegung von $\mathbf{G}$ nach irreduziblen Bestandteilen sei:

$$\mathbf{G} \simeq \sum_k n_k \mathbf{G}^{(k)},$$

Dann ist die Anzahl der verschiedenen Eigenwerte von Q *höchstens gleich* $\sum_k n_k$.

Irreduzible Tensoroperatoren

Transformiert sich ein Operator Q gemäß $\mathbf{G}^Q$, so ist es stets möglich, ihn auf die Form einer Summe zu bringen, in der jeder Term sich gemäß einer der irreduziblen Bestandteile von $\mathbf{G}^Q$ transformiert. Die irreduziblen Tensoroperatoren verdienen deshalb besondere Beachtung.

Nach Definition transformieren sich die Komponenten eines irreduziblen Tensoroperators k-ter Stufe, $\mathbf{T}^{(k)}$, linear ineinander gemäß der irreduziblen Darstellung $\mathbf{G}^{(k)}$. Dieser Operator bestimmt also einen (d_k-dimensionalen) Darstellungsraum von $\mathbf{G}^{(k)}$. Er besitzt insbesondere d_k *Standardkomponenten* $T_\chi^{(k)}$ (k fest, χ veränderlich), die in diesem Darstellungsraum eine Standardbasis bilden. Nach Definition ist (s. die Beziehung (D.10)):

$$G\, T_\chi^{(k)}\, G^{-1} = \sum_\rho T_\rho^{(k)}\, G_{\rho\chi}^{(k)} \tag{D.21}$$

Es sei

$$\mathbf{G}^{(g)} \otimes \mathbf{G}^{(h)} \simeq \sum_l n_l^{gh}\, \mathbf{G}^{(l)} \tag{D.22}$$

die Zerlegung des tensoriellen Produkts der irreduziblen Darstellungen $\mathbf{G}^{(g)}$ und $\mathbf{G}^{(k)}$ und es seien $\langle gh\gamma\eta|\sigma l\lambda\rangle$ ($\sigma = 1, \dots, n_l^{gh}$) die Elemente der Matrix, die diese Zerlegung bewirken. Die Standarddarstellung der Komponenten $T_\chi^{(k)}$ hat dann nach Satz B die folgenden Eigenschaften:

$$\langle\tau_1 j_1 \mu_1|T_\chi^{(k)}|\tau_2 j_2 \mu_2\rangle = \begin{cases} 0 & \text{wenn} \quad n_{j_1}^{kj_2} = 0 \\ \sum_{\sigma=1}^{n_{j_1}^{kj_2}} \langle\tau_1 j_1\|T_\chi^{(k)}\|\tau_2 j_2\rangle_\sigma \langle k j_2 \chi\mu_2|\sigma j_1 \mu_1\rangle^* & \text{wenn} \quad n_{j_1}^{kj_2} \neq 0 \end{cases} \tag{D.23}$$

Schlußfolgerung

Die Transformationseigenschaften von quantenmechanischen Vektoren und Operatoren bezüglich der Operationen einer Gruppe $\mathbf{G}$ kann man folglich ausnutzen, wenn man kennt:

(*i*) die Anzahl aller irreduziblen Darstellungen dieser Gruppe (bis auf Äquivalenz) und die Konstruktion der Matrizen jeder dieser Darstellungen gemäß einer Standardbasis;

(*ii*) die Zerlegung der tensoriellen Produkte dieser Darstellungen nach irreduziblen Bestandteilen und die zugehörige Matrix, die diese Zerlegung bewirkt (also die Koeffizienten n_l^{gh} aus der Gleichung (D.22) und die „Clebsch-Gordan-Koeffizienten" $\langle gh\gamma\eta|\sigma l\lambda\rangle$).

D.3 Endliche Gruppen

Bezeichnungen

$\mathfrak{F}$, Symbol für die betrachtete endliche Gruppe

N	Ordnung der Gruppe,	f	Element der Gruppe,
L	Anzahl der Klassen ($L \leqslant N$),	I	Einselement,
$\mathcal{C}$	Klasse der Gruppe,	f^a	Element der Klasse,
l_a	Anzahl der Elemente der Klasse $\mathcal{C}_a$	$k_a \equiv \sum_{i=1}^{l_a} f_i^a$,	Summe der Elemente von $\mathcal{C}_a$
$\mathbf{F}$	Darstellung von $\mathfrak{F}$	χ	Charakterensystem von $\mathbf{F}$

F Matrix, die f in **F** darstellt $\qquad K_a \equiv \sum_{i=1}^{l_a} F_i^a$

$\mathbf{F}^r$ reguläre Darstellung $\qquad \chi(a) \equiv \mathrm{Tr}\, F^a = \frac{1}{l_a} \mathrm{Tr}\, K_a.$

$\mathbf{F}^{(j)}$ j-te irreduzible Darstellung (bis auf Äquivalenz).
d_j Dimension von $\mathbf{F}^{(j)}$: $d_j = \chi^{(j)}(I)$.
$F^{(j)}$ unitäre Matrix, die f in $\mathbf{F}^{(j)}$ nach Festlegung einer Standardbasis darstellt.
$F^{(j)}_{\alpha\beta} \equiv (f \mid j\, \alpha \beta)$ = Element der Matrix $F^{(j)}$ zur α. Zeile und β. Spalte.
$\chi^j(a) \equiv (a \mid j)$ Charakter der Klasse $\mathcal{C}_a$ in der Darstellung $\mathbf{F}^{(j)}$.

D.3.1 Allgemeines

Umordnungslemma

Sind $f_1, f_2, \ldots, f_N$ die Elemente der Gruppe in einer bestimmten Anordnung und multipliziert man jedes Element mit einem Element f der Gruppe: $f_1 f, f_2 f, \ldots, f_N f$, so erhält man jedes Element der Gruppe genau einmal, jedoch i.a. in einer anderen Anordnung.
(Alle in diesem Abschnitt aufgeführten Eigenschaften sind eine einfache Folge dieses Lemmas).

Untergruppe von $\mathcal{F}$

Ist $\mathcal{H}$ eine Untergruppe von $\mathcal{F}$ mit der Ordnung N_h, so ist N ein Vielfaches von N_h:

$$N = h N_h \qquad (h \text{ positiv ganz}).$$

Die ganze Zahl h heißt *Index* der Untergruppe.

Ist $\mathcal{H}$ ein Normalteiler von $\mathcal{G}$, so ist sein Index h gleich der Ordnung der Faktorgruppe $\mathcal{G}/\mathcal{H}$.

Klassen von $\mathcal{F}$

N ist ein Vielfaches der Anzahl l_a der Elemente irgendeiner ihrer Klassen:

$$N = p_a l_a \qquad (p_a \text{ positiv ganz}).$$

(Die Elemente von $\mathcal{F}$, die mit einem bestimmten Element f^a der Klasse $\mathcal{C}_a$ vertauschen, bilden eine Untergruppe mit dem Index l_a).

Gruppenalgebra. Klassenoperatoren k_a (Klassensumme)

Die Linearkombinationen der Gruppenelemente: $\sum_{s=1}^{N} x^s f_s$, worin $x^1, x^2, \ldots, x^s$ beliebige komplexe Zahlen sind, bilden eine Algebra (von hyperkomplexen Zahlen): die Gruppenalgebra.

Klassenoperatoren nennt man die L hyperkomplexen Zahlen, die man durch Summation der Elemente einer Klasse erhält:

$$k_a \equiv \sum_{i=1}^{l_a} f_i^a \qquad (a = 1, 2, \ldots, L). \tag{D.24}$$

Diese L Operatoren vertauschen mit allen Elementen der Gruppenalgebra, und jede weitere Zahl mit dieser Eigenschaft ist eine Linearkombination dieser L Operatoren.

Klassenalgebra

Die Gruppenalgebra ist nicht kommutativ, es sei denn, die Gruppe ist abelsch. Dagegen bilden die Linearkombinationen der L Operatoren k_a eine kommutative Algebra, die Klassenalgebra oder das Zentrum der Gruppenalgebra (Ist die Gruppe abelsch, so ist die Klassenalgebra identisch mit der Gruppenalgebra). Man hat nämlich:

$$k_a k_b = k_b k_a = \sum_{c=1}^{L} g_{ab}^{c} k_c. \tag{D.25}$$

Die Koeffizienten g_{ab}^{c} sind nichtnegativ ganz.

Obwohl linear unabhängig, sind die L Klassensummen doch durch die Beziehungen (D.25) miteinander verknüpft und können daher als Funktion einer begrenzten Anzahl von ihnen ausgedrückt werden.

Jeder Klassenoperator genügt einer algebraischen Gleichung höchstens L-ten Grades.

D.3.2 Darstellungen

Reguläre Darstellung F^r

Wählt man als Basisvektoren die N Elemente der Gruppe selbst, so erhält man die (N-dimensionale) reguläre Darstellung der Gruppe. Die Vektoren des Darstellungsraumes sind also die Elemente der Gruppenalgebra.

Die Elemente der $N \times N$-Matrizen, die f in F^r darstellt, sind sämtlich Null bis auf eines: dieses ist gleich 1.

Die wesentlichen Eigenschaften der Darstellungen der Gruppe leiten sich fast alle aus dem Umordnungslemma, dem Schurschen Lemma und aus der Untersuchung der regulären Darstellung her.

Allgemeine Eigenschaften der Darstellungen

Jede Darstellung einer endlichen Gruppe ist einer *unitären* Darstellung dieser Gruppe äquivalent.

Haben zwei Darstellungen dasselbe *Charakterensystem*, so sind sie äquivalent [4]) (Die Umkehrung ist offensichtlich).

$F_1, F_2, \ldots, F_N$ seien die Elemente einer endlichen Gruppe $\mathcal{F}$ von linearen Operatoren und $|u\rangle$ sei ein Vektor aus dem Raum der Kets. Dann ist die Darstellung F^u, nach der sich $|u\rangle$ unter den Operationen der Gruppe transformiert, eine *Komponente der regulären Darstellung* F^r (ist F^u N-dimensional, so ist $\mathsf{F}^u \cong \mathsf{F}^r$).

In einer gegebenen Darstellung F werden $k_1, k_2, \ldots, k_L$ dargestellt durch Matrizen $K_1, K_2, \ldots, K_L$, die *gleichzeitig diagonalisierbar* sind und mit jeder Darstellungsmatrix eines Gruppenelements vertauschen:

$$[K_a, F] = 0. \tag{D.26}$$

[4]) Eine Folge der Eindeutigkeit der Ausreduzierung und der Orthogonalität der Charaktere der irreduziblen Darstellungen (s. oben). Diese Eigenschaft gilt auch, wenn die Gruppe nicht endlich ist, vorausgesetzt die beiden Darstellungen sind vollreduzibel.

Irreduzible Darstellungen

a) *Anzahl.* – Die Anzahl der inäquivalenten irreduziblen Darstellungen ist gleich der Anzahl L der Klassen.

b) *Dimension.* – Ist d_j die Dimension der j-ten irreduziblen Darstellung $\mathsf{F}^{(j)}$ ($j = 1, 2, \ldots, L$), so ist

$$N/d_j \text{ ganz} \tag{D.27}$$

$$\sum_{j=1}^{L} d_j^2 = N. \tag{D.28}$$

c) *Orthogonalitätsrelationen.* – Sind die unitären irreduziblen Darstellungen $\mathsf{F}^{(j)}$, $\mathsf{F}^{(k)}$ entweder inäquivalent oder gleich [5], so ist:

$$\boxed{\frac{d_j}{N}\sum_{f=1}^{N}(f \mid j\,\alpha\,\beta)\,(f \mid k\,\gamma\,\delta)^* = \delta_{jk}\,\delta_{\alpha\gamma}\,\delta_{\beta\delta}} \tag{D.29}$$

Aus diesen Beziehungen erhält man die Orthogonalitätsrelation für die Charaktere:

$$\boxed{\sum_{a=1}^{L}\frac{l_a}{N}(a \mid j)\,(a \mid k)^* = \delta_{jk}} \tag{D.30}$$

Für jede durch Wahl einer Standardbasis eindeutig bestimmte Darstellung sind die N^2 Größen

$$\sqrt{\frac{d_j}{N}}\,F^{(j)}_{\alpha\beta} \equiv \sqrt{\frac{d_j}{N}}\,(f \mid j\,\alpha\,\beta)$$

$$(f = 1, 2, \ldots, N;\; j = 1, 2, \ldots, L;\; \alpha, \beta = 1, 2, \ldots, d_j)$$

die Elemente einer unitären $N \times N$-Matrix. Entsprechend sind die L^2 Größen: $\sqrt{l_a/N}\,\chi^j(a) \equiv \sqrt{l_a/N}\,(a \mid j)$ die Elemente einer unitären $L \times L$-Matrix. Aus den beiden Relationen (D.29) und (D.30) ergeben sich die beiden folgenden:

---

[5] *Beweis:* Ist S eine $d_j \times d_k$-Matrix, so genügt die Matrix $T \equiv \sum_{f=1}^{N} F^{(j)}\,S\,F^{(k)-1}$ (Umordnungslemma) der Beziehung $F^{(j)}T = T F^{(k)}$ für jedes f. Also ist (Schursches Lemma) T entweder identisch Null oder ein Vielfaches der Einheit, je nachdem, ob $\mathsf{F}^{(j)}$ und $\mathsf{F}^{(k)}$ inäquivalent oder gleich sind. Die Relationen (D.29) erhält man durch geeignete Festlegung von S.

$$\sum_{j=1}^{L} \sum_{\alpha,\beta=1}^{d_j} \frac{d_j}{N} (f \mid j\,\alpha\,\beta)\,(g \mid j\,\alpha\,\beta)^* = \delta_{fg} \tag{D.31}$$

$$\frac{l_a}{N} \sum_{j=1}^{L} (a \mid j)\,(b \mid j)^* = \delta_{ab}. \tag{D.32}$$

d) Spezialfälle. – Ist $\mathsf{F}^{(k)}$ die identische Darstellung ($k = 1$), so liefern (D.29) und (D.30):

$$\sum_{f=1}^{N} (f \mid j\,\alpha\,\beta) = N\,\delta_{j1} \qquad \sum_{a=1}^{L} l_a (a \mid j) = N\,\delta_{j1}. \tag{D.33 a}$$

Ist $g = I$, so ergeben (D.31) und (D.32):

$$\sum_{j\alpha\beta} d_j (f \mid j\ \alpha\ \beta) = N\,\delta_{fI} \qquad \sum d_j (a \mid j) = N\,\delta_{aI}. \tag{D.33 b}$$

e) Beziehung zwischen Klassenoperatoren und Charakteren. – Die Matrizen $K_a^{(J)}$, die die k_a darstellen, sind Vielfache der Einheitsmatrix (Schursches Lemma):

$$K_a^{(j)} = k_a^{(j)}\, 1^{(j)}. \tag{D.34}$$

$$k_a^{(j)} = \frac{1}{d_j} \operatorname{Tr} K_a^{(j)} = \frac{l_a}{d_j} (a \mid j). \tag{D.35}$$

Aus (D.25) und (D.35) folgt:

$$l_a\, l_b (a \mid j)\,(b \mid j) = d_j \sum_{c=1}^{L} g_{ab}^c\, l_c (c \mid j) \tag{D.36}$$

und hieraus wegen der Orthogonalitätsrelation (D.32):

$$g_{ab}^c = \frac{l_a\, l_b}{N} \sum_{j=1}^{L} \frac{1}{d_j} (a \mid j)\,(b \mid j)\,(c \mid j)^*. \tag{D.37}$$

D.3.3 Irreduzible Komponenten einer Darstellung

Allgemeine Methode

Für die Bestimmung der Koeffizienten n_j in der Ausreduzierung

$$\mathsf{F} \simeq \sum_{j=1}^{L} n_j\, \mathsf{F}^{(j)} \tag{D.38}$$

einer Darstellung ($\mathsf{F}^{(j)}$ irreduzibel), genügt die Kenntnis ihres Charakterensystems $\chi(a)$ und des Charakterensystems der L irreduziblen Darstellungen der Gruppe. Nach Gleichung (D.9) und aufgrund der Beziehungen (D.30) ist:

$$n_j = \frac{1}{N} \sum_{a=1}^{L} l_a (a \mid j)^*\, \chi(a). \tag{D.39}$$

Anmerkung: – Man hat: $p = \frac{1}{N} \sum_{a=1}^{L} l_a \mid \chi(a) \mid^2 = \sum_{j=1}^{L} n_j^2$. Also ist $p = 1$ ein Kriterium für die Irreduzibilität von F.

Reguläre Darstellung $(\chi^r(a) = N \delta_{aI})$

$$\mathsf{F}^r \simeq \sum_{j=1}^{L} d_j \, \mathsf{F}^{(j)}. \tag{D.40}$$

Die reguläre Darstellung enthält jede irreduzible Darstellung der Gruppe genau so oft, wie die Dimension der Darstellung angibt (Dies folgt aus der Beziehung (D.28)).

Tensorielles Produkt von irreduziblen Darstellungen

$$\mathsf{F}^{(g)} \otimes \mathsf{F}^{(h)} \simeq \sum_{j=1}^{L} n_j^{gh} \, \mathsf{F}^{(j)}. \tag{D.41}$$

Die Gleichung (D.9) lautet in diesem Fall:

$$(a \mid g)(a \mid h) = \sum_{j=1}^{L} n_j^{gh} (a \mid j) \tag{D.42}$$

und (D.39) ergibt:

$$n_j^{gh} = \frac{1}{N} \sum_{a=1}^{L} l_a (a \mid g)(a \mid h)(a \mid j)^*. \tag{D.43}$$

Man vergleiche diese beiden Beziehungen mit den Beziehungen (D.36–37).

Lemma:

$\mathsf{F}^{(j)}$ ist in $\mathsf{F}^{(g)} \otimes \mathsf{F}^{(h)}$ so oft enthalten wie $\mathsf{F}^{(g)}$ in $\mathsf{F}^{(j)} \otimes \mathsf{F}^{(h)*}$

(Anmerkung: – Sind die irreduziblen Darstellungen alle selbstkonjugiert, so ist n_j^{gh} in den drei Indizes symmetrisch).

Eindimensionale Komponenten

Das tensorielle Produkt $\mathsf{F}^{(g)} \otimes \mathsf{F}^{(h)}$ zweier irreduzibler Darstellungen enthält höchstens eine Komponente mit der Dimension 1. Notwendig und hinreichend für das Auftreten der eindimensionalen Darstellung F_1 in diesem Produkt ist, daß:

$$\mathsf{F}^{(g)} \simeq \mathsf{F}_1 \otimes \mathsf{F}^{(h)*}. \tag{D.44}$$

Insbesondere enthält der Darstellungsraum $\mathcal{E}_g \otimes \mathcal{E}_h$ dieses Produkts höchstens einen Vektor, der in bezug auf die Transformationen der Gruppe invariant ist. Dieser Vektor existiert genau dann, wenn:

$$\mathsf{F}^{(g)} \simeq \mathsf{F}^{(h)*}. \tag{D.45}$$

D.3.4 Konstruktion der irreduziblen invarianten Unterräume

Wir setzen jetzt voraus, daß für jede irreduzible Darstellung eine Standardwahl der Basisvektoren getroffen wurde. Wir werden dann sagen, ein Vektor sei vom Typ $(j\mu)$, wenn er sich wie der μ-te Vektor einer Standardbasis von $\mathsf{F}^{(j)}$ transformiert. Die (unitären) Matrizen sind auf diese Weise eindeutig bestimmt, und wir wollen jetzt im Raum $\mathcal{E}$ der im vorigen Abschnitt eingeführten Darstellung F die Vektoren einer zur Gruppe $\mathcal{G}$ gehörenden Standardbasis konstruieren. Wir beschränken uns auf den Fall, bei dem der Raum $\mathcal{E}$ durch Anwendung der Operatoren F_1, F_2, $\ldots$, F_N auf einen bestimmten Vektor $|>$ des Ket-Raumes erzeugt wird ($n_j \leqslant d_j$). In der Quantenmechanik kann man sich praktisch immer auf diesen Fall beschränken.

Basisoperatoren $B_{\mu\nu}^{(j)}$ der regulären Darstellung

Wir führen die N Operatoren

$$B_{\mu\nu}^{(j)} = \frac{d_j}{N} \sum_{f=1}^{N} (f \mid j\mu\nu)^* F \qquad (j = 1, 2, \ldots, L\,;\ \mu, \nu = 1, 2, \ldots, d_j) \tag{D.46}$$

ein. Die N Operatoren der Gruppe sind aufgrund der Orthogonalitätsrelationen (D.31) Linearkombinationen dieser Operatoren:

$$F = \sum_{j=1}^{L} \sum_{\mu,\nu=1}^{d_j} (f \mid j\mu\nu)\, B_{\mu\nu}^{(j)}. \tag{D.47}$$

Aus der Unitarität der F, dem Umordnungslemma und den Beziehungen (D.29) ergeben sich die fundamentalen Eigenschaften:

$$B_{\mu\nu}^{(j)\dagger} = B_{\nu\mu}^{(j)} \tag{D.48}$$

$$F\, B_{\mu\nu}^{(j)} = \sum_{\varkappa} B_{\varkappa\nu}^{(j)} (f \mid j\varkappa\mu) \tag{D.49}$$

$$B_{\mu\nu}^{(j)}\, B_{\rho\sigma}^{(k)} = \delta_{jk}\, \delta_{\nu\rho}\, B_{\mu\sigma}^{(j)}. \tag{D.50}$$

Nach (D.49) bilden die N Operatoren $B_{\mu\nu}^{(j)}$ (die Elemente der Gruppenalgebra) eine Standardbasis in der regulären Darstellung.

Bildung einer Standardbasis mit Hilfe der $B_{\mu\nu}^{(j)}$

Das Problem der Konstruktion einer Standardbasis in $\mathcal{E}$ ist praktisch gelöst, wenn man die Operatoren $B_{\mu\nu}^{(j)}$ zu bilden weiß, d.h. wenn man die N^2 Matrixelemente $(f \mid j\mu\nu)$ kennt.

Man hat nämlich:

a) $B_{\mu\nu}^{(j)} |>$ ist, falls er nicht verschwindet, ein Vektor vom Typ $(j\mu)$, (Gleichung (D.49)).

b) Die N Vektoren $B_{\mu\nu}^{(j)} |>$ spannen den gesamten Raum auf, (Gleichung (D.47)).

c) Die d_j^2 Vektoren $B_{\mu\nu}^{(j)} |>$ zum selben Wert von j besitzen die folgenden Eigenschaften:

(*i*) die d_j Vektoren zum selben Wert von ν ($\nu = 1, 2, \ldots, d_j$) haben dieselbe Norm und bilden, von der Normierung abgesehen, eine Standardbasis der Darstellung $\mathsf{F}^{(j)}$;

(*ii*) die d_j Vektoren zum selben Wert von μ ($\mu = 1, 2, \ldots, d_j$) spannen den n_j-dimensionalen Raum $\mathcal{E}_{j\mu}$ der Vektoren vom Typ $(j\mu)$ auf. Sie sind durch $(n_j - d_j)$ lineare Beziehungen miteinander verknüpft, in denen die Koeffizienten nicht von μ abhängen (ist insbesondere $n_j = 1$, so sind diese d_j Vektoren Vielfache voneinander und die Faktoren hängen nicht von μ ab).

Zur Konstruktion einer zur Gruppe gehörenden Standardbasis in $\mathcal{E}$ genügt es also, zu jedem Wert von j einen bestimmten Wert $\bar{\mu}$ von μ zu wählen und z.B. durch das Schmidtsche Orthogonalisierungsverfahren ein System von n_j Basisvektoren im Raum $\mathcal{E}_{j\bar{\mu}}$ zu konstruieren:

$$|\tau j \bar{\mu}\rangle = \sum_{\nu=1}^{d_j} c_\nu^{\tau j} B_{\bar{\mu}\nu}^{(j)} |\rangle \qquad (\tau = 1, 2, \ldots, n_j)$$

$$\langle \tau j \bar{\mu} | \tau' j \bar{\mu}\rangle = \delta_{\tau\tau'}.$$

Dann bilden die Vektoren

$$|\tau j \mu\rangle \equiv \sum_{\nu=1}^{d_j} c_\nu^{\tau j} B_{\mu\nu}^{(j)} |\rangle$$

$$(j = 1, 2, \ldots, L; \quad \mu = 1, 2, \ldots, d_j; \; \tau = 1, 2, \ldots, n_j)$$

die gesuchte Standardbasis, die d_j Vektoren $|\tau j \mu\rangle$ (τ und j fest, $\mu = 1, \ldots, d_j$) bilden eine Standardbasis der Darstellung $\mathsf{F}^{(j)}$.

Andere Eigenschaften der $B_{\mu\nu}^{(j)}$. Projektoren auf die Räume $\mathcal{E}_{j\mu}$ und Übergang von einem zum anderen.

Wir setzen:

$$\Pi_\mu^{(j)} \equiv B_{\mu\mu}^{(j)} \equiv \frac{d_j}{N} \sum_{f=1}^{N} (f \,|\, j\mu\mu)^* F. \tag{D.51}$$

Die Operatoren $\Pi_\mu^{(j)}$ ($j = 1, 2, \ldots, L; \ \mu = 1, 2, \ldots, d_j$) bilden eine Folge von orthogonalen Projektionsoperatoren, deren Summe gleich Eins ist [6]:

$$\Pi_\mu^{(j)\dagger} = \Pi_\mu^{(j)} \tag{D.52}$$

$$\Pi_\mu^{(j)} \Pi_\rho^{(k)} = \delta_{jk} \delta_{\mu\rho} \Pi_\mu^{(j)} \tag{D.53}$$

$$\sum_{j=1}^{L} \sum_{\mu=1}^{d_j} \Pi_\mu^{(j)} = 1 \tag{D.54}$$

$\Pi_\mu^{(j)}$ ist der Projektionsoperator auf den Raum $\mathcal{E}_{j\mu}$ der Vektoren vom Typ $(j\mu)$. Die Zerlegung der Einheit (D.54) gestattet, jeden Vektor aus $\mathcal{E}$ als eine Summe von Vektoren zu schreiben, die jeder zu einem Raum $\mathcal{E}_{j\mu}$ gehören:

$$|u\rangle \equiv \sum_{j\mu} \Pi_\mu^{(j)} |u\rangle.$$

[6] Dies gilt für jedes F, selbst dann, wenn diese Darstellung keine Komponente von F^r ist.

Ist $\mu \neq \nu$, so vermittelt der Operator $B_{\mu\nu}^{(j)}$ den *Übergang* vom Unterraum $\mathcal{E}_{j\nu}$ in den Unterraum $\mathcal{E}_{j\mu}$. Aufgrund der Gleichungen (D.50) und (D.48) ist nämlich:

$$\Pi_\gamma^{(g)} B_{\mu\nu}^{(j)} \Pi_\eta^{(h)} = \delta_{gj}\, \delta_{jh}\, \delta_{\gamma\mu}\, \delta_{\nu\eta}\, B_{\mu\nu}^{(j)} \tag{D.55}$$

$$B_{\mu\nu}^{(j)\dagger} B_{\mu\nu}^{(j)} = \Pi_\nu^{(j)}. \tag{D.56}$$

Also ergibt die Wirkung von $B_{\mu\nu}^{(j)}$ auf jeden zu $\mathcal{E}_{j\nu}$ orthogonalen Vektor Null, während durch $B_{\mu\nu}^{(j)}$ jeder Vektor von $\mathcal{E}_{j\nu}$ in einen Vektor aus $\mathcal{E}_{j\mu}$ transformiert wird. Der so eingeführte Zusammenhang ist umkehrbar eindeutig und läßt das Skalarprodukt unverändert.

Ist $|\sigma j\nu\rangle$ ein Vektor vom Typ $(j\nu)$, so bilden die d_j Vektoren $B_{\mu\nu}^{(j)}|\sigma j\nu\rangle$ ($\mu = 1, 2, \ldots, d_j$) eine Standardbasis der Darstellung $\mathsf{F}^{(j)}$.

Verwendung der Klassenoperatoren K_a. Projektor $P^{(j)}$

Sucht man nur nach den irreduziblen invarianten Unterräumen von $\mathcal{E}$, so erfordert das nicht notwendig die Kenntnis der N^2 Standardmatrixelemente $F_{\mu\nu}^{(j)} \equiv (f|j\mu\nu)$.

Die Klassenoperatoren

$$K_a = \sum_{i=1}^{l_a} F_i^a \qquad (a = 1, 2, \ldots, L)$$

besitzen (mindestens) ein gemeinsames Basissystem. Zu jedem Vektor dieses Systems gehört eine bestimmte Folge $k \equiv (k_1, k_2, \ldots, k_L)$ von Eigenwerten dieser Operatoren. Insgesamt gibt es L Folgen von möglichen Eigenwerten: $k^{(1)}, k^{(2)}, \ldots, k^{(L)}$, die durch die Gleichung (D.35) gegeben sind und jeweils zu einer bestimmten irreduziblen Darstellung der Gruppe gehören. Diagonalisiert man daher die $K_1, K_2, \ldots, K_L$ gleichzeitig, so ist jede Folge von Eigenwerten $k^{(j)}$ $n_j d_j$-fach entartet und der zugehörige Unterraum $\mathcal{E}_j$ bestimmt die Komponente $n_j\, \mathsf{F}^{(j)}$ von F. Sind die n_j sämtlich gleich Eins, so ist die Zerlegung von $\mathcal{E}$ in irreduzible invariante Unterräume automatisch realisiert. Andernfalls bleibt noch die Ausführung dieser Zerlegung in jedem der Unterräume $\mathcal{E}_j$, für die $n_j > 1$ ist.

Es sei daran erinnert, daß die L Operatoren K Funktionen einer begrenzten Anzahl von ihnen sind. Man muß also lediglich diese diagonalisieren, um das für alle zu erreichen.

Das Problem der Diagonalisierung der Operatoren K ist praktisch gelöst, wenn man das Charakterensystem von allen irreduziblen Darstellungen der Gruppe kennt (für die Mehrzahl der in der Physik gebrauchten Gruppen gibt es Charakterentafeln, s. die Hinweise der Fußnote 1)). Der Projektionsoperator $P^{(j)}$ auf den Raum $\mathcal{E}_j$ ist nämlich gegeben durch:

$$\begin{aligned} P^{(j)} &\equiv \sum_{\mu=1}^{d_j} \Pi_\mu^{(j)} = \frac{d_j}{N} \sum_{f=1}^{N} \chi^{(j)*}(f)\, F \\ &= \frac{d_j}{N} \sum_{a=1}^{L} (a \mid j)^*\, K_a. \end{aligned} \tag{D.57}$$

D.4 Permutationen (Die symmetrische Gruppe $\mathcal{S}_n$)

D.4.1 Allgemeines. Zyklen. Klassen

Definition

Es seien n Objekte auf n Fälle, „Fächer" oder „Zellen" verteilt (z.B. n Teilchen auf n Quantenzustände). Ändert man die Anordnung dieser n Objekte in den n „Fächern" ab, so spricht man von einer Permutation. Jedes Objekt kann durch einen ganzzahligen Index gekennzeichnet werden, der zwischen 1 und n läuft. Eine bestimmte Permutation kann durch das Symbol

$$p = \begin{pmatrix} \alpha_1 & \alpha_2 & \dots & \alpha_n \\ \beta_1 & \beta_2 & \dots & \beta_n \end{pmatrix}$$

definiert werden, worin $\alpha_1\ \alpha_2, \dots, \alpha_n$ die Liste der ersten n natürlichen Zahlen in einer beliebig gewählten Reihenfolge und $\beta_1, \beta_2, \dots, \beta_n$ dieselben Zahlen in einer Anordnung sind, so daß das Objekt β_i in der neuen Anordnung das „Fach" besetzt, das in der alten Anordnung vom Objekt α_i eingenommen wurde. So nimmt bei der Permutation der fünf Objekte:

$$p_a = \begin{pmatrix} 1 & 2 & 3 & 4 & 5 \\ 5 & 3 & 2 & 1 & 4 \end{pmatrix}$$

das Objekt 5 den Platz von 1, 3 den von 2 usw. ein. Die Bedeutung des Symbols ändert sich offensichtlich nicht, wenn man die Spalten irgendwie vertauscht.

Zwei aufeinanderfolgende Permutationen p_a, p_b sind äquivalent zu einer einzigen Permutation $p_c \equiv p_b p_a$, die man sofort anschreiben kann, sobald die obere Zeile des Symbols p_b mit der unteren Zeile des Symbols p_a übereinstimmt. Ist z.B. p_a die eben angegebene Permutation und ist

$$p_b = \begin{pmatrix} 1 & 2 & 3 & 4 & 5 \\ 4 & 3 & 5 & 1 & 2 \end{pmatrix} = \begin{pmatrix} 5 & 3 & 2 & 1 & 4 \\ 2 & 5 & 3 & 4 & 1 \end{pmatrix},$$

so ist

$$p_c \equiv p_b\, p_a = \begin{pmatrix} 1 & 2 & 3 & 4 & 5 \\ 2 & 5 & 3 & 4 & 1 \end{pmatrix}.$$

Die zu p inverse Permutation ergibt sich, indem man in dem Symbol für p die Zeilen vertauscht:

$$p^{-1} = \begin{pmatrix} \beta_1 & \beta_2 & \dots & \beta_n \\ \alpha_1 & \alpha_2 & \dots & \alpha_n \end{pmatrix}.$$

Die Permutationen von n Objekten bilden eine Gruppe mit der Ordnung $n!$

Zyklische Permutationen. Zykeldarstellung

Die Permutation

$$\begin{pmatrix} \alpha_1 & \alpha_2 & \dots & \alpha_{k-1} & \alpha_k & \alpha_{k+1} & \dots & \alpha_n \\ \alpha_2 & \alpha_3 & \dots & \alpha_k & \alpha_1 & \alpha_{k+1} & \dots & \alpha_n \end{pmatrix},$$

in der α_2 den Platz von α_1, α_3 den von $\alpha_2, \dots, \alpha_k$ den von α_{k-1} einnimmt, während die $(n-k)$ Objekte $\alpha_{k+1}, \dots, \alpha_n$ ihren Platz behalten, heißt eine *zyklische Permutation* oder ein *Zyklus* der

k Objekte $\alpha_1, \alpha_2, \ldots, \alpha_k$. k ist die *Länge des Zyklus.* Man kann diese Art von Permutation durch das Symbol

$$p = (\alpha_1\, \alpha_2 \ldots \alpha_k) \tag{D.58}$$

kennzeichnen. Man vereinbart, daß α_1 den Platz des letzten Objekts, α_k, einnimmt, während alle anderen Objekte den Platz des in der Liste unmittelbar links neben ihm stehenden Objekts besetzen. Bei dieser Bezeichnung ist die Reihenfolge der k Objekte nur bis auf eine zyklische Permutation festgelegt.

Zwei Zyklen, die kein gemeinsames Element aufweisen, vertauschen miteinander.

Jede Permutation von n Objekten ist ein Produkt von Zyklen, die paarweise miteinander vertauschen (diese Zyklen besitzen kein gemeinsames Element), *und diese Zerlegung ist eindeutig.*

So ist z.B. die oben angegebene Permutation p_a das Produkt aus (154) mit (23) und kann in Zykeldarstellung durch

$$p_a = (154)(23) = (23)(154)$$

symbolisiert werden. Entsprechend gilt:

$$p_b = (14)(235) \qquad p_c = (125)(3)(4).$$

Die Zyklen mit der Länge 1 entsprechen der identischen Transformation und können gegebenenfalls fortgelassen werden. Man schreibt z.B. einfach: $p_c = (125)$. Läßt man sie nicht fort, so ist die Summe der Zykluslängen einer bestimmten Permutation gleich n.

Eine Permutation ist vollständig definiert durch:

(*i*) *ihre zyklische Struktur,* d.h. durch die Anzahl h ($\leqslant n$) ihrer Zyklen und deren Längen;

(*ii*) die Zahlen, die in jedem Zyklus auftreten, und deren bis auf eine zyklische Permutation gegebene Anordnung.

Man bildet die inverse Permutation, indem man in jedem Zyklus die Reihenfolge der Zahlen umkehrt. So ist z.B.:

$$p_a^{-1} = (451)(32).$$

Klassen

Zwei Permutationen mit derselben Zykelstruktur gehören zur selben Klasse und umgekehrt.

Die Zykeldarstellung des zur Permutation p konjugierten Elements $p' = xpx^{-1}$ ergibt sich aus der von p, indem man an den darin auftretenden n Zahlen die Permutation x vornimmt.

Beispiel:

$$p_a = \begin{pmatrix} 1 & 5 & 4 & 2 & 3 \\ 5 & 4 & 1 & 3 & 2 \end{pmatrix} = (154)\,(23)$$

$$x = \begin{pmatrix} 1 & 2 & 3 & 4 & 5 \\ 2 & 4 & 1 & 3 & 5 \end{pmatrix} = \begin{pmatrix} 5 & 4 & 1 & 3 & 2 \\ 5 & 3 & 2 & 1 & 4 \end{pmatrix} \qquad x^{-1} = \begin{pmatrix} 2 & 5 & 3 & 4 & 1 \\ 1 & 5 & 4 & 2 & 3 \end{pmatrix}$$

$$p' \equiv x\, p_a\, x^{-1} = \begin{pmatrix} 2 & 5 & 3 & 4 & 1 \\ 5 & 3 & 2 & 1 & 4 \end{pmatrix} = (253)\,(41).$$

Transpositionen

Eine Permutation von zwei Objekten (Zyklus der Länge 2) nennt man eine Transposition. Die Transpositionen bilden eine Klasse von $\mathcal{S}_n$.

Jeder Zyklus mit der Länge k ist gleich dem Produkt von $k - 1$ Transpositionen:

$$(\alpha_1 \alpha_2 \ldots \alpha_k) = (\alpha_1 \alpha_2)(\alpha_2 \alpha_3) \ldots (\alpha_{k-1} \alpha_k).$$

Allgemeiner kann jede Permutation p als ein Produkt von Transpositionen geschrieben werden. Diese Zerlegung ist nicht eindeutig, doch hat die Zahl der in ihr auftretenden Transpositionen eine wohlbestimmte Parität, die wir im folgenden mit $(-)^p$ bezeichnen. Per definitionem ist die Permutation p ***gerade*** bzw. ***ungerade***, je nachdem, ob $(-)^p = +1$ oder -1 ist.

Untergruppen von $\mathcal{S}_n$. Die Gruppe $\mathcal{A}_n$

$\mathcal{S}_n$ besitzt genau einen *Normalteiler*, die Gruppe $\mathcal{A}_n$ der geraden Permutationen (das ist eine Untergruppe mit dem Index 2, bei der die Faktorgruppe abelsch und die Nebenklassen die Menge der ungeraden Permutationen ist).

Zu den weiteren Untergruppen von $\mathcal{S}_n$ zählen die Permutationsgruppen $\mathcal{S}_m$ mit $m < n$, die Gruppen $\mathcal{A}_m$ $(m < n)$ usw. Der Index von $\mathcal{S}_m$ ist $(n!/m!)$, der von $\mathcal{A}_m$ ist $2(n!/m!)$.

„Symmetrisierer" und „Antisymmetrisierer" von $\mathcal{S}_n$

Eine besondere Rolle spielen zwei Linearkombinationen der Elemente von $\mathcal{S}_n$, der „Symmetrisierer" s und der „Antisymmetrisierer" a:

$$s \equiv \frac{1}{n!} \sum_p p \qquad a \equiv \frac{1}{n!} \sum_p (-)^p p \tag{D.59}$$

(die Summe läuft über die $n!$ Elemente der Gruppe $\mathcal{S}_n$). s und a sind spezielle Linearkombinationen der Klassenoperatoren. Sie vertauschen mit allen Elementen der Gruppe und besitzen weiter die Eigenschaften:

$$qs = sq = s \qquad qa = aq = (-)^q a \tag{D.60}$$

(q beliebige Permutation)

$$s^2 = s \qquad a^2 = a. \tag{D.61}$$

D.4.2 Zerlegungen

Definition

Unter einer *Zerlegung* $\lambda \equiv [\lambda_1 \lambda_2 \ldots \lambda_h]$ der ganzen Zahl n versteht man eine Folge von positiv ganzen Zahlen mit $\lambda_1 \geqslant \lambda_2 \geqslant \ldots \geqslant \lambda_h$ so, daß deren Summe gleich n ist:

$$\lambda_1 + \lambda_2 + \ldots + \lambda_h = n.$$

Weil die Zykelstruktur einer Permutation nur bis auf eine bestimmte Zerlegung von n festgelegt ist, *definiert jede Zerlegung von n eine* Klasse von $\mathcal{S}_n$.

Ungleichungen

$\lambda \equiv [\lambda_1 \ldots \lambda_h]$, $\mu \equiv [\mu_1 \ldots \mu_k]$ seien zwei Zerlegungen von n. Nach Definition ist:

$\lambda = \mu$, wenn $h = k$ und $\lambda_1 = \mu_1, \lambda_2 = \mu_2, \ldots, \lambda_h = \mu_k$;

$\lambda > \mu$, wenn der erste nichtverschwindende Term der Folge $\lambda_1 - \mu_1$; $\lambda_2 - \mu_2, \ldots$ positiv ist;

$\lambda < \mu$ wenn der erste nichtverschwindende Term der Folge $\lambda_1 - \mu_1, \lambda_2 - \mu_2, \ldots$ negativ ist.

Beispiel: Für $n = 5$ ist: $[5] > [4\,1] > [3\,2] > [3\,1^2]$ usw.
($[3\,1^2]$ ist eine Abkürzung für $[3\,1\,1]$).

Young-Diagramme Y_λ

Eine bestimmte Zerlegung $[\lambda_1\ \lambda_2 \ldots \lambda_h]$ kann durch ihr Young-Diagramm Y_λ repräsentiert werden. Darunter versteht man eine Anordnung von n Quadraten in h Zeilen so, daß die erste Zeile λ_1 Quadrate enthält, die zweite Zeile λ_2 Quadrate, ..., die h-te Zeile λ_h Quadrate (s. Abb. D.1).

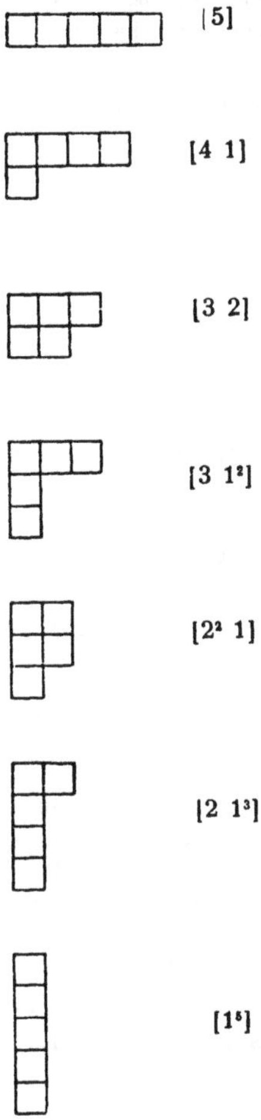

Abb. D.1: Die Zerlegungen von 5 und ihre Young-Diagramme.

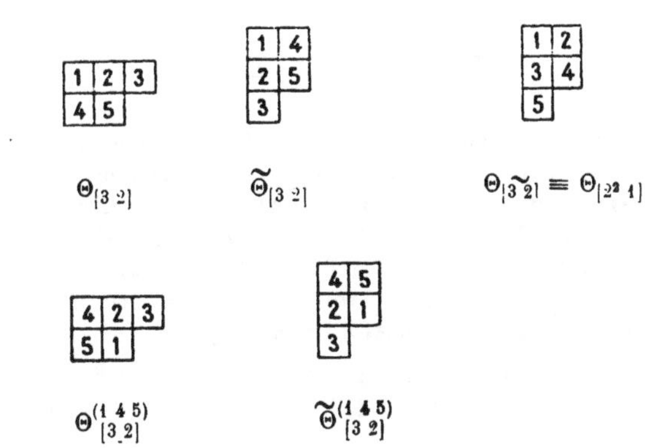

Abb. D.2: Einige Tafeln für die Zerlegungen $\lambda \equiv [3\,2]$ und $\tilde{\lambda} \equiv [2^2\,1]$ der Zahl 5.

Young-Tafeln Θ_λ^p

Auf $n!$-fache Weise kann man die ersten n natürlichen Zahlen auf die n Quadrate des Young-Diagramms Y_λ verteilen. Man erhält so die *Young-Tafeln.*

Wir bezeichnen sie mit Θ_λ. Man bekommt die *Normaltafel,* wenn die Zahlen $1, \ldots, n$ in der natürlichen Reihenfolge angeordnet sind: die Zahlen $1, 2, \ldots, \lambda_1$ in der ersten Zeile, die Zahlen $\lambda_1 + 1, \lambda_1 + 2, \ldots, \lambda_1 + \lambda_2$ in der zweiten Zeile usw. Führt man an den n Zahlen der Tafel Θ_λ die Permutation p aus, so erhält man eine neue Tafel $\Theta_\lambda^p \equiv p\Theta_\lambda$. Man beachte, daß $q\Theta_\lambda^p \equiv \Theta_\lambda^{qp}$ und daß zu einem Young-Diagramm $n!$ verschiedene Tafeln gehören (s. Abb. D.2).

Zugeordnete Zerlegungen

Zwei Zerlegungen nennt man einander zugeordnet, wenn ihre Young-Diagramme durch Vertauschung der Zeilen mit den Spalten auseinander hervorgehen (Spiegelung an der Hauptdiagonalen). Wir kennzeichnen diese Art von Zuordnung im folgenden durch das Symbol $\sim$. So ist $\tilde{\lambda} \equiv [\tilde{\lambda}_1 \ldots \tilde{\lambda}_k]$ der Zerlegung $\lambda \equiv [\lambda_1 \ldots \lambda_h]$ zugeordnet. Man beachte, daß $k = \lambda_1$ und $h = \tilde{\lambda}_1$ und daß $\tilde{\lambda}_s$ die Anzahl der Elemente der Zerlegung λ ist, die gleich oder größer als s sind und umgekehrt.

Entsprechend definiert man das dem Young-Diagramm Y_λ zugeordnete Young-Diagramm $\tilde{Y}_\lambda \equiv Y_{\tilde{\lambda}}$ und die zu Θ_λ^p zugeordnete Tafel $\tilde{\Theta}_\lambda^p$. Man beachte (Abb. D.2), daß

$$\tilde{\Theta}_\lambda^p = p\,\tilde{\Theta}_\lambda$$

aber im allgemeinen

$$\tilde{\Theta}_\lambda \neq \Theta_{\tilde{\lambda}}.$$

D.4.3 Youngsche „Symmetrisierer". Konstruktion der irreduziblen Darstellungen

„Symmetrisierer" s_λ, a_λ, $\tilde{s}_\lambda$, $\tilde{a}_\lambda$ für die Zeilen und Spalten von Θ_λ. Die Operatoren

$$s_\lambda \equiv \frac{1}{\lambda_1!\,\lambda_2!\,\ldots\,\lambda_h!} \sum_h h_\lambda \tag{D.62}$$

$$a_\lambda \equiv \frac{1}{\lambda!\,\lambda_2!\,\ldots\,\lambda_h!} \sum_h (-)^h\, h_\lambda \tag{D.63}$$

heißen der „Symmetrisierer" bzw. der „Antisymmetrisierer" der Zeilen von Θ_λ. Die Summation erstreckt sich dabei über die $\lambda_1!\lambda_2!\ldots\lambda_h!$ Permutationen h_λ, die die *Zeilen* von Θ_λ ungeändert lassen, also über die Permutationen, für die die Elemente eines jeden Zykels auf derselben Zeile von Θ_λ stehen. Die h_λ bilden eine Untergruppe $\mathfrak{S}_{[\lambda]}$ von $\mathfrak{S}_n$. $\mathfrak{S}_{\lambda_i}$ ist die Gruppe der Permutationen von λ_i Objekten, die auf der i-ten Zeile von Θ_λ stehen, $\mathfrak{S}_{[\lambda]}$ ist das Produkt der Untergruppen $\mathfrak{S}_{\lambda_1}, \mathfrak{S}_{\lambda_2}, \ldots, \mathfrak{S}_{\lambda_h}$ von $\mathfrak{S}_n$. s_λ und a_λ sind jeweils die Produkte der Symmetrisierer bzw. Antisymmetrisierer dieser h Untergruppen.

Entsprechend definiert man den Symmetrisierer $\tilde{s}_\lambda$ und den Antisymmetrisierer $\tilde{a}_\lambda$ für die Spalten von Θ_λ (d.h. für die Zeilen von $\tilde{\Theta}_\lambda$). Es sind dies die Operatoren

$$\tilde{s}_\lambda \equiv \frac{1}{\tilde{\lambda}_1!\,\ldots\,\tilde{\lambda}_k!} \sum_v v_\lambda \tag{D.64}$$

$$\tilde{a}_\lambda \equiv \frac{1}{\tilde{\lambda}_1!\,\ldots\,\tilde{\lambda}_k!} \sum_v (-)^v\, v_\lambda \tag{D.65}$$

Die Summation läuft hierbei über die $\tilde{\lambda}_1! \ldots \tilde{\lambda}_k!$ Permutationen v_λ, die die *Spalten* von Θ_λ invariant lassen.

Wichtige Eigenschaften

a) Sie sind Produkte von Symmetrisierern oder Antisymmetrisierern, also ist:

$$s_\lambda^2 = s_\lambda \qquad a_\lambda^2 = a_\lambda \qquad \tilde{s}_\lambda^2 = \ldots \tag{D.66}$$

$$h_\lambda s_\lambda = s_\lambda h_\lambda = s_\lambda \qquad h_\lambda a_\lambda = a_\lambda h_\lambda = (-)^h a_\lambda \qquad v_\lambda \tilde{s}_\lambda = \ldots \tag{D.67}$$

b) Ist $\tilde{\omega} \equiv \sum_p x_p p$ eine beliebige Linearkombination der Operationen von $\mathfrak{S}_n$ (ein Element der Gruppenalgebra) und ist [7]

$$\lambda > \mu \qquad \text{oder} \qquad \tilde{\lambda} < \tilde{\mu}, \tag{D.68}$$

so hat man:

$$\begin{aligned} \tilde{a}_\mu \varpi s_\lambda &= s_\lambda \varpi \tilde{a}_\mu = 0 \\ \tilde{s}_\mu \varpi a_\lambda &= a_\lambda \varpi \tilde{s}_\mu = 0. \end{aligned} \tag{D.69}$$

Insbesondere verlangt die eine oder die andere der beiden Bedingungen (D.68), daß

$$\tilde{a}_\mu s_\lambda = s_\lambda \tilde{a}_\mu = \tilde{s}_\mu a_\lambda = a_\lambda \tilde{s}_\mu = 0. \tag{D.70}$$

„*Irreduzible Symmetrisierer*" i_λ und j_λ

$$\begin{aligned} i_\lambda &\equiv s_\lambda \tilde{a}_\lambda \equiv \sum_{h\nu} (-)^\nu h_\lambda v_\lambda \qquad (i_\lambda \neq 0) \\ j_\lambda &\equiv \tilde{a}_\lambda s_\lambda \equiv \sum_{h\nu} (-)^\nu v_\lambda h_\lambda \qquad (j_\lambda \neq 0). \end{aligned} \tag{D.71}$$

Wir wollen i_λ und j_λ den „irreduziblen Symmetrisierer" bzw. den „irreduziblen Antisymmetrisierer" von Θ_λ nennen. Entsprechend definiert man für $\tilde{\Theta}_\lambda$:

$$\tilde{i}_\lambda \equiv \tilde{s}_\lambda a_\lambda \qquad \tilde{j}_\lambda = a_\lambda \tilde{s}_\lambda.$$

Mit der oben angegebenen Definition für $\tilde{\omega}$ kann man zeigen, daß:

$$s_\lambda \tilde{\omega} \tilde{a}_\lambda = \text{const.}\, i_\lambda \qquad \tilde{a}_\lambda \tilde{\omega} s_\lambda = \text{const.}\, j_\lambda. \tag{D.72}$$

Aus (D.69) und (D.72) leitet man her, daß

$$i_\lambda i_\mu = i_\mu i_\lambda = \text{const.}\, \delta_{\lambda\mu} i_\lambda \qquad j_\lambda j_\mu = j_\mu j_\lambda = \text{const.}\, \delta_{\lambda\mu} j_\lambda. \tag{D.73}$$

Fundamentalsatz. – (i) Die Vektoren $\tilde{\omega} i_\lambda$ ($\tilde{\omega}$ beliebiges Element der Algebra von $\mathfrak{S}_n$) spannen im Raum der regulären Darstellung der Gruppe $\mathfrak{S}_n$ einen irreduziblen invarianten Unterraum $\mathfrak{E}_\lambda$ auf, gehören also zu einer bestimmten irreduziblen Darstellung $\mathsf{P}^{(\lambda)}$ von $\mathfrak{S}_n$.

(ii) Die Vektoren $\tilde{\omega} j_\lambda$ spannen denselben invarianten Unterraum auf.

(iii) Ist $\lambda \neq \mu$, so sind die irreduziblen Darstellungen $\mathsf{P}^{(\lambda)}$ und $\mathsf{P}^{(\mu)}$ inäquivalent.

---

[7] Aus einer der Bedingungen (D.68) folgt nicht notwendig die andere. *Beispiel:* Ist $\lambda = [4\,1^2]$ und $\mu = [3\,3]$, so hat man $\lambda > \mu$. Jedoch ist $\tilde{\lambda} = [3\,1^3]$, $\tilde{\mu} = [2^3]$, also $\tilde{\lambda} > \tilde{\mu}$.

Dieser Satz erlaubt die Konstruktion aller irreduziblen Darstellungen von $\mathfrak{S}_n$, weil die Zahl dieser Darstellungen gleich der Anzahl der Klassen von $\mathfrak{S}_n$ ist, also der Anzahl der Zerlegungen von n. Folglich kann jede irreduzible Darstellung von $\mathfrak{S}_n$ durch ein bestimmtes Young-Diagramm charakterisiert werden.

„Symmetrisierer" für die zugeordneten Tafeln und Darstellungen

Jedem Element $\tilde{\omega} = \sum_p x_p p$ der Gruppenalgebra ordnen wir das Element $\tilde{\omega}' = \sum_p (-)^p x_p p$ zu. Dieser Zusammenhang ist linear, umkehrbar eindeutig und weist die folgenden Eigenschaften auf:

a) Ist $\eta = p\,\tilde{\omega}$, so ist $\eta' = (-)^p p\,\tilde{\omega}'$

b) Ist $\zeta = \tilde{\omega}\,\eta$, so ist $\zeta' = \tilde{\omega}'\,\eta'$ (Erhaltung des Produkts).

Man beachte, daß dadurch die „Symmetrisierer" der Tafeln Θ_λ und $\widetilde{\Theta}_\lambda$ paarweise miteinander zusammenhängen. Es ist nämlich:

$$a_\lambda = s'_\lambda \qquad \tilde{a}_\lambda = \tilde{s}'_\lambda .$$

Hieraus folgt:

$$\tilde{i}_\lambda \equiv \tilde{s}_\lambda a_\lambda = j'_\lambda \qquad\qquad \tilde{j}_\lambda \equiv a_\lambda \tilde{s}_\lambda = i'_\lambda . \tag{D.74}$$

Sei $\tilde{\omega}_1 i_\lambda, \tilde{\omega}_2 i_\lambda \ldots$ eine Folge von Basisvektoren, die gemäß dem Fundamentalsatz die Darstellung $\mathbf{P}^{(\lambda)}$ bestimmen. Nach Gleichung (D.74) sind die zugeordneten Vektoren $\tilde{\omega}'_1 \tilde{j}_\lambda, \tilde{\omega}'_2 \tilde{j}_\lambda \ldots$ Sie definieren die Darstellung $\mathbf{P}^{(\tilde{\lambda})}$. Bei dieser Wahl der Basissysteme ist klar, daß die Matrizen $P^{(\lambda)}$, die jede eine bestimmte Permutation p darstellen, durch die Beziehung

$$P^{(\tilde{\lambda})} = (-)^p P^{(\lambda)} \tag{D.75}$$

miteinander verknüpft sind.

„Symmetrisierer" von Θ^p_λ

Genauso kann man, ausgehend von der Tafel Θ_λ, die Permutationen h^p_λ und v^p_λ und die Symmetrisierer $s^p_\lambda, \ldots, i^p_\lambda, \ldots$ definieren. Man beachte, daß

$$h^p_\lambda = p\,h_\lambda\,p^{-1} \qquad v^p_\lambda = p\,v_\lambda\,p^{-1},$$

woraus

$$s^p_\lambda = p\,s_\lambda\,p^{-1}, \qquad a^p_\lambda = \ldots, \text{ usw.} \tag{D.76}$$

folgt.

Die „Symmetrisierer" von Θ^p_λ besitzen analoge Eigenschaften wie die „Symmetrisierer von Θ_λ. Man kann sie mit Hilfe der Beziehungen (D.76) daraus herleiten.

D.4.4 Eigenschaften der irreduziblen Darstellungen von $\mathfrak{S}_n$

Die meisten Eigenschaften der irreduziblen Darstellungen von $\mathfrak{S}_n$ kann man aus den Eigenschaften der im vorstehenden Abschnitt eingeführten „Symmetrisierer" herleiten.

Jede irreduzible Darstellung $\mathbf{P}^{(\lambda)}$ von $\mathfrak{S}_n$ wird durch ein bestimmtes Young-Diagramm charakterisiert und kann mit Hilfe des irreduziblen Symmetrisierers i_λ (oder j_λ) konstruiert werden.

Sie sind sämtlich *selbstkonjugiert:*

$$\mathbf{P}^{(\lambda)*} \simeq \mathbf{P}^{(\lambda)}. \tag{D.77}$$

Eindimensionale Darstellungen

Die beiden einzigen eindimensionalen Darstellungen sind

(*i*) die identische (oder symmetrische) Darstellung **S**;

(*ii*) die antisymmetrische Darstellung **A**, bei der jede Permutation p durch $(-)^p$ dargestellt wird.

Sie werden also von s bzw. a erzeugt (Gleichung (D.59)).

Das Young-Diagramm von **S** besteht aus einer Zeile und repräsentiert die Zerlegung $[n]$, das von **A** hat nur eine Spalte und repräsentiert die Zerlegung $[1^n]$.

Zugeordnete irreduzible Darstellungen

Zwei irreduzible Darstellungen $\mathbf{P}^{(\lambda)}$, $\mathbf{P}^{(\tilde{\lambda})}$ nennt man einander zugeordnet, wenn ihre Diagramme einander zugeordnet sind. Aus der Gleichung (D.75) ergibt sich:

$$\mathbf{P}^{(\tilde{\lambda})} \simeq \mathbf{A} \otimes \mathbf{P}^{(\lambda)}. \tag{D.78}$$

Eindimensionale Komponenten des tensoriellen Produkts $\mathbf{P}^{(\lambda)} \otimes \mathbf{P}^{(\mu)}$

$\mathbf{P}^{(\lambda)} \otimes \mathbf{P}^{(\mu)}$ besitzt eine (und nur eine) eindimensionale Komponente genau dann, wenn eine der beiden folgenden Bedingungen erfüllt ist:

(*i*) $\lambda = \mu$. In diesem Fall ist diese Komponente **S**;

(*ii*) $\lambda = \tilde{\mu}$. In diesem Fall ist die Komponente **A**.

In $\mathbf{P}^{(\lambda)}$ *enthaltene irreduzible Darstellungen von* $\mathcal{S}_{n-1}$.

Jede irreduzible Darstellung von $\mathcal{S}_n$ ist eine (nicht notwendig irreduzible) Darstellung ihrer Untergruppe $\mathcal{S}_{n-1}$.

Das Symbol $\mathbf{P}_t^{(\lambda)}$ kennzeichne die irreduzible Darstellung der Gruppe $\mathcal{S}_t$, die zur Zerlegung λ der ganzen Zahl t gehört. Man kann zeigen, daß $\mathbf{P}^{(\lambda)}$ in irreduzible Komponenten *bezüglich der Gruppe* $\mathcal{S}_{n-1}$ zerfällt:

$$\mathbf{P}_n^{(\lambda)} \simeq \sum_{\mu} \mathbf{P}_{n-1}^{(\mu)}. \tag{D.79}$$

Die Summation erstreckt sich dabei über jede Zerlegung μ der ganzen Zahl $(n-1)$, bei der man das Young-Diagramm erhält, indem man im Diagramm für die Zerlegung λ der ganzen Zahl n ein Quadrat entfernt. Beispiel:

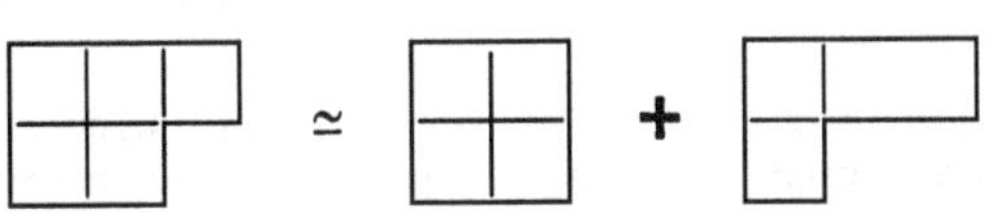

Mit der Beziehung (D.79) kann man Rekursionsbeziehungen zwischen den Charakteren von $\mathcal{S}_{n-1}$ und bestimmten Charakteren von $\mathcal{S}_n$ herleiten. Man kann sie insbesondere verwenden, um aus den Dimensionen der irreduziblen Darstellungen von $\mathcal{S}_{n-1}$ die der Darstellungen von $\mathcal{S}_n$ herzuleiten.

Konstruktion der irreduziblen invarianten Unterräume einer Darstellung **P**

In der Darstellung **P** werden die verschiedenen oben eingeführten „Symmetrisierer" durch *lineare hermitische* Operatoren dargestellt (bis auf eine Konstante sind es Projektionsoperatoren), die wir durch die entsprechenden Großbuchstaben kennzeichnen.

Die Konstruktion der irreduziblen Komponenten von **P** ergibt sich aus dem Fundamentalsatz des vorangegangenen Abschnitts. Ist $|u\rangle$ ein beliebiger Vektor aus dem Darstellungsraum $\mathcal{E}$ von **P**, so transformiert sich $I_\lambda|u>$, falls er nicht verschwindet, wie $\mathbf{P}^{(\lambda)}$ und sein Darstellungsraum enthält den nichtverschwindenden Vektor $J_\lambda|u>$. Die Gesamtheit der Vektoren, die durch Anwendung von I_λ auf die Basisvektoren von $\mathfrak{E}$ gebildet wird, spannt einen Unterraum $\mathfrak{J}_\lambda$ auf, dessen Dimension gleich der Zahl n_λ der in $\mathbf{P}$ enthaltenen Bestandteile $\mathbf{P}^{(\lambda)}$ ist. Sei $|\sigma>$ ein Vektor aus der orthonormierten Basis von $\mathfrak{J}_\lambda$. Der Raum $\mathfrak{E}_{\sigma\lambda}$, der durch Anwendung der Operatoren der Gruppe auf den Vektor $|\sigma>$ entsteht, ist ein Darstellungsraum von $\mathbf{P}^{(\lambda)}$. Man erhält n_λ orthogonale Darstellungsräume, indem man diese Operation an den n Basisvektoren von $\mathfrak{J}_\lambda$ vornimmt.

Ist Q ein Operator in $\mathfrak{E}$, der in bezug auf $\mathfrak{S}_n$ invariant ist, so transformiert er die Vektoren jedes Unterraums $\mathfrak{J}_\lambda$ linear ineinander. Das Problem der Diagonalisierung von Q in $\mathfrak{E}$ ist vollständig gelöst, sobald man die Diagonalisierung in jedem Unterraum $\mathfrak{J}_\lambda$ ausgeführt hat.

Symmetrieeigenschaften der Vektoren von $\mathbf{P}^{(\lambda)}$

Im allgemeinen besitzen die Ket-Vektoren keine bestimmten Symmetrie- oder Antisymmetrieeigenschaften. Man sagt, ein Vektor $|>$ besitze die Symmetrieeigenschaft S_λ, wenn er zum Unterraum des Projektionsoperators S_λ gehört: Ein solcher Vektor ist gegenüber jeder Permutation der Elemente einer Zeile von Θ_λ symmetrisch. Entsprechend ist ein Vektor A_λ-antisymmetrisch, wenn er zum Unterraum des Projektionsoperators A_λ gehört.

Von den Tafeln $\tilde{\Theta}_\lambda$, Θ_λ^p ausgehend, definiert man genauso die Symmetrien vom Typ $\tilde{S}_\lambda$, S_λ^p und die Antisymmetrien $\tilde{A}_\lambda^p$ [8]. Von zwei Vektoren mit der Symmetrie S_λ^p bzw. S_μ^q nennt man den *symmetrischer*, der zu der größeren der Zerlegungen λ bzw. μ gehört. Von zwei Vektoren mit bestimmter Antisymmetrie A_λ^p bzw. A_μ^q heißt der *antisymmetrischer*, der zur größeren der Zerlegung λ bzw. μ gehört.

Aus den Gleichungen (D.69) und dem Fundamentalsatz leitet man dann her:

Der Darstellungsraum einer irreduziblen Darstellung $\mathbf{P}^{(\lambda)}$ *enthält genau einen Vektor mit S_λ-Symmetrie* (und folglich genau einen Vektor mit S_λ^p-Symmetrie, wobei p eine beliebige, feste Permutation bedeutet), *jedoch keinen Vektor mit größerer Symmetrie* [9].

Ferner enthält er genau einen Vektor mit $A_{\tilde{\lambda}}$-Antisymmetrie, aber keinen Vektor mit größerer Antisymmetrie.

Operator K_T der Klasse der Transpositionen

Zu jeder Zerlegung μ gehört eine bestimmte Klasse und ein Klassenoperator K_μ. Die möglichen Eigenwerte $k_\mu^{(\lambda)}$ dieses Operators gehören zu verschiedenen irreduziblen Darstellungen $\mathbf{P}^{(\lambda)}$ von $\mathfrak{S}_n$. Sie hängen ab von den Zahlen $\lambda_1, \lambda_2, \ldots, \lambda_h$, die in der Zerlegung λ von n auftreten (Bei zwei verschiedenen Zerlegungen sind die zugehörigen Eigenwerte eines Operators K_μ nicht not-

[8] Die Permutation P transformiert jeden Vektor mit S_λ-Symmetrie in einen S_λ^p-symmetrischen Vektor und jeden Vektor mit A_λ-Antisymmetrie in einen Vektor mit A_λ^p-Antisymmetrie (s. die Beziehungen (D.76)). Einen solchen Zusammenhang gibt es nicht zwischen den Symmetrien vom Typ S_λ bzw. A_λ und den Symmetrien vom Typ $\tilde{S}_\lambda$ bzw. $\tilde{A}_\lambda$. Diese sind zu den Symmetrien vom Typ S_λ^q bzw. A_λ^q äquivalent, worin q durch die Permutation

$$\tilde{\Theta}_\lambda = q\, \Theta_{\tilde{\lambda}}$$

definiert ist.

[9] Allgemeiner existiert kein Vektor mit S_μ-Symmetrie, der zu einer Zerlegung μ gehört, die eine der beiden Ungleichungen

$$\mu > \lambda \qquad \tilde{\mu} < \tilde{\lambda}$$

erfüllt.

wendig auch verschieden: Aus $\lambda \neq \lambda'$ folgt nicht notwendig $k_\mu^{(\lambda)} \neq k_\mu^{(\lambda')}$. Betrachten wir insbesondere den Operator K_T für die Klasse der Transpositionen:

$$K_T \equiv K_{[2\,1^{n-2}]} \equiv \sum_{i<j} (ij).$$

Beachtet man, daß K_T mit allen Permutationen vertauscht, daß folglich:

$$k_T^{(\lambda)} I_\lambda = K_T I_\lambda = S_\lambda K_T \widetilde{A}_\lambda$$

ist, und berücksichtigt man die Gleichungen (D.67), so kann man zeigen, daß $k_T^{(\lambda)}$ gleich der Differenz der Anzahl der Transpositionen vom Typ h_λ (symmetrische Paare) und der Zahl der Transpositionen vom Typ v_λ (antisymmetrische Paare) ist:

$$k_T^{(\lambda)} = \sum_{i=1}^{h} \frac{\lambda_i(\lambda_i - 1)}{2} - \sum_{j=1}^{k} \frac{\widetilde{\lambda}_j(\widetilde{\lambda}_j - 1)}{2}. \tag{D.80}$$

D.4.5 Systeme aus *n* Spin-1/2-Fermionen

Symmetrie von Zuständen mit n identischen Spin-½-Teilchen.

Satz. – Der Vektorraum des Gesamtspins (SM) eines Systems, das aus n identischen Spins der Größe ½ gebildet wird, ist einer irreduziblen Darstellung von $\mathfrak{S}_n$ *zugeordnet, d.i. die Darstellung, deren Young-Diagramm zur Zerlegung* $[\tfrac{1}{2}n + S, \tfrac{1}{2}n - S]$ *der ganzen Zahl n gehört (dieses weist* höchstens zwei Zeilen auf).

Korollar I. – Ist $n = 2$, so gibt es einen antisymmetrischen Zustand, den Zustand mit $S = 0$, und drei linear unabhängige symmetrische Zustände, die Zustände zu $S = 1$.

Korollar II. – Ist $n > 2$, so gibt es keinen antisymmetrischen Zustand. Es gibt insgesamt $n + 1$ vollständig symmetrische, linear unabhängige Zustände, das sind die $2S + 1 \equiv n + 1$ Zustände, für die der Gesamtspin ein Maximum annimmt ($S = n/2$).

Beweise

Der von den n Spins ½ gebildete Raum $\mathcal{E}^{(s)}$ ist 2^n-dimensional. Mit u_i, v_i bezeichnen wir die Zustände des i-ten Einzelspins zum Eigenwert $+\tfrac{1}{2}$ bzw. $-\tfrac{1}{2}$ von s_z. Man erhält eine orthonormierte Basis in $\mathcal{E}^{(s)}$, wenn man alle möglichen Produkte von n dieser Vektoren u oder v bildet. So ist der Vektor

$$\zeta_M \equiv u_1 u_2 \ldots u_\nu v_{\nu+1} \ldots v_n$$

ein Vektor aus dieser Basis. Er ist Eigenvektor zur Komponente S_z des Gesamtspins

$$S = \sum_{i=2}^{n} s_i,$$

und der zugehörige Eigenwert ist $M = \nu + n/2$. Nimmt man an ζ_M alle möglichen Permutationen vor, so bildet man insgesamt $[n!/(\tfrac{1}{2}n + M)!\,(\tfrac{1}{2}n - M)!]$ verschiedene Vektoren, die den Unterraum zum Eigenwert M aufspannen. Jeder dieser Vektoren besteht aus $n/2 + M$ Vektoren u und $n/2 - M$ Vektoren v.

Dieser Unterraum kann seinerseits in orthogonale Unterräume aufgeteilt werden, die zu den verschiedenen möglichen Eigenwerten von S^2 gehören. Die Quantenzahl S kann die $n/2 - |M| + 1$ Werte: $|M|, |M| + 1, \ldots, n/2$ annehmen. Mit $\mathcal{E}^{(s)}(SM)$ bezeichnen wir den von den Vektoren des

Gesamtspins (SM) aufgespannten Unterraum. Jeder dieser Unterräume definiert eine Darstellung von $\mathfrak{S}_n$, weil S^2 und S_z mit allen Permutationen vertauschen. Weil weiter auch S_+ und S_- mit sämtlichen Permutationen kommutieren, sind die durch zwei Unterräume zum selben Wert von S definierten Darstellungen äquivalent.

Wir beweisen jetzt das Korollar II (Korollar I ist evident). Hierzu genügt es, die Projektionen der Vektoren einer orthonormierten Basis des Raumes $\mathcal{E}^{(s)}$ auf den Raum der antisymmetrischen und den der symmetrischen Zustände zu untersuchen. Dies wird besonders einfach bei den oben eingeführten Basisvektoren. Weil $n > 2$ ist, enthält jeder Vektor $\mathfrak{z}$ dieser Basis wenigstens zwei Einzelspins im selben Zustand u oder v, wir nehmen z.B. an, daß $\mathfrak{z}$ den Faktor $u_i u_j$ enthalte. Weil $A = A\,½(1 - (ij))$ und $½(1 - (ij))\,u_i u_j = 0$, ist notwendig $A\mathfrak{z} = 0$. Andererseits existiert genau eine total symmetrische Linearkombination der Basisvektoren des Unterraums zum Eigenwert M, die Summe dieser $\binom{n}{\nu}$ Basisvektoren. Weil dies für jeden möglichen Wert von M gilt, gehört dieser total symmetrische Vektor notwendig zum maximalen Wert $S = n/2$ des Gesamtspins. Damit ist das Korollar II bewiesen.

Der eben mit A durchgeführte Beweis kann mit dem Antisymmetrisierer $\widetilde{A}_\lambda$ wiederholt werden. Es ergibt sich, daß $\widetilde{A}_\lambda \mathfrak{z} = 0$ ist, wenn das Young-Diagramm Y_λ mehr als zwei Zeilen enthält. Folglich haben die irreduziblen Komponenten der in $\mathcal{E}^{(s)}$ definierten Darstellung von $\mathfrak{S}_n$ Young-Diagramme mit höchstens zwei Zeilen.

$\lambda = [\lambda_1 \lambda_2]$ sei eine Zerlegung von n, die dieser Bedingung genügt. Die Anzahl der irreduziblen Komponenten $p^{(\lambda)}$ ist gleich der Zahl der linear unabhängigen Vektoren vom Typ $I_\lambda|\rangle \equiv S_\lambda \widetilde{A}_\lambda|\rangle$. Um diese abzuzählen, genügt die Untersuchung der Tafel Θ_λ:

1	2	…	λ_2	λ_2+1	…	λ_1
λ_1+1	λ_1+2	…	$\lambda_1+\lambda_2$			

Man kann die n Spins ½ in zwei getrennten Mengen zusammenfassen: Die $(\lambda_1 - \lambda_2)$ Elemente $\lambda_2 + 1, \lambda_2 + 2, \ldots, \lambda_1$ der ersten Zeile, die keinen Partner in der zweiten Zeile besitzen, und die λ_2 Paare, die in der selben Spalte stehen. Seien $\boldsymbol{S}_1$ und $\boldsymbol{S}_2$ die Gesamtspins dieser beiden Mengen:

$$\boldsymbol{S} = \boldsymbol{S}_1 + \boldsymbol{S}_2.$$

Mit $S^{(\lambda_1-\lambda_2)}$ bezeichnen wir den Projektionsoperator auf die Zustände, die in bezug auf die $(\lambda_1 - \lambda_2)!$ Permutationen der Spins aus der ersten Menge symmetrisch sind. Es ist klar, daß

$$I_\lambda = S_\lambda S^{(\lambda_1-\lambda_2)} \widetilde{A}_\lambda.$$

Nun ist nach Definition $\widetilde{A}_\lambda$ der Projektionsoperator auf die Singulettzustände der Paare der zweiten Menge. Von ihnen besitzt nur ein einziger Vektor diese Eigenschaft (Korollar I), er gehört zum Spin $S_2 = 0$. $S^{(\lambda_1-\lambda_2)}$ projiziert die Vektoren der ersten Menge auf den $(2S_1 + 1)$-dimensionalen Raum, der zum größten Wert von S_1 gehört (Korollar II), das ist $(\lambda_1 - \lambda_2)/2$. Also projiziert $S^{(\lambda_1-\lambda_2)} \widetilde{A}_\lambda$ auf einen $(2S + 1)$-dimensionalen Raum zum Wert $S = ½(\lambda_1 - \lambda_2)$ des Gesamtspins. Weil der Projektor S_λ mit S vertauscht, liefert er, angewandt auf die Vektoren dieses Raumes, entweder stets Null, oder er transformiert sie in Vektoren zum selben Gesamtspin. Die erste Möglichkeit ist ausgeschlossen, weil man sonst in $\mathcal{E}^{(s)}$ keine Vektoren zum Gesamtspin $(\lambda_1 - \lambda_2)/2$ finden würde. Aus der zweiten Möglichkeit folgt der Satz.

Bildung der total antisymmetrischen Vektoren

Der Zustandsraum für die n Fermionen mit dem Spin ½ wird gebildet durch das tensorielle Produkt $\mathcal{E}^{(0)} \otimes \mathcal{E}^{(s)}$ des oben definierten Raumes $\mathcal{E}^{(s)}$ und dem Raum $\mathcal{E}^{(0)}$ der Bahnvariablen. $\mathcal{E}^{(0)}$ kann in paarweise orthogonale, in bezug auf die Gruppe $\mathfrak{S}_n$ irreduzible invariante Unterräume $\mathcal{E}^{(0)}(\sigma\mu)$ unterteilt werden; $\mathcal{E}^{(0)}(\sigma\mu)$ gehört zu einer bestimmten irreduziblen Darstellung $\mathbf{P}^{(\mu)}$. Der Index σ unterscheidet die zur selben irreduziblen Darstellung von $\mathfrak{S}_n$ gehörenden Räume voneinander. Für die Bildung einer vollständigen Folge von orthogonalen, total antisymmetrischen Vektoren genügt es, diese Konstruktion in jedem Unterraum $\mathcal{E}^{(0)}(\sigma\mu) \otimes \mathcal{E}^{(s)}$ vorzunehmen. Die Zahl der linear unabhängigen antisymmetrischen Vektoren eines solchen Raumes ergibt sich aus der Zahl des Auftretens der Komponente $\mathbf{A}$ in der in diesem Raum definierten Darstellung, ist also (Abschnitt D.4.4) gleich der Anzahl der irreduziblen zu $\mathbf{P}^{(\mu)}$ gehörenden Darstellungen, die in der Zerlegung der in $\mathcal{E}^{(s)}$ definierten Darstellung auftreten. *Keine gibt es, wenn Y_μ mehr als zwei Spalten enthält. Besteht Y_μ aus höchstens zwei Spalten und setzen wir*

$$\mu = [2^{\frac{1}{2}n-S}\, 1^{2S}], \qquad \text{(D.81)}$$

so gibt es nach dem obigen Satz davon $(2S+1)$ *und die antisymmetrischen Vektoren, die man bilden kann, sind Eigenvektoren von S^2 zum Gesamtspin (SM) ($M = -S, -S+1, \ldots, S$).*

Spinunabhängige skalare Observable. LS-Kopplung

Ist Q eine von den Spins unabhängige skalare Observable, so kann man sie auffassen als eine Observable im Raum $\mathcal{E}^{(0)}$, die gegenüber Drehung und Permutation der Bahnvariablen allein invariant ist:

$$[Q, L] = 0 \qquad [Q, P^{(0)}] = 0.$$

Der Raum $\mathcal{E}^{(0)}$ ist die direkte Summe der $(2L+1)d_\mu$-dimensionalen Unterräume $\mathcal{E}^{(0)}(\tau L \mu)$, die in bezug auf die Drehgruppe und die Gruppe der Permutationen irreduzibel sind [10]: L ist die Drehimpulsquantenzahl, μ die zur Darstellung $\mathbf{P}^{(\mu)}$ der Permutationsgruppe gehörenden Zerlegung, τ eine zusätzliche Quantenzahl, mit der man die äquivalenten Unterräume voneinander unterscheiden kann. Insbesondere kann man die $\mathcal{E}^{(0)}(\tau L \mu)$ so wählen, daß Q in jedem von ihnen eine bestimmte Konstante $q_\tau^{(L\mu)}$ ist (s. Abschnitt D.2.4).

Die Eigenvektoren von Q zum Eigenwert $q_\tau^{(L\mu)}$ sind die antisymmetrischen Vektoren des Unterraums $\mathcal{E}^{(0)}(\tau L \mu) \otimes \mathcal{E}^{(s)}$. Wie oben gezeigt, kann man sie nur bilden, wenn Y_μ höchstens zwei Spalten enthält. Die Zerlegung μ ist dann eindeutig durch die Angabe der Quantenzahl S (Gl. (D.81)) bestimmt. Der Unterraum der antisymmetrischen Vektoren von $\mathcal{E}^{(0)}(\tau L \mu) \otimes \mathcal{E}^{(s)}$ gehört zu einem bestimmten Wert S des Gesamtspins der Teilchen. Er ist ein bestimmter $(2L+1)(2S+1)$-dimensionaler Unterraum $\mathcal{E}(\tau LS)$, in dem man Eigenvektoren des Gesamtbahndrehimpulses und des Gesamtspins wählen kann:

$$|\tau L S M_L M_S\rangle \qquad (M_L = -L, \ldots, +L;\ M_S = -S, \ldots, +S),$$

die eine $\{L^2 S^2 L_z S_z\}$-Standardbasis bilden.

---

[10] $\mathcal{E}^{(0)}(\tau L \mu)$ ist bezüglich der Drehgruppe allein reduzibel; er ist die Summe von d_μ äquivalenten irreduziblen Unterräumen (d_μ = Dimension der Darstellung $\mathbf{P}^{(\mu)}$). Auch in bezug auf die Gruppe $\mathfrak{S}_n$ ist er reduzibel; er ist die Summe von $(2L+1)$ äquivalenten irreduziblen Unterräumen.

Index zu Band 1 und 2

(Seitenangaben zu Band 2 sind halbfett ausgezeichnet)

www.ingramcontent.com/pod-product-compliance
Lightning Source LLC
LaVergne TN
LVHW080748300926
849162LV00008BA/1774

* 9 7 8 3 1 1 2 3 2 7 0 1 2 *